AF463229

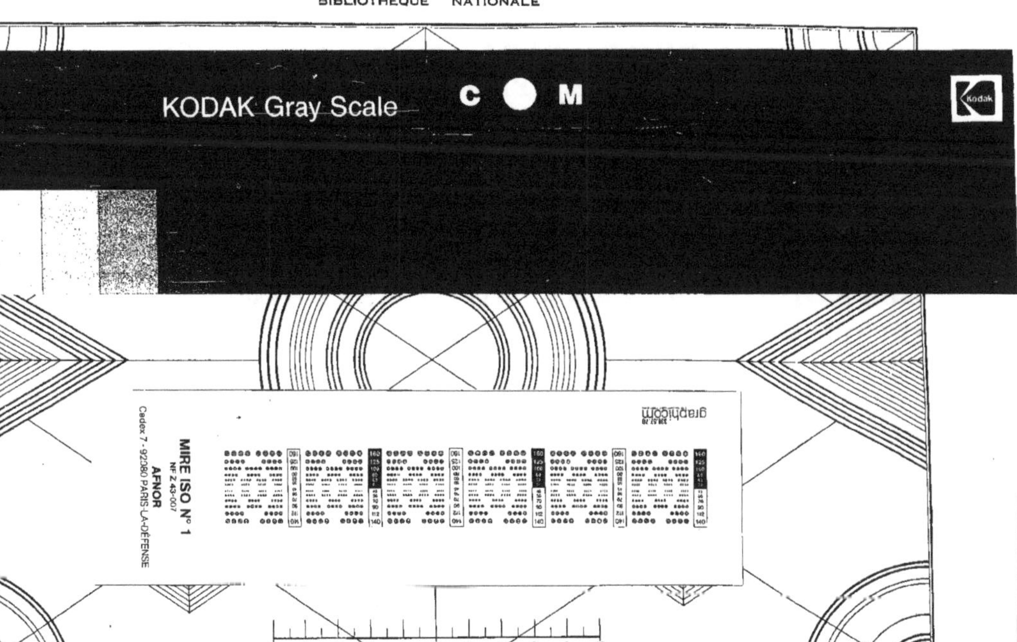
KODAK Gray Scale
C
M
Kodak
MIRE ISO N° 1
NF Z 43-007
AFNOR
Cedex 7 - 92080 PARIS-LA-DÉFENSE
graphicom

HISTOIRE
DES
MATHEMATIQUES,

DANS laquelle on rend compte de leurs progrès depuis leur origine jusqu'à nos jours ; où l'on expose le tableau & le développement des principales découvertes, les contestations qu'elles ont fait naître, & les principaux traits de la vie des Mathématiciens les plus célebres.

Par M. MONTUCLA, de l'Académie Royale des Sciences & Belles-Lettres de Prusse.

Multi pertransibunt & augebitur scientia. *Bâcon.*

TOME SECOND.

A PARIS,
Chez CH. ANT. JOMBERT, Imprimeur-Libraire du Roi pour l'Artillerie & le Génie, rue Dauphine, à l'Image Notre-Dame.

M. DCC. LVIII.
Avec Approbation & Privilege du Roi.

HISTOIRE DES *MATHÉMATIQUES.*

QUATRIEME PARTIE,

Qui comprend l'Histoire de ces Sciences pendant le dix-ſeptieme ſiecle.

LIVRE PREMIER,

Qui contient les progrès de la Géométrie & des Mathématiques pures, traitées à la maniere des Anciens.

SOMMAIRE.

I. *Tableau général des découvertes Mathématiques dûes au dix-ſeptieme ſiecle.* II. *Lucas Valerius fait quelque progrès au-delà d'Archimede dans la théorie des centres de gravité. Snellius facilite auſſi par quelques inventions la meſure approchée du cercle.* III. *Invention des logarithmes par le Baron de Neper. Propriétés & nature de ces nombres. Comment Neper les enviſage. Quels ſont ceux qui l'ont ſecondé dans la conſtruction des Tables de logarithmes que nous possédons. Autres travaux de Neper. Ses inventions Trigonométriques, sa Rhabdologie.* IV. *Kepler propose dans sa Stéreométrie quelques vues & divers problêmes qui paroissent avoir influé sur la naissance des nouvelles méthodes.* V. *De la méthode de Guldin, application qu'en fait son auteur aux problêmes de Kepler.* VI. *De la Géométrie des indivisibles, traits abrégés de la vie de Cavalleri. Explication de sa méthode, & son accord avec celle des Anciens. Usage qu'il en fait pour la résolution de quantité de questions. Découverte de l'analogie de la spirale & de la parabole.* VII. *La Géométrie s'éleve vers ce temps en France à des recherches plus difficiles; on y considere les courbes d'une maniere plus générale; la spirale logarithmique & la cycloïde y prennent naissance, ou y occupent les Géometres.* VIII. *Ingénieuse méthode pour les tangentes des courbes imaginée par Roberval, & son analogie avec celle des fluxions.* IX. *Histoire de la cycloïde & des démêlés qu'elle occasionne. Problêmes proposés sur cette courbe par M. Pascal, & ce qui se passe à cette occasion. Propriétés diverses soit purement géométriques, soit méchaniques, que les Géometres ont découvertes dans la cycloïde.* X. *Récit des travaux de divers Géometres célebres qui ont cultivé la méthode ancienne durant ce siecle.*

I.

PARMI les siecles qui ont successivement contribué à l'avancement des Sciences, celui qui vient de s'écouler doit sans doute tenir jusqu'ici le premier rang; & cet avantage ne lui sera probablement ravi par aucun de ceux qui le suivront. Nous sommes bien éloignés de prétendre fixer des bornes à l'esprit humain; qui sçait quels sont les derniers termes de connoissances où il peut atteindre? chaque jour ajoute aux découvertes du précédent, & ne pas le reconnoître, ce seroit refuser injustement à plusieurs de nos illustres contemporains le tribut de louanges qui leur est dû. Cependant quand on fera attention à l'essor prodigieux qu'ont pris les Sciences, & surtout les Mathématiques dans le dix-septieme siecle, il faudra convenir que quelque perfection qu'elles reçoivent des suivans, une grande partie de la gloire en doit revenir à celui qui a si heureusement ouvert la carriere.

Avant que de faire l'hiſtoire particuliere des découvertes Mathématiques dûes au dix-ſeptieme ſiecle, nous croyons devoir les conſidérer quelques momens ſous un point de vue général. Quel ſpectacle brillant que celui qu'elles nous préſentent ! qu'il eſt raviſſant & admirable pour un œil philoſophique ! Si nous nous attachons aux Mathématiques pures, nous trouvons d'abord dans les premieres années de ce ſiecle, l'invention ingénieuſe & plus utile encore des logarithmes ; nous voyons bientôt après une nouvelle Géometrie naître entre les mains de *Cavalleri*, & cultivée par divers autres, s'élever à des recherches fort ſupérieures à celles qui occuperent l'antiquité. Cependant *Deſcartes* prend une autre route, & appliquant l'analyſe à la Géométrie, il donne à la théorie des courbes une étendue & une facilité qu'elle n'avoit point encore eues ; il invente diverſes méthodes pour réſoudre par une voie certaine les plus difficiles problêmes qu'on puiſſe propoſer dans ce genre. *Fermat*, ſon rival & ſon contemporain, marche dans la même carriere, & propoſe auſſi des inventions qui ſont un germe fort développé des nouveaux calculs. *Wallis*, *Barrow*, *Gregori*, enrichiſſent la Géométrie d'une multitude de méthodes nouvelles & de découvertes : *Newton* enfin donne naiſſance à cette ſublime Géométrie, pour laquelle ce qui avoit coûté juſque-là tant de peine n'eſt plus qu'un jeu, & qui eſt ſeule capable de donner accès dans les recherches difficiles dont s'occupent aujourd'hui nos Géometres & nos Phyſiciens.

Si delà nous portons nos regards ſur les Mathématiques mixtes, nous ne ſerons pas moins ſatisfaits de l'accroiſſement que nous leur verrons prendre. La Méchanique nous offrira la découverte des loix du mouvement & de ſa communication, de celles de l'accélération des corps graves, du chemin des projectiles, de l'action mutuelle & du mouvement des fluides. Nous la verrons s'accroître de pluſieurs théories profondes, comme celles des centres d'oſcillation, de la réſiſtance des fluides, des forces centrales, &c. Les progrès que fait l'Optique pendant le même temps, ne ſont pas moins brillans ; la maniere dont ſe fait la viſion eſt expliquée ; la loi de la réfraction découverte, & une nouvelle ſcience s'éleve ſur ce fondement : le Téleſcope & le Microſcope offrent à la vue des ſecours inconnus à l'antiquité : la cause du phénomene de l'Arc-en-Ciel est soumise à la raison : la lumiere est analysée, & la différente réfrangibilité des couleurs est reconnue : le Télescope à réflection est inventé & exécuté avec succès. L'Astronomie enfin nous présente d'abord la découverte de la vraie forme des orbites que décrivent les planetes, & des loix qui président à leurs mouvemens : bientôt après aidés du Télescope, on voit les Astronomes s'élancer en quelque sorte dans les cieux, & y découvrir les taches du soleil ; le mouvement de cet astre autour de son axe ; les phases de Venus & de Mercure ; ces petites planetes qui, semblables à notre lune, accompagnent Jupiter & Saturne avec le singulier anneau dont celui-ci est environné, phénomenes qui jettent un grand jour sur le vrai systême de l'Univers : la Géographie est entiérement réformée sur les observations : la terre est mesurée avec une exactitude bien supérieure à celle des Anciens, & sa vraie forme est reconnue : ce que les observations avoient appris à *Kepler* est démontré, à l'aide d'une application profonde de la Géométrie & de la Méchanique aux mouvemens des corps célestes : les Cometes sont mises au rang des planetes, & leur cours est soumis au calcul, malgré la rareté de leurs apparitions : la lune, cette planete si long-temps rebelle à tous les efforts des Astronomes, reçoit des fers, & la cause de ses irrégularités est dévoilée. On voit enfin sortir des mains de l'immortel *Newton* un systême Physico-Astronomique, chef-d'œuvre de la Géométrie & de la Méchanique, & qui reçoit de jour à autre une nouvelle confirmation des travaux réunis des Géometres & des Observateurs. Tel est le tableau général des Mathématiques durant le dernier siecle ; tableau que nous aurions pu charger de quantité d'autres traits, si visant à la briéveté nous ne nous étions pas bornés aux plus intéressans. Passons maintenant à présenter ces différens objets avec le détail qu'ils exigent. Il est naturel de commencer par la Géométrie, qui porte le flambeau dans ces sciences. Afin d'exposer avec distinction les découvertes nombreuses & de divers genres dont elle s'est accrue, nous en ferons trois parties, qui formeront autant de Livres. Dans celui-ci, il ne sera question que de la Géométrie traitée à la maniere des Anciens, c'est-à-dire, sans calcul algébrique. Dans le suivant, nous nous occuperons de la Géométrie de *Descartes*, & de l'analyse algébrique. Nous donnerons ensuite quelques Livres au récit des progrès des autres parties des Mathématiques durant la premiere moitié du dix-septieme siecle; après quoi revenant à la Géométrie, nous ferons l'histoire des nouveaux calculs jusqu'au commencement de celui-ci. Enfin nous reprendrons celle des autres parties des Mathématiques jusqu'à la même époque.

I I.

Lucas Valerius.

La Géométrie fit dès les premieres années du dix-septieme siecle quelques progrès dignes d'attention au-delà du terme où les Anciens en étoient restés. Elles les dut au Géometre Italien *Lucas Valerius*. Ce Mathématicien s'appercevant qu'*Archimede* avoit négligé les centres de gravité des solides, & que *Commandin*, qui avoit tenté d'y suppléer, n'avoit pu résoudre que les cas les plus faciles, s'attacha à porter plus loin cette théorie. Plus heureux, ou plutôt plus doué du génie de l'invention que *Commandin*, il y réussit, & il détermina ces centres dans tous les conoïdes & sphéroïdes, & leurs segmens retranchés par des plans paralleles à la base; il publia ces vérités intéressantes, je dirai même difficiles pour son temps, en 1604, dans son Livre *de Centro Gravitatis Solidorum*. Lucas *Valerius* nous a laissé un autre monument de son génie, dans une quadrature de la parabole, différente pour les moyens de celles qu'*Archimede* avoit autrefois données: on la trouve à la suite de l'ouvrage dont on vient de parler. Ce Géometre estimable étoit Professeur de Mathématiques à Rome; c'est tout ce que nous en sçavons; &, nous l'avouerons, surchargés de matiere nous n'avons pas cherché à prendre une connoissance plus approfondie de ce qui le concerne.

Snellius.

Nous placerons encore ici un Géometre qui perfectionna en quelques points une des découvertes d'*Archimede*; c'est *Snellius*, dont le nom est célebre par sa mesure de la terre & sa découverte de la loi de la réfraction. Pour prendre une idée de son travail, il faut se rappeller qu'*Archimede* avoit trouvé son rapport fameux du diametre à la circonférence du cercle, par le moyen de deux polygones, l'un inscrit, l'autre circonscrit, & chacun de 192 côtés. *Ludolph* doublant continuellement le nombre des côtés de ces polygones, étoit parvenu à un rapport exprimé en 35 chiffres, dont le dernier seul étoit inexact, & ne différoit du vrai que de moins d'une unité. Ce procédé parut excessivement laborieux à *Snellius*, & ce motif lui en fit chercher un autre moins prolixe. Il trouva en effet deux théorêmes (*a*) par lesquels les côtés de deux polygones semblables, l'un inscrit, l'autre circonscrit, étant donnés, on détermine des limites du cercle beaucoup plus resserrées que par ces polygones traités à la maniere ordinaire. Un exemple va faire sentir ceci. Tandis qu'*Archimede* ne trouve son rapport de 7 à 22, ou de 100 à 314, que par le moyen de ses polygones de 192 côtés, *Snellius* y parvient en employant deux exagones, & il surpasse du double le Géometre ancien en se servant de deux polygones de 180 côtés. Il vérifie de même le rapport de *Ludolph* avec un polygone qui n'auroit donné à celui-ci que la moitié autant de chiffres vrais. Il y a dans cet écrit de *Snellius*, qui est intitulé *Cyclometricus*, plusieurs autres choses remarquables; mais nous nous hâtons de passer ces objets, pour arriver aux grandes découvertes qui ont eu des suites si heureuses pour le progrès de la Géométrie.

III.

[I]nvention des [lo]garithmes.

Une de ces découvertes, & la premiere qui illustre le siecle passé, est celle des logarithmes, de ces nombres qui, outre l'avantage qu'ils ont de diminuer extrêmement la longueur & l'embarras des calculs, ont des usages si fréquens jusques dans la Géométrie transcendante. Cette belle découverte est l'ouvrage du Baron de *Neper*, Ecossois (*b*), qu'elle immortalise à juste titre. Entrons dans des détails proportionnés à l'importance de cet objet.

[F]ig. 1.

(*a*) Le premier de ces théorêmes est celui-ci. *Si l'on prolonge le diametre d'un demi-cercle en* E, *de sorte que* AE *soit égal au rayon, & que par un point quelconque* G, *on tire* EGH, *la partie de la tangente qu'elle retranche, sçavoir* BH *est moindre que l'arc* BG, *mais elle en différe d'autant moins que cet arc est plus petit.* Voici le second : *Si du même point* G, *on tire* FGI, *de maniere que* DF *soit égale au rayon, la portion de tangente* BI *est plus grande que l'arc* BG. Mais il est facile de trouver la grandeur de la tangente BH, & à l'égard de la seconde BI, on fait voir qu'elle est égale au double du sinus du tiers de l'arc, plus une fois la tangente de ce tiers. Ainsi un arc quelconque étant donné, on peut facilement trouver des limites de sa grandeur fort rapprochées.

(*b*) Jean Neper, Baron de Merchiston en Ecosse, mort en 1618.

Les logarithmes sont des nombres disposés en table à côté de ceux de la progression naturelle, & qui sont tels que toutes les fois que dans celle-ci on prend des nombres géométriquement proportionnels, ceux qui leur répondent dans la table des logarithmes sont en proportion arithmétique. Faisons usage de cette propriété sans nous embarrasser de quelle maniere on est parvenu à construire cette table, & nous verrons facilement s'en déduire tous les avantages qui rendent les logarithmes si utiles & si précieux aux Mathématiciens.

Lorsqu'on cherche le quatrieme terme d'une proportion géométrique, on le trouve en multipliant le second par le troisieme, & divisant le produit par le premier. Au contraire dans la proportion arithmétique, la somme du second & du troisieme diminuée du premier, est le quatrieme. Lors donc qu'on aura à trouver une quatrieme proportionnelle à des nombres prolixes, il suffira d'ajouter les logarithmes du second & du troisieme, & d'ôter de leur somme celui du premier, le restant sera le logarithme du quatrieme; de sorte qu'en le cherchant dans la table on trouvera à son côté le produit demandé. Ces abrégés de calcul s'étendent aux simples multiplications & divisions; car personne n'ignore que lorsqu'on multiplie deux nombres, c'est la même chose que si l'on faisoit une regle de proportion dont le premier terme fût l'unité, & les moyens, les deux nombres à multiplier. Ainsi il faudra ajouter les logarithmes des nombres à multiplier, & en ôter celui de l'unité, le restant sera le logarithme du produit. Dans la division, le diviseur est au dividende comme l'unité au quotient; il faudra donc ajouter ensemble les logarithmes de l'unité & du dividende, & ôter de leur somme celui du diviseur, le reste sera celui du quotient. Tout ceci sera même encore plus simple, si en construisant les tables on a fait ensorte que le logarithme de l'unité fût o, ce qui est dans les tables ordinaires. Alors la multiplication se réduira à une simple addition des logarithmes des nombres à multiplier, & la division à une soustraction du logarithme du diviseur de celui du dividende: dans l'un & l'autre cas ce qui résultera sera le logarithme du produit ou du quotient. L'extraction des racines, ou la formation des puissances, reçoit également de grandes facilités de l'invention des logarithmes: car le cube d'un nombre, par exemple, eſt la troiſieme des proportionnelles continues à l'unité & à ce nombre; & en général la puiſſance n d'un nombre eſt la continue proportionnelle à l'unité & à ce nombre, dont le rang eſt déſigné par n. C'eſt pourquoi, les logarithmes des quantités géométriquement proportionnelles étant en proportion arithmétique, & celui de l'unité étant zero, le logarithme du quarré ſera double de celui du nombre, celui du cube ſera triple, &c. & enfin le logarithme de la puiſſance n ſera le logarithme du nombre, multiplié par n. Ainſi le logarithme de la racine cube d'un nombre ſera le tiers du logarithme de ce nombre; & enfin celui de la racine n d'un nombre ſera le logarithme de ce nombre, diviſé par n.

Telle eſt la nature des logarithmes: il nous faut maintenant expoſer de quelle maniere *Neper* les enviſagea pour la premiere fois. Outre que notre hiſtoire l'exige, nous le faiſons d'autant plus volontiers, qu'il y a une certaine analogie entre les idées du Géometre Ecoſſois, & la maniere dont *Newton* a enviſagé ſon calcul des fluxions.

Imaginons avec *Neper* un point ſe mouvoir le long de la ligne indéfinie P A E, avec une vîteſſe tellement tempérée, qu'elle ſoit toujours proportionnelle à la diſtance de ce point au terme fixe P. Cette ſuppoſition eſt facile à entendre: le mobile à une diſtance double de P, aura une vîteſſe double; à une diſtance moindre de moitié, cette vîteſſe ne ſera que la moitié de la premiere, &c. Ainſi cette vîteſſe ne ſera la même dans aucun point de la ligne P A E, mais toujours plus grande ou moindre à proportion que le mobile ſera plus loin, ou plus près de P. Or il eſt facile de démontrer que ſi P A, P B, P C, ſont en progreſſion continue, A B, B C, C D le ſeront auſſi, & que ces eſpaces ſeront parcourus dans des temps égaux.

Suppoſons maintenant que V ſoit la vîteſſe du mobile quand il eſt en A, & qu'en vertu de cette vîteſſe conſervée ſans augmentation ni diminution, un autre mobile partant du point A′, eût parcouru l'eſpace A′B′ ſur la ligne indéfinie f' A′ F′, dans le même temps que le premier a parcouru A B. Nous aurons de cette maniere deux points, dont l'un ſera porté d'un mouvement continuellement accéléré de A vers E, ou retardé de A vers e, & l'autre d'un mouvement uniforme de de A′ vers E′, ou *e′*. Ainſi pendant que AB, BC, CD, DE, &c. ſeront continument proportionnelles, A′B′, B′C′, C′D′, &c. ſeront égales, & pendant que PB, PC, PB, PE, &c. croîtront géométriquement A′B′, A′C′, A′D′, &c. croîtront arithmétiquement. C'eſt pourquoi A′B′, A′C′, &c. ſeront les logarithmes de PB, PC, &c. reſpectivement. Enfin le logarithme d'une quantité quelconque PS, ſera la ligne A′S′ parcourue depuis le terme A′ d'un mouvement uniforme, pendant que AS l'a été d'un mouvement accéléré. De cette idée il eſt facile de déduire toutes les propriétés des logarithmes; mais comme ce détail intéreſſant pour les Géometres, & même néceſſaire pour ceux qui aſpirent à quelque choſe de plus que l'élémentaire de cette théorie, fatigueroit peut-être d'autres lecteurs, nous le renvoyons à une note que ceux-ci pourront omettre. (*a*)

(*a*) Voici quelques-unes des propriétés des logarithmes développées à la maniere de Neper. 1°. Si A & A′ ſont les termes d'où les deux mobiles, l'un mu d'un mouvement accéléré ou retardé, l'autre d'un mouvement uniforme, partent enſemble, le logarithme de PA ſera zero. Car lorſque le premier mobile eſt en A, le ſecond n'a encore parcouru aucun eſpace.

2°. Si les logarithmes des quantités PA, PB, PC, &c. ſont pris poſitivement, ceux des quantités décroiſſantes, P*b*, P*c*, &c. comme A′*b*′, A′*c*′, &c. ſeront négatifs. Car afin que A′C′, A′B′, o, A′*b*′, A′*c*′, ſoient en progreſſion arithmétique, tandis que PC, PB, PA, P*b*, P*c*, &c. ſont géométriquement proportionnels, il faut que A′*b*′, A′*c*′ ſoient pris négativement. Ainſi ſi le logarithme de l'unité ou PA eſt zero, & ceux des nombres naturels, poſitifs, ceux des fractions moindres que l'unité ſeront négatifs. Le logarithme de $\frac{1}{2}$, ſera le même que celui de 2, mais pris négativement; celui de $\frac{1}{3}$, le même que celui de 3, &c. Au reſte, rien n'empêche qu'on ne faſſe poſitifs les logarithmes des nombres décroiſſans & moindres que PA; mais alors ceux des nombres plus grands que PA ſeroient négatifs.

3°. Il eſt viſible que le logarithme d'une raiſon quelconque, par exemple, de PC à PB, ſera celui de PC moins celui de PB, c'eſt-à-dire, BC ou AB. Mais le logarithme du rapport de PE à PB, qui eſt triplée de la premiere, ſera par la même raiſon BE ou 3 AB, ce qui montre que les logarithmes ſont les meſures des raiſons, ou qu'ils ſont autant & ſemblablement multiples les uns des autres que les raiſons qui leur répondent ſont multipliées les unes des autres. Delà leur vient le nom de *logarithmes*, comme qui diroit, *qui numerant rationem*.

4°. Il peut y avoir autant de ſyſtêmes de logarithmes qu'on peut aſſigner de valeurs différentes à la raiſon de PA à PB, & à A′B′. Car ſi PA = 1, & PB = 10, & A′B′ = 1, ou 1.000000, on aura nos logarithmes ordinaires des tables de Briggs, Ulacq, &c. Mais rien n'oblige à cette ſuppoſition, on pourroit donner à A′B′ telle autre valeur qu'on voudroit, & alors tous les logarithmes de ce nouveau ſyſtême ſeroient aux correſpondans du précédent, comme cette valeur à l'autre.

5°. La maniere dont Neper calculoit ſes logarithmes, ſuit naturellement de celle dont il les concevoit. Pour trouver l'eſpace A′B′ parcouru d'un mouvement uniforme pendant que AB l'étoit d'un mouvement accéléré, il ſuppoſoit entre PA & PB, un ſi grand nombre de proportionnelles continues, que l'excès de P*a* la plus voiſine de PA ſur celle-ci, c'eſt-à-dire A*a*, fût

La maniere dont *Neper* conçoit ses logarithmes, & dont il décrit leur génération, le met à l'abri de l'imputation de n'avoir fait que perfectionner l'idée d'un Arithméticien Allemand (Michel *Stifels*), qui les avoit entrevus au milieu du siecle précédent. En effet, ce Mathématicien dans son *Arithm. integra*, compare les deux progressions, la géométrique & l'arithmétique, comme on le voit ci-dessous,

1. 2. 4. 8. 16. 32. 64. 128. &c.
0. 1. 2. 3. 4. 5. 6. 7. &c.

& il fait la remarque fondamentale de la théorie des logarithmes; sçavoir que si l'on ajoute ensemble deux termes de la progression arithmétique, comme 3 & 5, qui répondent à 4 & 32, il en résultera un nouveau terme, comme ici 7, qui répondra au produit de 4 & 32. Mais cette remarque resta stérile entre ses mains, & quoiqu'il dise qu'il supprime à regret diverses autres propriétés de ces progressions comparées, ce seroit fort gratuitement qu'on lui attribueroit une idée plus développée des logarithmes.

Kepler dit aussi que *Juste-Byrge*, un des Astronomes du Landgrave de Hesse, avoit autrefois imaginé les logarithmes. Mais soit que *Byrge* ait eu vraiment cette idée, soit que *Kepler*, porté d'un amour national, ait vu dans les écrits de ce Mathématicien plus qu'il n'y avoit réellement, cela ne fait aucun tort à *Neper*. Car on sçait par le témoignage de

comme infiniment petite, ou exprimée par une fraction décimale, comme 0. 0000001. Or dans ce cas l'espace A *a* peut-être censé parcouru d'un mouvement uniforme, de sorte que Neper prit *a* A lui-même pour le logarithme de P *a*. Puis il trouvoit par le calcul, qu'entre P A l'unité & P B, il y avoit 6931472 de ces proportions continues, & qu'entre 1 & 10, il y en avoit 23025850. C'est pourquoi, suivant la théorie ci-dessus, il multiplia A *a* ou 0. 0000001 par les nombres 6931472 & 23025850, & il eut 0. 6931472 pour le logarithme de 2, & 2. 3025850 pour celui de 10.

Mais il n'y a aucune nécessité de prendre A *a* pour le logarithme de la raison de P A à P *a*. Tout multiple ou sous-multiple de A *a* le pourroit être également, & alors tous les autres logarithmes seroient augmentés ou diminués proportionnellement. Nos tables ordinaires, par exemple, sont construites comme si au lieu de A *a*, on n'en eût pris qu'un peu moins de la moitié, ou la 0. 4342994[e] partie. Car en faisant cette supposition, on rencontre l'unité pour le logarithme de 10. Ainsi nos logarithmes ordinaires sont à ceux de Neper dans le rapport de 0. 4342994 à 1, ou ce qui est la même chose, dans celui de 1. à 2. 3025850; c'est pourquoi en multipliant les logarithmes ordinaires par 2. 3025850, on les réduit à ceux de Neper, ou au contraire divisant ceux-ci par 2. 3025, &c. ou les multipliant par 0. 4342994, on a ceux dont nous nous servons vulgairement.

Kepler même, que cette découverte ne vit jamais le jour. A l'égard de *Longomontanus*, à qui on a aussi attribué l'invention des logarithmes (*a*), cela est sans fondement. Cet Astronome qui ne mourut qu'en 1647, ne s'étant jamais avisé de réclamer ses droits sur elle, ce doit être une preuve suffisante qu'il n'en eut jamais aucun.

Neper publia sa découverte en 1614 dans son Livre intitulé: *Mirifici logarithmorum canonis descriptio*. Il y donnoit une Table des logarithmes des sinus pour tous les degrés & minutes du quart de cercle; mais elle avoit quelques particularités en quoi elle différoit de celles que nous employons aujourd'hui. Premiérement *Neper* remarquant que le sinus total étoit le plus souvent un des termes de la proportion à laquelle se réduisent les résolutions des triangles, avoit fait le logarithme du sinus total égal à 0, afin d'éviter une opération dans tous ces cas. En second lieu, ses logarithmes différoient de ceux que présentent nos tables ordinaires, en ce que dans celles-ci le logarithme de 10 est l'unité ou 1. 000000. & dans celle de *Neper* c'étoit 2. 3025850; ce qui suivoit de sa maniere de les construire que nous avons exposée dans la note ci-dessus. Mais il résultoit de l'une & de l'autre de ces suppositions quelques inconvéniens qui le frapperent, & qui l'engagerent bientôt après à donner une autre forme à ses logarithmes. C'est ce qu'il propose dans un écrit posthume intitulé, *Appendix de logarithmorum præstantiori usu*, que son fils publia en donnant une nouvelle édition de l'ouvrage précédent. *Neper* suppose dans cet *appendix*, comme nous le faisons aujourd'hui, le logarithme de l'unité égal à 0, celui de 10 à 1. 000000. celui de 100 à 2. 000000. celui de 1000 à 3. 0000000; & ainsi de suite. Par-là le logarithme du sinus total qu'on suppose l'unité suivie de dix zeros, est 10. 000000. Cette nouvelle supposition remédie à tous les inconvéniens de la premiere, & en réunit tous les avantages avec divers autres qu'il seroit trop long de déduire ici. Tous les logarithmes des sinus, tangentes & sécantes, sont positifs, & il n'y a de logarithmes négatifs que ceux des fractions proprement dites ou moindres que l'unité; quant à l'addition & la

(*a*) Suppl. au Dict. de Bayle, par M. *de la Chauffepié*, au mot *Henri Briggs*.

soustraction fréquente du logarithme du sinus total, elle n'a rien de laborieux, puisque ce logarithme est tout composé de zeros hors le premier chiffre qui est même l'unité. On n'a cependant pas entiérement rejetté la forme des logarithmes de *Neper* pour les nombres naturels. Ils ont leur usage dans la Géométrie transcendante : car ils représentent les aires de l'hyperbole équilatere entre les asymptotes, l'unité étant la valeur du côté du quarré inscrit; c'est pourquoi on les nomme hyperboliques. Ce n'est pas que les autres logarithmes ne représentent aussi des aires hyperboliques, mais elles appartiennent à des hyperboles entre des asymptotes obliques l'une à l'autre, & l'hyperbole équilatere étant comme la principale entre toutes les autres, a donné le nom aux logarithmes de *Neper*. Nous nous bornons ici à ce peu de mots sur l'analogie des logarithmes avec les aires hyperboliques, parce que nous aurons occasion ailleurs de la développer davantage.

Neper eut à peine la satisfaction d'être témoin de l'accueil que sa découverte reçut des Mathématiciens, & le temps de la perfectionner comme il désiroit. Il mourut en 1618; mais il eut dans *Henri Briggs* un successeur qui entra parfaitement dans ses vues. *Neper* n'eut pas plutôt publié son ouvrage, que ce Professeur d'Oxford l'alla trouver à Edimbourg pour conférer avec lui sur cette matiere. Il y fit même divers voyages, & il y étoit lorsque *Neper* mourut. Celui-ci lui fit part du projet qu'il avoit formé de changer la forme de ses logarithmes, & lui en recommanda l'exécution avec instance. *Briggs* en sentit l'utilité, & il ne tarda pas de mettre la main à l'œuvre. Il entreprit sur ce nouveau plan deux immenses Tables, l'une qui devoit contenir tous les logarithmes des nombres naturels depuis l'unité jusqu'à 100000, l'autre ceux des sinus & tangentes pour tous les degrés & centiemes de degrés du quart de cercle. Ce zélé Calculateur exécuta une partie de ces projets. Il publia à Londres en 1624, les logarithmes des nombres naturels depuis l'unité jusqu'à 20000, & depuis 90000 jusqu'à 101000. Ils y sont calculés jusquà 14 chiffres. Cet ouvrage intitulé, *Arithmetica logarithmica*, (*in fol.*) contient aussi une sçavante introduction, où la théorie & l'usage de ces nombres sont amplement développés. A l'égard de la seconde Table, *Briggs* l'avoit assez avancée, mais la mort le prévint, & l'empêcha de l'achever. *Henri Gellibrand* y mit la derniere main, & la publia en 1630, sous le titre de *Trigonometria Britannica.* (*in fol.*)

L'invention des logarithmes ne fut pas moins accueillie dans le continent. *Kepler* en sentit le premier tout le mérite. Il publia en 1624 (*a*) un ouvrage sur ce sujet; & comme il travailloit alors à la construction de ses Tables Rudolphines, il y introduisit le calcul logarithmique. *Benjamin Ursinus*, Mathématicien de l'Electeur de Brandebourg, calcula des Tables de sinus avec leurs logarithmes, pour tous les arcs croissans de 10 en 10 secondes, jusqu'au quart de cercle. Mais, de même que *Kepler*, il s'en tint à la premiere idée du Mathématicien Ecossois; ce qui rend aujourd'hui son travail peu utile. *Adrien Ulacq*, dont les petites Tables ont eu un grand nombre d'éditions, est après *Neper* & *Briggs*, celui à qui nous avons le plus d'obligation dans ce genre. Personne ne les seconda avec autant de zele que ce Calculateur des Pays-Bas. Instruit de la découverte de *Neper* par un exemplaire de l'ouvrage de *Briggs*, il se mit aussitôt à travailler sur le même plan, & à suppléer à ce que celui-ci avoit laissé imparfait. Il remplit la lacune qui se trouvoit entre 10000 & 90000, comme *Briggs* l'avoit recommandé, & il supputa les logarithmes pour les sinus, tangentes & sécantes du quart de cercle, en les réduisant à 10 chiffres. Cette importante addition à l'ouvrage de *Briggs* parut dans la nouvelle édition de l'*Arithmetica logarithmica*, que donna *Ulacq* en 1628. Il ne s'en tint pas là: il s'engagea bientôt dans une entreprise plus considérable, en étendant ses Tables jusqu'aux sinus, tangentes & sécantes, & leurs logarithmes de 10 en 10 secondes. Ces nouvelles & amples Tables furent publiées en 1633, avec les logarithmes des nombres naturels depuis l'unité jusqu'à 20000. Depuis ce temps une multitude d'Auteurs, entr'autres ceux de Trigonométrie, ont traité des logarithmes, & en ont donné des Tables. L'énumération en seroit longue & ennuieuse: c'est pourquoi je crois devoir m'en dispenser. Il est facile de sentir que le mérite essentiel

(*a*) *Chilias logarithmorum, cum ipsorum dem. & usu.* Linzii 1624. *Supplem. ad. chil. logarith.* Ibid. 1625. in-4°. Ces ouvrages sont aujourd'hui entiérement inutiles.

des ouvrages de cette ſorte conſiſte dans l'exactitude & une parfaite correction. Les Tables qui ont aujourd'hui le plus de réputation pour l'étendue & pour ces qualités ſi néceſſaires, ſont celles de *Gardiner* (*in* 4°.) Celles de *Sherwin* imprimées à Londres en 1705, (*in-oct.*) ſous le titre de *Tables Mathématiques*, méritent auſſi d'être recommandées, à cauſe des commodités qu'elles préſentent pour le calcul des logarithmes des plus grands nombres. Au défaut de ces Tables, celles que nous croyons mériter le plus l'accueil des Aſtronomes & des Trigonometres, ſont celles de M. *Deparcieux*.

L'invention des logarithmes a donné naiſſance à une courbe célebre depuis ce temps parmi les Géometres, & qu'on nomme
Fig. 3. la logarithmique: en voici la nature. Sur les points A, B, C, D, &c. à égales diſtances ſoient élevées les perpendiculaires A*a*, B*b*, C*c*, D*d*, &c. en proportion géométrique continue: la courbe qui paſſera par les extrêmités de toutes ces proportionnelles, & par celles de toutes les autres moyennes en nombre infini, qu'on pourroit inférer entr'elles, eſt celle dont nous parlons. Il eſt évident que cette courbe repréſentera les logarithmes par les ſegmens de ſon axe: ſi A*a*, par exemple, eſt l'unité, F*f* = 2, G*g* = 3, & que le logarithme de l'unité ſoit zero, AF, AG, ſeront les logarithmes de 2, 3, &c. & AB, AC, AD, &c, ſeront ceux de B*b*, C*c*, D*d*, &c; de même AO, AP, ſeront les logarithmes des nombres repréſentés par O*o*, P*p*, &c, moindres que l'unité; c'eſt pourquoi ces logarithmes ſeront négatifs. Car les abciſſes étant priſes poſitivement du côté de G, elles ſont réputées négatives du côté oppoſé. La premiere idée de cette courbe eſt dûe, à ce que j'ai lu quelque part, à *Edmund Gunther*, Mathématicien Anglois, contemporain de *Briggs*: mais je n'ai pu recouvrer ſon écrit pour ſçavoir quel uſage il en faiſoit. Elle a excité la curioſité des Analiſtes modernes qui y ont découvert des propriétés fort remarquables; par exemple que ſa ſous-tangente eſt une ligne conſtante, c'eſt-à-dire que dans quelque endroit qu'elle ſoit touchée, l'intervalle entre l'endroit où la tangente rencontre l'axe, & l'ordonnée abaiſſée du point de contact comme G*i* ou A*k*, eſt le même; que l'eſpace prolongé à l'infini du côté où elle s'approche de ſon

asymptote, est fini, &c. La considération de cette courbe jette une grande lumiere sur la nature & les propriétés des logarithmes. C'est par ce motif que M. *Keil*, quittant la route frayée par les écrivains ordinaires sur cette théorie, a fait suivre son édition des Elémens d'*Euclide* d'un petit Traité intitulé : *de Naturâ & Arithmeticâ logarithmorum*, où il développe les propriétés de ces nombres par le moyen de la logarithmique qu'il emploie aussi à la solution de quelques problêmes curieux. A l'égard de la construction des logarithmes si laborieuse par la voie ordinaire, elle a été extrêmement facilitée par les nouveaux calculs. Des Géometres du premier ordre, MM. *Gregori*, *Mercator*, *Newton*, *Hallei* ont donné diverses méthodes de plus en plus commodes pour les trouver. M. *Hallei* surtout a donné pour cet effet (*trans. phil.* 1695.) une suite si convergente, qu'un très-petit nombre de termes suffit pour trouver les logarithmes de *Neper* jusqu'au vingtieme chiffre. Nous invitons le Lecteur à consulter l'endroit cité. Revenons à *Neper*.

C'est principalement de la découverte des logarithmes que *Neper* tire sa célébrité ; nous ne croyons cependant pas devoir passer sous silence quelques autres inventions qu'on lui doit, quoique moins brillantes & d'une utilité moins universelle. Telles sont diverses nouvelles méthodes de résolution imaginées dans la vue de simplifier la Trigonométrie sphérique. Parmi ces inventions nous remarquons surtout une regle pour la résolution des triangles sphériques rectangles, qui au jugement de tous ceux qui la connoissent, est extrêmement ingénieuse & commode. En effet ceux qui pratiquent la Trigonométrie sphérique, sçavent qu'on peut proposer seize cas différens sur les triangles rectangles, & que de ces seize cas il y en a au moins douze dont la solution ne se présente pas facilement ; de sorte que les Auteurs qui ont écrit sur ce sujet, ont été obligés pour soulager la mémoire, d'en dresser une Table qu'on puisse consulter au besoin. La regle de *Neper* réduit tous ces cas à une seule regle en deux parties, qui est fort propre par son élégance à s'imprimer profondément dans la mémoire. Aussi les Trigonometres Anglois ne manquent-ils point d'en faire un grand usage, & je ne sçaurois dissimuler ma surprise de n'en trouver aucune trace dans divers Traités François de Trigonométrie qui ont paru depuis peu d'années, & qui méritent d'ailleurs tout-à-fait l'accueil du public. Comme cette regle est fort bien exposée dans le *Cours de Mathématiques* de M. *Wolf*, Livre assez répandu, nous nous contenterons d'inviter les Trigonometres à l'y rechercher.

On a encore un monument du génie de *Neper*, dans sa *Rhabdologie*, (a) ouvrage qu'il publia en 1617. L'objet qu'il s'y est proposé, a été de faciliter les multiplications & les divisions des grands nombres d'une autre maniere que par les logarithmes. Il l'exécute par le moyen de certaines petites baguettes qui portent neuf cases divisées en deux par une diagonale tirée de gauche à droite, & de haut en bas. Dans ces cases sont successivement écrits les neuf multiples du premier nombre que chaque baguette porte en tête, le chiffre des dixaines étant dans le triangle d'en bas. Cette préparation faite il n'y a presque qu'à ranger ces baguettes les unes à côté des autres, de maniere qu'elles portent en tête le nombre à multiplier; & l'on trouve dans les rangs horizontaux chacun des produits partiaux presque tout fait, de sorte qu'on n'a que la peine de les transcrire & de les ajouter pour avoir le produit total. Cette invention est assez commode pour la multiplication, mais il est bon de remarquer qu'elle n'abrege pas sensiblement la division; & l'on ne doit guere la regarder que comme une curiosité Mathématique. Je doute qu'aucun Arithméticien l'ait jamais pratiquée autrement que par forme d'amusement.

IV.

Problêmes & nouvelles vues de Kepler.

Tandis que *Neper* publioit en Angleterre son ingénieuse invention des logarithmes, l'Allemagne donnoit naissance aux premiers germes de la nouvelle Géométrie qu'on vit éclorre quelques années après entre les mains de *Cavalleri*. Nous les trouvons dans un ouvrage de *Kepler*. Quoique cet homme célebre ne se soit adonné qu'en passant à la Géométrie, & que par cette raison il n'y ait pas fait des découvertes remarquables,

(a) M. Raussain a perfectionné en quelques points les bâtons de Neper, & il a donné sur ce sujet un Mémoire à l'Académie Royale des Sciences, qui l'a jugé digne qu'il en fût fait mention dans son histoire. *Voyez Mem. de l'Acad.* 1738.

remarquables, on ne peut cependant lui refuser d'y avoir montré quelques étincelles de ce génie qu'on voit briller dans ses autres écrits. Sa *Stereometria doliorum*, (Lintz 1615. in-fol.) nous présente des vues qui paroissent avoir beaucoup influé sur cette révolution qu'a éprouvé la Géométrie. Il osa le premier introduire dans le langage ordinaire, le nom & l'idée de l'infini. Le cercle n'est, dit-il, que le composé d'une infinité de triangles, dont les sommets sont au centre, & les bases forment la circonférence. Le cône est composé d'une infinité de pyramides appuyées sur les triangles infiniment petits de sa base circulaire, & ayant leur sommet commun avec celui du cône, tandis que le cylindre de même base & même hauteur, est formé d'un pareil nombre de petits prismes sur les mêmes bases, & ayant même hauteur qu'elles. A l'aide de ces notions sous lesquelles ces grandeurs se présenterent sans doute aux Géometres de l'antiquité, mais qu'ils n'oserent employer de crainte de blesser la délicatesse de leurs contemporains; à l'aide de ces notions, dis-je, *Kepler* démontroit d'une maniere directe & très-claire, les vérités qui exigeoient chez les Anciens des détours si singuliers & si difficiles à suivre.

Kepler ouvroit dans ce même Livre un vaste champ de spéculation. Portant ses vues au-delà de celles d'*Archimede*, il se formoit une multitude de nouveaux corps dont il recherchoit la solidité, & qu'il présentoit aux Géometres comme un objet digne de les occuper. *Archimede* n'avoit formé ses conoïdes & ses sphéroïdes, qu'en faisant tourner les sections coniques autour de leur axe; encore n'avoit-il fait aucune attention à celui qu'engendreroit l'hyperbole en tournant autour de son axe conjugué. *Kepler* faisoit naître les siens de la circonvolution des sections coniques autour d'un diametre quelconque, de leur ordonnée, de leur tangente au sommet, ou enfin d'une ligne prise au dehors de la courbe. Enumération faite, il en trouvoit quatre-vingt-dix, outre ceux qu'*Archimede* avoit considérés, & il leur donnoit des noms tirés pour la plûpart de leur ressemblance avec quelques-uns de nos fruits. Il eût mieux valu supprimer ces dénominations le plus souvent fort voisines de la puérilité.

Il est vrai, & nous ne devons pas le dissimuler, que *Kepler*

ne résolvoit que les plus aisés de ces problêmes. Parmi ceux dont il se tire heureusement, le seul où il y ait quelque difficulté, est celui où il s'agit de mesurer le solide formé par un segment de cercle ou d'ellipse tournant autour de sa corde. Il le développoit en un autre corps formé en coin, & dont nous donnerons une idée de cette maniere. Qu'on imagine sur le segment proposé un cylindre droit, & que ce cylindre soit coupé par un plan passant par la corde du segment, de telle
4. sorte que la fleche DE soit à la hauteur CE, comme le rayon à la circonférence. C'est ici que *Kepler* employoit un procédé fort ressemblant à celui de la méthode des indivisibles. Il démontroit l'égalité de ce solide avec celui que formoit le segment tournant autour de sa corde, parce qu'en les coupant l'un & l'autre par un même plan perpendiculaire à l'axe commun, la section circulaire de l'un est toujours égale au triangle qui est la section de l'autre: cela étant démontré, pour trouver ce dernier solide, il supposoit qu'il étoit la partie supérieure d'un autre formé de la même maniere sur le demi-cercle ou la demi-ellipse & qui étoit connu étant égal à la sphere, ou au sphéroïde. Or on voit facilement que pour avoir
5. le solide ACB, il faut retrancher du total FCH, 1°. deux fois le solide AFI*a*, qui est égal au segment de sphere ou de sphéroïde, fait par le segment F*a*I, 2°. le prisme rectiligne A*a*IL*b*B, 3°. le prisme sur la base *aeb*, ou AEB, dont la hauteur est A*a*.

A l'égard des autres problêmes que *Kepler* se proposoit, ils étoient la plûpart d'une difficulté trop supérieure à la Géométrie de son temps pour s'étonner qu'il y ait échoué: il est vrai qu'on ne peut guere l'excuser sur les especes de solutions qu'il crut donner de plusieurs de ces problêmes, quoiqu'il n'ait pas prononcé sur elles en homme persuadé de leur justesse. Au défaut d'une méthode directe, il employa certaines analogies, certaines raisons de convenance plus arbitraires que fondées dans la nature. Aussi souleva-t'il quelques Géometres contre lui. Un, entr'autres, nommé *Alexandre Anderson*, (a) lui reprocha cette singuliere maniere de se conduire en Géométrie, & montra que les vraisemblances qu'il avoit

(a) *Vindiciæ Archimed.* 1616.

prises pour guides ne l'avoient conduit qu'à des erreurs.

Nous passerons légérement sur la seconde partie de cet ouvrage de *Kepler*; elle concerne le jeaugeage des tonneaux, sujet sur lequel il propose des idées ingénieuses. Nous y trouvons surtout une remarque heureuse concernant les problêmes *de maximis & minimis*. C'est que, lorsqu'une grandeur est parvenue au terme de son plus grand accroissement, ou au contraire, dans les environs de ce terme elle ne varie que par des degrés insensibles. Il est facile de voir dans cette remarque le fondement de la regle *de maximis & minimis*, usitée dans le calcul moderne.

V.

Méthode de Guldin.

Les problêmes proposés par *Kepler*, semblent avoir été l'aiguillon puissant qui excita les Géometres à s'ouvrir de nouvelles voies propres à leur en procurer la solution; & peut-être est-ce à ces problêmes que nous devons l'invention des deux méthodes célebres qu'on vit paroître environ 20 ans après, sçavoir celle de *Guldin*, & celle de *Cavalleri*. Ce nombre d'années ne doit pas former une difficulté contre notre conjecture. Les productions Littéraires se communiquoient encore si lentement en Europe, qu'il n'en falloit guere moins pour donner à l'ouvrage de *Kepler* une publicité suffisante, & pour que les géometres dont nous parlons, pussent découvrir & mettre au jour les méthodes dont il occasionnoit l'invention.

Avant que d'entrer dans l'explication de la méthode de *Guldin* (*a*), il est nécessaire de se rappeller quelques connoissances préliminaires. La principale est, que dans toute figure il y a un point qu'on nomme centre de gravité, qui est tel que si on conçoit cette figure traversée par un axe passant par ce point, toutes ses parties resteront en équilibre autour de cet axe, & la figure retiendra la situation qu'on lui

(*a*) Le Pere Guldin naquit à Saint-Gall en 1577, & ayant quitté la Religion Protestante, il entra dans la Compagnie de Jesus en 1597, en qualité de Frere, ou de Coadjuteur temporel. Mais les talens qu'il montra pour les Mathématiques, ayant frappé ses Supérieurs, on l'envoya les cultiver à Rome, où il professa la Philosophie & les Mathématiques. Il les enseigna aussi à Gratz & à Vienne. Outre ses *Centro-Barica*, dont les premiers Livres parurent en 1635, & le reste en 1640, il réfuta Calvisius au sujet du Calendrier Grégorien, dans un ouvrage intitulé *Elenchi Calendarii Greg. refutatio*. Il mourut en 1643.

donnera. Une des propriétés du centre de gravité qu'il est encore à propos de remarquer, est que si l'on imagine une ligne quelconque tirée hors de la figure, & que cette ligne soit comme l'appui, ou l'axe autour duquel cette figure tend à tourner en tombant, le produit de la figure entiere par la distance de son centre de gravité à cet axe, est égal à la somme des produits de chacune de ses parties par la distance de son centre de gravité propre à ce même axe. Cela est évident par la nature du centre de gravité. Car toute la figure réunie, & comme condensée à son centre de gravité, tendroit à tourner avec une force qui seroit comme son poids, (ou la grandeur de la figure,) multiplié par la distance de ce centre au point d'appui. C'est ce qu'enseignent les principes les plus ordinaires de la Méchanique. Mais la figure elle-même fait un effort qui est la somme de tous ceux de ses parties; & chacun de ces efforts est le produit de chaque partie par la distance de son centre de gravité propre au point d'appui: ainsi la vérité de la proposition ci-dessus est manifeste.

La théorie des centres de gravité des figures planes & des lignes courbes est en quelque sorte le vestibule de la méthode de *Guldin*, & nous l'imiterons en commençant à parler de ses recherches sur ce sujet. Les deux premiers Livres de son ouvrage intitulé, *Centro baryca*, ou *de centro gravitatis*, qui parurent en 1635, ont pour objet de déterminer ces centres dans les arcs de cercles, les secteurs, & les segmens soit circulaires soit elliptiques. Nous ne devons cependant pas dissimuler que la plûpart de ces choses avoient été publiées quelques années auparavant (en 1632) par un Auteur de la même Compagnie, nommé le P. *de la Faille*, dans un écrit intitulé, *De centro gravitatis partium circuli & ellipsis*, *theor.* 40. Là ce Géometre qui mérite des éloges, assignoit, à la vérité d'une maniere un peu prolixe, les centres de gravité des différentes parties du cercle & de l'ellipse. Il y faisoit voir surtout la liaison qu'il y a entre cette détermination & celle de la quadrature de ces courbes, & comment l'une des deux étant donnée, l'autre l'est aussi nécessairement. A l'égard de *Guldin*, il prend une route un peu différente, & il étend davantage cette théorie.

La principale découverte qui rend l'ouvrage de *Guldin* recommandable, consiste dans l'application qu'il fait du centre de gravité à la mesure des figures produites par circonvolution. Nous avons déja remarqué ailleurs que *Pappus* avoit reconnu cette propriété, & qu'il l'avoit seulement énoncée en termes un peu différens. Le Géometre ancien avoit dit que les figures produites par circonvolution étoient entr'elles en raison composée des figures génératrices, & des chemins de leurs centres de gravité. Mais nous devons observer en même temps que cet endroit de *Pappus* n'avoit point encore vu le jour, & qu'il n'a paru que dans l'édition de ce Géometre donnée en 1660. Il y auroit, je pense, de la malignité à conjecturer que *Guldin* l'avoit trouvé en fouillant dans quelque manuscrit de cet ancien Auteur, quoique son peu de succès à démontrer ce principe pût le faire soupçonner. Quoi qu'il en soit, voici la proposition fondamentale de cette méthode: « Toute figure, dit *Guldin*, formée par la » rotation d'une ligne ou d'une surface autour d'un axe im» mobile, est le produit de la quantité génératrice par le che» min que décrit son centre de gravité. » Nous allons développer cette regle par quelques exemples faciles, & dont on a la démonstration par d'autres voies. Personne n'ignore que le cône droit est formé par un triangle rectangle qui tourneroit autour d'un des côtés qui comprennent l'angle droit; mais l'on sçait aussi que le centre de gravité de ce triangle est éloigné de cet axe du tiers de la base, & par conséquent il décrit une circonférence qui est le tiers de celle que décrit l'extrêmité de la base. Le cône sera donc, suivant *Guldin*, le produit du triangle générateur par le tiers de cette derniere circonférence, d'où l'on déduit facilement qu'il est le tiers du cylindre de même base & même hauteur. On fait voir de même par la position du centre de gravité du demi-cercle, que la sphere qu'il produit en tournant autour du diametre, est les $\frac{2}{3}$ du cylindre de même base & même hauteur, & que sa surface est égale à la surface courbe de ce cylindre; que le conoïde parabolique est la moitié du cylindre de même base & même hauteur, &c.

Guldin parcouroit ainsi diverses questions déja résolues, & y appliquant sa regle il tâchoit de la démontrer par cet accord parfait des solutions qu'elle donne, avec les anciennes.

Mais ce n'étoient-là que des inductions, qui, quoique favorables, ne suffisent point en Géométrie, où l'on a droit d'exiger des preuves qui arrachent le consentement. *Guldin* fit, à la vérité, quelques efforts pour la démontrer directement, mais il y réussit mal; & il eut sans doute mieux fait de s'en tenir à ses inductions, que de former un raisonnement aussi peu digne d'un Mathématicien que le suivant. Il disoit, par exemple, que la distance du centre de gravité à l'axe de rotation tenoit un milieu entre toutes celles des différentes parties de la figure à cet axe: que ce point étoit unique, & par conséquent que si quelqu'un de ceux de la figure devoit jouir de la prérogative en question, ce devoit être le centre de gravité. Ceci montre qu'il y a quelquefois dans les découvertes même géométriques, plus de bonheur que d'habileté; & c'est ce que *Cavalleri* (*a*) reprocha à *Guldin* dans le cours d'une contestation qu'ils eurent ensemble au sujet de l'exactitude de la méthode des indivisibles. En effet il convenoit peu au Géometre Allemand d'attaquer l'Italien, comme coupable de relâchement en Géométrie. Aussi *Cavalleri* n'eut pas beaucoup de peine à se justifier, & usant de récrimination, il montra que ce reproche ne pouvoit tomber que sur son adversaire: il fit plus: pour prouver que *Guldin* avoit échoué contre une difficulté peu capable d'arrêter un Géometre, il lui donna une démonstration fort simple de ce principe. Elle n'est effectivement que le corollaire d'une propriété du centre de gravité, qu'il est surprenant que *Guldin* n'ait pas apperçue (*b*). *Cavalleri* en attribue l'invention à un de ses

(*a*) *Exercit. Geom.* Bon. 1647. *Exer.* 1. 2.

(*b*) L'importance de ce principe nous engage à en donner ici la démonstration en faveur des lecteurs à qui elle ne se présenteroit pas. Si le rectangle A *a*, (*fig.6.*) tourne à l'entour de l'axe G H, il décrira évidemment un cylindre creux, dont la solidité sera le produit de A *a*, par la circonférence moyenne entre celles que décrivent ses côtés autour de l'axe de rotation, c'est-à-dire, par la circonférence dont le rayon est D α, la distance du centre de gravité α à cet axe. De même le solide creux décrit par le parallélogramme B *b*, sera le produit de B *b*, par la circonférence que décrit le centre de gravité β. Que δ soit maintenant le centre de gravité des deux rectangles A *a*, B *b*, le produit de A *a* + B *b*, par la distance de δ à l'axe, sera égal (par la propriété du centre de gravité) à la somme du produit de A *a*, par la distance de α à l'axe, plus celui de B *b* par la distance de β à ce même axe. Et par conséquent, prenant au lieu des rayons les circonférences, le produit de A *a* par le chemin de son centre de gravité α, sera égal au produit de A *a* + B *b*, par le chemin du centre de gravité commun δ. Si donc on inscrit ou l'on circonscrit à une

anciens diſciples, nommé *Antonio Roccha*, qui, à ce qu'il ajoute, la lui avoit communiquée long-temps avant que ſon adverſaire eût publié ſon ouvrage.

En partant du principe de *Guldin*, il eſt facile de réſoudre pluſieurs des problêmes que *Kepler* avoit propoſés. Car 1°. la quadrature du cercle étant ſuppoſée, on a le centre de gravité d'un ſegment circulaire ou elliptique quelconque, auſſi-bien que ſa grandeur: par conſéquent ſi l'on fait tourner ce ſegment autour de ſa corde, ou de ſa tangente, ou enfin d'une autre ligne quelconque, on aura & la quantité de la figure génératrice, & le chemin parcouru par ſon centre de gravité: le ſolide produit ne ſera donc plus inconnu. Il en ſera de même de la ſurface formée par un arc circulaire tournant ſur un axe quelconque: on connoît ſa grandeur & la poſition de ſon centre de gravité, on aura par conſéquent les deux facteurs du produit, qui eſt la ſurface cherchée. Une partie du Livre de *Guldin* eſt employée à la réſolution de ces problêmes.

Archimede s'étoit autrefois propoſé de trouver la grandeur du ſolide formé par la circonvolution du ſegment parabolique autour de ſon axe, & il avoit montré qu'il étoit la moitié du cylindre de même baſe & de même hauteur. *Kepler* avoit propoſé de trouver la meſure du ſolide produit par le même ſegment tournant autour de ſon ordonnée, ou de ſa tangente à ſon ſommet. Ces deux problêmes, de même que divers autres ſur les ſegmens paraboliques, ſont encore du reſſort de la méthode de *Guldin*. On ſçait que le centre de gravité de la parabole eſt éloigné de la baſe des $\frac{2}{5}$ de l'axe, & par conſéquent du ſommet des $\frac{3}{5}$ de ce même axe. On ſçait encore que le ſegment parabolique eſt les deux tiers du rectangle circonſcrit, & que le centre de gravité de ce rectangle eſt éloigné de ſa baſe commune avec le ſegment parabolique, de la moitié de ſon axe. Le ſolide produit par le

figure courbe quelconque (*fig.* 7.), les rectangles, comme A, B, C, &c. le ſolide qu'ils décriront en tournant autour d'un axe quelconque, ſera égal au produit de leur ſomme par la circonférence que décrit leur centre de gravité commun. Mais que ces rectangles ſoient multipliés à l'infini, ils ſe confondront avec la figure, & leur centre de gravité avec celui de cette figure. Ainſi le produit de la figure par le chemin de ſon centre de gravité, ſera égal au ſolide qu'elle décrira dans ſa circonvolution.

rectangle tournant autour de cette baſe, ſera donc au ſolide produit par la parabole, comme $1 \times \frac{1}{2}$, à $\frac{2}{3} \times \frac{2}{5}$ ou $\frac{4}{15}$. Ces deux ſolides ſont donc l'un à l'autre comme $\frac{1}{2}$ à $\frac{4}{15}$, ou comme 15 à 8. On trouvera par un procédé ſemblable, que le ſolide de la parabole tournant autour de la tangente au ſommet, eſt au cylindre circonſcrit, comme $\frac{2}{3} \times \frac{3}{5}$, à $1 \times \frac{1}{2}$, ou comme $\frac{2}{5}$ à $\frac{1}{2}$, c'eſt-à-dire, comme $\frac{4}{5}$ à 1.

Ce qu'on vient de dire ſur la regle de *Guldin*, doit ſuffire dans un ouvrage où l'on ſe propoſe ſeulement de donner l'eſprit & le précis des découvertes. Il eſt facile de voir qu'on l'emploiera avec ſuccès dans tous les cas où l'on aura la grandeur & le centre de gravité de la figure génératrice. Nous croyons cependant pouvoir dire qu'elle n'eſt point la voie naturelle pour la dimenſion des ſolides & des ſurfaces, & qu'elle ne va à ſon but que par un circuit ſouvent inutile, je veux dire qu'elle ſuppoſe ſouvent des connoiſſances d'une difficulté ſupérieure à celle du problême qu'on cherche à réſoudre. En général, la détermination des aires des courbes, ou de leur centre de gravité, eſt plus difficile que celle des ſolides qu'elles forment par leur circonvolution : on en a un exemple dans le conoïde hyperbolique, dont la grandeur eſt bien plus facile à trouver que celle du ſegment hyperbolique, ou ſon centre de gravité. La regle de *Guldin* ſemble même dans ce cas induire en erreur, en ce qu'elle repréſente le problême comme d'un genre ſupérieur à celui dont il eſt réellement. La ſurface du conoïde parabolique en offre encore un exemple. La méthode dont nous parlons exigeroit la rectiſication de l'arc parabolique, & la détermination de ſon centre de gravité, quoique la meſure de cette ſurface ne dépende que de la quadrature d'un ſegment parabolique tronqué, & de celle du cercle qui entre néceſſairement dans tous les problêmes qui concernent des ſurfaces ou des corps produits par circonvolution. Cependant malgré ces inconvéniens, on doit regarder cette liaiſon que *Guldin* établit entre les figures, leurs centres de gravité, & celles qu'elles engendrent en tournant autour d'un axe, comme une des belles découvertes de la Géométrie. C'eſt avoir multiplié les reſſources de la ſcience, en réduiſant trois problêmes regardés juſqu'alors, comme iſolés à deux ſeulement.

VI.

VI.

Méthode des indivisibles.

Quelque ingénieuse que soit la méthode de *Guldin*, elle n'a pas autant servi à reculer les bornes de la Géométrie que celle des indivisibles. C'est à dater de l'époque de celle-ci, qu'on doit compter les grands progrès qu'a fait cette Science, & par lesquels elle s'est élevée à l'état où elle est aujourd'hui. Ce fut en 1635 que *Cavalleri* la publia dans son Livre intitulé, *Geometria indivisibilibus continuorum novâ quâdam ratione promota* (*Bon. in* 4°.). Nous suspendrons quelques momens l'exposition de ce que contient cet ouvrage mémorable, pour faire connoître son Auteur.

Cavalleri.

Cavalleri (*Bonaventure*) naquit à Milan en 1598, & entra jeune dans l'ordre des Jésuates ou Hieronymites. Il montra tant de facilité & de génie dans ses études, qu'après qu'il eut pris les Ordres, ses supérieurs jugerent à propos de l'envoyer à Pise, afin qu'il pût y profiter des secours qu'offroit l'Université célebre qui y fleurissoit. Ce fut au grand regret de *Cavalleri*. Cependant c'est à ce voyage qu'il doit à certains égards la célébrité de son nom ; car c'est dans cette ville qu'il connut pour la premiere fois la Géométrie. *Benoît Castelli*, disciple & ami de *Galilée*, la lui ayant conseillée pour le distraire de ses ennuis & des douleurs que commençoit à lui causer une goutte qui alla toujours en empirant, *Cavalleri* y fit de tels progrès, & épuisa si promptement dans ses lectures tous les Géometres anciens, que *Castelli* & *Galilée* prédirent dès-lors la haute célébrité à laquelle il devoit atteindre. En effet il imagina peu après la *Géométrie des indivisibles* ; & dès l'année 1629 il étoit en possession de cette ingénieuse méthode. Car l'Astronome *Magin*, Professeur dans l'Université de Boulogne, étant mort, *Cavalleri* fit communiquer son Traité des indivisibles, avec un autre sur les sections coniques, à quelques Sçavans & aux Magistrats de cette ville, en demandant la place vacante. On n'en exigea pas davantage : on trouva dans l'un & dans l'autre de ces écrits tant de marques de génie, qu'on agréa sa demande. *Cavalleri* fut nommé Professeur, & commença à en exercer les fonctions à la fin de l'année 1629.

Outre l'ouvrage célebre de *Cavalleri*, nous voulons dire sa *Géométrie des indivisibles*, on lui en doit plusieurs autres, comme un Traité des sections coniques intitulé *de speculo ustorio*, (*in* 4°. 1632.) une Trigonométrie sous le titre de *Directorium universale urano-metricum* (*in* 4. 1632.), qui reparut en 1643, sous celui de *Trigonometria plana ac spherica, linearis & logarithmica*; un *Compendium regularum de triangulis*, une *Centuria problematum astronomicarum*, ouvrages apparemment uniquement destinés à l'instruction de ses éleves. Les instances de quelques-uns de ses Auditeurs lui en arracherent un autre qui doit nous surprendre; c'est un Traité d'Astrologie qu'il intitula *Rota planetaria*, & qu'il mit sous le nom de *Sylvius Philomantius*. Ennemi de l'Astrologie Judiciaire, comme le dépeint l'Auteur de sa vie, il eût sans doute mieux fait de ne point céder à ces sollicitations. Est-il aucun motif qui doive porter un Philosophe & un amateur de la vérité à faire quoi que ce soit, qui puisse contribuer à étendre ou à perpétuer un préjugé? Nous retrouvons enfin l'Auteur de la Géométrie des indivisibles dans ses *Exercitationes Geometricæ*, qu'il publia en 1643. Cet ouvrage que nous ferons mieux connoître dans la suite, fut le dernier de ceux de *Cavalleri*. Il mourut à Boulogne vers la fin de cette même année 1647, après avoir essuyé pendant douze ans les atteintes d'une goutte si cruelle, qu'elle l'avoit réduit à pouvoir à peine tenir sa plume & s'en servir. Faisons connoître maintenant la méthode de *Cavalleri*, & quelques-unes des découvertes auxquelles il s'éleva par son moyen.

Cavalleri imagine le continu composé d'un nombre infini de parties, qui sont ses derniers élémens ou les derniers termes de la décomposition qu'on peut en faire, en le divisant continuellement en tranches paralleles entr'elles. Ce sont ces derniers élémens qu'il appelle *indivisibles*; & c'est dans le rapport suivant lequel ils croissent ou décroissent, qu'il cherche la mesure des figures, ou leur rapport entr'elles.

On ne peut disconvenir que *Cavalleri* s'énonce d'une maniere un peu dure pour les oreilles géométriques. A en juger par ses expressions, il semble qu'il conçoit le corps comme composé d'une multitude de surfaces amoncelées les unes sur les autres; les surfaces comme formées d'une infinité de lignes ſemblablement accumulées, &c. Mais il eſt facile de reconcilier ce langage avec la ſaine Géométrie par une interprétation que *Cavalleri* ſentit ſans doute d'abord, quoiqu'il ne l'ait pas donnée dans l'ouvrage dont nous parlons. Il le fit ſeulement dans la ſuite, lorſqu'il fut attaqué par *Guldin* en 1640. Il montra alors que ſa méthode n'eſt autre choſe que celle d'exhauſtion des Anciens ſimplifiée. En effet ces ſurfaces, ces lignes dont *Cavalleri* examine les rapports & les ſommes, ne ſont autre choſe que les petits ſolides, ou les triangles inſcrits ou circonſcrits d'*Archimede*, pouſſés à un ſi grand nombre, que leur différence avec la figure qu'ils environnent, ſoit moindre que toute grandeur donnée. Mais tandis qu'*Archimede*, à chaque fois qu'il entreprend de démontrer le rapport d'une figure curviligne avec une autre connue, emploie un long circuit de paroles & un tour indirect de démonſtration, le Géometre moderne s'élançant en quelque ſorte dans l'infini, va ſaiſir par l'eſprit le dernier terme de ces diviſions & ſoudiviſions continuelles, qui doivent enfin anéantir la différence des figures rectilignes inſcrites ou circonſcrites avec la figure curviligne qu'elles enferment. C'eſt à peu près ainſi que, quand on détermine la ſomme d'une progreſſion géométriquement décroiſſante, on ſuppoſe le dernier terme égal à o; car quoique l'on ne puiſſe jamais atteindre à ce terme, l'eſprit voit cependant avec évidence qu'il eſt plus petit qu'aucune grandeur aſſignable, quelque petite qu'elle ſoit: par conſéquent il ne peut le déſigner que par zero, puiſqu'il n'y a que le rien qui ſoit moindre que toute grandeur poſſible. De même on doit concevoir les ſurfaces, les lignes dont *Cavalleri* fait les élémens des figures, comme les dernieres des diviſions dont nous avons parlé plus haut; ce qui ſuffit pour corriger ce que ſon expreſſion a de dur & de contraire à la rigoureuſe Géométrie. D'ailleurs il n'eſt aucun cas dans la méthode des indiviſibles, qu'on ne puiſſe facilement réduire à la forme ancienne de démonſtration. Ainſi c'eſt s'arrêter à l'écorce que de chicaner ſur le mot d'*indiviſibles*. Il eſt impropre, ſi l'on veut, mais il n'en réſulte aucun danger pour la Géométrie, & loin de conduire à l'erreur, cette méthode au contraire a ſervi à atteindre à des vérités qui avoient échappé juſques-là aux efforts de tous les Géometres.

La Géométrie des indivisibles peut être divisée en deux parties. L'une a pour objet la comparaison des figures entr'elles à l'aide de l'égalité ou du rapport constant qui regne entre leurs élémens semblables. C'est ce qui occupe *Cavalleri* dans le premier Livre de son ouvrage, & dans une partie du second. Il y démontre à sa maniere l'égalité & les rapports des parallélogrammes, des triangles, des prismes, &c, sur même base & même hauteur. Tout cela peut se réduire à une proposition générale, sçavoir que *toutes les figures dont les élémens croissent ou décroissent semblablement de la base au sommet, sont à la figure uniforme de même base & même hauteur, en même raison.* Il est facile d'appercevoir la vérité de cette proposition; les conséquences en sont si nombreuses que nous croyons devoir en donner quelques exemples. Voyez la note (*a*).

(*a*) La proposition féconde dont il s'agit ici, nous donne d'abord une quadrature facile de la parabole. Car soit (*fig.* 8.) une pyramide ABC, & l'espace parabolique extérieur DEF, compris entre la parabole, la tangente au sommet, & une parallele à l'axe. Il est facile d'appercevoir que ces figures sont semblablement décroissantes. Car l'élément de la pyramide fg, est dans le même rapport que le quarré de sa distance au sommet, & dans la parabole extérieure, HI est de même comme le quarré de DH. L'espace extérieur DEF de la parabole sera donc le tiers du parallélogramme de même base & même hauteur, comme la pyramide est le tiers du cylindre correspondant.

Soit encore (*fig.* 9.) une parabole dont I est le sommet, IK l'axe, EF une ordonnée. C'est une propriété de cette courbe que tirant une ligne quelconque GH parallele à l'axe, on a GH à KI, comme le rectangle EGF à EKF, ou KF^2. Or cette propriété est celle des élémens de la sphere, dont l'axe seroit EF. Car par la propriété du cercle $GM^2 : KL^2 :: EG \times GF : KF^2$, & par conséquent le cercle décrit du rayon GM, qui est un des élémens de la sphere, sera à celui qui a KL pour rayon dans la même raison. C'est pourquoi KI : GH :: le cercle NL : OM. La sphere & la parabole rapportée à son ordonnée, sont donc des figures analogues; par conséquent, la sphere étant au cylindre circonscrit, comme 2 à 3, la parabole sera au parallélogramme de même base & même hauteur dans cette raison; ou au contraire si la quadrature de la parabole étoit la premiere connue, on en concluroit que la sphere est les deux tiers du cylindre de même base & même hauteur.

Cette maniere de considérer la parabole nous va aussi donner la mesure du conoïde hyperbolique. Car que la parabole BAC, (*fig.* 10.) soit prolongée de même que l'ordonnée CB; & que HK = BE, soit l'axe transverse d'un conoïde hyperbolique. Si l'on tire les lignes DF, EG, on aura dans la parabole DF à GE, comme FC × FB à GC × GB; mais dans le conoïde hyperbolique, on a le cercle du diametre NP à celui de OQ, comme LK × LH à MK × MH, c'est-à-dire, dans la même raison : c'est pourquoi l'espace parabolique GBE croît semblablement avec le conoïde hyperbolique NKP. Ainsi ce conoïde sera au cylindre correspondant, comme cet espace au rectangle de même base & même hauteur.

Il est facile de voir que cette méthode donnera aussi les centres de gravité d'une multitude de figures. Par exemple, dans le conoïde parabolique les élémens qui sont comme les quarrés des ordonnées, étant par conséquent comme les abscisses, ou leurs distances au sommet, le conoïde sera analogue au triangle rectiligne; ainsi ou-

La seconde partie de la Géométrie des indivisibles est occupée à déterminer le rapport de la somme de cette infinité de lignes ou de plans, croissans ou décroissans, avec la somme de tous les élémens homogênes à ces premiers, mais tous égaux entr'eux. Un exemple éclaircira ceci. Un cône, suivant le langage de *Cavalleri*, est composé d'une infinité de cercles décroissans de la base au sommet, pendant que le cylindre de même base & même hauteur, est composé d'une infinité de cercles égaux. On aura donc la raison du cône au cylindre, si l'on trouve le rapport de la somme de tous ces cercles décroissans dans le cône, & infinis en nombre, avec celle de tous les cercles égaux du cylindre. Dans le cône ces cercles décroissent de la base au sommet, comme les quarrés des termes d'une progression arithmétique. Dans d'autres corps ils suivent une autre raison; dans le conoïde parabolique, par exemple, c'est celle des termes d'une progression arithmétique. L'objet général de la méthode est d'assigner le rapport de cette somme de termes croissans ou décroissans, avec celle des termes égaux dont est composée la figure uniforme & connue, de même base & même hauteur.

Cavalleri commence donc par examiner quel est le rapport de la somme des quarrés de toutes les lignes qui remplissent le triangle, avec la somme des quarrés de toutes celles qui remplissent le parallélogramme de même base & même hauteur; & il montre que la premiere est le tiers de la seconde, d'où il conclut que les pyramides, les cônes, & toutes les autres figures dont les élémens décroissent, comme ces quarrés, sont le tiers des figures uniformes de même base & même hauteur. Delà il passe à examiner les sommes des quarrés des lignes qui remplissent diverses autres figures, comme le cercle ou ses segmens, ceux des sections coniques, &c: il applique ensuite sa théorie à divers problêmes; & il passe en revue la plûpart de ceux de *Ké-*

tre que par-là on reconnoît que le conoïde parabolique est la moitié du cylindre de même base & même hauteur, on voit que son centre de gravité est placé comme celui du triangle. L'analogie remarquée ci-dessus entre le conoïde hyperbolique & un certain espace parabolique, donnera aussi le centre de gravité de ce conoïde, & celle qu'il y a entre les segmens sphériques, comme OEM, & l'espace parabolique EGH, donnera celui de l'hémisphere & de ses segmens. Mais en voilà assez sur ce sujet, les exemples précédens suffisent pour mettre sur la voie ceux qui sont doués de l'esprit géométrique, & leur faire appercevoir mille autres comparaisons semblables.

pler, qu'il résoud avec beaucoup d'élégance. En voici quelques-uns. *Képler* avoit demandé la grandeur du corps formé par un segment circulaire ou elliptique ABE, tournant autour de sa corde. Que C en soit le centre, dit *Cavalleri*, BI la fleche, ID le reste de l'axe; & qu'on fasse comme le rectangle circonscrit AF, est au segment; ainsi 3 CI à DL: le solide en question sera au cylindre décrit en même temps par AF, comme 2 IL à 3 IB. De cette détermination l'on voit renaître le rapport si
Fig. 11. connu de l'hémisphere ou l'hémisphéroïde, au cylindre de même base & même hauteur. Car que le segment ABI soit un quart de cercle ou d'ellipse, alors le point I tombera sur le centre C, & le point L sur D; de sorte que la raison de 2 IL à 3 IB, sera celle de 2 CD à 3 CB, ou de 2 à 3.

On trouve par la même méthode, que le solide formé par la circonvolution de l'espace extérieur du quart de cercle ou d'ellipse, comme GABH, autour de GH, ou HB, est les $\frac{2}{21}$ du cylindre décrit en même temps par le rectangle GB, en supposant le cercle au quarré du diametre, comme 11 à 14.

Si ce triangle mixtiligne étoit l'espace extérieur d'un segment parabolique tournant autour de la tangente au sommet, le solide qu'il décriroit seroit au cylindre circonscrit comme 7 à 15; & au contraire comme 1 à 6, s'il tournoit autour de la parallele à l'axe. Afin de ne pas fatiguer le Lecteur, nous nous bornons à remarquer encore que le segment hyperboli-
Fig. 12. que intérieur, comme ABE, tournant autour de l'axe conjugué, forme un solide qui est les deux tiers du cylindre concave décrit en même temps par la révolution du rectangle AB. Toutes ces vérités sont aujourd'hui faciles à démontrer, à l'aide des nouveaux calculs, & même par diverses méthodes fort simples, & qui se présentent facilement aux Géometres un peu intelligens.

Ces questions, & diverses autres comparaisons des mêmes solides, occupent *Cavalleri* jusqu'à la fin du cinquieme Livre. Nous trouvons dans le sixieme, qui traite de la spirale, une belle remarque, sçavoir, celle de la symbolisation de la
Fig. 13. parabole avec cette courbe. Nous allons nous expliquer; qu'on imagine un cercle au dedans duquel est décrite une spirale, & qu'on développe ce cercle dans le triangle CA*a*, dont la base est la circonférence, & dont la hauteur est le rayon qui

touche la ſpirale au centre Si toutes les circonférences moyennes ſont ſemblablement développées en lignes droites paralleles à la baſe A*a*, la courbe ſpirale ſe trouvera transformée en un arc parabolique dont le ſommet ſera en C. L'une & l'autre ſont de la même longueur, & l'aire renfermée entre la ſpirale & la circonférence du cercle, eſt égale à celle que comprend la parabole avec les lignes CA & A*a*. On voit par-là que cette propriété facilite beaucoup la détermination des aires ſpirales. Auſſi *Cavalleri* s'en aide-t'il heureuſement pour cet effet. Un Ecrivain moderne a fait honneur de cette découverte à *Grégoire de S. Vincent*, mais il ignoroit ſans doute le droit que *Cavalleri* a ſur elle. D'ailleurs quelqu'ingénieuſe qu'elle ſoit, elle ne méritoit pas d'être autant exaltée; car *Archimede* en avoit fait tous les frais dans ſa quadrature de la parabole, en y démontrant la propriété qui lui ſert de fondement.

Cavalleri s'éleva bientôt à des conſidérations plus ſublimes & plus difficiles. Ce fut encore à l'occaſion d'un des problêmes de *Kepler:* ce Mathématicien avoit propoſé de trouver la grandeur du ſolide décrit par la parabole tournant autour de ſon ordonnée, ou de la tangente au ſommet. *Cavalleri* la rechercha, & vit bientôt que le problême ſe réduiſoit à déterminer le rapport de la ſomme des quarrés quarrés des lignes qui rempliſſent le triangle, à la ſomme des ſemblables puiſſances des lignes qui rempliſſent le parallélogramme. Il trouva que ce rapport étoit celui de 1 à 5. Il découvrit de même que s'il s'agiſſoit des cubes de ces lignes, ce rapport ſeroit celui de 1 à 4. L'analogie le conduiſit dans le reſte, & il conclut que l'expoſant d'une puiſſance quelconque étant n, le rapport de ces ſommes eſt celui de 1 à $n+1$. Cette découverte le mit en poſſeſſion de la meſure de toutes les paraboles des ordres ſupérieurs, de celles des conoïdes, de leurs centres de gravité, &c. Il publia ces choſes en 1647, dans ſes *Exercitationes Mathematicæ*. Cet ouvrage nous offre encore quelques objets intéreſſans & nouveaux. C'eſt-là que *Cavalleri* établit ſa méthode ſur de ſolides fondemens, & qu'il la défend contre les imputations de quelques adverſaires, entr'autres du P. *Guldin:* il y réſoud divers problêmes ſur les ſections coniques: il y détermine enfin les foyers des verres de ſphéricité inégale, problême que *Kepler* n'avoit point résolu, & qui avoit, ce semble, resté jusques-là sans solution.

VII.

[...]vaux des [...]metres [...]çois.

Nous ne nous sommes jusqu'ici presque occupés que des découvertes & des travaux des Etrangers : il est temps que nous passions en France, où fleurissoient déja divers Géometres, qui ne le cédoient point à ceux dont nous venons de parler, nous oserons même dire, qui les laissoient en arriere par la difficulté de leurs recherches. Nous n'irons point encore en chercher les preuves dans la nouvelle Géométrie dont l'invention est dûe à *Descartes*. Sans sortir du genre qui doit nous occuper dans ce Livre, nous trouverons en France des découvertes à opposer aux plus belles de celles que l'on vient d'exposer.

En effet pendant que *Cavalleri* appliquoit sa Géométrie à la recherche des solides formés par les sections coniques, les Géometres François s'élevoient déja à la considération d'une foule d'autres courbes d'un genre supérieur, à la détermination de leurs tangentes, de leurs centres de gravité, des solides formés par leur circonvolution, &c. Peu contens des solutions particulieres, ils en cherchoient de générales, & dédaignant en quelque sorte les rameaux, ils faisoient des efforts pour remonter au tronc dont ils dépendoient.

Le commerce épistolaire entre M. de *Fermat* (*a*) & divers autres sçavans Géometres, nous fournit les preuves de toutes ces choses. On y voit que dès l'an 1636, il étoit question en France des spirales & des paraboles des degrés supérieurs. M. *de Fermat* dans sa premiere Lettre au P. *Mersenne*, qui est du milieu de l'année 1636 (*b*), lui annonce qu'il a considéré une spirale différente de celle d'*Archimede*. Dans cette nouvelle courbe les arcs de cercle parcourus depuis le commencement de la révolution par l'extrêmité du rayon, ne sont point, comme dans celle du Géometre ancien, en même raison que les espaces parcourus par le point décrivant en s'éloignant du centre, mais en raison des quarrés de ces espaces,

(*a*) On dira dans le Livre suivant quelque chose de plus sur la personne & les écrits de ce sçavant Géometre.

(*b*) Fermat. op. p. 121.

paces, de forte que les arcs de cercle qui mefurent la révolution, croiffant uniformément, ce font les quarrés des rayons, & non les rayons, qui croiffent auffi uniformément. *Fermat* annonce à *Merfenne* que l'efpace renfermé par la premiere révolution eft la moitié du cercle qui la comprend ; que le fecond efpace entre la premiere & la feconde révolution eft le double du premier, & qu'enfuite entre la feconde & la troifieme, la troifieme & la quatrieme, & ainfi à l'infini tous ces efpaces font égaux au fecond : ce qui eft une propriété fort remarquable. Bientôt après ayant lié un commerce de Lettres avec *Roberval*, il lui propofa le problême de déterminer les aires des paraboles, où les abfciffes ne font plus comme les quarrés des ordonnées, (ce qui eft la propriété de la parabole ancienne,) mais comme leurs cubes, leurs quatriemes, leurs cinquiemes puiffances, &c : il lui fait auffi part de la mefure du conoïde formé par la parabole tournant autour de fon ordonnée, & des fegmens retranchés par des plans perpendiculaires à l'axe de la rotation.

Roberval ne tarda pas à fe mettre en cela au niveau de M. *de Fermat*. Il lui renvoya dans fa réponfe la folution du problême qui lui étoit propofé. Les paraboles, dit-il, où les abfciffes font comme les cubes, les troifiemes, les quatriemes puiffances de l'ordonnée font les $\frac{3}{4}$, les $\frac{4}{5}$, les $\frac{5}{6}$ du parallélogramme de même bafe & même hauteur, & ainfi de fuite. La loi de la progreffion fe manifefte facilement. Il reftoit le cas où une puiffance quelconque de l'abfciffe comme le quarré, auroit été comme une autre puiffance quelconque, par exemple la troifieme de l'ordonnée : on en trouve la folution dans un écrit poftérieur de *Roberval* (*a*) : il y remarque que, dans le cas ci-deffus, par exemple, la parabole eft au rectangle circonfcrit comme 3 à 5 ; & qu'en général fi n exprime la puiffance de l'abfciffe, & m celle de l'ordonnée, $\frac{m}{n+m}$ défigne le rapport de la parabole au parallélogramme circonfcrit. *Roberval* envoya à *Fermat* (*b*) la détermination des tangentes de ces fortes de paraboles, & celui-ci lui répondit en lui envoyant leur centre de gravité (*c*). La remarque de *Fer-*

(*a*) Lettre de Roberval à Torricelli en 1644. *Mem. de l'Acad. avant le renouvell.* T. VI.
(*b*) Lettres de Fermat, p. 140.
(*c*) Ibid. p. 147.

mat eſt d'une élégance propre à lui mériter place ici. Dans toutes les paraboles ou leurs conoïdes, dit-il, le centre de gravité diviſe l'axe en deux ſegmens tels que le plus voiſin de la baſe eſt à l'autre, comme la figure elle-même au parallélogramme ou au cylindre de même baſe & même hauteur : il eſt facile de le vérifier dans la parabole ordinaire, ſon conoïde, & le triangle qui eſt une ſorte de parabole où les ordonnées ſont comme les abſciſſes.

A la vue de ces ſolutions on ne peut douter de ce que *Roberval* écrivoit en 1644 à *Torricelli*, (*a*) ſçavoir que dans le temps ou environ, que *Cavalleri* publioit en Italie ſes indiviſibles, les Géometres François étoient en poſſeſſion d'une méthode ſemblable. *Roberval* dans la lettre dont nous parlons, aſſure que long-temps avant que le Géometre Italien mît au jour ſa méthode, il en avoit une fort analogue qu'il s'étoit formée d'après une lecture ſérieuſe des Livres d'*Archimede*; mais plus attentif que *Cavalleri* à ménager les oreilles des Géometres, il l'avoit dépouillée de ce que celle de *Cavalleri* avoit de dur & de choquant dans les termes, & même dans les idées à moins qu'elles ne ſoient expliquées. Il ſe contentoit, dit-il, de conſidérer les ſurfaces & les ſolides, comme compoſés d'une multitude indéfinie de petits rectangles ou de petits priſmes décroiſſans ſuivant une certaine loi : c'eſt par ce moyen & par celui d'une certaine analogie aſſez ſemblable à celle que *Wallis* étendit beaucoup plus dans la ſuite, qu'il parvint à la ſolution des problêmes de *Fermat*, & de divers autres, tels que ceux de l'aire de la cycloïde, & des ſolides qu'elle forme par ſa rotation autour de ſon axe & ſa baſe.

Roberval continue dans cette lettre, l'hiſtoire de ſes méditations & de la méthode qu'il s'étoit formée. Il la gardoit, dit-il, *in petto*, dans la vue de ſe procurer parmi les Géometres une ſupériorité flatteuſe par la difficulté des problêmes qu'elle le mettoit en état de réſoudre. Mais il éprouva ce qui arrive ſouvent à ceux qui cachent un ſecret que mille autres cherchent avec empreſſement. Pendant qu'il ſe réjouiſſoit *juveniliter*, c'eſt ſon expreſſion, *Cavalleri* publia ſes indiviſibles, & le fruſtra de l'honneur que lui auroit fait ſa méthode

(*a*) Anciens Mem. T. VI.

s'il l'eût publiée ; juste punition de ceux qui par des motifs aussi peu dignes d'un Philosophe, font un mystere de leurs inventions.

Nous devons associer à toutes ces découvertes, l'illustre M. *Descartes.* Elles lui coûterent même peu, si nous en jugeons par une de ses lettres. (*a*) Le P. *Mersenne* lui avoit envoyé un essai d'une méthode de M. *de Fermat*, pour l'invention des centres de gravité des conoïdes. *Descartes* dans sa réponse, lui renvoie aussi-tôt non seulement les centres de gravité, mais la quadrature générale de toutes les paraboles, la détermination de leurs tangentes, & celle de la grandeur de leurs conoïdes.

La logarithmique spirale & la cycloïde, courbes que leurs propriétés ont depuis rendu célebres, prirent naissance dans ce temps entre les mains des Géometres François. Ceci confirme ce que nous avons dit plus haut sur la nature des recherches auxquelles ils s'étoient déja élevés. Nous différons à parler de la cycloïde à laquelle nous destinons un article étendu. Nous ne toucherons ici que ce qui concerne la logarithmique.

C'est dans la Méchanique de *Descartes*, & dans une de ses lettres, (*b*) que nous trouvons les premiers traits de cette courbe. En traitant des plans inclinés, ce Philosophe observe, que dans la rigueur géométrique les directions des graves concourant toutes en un point, le plan incliné ne doit plus être un plan, afin qu'il fasse toujours des angles égaux avec la direction des poids, & que la puissance ne soit pas plus chargée dans un endroit que dans un autre. Alors il faudroit, dit-il, au lieu d'un plan véritable, imaginer une portion de spirale autour du centre de la terre. Il est bien évident qu'il entendoit parler d'une spirale qui fît toujours, avec les lignes tirées à son centre, des angles égaux ; mais bien-tôt après il s'énonça plus clairement. Le P. *Mersenne* lui ayant demandé une explication plus claire de la nature de cette courbe, il répondit (*c*) que l'une de ses propriétés étoit que les tangentes dans tous ses points faisoient des angles égaux avec les lignes tirées de son centre aux points de contact, comme les angles CAS :

(*a*) T. II, lett. 89.
(*b*) T. I, lettre 73, écrite en 1638.
(*c*) Ibid. lettre 74.

4 CBT, &c. il ajoutoit que toute la courbe ABDC étoit au rayon CA, en même raiſon que le reſte BDC à CB.

Le P. *Merſenne* communiqua ſuivant ſa coutume, la lettre de *Deſcartes* à divers Géometres avec qui il étoit en liaiſon, & ceux-ci jugerent cette courbe plus digne d'être examinée avec ſoin. Ils y virent ce que *Deſcartes* avoit négligé de remarquer, & qu'il conteſta même d'abord par pure précipitation (*a*), ils virent, dis-je, que cette courbe faiſoit autour de ſon centre une infinité de révolutions avant que d'y arriver ; que les rayons CA croiſſoient ou décroiſſoient géométriquement, tandis que les angles de révolution croiſſoient en progreſſion arithmétique ou uniformément. Par exemple, ſi l'on tire trois rayons qui faſſent les angles DCB, BCA égaux, les rayons CD, CB, CA, au lieu d'être en progreſſion arithmétique, comme dans la ſpirale d'*Archimede*, ſont en progreſſion géométrique. On remarqua auſſi dès-lors cette propriété inſigne de la logarithmique ſpirale ; ſçavoir que malgré ce nombre infini de révolutions qu'elle fait autour de ſon centre, ſa longueur totale eſt finie, & qui plus eſt égale à une ligne droite qu'il eſt facile de déterminer. Il ſuffit en effet pour cela de tirer la tangente indéterminée AS, & d'élever au point C ſur le rayon CA, une perpendiculaire rencontrant cette tangente en S, la ligne AS ſera la longueur de toute la ſpirale compriſe, depuis le point A juſqu'au centre.

Les Lecteurs peu Géometres ſeront ſans doute d'abord tentés de ſe révolter contre la Géométrie, & de regarder cette vérité comme un paradoxe des plus incroyables. Comment, diront-ils, ſe peut-il faire qu'une ligne qui n'a point de bornes, ſoit d'une longueur finie ? Mais nous allons diſſiper cette difficulté par une obſervation fort ſimple. Si l'on tire un rayon CA, il coupera la courbe dans une infinité de points, comme A, *a*, *α*, & les lignes CA, C*a*, C*α*, &c, à l'infini, ſeront en progreſſion continue : les circonférences des cercles décrits de ces rayons ſeront donc auſſi en progreſſion géométrique, d'où il ſuit que, quoique leur nombre ſoit infini, leur ſomme ſera encore finie. Mais il eſt facile d'appercevoir que chaque portion de ſpirale compriſe entre

(*a*) Lettr. T. II.

deux de ces cercles concentriques, est semblable, & par conséquent qu'elle a un certain rapport déterminé avec la circonférence du cercle qui la renferme. Toutes ces portions de spirale formeront donc elles-mêmes une progression géométrique décroissante. Après cette remarque tout le merveilleux de la propriété dont on parle, s'évanouit. Il y a long-temps qu'on ne s'étonne plus de ce qu'un nombre infini de termes continuement proportionnels & décroissans, ne forment qu'une somme finie.

VIII.

Méthode des tangentes de Roberval.

Nous différons encore à parler de la cycloïde, jusqu'à ce que nous ayons rendu compte d'une méthode ingénieuse que M. de *Roberval* imagina vers le même temps. Elle concerne les tangentes des courbes, & elle est remarquable en ce que le Géometre François paroît avoir eu le premier l'idée d'appliquer le mouvement à la résolution de cet important problême. Il dit (*a*) avoir été en possession de cette méthode dès l'année 1636, qu'un de ses disciples compila ses instructions verbales, & en fit un petit Traité intitulé *des mouvemens composés* Il en entretenoit M. *de Fermat* dans une de ses Lettres, écrite en 1640 (*b*), de sorte que, quoique *Torricelli* ait publié quelque chose de semblable en 1644 (*c*), on ne peut contester à *Roberval* la priorité de l'invention Cette méthode a beaucoup d'affinité avec celle des fluxions de l'illustre *Newton*. Ceux qui s'intéressent à la gloire de ce grand homme, ne doivent pas cependant s'allarmer de ma remarque; j'aurai soin d'apprécier au juste la part que *Roberval* peut prétendre à cette brillante découverte.

La doctrine des mouvemens composés est le fondement de la méthode de M. de *Roberval*. C'est un principe connu de tous les Méchaniciens, que quand un corps est pressé ou poussé par deux forces qui agissent suivant les côtés d'un angle, si l'on prend sur ces côtés des lignes qui soient comme ces forces ou comme les vîtesses qu'elles imprimeroient séparément au corps, sa direction composée sera la diagonale du

(*a*) *Epist. ad Torr.* anciens Mem. de l'Acad. T. VI.
(*b*) *Ferm. oper.* lettr. p. 165.
(*c*) *Torricellii op.*

parallélogramme construit sur ces côtés. Mais on peut concevoir toutes les courbes comme décrites par un mouvement composé à l'imitation de la spirale d'*Archimede*, de la quadratrice, &c. il n'y a qu'à imaginer un point se mouvoir sur l'ordonnée suivant une certaine loi, pendant que cette ordonnée se mouvra parallélement à elle-même, ou d'un mouvement circulaire : ce point décrira une courbe dont la nature dépendra du rapport de ces mouvemens. Si, par exemple, tandis que l'ordonnée est portée parallélement à elle-même d'un mouvement uniforme, le point décrivant s'éloigne de l'axe, de maniere que les quarrés de sa distance croissent également en temps égaux, la courbe qui en naîtra sera la parabole ordinaire. On peut aussi concevoir le point décrivant s'éloigner suivant une certaine loi, de deux ou de plusieurs points à la fois, ou d'un point & d'une ligne droite. C'est ainsi que l'ellipse, l'hyperbole & la parabole sont décrites à l'égard de leurs foyers : car dans l'ellipse le point décrivant s'éloigne d'un des foyers, autant qu'il s'approche de l'autre, & dans l'hyperbole il s'approche ou s'éloigne de l'un & de l'autre également dans le même temps : dans la parabole enfin, il s'éloigne à la fois de son foyer unique, & d'une certaine ligne droite qu'on nomme la directrice, d'une égale quantité.

La tangente à une courbe, continue *Roberval*, n'est autre chose que la direction du mobile qui la décrit, à chacun de ses points. Ce principe est presqu'évident, & c'est une suite de cette vérité si connue dans la Méchanique, qu'un corps qui a un mouvement curviligne, s'il étoit livré à l'impression qu'il a dans un point quelconque, s'échapperoit par la tangente à ce point. Au reste *Roberval* sentit plutôt qu'il ne démontra ce principe important de sa méthode ; car on n'en trouve que des raisons fort vagues & embrouillées dans l'écrit où il l'explique (*a*). Comme il dépend d'une théorie assez fine des mouvemens accélérés & retardés, nous sommes obligés d'en suspendre la démonstration que nous donnerons en parlant de la célebre méthode des fluxions. A l'imitation de *Roberval*, nous nous bornerons ici à le supposer.

L'application de ce principe à la maniere de tirer des tan-

(*a*) Anciens Mem. de l'Acad. T. VI.

gentes des courbes eſt facile : puiſque le mobile qui décrit une courbe, eſt porté à chacun de ſes points dans une direction qui ſeroit la tangente, il s'agit de déterminer cette direction. Mais elle eſt toujours le réſultat de deux mouvemens : tout ſe réduit donc à démêler à chaque point de la courbe le rapport & la direction de ces deux mouvemens par le moyen de quelqu'une de ſes propriétés. Nous choiſirons, pour le faire ſentir, un des exemples les plus ſimples ; c'eſt celui de l'ellipſe décrite autour de ſes foyers. Une des propriétés de cette courbe étant que la ſomme de deux lignes tirées d'un point quelconque aux deux foyers, eſt la même, il eſt néceſſaire que l'une croiſſe autant que l'autre décroît. Ainſi l'on doit concevoir le point décrivant A, tandis que *f* A croît & que F A décroît, *Fig.*
on doit, dis-je, concevoir le point décrivant comme porté de deux mouvemens égaux, l'un par lequel il s'éloigne du point *f* le long de *f* A, & l'autre par lequel il s'approche de F, dans la direction A F. Si donc on décrit dans l'angle F A φ, un parallélogramme dont les côtés ſoient égaux, ſa diagonale ſera tangente à l'ellipſe ; & comme dans ce cas la diagonale partage en deux également l'angle formé par les côtés, il ſuit que la tangente à l'ellipſe partage en deux également l'angle formé par l'une des lignes tirées aux foyers, & par l'autre prolongée.

Si l'on eût propoſé une courbe dans laquelle la ligne *f* A fût toujours double de F A, on auroit vu que la vîteſſe du point décrivant dans la premiere de ces directions, auroit toujours été double de l'autre. Alors il auroit fallu faire le côté du parallélogramme dans cette direction double de l'autre, & ſa diagonale auroit été la tangente (*a*).

(*a*) Nous croyons devoir donner quelques exemples de cette méthode. Nous commencerons par la conchoïde dont la génération eſt connue ; que B * ſoit le point auquel il faut tirer une tangente. Si l'on ſuppoſe PB, P*b*, deux lignes infiniment proches, & que du centre P on décrive les petits arcs A *d*, B *c*, il eſt évident que le mouvement du point décrivant ſur P B, ſera exprimé par *c b*, & B *c* exprimera celui de rotation, qui naît du mouvement circulaire du rayon P B : enfin la direction compoſée de ces deux, ſera déſignée par B *b* ; il faut donc trouver le rapport des deux vîteſſes compoſantes B *c*, *c b*. Pour cela nous remarquerons d'abord que B A étant égale à *b a*, on a *b c* = *a d*. Maintenant *b c* eſt à B *c*, en raiſon compoſée de *b c* ou *d a* à A *d*, & de A *d* à B *c*. Mais *a d* : *d* A : : A E : P E, & A *d* : B *c* : : P A : P B, ou P E : P G ; c'eſt pourquoi *b c* : B *c* : : A E × P E : P E × P G, ou A E : P G. Si donc on éleve au point P une perpendiculaire P F, qui ſoit quatrieme proportionnelle à A E,

* F

Ce qu'on vient de dire montre suffisamment l'analogie de cette méthode avec celle des fluxions : *Roberval* la conçut même, & l'appliqua aux courbes d'une maniere très-géométrique, & où il n'entroit aucune supposition d'infiniment petits. On peut s'en assurer par l'inspection des divers exemples de son Traité. Mais nous ne croyons pas que cela doive porter la moindre atteinte à la gloire de *Newton*. En effet il s'en faut bien que *Roberval* ait sçu donner à sa méthode l'étendue dont

P G, & P B; que du point F on tire la ligne F B, elle sera tangente à la conchoïde.

Nous envisagerons maintenant la conchoïde plus généralement, & nous imaginerons qu'elle soit décrite de telle maniere que son ordonnée inclinée A B, soit toujours égale au segment P E, intercepté entre le pole P & la courbe L E M, dont on sçait tirer la tangente. Il est visible que si P b est infiniment voisine de P B, & qu'on conçoive les petits arcs Ef, Ad, Bc, décrits du centre P, l'accroissement cb sera égal à da & fe, pris ensemble. Que co soit égal à da, la ligne Bo sera un arc de conchoïde ordinaire décrite du pole P avec ses ordonnées inclinées, constamment égales à B A. On en aura donc la tangente, parce qu'on vient de dire dans l'exemple précédent ; que cette tangente soit B N, qui rencontre la perpendiculaire P K à P B, en N ; il reste donc à trouver le rapport de bo, ou fe à Bo. Or ce rapport est composé de ceux de fe à fE, de fE à Bc, & de Bc à Bo. Le premier est le même que celui de P Q à P N, en tirant par le point N la parallele N Q à la tangente K E ; le second est celui de P E à P B, & le troisieme celui de P N à N B. C'est pourquoi, en composant ces raisons, $ob : oB :: PQ \times PE : PB \times BN$, ou $oB : ob :: PB \times BN : PQ \times PE$. Si donc dans l'angle O B N, on décrit un parallélogramme dont les côtés ayent ce rapport, sa diagonale sera parallele à la tangente au point B. Mais en prenant B N pour un de ces côtés, l'autre dans la direction B O, se trouve égal à $\frac{PQ \times PE}{PB}$, ce qui suggere cette construction assez élégante : prenez B O, quatrieme proportionnelle à P B, P Q & P E, tirez O N, & par le point B une parallele à N O, ce sera la tangente cherchée.

g. 17.

On trouvera aussi facilement par cette méthode la tangente de la quadratrice. Car soit A B E (*figure* 18.) une quadratrice décrite, par l'intersection continuelle d'une ligne portée d'un mouvement uniforme & parallélement à elle-même le long de C L égale à un diametre, avec le rayon C B qui se meut d'un mouvement circulaire & uniforme, & qui parcourt dans le même temps la demi-circonférence. On voit par cette génération que le point décrivant E, est continuellement porté de deux mouvemens, l'un qui est comme Ei, & l'autre comme hE. Mais E i est à h E, en raison composée de E i, ou F f à G g, & de gG à hE. Or ces deux raisons sont données, car par la génération de la courbe, F f est à G g, comme le diametre à la demi-circonférence, ou le rayon au quart de cercle ; & G g est à hE, comme le rayon à E C. Ainsi E i est à hE en raison composée de celle du rayon C D au quart de cercle D B, ou de C E au quart de cercle décrit du rayon C E, & de celle de C G à C E. Or en composant ces deux raisons, elles se réduisent à celle de C D au quart de cercle décrit du rayon C E. La construction est maintenant facile : il n'y a qu'à élever sur le rayon C E une perpendiculaire C V, égale au quart de cercle décrit du rayon C E, & prendre F K égale au rayon C D, les deux lignes K T : V T, respectivement paralleles à E F, C E, se rencontreront dans un point T par où passera la tangente. On peut conclure delà que la tangente au point D de la quadratrice, rencontre son axe à une distance du centre qui est égale au quart de cercle D B. Car alors C V est égal à ce quart de cercle, & les points T & V se confondent sur l'axe.

elle

elle étoit susceptible. C'étoit en quelque sorte avoir peu fait, que d'avoir démêlé ce principe : il falloit trouver un moyen commode de déterminer à chaque point d'une courbe le rapport des vîtesses dont est composée la direction moyenne du mobile qui la décrit. Aussi *Roberval* ne déterminoit-il les tangentes, que dans certains cas particuliers où ce rapport est facile à démêler. Il lui falloit même choisir dans les courbes les plus connues celles de leurs propriétés qui le laissent appercevoir le plus facilement : dans les sections coniques, par exemple, ce n'étoit pas par la relation de l'ordonnée à l'abscisse qu'il déterminoit la tangente ; il se servoit pour cela de celle des lignes tirées des foyers à la courbe, comme on l'a vu plus haut. Ainsi lorsqu'on ne connoissoit point dans une courbe de propriété qui donnât presque immédiatement ce rapport, sa regle se trouvoit en défaut entre ses mains, & il ne pouvoit assigner la tangente.

Nous saisirons cette occasion de faire connoître un peu plus particuliérement la personne & les écrits de ce Géometre. M. de *Roberval*, dont le nom propre est *Personne*, naquit en 1602, à Roberval, village du Diocèse de Beauvais, d'où lui est venu son nom. Il vint en 1627 à Paris, où il fit connoissance avec les Sçavans de cette ville, entr'autres avec le Pere *Mersenne*, & il commença bien-tôt après à tenir un rang parmi les Géometres, comme il paroît par les inventions qu'on vient de rapporter de lui. Il eut de vifs démêlés avec *Descartes*, contre lequel il se porta toujours pour ennemi ; & nous ne pouvons le dissimuler, il montra dans la plûpart de ces démêlés beaucoup plus de passion, que de sçavoir & d'amour pour la vérité.

On a de M. de *Roberval* plusieurs écrits, mais aucun n'a subi l'impression durant sa vie. M. l'Abbé *Galois*, son ami, les a publiés en 1693, dans le Recueil de divers ouvrages de Mathématique & de Physique, par Messieurs de l'Académie Royale des Sciences, qu'il fit paroître cette année. On les a donnés de nouveau dans le sixieme volume des *Mém. de l'Académie* avant le renouvellement. On y trouve d'abord son Traité *des Mouvemens composés*, dont on a déja vu le précis ; un autre intitulé, *De recognitione & construct. æquationum*, ouvrage fait d'après les idées de *Descartes* & de *Fermat*, & qu'il étoit fort inutile de mettre au jour; celui *des Indivisibles*, ou de cette méthode analogue à celle de *Cavalleri*, dont il étoit l'inventeur, & qu'il applique à diverses questions choisies; enfin celui *de Trochoïde*, ou de la cycloïde, sujet qui nous occupera dans peu. Nous remarquerons en passant que quoique habile Géometre, M. de *Roberval* n'eut rien moins que l'art d'exposer ses idées avec netteté & avec précision. Les écrits dont nous parlons en fournissent la preuve. Je défie les lecteurs les plus versés dans la méthode ancienne de tenir contre quelques-unes de ses démonstrations, tant elles sont prolixes & embarrassées, jusques dans l'exposition même.

M. de *Roberval* fut un des membres de l'Académie des Sciences lors de son établissement en 1665. Il posséda pendant environ quarante ans la Chaire du College Gervais, fondée par *Ramus*, & qui, suivant les statuts de son institution, devoit être remise au concours tous les trois ans. C'est par cette raison qu'il s'excuse d'avoir tenu long-temps cachées quantité de belles choses qu'il avoit découvertes, & qu'il réservoit, dit-il, pour l'occasion & pour se maintenir dans sa place. Mais je crois plutôt que cela vient de son caractere qui étoit mystérieux, &, si je l'ose dire, un peu pédantesque. Il mourut au mois de Novembre de l'année 1675.

IX.

[H]istoire de la [cyc]loïde.

Parmi les objets particuliers de recherche qui ont exercé les Géometres dans les divers temps, il en est peu qui ait eu plus de célébrité que la cycloïde : ses propriétés nombreuses & tout-à-fait remarquables, la lui mériteroient déja, mais elle la tient encore d'autres causes. Semblable à la pomme de discorde, cette courbe ne fut pas plutôt connue des Géometres, qu'elle excita des débats; & par une sorte de fatalité, presque toutes les découvertes faites sur son sujet ont été l'occasion de quelque contestation. Nous croyons par ces raisons que nos lecteurs nous sçauront gré, si nous donnons quelque étendue à ce morceau de notre histoire (*a*).

(*a*) L'histoire de la cycloïde a été faite par deux Ecrivains, dont le premier est M. Pascal. Son ouvrage, qui est d'une rareté extrême, n'y en ayant eu que soixante exemplaires tirés, n'est rien moins qu'une histoire, mais plutôt un libelle fait au gré

La cycloïde est une courbe dont la génération est facile à concevoir. Qu'on imagine un cercle qui roule sur une ligne droite & dans un même plan, tandis qu'un point de sa circonférence, ou plus généralement pris au dedans ou au dehors, laisse une trace sur ce plan; cette trace sera la cycloïde. Nous avons tous les jours sous les yeux des exemples de cette génération. Le clou d'une roue qui roule, décrit une courbe qui seroit une cycloïde parfaite, si cette roue & la ligne à laquelle elle s'applique étoient un cercle & une ligne Mathématiques. On la nomma d'abord *trochoïde*, nom que quelques Géometres changerent en celui de *roulette;* on lui a ensuite donné celui de *cycloïde*, sous lequel elle est connue de nos jours. Il est à propos de remarquer dès à présent que le cercle générateur peut parcourir d'un mouvement uniforme sur sa base droite, une ligne plus ou moins grande que sa circonférence: cela donne lieu à la division des cycloïdes en alongées & raccourcies. Ce sont les mêmes courbes que celles que décrit un point pris au dedans ou au dehors de la circonférence, tandis que le cercle générateur parcourt une ligne qui lui est égale.

Quelques personnes ont cru voir les premieres traces de la cycloïde chez le Cardinal de *Cusa.* Ce Prélat Géometre, qui prétendit avoir trouvé la quadrature du cercle, faisoit en effet rouler un cercle sur une ligne droite, jusqu'à ce que le point qui l'avoit d'abord touchée s'y appliquât de nouveau; ce fut aussi le procédé d'un certain *Bovillus* de Vermandois, mince Géometre du commencement du seizieme siecle, & diffamé par une prétendue quadrature du cercle. Mais on n'apperçoit, ni chez l'un, ni chez l'autre, aucune considération de la courbe, qui est la trace du mouvement de ce point. C'est *Galilée* qui a eu la premiere idée de la cycloïde; car il dit lui même dans une lettre écrite à *Torricelli* en 1639, qu'il l'avoit considérée depuis quarante ans, & qu'il l'avoit jugé propre par sa forme gracieuse, à servir aux arches d'un pont. Il ajoute qu'il fit quelques tentatives pour déterminer son aire, mais qu'il

de la passion de Roberval, avec qui il étoit fort lié, & dont il tenoit apparemment tout ce qu'il y raconte: l'autre histoire, qui est Latine, a été donnée en 1701, par *Groningius;* celui-ci tombe dans l'extrêmité contraire; il semble n'avoir consulté que les Mémoires fournis par les Italiens. Nous avons eu égard aux pieces des deux partis dans les différentes querelles survenues à cette occasion, & nous croyons avoir rendu justice a chacun.

ne put y réussir. Le trait suivant ne paroît pas fort honorable pour ce grand homme : si nous en croyons *Torricelli*, *Galilée* s'avisa de peser une cycloïde décrite sur quelque matiere mince & également épaisse pour la comparer avec le cercle, & la trouvant constamment moindre que le triple de ce cercle, il soupçonna dans leur rapport quelque incommensurabilité qui le fit désister de s'y appliquer davantage. En vain quelques personnes qui n'étoient point Géometres, (*a*) ont voulu le justifier par l'exemple d'*Archimede*, qui trouva, disent-elles, d'abord la quadrature de la parabole par une voie méchanique avant que de la trouver par un procédé purement géométrique. Cette justification est tout-à-fait ridicule ; le premier procédé d'*Archimede* n'est appellé méchanique, que parce qu'il est fondé sur les principes abstraits de l'équilibre, qui appartiennent à la science de ce nom, & il n'a d'ailleurs aucune ressemblance avec celui de *Galilée*. Mais c'en est assez sur ce point de l'histoire de la cycloïde ; eût-elle été connue au Cardinal de *Cusa*, comme *Wallis* s'efforce de le prouver, c'est ce qui importe peu. Il n'y a pas grand mérite à l'avoir remarquée, il ne commence à y en avoir que dans la solution des problêmes qu'elle présente.

C'est entre les années 1630 & 1640, qu'on commença à considérer avec succès la cycloïde, & c'est en France que furent résolus pour la premiere fois les problêmes de son aire & de ses tangentes. Nous en fournirons les preuves après avoir raconté de quelle maniere elle devint l'objet des recherches des Géometres François. Le P. *Mersenne* l'avoit, dit-on, remarquée dès l'année 1615, en contemplant le mouvement d'une roue, & il avoit tâché, mais sans succès, de la quarrer. Plusieurs années s'écoulerent avant qu'il eût la satisfaction de voir son problême résolu. En 1628 il fit connoissance avec *Roberval*, & il le lui proposa ; mais celui-ci étoit encore inférieur au problême ; il le sentit même, à ce qu'il dit, & sans s'y amuser infructueusement, il se livra à une étude approfondie des anciens Géometres, & en particulier d'*Archimede*. Six ans s'écoulerent dans ce travail ou d'autres occupations, & le problême de la cycloïde étoit effacé de son

(*a*) Groningius. M. Carlo dati, *lettera a' Philalethi*, &c.

ſouvenir, lorſque *Merſenne* le lui rappella. Il l'attaqua alors avec les nouvelles forces qu'il avoit acquiſes dans ſes études, & il le ſurmonta. Il démontra que l'aire de la cycloïde ordinaire, c'eſt-à-dire dont la baſe eſt égale à la circonférence du cercle générateur, eſt le triple du cercle. Il trouva auſſi la meſure des autres cycloïdes alongées ou raccourcies. Comme il s'étoit écoulé ſix ans entre la premiere propoſition de ce problême & ſa ſolution, les ennemis de *Roberval* dirent qu'il avoit demeuré tout ce temps dans le pénible travail d'enfanter ſa découverte.

Le P. *Merſenne* écrivant en 1647, donne à la ſolution du problême de l'aire de la cycloïde, la date de l'année 1634. On ne ſçauroit douter de la candeur de ce Pere ; mais comme on pourroit ſuſpecter ſa mémoire, ou ſa facilité extrême à ſe prêter aux impreſſions de ſes amis, nous recourrons à une autre preuve qui n'eſt point ſujette à cette exception. Le P. *Merſenne* a publié dans ſon *Harmonie univerſelle*, ouvrage qui parut en 1637 (*a*), la découverte de *Roberval* ſur les cycloïdes de toute eſpece. Si *Wallis* & le ſecond Hiſtorien de la cycloïde euſſent connu ces preuves, ils n'auroient pas adjugé à l'Italie l'honneur d'avoir été la premiere à trouver l'aire de cette courbe. Car on voit par une Lettre de *Galilée* écrite à *Cavalleri* en 1640, que l'aire de la cycloïde étoit encore un myſtere pour les Géometres Italiens (*b*), & même qu'il déſeſpéroit qu'il fût poſſible de la trouver. C'eſt un fait dont *Torricelli* eſt auſſi convenu dans une Lettre écrite en 1646 (*c*).

Le P. *Merſenne* apprit à *Deſcartes*, vers le commencement de 1638, la découverte de *Roberval* (*d*); mais elle n'eut pas à ſes yeux le même mérite qu'à ceux de ſon Correſpondant, & c'eſt ici le commencement des querelles nombreuſes que la cycloïde excita à diverſes repriſes parmi les Géometres. *Deſcartes* répondit qu'à la vérité la remarque en étoit aſſez belle, & qu'il n'y avoit jamais ſongé ; mais qu'il ne falloit pas faire tant de bruit à ce ſujet, & qu'il n'étoit perſonne médiocrement verſé dans la Géométrie qui ne fût en état de trouver ce dont *Roberval* ſe faiſoit tant d'honneur. Il lui envoyoit dans la même Lettre écrite à la hâte un précis de dé-

(*a*) T. II, nouv. obſ. Phyſ. ob. XI.

(*b*) Gron. *hiſt. cycloïd.* p. 13.

(*c*) Ibid. p. 35.

(*d*) Lett. *de Deſcartes*. T. III, lett. 66.

monſtration du rapport de la cycloïde à ſon cercle générateur, qu'il développa davantage dans la Lettre ſuivante. Il vouloit montrer par cet exemple que le problême étoit fort au deſſous de lui. Telle étoit en effet ſa ſupériorité ſur tous les Géometres de ſon temps, que les queſtions qui les occupoient le plus, ne lui coûtoient pour la plûpart qu'une médiocre attention. Il eſt facile de s'en convaincre par la lecture de ſes Lettres.

Roberval mortifié par ce jugement de *Deſcartes*, ne manqua pas de dire qu'il avoit été aidé dans ſa ſolution du problême par la connoiſſance du réſultat qu'il devoit rencontrer, & que s'il l'eût ignoré, il auroit pu y échouer, ou en être davantage embarraſſé. *Deſcartes* l'apprenant, afin d'établir ſa ſupériorité ſur lui par un nouveau trait, chercha les tangentes de la cycloïde, problême dont *Roberval* s'occupoit depuis long-temps, ſans pouvoir y réuſſir. Il en envoya la ſolution au P. *Merſenne*, avec un défi pour *Roberval* de les trouver. Il paroît que M. de *Fermat* avec qui il avoit pour lors un démêlé aſſez vif, fut auſſi compris dans le cartel: celui-ci à qui l'on ne peut refuſer un génie preſqu'égal à celui de *Deſcartes*, réſolut le problême fort généralement: mais *Roberval* y échoua, ou ne s'en tira qu'avec beaucoup de peine, ſi nous en jugeons par les Lettres de *Deſcartes*.

M. *Paſcal* qui étoit ami de *Roberval*, & qui ne tenoit probablement que de lui ſes inſtructions ſur l'hiſtoire de la cycloïde, dit que ce fut l'opiniâtreté ſeule de *Deſcartes* qui l'empêcha de donner les mains à la ſolution de ſon adverſaire; mais qu'on liſe diverſes lettres de ce Philoſophe, comme la quatre-vingt-onzieme & la quatre-vingt-douzieme du ſecond volume, & les ſoixante-quatrieme, ſoixante-cinquieme & quatre-vingt-quatrieme du troiſieme, l'on ne pourra guere douter du fait que nous avançons. Ces Lettres prouvent clairement que *Roberval* fit de vains efforts pour réſoudre le problême; qu'il en envoya cinq à ſix ſolutions différentes qu'il changea à diverſes repriſes, comme un homme qui erre à l'aventure; qu'enfin *Fermat* ayant envoyé la ſienne, qui tranſpira ſelon les apparences entre les mains du P. *Merſenne*, ce que croiront facilement ceux qui connoiſſent le caractere de ce Pere d'après ſes Lettres & ſes écrits, *Roberval* arrangea une solution dont *Descartes* le somma en vain de donner la démonstration. Ce que M. l'Abbé *Galois* a écrit dans les Mémoires de l'Académie de 1692, sçavoir que *Roberval* trouva le premier la tangente de la cycloïde, est entiérement détruit par les observations précédentes. M. *Galois* autrefois ami de *Roberval*, ne parloit sans doute que d'après ce que celui-ci lui avoit raconté : or il est naturel de penser qu'il étoit bien éloigné de convenir de sa défaite, & même, à en juger par la passion qu'il mit toujours dans ses démêlés avec *Descartes*, qu'il étoit homme à s'attribuer la victoire. Mais personne de ceux qui auront lu les pieces que nous avons citées plus haut, ne doutera que *Descartes* & *Fermat* n'ayent trouvé, du moins en même temps que lui, les tangentes de la cycloïde, & que le premier n'ait resolu le problême avec une très-grande généralité.

En effet la méthode donnée par *Descartes* pour les tangentes de la cycloide s'étend généralement à toutes les courbes formées par la rotation d'une autre sur une base quelconque, soit droite, soit curviligne, & quelque part que soit le point décrivant, au dedans, au dehors, ou sur la circonférence de la courbe génératrice. Elle est aussi très-remarquable par sa simplicité. *Descartes* montre (*a*) que si l'on tire du point dont on cherche la tangente, une ligne à celui de la base que touche la génératrice, tandis qu'elle le décrit, cette ligne sera perpendiculaire à la tangente. La raison qu'il en donne est sensible : si l'on faisoit rouler un polygone, la courbe que décriroit un point quelconque du même plan, seroit composée d'autant de secteurs de cercle, qu'il auroit d'angles. Mais une courbe peut être considérée comme un polygone d'une infinité de côtés. Celle qu'elle décrira par un de ses points en s'appliquant successivement à une base quelconque, sera donc une figure composée d'une infinité de secteurs dont chacun aura son centre au contact de la génératrice avec la base, & l'arc infiniment petit au point décrit en même temps : la tangente est donc perpendiculaire au rayon de ce secteur, & par conséquent à la ligne tirée du point de contact au point décrit. Ceci suppose, comme l'on voit, que la

Fig. 1

(*a*) Lettre 65, T. II.

courbe génératrice roule sur une ligne qui lui est égale; mais si l'on supposoit qu'elle glissât un peu dans ce mouvement; il seroit facile d'y étendre la regle (*a*).

Dans le cas de la cycloïde ordinaire, on voit aisément par la démonstration de *Descartes*, que la tangente QT est parallele à la corde AP, & que la tangente au cercle rencontre

Fig. 20. celle de la cycloïde, de telle maniere que PT est égale à PQ, où à l'arc AP. C'est ainsi que *Fermat* résolvoit ce problême, & il ajoutoit que lorsque la cycloïde est alongée ou raccourcie, le segment PT est à l'arc AP ou l'ordonnée PQ, comme la circonférence du cercle générateur à la base. *Descartes* fit en même temps une remarque qu'il ne faut pas oublier: c'est que les cycloïdes raccourcies se replient en dedans, & que les alongées, de concaves qu'elles sont d'abord vers leur axe aux environs du sommet, deviennent convexes en s'approchant de la base. Il enseigna aussi le moyen de déterminer l'endroit où se fait ce changement de courbure ou de direction.

Tout ce que nous venons de raconter, se passa au plus tard vers le commencement de l'année 1639: c'est ce que prouve sans réplique la date d'une Lettre de *Descartes* (*b*). Ainsi la

(*a*) Voici la maniere dont on détermineroit la tangente dans le cas qu'on vient de proposer. Supposons (*figure* 21.) que la courbe HD soit décrite par le point D, & que tandis que la courbe génératrice GAD s'applique sur la ligne droite HS, elle glisse toujours également, de sorte que chaque petit côté de cette courbe, comme AB, au lieu de s'appliquer sur une portion égale de la base A*b*, glisse de la quantité *cb*, qui a le même rapport à la base A*b*, que la ligne HK égale à toute la courbe GAD, à KS qui est la quantité dont elle glisse dans son mouvement total. Pour trouver la tangente de la courbe HD au point D, je remarque que s'il n'y avoit point de glissement, le mouvement du point D se feroit dans l'arc D*f*, qui est la base du secteur infiniment petit DAF, dont l'angle est égal à l'angle BA*b*. Mais en même temps ce point a un mouvement horizontal D*e*, qui est égal à *cb*. Il faut donc trouver le rapport de ces deux mouvemens, ce qu'on fera ainsi. Le rapport de D*f* à D*e* ou *cb*, est composé de ces trois, sçavoir celui de D*f* à B*b*, de B*b* à BA, & BA à *cb*. Mais le premier est le même que celui de DA à AB. Le second est égal a celui de BA à AO. (AO est le rayon de courbure au point A, ce qui dépend d'une théorie qu'on verra dans la suite). Enfin BA est a *cb* en raison donnée, sçavoir celle de HK à KS; ainsi en composant ces raisons, on trouvera que D*f* : D*e* :: DA × HK : AO × KS. La raison de D*f* à D*e* est donc donnée; & si l'on décrit dans l'angle EDF un parallélogramme dont les côtés soient dans le rapport qu'on vient de trouver, sa diagonale sera la direction de la tangente.

On pourroit trouver cette tangente d'une autre maniere, sçavoir en supposant que le petit côté D*i* de la courbe proposée fît partie d'une cycloïde alongée ou raccourcie, dont le centre du cercle générateur seroit au point O; mais nous nous contentons d'indiquer cet autre moyen qu'il seroit trop long de développer.

(*b*) *La* 84e *du tom.* III.

priorité

priorité des Géometres François en ce qui concerne la solution de ces problêmes, ne sçauroit être révoquée en doute. Passons en Italie, où nous avons vu qu'on n'avoit encore en 1640 que la stérile connoissance de la génération de la cycloïde.

Mersenne qui étoit en correspondance avec la plûpart des Mathématiciens de l'Europe, s'avisa, à ce qu'il paroît, vers l'an 1639 d'écrire à *Galilée*, & de lui parler de la détermination de l'aire de la cycloïde comme d'un problême qui occupoit les Géometres François. On seroit mal fondé à tirer delà une preuve que ce problême n'avoit pas encore été résolu en France, comme ont fait quelques gens précipités ou mal informés, puisque nous avons cité un Livre imprimé en 1637, où l'on en trouve la solution. C'étoit seulement par égards que *Mersenne* écrivant à *Galilée*, parloit comme il faisoit; la question proposée autrement eût eu l'air d'un défi, & c'eût été une vraie insulte pour ce grand homme, vu les services qu'il avoit rendus aux Mathématiques, & son âge extrêmement avancé. *Galilée* écrivit donc à *Cavalleri* vers le commencement de 1640. On a un fragment de sa Lettre (*a*), il l'y invite de nouveau à la recherche de l'aire de la cycloïde; je dis de nouveau, car il l'avoit déja fait, ce semble, de son propre mouvement, par une Lettre écrite en 1639. Mais il n'eut pas la satisfaction de voir ce problême résolu, ni même de sçavoir s'il l'avoit été quelque part; ce qu'il demandoit instamment dans une de ses Lettres. *Cavalleri*, quoique habile Géometre, y échoua, & *Galilée* mourut en 1642. Après sa mort *Torricelli* & *Viviani*, ses derniers disciples & les compagnons de sa vieillesse, informés des invitations qu'on lui avoit faites de travailler à ce problême, y essayerent leurs forces. *Torricelli* trouva l'aire, & *Viviani* les tangentes (*b*); le premier en reçut au commencement de 1643 les félicitations de *Cavalleri*, qui convenoit avoir fait de vains efforts pour surmonter la difficulté du problême (*c*). *Torricelli* faisoit alors imprimer ses ouvrages: il y inséra par forme d'*Appendix* ce qu'on avoit trouvé en Italie sur la cycloïde. On ne peut disconve-

(*a*) Groning. *Hist. cycloid.*
(*b*) Lettre de Torricelli à Roberval, anciens Mem. de l'Acad. T. VI.
(*c*) Groning. *Ibid.*

nir que *Torricelli* & *Viviani* n'ayent pu résoudre delà les monts un problême déja résolu en deça, & puisque *Roberval* étoit si jaloux de sa découverte, il lui suffisoit d'établir par des pieces authentiques son droit sur elle, au lieu de la longue & pédantesque Lettre qu'il écrivit à *Torricelli*, & dans laquelle il n'a pas sçu faire valoir les bonnes raisons qu'il pouvoit alléguer, comme le Livre de *Mersenne* imprimé en 1637. Cette preuve eût mieux valu que toutes ses protestations, & la longue histoire qu'il fait de ses recherches sur la cycloïde. Personne n'ignore que dans les contestations on n'a égard aux faits avancés par les parties, qu'autant qu'ils sont fondés en preuve.

M. *Pascal* dans son histoire de la cycloïde, dit que *Roberval* ayant trouvé l'aire de cette courbe vers l'an 1634, *Mersenne* l'exhorta à cacher sa solution pendant un an, & qu'il invita tous les Géometres de l'Europe à la rechercher. L'un & l'autre de ces faits me paroissent peu exacts. Car d'abord *Descartes* ne paroît avoir eu connoissance de ce problême que vers l'année 1638, où *Mersenne* lui en parla pour la premiere fois, & il n'y a aucune apparence que ce correspondant de notre Philosophe eût oublié de le mettre au rang des premiers Géometres de l'Europe. En second lieu la date de 1634, me paroît antérieure à la véritable. Car *Mersenne* à la fin de son *Harmonie universelle*, qui parut en 1637, corrige d'après la découverte de *Roberval* ce qu'il avoit dit dans le premier volume sur la cycloïde, qu'il prenoit alors pour une ellipse. Il paroît que c'est seulement en 1638 qu'il s'avisa d'écrire à quelques Géometres pour les inviter à chercher l'aire de cette courbe. *Pascal* continue, & dit sans alléguer de preuves que vers l'an 1638 un certain M. de *Beaugrand*, Mathématicien fort maltraité par *Descartes*, & avec justice, quoique le P. *Mersenne* le qualifie de *très-subtil Géometre*, ramassa les démonstrations des découvertes qu'on avoit faites en France sur la cycloïde, & que les ayant un peu déguisées, il les envoya en Italie à *Galilée*. Ce fait me paroît avancé au gré de la passion de *Roberval* dont le tenoit *Pascal*; car *Galilée*, dans ses Lettres à *Cavalleri*, écrites en 1639 & 1640 (*a*), parle de la

(*a*) Groning, *Hist. cycloid.*

cycloïde, comme d'une courbe dont il désespere qu'on trouve jamais la mesure. Personne ne croira que ce grand homme, plus qu'octogénaire, & chargé des lauriers quil avoit cueillis dans la carriere des Mathématiques, voulut déguiser ce qu'il venoit d'apprendre sur ce sujet. Ainsi je crois qu'on peut regarder l'histoire de la Lettre de M. de *Beaugrand*, comme une fiction de *Roberval*. *Pascal* dit enfin que *Galilée* étant mort, *Torricelli* parcourant ses papiers, y trouva les démonstrations que *Beaugrand* lui avoit envoyées, que celui-ci mourut bientôt après, & que *Torricelli* l'ayant appris, & se croyant assuré par-là de ne pouvoir être démasqué par personne, divulgua ces démonstrations comme siennes dans son ouvrage imprimé en 1644 : les observations que nous venons de faire, me paroissent propres à élever de grands doutes contre ce dernier trait du récit de *Pascal*. Cet Historien de la cycloïde n'est pas plus exact ou moins partial, lorsque pour confirmer le plagiat de *Torricelli*, il parle d'une Lettre de rétractation, écrite en 1646 par ce Géometre. On diroit que *Torricelli* est convenu de son crime par cette Lettre. Rien néanmoins de cela : on la lit dans l'histoire de la cycloïde de *Groningius*, & l'on y voit seulement que *Torricelli* fatigué des criailleries de *Roberval*, lui écrit enfin qu'il importoit peu que le problême de la cycloïde fût né en France ou en Italie, qu'il ne s'en disoit point l'inventeur ; que jusqu'à la mort de *Galilée* on n'avoit point connu en Italie la mesure de cette courbe, & qu'il ne l'avoit point reçue de France : il ajoutoit qu'il avoit trouvé les demonstrations qu'on lui contestoit, & qu'il s'inquiétoit peu qu'on le crût ou qu'on ne le crût point, parce que ce qu'il disoit, étoit conforme au témoignage de sa conscience ; qu'au surplus, si l'on étoit si jaloux de cette découverte, il l'abandonnoit à qui la vouloit, pourvu qu'on ne prétendît point la lui arracher par violence. Voilà le précis de cette prétendue Lettre de rétractation alléguée comme une preuve du plagiat de *Torricelli*. Mais nous terminerons ici l'histoire d'une contestation à laquelle les Géometres d'aujourd'hui ne donneront pas la même importance. Le récit que nous en avons fait, & que nous avons appuyé de preuves, montre que *Roberval* y mit beaucoup de passion, & que *Pas-*

cal n'a pas mis moins de partialité dans l'histoire qu'il en a donnée.

Après les problêmes sur l'aire & les tangentes de la cycloïde, ceux qui se présentent les premiers, regardent les solides formés par sa rotation autour de son axe & de sa base. *Roberval* paroît avoir eu le mérite de les trouver l'un & l'autre. Le P. *Mersenne* mandoit en 1644 à *Torricelli* la raison du premier de ces corps avec le cylindre de même base & même hauteur, qui est celle de 5 à 8; à quoi *Torricelli* répondit aussitôt qu'il avoit trouvé la même chose quelques mois auparavant. A l'égard du dernier, qui est incomparablement plus difficile à trouver, le Géometre Italien y échoua, & *Roberval* reste seul en possession d'avoir découvert sa mesure. *Torricelli* avoit cru qu'il étoit à son cylindre circonscrit comme 11 à 18; le Géometre François montra qu'il s'étoit trompé, & dévoila le véritable rapport (*a*).

M. de *Roberval* a dit long-temps après (*b*) qu'il avoit trouvé dans le même temps la grandeur de l'arc de la cycloïde, & qu'ayant dévoilé toutes ses autres découvertes sur cette courbe, il avoit toujours tenu celle-là cachée, jusqu'au temps où *Wren* y parvint de son côté. Mais je ne crois pas qu'on doive avoir égard à cette protestation. En effet, pourquoi M. *Roberval* ne communiqua-t'il pas sa découverte à *Pascal*, lorsque celui-ci proposa ses derniers problêmes, parmi lesquels est la détermination de la grandeur de la courbe cycloïdale? Son ami lui en eût fait assurément honneur; au lieu qu'en ne la publiant point dans cette circonstance, c'étoit certainement renoncer à la gloire qui pouvoit lui en revenir. *Roberval* pouvoit-il douter que le problême proposé par *Pascal* seroit résolu par lui-même, s'il ne l'étoit par aucun autre; & par conséquent que s'il s'obstinoit à faire mystere de sa découverte, il seroit prévenu.

La théorie de la cycloïde ne s'accrut d'aucune vérité nouvelle pendant un intervalle d'environ 12 ans, c'est-à-dire depuis 1646 jusques vers 1658. Ce fut M. *Pascal* qui la reproduisit alors sur la scene. Ce Géometre & Écrivain célebre,

(*a*) Le solide en question est au cylindre circonscrit, comme les $\frac{3}{4}$ du quarré de la demi-circonférence, moins le tiers du quarré du diametre, au quarré de la demi-circonférence.

(*b*) *De Trochoïde.*

fils d'un pere qui étoit lui-même très-versé en Géométrie, avoit fait dans cette science des progrès étonnans dès sa tendre jeunesse. Personne n'ignore l'histoire peu croyable qu'on raconte de lui. Agé de 12 ans, il étoit, dit-on, parvenu sans livre & par la seule force de son génie jusqu'à la trente-deuxieme proposition du premier Livre d'*Euclide*. Les Lecteurs en croiront ce qu'ils jugeront à propos : quant à moi, dût-il m'arriver la même chose qu'à *Baillet*, qui fut tancé par quelques partisans de M. *Pascal*, pour avoir eu quelque doute sur ce trait de sa vie, je ne dissimulerai point que je le suspecte fort d'exagération. Ce qu'on ne peut cependant refuser à M. *Pascal*, c'est qu'il étoit déja Géometre, & Géometre profond à un âge où ordinairement les bons esprits ne sçavent point encore ce que c'est que la Géométrie. A l'âge de 16 ans il composa un Traité des coniques, où tout ce qu'*Apollonius* avoit démontré, étoit élégamment déduit d'une seule proposition générale (*a*). Ce Traité fut envoyé á *Descartes*, qui ne put le croire l'ouvrage d'un jeune homme de 16 ans, & qui aima mieux l'attribuer à MM. *Pascal* le pere, & *Desargues*. Mais outre que nous avons dans ce siecle des exemples de cet avancement en Géométrie si peu proportionné au nombre des années, il y a dans la vie de M. *Pascal* des traits qui rendent celui-là probable. On peut facilement le croire de celui qui a inventé la machine arithmétique à 19 ans. En effet M. *Pascal* n'en avoit pas davantage, lorsqu'il imagina cette ingénieuse machine, qui fait encore l'admiration des meilleurs esprits par la complication de ses parties & l'invention qu'on y voit éclater.

M. *Pascal* avoit en quelque sorte abandonné la Géométrie douze ans avant sa mort, pour s'adonner uniquement à des études plus importantes, telles que celles de la religion & de la morale. Mais les Mathématiques sont pour ceux qui les ont une fois connues, une maîtresse chérie avec qui de puissans motifs peuvent faire rompre, mais qu'on ne sçauroit oublier entiérement. M. *Pascal* éprouva, ce semble, une pareille foiblesse pour elles. On le voit par ses lettres à M. de *Fer-*

(*a*) *Quid de binis Pascalibus dixero, patre in omnibus Mathematicis apprimè versato, qui mira de triangulis demonstravit, filio qui unica propositione quadringentis corrollariis stipatâ omnia Apollonii conica comprehendit?* Mersenne, *Harm. univ.*

mat, avec qui il diſcutoit en 1654 diverſes queſtions ſur les combinaiſons & les parties de jeu ; ce qui s'accrut bientôt au point de lui fournir la matiere de ſon *Triangle arithmétique*, qu'il publia cette même année. La cycloïde enfin, car il eſt temps que nous reprenions le fil de notre hiſtoire, fut un nouveau ſujet de diſtraction, je dirois preſque de rechûte pour M. *Paſcal*. Il ſe mit vers l'an 1658 à conſidérer plus profondément cette courbe. Ceux qui en avoient fait juſque-là l'objet de leurs recherches, s'étoient bornés à l'aire de la cycloïde entiere, & aux ſolides formés autour de l'axe & de la baſe : M. *Paſcal* enviſagea la choſe plus généralement, & tirant une ordonnée quelconque comme F H, il rechercha l'aire & le centre de gravité de ces ſegmens, comme A H F ; la grandeur des ſolides qu'ils forment en tournant autour de l'ordonnée ou de l'axe ; leurs centres de gravité, & enfin ce qui augmente beaucoup la difficulté, ceux des ſegmens de ces ſolides coupés par un plan paſſant par l'axe de rotation.

Fig. 22.

En poſſeſſion de ces problêmes, les plus difficiles ſans doute que ſe fût encore propoſé la Géométrie, M. *Paſcal* voulut faire un eſſai de la force des Géometres ſes contemporains. Il leur adreſſa une lettre circulaire pour les inviter à la ſolution de ſes problêmes. Il s'engageoit à donner au premier qui les réſoudroit, quarante piſtoles, & vingt au ſecond ; il fixoit le premier Octobre de la même année pour le terme auquel il falloit que les ſolutions fuſſent remiſes, avec les formalités à obſerver pour en conſtater la délivrance. M. de *Carcavi* fut déſigné pour celui à qui il falloit les adreſſer. Quant à lui, il ſe cacha ſous le nom de *Dettonville*, & c'eſt ſous ce nom que parurent toutes les pieces qui concernent ce défi Mathématique.

Le terme fixé par M. *Paſcal* étant arrivé ſans que perſonne eût réſolu ſes problêmes à ſon gré, il publia alors ſon Hiſtoire de la Roulette, & il propoſa de nouveaux problêmes concernant cette courbe. Ceux-ci regardent les ſurfaces des ſolides & des demi-ſolides dont on a parlé, & les centres de gravité de ces ſurfaces. Il donna juſqu'au premier de Janvier pour leur ſolution, & il prorogea juſque-là le terme accordé pour celle des premiers, & ſous les mêmes conditions.

Ceux qui ne connoiſſent ces problêmes que par ce qu'en a

écrit M. *Pascal*, sont dans la persuasion que personne autre que lui ne les résolut. Mais après l'inspection de différentes pieces, il nous a paru que ce célebre Ecrivain fut dans le cas de la plûpart de ceux qui proposent de pareils défis, c'est-à-dire qu'il n'avoit point envie de perdre la somme déposée, & qu'il fit de mauvaises difficultés contre une solution qu'on lui envoya. En effet *Wallis* résolut les premiers problêmes avant le terme assigné. Le Chevalier de *Digbi* ayant reçu la Lettre circulaire de *Pascal* par l'entremise de M. de *Carcavi*, vers le 10 Août, en informa *Wallis*. Celui-ci déja en possession de surmonter les plus grandes difficultés de la Géométrie, se mit aussitôt à travailler aux problêmes en question, & envoya avant la fin du mois sa solution à M. de *Carcavi* avec une attestation d'un Notaire d'Oxford, formalité qu'il crut nécessaire pour en constater la date, si quelque circonstance en retardoit l'arrivée à Paris au-delà du terme assigné. *Pascal* la reçut le 23 Septembre, & répondant à *Wren* sous le nom de *Dettonville*, il lui apprit la réception de l'écrit de *Wallis*. Il lui en fit des éloges, & lui dit qu'il étoit content de cette solution, qu'il auroit seulement désiré qu'au lieu de faire attester la date du départ par un Notaire d'Oxford, il en eût fait notifier l'arrivée & la déposition entre les mains de M. de *Carcavi* par un Notaire de Paris, ce qui étoit une des formalités qu'il avoit demandée par sa Lettre circulaire. Ce fut sous ce prétexte qu'il n'accorda point à *Wallis* le prix qu'il avoit gagné. Mais ce procédé, quoique dans les loix de la rigoureuse équité, n'aura pas, je pense, l'approbation de beaucoup de personnes. Dans une affaire de cette nature, qui étoit toute de bonne foi, il suffisoit sans doute que M. *Pascal* eût reçu lui-même, comme il en convenoit, la solution de *Wallis*, pour qu'il dût lui décerner le prix. *Wallis* se plaignit avec modération & en homme désintéressé, qui avoit cherché l'honneur plutôt que le gain d'une modique somme, en travaillant à ces problêmes. Il ne me paroît pas qu'il ait concouru pour ceux que *Pascal* proposa ensuite au mois d'Octobre, soit qu'il n'en ait pas eu connoissance à temps, soit que rebuté de la mauvaise difficulté qu'on lui avoit faite, il n'ait pas voulu se donner la peine d'y travailler. Il publia ses solutions en 1659, dans un Traité particulier intitulé, *de cycloïde & cys-*

ſoïde, qu'on retrouve dans le premier volume de ſes œuvres.

Un autre Géometre à qui il me ſemble que M. *Paſcal* ne rendit pas aſſez de juſtice, eſt le Pere *Laloubere*. Ce Jéſuite de Toulouſe, déja connu par un ouvrage intitulé : *Elementa Tetragonimiſca*, ou *Quad. circuli & Hyp. ſegmentorum ex datis ipſorum centris gravitatis* (Tol. 1651. in-8.) qui contient beaucoup de ſçavante & profonde Géométrie, envoya à M. *Paſcal* la ſolution de ſes problêmes ſur les ſolides de la cycloïde, & leur centre de gravité, avant la fin de l'année 1658. Nous en tirons la preuve de ce que M. *Paſcal* lui répondant par une lettre datée du premier Janvier 1659, lui chercha querelle ſur une prétendue erreur de calcul. Mais *Laloubere* me paroît s'en juſtifier ſuffiſamment, & montrer que ce n'eſt qu'une erreur de tranſcription, ſoit en renvoyant à ſon écrit imprimé qui parut à Toulouſe le 9 Janvier, & qu'il n'eſt pas à préſumer qu'il eût entiérement refondu, & fait imprimer dans trois ou quatre jours, ſoit par la comparaiſon d'autres circonſtances. Cependant M. *Paſcal* peu diſpoſé à rendre juſtice à un membre du corps dont étoit *Laloubere*, prétendit toujours que ce Pere s'étoit trompé, & qu'il n'avoit reconnu ſon erreur qu'après en avoir été averti : il dit dans quelques additions à ſon hiſtoire de la cycloïde pluſieurs choſes mortifiantes pour ce Jéſuite de Toulouſe, & comme il étoit en poſſeſſion de tourner comme il vouloit la raiſon de ſon côté, ſon adverſaire parut avoir tort. A la vérité, ce Pere auroit été mal fondé à prétendre aux prix propoſés par M. *Paſcal*; il n'avoit pas réſolu aſſez-tôt les premiers problêmes pour y avoir aucun droit, mais il l'avoit fait aſſez à temps pour mériter plus de juſtice que cet homme célebre ne lui en rendit. *Laloubere* publia ſes méditations ſur la cycloïde en 1660, dans un ouvrage intitulé, *Geometria promota in ſeptem de cycloïde libris*. Ce Livre eſt rempli de belle & ſçavante Géométrie. Outre les ſolutions des premiers problêmes de M. *Paſcal*, nous remarquons dans le ſecond Livre une ſpéculation fort ingénieuſe. *Laloubere* y examine la dimenſion de la courbe qui ſeroit retranchée ſur la ſurface d'un cylindre droit, avec un compas dont la pointe immobile ſeroit dans un point quelconque C, & l'autre parcourroit cette ſurface. Il appelle cette figure *cyclo-cylindrique*; & il montre que tou-

Fig. 23, 24.

tes

tes les fois que l'ouverture ſera telle, que la pointe mobile atteindra l'extrêmité du diametre D, cette ſurface ſera abſolument quarrable, c'eſt-à-dire égale à 4 fois le rectangle DHG. Mais ſi la pointe mobile n'atteint pas à cette extrêmité, la figure retranchée de la ſurface du cylindre en queſtion, ſera égale à celle d'un cylindre oblique déterminé. Au reſte il faudroit avoir beaucoup de patience & de temps à perdre, pour s'aviſer d'aller puiſer dans cet ouvrage, de même que dans celui que nous avons cité plus haut. La ſingularité de la méthode qu'emploie leur Auteur, qui eſt le plus ſouvent celle dont *Archimede* s'eſt ſervi dans ſa quadrature méchanique de la parabole, la prolixité qui naît d'une trop grande affectation de rigueur géométrique, & diverſes autres choſes ſemblables, ſont capables d'en écarter le Lecteur le plus intrépide.

Il y eut divers autres Géometres qui eſſayerent leurs forces ſur les problêmes de M. *Paſcal*. Le Chevalier *Chriſtophe Wren* trouva la rectification de la cycloïde. Il montra qu'un arc quelconque de cette courbe, pris depuis le ſommet, comme AF, étoit égal au double de la corde AD, de ſorte que la moitié AB de la cycloïde eſt double du diametre AC du cercle générateur. Il découvrit auſſi la dimenſion de la ſurface des ſolides autour de la baſe & de l'axe, & conſéquemment le centre de gravité de la courbe elle-même. Il envoya toutes ces choſes à M. *Paſcal*, dans une Lettre datée du 12 Octobre, c'eſt-à-dire du 22 ſuivant notre ſtyle. M. *de Fermat* détermina auſſi la grandeur des ſurfaces dont nous venons de parler, & donna à cette occaſion, dit M. *Paſcal*, une méthode générale & fort belle pour la dimenſion des ſurfaces rondes, dont nous dirons un mot ailleurs. Mais perſonne, que je ſçache, ne réſolut les problêmes les plus difficiles ſur les ſurfaces en queſtion, ſçavoir ceux qui concernent les ſurfaces des ſolides formés autour des paralleles à la baſe, les centres de gravité de ces ſurfaces, & des demi-ſurfaces. Ainſi ſi M. *Paſcal* n'eut pas la ſatisfaction de voir ſes premiers problêmes hors de la portée des autres Géometres de ſon temps, il eut du moins celle de voir que lui ſeul pouvoit donner la ſolution des derniers.

Fig. 22.

Le commencement de l'année 1659 étant arrivé, M. *Paſcal*

ſe diſpoſa à mettre au jour ſes ſolutions. Il les publia peu après dans un écrit ſous le titre de *Lettre de A. Dettonville à M. de Carcavi.* On y trouve d'abord une méthode pour les centres de gravité de toutes ſortes de grandeurs. Elle eſt ſuivie d'un Traité intitulé *des trilignes & de leurs onglets*, qui eſt une introduction générale à la dimenſion des ſolides curvilignes. Il y examine ce qu'il faut connoître dans une figure curviligne quelconque pour avoir la meſure des ſolides produits par ſa circonvolution, ſoit autour de la baſe, ſoit autour de l'axe, leurs centres de gravité, & ceux des demi-ſolides, avec les ſurfaces de ces ſolides & demi-ſolides & leurs centres de gravité. Dans les Traités ſuivans, qui portent pour titre, *des ſinus du quart de cercle, & des arcs de cercle*, il eſt occupé à déterminer dans la figure circulaire les différentes choſes qu'il a démontré être néceſſaires pour la ſolution des problêmes ci-deſſus. Enfin, après avoir obſervé que l'ordonnée de la cycloïde ſe réſout en deux parties, dont l'une eſt l'[illegible] du cercle générateur, & l'autre l'arc correſpondant, il réſume toutes ces choſes, & il montre qu'il a donné dans les Traités précédens tout ce qu'il faut pour la ſolution de ſes problêmes ſur cette courbe. Nous regrettons que l'extrême fécondité de notre matiere ne nous permette pas de développer davantage tout le procédé de M. *Paſcal.* Il ne ſeroit pas poſſible de le faire, ſans y donner pluſieurs pages, & nous ſommes contraints de ſacrifier ce morceau, quoiqu'intéreſſant, à la briéveté.

La ſolution que M. *Paſcal* donne de ſes problêmes, eſt ſuivie de quelques autres écrits géométriques, dont l'un vient à notre objet préſent. Il concerne la rectification de la cycloïde, ſoit ordinaire, ſoit alongée, ſoit raccourcie. *Paſcal* y montre par une méthode générale, que toutes ces courbes ſont égales à des demi-circonférences d'ellipſe, dont il détermine les axes conjugués. Ceci ne contredit point la découverte de *Wren*, ſuivant laquelle la cycloïde ordinaire eſt quadruple du diametre du cercle générateur. Il arrive en effet dans ce cas que le petit axe de l'ellipſe eſt nul; ce qui fait que ſa circonférence coincide avec ſon grand axe. Ainſi ce que *Wren* avoit trouvé par une méthode particuliere, n'eſt qu'une conſéquence de celle de M. *Paſcal.* On démontre facilement ce rapport des courbes cycloïdales avec l'ellipse par le moyen du calcul intégral. Car l'expression différentielle ou de l'élément de cette courbe, est absolument semblable à celle de l'élément de l'arc elliptique.

Quoique la mesure de la cycloïde entiere dépende de la quadrature du cercle, on peut cependant trouver plusieurs de ses portions égales à des espaces rectilignes. MM. *Wren* & *Huyghens* en ont donné le premier exemple, en remarquant que l'ordonnée éloignée du sommet de la moitié du rayon, retranche un segment égal au triangle équilatéral inscrit dans le cercle générateur. M. *Leibnitz* a trouvé ensuite que, si l'on tire du sommet une ligne à l'extrêmité de l'ordonnée passant par le centre, le segment A *d* I étoit absolument quarrable, & qu'il égaloit la moitié du quarré circonscrit. Mais tout cela est contenu dans la découverte suivante de M. *Jean Bernoulli* (*a*). Si l'on prend, dit ce sçavant Géometre, de côté & d'autre du point B qui divise le rayon contigu au sommet en deux parties égales, deux ordonnées également distantes, comme E *e* & D δ, ou E *e* & D *d*, & qu'on tire la ligne E δ ou E *d*, le segment *e* A δ, ou *e d*, sera absolument quarrable, c'est-à-dire dans le premier cas, égal à la somme des triangles F H E, G D K, & dans le second, à leur différence. Si donc les points E & D se rapprochant continuellement de B, coincident avec lui, le segment *e* A δ deviendra celui de *Wren* & *Huyghens*; si au contraire, les points E & D s'éloignant également de B, arrivent enfin l'un en A, & l'autre en C, on aura visiblement celui de *Leibnitz*. M. *Bernoulli* enseigne aussi de quelle maniere on peut trouver par des équations algébriques une infinité de bandes cycloïdales interceptées entre deux ordonnées, qui soient susceptibles de quadrature absolue. On peut voir à la suite de la piece que nous avons citée, quelques autres écrits qui concernent cette matiere, & dont quelques-uns sont de M. *Jacques Bernoulli*. Les cycloïdes alongées ou raccourcies ont pareillement des espaces absolument quarrables; M. *Bernoulli* montre comment on peut les déterminer, & dans quel cas cela est possible. *Fig.* 25.

Le sujet que nous traitons, demande que nous rappro-

(*a*) Act. Lips. 1699. Bernoulli op. T. 1, p. 322.

chions encore ici, du moins historiquement, quelques autres propriétés fameuses de cette courbe. On pourroit dire qu'il en est peu dans la Géométrie qui en ait de plus remarquables. M. *Huyghens* a montré que la developpée de la cycloïde étoit elle-même une cycloïde seulement posée en sens contraire : on donnera ailleurs une idée plus claire de cette propriété, lorsqu'on expliquera la théorie des développées. Le même célebre Géometre a aussi découvert qu'un corps qui roule le long d'une cycloïde renversée, parvient au bas dans le même temps, de quelque point qu'il commence à rouler; d'où il suit qu'un pendule dont le poids seroit contraint de décrire une cycloïde, feroit des vibrations parfaitement égales. Cette courbe est encore celle de la plus vîte descente. Je m'explique. Qu'on ait deux points qui ne soient, ni dans la même ligne horizontale, ni dans la même perpendiculaire, & qu'on demande le chemin le long duquel un corps devroit rouler par un mouvement uniformément accéléré, afin qu'il y employât le moins de temps possible; ce n'est point une ligne droite, comme le penseront sans doute d'abord bien des Lecteurs, c'est un arc de cycloïde passant par ces deux points.

La cycloïde a donné naissance à une autre courbe, appellée d'abord par quelques Géometres du nom de *petite cycloïde*, mais connue aujourd'hui sous celui de *la compagne de la cycloïde*. Cette courbe est celle qui se formeroit, si l'on prolongeoit les ordonnées du demi-cercle, jusqu'à ce qu'elles fussent égales aux arcs correspondans, par exemple, CD à l'arc
Fig. 16. AF, *cd* à A*f*, &c; ou bien c'est la cycloïde ordinaire, dont après avoir retranché le cercle générateur, on auroit abaissé les restes d'ordonnées parallélement à elles-mêmes, jusqu'à ce qu'elles fussent appuyées sur l'axe. Cette courbe a cela de remarquable, que l'espace ACD retranché par l'ordonnée centrale CD, est absolument quarrable, & égal au quarré du rayon. Cela a été remarqué dans le siecle passé par divers Géometres, comme *Roberval*, *Laloubere*, *Wallis*, &c. La partie AD de la courbe dont nous parlons, est la même que la courbe appellée *des sinus*, dont la génération consiste à prendre une base égale à un quart de cercle, & à élever sur les différens points de cet axe les sinus des arcs égaux aux abscisses. Les Géometres qui ont travaillé aux problêmes de M. *Pascal* sur

la cycloïde, ont aussi traité de sa *compagne*, & ils ont déterminé la dimension de ses différentes parties, son centre de gravité, & les solides formés par sa circonvolution, soit autour de son axe, soit autour de sa base, &c. M. *Jean Bernoulli* a remarqué sur cette courbe la même chose à peu près que sur la cycloïde, en ce qui concerne les espaces absolument quarrables qu'elle peut avoir. Il y a seulement ici cette différence, que c'est à égales distances du centre qu'il faut prendre les ordonnées qui déterminent le segment oblique absolument quarrable, au lieu que dans la cycloïde, c'est à égales distances d'un point éloigné du sommet du quart du diametre.

A l'imitation de la cycloïde, les Géometres s'élevant toujours de difficultés en difficultés, & généralisant leur idées, ont imaginé de faire rouler un cercle sur un autre, & d'examiner les propriétés de la trace que décriroit durant ce mouvement un point quelconque du cercle mobile. On a appellé ces courbes *Epicycloïdes*, & elles ont des propriétés fort remarquables; ce n'est pas ici l'endroit convenable pour les développer, nous le ferons avec quelque étendue dans un article du Livre VI.

X.

Il nous reste, pour ne rien oublier de notre sujet, à faire connoître divers Géometres dont nous n'avons point encore eu occasion de parler, ou qui ont vécu postérieurement à l'époque à laquelle nous sommes arrivés. L'ordre des temps nous conduit d'abord à faire mention de deux Géometres de mérite, qui fleurissoient en France un peu avant le milieu du dix-septieme siecle: ce sont MM. *Midorge* & *Desargues*. Le premier faisoit une étude particuliere des sections coniques, & l'on a de lui un Traité en quatre Livres, où ce sujet est traité d'une maniere sçavante & facile. *Desargues* étoit un ami de *Descartes*, qui avoit l'art encore peu commun d'envisager les objets sous des vues très-générales. Il en donna un essai sur les sections coniques, qui plut beaucoup aux Géometres d'un ordre relevé. Nous n'avons jamais rencontré cet écrit, mais nous conjecturons que *Desargues* les y considéroit comme l'ont fait depuis quelques Géometres, c'est-à-dire, comme une même

Midorge.

Desargues.

courbe qui par les variations de certaines lignes devient tantôt parabole, tantôt ellipse ou hyperbole. En effet, une parabole peut être regardée comme une ellipse dont le centre, ou l'autre foyer seroit infiniment éloigné; une hyperbole n'est encore qu'une ellipse dont le centre ou l'un des foyers auroit passé du côté opposé, & seroit éloigné du sommet d'une distance négative. Le cercle enfin n'est qu'une ellipse dont les deux foyers coincident au centre. On peut enfin regarder les asymptotes de l'hyperbole comme de simples tangentes, mais à des points infiniment éloignés. Cette maniere de considérer les sections coniques fournit des démonstrations extrêmement faciles de leurs propriétés, & nous soupçonnons par cette raison que c'étoit ainsi que les envisageoit le jeune M. *Pascal*, dans ce Traité singulier qu'il donna à l'âge de seize ans, & où à l'aide d'une proposition unique, suivie de quatre cens corollaires, il démontroit toute la théorie ancienne de ces courbes. Aussi M. *Descartes*, qui ne pouvoit croire que ce fût l'ouvrage d'un enfant de cet âge, disoit-il qu'il y reconnoissoit la méthode de M. *Desargues*.

Torricelli. Tout le monde connoît le nom de *Torricelli*, devenu si mémorable par la découverte de la suspension du Mercure dans le vuide & de la pesanteur de l'air. La Géométrie lui doit aussi quelques ouvrages estimables; ils parurent en 1644, sous le titre *De solidis Spheralibus libri 2 : de quad. parabolæ, de solido hyp. acuto. &c.* Il y a dans ces écrits diverses choses fort ingénieuses; telles sont les démonstrations qu'il donne du rapport de la sphere au cylindre, de la quadrature de la parabole, &c. qui sont nouvelles, & d'une extrême élégance. On trouve dans le troisieme de ces Traités une découverte digne de remarque, & qui surprendra peut-être plusieurs de nos lecteurs: c'est que si l'on fait tourner l'espace hyperbolique ABDE autour de son asymptote, le solide qu'il produit (*Fig.* 27.) est fini, quoique infiniment prolongé, & même ce qui est plus merveilleux, quoique l'espace générateur soit infini. Ce ne sera cependant point un paradoxe pour ceux qui sont versés dans une Géométrie un peu relevée. Ils verront que cela vient de ce que le centre de gravité de l'espace hyperbolique tombe sur l'asymptote même. Ainsi des deux facteurs du produit, qui est le solide en question, l'un étant infiniment grand, l'autre infiniment petit, il n'y a plus de quoi s'étonner que ce produit soit d'une grandeur finie.

Grégoire de S. Vincent

Les Pays-Bas nous offrent vers le même temps un Géometre qui s'est fait un grand nom, & à qui nous devons un ouvrage mémorable par quantité de découvertes, quoiqu'il ait échoué à la principale & à celle qui étoit l'unique objet de toutes les autres. Pour peu qu'on soit au fait de l'histoire de la Géométrie, il est facile de voir que nous voulons parler du Pere *Grégoire de S. Vincent*, & de son fameux ouvrage intitulé *Quadratura circuli & hyperbolæ*. (*Antuerp. in-fol.* 1647.) Jamais Géometre n'a poursuivi avec plus de génie & d'assiduité cet important problême, à travers toutes les épines de la Géométrie; & quoiqu'il ait manqué son but, l'abondante moisson de vérités nouvelles qu'il rapporta de cette recherche, lui ont mérité un rang parmi les Géometres les plus distingués. C'est le jugement qu'en portoit M. *Huyghens* lui-même, qui l'avoit combattu, c'est celui de M. *Leibnitz*, dont voici les paroles: *Majora* (*nempe Galileanis ac Cavallerianis*) *subsidia attulêre triumviri illustres, Cartesius ostensâ ratione lineas Geometriæ communis exprimendi per æquationes, Fermatius inventâ methodo de maximis ac minimis, ac Gregorius à Sancto Vicentio, multis præclaris inventis* (*a*).

Grégoire de Saint-Vincent nous apprend dans sa Préface, combien de différentes voies il tenta pour parvenir à la quadrature du cercle. Il espera d'abord quelque chose de la spirale, ensuite il se tourna du côté de la quadratrice, sur laquelle il avoit composé un gros Traité prêt à imprimer, & qui fut la proie des flammes lors de la prise de Prague par les Saxons. Il abandonna enfin ces recherches, & il se mit à considérer profondément les sections coniques & les divers corps formés sur leurs segmens, espérant que quelqu'un d'entr'eux lui pourroit présenter des propriétés capables de donner la solution de cet épineux problême. Ce fut en suivant cette route qu'il fit un grand nombre de découvertes importantes & curieuses. Telles sont une multitude de propriétés nouvelles des sections coniques; la sommation des termes & des puissances des termes des progressions, plus développée;

(*a*) Act. Lips. *ann.* 1695.

des moyens sans nombre de mesurer la parabole & les figures considérées par les Anciens; la mesure absolue de quantité de corps, comme les onglets cylindriques sur des bases circulaires, elliptiques, hyperboliques, & divers autres. Nous voudrions pouvoir entrer dans une exposition plus détaillée de toutes ces choses; mais les bornes de notre ouvrage ne nous le permettent pas. Nous nous en tiendrons ici à présenter la belle propriété de l'hyperbole découverte par ce Géometre. Si l'on prend sur l'asymptote d'une hyperbole les proportionnelles continues CA, CB, CD, &c. & qu'on mene les ordonnées *Fig. 28.* A*a*, B*b*, C*c*, &c. les espaces A*b*, B*d*, D*e*, &c. sont égaux. D'où il suit que ceux-ci A*b*, A*d*, A*e*, &c. sont en progression arithmétique. Il en est de même des secteurs *a*C*b*, *b*C*d*, &c. car ils sont respectivement égaux aux espaces A*b*, B*d*, &c. L'espace hyperbolique A*g* croît donc uniformément, tandis que l'abscisse CG croît géométriquement, & par conséquent il est le logarithme de cette abscisse. Cette propriété est du plus grand usage dans la Géométrie transcendante, & elle a fourni l'idée de réduire la résolution pratique de tous les problêmes qui dépendent de la quadrature d'un espace hyperbolique à l'usage d'une table de logarithmes. Au reste, nous n'adopterons point les éloges excessifs dont l'Auteur de la préface du Calcul intégral de M. *Stone*, a comblé *Greg. de Saint-Vincent.* Dire que les Modernes avec leurs calculs & leurs *dx*, *dy*, qu'ils ressassent (c'est l'expression de cet Ecrivain, plus favorisé du côté de l'imagination que de celui de la justesse) n'ont fait que repasser à la filiere ce que le Géometre Flamand a trouvé, c'est avoir formé le dessein de faire rire ceux qui connoissent ces calculs & les questions ausquelles se sont élevés les *Newton*, les *Leibnitz*, les *Bernoulli*, &c. dès les premiers essais qu'ils en ont donnés. Il y auroit une observation semblable à faire sur chaque ligne de cette préface, dont l'auteur, pour exalter son héros, semble fermer volontairement les yeux sur tout ce qu'ont fait les Géometres avant & après lui. Mais un pareil examen ne s'accorderoit pas avec la briéveté que nous affectons. Disons un mot de la prétendue quadrature de *Grégoire de Saint-Vincent.*

L'ouvrage du Pere *de Saint-Vincent* ne vit pas plutôt le jour, qu'on s'empressa de toutes parts à l'examiner. Le titre qu'il qu'il portoit, le nom de ſon Auteur, & la quantité d'excellentes choſes qu'il contenoit, étoient fort capables de piquer la curioſité; mais ſa quadrature ne ſoutint pas, comme le reſte, l'épreuve de l'examen. *Deſcartes* en apperçut bientôt la fauſſeté, & montra la ſource de l'erreur dans une lettre au Pere *Merſenne*. Elle fut enſuite publiquement réfutée par le célebre M. *Huyghens*, alors encore fort jeune, dans un écrit modele de netteté & de préciſion (*a*); & plus au long par le Pere *Leotaud*, habile Géometre Dauphinois (*b*). L'un & l'autre montrerent avec beaucoup de ménagement & de ſolidité, que le problême important de la quadrature du cercle n'étoit point encore réſolu.

Le Pere *de Saint-Vincent* trouva néanmoins des défenſeurs dans deux de ſes diſciples, les Peres *Ainſcom* & *Saraſſa*, tous deux habiles Géometres. *Ainſcom* deſcendit le premier dans la lice (*c*), & ſe ſignala ſur quelques Aventuriers en Géométrie, comme *Meibomius* qui, en attaquant *Grégoire de Saint-Vincent*, étoient eux-mêmes tombés dans de ridicules erreurs. Venant enſuite à *Huyghens* & *Leotaud*, il prétendit qu'ils n'avoient point pris le véritable ſens de ſon maître, & il en donna l'explication qui fut confirmée en 1663, par le Pere *Saraſſa* (*d*). C'étoit en quelque ſorte ce qu'attendoit le Pere *Leotaud* pour porter le dernier coup à la prétendue quadrature. Il ne reſtoit plus de ſubterfuges à ſes défenſeurs, qui s'étoient authentiquement expliqués ſur le ſens dans lequel il falloit prendre certaines expreſſions ambiguës. Le Jéſuite Dauphinois montra donc clairement (*e*) qu'en les prenant même dans ce ſens, il n'en réſulte qu'une erreur au lieu de la véritable quadrature du cercle. En vain l'Auteur de la préface dont on a parlé plus haut, dit qu'il n'eſt pas encore bien démontré que *Grégoire de Saint-Vincent* ſe ſoit trompé. Nous oſons aſſurer que rien n'eſt plus certain : nous ajouterons même qu'il y a une ſorte de mauvaiſe foi dans les défenſes des deux diſciples de ce Géometre célebre : car étant invités à pluſieurs repriſes d'aſſigner ce rapport d'où dépendoit la quadrature du cercle, rap-

(*a*) *Exetaſis quad. circuli P. Greg. à S. Vinc.* 1651. in4°.

(*b*) *Examen quad. circuli hactenùs celeberrimæ.* Lugd. 1653. in-4°.

(*c*) *Expoſitio & deductio Geom. quad. P. Greg. à S. Vinc.* 1656. in-fol.

(*d*) *Solutio probl. de quad. circuli, &c.* 1663.

(*e*) *Cyclo-mathia, ſeu de multiplici circuli contempl.* 1663. in-4°.

port qu'ils ne cessoient de répéter être *donné*, ils ne le firent jamais, & s'enveloppant dans leur obscure & fausse théorie des proportionalités, comme un plaideur dans les replis de la chicane, ils s'obstinerent toujours à conclure que ce rapport étoit donné sans le déterminer. S'il l'eût été réellement, étoit-il quelque moyen plus certain de confondre leurs adversaires que de l'assigner ?

Huyghens. Ce fut vers ce temps que débuta dans la Géométrie le célebre M. *Huyghens*. Ce nom seul nous dispense d'un éloge auprès de ceux à qui les découvertes les plus curieuses de l'Astronomie, & les questions les plus sublimes des Mathématiques sont connues. Il naquit en 1629, & dès l'année 1651 il se signala en combattant la quadrature du P. *de Saint Vincent*: la même année il publia ses *Theoremata de circuli & hyp. quad.* où il démontre d'une maniere neuve, la liaison entre la quadrature des sections coniques, & l'invention de leurs centres de gravité. Il perfectionna ensuite ce que *Snellius* avoit enseigné sur les approximations du cercle, & il publia en 1654 ses découvertes sur ce sujet dans l'ouvrage intitulé *De circuli magnitudine inventa.* Mais quoique ces ouvrages, & le dernier surtout, ayent bien leur mérite, on peut dire que ce ne sont que des essais de la jeunesse de M. *Huyghens*. On le vit bientôt après prendre un essor plus élevé : en 1657 il trouva la dimension des surfaces courbes des conoïdes & sphéroïdes, problême qui n'avoit point encore été tenté par les Géometres, à cause de sa difficulté ; il imagina sa méthode de réduire les rectifications des courbes aux quadratures ; il détermina la mesure de la cyssoïde, & il trouva que quoique prolongée à l'infini, son étendue étoit seulement égale à trois fois le demi-cercle générateur. Il commença enfin dès-lors à jetter les fondemens de son célebre ouvrage *De Horologio oscillatorio.* Cet ouvrage, mêlange de la Méchanique la plus subtile & d'une Géométrie des plus profondes, nous présente entr'autres la nouvelle théorie des développées, qui depuis ce temps est d'un si grand usage dans les recherches géométriques & méchaniques. Ce seroit ici la place d'en rendre compte, mais il nous a paru qu'elle figureroit mieux à côté des découvertes de la nouvelle Géométrie. Ce motif nous en fait renvoyer l'exposition au Livre sixieme.

La Logarithmique a fourni à M. *Huyghens* la matiere d'un morceau de Géometrie très-curieux & très-sçavant. Cette courbe se forme, comme on l'a dit ailleurs, en élevant sur les divisions égales d'une ligne droite infinie des perpendiculaires en progression géométrique croissante d'un côté, & décroissante de l'autre, d'où il suit d'abord évidemment que cette courbe a son axe même pour asymptote. C'est aussi une suite de cette génération que les abscisses prises d'un certain point comme terme, sont analogues aux logarithmes des ordonnées; ce qui a donné le nom à cette courbe. Mais M. *Huyghens* ne se borna pas-là; il en examina l'aire, les tangentes, les solides, les centres de gravité, &c. & il trouva sur tous ces sujets des vérités remarquables qu'il publia en 1691, à la fin de son Traité *De causâ gravitatis*. En voici quelques-unes. 1°. La soutangente, c'est-à-dire, la ligne B C ou E F, comprise entre la tangente & l'ordonnée, est partout la même. 2°. L'aire D E G H infiniment prolongée, n'est égale qu'au rectangle de D E par E F, c'est-à-dire, de l'ordonnée par la soutangente. 3°. Le solide formé par ce même espace tournant autour de l'asymptote, est une fois & demie le cône formé en même temps par le triangle DEF; & si cet espace tourne autour de DE, le solide qu'il formera sera égal à six fois le cône formé par ce triangle autour de D E. Je passe diverses autres propriétés de cette courbe, remarquées par M. *Huyghens*. Toutes ces vérités que M. *Huyghens* s'étoit contenté d'énoncer, ont été démontrées par le P. *Grandi*, Géometre Italien, qui donna sur ce sujet en 1701, un ouvrage intitulé *Demonstratio Hugenianorum Theorematum*, dans le style de l'ancienne Géométrie. L'Editeur des Œuvres d'*Huyghens*, l'a jugé digne avec raison de reparoître à la suite de celui qui en avoit été l'occasion.

Fig. 29.

Parmi les Géometres dont s'illustroit l'Angleterre peu après le milieu du siecle passé, un des plus recommandables est M. Jacques *Grégory*. Ce Mathématicien, en général plus connu comme Opticien que comme Géometre, doit néanmoins tirer sa principale célébrité de la Géométrie. En effet, déja rival de *Newton* dans l'invention du Télescope à réflection, il fut aussi le premier à marcher sur les traces de ce grand homme, & à ajouter à ses découvertes analytiques. Mais ce n'est pas ici le lieu d'embrasser ces objets: nous nous bornons à

Jacques Grégory.

celles de ses recherches géométriques dans lesquelles il a suivi la méthode ancienne. De ce genre est l'ouvrage qu'il publia en 1664, & qui est intitulé *Vera circuli & hyperbolæ quadratura*. Sur ce titre on ne doit pas juger que sa prétention fut d'avoir trouvé la quadrature absolue du cercle & de l'hyperbole. Son objet est tout différent : car il entreprend au contraire de démontrer qu'elle est impossible, & qu'il n'y en a point d'autre que celles *par approximation*. Il en donne de très-ingénieuses, & l'on ne peut méconnoître qu'elles ont un avantage sur celles de *Snellius* & d'*Huyghens*, non seulement par l'exactitude, mais encore en ce qu'elles sont communes au cercle & à l'hyperbole, courbes qu'on sçait tenir l'une à l'autre par tant de propriétés analogues. M. *Grégori* démontre aussi dans cet ouvrage, une propriété fort remarquable des polygones inscrits & circonscrits aux sections coniques : elle consiste en ceci. Si l'on a deux polygones semblables, l'un inscrit & l'autre circonscrit, que nous nommerons A & B ; ensuite les deux autres inscrit & circonscrit, qui suivent, c'est-à-dire, qui ont un nombre double de côtés, que nous nommerons C & D ; le polygone C est moyen géométrique entre A & B, & le polygone D est moyen harmonique entre C & A, & ainsi de suite à l'infini. Delà naît une suite de termes toujours convergens, c'est-à-dire, approchant de plus en plus de la grandeur du secteur curviligne. C'est ce que *Grégori* nomme une suite convergente. Il est des suites de cette espece dans lesquelles il est possible d'assigner le dernier terme. Si cela arrivoit ici, on auroit la quadrature du cercle & celle de l'hyperbole ; mais bien loin delà : M. *Grégori* prétend démontrer que par la nature de la loi qui y regne, ce dernier terme est inassignable analytiquement, c'est-à-dire, qu'on ne sçauroit trouver aucune expression en termes finis par laquelle on puisse le désigner. Sa démonstration est ingénieuse, & ressemble beaucoup à celle par laquelle on démontre l'impossibilité de diviser généralement un angle en raison donnée. Elle ne convainquit cependant pas M. *Huyghens*, & ce fut entre lui & *Grégori* le sujet d'un vif débat, dont le Journal des Sçavans & les Transactions Philosophiques des années 1667 & 1668 furent le champ. Les Géometres ne me paroissent pas avoir prononcé sur cette contestation, & quoique je sois porté à regarder la démonstration de *Grégori* comme concluante, je les imiterai. Toutes les Pieces de cette sçavante discussion, se trouvent avec le Traité de *Grégori*, dans le second volume des Œuvres d'*Huyghens*.

M. *Grégori* publia quelques années après (en 1668.) un autre ouvrage de Géométrie profonde, sous le titre de *Geometriæ pars universalis*. C'est, pour en donner briévement une idée, un recueil de théorêmes curieux & utiles pour la transformation & la quadrature des figures curvilignes, pour la rectification des courbes, la mesure de leurs solides de circonvolution, &c. S'ils ne sont pas tous nouveaux, ils y sont du moins le plus souvent généralisés d'une maniere qui les rend en quelque sorte propres à l'Auteur. Nous parlerons ailleurs de ses *Exercitationes Geometricæ*, à cause qu'elles appartiennent plus à l'analyse moderne qu'à la Géométrie ancienne. Le sçavant Géometre dont nous parlons étoit de *New-aberdeen* en Ecosse, où il naquit en 1636. Il fit en Italie un séjour de plusieurs années, & rendu à sa patrie vers 1670, il y occupa une Chaire de Professeur de Mathématiques. Il donnoit les plus grandes espérances, commençant à suivre de près *Newton* dans la carriere que celui-ci avoit ouverte, lorsqu'une mort précipitée l'enleva en 1675.

Il nous faut présentement repasser en Italie, où nous rappellent quelques Géometres célebres, dont il seroit injuste d'ensevelir les travaux dans l'oubli. Le premier qui s'offre à nous, est *Etienne de Angelis*. Ce disciple de *Cavalleri* s'attacha à cultiver & à étendre la méthode de son maître; ce qu'il fit heureusement dans divers ouvrages qu'il publia entre les années 1658 & 1662. Ils concernent la plûpart des sujets de Géométrie sublime, comme les aires & les centres de gravité des sections coniques; les solides formés de diverses manieres par la rotation de leurs segmens; les sections coniques & les spirales des ordres supérieurs, &c. Nous avons parcouru plusieurs de ces ouvrages qui nous ont paru dignes d'un très-habile Géometre. *De Angelis* étoit de l'Ordre des Hieronymites; mais cet Ordre ayant été supprimé en 1668, il vécut depuis en particulier. Il professa les Mathématiques à Padoue, où il vivoit encore vers la fin du siecle. *Etienne de Angelis.*

Le Géometre *Michel-Ange Ricci* mérite aussi que nous en fassions ici mention. Il est Auteur d'une Dissertation sous le *M. Ricci.*

titre *de Maximis* & *Minimis*, imprimée à Rome en 1665; la Société Royale de Londres la jugea assez intéressante pour en procurer une seconde édition, qui est à la suite de la Logarithmotechnie de *Mercator*. L'objet de cette Dissertation est de déterminer les tangentes & les *Maxima* & *Minima* des courbes par le moyen de la Géométrie pure, ce qu'il exécuta entr'autres sur les sections coniques des ordres supérieurs. Il y promettoit quantité d'autres recherches importantes sur ces courbes, sur l'analyse ancienne, sur la construction géométrique des équations; mais nous ne voyons pas que cette promesse ait eu son exécution.

Viviani. Nous terminerons cette partie de notre Histoire par le récit des travaux de M. *Viviani*. Ce disciple de *Galilée*, s'est principalement illustré en Géométrie, par deux ouvrages d'un genre particulier. Le premier est sa divination sur le cinquieme Livre des coniques d'*Appollonius*, dont nous avons fait l'histoire en parlant des écrits de cet ancien Géometre : le second concerne un autre Géometre de l'Antiquité, à peu près contemporain d'*Euclide*, qu'on nommoit *Aristée* l'ancien. Cet *Aristée* avoit écrit, au rapport de *Pappus* (*a*), outre cinq Livres d'*Elémens des Coniques*, un autre Traité intitulé *des Lieux solides*, c'est-à-dire, des propriétés locales de ces courbes. Les Coniques d'*Appollonius* ne nous laissent aucun lieu de regreter le premier de ces ouvrages; mais il eût été intéressant pour la Géométrie que le second nous fût parvenu. Ce motif excita M. *Viviani*, à peine âgé de vingt-trois ans, à faire des efforts pour y suppléer. Il commença dès-lors à assembler des matériaux dans cette vue : mais tant d'occupations différentes le traverserent à diverses reprises, & quoique cet ouvrage soit le premier de ceux qu'il avoit médités, c'est cependant le dernier qu'il ait achevé. Enfin ayant été nommé par Louis XIV, dont il étoit déja pensionné depuis long-temps, Associé étranger de l'Académie, il fit, malgré son extrême vieillesse, un dernier effort pour l'achever, & il le mit au jour en 1701. Cet ouvrage fait également honneur au sçavoir & au cœur de M. *Viviani*, par la sçavante Géométrie qu'il contient, & par les sentimens de reconnoissance envers le Monarque son

(*a*) *Coll. Math.* l. VII, *Præf.*

bienfaicteur, & *Galilée* son illustre maître, qui y sont répandus.

M. *Viviani* proposa en 1692 un problême curieux, & tout-à-fait digne de trouver place ici. Il lui donna le titre d'*Ænigma Geometricum à D. Pio Lisci pusillo Geometra* : ces derniers mots sous lesquels il se cachoit, sont l'anagramme de ceux-ci : *à postremo Galilei discipulo. Il y a*, disoit-il, *parmi les antiques monumens de la Grece, un Temple consacré à la Géométrie, dont le plan est circulaire, & qui est couronné d'un dôme hémisphérique. Ce dôme est percé de quatre fenêtres égales avec un tel art que le restant de la surface est absolument quarrable. On demande de quelle maniere on s'y étoit pris.* M. *Viviani* s'adressoit principalement aux illustres Analistes du temps, & il ajoutoit qu'il ne doutoit point que leur art secret, (c'est ainsi qu'il désignoit la nouvelle Analyse,) ne les mît bientôt en possession de son enigme.

En effet, cette énigme n'en fut pas long-temps une pour ceux qui étoient versés dans la nouvelle Géométrie ultramontaine. En Allemagne, MM. *Leibnitz* & *Jacques Bernoulli* ; en France le Marquis *de l'Hôpital* en donnerent plusieurs solutions presque aussi-tôt qu'ils l'eurent vue. L'Angleterre où elle ne pénétra apparemment que l'année suivante, en fournit aussi quelques-unes, qui furent l'ouvrage des DD. *Wallis* & *David Gregori*. Mais toutes ces solutions, il faut en convenir, le cédent à certains égards à celle de *Viviani*. Si l'on décrit, dit-il, dans le demi-cercle ABD, qui passe par le sommet & le centre de la voûte, deux autres demi-cercles sur les rayons AC, CD, & qu'on en fasse les bases de deux cylindres droits qui pénétrent l'hémisphere de part & d'autre, ils en retrancheront quatre portions telles que le reste sera égal à deux fois le quarré du diametre de la sphere. Il y a encore ici une chose remarquable, & que je ne sçais si *Viviani* observa ; c'est que la portion de chaque demi-cylindre, renfermée dans l'hémisphere, est aussi susceptible de quadrature absolue, & égale à deux fois le quarré du rayon de l'hémisphere : il publia cette solution avec diverses autres vérités géométriques dans son *Exercitatio Mathematica de formatione & mensurâ fornicum* ; mais il s'y borna au simple énoncé, & il supprima les démonstrations : cela donna lieu quelques années après au P. *Guido-Grandi* Géometre, de l'Ordre de Camaldules, de les recher-

Fig. 30.

cher & de les publier sous le titre de *Vivianeorum problematum demonstratio.* Dans cet écrit qui contient plus que ne promet le titre, le P. *Grandi* remarque aussi quelques curiosités géométriques du même genre, entr'autres une portion de surface de cône droit, qui est absolument quarrable (*a*), & à laquelle il donne le nom de *tentorium* ou *tabernaculum Camaldulense.* Il eût mieux fait, à notre avis, de ne lui en donner aucun.

Il y auroit encore à dire sur M. *Viviani* plusieurs choses curieuses que nous supprimons à regret. Dans la nécessité où nous sommes d'abréger, nous renvoyons nos Lecteurs à son éloge historique qu'on lit dans l'Histoire de l'Académie de l'année 1703. Nous nous bornerons ici à leur apprendre qu'il mourut au mois de Septembre de cette même année, âgé de 81 ans.

Le P. *Grandi*, dans une lettre qui suit sa démonstration des théorêmes d'*Huyghens*, cite plusieurs fois avec éloge le Géometre *Jean Ceva*, Auteur d'un ouvrage intitulé *Geometria motus* (1692. in-4°. Bon.) C'étoit le frere du P. *Thomas Ceva*, Jésuite, habile Géometre lui-même, & connu par diverses Poësies Latines, parmi lesquelles est un Poëme élégant sur la Physique ancienne & moderne. *Jean Ceva* traitoit dans son ouvrage de la méthode des tangentes par la composition du mouvement; c'est du moins ce que font conjecturer les citations que je viens d'indiquer. Je trouve encore quelques opuscules de ce Géometre ou de son frere, sous ces titres: *De lineis rectis constructio Statica* (1678): *de flexi-lineis, &c.* Mais je suis obligé de me borner à cette stérile indication, n'ayant point pu m'en procurer la vue.

(*a*) M. Jean Bernoulli avoit déja annoncé dans les Actes de Leipsick 1695, cette propriété du cône droit. Il y avoit remarqué que si sur sa base on a une figure quelconque sur laquelle on éleve un prisme droit, la portion de surface qu'il retranche du côté du sommet, est en raison donnée avec la figure proposée. Cela est facile à démontrer, & il ne l'est pas moins de voir qu'on peut par ce moyen retrancher de la surface du cône tant de portions absolument quarrables qu'on voudra.

Fin du Livre I.

HISTOIRE

HISTOIRE DES *MATHÉMATIQUES.*

QUATRIEME PARTIE,

Qui comprend l'Hiſtoire de ces Sciences pendant le dix-ſeptieme ſiecle.

LIVRE SECOND.

De la Géométrie & de l'Analyſe, traitées à la maniere de Deſcartes, juſqu'à la fin du dix-ſeptieme ſiecle.

SOMMAIRE.

I. *Cauſe de la lenteur des progrès de la Géométrie, & en quoi l'Analyſe algébrique les a accélérés.* II. *Découvertes d'Harriot ſur la nature des équations. Examen de pluſieurs de celles que lui attribue Wallis.* III. *D'Albert Girard.* IV. *De Deſcartes. Traits abrégés de ſa vie. Expoſition de ſes découvertes purement analytiques. Sa défenſe contre Wallis.* V. *Des découvertes géométriques de Deſcartes. Il applique l'analyſe algébrique à la théorie des courbes, avantages de cette application. Solution qu'il donne d'un problême où avoit échoué l'An-*

tiquité. Sa construction des équations cubiques, quarré-quarrées, & du sixieme degré. Examen de quelques-unes de ses opinions concernant la simplicité des constructions géométriques. De ses ovales. VI. *De la méthode des tangentes de Descartes. Application de son principe à celle* de Maximis & Minimis, *à l'invention des points d'infléxion, &c. Usage de la méthode des tangentes pour la détermination des asymptotes.* VII. *De M. de Fermat. Sa regle* de Maximis & Minimis. *Sa méthode des des tangentes. Querelle qu'il a à ce sujet avec Descartes. Autres inventions analytiques de Fermat.* VIII. *Quel accueil reçoit l'analyse de Descartes ; Roberval prétend y relever des fautes. M. de Beaune est le premier à en pénétrer les mysteres. Origine du problême inverse des tangentes ; problême proposé par M. de Beaune à Descartes, & jusqu'où celui-ci y pénetre. De divers autres Géometres qui cultivent l'analyse de Descartes ; de Schoten, de son Commentaire & de ses autres écrits. De M. de Witt. De M. Hudde. De M. Van-Heuraet, M. Huyghens, &c.* IX. *Progrès que fait la méthode* de Maximis & Minimis, *& celle des tangentes entre les mains de MM. Hudde ; Huyghens ; de Sluse.* X. *De la construction des équations. Méthode de M. de Sluse. Inventions de quelques autres Géometres concernant ce sujet.* XI. *Sur la résolution des équations ; progrès de cette partie de l'analyse.* XII. *Ouvrages principaux qui traitent de l'analyse de Descartes.*

I.

La nouvelle forme qu'a pris l'analyse entre les mains des Géometres du siecle passé, est une des causes principales des rapides progrès qui ont amené la Géométrie au point où elle est aujourd'hui. Tant que les rapports dont la recherche occupa les Géometres ne furent pas trop compliqués, les méthodes anciennes purent les aider à les démêler. C'est par leurs secours qu'ils firent les découvertes profondes qui nous ont ocupés jusqu'ici ; découvertes qui ont d'autant plus de droit à notre estime, que les moyens par lesquels ils y parvinrent étoient plus laborieux, & qu'il étoit plus facile de se tromper en les employant. Ils pénétrerent aussi avant que les instrumens, qu'on me permette ce terme, dont ils étoient en possession leur purent servir, & ils en tirerent souvent un parti que ne soupçonneroient pas ceux qui ne connoissent que la nouvelle Géométrie. Mais enfin il étoit de la nature de ces instrumens de ne pouvoir les aider que jusqu'à un certain point, & lorsqu'après avoir épuisé les recherches qui étoient à leur portée, ils voulurent s'élever à des spéculations plus difficiles, ils échouerent devant des difficultés qu'une analyse moins sçavante, mais plus commode, surmonte aujourd'hui sans peine.

La principale cause qui rend l'analyse ancienne insuffisante dans des questions d'un certain ordre, est son assujettissement nécessaire à une suite de raisonnemens développés. Si l'on ne peut les suivre qu'avec peine, à plus forte raison ne les peut-on former sans une contention extrême d'esprit, sans des efforts extraordinaires de mémoire & d'imagination. Faut-il donc s'étonner que la même méthode qui dans certaines questions présente une clarté lumineuse, devienne obscure & impraticable dans d'autres où la complication des rapports est fort supérieure.

Le premier pas à faire pour mettre l'analyse en état de surmonter ces difficultés, étoit donc d'en changer la forme, & de soulager l'esprit de ce fardeau accablant de raisonnemens. Rien de plus heureux pour cet effet que l'idée qu'on a eue de réduire ces raisonnemens, en une sorte d'art ou de procédés techniques qui après les premiers pas n'exigent presque plus aucun travail d'esprit. L'Arithmétique & l'Algebre ordinaire nous en offrent des exemples. Car qu'est-ce qu'une opération arithmétique, sinon un procédé méchanique pour la plûpart des hommes, mais qui est cependant le tableau & l'équivalent des opérations laborieuses ausquelles l'esprit seroit réduit sans ce secours? L'analyse algébrique d'un problême sur les nombres n'est encore autre chose qu'une suite de raisonnemens écrits en abrégé, & qui sans contention & presque méchaniquement, conduisent au même but que si l'esprit les eût suivis. Rien n'empêche de se servir d'un semblable artifice dans la Géométrie. Les grandeurs qu'elle considere sont susceptibles des mêmes calculs: toute espece d'étendue peut être désignée par des nombres; car une ligne, par exemple, n'est d'une certaine grandeur que parce qu'elle en contient une autre prise pour mesure ou comme unité, un certain nombre de fois: il en est de même des surfaces, &c. On pourra conséquemment les représenter comme si c'étoient des nombres, par des ſignes univerſels. Mais toutes les propriétés des figures ne conſiſtent qu'en ce que certaines dimenſions ſont à d'autres dans un certain rapport. Dans le cercle, par exemple, le quarré de la perpendiculaire tirée d'un point ſur le diametre eſt égal au rectangle ou au produit des deux ſegmens de ce diametre : on pourra donc encore exprimer ces dimenſions par leurs rapports mutuels, & les analyſer comme on a vu qu'on le faiſoit dans les queſtions purement numériques. Voilà l'analyſe algébrique, voilà l'application de l'Algebre à la Géométrie.

I I.

On a expoſé dans un des Livres précédens les diverſes inventions dont le célebre *Viete* enrichit l'analyſe : on y a vu les méthodes qu'il imagina pour la réſolution des équations du troiſieme degré, la conſtruction ingénieuſe qu'il en donna par le moyen des deux moyennes proportionnelles, ou de la triſection de l'angle, la décompoſition des équations du quatrieme degré par le moyen de celles du troiſieme, la formation des puiſſances, le commencement enfin de l'analyſe des équations ſi vivement revendiquée à *Harriot* par *Wallis*. Tel étoit l'état de l'analyſe au commencement du dix-ſeptieme ſiecle, & où elle reſta aſſez long-temps. La plûpart de ceux qui la cultiverent ſe bornerent preſque à l'éclaircir, ou à énoncer en d'autres termes ce que *Viete* avoit enſeigné. Nous diſtinguerons cependant parmi ces Analiſtes, *Guillaume Ougthred* (*a*), dont on a quelques ouvrages eſtimables dans ce genre. Il développa davantage l'application de l'analyſe aux problêmes géométriques, la conſtruction des équations, la formation des puiſſances, les formules pour les ſections angulaires, &c. Mais la plûpart de ces choſes ne paſſent guere ce qu'on pourroit nommer l'analyſe élémentaire, ou ce qu'on tenoit déja de *Viete*. C'eſt pourquoi il ſeroit inutile de nous y arrêter davantage.

(*a*) Guillaume Ougthred étoit né en 1573, & mourut en 1660, d'un tranſport de joie, en apprenant la réſolution priſe par le Parlement de rappeller Charles II. Outre ſa *Clavis Geometrica*, on a de lui divers ouvrages publiés en divers temps, & qui ont été raſſemblés pour la plûpart, & imprimés ſous le titre d'Opuſcules en 1667.

Découvertes d'Harriot sur les équations.

C'est à *Harriot* (a) que l'analyse doit les premiers progrès qu'elle fit au-delà de ceux que *Viete* lui avoit procurés le siecle precédent. On lui est redevable de l'importante découverte de la nature & de la formation des équations, découverte ébauchée par *Viete*, & qu'il développa avec beaucoup de sagacité. L'ouvrage dans lequel il l'expose, est intitulé, *Artis analyticæ praxis*, & parut à Londres en 1631, dix ans après la mort de son Auteur. Il entre dans notre plan de donner le précis de ce qu'il contient de plus remarquable.

Le premier pas d'*Harriot*, est de ne s'être point borné à considérer les équations sous la forme usitée jusqu'alors, c'est-à-dire en égalant les termes où entre la quantité inconnue à celui qui contient la connue. *Harriot* fait passer dans l'occasion ce dernier terme du même côté que les autres, & l'affectant d'un signe contraire à celui qu'il avoit, il égale toute l'expression à zero. Cela est naturel, & dans les regles de l'analyse algébrique ordinaire; si $x = b$, on aura aussi $x - b = 0$: & si $x^2 - 20x = 9$, il est également vrai que $x^2 - 20x - 9 = 0$. Il est enfin évident que toute valeur positive ou négative, qui mise à la place de x & de ses puissances dans une équation réduite à cette forme, la rendra égale à zero, sera la valeur, ou une des valeurs de x, puisqu'elle satisfera à la condition indiquée par cette expression. Il nous faut cependant remarquer, pour n'accorder à *Harriot* que ce qui lui est dû en ce qui concerne cette maniere de considérer les équations, il nous faut, dis-je, remarquer qu'il fut bien éloigné d'en faire tout l'usage qu'il pouvoit, & d'en sentir tout l'avantage. Ce n'est qu'en passant, & dans un seul chapitre de son ouvrage qu'il l'emploie: partout ailleurs, & même là, lorsqu'il propose une équation, il lui donne la forme ordinaire, & c'est seulement dans le cours de la démonstration que, faisant passer tous les termes d'un côté, il égale l'expression entiere à zero; mais il revient promptement à la forme usitée, comme si cette autre faisoit en quelque sorte violence à la nature.

J'étonnerai sans doute plusieurs de mes Lecteurs, lorsque

(a) Thomas Harriot, né à Oxford en 1560, mort en 1621.

je remarquerai encore qu'*Harriot* n'eut qu'une idée fort peu développée des racines négatives; mais quelque singuliere que paroisse cette prétention à ceux qui ne connoissent cet Analiste & ses travaux que par le pompeux étalage des découvertes que lui attribue *Wallis*, la preuve en sera facile: car premiérement parmi les formes d'équations générales, de quelque degré que ce soit, il omet toujours celles qui ne donnent que des racines négatives; en second lieu, lorsqu'il propose une équation qui contient des racines négatives & positives, comme $x + (a - b)\,x - ab = 0$, ou x est également b ou $-a$, suivant la doctrine vulgaire des équations du second degré, il ne parle que de la valeur positive, & il en use de même à l'égard des équations d'un genre plus élevé. En troisieme lieu, & ceci va achever de démontrer ce que nous avançons, lorsqu'il examine les équations du troisieme degré, & les différentes valeurs de l'inconnue, il n'est jamais question que des positives; c'est par cette raison qu'il dit (*a*) que l'équation $x - 3bbx = -2c$, n'est explicable que par deux racines, lorsque c est moindre que b; en effet dans ce cas & dans cette forme d'équation il n'y a que deux valeurs positives, & la troisieme est négative. Delà vient encore ce qu'il dit, (*b*) sçavoir que l'équation $x^3 - 3bbx = 2c^3$, n'est explicable que d'une racine: effectivement, si c est moindre que b, il n'y en a qu'une dans ce cas si l'on n'a égard qu'aux positives; mais il y en a aussi deux autres qui sont négatives, & dont l'Analiste Anglois ne tient aucun compte. Il s'en explique même d'une façon positive dans un endroit (*c*) où il nomme ces sortes de racines, *privatives*; mais ce n'est que pour nous dire qu'il n'a point considéré les équations qui en sont toutes composées, parce qu'elles sont inutiles. On voit par-là que si *Harriot* connut ces racines, il ne nous a rien dit à leur sujet de plus que *Cardan*, qui les avoit aussi connues, & qui les avoit appellées, *feintes*. Ainsi c'est un article qu'il faut retrancher du prolixe Catalogue que *Wallis* a dressé de ses découvertes.

La découverte fondamentale d'*Harriot*, celle qui l'illus-

(*a*) *Art. Analyt. praxis.* Sect. 5, prop. 4.
(*b*) Ibid. prop. 3.
(*c*) Ibid. pag. 27.

tre parmi les Analistes, consiste à avoir remarqué que toutes les équations d'ordres supérieurs sont des produits d'équations simples. Cela se montre de cette maniere. Qu'on prenne tant qu'on voudra d'équations simples, telles que $x \pm a = 0$; $x \pm b = 0$; $x \pm c = 0$, & avec telle combinaison de signes qu'on voudra, par exemple, celles-ci, $x + a = 0$; $x - b = 0$; $x + c = 0$; qu'on les multiplie ensemble, il en naîtra un produit qui sera dans le cas présent $x^3 + (a - b + c)x^2 - (ab + bc - ac)x - abc = 0$: ce qui est une équation du troisieme degré, parce que nous avons eu trois facteurs. Or il est facile de se convaincre par l'expérience que, si dans cette expression au lieu de x & de ses puissances, on substitue $-a$, ou b, ou $-c$ elle deviendra toute égale à o. Il est donc évident que x a trois valeurs, puisque chacune d'elles fatisfait aux conditions de l'expression. La même chose paroîtra encore plus clairement en se servant d'exemples numériques. Prenons $x - 1 = 0$; $x + 9 = 0$; $x - 7 = 0$: le produit est $x^3 + x^2 - 65x + 63 = 0$, ou $x^3 + x^2 - 65x = -63$. Si dans cette expression on fait x égal à 1, ou à -9, ou à 7, l'équation se vérifiera, car on aura dans le premier cas $1 + 1 - 65 + 63$, ce qui est effectivement égal à zero. Dans le second ce sera $-729 + 81 + 585 + 63 = 0$: ce qui est encore vrai. Il en sera de même dans le troisieme cas, comme il est facile de le vérifier.

De cette génération des équations découle une foule de vérités intéressantes dans l'analyse. La premiere est que dans toute équation il y a autant de valeurs, que le degré qui la dénomme, a d'unités. Une du second degré en aura deux, une du troisieme, trois, &c (*a*). Quand nous disons des valeurs, nous entendons dire soit réelles, c'est-à-dire positives

(*a*) Cette vérité qu'on vient de démontrer par induction, se démontre aussi directement par ce moyen. Qu'on propose une équation quelconque, telle que celle-ci, $x^3 \pm Ax^2 \pm Bx \pm C = 0$, où A, B, C, désignent des quantités quelconques connues; prenons maintenant autant d'équations simples $x + a = 0$, $x + b = 0$, $x + c = 0$, leur produit est $x^3 + (a + b + c)x^2 + (ab + ac + bc)x + abc = 0$. Si donc on égale le coefficient du second terme de l'une de ces équations, avec celui du second terme de l'autre, celui du troisieme avec celui du troisieme, &c. on aura précisément autant d'équations qu'il y a d'inconnues a, b, c. Il en sera de même dans les équations d'ordres plus relevées. Ainsi chacune des grandeurs a, b, c, &c. a une valeur déterminée: toute équation est donc le produit d'autant d'équations simples qu'il y a d'unités dans l'exposant de l'ordre dont elle est.

ou négatives, soit imaginaires. Rien n'empêche qu'il n'y en ait dans toute équation plusieurs de cette derniere espece; car une équation du second degré peut en contenir deux. Telle est, par exemple, celle-ci, $x^2 - 2x + 9$, où x est égale à $1 +$ ou $- \sqrt{-8}$. Mais il peut y avoir une équation formée de la précédente, multipliée par une autre équation simple : celle-ci, par exemple, $x^3 + 2x^2 - x + 45 = 0$, vient de l'équation ci-dessus multipliée par $x + 5 = 0$. Elle aura donc deux valeurs imaginaires, sçavoir $1 + \sqrt{-8}$, & $1 - \sqrt{-8}$, & une réelle $- 5$. Cette considération nous conduit en même temps à sçavoir une remarque utile concernant les racines imaginaires ; qu'elles marchent toujours en nombre pair. Car elles doivent toujours être accouplées de sorte que leur produit forme une expression où il n'entre rien d'imaginaire, & cela ne pourra arriver que lorsque deux à deux elles formeront une équation réelle du second degré. Ainsi une équation d'un degré pair quelconque, ou un problême qui y conduiroit, pourroit être impossible n'y ayant dans cette équation que des racines imaginaires ; mais toute équation de degré impair, comme celles du troisieme, du cinquieme, &c. aura du moins une solution.

Reprenons maintenant la forme d'équations où les racines de l'inconnue sont exprimées par des lettres, car elle nous sera plus commode pour reconnoître la composition de chaque terme, les traces des opérations ne s'y effaçant point comme dans la forme numérique. Supposons donc une équation du quatrieme degré formée de ces quatre, $x - a = 0$; $x - b = 0$; $x - c = 0$; $x + d = 0$: leur produit est l'équation $x^4 - (a + b + c - d)\, x^3 + (ac + ab + cb - ad - cb - bd)\, x^2 - (abc - acd - abd - cbd)\, x - abcd = 0$. Les racines de cette équation sont a, b, c, $-d$: or la seule inspection nous montre que le coefficient du second terme est la somme de toutes les racines mises avec des signes contraires, c'est-à-dire avec le signe $-$, si elles sont positives, & avec celui de $+$, si elles sont négatives. Celui du troisieme est la somme des produits des mêmes racines, faits en les multipliant deux à deux; celui du quatrieme est celle des produits de ces racines prises trois à trois, & affectés de signes contraires ; celui du quatrieme, celle des racines prises quatre à quatre, &c.

&c. enfin celui du dernier, le produit de toutes les racines, pris avec son signe si le rang de ce terme est impair, ou avec le signe contraire, s'il est pair.

Ce qu'on vient de dire sur la formation des équations, conduit à une méthode pour résoudre non seulement celles du troisieme degré, mais celles des degrés quelconques au dessus. Car, puisque la quantité connue est le produit de toutes les racines de l'équation, si ces racines sont rationnelles & entieres, elles seront nécessairement quelques-uns des diviseurs de ce dernier terme. Il faudra donc essayer quel d'entr'eux mis à la place de l'inconnue positivement ou négativement, rendra l'équation égale à zero. Si cela réussit, ce sera une des valeurs de l'inconnue. Donnons-en un exemple : que l'équation proposée soit $x^3 - 17x^2 + 79x - 63 = 0$. Les diviseurs de 63 sont 1, 3, 7, 9, 21, 63 ; par conséquent si une des racines de l'équation est un nombre entier, ce doit être un d'eux. En effet si au lieu de x on met dans cette expression 1, ou 7, ou 9, tous les termes se détruiront. Les valeurs de l'inconnue seront donc 1, ou 7, ou 9, & l'équation sera divisible par $x - 1$, ou $x - 7$, ou $x - 9$. De même dans l'équation $x^3 - 34x - 45 = 0$: les diviseurs de 45 sont 1, 3, 5, 9, 15, 45 ; en les essayant les uns après les autres, on trouve que -5 étant substitué à la place de x, l'équation se détruit ; c'est pourquoi l'une des racines est -5, & divisant cette équation par $x + 5$, on l'abaisse à celle-ci $x^2 - 5x - 9 = 0$, dont les racines sont $\frac{5}{2} + \sqrt{15\frac{1}{4}}$ & $\frac{5}{2} - \sqrt{15\frac{1}{4}}$: si aucune de ces substitutions ne réussit, c'est un signe que la racine de l'équation n'est point un nombre rationnel ni entier ; il faut recourir à d'autres moyens dont on parlera dans la suite.

Tels sont à peu près les progrès que l'analyse algébrique dut à *Harriot*. Les découvertes que nous venons d'exposer, en constituent la principale partie ; car nous ne mettrons point dans ce rang diverses remarques dont *Wallis* a grossi le Catalogue des inventions de cet Analiste, en même temps qu'il travailloit à exténuer celles de *Descartes*. Je ne vois pas beaucoup de mérite à avoir introduit l'usage des petites lettres au lieu des grandes, à avoir écrit tout de suite les puiſſances par des lettres répétés, comme *aaa*, au lieu de A^c, ainſi qu'on le faiſoit avant lui. Encore moins doit-on regarder comme des découvertes d'*Harriot* la maniere de multiplier, de diviſer, d'augmenter ou de diminuer les racines d'une équation ſans les connoître, de faire diſparoître le ſecond terme, les fractions & les irrationalités : tout cela fut connu à *Viete*. La méthode qu'*Harriot* emploie pour réduire les équations cubiques aux formules de *Cardan*, eſt encore à très-peu de choſe près, celle de l'Analiſte François. On connoiſſoit auſſi avant lui que les équations cubiques qui conduiſent au cas irréductible, ont cependant des racines réelles. Cette vérité avoit été démontrée par *Viete* dès l'année 1593, puiſqu'il avoit conſtruit ces équations par la triſection de l'angle, que dis-je, elle avoit été connue à *Bombelli* dont l'ouvrage avoit paru l'année 1579. Comment excuſerons-nous M. *Wallis* qui, nous donnant un Traité hiſtorique de l'Algebre, ſemble avoir à peine jetté les yeux ſur tout autre Analiſte qu'*Harriot*, & après avoir traité *Deſcartes* de plagiaire, & avoir déprimé, autant qu'il l'a pu, ſes inventions, forme en grande partie l'énumération de celles de ſon compatriote, de choſes ou peu importantes, ou empruntées de ſes prédéceſſeurs. Qui pourra même ne pas rire en voyant ce zélé reſtaurateur de la gloire d'*Harriot*, lui attribuer, je ne dis pas ſeulement la réſolution des équations du ſecond degré par l'évanouiſſement du ſecond terme, invention de *Viete*, mais encore la méthode vulgaire qui procede, comme on ſçait, en ajoutant de part & d'autre de quoi faire un quarré parfait du membre où eſt l'inconnue (*a*). La partialité & l'aveuglement qui en eſt la ſuite ordinaire ne ſçauroient être portés plus loin.

III.

Albert Girard.

Nous trouvons ici un Analiſte Hollandois peu connu, & qui mérite par quelques circonſtances de l'être davantage. Il ſe nommoit *Albert Girard* : on a de lui un ouvrage qui parut en 1629, ſous le titre d'*Invention nouvelle en Algebre* (*b*), &

(*a*) *Peculiarem*, dit-il, *oſtendit methodum æquationes quad. reſolvendi complendo quadratum in ſpeciebus.* De Alg. c. 53, p. 206.

(*b*) Je n'ai jamais vu cet ouvrage, mais Schooten le cite, & en a extrait pluſieurs choſes, dans ſon Commentaire ſur la Géométrie de Deſcartes, *Voyez p.* 345, *& ſuiv.*

qui est remarquable en ce qu'on y trouve une connoissance des racines négatives plus développée que dans ceux de la plûpart des autres Analistes. L'objet de ce Livre est de montrer que dans les équations cubiques qui conduisent au cas irréductible, il y a toujours trois racines, deux positives & une négative, ou au contraire. *Viete*, à la vérité, avoit déja construit ces équations, mais il s'étoit borné à assigner les racines positives; *Girard* développant davantage cette construction, va plus loin, & assigne aussi les négatives qu'il appelle *par moins*. Du reste, nous ignorons ce qu'il pensoit à leur sujet: il est fort probable qu'à l'exemple de *Cardan* & des autres Analistes qui les avoient entrevues, il les réputoit inutiles. C'est à *Descartes*, comme nous l'allons voir, qu'est dûe la connoissance distincte de leur nature & de leur usage.

IV.

Découvertes analytiques de Descartes.

On ne sçauroit donner une idée plus juste de ce qu'a été l'époque de *Descartes* dans la Géométrie moderne, qu'en la comparant à celle de *Platon* dans la Géométrie ancienne. Celui-ci, en inventant l'analyse, fit prendre à cette science une face nouvelle, l'autre par la liaison qu'il établit entr'elle & l'analyse algébrique, y a opéré de même une heureuse révolution. La découverte de l'analyse donna lieu à diverses théories sublimes: la Géométrie a tiré les mêmes avantages de son alliance avec l'analyse algébrique, & aidée de ce secours, elle s'est soumis une multitude d'objets auxquels elle n'avoit encore pu atteindre. De même enfin que *Platon* prépara par sa découverte celles des *Archimede*, des *Appollonius*, &c. on peut dire que *Descartes* a jetté les fondemens de celles qui illustrent aujourd'hui les *Newton*, les *Leibnitz*, &c.

Nous sommes obligés de nous borner ici à un précis très-abrégé de la vie de cet homme célebre. Il naquit à la Haye en Touraine, le 31 Mars 1596; & dès son enfance il montra tant de curiosité pour toutes les connoissances naturelles, que son pere le nommoit par distinction, *son Philosophe*. Il passa une partie de sa jeunesse à voyager dans des vues philosophiques, & enfin l'amour de la liberté & de la retraite lui fit choisir le séjour de la Hollande. Ce fut-là qu'il publia la plûpart de ses ouvrages. Si l'on n'y trouve pas toujours la vérité, on ne peut y méconnoître le génie, & ce qui le caractérise, cette noble liberté qui fait profession de ne rien admettre qui ne soit examiné sans préjugés, & d'après de solides principes. C'est surtout par-là que *Descartes* a contribué à l'avancement de la Philosophie. *Galilée* & *Bâcon* avoient commencé à affranchir l'esprit humain, mais c'est le Philosophe François qui a achevé de lui rendre la liberté, & qui a hâté la révolution. *Descartes* mourut, comme tout le monde sçait, en 1650, à la Cour de la Reine Christine, qui l'avoit engagé de venir auprès d'elle, afin de pouvoir jouir de ses entretiens. Dix-sept ans après son corps fut apporté en France, & déposé dans l'Eglise de Sainte Géneviéve, où on lui a dressé un monument consistant en son buste en bas-relief, avec une inscription peut-être trop pompeuse aujourd'hui, vu la grande révolution qu'a éprouvé sa Philosophie.

C'est de la Géométrie que *Descartes* tire aujourd'hui la partie la plus solide, & la moins contestée de sa gloire; & c'est celui de ces ouvrages qui la concerne qui doit seul nous occuper ici: les autres (*a*) trouveront leur place ailleurs. La Géométrie de *Descartes* parut en 1637, & elle est le troisieme des Traités qui suivent sa *méthode*, comme des exemples qu'il a voulu en donner dans ces trois principaux genres, la Physique, les Mathématiques mixtes & la Géométrie pure. On ne doit pas y chercher le mérite de l'ordre & des développemens; ce sont les idées d'un homme de génie qui ne suit pas la marche des esprits ordinaires, & qui content de dévoiler les principes, laisse aux lecteurs le soin d'en faire l'application, & d'en tirer les conséquences.

Descartes commence sa Géométrie par donner la solution d'une difficulté que s'étoient faite les Anciens & les Modernes concernant les puissances au dessus du cube. Qu'est-ce qu'un

(*a*) Ces autres ouvrages sont sa Méchanique, sa Dioptrique, & ses principes ou l'exposition de son systême de l'Univers. Nous ne dirons rien de ses écrits purement Physiques ou Métaphysiques, l'énumération en seroit longue, & n'est pas de notre objet. On a outre cela trois volumes (*in*-4°.) de lettres de Descartes, ou de diverses personnes avec qui il étoit en relation. Elles contiennent plusieurs choses concernant la Géométrie & les Mathématiques. On trouve enfin dans ses *Opera posthuma*, publiés en 1701, quelques morceaux peu importans de Géométrie ou d'Analyse.

quarré quarré, ou le produit de quatre lignes, demandoient-ils, puiſqu'il ne peut y avoir d'étendue compoſée de plus de trois dimenſions? *Pappus* recourt aux raiſons compoſées, ce qui eſt prolixe & embrouillé. M. *Deſcartes* montre plus clairement que ce ne ſont que des proportionnelles continues ou diſcretes, à l'unité ou une ligne priſe conſtamment pour telle dans le cours de la queſtion, & aux lignes données. Ainſi a^5 eſt la cinquieme proportionnelle à l'unité, & à a; de même ab eſt la quatrieme proportionnelle à l'unité, à a & à b : abc eſt la quatrieme proportionnelle à cette unité, à ab & à c, & ainſi des autres produits plus compoſés. Nous pourrions encore remarquer que *Deſcartes* eſt l'auteur de l'uſage d'écrire les puiſſances avec leurs expoſans numériques : nous y ſerions plus fondés que ne l'eſt *Wallis*, à faire un mérite à ſon compatriote d'avoir ſubſtitué de petites lettres aux grandes dont ſe ſervoient avant lui les Analiſtes : mais nous ne ferons pas, pour rehauſſer le mérite de *Deſcartes*, un vain étalage de ces minuties, propres ſeulement à parer quelqu'autre moins riche.

C'eſt à *Deſcartes*, nous le répéterons ici, qu'eſt dûe la connoiſſance de la nature & de l'uſage des racines négatives, & il eſt le premier qui les ait introduites dans la Géométrie & dans l'analyſe. Doué, comme il étoit, d'un eſprit métaphyſique, il apperçut qu'il ne pouvoit y avoir de quantités moindres que zero, & que ce ne pouvoient être que des quantités priſes en ſens contraire de celles qui ſont affectées poſitivement. En effet le ſigne — n'eſt que celui de la ſouſtraction, & ôter d'une quantité priſe en un certain ſens, par exemple, en montant, plus que cette quantité même, c'eſt deſcendre du ſurplus qui ſe trouve affecté du ſigne —. A la vérité, le nom de *fauſſes* que *Deſcartes* donne aux racines négatives, ſembleroit déſigner qu'il n'en eut pas une idée auſſi juſte qu'on vient de le dire : mais l'emploi preſque continuel qu'il en fait dans ſa Géométrie & de la maniere convenable, détruit entiérement cette objection.

Deſcartes enrichit la théorie d'*Harriot* ſur la formation des équations d'une très-belle découverte, très-belle, dis-je, malgré la limitation qu'il y faut mettre, & les efforts de *Wallis* pour la déprimer. C'eſt une regle pour déterminer par la ſeule inſpection des ſignes le nombre des racines poſitives & négatives dans une équation. Dans toute équation, dit *Descartes, il peut y avoir* autant de racines vraies, (c'est-à-dire positives,) qu'il y a de changemens de signes ou de passages du signe + au signe —, ou au contraire, & autant de fausses, (c'est-à-dire de négatives,) qu'il y a de successions du même signe. Dans cette équation, par exemple, $x^3 - 17x^2 + 79x - 63 = 0$, il y a trois changemens de signes; aussi les trois racines sont positives, sçavoir 1, 7, 9: multiplions la par $x + 4$, nous aurons celle-ci, $x^4 - 13x^3 + 11x^2 + 253x - 252 = 0$, où il y a effectivement trois changemens de signes qui indiquent les trois racines positives, & une succession du même signe à cause de la racine négative.

La limitation de cette regle annoncée plus haut consiste en ce qu'il faut que l'équation n'ait aucune racine imaginaire, & elle ne fut pas inconnue à *Descartes*. On ne lui voit pas dire d'une maniere générale, *il y a* dans toute équation autant de racines positives que de changemens de signes, mais *il peut y avoir*; c'est-à-dire qu'elles n'y sont pas toujours, sçavoir quand il en a d'imaginaires; c'est ainsi que nous dirions qu'un problême qui conduit à une équation du troisieme degré, par exemple, peut avoir trois solutions: car on ne veut pas dire qu'elle les ait toujours, mais qu'elle les aura, s'il n'y a aucune racine imaginaire dans l'équation. Ce fut la réponse qu'il fit à *Roberval*, qui lui objectoit une équation du quatrieme degré où sa regle étoit défectueuse, & qui ne laissa pas de renouveller dix ans après cette objection avec une opiniâtreté qui lui fait peu d'honneur. *Wallis* qui a le chagrin de trouver chez le Géometre François une invention qu'il ne peut s'empêcher de qualifier d'*assez belle*, ne manque pas de rabaisser aussi-tôt le mérite de son Auteur, en prétendant qu'il en ignora la limitation. Telle est enfin la précipitation de certaines gens, qu'on voit encore M. *Rolle* faire à *Descartes* un procès à ce sujet. On pourroit demander à ces adversaires obstinés de notre Philosophe, pourquoi il a pu dire, *il peut y avoir*, au lieu d'*il y a*; s'il eût cru sa regle générale & sans exceptions. Quand *Wallis* proposoit une équation, comme $x^4 + 111x^3 + 6x^2 + 1993x + 35878 = 0$, qui semble présenter quatre racines négatives, *Descartes* auroit dit seulement qu'il y devoit avoir quatre racines de cette espece, s'il n'y en avoit aucune imaginaire, & lorſqu'en multipliant cette équation par $x - 18$, il l'auroit vu prendre une forme qui annonce 5 racines poſitives, il en auroit conclu qu'elle avoit 4 racines imaginaires, & certainement une poſitive. On peut même rendre à la regle de *Deſcartes* toute ſa généralité, en regardant les racines imaginaires comme ambiguës, ou négatives & poſitives à la fois. Dans la premiere équation de *Wallis* il y a quatre racines négatives, & dans la ſeconde cinq racines poſitives, c'eſt-à-dire une réelle & poſitive, & les quatre autres *negativo-poſitives*, ou imaginaires.

Une invention purement analytique & très-importante que *Wallis* n'a point voulu voir dans *Deſcartes*, eſt celle de la *méthode des indéterminés*. Elle conſiſte à ſuppoſer une équation avec des coefficiens indéterminés dont on fixe enſuite la valeur par la comparaiſon de ſes termes avec ceux d'une autre qui lui doit être égale. *Deſcartes* s'en ſert pour la réduction des équations du quatrieme degré aux deux du ſecond dont elles ſont formées par leur multiplication. Voici l'eſprit de ſa méthode fort différente, pour le remarquer en paſſant, de celles de *Ferrari* & de *Viete*, avec leſquelles *Wallis* ſemble la confondre. Il ſuppoſe deux équations du ſecond degré dont les coefficiens ſont indéterminés, & dont les termes ſont tellement formés, que de leur multiplication réſulte une expreſſion ſemblable & égale dans tous ſes termes, excepté le dernier, avec l'équation propoſée. Il les ſuppoſe enſuite égales, d'où il réſulte que leur différence eſt zero, ce qui lui donne une nouvelle équation du troiſieme degré, dont la racine eſt la valeur du coefficient cherché. Cette méthode pour la réſolution des équations du quatrieme degré, eſt aujourd'hui, à quelques changemens près, celle qui eſt en uſage. C'eſt pourquoi je ne m'attache pas à la développer davantage: les Livres ordinaires d'Algebre donneront ſur ce ſujet toutes les inſtructions néceſſaires.

Nous ne pouvons nous diſpenſer de parler ici de l'accuſation de plagiat intentée à *Deſcartes*, pour avoir fait uſage dans ſa Géométrie de la doctrine d'*Harriot* ſur la formation des équations, ſans lui en faire expreſſément honneur. *Wallis* ne tarit point là-deſſus, & entre dans une déclamation auſſi ridicule qu'indécente; mais pour apprécier ces clameurs quelques remarques suffiront. *Wallis* pouvoit facilement en imposer à ceux qui ne sçavoient point l'histoire de l'Algebre, par l'exposé qu'il a fait des découvertes d'*Harriot*, & le silence qu'il a gardé sur toutes celles qui les avoit précédées. Mais ceux qui ont lu cette partie de notre histoire, ont pu voir que la découverte en question étoit si bien préparée, qu'il étoit difficile qu'elle échappât davantage à un homme de génie. En effet 1°. *Cardan* & *Albert Girard* avoient parlé distinctement des racines négatives, & l'on ne peut refuser à *Descartes* d'en avoir le premier reconnu la nature & l'usage : en second lieu *Viete* avoit enseigné la composition des coefficiens des équations dans les cas où les racines étoient positives. Or de ces deux remarques réunies résulte en grande partie la découverte d'*Harriot* ; car il ne faut que faire une multiplication de deux ou trois binomes pour voir arriver dans le produit tout ce qu'on observe sur les coefficiens des équations. Il n'y avoit donc qu'un pas à faire pour être en possession de la découverte dont nous parlons, & ce pas ne paroîtra point trop grand pour *Descartes*, à ceux qui ont une idée convenable du génie de cet homme célebre, génie tel que ce qui coûtoit bien des méditations aux autres Géometres de son temps, n'étoit pour lui qu'un jeu, comme le prouvent plusieurs de ses lettres.

Admettons néanmoins, ce qui peut être, que *Descartes* ait vu l'ouvrage d'*Harriot* publié six ans avant sa Géométrie, & qu'il en ait emprunté cette théorie des équations, doit-on pour cela le traiter de plagiaire ? Nous ne le croyons point, ou il est peu de Géometres qui pussent échapper à cette qualification. Si *Descartes* intitulant un Livre *de la nature des Equations*, y eût refondu les découvertes d'*Harriot* sans rien dire de leur Auteur, il la mériteroit ; mais il a toujours été permis à un Ecrivain d'employer quelques idées étrangeres lorsqu'elles servent à préparer ses découvertes propres, ou à jetter du jour sur elles, & surtout lorsqu'on y ajoute aussi considérablement que *Descartes* l'a fait à celles d'*Harriot*.

Mais s'il falloit adopter le principe rigoureux de *Wallis*, où en seroit-il réduit lui-même, & celui qu'il éleve avec tant de chaleur ? *Harriot* a-t'il fait quelque part l'aveu de ce qu'il devoit à *Viete*, qui l'avoit précédé dans presque tout ce qu'il enseigne

enseigne sur la préparation des équations ; sur la réduction des équations cubiques aux formules de *Cardan*, sur la résolution de celles du quatrieme degré par le moyen d'une équation cubique ; sur la composition des termes dans les équations qui n'ont que des racines positives, &c. Venons maintenant à *Wallis* : ne se donne-t'il pas pour inventeur d'une méthode par laquelle il prétend avoir résolu le cas irréductible ; méthode enseignée depuis près de 80 ans par *Bombelli*, & qui n'est, suivant M. de *Moivre*, (*a*) qu'une pétition de principe. Nous pourrions aussi remarquer que les deux regles des tangentes qu'il a données en 1672, ne sont, l'une que celle de M. *de Fermat*, publiée en 1644 par *Hérigone*, dans son cours, & l'autre celle de M. *de Roberval*, connue en France dès l'année 1636, & qui se trouve d'ailleurs dans les Œuvres de *Torricelli*, publiées en 1644. D'un autre côté, s'il accuse *Descartes* avec tant d'affectation de s'être trompé dans sa regle pour discerner les racines positives des négatives, ne nous donne-t'il pas le droit de le traiter avec la même rigueur. Car indépendamment de l'erreur ci-dessus, il en commet une autre dans la construction qu'il enseigne des équations cubiques, où il emploie une parabole du troisieme degré avec une ligne droite ; ce qui est une faute & une pétition de principe, puisqu'il est impossible de construire cette courbe à tous ses points sans la résolution générale des équations cubiques. *Harriot* enfin, qu'il met à tant d'égards au dessus de *Descartes*, & surtout comme ayant donné des regles plus sûres pour le discernement des différentes especes de racines dans les équations, n'est pas plus exempt d'erreur. M. *Hallei* a remarqué (*b*) qu'il s'est trompé, en ce qui concerne la détermination des racines réelles & imaginaires dans les équations cubiques. Cette récrimination au reste n'a point pour objet de déprimer des hommes qui ont si bien mérité des Mathématiques, mais seulement de montrer l'injustice des clameurs de *Wallis* contre *Descartes*. Pour avoir le droit, je ne dis pas de remarquer l'erreur d'un grand homme, mais de la lui reprocher, il faut en être soi-même parfaitement exempt.

(*a*) *Trans. Phil.* n°. 451.
(*b*) *Trans. Phil.* ann. 1687, n°. 190.

Nous ne pouvons nous empêcher de relever encore quelques traits de la partialité singuliere de *Wallis* envers son compatriote, & de son déchaînement contre *Descartes*. De ce que l'ouvrage d'*Harriot* a paru le premier, il conclud que le Philosophe François a dû le connoître, & qu'il en a profité. Mais trouve-t'on dans des écrits d'Analistes antérieurs à *Harriot*, des idées que celui-ci a employées; suivant son zele panégyriste, il ne les a point connus : c'est son compatriote enfin, tout est son ouvrage, tout lui est dû jusqu'à la résolution ordinaire des équations du second degré. A l'égard des Analistes François, c'est un autre poids, une autre balance. D'abord il omet ou il extenue tout ce qu'il y a d'original dans la Géométrie de *Descartes*. Il ne forme presque l'énumération de ce qu'elle contient que de ce qu'il y a de plus trivial en Algebre ; il lui fait même en quelque sorte un crime d'avoir fait usage des opérations les plus simples de l'Algebre, & peu s'en faut qu'il ne le traite de plagiaire. Forcé cependant de reconnoître cette belle regle pour la distinction des racines positives & négatives, il la met bien au dessous de celle d'*Harriot ;* jugement que n'ont point confirmé les Analistes qui se servent tous les jours de celle de *Descartes*, & qui ont oublié l'autre. Cet homme enfin, si assûré quand il s'agit d'attribuer à *Harriot* des découvertes qui ne lui appartiennent point, s'il laisse à *Viete*, à *Descartes* quelques bagatelles, ne manque point de craindre toujours de leur en trop accorder. Ces formules dubitatives, *& fortè antè eum alii ; nescio an non ante eum alii*, ou d'autres semblables, sont le plus souvent employées. Lorsqu'il arrive aux découvertes mixtes de notre Géometre, il élude adroitement ce point embarrassant, sous le prétexte qu'elles ne sont point d'analyse pure, comme si l'Algebre n'avoit pas autant gagné à son alliance avec la Géométrie que celle-ci même. Cependant sa haine contre *Descartes* se rallume, il revient à la charge, & il ne craint point de mettre son ouvrage au niveau des plus médiocres. Il finit par comparer *Harriot* à *Colomb*, qui découvrit le nouveau Monde, & à qui l'aventurier *Americ Vespuce* ravit l'honneur de lui donner son nom. Fut-il jamais de déclamation aussi indécente, aussi aveugle, & autant contredite par l'admiration universelle des Géometres pour l'ouvrage de *Descartes ?* Elle porte avec elle-même son ridicule & sa réfutation.

V.

Découvertes mixtes de Descartes.

Nous passons présentement à faire le récit des découvertes d'analyse-mixte, dont nous sommes redevables à M. *Descartes.* Celle qui tient le premier rang, & qui est le fondement de toutes les autres, est l'application qu'il fit de l'Algebre à la Géométrie des courbes. Nous disons à la Géométrie des courbes; car on a vu que l'application de l'Algebre à la résolution des problêmes ordinaires est beaucoup plus ancienne. Mais sans déprimer ces inventions, nous pouvons dire qu'elles ne sont que l'élémentaire de celles de *Descartes;* c'est, à ce qu'il y ajouta, qu'on doit fixer l'époque de la révolution qui a rapidement élevé la Géométrie au degré où elle est aujourd'hui.

Il y avoit déja long-temps que la Géométrie étoit en possession d'exprimer la nature d'une courbe par le rapport des lignes paralleles entr'elles, tirées de chacun de ses points sur une autre fixe & invariable. Ce moyen se présente assez naturellement à l'esprit; car qu'est-ce qui détermine une courbe à être d'une certaine forme? c'est qu'il y a entre chacun de ses points un certain rapport de distance, à l'égard d'une ligne droite qui la traverse & qui lui sert d'axe. Dans la Géométrie élémentaire, le cercle est une courbe dont tous les points sont également éloignés d'un autre qui est le centre. Mais une Géométrie plus relevée le considere autrement. Sous ce nouveau point de vue le cercle est une courbe dans laquelle ayant tiré un diametre quelconque, si d'un point pris à volonté on mene une perpendiculaire à ce diametre, le rectangle des segmens qu'elle y fera, sera égal au quarré de cette perpendiculaire, ou bien ce quarré sera égal à celui du rayon moins celui du segment intercepté entr'elle & le centre. C'est-là dans la théorie des courbes la propriété distinctive & caractéristique du cercle. Dans la parabole, le quarré d'une ordonnée quelconque à l'axe, est égal au rectangle du segment intercepté entr'elle & le sommet, par une certaine ligne constante, &c.

Il étoit sans doute facile d'exprimer ces rapports en langage algébrique, dès qu'il fut connu aux Géometres. Mais il falloit auparavant prévoir de quel usage pouvoit être cette maniere de les exprimer, & c'est ce que la sagacité de *Descar-*

tes, son esprit métaphysique, & sa grande habileté en Géométrie lui montrerent. Il vit qu'une expression algébrique est un tableau plus court & en quelque sorte plus énergique, des propriétés d'une courbe, & qu'elle présente à celui qui possede l'analyse, de grandes commodités pour tirer ses propriétés les plus enveloppées des plus faciles. C'est ce dont nous donnerons des exemples.

On appelle dans cette nouvelle Géométrie l'équation d'une courbe, l'expression algébrique qui désigne la relation toujours semblable entre chaque ordonnée de la courbe & son abscisse. On a vu, par exemple, que dans le cercle on a constamment $AF \times FB = FD^2$. Nommons pour traduire cette expression en langage algébrique, nommons, dis-je, le diametre $AB = a$, $AF = x$, & $FD = y$; FB sera $2a - x$, ainsi $AF \times FB = FD^2$, sera $2ax - xx = y^2$, & quelle que soit la grandeur de x, ou de AF, cette équation donnera la grandeur de FD. Si nous eussions fait CF, ou la distance de l'ordonnée au centre, égale à x, alors FD^2 étant $= CA^2 - CF^2$, nous aurions eu $y^2 = aa - xx$, qui est encore l'équation au cercle, mais rapportée au centre. De la même maniere on trouvera dans la parabole qu'en nommant p le parametre, x le segment AF de l'axe ou du diametre, & y l'ordonnée FD perpendiculaire si c'est l'axe, ou inclinée dans l'obliquité convenable si c'est un diametre, on trouvera, dis-je, que son équation est $y^2 = px$. Dans l'ellipse, si l'on nomme a la moitié d'un des axes ou d'un des diametres AB, b l'autre demi-axe, ou demi-diametre conjugué CG, on aura (en faisant toujours $AF = x$, & $FD = y$,) $yy = \frac{2bx}{a} - \frac{bbxx}{aa}$ (*a*).

Fig. 31, 32.

(*a*) Nous avons promis plus haut quelques exemples de l'utilité des équations algébriques, pour reconnoître facilement la forme & les propriétés des courbes. Nous allons satisfaire ici à cette promesse. Commençons d'abord par un exemple simple; ce sera une équation du second degré telle que celle-ci, $ax + xx = yy$, (y exprime l'ordonnée, & x l'abscisse,) & l'on demande la courbe qui est désignée par cette équation. Pour cet effet, il faut d'abord reconnoître les points où la courbe coupe son axe. On le fera en supposant $y = o$; ce qui donne $ax + xx = o$. Or pour cela il faut que x soit zero, ou $- a$. Ceci montre déja que si l'on prend une ligne indéfinie AE pour axe, & A pour l'origine des abscisses comptées positivement de A en E, la courbe passe non seulement par A, mais encore par le point B, qui en est éloigné en sens contraire de la quantité a: qu'on fasse présentement x si petit ou si grand qu'on voudra, mais toujours positif, la valeur de y sera réelle; car x étant positif, $\sqrt{(ax + xx)}$ est toujours possible. On aura donc l'ordonnée EP; mais cette

Fig. 34.

Ces premieres équations sont les plus simples, parce que nous avons pris l'origine des abscisses, c'est-à-dire, que nous avons commencé à les compter du véritable sommet de la courbe. Rien ne nous oblige néanmoins à les envisager ainsi. La nature d'une courbe, de l'ellipse par exemple, peut être également exprimée, quoique moins simplement par le rapport d'une ordonnée comme KP, tirée sur un axe Rd pris à volonté, avec l'abscisse prise sur cet axe, à commencer d'un point quelconque R pris aussi où l'on voudra (a); ainsi la nature

équation $yy = ax + xx$, donne indifféremment $y = \sqrt{(ax + xx)}$ ou $-y = \sqrt{(ax + xx)}$, car la racine de yy est également $+$ ou $-y$, il y a donc une ordonnée Ep prise négativement, c'est-à-dire, en dessous & égale à celle qui est prise en dessus. La courbe a donc deux branches semblables autour de l'axe AE, & qui vont toujours en s'éloignant. Mais qu'on fasse x négatif, & moindre que a, la valeur de $\sqrt{(ax + xx)}$ sera alors imaginaire, d'où l'on doit conclure qu'il n'y a point de partie de courbe qui réponde à toute l'étendue AB ou a. Lorsqu'enfin x pris négativement sera tant soit peu plus grand que a, alors $\sqrt{(ax + xx)} = \pm y$, cessera d'être imaginaire, & il y aura des ordonnées soit en dessus, soit en dessous dans toute l'étendue de B vers D à l'infini. On démontrera aussi facilement que ces deux portions de courbes sont égales. Ainsi si l'on ignoroit que cette équation est celle de l'hyperbole, on apprendroit que la courbe qu'elle exprime est composée de deux portions infinies & égales, qui se présentent leurs convéxités, & qui fuient en sens contraire, &c.

Nous prendrons pour second exemple, l'équation $ax^2 - x^3 = y^3$, qui est celle d'une courbe dans laquelle AB (*fig.* 35.) étant a, le quarré de l'abscisse AE par le restant EB, seroit égal au cube de l'ordonnée y. On voit d'abord que si l'on suppose $y = 0$, on aura $ax^2 - x^3 = 0$, c'est-à-dire, $x = 0$, ou bien $= a$. La courbe passe donc par A & B. Présentement tant que x sera moindre que a, & positif, $\sqrt[3]{ax^2 - x^3}$ sera positive, & par conséquent y sera positif; car la racine cube de y^3 n'est que $+y$. Delà on doit conclure que la courbe passe au dessus de cette partie de son axe, mais non au dessous. Continuons à faire x positif, & plus grand que a, par exemple $2a$. Alors $\sqrt[3]{ax^2 - x^3}$, devient $\sqrt[3]{4a^3 - 8a^3}$, ou $-a\sqrt[3]{4}$. La valeur de y est donc alors négative, & par conséquent les ordonnées doivent être prises au dessous de son axe, comme on le voit dans la figure. Mais si l'on fait x négatif, quelle que soit la grandeur de x, $\sqrt[3]{ax^2 - x^3}$ est toujours positive; ainsi la courbe a une branche Aπ au dessus de son axe qui s'étend à l'infini. Telle est la figure de la courbe dont nous venons d'analyser l'équation.

On montre par un moyen semblable que la parabole cubique, dont l'équation est $a^2x = y^3$, n'est point formée comme la parabole ordinaire, mais que l'une de ses branches est au dessus de l'axe, & l'autre au dessous, comme on voit dans la fig. 36. Au contraire, la parabole dont l'équation est $ax^2 = y^3$, a ses deux branches au dessus de son axe, & aucune au dessous. (*Voyez fig.* 37.)

(a) Il est encore important de donner un exemple de cette transmutation d'axe, parce qu'il doit en résulter une grande lumiere pour la théorie des courbes. Soit un cercle dont le diametre AB soit a, AD $= x$ l'abscisse, DP $= y$ l'ordonnée, & qu'on veuille le rapporter à un autre axe RL parallele au diametre AB, & qui en est éloigné d'une quantité AG $= b$: faisons l'abscisse RF $= z$, & FP l'ordonnée $= u$: que RG soit égal à c: donc GF ou AD $= x$, sera $z - c$, & DP ou $y = $ FP $-$ FD, sera $u - b$. L'équation au cercle rapporté au diametre AB, est $yy = ax - xx$. Il faudra donc substituer au lieu de y & x, leurs va- *Fig.* 38.

d'une même courbe peut être exprimée de quantité de manieres, ſuivant l'axe & l'origine des abſciſſes qu'on choiſira. Mais il eſt eſſentiel de remarquer que de quelque maniere que ſoit poſé cet axe, la plus haute puiſſance de l'équation ne ſçauroit paſſer à un degré moindre ou plus grand. La raiſon en eſt aiſée à appercevoir dans la maniere dont ſe fait cette transformation ; car c'eſt toujours la puiſſance d'une ligne augmentée ou diminuée de quelque quantité conſtante, qu'on ſubſtitue à la place d'une puiſſance ſemblable dans l'équation primitive. Il pourra y avoir dans l'une plus ou moins de termes & de puiſſances inférieures que dans l'autre, mais la plus haute puiſſance ne ſçauroit varier.

Le degré de cette plus haute puiſſance de l'une des indéterminées des équations des courbes, eſt donc un caractere propre à les diſtinguer en eſpeces. Ainſi l'on rangera dans un même ordre toutes celles dans leſquelles la plus haute puiſſance d'une des indéterminées montera au même degré. La ligne droite où cette puiſſance ne ſçauroit paſſer le premier degré, formera le premier ordre. Le cercle & les ſections coniques où elle ne ſçauroit paſſer le quarré, formeront le ſecond, & ainſi des autres. M. *Deſcartes* arrangeoit ces différentes eſpeces de courbes un peu autrement. Il les diviſoit par genres, dans chacun deſquels il renfermoit deux degrés ou deux ordres. Ainſi le premier genre comprenoit les courbes du premier & du ſecond degré ; le ſecond genre celles du troiſieme & du quatrieme, & ainſi de deux en deux degrés. Il en donnoit cette raiſon, ſçavoir qu'une équation du quatrieme degré, ſe réduiſoit au troiſieme ; une du ſixieme au cinquieme, d'où il concluoit que deux courbes qui ſe ſuivoient de cette maniere, ne devoient pas être cenſées plus compoſées l'une que l'autre. Mais ce principe de *Deſcartes* n'eſt pas entiérement vrai, & ſa diviſion des courbes n'eſt plus uſitée par cette raiſon. On s'en tient aujourd'hui à la premiere.

Il ſemble que juſqu'à *Deſcartes* on n'avoit admis dans la Géométrie que le cercle & la ligne droite. *Pappus* & M. *Viete*

leurs, & l'on aura $uu - 2bu + bb = (a + 2c)z - zz - ac - cc$. C'eſt encore là une équation au cercle, mais rapportée à un axe parallele au diametre A B. On pourroit de même la rapporter à un axe tel que R λ, faiſant un angle avec le premier, & cela ne ſeroit guere plus difficile. L'équation ſeroit alors plus compliquée, mais ſans être d'un degré plus élevé,

nous le témoignent clairement ; le premier, quand il disoit qu'on n'avoit pu construire géométriquement le problême des deux moyennes proportionnelles, parce qu'il étoit solide ; le second, quand il demandoit (*a*) si l'on pouvoit regarder le cube comme doublé géométriquement : si on le faisoit, disoit-il, *reclamaret Euclides & tota Euclideorum schola.* Ils n'ignoroient cependant pas l'un & l'autre les constructions qu'on en avoit données par le moyen des sections coniques. On mit enfin, jusqu'à *Descartes*, presque dans un même rang toutes les courbes qu'on ne pouvoit pas décrire d'un mouvement continu par la regle & le compas, & on les appelloit méchaniques. M. *Descartes* redresse dans sa Géométrie cette double erreur de l'antiquité. Il y fait une distinction plus juste des courbes géométriques & méchaniques. Il remarque qu'on doit appeller géométrique tout ce qui se fait par un procédé certain & exact ; & par-là il rend à la Géométrie toutes les courbes dont on peut déterminer les points par la composition de deux mouvemens qui ont entr'eux un rapport connu exactement, ou dont la nature peut être expliquée par une équation algébrique capable de construction. Ces conditions conviennent à la conchoïde, à la cyssoïde ; ainsi elles rentrent dans la classe des courbes géométriques, de même que les sections coniques. Mais il n'en est pas ainsi des spirales & des quadratrices : les mouvemens qui les engendrent sont tels qu'on n'en connoît encore point les rapports ; car ils sont entr'eux comme une ligne droite à un arc de cercle. Ainsi M. *Descartes* les laisse dans la classe des courbes méchaniques. Telles sont encore la cycloïde, la logarithmique, &c. Ces courbes deviendroient géométriques, si l'on trouvoit la quadrature du cercle & de l'hyperbole.

Il est à propos de remarquer dès à présent que depuis la découverte des nouveaux calculs, les Géometres ont réformé à certains égards la division des courbes donnée par *Descartes*. M. *Leibnitz* les a toutes admises dans la Géométrie ; mais il nomme les unes algébriques, les autres transcendantes. Les premieres sont celles dont la nature ou le rapport des abscisses & des ordonnées s'exprime par une équation al-

(*a*) *Resp. Math.* l. VIII.

gébrique finie. Les tranſcendantes ſont celles dont l'équation contient un nombre infini de termes, à moins qu'on ne recoure au rapport de leurs différentielles, ou de leurs élémens infiniment petits. En effet, une ſuite infinie de termes dans laquelle la puiſſance de l'ordonnée ou de l'abſciſſe va toujours en montant, doit être regardée comme une équation d'un ordre infini, ou qui ſurpaſſe tout ordre fini. Delà M. *Leibnitz* a pris le nom de *tranſcendantes*, qu'il donne à cet ordre de courbes. Cette derniere diviſion n'a cependant pas mis entiérement hors d'uſage celle de *Deſcartes*. On dit preſque indifféremment les courbes géométriques en les oppoſant aux méchaniques, ou les courbes algébriques en les oppoſant aux tranſcendantes.

M. *Deſcartes* fait preſque le premier eſſai de ſon analyſe ſur un problême qui avoit été l'écueil de toute l'Antiquité. Voici quel eſt ce problême: pluſieurs lignes comme AB, Fig. 39. CD, EF, GH, &c, étant données de poſition & indéfiniment prolongées, il s'agiſſoit de trouver un point I, & le lieu de tous les points ſemblables, deſquels menant ſur chacune de ces lignes, d'autres telles que IK, IL, IM, IN, &c. ſous des angles donnés, le rectangle de deux fût en raiſon donnée avec celui des deux autres s'il y en avoit quatre, ou le ſolide de trois en raiſon donnée avec celui des 3 autres s'il y en avoit 6, ou ſi nous n'en ſuppoſons que 5, le ſolide de 3 fût en rapport conſtant avec le produit des deux autres multipliées par une même ligne, ou avec le produit de l'une des reſtantes par le quarré de l'autre, & ainſi ſuivant toutes les combinaiſons qu'on peut en faire, & quelque nombre de lignes qui fût donné. Ce problême vraiment épineux & du reſſort du calcul, avoit fort tourmenté les anciens Géometres. *Euclide* en avoit ébauché la ſolution; *Apollonius* l'avoit pouſſée plus loin, & l'on en étoit enfin venu à reconnoître que, lorſque ces lignes étoient ſeulement au nombre de 3 ou 4, la courbe où ſe trouvoient tous ces points, étoit une ſection conique dont on déterminoit dans quelques cas l'eſpece & la poſition (*a*). Mais quand il y avoit un plus grand nombre de lignes, on ſçavoit ſeulement

(*a*) M. Newton en a donné la ſolution dans ſes principes. *L. 1. Sect.*

que

que le lieu cherché étoit quelque courbe d'un ordre supérieur, dont on n'avoit déterminé l'espece que dans un cas seul que *Pappus* n'énonce point. Ainsi l'on peut dire, sans déroger au mérite de la sçavante Antiquité, que les solutions qu'elle avoit données de ce problême, étoient fort imparfaites : elle n'avoit fait qu'entrevoir celle de quelque cas simple, & elle avoit entiérement échoué aux plus difficiles.

Descartes soumettant ce problême à son analyse, en donne une solution complette. Il fait voir dès la fin de son premier Livre, de quel ordre est le problême dans les différens cas. Ce sera une simple ligne droite, s'il n'y a que deux lignes ; une section conique, s'il y en a trois ou quatre ; une courbe du troisieme ordre, s'il y en a cinq ou six, & ainsi de suite. Enfin le problême est toujours plan, s'il ne s'agit que de trouver un des points qui satisfont à la question, tant qu'il n'y aura pas plus de quatre lignes : il sera solide, tant que le nombre de ces lignes ne passera pas huit, &c.

Ce problême ébauché dans le premier Livre, est achevé dans la premiere partie du second. M. *Descartes* y expose à cette occasion sa formule générale d'équation pour les sections coniques, quelle que soit la position de l'axe auquel on les rapporte ; & il en montre l'usage en l'appliquant au problême en question. Ce morceau vraiment digne du génie de notre Philosophe, contient en peu de mots toute la théorie des lieux géométriques du second degré. M. *Descartes* termine enfin ce qu'il y a à dire sur ce problême, en donnant une construction géométrique fort élégante d'un de ces cas particuliers qui passent le second degré. C'est celui où l'on a cinq lignes, quatre paralleles avec une autre qui leur est perpendiculaire, & où il faut que le solide de trois de ces lignes qui seront tirées à angles droits, soit égal au solide formé des deux restantes & d'une sixieme donnée. Alors le point cherché se trouve continuellement dans une espece de de conchoïde, qu'il nomme parabolique (*a*).

(*a*) La conchoïde ordinaire est formée par l'intersection continuelle d'un cercle qui se meut sur l'axe A C E, (*fig.* 40.) avec la ligne droite mobile, qui passe continuellement par son centre & par le point P. On peut donc, pour généraliser cette construction, supposer au lieu d'un cercle une courbe quelconque, par exemple, une parabole, qui se mouvra de la même maniere sur l'axe A E, & qui entraînera une ligne droite passant par un point de son axe, & par le pole P. Leur intersection conti-

Si nous nous attachions à suivre pas à pas la Géométrie de *Descartes*, il nous faudroit parler ici de sa méthode des tangentes, dont l'exposition suit immédiatement les découvertes qu'on vient de voir. Mais, on l'a déja dit, *Descartes*, en écrivant sa Géométrie, s'est beaucoup plus livré à l'ordre de ses idées, qu'à celui des matieres, de sorte que parmi les qualités de cet ouvrage mémorable, on ne doit guere rechercher celle de l'arrangement. C'est pourquoi nous l'abandonnons ici, pour parler de sa maniere de construire les équations déterminées du troisieme & du quatrieme degré. La méthode des tangentes, à cause de son importance, sera l'objet d'un article particulier.

De même qu'un problême qui conduit à une équation du second degré se construit par l'intersection d'un cercle ou d'une ligne droite, ceux qui conduisent à des équations d'un degré plus élevé exigent des courbes d'un ordre supérieur. On chercheroit en vain le moyen de construire une équation du troisieme ou du quatrieme degré par le moyen de la regle & du compas, les Géometres regardent comme démontré que cela est impossible. Leurs raisons tiennent à la nature des équations; mais il seroit trop long de les développer ici.

M. *Descartes* réduit la construction de toutes les équations cubiques ou quarré-quarrées, à un même procédé, dont les changemens sont indiqués par la forme & par les signes des termes. Il considere pour plus de généralité les équations cubiques sous la forme de celles du quatrieme degré, dont le dernier terme seroit égal à zero, un de ses facteurs étant nul; ce qui est fort ingénieux. Il suppose aussi que l'on ait fait évanouir le second terme; (ce qui est toujours facile): après quoi il détermine le parametre de la parabole convenable avec la position du centre du cercle qu'il faut décrire & qui doit la couper. Dans les équations du troisieme degré, il passe par le sommet, & s'il y a trois racines réelles, il coupe la parabole en trois points, d'où les ordonnées abaissées sur l'axe de la parabole sont les trois valeurs réelles de l'inconnue. S'il n'y en

nuelle, soit en dessus, soit en dessous, décrira une courbe qu'on nommera une conchoïde parabolique, & qui sera composée de plusieurs branches, comme on voit dans la *fig.* 41. Il est remarquable que si au lieu de cercle & de parabole, on se sert d'un triangle rectiligne, cette conchoïde n'est autre chose qu'une hyperbole entre ses asymptotes.

a qu'une réelle, les deux autres étant imaginaires, le cercle passant par le sommet de la parabole, ne la coupera qu'en un point qui donnera de la même maniere la racine réelle & unique de l'équation. Dans celles du quatrieme degré, où il doit y avoir quatre racines réelles, ou deux seulement, ou aucune, la forme de la construction détermine le cercle, à couper la parabole en quatre points, ou en deux, ou en aucun. S'il y a deux racines égales, le cercle touchera seulement la parabole, & la coupera encore une ou deux fois, suivant le nombre des autres racines inégales : car un point de contact n'est autre chose que deux points d'intersection infiniment proches & coincidens. Ainsi l'ordonnée tirée de ce point sur l'axe, sera chacune de ces deux racines. Il pourroit encore se faire qu'il y eût dans une équation du quatrieme degré de la forme de celles que construit *Descartes*, trois racines égales. Alors le cercle, après avoir coupé la parabole d'un côté, iroit la rencontrer de l'autre dans un point de contact & d'intersection à la fois, qui équivaut à trois points d'intersection. On fera connoître dans la suite ce genre d'attouchemens des courbes, qu'on connoît sous le nom d'osculation.

Après divers exemples de construction de problêmes solides, M. *Descartes* passe à la résolution de ceux du cinquieme & du sixieme degré. Les mêmes raisons qui démontrent que les premiers ne peuvent être construits que par une section conique combinée avec un cercle, font aussi voir que la construction de ceux-ci demande quelque courbe du troisieme degré. M. *Descartes* donne une regle générale pour les équations du cinquieme & du sixieme degré, en les réduisant à une du sixieme, dont toutes les racines seroient positives : il y emploie ensuite une conchoïde parabolique, courbe du troisieme degré dont nous avons parlé plus haut, avec un cercle. Ce cercle la coupe en autant de points qu'il y a de racines réelles dans l'équation, en comptant les points de contact pour deux d'intersection ; & les ordonnées tirées de ces points sur l'axe sont les racines de l'équation.

M. *Descartes* paroît avoir été dans une fausse opinion concernant les courbes propres à construire les équations des ordres supérieurs. Il semble qu'il ait voulu qu'à mesure que l'équation montoit de deux dimensions, celle de la courbe à combiner avec le cercle montât aussi de deux degrés (*a*), de sorte que pour construire, par exemple, un problême du huitieme degré, il faudroit une courbe du sixieme combinée avec un cercle. Si ce fut-là le sentiment de *Descartes*, on ne peut disconvenir qu'il se trompa, & cette erreur n'échappa pas à M. de *Fermat*. Il a fait voir dans quelques écrits particuliers (*b*) qu'il suffit que le produit des exposans des courbes égale celui de l'équation à construire: ainsi l'on peut construire une équation du huitieme degré, par le moyen d'un cercle & d'une courbe du quatrieme. Une équation du neuvieme degré n'exigeroit qu'une courbe du cinquieme avec un cercle, ou deux du troisieme. M. *Jacques Bernoulli*, ne connoissant point sans doute la dissertation de *Fermat*, a inséré dans les actes de Leipsick de l'année 1688, & dans ses notes sur *Descartes*, un écrit où il démontre les mêmes choses. Je dois cependant remarquer que c'est un peu légérement qu'on accuse *Descartes* de l'erreur dont nous parlons: car outre que l'endroit qu'on cite est ambigu, il nous a lui-même donné un exemple contraire à la regle qu'on lui attribue. En effet, lorsqu'il s'agit de construire les équations du sixieme degré, il n'y emploie qu'un cercle courbe du second degré avec sa conchoïde parabolique qui est du troisieme; ce qui est conforme à la regle de MM. de *Fermat* & *Bernoulli*.

M. *Descartes* a pensé que la construction la plus simple des équations solides est celle, où l'on emploie la parabole, ou une des sections coniques avec un cercle. Mais il y a de puissantes raisons à opposer à ce sentiment. De toutes les courbes supérieures au cercle, la parabole est, à la vérité, celle dont l'équation est la plus simple: mais cela est-il suffisant pour donner à cette courbe la préférence sur toutes les autres? Si cela étoit, dit M. *Newton*, (*c*) il faudroit aussi la préférer au cercle. Il y a donc une sorte d'inconséquence à adopter le cercle préférablement à la parabole dans la construction des problêmes plans, ou bien il faut dire qu'on ne le fait que parce que sa description est plus facile que celle de la parabole. Or ce que l'on fait ici, pourquoi ne le feroit-

(*a*) *Cart. Geom*, ad fin.
(*b*) *Fermat. op.* p. 110, & seq.
(*c*) *Arith. univ.* Append. *de æquat. construct. lineari.*

on pas dans d'autres cas, & qu'y a-t'il de plus essentiel à considérer dans des descriptions géométriques que la facilité de l'opération? Ces raisons de la justesse desquelles on ne peut disconvenir, ont porté M. *Newton* (*a*) à adopter pour la construction des équations solides, la conchoïde combinée avec une ligne droite, quoique cette courbe soit du quatrieme degré; & il approuve fort les constructions que *Nicomede* donna autrefois des problêmes de la duplication du cube & de la trisection de l'angle par ce moyen. En effet, de toutes les courbes la conchoïde est après le cercle une des plus faciles à décrire, & l'instrument proposé par son inventeur est un des plus simples après le compas. Il y a néanmoins des manieres de décrire les sections coniques par un mouvement continu, qui ne le cedent guere en simplicité à la description de la conchoïde. On sçait, par exemple, & les Anciens mêmes ne l'ignorerent pas (*b*), qu'une ligne de grandeur invariable qui se meut dans un angle, ses deux extrêmités appuyées contre les côtés de cet angle, décrit par chacun de ses points un quart d'ellipse renfermé entre ces côtés comme demi-diametres conjugués. Il est facile de voir que cette propriété peut servir de principe à un instrument d'une simplicité extrême pour décrire toutes sortes d'ellipses par un mouvement continu. Que si l'on avoit quelque scrupule à admettre dans la Géométrie d'autre instrument que la regle & le compas, nous remarquerions que ce seroit une délicatesse tout-à-fait mal fondée. Puisqu'il n'est pas possible de résoudre les problêmes d'un certain ordre que par le moyen des courbes d'un genre supérieur au cercle, les instrumens, seuls propres à les décrire par un mouvement continu, doivent être reçus dans la Géométrie: car on doit regarder comme la solution vraie & géométrique d'un problême, celle qui est la plus simple que comporte la nature de ce problême. Si l'on insistoit à dire que le compas & la regle étant les instrumens les plus simples, sont moins sujets à erreur, nous répondrions qu'une regle géométriquement parfaite est de tous les instrumens le plus difficile. Aussi ce n'est qu'en vertu d'une supposition qu'on regarde le compas & la regle comme parfaits; &

(*a*) Ibid.

(*b*) Procl. *Comm. in l. Eucl. ad def.* 4.

pourquoi ne voudra-t'on pas admettre que ceux dont on se servira dans les descriptions des courbes de genres supérieurs, le soient aussi.

Nous ne devons point omettre de donner ici une idée d'un endroit des plus ingénieux & des plus profonds de la Géométrie de *Descartes*. C'est celui où il applique son analyse à la recherche de certaines courbes qu'il appelle *ovales*, & qui ont retenu le nom d'*ovales de Descartes*. Ce sont des courbes décrites à l'imitation de l'ellipse & de l'hyperbole rapportées à leurs foyers. Mais tandis que dans ces sections coniques les lignes tirées d'un point quelconque de la courbe aux deux foyers, sont toujours telles, qu'elles croissent ou décroissent également ensemble comme dans l'hyperbole, ou que l'une croît autant que l'autre décroît, ce qui est le cas de l'ellipse, dans les ovales de *Descartes* ces diminutions ou accroissemens respectifs sont seulement en raison donnée : ainsi les sections coniques sont contenues dans cet ordre de courbes, & n'en sont qu'une espece particuliere. M. *Descartes* se sert de ces ovales pour la résolution d'un problême optique aussi curieux que difficile. Il consiste à déterminer quelle forme doit avoir la surface qui sépare deux milieux de différente densité, pour que tous les rayons qui partent d'un même point, ou qui convergent vers un même, soient renvoyés par la réfraction dans un autre, ou rendus paralleles, ou divergens comme s'ils venoient d'un point donné. La solution qu'en donne *Descartes* est si générale, qu'elle comprend même les cas où la réfraction se change en réflection. Ainsi non seulement ce que la Catoptrique ancienne avoit démontré sur l'ellipse & l'hyperbole, mais encore ce qu'il avoit démontré lui-même sur la réfraction de la lumiere dans les verres elliptiques & hyperboliques, est compris dans cette solution. Nous donnerons, en traitant de l'optique, une idée plus développée de ce problême.

VI.

Méthode des tangentes de Descartes.

Parmi les découvertes que *Descartes* expose dans sa Géométrie, aucune ne lui fit plus de plaisir que celle d'une regle générale pour la détermination des tangentes des courbes.

» De tous les problêmes, dit-il, que je connois en Géomé-» trie, il n'en est aucun qui soit plus utile & plus général, & » c'est de tous celui dont j'ai davantage désiré la solution. « En effet, ce problême sert à plusieurs déterminations importantes dans la théorie des courbes. C'est par son moyen qu'on trouve leurs asymptotes, si elles en ont; la direction sous laquelle elles rencontrent leur axe; les endroits où elles s'en éloignent le plus, & ceux où elles changent de courbure, &c. Je ne dis rien des usages nombreux de la connoissance des tangentes dans les Mathématiques Physiques. Ainsi l'importance que *Descartes* donne à ce problême, ne doit point paroître excessive.

M. *Descartes* nous a laissé deux manieres de déterminer les tangentes des courbes, l'une dans sa Géométrie, l'autre dans ses Lettres; elles sont fondées l'une & l'autre sur le même principe, & par cette raison nous les comprendrons sous le nom de *Méthode des tangentes de Descartes*. Nous ne pouvons disconvenir que depuis son temps on n'en ait imaginé d'autres qui sont plus commodes, mais ce motif ne doit point avilir à nos yeux une invention qui a été la premiere de ce genre, & qui est fort ingénieuse.

Le principe de la méthode des tangentes de *Descartes* est celui-ci : Concevons une courbe décrite sur un axe, & que d'un point de cet axe, comme centre, soit décrit un cercle qui la coupe au moins en deux points, desquels soient tirées deux ordonnées, qui seront par conséquent communes à ce cercle & à la courbe. Imaginons maintenant que le rayon de ce cercle décroît, son centre restant immobile. Il n'est personne qui ne voie que les points d'intersection se rapprochant, ils coincideront enfin, qu'alors le cercle touchera la courbe, & que le rayon tiré au point de contact sera perpendiculaire à cette courbe, & à la ligne droite qui la toucheroit au même point. Ainsi le problême de déterminer la tangente d'une courbe se réduit à trouver la position de la perpendiculaire qu'on lui tireroit d'un point quelconque pris sur l'axe. *Fig.* 42.

Pour cet effet *Descartes* recherche d'une maniere générale quels seroient les points d'intersection d'un cercle décrit d'un rayon déterminé, & d'un point de l'axe comme centre, avec la courbe (*a*). Il parvient à une équation qui dans le cas de deux interſections doit contenir deux racines inégales, dont l'une eſt la diſtance d'une des ordonnées au ſommet, & l'autre celle de l'autre. Mais ſi ces points d'interſection viennent à ſe confondre, alors les deux ordonnées ſe confondront, leur éloignement du ſommet ſera le même, & l'équation aura deux racines égales. Il faudra donc dans cette équation faire les coefficiens de l'inconnue qui ſont indéterminés, tels que cette inconnue ait deux valeurs égales. M. *Deſcartes* y parvient d'une maniere fort ingénieuſe, en comparant l'équation propoſée avec une autre équation fictice du même degré, où il y a deux valeurs égales; ce qui lui donne la diſtance de l'ordonnée abaiſſée du point de contact au ſommet. Cela une fois déterminé, la plus ſimple analyſe met en poſſeſſion de tout le reſte.

La ſeconde méthode imaginée par notre Philoſophe pour tirer les tangentes, procede ainſi. Il conçoit une ligne droite qui tourne autour d'un centre ſur l'axe prolongé de la courbe. Elle la coupe d'abord en un certain nombre de points; mais à meſure qu'elle s'éloigne ou ſe rapproche de l'axe, ſuivant les circonſtances, les deux points d'interſection ſe rapprochent & coincident: enfin elle touche la courbe propoſée. Pour déterminer la ſituation qu'a alors cette ligne, *M. Deſcartes* procede à peu près comme dans la méthode précédente. Il recherche d'abord l'équation générale, par laquelle cette li-

Fig. 42. (*a*) Voici en faveur des Géometres de quelle maniere on détermine les interſections de deux courbes. Nous nous ſervirons pour cela d'une parabole A B *b*, & d'un cercle. Que A C ſoit a, A D $= x$, le rayon C B $= r$; C D ſera donc $= a - x$. Maintenant puiſque l'ordonnée B D appartient au cercle, il ſuit que $yy = r^2 - \text{CD}^2$, ou $r^2 - \overline{a - x}^2$. Mais cette même ordonnée appartient encore à la parabole dont nous ferons le parametre égal à p. On a donc $yy = px$, & par conſéquent $r^2 - a^2 + 2ax - xx = px$. Arrangeons tous les termes d'un côté ſelon les puiſſances de x, nous aurons l'équation $x^2 + (p - 2a)x + (a^2 - r^2) = 0$; équation qui aura deux racines ou deux valeurs de x; car nous aurions trouvé la même choſe en cherchant l'autre interſection *b*. C'eſt pourquoi ſi l'on veut que r ſoit tel que ces deux interſections coincident, il faut que ces deux racines ſoient égales. Pour le faire Deſcartes prend une équation formée de $x - e = 0$, $x - e = 0$, c'eſt-à-dire, $x^2 - 2ex + ee = 0$, qu'il compare terme à terme avec la précédente. Cela lui donne $p - 2a = -2e$, ou $2a - p = 2e$, ou $2x$, puiſque $x = e$. Delà enfin il tire $a - x$ ou C D $= \frac{1}{2}p$, c'eſt-à-dire, que la ſou-perpendiculaire dans la parabole eſt égale au demi-parametre. Dans d'autres courbes les opérations ſeront plus laborieuſes, mais elles conduiront toujours de même à l'expreſſion de la ſou-perpendiculaire, qui étant donnée fait connoître facilement la ſou-tangente.

gne

gne étant inclinée sous un angle donné, on trouveroit ses points d'intersection avec la courbe. Ensuite par le moyen d'une équation fictice qui a deux racines égales, il détermine cette inclinaison à être celle qu'il faut pour que la ligne soit tangente. Enfin il tire delà le rapport de la soutangente à l'abscisse.

Nous avons parlé au commencement de cet article de diverses déterminations importantes dans la théorie des courbes, & qui tiennent à la méthode des tangentes. Quoique *Descartes* n'en ait point traité, ce seroit mal le connoître que de penser qu'il les ait ignorées : il est fort probable que ce sont là de ces choses qu'il dit à la fin de sa Géométrie avoir voulu laisser à ses Lecteurs le plaisir de trouver eux-mêmes. Mais nous ne croyons pas devoir l'imiter ici : il entre nécessairement dans notre plan d'en donner une idée.

Des questions de Maximis & Minimis.

Il est peu de questions plus utiles & plus curieuses dans la Géométrie que celles *de maximis & minimis*. On donne ce nom à toutes celles dans lesquelles une grandeur qui varie suivant une loi connue, croissant jusqu'à un certain terme & décroissant ensuite, ou bien au contraire croissant après avoir diminué jusqu'à un certain point, il s'agit de déterminer ce point où elle devient la plus grande, ou la moindre qu'il est possible. Outre l'utilité de cette détermination dans la Géométrie pure, son application est fréquente dans les Mathématiques mixtes. Toutes les fois qu'un effet produit par une combinaison de causes augmente, puis diminue, ou au contraire, voilà le cas d'un *maximum*, ou d'un *minimum* à déterminer. Ainsi l'on ne doit point regarder ces questions comme de pures curiosités géométriques, mais comme des plus importantes dans l'étendue des Mathématiques.

Toute grandeur variable suivant une certaine loi, peut s'exprimer par l'ordonnée d'une courbe d'une espece particuliere. Ainsi la détermination du point où cette grandeur atteint à son dernier période d'augmentation ou de diminution, n'est aux yeux du Géometre, que celle de la plus grande ou la moindre ordonnée d'une courbe d'équation donnée.

Il est facile de voir que si M est un point de *maximum*, ou de *minimum*, aux environs de ce point, la courbe sera nécessairement coupée par quelque parallele à l'axe, en deux en- *Fig.* 43.

droits, comme C, *c*. Pour s'en convaincre, il suffit de considérer la figure 43e, qui représente toutes les différentes especes de points de *maximum* ou de *minimum*. Delà il suit qu'en supposant BC, ou l'ordonnée déterminée, l'équation de la courbe contient deux racines, ou deux valeurs inégales de l'abscisse, comme AB, ou A*b*. Mais au point de *maximum* ou de *minimum*, ces deux ordonnées se confondent, & par conséquent l'équation de la courbe doit donner deux valeurs égales à l'abscisse. Il faudra donc, en faisant BC indéterminée, supposer dans cette équation deux valeurs égales; ce qu'on fera comme on a vu ci-devant dans la méthode des tangentes, & l'on aura la valeur de l'abscisse Aβ, à laquelle répond la plus grande ou la moindre ordonnée.

Il y a une observation importante à faire concernant la regle *de maximis & minimis*, tirée du principe de *Descartes*; c'est qu'elle donne non seulement les points de plus grandes & moindres ordonnées de courbe, mais aussi ceux où deux branches de la courbe s'entre-coupent, lorsque cela arrive, comme on voit en N. Cela est une suite nécessaire du principe sur lequel elle est fondée. Car il arrive aussi dans ce dernier point, que deux intersections de la courbe avec une parallele à l'axe coincident, & par conséquent y a deux valeurs égales dans l'équation de la courbe. Mais c'est-là une sorte de défaut; car outre qu'un point d'intersection de deux branches de courbe est d'une nature bien différente que ceux des plus grandes ou moindres ordonnées, ces derniers doivent aussi être divisés en deux especes qu'il faut bien distinguer, quand on veut reconnoître la forme d'une courbe. Les uns sont ceux où la tangente est parallele à l'axe; ce sont les véritables points de *maximum* ou *minimum*. Les autres sont ceux où cette tangente lui est perpendiculaire ou oblique, comme les trois derniers dans la figure ci-dessus. Ces points se nomment aujourd'hui points de rebroussement. Or la regle de *Descartes* confond tous ces points entr'eux, & par conséquent induit en erreur sur la forme de la courbe, à moins qu'on ne les examine ensuite chacun en particulier.

La maniere de les examiner, si l'on se servoit de la regle de *Descartes*, consisteroit à chercher à chacun de ces points la direction de la tangente. Car si elle devenoit parallele à l'axe, ce seroit un signe que les points où cela arriveroit, seroient de véritables points de *maximum* ou *minimum*, mais si elle étoit perpendiculaire ou oblique, c'est-à-dire, que la soutangente fût nulle ou d'une grandeur finie, les points qui augroient cette propriété seroient de simples points de rebroussement. S'il arrivoit enfin que cette soutangente fut comme indéterminée, c'est-à-dire, que le numérateur & le dénominateur de la fraction qui l'exprimeroit, devinssent l'un & l'autre zero, on auroit un point d'intersection de deux branches de la courbe. En effet, c'est ce qui doit arriver à un point de cette espece; car l'expression de la soutangente ne peut donner qu'une seule valeur: & cependant à une intersection de rameaux de courbe, il y a plusieurs tangentes, puisque chaque rameau a la sienne propre à ce point. Il faut donc dans ce cas que l'analyse ne réponde rien, & c'est ce qu'elle fait en donnant une fraction telle que $\frac{0}{0}$.

Des points d'infléxion.

Lorsqu'une courbe de convexe qu'elle étoit vers son axe, devient concave, ou au contraire, il y a un point qui sépare la convexité de la concavité, & qui est en quelque sorte le passage de l'une à l'autre; ce point se nomme *point d'infléxion*, ou *de changement de courbure*. Il nous faut encore montrer briévement de quelle maniere on peut les trouver dans la théorie de *Descartes*.

Pour connoître la nature d'un point d'infléxion, il faut faire les remarques suivantes. Lorsqu'une courbe a une partie convexe & l'autre concave, elle peut être coupée en trois points par une droite, ou touchée en un & coupée dans un autre, ce qui est la même chose, un point de contact équivalant à deux d'intersection. Supposons présentement le point de contact se rapprocher de celui d'intersection, il y aura un point où ils se confondront, & la tangente touchera en même temps & coupera la courbe. Or ce point ne peut être que celui d'infléxion; il y aura donc dans l'équation formée suivant la méthode de *Descartes*, comme pour tirer la tangente à la courbe, il y aura, dis-je, trois racines égales. Car les trois points d'intersection qui donneroient trois racines inégales, ou trois abscisses différentes pour chacun d'eux s'ils étoient séparés, en donneront trois égales lorsqu'ils se confondront en un seul. Ainsi en suivant le procédé de *Descartes* pour sa méthode des tangentes,

Fig. 44.

il faudroit égaler l'équation en queſtion, à une autre feinte & ayant trois racines égales. Par-là on trouveroit la grandeur de l'abſciſſe répondante au point d'infléxion.

Il y a une autre méthode plus ſimple pour déterminer cette ſorte de point : celle-ci eſt fondée ſur cette conſidération, ſçavoir que la tangente à un point ſemblable, forme toujours avec l'axe, un moindre ou un plus grand angle que toutes les autres tangentes. L'inſpection de la figure 45e, en convaincra. La raiſon de la ſoutangente à l'ordonnée dans un point d'infléxion, ſera donc un *maximum*, ou un *minimum*. Il ſuffira par conſéquent de former une expreſſion de cette raiſon, (ce qui ſe fera en diviſant la ſoutangente par l'ordonnée), & de la traiter comme une grandeur dont on demande le *maximum* ou le *minimum*. Cela donnera la valeur de l'abſciſſe, qui répond à ce point d'infléxion.

Fig. 45.

Des aſymptotes des courbes.

La détermination des aſymptotes des courbes eſt encore une des branches importantes de la méthode des tangentes, & nous ne devons pas l'oublier. Les Géometres ſçavent qu'on appelle aſymptote d'une courbe la ligne vers laquelle elle s'approche, nous ne diſons pas ſeulement, avec quelques Auteurs peu exacts, de plus en plus, mais de telle ſorte que leur diſtance devienne moindre que toute grandeur donnée, ſans cependant jamais ſe rencontrer. La Géométrie moderne conſidére ces lignes d'une maniere très-lumineuſe. Elle les regarde comme des tangentes à un point infiniment éloigné de la courbe, qui paſſent cependant à une diſtance finie de ſon axe, ou qui le rencontrent dans un point qui n'eſt éloigné du ſommet que d'une quantité finie. La courbe de la fig. 46, n°. 1, nous offre un exemple des aſymptotes de la premiere eſpece, & l'hyperbole rapportée à ſon axe tranſverſe, nous en préſente un de celles de la ſeconde. Mais avant que d'aller plus loin, il eſt beſoin de quelques obſervations préliminaires.

Fig. 46, n°. 1, 2.

La premiere, eſt que lorſque dans une expreſſion algébrique, comme $x^2 + ax + b$, on fait l'indéterminée x infinie, alors tous les termes où elle ne ſe trouve pas, auſſi-bien que tous ceux où elle eſt dans un degré inférieur, s'évanouiſſent ; & le ſeul ou les ſeuls termes, où elle ſe trouve à la plus haute puiſſance, ſubſiſtent. La raiſon de cela eſt aiſée à ſentir : un quarré dont les deux dimenſions ſont infinies, eſt infini à l'égard d'un rectangle qui n'en a qu'une d'infinie, & ainsi des autres puissances. Par conséquent les plus basses s'anéantissent en comparaison des plus hautes.

La seconde remarque est qu'une fraction, dont le numérateur est fini & le dénominateur infini, est o, & qu'au contraire celle dont le dénominateur est o, est infinie. En effet, à mesure que le dénominateur augmente, la fraction diminue, & au contraire. Les exemples les plus simples suffisent pour s'en convaincre. Ainsi lorsque dans une expression fractionnelle, comme $\frac{a^2 b}{aa - xx}$, on supposera x infinie, cette expression deviendra nulle; mais si l'on vouloit la rendre infinie, la chose seroit facile. Il n'y auroit qu'à supposer $aa - xx = 0$, ou $x = a$. Alors elle se réduiroit à $\frac{a^2 b}{0}$, dont la valeur est infinie. Une courbe qui auroit pour équation $\frac{a^2 b}{aa - xx} = y$, auroit donc son ordonnée infinie à la distance a du sommet.

Aidé de ces observations, le lecteur est en état de nous prévenir & d'appercevoir de lui-même la maniere de déterminer les asymptotes des courbes. D'abord celles de la premiere espece n'exigent rien de plus que l'équation de la courbe. Il suffit d'y supposer l'abscisse infinie, & d'examiner d'après les principes ci-dessus, quelle valeur en résulte pour l'ordonnée. Si elle est finie, ce sera évidemment la distance de l'asymptote parallele à l'axe. Si elle est zero, cet axe même sera l'asymptote de la courbe. Si l'on soupçonnoit que cette courbe eût pour asymptote une de ses ordonnées, placée à une distance finie du sommet, il n'y auroit qu'à supposer l'ordonnée infinie, c'est-à-dire égaler à o le dénominateur de la fraction qui l'exprime, la valeur qui en résulteroit seroit l'abscisse correspondante.

Les asymptotes inclinées à l'axe exigent un peu plus d'appareil, & c'est ici que la détermination des tangentes est nécessaire. Ce sont, nous l'avons dit plus haut, des lignes qui touchent la courbe à un point infiniment éloigné, & qui rencontrent l'axe à une distance finie du sommet. Il faut donc trouver généralement cette distance; ce qui se fera facilement en ôtant l'abscisse de la soutangente, ou les ajoutant ensemble, suivant la forme de la courbe. Ensuite il faudra y supposer l'abscisse infinie, & la valeur qui résultera de cette supposition, si elle est finie, donnera le point de l'axe par où passe l'asymptote. Il reste à déterminer l'angle qu'elle sera avec l'axe. Ceci ne sera pas plus difficile ; il est aisé de voir que cet angle sera déterminé par le rapport de la soutangente à l'ordonnée, lorsque l'abscisse est infinie. Il faudra donc former l'expression de ce rapport, c'est-à-dire, diviser la soutangente par l'ordonnée, & supposer dans cette expression l'abscisse infinie. La raison qui en résultera, si c'est celle d'une quantité finie à une autre finie, (comme s'il ne restoit que des quantités constantes dans le numérateur & le dénominateur de la fraction), donnera l'angle de l'asymptote avec l'axe. Si l'abscisse restoit seule dans le dénominateur, ce seroit un signe que ce rapport seroit infini ; l'asymptote seroit une ordonnée perpendiculaire. Au contraire, si l'abscisse restoit dans le numérateur, cette raison seroit infiniment petite, & l'asymptote seroit l'axe même de la courbe.

Nous pourrions encore, si l'étendue à laquelle nous sommes limités le permettoit, donner ici la maniere de reconnoître diverses autres affections des courbes, comme l'angle qu'elles forment avec leur axe, dans les endroits où elles l'entre-coupent ; leurs points de rebroussement soit obliques, soit perpendiculaires à l'axe, &c ; mais tout cela nous meneroit beaucoup trop loin. Comme ces déterminations tiennent aux principes ci-dessus, nous laissons aux lecteurs Géometres le plaisir d'y parvenir d'eux-mêmes.

VII.

Inventions géométriques de M. de Fermat.

Nous suspendons ici pour quelque temps le récit des progrès de la méthode de *Descartes*, afin de faire connoître un de ses contemporains à qui la Géométrie a aussi de grandes obligations. Ceux à qui l'histoire de cette Science est un peu connue, doivent s'appercevoir que nous voulons parler de M. *de Fermat*. Ce rival digne de *Descartes*, ne se porta avec guere moins de succès que lui dans la carriere des découvertes analytiques : on ne peut même disconvenir que quelques-unes de ses inventions ne l'emportent sur les siennes en simplicité, & ne soient des germes plus développés des méthodes si commodes que nous possédons aujourd'hui. Si *Descartes* eût manqué à l'esprit humain, *Fermat* l'eût remplacé en Géométrie.

En effet, avant même que *Descartes* publiât sa Géométrie, M. *de Fermat* étoit en possession de la plûpart de ses inventions les plus brillantes, comme ses méthodes *de maximis & minimis*, & des tangentes, sa construction des lieux solides, &c. On en tire la preuve de son commerce épistolaire avec *Roberval*, imprimé à la suite de ses œuvres. On y lit dans une Lettre du mois d'Août 1636, » J'ai trouvé beaucoup » d'autres propositions géométriques, comme la restitution » de tous les lieux plans d'*Apollonius*, &c. Mais ce que j'estime le plus est une méthode pour déterminer toutes sortes » de lieux plans & solides, par le moyen de laquelle je trouve » les *maximæ & minimæ in omnibus problematibus*, & ce par » une équation aussi simple que celles de l'analyse ordinaire. » Dans une autre du mois suivant, il lui dit qu'il y avoit déja sept ans qu'il avoit communiqué cette regle à M. d'*Espagnet*. Il ajoute que depuis ce temps il l'a beaucoup étendue, qu'il la fait servir à l'invention des quadratures des courbes & des solides, à celle des tangentes, des centres de gravité, à la résolution de certains problêmes numériques, enfin à la détermination des lieux plans & solides. Il paroît par-là que M. de *Fermat* donnoit assez improprement le nom de *maximis & minimis*, à sa méthode d'analyser les problêmes; car on aura de la peine à concevoir que la vraie méthode de ce nom puisse être de quelque usage dans plusieurs de ces questions.

La méthode *de maximis & minimis* de M. de *Fermat*, est fondée sur ce principe déja apperçu par *Kepler* dans sa *Stereometria doliorum*, sçavoir que lorsqu'une grandeur, par exemple l'ordonnée d'une courbe, est parvenue à son *maximum* ou son *minimum*, dans une situation infiniment voisine son accroissement ou sa diminution est nulle. En faisant usage de ce principe, dont il est facile d'appercevoir la vérité, nous allons voir naître la regle de M. de *Fermat*. Car supposons qu'une ordonnée y, exprimée par une équation, soit parvenue à son *maximum*, il s'ensuivra qu'en supposant dans cette équation l'abscisse augmentée ou diminuée d'une quantité infiniment petite comme e, ces deux valeurs de y seront égales. Par conséquent si on les égale, qu'on en retranche les termes communs, qu'on diviſe par e autant qu'il eſt poſſible, & qu'enfin on ſupprime les termes où e ſe trouve, (car ils ſont nuls à l'égard des autres à cauſe de la petiteſſe infinie de e), on aura enfin la valeur de x, à laquelle répond la plus grande ordonnée. (*a*) Cette regle extrêmement ingénieuſe, eſt la même, à la notation près, que celle qu'enſeigne le calcul différentiel. Elle lui cede ſeulement en quelques abrégés de calcul, & en ce qu'elle eſt arrêtée par les irrationalités dont il n'eſt pas toujours facile de délivrer une équation, au lieu qu'elles ne ſont point un obſtacle à la derniere.

De même que la regle de *Deſcartes* pour les queſtions *de maximis & minimis*, eſt ſujette à quelques limitations particulieres, celle de M. de *Fermat* a auſſi les ſiennes. Sa nature étant de donner les points d'une courbe où deux ordonnées infiniment proches ſont égales, elle donne tous ceux où la tangente eſt parallele à l'axe. Mais quoique cela arrive le plus ſouvent dans des points de plus grandes ou moindres ordonnées, ces points ne ſont pas les ſeuls qui ayent cette
Fig. 47. propriété. Un point d'infléxion ou de rebrouſſement peut avoir ſa tangente parallele à l'axe, comme on peut voir dans la figure 47ᵉ, & par conſéquent ſi dans la courbe propoſée, il y en a quelqu'un de cette nature, la regle de *Fermat* le donnera avec ceux de vrais *maxima* ou *minima*. Il faudra donc, après avoir déterminé ces points, les examiner chacun en particulier, & voir ſi au-delà l'ordonnée continue à croître ou à diminuer; car dans ce cas ce ne ſeroient que des points d'in-

(*a*) Nous croyons devoir éclaircir par quelques exemples le procédé de cette regle. Pour cet effet, nous prendrons l'équation au cercle qui eſt $2ax - xx = yy$, & nous ſuppoſerons qu'on ignorât qu'elle eſt la poſition de la plus grande ordonnée. En ſuivant la regle en queſtion, il faut à la place de x, ſubſtituer dans cette expreſſion, $x + e$; ce qui donne celle-ci, $2ax + 2ae - xx - 2xe - ee$, qu'il faut égaler à $2ax - xx$. En ôtant les termes communs, on a $2ae - 2xe - ee = 0$. Qu'on ſupprime ee, à cauſe de ſa petiteſſe infinie, & on aura $2ae - 2xe = 0$, $2x = 2a$, $x = a$; ce qu'on ſçait déja.

Mais ſuppoſons qu'on demandât la plus grande ordonnée dans la courbe dont l'équation eſt $y^3 = ax^2 - x^3$, ou ce qui eſt la même choſe, le plus grand produit fait d'un des ſegmens d'une ligne par le quarré de l'autre. Nous aurons dans ce cas, ſuivant le précepte de la regle, $ax^2 - x^3 = ax^2 + 2axe + aee - x^3 - 3ex^2 - 3eex - e^3$. Otons-en les termes communs, enſuite ſupprimons ceux où e eſt élevé au cube ou au quarré, diviſons enfin par e; & nous aurons $2a = 3x$, ou $x = \frac{2}{3}a$; ce qui nous apprend que cette courbe a ſa plus grande ordonnée éloignée de ſon ſommet de $\frac{2}{3}a$, ou que le plus grand produit cherché eſt celui qui ſe fait du quarré des $\frac{2}{3}$ de la ligne par l'autre tiers.

fléxion

fléxion ou de rebrouffement. Nous remarquerons ici en paffant que M. *Huyghens* s'eft trompé dans l'expofition qu'il donne de cette regle. Son fondement, dit-il, confifte en ce que lorfqu'une ordonnée eft parvenue à fon *maximum* ou *minimum*, il y en a de part & d'autre deux qui l'avoifinent & qui font égales. C'eft bien là une propriété des *maxima* & *minima*, mais ce n'eft pas celle qui préfide à la regle de M. de *Fermat*. Car fi cela étoit, elle devroit non feulement donner les points où la tangente eft parallele à l'axe, mais auffi ceux où elle eft perpendiculaire, comme la regle de *Defcartes*, & même les points d'interfections de rameaux de courbes; ce qu'elle ne fait point. Son véritable fondement eft que lorfqu'une ordonnée de courbe eft parvenue à fon *maximum* ou *minimum*, le plus fouvent fa tangente eft parallele à l'axe, & par conféquent la différence de deux ordonnées infiniment voifines eft nulle.

Cette invention de M. de *Fermat* fut l'occafion d'une querelle affez vive entre lui & M. *Defcartes*: mais comme fa méthode des tangentes fut auffi un des objets de cette querelle, nous la ferons connoître auparavant. Celle-ci n'eft pas moins ingénieufe, & elle eft fondée à peu près fur les mêmes principes. Voici de quelle maniere M. de *Fermat* l'explique. Que la ligne BD, foit tangente à une courbe, par exemple, une parabole: *Fig.* 48. il eft évident, dit M. de *Fermat*, que toute autre ordonnée que BC comme bc, la rencontrera au dehors, & par conféquent la raifon de BC^2 à βc^2, qui eft la même que celle de CD^2 à cD^2, fera moindre que celle de CB^2 à cb^2, ou que celle de CA à cA. Mais fi l'on fuppofe que cette raifon foit la même, & que la diftance Cc s'anéantiffe, les points b & B, fe confondront, & l'on aura une équation qui, traitée de la même maniere que dans la méthode *de maximis & minimis*, donnera le rapport de CD à CA.

Nous ne pouvons difconvenir que la regle de M. de *Fermat*, expofée comme nous venons de le faire d'après lui, n'eft pas préfentée fous le point de vue le plus avantageux. Elle le feroit mieux de la maniere fuivante. Toute tangente, dirions-nous, n'eft autre chofe qu'une fécante dont les points d'interfection avec la courbe fe rapprochant continuellement, coincident enfin. Il faut donc fuppofer deux ordonnées, comme

BC, *bc*, dont la diſtance *e* ſoit indéterminée, & trouver par l'équation de la courbe la grandeur de la ligne CD, diſtance
Fig. 49. de l'interſection de la ſécante & de l'axe, à l'ordonnée BC. Cela donnera une équation dans laquelle il n'y aura qu'à faire *e* infiniment petite, comme on a fait dans la méthode *de maximis & minimis*, on aura une équation entre CD & CA, qui donnera le rapport de la ſoutangente à l'abſciſſe (*a*).

Il nous faut maintenant rendre compte du démêlé qu'eut M. de *Fermat* avec *Deſcartes*, à l'occaſion de ces deux méthodes. Lorſque la Géométrie de *Deſcartes* vit le jour, M. de *Fermat* fut un des premiers à l'examiner, & ſans doute il lui rendit la juſtice qu'elle méritoit. Mais il fut fort ſurpris de n'y rien trouver concernant les queſtions *de maximis & minimis*, qui par leur importance & leur difficulté méritent particuliérement l'attention des Géometres. Il écrivit donc au Pere *Merſenne*, & il lui envoya ſes méthodes pour les queſtions *de maximis & minimis*, pour les tangentes des courbes, pour la conſtruction des lieux ſolides, lui témoignant en même temps ſa ſurpriſe que M. *Deſcartes* eût omis les premieres de ces queſtions. Cette remarque parut un défi injurieux à *Deſcartes:* d'ailleurs ſa querelle avec M. de *Fermat* ſur la réfraction, étoit encore dans toute ſa chaleur, & il s'aigriſſoit aiſément contre ceux qui tardoient trop à ſe rendre à ſon ſentiment. Ce fut dans ces circonſtances & avec ces diſpoſitions qu'il reçut l'écrit de M. de *Fermat*. Préoccupé de l'envie d'y trouver à redire, il répondit au Pere *Merſenne*, que l'une & l'autre de ces regles ne valoient rien, & il propoſa contr'elles des difficultés que nous expoſerons plus bas. M. de *Fermat* trouva deux zélés défenſeurs dans MM. *Roberval* & *Paſcal* le pere; d'un autre côté, MM. *Midorge*, *Deſargues*, *Hardi*, prirent le parti de *Deſcartes*, & ce fut un procès littéraire qui fut

Fig. 49. (*a*) Voici un exemple de cette méthode appliquée à l'hyperbole équilatere. Que le demi-diametre tranſverſe ſoit a, l'abſciſſe $AC = x$, $CD = z$, BC eſt $\sqrt{(2ax + xx)}$, & Ac étant $x - e$, cb eſt $\sqrt{(2a \times \overline{x - e} + \overline{x - e}^2)}$. Maintenant à cauſe de la ſimilitude des triangles, $BC : bc :: CD : cD$, ou $BC^2 : bc^2 :: CD^2 : cD^2$; conſéquemment $2ax + xx : 2ax - 2ae + x^2 - 2xe + e^2 :: z^2 : \overline{z - e}^2$, & en multipliant les extrêmes & les moyens, rejettant enſuite les termes communs, auſſi-bien que ceux où ſe trouve ee, diviſant enfin par e, on a $z = \frac{2ax + x^2}{a + x}$, qui eſt la vraie expreſſion de la ſoutangente dans l'hyperbole.

plaidé avec beaucoup de vivacité & d'aigreur d'un côté & de l'autre. Nous en avons les pieces dans le troisieme Tome des Lettres de *Descartes*. Il se termina en même temps que celui qui concernoit la Dioptrique. M. de *Fermat*, ennemi des querelles, & plus juste à l'égard de *Descartes* que celui-ci ne l'étoit au sien, fit les premieres démarches de réconciliation ; la paix fut signée, & suivie de quelques lettres obligeantes de part & d'autre.

Nous n'hésiterons pas un instant à donner ici le tort entier à *Descartes*. Il est évident en ce qui concerne la regle *de maximis & minimis* ; en effet, *Descartes* prétendoit que la regle de M. de *Fermat* étoit mauvaise, parce qu'elle ne réussissoit point dans un cas où il en faisoit une fausse application. Il vouloit que la tangente tirée d'un point extérieur comme C, à la circonférence d'une courbe fût un vrai *maximum* à l'égard des lignes tirées à la partie convexe, ou un *minimum* à l'égard de celles qui atteignent à la partie concave ; en conséquence il vouloit que la regle de M. de *Fermat* servît de cette maniere à trouver les tangentes des courbes ; & comme elle ne le faisoit point, il la déclaroit mauvaise. Mais la passion seule, (car les grands hommes n'en sont pas toujours exempts), pouvoit inspirer cette objection à *Descartes*. De quelque maniere qu'on l'entende, la tangente CA n'est point un *maximum*, ou un *minimum*, & elle n'en a aucun caractere. La regle propre de *Descartes* pour les questions de cette nature ; celle du calcul différentiel, la même, à la notation près, que celle de *Fermat*, seroient vicieuses si cette prétention étoit fondée. Il n'y a ici de *maximum* ou de *minimum*, que la raison de CB à BA, ou bien le segment DE de la tangente au point D. Or en considérant la question de cette maniere, la regle de M. de *Fermat* réussit très-bien, & donne exactement la tangente. *Fig.* 50.

Descartes eût pu faire une objection plus spécieuse, & à certains égards plus fondée, s'il eût mieux connu le fondement de la regle de M. de *Fermat*. C'eût été de chercher une courbe telle que celle que représente la figure 51e, & qui a un point de rebroussement perpendiculaire en B, qui est une sorte de *maximum*. La regle en question appliquée à la détermination de ce *maximum*, ne l'auroit point donné, d'où il auroit pu conclure qu'elle étoit vicieuse. Mais *Fermat* auroit pu répondre que la nature de sa regle étoit de ne donner que les points où la tangente est parallele à l'axe, & que loin de réputer cette limitation comme un défaut, on devoit la regarder comme une perfection. Enfin s'il eût été aidé des lumieres que nous avons aujourd'hui, il eût pu le défier d'en donner aucune qui ne fût sujette à quelque limitation semblable ou équivalente. En effet il n'en est aucune, sans en excepter celle du calcul différentiel, qui ne soit ou trop, ou trop peu étendue, & qui n'exige par cette raison quelques attentions particulieres. Ce défaut paroît absolument inévitable.

Il y a dans les objections que M. *Descartes* éleva contre la regle des tangentes de *Fermat*, quelque chose de plus spécieux; mais ce n'est encore au fond qu'une vraie chicane. *Fermat* s'étoit servi dans l'exemple de sa méthode, d'une parabole & d'une de ses propriétés pour en déterminer la tangente. *Descartes* regardant cet exemple comme général, appliqua la regle à d'autres courbes en suivant précisément le même procédé que celui de l'exemple; procédé qui n'étoit applicable qu'à la parabole: & comme elle ne réussissoit point, il prononçoit qu'elle étoit fausse, & si mauvaise qu'on n'y faisoit pas même usage des propriétés caractéristiques de la courbe à laquelle il s'agissoit de tirer la tangente. On ne peut pas soupçonner que M. de *Fermat*, doué comme il l'étoit de génie, donnât dans une absurdité pareille. *Roberval* & *Pascal* répondirent vivement, & prétendirent que si *Descartes* eût voulu entendre le sens de la regle & de l'exemple en question, il ne lui eût point fait cette querelle. M. *Descartes* s'obstina de son côté à dire que M. de *Fermat* n'entendoit pas sa regle, & rien ne l'a pu faire changer de sentiment, pas même leur réconciliation. On le voit encore prétendre quelque temps après, en écrivant au Pere *Mersenne*, que c'étoit lui qui avoit désillé les yeux sur ce sujet à son adversaire, & que si celui-ci avoit réussi à la rendre exacte, c'étoit à lui qu'il le devoit. S'il convient enfin quelque part de son excellence & de l'avantage qu'elle a sur la sienne quant à la simplicité & à la briéveté, ce n'est que pour s'en donner le mérite. Il est vrai qu'on la trouve développée plus clairement dans une de ses Lettres (*a*), qu'elle ne

(*a*) Lettres, T. III, p. 332.

l'avoit été par M. de *Fermat*. Mais ce n'étoit point une raison de s'en attribuer l'honneur. Sans *Fermat*, content de la sienne il ne songeoit à rien de plus; & le mérite d'une invention reste toujours à celui qui en a posé les premiers principes, quoique dans la suite on y ait ajouté quelques degrés de perfection.

A ces regles pour les tangentes & les questions *de maximis & minimis*, M. de *Fermat* en ajoutoit une pour la détermination des centres de gravité. Mais comme elle est fort bornée, & qu'elle ne s'étend qu'aux paraboles & aux conoïdes paraboliques de tous les ordres, nous ne nous y arrêterons pas. Nous devons donner plus d'attention à ses écrits sur les lieux plans & solides, & sur la construction des équations du troisieme & du quatrieme degré. On voit par ces écrits, dont il parle dans ses Lettres avant que la Géométrie de *Descartes* parût, qu'il se rencontra avec notre Philosophe dans l'idée d'exprimer la nature des courbes par des équations algébriques. Dans l'un, qui est intitulé *Isagoge Topica ad loca plana & solida*, il détermine les différentes formes d'équations qui résultent des différentes positions de l'axe de la section conique sur lequel on prend les abscisses, & du point d'où l'on commence à les compter. Il passe ensuite à construire diverses équations solides, dans celui qui porte pour titre: *Appendix ad isagogem Topicam*, que les éditeurs des Œuvres de *Roberval* ont mal à propos inséré parmi celles de ce dernier, mais qui appartient incontestablement à M. de *Fermat*. Nous nous bornerons ici à dire que son analyse est très-ressemblante à celle de M. de *Sluse*, que nous ferons connoître dans la suite de ce Livre.

M. de *Fermat* fit encore quelques progrès remarquables dans cette partie de la Géométrie qui concerne la quadrature des figures curvilignes. Dans un écrit qu'on lit parmi ses Œuvres, il assigne la dimension de plusieurs courbes assez compliquées, qu'il réduit par d'ingénieuses transformations à celle du cercle ou de l'hyperbole. C'est par-là qu'il trouva la mesure de la cyssoïde & de la conchoïde, la quadrature absolue des hyperboles des genres supérieurs, &c.

Nous ne doutons point que la curiosité de nos lecteurs ne s'intéresse à connoître un peu plus particuliérement un Géometre aussi recommandable. Nous allons leur apprendre le peu que nous en ſçavons. M. de *Fermat* étoit de Toulouſe, où il naquit vers le commencement du dix-ſeptieme ſiecle, ou la fin du précédent. Quoiqu'il ſe ſoit fait un grand nom dans les Mathématiques, elles ne furent cependant pas ſon unique & ſa principale occupation. A ce goût & ce talent ſupérieur qu'il avoit pour elles, il joignoit une grande érudition & une connoiſſance parfaite de la Langue Grecque, & de pluſieurs autres modernes. Revêtu outre cela d'une charge de Conſeiller au Parlement de Toulouſe, il l'exerça toujours avec aſſiduité, & il s'y fit la réputation d'un Juge des plus éclairés (*a*). Il mourut au commencement de 1665. Le recueil de ſes Ouvrages conſiſte en deux volumes qui parurent après ſa mort. (*in-fol.*) L'un eſt une édition de *Diophante*, enrichie de ſes notes & de ſes découvertes dans le genre d'analyſe cultivée par cet ancien Arithméticien, qu'il pouſſa fort loin (*b*); l'autre contient ſes œuvres propres, ſoit de Géométrie traitée ſuivant la méthode ancienne qui lui étoit très-familiere, ſoit d'analyſe moderne. On y trouve encore ſon commerce épiſtolaire avec divers Géometres célebres de ſon temps, comme *Roberval*, *Paſcal*, &c; c'eſt un morceau très-intéreſſant pour l'hiſtoire de la Géométrie & de l'Analyſe.

VIII.

Progrès de la Géométrie de Deſcartes.

On devroit s'attendre à voir la Géométrie de *Deſcartes* reçue avec un empreſſement univerſel. Mais diverſes cauſes en retarderent pendant quelques années les progrès. Il eſt des préjugés juſques dans la Géométrie, & il eſt rare que ceux qui ſont accoutumés dès long-temps à une certaine maniere de raiſonner, ſoient diſpoſés à quitter une ancienne habitude pour en contracter une nouvelle. D'ailleurs l'ouvrage de *Deſcartes* étoit écrit avec une ſi grande préciſion, qu'il ne pouvoit y avoir qu'un fort petit nombre de perſonnes en état de l'entendre. *Deſcartes* enfin avoit ſes ennemis, qui déprimoient le plus qu'il leur étoit poſſible ſes inventions. Toutes ces raiſons réunies, produiſirent l'eſpece d'oppoſition que rencontra d'abord ſon ouvrage. La plûpart des Géometres ſe mirent peu en peine

(*a*) Journal des Sçav. Fév. 1665.
(*b*) Voyez l'article de *Diophante*.

d'y pénétrer, & quelques autres ne s'attacherent qu'à le critiquer ſans lui rendre la juſtice qu'il méritoit pour les découvertes mêmes qu'ils ne pouvoient ſe refuſer d'y reconnoître.

Parmi ces détracteurs de la Géométrie de *Deſcartes*, nous ſommes fâchés de trouver M. de *Roberval.* Nous ne pouvons diſſimuler qu'il ſe comporta à cet égard d'une maniere fort paſſionnée, & qui lui fait peu d'honneur. Son hiſtoire avec Milord *Cavendish*, mérite d'être racontée. S'entretenant un jour avec ce Seigneur, qui étoit fort verſé dans les Mathématiques, il lui témoignoit être inquiet de ſçavoir d'où *Deſcartes* avoit pu avoir l'idée d'égaler tous les termes de l'équation à zero. Milord *Cavendish* lui répondit qu'il n'ignoroit cela que parce qu'il étoit François, & lui offrit de lui montrer le Livre auquel *Deſcartes* devoit cette invention. En effet, il le mena chez lui, & lui montra l'endroit d'*Harriot* où l'on voit la même choſe; ſur quoi *Roberval* tranſporté de joie, s'écria, *il l'a vu, il l'a vu!* & il le publia de toutes parts. Ce trait ne nous offre, à la vérité, encore qu'une preuve de la jalouſie de *Roberval:* mais il ne s'en tint pas là. Il prétendit relever pluſieurs fautes dans la Géométrie de *Deſcartes*, & c'eſt en quoi il eſt tout-à-fait inexcuſable; car ſes objections ſont toutes mauvaiſes, & ne prouvent que ſa paſſion & ſon opiniâtreté. Il objecta d'abord à *Deſcartes* qu'il s'étoit trompé dans ſa conſtruction des équations du ſixieme degré, & qu'il avoit omis une partie de ſa conchoïde parabolique, ſans laquelle un cercle ne pouvoit la couper en ſix points. Il avoit tort viſiblement: car *Deſcartes* réduiſant ſon équation à une autre ayant toutes ſes racines poſitives, cette partie de ſa conchoïde que *Roberval* prétendoit omiſe, étoit entiérement inutile, puiſque étant au deſſous de l'axe, elle auroit donné des racines négatives. Il ſe trompoit encore en prétendant que la partie ſupérieure de cette courbe ne pouvoit pas être coupée en ſix points différens par un cercle. *Deſcartes* lui indiqua un moyen facile de s'aſſurer que cela eſt poſſible; & effectivement cela arrive, comme l'ont démontré M. *Hudde* (*a*) & le Pere *Rabuel* (*b*). Cependant malgré le temps qu'il avoit eu pour le vérifier, on le voit dix ans après renouveller à *Deſcartes* cette

(*a*) Schoot. *Comm. ad fin.*

(*b*) Comm. ſur la Géométrie de Deſcartes.

objection (*a*). Il en fit en même temps une nouvelle fur la nature des équations. Il ne fe borna plus à prétendre, comme il avoit fait d'abord (*b*), que *Defcartes* s'étoit trompé dans fa regle pour la diftinction des racines pofitives & négatives, en ce qu'elle n'a pas lieu quand il y a des racines imaginaires. Il prétendit qu'elle étoit fauffe même lorfqu'il n'y en a aucune. L'équation qu'il propofoit en exemple, étoit celle-ci, $x^3 - 4x^2 + 4x - 4 = 0$, où, difoit-il, il n'y a aucune racine imaginaire, & qui n'a cependant pas trois racines pofitives : on s'attendroit à lui voir affigner ces trois racines qui démentoient la regle de *Defcartes*; mais c'eft ce qu'il ne fait point : & en effet, cette équation n'a qu'une racine réelle qu'on trouve être à fort peu de chofe près 3. 13, & les deux autres qui font imaginaires, font $0.43 \pm \sqrt{(-1.0930)}$.

M. de Beaune. La France auroit prefque la honte d'avoir été la derniere à accueillir la Géométrie de *Defcartes* fans M. de *Beaune* (*c*). Ce fçavant Analifte en pénétra le premier tous les myfteres, & il n'y avoit pas encore long-temps qu'elle avoit paru, lorfqu'il entreprit d'en éclaircir les endroits difficiles par des notes. Il les communiqua à *Defcartes*, qui les approuva fort obligeamment, & qui lui répondit qu'il n'en avoit pas trouvé un mot qui ne fût felon fon fens. On les trouve dans le Commentaire de *Schooten*, fous le titre de *Florimundi de Beaune, in Cart. Geom. notæ Breves.* Le zele avec lequel M. de *Beaune* fe porta en faveur de la nouvelle Géométrie, lui valut particuliérement l'amitié de notre Philofophe, qui témoigne en plufieurs endroits de fes Lettres faire plus de fonds fur fes lumieres & fon approbation, que fur celles de tous les autres Géometres qu'il y avoit alors en France.

Ces Lettres (*d*) nous apprennent que M. de *Beaune* a élevé le premier la fameufe queftion de déterminer la nature des courbes par les propriétés données de leurs tangentes. C'eft ce qu'on appelle la méthode inverfe des tangentes, parce que

(*a*) Lettres de Defcartes. *T. III, p.* 454.

(*b*) Cette objection eft imputée à M. de Fermat dans un excellent Mémoire de M. l'Abbé de Gua, (*Mem. de l'Acad.* 1743). Ce qui a pu induire cet Académicien en erreur, c'eft que Roberval n'eft point nommé dans la lettre dont il s'autorife, mais c'eft certainement de lui qu'il eft queftion.

(*c*) M. de Beaune étoit Confeiller au Préfidial de Blois. Il étoit né en 1601, & il mourut en 1651.

(*d*) Voyez la 71 du T. III.

c'eft

c'est l'inverse de celle qui détermine les tangentes par les propriétés de la courbe. Il fit même à ce sujet quelques découvertes dont M. *Descartes* le loue beaucoup. « Pour vos lignes » courbes, dit-il, (*a*) la propriété dont vous m'envoyez la dé- » monstration m'a paru si belle, que je la préfére à la qua- » drature de la parabole trouvée par *Archimede*; car il exami- » noit une ligne donnée, au lieu que vous déterminez l'es- » pace contenu dans une qui ne l'est pas encore. »

Ce fut dans ces circonstances que M. de *Beaune* proposa à *Descartes* un problême qui est devenu célebre, & qui a retenu son nom. Il s'agissoit de trouver la construction d'une courbe telle que l'ordonnée EG fût à la soutangente EB, comme une ligne donnée N, à GF qui est une ligne interceptée entre la courbe & la ligne AF inclinée de 45°. Ce problême est assez difficile, même en y employant le calcul intégral : mais les génies supérieurs sçavent ordinairement se frayer des voies au travers des difficultés qui arrêtent les esprits ordinaires; & M. *Descartes* ne fût pas aussi court à ce sujet qu'on le croit ordinairement, & que l'a écrit un célebre Géometre (*b*). Il trouva (*c*) 1°. que cette courbe avoit une asymptote parallele à la ligne AF, & passant par le point C éloigné de A d'une quantité égale à N. 2°. Que menant GI parallele à CE, & GK tangente au point G, la soutangente IK étoit constante; propriété qui suffit pour conclure que la courbe cherchée n'est qu'une logarithmique dont les ordonnées sont inclinées sur l'axe d'un angle de 45°. 3°. Il la construisit par la combinaison de deux mouvemens, ou par l'intersection continuelle de deux regles dont les vîtesses étoient, l'une uniforme, l'autre variée, suivant une certaine loi qui lui permettoit d'en trouver tant de points qu'il vouloit. Il la déclara enfin du nombre des courbes méchaniques. Il seroit curieux que l'analyse par laquelle *Descartes* s'éleva à ces connoissances, nous fût parvenue. Mais nous n'en avons trouvé aucune trace dans ses Lettres. *Fig.* 52.

M. de *Beaune* ne se contenta pas d'éclaircir la Géométrie de *Descartes* par ses notes : il donna naissance dans l'analyse

(*a*) Ibid.
(*b*) C'est M. J. Bernoulli dans ses *Lect. calculi integ.* Lect. 11.
(*c*) Lett. de Descart. *Ibid.*

à une théorie nouvelle, sçavoir celle des limites des équations; théorie très-utile pour leur résolution. Pour sentir le mérite de cette invention, il faut se rappeller ce qu'on a fait voir plus haut, que lorsque l'équation est affranchie des fractions & des irrationalités, si elle a quelque racine rationnelle, c'est nécessairement un diviseur du dernier terme: mais il arrive souvent que ce dernier terme a une foule de diviseurs. Comment reconnoître à peu près celui qu'il faut choisir pour s'éviter mille essais inutiles & laborieux? M. de *Beaune* imagina pour cela de déterminer les deux nombres entre lesquels se rencontrent la plus grande & la moindre des racines cherchées, ce qu'il nomme les limites de l'équation. Cette invention diminue beaucoup le travail, & réduit souvent à un très-petit nombre, les diviseurs à essayer; quelquefois même on verra tout de suite par-là que l'équation n'a aucune racine rationnelle, comme s'il arrivoit que les limites tombassent entre les diviseurs du dernier terme les plus voisins. M. de *Beaune* suit avec beaucoup de soin toutes les formes d'équations depuis le second degré jusqu'au quatrieme inclusivement, & assigne dans tous ces cas les limites des racines. Nous devons le Traité qui contient ses inventions à M. *Erasme Bartholin*. Après la mort de M. de *Beaune*, qu'il étoit allé trouver à Blois, il obtint de ses héritiers les lambeaux épars de ses manuscrits. Il les rassembla, les suppléa & les fit imprimer en 1659, à la suite de la nouvelle édition du Commentaire de *Schooten* sur la Géométrie de *Descartes*. Il promettoit un autre Traité du même M. de *Beaune*, intitulé *De angulo solido*; mais cette promesse n'a point été effectuée.

Après M. de *Beaune*, ce sont principalement des Etrangers, & presque tous Hollandois, à qui la nouvelle analyse de *Descartes* doit son établissement, & les premiers progrès qu'elle fit au-delà du terme où l'avoit amené son inventeur. Nous remarquons encore que ce furent la plûpart de jeunes Géometres. En effet, *Schooten*, *Huyghens*, *Hudde*, *de Witt*, *Van-Heuraet*, *Sluse*, &c. dont les travaux ou les découvertes dans ce genre vont nous occuper, ne faisoient que commencer à courir la carriere de la Géométrie dans les premieres années qui suivirent la publication de l'ouvrage de *Descartes*. Cela ne doit point nous surprendre. Lorsqu'on n'a point encore contracté de préjugés d'habitude, l'esprit est bien plus sensible à l'impression de la vérité, & plus propre à faire un bon choix. Aussi a-t'on vu le plus souvent ces découvertes qui ont changé de mieux en mieux la face des Sciences, ne devoir leur établissement qu'à de jeunes gens. La Physique nous en offre des exemples connus ; & sans sortir de notre genre, nous en trouvons plusieurs. La méthode de *Cavalleri*, rejettée par les vieux Géometres de son temps, fut embrassée par tous les jeunes, au grand avantage de la Géométrie, qui en reçut un accroissement considérable. De jeunes Géometres firent valoir celle de *Newton* & de *Leibnitz*, & établirent sa supériorité sur celle de *Descartes* qui avoit rencontré les mêmes difficultés pour supplanter celle de *Viete*, & celle-ci probablement avoit éprouvé un sort semblable.

Schooten (François) Professeur de Leyde, un des premiers qui ait accueilli la Géométrie de *Descartes*, s'est rendu recommandable par le Commentaire qu'il a donné sur elle. *Descartes* avoit écrit en homme de génie qui ne s'attache pas à de petits éclaircissemens : il avoit même affecté en divers endroits une sorte d'obscurité, par des raisons qu'il dévoile dans une de ses Lettres, de sorte que son ouvrage n'étoit rien moins qu'à la portée de tout le monde. Il l'avoit senti lui-même, & par cette raison il approuvoit fort le dessein de M. de *Beaune*, qui avoit travaillé à l'éclaircir par des notes. Mais *Schooten* entreprit quelque chose de plus étendu. Il traduisit d'abord cet ouvrage en Latin, afin d'en rendre la connoissance plus générale, & il le publia ainsi avec son Commentaire en 1649 : il en donna en 1659 une nouvelle édition considérablement augmentée, & suivie de quantité de pieces intéressantes, comme les notes de M. de *Beaune*, deux Lettres de M. *Hudde* sur la réduction des équations, & les *Maxima* & *Minima* ; une de *Van-Heuraet* sur la rectification des Courbes ; les deux Traités posthumes de M. de *Beaune* sur la nature & les limites des équations ; les Elémens des Courbes de M. *de Witt* : on y trouve enfin un Traité posthume de lui-même ; (car il mourut dans le cours de l'impression du second volume). Il est intitulé *de concinnandis dem. Geom. ex calculo Algebrico*.

Schooten.

Le Commentaire de *Schooten* a eu, & avec raison, l'approbation générale. Il contient tout ce qui est nécessaire pour l'intelligence de la Géométrie de *Descartes*, sans avoir cette prolixité fatiguante que la plûpart des Commentateurs sçavent rarement éviter. On pourroit seulement y desirer quelques éclaircissemens sur la fin du second Livre, où *Descartes* parle de ses ovales; ce qui est un des endroits les plus difficiles de sa Géométrie. Nous avons encore un Commentaire sur *Descartes* par le Pere *Rabuel* Jésuite. Cet ouvrage est sans doute excellent: mais outre qu'il est venu un peu tard, il nous semble qu'il est trop surchargé d'exemples & d'explications. Nous croyons avec *Newton*, que ceux qui ont besoin de tant d'éclaircissemens ne sont pas nés pour la Géométrie. Les notes que M. *Jacques Bernoulli* a jointes à l'édition de la Géométrie de *Descartes* faite à Bâle en 169.., rendent cette édition précieuse. Il n'en faut pour garand que le nom de cet illustre Géometre.

Outre le Commentaire de *Schooten* sur la Géométrie de *Descartes*, nous avons encore de lui un ouvrage estimable, sous le titre d'*Exercitationes Mathematicæ*. Quelques-unes d'entr'elles concernent des objets dignes d'attention : telle est celle où il restitue *les lieux plans d'Appollonius*. On doit aussi faire cas de son Traité *de organica sectionum conicarum descriptione*, déja publié en 1646, où il enseigne diverses manieres de décrire les sections coniques par un mouvement continu. On trouve enfin dans le cinquieme Livre de ces Exercitations, divers exemples d'analyse adroitement appliquée à des problêmes difficiles & curieux, soit de Géométrie, soit d'Arithmétique.

Parmi ceux qui ont adopté les premiers, & qui ont cultivé l'analyse de *Descartes*, nous remarquerons avec distinction M. *de Witt* (*a*). Ce politique célebre, dont la triste catastrophe est si connue, avant que de devenir homme d'état, s'étoit adonné à la Géométrie avec le plus grand succès. *Schooten* nous a conservé un monument de ses travaux. C'est ce Traité intitulé *Elementa curvarum*, dont on a parlé plus haut. Il comprend deux Livres, dans le premier desquels M. *de Witt*

M. de Witt.

(*a*) M. de Witt (Jean) naquit en 1625. Il fut à la tête du gouvernement dans les temps les plus difficiles de la République. Zélé pour la liberté de sa patrie, il s'opposa toujours fortement à l'élection d'un Stathouder, & ce fut la cause de sa perte. Il fut massacré & mis en morceaux avec son frere Corneille de Witt, dans une émeute populaire excitée en 1672 par la faction du Stathouderat.

traite la théorie des Sections Coniques d'une maniere qui lui est propre & qui est fort ingénieuse. Il conçoit ces courbes décrites par l'intersection continuelle d'un des côtés d'un angle mobile avec une ligne droite qui se meut parallélement à elle-même, d'où il déduit toutes leurs propriétés avec beaucoup de sagacité. Le second Livre a pour objet la construction des lieux géométriques qu'il développe davantage que *Descartes*, & pour lesquels il donne des formules particulieres. On a néanmoins davantage simplifié cette théorie depuis ce temps. M. *de Witt*, à la tête des affaires de sa patrie, n'eut plus le temps de se livrer à des recherches géométriques purement curieuses. Mais doué de l'esprit Mathématique, il le tourna du côté des objets utiles, & nous le trouvons à la tête de ceux qui ont examiné la probabilité de la vie humaine, & le prix des rentes viageres. Ses réfléxions sur ce problême d'économie politique, donnerent lieu à un nouvel arrangement dans la République à cet égard, & il publia sur ce sujet un petit écrit Hollandois, dont l'objet étoit d'en montrer l'équité à ses compatriotes. M. *Leibnitz*, de qui nous tenons ceci (*a*), eût fort desiré de voir cet écrit, mais je crois qu'il ne se retrouve plus même en Hollande.

M. Hudde.

Le célebre M. *Hudde* (*b*) est encore un de ces hommes que l'étude des Mathématiques ne détourna pas des affaires, & qui après avoir servi ces Sciences par des découvertes, servit aussi sa patrie dans des places distinguées. Nous le voyons cité en plusieurs endroits du Commentaire de *Schooten*, qui rapporte de lui diverses inventions, essais de sa jeunesse. Il s'adonna ensuite particuliérement à l'analyse des équations, & il fit sur ce sujet quantités de remarques utiles. Il se proposoit de donner un ouvrage, où il eût traité cette matiere à fond & avec étendue : mais ses occupations ne le lui permettant plus, il s'est contenté d'en laisser voir le jour à deux fragmens que *Schooten* publia en 1659, sous le titre de *J. Huddenii*, *de reductione æquationum, & de maximis & minimis*, *epist. II*. Le premier de ces écrits nous offre diverses regles utiles pour discerner si une équation, soit littérale, soit numérique, est réductible ou non ; si elle est le produit de deux autres d'un degré inférieur,

(*a*) *Comm. Philos.* T. II, p. 219.

(*b*) M. Hudde a été long-temps un des Consuls & Bourguemestre d'Amsterdam. Il mourut en 1704, à un âge fort avancé.

& pour trouver dans ce dernier cas ses facteurs. Cet écrit & le suivant, sont encore recommandables par l'invention particuliere de M. *Hudde* pour déterminer les tangentes des courbes, & les *maxima & minima*. Comme nous avons dessein de rapporter dans un article les progrès de cette méthode, nous différerons jusque-là d'en rendre compte.

Nous n'avons qu'une bien petite partie des inventions analytiques de M. *Hudde*. Livré une fois aux affaires, il ne lui fut plus possible de mettre dans ses papiers l'ordre & la liaison nécessaires pour les donner au public. Mais M. *Leibnitz* qui, passant par Amsterdam, le visita & conversa avec lui, nous assure que ces papiers renfermoient quantité de choses excellentes (*a*). Il ajoute que la méthode des tangentes de M. de *Sluse*, lui étoit connue depuis long-temps, & même qu'il en avoit une meilleure & plus étendue. *Amplior*, dit-il, *ejus methodus est quàm quæ à Slusio fuit publicata*. Il avoit aussi trouvé, suivant M. *Leibnitz*, dès l'année 1662, la quadrature de l'hyperbole que *Mercator* publia en 1667. Nous lisons encore dans une lettre de M. *Leibnitz* (*b*), que M. *Hudde* étoit en possession de ce beau problême de Géométrie, sçavoir de faire passer une courbe par tant de points qu'on voudra; sur quoi M. *Hudde* lui avoit dit, apparemment en badinant, qu'il pourroit déterminer l'équation d'une courbe qui représenteroit les traits du visage d'un homme connu. Il avoit encore écrit sur les rentes viageres, & la probabilité de la vie humaine (*c*). M. *Leibnitz* desiroit fort que ses manuscrits tombassent entre les mains de personnes intelligentes & zélées pour le bien des Sciences, qui fissent part au public de quelques-uns des morceaux intéressans qu'ils contenoient; mais ses souhaits n'ont pas été exaucés, & l'on n'a rien vu du tout de ces précieux écrits.

Van-Heuraet. M. *Van-Heuraet* mérite aussi une place parmi ceux qui ont cultivé avec le plus de succès l'analyse de *Descartes*. *Schooten* rapporte de lui une solution du problême de déterminer le point d'infléxion dans la conchoïde, en se servant de la conchoïde même avec un cercle pour construire l'équation cubi-

(*a*) *Comm. Epist. de Analysi promotâ*, p. 87, ed. *in*-4°.
(*b*) Ibid. p. 92.
(*c*) *Comm. Phil.* T. II, p. 219.

que à laquelle il conduit. Mais il s'est fait surtout un nom par sa méthode pour réduire la rectification d'une ligne courbe, à la quadrature d'une autre figure curviligne : voici l'esprit & le précis de cette méthode qui est très-ingénieuse. Que P D soit l'ordonnée tirée d'un point D, & A D, D L, la perpendiculaire à la courbe & la tangente au même point D ; enfin B une ligne constante : si l'on fait comme PD à AD ainsi B, à une quatrieme proportionnelle PE qu'on éleve sur le même axe, & sur le même point P, le point E & tous les autres semblablement déterminés seront dans une courbe dont l'aire divisée par la ligne B sera la grandeur de l'arc correspondant de la premiere : par exemple, l'arc H D sera égal à l'aire F E P I divisée par B ; d'où il suit que si la courbe F E G devient une de celles qui sont absolument quarrables, on pourra assigner une ligne droite égale à l'arc H D. Or c'est-là ce qui arrive si l'on suppose que la courbe H D soit celle des paraboles cubiques, dont l'équation est $ax^2 = y^3$. Alors la courbe F E G devient un segment de parabole ordinaire ; ainsi la parabole cubique dont on vient de parler est absolument rectifiable. Il en est de même des autres paraboles dont les équations sont $ax^4 = y^5$, $ax^6 = y^7$, &c. Que si l'on supposoit la courbe H D une parabole ordinaire, l'autre F E G deviendroit une hyperbole rapportée à son axe conjugué : c'est pourquoi la rectification de la parabole dépend de la quadrature d'un espace hyperbolique. *Fig. 53.*

Cette découverte, je veux dire, celle de la premiere rectification absolue d'une courbe géométrique, a été revendiquée à l'Angleterre par MM. *Wallis* & *Brounker*, qui en font honneur à M. Guillaume *Neil* : effectivement en admettant les faits qu'ils racontent, on ne peut disconvenir que *Van-Heuraet* n'ait été prévenu par *Neil* : mais outre que la méthode du Géometre Hollandois est fort différente de celle de l'Anglois, il est fort probable que la découverte en question n'avoit point encore passé la mer ; car on voit par les Lettres de

(*a*) La démonstration de ce théorême est facile ; car en concevant une ordonnée pde infiniment proche de la premiere, & la ligne dl parallele à l'axe, on a les deux triangles dlD, D P A semblables, & conséquemment $dl : d$D :: D P : D A. Or D P : D A :: B : P E ; donc dl ou Pp × P.E = dD × B ; ainsi le rectangle infiniment petit Pe est égal à dD × B, & la même chose arrivant partout ailleurs, on a l'aire de la courbe F P, égale au rectangle de l'arc H D par la ligne constante B.

Pascal, qu'au commencement de 1659, on croyoit encore dans le continent, à ce prétendu axiôme auquel la rectification de la cycloïde avoit donné naissance ; sçavoir que la nature ne permettoit pas qu'on rectifiât une courbe, à moins qu'on n'eût déja supposé, comme dans la cycloïde, une courbe égale à une droite. Il est aussi certain qu'*Huyghens*, qui étoit en correspondance avec l'Angleterre, ignoroit à la fin de l'année 1658, la découverte de *Neil*; ce qui rend fort vraisemblable que *Van-Heuraet* n'en étoit pas non plus informé.

Nous trouvons encore un troisieme prétendant à l'honneur de cette découverte, sçavoir M. de *Fermat*. Ses démonstrations sur ce sujet ne virent à la vérité le jour qu'au commencement de 1660 (*a*): mais nous avons des raisons de croire qu'il en étoit en possession depuis quelque temps, & qu'il étoit parvenu de lui-même à cette belle vérité ; car *Pascal* nous apprend que *Fermat* lui avoit envoyé dès la fin de 1658, une méthode très-générale pour la dimension des surfaces produites par circonvolution, & quoiqu'il ne nous l'ait pas communiquée, nous la devinons sans peine (*b*). Or cette méthode a telle analogie avec celle qui sert à la rectification des courbes, qu'il est très-probable qu'il ne tarda pas à passer de l'une à l'autre. Ainsi sans déroger au droit de priorité de *Neil* & *Van-Heuraet*, comme ayant publié les premiers cette découverte, nous croyons pouvoir en faire aussi honneur à M. de *Fermat*.

(*a*) *Geom. promota in 7. de cycl. lib. ad finem.*

(*b*) Cette méthode est sans doute celle-ci. Qu'on ait une courbe quelconque, comme I D B, & que l'ordonnée P D soit prolongée de telle sorte que P E soit égale à la perpendiculaire D A au point D de la courbe; ce point E & tous les autres semblablement déterminés, formeront une courbe dont l'aire sera égale à la surface de l'onglet cylindrique retranché par un plan passant par l'axe I A, & incliné de 45°, surface qui est visiblement à celle du solide de circonvolution autour du même axe, comme le rayon à la circonférence. Or on trouve que si I D est une parabole, F E en est aussi une dont le sommet est quelque peu retiré en arriere. Si I D est une ellipse dont I A soit le grand axe, F E en est encore une : mais celle-ci sera une hyperbole rapportée à son axe conjugué, si la courbe de rotation est une ellipse sur son petit axe, d'où il suit que la surface du sphéroïde alongé ne dépend que de la quadrature d'un segment elliptique ; mais celle du sphéroïde applati dépend de la quadrature de l'hyperbole. On trouve de même que si la courbe de rotation est une hyperbole rapportée, soit à son axe transverse, soit à son axe conjugué, celle qui en résulte F E est une hyperbole. La démonstration de toutes ces choses sera facile à ceux qui possedent un peu l'analyse : c'est pourquoi je la supprime.

Fig. 54.

M.

M. *Huyghens* ne s'est pas moins distingué dès sa jeunesse par son intelligence dans l'analyse algébrique, que par son habileté dans la méthode ancienne. Ses premiers essais dans la Géométrie nous en fournissent les preuves. Nous le voyons cité plusieurs fois par *Schooten*, qui rapporte de lui diverses inventions, ouvrages du temps où il étoit son disciple. Parvenu à un âge plus mûr, il inventa la théorie des développées, théorie devenue depuis ce temps très-célebre parmi les Géometres. Elle forme la troisieme partie de son fameux ouvrage intitulé, *Horologium Oscillatorium*. Quoiqu'elle y soit exposée en grande partie suivant le style de l'ancienne Géométrie, on ne peut douter que l'analyse de *Descartes* ne soit le principal instrument dont il s'est servi. C'est pourquoi nous allons présenter ici le tableau de cette théorie. *M. Huyghens.*

Qu'on imagine une courbe comme AB, enveloppée d'un fil infiniment fléxible & délié, sans être capable d'extension, & qu'à commencer du point A, ce fil se déploie en se roidissant de dessus cette courbe, son extrêmité en décrira une autre. On nomme celle-ci la courbe décrite par évolution ou par développement, & la premiere est nommée sa *développée*. Voici leurs principales propriétés. *Des développées.* *Fig. 55.*

1°. Il est d'abord facile de voir que le fil qui se développe doit être continuellement perpendiculaire à la courbe que décrit son extrêmité. En effet, la développée peut être considérée comme un polygone d'une infinité de côtés, & par conséquent à chaque petit développement de dessus un de ces côtés, l'extrêmité du fil décrira un arc de secteur circulaire infiniment petit. Or le rayon d'un secteur circulaire est perpendiculaire à l'arc; c'est pourquoi le fil dans son développement sera toujours perpendiculaire au petit arc de courbe qu'il décrit en même temps. La longueur de ce fil est nommée le rayon de la développée.

2°. Il est encore évident que le fil est continuellement tangente à la développée: celle-ci n'est donc que la courbe que touchent toutes les perpendiculaires à celle qui est décrite par évolution; ou bien autrement, c'est celle qui borne l'espace d'où l'on ne peut tirer aucune perpendiculaire à la partie AEF de la courbe, d'avec celui d'où on peut tirer deux, comme l'avoit autrefois remarqué *Appollonius*, qui avoit touché de fort près à cette découverte. On peut enfin concevoir la développée comme le lieu des concours de toutes les perpendiculaires infiniment proches à la courbe AEF; car si ces perpendiculaires sont à des distances finies, elles formeront par leur concours un polygone circonscrit à la développée: mais quand on les supposera infiniment proches & en nombre infini, ce polygone deviendra la développée même.

3°. Si d'un point quelconque de la développée comme B, & du rayon BE, on décrit un cercle, il touchera & coupera à la fois la courbe au point E. Cette propriété singuliere est facile à démontrer. Car puisque le petit côté E*e* de la courbe décrite, est l'arc d'un des secteurs infiniment petits qui ont leurs sommets dans la développée, le cercle dont cet arc est partie, & la courbe AEF auront une tangente commune au point E. Le cercle touchera donc la courbe à ce point; mais on démontre aussi qu'il en sort d'un côté, & qu'il y entre de l'autre (*a*), d'où il suit qu'il la touche & la coupe à la fois. Ce sera là une espece de paradoxe pour ceux qui ne connoissent que la Géométrie ordinaire; mais il n'y a qu'à considérer les courbes comme des polygones d'une infinité de côtés pour faire disparoître tout le singulier que présente un contact & une intersection à la fois. Il est aisé de voir dans la figure 56, que si CD, DE, EF, sont trois côtés infiniment petits d'une courbe dont AB est tangente, il peut y en avoir une autre comme *c*DE*f*, qui ait avec elle le petit côté DE commun & par conséquent la même tangente, & qui passe d'un côté entre la courbe & la tangente, & de l'autre les laisse toutes deux de même part. Rien n'empêche même qu'une courbe comme *c*DEφ, ne touche & ne coupe à la fois une ligne droite: c'est ce qui arrive dans les points d'infléxion, comme nous l'avons déja remarqué.

Fig. 56.

4°. Puisque chaque portion infiniment petite E*e* d'une courbe, est un arc de secteur dont le centre est sur la développée, il s'ensuit que la courbure d'une courbe à chacun de ses points, est la même que celle du cercle décrit du rayon de la dévelop-

(*a*) Nous ferons d'abord voir facilement que le cercle sort de la courbe du côté du point A. Car il est évident qu'en tirant une autre tangente TH (*fig.* 55.) le côté BT est moindre que l'arc BH & la droite TH. Or ces deux lignes prises ensemble sont égales à BE; par conséquent BT < BE, le cercle passe donc au-delà du point T. On démontre par un procédé semblable qu'il tombe au dedans, du côté opposé.

pée à ce point ; & comme un cercle est d'autant moins courbe que son rayon est plus grand, il s'ensuit que la courbure d'une courbe à chaque point, est en raison inverse du rayon de la développée. Cette propriété est d'un très-grand usage dans la Méchanique. Car l'analyse des mouvemens curvilignes, dépend en grande partie de la connoissance de la courbure à chaque point de la courbe décrite.

5°. Une courbe algébrique quelconque étant donnée, on peut trouver l'équation de celle qui la décriroit par son développement. On peut pour cela employer une analyse semblable à celle de *Descartes* pour les tangentes. Si l'on conçoit un cercle décrit d'un rayon déterminé & coupant la courbe en plusieurs points, & qu'on cherche par l'analyse ordinaire les abscisses qui répondent aux points d'intersection, on trouvera une équation dans laquelle il y aura trois valeurs égales lorsque ce cercle deviendra le cercle osculateur, ou son rayon celui de la développée : il n'y aura donc qu'à la comparer à une autre équation feinte ayant trois valeurs égales, & cette comparaison déterminera le rapport du rayon de la développée avec l'abscisse de la courbe. Mais il nous suffira ici d'avoir indiqué cette méthode, parce qu'elle est trop laborieuse. Sans recourir encore au calcul différentiel, il y en a une autre plus simple & fondée sur les mêmes principes que celle de M. de *Fermat* pour les tangentes.

En effet, une courbe étant donnée, on connoît la position de chacune de ses perpendiculaires comme EQ, FH, qui répondent à des ordonnées éloignées d'une distance finie. On peut par conséquent trouver par une analyse fort simple la distance du point *b*, où se coupent ces deux perpendiculaires ; ce qui donnera la grandeur de l'une des lignes E*b*, ou F*b*. Mais supposons que la distance des ordonnées PE, QF diminue & enfin s'évanouisse, le point *b* se rapprochera de la développée, & enfin tombera sur elle. Il faudra donc, comme dans la regle de M. de *Fermat* pour les tangentes, supposer la distance PQ s'évanouir, ou faire son expression égale à zero, la valeur qu'aura dans ce cas la ligne E*b* sera le rayon de la développée au point E. Mais lorsqu'on connoîtra la grandeur de EB, rien ne sera plus facile que de déterminer celles des lignes Fig. 57

à cette découverte. On peut enfin concevoir la développée comme le lieu des concours de toutes les perpendiculaires infiniment proches à la courbe AEF; car si ces perpendiculaires sont à des distances finies, elles formeront par leur concours un polygone circonscrit à la développée: mais quand on les supposera infiniment proches & en nombre infini, ce polygone deviendra la développée même.

3°. Si d'un point quelconque de la développée comme B, & du rayon BE, on décrit un cercle, il touchera & coupera à la fois la courbe au point E. Cette propriété singuliere est facile à démontrer. Car puisque le petit côté E*e* de la courbe décrite, est l'arc d'un des secteurs infiniment petits qui ont leurs sommets dans la développée, le cercle dont cet arc est partie, & la courbe AEF auront une tangente commune au point E. Le cercle touchera donc la courbe à ce point; mais on démontre aussi qu'il en sort d'un côté, & qu'il y entre de l'autre (*a*), d'où il suit qu'il la touche & la coupe à la fois. Ce sera là une espece de paradoxe pour ceux qui ne connoissent que la Géométrie ordinaire; mais il n'y a qu'à considérer les courbes comme des polygones d'une infinité de côtés pour faire disparoître tout le singulier que présente un contact & une intersection à la fois. Il est aisé de voir dans la figure 56, que si CD, DE, EF, sont trois côtés infiniment petits d'une courbe dont AB est tangente, il peut y en avoir une autre comme *c*DE*f*, qui ait avec elle le petit côté DE commun & par conséquent la même tangente, & qui passe d'un côté entre la courbe & la tangente, & de l'autre les laisse toutes deux de même part. Rien n'empêche même qu'une courbe comme *c*DE*φ*, ne touche & ne coupe à la fois une ligne droite: c'est ce qui arrive dans les points d'infléxion, comme nous l'avons déja remarqué.

Fig. 56.

4°. Puisque chaque portion infiniment petite E*e* d'une courbe, est un arc de secteur dont le centre est sur la développée, il s'ensuit que la courbure d'une courbe à chacun de ses points, est la même que celle du cercle décrit du rayon de la dévelop-

(*a*) Nous ferons d'abord voir facilement que le cercle sort de la courbe du côté du point A. Car il est évident qu'en tirant une autre tangente TH (*fig.* 55.) le côté BT est moindre que l'arc BH & la droite TH. Or ces deux lignes prises ensemble sont égales à BE; par conséquent BT < BE, le cercle passe donc au-delà du point T. On démontre par un procédé semblable qu'il tombe au dedans, du côté opposé.

pée à ce point ; & comme un cercle eſt d'autant moins courbe que ſon rayon eſt plus grand, il s'enſuit que la courbure d'une courbe à chaque point, eſt en raiſon inverſe du rayon de la développée. Cette propriété eſt d'un très-grand uſage dans la Méchanique. Car l'analyſe des mouvemens curvilignes, dépend en grande partie de la connoiſſance de la courbure à chaque point de la courbe décrite.

5°. Une courbe algébrique quelconque étant donnée, on peut trouver l'équation de celle qui la décriroit par ſon développement. On peut pour cela employer une analyſe ſemblable à celle de *Deſcartes* pour les tangentes. Si l'on conçoit un cercle décrit d'un rayon déterminé & coupant la courbe en pluſieurs points, & qu'on cherche par l'analyſe ordinaire les abſciſſes qui répondent aux points d'interſection, on trouvera une équation dans laquelle il y aura trois valeurs égales lorſque ce cercle deviendra le cercle oſculateur, ou ſon rayon celui de la développée : il n'y aura donc qu'à la comparer à une autre équation feinte ayant trois valeurs égales, & cette comparaiſon déterminera le rapport du rayon de la développée avec l'abſciſſe de la courbe. Mais il nous ſuffira ici d'avoir indiqué cette méthode, parce qu'elle eſt trop laborieuſe. Sans recourir encore au calcul différentiel, il y en a une autre plus ſimple & fondée ſur les mêmes principes que celle de M. de *Fermat* pour les tangentes.

En effet, une courbe étant donnée, on connoît la poſition de chacune de ſes perpendiculaires comme EQ, FH, qui répondent à des ordonnées éloignées d'une diſtance finie. On peut par conſéquent trouver par une analyſe fort ſimple la diſtance du point *b*, où ſe coupent ces deux perpendiculaires ; ce qui donnera la grandeur de l'une des lignes E*b*, ou F*b*. Mais ſuppoſons que la diſtance des ordonnées PE, QF diminue & enfin s'évanouiſſe, le point *b* ſe rapprochera de la développée, & enfin tombera ſur elle. Il faudra donc, comme dans la regle de M. de *Fermat* pour les tangentes, ſuppoſer la diſtance PQ s'évanouir, ou faire ſon expreſſion égale à zero, la valeur qu'aura dans ce cas la ligne E*b* ſera le rayon de la développée au point E. Mais lorſqu'on connoîtra la grandeur de EB, rien ne ſera plus facile que de déterminer celles des lignes Fig. 57

BR, AR, qui ſont les coordonnées de la courbe ABD, on aura donc enfin l'équation de la développée.

Juſqu'ici nous n'avons vu qu'un fort petit nombre de courbes rectifiables, comme la parabole cubique, & quelques autres du même genre remarquées par *Van-Heuraet.* La théorie des développées mit M. *Huyghens* en poſſeſſion de quelque choſe d'infiniment plus général. Une courbe algébrique quelconque étant donnée, on peut déterminer l'équation de celle qui la décriroit par ſon développement : or toutes celles-ci ſont rectifiables abſolument, puiſque le rayon de la développée eſt égal à la portion de la courbe SAB qu'il touche, (plus ou moins quelque ligne connue, ſi le rayon de la développée au ſommet S n'eſt pas nul ; ce qui eſt le cas des ſections coniques, & de diverſes autres courbes) : ainſi voilà une infinité de courbes ſuſceptibles de rectification abſolue. M. *Deſcartes* déſeſpéroit qu'il fût poſſible de rectifier aucune courbe : quel auroit été ſon étonnement, s'il eût été témoin de cette découverte ?

C'eſt le propre de la vérité d'être acceſſible par diverſes voies différentes : ce que *Neil* & *Van-Heuraet* avoient démontré chacun à leur maniere, ſur la parabole cubique exprimée par $ax^2 = y^3$, fut la premiere choſe qui ſe préſenta à M. *Huyghens.* Cette parabole eſt la développée de la parabole ordinaire dont elle touche l'axe à une diſtance du ſommet égale à la moitié du parametre, comme l'on voit dans la figure 57.

Cette théorie conduiſit auſſi M. *Huyghens* à une belle découverte ſur la cycloïde : c'eſt que la développée de cette courbe eſt elle-même une cycloïde égale à la premiere, & ſeulement poſée en ſens contraire ; & qu'à chaque point comme E, le rayon de la développée EG eſt égal au double de la corde EF. La découverte de M. *Wren* ſur la longueur de la cycloïde & de ſes parties, n'eſt plus qu'un corollaire de cette vérité. Car puiſque la développée de la demi-cycloïde AB eſt une autre demi-cycloïde égale AC, & que la longueur de celle-ci eſt CB, qui eſt double de BD, il ſuit que la longueur de AB eſt double de BD, ou du diametre du cercle générateur. On voit avec le même facilité que chaque portion AG, ſera double de la corde EF, ou de ſon égale AK. Il ne faut

[Fig. 58.]

que l'inſpection de la figure pour s'en convaincre.

Nous aurions encore à faire mention ici de ce que M. *Huyghens* ajouta à la méthode des tangentes de *Fermat*. Mais les mêmes motifs qui nous ont fait renvoyer à un article particulier les inventions de M. *Hudde* ſur ce ſujet, nous portent à différer auſſi juſque-là l'expoſition de celles d'*Huyghens*. Nous en agirons de même à l'égard de celles de M. de *Sluſe* qui concernent en partie la méthode des tangentes, en partie la conſtruction des équations. Nous deſtinons un article à part à ce dernier objet.

IX.

Progrès de la méthode des tangentes & de maximis & minimis.

Nous avons fait connoître dans le cours de ce Livre deux méthodes pour tirer les tangentes, & pour les queſtions *de maximis & minimis*; ſçavoir celles de *Deſcartes* & de *Fermat*. Mais quoique l'une & l'autre ſortant des mains de leurs inventeurs ne laiſſaſſent rien à deſirer pour le fonds, elles étoient ſuſceptibles de quelques degrés de plus de facilité, que leur ont donné des Géometres poſtérieurs. MM. *Hudde*, *Huyghens*, *Sluſe*, ſont ceux à qui l'on eut cette obligation; & quoique le calcul différentiel ait effacé leurs inventions, la nature de notre ouvrage nous impoſe la néceſſité d'en parler. Commençons par celle de M. *Hudde*.

Pour prendre une idée de ce que M. *Hudde* ajouta à la méthode des tangentes de *Deſcartes*, & à celle qui eſt fondée ſur le même principe pour les queſtions *de maximis & minimis*, il faut ſe rappeller que la principale partie de l'opération, ſe réduit à déterminer une équation d'une certaine forme à contenir deux racines égales. *Deſcartes* l'exécutoit en la comparant à une équation fictice à racines égales; procédé qui étoit laborieux & prolixe. C'eſt en cela que M. *Hudde* ſimplifia beaucoup ces deux méthodes; il obſerva que pour réduire cette équation à contenir ces racines égales requiſes, il n'y avoit qu'à la multiplier terme à terme par ceux d'une progreſſion arithmétique, le premier par le premier, le ſecond par le ſecond, &c. Il démontre cette regle dans ſes deux lettres que *Schooten* a imprimées à la ſuite de ſon Commentaire ſur *Deſcartes*. Mais cela tient à des principes qu'il ſeroit trop long d'expoſer. Nous nous contenterons de l'induction des exemples que nous donnerons bientôt. D'ailleurs M. le Marquis *de l'Hôpital* en a donné une démonſtration dans ſon *Analyſe des infiniment Petits*, à laquelle nous renvoyons.

C'eſt principalement dans les queſtions *de maximis & minimis*, qu'éclate la commodité de la regle de M. *Hudde*, parce qu'il n'y a aucune préparation à faire à l'équation de la courbe, ou à l'expreſſion de la grandeur dont on cherche le *maximum* ou le *minimum*. Nous avons négligé par cette raiſon d'en faire l'application à la méthode des tangentes de *Deſcartes*, qui ſuppoſant pluſieurs opérations préliminaires, n'eſt plus d'aucun uſage. Quant aux *maxima & minima*, la regle de M. *Hudde* eſt d'une commodité qui ne le cede point à celle du calcul différentiel, pourvu que l'expreſſion à traiter ſoit rationnelle. Il n'y a en effet qu'à ordonner l'équation de la courbe ſuivant les puiſſances de l'abſciſſe; écrire enſuite au deſſous la progreſſion arithmétique, la plus commode pour faire évanouir celui des termes dont l'abſence préſentera des facilités pour réſoudre la nouvelle équation; enfin multiplier, terme par terme, ceux de l'équation propoſée par ceux de la progreſſion choiſie, la valeur ou les valeurs de l'abſciſſe qui réſulteront de la nouvelle équation, donneront le *maxima* ou les *minima* cherchés. Appliquons ceci à quelques exemples; nous prendrons pour le premier cette courbe dont nous avons donné ailleurs le *maximum* par la regle de M. de *Fermat*, où le cube de l'ordonnée eſt égal au ſolide du quarré d'un des ſegmens de l'axe, par l'autre; c'eſt-à-dire dont l'équation eſt $ax^2 - x^3 = y^3$. En arrangeant cette équation comme on la preſcrit plus haut, on a celle-ci $x^3 - ax^2 + ox + y^3 = o$. On la multipliera terme à terme par 3. 2. 1. 0, ce qui la réduira à $3x^3 - 2ax^2 = o$, ou $x = \frac{2}{3}a$, comme on l'a déja trouvé. On auroit encore rencontré le même réſultat en ſe ſervant de la progreſſion arithmétique 0. 1. 2. 3. Car on auroit eu $2ax^2 - 3y^3 = o$; d'où on auroit tiré à l'aide de la premiere équation $x = \frac{2}{3}a$. Enſuite mettant dans l'équation de la courbe cette valeur, on trouve que lorſque y eſt la plus grande qu'il ſe puiſſe, elle eſt égale à $a\sqrt[3]{\frac{4}{27}}$.

Qu'on propoſe préſentement l'équation $y^2 - 2by + bb + xx - ax = o$, & qu'on demande la plus grande valeur de x.

On écrira $x^2 - ax + (yy - 2by + bb) = 0$. On multipliera comme ci-dessus par 2. 1. 0, & l'équation se réduira à $2x^2 - ax$, ou $x = \frac{a}{2}$: l'abscisse à laquelle répondent la plus grande ou la moindre ordonnée, est donc $\frac{1}{2}a$, Ainsi mettant $\frac{1}{2}a$ dans l'équation proposée, au lieu de x, elle devient $yy - 2by + bb - \frac{1}{4}aa$, ce qui donne à y deux valeurs, l'une positive $y = a + b$, & l'autre négative $-y = a - b$. Cette équation n'est effectivement que celle d'un cercle rapporté à une parallele à son diametre A a, & l'ordonnée y étant généralement ed ou $e\delta$, elle devient la plus grande ED ou EA, lorsque l'abscisse devient CE; (fig. 59.) mais si c'est la plus grande absolument qu'on cherche, il est facile de la reconnoître: on auroit trouvé les mêmes choses en multipliant l'équation proposée par une autre progression arithmétique. On peut en faire l'épreuve. *Fig.* 59.

La regle de M. *Hudde* est sujette aux mêmes limitations que celle de M. *Descartes*; c'est-à-dire qu'elle donne non seulement les véritables points de *maxima & minima*, ou ceux des tangentes paralleles à l'axe, mais encore ceux de rebroussement & les points d'intersection des rameaux de la courbe. Cela est nécessaire; car elle est fondée sur les mêmes principes que la regle de *Descartes*, & elle n'en differe que dans les moyens de trouver les racines égales de l'équation proposée. Tout ce qu'on a dit sur celle-là doit donc s'appliquer à celle-ci.

La méthode qu'on vient d'exposer s'applique aussi à la détermination des points d'infléxion & des rayons de la développée. On parvient dans ces deux cas, en suivant la méthode de *Descartes*, à une équation dans laquelle il doit y avoir trois racines égales. Pour les trouver, il faudra, suivant M. *Hudde*, la multiplier par une progression arithmétique, comme on l'a enseigné plus haut, & réiterer cette opération à l'égard de l'équation qui en résultera, en employant ou la même progression arithmétique, ou une autre quelconque: ou bien, ce qui revient au même, il faudra prendre deux progressions, les multiplier termes par termes, & s'en servir pour multiplier ceux de l'équation proposée. Celle qui en naîtra contiendra l'une des racines égales cherchées. Si quelque problême conduisoit à une équation qui dût contenir quatre racines égales, il faudroit trois multiplications de cette espece, & ainsi de suite. Nous n'entrerons pas ici dans de plus grands détails concernant cette méthode; nous nous contenterons d'indiquer des livres où elle est plus développée, & appliquée à divers exemples, comme le Commentaire du P. *Rabuel* sur la Géométrie de *Descartes*, & le Traité des infinimens Petits de M. de *l'Hôpital*, où l'on en trouve la comparaison avec la méthode du calcul différentiel.

MM. *Huyghens* & de *Sluse* ont pris une autre route que M. *Hudde*, & se sont attachés à simplifier les procédés de la regle de M. de *Fermat*. Reprenons cette regle & examinons de près ce qui se passe dans les opérations qu'elle exige; nous allons voir naître les abrégés de calcul que ces deux Géometres ont remarqués. Qu'on ait cette expression $x^3 - ax^2$, dont il faut déterminer le *maximum*: *Fermat* prescrit d'augmenter ou de diminuer x de la quantité e, & de substituer dans l'expression précédente $\overline{x \pm e}$, ou ses puissances à la place de x & de ses puissances, d'égaler l'une & l'autre expression, de supprimer les termes communs, & ceux où e est au dessus du premier degré, & de diviser le reste par e. Faisons cela à l'égard de x^3: Nous aurons $\overline{x \pm e}^3$, ou $x^3 \pm 3ex^2 + 3xe^2 \pm e^3$, qu'il faudra égaler à x^3. Or les autres opérations étant faites, il ne restera plus que le terme $3x^2$, qui est visiblement le produit de x^3 multiplié par son exposant, & divisé par x; de même en comparant ax^2 à $a \times (x^2 \pm 2ex + e^2)$, il ne doit plus subsister que le terme $2ax$, qui est encore le produit de ax^2 par son exposant, divisé par x. La regle de M. de *Fermat* se réduira donc à ceci. Ayant une expression, par exemple, $x^3 - 3ax^2 + b^3 = 9$, dont on demande le *maximum* ou le *minimum*; multipliez chaque terme où est x par son exposant, & divisez par x, en négligeant tous les autres, enfin égalez cela à zero. Ce sera l'équation qui donnera la valeur ou les valeurs de x, qui rendent cette expression un *maximum* ou un *minimum*. Ainsi l'expression ci-dessus devient tout de suite $3x^2 - 6ax = 0$; ce qui donne $x = 0$, & $x = 2a$. Ce seront les deux points où répondront des tangentes paralleles à l'axe. Je dis à dessein les points où répondront des tangentes paralleles à l'axe; car des deux que nous venons de trouver il n'en est

qu'un

qu'un qui soit un point de vrai *maximum* ; sçavoir celui qui répond à $x = 0$; l'autre est seulement un point d'infléxion. On le reconnoît à ce qu'en supposant x toujours croissant, la valeur de l'ordonnée va en décroissant avant & après celle qui répond à $2a$. La regle de M. *Hudde* nous servira aussi à le reconnoître ; car en l'appliquant à cet exemple, on trouve $x = 0$, & $x = \frac{3}{2}a$. Or cette regle ne donnant point le *maximum* apparent que nous trouvions répondre à $x = 2a$, il faut en conclure que ce n'est ni un *maximum*, ni un point de rebroussement, & ce ne peut être qu'un point d'infléxion ayant sa tangente parallele à l'axe. Au contraire, la regle de M. de *Fermat* ne donnant pas le *maximum* qui semble répondre à $x = \frac{3}{2}a$, c'est un signe que ce ne peut être qu'un point de rebroussement. Ainsi l'une des deux regles sert à redresser l'autre : celle de *Fermat* donne les points de *maximum*, ceux d'infléxion & de rebroussement ayant leurs tangentes paralleles à l'axe : celle de M. *Hudde* donne les *maximum* quelconques, les points de rebroussement à tangentes perpendiculaires ou obliques, & les intersections de deux branches. Par la comparaison du résultat de l'une avec celui de l'autre, on peut reconnoître la nature des points qu'on trouve par leur moyen. Les vrais *maxima & minima* sont les seuls qu'elles donnent en commun. Revenons à notre sujet. *Fig.* 60.

C'est par un moyen semblable à celui que nous avons développé plus haut pour abréger la regle *de maximis & minimis*, que MM. *Huyghens* (a) & *Sluse* (b) sont encore venus à simplifier celle des tangentes. Mais comme cette regle est un peu composée, & que nous ne pouvons pas nous étendre à notre gré, nous nous contentons d'indiquer leur procédé. Un exemple est nécessaire pour l'éclaircir : qu'on propose l'équation $x^3 - 2xxy + bxx - bbx + byy - y^3 = 0$, & qu'on demande la soutangente de la courbe qu'elle représente. Pour cela, dit M. de *Sluse*, il faut mettre à part tous les termes où est y, comme $-y^3 + byy - 2xxy$, & les multiplier par leurs exposans ; ce sera le numérateur de la fraction qui exprimera cette soutangente. Le dénominateur sera formé de tous les termes où se trouvera x, multipliés par l'exposant de cette lettre, &

(a) *Op.* T. II.
(b) *Transf. Phil.* ann. 1672 & 1673.

divisés ensuite par x. On aura donc dans le cas présent pour la valeur de la soutangente $\frac{-3y^3+2by^2-2xxy}{3x^2-4xy+2bx-bb}$. C'est-là effectivement ce qu'on rencontre en exécutant toutes les opérations prescrites par *Fermat*, ou en employant le calcul différentiel.

X.

...rès de la ...uction ...quations.

La construction des équations solides & plus que solides, étoit encore une des parties de l'analyse de *Descartes* qui attendoit des Géometres postérieurs quelques degrés de perfection. *Descartes* s'étoit borné à construire les équations cubiques & quarré-quarrées, par le moyen d'un cercle & d'une parabole. Ce n'est pas qu'il ne fût en possession de quelque chose de plus parfait & de plus général. Ce qu'il dit ne permet pas d'en douter; car il ajoute que l'on pourra toujours construire ces équations par celle des sections coniques que l'on voudra, & même avec une portion de ces courbes, quelque petite qu'elle soit. Mais il avoit caché le principe de ces constructions; & quoique divers Géometres eussent amplifié sa théorie à cet égard, on n'étoit point encore parvenu à toute la généralité qu'on pouvoit desirer.

...e Sluse.

M. *de Sluse* (*a*) est celui à qui nous en avons l'obligation. Il est Auteur d'une méthode par laquelle, une équation quelconque solide étant proposée, on peut la construire d'une infinité de manieres différentes par le moyen d'un cercle & celle des sections coniques qu'on voudra. Il en donna un essai dans un ouvrage qu'il publia en 1659 (*b*), mais il en cachoit encore l'analyse qu'il promettoit de dévoiler quelque jour. Il exécuta sa promesse en 1668, en donnant une nouvelle édition de l'ouvrage dont on vient de parler, avec une seconde partie où il expose de quelle maniere il est parvenu à ces constructions. Il est nécessaire d'en donner ici une idée.

La méthode de M. *de Sluse* consiste à prendre une équation

(*a*) M. René-François [illegible]alter de Sluse, Chanoine de la Cathédrale de Liege, Abbé d'Amas, naquit en 1623. A des talens supérieurs pour les Mathématiques, il joignoit beaucoup d'érudition, & même de goût pour la belle Littérature. Il mourut en 1685. Nous dirons dans cet article un mot de ses ouvrages.

(*b*) *Mesolabum, seu duæ mediæ prop. per circulum & ellipsim vel hyp. infinitis modis exhibitæ.* Leod. 1659. 4. & iterùm 1668, *cum parte alterâ de analysi, & miscellaneis.*

entre l'inconnue de celle qu'il s'agit de conſtruire, & une nouvelle indéterminée, qui ſoit un lieu du ſecond degré, par exemple, une parabole. Enſuite il introduit par des ſubſtitutions cette indéterminée dans l'équation à conſtruire, ce qui de déterminée qu'elle étoit la rend indéterminée, c'eſt-à-dire exprimant un autre lieu. Il continue ces ſubſtitutions, en diviſant, additionnant ou ſouſtrayant les équations qui en proviennent juſqu'à ce qu'il ſoit arrivé à un lieu au cercle; ce qui eſt facile. Cela fait, ce dernier lieu combiné de la maniere convenable avec chacun des autres, qui ſont à la parabole, à l'ellipſe, à l'hyperbole, lui donne autant de conſtructions différentes du problême.

Ce que nous venons de dire ſeroit peu intelligible ſans le ſecours d'un exemple. C'eſt pourquoi nous allons en donner un que nous choiſirons parmi les plus ſimples. Suppoſons l'équation $y^3 = aab$, qui eſt celle qu'on rencontre en cherchant la premiere des deux moyennes proportionnelles entre a & b. On peut d'abord prendre pour premiere équation indéterminée $y^2 = ax$, ce qui eſt un lieu à la parabole : donc $\frac{y^2}{a} = x$; & mettant cette valeur de y dans l'équation propoſée, on en tire cette autre $xy = ab$, qui eſt un lieu à l'hyperbole entre les aſymptotes. On tire encore de la comparaiſon de ces équations, celle-ci $x^2 = by$, qui eſt un autre lieu à la parabole. Nous voici déja en poſſeſſion des deux conſtructions que *Menechme* donna autrefois du problême que nous analyſons. Car il n'y auroit qu'à combiner, ou ces deux lieux à la parabole, ou l'un d'eux avec celui qui eſt à l'hyperbole, & l'ordonnée commune ſeroit la moyenne cherchée. Mais comme c'eſt aujourd'hui une faute que d'employer deux ſections coniques, on ne doit pas s'arrêter à ces ſolutions; il faut rechercher un lieu au cercle. Pour cela il n'y a qu'à ajouter les deux équations à la parabole qu'on a trouvées; elles donneront $y^2 - by + x^2 - ax = 0$, qui eſt un lieu au cercle. Au contraire leur ſouſtraction mutuelle en donnera une $y^2 - x^2 + by - ax = 0$, qui ſera un lieu à l'hyperbole équilatere. Si enfin on diviſe par un nombre quelconque, par exemple 2, l'équation $x^2 - by = 0$, (ce qui ne la détruit point), & qu'on l'ajoute à la premiere, ou qu'on l'en ſouſtraye, on aura $y^2 - ax + \frac{x^2}{2} - \frac{by}{2}$

$= 0$, qui est un lieu à l'ellipse, ou $y^2 - ax - \frac{x^2}{2} + \frac{by}{2}$, qui est un lieu à l'hyperbole scalene. D'autres nombres auroient donné d'autres ellipses ou d'autres hyperboles. On peut ainsi former une multitude d'égalités indéterminées, qui sont toutes vraies, puisque les primitives qui en sont formées sont vraies. Par conséquent voilà une infinité de lieux différens dont chacun desquels l'inconnue y cherchée est une certaine ordonnée. Si donc on combine celui au cercle, avec chacun des autres, on aura autant de constructions différentes du problême; & l'ordonnée commune sera la valeur de y. Or la maniere de combiner ces lieux est facile. Il n'y a qu'à les concevoir décrits chacun en particulier, & appliqués l'un sur l'autre de maniere qu'ils ayent même axe & même origine. Par exemple, dans le cas présent, l'équation au cercle ci-dessus, désigne, suivant les formules connues, que l'origine des abscisses est à l'extrêmité d'une corde égale, à b & éloignée du centre de
1, n°. 2. $\frac{1}{2}a$, comme on voit dans la figure 61, n°. 1. L'équation $yy = ax$, désigne une parabole, n°. 2, dont l'abscisse prise sur l'axe est x, l'ordonnée y, & le parametre a. Qu'on conçoive ces deux lieux appliqués l'un sur l'autre, comme dans la même figure, n. 3. On verra que la construction se réduit à prendre $ST = \frac{1}{2}b$, $TC = \frac{1}{2}a$, & le cercle décrit du centre C au rayon CS, coupera la parabole en N, d'où l'ordonnée abaissée sur l'axe, sera l'inconnue cherchée. On ne doit pas s'attendre à trouver ici de plus grands développemens de cette méthode; les lecteurs qui desireront s'en instruire plus à fonds, doivent recourir au Livre de M. *de Sluse*, ou au Traité posthume des sections coniques & des lieux géométriques de M. *de l'Hôpital*. On trouve aussi toute cette théorie exposée d'une maniere très-satisfaisante dans le *Cours de Mathématique de M. Wolf*. T. I. Nous citerons encore un Livre peu connu, quoique excellent, qui traite ce sujet. Il est intitulé, *Hyacinthi Christophori, de constructione equationum*. Neap. in-4°. 1699.

Nous nous permettrons ici une petite digression pour faire connoître une partie de l'ouvrage de M. *de Sluse*, dont nous n'avons point eu occasion de parler. Elle parut dans la seconde édition de son *Mesolabum*, sous le titre de *Miscellanea*. Ces *Miscellanea*, ou mêlanges de Géométrie, sont très-propres à faire honneur à leur Auteur, & montrent les progrès profonds qu'il avoit faits dans l'analyse. M. *de Sluse* y traite des spirales infinies qu'il compare avec des paraboles de même degré : il y quarre diverses courbes, & assigne leurs centres de gravité ; il détermine les points d'infléxion dans la conchoïde, sur quoi il fait diverses remarques curieuses ; il y généralise la formation de la conchoïde, & il examine les propriétés des nouvelles courbes qui en résultent, leurs aires, leurs centres de gravité & les solides qu'elles forment par leur circonvolution, &c. Nous passons plusieurs autres recherches curieuses que contient cette partie de l'ouvrage de M. *de Sluse*, afin de ne point donner trop d'étendue à cette digression. Nous revenons à notre sujet principal.

La méthode que nous avons exposée plus haut pour la construction des équations solides, c'est-à-dire, des troisieme & quatrieme degrés, s'applique aussi aux degrés plus élevés. Une équation du sixieme degré, par exemple, étant proposée, on pourra la réduire à une équation à la parabole ou à l'hyperbole solide, & à une autre qui sera une des sections coniques. Il faut tâcher ici de choisir un premier lieu qui soit tel que celui qui en résultera pour le second soit un cercle; ce qu'on pourra, je crois, toujours faire par la méthode des indéterminées. De même une équation du huitieme degré pourra se réduire à deux lieux, l'un du quatrieme degré, & l'autre du second, ou l'un & l'autre du troisieme. On trouve des exemples de ces choses dans les Livres qui traitent de la construction des équations (*a*).

C'est ici le lieu convenable de faire connoître une invention utile pour la construction des lieux géométriques du second ordre. *Descartes*, à la vérité, a donné pour cela une formule extrêmement générale, mais qui a ses embarras, soit par les opérations préliminaires qu'elle exige, soit par l'attention qu'il faut faire à la variété des signes. M. *Craig* me paroît avoir facilité cette partie essentielle de la construction des équations par des formules nouvelles qu'il publia en 1694 (*b*). Ces formules ne sont autre chose que l'équation de

(*a*) Voy. le Marquis de l'Hôpital, *Traité des sect. coniques & des lieux géom.* Hyacinthi Christophori, *de constructione equationum.* Ozanam, *de la constr. des équations.*

(*b*) *De fig. curvil. quadraturis, ac locis Geometricis.* Lond. 1694. *in*-4°.

chacune des sections coniques, la plus compliquée qu'elle puisse être. Pour y parvenir, il suppose l'origine des abscisses à un point comme O, éloigné (fig. 62.) du sommet & de l'axe, d'une quantité indéterminée, qui peut être positive ou négative, & il prend les abscisses sur une ligne OP inclinée à une parallele à l'axe d'une quantité aussi indéterminée. Il est facile de voir que ce cas renferme tous les autres possibles : car suivant que les quantités OQ, QS, & la raison de OT à OV s'anéantiront ou deviendront négatives, le point O tombera sur le sommet ou de l'autre côté de l'axe, ou au dedans de la courbe; l'angle de OP avec l'axe deviendra nul ou en sens contraire, ce qui contient toutes les combinaisons imaginables. Une équation quelconque étant ensuite proposée, on la compare terme à terme avec la formule générale, & la comparaison des coefficiens donne la position de l'origine des abscisses & de l'axe. Cette méthode a paru à M. le Marquis *de l'Hôpital* avoir les avantages que nous lui attribuons. C'est pourquoi il l'a adoptée dans son Traité *des lieux géométriques*. Nous pouvons aussi indiquer à nos lecteurs curieux de s'en instruire plus à fonds, le *Cours de Mathématiques* de M. *Wolf*, où il la trouveront exposée avec beaucoup de netteté & de précision.

Nous ne devons pas omettre ici certaines observations importantes dans la construction des équations, & qui semblent avoir échappé aux Géometres jusqu'à ce que M. *Rolle* en eût montré la nécessité (*a*). Personne ne doutoit que lorsqu'on avoit une équation déterminée à construire, en prenant un premier lieu arbitraire, & introduisant par son moyen dans l'équation proposée une seconde indéterminée, on n'eût deux lieux dont l'intersection devoit donner les racines demandées. Mais cela n'arrive pas toujours ; au contraire il y a des cas où les lieux trouvés de cette maniere ne se couperont point, & où il arrivera divers autres inconvéniens que M. *Rolle* parcourt dans son Mémoire. Ces défauts néanmoins ne doivent pas être imputés à la méthode, mais seulement à l'application mal-adroite de l'Analiste. S'il choisit pour le premier lieu une courbe dont la plus grande ordonnée

(*a*) Mem. de l'Acad. 1708, 1709.

ſoit moindre que la moindre des racines de l'équation à conſtruire, ou qu'y ayant des racines négatives, il prenne une courbe qui n'a que des ordonnées poſitives, faut-il s'étonner que la méthode manque, & qu'elle ſoit ſujette aux inconvéniens que lui reproche M. *Rolle.* Il y a donc des attentions à faire dans le choix du premier lieu, & même dans l'examen du ſecond qui en provient. Mais ſi l'on ſuit le procédé de *Sluſe*, tel que le développe ſon Auteur, ou M. *Wolf* qui l'a exactement expoſé, on n'aura rien à craindre des inconvéniens dont nous avons parlé, parce que les premiers lieux de la combinaiſon deſquels proviennent tous les autres, ſont déduits de l'équation même à conſtruire, & ne peuvent pas ne pas contenir les racines de cette équation (*a*).

Pour mettre fin à cet article, nous paſſerons rapidement ſur diverſes inventions ou écrits concernant la conſtruction des équations. De ce nombre eſt la regle générale que *Baker* a donnée pour (*b*) les équations ſolides, par le moyen d'un cercle & d'une parabole, & qu'il nomme centrale. Elle ne differe de celle de *Deſcartes* qu'en ce que celle-ci exige la ſuppreſſion du ſecond terme, au lieu que celle de *Baker* ne la ſuppoſe point. M. *Hallei* a enſuite montré (*c*) comment on peut conſtruire une équation propoſée par le moyen d'un cercle combiné avec une parabole donnée. On peut de même ſe ſervir de telle des ſections coniques qu'on voudra, donnée d'eſpece & de grandeur, pour conſtruire une équation ſolide aſſignée. M. *Newton* conſtruit toutes les équations ſolides (*d*) d'une maniere très-élégante, en montrant qu'elles ſe réduiſent à introduire dans un angle donné une ligne droite de grandeur déterminée, qui converge vers un point donné ; ce qui eſt la maniere dont l'ancien Géometre *Nicomede* avoit conſtruit le problême des deux moyennes proportionnelles. M. Jacques *Bernoulli* a donné une conſtruction ingénieuſe, ou une approximation géométrique & continuelle des équations ſolides par la regle & le compas. Elle peut être utile pour déterminer dans les approximations numériques, la racine de l'équation juſqu'à un

(*a*) Voyez un Mémoire de M. de la Hire de l'année 1710 ; l'introduction à la théorie des courbes de M. Cramer, *chap. IV*, & les remarques de M. Herman ſur l'écrit de M. Rolle dans les *Miſcell. Berol.* T. III.

(*b*) *Clavis Geom. Catholica.* 1684. *in*-4°.

(*c*) *Tranſ. Phil. ann.* 1687, n°. 188.

(*d*) *Arithm. univ. App. de æquat. conſtruct. lineari.*

certain degré d'exactitude ; ce qui eſt important pour arriver promptement à une valeur fort approchée. On peut auſſi voir ſur ce ſujet quelques morceaux de M. Jean *Bernoulli* (*a*) qui dévoile les principes de cette approximation.

X I.

résolu- uméri- s équa-

Nous venons enfin à un des objets les plus importans de l'analyſe, à la réſolution numérique des équations. Nous ſommes ici contraints de faire l'aveu humiliant que cette partie de l'Algebre n'eſt rien moins que fort avancée. Depuis *Tartalea* & *Ferrari*, qui réſolurent les équations du troiſieme & du quatrieme degré, c'eſt-à-dire, depuis plus de deux ſiecles, on n'a preſque fait aucun progrès vers la réſolution générale des équations. La fameuſe difficulté connue ſous le nom du cas irréductible, n'a pas même encore été ſurmontée, & cauſe tous les jours l'embarras des Analiſtes qu'elle oblige de recourir à des méthodes indirectes.

Il en eſt à peu près de cette partie de l'analyſe comme du problême de la quadrature du cercle. Quoique le fonds de la queſtion ne ſoit point encore entamé, elle ne laiſſe pas de nous préſenter une multitude d'inventions & de recherches utiles. Au défaut d'une réſolution générale, on a recouru aux approximations ; on a recherché les cas particuliers qui ſont ſuſceptibles de réſolution ; on a enfin donné des méthodes qui dans la pratique tiennent entiérement lieu d'une ſolution complette, & qui ſont même plus commodes que ne le ſeroient peut-être les formules qu'elle donneroit.

Viete a le premier recouru aux approximations, ſoit pour les équations des troiſieme & quatrieme degrés, ſoit pour celles des degrés ultérieurs. Sa méthode pour le troiſieme degré, lorſque le cas irréductible a lieu, eſt ſans contredit ce qu'il y a de plus commode, & le jugement que nous en portons eſt confirmé par celui de M. *Hallei* (*b*). Il réduit, comme on l'a dit ailleurs, la réſolution de l'équation à l'invention des trois cordes de trois arcs qui réſultent de la triſection d'un arc donné, & de la circonférence ; ce qui donne à peu de frais les

(*a*) *Lect. calculi integ.* ad fin. op. T. III.
(*b*) *Tranſ. Phil. ann.* 1694, n°. 210.

valeurs

valeurs différentes de l'inconnue jusqu'à un grand nombre de décimales. Nous renvoyons à ce que nous avons dit sur ce sujet dans un des Livres précédens. Quant à sa méthode générale pour l'extraction des racines de toutes les équations, qu'il appelle *Exegetice numerosa*, elle est aussi des plus ingénieuses. Mais elle a des difficultés & des embarras qu'*Harriot*, qui l'a beaucoup cultivée, n'a pu lever entiérement, & elle a cédé la place à d'autres plus commodes que nous indiquerons bientôt.

Viete, en remarquant que le terme connu d'une équation est le produit de toutes les valeurs différentes de l'inconnue, fournit encore un moyen de résolution pour toutes les équations qui ont quelque valeur rationnelle & en nombre entier. Nous le trouvons employé par les Analistes du commencement du dix-septieme siecle, comme Michel *Coignet* d'Anvers, Albert *Girard*, &c. Cette sorte de résolution des équations a néanmoins reçu son principal jour des inventions d'*Harriot* & de *Descartes*. Comme nous les avons expliquées assez au long dans les premiers articles de ce Livre, nous ne jugeons pas à propos de nous répéter, & nous y renvoyons.

Mais cette méthode dans le cas même où les racines sont des nombres entiers, a ses embarras. Car il peut arriver que le dernier terme ait tant de diviseurs qu'il seroit extrêmement laborieux de les essayer tous ; d'ailleurs il y a ici une sorte de tâtonnement que les Mathématiciens ont toujours réputé comme un défaut. C'est pour cela que les Analistes ont imaginé de rechercher les limites des équations, c'est-à-dire, entre quels termes sont renfermées la plus grande & la moindre des racines. M. *de Beaune* est le premier auteur de cette invention qui a été poussée plus loin par M. *Newton* dans son *Arithmétique universelle :* & elle est très-utile dans les cas où les racines cherchées ne sont pas beaucoup inégales entr'elles. Car l'on n'aura alors qu'un fort petit nombre de facteurs à essayer ; & s'il arrive qu'aucun d'eux ne rende l'équation égale à zero, on pourra prononcer avec assurance qu'elle n'a point de racine rationnelle. Dans cette équation, par exemple, $x^5 - 2x^4 - 10x^3 + 31x + 63x - 120 = 0$, dont le dernier terme a 16 facteurs, il y auroit 32 opérations à faire en les essayant positivement ou négativement. Mais la regle enseignée par *Newton* apprend que les termes entre lesquels sont comprises les racines, sont 2 & — 3 : de sorte qu'il n'y a d'essais à faire que sur 1 ou — 1, ou — 2; & comme aucun de ces essais ne réussit, on doit être certain que l'équation ci-dessus n'a aucune racine rationnelle.

Nous avons dit à dessein que cette méthode sera très-utile lorsque les racines cherchées seront peu inégales entr'elles. Mais s'il arrivoit qu'elles le fussent beaucoup, comme si l'une étoit approchante du plus grand facteur du dernier terme, & l'autre du moindre, elle seroit de peu d'utilité, puisqu'alors presque tous les facteurs de ce dernier terme tomberoient entre les limites qu'on trouveroit. Il faut donc dans ce cas un autre moyen de diminuer la multitude des essais. En voici un qui est fort ingénieux, & qu'enseigne *Schooten* (*a*), qui en fait honneur à un M. *Wassenaer.* Il consiste à augmenter ou diminuer les racines de l'équation proposée d'un nombre donné, de l'unité, par exemple: or il est facile de voir que si une des racines de cette équation est un des facteurs de son dernier terme, ce facteur doit se retrouver augmenté ou diminué de l'unité parmi ceux du dernier terme de la nouvelle équation. Il faudra donc prendre tous les facteurs du dernier terme de cette nouvelle équation, les augmenter ou les diminuer de l'unité, au contraire de ce qu'on aura fait à l'égard de l'équation proposée; les seuls nombres qui seront les mêmes que les facteurs de celle-ci, pourront être ses racines. On en exclura par-là un très-grand nombre, & une seconde opération donnera souvent l'exclusion à la plûpart de ceux que la premiere n'aura pas exclus, quelquefois à tous si l'équation proposée n'a aucune racine rationnelle: c'est ce qui arrive dans l'équation ci-dessus $x^5 + 2x^4$, &c. En diminuant la racine de l'unité, on trouve que de tous les diviseurs de 120, il n'y a que — 1. 2. 3, ou 20 qui puissent être racines de l'équation; & en augmentant cette même racine de l'unité, on ne trouve aucun de ces derniers, d'où l'on doit conclure que l'équation proposée n'a aucune racine rationnelle.

Lorsqu'on est assuré par l'examen ci-dessus qu'une équation n'a aucune racine rationnelle, il reste à tenter si elle ne seroit

(*a*) *Comm. in Cart. Geom.* L. III.

point le produit de plusieurs équations complexes, ou dans le cas où elle seroit de dimension paire, s'il n'y auroit point quelque quantité complexe qui, ajoutée de part & d'autre de l'équation disposée d'une certaine maniere, permît l'extraction de la racine de chaque membre. M. *Hudde* a choisi la premiere de ces deux voies dans son écrit intitulé, *de reductione equationum.* Il y donne un grand nombre de regles utiles pour discerner si l'équation proposée est réductible de la maniere qu'on vient de dire. Il a aussi donné des tables des formes d'équations qui sont susceptibles de cette réduction, avec les diviseurs, soit simples comme $x + a$, soit complexes comme $x^2 \pm ax \pm b$, &c. qui peuvent les diviser, & qui en sont par conséquent les facteurs. M. *Wallis* nous apprend que tandis que M. *Hudde* s'addonnoit en Hollande à cette recherche, un de ses compatriotes, nommé *Merrey*, en faisoit autant en Angleterre. Mais ses écrits n'ont point vu le jour, ils ont été seulement déposés dans la Bibliotheque d'Oxford. *Wallis* en a extrait quelques tables ressemblantes à celles de M. *Hudde*, & il les a données dans son Algebre.

M. *Newton* a tenté la seconde des voies que nous avons indiquées plus haut; il a cherché à réduire les équations, en ajoutant de part & d'autre quelque quantité complexe qui rendît chaque membre susceptible d'extraction de racine. Les regles qu'il a données pour cet effet, se voient dans son *Arithmétique universelle.* Mais elles sont si laborieuses, elles exigent tant d'essais, & le concours de tant de conditions particulieres, qu'on ne peut guere les regarder que comme une curiosité d'analyse. Elles ont néanmoins cet avantage, qu'on peut appercevoir le plus souvent dès les premiers pas que la réduction n'est point possible; ce qui épargne un travail superflu.

M. *Leibnitz* n'a pas moins travaillé que M. *Newton* à perfectionner cette partie de l'analyse, & ce qu'il dit dans une de ses Lettres écrite en 1676 (*a*), nous donne de grands motifs de regretter que ses méditations sur ce sujet n'ayent pas vu le jour. « Je me suis, dit-il, fort occupé de la maniere de trou-» ver généralement les racines irrationnelles des équations, » ou de faire évanouir tous les termes moyens; & il y a déja

(*a*) *Comm. Epist.* p. 63, 64. & p. 95.

» un an au printemps passé que je communiquai à M. *Huyghens* des essais de regles semblables aux formules de *Cardan*. Car j'avois une suite d'expressions semblables (pour » tous les degrés), dans laquelle étoient comprises ces formules. Mais elles n'étoient pas générales au-delà du troisieme » degré. Je crois cependant avoir apperçu la vraie méthode » pour aller plus loin; à la vérité il reste encore bien des artifices à imaginer pour en venir à bout, ce que je laisse à » M. *Tchirnausen*, qui est parvenu de son côté aux mêmes découvertes, & qui a même été au-delà.... Au reste de mes » méditations sur ce sujet suit un paradoxe assez singulier; » c'est que toutes les équations des huitieme, neuvieme, dixieme degrés peuvent s'abaisser jusqu'au septieme, &c..... » Si quelqu'un avoit le courage d'en entreprendre le travail, » je lui enseignerois une méthode générale & infaillible de » trouver les racines de toutes les équations ».

Nous ignorons si M. *Leibnitz* ne promettoit point trop en annonçant ces dernieres découvertes; il y a quelque lieu de le craindre. Il n'est pas rare de voir d'habiles gens sur la foi d'un calcul ou d'une méthode qui semble devoir réussir, se croire déja en possession de ce qu'ils cherchent; mais souvent des obstacles imprévus & insurmontables, ferment une route qui paroissoit ouverte. M. *Leibnitz* eût peut-être été dans ce cas lorsqu'il auroit voulu mettre la derniere main à ses calculs.

Quoi qu'il en soit, il ne nous est parvenu de toutes ces inventions de M. *Leibnitz*, qu'une méthode fort ingénieuse pour le cas irréductible. Il résoud chacune des deux expressions radicales qui composent la formule de *Cardan*, en suite infinie, & il arrive que les termes qui renferment la quantité négative sous le radical du second degré, sont affectées de signes différens dans l'une & l'autre suite, de sorte qu'en les ajoutant, ces termes disparoissent, & il n'en reste que de réels qui composent une suite qui est la valeur de la formule. Ce que *Leibnitz* n'a fait qu'indiquer, a été davantage développé par M. *Nicole* dans les Mémoires de l'Académie de l'année 1738. Cette méthode ajoutée à tant d'autres pour la résolution approchée des équations cubiques lorsque le cas irréductible a lieu, met dans un nouveau jour l'étendue des ressources de la Géométrie.

Nous devons à de *Moivre* une invention sur les équations, qui semble faire partie de celles dont M. *Leibnitz* disoit être en possession. Il nous a donné (*a*) des formules semblables à celles de *Cardan* pour quelques cas des équations de degrés quelconques. Qu'on ait, par exemple, cette équation $ny + \frac{nn-1}{2.3} \times ny^3 + \frac{nn-1}{2.3} \times \frac{nn-9}{3.4} \times ny^5 + \&c. = a$, équation qui sera finie lorsque n sera un nombre impair, sa racine qui sera alors unique, sera $\frac{1}{2}\sqrt[n]{[a + \sqrt{(aa+1)}]} - \frac{1}{2}\sqrt[n]{[-a + \sqrt{(aa+1)}]}$: ainsi l'équation $5y + 10y^3 + 16y^5 = 4$, a pour racine, $\frac{1}{2}\sqrt[5]{[4 + \sqrt{17}]} - \frac{1}{2}\sqrt[5]{[-4 + \sqrt{17}]}$, ce qu'on trouve par le moyen des logarithmes être 0.4313 : que si au lieu de $nn - 1$, &c, on avoit $1 - nn$, &c, ce qui rendroit les termes alternativement positifs & négatifs, alors la formule au lieu de $\sqrt{(aa+1)}$, on auroit $\sqrt{(aa-1)}$. Il y a ici une analogie remarquable avec le cas semblable dans les équations cubiques. Dans ces dernieres, si l'extraction ne peut pas se faire, les racines de l'équation peuvent être trouvées par la trisection de l'angle. Il en est de même dans les formes d'équations supérieures que nous considérons : si le cas irréductible a lieu, c'est-à-dire, si a est moindre que 1, il y aura autant de racines que le degré de l'équation contiendra d'unités, & elles pourront être exprimées par la multisection d'un arc dont (1 étant le rayon), a sera le sinus.

M. *Tchirnausen* a cru autrefois être en possession d'une résolution générale des équations. Il publia en 1684, dans les Actes de Leipsick, une méthode par laquelle il prétendoit faire évanouir tous les termes intermédiaires d'une équation quelconque ; ce qui la réduisoit à l'égalité simple de l'inconnue élevée à la plus haute puissance avec le terme connu. Rien n'eût été plus beau qu'une pareille méthode, mais il est à regretter que ce sçavant Géometre, par un effet de cette précipitation qui lui étoit assez ordinaire, se soit trompé. Quand même il n'y auroit point de parallogisme dans son procédé, ce que prétend le P. *Prestet* qui l'a examiné, le seul exemple qu'il donne de sa méthode sur une équation cubique, suffit pour montrer qu'elle n'a pas les avantages que lui attribue son Auteur : car

(*a*) *Transf. Phil.* ann. 1707. n°. 309. *Act. de Leipsick.* ann. 1709.

une des grandeurs qu'il lui est nécessaire de déterminer, se trouve égale à une expression sujette à devenir imaginaire, & qui le devient effectivement, lorsque le cas irréductible a lieu. A l'égard des équations d'ordre plus relevé, il est reconnu aujourd'hui qu'elle manque entiérement.

M. *de Lagni* est un de ceux qui ont le plus travaillé à la résolution générale des équations. On a de lui un volume entier sur ce sujet, qui a été joint aux anciens Mémoires de l'Académie avant 1699, sans compter quelques écrits insérés parmi les nouveaux (*a*). On ne peut s'empêcher d'y reconnoître des vues ingénieuses, mais elles ne l'ont point mené loin en ce qui concernoit son objet principal. C'est le jugement qu'en porte M. *Hallei* (*b*), jugement qui me paroît tacitement confirmé par les Analistes. C'est aussi celui qu'on peut porter de l'ouvrage de M. *Laloubere*, intitulé *la résolution des équations*. M. *Rolle* est encore un de ceux qui se sont proposé cet objet. Il donne dans son Algebre imprimée en 1690, quelques regles pour trouver les racines rationnelles des équations lorsqu'elles en ont, ou pour approcher de plus en plus de leur valeur exacte lorsqu'il n'y en a aucune de cette espece. Mais ces regles ne sont pas assez commodes pour mériter une attention particuliere parmi tant d'autres qu'on a pour cet effet. Sa méthode qu'il appelle *des Cascades*, & dont il se sert pour déterminer les limites des racines, mérite seule d'être remarquée. Elle est, à peu de chose près, la même que celle que *Newton* a donnée dans son *Arithmétique universelle*.

Il nous faut enfin faire connoître les méthodes que les Analistes ont imaginées pour déterminer du moins d'une maniere approchée les racines des équations. C'est-là l'unique ressource qui reste lorsque toutes les méthodes de réduction n'ont point réussi. On est même, à bien dire, contraint d'y recourir dès qu'on est assuré que les racines de l'équation sont irrationnelles. Car, sans aller chercher un exemple plus composé que celui du troisieme degré, n'a-t'on pas une idée plus nette d'un nombre exprimé en fraction décimales, que d'une expression aussi enveloppée de radicaux que le sont les formules de *Cardan*, lors même que l'extraction de la racine est

(*a*) Ann. 1705, 1706.
(*b*) *Transf. Phil.* ann. 1694, n°. 210.

possible. La résolution générale des équations est sans doute à desirer, si on l'envisage dans la rigueur mathématique; mais il est fort probable qu'elle n'affranchiroit pas de la nécessité des approximations telles que les donnent les Analistes.

La méthode d'approximation, la plus générale est celle qu'ont donnée MM. *Newton*, *Hallei* & *Raphson*. Nous les joignons ensemble, parce qu'ils y sont venus tous les trois, ou par des voies différentes, ou à l'insçu les uns des autres. Mais M. *Newton* est celui à qui est dûe la premiere invention; car il la communiqua au D. *Barrow* dès l'année 1669, dans son écrit intitulé *Analysis per æquationum numero terminorum infinitas*. Voici en peu de mots le principe & l'esprit de cette méthode (*a*).

On suppose qu'on ait déja la racine entiere la plus approchée, c'est-à-dire, qui ne differe de la véritable que de moins d'une unité; c'est-là la base de l'opération. On égale donc ce nombre plus une nouvelle inconnue, à celle de l'équation proposée, & on la substitue à sa place. On a une autre équation dont la racine est ce qu'il faudroit ajouter à la premiere racine pour avoir la valeur exacte. Mais comme on suppose que ce reste est fort petit, & au moins au dessous de l'unité, on en conclud que la valeur des termes les plus élevés est fort petite; & on les néglige, ce qui réduit l'équation au terme connu, & à celui où l'inconnue est au premier degré, à moins qu'on n'eût quelque doute que la premiere racine fût assez approchée. Dans ce cas on pourroit conserver aussi le terme où est la seconde puissance de l'inconnue; ce qui laisseroit une équation du second degré à résoudre. On cherche donc la racine de cette équation en fractions décimales, c'est ce qu'il faut ajouter à la premiere racine trouvée, ou

(*a*) Que l'équation soit $y^3 - 2y - y = 0$, & qu'on sçache que la racine entiere la plus proche est 2. On supposera $2 + z = y$, & on substituera dans l'équation précédente cette valeur à y; ce qui donnera $z^3 + 6z^2 + 10z - 1 = 0$. Comme z est fort petit, on néglige les deux premiers termes; on a donc seulement $10z = 1$, ou $z = \frac{1}{10}$, ou 0.1. Maintenant comme 0.1 n'est que la racine approchée de l'équation z^3, &c. qu'on fasse $0.1 + u = z$, & qu'on procede comme ci-dessus, on a l'équation $u^3 + 6.3u^2 + 11.23u + 0.061 = 0$, dont on ne considere que les deux derniers termes qui donnent $u = -0.0054$. Qu'on fasse donc encore $-0.0054 + r = u$. On trouve par un procédé semblable, $r = -0.00004853$: qu'on ajoute enfin toutes les parties positives, & qu'on en ôte la somme des négatives, on trouve $y = 2.07955147$.

ce qu'il faut en soustraire, suivant que le signe qui affecte ces fractions est positif ou négatif. Si ce degré d'exactitude ne suffit pas, il faudra reprendre la seconde équation entiere, & la traiter comme on a fait la premiere; ce qui donnera une troisieme équation, qui deviendra du premier degré, en négligeant tous les termes au dessus. Sa résolution donnera de nouveaux chiffres à ajouter à la fraction décimale qui exprime la racine cherchée, & ainsi de suite. En trois opérations, M. *Newton* trouve que la racine de cette équation $y^3 - 2y - 5 = 0$, est en fractions décimales, 2. 09455147 +, ce qui est vrai jusqu'au neuvieme chiffre.

Des deux méthodes que M. *Hallei* a données pour les approximations des équations, l'une est fort ressemblante à celle que nous venons de décrire; elle en differe seulement en ce qu'il revient toujours à la premiere équation proposée, en substituant à l'inconnue la valeur de la racine de plus en plus approchée & augmentée d'un reste inconnu; ce qui donne à chaque opération, de nouvelles décimales & une valeur plus exacte (*a*). Dans la seconde, il conserve les termes où l'inconnue est au second degré, mais par un moyen ingénieux dont il fait honneur à M. *de Lagni*, il réduit encore toute l'opération à une seule division. M. Jean *Bernoulli* se sert d'une semblable méthode pour le même effet (*b*).

La méthode que *Raphson* a suivie differe encore fort peu de celle de *Newton* (*c*); il lui a seulement donné quelques degrés de facilité, par certaines tables qui, sur l'inspection seule d'une équation d'un degré quelconque, font connoître le numérateur & le dénominateur de la fraction qui est le reste à ajouter à la racine déja approchée. Comme le Livre de cet Analiste ne peut manquer d'être rare dans ces contrées, nous indiquerons à ceux qui voudront connoître son procédé, les Œuvres de *Wallis*, T. II.

La méthode précédente n'est pas la seule que possedent les Analistes pour les approximations des racines des équations. La fécondité des Mathématiques, & la variété de leurs ressources, se soutiennent ici comme partout ailleurs. M. *Tailor*

(*a*) *Transf. Phil.* n°. 210, ann. 1694.
(*b*) *Lect. calculi integ.* Lect. 53.
(*c*) *Analysis æquat. univers.* Lond. *in*-4°. 1690.

a donné pour ces approximations une nouvelle regle, qui est fondée sur sa théorie *des Incrémens* (*a*). Nous finirons par en indiquer deux de l'invention de M. Thomas *Simpson*, qui sont fort ingénieuses, & qui approchent fort rapidement. L'une suppose le calcul différentiel, mais elle n'en est pas pour cela d'un usage moins facile, & elle s'applique aussi à trouver à la fois les valeurs de deux inconnues données par deux équations (*b*). La seconde suit d'une méthode d'approximation qu'il donne pour les suites infinies, & est également fort commode (*c*). Dans l'impossibilité d'exposer toutes ces choses, nous invitons les lecteurs à recourir aux écrits de ces sçavans Géometres.

Il est important dans l'analyse des équations de pouvoir reconnoître le nombre de racines imaginaires qu'elles contiennent, sans être obligé de recourir à leur résolution qui est, comme nous l'avons vu, sujette à tant de difficultés. On connoît, dans les équations cubiques, ce qui indique les racines imaginaires, & comme elles ne peuvent pas être plus de deux, on a tout ce qu'on peut desirer dans ce cas particulier. Mais cette distinction est beaucoup plus difficile dans les équations de degrés plus relevés. M. *Newton* a tenté d'y parvenir, & a donné pour cet effet dans son *Arithmétique universelle*, une regle assez simple, mais encore fort imparfaite. Ce motif a excité divers Analistes à faire des efforts pour y suppléer. MM. *Maclaurin* (*d*) & *Campbell* (*e*) y sont parvenus, & ont donné des regles plus parfaites que celles de *Newton*. M. l'Abbé *de Gua* a aussi travaillé sur ce sujet (*f*); & enfin M. *Fontaine* semble avoir donné tout ce qu'on peut attendre de plus parfait sur cette matiere (*g*). Sa méthode ne se réduit même pas à la simple découverte de la forme & de l'espece de racines dans toutes les équations : elle touche de fort près à leur résolution complette; & nous croyons effectivement avec son Auteur, que quand il nous aura mis en possession des tables qui sont nécessaires pour la pratiquer, elle ne laissera guere plus rien à desirer sur cette matiere.

(*a*) *Trans. Phil.* ann. 1717.
(*b*) *Essais on various subjects*, p. 81, &c.
(*c*) Mathem. dissertations, p. 102.
(*d*) *Trans. Phil.* ann. 1726 & 1729.
(*e*) Ibid. ann. 1728.
(*f*) Mem. de l'Acad. ann. 1741.
(*g*) Ibid. ann. 1747.

Un autre point important de la théorie des équations concerne la regle de *Descartes* pour la distinction des racines positives & négatives. Cette regle n'étoit point démontrée, & sa vérité n'étoit établie que par induction. M. *de Gua* en a donné une démonstration analytique qu'on lit dans les Mémoires de l'Académie de 1741. Toutes ces choses sont d'une nature à ne pouvoir être qu'indiquées ici ; les lecteurs doivent recourir aux sources que nous avons soin de leur montrer en même temps.

XII.

Nous croyons ne pouvoir pas mieux terminer ce Livre qu'en faisant connoître quelques-uns des principaux ouvrages dans lesquels on peut s'instruire des matieres dont nous venons de traiter l'histoire. Celui qui mérite à plusieurs titres le premier rang, est l'*Arithmetica universalis* de M. *Newton*. Il suffit d'en nommer l'Auteur, pour en faire concevoir la plus grande idée. Ce sont les leçons que ce grand homme donnoit à Cambridge, tandis qu'il y occupoit une Chaire de Mathématiques. A la vérité, nous ne conseillerons pas cet ouvrage à ceux qui ne sont point encore initiés dans l'Algebre & dans l'Analyse appliquée à la Géométrie. Mais ceux qui s'y sont déja familiarisés dans d'autres Livres élémentaires, ne sçauroient mieux faire que d'entreprendre la lecture de celui-ci, & nous leur dirons avec confiance, *nocturnâ versate manu, versate diurnâ*. On doit cependant avertir qu'il y a dans cet ouvrage différens endroits qui sont de nature à ne pouvoir être entendus que par des personnes déja profondes dans l'analyse : telles sont diverses méthodes nouvelles sur l'invention des diviseurs, sur la détermination des limites & du nombre des racines imaginaires dans les équations, &c. C'est pourquoi il seroit à desirer que quelque habile Analiste entreprît un Commentaire sur ces endroits épineux. Un Auteur Italien a donné, il y a quelques années, un ouvrage sous ce titre ; mais on peut lui appliquer ce qu'on a dit de bien des Commentateurs, *in re difficili mutus :* ce Commentaire est encore à exécuter. Des trois éditions que je connois de l'Arithmétique universelle de *Newton* (*a*), la derniere me paroît la préférable. On trouve à sa suite

(*a*) *Lond.* 1707. *in*-8°. *Ibid.* 1722. *in*-8°. *Lugd. Bat. in* 4°. 1732.

l'utile Recueil de diverses pieces extraites *des Transactions Philosophiques*, sur la résolution, soit géométrique, soit numérique des équations, qui tiennent lieu de Commentaire ou de supplément à certains endroits de cet ouvrage.

On a fait cas vers la fin du siecle passé des *Elémens de Mathématiques* du P. *Prestet*. Ils contiennent effectivement beaucoup de bonnes choses, mais ils péchent par trop de prolixité. C'est aussi le défaut qu'on peut imputer à l'*Analyse démontrée* du P. *Reynau*, livre néanmoins très-estimable à plusieurs autres égards. On a aujourd'hui divers Traités, où l'on voit éclater plus de précision, & que je conseillerai plus volontiers; telles sont l'Algebre du fameux aveugle *Saunderson*, nouvellement traduite en François (*in*-4°.); celle du célebre Géometre M. *Maclaurin*, donnée aussi il y a quelques années dans notre Langue, avec diverses additions utiles du Traducteur. Nous citerons enfin les *Elémens d'Algebre* de M. *Clairault*: cet ouvrage que nous ne sçaurions mieux comparer pour la petitesse du volume, & l'excellence des choses, qu'à l'*Arithmétique universelle* de *Newton*, mérite d'être conseillé à tous ceux qui, doués de facilité, veulent faire des progrès profonds en Algebre, & se familiariser bientôt à ses plus grandes difficultés.

La plûpart des ouvrages que nous venons d'indiquer ne traitent que de l'Algebre pure: en voici qui ont pour objet l'Algebre mixte ou appliquée à la Géométrie. Parmi ceux-ci nous donnerons le premier rang dans l'ordre d'instruction à celui de M. *Guisnée*, intitulé l'*Algebre appliquée à la Géométrie*, (in-4°. 1704). Delà on peut passer à l'excellent Traité *des Sections Coniques, & des lieux géométriques*, de M. le Marquis *de l'Hôpital*. Le nom de son Auteur & le cas qu'en font depuis un demi-siecle tous les Mathématiciens, suffisent pour en faire l'éloge. Les *Institutions analytiques* (a) de Mademoiselle *Agnesi*, méritent aussi une place distinguée dans cette indication des meilleurs Livres sur l'analyse. Les lecteurs ne verront pas sans étonnement qu'une personne d'un sexe si peu fait pour se familiariser avec les épines des Sciences, ait pénétré aussi profondément dans toutes les parties de l'analyse, soit ordinaire,

(a) *Istituzioni analytiche, ad uso della gioventù Italiana.* Mil. in-4°. 2. vol.

ſoit tranſcendante. Ceux qui poſſedent les *Elementa Matheſeos univerſalis* de M. *Wolf*, peuvent s'épargner la peine de recourir preſqu'à aucun autre Livre. On y trouve raſſemblé avec choix & avec préciſion preſque tout ce qu'il y a de plus remarquable & de plus important dans l'Algebre, ſoit pure, ſoit appliquée à la Géométrie, de ſorte qu'on peut paſſer delà immédiatement à la lecture des Livres les plus difficiles. Nous pourrions citer encore divers autres ouvrages dignes d'éloges ſur ces matieres, ſi notre objet étoit ici d'entrer dans ce détail. Nous avons cru devoir nous borner à un petit nombre, & à ceux où l'on peut puiſer une connoiſſance plus univerſelle de toutes les parties de l'analyſe.

Fin du Livre II.

HISTOIRE
DES
MATHÉMATIQUES.

QUATRIEME PARTIE,

Qui comprend l'Histoire de ces Sciences pendant le dix-septieme siecle.

LIVRE TROISIEME.

Progrès de l'Optique jusques vers le milieu du dix-septieme siecle.

SOMMAIRE.

I. *Kepler explique la maniere dont on apperçoit les objets. Description de l'organe de l'œil. Explication des principaux phénomenes de la vision. Autres traits de l'Astronomie optique de Kepler.* II. *Invention du Télescope. Manieres différentes dont on la raconte. Pieces curieuses sur ce sujet. Des diverses especes de Télescopes, & à qui elles sont dûes.* III. *Des Microscopes,*

& ce qu'on sçait sur leur invention. IV. *Kepler publie sa Dioptrique, où il examine les foyers des verres lenticulaires, & la cause des effets des Télescopes. Explication de ces effets & de ceux des Microscopes.* V. *Découverte de la loi de la réfraction par Snellius.* VI. *Descartes tente de la démontrer. Querelle élevée entre lui & Fermat à ce sujet, & comment elle se termine. Idée abrégée des tentatives faites par d'autres Philosophes pour rendre raison de cette propriété de la lumiere.* VII. *Nouvelles vues de Descartes sur la perfection des Télescopes. Ses découvertes sur la forme des surfaces propres à rompre la lumiere.* VIII. *Il perfectionne l'explication de l'arc-en-ciel ébauchée par Antoine de Dominis.*

I.

Nous touchons enfin à une partie de notre ouvrage propre à délasser les lecteurs de la contention d'esprit qu'ont exigé d'eux les Livres précédens. Des objets d'une nature plus agréable & plus accessible vont nous occuper dans celui-ci. La découverte de la maniere dont se fait la vision & ses principaux phénomenes, l'invention des Télescopes & des Microscopes, & la cause de leurs effets, la loi de la réfraction, & les tentatives faites pour en rendre raison, l'explication de l'iris, sont les matieres principales qu'il doit offrir. De pareils objets ont droit d'intéresser, je ne dis pas seulement les Mathématiciens, mais tous ceux pour qui les connoissances naturelles ont quelque attrait.

Découverte du méchanisme de la vision.

La maniere dont se fait la vision, c'est-à-dire, dont on apperçoit les objets, étoit encore un mystere à l'époque où nous a amené le volume précédent. *Porta* & *Maurolicus* avoient touché d'assez près à la vérité ; mais sur le point qu'ils étoient de la saisir, ils avoient malheureusement échoué. Cette intéressante découverte étoit réservée au commencement du dix-septieme siecle, & à *Kepler*. Ce grand homme rassemblant les traits de lumiere que lui fournissoient ces deux Physiciens, dévoila enfin ce mystere. Il reconnut le vrai usage du crystallin & de la rétine, l'existence des images qui se peignent sur celle-ci, & leur inversion, les causes de la distinction & de la confusion avec laquelle on apperçoit les objets. Il expliqua toutes ces choses dans son *Astronomiæ pars Optica*, ouvrage dans lequel il ne faut pas chercher cette précision qui caractérise ceux de notre siecle, mais qui est plein d'idées neuves & dignes d'un homme de génie. Avant que d'entrer dans des détails sur le méchanisme de la vision, donnons une idée de l'organe qui en est l'instrument.

L'œil est un globe creux dont l'enveloppe est formée de trois tuniques ou membranes. La premiere est celle qu'on nomme la sclérotique; elle est une production de la dure-mere, la plus extérieure de celles qui revêtent le cerveau. La choroïde qui est au dessous, provient de la pie-mere ou de la seconde membrane dont le cerveau est enveloppé. Elles sortent du crâne, enveloppant la partie vraiment nerveuse du nerf optique, qui s'épanouissant en quelque sorte, tapisse l'intérieur de la choroïde, d'un tissu de filamens nerveux, mêlés avec des vaisseaux sanguins; ce qui lui donne la ressemblance d'un réseau, & lui a fait donner le nom de la rétine. C'est-là la troisieme des membranes qui forment l'enveloppe de l'œil, & c'est dans elle que réside le sentiment de la vision (*a*). *Fig.* 62.

La partie antérieure de la sclérotique est transparente, & forme ce qu'on nomme la cornée: celle-ci est portion d'une moindre sphere, de sorte que l'œil regardé de profil forme dans cet endroit une petite éminence. Au dessous de la cornée, on apperçoit un petit diaphragme, ou cercle percé dans son milieu d'un trou circulaire; c'est ce qu'on nomme l'uvée, ou l'iris à cause de ses couleurs. L'uvée est formée d'un entrelassement de fibres musculeuses, les unes circulaires & concentriques, les autres droites & disposées comme les rayons d'un

(*a*) Deux hommes célebres du siecle passé, M. Pecquet & M. Mariotte, ont discuté si la rétine étoit véritablement l'organe de la vue. M. Pecquet tenoit pour l'affirmative; M. Mariotte étoit d'un avis contraire, & prétendoit que c'étoit la choroïde. Il seroit trop long d'examiner leurs raisons. Mais malgré celles de M. Mariotte, qui sont fort ingénieuses, la rétine est restée en possession d'être l'organe qui transmet à l'ame l'impression de la lumiere; & je n'hésite point à regarder l'opinion contraire comme absolument insoutenable. Quel peut être l'usage d'une partie presque toute nerveuse comme la rétine, si ce n'est de transmettre l'impression des objets extérieurs. Il ne sçauroit y avoir sur cela de division entre les Physiologistes qui sçavent par mille expériences décisives, que c'est uniquement dans les nerfs & les parties qui en sont les plus composées, que réside le sentiment. On peut voir les principales pieces de cette contestation dans le Recueil des Œuvres de M. Mariotte.

cercle, par le jeu desquelles l'ouverture dont nous venons de parler se contracte ou s'élargit. La partie postérieure de l'iris est toujours teinte dans l'homme d'une mucosité noire propre à obscurcir l'intérieur de l'œil en absorbant tous les rayons latéraux. Dans l'endroit où l'uvée se sépare de la sclérotique, elle lui est fortement attachée par un ligament qu'on nomme ciliaire, & que quelques Opticiens physiologistes soupçonnent être un muscle dont la contraction ou le relâchement sert à augmenter ou à diminuer la convexité de la partie antérieure de l'œil pour l'accommoder à la différence des objets proches ou éloignés (*a*). Quoi qu'il en soit, de ce ligament partent une multitude de filets appellés *processus ciliaires*, qui servent à soutenir le crystallin dont nous parlerons tout à l'heure. Le nerf optique n'est point, comme le représentoient les anciens Opticiens, implanté directement vis-à-vis le trou de la prunelle, mais un peu en dedans & plus haut, comme le montrent l'expérience & la position du trou par lequel il sort du crâne dans l'orbite de l'œil.

Cette concavité que nous venons de décrire est remplie de trois humeurs, l'acqueuse, la crystalline & la vitrée. La vitrée qui paroît de la consistance de la glaire d'œuf, est néanmoins une humeur très-limpide & très-fluide, mais qui est renfermée dans une multitude de petites capsules; ce qui lui donne cette apparence. Elle occupe le fond de l'œil, & applique la rétine contre la choroïde. Le crystallin est comme une petite lentille, renfermée dans une membrane très-transparente nommée l'arachnoïde, & logée dans une concavité de l'humeur vitrée, comme la pierre d'une bague dans son châton. L'humeur aqueuse occupe la chambre antérieure de l'œil, qui est séparée en deux par la cloison de l'uvée. Six muscles, quatre droits, sçavoir un supérieur, un inférieur avec deux latéraux, & deux obliques ou dont la direction est en diagonale, enveloppent ce globe par leurs expansions membraneuses, & servent à ses mouvemens. Le devant de l'œil est enfin recouvert d'une membrane blanche très-déliée, qu'on nomme *la conjonctive*, & qui est une production

(*a*) Voyez M. Jurin, *Diss. on distinct and indistinct vision.* A la fin de l'*Optique* de M. Smith.

de

de celle qui revêt l'intérieur de l'orbite. Telle est la conformation de cet admirable organe; nous passons à ce qui concerne plus particuliérement notre objet.

L'exemple d'une chambre obscure dont l'ouverture est garnie d'un verre convexe, est extrêmement propre à expliquer la maniere dont se fait la vision. La prunelle dans l'œil est l'ouverture de la chambre, le crystallin en est le verre, & la rétine est le carton ou la muraille blanche où se peignent les objets. L'œil est seulement une chambre obscure plus composée. Les rayons de lumiere émanés du même point, en tombant sur la cornée & en pénétrant l'humeur aqueuse, y éprouvent une réfraction qui commence à les faire converger. Une partie est reçue par l'ouverture de la prunelle, & tombe sur le crystallin. Ce corps lenticulaire les rompt davantage & les rend plus convergens. Ils sortent du crystallin, & ils éprouvent une nouvelle réfraction en passant dans l'humeur vitrée: à l'aide de toutes ces réfractions, ceux qui viennent d'un même point de l'objet, si l'œil est bien conformé, se réunissent fort exactement dans un autre, & peignent sur la rétine l'image de ce point. Ainsi tous les cônes de rayons partis des différens points de l'objet, forment sur la rétine son image, & elle est renversée, comme le reconnut enfin *Kepler*, après s'être long-temps & vainement tourmenté pour la redresser (*a*). On s'assure facilement de tous ces faits par l'expérience. On prend un œil d'animal recemment mort, & l'ayant dépouillé par derriere de ses tuniques sans endommager la rétine, on le présente à l'ouverture de la chambre obscure. On voit tous les objets extérieurs s'y peindre renversés avec une vérité ravissante.

En possession de ces faits, il ne nous sera plus difficile de rendre compte de la maniere dont nous appercevons les objets. Nous ne nous arrêterons point avec la plûpart des Auteurs à ces images si ressemblantes qui se peignent sur la rétine. Ce seroit supposer que l'ame les y contempleroit comme dans un miroir qui les lui représenteroit; ce qui seroit ridicule & puérile. Il faut rechercher la cause de la vision dans l'impression que chaque cône de lumiere exerce sur le filet nerveux qu'il

(*a*) *Astron. Optica.* p. 205, 206.

atteint par ſon ſommet. On ne doit point s'étonner que la lumiere, malgré ſa ſubtilité extrême, puiſſe faire impreſſion ſur les nerfs, puiſque portée à un certain degré de denſité elle eſt capable d'exciter une ſenſation douloureuſe ſur les mammelons nerveux de l'organe du tact. On peut par conſéquent ſuppoſer dans les filamens de la rétine une telle ſenſibilité, que l'action de la lumiere puiſſe les ébranler. L'ame, quelle que ſoit la nature de ſon union avec le corps, attentive à cet ébranlement, ſera affectée d'une certaine ſenſation, & reconnoîtra la préſence de la lumiere, comme elle reconnoît les autres qualités des corps par celui des nerfs deſtinés aux autres organes. On peut auſſi concevoir, & il eſt probable, qu'elle eſt avertie de la différente grandeur des objets par l'éloignement des filets de la rétine qui reçoivent les rayons extrêmes; de l'intenſité de la lumiere par la vivacité de l'ébranlement qu'elle excite; des couleurs par la nature de cet ébranlement différent, ſans doute, ſuivant la différence des couleurs; de la ſituation des objets par celle des filets qui en tranſmettent l'impreſſion. La fameuſe queſtion pourquoi les images étant peintes renverſées ſur la rétine, on voit néanmoins les objets droits, n'eſt, à mon gré, qu'une queſtion puérile. Nous ne jugeons du droit & du renverſé que par comparaiſon à la poſition de notre corps, & à la ſituation accoutumée des objets. Dès que nous avons commencé à faire uſage de nos ſens, nous avons pris l'habitude de joindre à l'ébranlement d'un filet ſupérieur de la rétine, l'idée d'un objet inférieur ou plus voiſin de nos pieds. Ainſi demander pourquoi les images étant renverſées dans l'œil, les objets nous paroiſſent droits, c'eſt demander pourquoi nous voyons les objets comme nous avons accoutumé de les voir. Un aveugle né, à qui la lumiere ſeroit ſubitement rendue, ne verroit d'abord ni près, ni loin, ni haut, ni bas. Ce fut le cas de celui à qui *Cheſelden* leva la cataracte; il ne commença à juger des poſitions & des éloignemens, qu'après avoir palpé les objets. *Deſcartes* ſe ſert de la comparaiſon d'un aveugle qui tient deux bâtons croiſés, & qui par l'impreſſion de la main gauche juge que l'objet eſt à droite, & au contraire. Cette comparaiſon eſt ingénieuſe, & répond aſſez bien à la difficulté, pourvu qu'on remarque que ce n'eſt pas par la nature du tact que cet aveugle rapporte l'impreſſion exercée ſur la main gauche à un objet placé à droite, mais par l'habitude qu'il a contractée d'en juger ainſi. Sans cette habitude, ſemblable à l'aveugle de *Cheſelden*, il ſentiroit ; mais il ne pourroit porter aucun jugement ſur la ſituation de l'objet qui l'affecteroit.

La diſtinction avec laquelle nous appercevons un objet dépend de celle avec laquelle ſon image eſt peinte dans l'œil. Si chacun des cônes formés par les réfractions de l'œil, porte exactement ſa pointe ſur la rétine, toutes les parties de l'objet & ſes bords ſeront exactement terminés ; l'on verra l'objet diſtinctement. Mais ſi cette pointe tombe en avant ou en arriere, cette image ſera confuſe, comme dans la chambre obſcure ſi la muraille où ſe peignent les objets eſt trop voiſine ou trop éloignée du verre : dans ce cas on ne voit que confuſément. Il eſt donc eſſentiel pour la viſion diſtincte que l'œil ſoit tellement conformé que la réunion des rayons viſuels ne ſe faſſe ni trop près, ni trop loin, mais exactement ſur la rétine.

Ceci nous conduit naturellement à la cauſe des défauts qu'on remarque dans les différentes vues. Il y a des hommes qui n'apperçoivent les objets qu'à de très-petites diſtances, & d'autres qui ne voient diſtinctement que les objets éloignés. Ce dernier défaut eſt ordinairement celui des vieillards, & l'on nomme par cette raiſon *presbites*, ceux qui ont l'organe de la vue ainſi conformé : les autres ſont nommés *myopes*. Dans les preſbites, la cornée ou le cryſtallin trop applatis ne rompent pas aſſez la lumiere, ou peut-être quelque conformation particuliere rend la rétine trop proche du cryſtallin. Delà il arrive que les rayons partis d'un objet voiſin, & par conſéquent trop divergens, ne ſe réuniſſent qu'au-delà de la rétine ; mais s'il eſt extrêmement éloigné, de ſorte que les rayons qui partent de chacun de ſes points ſoient ſenſiblement paralleles, le degré de réfraction qu'ils éprouveront dans cet œil, ſera ſuffiſant pour les faire converger & ſe réunir préciſément ſur la rétine. L'art ſupplée à cette diſpoſition de la nature ou de l'objet, par le moyen d'un verre convexe. Ce verre rendant les rayons émanés des objets moins divergens ou paralleles, les rend propres à ſe réunir préciſément ſur la rétine, & voilà pourquoi les verres de cette forme ſont utiles à ceux qu'on nomme presbites.

Le défaut des myopes eſt l'effet d'une cauſe toute contraire. Si les humeurs de l'œil ſont trop réfringentes, la cornée ou le le cryſtallin trop convexes, ou la rétine trop éloignée, les rayons ſe réuniront avant que de l'atteindre, & n'y peindront qu'une image confuſe. On remediera à ce défaut par un verre concave, qui faiſant diverger ces rayons, retardera leur réunion, & rendra l'image diſtincte.

L'explication de la maniere dont ſe fait la viſion n'eſt pas le ſeul mérite de l'ouvrage de *Kepler*. Il nous préſente divers autres objets dignes d'être indiqués. Tels ſont la ſolution du problême d'*Ariſtote* ſur la rondeur de la lumiere du ſoleil paſſant par un trou d'une forme quelconque, & projettée à une certaine diſtance; la cauſe de la dilatation du diametre apparent de la lune & de tous les corps lumineux placés ſur un fond obſcur, auſſi-bien que de ſa contraction dans les éclipſes de Soleil; l'examen du principe juſque-là reçu ſur le lieu de l'image dans les miroirs ſphériques, lieu que l'on plaçoit dans le concours de la perpendiculaire d'incidence avec le rayon réfléchi. *Kepler* montre qu'on s'étoit trompé juſqu'alors, & que ce principe a beſoin de reſtriction. Il conclud dans le même ouvrage *à priori* (*a*), l'ellipticité apparente du Soleil voiſin de l'horizon, découverte vulgairement attribuée au P. *Scheiner*. On y trouve encore diverſes obſervations curieuſes d'Aſtronomie-Optique, comme ſur la forme de la lumiere du ſoleil rompue par l'athmoſphere de la terre, & projettée au travers de ſon ombre, d'où naiſſent quelques phénomenes ſinguliers des éclipſes que *Kepler* explique fort bien. Mais il fût moins heureux à d'autres égards: on le voit faire bien des efforts & ſe tourner de bien des manieres pour découvrir la loi de la réfraction. Il tente quantité de rapports, qu'il compare avec la Table dreſſée par *Vitellion*, & celle des réfractions aſtronomiques donnée par *Tycho*. Mais s'en tenant toujours à chercher ce rapport entre la réfraction elle-même, & le ſinus ou la ſécante de l'angle d'inclinaiſon, il manqua le véritable; & M. *Flamſteed*, qui lui fait honneur de la découverte de ce rapport (*b*), s'eſt aſſurément trompé. *Kepler* ne fût pas plus heureux dans la recherche d'un autre

(*a*) Pag. 131.

(*b*) *Hiſt. celeſtis proleg.*

problême optique, ſçavoir celui de déterminer la ſurface réfringente qui rendra les rayons partis d'un point, paralleles, ou convergens vers un point donné. Le principal élément de cette recherche lui manquoit, auſſi-bien que les ſecours géométriques qu'elle exige. Ainſi il n'eſt pas ſurprenant qu'il y ait totalement échoué.

I I.

Découverte du Téleſcope.

S'il eſt quelque invention qui ait droit à notre admiration, c'eſt ſans doute celle du Téleſcope & du Microſcope. Tranſportons-nous dans les ſiecles privés de ces admirables inſtrumens; qu'euſſent dit les Philoſophes mêmes, ſi on leur eût annoncé qu'il viendroit un jour, où à l'aide de quelque matiere tranſparente artiſtement travaillée, on rapprocheroit les objets les plus éloignés, on groſſiroit les plus petits, au point de reconnoître avec diſtinction toutes leurs parties. Sans doute ils euſſent regardé cette annonce comme une chimere. C'eſt cependant ce qu'a vu le commencement du ſiecle paſſé, & ce dont nous ſommes aujourd'hui témoins tous les jours. Quoi de plus propre à apprendre à l'eſprit humain à ne ſe point trop défier de ſes forces, de celles du temps & du hazard.

Il eſt très-certain que le Téleſcope fut inconnu à l'Antiquité. Le plus ancien monument qu'on ait cité pour en reculer l'époque au-delà du commencement du dix-ſeptieme ſiecle, eſt un vieux manuſcrit cité par le P. *Mabillon*, dans ſon *Voyage d'Allemagne* (*a*), où l'on voit un *Ptolemée* mirant à un aſtre à travers un tube compoſé de pluſieurs tuyaux mobiles & rentrans les uns dans les autres. On en a conclu que c'étoit un Téleſcope, & que cet inſtrument étoit connu au temps où ce manuſcrit a été écrit; ce qui paroît être vers le milieu du treizieme ſiecle. Cependant, malgré ce que cette autorité a de ſpécieux, on n'a pu encore ſe perſuader qu'un inſtrument auſſi merveilleux ait reſté ſi long-temps enfoui dans l'obſcurité, & l'on a mieux aimé penſer que ce tube n'étoit autre choſe qu'une ſorte de dioptre propre à écarter les rayons latéraux. D'ailleurs pour diſcuter cette autorité, il faudroit avoir une

(*a*) Pag. 46.

représentation fidelle de ce dessein. Il n'est pas rare de voir des Sçavans épris d'une découverte qu'ils croient avoir faite, trouver dans un passage ce qui n'y est pas; il peut de même se faire ici que le sçavant Bénédictin cité ci-dessus, ait un peu exagéré la ressemblance de l'instrument que présente le dessein dont nous parlons, avec un Télescope.

Si nous en croyons l'opinion communément reçue, c'est au hazard que nous devons le Télescope. *Descartes*, qui écrivoit dans le pays même qui l'avoit vu naître, étoit de ce sentiment. Il commence presque sa Dioptrique par cet aveu humiliant: après un court éloge du Télescope, il continue en ces termes: « Mais à la honte de nos Sciences, cette invention » si admirable n'a premiérement été trouvée que par l'expé- » rience & la fortune. Il y a environ trente ans qu'un nommé » Jacques *Metius*, homme qui n'avoit jamais étudié, bien » qu'il eût eu un pere & un frere qui ont fait profession de » Mathématiques, mais qui prenoit plaisir à faire des miroirs » & des verres brûlans, ayant à cette occasion des verres de » différentes formes, s'avisa de regarder au travers de deux, » dont l'un étoit convexe, l'autre concave; & il les appliqua » si heureusement au bout d'un tuyau, que la premiere des lu- » nettes dont nous parlons en fut composée ».

Quelques Auteurs peu contens de cette origine du Télescope, ont cherché, ce semble, à la rendre encore plus humiliante pour les Sciences & pour l'esprit humain. Les enfans d'un Lunettier de Middelbourg, disent-ils, se jouant dans la boutique de leur pere, s'aviserent de regarder le coq de leur clocher avec deux verres, l'un convexe, l'autre concave; & par hazard ces deux verres se trouvant à la distance convenable, ils le virent fort grossi & fort rapproché. Ils firent part de leur surprise à leur pere qui, pour rendre l'expérience plus commode, les disposa d'une maniere stable sur une planchette. Bientôt un autre les adapta aux extrêmités d'un tuyau qui écartant la lumiere latérale, fit paroître les objets plus distinctement. Un troisieme rendit les tuyaux mobiles & rentrans l'un dans l'autre. Ainsi prit naissance le Télescope qui, tourné peu après vers le Ciel, y fit appercevoir les phénomenes les plus merveilleux, que les Artistes & les Sçavans s'empresserent de perfectionner, & qu'on a enfin porté aujourd'hui à un point de perfection surprenant.

Un Auteur du milieu du siecle passé (*a*), a fait des efforts pour retrouver les traces de cette invention, & la revendiquer à ses véritables Auteurs. Il rapporte cinq témoignages juridiques, & une Lettre d'un Envoyé des Etats d'Hollande, qui jettent quelque lumiere sur ce sujet. De ces cinq témoignages, il y en a deux qui font honneur du Télescope à un certain Zacharie *Jans*, Lunettier de Middelbourg. Ils différent à la vérité dans les dattes : le premier, qui est celui du fils de Zacharie, en fait remonter l'époque jusqu'en 1590, & celui de la sœur ne la recule que jusques vers 1610. Mais les trois autres ne disent mot de Zacharie, & adjugent l'invention dont il s'agit, à un certain Jean *Lapprey*, Lunettier de la même ville.

La lettre de M. *Borel* contient divers faits singuliers & dignes de trouver place ici. Cet Envoyé des Etats raconte qu'il a connu particuliérement ce Zacharie *Jans*, dont nous avons parlé plus haut, ayant joué souvent avec lui dans son enfance, & ayant été fréquemment dans la boutique de son pere; qu'il a oui dire plusieurs fois qu'ils étoient les inventeurs du Microscope; qu'étant en Angleterre en 1619, il avoit vu entre les mains de Corneille *Drebbel* son ami, le Microscope même que Zacharie & son pere avoient présenté à l'Archiduc *Albert*, & que ce Prince avoit donné à *Drebbel*; il en fait ensuite une description qui ne permet point de le prendre pour autre chose qu'un Microscope composé. Il ajoute que vers l'an 1610, les deux Lunettiers ci-dessus imaginerent les Télescopes, & qu'ils en présenterent un au Prince *Maurice*, qui desiroit le cacher pour s'en servir avantageusement dans la guerre où les Provinces-Unies étoient alors engagées. Mais l'invention transpira, & sur le bruit qu'elle fit, un inconnu vint à Middelbourg, & cherchant l'inventeur du Télescope, il s'adressa à Jean *Lapprey* qu'il prit pour lui, & par ses questions il lui donna lieu d'en deviner la composition qu'il dévoila le premier, ce qui l'en fit réputer l'inventeur. Cependant, ajoute M. *Borel*, on reconnut peu de temps après la méprise. Car *Adrianus Metius* & *Drebbel*, étant venus peu après à Middelbourg, allerent directement chez Zacharie *Jans*, de qui ils acheterent des Télescopes, &c. Sur ce fondement, l'Auteur du Livre *de vero*

(*a*) Pierre Borel, *De vero Telescopii inventore.* In-4°. 1655.

Telescopii inventore, adjuge l'invention du Télescope à Zacharie *Jans* : la Lettre de M. *Borel* concilie effectivement assez bien la contradiction des dépositions que nous avons citées plus haut. Mais que dirons-nous du Microscope ; croirons-nous contre toutes les idées reçues jusqu'ici, que sa naissance ait précédé celle du Télescope ? C'est cependant ce qu'il faut conclure du témoignage de cet Envoyé des Etats, qu'il ne me paroît pas possible de recuser, si ce n'est peut-être en objectant quelque défaut de mémoire. Je me borne à avoir rappellé ces faits qui m'ont paru n'être guere connus, quoique mille Auteurs aient eu occasion de parler de l'invention du Télescope. Je laisse au lecteur à les peser & à se déterminer.

Quoi qu'il en soit de la découverte du Télescope, elle étoit trop brillante pour rester long-temps renfermée dans une contrée de l'Europe. Elle ne tarda pas à se répandre de toutes parts, & l'on sent aisément que les Sçavans & les Astronomes ne furent pas les derniers à s'y intéresser. Mais parmi ceux pour qui cet instrument ne fut pas un vain sujet de curiosité, *Galilée* mérite le premier rang. Il étoit à Venise lorsque le bruit de la découverte dont nous parlons s'y répandit. Incertain de ce qu'il devoit croire, il en attendit la confirmation que lui apporterent enfin des lettres écrites de Paris. Alors assuré des merveilles que la renommée débitoit du nouvel instrument, il se mit, dit-il, à examiner profondément, à l'aide de la théorie des réfractions, quelle pouvoit être sa composition, & il la découvrit. Il garnit les extrêmités d'un tuyau, de deux verres, l'un convexe, l'autre concave ; & le tournant vers les objets, il remarqua qu'il les augmentoit trois fois en diametre. Ce premier succès l'encouragea ; il se fit peu après un autre Télescope, qui augmentoit environ huit fois : enfin n'épargnant ni peine, ni dépense, il s'en procura un qui grossissoit environ trente-trois fois en diametre, & ce fut par le moyen de ce dernier qu'il découvrit les Satellites de Jupiter, les taches du Soleil, &c.

Ce que nous venons de raconter, est d'après le récit même de *Galilée*. Ainsi rien n'est moins fondé que la prétention de ceux qui l'ont donné pour l'inventeur du Télescope. Ce qu'on ne peut lui refuser, c'est d'en avoir le premier construit un d'une certaine longueur, & de l'avoir tourné vers le Ciel. Il est

eſt encore vrai que, ſuivant le récit qu'il fait, il y a plus de mérite dans ſa découverte que dans celle du Hollandois qui n'y fut probablement conduit que par le hazard. Mais doit-on en croire *Galilée* ſur ſa ſeule parole, lorſqu'il dit qu'il n'avoit aucune connoiſſance de la forme des verres qui entroient dans la compoſition de ce nouvel inſtrument. Il eſt difficile de ſe perſuader qu'il n'eût pas appris du moins qu'il conſiſtoit en deux verres adaptés aux extrêmités d'un tube. Or dans ce cas le nombre des combinaiſons de verres à tenter, n'étoit pas conſidérable, & c'étoit ſans doute le moyen le plus court de découvrir ſa véritable compoſition. La Dioptrique étoit encore trop peu avancée pour qu'il fût poſſible d'y parvenir autrement que par des eſſais & des tentatives. Ce que *Galilée* dit quelque part, qu'il trouva par ſa théorie qu'il falloit néceſſairement un verre convexe & un concave, montre du moins que cette théorie étoit fauſſe.

Le Téleſcope dont nous venons de raconter l'invention, fut aſſez long-temps le ſeul en uſage. On n'en connoiſſoit point encore d'autre, du temps de *Deſcartes* qui écrivoit près de trente ans après. On ne trouve dans ſa *Dioptrique* aucune combinaiſon de verres, autre que celle d'un objectif convexe avec un oculaire concave. Cette diſpoſition a néanmoins un très-grand défaut; c'eſt qu'elle rétrecit extrêmement l'étendue des objets qu'on apperçoit d'un ſeul coup d'œil, & ce défaut augmente à proportion que le Téleſcope groſſit davantage, de ſorte qu'on a peine à ſe perſuader aujourd'hui qu'il ait pu rendre à l'Aſtronomie d'auſſi grands ſervices qu'il a fait entre les mains des *Galilée*, des *Scheiner*, &c. Les lunettes de cette forme ſont depuis long-temps reſtreintes à de petites longueurs. Il eſt rare d'en voir qui paſſent quinze à dix-huit pouces, & les plus ordinaires n'en ont que cinq à ſix, & même moins. Cette premiere eſpece de lunette eſt appellée *Batavique*, à cauſe de ſon origine.

On ne peut conteſter à *Kepler* la gloire d'avoir reconnu le premier dans la théorie le Téleſcope *aſtronomique*. C'eſt celui qui n'eſt compoſé que de deux verres convexes, & qui renverſe les objets, choſe peu importante aux obſervateurs à qui il ſuffit d'en être prévenu. *Kepler* le décrit dans ſa Dioptrique (*a*) d'une maniere à ne pouvoir le méconnoître, & il en explique fort bien les effets, comme on le verra par l'analyse que nous ferons dans peu de cet ouvrage. Mais il en resta là. Uniquement appliqué à déterminer avec précision les mouvemens célestes, cet homme célebre faisoit peu d'usage du Télescope, & c'est là probablement une des raisons pour lesquelles il négligea de mettre en pratique ce qu'une théorie éclairée lui avoit appris. Une autre raison du peu d'intérêt que *Kepler* prit à sa découverte, pourroit être qu'il ne connut point l'avantage de cette nouvelle combinaison de verres; sçavoir l'augmentation considérable du champ de la vision. Il jugea peut-être qu'il étoit assez inutile d'essayer une disposition de verres, qui ne devoit différer de celle qui étoit connue, qu'en ce qu'elle renverseroit les objets.

L'opinion vulgaire est que le Pere *de Rheita*, Capucin, est celui qui a fait la premiere mention expresse du Télescope astronomique. Mais cette opinion est mal fondée, & ceux qui lui ont donné crédit n'avoient pas lu la *Rosa ursina* du Pere *Scheiner*, publiée en 1630. C'est, à mon avis, ce Pere qui le premier a reconnu distinctement par l'expérience l'effet d'un oculaire convexe substitué à un concave (*b*). « Si vous appliquez, dit-il, au tube deux lentilles semblables, c'est-à-dire » toutes deux convexes, & que vous y approchiez l'œil de la » maniere convenable, vous verrez tous les objets terrestres » renversés à la vérité, mais augmentés, & avec une clarté & » une étendue considérable. Vous verrez de même les astres, » & comme ils sont ronds, leur renversement ne nuira point » à leur configuration. » Plus loin il donne la construction du Télescope à trois verres qui redresse les objets, & dont le principe fut aussi connu à *Kepler*. Il dit enfin dans le même endroit, qu'il y avoit treize ans qu'il s'étoit servi de deux verres convexes, dans une observation qu'il avoit faite devant l'Archiduc *Maximilien*. Ainsi l'on ne peut s'empêcher de reconnoître le P. *Scheiner*, comme le premier qui ait réduit en pratique la théorie de *Kepler*, sur ces deux nouveaux Télescopes. Il est vrai qu'un observateur Napolitain, nommé *Fon*-

(*a*) *Prop.* 86.
(*b*) *Rosa ursina*, p. 130 & seq.

tana (*a*), revendique l'invention du Télescope astronomique, aussi-bien que celle du Microscope. Il prétend avoir trouvé le premier dès l'année 1608, & il rapporte le certificat d'un ami, qui dit lui en avoir vu faire usage vers l'an 1614. Mais ces sortes de réclamations tardives sont toujours mal accueillies, à moins de preuves bien convainquantes. Il est dans la République des Lettres, comme dans la société, une sorte de prescription contre laquelle on n'est point reçu à revenir. Si *Fontana* fut en possession du Télescope astronomique dès l'an 1608, pourquoi ne publia-t'il pas alors sa découverte pour s'en assurer l'honneur & pour le bien de l'Astronomie. Ces inventeurs avares, qui font mystere de ce qu'ils ont trouvé, méritent de n'en être plus crus, lorsque d'autres trouvant les mêmes choses, les préviennent, & en font part à la société.

Nous voici déja en possession de trois sortes de Télescopes; le Batavique à deux verres, l'un convexe, l'autre concave; l'Astronomique à deux verres convexes, & un troisieme qui redresse les objets à l'aide d'une certaine disposition de deux oculaires convexes. Ce dernier néanmoins a le défaut de représenter les objets un peu courbes vers les bords, d'être fort sujet aux couleurs de l'iris, & de faire paroître les imperfections du premier oculaire: c'est pourquoi on a cherché une autre combinaison de verres, propre à redresser les objets sans ces inconvéniens. Le P. *de Rheita* me paroît en être l'Auteur. Après avoir décrit le Télescope à trois verres dont on vient de parler, il en annonce (*b*) un autre sous des lettres transposées qu'il expliqua dans la suite. Leur sens est que quatre verres convexes redressent mieux les objets, & que de ces quatre verres trois sont les oculaires, & un autre l'objectif. *Rheita* eut raison de dire que ce Télescope redresse mieux les objets: à quelque différence près de clarté, il jouit des mêmes avantages que le Télescope astronomique.

Les Télescopes qu'on vient de décrire, remplissent toutes les vues qu'on peut se proposer. Le Batavique est excellent pour les petites distances; l'Astronomique est plus commode pour les observations célestes; le dernier, qu'on nomme *Terrestre*, est tout ce qu'on peut desirer de mieux pour regarder

(*a*) *Novæ terrestrium & celestium obs.* Neap. 1646. in-4°.
(*b*) *Oculus Enoch & Eliæ, seu radius sidereo-mysticus.*

les objets qu'il importe de voir dans leur ſituation naturelle. Il y a cependant quelques autres formes de Téleſcopes, mais qui ont fait peu de fortune. Tels ſont certains Téleſcopes à cinq verres convexes, ou davantage, qu'on trouve décrits dans *Deſchales* (*a*). Si quelquefois il y en a eu de cette ſorte qui aient été eſtimés pour leur bonté, je crois que cela vient de l'excellence des verres dont ils étoient compoſés, & qu'ils auroient encore été meilleurs s'ils euſſent été plus ſimples, comme l'Aſtronomique ou le Terreſtre.

Hevelius fait auſſi mention d'un Téleſcope à deux objectifs convexes, & un oculaire concave. Il avoit déja été décrit par *Syrturus* dans ſon *Teleſcopium* (*b*); mais il eſt viſible que ces deux objectifs équivalent à un ſeul, & que ce n'eſt là qu'un Téleſcope Batavique : cette diſpoſition peut néanmoins avoir des avantages dans certaines circonſtances. M. *Molyneux* (*c*) fait beaucoup d'éloges d'un Téleſcope aſtronomique à deux objectifs, & il l'appelle *Téleſcope nocturne*, à cauſe qu'on l'employoit principalement dans les obſervations de nuit : en effet, comme chacun des objectifs appartient alors à une ſphere double de celle dont l'objectif unique auroit été portion, on peut lui donner une ouverture environ double en ſurface de celle de ce dernier, ce qui peut être commode pour conſidérer des objets peu éclairés. Il y a une autre combinaiſon de verres propoſée par quelques Opticiens dans la vue de faire ſervir un objectif médiocre à peindre une image beaucoup plus grande que ne le comporte la longueur de ſon foyer (*d*). Ils vouloient qu'un peu avant le foyer, on adaptât un verre concave dans un certain éloignement, afin qu'en retardant la réunion des rayons, il agrandît l'image de l'objet. L'oculaire devoit être convexe, comme dans le Téleſcope aſtronomique. Cette compoſition eſt ingénieuſe, & bonne dans la théorie, mais la pratique y a fait reconnoître des défauts, de ſorte qu'on l'a rejettée.

Il ne nous faut pas oublier ici le Téleſcope binocle, autre invention du P. *Rheita*, & qu'un Opticien de ſon Ordre (le

(*a*) *In Dioptrica.* Mund. Math. T. III.

(*b*) 1618. in-4°. C'eſt un ouvrage de très-mince conſéquence, & l'on voit facilement que Syrturus n'étoit qu'un ignorant qui ne connoiſſoit pas même les élémens de la Dioptrique.

(*c*) Dioptrick.

(*d*) Inventions de M. de Hautefeuille.

P. *Cherubin* d'Orléans) a tenté de mettre en crédit plusieurs années après. Ce sont deux Télescopes égaux, & disposés de maniere qu'on mire à la fois au même objet. Il arrive ici un phénomene curieux, & dont il ne faut cependant pas conclure que ce Télescope ait quelque avantage sur les autres. Lorsqu'on regarde par un seul des deux, on voit l'objet comme à l'ordinaire par un Télescope de même bonté & même longueur, mais si-tôt qu'on regarde dans tous les deux à la fois, le champ de la vision semble s'agrandir, & l'objet paroît beaucoup plus grand & plus rapproché. Mais ce n'est là qu'une illusion de la vue : on n'apperçoit point par ce moyen ce qu'un seul des deux Télescopes ne montreroit pas à un œil attentif; il y a seulement quelques degrés de plus de clarté, ce qui est l'effet de la double impression qui se fait en même temps dans les yeux. Au reste, cet avantage est compensé par l'incommodité de mirer au même objet, & malgré les éloges du P. *Chérubin*, nous doutons que les observatoires se garnissent jamais de Télescopes de cette espece.

III.

Histoire du Microscope.

A l'histoire du Télescope doit naturellement succéder celle du Microscope. Ce que le premier est dans l'Astronomie, le second l'est dans la Physique; si l'un nous transporte en quelque sorte dans les régions célestes les plus reculées, l'autre nous découvre les plus petits objets de la nature : celui-là nous a fait appercevoir dans les Cieux les phénomenes les plus étonnans, & a principalement contribué à redresser les idées des Physiciens sur le systême de l'Univers. Celui-ci nous faisant pénétrer dans la contexture intime des corps, nous a en quelque sorte découvert un nouveau monde aussi fécond en merveilles, & aussi digne de l'admiration de l'esprit humain.

Il y a deux sortes de Microscopes, le simple & le composé. Le premier ne consiste qu'en une lentille d'un foyer très-court. Une sphere de verre d'un petit diametre est encore un Microscope. Ainsi toutes les fois qu'on a fait de pareilles lentilles ou spheres de verre, on a eu des Microscopes. Il est vrai qu'on ne s'est guere avisé que vers le milieu du siecle passé, d'en faire d'extrêmement petites, & à cet égard on peut dire que la date du Microſcope ſimple n'eſt pas moins récente que celle du Téleſcope.

Les Microſcopes compoſés ſont ceux qui ſont formés d'une lentille d'un foyer fort court, qu'on appelle l'objectif, & d'un ou de pluſieurs oculaires. Leur invention n'eſt pas moins incertaine que celle du Téleſcope. On croit vulgairement que Corneille *Drebbel* (*a*) en eſt l'Auteur, & que les premiers ont paru vers l'an 1618 ou 1620. Mais ſuivant la lettre que nous avons citée plus haut, il faut donner à cet inſtrument plus d'antiquité, & même lui accorder le droit d'aîneſſe ſur le Téleſcope. Le Microſcope que *Drebbel* avoit à Londres, n'étoit point ſon ouvrage, comme le dit expreſſément la lettre dont nous parlons, & il pourroit bien ſe faire que le bruit qui l'en fait l'inventeur, n'eût pour fondement que l'uſage qu'il en faiſoit, & les curioſités qu'il montroit par ſon moyen.

Il ſeroit intéreſſant que l'Envoyé des Etats d'Hollande, qui nous a décrit l'extérieur du Microſcope de *Drebbel*, nous en eût auſſi fait connoître l'intérieur. Je ſoupçonne qu'il étoit compoſé, comme les Téleſcopes de ce temps, de deux verres, l'un convexe, l'autre concave. En effet, on peut faire un Microſcope avec une lentille d'un foyer médiocre, en plaçant l'objet un peu au-delà de ce foyer, & mettant l'oculaire entre ce verre & le lieu de l'image. Mais ce Microſcope a le défaut du Téleſcope Batavique; le champ en eſt fort étroit: c'eſt pourquoi on ne s'en ſert plus depuis l'invention de ceux à oculaire convexe.

Le Microſcope compoſé de verres convexes, eſt au Téleſcope aſtronomique, ce qu'eſt le précédent au Téleſcope Batavique. Cette raiſon nous fait croire que ſon époque ne remonte pas au-delà de celle du Téleſcope aſtronomique; & en effet, nous n'en trouvons pas de trace avant l'an 1646, où parut l'ouvrage de *Fontana*, dont nous avons parlé. *Fontana* pré-

(*a*) Drebbel, l'inventeur du Thermometre, n'étoit point, comme on le lit dans divers Livres, & entr'autres dans le Spectacle de la Nature, un payſan de la Nort-Hollande. Il étoit né à *Alcmaer*, & il avoit reçu, dit la Chronique de cette ville, une éducation fort recherchée. Il étoit fort curieux de nouveautés ingénieuſes & de ſecrets naturels; ce qui le rendit cher à Jacques I, Roi d'Angleterre, à la Cour duquel il vécut quelque temps. M. Borel, Envoyé des Etats en Angleterre & en France, le nomme *ſon ami*; ce n'eſt point là le titre que donne un homme de marque à un payſan qui montre ou qui a imaginé quelques curioſités.

tend en être l'inventeur, de même que du Télescope à oculaire convexe. Nous ne pouvons rien statuer sur cela. Les faits nous manquent; c'est pourquoi nous laisserons volontiers cet Astronome Italien en possession de la découverte de cette sorte de Microscope, puisque personne autre ne la revendique.

I V.

Le Télescope étoit un instrument trop digne d'admiration pour ne pas exciter dans tous les Mathématiciens une vive inquiétude sur la cause de ses effets; & il y en eut sans doute un grand nombre qui travaillerent à la démêler. Mais *Képler* fut le plus heureux, & le plus prompt de tous. Il la dévoila en 1611, dans sa *Dioptrique*, ouvrage qui ne lui fait guere moins d'honneur que ceux dont il enrichit l'Astronomie. L'analyse suivante montrera que ce jugement n'a rien d'exagéré.

Le premier pas à faire dans la Dioptrique, étoit de découvrir la loi que suit la lumiere en se rompant. *Képler*, à la vérité, ne fut pas plus heureux ici, qu'il l'avoit été dans son *Astronomia Optica*, où nous l'avons vu s'épuiser en recherches & en conjectures pour la déterminer. Mais guidé par l'expérience, il lui en substitua une propre à en tenir lieu dans les recherches qu'il avoit à faire. Il observa que tant que l'angle d'inclinaison (*a*) d'un rayon ne passe pas 30°, la réfraction que souffre ce rayon en est à très-peu de chose près, le tiers, & il prit ce rapport pour la vraie loi. Comme les surfaces sphériques des verres qu'on emploie dans les Télescopes, ont rarement 20° d'étendue de leur milieu vers les bords, *Képler* crut pouvoir s'en servir avec assurance; & en effet, elle ne l'égara point. Ses déterminations sont tout-à-fait conformes à celles que donne la vraie loi de la réfraction.

La lumiere passant d'un milieu plus dense dans un plus rare, s'écarte de la perpendiculaire, & d'autant plus que l'inclinaison est plus grande : il en est enfin une telle que le rayon rompu devient parallele à la surface réfringente. Cet angle est de 48 degrés & quelques minutes dans le verre, c'est-à-

(*a*) L'angle d'inclinaison dont on aura souvent occasion de parler, est celui que forme le rayon incident avec la perpendiculaire à la surface réfringente. Celui que forme le rayon rompu avec cette perpendiculaire, s'appelle l'angle rompu. Il est cependant passé en usage, depuis quelques années, d'appeller aussi ces deux angles, angles d'incidence & de réfraction.

*

dire, qu'un rayon de lumiere qui tomberoit ſur une ſurface plane de verre pour paſſer delà dans l'air, en faiſant avec elle un angle de 42°, l'effleureroit au ſortir. Mais que deviendront ceux qui la rencontreront encore plus obliquement. Ici il arrive un phénomene remarquable, qui n'échappa pas à *Képler.* La réfraction ne pouvant plus avoir lieu, elle ſe change en une réflection, qui ſe fait d'ailleurs comme à l'ordinaire, à angle égal avec celui d'incidence.

Ces principes généraux ſur la réfraction étant poſés, *Képler* paſſe à examiner les propriétés des verres lenticulaires. Il fait d'abord voir que ceux qui ſont plans convexes ont leur foyer, c'eſt-à-dire, réuniſſent les rayons paralleles à leur axe, à la diſtance du diametre de la ſphere dont leur convexité eſt portion, & que ceux qui ſont également convexes des deux côtés, l'ont à la diſtance du rayon. Quant à ceux qui ſont inégalement convexes, il ne détermine la diſtance de leur foyer qu'en diſant qu'elle tient un milieu entre les rayons de l'une & de l'autre ſphéricité. On a depuis aſſigné plus préciſément cette diſtance (*a*), & c'eſt, je crois, *Cavalleri* qui l'a fait le premier. Tout ce qu'on vient de dire ſur les verres convexes, s'applique aux concaves, à cela près, que le concours des rayons rompus, au lieu de ſe faire au-delà du verre, ſe fait en deçà, ou du même côté que viennent les rayons incidens; les Analiſtes diroient que la diſtance de leur foyer eſt négative, tandis que celle des verres convexes eſt poſitive.

Il n'eſt pas difficile après cela de trouver quel changement opere un verre convexe dans la direction des rayons qui viennent d'un point placé ſur ſon axe. Puiſque ceux qui ſont paralleles ſe réuniſſent à ſon foyer, ceux qui partent de ce foyer doivent devenir paralleles. S'ils viennent d'un point entre le foyer & le verre, ils reſteront divergens, mais moins que s'ils n'euſſent pas éprouvé une réfraction. Ceux enfin qui viennent d'un point au-delà du foyer, convergeront au ſortir du verre, & iront ſe réunir à un point placé au-delà du foyer oppoſé. *Képler* remarque en particulier que les rayons partis d'une diſtance double de celle du foyer, vont ſe réunir également loin de l'autre côté. Les Opticiens poſtérieurs ont

(*a*) Il faut faire, comme la ſomme des diametres des deux convéxités, à l'un des deux, ainſi l'autre à la diſtance du foyer.

examiné

examiné de plus près les autres, & ont assigné à quelle distance se fait la réunion des rayons partis d'un point quelconque de l'axe (*a*). Cette détermination étoit encore un peu trop difficile pour *Kepler*, à qui ses travaux astronomiques & extrêmement variés, n'avoient pas permis de faire des progrès profonds dans la Géométrie.

Un phénomene connu de tous ceux qui ont manié des verres lenticulaires, est celui de l'image des objets qu'ils peignent derriere eux. Qu'on présente dans une chambre un verre convexe au mur opposé à une fenêtre, & qu'on l'en éloigne de la distance environ de son foyer, on verra sur ce mur l'image de la fenêtre opposée, d'autant plus grande & plus distincte, que le verre sera d'une plus grande sphere. L'explication de ce phénomene est facile; de chacun des points de l'objet (que nous supposons dans l'axe de verre ou aux environs) part un faisceau de rayons qui tombent sur le verre, & qui se réunissent au-delà. Ceux qui partent de l'axe même, se réunissent dans l'axe; ceux qui viennent des côtés concourent dans un point de la ligne tirée par le milieu du verre: delà vient que le concours des rayons venus des parties inférieures de l'objet, est en haut & au contraire; ce qui fait que l'image est renversée. Quant à sa grandeur, elle est à celle de l'objet, comme sa distance au verre, à celle de celui-ci à l'objet. Cet objet est-il cent fois plus éloigné que l'image, celle-ci sera cent fois moindre, & au contraire. Nous ne disons rien de la distance à laquelle doit se peindre l'image. Cela est facile à déterminer, aussi-tôt qu'on se rappellera ce que nous avons dit sur le point de concours des rayons partis de l'axe d'un verre.

Ce qu'on vient de dire est le fondement de la théorie des Télescopes & des Microscopes. Mais avant que de venir à en expliquer les effets, il faut remarquer avec *Kepler*, que l'on ne voit point distinctement les objets par des rayons convergens, ou même paralleles, à moins qu'on ne soit presbite.

(*a*) Pour trouver ce point de réunion, il faut faire cette analogie. Comme l'excès de la distance de l'objet au verre sur celle du foyer à la distance du foyer, ainsi cette distance à celle du point de réunion au-delà du verre. Cette même analogie donne le point d'où divergent les rayons, quand l'objet est entre le verre & le foyer. Car alors l'excès de la distance de l'objet au verre sur celle du foyer est négative; ce qui rend négatif le dernier terme de la proportion: or une distance négative n'est que la même distance, mais prise en sens contraire.

La nature ayant destiné nos yeux à voir des objets peu éloignés, les a conformés de maniere qu'à moins de quelque vice particulier, il n'y a que les rayons médiocrement divergens dont le concours doive se porter sur la rétine : si donc l'œil est situé de maniere qu'il reçoive des rayons convergens, on pourra rendre la vision distincte, pourvu qu'on ait quelque moyen de corriger cette convergence, & de la changer en une divergence médiocre, ou tout au plus en parallélisme. Appliquons ceci au Télescope Batavique.

Si l'on présente un verre convexe au soleil, ou à un objet très-éloigné, il se formera au foyer de ce verre une image de cet astre ou de cet objet. Si l'œil étoit nuement placé entre ce foyer & le verre, les rayons qu'il recevroit étant convergens, il ne verroit que confusément; mais si l'on met entre deux &
Fig. 63. tout près de l'œil, un verre concave qui fasse diverger médiocrement ces rayons, l'objet sera vu distinctement; il paroîtra aussi plus grand, parce que les rayons partis des extrêmités feront un plus grand angle. M. *Huyghens* a depuis montré que cette augmentation se faisoit dans le rapport de l'éloignement du foyer du verre concave, à celui du foyer du verre convexe. Si ce dernier a son foyer dix fois plus éloigné que l'autre, l'objet paroîtra dix fois aussi grand que si l'on le regardoit avec l'œil nu.

La raison de l'effet que produit le Télescope à verres convexes à peu près semblable. L'objectif peint vers son foyer une image de l'objet. Le second verre étant disposé de maniere que cette image est à son foyer, il s'ensuit que les rayons qui
Fig. 64. partent de chacun des points de l'image, sont rendus paralleles ou médiocrement divergens. Delà naît la distinction avec laquelle chacun de ces points est peint sur la rétine. L'objet est vu distinctement, & il paroît grossi dans le rapport des distances des foyers de l'oculaire & de l'objectif. Je dis que les rayons qui partent de chacun des points de l'image sont rendus paralleles, ou médiocrement divergens. Quant à la direction de chacun des faisceaux qu'ils composent, ils sont pliés par la réfraction qu'ils éprouvent dans l'oculaire, de maniere que leurs axes se croisent tous vers le foyer opposé. La figure 64 est propre à donner une idée distincte de cette route des rayons. C'est delà que naît le renversement apparent de l'ob-

jet ; car ce croisement des faisceaux de rayons fait que l'image qui se peint dans l'œil, est dans la même situation que l'objet : il doit donc paroître renversé. C'est aussi pour cette raison qu'il faut appliquer l'œil à une distance de l'oculaire à peu près égale à celle de son foyer. Par-là on réunit le plus qu'il est possible de pinceaux des points latéraux de l'objet, & le champ de la vision est d'autant plus grand.

Imaginons maintenant qu'au lieu de cet oculaire, on présente à l'image formée par l'objectif, un verre d'un foyer court à une distance double de celle de ce foyer. On a vu plus haut qu'il doit se peindre de l'autre côté une image égale à la premiere, & seulement renversée. Nous pourrons donc par ce moyen retourner l'image formée par l'objectif ; & si nous lui présentons un oculaire de la même maniere qu'on l'a fait dans le Télescope ci-dessus, on verra l'objet également grossi & avec la même distinction, mais redressé. *Fig.* 65.

On a cependant reconnu dans cette disposition de verres quelques inconvéniens dont on a parlé dans l'article second, & cela a fait imaginer un autre moyen de redresser l'apparence de l'objet. On présente à l'image que peint l'objectif un oculaire de maniere que cette image soit à son foyer antérieur. Cet oculaire rend paralleles les rayons qui composent chaque pinceau parti de chaque point de la premiere image. On leur oppose un second verre égal au premier, & à une distance double de son foyer, qui recevant ces rayons paralleles, les fait de nouveau converger & peindre derriere lui, une image égale à la premiere, mais en sens contraire. On lui applique enfin un troisieme oculaire, comme dans le Télescope astronomique. Voilà le Télescope appellé terrestre qui redresse les objets. *Fig.* 66.

Ce qu'on vient de dire sur les Télescopes est un acheminement à la doctrine des Microscopes composés. Mais il y a dans leur construction un principe particulier qu'il faut d'abord faire connoître. Nous avons déja remarqué qu'un objet placé un peu au-delà du foyer d'un verre convexe, forme une image beaucoup plus grande & plus éloignée. Qu'on place une lentille d'un pouce de foyer, à treize lignes d'un petit objet, il se formera une image à environ treize pouces de ce verre, & elle sera douze fois aussi grande que l'objet même. C'est sur cette augmentation qu'eſt fondé l'effet que produit le Microſcope. Car, qu'on préſente à l'image ci-deſſus un oculaire convexe : cette image étant placée à ſon foyer, ce ſera comme ſi avec cet oculaire nous regardions un objet ſemblable au premier, & douze fois plus grand. Le Microſcope groſſira donc en raiſon compoſée de l'augmentation de l'image formée par le premier verre, & de ce dont l'oculaire groſſit lui-même. Il eſt encore facile de voir que l'objet paroîtra renverſé ; c'eſt une ſuite néceſſaire du renverſement de l'image, produit par l'objectif. Le champ de la viſion eſt auſſi beaucoup plus conſidérable que ſi l'on eût employé un oculaire concave, comme on le fit d'abord. On augmente même encore ce champ, en employant au lieu d'un oculaire unique, deux oculaires joints enſemble, ou à peu de diſtance l'un de l'autre. Comme il n'eſt pas néceſſaire alors que chacun ſoit portion d'une ſphere ſi petite, on peut en découvrir un plus grand ſegment, & par-là on raſſemble au foyer commun des deux oculaires un plus grand nombre de pinceaux latéraux de l'objet.

Fig. 67.

V.

couverte de oi de la réfraction.

On a vu dans l'article précédent que *Kepler* prit pour principes de ſes recherches que l'angle de réfraction étoit le tiers de celui d'inclinaiſon, tant que ce dernier ne paſſe pas 30°. Mais quelques découvertes qu'il eût faites par le moyen de cette loi approchée de la réfraction, les Mathématiciens étoient fondés à ne s'en pas contenter. Il falloit trouver la véritable, & c'étoit par ce moyen ſeul qu'ils pouvoient parvenir à la ſolution générale de tous les problêmes qui dépendent de cette propriété de la lumiere.

Il étoit réſervé à *Snellius* (*a*), Mathématicien Hollandois, & recommandable à divers titres, de faire cette découverte.

(*a*) Willebrord Snellius, (Snell) fils de Rodolphe Snellius, Profeſſeur de Mathématiques dans l'Univerſité de Leyde, & profeſſeur lui-même dans cette Univerſité, naquit en 1591. On lui doit, outre la découverte dont nous parlons, la premiere meſure exacte de la terre, ou du moins la maniere d'y parvenir. Il eſt Auteur de divers ouvrages imprimés, tels que ſon *Cyclometricus*, dont nous avons parlé au commencement du premier Livre ; ſon *Typhis Batavus* ; ſon *Eratoſtenes Batavus* ; *Appollonii, de ſectione rationis & determinatâ libri reſtituti* ; *Obſ. Haſſiacæ* ; *de Com. ann. 1618*, &c. Il mourut en 1626, encore très-peu avancé en âge.

la vérité, l'ouvrage qu'il préparoit sur ce sujet & sur l'Optique en général, n'a jamais vu le jour : on sçait néanmoins, l'on convient qu'il est le premier qui ait trouvé la vraie loi de la réfraction. On peut conjecturer avec vraisemblance que ce fut l'expérience qui l'y conduisit. Il découvrit qu'en tirant une parallele DH à l'axe de réfraction ACB, il y avoit toujours dans la réfraction entre mêmes lieux, un même rapport entre le rayon rompu CE, & la prolongation CF de l'incident. La lumiere passant de l'air dans l'eau, par exemple, ce rapport est constamment de 4 à 3 : lorsque la réfraction se fait de l'air dans le verre, c'est celui de 3 à 2. Ainsi en supposant un autre rayon incident *g*C, on a CE à CF, comme C*e* à C*f*, c'est-à-dire, que dans la réfraction faite entre les deux mêmes milieux, les sécantes de complément de l'angle d'inclinaison & de l'angle rompu, sont en raison constante. *Fig. 68.*

Quoique l'ouvrage de *Snellius* n'ait jamais été publié, la découverte dont nous parlons n'avoit pas laissé de transpirer avant *Descartes*. *Vossius* dans son traité *de naturâ lucis*, nous dit que le Professeur *Hortensius* l'avoit enseignée en public & en particulier. Il ajoute que les héritiers de ce Mathématicien donnoient facilement aux Sçavans la communication de ses manuscrits, & ayant eu lui-même entre les mains ses trois livres d'Optique, il en fait un grand éloge. Nous en conjecturons fort avantageusement, mais plutôt à cause de l'habileté reconnue de leur Auteur, que sur le fondement de l'intelligence de *Vossius* dans ces matieres. Car le Traité cité ci-dessus, est un pitoyable ouvrage, & ne prouve que son ambition d'écrire sur des matieres dans lesquelles il étoit à peine initié.

Nous tenons encore de *Vossius* que son compatriote avoit recherché la ligne *réfractoire*; il donnoit ce nom à la courbe que paroît former une surface plane, comme celle du fond d'un bassin, vue par réfraction au travers de l'eau qui la couvre. Suivant le même Ecrivain, le célebre Pensionnaire de Hollande, M. *de Witt*, avoit aussi examiné à fond cette ligne courbe, & il l'avoit trouvée d'un genre supérieur, pouvant être coupée en trois points par une ligne droite. Sans doute l'un & l'autre prirent pour principe, que le point vu par réfraction paroissoit dans la perpendiculaire sur la surface réfringente. Ce problême a mérité l'attention de M. *de Mairan*, & nous a

*

valu un beau Mémoire ſur ce ſujet (*a*). Ce ſçavant Ac démicien employant le principe ci-deſſus, trouve que courbe dont nous parlons, eſt une conchoïde elliptique c'eſt-à-dire engendrée par une ellipſe, comme la conchoï de ordinaire l'eſt par un cercle (*b*), & à cette occaſion entre dans de curieuſes & profondes recherches ſur cette claſſ de courbes. Mais revenons à *Snellius* & à la loi de la ré fraction.

On veut que *Deſcartes* ait pris la premiere idée de ſa loi d la réfraction, de celle de *Snellius*, tranchons le mot entiér ment, qu'il la tient de lui, & qu'il l'a ſeulement déguiſée e l'énonçant d'une autre maniere. Nous ne pouvons le diſſimu ler, il y a quelque apparence de vérité dans cette accuſation Outre les faits rapportés plus haut ſur la foi de *Voſſius* M. *Huyghens* nous dit qu'il ſçavoit certainement que *Deſcar tes* avoit vu les manuſcrits de *Snellius*. Il ne tire cependan point abſolument la conſéquence que *Deſcartes* leur devoi cette découverte. Il ſe contente d'en former le ſoupçon, nous ne croyons pas qu'on puiſſe légitimement aller plus loin

VI.

Tentatives pour la démonſtration de la loi de la réfraction.

Si nous ne devons pas à *Deſcartes* la découverte de la lo de la réfraction, on ne peut du moins lui conteſter le mérite d'en avoir donné la premiere explication raiſonnable, & dé duite des principes d'une ſaine Phyſique. Ce fut là un des objets qu'il ſe propoſa dans ſa *Dioptrique*, qui parut en 1637. Je dis un des objets, car dans cet ouvrage, en partie Phyſique, en partie Mathématique, *Deſcartes* traite pluſieurs autres queſtions, comme la nature de la lumiere, la maniere dont ſe fait la viſion, la cauſe de l'arc-en-ciel, la forme des verres lenticulaires propres aux Téleſcopes les plus parfaits. Nous parcourrons ceux de ces objets qui nous offrent les idées les plus neuves & les plus juſtes.

Perſonne n'ignore que *Deſcartes* fait conſiſter la lumiere dans la preſſion d'un fluide ſubtil mis en action par le corps lumineux. Comme il jugeoit la propagation de la lumiere inſ-

(*a*) Mem. de l'Acad. ann. 1740.
(*b*) Voyez la note de la page 97.

tantanée, il supposoit les parties de ce fluide entiérement inféxibles, afin que la pression exercée par le corps lumineux se transmît à l'instant à l'extrêmité la plus éloignée. Les partisans de ce Philosophe ont rectifié en cela la doctrine de leur maître, en faisant ce fluide élastique, & par-là ils l'ont rendue plus conforme à quelques phénomenes : mais ils ne l'ont point affranchie de quelques objections capitales. L'une est que si la lumiere consistoit dans une pression semblable, elle se feroit toujours sentir dans tous les points de ce fluide sans que l'interposition d'un corps opaque s'y opposât. Car dans l'hypothese de *Descartes* il est nécessaire de supposer tout le fluide, qui est l'élément de la lumiere, comme renfermé dans un vase dont les parois l'empêchent de s'échapper. Imaginons donc un fluide renfermé dans une sphere, & qu'un corps placé à son centre agisse sur elle par ses vibrations, toutes les parties de ce fluide seront pressées en tout sens; car c'est une propriété des fluides de transmettre en tout sens l'impression qu'ils reçoivent. Ainsi l'interposition d'un corps opaque ne nuiroit point à l'impression de la lumiere; on y verroit aussi clair en plein minuit que lorsque le soleil est sur l'horizon. C'est ainsi que le son consistant dans une vibration ou une pression réciproque de toutes les parties d'un fluide élastique, se transmet dans tous les sens. La lumiere ne le fait pas, d'où il faut conclure que le méchanisme de la lumiere est d'une autre nature. Mais ç'en est assez sur ce sujet, en quelque sorte, étranger à notre plan. C'est à la Physique à discuter cette grande question. Revenons à la maniere dont *Descartes* a expliqué la loi de la réfraction, & dont il a tenté de la démontrer.

Descartes ne fait point consister, comme *Snellius*, la loi de la réfraction dans le rapport constant des rayons incident & rompu, prolongés jusqu'à une parallele à l'axe de réfraction. Il l'exprime par le rapport constant du sinus de l'angle d'inclinaison ARD, avec celui de l'angle rompu correspondant CRB. Ainsi prenant un autre rayon incident *a*R, & son rayon rompu R*b*, il y a toujours même raison de AD à BC, que de *ad* à *bc*. Cette proportion se tire facilement de celle de *Snellius* (*a*), mais elle lui est préférable, quoi qu'en dise *Fig.* 69.

(*a*) Car dans le triangle ROB (fig. 69.) il y a même raison de RB à RO, que du sinus de l'angle ROB, ou ROG qui est égal à celui d'inclinaison, à celui de RBO

Vossius, ou plutôt elles ont l'une & l'autre leur usage selon les occurrences.

Descartes n'établit point cette loi par des expériences. Soit qu'il en eût faites pour s'assurer de la vérité, soit qu'il eût connoissance de celles de *Snellius*, il les a supprimées, & il nous la présente uniquement comme le résultat de ses recherches sur la nature de la réflection & de la réfraction.

Comme l'explication de la réflection sert, suivant *Descartes*, à préparer celle de la réfraction, nous l'imiterons en commençant par-là. On peut prendre, dit-il, pour exemple de ce qui arrive à la lumiere réfléchie, ce qu'éprouve une boule parfaitement dure poussée contre un plan parfaitement dur & immobile. Le mouvement de cette balle est composé de deux, l'un suivant la perpendiculaire A F, & l'autre suivant la parallele A D au plan réfléchissant. Telle seroit en effet sa direction, si elle étoit poussée à la fois dans ces deux sens, par deux forces qui lui imprimassent des vîtesses dans ces rapports. Mais cette balle étant arrivée au point de contact R, la partie de son mouvement A D n'éprouve aucune altération; car le plan ne lui présente aucun obstacle dans ce sens; la vîtesse A D, ou dans la direction A D, subsistera donc toute entiere, & en vertu de cette vîtesse, la balle atteindroit la parallele H E aussi distante de R D que l'est A F, dans le même temps qu'elle a mis à venir de A en R. D'un autre côté, dit *Descartes*, la balle ne communiquant rien de son mouvement, doit se mouvoir aussi vîte qu'auparavant, & par conséquent atteindre quelque point du cercle décrit du centre R au rayon R A, dans le même temps qu'elle a employé à parcourir la ligne A R. Elle doit donc aller au point commun de ce cercle & de la parallele H E, c'est-à-dire, au point E. Le reste est facile, & il est évident que l'angle E R G = A R F, ou E R D = A R D, c'est-à-dire, que l'angle d'incidence est égal à celui de réflection.

Descartes auroit pu s'énoncer plus briévement & plus clairement de cette maniere. La direction A F de la balle A, à

ou B R C, qui est l'angle rompu. Mais ces deux mêmes lignes RO & R[illegible] sont les sécantes des angles G R O, G R B, qui sont évidemment les complémens de l'angle d'incidence & de l'angle rompu. Donc R B & R O sont réciproquement comme ces sécantes.

laquelle

laquelle le plan s'oppose directement, & cette balle rejailliroit avec la même vîtesse & dans la même direction, si elle n'avoit que ce mouvement. Mais elle a en même temps le mouvement AD, qui n'éprouve aucune altération : le mouvement de cette balle en R, sera donc composé des deux RH, RD, égaux aux deux AD, AF, ou RF, RD ; conséquemment la direction composée sera RE, & à cause de l'égalité des triangles RHE, RFA, l'angle ERH sera égal à ARF. C'est ainsi que nous l'exposons aujourd'hui. Mais *Descartes* avoit ses raisons de préférer la maniere que nous venons de donner, & c'étoit afin qu'elle préparât à son explication de la réfraction, où il faut nécessairement prendre la chose de ce biais.

Supposons maintenant avec lui, qu'au lieu d'un plan dur & impénétrable, on n'ait qu'une surface, comme une toile tendue qui ôteroit à la balle A la moitié de sa vîtesse. Le mouvement de cette balle sera encore composé des deux AF, & AD, ou DR & FR, dont la derniere n'éprouvera aucune altération de la surface, puisqu'elles ne sont point opposées l'une à l'autre. Mais cette surface réduit à la moitié la vîtesse de la balle A ; c'est pourquoi elle ne parviendra à un point du cercle décrit du centre R au rayon RA, que dans le double du temps qu'elle a mis à aller de A en R. Or dans ce double de temps, le corps parcourra dans la direction RG une ligne double de FR. La nouvelle direction RB sera donc telle que RH, ou BC, sera double de AD, & cela dans toutes les inclinaisons différentes. Ceci satisfait aux réfractions qui se font en s'éloignant de la perpendiculaire. Mais si au lieu de supposer que le mobile perd, en traversant la surface FG, une partie de sa vîtesse, on supposât au contraire qu'elle fût augmentée, comme de la moitié, du tiers, &c, alors en suivant le même procédé, on trouvera avec *Descartes*, que la nouvelle direction sera telle, que BC sera moindre de la moitié, du tiers que AD, & par conséquent les sinus AD, AC de l'angle d'inclinaison & de l'angle rompu, seront toujours en même raison, sçavoir l'inverse des vîtesses dans les différens milieux.

Avant que de raconter les démêlés qu'occasionna cette explication, il est nécessaire que nous fassions quelques réflexions sur son sujet. Il faut d'abord bien prendre garde à la maniere dont M. *Descartes* veut que se fasse l'augmentation ou la diminution de la vîtesse du mobile dans le second milieu. C'est dans sa direction totale RB, de sorte qu'il suppose que sous quelque inclinaison que la lumiere passe de l'air dans l'eau, par exemple, sa vîtesse soit augmentée de moitié. Cette premiere supposition est bien fondée; car si nous admettons que par la nature différente des milieux la lumiere se mouve plus ou moins facilement dans l'un que dans l'autre, la vîtesse doit être plus grande ou moindre dans quelque direction que ce soit. A la vérité l'exemple dont *Descartes* se sert pour rendre sensible cette altération de vîtesse, sçavoir celui d'une toile tendue, ne m'y paroît pas propre. Cette toile n'apporteroit de la diminution que dans la vîtesse perpendiculaire, de sorte qu'en supposant qu'elle la diminuât toujours, par exemple de moitié, ce ne seroit plus entre les sinus des angles d'inclinaison & rompu que régneroit une raison constante, mais entre les tangentes de leurs complémens. Il faudroit un autre méchanisme pour faire que cette altération dans un rapport constant, se fît uniquement sur la direction totale. C'est à quoi satisfait parfaitement l'hypothese d'une attraction quelconque exercée par le milieu réfringent sur la particule de lumiere : on démontre dans cette hypothese que la lumiere se meut plus ou moins vîte dans le second milieu que dans le premier, suivant un rapport qui est toujours le même quelle que soit sa nouvelle direction.

La seconde supposition de *Descartes* est que la vîtesse dans le sens parallele au plan réfringent, ne souffre aucune altération. Celle-ci n'est pas aussi facile à admettre, ni à justifier que la précédente, à l'aide des seuls principes qu'employoit *Descartes*; & c'est-là la source des objections les plus fondées qu'on fasse contre son explication. Cela est bien vrai dans la réflection, parce que le mobile ne pénetre point dans le second milieu, & que si la direction perpendiculaire étoit détruite, il se mouvroit parallélement à cette surface avec sa seule vîtesse FR. Mais aussi-tôt qu'il s'y plonge tant soit peu, son mouvement doit en éprouver de la résistance ou une plus grande facilité dans ce sens comme dans l'autre, & par conséquent souffrir de l'altération. Cette supposition est néanmoins vraie *matériellement*, qu'on me permette ce terme de l'école, c'est-à-dire, que quoique *Descartes* ne puisse en donner aucune bonne raison, elle a cependant lieu. Car si nous ne nous abusons pas sur la vérité de l'hypothese Newtonienne, l'attraction qu'exerce le corps réfringent sur le rayon de lumiere, & qui est la cause de la réfraction, n'agit que perpendiculairement à la surface de ce corps, & par conséquent ne change en rien la vîtesse de ce rayon dans le sens parallele.

Il y a encore une supposition nécessaire dans l'explication de *Descartes*, pour rendre raison de l'approche du rayon vers la perpendiculaire, lorsqu'il passe d'un milieu plus rare dans un plus dense. *Descartes* prétend que la lumiere pénetre plus facilement ce dernier que le premier, & il en donne une raison plus ingénieuse que solide. Il attribue cet effet à la différente contexture des corps plus denses, qui fait que leurs pores sont plus dégagés d'obstacles que ceux des corps plus rares; de sorte, dit-il, que de même qu'une boule roulera avec plus de facilité sur un plan bien dur & bien uni, que sur un tapis, ainsi la lumiere se portera avec plus de facilité à travers les pores d'un corps dur & solide, qu'au travers de ceux d'un autre qui l'est moins. *Descartes* ne s'est encore ici trompé que dans l'explication, & non dans le fait. Les Physiciens modernes pensent comme lui, que la lumiere se meut plus rapidement dans les milieux plus denses, mais par des raisons différentes. C'est que son mouvement est accéléré à l'approche de la surface de ces corps par l'attraction qu'ils exercent sur elle.

Les réfléxions que nous venons de faire montrent qu'en ne suivant que les principes méchaniques employés par *Descartes*, son explication étoit sujette à de grandes difficultés. Ainsi l'on ne doit point s'étonner qu'à l'exception de ceux qui faisoient profession d'être ses disciples, cette explication, quoique vraie dans le fonds, ait trouvé peu d'approbateurs. Elle fut le sujet d'une contestation qui faillit à devenir querelle entre lui d'un côté, & *Fermat* & *Hobbes* de l'autre. Ce dernier éleva d'abord contre les principes de *Descartes* quelques objections meilleures qu'on ne seroit fondé à les attendre d'un homme qui trouva dans la suite la quadrature du cercle, & qui entreprit de réformer la Géométrie jusques dans ses axiômes. C'est, par exemple, avec raison qu'il prétendit que la réflection ne se faisoit que par le ressort du mobile, ou celui de la ſurface qu'il choquoit ; de ſorte que ſi l'on ſuppoſoit l'un & l'autre parfaitement durs, il n'y en auroit aucune. Ce ſont des vérités dont les Cartéſiens éclairés n'ont pas tardé de convenir, & ils ont fait aux ſuppoſitions de *Deſcartes* les changemens convenables, comme en donnant de l'élaſticité aux particules de la lumiere. A l'égard de la réfraction, la principale difficulté d'*Hobbes* ſe réduiſit à prétendre que l'altération de la vîteſſe du rayon de lumiere devoit ſe prendre dans la direction perpendiculaire, & non comme *Deſcartes* le prétendoit dans ſa direction totale. *Hobbes* étoit mal-fondé en cela : il écrivit diverſes lettres à *Deſcartes*, qui lui répondit conformément à ſes principes. Mais *Hobbes* accumulant toujours de nouvelles difficultés, notre Philoſophe rompit ce commerce en ne recevant plus aucune de ſes lettres.

Nous avons commencé par *Hobbes*, parce que la diſpute de *Fermat* avec *Deſcartes*, eut après la mort de celui-ci une repriſe avec ſes ſucceſſeurs, & fut ſuivie d'autres événemens que nous n'avons pas voulu ſéparer. *Fermat* étoit entré le premier dans la lice, & avoit eu par des moyens qu'il eſt inutile de rapporter, un exemplaire de la Dioptrique de *Deſcartes*, à l'inſçu de ſon Auteur, qui ne l'avoit pas encore miſe au jour. Il ſe hâta tellement de l'attaquer, qu'il n'attendit même pas qu'elle parût ; ce qui choqua fort *Deſcartes*. Il compara le procédé de *Fermat* à celui d'un homme qui avoit voulu étouffer ſon fruit avant ſa naiſſance, & il en garda toujours une ſorte de reſſentiment, qu'on voit encore éclater dans des lettres écrites après leur réconciliation.

Les premieres objections de *Fermat*, il faut en convenir, ne lui font pas beaucoup d'honneur, & elles prouvent ſeulement que quoique grand Géometre, il étoit fort mauvais Phyſicien. On le voit en effet conteſter d'abord le principe de la décompoſition du mouvement ; mais il abandonna enſuite cette objection, & il s'en tint à nier à *Deſcartes* que l'altération du mouvement de ſon mobile dût ſe prendre dans la direction totale ; *Deſcartes*, de ſon côté, établit aſſez mal ce point fondamental de ſon explication : enfin la diſpute s'aigriſſoit, lorſque des amis communs entreprirent de les réconcilier. *Fermat* fit les premieres propoſitions de paix, & elles furent acceptées par *Deſcartes*. Ils s'écrivirent mutuellement des lettres fort polies, mais ſans changer d'avis. *Fermat* reſta perſuadé que l'explication de *Deſcartes* étoit vicieuſe, & celui-ci, que ſon adverſaire étoit dans le cas d'un homme qui refuſe d'ouvrir les yeux à la lumiere.

Ainſi fut terminée, ou plutôt ſuſpendue, la premiere diſcuſſion qu'excita l'explication Cartéſienne de la réfraction : je dis ſuſpendue, car elle fut repriſe environ 20 ans après, entre le même M. de *Fermat* & quelques partiſans de la doctrine de notre Philoſophe. M. *Clerſelier*, célebre Cartéſien, ayant écrit à *Fermat* au ſujet de quelques-unes de ſes anciennes Lettres concernant ſa conteſtation ſur la réfraction, celui-ci ſaiſit cette occaſion de remettre dans un nouveau jour les difficultés qui l'avoient toujours aliéné de l'explication de *Deſcartes.* Il y ajoutoit celle-ci, ſçavoir, qu'on ne peut point dire que le mouvement dans le ſens parallele au plan réfringent ſoit inaltérable. La réponſe de M. *Clerſelier* eſt conforme au ſens de ſon maître, en ce qu'il maintient que le retardement ou l'accélération du mobile doit ſe prendre dans la direction totale. Mais je n'y trouve rien qui ſatisfaſſe à l'égard de la nouvelle objection. Bientôt après *Fermat* ſe jetta dans d'autres diſcuſſions, où il eut tantôt tort, tantôt raiſon, & la diſpute ſe réduiſit enfin à une vraie diſpute de mots. *Fermat* demeura plus perſuadé que jamais de l'inſuffiſance de la démonſtration cartéſienne, & pour terminer la conteſtation, il convint qu'il ne l'entendoit pas, puiſque cette démonſtration qui convainquoit ſes adverſaires, ne portoit aucune lumiere dans ſon eſprit.

Cependant il apprenoit de divers côtés que la loi de la réfraction propoſée par *Deſcartes* étoit vraie. Un Phyſicien de ce temps, nommé M. *Petit*, homme de beaucoup de mérite, l'avoit trouvé conforme à l'expérience. Cela engagea enfin *Fermat* à faire uſage d'un principe qu'il avoit communiqué depuis long-temps à M. *de la Chambre*, & qui lui paroiſſoit propre à déterminer le chemin que la lumiere doit prendre en ſe rompant. Ce principe eſt ſemblable à celui que les Anciens avoient imaginé pour démontrer l'égalité des angles d'incidence & de réflection. Ils avoient ſuppoſé que la lumiere, tant qu'elle reſte dans un même milieu, prend le chemin le plus court. *Fermat*, concevant cette loi de la nature d'une maniere plus générale, l'étend au cas de deux milieux différens en densité. Il suppose que la lumiere va toujours d'un point à l'autre dans le moindre temps, ce qui donne le chemin le plus court, lorsqu'elle reste dans le même milieu ; mais si on suppose qu'elle passe d'un milieu dans un autre, elle va, suivant M. *de Fermat*, plus vîte dans le moins dense, & elle tempere tellement son chemin, que parcourant moins d'espace dans le plus dense, le temps total est moindre que dans tout autre chemin qu'elle auroit pris. Ce principe accordé, on voit déja que la lumiere doit se rompre en approchant de la perpendiculaire, quand elle passe dans un milieu plus dense. Mais quelle apparence que de deux principes aussi opposés que celui de *Descartes* & ce dernier, dût résulter la même vérité ? C'est cependant ce qui arriva. Après avoir surmonté les difficultés d'un laborieux calcul, *Fermat* trouva que les sinus des angles d'inclinaison & rompu, étoient dans un rapport constant ; sçavoir, l'inverse des résistances dans l'un & l'autre milieu.

Un événement si peu attendu convainquit M. *de Fermat* que la conséquence de *Descartes* étoit légitime : mais il ne le rendit pas plus docile sur le fond de sa démonstration ; au contraire il la lui rendit encore plus suspecte. Il déduisoit effectivement la même vérité d'une supposition tout-à-fait vraisemblable, & contraire à celle de ce Philosophe. Quel motif de penser que cette derniere étoit fausse, & par conséquent que le raisonnement auquel elle servoit de base, étoit vicieux ? Il instruisit M. *de la Chambre* de ce succès inespéré, & celui-ci en informa M. *Clerselier :* ce disciple de *Descartes* fit à cette occasion un dernier effort pour gagner M. *de Fermat* à l'explication cartésienne (*a*). Il lui observa judicieusement que le principe ci-dessus n'étoit point physique, & qu'il ne pouvoit être regardé comme cause d'aucun effet naturel. Il élevoit aussi contre cette explication des soupçons que la suite a vérifiés, sçavoir, qu'elle renfermoit deux suppositions fausses, qui par un heureux hasard se redressoient l'une l'autre. M. de *Fermat* qui étoit las de cette discussion, aussitôt qu'il crut que la vérité n'y étoit plus intéressée, aima mieux y mettre fin

(*a*) Lett. de Desc. T. III, l. 52, 53.

que de répliquer. Il accorda à M. *Clerselier* tout ce qu'il demandoit (*a*), consentant que la démonstration de *Descartes* fût réputée bonne, quoiqu'elle ne l'eût jamais convaincu, & ne se réservant que la stérile possession de son problême de Géométrie. Il permet aussi qu'on traite son principe d'erroné, pourvu qu'on le mette du moins à côté de ces erreurs qui ont plus de vraisemblance que la vérité même, & il finit par lui appliquer ces vers ingénieux du *Tasse*.

Quando sarà il vero
Si bello che si possa a ti preporre ?

En effet, rien ne prouve mieux que M. *de Fermat* étoit fondé à tenir à son principe, & à être peu satisfait de l'explication cartésienne de la réfraction, que les tentatives nombreuses des Physiciens pour expliquer ce phénomene. Il n'en est presque aucun qui dès les premiers pas ne prenne une route différente de celle de *Descartes*, en supposant que la lumiere pénetre plus difficilement le milieu le plus dense. Nous ne sçaurions avoir une occasion plus favorable de rendre compte de ces différentes tentatives : c'est pourquoi nous allons les rassembler ici sous un même point de vue.

Parmi les Philosophes qui ont tenté d'expliquer ou de démontrer la loi de la réfraction, les uns, à l'exemple de *Fermat*, ont recouru aux causes finales, les autres ont tâché de la déduire de causes purement physiques. Nous trouvons M. *Leibnitz* parmi les premiers. Ce Géometre & Métaphysicien célebre, suppose que la lumiere va d'un point à un autre, non dans le temps le plus court, comme M. *de Fermat*, mais par le chemin le plus facile (*b*); & il mesure la facilité de ce chemin par le rapport composé de sa longueur & de la résistance dans le milieu où se meut la lumiere. Il applique ensuite son calcul différentiel à déterminer quel est le chemin le plus facile, & il trouve que les sinus des angles que fait le rayon avec la perpendiculaire à la surface réfringente, sont entr'eux réciproquement comme les résistances. Il y a dans l'explication de M. *Leibnitz* ceci de remarquable, qu'il pré-

(*a*) Ibid. Lett. 54.
(*b*) *Act. Lips.* ann. 1682.

tend que la vîtesse augmente à proportion de la résistance; de sorte qu'il s'accorde avec *Descartes* en donnant à la lumiere plus de vîtesse dans le milieu le plus dense. Mais ses raisons me paroissent trop subtiles pour être convainquantes. Quant au principe de M. *Leibnitz*, il est sujet aux mêmes difficultés que celui de M. *de Fermat*; il paroît bien prouvé aujourd'hui que la lumiere ne choisit en se rompant, ni le temps le plus court, ni le chemin le plus facile, comme on le verra, lorsqu'on aura fait connoître le méchanisme de la réfraction d'après M. *Newton*. Nous passons aux explications purement physiques de cette propriété de la lumiere.

Il y a eu des Physiciens qui ont considéré un rayon de lumiere comme composé de petites parties oblongues, se mouvant parallélement à elles-mêmes, & dans une direction perpendiculaire à celle du rayon. Cette supposition étant admise, ils raisonnoient ainsi. Lorsqu'un rayon de lumiere tombe obliquement sur la surface plane d'un milieu plus dense, par exemple, & plus résistant, le bout d'une petite particule oblongue de cette lumiere, qui arrive le premier à cette surface, commence à éprouver une résistance, tandis que l'autre qui est dans le premier milieu, n'en éprouve encore aucune. Celui-ci ira toujours avec la même vîtesse, & décrira un petit arc, pendant que l'autre qui se plonge dans le second milieu, décrit un arc concentrique, mais plus petit, parce que son mouvement est plus retardé. Lorsqu'enfin tous les deux seront plongés dans le second milieu, alors le mouvement circulaire cessera, & cette particule de lumiere continuera à se mouvoir parallélement à elle-même. Or il est aisé de voir que dans le cas où le second milieu sera le plus dense, la
Fig. 70. réfraction se fera vers la perpendiculaire, l'arc *ab* étant moindre que AB: & que ce seroit le contraire, si le second milieu étoit le plus rare. Mais, ajoute-t'on, rien de plus naturel que de mesurer le rapport des facilités des deux milieux par celui des arcs AB, *ab*. Car ce sont ces arcs qui mesurent les chemins respectifs que parcourent les mobiles A & *a* en même temps dans ces deux milieux. Ainsi quelque inclinaison qu'on suppose au rayon, ce même rapport subsistant, on démontre facilement que les sinus des angles d'inclinaison & rompu, sont en raison constante. La premiere idée de

de cette explication eſt dûe, ſi je ne me trompe, au Pere *Maignan ; Hobbes* l'a ſuivie dans un écrit que le P. *Merſenne* nous a tranſmis (*a*). M. *Barrow* l'a auſſi adoptée dans ſes *Leçons optiques*, & c'eſt ſon expoſition que nous avons ſuivie. Mais malgré le ſuffrage de ce Géometre célebre, nous ne craindrons point de dire que cette explication eſt peu heureuſe. Outre le peu de ſolidité de la premiere ſuppoſition ſur laquelle elle eſt fondée, rien de moins prouvé que celles qu'on emploie dans le cours du raiſonnement. M. *Rizzeti* a fait, il y a peu d'années (*a*), des efforts pour donner à cette explication quelque probabilité, & pour démontrer ces ſuppoſitions. Mais c'eſt, à mon avis, avec peu de ſuccès. Rien n'eſt moins une démonſtration que le raiſonnement auquel il donne ce titre.

Quelques autres Phyſiciens, à la tête deſquels eſt M. *David Grégori* (*b*), ont pris une voie différente. Ils imaginent que la lumiere paſſant d'un milieu dans un autre, s'y dilate ou s'y reſſerre latéralement, à proportion qu'elle y coule plus ou moins à ſon aiſe. Ils ſuppoſent enſuite dans cette dilatation ou cette contraction, un certain rapport d'où ils tirent la loi connue de la réfraction. Cette explication eſt auſſi peu ſatisfaiſante que la précédente. Car ce rapport qu'ils établiſſent, renferme lui-même ce qui eſt en queſtion. C'eſt-là le défaut de diverſes autres tentatives d'explications, comme celle d'*Hérigone*, qui ſuppoſe qu'un rayon de lumiere peſe ſur la ſurface réfringente, & tend à la pénétrer, comme feroit un poids qui tendroit à rouler ſur un plan ſemblablement incliné. Je ne dis rien d'une prétendue démonſtration donnée par un Mathématicien Anglois, nommé *Gualter Werner*, dont le Pere *Merſenne* nous rapporte l'écrit avec éloge. Ce n'eſt qu'un vrai paralogiſme & une pétition de principe.

L'idée d'*Hérigone*, quoique peu heureuſe, ſemble avoir donné à M. *Bernoulli* celle d'une autre démonſtration tirée de même d'un principe de Statique. Qu'on conçoive deux puiſſances données & inégales, qui tirent un point mobile le long d'une ligne de poſition donnée. Tel eſt, ſuivant M.

(*a*) *Syn. univ. Math.*
(*b*) *Act. Lipſ.* ann. 1726.
(*c*) *Catoptr. ac Diopt. Elem.*

Bernoulli, le cas de deux rayons de lumiere, l'un incident, l'autre rompu; ce qu'il établit par un raisonnement, que j'avoue ne pas bien concevoir. Mais si l'on examine quelle position prendra le point mobile dont nous parlons, dans la supposition ci-dessus, on trouvera qu'elle sera telle, que les sinus des angles avec la perpendiculaire à la ligne le long de laquelle ce point est mobile, soient en raison donnée, sçavoir, celle des forces avec lesquelles ce point est tiré de part & d'autre; d'où il conclud que le même rapport constant doit régner dans la réfraction.

Parmi les explications méchaniques de la réfraction, je n'en connois aucune qui soit plus ingénieuse que celle de M. *Huyghens* (*a*). Elle est une suite très-naturelle de son systême sur la lumiere, systême le plus probable & le plus satisfaisant de tous, si l'on n'avoit de fortes raisons de pencher vers celui de l'émission. M. *Huyghens* fait consister, comme tout le monde sçait, la lumiere dans les ondulations d'un fluide élastique très-subtil, qui se répandent circulairement & avec une promptitude extrême autour du centre lumineux. Mais ce n'est pas tout: chacune de ces ondes circulaires répandues autour du point lumineux, n'est que le résultat d'une infinité d'autres ondulations particulieres, dont les centres sont dans toutes les parties du fluide ébranlé, & qui concourent toutes à former la principale. Ainsi la direction perpendiculaire de chacune de ces ondes, dépend de la rapidité respective de celles qui la forment, de sorte que si par quelques circonstances les vîtesses de celles-ci deviennent inégales, la direction de la principale changera. Or c'est, dit M. *Huyghens*, ce qui arrive dans la réfraction. Un rayon comme L A D,
Fig. 71. tombant obliquement sur un milieu où la lumiere pénetre plus difficilement, par exemple, & où par conséquent elle se meut plus lentement, la partie A de l'onde A D, qui est perpendiculaire à la direction L A, arrive la premiere; là son choc excite dans la matiere, dont est imprégné le second milieu, une ondulation qui s'étend circulairement autour de A, en 1, 2, 3, 4, tandis que les points B, C, D, arrivent successivement en *b*, *c*, *d*, & y excitent les ondulations *b* 1, *b* 2, *b* 3; *c* 1, *c* 2;

(*a*) *Tract. de lum.* c. 3.

d 1. Ainsi l'ondulation totale est GH, & la direction du rayon de lumiere qui lui est perpendiculaire, est AH. Mais, par la supposition, la lumiere se meut plus lentement, par exemple d'une moitié, dans le second milieu que dans le premier. C'est pourquoi l'étendue de l'onde A*a*, est moindre de moitié que celle de l'onde B*b*, & par conséquent A 3 est dans le même rapport avec D*d*. Or A 3 & D*d*, sont respectivement comme les sinus de l'angle rompu & de celui d'inclinaison. Donc ces sinus seront entr'eux comme les facilités que la lumiere éprouve à se transmettre dans les différens milieux. Nous nous sommes contentés ici d'une esquisse de l'explication de M. *Huyghens*; nous l'eussions développée davantage sans la prolixité à laquelle cela nous auroit engagés: ceux pour qui ce qu'on vient de dire ne suffira pas, peuvent recourir à son Traité *De lumine*. Nous ne croyons pas qu'on puisse imaginer rien de plus satisfaisant dans l'hypothese, que la lumiere consiste en un fluide mis en action par le corps lumineux.

La difficulté fondée que *Fermat* faisoit à *Descartes*, en ce qui concerne le mouvement de la lumiere dans le sens parallele à la surface réfringente, mouvement qu'il supposoit n'être point altéré, a donné lieu à une tentative pour expliquer la réfraction, dont il nous faut dire un mot. On a conçu la réfraction de la lumiere comme ce qui arriveroit à un globe qui passeroit d'un milieu comme l'air, dans l'eau par exemple. Ce globe, à l'instant où il toucheroit la surface qui sépare l'air d'avec l'eau, commenceroit à éprouver de la résistance dans le sens perpendiculaire; mais il auroit encore toute sa vîtesse dans le sens parallele. Supposons-le enfoncé d'un quart, par exemple, de son diametre: il éprouvera de la résistance, & son mouvement sera altéré dans les deux directions; mais moins dans la direction parallele que dans la perpendiculaire. Il en sera de même lorsqu'il sera plongé de la moitié, des trois quarts de ce diametre; ainsi pendant qu'il s'enfonce, il doit décrire une courbe convexe vers la perpendiculaire: enfin lorsqu'il sera totalement plongé, alors éprouvant de tous les côtés une résistance égale, il continuera sa route par la tangente au dernier point de cette courbe qu'il a décrite, & il aura une direction plus éloignée de la perpendiculaire. Le contraire doit visiblement arriver, lorsque ce globe passera d'un milieu plus résistant à un autre qui l'est moins : la réfraction se fera en approchant de la perpendiculaire.

Jusqu'ici cette explication procede fort bien, mais elle est sujette à des difficultés qui ne permettent pas de l'admettre. Lorsqu'à l'aide d'une profonde Dynamique, on a examiné la trajectoire de ce globe pénétrant d'un milieu dans un autre, & les deux directions avec lesquelles il commence & il finit de la décrire, on a trouvé qu'elles ne suivent point la même loi que la lumiere en se rompant, quelque hypothese de résistance que l'on prenne. D'ailleurs les mêmes milieux subsistant, la trajectoire est différente suivant la forme, la vîtesse, & même la masse du corps qui les traverse. Ainsi quand il y auroit quelque forme de corps qui rendît constant le rapport des sinus des angles d'inclinaison & rompu, comme on ne peut supposer que fort gratuitement que toutes les particules de lumiere soient de cette forme, on ne pourroit guere s'aider de cette explication.

Ce n'est pas encore ici le lieu de développer la maniere dont M. *Newton* explique la réfraction. Comme elle tient à sa théorie de l'attraction, nous croyons devoir ne l'exposer qu'après avoir donné connoissance des faits qui établissent cette théorie. Ainsi nous renvoyons nos lecteurs au Livre où nous exposerons les découvertes mémorables de ce grand homme sur la lumiere. Nous renvoyons aussi jusque-là à parler d'une sorte de paradoxe auquel cette explication comparée avec celle de *Fermat*, donne naissance. Nous nous bornons à remarquer ici d'avance que M. *de Maupertuis* l'a fait disparoître par la découverte d'une nouvelle loi de la nature, très-belle & très-étendue.

VII.

couvertes riques de artes.

La discussion où l'on vient d'entrer à l'occasion des premiers pas de *Descartes* dans sa *Dioptrique*, nous a fait perdre le fil de notre histoire. Nous allons le reprendre en rendant compte de quelques vues nouvelles de ce Philosophe pour perfectionner cette partie de l'Optique. Quoiqu'elles n'aient point eu dans la pratique le succès que s'en promettoit leur Auteur, elles revendiquent ici une place, du moins à titre de découvertes dans la théorie.

Les lentilles ſphériques de verre ne réuniſſent pas tous les rayons paralleles à leur axe en un même point. Dans les déterminations qu'on a données ci-deſſus des foyers de ces verres, il n'a été queſtion que des rayons infiniment voiſins de l'axe; car à meſure qu'ils s'en écartent, leur rencontre avec cet axe ſe fait dans un point plus proche que le foyer. A la vérité cette différence eſt peu ſenſible, tant que la ſurface ſphérique qui les reçoit, n'eſt qu'une fort petite portion de ſphere; mais enfin elle eſt réelle, & delà il ſuit qu'une lentille ſphérique ne peint pas à ſon foyer une image parfaitement diſtincte.

Ce défaut des verres ſphériques eſt probablement ce qui inſpira à *Deſcartes* la premiere idée de rechercher s'il n'y avoit pas quelque ſurface tellement conformée que les rayons parallels s'y réuniſſent préciſément dans un même point. D'ailleurs cette recherche, à la conſidérer du côté purement théorique, ne pouvoit manquer d'avoir des attraits pour un Géometre. Auſſi avoit-elle déja excité les efforts de *Kepler*, qui par analogie avoit conjecturé que les ſections coniques pouvoient ſatisfaire au problême.

Cette conjecture de *Kepler* ſe tourna en réalité entre les mains de M. *Deſcartes* : il démontra que ſi dans une ellipſe, comme ADHD, la diſtance des foyers *f*F & le grand axe, ſont comme les ſinus des angles d'inclinaiſon & rompu dans les milieux entre leſquels ſe fait la réfraction, par exemple comme 2 à 3 ſi c'eſt de l'air & du verre, le rayon ED parallele à l'axe rencontrant le ſphéroïde de verre DB, ſe rompra & ira concourir au foyer F. Au contraire, ſi l'eſpace AHB eſt rempli du milieu le plus rare, comme l'air, le rayon GD rencontrant la ſurface concave, s'y rompra comme s'il venoit du point F. Ainſi, ſi dans le premier cas on décrit du centre F un arc de cercle DI, & qu'on imagine une lentille dont la coupe ſoit DAIK, elle réunira à ſon foyer F, tous les rayons paralleles à ſon axe. Dans le ſecond cas, il faudra que l'arc de cercle ſoit extérieur, & on en aura une qui rendra tous les rayons paralleles à ſon axe & tombans ſur ſa concavité, divergens comme du point F, ou au contraire qui rendra paralleles tous les rayons convergens vers F & tombant ſur ſa convexité. L'hyperbole jouit de la même propriété, s'il y a entre ſon axe & la diſtance de ſes foyers le rapport

Fig. 72.

ci-dessus. Le rayon passant parallélement à l'axe de l'une des hyperboles où nous supposons le milieu le plus dense, se rompra & concourra au foyer de l'opposée ; & l'on pourra de même former des lentilles hyperboliques convexes ou concaves, qui rendront convergens les rayons paralleles, ou paralleles les rayons convergens vers un point donné.

Ce problême nous mene naturellement à un autre plus général, dans lequel il s'agit de déterminer la forme d'une surface telle que les rayons partis d'un point donné, soient rendus convergens vers un autre point donné, ou divergens, comme s'ils en venoient. *Descartes* le résolut encore : mais content dans sa *Dioptrique* de considérer les cas qui peuvent être le plus d'usage, & les surfaces les plus faciles à décrire, il en renvoie sa solution à la *Géométrie*. Il y démontre que si le point A est celui d'où partent les rayons de lumiere, B celui auquel ils se doivent réunir, & que le point S soit pris pour le sommet de la surface ou de la courbe génératrice qu'on cherche, elle sera telle que tirant à un point quelconque G, les lignes AG, GB, l'excès de AG sur AS, sera à celui de
Fig. 73. BS sur BG, en raison donnée, sçavoir, celle de la réfraction entre les milieux A & B (*a*). Cette espece de courbe que nous venons de décrire, est celle que M. *Descartes* nomme la premiere de ses ovales. Que si, au lieu de supposer le sommet S de la courbe entre A & B, on le supposoit au-delà, alors naîtroient différentes autres courbes qui constituent les autres especes d'ovales que M. *Descartes* considere dans sa Géométrie, & qui servent à renvoyer diversement les rayons, soit par réfraction, soit par réflection, de sorte que ceux qui partent d'un point, ou qui y convergent, soient renvoyés vers

(*a*) Voici la démonstration de cette belle propriété. Supposons un point *g* infiniment proche de G, & les lignes A*g*, B*g*, avec les arcs de cercle G*e*, *gf*, décrits des points B & A, comme centres, de sorte que *ge* est la différence de GB, *g*B, & G*f* celle de GA, *g*A. Le petit côté curviligne G*g* prolongé, est la tangente à la courbe, & sa perpendiculaire CD représente l'axe de réfraction. Maintenant puisque partout la différence de GA & AS, est à celle de GB & BS en même raison, il suit que les différences des lignes infiniment proches GA, A*g*, & GB, B*g*, c'est-à-dire, G*f*, *ge*, seront en même raison ; mais il est visible que les angles *fg*G, *g*G*e*, sont respectivement égaux aux angles AGC, BGD, qui sont l'angle d'inclinaison & l'angle rompu. Donc G*f* & *ge*, qui sont les sinus des angles *fg*G & *g*G*e*, étant en raison constante, sçavoir celle qui regle la réfraction entre les milieux A & B, il suit que les sinus des angles AGC, & BGD sont dans cette même raison, & par conséquent GB est la vraie position du rayon rompu. Donc, &c.

un autre, ou rendus divergens, comme s'ils en venoient. Il seroit excessivement long de parcourir tous les cas qui naissent des différentes positions respectives des points donnés S, A, G. Mais ceci mérite d'être observé, c'est que ces courbes se transforment en sections coniques suivant les circonstances. Si, par exemple, on suppose dans la premiere espece le point A infiniment éloigné, l'ovale devient l'ellipse ordinaire, ayant entre son grand axe & la distance de ses foyers la raison de la réfraction : ce qui nous apprendroit, si nous ne le sçavions déja, que la figure elliptique ayant les conditions ci-dessus, renverroit vers un de ses foyers les rayons paralleles à son axe. Si au contraire, on supposoit le point B infiniment éloigné, la courbe deviendroit une hyperbole qui renverroit parallélement les rayons partis du point A. Les autres propriétés des sections coniques en ce qui concerne la réflection de la lumiere, ne sont pareillement que de simples corollaires du problême général de M. *Descartes*. Il n'y a qu'à supposer les différences des lignes tirées des points A & B, aux points G, en raison d'égalité, les réfractions se changeront en réflections à angles égaux à ceux d'incidence, & l'on aura suivant la position des points A, B, S, une parabole, une ellipse ou hyperbole. Cette théorie dans l'exposition de laquelle M. *Descartes* n'a pas mis les développemens nécessaires pour tous les Lecteurs, a été depuis plus clairement exposée par M. *Huyghens* dans son Traité *de lumine*. On doit recourir à cet ouvrage, ou bien au sçavant Commentaire du P. *Rabuel* sur la Géometrie de *Descartes*.

Les propriétés que nous venons de remarquer avec M. *Descartes* dans les verres elliptiques & hyperboliques, le conduisirent à penser qu'ils ne pouvoient manquer d'être d'une grande utilité pour perfectionner les instrumens dioptriques. En effet, puisque des verres de cette forme réunissent les rayons paralleles, à un seul point mathématique, ce que ne font point les verres sphériques, il semble tout-à-fait naturel d'en conclure que les images des objets éloignés seront incomparablement plus distinctes. *Descartes* conseille donc de donner aux verres de Télescopes une courbure elliptique ou hyperbolique, & en particulier la derniere qu'il jugeoit préférable. Il propose pour cet effet à la fin de sa Dioptrique diverſes machines. Ses Lettres nous apprennent auſſi qu'il ſe donna de grands mouvemens pour y réuſſir. Etant à Paris en 1628. il engagea un fabricateur d'inſtrumens mathématiques, nommé *Ferrier*, à entrer dans ſes vues, & il lui écrivit enſuite de ſa retraite diverſes Lettres pleines d'inſtructions pour le guider. Cet Artiſte vint effectivement à bout, dit *Deſcartes*, de tailler un aſſez bon verre hyperbolique convexe, mais il ne put réuſſir au concave, & s'étant dégoûté de ce travail difficile, cette entrepriſe n'eut pas d'autre ſuite. Les promeſſes de *Deſcartes* qui n'alloient pas moins qu'à découvrir dans les aſtres les plus petits objets, & l'inſtigation de M. *Huyghens de Zulichem*, le pere du célebre M. *Huyghens*, avec qui il étoit lié d'amitié, porterent auſſi quelques Artiſtes Hollandois à faire des efforts pour mettre ſes machines à exécution (*a*); mais les difficultés les rebuterent probablement, & leur firent abandonner ce travail : nous ne voyons pas qu'il ſoit venu delà à *Deſcartes* aucun bon verre hyperbolique. Depuis ce temps, quantité d'autres Mathématiciens ou Artiſtes ont propoſé de nouvelles inventions pour le même ſujet. M. *Wren* entr'autres en a propoſé une (*b*), qui eſt fondée ſur une nouvelle propriété de l'hyperbole, & qui me paroît être une de celles dont on pourroit le plus légitimement attendre du ſuccès. On trouve auſſi dans les Mémoires de l'Académie de Berlin (*c*) la deſcription d'une machine inventée pour cet effet par M. *Hertelius*. Cependant, nonobſtant tous ces efforts, les verres hyperboliques ſont encore des êtres imaginaires, & ceux qui connoiſſent la maniere dont on travaille les verres lenticulaires, n'en ſeront point ſurpris. On a vu, à la vérité, quelquefois annoncer dans des Journaux, qu'on étoit enfin parvenu à faire des verres de cette forme. On lit dans les *Tranſactions Philoſophiques* (*d*) qu'un M. *du Son* avoit fait de bons verres paraboliques, (on a apparemment voulu dire hyperboliques; car des verres paraboliques ne rempliroient point l'objet qu'on ſe propoſe;) mais ces belles promeſſes ſe ſont réduites à cette annonce. Au reſte, on ſe ſeroit épargné bien des peines, ſi l'on eût fait une réflexion qui ſe préſente aſſez naturellement, c'eſt que ſi

(*a*) Ibid. T. II, Lett. 81, 82, 85, 86, 90.

(*b*) *Tranſ. Phil.* ann. 1668, 1669.

(*c*) T. III. ad ann. 1710.

(*d*) Ann. 1665.

un verre de courbure elliptique ou hyperbolique réunit plus exactement qu'un sphérique tous les rayons paralleles à son axe, il lui sera fort inférieur en ce qui concerne les rayons qui forment avec cet axe quelque angle sensible. Car la courbure sphérique présente de tous les côtés une figure uniforme, ce que ne fait point la courbure elliptique ou hyperbolique. C'est pourquoi ces dernieres réuniront moins exactement les rayons venans des parties latérales de l'objet. Enfin ce qui ne permet plus aujourd'hui de s'attacher à faire des verres de cette forme, c'est la découverte de la différente réfrangibilité de la lumiere. C'est de cette différente réfrangibilité que naît le principal obstacle à la distinction de l'image; & l'aberration qu'elle cause est incomparablement plus grande que celle qui vient de la forme sphérique du verre. Quand on corrigeroit cette derniere par la figure hyperbolique, la premiere ne subsisteroit pas moins, & la distinction ne seroit pas plus grande. Il n'est aujourd'hui aucune personne instruite, qui ajoute foi aux verres hyperboliques, & il n'y a plus que quelques Artistes charlatans qui, pour rehausser leur ouvrage, disent avoir le secret de les travailler.

VIII.

Découverte de Descartes sur l'Arc-en-Ciel.

Nous devons enfin à M. *Descartes* d'avoir perfectionné l'explication de l'Arc-en-Ciel qu'avoit autrefois donné *Antonio de Dominis*. On a vu vers la fin du volume précédent que ce Physicien Italien, guidé par un heureux hasard plutôt que par sa sagacité, avoit rencontré le vrai principe de cette explication : mais il avoit encore laissé bien des choses à faire pour la rendre complette. En premier lieu, il avoit totalement manqué celle de l'arc-en-ciel extérieur. En second lieu, il restoit à rendre raison pourquoi ces arcs lumineux ne paroissent que d'une certaine grandeur, l'inférieur de 42°. environ de rayon, & l'extérieur de 54. Il falloit enfin expliquer d'où viennent les couleurs qu'ils nous présentent, & leur arrangement. De ces trois choses, *Descartes* en découvrit deux. La troisieme tenoit à la différente réfrangibilité de la lumiere, & étoit réservée à M. *Newton*.

L'arc-en-ciel intérieur ou principal, est formé, comme

nous l'avons dit en parlant d'*Antoine de Dominis*, par une réflection unique du rayon solaire contre la partie postérieure des gouttes d'eau ou de vapeurs, réflection précédée & suivie d'une réfraction à l'entrée & à la sortie de cette goutte. C'étoit-là que s'étoit arrêté l'Auteur Italien, qui avoit cru pouvoir expliquer de même l'arc-en-ciel extérieur, en changeant seulement quelques circonstances. *Descartes* plus clairvoyant apperçut & s'assura par l'expérience (*a*), que l'arc-en-ciel extérieur
Fig. 73. est produit par deux réflections dans l'intérieur des gouttes de vapeurs, comme l'on voit dans la figure en B. Le rayon de lumiere parti du soleil, entre par la partie inférieure de la goutte, & y souffre une réfraction; il se réfléchit deux fois contre sa surface, & il sort enfin en souffrant une seconde réfraction qui le renvoie à un point de l'axe tiré du soleil par l'œil du spectateur. Telle est la trace de chaque rayon de lumiere qui forme un point de la seconde iris.

Mais pourquoi n'y a-t'il que les rayons comme AO & BO, inclinés à cet axe, l'un de 42°, l'autre de 54, qui excitent dans l'œil du spectateur une sensation de lumiere : car il est évident qu'il n'y a point de goutte, soit inférieure à A, soit entre A & B, soit enfin au dessus de B, qui n'envoie aussi à l'œil quelque rayon de lumiere. Cependant on n'apperçoit de l'éclat qu'en A & en B : en voici la raison d'après M. *Descartes*. Il ne suffit pas qu'un rayon de lumiere parvienne à nos yeux pour y exciter quelque sensation ; il faut pour cela qu'il ait une certaine densité, proportionnée à la sensibilité de notre organe : or de tous les faisceaux de rayons solaires qui tombent parallélement sur une goutte de vapeurs, M. *Descartes* trouve par le calcul qu'il n'y en a qu'un seul, sçavoir celui qui est éloigné du rayon central entre les 85 & 86 centiemes du rayon du globule, qui après la réfraction & la réflection qu'il éprouve, soit encore composé de rayons paralleles. Il n'y a donc que ce faisceau de lumiere qui soit capable d'exciter quelque sensation sur un œil éloigné. Or celui-ci forme avec l'axe tiré du soleil au point diamétralement opposé, un angle de 41°, 30', en supposant la raison du sinus d'incidence à celui de réfraction dans l'eau de pluie, celle de 257 à 180. On ne doit donc voir la bande lumineuse du pre-

(*a*) *Meteor.* Disc. 8.

mier arc-en-ciel qu'à une distance d'environ 41° 30′ du point diamétralement opposé au soleil. M. *Descartes* démontre par un procédé semblable que de tous les petits faisceaux de rayons qui tombent sur les mêmes globules, & qui sortent après deux réflections, il n'y en a qu'un dont les rayons composans conservent leur parallélisme, & qu'il fait, avec le même axe que ci-dessus, un angle de 51°, 57′. Ainsi la bande lumineuse ne peut paroître au même œil qu'à 52° environ du point opposé au soleil. L'intervalle entre la goutte A & la goutte B n'en peut fournir aucune dont un faisceau parallele puisse parvenir au même œil. Delà l'interruption de la lumiere entre les deux iris.

Il reste à rendre raison des couleurs qui parent ces deux arcs lumineux. L'explication complette de ce phénomene tient, nous l'avons déja dit, à la théorie Newtonienne des couleurs. *Descartes* néanmoins en rend une raison à certains égards satisfaisante, en regardant la petite partie du globule par où sortent les rayons du faisceau parallele, comme un petit prisme qui jette, comme on sçait, des rayons colorés ; la situation différente de ces petits prismes à l'égard de l'œil du spectateur, fait que les couleurs paroissent dans un ordre inverse dans les deux arcs. Nous n'en dirons pas davantage maintenant ; ce qui reste encore ici à desirer sur ce sujet, nous le réservons au Livre où nous devons faire connoître les belles découvertes de M. *Newton* sur la nature des couleurs. Nous y rendrons aussi compte des ingénieuses spéculations de M. *Hallei* sur les arcs-en-ciel de différens ordres.

Fin du Livre IIIe de la IVe Partie.

HISTOIRE
DES
MATHÉMATIQUES.

QUATRIEME PARTIE,

Qui contient leurs progrès durant le dix-ſeptieme ſiecle.

LIVRE QUATRIEME.

Hiſtoire & progrès de l'Aſtronomie, depuis le commencement juſques vers la fin du dix-ſeptieme ſiecle.

SOMMAIRE.

I. *L'Aſtronomie eſt cultivée au commencement de ce ſiecle par Kepler. Vie abrégée de cet Aſtronome. Il découvre la vraie forme des orbites des Planetes, & les loix qu'elles ſuivent dans leurs mouvemens. Diverſes conjectures heureuſes de Kepler. Idée abrégée de ſes inventions.* II. *Des étoiles nouvelles qui paroiſſent en 1600 & 1604. Autres phénomenes ſemblables obſervés depuis.* III. *De Galilée. Ses découvertes aſtronomiques dans la Lune & les fixes. Celle des Satellites de Jupiter, & des taches du Soleil. Conſéquences qu'il en tire.* IV. *Des Aſtro-*

nomes qui disputent à Galilée l'honneur de ces découvertes ; de Jean Fabricius. De Scheiner, théorie des taches du Soleil expliquée. De Marius. V. *Des travaux de divers Astronomes pour la mesure de la terre dans cette premiere partie du dix-septieme siecle. De la mesure de Snellius, & de sa méthode ; de celles de Blaeu, de Norwood. De celle des PP. Riccioli & Grimaldi.* VI. *Observation de Mercure sous le Soleil, faite en 1631, & par qui. Utilité qu'on en a tirée. Autres observations semblables faites depuis. Venus observée de même sous le Soleil en 1639. De l'Astronome Horoccius, Auteur de cette observation. Avantage qu'on attend de l'observation semblable qui aura lieu en 1761.* VII. *Systême Physico-Astronomique de Descartes. Difficultés auxquelles il est sujet.* VIII. *De quelques Astronomes dont on n'a point parlé. Idée de leurs travaux.*

I.

Découvertes Astronomiques de Kepler.

LES découvertes dont l'immortel *Kepler* enrichit l'Astronomie au commencement de ce siecle, forment une des époques les plus mémorables de l'histoire de cette Science. Si *Copernic*, secouant le joug d'un ancien préjugé, sçut démêler le vrai arrangement des corps célestes ; si *Tycho-Brahé* perfectionna l'Astronomie pratique, accumula des observations sans nombre, rectifia en divers points les idées de ses prédécesseurs, il étoit réservé à *Kepler* de reconnoître la vraie marche des Planetes, la forme des orbites qu'elles parcourent, & les loix suivant lesquelles elles s'y meuvent. Nous choisissons ici pour caractériser cet illustre Astronome, quelques-unes de ses découvertes qui ont le plus de célébrité. Car on pourroit former une ample énumération des choses que lui doit l'Astronomie. Nous ne pouvons que faire une chose agréable à nos lecteurs, en leur apprenant quelques traits de la vie de cet homme célebre.

Kepler naquit en 1571, (le 27 Décembre) à Viel dans le Duché de Vittemberg, de parens nobles, mais réduits par le service & la mauvaise conduite, à une sorte d'indigence. L'ardeur de s'instruire lui en fit trouver les moyens, & il parvint enfin à prendre des grades dans l'Université de Tubinge, en 1589 & 1591. *Kepler* ne se destinoit point encore aux Mathématiques : plein d'ambition & d'ardeur pour la gloire, il ne les regardoit point alors comme capables de ſatisfaire ſes vues. Cependant il les avoit étudiées avec ſuccès ſous l'Aſtronome *Mæſtlin*. La Chaire de Mathématiques de Gratz étant devenue vacante par la mort de *Stadius*, le Duc de Vittemberg la procura à *Kepler*, qui ne l'accepta que pour ne point indiſpoſer contre lui ſon Souverain & ſon protecteur. Ce fut ſeulement alors que les exhortations de *Mæſtlin*, qui voyoit dans lui un génie vif & propre aux plus grandes découvertes, le gagnerent à l'Aſtronomie. Il commença à la cultiver avec goût & avec ardeur, & il publia en 1593 ſon *Myſterium Coſmographicum*. Au travers des myſtérieuſes analogies des nombres & des figures, que *Kepler* y employoit pour déterminer les rapports des diſtances des Planetes, *Tycho* démêla le génie du jeune Auteur, & le jugea digne d'être remis dans la vraie route. Il l'exhorta à obſerver, conſeil que ſuivit *Kepler*, mais qui ne le guérit pas entiérement de ſon foible pour ces chimeres Pythagoriciennes. Divers endroits de ſon *Epitome Aſtronomiæ Copernicanæ*, & ſon *Harmonia Mundi*, ſont des preuves ſubſiſtantes de ce foible, qu'il allia le plus ſouvent avec les idées les plus juſtes & les plus ſublimes.

Kepler alla voir, en 1598, *Tycho* retiré à Prague, & cet Aſtronome lui procura le titre de Mathématicien Impérial, avec des appointemens qui lui furent preſque toujours aſſez mal payés. Ce titre ne lui ſuffiſant pas pour vivre, il demanda & il obtint en 1613 la Chaire de Lintz, qu'il garda juſqu'en 1626, qu'il paſſa à celle de Sagan, & delà à celle de Roſtock ; enfin étant allé à la Diete de Ratiſbonne pour y ſolliciter le paiement des arrérages de ſes penſions, il y mourut le 5 Novembre 1631. On lui doit un grand nombre d'ouvrages, dont quelques-uns nous ont déja occupés. Nous allons en analyſer quelques autres dans cet article, & l'on en trouvera l'énumération dans la note ſuivante (*a*). Un ſçavant Allemand (M. *Gotlieb Hanſch*) qui a donné en 1718 un Recueil de Lettres de

(*a*) *Prodromus diſſ. Coſmographicarum*, &c. Tubingæ, 1596. in-4°. *De fundam. Aſtrologiæ certioribus, diſſertatiuncula*. Prag. 1602. in-4°. *Paralipomena ad Vitellionem, ſeu Aſtron. pars Optica*. Francof. 1604. in-4°. *Epiſt. ad rerum cel. amat. de ſolis deliquio anni 1605*. Prag. 1605. *De ſtellâ novâ in pede ſerpentarii*, &c. *Cui acceſſit narratio de ſtellâ incognitâ cygni*. Prag. 1606. in-4°. *Mercurius in ſole*, &c. Lipſ. 1609. *Aſtronomia nova, ſeu Phyſica celeſtis de motibus ſtellæ martis*, &c. Prag. 1609. in-

Kepler, nous promettoit en 1714 une édition complette de ses Œuvres en vingt-deux volumes in-folio. (*a*) Quelque estime que nous ayons pour cet Astronome célebre, nous croyons qu'une pareille collection réussiroit mal aujourd'hui. Le nom de *Kepler* vivra sans doute tant qu'on cultivera l'Astronomie : mais ses écrits trop mal digérés, trop remplis d'idées hazardées & qui ont besoin de l'indulgence des lecteurs, malgré les excellentes découvertes qui y sont éparses, ne sçauroient se réimprimer dans un siecle tel que celui-ci. Quel avantage pourroit-on concevoir à nous remettre sous les yeux ses sçavans délires sur l'harmonie du monde, &c? On eût applaudi vers la fin du siecle passé à une édition de ces Œuvres faite par un homme de goût, capable d'apprécier ce qui méritoit d'être présenté au public de ce qui devoit être supprimé. Mais il seroit aujourd'hui trop tard pour entreprendre même cette collection.

Les deux découvertes qui ont le plus contribué à faire un grand nom à *Kepler*, sont celles de la forme des orbites des Planetes, & des deux loix de leurs mouvemens. Nous l'allons suivre dans ses *Commentaires sur les mouvemens de Mars*, où il a pris soin de nous instruire des essais & des conjectures qui le conduisirent enfin à la premiere de ces mémorables découvertes.

Ce fut une espece de hazard qui excita les recherches de *Kepler* sur la théorie de Mars; & ce fut un heureux hazard, parce que cette planete étant une des plus excentriques, elle étoit une de celle qui pouvoit le conduire plus facilement à la vraie cause de ses inégalités. Il étoit allé à Prague, trouver *Tycho* qui, à l'occasion d'une opposition prochaine de Mars, travailloit à mettre en état sa théorie sur cette planete. *Tycho* étoit persuadé avec *Copernic*, que c'étoit par le lieu moyen du soleil que devoient passer les apsides des orbites des Planetes,

fol. *Dioptrica*. Prag. 1611. in-4°. *Ephem. novæ motuum cœlestium ab anno 1617 ad 1636, partes III*. Linzii ac Sag. in-4°. *Epitome Astron. Copern.* 1618 & 1622. in-8°. Linz. *Harmonices, L. V*. Linc. 1619. in-fol. *De Cometis, lib. III*. Aug. Vind. 1619. in-4°. *Hyperaspistes Tychonis contra Scip. Claramontium*. Francof. 1625. in-4°. *Tab. Rudolphinæ, &c*. Ulm. 1627. in-fol. *Resp. ad Epist. Jac. Bartchii, &c*. Sag. 1629. in-4°. *Admon. ad Astron. de miris ac raris A. 1631 phenomenis, nempe Mercur. ac Ven. in solem incursu*. Lipf. 1629. in-4°. *Somnium Kepleri, seu de Astron. lunari, &c. Opus posthumum*. Francof. 1634. in-4°. *Epist. Keplerianæ quæd. cum responsis*. Lipf. 1718. in-fol. *Ster. dol*. Linc. 1605. in-fol.

(*a*) *Act. Lips*. ann. 1714.

& à l'aide d'un grand échaffaudage de cercles, il réussissoit assez bien à représenter le mouvement de Mars en longitude: mais son hypothese manquoit totalement en ce qui concerne la latitude. *Kepler*, qui avoit déja des idées physiques qui lui persuadoient que le soleil étoit, non un centre sans action, mais le modérateur du mouvement des planetes, suspecta d'abord l'hypothese de *Tycho* de fausseté à cet égard. D'idées en idées, (car nous serions trop longs si nous entreprenions d'en décrire ici la succession) il vint enfin à reconnoître qu'il étoit nécessaire de partager en deux également l'excentricité. Il fut probablement aidé par l'observation que *Ptolémée* avoit déja faite, sçavoir que la premiere inégalité des Planetes supérieures étoit en partie réelle, en partie optique, raison qui lui avoit fait établir le centre de leur mouvement égal, hors de celui de leur excentrique. Les observations modernes avoient aussi convaincu de cette nécessité, & il n'y avoit que la terre qu'on eût exceptée de cette loi commune; mais *Kepler* se conduisant par analogie, jugea qu'on devoit l'appliquer de même à la terre, qui est semblable aux autres Planetes. Il montra qu'il falloit rapprocher le centre de l'orbite de la moitié de l'excentricité qu'on lui donnoit autrefois; & qu'en supposant le mouvement égal se faire autour du point également éloigné du centre de l'autre côté, on satisfaisoit beaucoup mieux, que par l'excentrique simple à l'inégalité observée des mouvemens solaires. C'est-là ce qu'on appelle la bissection de l'excentricité; premier pas de *Kepler* vers sa grande découverte. Entr'autres preuves de la nécessité de partager ainsi l'excentricité, & de faire le mouvement du soleil ou plutôt de la terre, réellement inégal, il donnoit celle-ci. Si le soleil rouloit uniformément autour du centre de son orbite, la vîtesse de son mouvement suivroit exactement le rapport de ses diametres apparens; ce qui n'est cependant pas. En effet, le diametre du soleil dans son apogée, n'est que d'un 30e environ moindre que dans son périgée; ce qui désigne que sa distance, dans le premier de ces points, est plus grande d'environ un 30e que dans le second. Mais son mouvement est dans l'apogée d'un quinzieme plus lent: si donc on attribue à la différence d'éloignement l'effet qu'elle doit produire, sçavoir un trentieme de retardement, l'autre trentieme sera une

une retardation réelle. Or on satisfait à l'une & à l'autre de ces conditions en retirant le centre de l'orbite terrestre vers le soleil de la moitié de l'excentricité ancienne, & en faisant mouvoir la terre uniformément à l'égard du point opposé, & également éloigné de l'autre côté du centre. *Kepler* appliqua aussi ceci au mouvement de Mars, & trouva que son excentricité partagée de la même maniere, représentoit mieux son mouvement que quelque hypothese qu'on eût encore faite. *Fig.* 74.

Cette hypothese eût contenté bien des Astronomes, & nous trouvons en effet que plusieurs s'en sont tenus là ; mais *Kepler*, qui aspiroit à une plus grande perfection, apperçut qu'elle ne satisfaisoit pas encore entiérement aux mouvemens hors des aphélies & des périhélies. Conduit par un raisonnement plus heureux qu'exact & concluant, il tenta de faire croître dans cette hypothese circulaire les secteurs autour du point excentrique S uniformément. Ceci l'approcha en effet beaucoup de la perfection : il trouva seulement à cette hypothese le défaut de donner les lieux calculés trop avancés dans le premier quart de cercle de l'aphélie, & trop peu dans le dernier ; il trouva aussi que hors l'aphélie & le périhélie, les distances calculées étoient plus grandes que les distances observées, & cela d'autant plus que la planete étoit plus voisine des lieux moyens. Ces deux observations lui apprirent que l'excentrique qu'il avoit d'abord supposé, n'avoit que le défaut d'être trop renflé vers les distances moyennes, & que la vraie orbite rentroit au dedans en forme d'ovale, & avoit le même axe.

Mais quelle sera l'espece d'ovale qu'il faudra adopter au lieu du cercle ? car on peut concevoir sur le même axe une infinité de courbes plus applaties les unes que les autres, & décrites par certains procédés géométriques. Ceci ne fut pas une des moindres occasions de travail pour *Kepler*. Prévenu de certain mouvement composé, par lequel il croyoit que cette ovale étoit décrite, il en imagina une différente de l'ellipse ordinaire, qu'il ne soupçonnoit pas encore. Il croyoit Mars subjugué, lorsqu'il s'apperçut qu'il lui échappoit de nouveau. Les paroles de *Kepler* sont remarquables, & méritent d'être rapportées comme décelant une imagination vive, qui en eût facilement fait un Poëte, s'il n'eût été Astronome. *At dùm de motibus martis in hunc modum triumpho, eique ut planè de-*

victo tabularum carceres æquationumque compedes necto, diversis nuntiatur locis, futilem victoriam, ac bellum totâ mole recrudescere; nam domi quidem captivus, ut contemptus, rupit omnia æquationum vincula, carceresque tabularum effregit. Jamque parùm obfuit quin hostis fugitivus sese cum rebellibus suis conjungeret, meque in desperationem adigeret, nisi raptim nova rationum Physicarum subsidia, fusis & palantibus veteribus, submisissem, & quà sese captivus proripuisset, vestigiis ipsius, nullâ morâ interpositâ inhæsissem, &c. En effet, pour me servir de l'expression figurée de *Kepler*, il ne cessa point de poursuivre son prisonnier échappé, qu'il ne l'eût atteint & entiérement soumis. Il remarqua que le défaut de son ovale étoit d'être trop rentrante dans le cercle, & trop applatie; il en conclut que l'ellipse ordinaire qui tenoit un milieu entre cette ovale fictice & le cercle, étoit la véritable trace du mouvement de la planete. Son prisonnier, dit-il, content de cette capitulation, se rendit de bonne grace, & ne fit plus d'efforts pour s'échapper. Depuis ce temps on tient pour principe des mouvemens célestes, que les Planetes parcourent des orbites elliptiques, dont l'un des foyers est occupé par le soleil ou la Planete principale, & qu'elles s'y meuvent de telle maniere que les aires décrites par la ligne tirée du foyer où est la Planete centrale, sont proportionnelles aux temps. Si l'orbite d'une Planete est représentée par l'ellipse AFPG, dont AP est la ligne des apsides, le soleil S en occupe l'un des foyers, & elle s'y meut de sorte que les secteurs AST, ASt, AFPS♁, sont
Fig. 75. comme les temps employés à arriver aux lieux T, t, ♁. C'est sur ce principe que sont calculées les Tables qu'emploient aujourd'hui les Astronomes. On a pris l'aire entiere de l'ellipse, ou celle du cercle ADPA, pour 360°: ensuite on a supposé les secteurs DSA au foyer S, croître uniformément de degré en degré, c'est-à-dire, de 360e en 360e de l'aire entiere, & on a déterminé quel étoit l'angle TSA, qui répondoit à chacun de ces secteurs; ce qui a donné l'anomalie vraie répondante à chaque anomalie moyenne croissante de degré en degré (*a*); car il est évident que le secteur ASD réduit en degrés, re-

(*a*) Ce problême de déterminer l'anomalie vraie, la moyenne étant donnée, est devenu célebre parmi les Géometres, à cause de sa difficulté. Kepler ne le résolvoit qu'indirectement en prenant l'arc AD (qu'il appelle *l'anomalie de l'excentre*) plus

préſente l'anomalie moyenne, & que l'angle correſpondant A S T eſt l'anomalie vraie. On a enfin ſouſtrait l'anomalie vraie de la moyenne, ou au contraire, & l'on a inſcrit la différence avec le ſigne convenable d'addition ou de ſouſtraction, à côté de l'anomalie moyenne, afin d'avoir, ſuivant la forme des Tables anciennes, l'équation, c'eſt-à-dire, la partie à ajouter ou à ſouſtraire du lieu moyen pour avoir le lieu vrai.

Telle eſt la premiere loi du mouvement des Planetes, découverte par *Kepler;* il en eſt une ſeconde qui concerne les mouvemens reſpectifs de pluſieurs Planetes qui tournent autour du même point. Celle-ci conſiſte en ce que, dans ce cas, les quarrés des temps qu'elles emploient dans leurs révolutions, ſont comme les cubes de leurs diſtances, ou ce qui eſt la même choſe, que ces diſtances ſont comme les quarrés des racines cubiques des temps périodiques. *Kepler* en fait la re-

ou moins grand, de ſorte qu'il en réſultât pour le ſecteur A S D la grandeur de l'anomalie moyenne donnée; enſuite il tiroit facilement delà l'anomalie vraie A S T. Mais la Géométrie ayant acquis des forces, on a jugé indigne d'elle de ne réſoudre ce problême qu'indirectement : on a cherché des ſolutions directes, & divers Géometres & Aſtronomes ſe ſont exercés à en donner.

La premiere de ce genre eſt celle du Chevalier Wren, qui nous a été tranſmiſe par Wallis (*de cycl. ad fin.*) & par M. Newton (*Princ. l. 1.*). Elle eſt purement géométrique, & procede par le moyen d'une cycloïde alongée. Mais cela n'eſt ſatisfaiſant que dans la théorie; c'eſt pourquoi M. Newton la fait ſuivre auſſi-tôt d'une autre, qui conſiſte en une ſuite d'angles décroiſſans qui ſont la correction à faire à l'anomalie moyenne pour avoir la vraie.

Comme cette ſolution eſt aſſez compoſée, les DD. Keil & Grégori en ont propoſée une autre, l'un dans ſes *Lect. Aſtron.* l'autre dans ſes *Elem. Aſtron.* En voici l'eſprit. Le problême en queſtion ſe réduit, comme l'on ſçait, à retrancher d'un cercle un eſpace A S D égal à un eſpace donné par une ligne tirée d'un point S, autre que le centre. Or en employant les calculs modernes, on trouve une ſuite qui exprime la valeur du ſecteur fait au point S, & qui répond à l'ordonnée indéterminée DE. On égale cette ſuite à l'eſpace donné, & par le retour des ſuites on trouve D E exprimée par une nouvelle ſuite qui eſt très-convergente lorſque l'excentricité eſt peu conſidérable; de ſorte qu'un petit nombre de termes ſuffiſent pour avoir la valeur de D E. Cette ſolution n'a pas été inconnue à M. Newton. On la trouve dans le *Comm. Epiſt.* p. 53.

Ces ſolutions diverſes n'ont pas ſatisfait l'inquiétude des Mathématiciens. D'un côté les Aſtronomes ont cherché des approximations purement Trigonométriques. Telles ſont celles qu'ont donné M. Horrebow (Act. Lipſ. Suppl. T. VI.) & M. Caſſini (Mem. de l'Acad. 1719) D'un autre côté les Géometres ont cherché de nouvelles ſolutions géométriques ou analytiques. M. Hermann a donné (Mem. de Peterb. ann. 1726.) un Mémoire où il en propoſe deux, l'une géométrique par le moyen de la quadratrice de M. Tchirnauſen, l'autre arithmétique, qui eſt fort praticable. On a auſſi (Tranſ. Phil. ann. 1738.) un ſçavant écrit de M. Machin, qui y donne des ſuites extrêmement convergentes, d'où il dérive une méthode très-prompte & expéditive. On trouve enfin dans les Œuvres de M. Simpſon, (Eſſais on various ſubjects, p. 41) quelques nouvelles ſolutions de ce problême.

marque dans ſon *Epitome Aſtronomiæ Copernicanæ* (*a*), & il la prouve d'abord par la comparaiſon des mouvemens des Planetes ſupérieures. En effet, ſi nous comparons la terre avec Saturne, nous trouvons que le temps périodique de la terre eſt à celui de Saturne, comme 1 à $29\frac{4}{5}$, dont les racines cubiques ſont 1 & $3\frac{1}{10}$; faiſons-en les quarrés, ce ſeront 1 & $9 + \frac{61}{100}$. C'eſt-là en effet le rapport de leurs diſtances au ſoleil, tiré des théories qui répondent le mieux à leur mouvement. Que ſi l'on prend plus exactement les temps périodiques de deux Planetes principales, on trouvera le rapport de leurs diſtances avec plus d'exactitude, & plus approchant de celui que donnent les obſervations des meilleurs Aſtronomes.

Ce que nous venons d'obſerver entre les Planetes principales, s'obſerve auſſi entre les quatre Satellites de Jupiter, comme le remarque *Kepler*, qui en tire une nouvelle preuve de ſa découverte. On voit enfin cette loi régner entre les cinq Satellites de Saturne. Si, comme ces deux Planetes, nous euſſions été avantagés de pluſieurs Lunes, nous aurions ſans doute le plaiſir de la voir régner entr'elles.

Si nous pouvions nous étendre ici à notre gré, nous nous livrerions volontiers à donner quelque idée de la Phyſique de *Kepler*. Car il ne ſe borna pas aux faits, il tenta auſſi d'en aſſigner les cauſes, & preſque toujours il fait marcher la Phyſique à côté de l'Aſtronomie. Mais nous ne le diſſimulerons point, cette partie des écrits de *Kepler* n'eſt pas la plus brillante, & quoiqu'elle décele l'homme de génie, elle a beaucoup beſoin de l'indulgence des lecteurs. Ceux qui voudront cependant en prendre une idée, ſans recourir à ſes ouvrages, doivent conſulter *les Elémens d'Aſtronomie* du Docteur *Gregori*, où ils en trouveront un précis très-ſuccinct & très-bien fait.

Il y a néanmoins dans la Phyſique de *Kepler* diverſes conjectures heureuſes, & tout-à-fait conformes aux découvertes modernes. On le voit, dans ſes *Commentaires ſur Mars*, ſoupçonner que les irrégularités particulieres à la Lune, ſont l'effet des actions combinées de la terre & du ſoleil ſur elle (*b*). Il y conjecture que les aphélies des Planetes ſont tantôt directes,

(*a*) *Epit. Aſtron. Cop.* p. 500, 530, 554.
(*b*) c. 37. *Epit. Aſtron. Cop.* L. IV, §. 5, l. VI.

tantôt rétrogrades, mais qu'étant plus long-temps directes que rétrogrades à chaque révolution, elles paroissent, après un certain nombre de révolutions, avoir avancé. Cela se vérifie à l'égard de la lune, & il est très-probable que cela arrive aux Planetes qui tournent autour du soleil, quoique la lenteur du mouvement de leurs apsides ne permette pas de s'en assurer. L'attraction universelle de la matiere est clairement énoncée dans le même ouvrage (*a*). « La gravité, dit *Kepler*, n'est » qu'une affection corporelle & mutuelle entre des corps sem- » blables pour se réunir. Les corps graves, ajoute-t'il, ne » tendent point au centre du monde, mais à celui du corps » rond dont ils font partie; & si la terre n'étoit pas ronde, » les corps ne tomberoient point perpendiculairement à » sa surface. Si la lune & la terre n'étoient pas retenues » dans leurs distances respectives, elles tomberoient l'une sur » l'autre, la lune faisant environ les $\frac{53}{54}$ du chemin, & la terre » le reste, en les supposant également denses. « Il pense aussi qu'on ne doit attribuer qu'à cette attraction de la lune, le phénomene du flux & du reflux de la mer. « L'attraction de la » lune, dit-il, s'étend jusques sur la terre. Elle attire les eaux » de l'Océan dans la Zone torride, sous l'endroit dont elle oc- » cupe le zénith, &c. La lune, continue-t'il, passant rapide- » ment le zénith, & les eaux ne la pouvant suivre avec la même » vîtesse, il se forme un courant continuel d'Orient en Occi- » dent, qui va frapper sans cesse les rivages opposés, & qui » se réfléchit sur les côtés. Delà l'origine du courant d'air » continuel qu'éprouvent ceux qui navigent sous la Zone tor- » ride, & la cause de la naissance ou de la destruction de di- » vers Bancs de sables, ou Isles, &c. de l'excavation du Golfe » du Méxique & de la côte orientale de l'Asie. » Il paroît reconnoître aussi la gravitation des Planetes vers le soleil (*b*); car il lui compare celle des corps pesans sur la terre, & quoique dans son *Abrégé de l'Astronomie Copernicienne*, il ne veuille pas que l'attraction des Planetes & du soleil soit réciproque, de crainte que le soleil ne soit ébranlé de sa place, il ne laisse pas de la reconnoître ailleurs. Car il prévient cette objection en disant que la masse & la densité du soleil sont telles, qu'il

(*a*) *Ibid. in Introd.*
(*b*) *Epit. Astron. Cop.* l. v, §. 1.

n'y a aucun ſujet de craindre qu'il puiſſe être déplacé par l'action réunie de toutes les autres Planetes (*a*). *Kepler* enfin avoit conjecturé le mouvement du ſoleil autour de ſon axe, & il en avoit fait un des points fondamentaux de ſa Phyſique céleſte (*b*); chacun ſçait que ſa conjecture a été vérifiée peu de temps après par la découverte des taches du ſoleil. Il fait ici une remarque digne d'attention, ſçavoir que c'eſt à l'équateur ſolaire, ou au cercle que cet équateur prolongé marque parmi les fixes, que devroient ſe rapporter les orbites des Planetes, & non à notre écliptique : en effet, notre écliptique eſt un cercle avec lequel ces orbites n'ont aucune relation phyſique, & par cette raiſon il doit néceſſairement arriver, comme le remarque encore *Kepler* (*c*), que leur inclinaiſon à l'écliptique ſoit changeante, à moins que les nœuds de l'orbite de la terre & de celles des autres Planetes, n'ayent un mouvement préciſément égal à l'égard de l'équateur ſolaire. Or comme ce mouvement eſt effectivement inégal, ce n'eſt qu'à ſa lenteur extrême que nous devons attribuer de ne nous être point encore apperçus de cette variation.

Après tant de traits de génie, on devroit, ce ſemble, s'attendre que *Kepler* reconnût le vrai ſyſtême des Cometes, ſyſtême ſi ſatisfaiſant, & qui avoit droit de lui plaire à tant de titres. Mais les hommes les plus clairvoyans ne le ſont pas également partout, & cette vérité ſublime lui échappa. Loin de ſoupçonner que ces aſtres ſont des Planetes fort excentriques, comme les obſervations modernes ſemblent le confirmer de plus en plus, il en fait des générations nouvelles, & il les regarde comme des épaiſſemens de l'æther capables de nous renvoyer la lumiere (*d*). Il leur donne un mouvement rectiligne, & en quelque ſorte malgré les obſervations; car elles devoient au contraire le porter à compoſer leurs trajectoires de pluſieurs portions de droites diverſement inclinées, & ſucceſſivement de plus en plus dans un même ſens; ce qui indiquoit une orbite curviligne, au lieu qu'afin de ne point abandonner ſon hypotheſe, il attribue à ces aſtres un ralentiſſement de vîteſſe à meſure qu'ils s'éloignent de leur périhélie. A l'égard

(*a*) *Comm. de Mot. Mart.* Ibid.

(*b*) *Comm. de Mot. ſtellæ Martis.* P. IV, cap. 34. & *alibi paſſim.*

(*c*) Ibid. c. 60.

(*d*) *De Com.* lib. 3.

des queues des Cometes, *Kepler* eut une opinion qui a paru probable à divers Physiciens modernes. Il pensa que ce pouvoit être une partie de leur athmosphere entraînée par les rayons solaires, & qui nous les réfléchit. Il y a néanmoins de fortes raisons pour rejetter ce sentiment.

Il nous faudroit donner au seul *Kepler* une partie considérable de la place que revendiquent divers autres Astronomes dignes d'éloges, si nous entreprenions de faire connoître toutes ses découvertes avec la même étendue que les précédentes. Nous nous bornerons par cette raison à une brieve énumération du reste de ce que lui doit l'Astronomie : telles sont d'abord diverses méthodes pour la détermination des orbites des Planetes, de leurs dimensions & de leurs positions; une multitude d'observations qu'il fit pour suppléer à celles de *Tycho;* la remarque de la forme elliptique du soleil & de la lune dans le voisinage de l'horizon, remarque dont on fait ordinairement honneur au Pere *Scheiner,* mais que *Kepler* déduisit avant lui, & *à priori,* de la théorie des réfractions (*a*). La méthode dont se servent aujourd'hui les Astronomes pour calculer les éclipses de soleil, lui est encore dûe : elle consiste à regarder ces sortes d'éclipses comme des éclipses de la terre par l'ombre de la lune, & elle a non seulement l'avantage d'affranchir de quantité d'embarras auxquels la méthode ancienne étoit sujette, mais encore celui de montrer comme dans un tableau dans quelles régions de la terre une éclipse sera visible, de quelle quantité elle sera, &c. Nous lui avons déja fait honneur de quelques remarques importantes d'Astronomie Optique (*b*). Les Astronomes lui dûrent enfin les cébres Tables Rudolphines qu'il publia en 1627. Elles seront à jamais mémorables, comme les premieres qui ayent été calculées sur les véritables hypotheses des mouvemens célestes; & l'industrie des Astronomes postérieurs n'a trouvé de changemens à y faire que dans quelques détails, comme les excentricités, les positions & les mouvemens des apsides, &c. L'état de l'Astronomie pratique au temps de *Kepler*, ne lui permettoit pas d'approcher davantage de la vérité qu'il l'a fait.

(*a*) *Astr. pars Opt.* p. 131.
(*b*) Liv. préced. art. 1.

II.

Des étoiles nouvelles observées en 1600 & 1604.

Il seroit fort naturel de penser que rien n'est moins sujet au changement que ces régions immenses où les étoiles fixes sont dispersées. Le spectacle qu'elles nous présentent, est depuis si long-temps le même, qu'il est difficile de se défendre de cette opinion ; mais, comme le remarque M. *de Fontenelle*, ce spectacle n'est parfaitement le même que pour des yeux peu éclairés ou peu attentifs. Depuis qu'il y a de toutes parts des Observateurs qui ont les yeux tournés vers les Cieux, on trouve, pour me servir encore des expressions de cet Ecrivain célebre, qu'ils ont leur part des changemens qu'on croyoit n'être que sublunaires.

L'apparition d'une étoile nouvelle, qui arriva en 1572 dans Cassiopée, étoit déja un exemple mémorable qui prouvoit ce que nous venons de dire. On vit en 1604 se renouveller ce phénomene. Il parut tout à coup dans la constellation du Serpentaire, une étoile de la premiere grandeur, qui après avoir duré quelques années, a disparu, & n'a plus été vue depuis. Ce fut le 10 Octobre de cette année que les Disciples de *Kepler* l'apperçurent, & il est très-certain que quelques jours auparavant elle ne paroissoit point encore ; car elle n'auroit pas échappé à *Kepler*, qui étoit alors occupé à suivre les mouvemens de Saturne, Jupiter & Mars, en conjonction tout près de cet endroit. Elle fut observée par divers autres Astronomes, comme *Juste Byrge*, *Fabricius*, *Galilée*, qui, quoique placés à des distances considérables, lui donnerent à peu de chose près, la même position entre les fixes, d'où l'on conclut que ce n'étoit point un météore sublunaire, mais qu'il falloit la ranger au nombre des étoiles. Sa durée fut d'environ quinze mois : après s'être affoiblie par degrés, elle disparut entiérement au commencement de l'année 1606 (*a*).

L'année 1600 nous offre un phénomene également digne de notre attention & de notre surprise. C'est celui d'une étoile périodique, placée dans la poitrine du Cygne, qui paroît & disparoît successivement. Elle n'avoit point été apperçue par *Tycho*, qui

(*a*) Voyez Kepler, *de stellâ novâ in pede Serpentarii.* 1606. in-4°.

qui avoit apparemment dressé son Catalogue des étoiles de cette constellation, pendant le temps d'une de ses occultations. On la remarqua, comme nous avons dit, pour la premiere fois en 1600, & *Bayer* la marqua dans son *Uranométrie*, ou les Cartes célestes qu'il publia en 1603. Elle étoit, en 1605 ou 1606, de la troisieme grandeur; elle diminua ensuite pendant quelques années, & elle disparut tout-à-fait. M. *Cassini* la revit en 1655, de la même grandeur, & elle diminua par degrés jusqu'en 1662, qu'on la perdit de vue. M. *Hevelius* l'observa de nouveau en 1666, lorsqu'elle recommençoit à se montrer. De ces observations & des autres qu'on a faites dans la suite, on a conclu que cette étoile a une période d'environ quinze ans, qu'elle reste environ dix ans apparente, & cinq ans invisible.

Le second phénomene de cette nature, (car les Cieux nous en offrent plusieurs semblables,) est l'étoile changeante du col de la Baleine. David *Fabricius* l'avoit vue en 1596, sans la connoître pour ce qu'elle étoit, & l'avoit ensuite perdue de vue sans pouvoir la retrouver (*a*). *Bayer* l'apperçut vers l'an 1600, & la marqua dans son *Uranométrie*, comme omise par *Tycho*. Enfin en 1638, *Phocylide Holwarda* la vit disparoître, & renaître neuf mois après; & plusieurs autres à son exemple firent la même observation les années suivantes. Depuis ce temps on a remarqué qu'elle paroît & disparoît tous les ans, anticipant chaque fois d'environ un mois (*b*), & que lorsqu'elle est dans son plus grand éclat elle va quelquefois, mais rarement, jusqu'à égaler celles de la seconde grandeur, plus ordinairement celles de la troisieme. M. *Bouillaud* (*c*) fixe la durée de sa période, entre ses deux plus grandes phases, à 333 jours; ce qui fait une anticipation annuelle d'envion 33 jours: M. *Cassini*, fondé sur une plus longue suite d'observations, l'a déterminée de 35 jours & demi.

La constellation du Cygne seroit déja suffisamment remarquable, en ce qu'elle contient une étoile de l'espece que nous venons de décrire. Mais elle l'est encore à un nouveau titre;

(*a*) Kepl. *Ast. pars Optica*. p. 446.

(*b*) *J. Hevelii, historiola miræ stellæ in collo ceti.*

(*c*) *Ad Astron. monita duo. Primum de novâ stellâ in collo ceti. Secundum de nebulosâ in cingulo Andromedæ ante biennium iterum ortâ.* Par. 1665.

car on y en a découvert une seconde en 1670. On doit, ce semble, cette découverte à M. *Hevelius*, & au P. *Anthelme* Chartreux & Observateur de Dijon. L'étoile changeante dont nous parlons, est située dans le col près du bec. Elle disparut la même année, & reparut en 1671, après quoi elle se cacha de nouveau, & l'on attendit vainement pendant plusieurs années une nouvelle apparition. Elle a néanmoins reparu dans la suite, & l'on a reconnu qu'à quelques irrégularités près, sa période est de treize mois. M. *Kirch* l'a fixée plus exactement à 404 jours & demi (*a*).

M. *Maraldi* a découvert en 1704 dans l'Hydre une étoile semblable aux précédentes (*b*). Elle avoit été vue, à la vérité, par *Hevelius* & *Montanari* en 1662 & 1672, mais sans qu'ils crussent voir une étoile particuliere. Ce que celle-ci a de remarquable, c'est que le temps de son apparition n'est guere que de quatre mois; elle en reste environ vingt sans paroître, de sorte que sa période entiere est précisément de deux ans. Elle ne surpasse pas les étoiles de la quatrieme grandeur, lorsqu'elle est dans son plus grand éclat.

La constellation d'Andromede a aussi ses singularités. On y observe une étoile nébuleuse, d'un genre différent de celui des autres de cette espece, qu'on sçait n'être que des amas de petites étoiles très-voisines. Celle-ci ressemble à un petit nuage apparent à la vue simple, & au milieu duquel on apperçoit, à l'aide du Télescope, une partie plus lumineuse. Simon *Marius* remarqua cette étoile vers l'an 1612, & la description qu'il en donne est fort conforme à la vérité. M. *Bouillaud* (*c*) nous apprend cependant que *Marius* n'est pas le premier qui l'ait vue. Il cite un Manuscrit anonyme rapporté d'Hollande par M. de *Thou*, & dont l'Auteur, qui vivoit près d'un siecle avant *Marius*, avoit été témoin de ce phénomene. M. *Bouillaud* remarque dans cet écrit, que cette étoile n'ayant été marquée, ni dans les Catalogues anciens, ni dans celui de *Tycho*, ni dans l'Uranométrie de *Bayer*, & ayant pourtant été vue dans des temps intermédiaires, il y a beaucoup d'apparence qu'elle est sujette à des apparitions & des occultations périodiques; ce

(*a*) *Miscell. Berol.* T. III, ad ann. 1710.
(*b*) Mem. de l'Acad. 1706, 1709.
(*c*) *Ad Astron. monita duo, &c.*

que M. Godefroi *Kirch* a confirmé par son suffrage & ses observations. Quant à la cause de cette nébulosité, nous ne sçaurions en assigner de plus vraisemblable que celle que soupçonne M. de *Mairan* (*a*). Il pense que cet éclat foible pourroit bien être occasionné par une immense athmosphere, semblable à celle qui environne notre soleil, & qui cause la lumiere Zodiacale dont la découverte est due, comme l'on sçait, à M. *Cassini* : cette conjecture me paroît tout-à-fait heureuse & satisfaisante.

Après avoir vu dans le Ciel des étoiles qui ont paru & disparu, d'autres qui ont des périodes d'occultations & d'apparitions, il n'y aura plus que de quoi s'étonner médiocrement, si nous y en trouvons qui paroissent avoir été inconnues à l'Antiquité, & d'autres qui semblent s'être éteintes depuis quelques siecles. A la vérité, on n'a pas des preuves bien complettes de ces derniers faits ; mais si l'on rapproche tous les soupçons que divers Astronomes en ont formés en comparant d'anciens Catalogues aux nôtres, il en résultera une espece de corps de preuves qui rendra ces faits assez vraisemblables. Comme il seroit long de les rassembler ici, nous nous contentons de renvoyer au Catalogue des étoiles australes, de M. *Hallei* qui conjecture plusieurs de ces apparitions nouvelles ou de ces obscurcissemens d'étoiles. Il faut encore consulter sur ce sujet un Mémoire de M. *Maraldi*, donné parmi ceux de l'Académie en 1708, aussi-bien que divers écrits insérés dans les *Transactions Philosophiques* (*b*), qui contiennent plusieurs observations pareilles. On doit lire enfin, pour s'instruire pleinement de tout ce qui concerne ces phénomenes, l'histoire des étoiles nouvelles qu'on trouve dans les Transactions de l'année 1715, ou bien celle que M. *Cassini* a insérée dans ses *Elémens d'Astronomie*.

Pour remplir toute l'étendue de notre objet, il faudroit ici dire quelque chose des conjectures que les Physiciens ont formées pour expliquer ces apparitions & ces occultations si singulieres. Je ne connois sur cela rien de plus ingénieux & de

(*a*) Traité de l'Aurore Boréale, nouv. édit. sect. v, p. 259. On trouve dans la section citée, plusieurs exemples d'espaces nébuleux répandus dans le Ciel, & entr'autres celui d'une étoile qui paroît être devenue nébuleuse depuis M. Huyghens.

(*b*) Voy. *Tables des Trans*. p. 149, 150.

plus vraiſemblable que ce qu'à dit M. de *Maupertuis* dans ſon Livre ſur la figure des aſtres. Il conjecture qu'il pourroit bien y avoir des ſoleils qui par la rapidité de leur rotation fuſſent des ſphéroïdes extrêmement applatis. Or des aſtres de cette forme, qui nous préſenteroient tantôt leur diſque, tantôt leur tranchant, paroîtroient dans le premier cas, & diſparoîtroient dans le ſecond. Mais par quelle cauſe ces aſtres éprouveront-ils ces changemens de ſituation : on la trouve dans le même méchaniſme qui opere la nutation de l'axe de la terre, & diverſes autres irrégularités ſemblables dans les mouvemens céleſtes. Un des ſoleils dont nous parlons, pourroit être pareillement dérangé par l'action des Planetes qui circuleroient autour de lui. Je remarque même ici une choſe qui ſemble avoir échappé à M. de *Maupertuis ;* c'eſt que la nutation de l'axe de la terre, la préceſſion des équinoxes, &c. ne ſont produites que par l'applatiſſement de la terre, ou par l'action du ſoleil ſur cet anneau concave qui excede la ſphere. Des aſtres extrêmement applatis donneroient donc, pour ainſi dire, beaucoup plus de priſe à l'action des corps qui circuleroient autour d'eux, pour les déranger; d'où il ſuit qu'ils ſeroient ſujets à beaucoup de variations. Cette réfléxion me ſemble propre à donner un nouveau degré de vraiſemblance à la conjecture en queſtion.

III.

[D]écouvertes [astro]nomiques [de G]alilée.

Pendant que *Kepler* faiſoit en Allemagne les découvertes qu'on a expoſées plus haut, le célebre *Galilée* fleuriſſoit en Italie, & par des travaux d'un autre genre ne contribuoit pas moins aux progrès de la ſolide Aſtronomie. Aidé du Téleſcope, il découvroit dans le Ciel de nouveaux phénomenes, & quoique dans un pays où certaines circonſtances redoublent l'empire des préjugés, il tiroit de ces phénomenes de légitimes conſéquences en faveur du vrai ſyſtême de l'Univers. Avant que de faire le récit des découvertes de *Galilée*, diſons un mot de ſa perſonne & de ſa naiſſance.

Galilée naquit à Piſe le 18 Février 1564, de Vincenzio *Galilei*, noble Florentin, & de Julie *Ammanati*, d'une ancienne & noble famille de Piſtoye. Son pere étoit un homme versé dans les Sciences Mathématiques, & surtout dans la théorie de la Musique, sur laquelle il a écrit un ouvrage que nous possédons (*a*). *Galilée* reçut une éducation proportionnée à sa naissance & aux lumieres de son pere. Il étoit destiné à la Médecine, mais l'impulsion de la nature en fit un Mathématicien, & dès l'année 1589, il obtint une Chaire de Professeur à Pise. Il n'y resta pas long-temps : quelques expériences contraires à la doctrine d'*Aristote* sur la chûte des graves, souleverent contre lui toute la faction Péripatéticienne, & l'obligerent de quitter Pise pour Padoue où son mérite le faisoit desirer. Il y professa jusqu'en 1609 ou 1610, que ses brillantes découvertes le firent rappeller à Pise par le Grand-Duc de Toscane, qui ne voulut pas qu'un Etat étranger possédât un de ses sujets aussi propre à illustrer le sien. Il l'établit comme Chef & Directeur des Etudes à Pise, où il passa le reste de sa vie à faire main-basse sur des erreurs philosophiques de toute espece, & à perfectionner les Mathématiques & la Physique par diverses découvertes.

Quoique la jeunesse de *Galilée* ait été marquée de même que son âge mûr, par divers traits de génie, ce n'est cependant qu'à l'année 1609 qu'on doit fixer l'époque de sa célébrité. Etant cette année à Venise, il y apprit par le bruit public l'invention du Télescope ; & après divers essais, il s'en fit un qui grossissoit environ 33 fois en diametre. Son premier soin fut de le tourner vers le Ciel, & le premier objet qu'il considéra fut la lune. Elle venoit alors de passer la conjonction, & il remarqua que le confin de la lumiere & de l'ombre étoit terminé fort irréguliérement, & paroissoit comme dentelés ; il apperçut aussi à quelque distance de la lumiere des parties déja éclairées. Comme il étoit fort dégagé des préjugés de l'Ecole sur la nature des corps célestes, il n'en fallut pas davantage pour lui persuader que la lune étoit un corps semblable à la terre, & hérissé d'inégalités qu'on ne peut mieux comparer qu'à des montagnes. Il fit plus, il conçut l'idée de mesurer la hauteur d'une de ces éminences, & il démontra par un procédé géométrique qu'elle étoit beaucoup plus élevée qu'aucune de celles de notre globe. Les étoiles fixes

(*a*) *Dialoghi della Musica antica è nova.* 1581. Flor. in-fol.

ne lui présenterent pas des phénomenes moins nouveaux. Il vit la voie lactée parsemée d'une multitude d'étoiles excessivement petites, comme l'avoient soupçonné d'anciens Philosophes. Il en trouva plus de quarante dans l'espace étroit du groupe des Pleyades, & plus de cinq cens dans Orion. La nébuleuse de cette constellation lui parut composée de vingt-une étoiles très-voisines, & celle du Cancer, connue sous le nom de *Presepe Cancri*, lui en montra plus de quarante.

La découverte des Satellites de Jupiter suivit de près les précédentes. Le 8 Janvier de l'an 1610, *Galilée* observant Jupiter, apperçut auprès de lui trois étoiles, dont deux étoient d'un côté, & la troisieme de l'autre. Il les prit d'abord, ce qui étoit fort naturel, pour quelques-unes de ces étoiles fixes, qu'on ne peut appercevoir qu'à l'aide du Télescope. Heureusement il s'avisa le lendemain de considérer de nouveau cette Planete, & il reconnut alors, par leur configuration nouvelle & les circonstances du mouvement de Jupiter, qu'il falloit nécessairement qu'elles eussent changé de place. Il découvrit peu après la quatrieme qui lui avoit échappé jusque-là, & continuant ses observations pendant deux mois entiers, il se démontra que Jupiter étoit environné de quatre petites Planetes qui font leurs circonvolutions autour de lui, comme la lune autour de la terre. Il les nomma *Astres de Médicis*, en honneur de l'illustre Maison qui le protégeoit. Il publia ces découvertes & ces observations, au commencement du mois de Mars suivant, sous le titre de *Nuncius Sidereus*; époque mémorable, & qu'on peut regarder comme celle du triomphe de la saine Astronomie-Physique, sur les préjugés de l'ancienne Philosophie. *Galilée* ne se borna pas là, à l'égard de ces nouvelles Planetes : curieux de reconnoître les bisarreries de leurs mouvemens, il les observa autant qu'il put les années suivantes; il s'en forma une sorte de théorie, & il osa au commencement de 1613 prédire leurs configurations pour deux mois consécutifs (*a*).

Galilée devoit se sçavoir trop de gré d'avoir tourné son Télescope sur la Lune & Jupiter, pour ne pas passer de même en revue les autres Planetes. Celle de Venus lui offrit un spectacle non moins concluant contre l'ancienne Philosophie. Ce

(*a*) *Lett. 3ª. al S. Velsero.*

que *Copernic* avoit autrefois dit être nécessaire, sçavoir que Venus eut des phases semblables à celles de la lune, le Télescope le démontra à *Galilée*. Il la vit en croissant dans les environs de sa conjonction inférieure, demi-pleine vers ses plus grandes élongations du soleil, pleine enfin ou presque pleine, dans le voisinage de la conjonction supérieure. Comme il s'attendoit à ce phénomene, il en fut plus satisfait que surpris; mais celui que lui offrit Saturne le frappa d'étonnement. Son Télescope n'augmentant pas assez les objets pour distinguer les anses de l'anneau qui environne, comme l'on sçait, cette Planete, elle lui parut accompagnée de deux globes, qu'il prit pour deux Satellites immobiles. Sa surprise fut bien plus grande lorsqu'après deux ans d'observations, il vit disparoître ces prétendues Planetes. Il n'étoit pas possible à *Galilée* d'entrevoir la cause de ce bisarre phénomene. Nous en rendrons compte en expliquant les découvertes de M. *Huyghens* sur ce sujet.

La découverte des taches du soleil n'a pas moins contribué que les précédentes à la célébrité de *Galilée*. Elle lui est, à la vérité, disputée par le P. *Scheiner*, & même si l'on devoit absolument juger de la date d'une découverte par celle des écrits qui l'ont rendue publique, il faudroit en faire honneur à Jean *Fabricius*, qui annonça ce phénomene par un petit ouvrage dès le mois de Juin de l'année 1611. Mais *Galilée* me paroît avoir assez bien établi par diverses autorités (*a*), qu'il doit au moins concourir avec les plus anciens de ceux qui ont observé les taches du soleil. Nous remettons à l'article suivant, de dire quelque chose de plus des démêlés qu'il eut à ce sujet avec le P. *Scheiner*, & de développer les conséquences que l'on tire de ce phénomene.

Galilée étoit trop dégagé des préjugés de l'ancienne Philosophie pour ne pas tirer de ces découvertes les fortes preuves qu'elles fournissent en faveur du vrai systême de l'Univers. Il établit la ressemblance des corps célestes avec la terre, par les inégalités de la lune, par les altérations qu'on observe sur la surface du soleil, & par les Satellites de Jupiter. Ces quatre Planetes subordonnées à une autre, & qui l'accompagnent

(*a*) *Op.* T. II, p. 152. & seq.

dans toute ſa révolution, lui fournirent une réponſe ſans réplique à ceux qui trouvoient une abſurdité à faire ſuivre la terre par la lune, pendant qu'elle-même tourne autour du ſoleil. Les phaſes de Venus lui ſervirent à établir qu'elle fait ſa révolution autour du ſoleil. Quel eût été le tranſport de *Copernic*, s'il eût pu alléguer de pareilles preuves de ſon ſyſtême. Quel eût été celui de *Galilée* même, ſi muni d'inſtrumens plus parfaits, il eût pu appercevoir les révolutions de toutes les autres Planetes ſur des axes inclinés au plan de leurs orbites, comme l'eſt celui de la terre à l'écliptique dans l'hypotheſe de *Copernic*, s'il eût pu voir les taches nombreuſes dont elles ſont couvertes, les nouveaux Satellites de Saturne, &c.

Nous ne répéterons pas ici l'hiſtoire de la perſécution qu'eſſuya *Galilée* à l'occaſion de ſes nouvelles découvertes & des conſéquences qu'il en tiroit. Nous avons traité ce ſujet aſſez au long, en faiſant le récit des contradictions qu'a éprouvé le ſyſtême de *Copernic*. L'Europe indignée ne vit dans le jugement porté contre l'Aſtronome Italien, que l'ouvrage d'un tribunal ignorant & incompétent, & les pays Proteſtans triompherent de voir Rome compromettre d'une maniere ſi viſible ſon autorité. Ce fut tout le fruit de cette condamnation indiſcrete, qui ne ſuſpendit pas d'un moment le triomphe de la vérité.

Mais c'en eſt aſſez ici ſur cet événement de la vie de *Galilée*. Revenons à ſes travaux aſtronomiques. Un des principaux, & dont il s'occupa une grande partie de ſa vie, fut d'obſerver les ſatellites de Jupiter, & de fonder une théorie de leurs mouvemens. On ne ſçait point préciſément quel progrès il y avoit fait. Il avoit conçu l'idée de les appliquer à la réſolution du problême des longitudes. Les Etats de Hollande qui s'intéreſſoient beaucoup à la perfection de l'art de naviger, lui promirent de grandes récompenſes s'il y réuſſiſſoit. Ils lui envoyerent en 1636 *Hortenſius* & *Blaew*, pour obſerver avec lui & l'aider dans le calcul des tables néceſſaires. Mais à peine arrivoient-ils, qu'une fluxion tombée ſur les yeux de *Galilée* le priva de la vue, & ils s'en retournerent ſans avoir rien fait. Après cet accident, un de ſes diſciples nommé *Vincent Reyneri*, Auteur des *Tables Medicées*, fut chargé par le Grand Duc de continuer à obſerver les ſatellites

lites de Jupiter, & de dresser des Tables de leurs mouvemens. *Reyneri* en effet y travailla, & dix ans après, sçavoir en 1647, il étoit sur le point de les mettre sous presse, lorsqu'une mort imprévue frustra les Astronomes de cet ouvrage : tous les papiers de *Reyneri*, aussi bien que les observations de *Galilée*, qui lui avoient été confiées, disparurent, sans que les perquisitions du Grand Duc en aient pu rien faire retrouver (*a*).

Galilée étoit occupé à démeler les phénomenes de la libration de la lune, qu'il avoit le premier remarquée, lorsqu'il perdit la vue (*b*). Un accident si triste, & qui l'est bien plus pour un Observateur curieux de la nature, que pour un homme ordinaire, ne lui ôta rien de son enjouement. Aidé de quelques disciples, entr'autres de *Viviani* & *Torricelli*, dont le premier passa avec lui les trois dernieres années de sa vie, il continua à cultiver les sciences qu'il avoit toujours chéries, autant que sa vue pouvoit le lui permettre. Il mourut en 1642, à Arcétri dans le territoire de Florence, que l'Inquisition lui avoit assigné pour prison. Le célebre Géometre M. *Viviani*, a montré pour la gloire de ce grand homme un zele qui n'a pas d'exemple. Le fils le plus tendre ne témoigna jamais plus d'affection & de reconnoissance pour son pere, que ce disciple de *Galilée* pour son illustre maître. Il fit toujours gloire de se nommer son dernier disciple, & lorsque Louis XIV lui donna une pension, & le nomma associé étranger de l'Académie des Sciences, il fit construire à Florence une maison qui, à la principale inscription près qui montre sa reconnoissance envers le Monarque François, est un monument consacré à la gloire de *Galilée*. On y voit son buste en bronze, fait d'après son portrait sculpté en 1610, & la plûpart de ses inventions y sont représentées par des bas-reliefs, accompagnés d'inscriptions magnifiques (*c*). J'ignore si ce monument subsiste encore. Il est de l'honneur des Florentins de l'entretenir, de crainte de mériter le reproche que Ciceron fit autrefois aux Syracusains de négliger la mémoire d'un de leurs plus illustres concitoyens. Les œuvres de *Galilée* ont été recueillies & imprimées en trois volumes in-4°. *Viviani* a écrit sa vie fort au

(*a*) Riccioli, *Alm. nov.* T. 1, p. 489.

(*b*) Voy. *Lett. al Sig. Antonini*, Op. T. II.

(*c*) On voit les desseins de cette maison, & les inscriptions dont on parle ici, dans la *Divinatio in Aristæum* de M. Viviani.

long. On la trouve dans les *fasti consolari dell' Acad. Fiorentina* (a). Il laissa un fils, nommé *Vincentio Galilei*, qui fut versé dans les Mathématiques, & à qui les Italiens font honneur de l'application du pendule aux horloges. Mais c'est une prétention qui n'est fondée sur rien de solide.

I V.

C'est le sort de presque toutes les inventions brillantes, que d'être disputée par plusieurs prétendans, dont chacun parvient même souvent à donner de telles couleurs à sa cause, qu'il est fort difficile de discerner de quel côté est la vérité. Celles que nous venons d'exposer, n'ont pas été exemptes de cette loi presque générale ; & *Galilée* a trouvé plusieurs rivaux qui ont révendiqué sur lui, les uns la découverte des taches du soleil, d'autres celle des satellites de Jupiter. Mais parmi ces concurrens à l'honneur des premieres découvertes faites avec le Télescope, je n'en trouve aucun dont le droit soit mieux établi, que *Jean Fabricius*. En effet son écrit intitulé, *de maculis in sole visis, & earum cum sole revolutione narratio*, parut au mois de Juin de l'année 1611, à Vittemberg. Si l'on doit quelque foi à la date des écrits imprimés, on ne peut lui refuser d'avoir le premier dévoilé de cette maniere le phénomene des taches du soleil.

Fabricius.

Le second concurrent de *Galilée* dans la découverte de ce phénomene, est le P. *Scheiner* Jésuite (b) ; mais il nous semble que ses droits ne sont pas aussi bien établis que ceux du précédent. Ecoutons-le lui-même dans sa premiere lettre à Marc *Velser*, qui doit être regardée comme le récit le plus naïf & le plus exact de la part qu'il a à cette découverte. Dans

Le P. Scheiner.

(a) Voyez aussi Heumann, *Act. Phil.* T. III.

(a) Christophe Scheiner, né en 1575, entra dans la Société en 1595 ; il fut longtemps Professeur de Mathématiques à Ingolstadt, à Gratz & à Rome. Il mourut en 1650, Confesseur de l'Archiduc Charles. On a de lui, outre sa *Rosa Ursina* dont nous parlons dans cet article, divers ouvrages Mathématiques ; sçavoir, son *Oculus* ou *Fundam. Opticum*, qui est un Traité d'Optique directe ; *Sol Ellipticus*, où il traite du phénomene de l'ellipticité apparente du soleil & de la lune voisins de l'horizon ; *Refractiones Celestes ; Exeg. Fund. Gnom. ; Pantographia* : dans ce dernier ouvrage, il montre l'usage du Pantographe, instrument fort connu depuis, & qui sert à copier de grand en petit, ou au contraire, un dessein, sans aucune teinture de l'art de dessiner.

cette Lettre, dont la date est du 12 Novembre 1611, il dit qu'il y avoit sept à huit mois que regardant le soleil au travers d'un Télescope, il apperçut sur son disque quelques taches noirâtres, qu'il y fit peu d'attention alors, & que ce ne fut qu'au mois d'Octobre suivant, qu'ayant de nouveau contemplé le soleil, ces taches le frapperent lui & son compagnon d'observation, & qu'après bien des raisonnemens & des examens, ils conclurent qu'elles ne pouvoient être que sur le corps du soleil ou aux environs. Ils réitérerent cette observation à commencer du 21 Octobre, pendant le reste de ce mois, & le suivant, & ils trouverent que ces taches avoient un mouvement progressif vers le bord du disque solaire où elles disparurent successivement.

Quelqu'un s'égayant sans doute aux dépens des Péripatéticiens, a fait le conte suivant : Le P. *Scheiner* ayant communiqué sa découverte à son Provincial, celui-ci lui répondit que cela ne pouvoit être. « J'ai lu, lui dit-il, plusieurs fois » mon *Aristote* tout entier, & je puis vous assurer que je n'y ai » rien trouvé de semblable. Allez, mon fils ajouta-t'il, tranquil- » lisez-vous, & soyez certain que ce sont des défauts de vos » verres ou de vos yeux que vous prenez pour des taches dans » le soleil. » Quoi qu'il en soit de ce trait, le Provincial du P. *Scheiner* ne lui voulut pas permettre de divulguer sa découverte sous son nom ; il lui laissa seulement la liberté d'en informer son ami, le Sénateur *Marc Velser*, Magistrat d'Augbourg. *Scheiner* le fit par trois Lettres, que *Velser* fit imprimer l'année suivante 1612, apparemment du consentement de leur Auteur, qui y gardoit l'Anonyme, ou s'y voiloit sous le nom d'*Appelles post tabulam*.

Velser informa *Galilée* dès les premiers jours de l'an 1612, de la découverte de *Scheiner*, & lui en demanda son avis. Les paroles suivantes de sa Lettre sont remarquables, & prouvent qu'à la date de celles de *Scheiner*, il couroit déja quelque bruit venant d'Italie sur les taches du soleil. « Si comme je crois, » dit *Velser*, ce n'est pas pour vous une chose entiérement » nouvelle, j'espere du moins que vous verrez avec plaisir » qu'il y a ici deçà les monts des personnes qui marchent » sur vos traces. » *Galilée* lui répondit qu'en effet ce phénomene n'étoit pas nouveau pour lui, qu'il y avoit environ dix-huit mois qu'il le connoissoit, & qu'il l'avoit montré à diverses personnes distinguées; ce qui, vu la date de cette réponse, remonte vers les premiers mois de l'année 1611. Nous passerons sur ce fait difficile à avérer; mais ce qu'on ne peut refuser à *Galilée*, c'est de discourir bien plus judicieusement sur ce sujet que le P. *Scheiner*. Ce Pere en effet dans les écrits dont nous venons de parler, prend les taches du soleil pour de petites planettes qui tournent autour de cet astre, qui s'accrochent & s'amassent ensemble, & ensuite se séparent (*a*). Il tenoit encore, ce semble, aux préjugés péripatéticiens sur la nature des astres, & delà venoit apparemment sa répugnance à regarder ces taches comme des altérations qui se passent sur la surface du soleil. Les Lettres de *Galilée* à *Velser* sont occupées à montrer le peu de solidité de l'opinion de *Scheiner*, & à combattre diverses autres idées aussi peu justes. Il y établit que les taches du soleil sont contigues à sa surface, ou fort voisines, & de leur mouvement réglé il conclud que cet astre a un mouvement de rotation autour de son axe.

Si l'on ne peut refuser à *Galilée* d'avoir d'abord discouru le plus judicieusement sur les taches du soleil, on doit aussi reconnoître le P. *Scheiner*, pour celui qui a le plus contribué par ses travaux assidus à établir la théorie de leurs mouvemens. Il fit une prodigieuse multitude d'observations de cette espece, & il les publia en 1630 dans son Livre, bisarrement intitulé *Rosa Ursina*, à cause qu'il le dédioit à un Duc *Orsini*. Il y démêle avec beaucoup de sagacité les bizarreries singulieres de leurs mouvemens. Il nous faut donner ici une idée de cette théorie.

Le mouvement progressif & toujours dans le même sens, des taches du soleil, a d'abord appris aux premiers qui en firent l'observation, que cet astre a un mouvement autour d'un axe. Si cet axe étoit perpendiculaire à l'écliptique, le mouvement des taches seroit toujours rectiligne, & même parallele à la ligne qui marque l'écliptique sur le disque du soleil. Mais il est seulement deux saisons de l'année où cela arrive: ce sont

(*a*) Ce systême sur les taches du soleil, quoique peu judicieux, & abandonné dans la suite par Scheiner, a été adopté par le P. Malapertius, qui les a nommées *Sidera Austriaca*, dans un ouvrage qu'il publia sur ce sujet en 1627. Il y avoit déja quelques années qu'un Chanoine de Sarlat, nommé Tarde, avoit eu la même idée, & avoit mis au jour un ouvrage où il leur donnoit le nom de *Borbonia Sidera*.

la fin des mois de Février & d'Août. Bien-tôt après cette trace devient curviligne, & trois mois après elle est semblable à un arc qui auroit pour corde une parallele à l'écliptique : à la fin de Mai, la convexité de cet arc regarde le Midi, à la fin de Novembre elle regarde le Septentrion.

La considération attentive de ce phénomene a appris que la rotation du Soleil se fait sur un axe incliné au plan de l'écliptique. En effet, si l'on suppose cet axe tellement situé qu'à la fin des mois de Février & d'Août, il soit au bord du disque apparent du Soleil, alors la trace des taches sera rectiligne, puisque l'œil du spectateur terrestre sera dans le plan de l'équateur solaire prolongé. Mais trois mois après il sera élevé au dessus de cet équateur, ou abaissé au dessous, de sorte que tous ses paralleles doivent paroître curvilignes. A l'aide d'une grande quantité d'observations, on a découvert que l'axe du Soleil décline de la perpendiculaire au plan de l'écliptique de 7° $\frac{1}{2}$, & que le plan de son équateur coupe l'orbite de la terre, vers les dixiemes degrés des Poissons & de la Vierge, de sorte que les poles de la révolution solaire regardent deux points éloignés de ceux de l'écliptique de sept degrés & demi, & sont dans le cercle tiré par ces poles & les dixiemes degrés des Gémeaux & du Sagittaire. Quant à la durée de la révolution solaire, les mêmes observations montrent qu'à l'égard du spectateur terrestre, elle est de 27 jours & demi ; mais comme la terre est mobile, & va du même côté que se fait la révolution du Soleil, il y a une réduction à faire, & l'on trouve que cette révolution à l'égard des fixes, ou telle qu'elle paroîtroit à la terre immobile, est seulement d'environ 25 jours & demi.

Il nous reste à parler d'un troisieme prétendant à l'honneur des découvertes précédentes. C'est Simon *Marius*, Mathématicien & Astronome de l'Electeur de Brandebourg. *Marius* publia en 1614, son *Mundus Jovialis anno 1609 detectus, &c :* il y fait à ce sujet une histoire sur la vérité de laquelle il atteste M. *Fuchs à Bimbach*, Conseiller intime de l'Electeur, & il prétend avoir vu les Satellites de Jupiter dès les derniers jours de Décembre de l'année 1609. On ne sçauroit rien prononcer sur ce sujet ; mais ce qu'il y a de bien certain, c'est que l'hypothese & les Tables qu'il donne pour calculer les mouvemens de ces petites planetes, ne s'accordent en aucune maniere avec la réalité. *Galilée* en prenoit occasion de douter que *Marius*, loin de l'avoir prévenu dans leur découverte, les eût jamais vues. Néanmoins M. *Cassini* trouve cette conséquence forcée, & observe que certaines circonstances ne permettent pas de douter, que *Marius* ne les ait observées, quoiqu'il ait été peu heureux dans ses efforts pour représenter leurs mouvemens. Cet Astronome s'est mis aussi sur les rangs pour la découverte des taches du Soleil, qu'il dit avoir vues dès le 3 Août 1611. C'est une prétention sur laquelle il est également impossible de rien statuer.

V.

vaux en- is pour la re de la

Quand il n'y auroit que notre curiosité qui fût intéressée à la mesure de la terre, on ose dire que c'en seroit une bien légitime & bien raisonnable. Quoi de plus naturel à l'être pensant qui habite ce globe, que le desir de connoître l'étendue de cette portion de l'Univers qui lui a été assignée pour habitation. Mais nous ne nous en tiendrons pas à ce motif pour justifier l'inquiétude ques les Astronomes ont montrée, surtout depuis un siecle & demi, pour mesurer la terre avec précision. Il ne faut qu'être initié dans la Géographie pour sentir que cette mesure est de la plus grande utilité, qu'elle est enfin la base d'une Géographie parfaite. Quelles erreurs ne commettroit-on pas dans les distances d'une infinité de lieux dont les positions respectives ne sont déterminées que par des observations astronomiques, si l'on ne sçavoit quelle étendue répond à un certain nombre de degrés sur la terre. La navigation fait aussi un usage presque continuel de cette mesure. C'est sur elle qu'est fondée *l'estime* qui est un des principaux élémens de cet art.

On a déja rendu compte, dans les endroits convenables, des efforts que firent autrefois les Grecs & les Arabes pour mesurer la terre. Mais les déterminations qu'ils nous ont transmises n'étoient point capables de satisfaire, dans des temps où l'on commençoit à aspirer à une grande exactitude. N'y eût-il eu que l'incertitude du rapport de nos mesures aux leurs, ce seul motif eût exigé qu'on réitérât ces opérations. A plus forte raison cela étoit-il nécessaire, lorsque par l'examen de leurs procédés, on étoit assuré qu'ils n'avoient pas mis dans cette détermination toute l'exactitude & le soin qu'elle exigeoit.

Le fameux *Fernel*, Médecin & Mathématicien du seizieme siecle, est le premier des Modernes qui ait entrepris de déterminer de nouveau la grandeur de la terre. Il alla de Paris à Amiens, mesurant le chemin qu'il faisoit par le nombre des révolutions d'une roue de voiture, & s'avançant jusqu'à ce qu'il eût trouvé précisément un degré de plus de hauteur du pole; & par-là il détermina la grandeur du degré, de 56746 toises de Paris. Cette exactitude feroit beaucoup d'honneur à *Fernel*, si elle étoit un effet de la bonté de sa méthode; car on sçait aujourd'hui que ce degré est de 57060 toises environ : mais qui ne voit que ce fut seulement un heureux hazard qui l'approcha si fort de la vérité, & à apprécier le procédé qu'il suivit, qui auroit osé le soupçonner ?

On fut ainsi jusqu'au commencement du siecle passé sans mesure de la terre, sur laquelle on pût faire quelque fonds. Ce motif engagea alors divers Astronomes à y procéder d'une maniere plus géométrique & plus exacte. *Snellius* commença & donna l'exemple. Il est Auteur d'une excellente méthode pour mesurer en toises la longueur d'un grand arc du méridien. Comme elle est la base de toute cette opération, & qu'elle a été employée par les Académiciens François qui ont déterminé dans le dernier siecle & dans celui-ci la grandeur & la figure de la terre, nous allons l'expliquer.

Qu'on imagine aux environs de la méridienne, une suite de lieux éminens, comme des montagnes, des tours, A, B, C, D, &c. On releve avec un instrument fort exact, les angles que font les lignes tirées de ces objets les uns aux autres, & l'on forme par ce moyen une suite de triangles liés, (c'est-à-dire ayant quelque côté commun, & tous leurs angles connus,) qui se termine aux extrêmités de la distance à mesurer. On a aussi le soin de déterminer vers le commencement la position d'un des côtés de ces triangles avec la méridienne, d'où il est aisé de conclure celle de chacun des autres côtés. Cela fait, on mesure actuellement, c'est-à-dire avec la toise, dans quelque endroit commode, comme dans une plaine, une longue base LM, & par des opérations trigonométri- *Fig.* 76.

ques on en conclud la longueur en toises d'un côté d'un des triangles voisins, comme AB. Ce côté unique étant connu, il est facile de déterminer la longueur de tous ceux de la suite des triangles, & par leur position connue avec la méridienne, les portions de cette méridienne A*b*, B*c*, C*d*, &c. comprises entre les paralleles passant par A, B, C, &c. On a, par l'addition de toutes ces portions, la longueur de l'arc du méridien compris entre les paralleles des lieux extrêmes. Il ne reste donc qu'à mesurer leur différence de latitude, ce qui est facile, & l'on connoît par-là à quelle portion du méridien répond la longueur trouvée, de sorte qu'on en conclut la longueur du degré, & celle de la circonférence.

Telle est la méthode que suivit *Snellius*. Il trouva entre les paralleles d'Alcmaer & Bergopsoom, qui étoient ses lieux extrêmes, 34018 perches du Rhin, & une différence de latitude de 1°. 11′ 30″; d'où il conclut le degré de 28473 perches. Il observa aussi la latitude de Leyde, lieu moyen entre Alcmaer & Bergopsoom, & par cette opération il trouva 28510 perches; c'est pourquoi prenant un milieu, il estima le degré terrestre à 28491 ou 28500 perches, qui reviennent à 55021 toises de Paris. Le détail de ses opérations est exposé dans son *Eratostenes Batavus*, qui est l'ouvrage qu'il publia à ce sujet en 1617.

M. *Picard* ayant mesuré la terre en 1671, & ayant trouvé par des opérations qui portent le caractere de la plus grande exactitude le degré entre Paris & Amiens, de 57060 toises, on a reconnu que *Snellius* s'étoit trompé (*a*); mais M. *Muschembroeck*, jaloux de la gloire de son compatriote, nous a appris des particularités qui le justifient (*b*). *Snellius* s'étoit apperçu de son erreur, il avoit de nouveau mesuré sa base & les angles de ses triangles, & même prolongé sa méridienne du côté du Midi par Anvers jusqu'à Malines. Il se proposoit de redonner son *Erastotenes Batavus*, avec les corrections convenables, lorsqu'une mort précipitée l'enleva & fit échouer son projet. Ses manuscrits étant tombés depuis entre les mains de M. *Muschembroeck*, ce sçavant Professeur de Leyde, a cal-

(*a*) Mémoires de l'Académie 1702. Voyez aussi le Livre de la grandeur de la terre. Part. II, c. 8.

(*b*) Diss. *de Magnit. terræ*. Parmi ses *Diss. Physicæ*.

culé

culé de nouveau tous les triangles de *Snellius*, d'après les corrections qu'il y avoit faites, & il a trouvé par ce moyen la grandeur du degré de 29510 perches, ou 57033 toises; ce qui ne differe de la mesure de M. *Picard*, que d'une trentaine de toises.

Il n'y avoit pas encore long-temps que *Snellius* avoit achevé sa mesure, lorsque *Blaeu* (*a*) en entreprit une semblable. Nous ignorons les motifs qui l'y porterent, l'ouvrage qu'il préparoit sur ce sujet n'ayant jamais vu le jour. Peut-être soupçonnoit-il l'erreur qui s'étoit glissée dans la mesure de *Snellius*. Quoi qu'il en soit, il est certain qu'après les travaux de M. *Picard*, & des Académiciens qui ont décidé la fameuse question de la figure de la terre, il ne s'est rien fait de plus exact. *Blaeu* mesura trigonométriquement un très-grand arc du méridien, & détermina la différence de latitude des extrêmités, avec un secteur de douze degrés, portion d'un cercle de quatorze pieds de rayon (*b*). Aussi l'exactitude de sa mesure répond-elle aux soins qu'il se donna. C'est le témoignage qu'en rend M. *Picard* (*c*) : cet exact Observateur allant à Uranibourg, & passant par Amsterdam, y vit le manuscrit de *Blaeu* entre les mains d'un de ses descendans, & il nous apprend que sa mesure ne différoit de la sienne propre que de soixante pieds du Rhin. Ceci doit nous donner une grande idée de la dextérité de *Blaeu* à observer, & des attentions qu'il apporta à cette opération.

Nous trouvons vers le même temps un Astronome Anglois qui travailla pour la troisieme fois à la mesure de la terre, avec succès (*d*). Richard *Norwood*, c'est le nom de cet Astronome, eut le courage de mesurer la distance de Londres à Yorck, c'est-à-dire, plus de soixante lieues, la chaîne à la main. Voici quelle étoit sa méthode. Il mesuroit la longueur des chemins, en conservant autant qu'il pouvoit la même direction : il avoit soin de déterminer en même temps par le moyen de la boussole l'angle du chemin ou de la ligne mesurée avec le méridien, aussi-bien

(*a*) Guillaume Janson Blaeu, (en latin Cæsius) disciple de Tychon, s'est fait un nom célebre par ses travaux géographiques. Il mourut en 1638, âgé de 77 ans. Il a eu plusieurs descendans qui ont long-temps soutenu en Hollande la haute réputation qu'il s'étoit acquise.

(*b*) Vossius, *de Scient. Math.* p. 263.

(*c*) Voyage d'Uranibourg.

(*d*) *Sea-man's Practice.*

que les angles d'inclinaiſon à l'horizon à chaque fois qu'il montoit ou deſcendoit; après quoi il réduiſoit les longueurs trouvées au plan horizontal & au méridien. Il meſura enfin, en deux jours de ſolſtice d'Eté, les hauteurs du ſoleil à Londres & à Yorck, avec un ſecteur de cinq pieds de rayon, & il trouva que ces deux villes différoient en latitude de 2°. 28'. D'où il conclut que le degré étoit de 367176 pieds Anglois, qui font 57300 de nos toiſes.

Nous devons encore ranger le P. *Riccioli*, & ſon compagnon d'obſervations le P. *Grimaldi*, parmi ceux qui ſe ſont donné de grands ſoins pour la meſure de la terre; mais nous ne pouvons diſſimuler en même temps, qu'ils furent bien moins heureux qu'aucun de ceux qui les précéderent dans le même ſiecle. Car ſi *Snellius* ſe trompa de deux mille toiſes, *Riccioli*, par diverſes petites erreurs accumulées, ſe trompa de plus de 5000. Nous croyons en appercevoir la cauſe: rien n'eſt plus pernicieux à un Obſervateur que d'être prévenu qu'il doit rencontrer un certain réſultat. *Riccioli*, après avoir ſçavamment diſcuté les meſures anciennes, ſe perſuada qu'il devoit trouver le degré d'environ 81000 pas Romains. En conſéquence on le voit toujours adopter par préférence les obſervations qui lui donnent une plus grande meſure. D'ailleurs on trouve la ſource de l'erreur énorme de *Riccioli* dans la nature de la méthode qu'il a employée. Loin de choiſir la plus ſimple, la plus exempte d'élémens incertains ou difficiles à déterminer, celle dont il s'eſt ſervi eſt la plus compliquée qu'on puiſſe imaginer. Ce ſont, par exemple, des obſervations de hauteurs d'étoiles priſes dans un certain vertical, & près de l'horizon, dans leſquelles la réfraction eſt négligée & la déclinaiſon tirée du Catalogue de *Tycho*, où l'on peut, ſans faire tort à ce grand homme, ſuppoſer quelque erreur d'une ou deux minutes. Il entre encore dans l'opération de *Riccioli* des hauteurs du pole ſur leſquelles il varie lui-même; enfin je vois des triangles extraordinairement aigus, où une erreur légere ſur un angle peut en occaſionner une fort grande ſur un des côtés. Cette incertitude jointe à la préoccupation où il étoit que le degré devoit contenir environ 81000 pas Romains, ou 64 à 65 mille pas de Boulogne, lui fournit en effet le moyen de prolonger ſa meſure de telle maniere qu'il porte enfin le dégré à 64368 pas, qui reviennent à 62650 toises de Paris, c'est-à-dire plus de 5000 toises au dessus de sa vraie grandeur. On peut voir dans le Livre *de la grandeur & de la figure de la Terre*, par M. *Cassini*, une ample discussion de cette mesure. Elle confirme parfaitement ce que nous venons de dire, & qui n'est que le résultat de l'examen attentif que nous en avions fait nous-même sur l'ouvrage de *Riccioli*.

VI.

Mercure & Vénus observés sous le Soleil.

Il est peu d'observations plus rares que celles dont nous avons à parler dans cet article. L'une, sçavoir celle du passage de Mercure sous le soleil, ne peut avoir lieu qu'un petit nombre de fois dans un siecle. Depuis l'année 1631, que fut faite la premiere observation de cette espece, on n'a pu la réitérer que dix fois. Mais celle du passage de Vénus sous le soleil est bien plus rare. Un siecle est un espace trop court pour la voir répéter, & depuis l'année 1639, qu'on la fit pour la premiere fois, les Astronomes n'ont point eu le plaisir de la réitérer. Ils attendent avec impatience l'année 1761, qui doit leur offrir de nouveau ce rare phénomene. Donnons d'abord une idée de l'utilité de ces sortes de passages.

Les observations de Mercure sont si rares, & se font dans des endroits si désavantageux, que tant qu'on n'a eu que la maniere ordinaire de l'observer, on ne pouvoit avoir trop de défiance sur la justesse de la théorie de cette planete. Mais son passage sous le soleil offre le moyen de déterminer avec beaucoup d'exactitude deux des élémens principaux de cette théorie, sçavoir la position des nœuds & l'inclinaison de l'orbite à l'écliptique. En effet, il est visible que Mercure ne peut passer sous le disque du soleil qu'aux environs de ses nœuds. Mais tandis qu'il passera sous ce disque, & qu'il paroîtra le traverser sous la forme d'une tache noire, on pourra avoir à chaque instant, & surtout à son entrée & à sa sortie, sa position à l'égard de l'écliptique, c'est-à-dire sa longitude & sa latitude. Or ces choses étant données, rien n'est plus facile que de déterminer sur l'écliptique le point où sa route prolongée la rencontre, & l'angle qu'elles forment entr'elles. On aura donc le nœud voisin du lieu de l'observation, & l'angle de l'écliptique avec l'orbite de la planete.

L'importance de l'observation qu'on vient de décrire, avoit engagé *Kepler* dès le commencement du siecle, à guetter, pour ainsi dire, Mercure sous le soleil, & il avoit cru l'y appercevoir le 28 Mai de l'année 1607. Ayant reçu ce jour-là l'image du soleil dans la chambre obscure, il y avoit vu une tache noire qu'il avoit pris pour Mercure, conformément au calcul qu'il avoit fait d'après une fausse position des nœuds. Il avoit annoncé son observation en 1609; mais aussitôt après la découverte des taches du soleil, il vit qu'il s'étoit trompé, & il reconnut que ce qu'il avoit pris pour Mercure dans le soleil, n'étoit qu'une tache qui se trouvoit par hazard alors sur le disque de cet astre. C'est le jugement qu'on doit aussi porter de quelques autres observations semblables, faites dans des siecles antérieurs, comme celle que *Lycosthene* rapporte à l'an 778, celle de l'Anonyme Historien de Louis le débonnaire, faite l'an 807, & une troisieme attribuée à *Averroès*. *Kepler* ayant reconnu son erreur, rectifia sa théorie sur de nouvelles observations, & enfin avertit en 1629 les Astronomes, de se préparer à observer Mercure sous le soleil le 7 Novembre de l'année 1631. Il annonçoit un passage semblable de Vénus pour le 6 Décembre de la même anneé. A la vérité, ce dernier devoit arriver durant la nuit à l'égard de l'Europe; mais *Kepler* ne se tenoit pas assez assuré de ses calculs, pour oser prononcer qu'il ne seroit pas visible dans cette partie de la terre.

Un grand nombre d'Astronomes se tinrent prêts à l'observation de Mercure; mais peu furent assez heureux pour la faire. Tous ceux qui se contenterent d'introduire dans la chambre obscure l'image du soleil, comptant y appercevoir Mercure, furent frustrés de leur attente. Il n'y eut que ceux qui se servirent du Télescope pour contempler immédiatement le soleil, ou pour former son image, qui apperçurent cette petite planete. Tels furent *Gassendi* à Paris, le P. *Cysatus* à Insprük, *Jean Remus Quietanus*, Médecin & Mathématicien de l'Empereur Mathias, en Alsace, & un Anonyme

(a) *Mercurius in sole, &c.* Lips. 1609. in-4°.

à Ingolſtadt. Nous ne connoiſſons aucunes circonſtances des obſervations des trois derniers. C'eſt pourquoi nous nous bornerons au récit de celle de *Gaſſendi*.

Peu s'en fallut que le mauvais temps ne privât l'Aſtronome François du plaiſir d'une obſervation ſi rare & ſi nouvelle. Le ciel fut couvert tous les jours précédens; enfin celui qui étoit annoncé par *Kepler* étant venu, les nuages ceſſerent. *Gaſſendi* qui guétoit l'inſtant où il pourroit appercevoir le ſoleil, tourna auſſitôt ſon Téleſcope vers cet aſtre, & n'y apperçut qu'une petite tache noire & ronde, déja aſſez avancée ſur ſon diſque. La petiteſſe extrême de cette tache lui fit d'abord croire que ce n'étoit point Mercure; car on s'attendoit à lui trouver une ou deux minutes de diametre apparent: mais, peu de temps après, la rapidité de ſon mouvement ne lui permit plus de méconnoître la planete qu'il attendoit ſous le ſoleil, & il ſe hâta de déterminer ſa route ſur le diſque de cet aſtre avec l'inſtant & l'endroit de ſa ſortie. Il trouva que ſon centre étoit ſur le bord de ce diſque à dix heures, vingt-huit minutes du matin, & il détermina la conjonction à ſept heures cinquante-huit minutes, dans le quatorzieme degré trente-ſix minutes du Scorpion. Il conclud le moment de l'entrée à cinq heures vingt-huit minutes du matin, & le lieu du nœud voiſin au quatorzieme degré cinquante-deux minutes du ſigne ci-deſſus, au lieu du quinzieme degré & vingt minutes où le plaçoit *Kepler*. *Gaſ-*

(*a*) Le célebre Gaſſendi naquit en 1592, dans le territoire de Digne, d'un pere qui n'étoit qu'un bon payſan, & qui ne le vit pas ſans peine ſe jetter dans la carriere des Sciences. Après pluſieurs années de ſéjour à Aix & à Digne, où il avoit un Canonicat, il vint à Paris, où il ſe fit une grande réputation. Le Cardinal de Richelieu le força en 1640, malgré ſes refus, à accepter une Chaire de Profeſſeur Royal qu'il remplit juſqu'en 1655, qui fut l'année de ſa mort. Tout le monde ſçait que Gaſſendi travailla à relever de ſes cendres la Philoſophie Epicurienne, non cette Philoſophie impie qui attribue au hazard l'origine de l'Univers & de tous les êtres, mais cette Philoſophie qui admet les atômes, le vuide, &c. & dont pluſieurs dogmes paroiſſent aſſez conformes à ceux de la Phyſique moderne. Mais ce n'eſt pas ici le lieu d'en dire davantage ſur ce ſujet. Les principaux écrits Mathématiques & Aſtronomiques de Gaſſendi ſont les ſuivans. *De Apparente magnit. ſolis humilis & ſublimis*, Epiſt. 4. Op. T. III. *Inſtitutio Aſtron. ann. 1647. edita*. Op. T. IV. *De rebus celeſtibus comm. ſeu obſ. ab anno 1618. ad ann. 1652. habitæ*. Ibid. *De Mercurio in ſole viſo & ven. inviſâ, epiſt. ad* Schik. *cum reſponſo*. 1631. Par. in-4°. Op. T. III. *De novem ſtellis circà Jovem viſis à P. Rheita*. Ibid. *Prop. Gnom. ad umbram ſolſtit. Maſſiliæ obſ.* Ibid. *Ad P. Caſræum de accelerat. gravium epiſt.* 3. T. IV. *Vitæ Purbachii, Tychonis, Copernici, & Regiomontani*. 1655. Hag. in-4°. Op. T. V. *Epiſtolæ variæ*. T. VI.

ſendi meſura enfin le diametre apparent de Mercure, & ne l'eſtima que de vingt ſecondes. Il forma dès-lors la conjecture que celui de Vénus n'excédoit pas de beaucoup une minute ; ce que l'événement vérifia en 1639. A l'égard de Vénus dont nous avons vu que *Kepler* annonçoit le paſſage pour le 6 de Décembre de la même année, il n'arriva pas, ou du moins il ne fut pas viſible dans ces contrées. *Gaſſendi* l'attendit pluſieurs jours inutilement ; c'eſt pourquoi il intitula le récit qu'il fit de ſon obſervation, *de Mercurio in ſole viſo & Venere inviſâ.* Cet écrit parut en 1632, avec une réponſe ſçavante de *Schickard* (*a*). On ſera peut-être étonné de ne point trouver *Kepler* parmi les Obſervateurs de Mercure. Cet homme célebre n'eut pas même le plaiſir de ſçavoir ſi ſon calcul étoit exact. Il étoit mort l'avant-veille du jour qu'il avoit annoncé pour cette obſervation. Quel regret pour un Aſtronome qui a ſon art à cœur, de quitter la vie dans pareille circonſtance !

Le phénomene dont nous venons de parler, arriva de nouveau en 1651 : mais il ne fut obſervé que d'un ſeul mortel. On vit à cette occaſion un exemple d'un grand zele pour l'avancement de l'Aſtronomie. *Jérémie Shakerley*, Anglois, ayant calculé le moment du paſſage de Mercure ſous le diſque du ſoleil, & ayant trouvé qu'il ne ſeroit viſible qu'en Aſie, s'embarqua pour y aller, & l'obſerva en effet à Surate le 3 Novembre à ſix heures quarante minutes du matin, c'eſt-à-dire à 1 h. 58 m. après minuit pour le méridien de Paris. Il informa les amis qu'il avoit en Europe, de ſon obſervation, & c'eſt d'eux que nous la tenons. Car il mourut aux Indes, victime de ſon amour pour l'Aſtronomie. Depuis ce temps les Aſtronomes ont été témoins de pluſieurs autres paſſages ſemblables : il y en a eu en 1661, 1677, 1690, 1697, 1707, 1723, 1736, 1740, 1743, & preſque récemment le 6 Mai 1753. M. *Deliſle* publia à cette occaſion un avertiſſement aux Obſervateurs, qui mérite d'être lu. Ce ſçavant Aſtronome nous y a promis un Traité complet de ces ſortes

(*a*) Schickard, Profeſſeur de Mathématiques & des Langues Orientales à Tubinge, étoit un Obſervateur adroit & éclairé. Il mourut en 1635 ; ſes obſervations ont été recueillies par Lucius Barretus, ou Albert Curtius, & inſérées dans ſon *Hiſt. Celeſtis*, à la ſuite de celles de Tycho, p. 913.

de passages, où il doit rassembler toutes les observations qui en ont déja été faites. On ne peut qu'applaudir à ce dessein, & désirer qu'il ait une prompte exécution.

Les mêmes raisons qui faisoient désirer aux Astronomes de voir Mercure sous le soleil, rendoient aussi un passage de Vénus sous cet astre, très-important. *Kepler* l'avoit annoncé pour l'année 1631 : mais comme nous l'avons dit, il n'eut pas lieu, ou il ne fut pas visible en Europe. Il ne fut donc point observé, & *Kepler* ayant prononcé qu'il n'y en auroit point d'autre durant tout le reste du siecle, les Astronomes laissoient à leurs successeurs le plaisir de ce rare spectacle.

Kepler se trompoit néanmoins, & ce fut un jeune Astronome confiné dans le fond de l'Angleterre, presque destitué de secours & d'instrumens, qui s'en apperçut, & qui fit cette observation encore unique jusqu'à nos jours. Il se nommoit *Horoxes*. Né dans le Comté de Lancastre de parens peu riches, il avoit pris le goût de l'Astronomie vers 1633. Mais destitué de secours & de Livres, il commençoit à se rebuter, lorsqu'il fit connoissance avec un autre jeune Astronome de son voisinage, nommé *Guillaume Crabtree*, qui éprouvoit presque les mêmes difficultés. Le commerce de Lettres qu'ils lierent sur des matieres astronomiques, leur donna à l'un & à l'autre un nouveau courage. Ils se procurerent des Livres & des instrumens, & aidés des seules lumieres qu'ils se communiquoient mutuellement, ils firent d'importantes corrections dans la théorie des planetes. *Horoxes* avoit été d'abord séduit par les magnifiques promesses de *Lansberge*, & les pompeux panégyriques de quelques adulateurs, qu'on lit à la tête de son ouvrage. Le premier fruit de sa liaison avec *Crabtree* fut de concevoir de grands soupçons contre cet Astronome, & ils se trouverent bientôt en certitude : il vit que ses hypotheses étoient vicieuses, que les observations sur lesquelles il les appuyoit, étoient ou falsifiées, ou pliées d'une maniere qui approchoit de la mauvaise foi ; enfin que *Kepler* & *Tycho-Brahé* étoient injustement & indignement dégradés. Il revint à ces deux restaurateurs de l'Astronomie, dont il fit une excellente apologie contre *Lansberge* (*a*), & adoptant les idées de

(*a*) Voy. *Horoccii opera posthuma*, vid. *Astronomia Keppleriana defensa & promota*.

Kepler, il ne s'attacha plus qu'à rectifier sa théorie dans les points où elle étoit encore défectueuse. Il fit entr'autres diverses remarques très-importantes sur la théorie de la lune, & l'hypothese qu'il proposa pour satisfaire à ses mouvemens, a paru à M. *Flamsteed* la plus exacte qui eût encore été imaginée; de sorte que ce célebre Astronome n'a pas dédaigné de calculer les Tables qu'*Horrocius* n'avoit pas eu le temps de dresser d'après son hypothese (*a*). On en parlera en rendant compte des efforts des Astronomes pour perfectionner cette théorie. Revenons à l'observation célebre que nous avons annoncée plus haut.

Ce fut un hazard qui donna lieu à *Horoxes* de s'appercevoir que la conjonction inférieure de Venus qui devoit arriver vers la fin de 1639, seroit visible. Ayant remarqué que les Tables de *Lansberge*, quoique fort défectueuses à d'autres égards, l'annonçoient telle, il voulut examiner ce que donnoient celles de *Kepler;* & il trouva, à son grand étonnement, qu'elles l'annonçoient aussi comme visible pour le 4 Décembre, nouveau style. En ayant égard à quelques corrections qu'il avoit trouvé nécessaires, il détermina le moment de la conjonction à cinq heures cinquante-sept minutes du soir du 4 Décembre, avec une latitude australe de dix minutes. Il informa aussi-tôt son ami *Crabtrée* de cette importante découverte, & pour lui il se mit à observer le soleil dès la veille du jour annoncé par le calcul: enfin le soir de ce jour, comme il retournoit de l'Office Divin, dont la décence, dit-il, ne lui permettoit pas de s'absenter pour un pareil sujet, il vit Venus qui ne venoit que d'entrer dans le disque du soleil dont elle touchoit le bord. Il étoit alors trois heures quinze minutes du soir. Il mesura aussi-tôt la distance de Venus au centre du soleil, ce qu'il réitera à diverses reprises durant le peu de temps qu'il put jouir de ce spectacle. Car le soleil se coucha à trois heures cinquante minutes, de sorte que la durée de l'observation ne fut que de trente-cinq minutes. L'ami d'*Horoxes* la fit aussi, & ce sont jusqu'ici les seuls mortels qui ayent vu Venus dans ces circonstances.

Excerpta ex epistolis ad Crabtræum. Observationum Catalogus : lune theoria nova ; unà cum Crabtrei observationibus, nec non Joannis Flamsteedii de æquat. temporis diatribe, & numeris lunaribus ad novum lunæ systema Horoccii. Lond. 1678. in-4°.

(*a*) Voyez l'ouvrage précédent.

Quoique

Quoique le lieu où observoit *Horoxes*, ne lui ait permis de jouir du spectacle de Venus sous le soleil, que bien peu de temps, l'Astronomie n'a pas laissé de tirer un grand fruit de cette observation. Il détermina en effet par son moyen avec beaucoup plus d'exactitude qu'on n'avoit encore fait, la position des nœuds, & divers autres élémens du mouvement de cette Planete. Il trouva d'abord que la conjonction étoit arrivée à cinq heures cinquante-cinq minutes du soir, au lieu de cinq heures cinquante-sept minutes, que donnoit le calcul, & que la latitude de Venus à ce moment n'avoit été que de huit minutes trente-une secondes, au lieu de 10′, d'où il conclut qu'il falloit placer les nœuds au 13°. 22′. 45″ du Sagittaire & des Gémeaux, au lieu de 13°. 31′. 13″, où les plaçoit *Kepler*; que l'inclinaison de l'orbite à l'écliptique étoit de 3°. 24′ ou 25′; enfin que de toutes les Tables alors connues, les Rudolphines étoient celles qui approchoient le plus de la vérité. *Horoxes* écrivit sur ce sujet un excellent Traité intitulé: *Venus in sole visa*, auquel nous renvoyons pour le surplus des conséquences qu'il tire de son observation. Il n'eut pas le plaisir de le publier; il finissoit à peine de le mettre en ordre, qu'il mourut presque subitement le 15 Janvier de l'an 1641. Ce précieux ouvrage, & divers autres écrits d'*Horoxes*, resterent près de vingt ans enfouis dans l'obscurité, jusqu'à ce qu'ils tomberent dans les mains d'une personne capable de les apprécier. *Huyghens* se procura une copie du Traité ci-dessus, & en fit part à *Hevelius*, qui le fit imprimer en 1661, avec son observation du passage de Mercure arrivé cette année. Ce qu'on a pu tirer du reste de ces précieux écrits, a vu le jour en 1678, par les soins du D. *Wallis*, & de la Société Royale de Londres. Quant à *Crabtree*, il suivit de près son ami, également à la fleur de son âge. Il périt, à ce qu'on conjecture, de même que *Gascoigne* auquel les Anglois attribuent la premiere invention du Micrometre, dans les guerres civiles qui désolerent l'Angleterre vers ce temps.

Depuis l'année 1639, il n'est point arrivé de phénomene semblable que les Astronomes ayent pu observer. Mais dans peu d'années, c'est-à-dire en 1761 (le 26 Juin) on jouira de nouveau de ce spectacle; & comme il y a aujourd'hui des Observateurs répandus sur toute la surface de la terre, on peut être aſſuré que ce paſſage de Venus ſous le ſoleil ſera vu d'un grand nombre d'endroits. Outre l'utilité dont il ſera pour déterminer avec encore plus de préciſion quelques élémens de la théorie de cette Planete, il ſervira à trouver avec une exactitude à laquelle aucune autre méthode ne ſçauroit atteindre, la parallaxe du ſoleil & ſa diſtance à la terre. M. *Hallei* a donné pour cela dans les *Tranſ. Phil.* (ann. 1716.) une méthode dont voici l'eſprit.

Chacun ſçait que la diſtance de Venus à la terre dans ſa conjonction inférieure, n'eſt qu'environ le quart de celle du ſoleil; d'où il ſuit que ſa parallaxe eſt alors quadruple de celle de cet aſtre. Qu'on ſuppoſe à préſent un ſpectateur qui obſerve le paſſage de Venus, d'un lieu tellement ſitué que l'entrée & la ſortie arrivent à peu près à la même diſtance de Midi; le mouvement de ce ſpectateur occaſionné par la rotation de la terre, & qui ſe fera en ſens contraire de celui de Venus, raccourcira la durée de ſa demeure ſur le diſque du ſoleil, d'un peu moins que le double du temps que Venus employeroit à parcourir par ſon mouvement propre un arc égal à ſa parallaxe. M. *Hallei* trouve qu'en ſuppoſant la parallaxe du ſoleil de douze ſecondes, ce raccourciſſement de durée ſera d'environ onze minutes. Au contraire, ſi l'on obſerve le paſſage de Venus d'un lieu tel, qu'on apperçoive ſon entrée vers le coucher du ſoleil, & ſa ſortie vers ſon lever, ce qui pourra ſe faire en quelques lieux de l'Amérique Septentrionale, le mouvement de Venus ſur le ſoleil ſera retardé à l'égard de l'Obſervateur terreſtre, dont le mouvement ſe fera vers le même côté, & ce retardement fera durer le paſſage entier d'une ſixaine de minutes de plus que ſi cet Obſervateur, placé au centre de la terre, eût été immobile. Ainſi voilà dix-ſept minutes de différence entre les durées du paſſage obſervé de ces deux lieux; il n'en faut pas davantage à ceux qui connoiſſent la préciſion des Obſervateurs modernes, pour voir qu'on pourra déterminer par ce moyen, à une très-petite erreur près, la parallaxe du ſoleil. Nous renvoyons le lecteur curieux de plus grands détails à l'écrit de M. *Hallei*.

Le raiſonnement qu'on vient de faire à l'égard de Venus, on le peut faire à l'égard de Mercure, à cela près que la parallaxe de cette derniere Planete étant beaucoup moindre, &

ſon mouvement plus rapide, il ne peut pas y avoir à beaucoup près une auſſi grande inégalité entre les durées de ſes paſſages au devant du ſoleil obſervés de différens lieux de la terre. M. *Deliſle* comptoit néanmoins en publiant ſon avertiſſement ſur le dernier paſſage de Mercure, pouvoir s'en ſervir pour déterminer la parallaxe du ſoleil, en attendant que celui de Venus ſervît à le faire avec encore plus de préciſion. Mais il y a recontré des obſtacles phyſiques dont il eſt à propos que les Obſervateurs ſoient avertis avant le phénomene qu'on attend en 1761. C'eſt que le vrai diametre apparent du ſoleil paroît continuellement augmenté d'une couronne lumineuſe, & variable ſuivant la couleur & l'opacité des verres dont on ſe ſert, tandis que celui de la Planete qui le parcourt, eſt au contraire diminué par une ſemblable couronne lumineuſe qui anticipe ſur elle; ce qui donne lieu à quelques phénomenes particuliers qui rendent l'entrée & la ſortie de cette Planete, incertaine pendant quelque intervalle de temps. Nous devons à M. de *Barros*, Gentilhomme Portugais, la remarque & l'explication de ces phénomenes, qu'il a données dans un écrit lu à l'Académie des Sciences, & publié en 1753. Il en réſulte que pour l'obſervation exacte de la durée de ces paſſages, il eſt néceſſaire de quelques attentions ſur leſquelles cet ingénieux Obſervateur, auſſi-bien que M. *Deliſle*, ne ſont pas encore entiérement ſatisfaits; & c'eſt à fixer cette incertitude qu'ils travaillent aujourd'hui. L'avertiſſement que M. *Deliſle* doit publier au ſujet du paſſage prochain de Venus, & qui ne doit pas tarder à paroître, inſtruira les Aſtronomes des précautions qu'ils doivent prendre à cet égard.

VIII.

De l'Aſtronomie-Phyſique de Deſcartes.

On peut diviſer l'Aſtronomie en deux parties, l'une purement Mathématique, l'autre Phyſique; l'une qui travaille à repréſenter & à aſſujettir au calcul les mouvemens céleſtes, l'autre qui tâche d'en aſſigner les cauſes & le Méchaniſme. Il n'y a proprement que la premiere qui ſoit de notre plan, & nous pourrions par cette raiſon légitimement nous diſpenſer d'entrer dans l'examen du ſyſtême Phyſico-Aſtronomique de *Deſcartes*, qui appartient tout entier à la ſeconde. Mais la célébrité de ce ſyſtême nous impoſe en quelque façon la loi d'en parler & de le diſcuter.

Sans entrer dans le détail du Roman phyſique de *Deſcartes*, j'appelle ainſi la maniere dont il conçoit la formation de ſes trois élémens, je me borne à dire qu'il fait de notre ſyſtême planétaire comme un vaſte tourbillon au milieu duquel eſt le ſoleil. Les diverſes parties de ce tourbillon ſe meuvent avec des vîteſſes inégales, & entraînent les Planetes qui y ſont plongées, & qui y nagent dans des couches d'une denſité égale à la leur. Les Planetes qui ont des Satellites, ſont elles-mêmes placées au centre d'un tourbillon plus petit qui nage dans le grand. Les corps plongés dans ce petit tourbillon, ſont ces Satellites, & s'y meuvent ſuivant les mêmes loix que les Planetes principales autour du ſoleil.

Tel eſt en peu de mots le ſyſtême céleſte de *Deſcartes*: rien n'eſt plus ſimple, plus intelligible, & plus ſatisfaiſant du premier abord; de ſorte qu'on ne doit point être ſurpris que l'idée en ait extrêmement plu à ſon Auteur, & qu'elle ait même encore aujourd'hui des partiſans qui aient peine à s'en détacher. Mais ce n'eſt pas toujours ſur ce premier coup d'œil qu'on doit ſe déterminer en faveur d'une opinion phyſique. Il faut qu'une hypotheſe ſatisfaſſe aux phénomenes; c'eſt-là la pierre de touche à laquelle il faut l'éprouver; & nous le diſons avec regret, celle de *Deſcartes* ne ſoutient pas cette épreuve. Les remarques ſuivantes vont le montrer.

1°. On ſçait que les mouvemens des Planetes ſont elliptiques; il faut donc que les couches des tourbillons le ſoient auſſi. Mais quelle en ſera la cauſe? *Deſcartes* l'attribue à la compreſſion des tourbillons voiſins. Si cela étoit, il faudroit que toutes les orbites des Planetes fuſſent alongées du même côté; ce qui n'eſt pas. Il y a plus, il ſemble que le ſoleil devroit occuper le centre commun de toutes ces orbites, & non un de leurs foyers. Enfin il eſt évident que ſi cet alongement des tourbillons, étoit l'effet de la compreſſion latérale des tourbillons voiſins, la matiere céleſte qui circuleroit près du centre s'en reſſentiroit le moins; de ſorte que l'orbite de Mercure ſeroit la moins excentrique de toutes. Or c'eſt tout le contraire; ainſi il eſt néceſſaire de rejetter entiérement ce méchaniſme.

2°. Quoique *Descartes* ne s'explique pas positivement sur ce qui entretient ce mouvement de tourbillon, il est assez évident qu'il a pensé, ou que la révolution de la planete centrale en étoit la cause, ou au contraire que ce mouvement étoit celle de la circonvolution de cette planete. Mais on va faire voir qu'on ne peut dire ni l'un ni l'autre. En effet, il est d'abord facile d'appercevoir que toutes les planetes devroient faire leur révolution dans l'équateur, ou parallélement à l'équateur de la planete centrale. Or, on sçait qu'il n'y en a aucune parmi les principales, qui n'ait son orbite inclinée à l'équateur solaire; la lune tourne aussi autour de la terre, sans paroître avoir aucun rapport physique à l'équateur terrestre. En second lieu, si la rotation de la planete centrale produisoit le mouvement de tourbillon, ou en étoit produite, la couche du tourbillon contigu à la planete, auroit la même vîtesse qu'elle; ce qui ne sçauroit se concilier avec la fameuse loi de *Kepler*. Le calcul en est facile à faire: l'on trouve, par exemple, que pour que cette loi eût lieu, la vîtesse de la couche contigue au soleil devroit faire sa révolution en un tiers de jour environ: cependant le soleil ne fait la sienne qu'en 27 jours & demi; sa rotation devroit donc être accélérée, jusqu'à ce qu'il eût pris un mouvement convenable à la loi du tourbillon, ou bien il la détruiroit. Les planetes qui ont des satellites autour d'elles, comme la terre, Jupiter & Saturne, fournissent des objections encore plus insolubles, parce qu'elles ne laissent lieu à aucun subterfuge, tel que quelque partisan obstiné des tourbillons pourroit en imaginer pour affranchir le soleil de cette communication du mouvement.

3°. Les Physiciens qui, à l'aide de la Géométrie & d'une saine théorie d'Hydrodynamique, ont examiné le mouvement que pourroit prendre un tourbillon, n'ont jamais pu le concilier avec la regle de *Kepler*. M. *Newton* a traité cette matiere à la fin du second Livre de ses principes, & trouvoit que dans un tourbillon cylindrique, c'est-à-dire engendré par un cylindre tournant rapidement autour de son centre, les temps périodiques des couches devroient être comme les distances à l'axe, & que dans le tourbillon sphérique, c'est-à-dire engendré par le mouvement d'une sphere centrale, les temps périodiques des couches feroient comme les quarrés des diftances aux centres, tandis que fuivant la loi de *Kepler*, ils devroient être comme les racines quarrées des cubes de ces diftances. Il eft vrai que M. *Bernoulli* (*a*) a remarqué dans la fuite, que M. *Newton* n'avoit pas eu égard dans cette détermination à quelques élémens qui devoient y entrer, & il a cru trouver que les couches d'un tourbillon fphérique dans lequel on fuppoferoit la denfité en raifon inverfe de la racine quarrée de la diftance au centre, auroient des mouvemens tels que les quarrés des temps périodiques feroient comme les cubes des diftances (*a*). Il explique auffi l'excentricité des planetes par un mouvement d'ofcillation combiné avec le mouvement circulaire du tourbillon. Mais M. d'*Alembert* examinant avec foin le calcul de M. *Bernoulli*, a trouvé (*b*) que ce grand homme s'étoit trompé en négligeant une partie conftante d'intégrale, qui change totalement le réfultat. Or, en ayant égard à cette conftante, il montre qu'un tourbillon, foit cylindrique, foit fphérique, ne fçauroit fubfifter, à moins que toutes fes couches ne faffent leurs révolutions dans le même temps, & qu'il ne foit infini, ou bien circonfcrit par des bornes impénétrables, comme feroient les parois d'un vafe. On peut encore renverfer tout l'édifice de M. *Bernoulli* par une remarque qu'ont faite MM. *Daniel Bernoulli* & d'*Alembert*. C'eft que pour qu'un tourbillon de matiere fluide puiffe fubfifter, il faut que la force centrifuge d'une partie quelconque de volume donné, prife dans quelque couche que ce foit, ne foit pas plus grande que celle d'une partie égale prife dans la couche fupérieure. Ce ne feroit point affez, comme quelques Philofophes partifans des tourbillons l'ont penfé, que l'effort total d'une couche ne l'emportât point fur l'effort total de celle qui la fuit; car fi l'on mettoit dans un vafe des fluides diverfement mêlangés, fuffiroit-il que la pefanteur totale d'une couche ne furpaffât point celle de l'inférieure, pour que cet ordre fût permanent ? non, fans doute ! Aucun Hydroftaticien ne difconviendra que s'il y a inégalité dans quelque endroit, la portion prévalente de la couche fupé-

(*a*) *Nouvelles penfées fur le fyftême de Defcartes*, Difcours couronné par l'Académie en 1730.

(*b*) *Traité des Fluides*, p. 385 & fuiv.

ieure enfoncera l'inférieure, & ne cessera de descendre, u'elle n'ait trouvé une résistance égale. Ainsi il en doit être e même dans l'hypothese des tourbillons. Or dans celui de . *Bernoulli*, si nous négligeons l'inégalité de densité, nous trouvons que l'effort centrifuge croît réciproquement comme le quarré du rayon, & si nous avons égard à la densité qu'il suppose en raison réciproque de la racine de la distance au centre, on trouve que cet effort centrifuge est en raison inverse de la puissance du rayon dont l'exposant est $\frac{1}{2}$. D'où il est évident que cet effort va toujours en croissant de la circonférence au centre. C'est comme si l'on prétendoit arranger dans un vase plusieurs fluides d'inégale pesanteur spécifique, de maniere que le plus léger occupât le fond. Quand même les couches iroient en décroissant de volume, afin que l'effort total de chacune ne l'emportât point sur celui d'une autre, rien n'empêcheroit le mêlange. La plus pesante spécifiquement iroit au fond, à moins que ce ne fussent des fluides d'une très-grande ténacité.

M. *Bouguer* (*a*) nous fournit deux autres objections puissantes contre le sentiment de M. *Bernoulli*. La premiere est celle-ci. En faisant tourner une couche sphérique du tourbillon comme il le suppose, on établit une sorte d'équilibre entre les différentes parties du tourbillon, dans le sens du rayon du parallele, ou si l'on veut, du rayon même du tourbillon. Mais il n'y en a aucun dans la direction perpendiculaire à ce rayon. Toutes les parties tendent à remonter vers l'équateur sans être contrebalancées par un effort contraire & égal; ce qui ne peut manquer de mettre le désordre dans ce tourbillon, & de le détruire. Il semble même suivre delà qu'un tourbillon sphérique est absolument impossible. Aussi ce paroît être le sentiment de M. d'*Alembert* dans l'ouvrage que nous avons cité plus haut. La seconde des objections dont nous venons de parler, regarde la maniere dont M. *Bernoulli* conçoit que les planetes décrivent des orbites elliptiques. M. *Bouguer* montre dans un Mémoire inséré parmi ceux de l'Académie en 1731, que les deux portions de courbe que décriroit la planete par ses oscillations de l'Aphélie au Périhélie, ne sçauroient être égales & semblables.

(*a*) *Entretiens sur l'inclinaison des orbites des Planetes*. Eclair. p. 89.

On a encore de M. *Bernoulli* une autre piece que celle que nous avons citée plus haut, & dans laquelle en admettant les tourbillons cartésiens avec les changemens imaginés dans la premiere, il prétend déduire l'inclinaison des orbites des planetes à l'équateur solaire, des seules loix de l'impulsion communiquée à ces planetes par le tourbillon. Mais comme il y admet, & même qu'il est nécessaire qu'il prenne pour principe, que chaque planete, la terre par exemple, est un sphéroïde alongé, ce qui est contraire aux observations modernes, nous croyons inutile de nous y arrêter.

M. *Leibnitz*, dans un écrit inséré dans les Actes de Leipsick, & intitulé *Tentamen de motuum celestium causis*, tentoit de concilier les tourbillons avec les phénomenes d'une autre maniere. Il supposoit dans les différentes couches du tourbillon, une vîtesse en raison réciproque des distances, & ensuite combinant la translation circulaire de la planete dans ces différentes couches, avec sa force centrifuge & une force centrale qui la poussoit ou l'attiroit vers le soleil, il réussissoit à montrer que si cette derniere étoit en raison inverse du quarré de la distance, la planete décriroit des aires égales en temps égaux, & une ellipse ayant le soleil à son foyer. Mais il y a contre ce systême autant de difficultés à opposer que contre le précédent.

Premiérement, un tourbillon tel que le conçoit M. *Leibnitz*, ne sçauroit subsister ; car la force centrifuge de chaque particule de matiere, y croîtroit à mesure qu'on s'approcheroit du centre. 2°. Ce méchanisme satisfait, à la vérité, au mouvement d'une Planete seule considérée dans les diverses parties de son orbite. Mais si l'on compare deux Planetes différentes, on trouvera que la loi de *Kepler* exige une circulation différente de celle que suppose M. *Leibnitz*. Il faudroit que le tourbillon fût comme partagé en diverses couches d'une épaisseur considérable, & isolées entr'elles, dans chacune desquelles les vîtesses moyennes seroient réciproquement comme la racine quarrée de la distance, tandis que les diverses couches de chacune auroient des vîtesses réciproques aux distances elles-mêmes. Or cela ne sçauroit être admis, à moins d'introduire dans la Physique la licence des hypotheses les plus arbitraires. 3°. Je remarque encore que le tourbillon

billon supposé par M. *Leibnitz*, est entiérement inutile. Car la seule force centrifuge qu'il emploie, avec ce qu'il appelle l'*effort paracentrique* de la Planete qui n'est que l'attraction Newtonienne déguisée, suffit pour faire décrire des orbites elliptiques.

Nous n'accumulerons pas davantage de réfléxions contre le systême des tourbillons. Celles que nous venons de faire ne nous paroissent laisser aucune réponse aux partisans de ce systême. Quelqu'arrangement qu'on imagine dans les couches & dans les vîtesses de ces tourbillons, on ne peut venir à bout de les concilier avec toutes les loix de l'Hydrostatique & de la Méchanique. En vain MM. *Villemot* (*a*), de *Molieres* (*b*), de *Gamaches* (*c*), & presque récemment l'Auteur de la *Théorie des Tourbillons* (*d*), partisans célebres de ce systême, ont-ils épuisé tout leur art à en combiner les parties, à imaginer de nouveaux mouvemens, à se corriger les uns les autres, à prévenir enfin les objections & à y répondre, c'est un édifice que toute l'habileté de ses Architectes ne peut soutenir. Tandis qu'on le répare d'un côté, il menace ruine & croule effectivement d'un autre.

5°. Mais admettons pour quelques instans, que le systême des tourbillons fût compatible avec les phénomenes que nous observons, & les loix connues de la Méchanique, sa cause n'en seroit guere meilleure. Nous avons des preuves positives, qu'on ne sçauroit admettre dans les espaces célestes aucune matiere résistante, du moins sensiblement. Il est certain aujourd'hui que les Cometes traversent ces espaces dans tous les sens, sans éprouver dans leur mouvement aucune altération apparente; c'est ce qu'on établira en rendant compte du systême moderne sur ces astres d'une espece singuliere; & cela est si bien reconnu, que depuis presque le commencement de ce siecle, tous les partisans des tourbillons n'ont rien oublié pour ôter à la matiere dont ils les composent, toute résistance (*e*).

(*a*) *Nouvelle explication du mouvement des Planetes.* Lyon. 1700.

(*b*) *Leçons de Physique.* Paris, 1733. in-12.

(*c*) *Astron. Physique, &c.* Paris, 1740. in-4°.

(*d*) Paris, 1753.

(*e*) Voyez M. Bernoulli, *dans les Pieces citées;* M. de Moliere, *Leçons Physiques, Leç. v;* M. de Gamaches, *Astron. Phys. &c. v^e Diss.*

Ils ont imaginé pour cet effet, les uns un fluide infiniment peu dense, les autres un fluide infiniment divisé, & ils ont cru satisfaire pleinement à l'objection. Mais, à notre avis, rien n'est plus foible, & plus mal combiné que cette réponse. En admettant leur supposition, sçavoir que ce fluide ne résistera pas, ou ne résistera qu'infiniment peu, de quel usage peut-il être, ou pour imprimer aux Planetes le mouvement qu'ils en dérivent, ou pour en déduire la cause de la pesanteur ? Un fluide qui ne résiste point, ou infiniment peu, n'est capable que d'une action infiniment petite. Quant à la prétention de ceux qui veulent qu'un fluide infiniment atténué ne présentera aucune résistance aux corps qui le traverseront, indépendamment de la réponse ci-dessus, nous ne pouvons nous empêcher de remarquer que rien n'est plus gratuit & plus contraire aux loix de la Méchanique. Ces loix nous apprennent que la résistance, tout le reste étant égal, est proportionnelle à la masse à déplacer, quelle que soit sa figure & sa division. Sur cela nous indiquerons, afin d'abréger, les excellentes réfléxions de M. *Bouguer* dans ses *Entretiens sur la cause de l'inclinaison des orbites des Planetes*.

IX.

gomonta-

Avant que de terminer ce Livre, il nous faut faire mention de quelques Astronomes dont nous n'avons rien dit encore. Nous commencerons par *Longomontanus* (*a*), dont le nom est célebre par le systême mi-parti de ceux de *Copernic* & de *Tycho*, dont on le fait Auteur mal à propos; car ce systême est plus ancien, & semble être l'ouvrage de Raymard *Ursus Dithmarsus*, comme nous l'avons dit ailleurs (*b*). *Longomontanus* est Auteur de divers ouvrages Mathématiques, entr'autres de l'*Astronomia Danica*, imprimée pour la premiere fois en 1621, & de nouveau en 1640. Les hypotheses qu'il y emploie sont proprement celles de *Tycho*, de sorte qu'on lui a l'obligation de nous avoir transmis les idées de ce célebre Astronome. Mais c'est-là son principal mérite; car il montre

(*a*) Né en 1562, à Langberg en Dannemarck, d'où lui est venu son nom, & mort en 1647, Professeur d'Astronomie à Copenhague.

(*b*) Volume précédent, Part. IV, Liv. II, art. I.

aſſez peu de diſcernement en préférant ces hypotheſes à celles que *Kepler* avoit déja établies ſi ſolidement : auſſi cet ouvrage n'a-t'il pas joui long-temps de quelque réputation parmi les Aſtronomes.

Jean *Bayer* d'Augſbourg, rendit au commencement de ce ſiecle, un ſervice ſignalé à l'Aſtronomie, par l'exécution d'un ouvrage important. Il publia en 1603, ſous le titre d'*Uranometria*, une deſcription des conſtellations céleſtes en pluſieurs planches, avec leur explication, & le catalogue des étoiles qu'elles contiennent. *Bayer* y déſigne chaque étoile par une lettre grecque ou latine, dénomination qui a depuis fait comme loi parmi les Aſtronomes. On trouve ſeulement à redire dans cet ouvrage, d'ailleurs digne de l'accueil qu'il reçut, que les figures y ſont à l'envers, comme ſi étant droites pour ceux qui ſeroient ſitués au dedans du globe céleſte, on les voyoit de dehors. La cauſe de ce défaut eſt facile à reconnoître pour ceux qui ſont au fait de la gravure. *Bayer* ne fit pas attention qu'une figure étant gravée ſur la planche de cuivre telle qu'elle doit être vue, le côté droit devient le gauche ſur le papier où on l'imprime. Mais ce défaut n'eſt pas eſſentiel, & cela n'empêche pas que l'*Uranométrie* de *Bayer* ne ſoit encore recherchée par les Aſtronomes, & qu'ils ne la réputent un Livre précieux. *Bayer.*

Il y eut quelques années après un compatriote de *Bayer* qui forma une entrepriſe ſinguliere. Il ſe nommoit Jules *Schiller*. Ce pieux Uranographe fut choqué de voir le Ciel rempli de perſonnages & d'objets appartenans à la Mythologie ; & il propoſa de les changer, & de leur ſubſtituer des figures tirées de l'ancien & du nouveau Teſtament. Il plaça les douze Apôtres dans le Zodiaque ; il tira les conſtellations méridionales de l'ancien Teſtament, & les ſeptentrionales du nouveau. Son Livre eſt intitulé par cette raiſon : *Cœlum Stellatum Chriſtianum*, & parut en 1627. Mais les Aſtronomes n'ont point adopté ce biſarre projet, qui n'auroit ſervi qu'à jetter de l'embarras dans l'Aſtronomie.

Lansberge, (Philippe) (*a*) fleuriſſoit vers ce temps dans

(*a*) Né à Gand en 1560, & mort en 1635 Miniſtre de Goes en Zélande. Le Recueil entier de ſes Œuvres parut en 1663. in-fol.

Lansberge. les Pays-Bas. On ne peut lui refuser des talens, & il eût pu rendre davantage de services à l'Astronomie, si au lieu d'avoir l'ambition de fonder un corps complet de cette science sur ses hypotheses propres, & de déchirer comme il fait *Tycho* & *Kepler*, il eût mieux jugé de ces hommes célebres & de leurs sentimens astronomiques. Il publia en 1632 son *Uranometria*, & l'année suivante ses *Tables perpétuelles*; mais ses grandes promesses, & les pompeux panégyriques qu'on lit à la tête de ce dernier ouvrage, n'en ont pas imposé long-temps. On a bien-tôt apperçu que ces Tables vantées comme perpétuelles, n'étoient rien moins que dignes de ce titre : on a même relevé des traits de mauvaise foi dans l'emploi qu'il fait des observations pour établir ses hypotheses, & le récit de celles qu'il rapporte pour les confirmer. *Horoccius* l'a fort maltraité dans son apologie de *Kepler* & de *Tycho*, sous le titre d'*Astronomia Kepleriana defensa & promota.* Il y montre que *Lansberge*, par l'envie de contredire & de rabaisser ces deux hommes célebres, tombe lui-même dans une multitude d'absurdités, de contradictions & d'embarras inutiles.

Morin. *Morin*, (Jean-Baptiste) (*a*) s'est rendu plus célebre par ses ridicules, que par ses talens quoiqu'il n'en manquât pas. Mais son attachement à l'Astrologie judiciaire, & au systême de l'immobilité de la terre qu'il défendit par les plus pitoyables raisons, & avec une confiance insultante, lui firent presque autant de contradicteurs & d'ennemis qu'il y avoit de personnes de mérite; & comme *Morin* n'étoit rien moins que poli dans ses attaques, quelques-uns de ses adversaires lui répondirent sur le même ton, ce qui engagea une querelle plus digne de la Halle que de gens qui faisoient profession de sçavoir. *Morin* crut avoir trouvé la solution du problême des longitudes, par le moyen du mouvement de la lune, & il demanda des Commissaires au Cardinal de Richelieu, qui lui en fit nommer. Mais ils le condamnerent; & en effet, quoique sa méthode fût bonne dans la théorie, il manquoit encore trop de connoissances

(*a*) Né à Villefranche en Beaujolois en 1583, & mort à Paris en 1656.

ſur le mouvement de la lune, & ſur divers autres points aſtronomiques, pour qu'on pût en tirer quelque utilité. Il la défendit dans ſon *Aſtronomia jam à fundamentis reſtituta*, qu'il publia en 1640 : cet ouvrage n'eſt point mépriſable ; la méthode que *Morin* y donne pour l'équation du temps, eſt la véritable, quoique M. *Bouillaud* l'ait traité à ce ſujet d'une maniere tout-à-fait indigne & ridicule.

M. *Bouillaud* (*a*) tient un rang diſtingué parmi les Aſtronomes & les Mathématiciens du dix-ſeptieme ſiecle. Il publia en 1645 ſon *Aſtronomia Philolaïca*, ouvrage où il prétend repréſenter les mouvemens céleſtes par une nouvelle hypotheſe. Il admet les ellipſes de *Kepler*, mais il n'approuve pas ſa maniere d'y faire mouvoir les Planetes. M. *Bouillaud* imagine ſon ellipſe adaptée dans un cône oblique, de ſorte que l'axe de ce cône paſſe par le foyer qui n'eſt pas occupé par le ſoleil ; enſuite il conçoit que la Planete ſe meut dans cette ellipſe de maniere qu'en temps égaux elle décrive des angles égaux, non à l'égard de ce foyer, mais autour de l'axe du cône. C'eſt-là l'hypotheſe qu'il donne pour Phyſique, par où il paroît qu'il étoit peu Phyſicien ; car tout au plus l'auroit il pu donner comme Mathématique, ſi elle eût repréſenté parfaitement les mouvemens céleſtes, puiſqu'il n'aſſigne aucune cauſe, aucun moyen naturel & méchanique pour engendrer un pareil mouvement. Il y a encore de remarquable dans le procédé de *Bouillaud*, que ſes Tables ne ſont point conſtruites ſur cette hypotheſe. Il imagine bien-tôt après une maniere de décrire l'ellipſe par la combinaiſon de deux mouvemens, celui d'un épicycle ſur ſon déférent excentrique, & celui de l'aſtre ſur cet épicycle, en ſens contraire & avec un mouvement angulaire double de

Bouillaud.

(*a*) Iſmael Bouillaud, naquit à Loudun en 1605. Il voyagea dans ſa jeuneſſe, & étant venu à Paris, il y publia divers ouvrages, comme ſon Traité *de Natura lucis*, (1638.) qui eſt de mauvaiſe Phyſique ; ſon *Philolaüs*, ou *Diſſertatio de vero ſyſtemate mundi* (1639.) ; ſon *Aſtronomia Philolaïca*, dont nous parlons dans cet article. On a encore de lui les écrits ſuivans, *Calculus duarum Ecl.* ann. 1652. *Exercit. Geom. de inſcr. & circumſcr. figuris, conicis ſect. & poriſmatibus.* 1657. *De lineis ſpiralibus.* 1657. *Aſtr. Phil. fundamenta clariùs aſſerta.* 1657. *Ad Aſtron. monita duo, &c.* 1667. *Opus novum de Arith. infinit. lib. VI*, *compreh.* in-fol. 1683. M. Bouillaud mourut en 1694, à l'Oratoire, dont il avoit embraſſé l'inſtitut.

celui du centre de l'épicycle. Ainsi la critique qu'en fit le Docteur *Seth Ward* d'Oxford, est légitime (*a*), & *Bouillaud* fait de vains efforts pour se justifier. Nous n'entrerons pas dans d'autres détails sur l'*Astronomie Philolaïque*, qui est d'ailleurs un ouvrage sçavant & estimable. M. *Bouillaud* continua durant le reste de sa vie à ramasser quantité d'observations, dont le Recueil est aujourd'hui entre les mains de M. le *Monnier*.

Le D. *Seth Ward* (*b*), dont nous venons de parler à l'occasion de *Bouillaud*, est regardé comme l'inventeur de l'hypothese appellée *elliptique simple*, si pourtant on peut appeller inventeur celui qui ne fait qu'employer une idée déja rejettée par de bonnes raisons. L'hypothese dont nous parlons est celle où l'on fait tourner la Planete dans une ellipse, en faisant des angles égaux en temps égaux, autour du foyer qui n'est pas occupé par le soleil ou la Planete principale. Nous remarquons comme une chose singuliere, qu'un grand nombre d'Astronomes, & même de ceux du premier mérite, n'ayent vu pendant long-temps dans l'hypothese elliptique de *Kepler*, que le mouvement que nous venons de décrire. *Riccioli*, qui rapporte toutes les hypotheses astronomiques imaginées avant lui, semble n'avoir pas seulement soupçonné que *Kepler* fit croître les aires autour de la Planete centrale, en même rapport que les temps. Le célebre M. *Cassini* lui-même, décrivant l'hypothese elliptique, dans un abrégé manuscrit d'Astronomie que j'ai eu entre les mains, se contente de dire qu'on fait, dans cette hypothese, du second foyer de l'ellipse le centre du mouvement égal, & c'est pour la rectifier qu'il propose une nouvelle ellipse où les produits des lignes tirées des foyers à un point quelconque sont constans. Mais revenons à l'hypothese elliptique simple. Cette hypothese a plu à beaucoup d'Astronomes, qu'elle a séduits par la facilité qu'elle donne à tirer l'anomalie vraie de la moyenne. Elle a été employée par le Docteur *Ward* dans son *Astronomia Geom.* en 1656; par le Comte de *Pagan*, dans sa *Théorie des Planetes & ses Tables*, données en 1655 & 1658; par *Street*, dans son *As-*

(*a*) *Inquisitio in Ism. Bullialdi. Astr.* 1653. in-4°. Oxon.
(*b*) Né en 1618; mort en 1688, Evêque de Salisbury.

tronomie Caroline, qu'il publia en 1661 ; par Jean *Newton* & Vincent *Wing*, dans leur *Astronomie Britannique*, qu'ils donnerent, l'un en 1657, & l'autre en 1669. Mais cette hypothese n'est satisfaisante que lorsque l'excentricité est peu considérable. C'est ce que *Kepler* avoit montré, & que M. *Bouillaud* récriminant le Docteur *Ward*, montra de nouveau en 1657 (*a*) ; c'est pourquoi Nicolas *Mercator* y fit dans la suite une correction (*b*). Il partagea la distance entre les foyers de l'ellipse en moyenne & extrême raison, de sorte que le point de section tombât au-delà du centre à l'égard de la Planete centrale, & ce fut ce point qu'il prit pour centre du mouvement moyen. Cela réussit un peu mieux que l'hypothese elliptique simple, quand l'excentricité est considérable ; mais il en faut toujours revenir à la véritable hypothese, où l'on fait croître les aires autour de la Planete centrale en même raison que les temps.

Je finis cet article & ce Livre en faisant mention des Peres *Riccioli* (*c*) & *Grimaldi*, qui travaillerent de concert pendant plusieurs années à cultiver l'Astronomie & la Physique. On doit au premier de ces sçavans Jésuites divers ouvrages remarquable, entr'autres son *Almagestum novum*, où, à l'exemple de *Ptolémée*, il a rassemblé toutes les pensées des Astronomes jusqu'à son temps, aussi-bien que les siennes propres ; ce qui en fait un vrai trésor d'érudition & de sçavoir astronomique. Mais c'est à peu près là que nous croyons devoir borner le mérite de cet ouvrage. Le Pere *Riccioli* publia en 1665, son *Astronomia reformata*, où il propose de nouvelles hypotheses qui n'ont pas satisfait les Astronomes. On a enfin de lui une *Chronologie* & une *Géographie réformées*, qui sont à l'égard de ces deux sciences, ce que son *Almageste* est à l'égard de l'Astronomie. Quant au P. *Grimaldi*, nous lui devons, outre une partie des travaux du P. *Riccioli* auxquels il a eu part, une description parti-

(*a*) *Astron. Philol. fundamenta adversus Wardi impug. asserta.*

(*b*) *Hypoth. nova Astron.* 1664. Lond. in-fol. *Institut. Astron.* Ibid. 1666. in-8°.

(*c*) Le P. Riccioli, (Jean-Baptiste) né à Ferrare en 1598, entra dans la Société de Jesus en 1614, & après avoir enseigné long-temps la Théologie, il eut la liberté de se livrer à son goût pour l'Astronomie, qu'il cultiva avec ardeur le reste de sa vie. Il mourut en 1671.

culiere des taches de la lune, & leur dénomination qui eſt en uſage aujourd'hui parmi les Aſtronomes. Il y avoit déja quelques années que M. *Hevelius* (*a*) avoit mis au jour ſa *Sélénographie*, où il donne aux taches de la lune, les noms des montagnes & des lieux de la terre. Mais la dénomination imaginée par *Grimaldi*, l'a emporté, & les Aſtronomes ont préféré avec lui de ſe loger dans cette planete en compagnie des principaux Philoſophes & Mathématiciens de l'Antiquité.

(*a*) On parlera de M. Hevelius dans le Livre VIII, parce qu'il a fleuri & vécu principalement dans la ſeconde moitié du dix-ſeptieme ſiecle.

Fin du Livre IVe de la IVe Partie.

HISTOIRE

HISTOIRE DES *MATHÉMATIQUES.*

QUATRIEME PARTIE,

Qui contient l'Histoire de ces Sciences durant le dix-septieme siecle.

LIVRE CINQUIEME.

Progrès de la Méchanique jusques vers le milieu de ce siecle.

SOMMAIRE.

I. *La Méchanique est cultivée & perfectionnée en plusieurs points par Stevin.* II. *Des découvertes méchaniques de Galilée. De son principe de Statique. Il releve une erreur considérable d'Aristote & de l'Antiquité sur la chûte des corps graves. Il découvre la loi suivant laquelle cette chûte s'accélere ; explication de cette théorie. Il enseigne quelle est la courbe que décrivent les corps projettés obliquement; quels rapports de durée ont les vibrations des pendules inégaux. Il examine mathématiquement la résistance des solides à être rompus.* III. *De l'hypothese de Baliani sur l'accélération des graves. Querelle de Gassendi avec le P. Casrée sur ce sujet. Conséquences absurdes qui suivent de cette hypothese. Expériences qui prouvent celle de Galilée.* IV. *Disciples de Galilée qui cultivent la Méchanique. Benoît Castelli traite fort bien le mouvement des eaux courantes. Torricelli amplifie la théorie de Galilée, sur le mouvement accéléré & celui des projectiles, de quantité de vérités nouvelles. Il traite aussi le mouvement des eaux, & remarque le principe ordinaire sur la vîtesse des eaux jaillissantes. Observation sur ce principe.* V. *Découverte de la pesanteur de l'air, & de la cause de la suspension du Mercure dans les tubes vuides. Part qu'y a M. Descartes. Expériences de M. Pascal pour la confirmer.* VI. *De divers Méchaniciens François, & des nouvelles théories qu'ils ébauchent. De M. Descartes en particulier. Il enseigne d'une maniere développée les loix du mouvement. Il tâche de déterminer celles du choc des corps. Critique de ces dernieres. Son systême sur la pesanteur & son examen.*

I.

...écouvertes ...ques de ...in.

LES premiers des Modernes qui ayent ajouté quelque chose au peu que contenoit la Méchanique ancienne, sont *Guido Ubaldi*, & *Stevin* (*a*). On a déja parlé du premier dans la partie précédente de cet ouvrage. A suivre exactement l'ordre des dates, c'eût aussi été le lieu de faire connoître les travaux du Méchanicien Flamand. Mais ses découvertes m'ont paru une introduction si avantageuse à la Méchanique moderne, que j'ai cru devoir différer jusqu'ici à en rendre compte, d'au-

(*a*) Simon Stevin de Bruges, mourut en 1633. Nous ignorons la date de sa naissance. On a de ce Mathématicien divers ouvrages, d'abord recueillis & imprimés en Flamand, à Leyde en 1605; ensuite traduits en Latin, & imprimés en 1608. On en a enfin une traduction Françoise ou plutôt Gauloise, qui parut en 1634. in-fol. De tous ces écrits de Stevin, il n'y a proprement que sa *Méchanique* qui contienne des choses neuves. Si l'original Flamand est en tout conforme à l'édition Latine ou Françoise, c'étoit un ouvrage excellent pour le temps. Sa *Fortification par écluses*, est encore un ouvrage qui m'a paru digne d'attention. On attribue à Stevin l'invention de certains charriots à voiles, qui alloient plus vîte que les voitures les mieux attelées.

tant plus qu'il a vécu assez avant dans le dix-septieme siecle pour être réputé lui appartenir.

Stevin, Mathématicien du Prince d'Orange, & Ingénieur des Digues de Hollande, déploya principalement son génie dans la Méchanique. Il alla bien plus loin que *Ubaldi*, dans l'ouvrage qu'il publia sur ce sujet en 1585; & il enrichit la Statique & l'Hydrostatique d'un grand nombre de vérités nouvelles. Il nous paroît d'abord le premier qui ait reconnu la vraie proportion de la puissance au poids dans le plan incliné; proportion que les Anciens avoient manquée, aussi-bien que *Guido Ubaldi* qui n'avoit fait en cela que les suivre. *Stevin* détermine très-bien cette proportion dans tous les cas différens, & quelle que soit la direction de la puissance. Il ne se borne même pas à rendre raison des effets des machines simples. Il traite dans cet ouvrage quantité d'autres questions méchaniques, comme les rapports des charges que soutiennent deux puissances qui portent un poids à des distances inégales; quel effort fait un poids suspendu à plusieurs cordages, contre les puissances qui le soutiennent par leur moyen. En résolvant ces questions & diverses autres, il fait le plus souvent usage du fameux principe qui est la base de la Méchanique nouvelle de M. *Varignon.* Il forme un triangle dont les trois côtés sont paralleles aux trois directions; sçavoir celles du poids & des deux puissances qui le soutiennent, & il fait voir que ces trois lignes expriment respectivement ce poids & ces puissances.

Stevin ne se montre pas moins original dans son Hydrostatique, qui fait partie de sa Méchanique. Il y examine entr'autres la pression des fluides sur les surfaces qui les soutiennent, & il fait voir qu'elle est toujours comme le produit de la base par la hauteur : nous supposons ici une surface horizontale comme le fond d'un vase; car si on la supposoit verticale ou inclinée, alors la détermination seroit plus difficile. Elle n'échappa cependant pas à *Stevin;* il montre fort ingénieusement quel est dans ce cas la quantité & le centre de l'équilibre de cette pression. Ce paradoxe fameux, sçavoir qu'un fluide renfermé dans un canal décroissant par en haut exerce contre le fond le même effort que si ce canal étoit partout uniforme, fût encore une découverte de ce Méchanicien. Il l'établit de deux manieres, & par l'expérience & par un raisonnement fondé sur la nature des fluides, qui est ingénieux. Nous regrettons de ne point trouver dans les éditions Latines & Françoises de la Méchanique de *Stevin*, deux parties qu'il annonce au commencement du sixieme Livre, sous le titre *de l'attraction de l'eau, & du poids* ou *de la Statique de l'air*; nous n'avons pu nous procurer l'édition Flamande, pour sçavoir ce que contenoient ces deux parties de son ouvrage. Un de ces titres semble annoncer que ce Mathématicien connut la pesanteur de l'air. Je crois cependant qu'il pourroit bien n'y être question que de l'action de ce fluide sur les voiles, les aîles de moulin, &c.

I I.

Découvertes de Galilée dans la Méchanique.

Le nom de *Galilée* n'est pas moins célebre dans la Méchanique, que dans l'Astronomie. Quelques brillantes même que soient les découvertes dont il enrichit la derniere, elles ne lui assureroient pas dans la postérité une place aussi distinguée, que celles dont nous avons à parler ici. Il falloit bien moins de génie pour tourner un Télescope vers le Ciel, & y appercevoir les phénomenes dont on lui doit la découverte, que pour démêler les loix de la nature dans la chûte des corps graves, l'espece de courbe qu'ils décrivent en tombant obliquement, la solution enfin de divers autres problêmes méchaniques qu'il traita avec beaucoup de sagacité. Aussi remarquons-nous que l'honneur de ses découvertes astronomiques lui est contesté par divers concurrens, dons nous ne croyons point porter un jugement trop peu avantageux, en disant qu'ils lui étoient bien inférieurs du côté du génie. Il n'en est pas ainsi de ses découvertes méchaniques. Seul possesseur de ce qu'elles ont de plus brillant, il sera toujours regardé comme celui qui a principalement débrouillé cette partie si intéressante de nos connoissances.

Les premiers travaux de *Galilée* dans ce genre, regardent la Statique & l'Hydrostatique. Dans son Traité de Méchanique, ouvrage de l'année 1592, quoiqu'il ait été publié beaucoup plus tard, il réduit la Statique à ce principe unique & universel, d'où découlent comme autant de corollaires toutes les propriétés des machines. Il faut, dit-il, toujours le même temps à une puissance pour enlever à une certaine hauteur, un poids donné, de quelque maniere qu'elle le fasse, soit qu'elle l'enleve tout d'un coup, soit que le partageant en parties proportionnées à sa force, elle le fasse à plusieurs reprises. En effet, de quelque combinaison d'agens que nous fassions usage, la nature, si nous pouvons parler ainsi, ne sçauroit rien perdre de ses droits. Une puissance déterminée n'est capable que d'un effet déterminé, & cet effet est d'autant plus grand, que la masse transportée dans un certain temps, l'est par un espace plus grand, ou que l'espace étant le même, elle l'est dans un moindre temps. Il faut donc, pour que l'effet subsiste le même, que le temps soit réciproque avec la masse. Ainsi tout l'avantage des machines consiste en ce que par leur moyen on peut exécuter dans une seule opération, ce que par l'application nue de la puissance, on n'auroit pu faire qu'en plusieurs reprises. Si l'on considere autrement l'avantage des machines, il consiste en ce qu'étant plus maîtres du temps que de la grandeur des puissances à employer, elles nous mettent à portée de faire en un temps plus long & avec de moindres forces, ce que des puissances plus grandes ou plus multipliées auroient exécuté plus promptement. Enfin ce qu'on gagne dans l'épargne de la puissance, on le perd du côté du temps, & précisément dans le même rapport, d'où l'on doit conclure avec *Galilée*, que les machines les plus avantageuses sont toujours les plus simples. Car plus une machine est compliquée, plus il y a d'effort perdu à surmonter les frottemens, &c.

L'Hydrostatique dut aussi à *Galilée* plusieurs vérités nouvelles. Dans son Livre, *Delle cose che stanno sull'acqua*, il examine la nature des fluides mieux qu'aucun de ceux qui avoient écrit avant lui sur ce sujet, hormis *Stevin*. Il y démontre aussi le paradoxe hydrostatique dont nous avons parlé ci-dessus, de même que diverses autres singularités du même genre. Mais nous passons légerement sur ce sujet, de même que sur sa *Bilanceta* ou balance, pour trouver sans calcul le mélanges des métaux, en les pesant comme l'on sçait dans l'air & dans l'eau. Nous nous hâtons d'arriver à ses découvertes qui concernent le mouvement.

On a vu dans le dernier Livre de la Partie précédente, combien l'on fût peu éclairé jusques vers la fin du seizieme siecle sur les propriétés du mouvement. Cette partie de la Physique avoit besoin d'une réforme entiere : *Galilée* la commença, & ce qui lui fait encore plus d'honneur, dans cet âge même, où de bons esprits ne voient guere que par les yeux de leurs maîtres. Dans le temps où il étudioit la Philosophie à Pise, il étoit déja si peu satisfait de la doctrine alors reçue, qu'il soutenoit toujours des theses contradictoires à celles de ses maîtres ; & il ne fut pas plutôt nommé Professeur dans cette Université, qu'il se déclara hautement contre presque tous les points de leur doctrine. Il attaqua d'abord cet axiome prétendu de la Physique Péripatéticienne sur la chûte des corps graves, sçavoir que les vîtesses étoient en même raison que les pesanteurs. Il fit voir, en laissant tomber du haut d'un dôme d'Eglise des corps de pesanteur extrêmement inégale, qu'il n'y avoit presque pas de différence dans le temps de leurs chûtes, lorsque les matieres de ces corps étoient peu différentes en densité. Il y eut un grand concours de monde à cette expérience, qui souleva tous les vieux Professeurs contre *Galilée*, de maniere qu'il fut obligé, pour éviter leurs mauvaises manœuvres, d'abandonner Pise, & de se retirer à Padoue où on lui offroit une Chaire. Il établit dans la suite cette vérité par plusieurs autres expériences (*a*), entr'autre par celle de deux pendules de même longueur, & qui quoique chargés de poids dix fois plus pesans l'un que l'autre, ne laissent pas de faire leurs vibrations à peu près dans le même temps.

Il y aura sans doute ici bien des lecteurs qui regarderont ce que nous venons de dire comme un paradoxe des plus incroyables. Il leur paroîtra de la derniere évidence qu'un corps dix fois aussi pesant qu'un autre devra acquérir dix fois autant de vîtesse. Ils se trompent cependant, & il est facile de leur montrer l'équivoque. Il seroit bien vrai qu'un corps dix fois plus pesant auroit une vîtesse dix fois plus grande, si avec cette pesanteur dix fois plus grande il n'avoit pas dix fois plus de masse. Mais la pesanteur étant proportionnelle à la masse, ce n'est qu'une force dix fois plus grande employée à mouvoir une masse dans le même rapport. La vîtesse doit donc être la même : l'erreur d'*Aristote* & de ses sectateurs vient de ce qu'ils ne faisoient aucune attention à cette circonstance.

(*a*) *Disc. & dem. intorno duo nove scienze, &c.* Dial. 3.

Il y a encore une autre maniere plus ſimple de démontrer ce qu'on vient de dire, ſçavoir par un raiſonnement que je faiſois autrefois, & que j'ai depuis trouvé dans *Galilée*. Qu'on laiſſe tomber d'un côté une once de plomb, de l'autre dix ſéparées & ſimplement poſées l'une ſur l'autre. Sans contredit les vîteſſes ſeront égales des deux côtés. Mais ces dix onces de plomb ne faiſant que ſe toucher, ou formant une même maſſe, ne ſçauroient tomber avec des vîteſſes différentes. Car on ne ſçauroit dire que l'adhérence de ces dix onces, les unes avec les autres, doive contribuer en aucune maniere à les accélérer, puiſque de leur nature elles vont toutes avec la même vîteſſe, & que par conſéquent les ſupérieures ne preſſent point ſur les inférieures, ni ne ſont entraînées par elles. Ainſi vouloir que dix livres de plomb tombent plus vîte qu'une ſeule, c'eſt comme ſi l'on vouloit que dix hommes, qui ont la même aptitude à courir, allaſſent plus vîte courant enſemble, que n'iroit un ſeul d'eux. Au reſte, lorſqu'on dit que tous les corps tombent avec une égale vîteſſe, cela doit s'entendre qu'ils le feroient ſans la réſiſtance du milieu où ils ſe meuvent. Car il eſt évident que l'air ôte bien plus de vîteſſe aux corps légers qu'aux corps peſans, parce que la maſſe d'air déplacée a un plus grand rapport avec celle du corps léger qu'avec celle du plus peſant. Mais dans le vuide, les chûtes de tous les corps les plus inégaux en peſanteur, comme l'or & la plume, ſe feroient en même temps; & c'eſt ce que confirme l'expérience faite dans la machine pneumatique.

Je me ſuis un peu étendu ſur les raiſons de ce paradoxe méchanique, parce que j'ai vu des gens d'eſprit avoir de la peine à s'en perſuader la vérité. Je reprends le fil des découvertes de *Galilée*, en faiſant connoître ſa théorie ſur l'accélération des graves.

Il n'eſt perſonne qui n'ait obſervé qu'un corps qui tombe, acquiert d'autant plus de vîteſſe qu'il s'éloigne davantage du commencement de ſa chûte. Un effet ſi naturel, & que nous avons ſi ſouvent devant les yeux, étoit bien digne des réfléxions des Philoſophes. Auſſi y en avoit-il eu déja pluſieurs avant *Galilée*, qui avoient tâché de déterminer la loi de cette accélération; mais deſtitués comme ils étoient des vraies notions du mouvement, ils y avoient échoué, ou ils n'avoient proposé que des choses ridicules. Il y en avoit eu, par exemple, qui avoient conjecturé que les espaces parcourus en temps égaux, croissoient comme les segmens d'une ligne divisée en moyenne & extrême raison, de sorte que l'espace parcouru dans un premier temps étant comme le petit segment, l'espace qui répondoit au second étoit comme le grand, & ainsi de suite continuellement. Cela n'étoit fondé que sur la chimérique perfection qu'on attribuoit à cette progression. L'opinion la plus commune, parce qu'elle se présente la premiere, étoit sans doute, que l'accroissement de la vîtesse se faisoit proportionnellement à l'espace déja parcouru ; mais cette opinion, quoique raisonnable en apparence, n'est pas moins absurde comme on le verra bien-tôt.

Galilée établit au contraire que l'accroissement de la vîtesse suit le rapport du temps, c'est-à-dire, qu'après un temps double, par exemple, la vîtesse est double, &c. Il fut sans doute d'abord conduit à soupçonner cette loi d'accélération, par le raisonnement suivant. En supposant la pesanteur uniforme, ce qui est vrai dans les petites distances où nous pouvons l'expérimenter, c'est une puissance ou une force continuellement appliquée au corps : or qu'arriveroit-il à un corps qui, après avoir reçu l'impulsion d'une force quelconque au commencement d'un premier instant, au second en recevroit une nouvelle & égale, de même au troisieme, &c. Il est évident qu'au second instant il auroit une vîtesse double, au troisieme une triple, & ainsi de suite. Tel sera donc le mouvement des corps pesans : ainsi la vîtesse sera proportionnelle au temps écoulé depuis le commencement de la chûte. Ce n'est cependant pas là tout-à-fait le procédé de *Galilée* pour établir sa théorie. Il commence par supposer cette loi d'accélération ; il en recherche les propriétés, & il montre par l'expérience qu'elles conviennent à la chûte des corps graves, d'où il conclud que cette loi est celle de la nature. Le procédé que nous avons suivi est plus direct ; celui de *Galilée* est plus propre à convaincre & à écarter les chicanes & les difficultés.

En partant donc de cette notion du mouvement accéléré, *Galilée* fait voir qu'à la fin d'un temps quelconque, pris à compter du commencement de la chûte, le corps aura parcouru par son mouvement accéléré, la moitié de l'espace qu'il

eût

eût parcouru s'il se fût mu pendant tout ce temps avec la vîtesse qu'il a acquise à la fin. Il représente les temps écoulés depuis le commencement de la chûte, par les abscisses d'un triangle, comme AB, A*b*, &c. & les vîtesses acquises à la fin de ces temps par les ordonnées de ce triangle qui leur sont proportionnelles, d'où il conclud que le rapport des espaces parcourus est exprimé par celui des aires triangulaires, comme ABC, A*bc*, &c. qui répondent aux abscisses qui désignent les temps. Or ces aires croissent comme les quarrés des A*b* correspondantes : les espaces, dit *Galilée*, croissent donc comme les quarrés des temps comptés depuis le commencement de la chûte. Dans des temps comme 1. 2. 3. 4. 5, les espaces seront comme 1. 4. 9. 16. 25. Par conséquent si dans le premier instant le chemin parcouru est 1, dans le second ce sera 3, dans le troisieme 5, dans le quatrieme 7, dans le cinquieme 9, &c. c'est-à-dire qu'en partageant le temps de la chûte en intervalles égaux, les espaces qui leur répondront seront comme les nombres impairs en commençant par l'unité. *Fig.* 77.

Il restoit à démontrer que ces propriétés sont celles de la chûte des corps graves. Pour cet effet *Galilée* montre par une expérience ingénieuse, qu'un corps qui roule le long d'un plan incliné, ou d'une courbe quelconque, a acquis les mêmes degrés de vîtesse quand il a parcouru les mêmes hauteurs dans la perpendiculaire : d'où il est aisé de conclure qu'il y a même rapport entre les espaces parcourus le long des plans inclinés dans des temps inégaux, que dans les chûtes perpendiculaires. *Galilée* établit encore cette vérité par le rapport des forces avec lesquelles le même poids pese dans la perpendiculaire, & le long du plan incliné. Il prit donc une longue piece de bois, & il y creusa un canal bien lisse. Il le plaça ensuite dans des inclinaisons commodes, pour que le mobile roulant dans ce canal n'allât pas trop rapidement, & qu'il pût mesurer le temps & l'espace parcouru : il remarqua toujours que dans un temps double, le corps avoit parcouru un espace quadruple ; que dans un temps triple cet espace étoit neuf fois aussi grand, &c ; d'où il inféra que la chûte des graves dans la perpendiculaire suit la même loi.

Ce principe une fois établi, *Galilée* en déduit quantité de vérités utiles & curieuses. Il fait voir que si d'un point quel-

conque de la ligne verticale, on tire sur le plan incliné, une perpendiculaire comme BD, le corps tombant perpendiculairement, ou roulant le long du plan incliné, arrivera aux points
Fig. 78. B ou D, dans le même temps; que, dans un cercle dont le diametre AB est perpendiculaire, un corps parcourroit les cordes AB, AE, ou FB, GB dans le même temps; qu'un corps qui roule le long de plusieurs lignes différemment inclinées, ou le long d'une courbe quelconque, a toujours à la fin de sa chûte la même vîtesse qu'il auroit acquise de la même hauteur perpendiculaire (*a*); qu'un corps rouleroit plus promptement le long du quart de cercle que par la corde, ou deux cordes quelconques, quoique plus courtes que l'arc. Il se trompoit néanmoins en concluant delà que le quart de cercle étoit de toutes les courbes celle qui conduiroit le mobile de son sommet à son fonds dans le temps le plus court. On sçait aujourd'hui que cette courbe est un arc de cycloïde. *Galilée* se propose enfin quelques questions curieuses, par exemple celle-ci, quelle devroit être l'inclinaison d'un plan le long duquel un corps rouleroit d'un point donné à une ligne droite de position donnée, afin qu'il y arrivât dans le moindre temps possible; de quelle hauteur il faudroit que tombât un corps, afin que roulant delà horizontalement le long d'une ligne de grandeur donnée avec la vîtesse acquise, le temps de la chûte & celui qu'il employeroit à parcourir cette ligne, fissent le temps le plus court, &c. Ce sont des problêmes sur lesquels les jeunes Analistes qui ont conçu les principes ci-dessus peuvent s'exercer.

(*a*) Cette vérité est fort facile à démontrer, en supposant, comme fait Galilée, que le corps en passant d'un plan incliné sur un autre qui l'est moins, n'éprouve aucun choc qui diminue sa vîtesse acquise. M. Varignon a examiné cette supposition, (Mem. de l'Acad. ann. 1704.) & a trouvé qu'elle n'est pas vraie; à moins que l'angle que font entr'eux les plans successifs ne soient infiniment obtus. Dans ce dernier cas, la perte de vîtesse à chaque changement de plan, n'est qu'une portion infiniment petite de la vîtesse acquise. Mais il y a dans une courbe une infinité de changemens de direction: on pourroit donc dire qu'il y a une infinité de portions infiniment petites de la vîtesse qui sont perdues; ce qui renverseroit la proposition de Galilée. On répond à cela que cet infiniment petit n'est que du 2e ordre. Ainsi dans une courbe à chaque changement de plan infiniment petit, il ne se fait qu'une perte de vîtesse qui est un infiniment petit du second ordre: le mobile peut donc faire une infinité de pertes semblables, sans avoir perdu qu'un infiniment petit de la vîtesse qu'il auroit eue en roulant le long d'un seul plan. M. d'Alembert a donné dans sa Dynamique une autre démonstration très-élégante de cette même vérité.

Une des découvertes qui a le plus contribué à la célébrité du nom de *Galilée*, est celle de la nature de la courbe que décrivent les corps projettés obliquement. Il trouva, comme tout le monde sçait, en comparant le mouvement oblique, effet de l'impression communiquée au corps, avec sa chûte perpendiculaire, que cette courbe est une parabole : la démonstration est trop connue des Méchaniciens, pour nous y arrêter, & afin d'abréger nous la supprimerons. *Galilée* ne se borna pas là : il examina encore diverses circonstances de ce mouvement. Il fit voir, par exemple, que la hauteur d'où un corps tombant acquerroit la vîtesse nécessaire pour décrire une parabole donnée AC, en partant horizontalement avec cette vîtesse, est troisieme proportionnelle à la hauteur de la parabole AB, & à *Fig.* 79. la demi-étendue BC, c'est-à-dire, égale au quart du parametre de cette parabole : il montra ensuite que les projections faites par la même force sous des angles également distans de 45°, ont des étendues égales, de sorte que le jet qui atteint le plus loin qu'il se peut, est celui qu'il fait sous l'angle de 45°, vérité déja remarquée par *Tartalea*, & ceux qui pratiquoient l'artillerie, mais dont ils ne pouvoient assigner aucune bonne raison. On a montré dans la suite que l'étendue horizontale du jet est proportionnelle au sinus droit, & la hauteur au sinus verse du double de l'angle du jet avec l'horizon. *Galilée* dressa enfin des Tables où l'on trouve les portées respectives qui répondent à chaque angle, & les hauteurs auxquelles parvient le projectile, la force étant supposée la même : ainsi faisant une expérience à quelle distance une charge donnée pousse un boulet de pesanteur donnée sous un certain angle, on a aussi-tôt par une simple analogie les portées correspondantes aux autres angles d'inclinaison. Comme *Galilée* s'étoit borné à déterminer l'étendue horizontale des jets, *Torricelli* alla dans la suite plus loin, & il détermina cette étendue prise sur des lignes inclinées à l'horizon. Il trouva aussi sur ce sujet une proposition extrêmement curieuse, que nous rapporterons en parlant de ce disciple célebre de *Galilée*. Quelques Sçavans ont depuis encore étendu & développé davantage cette théorie. Nous les faisons connoître dans la note suivante (*a*).

(*a*) Voyez le Livre de M. Blondel, intitulé *l'Art de jetter les Bombes*. (1683. in-4°.)

Il y a une troisieme branche de la théorie des mouvemens accélérés, qui n'est pas moins importante que la précédente: c'est celle du mouvement des pendules qui nous servent aujourd'hui si heureusement à mesurer le temps avec précision. Nous en devons encore la premiere idée à *Galilée* (a). Doué dès sa plus tendre jeunesse de l'esprit d'observation, il avoit dès-lors observé leur isochronisme, c'est-à-dire, que le même pendule faisoit ses vibrations grandes & petites dans le même temps. Il avoit aussi déja remarqué que deux pendules inégaux mis en mouvement, faisoient dans un même temps des nombres de vibrations, qui sont réciproquement comme les racines quarrées de leurs longueurs; & il avoit appliqué cette vérité à mesurer la hauteur des voûtes d'Eglises, en comparant le nombre des vibrations des lampes qui y sont suspendues avec celles que faisoit dans le même temps un pendule d'une longueur connue. La raison de cet effet se déduit facilement de la théorie précédente sur l'accélération des corps: car deux pendules inégaux qui décrivent des arcs semblables & fort petits, sont dans le cas de deux poids qui rouleroient le long de deux plans inégaux, mais semblablement inclinés. Or on a vu ci-dessus que les temps qu'ils employeroient à les parcourir seroient comme les racines des hauteurs: les temps que ces pendules mettront à faire une demi-vibration, ou à tomber jusqu'à la perpendiculaire, seront donc comme les racines des hauteurs de ces arcs, ou parce qu'ils sont semblables, comme les racines des rayons ou des longueurs des pendules. Mais le nombre des vibrations dans un même temps, est en raison réciproque de la durée de chacune d'elles. C'est pourquoi les nombres de vibrations que feront dans le même temps deux pendules, seront comme les racines de leurs longueurs, ou les quarrés de ces nombres seront comme les longueurs elles-mêmes.

On doit enfin à *Galilée* d'avoir jetté les premiers fondemens d'une nouvelle théorie, sçavoir celle de la résistance des so-

Les Mémoires de l'Académie des années 1700 & 1707, dans la derniere desquelles on trouve un Mémoire analytique très-élégant sur cette matiere, par M. Guisnée. On doit consulter enfin le *Bombardier François*, par M. Bélidor, dont les travaux dans tous les genres qui constituent l'Ingénieur, sont si connus & si justement prisés.

(a) Ibid. *Dial.* 1°. Voy. *Vita di Galileo*, del Signor Viviani.

lides (*a*). Exposons d'abord l'état de la question; nous ferons ensuite quelques réfléxions sur l'utilité dont elle est, & nous suivrons *Galilée* dans quelques-unes des conséquences ingénieuses qu'il tire de sa solution. Imaginons un prisme de bois fiché dans un mur, & qu'une force pesant sur son extrêmité travaille à le rompre, quel sera le rapport de la force qui en seroit capable avec celle qui pourroit le faire en le tirant horizontalement, comme le poids R, qui passant sur la poulie S, tendroit à l'arracher directement? Tel est le problême: voici le raisonnement que faisoit *Galilée* pour le résoudre. Tandis que le prisme en question est tiré dans la direction de son axe, chacune de ses fibres résiste également. Mais lorsqu'un poids tend à le rompre obliquement, la ligne A*a* devient un appui, & chaque fibre est tirée, & résiste par un bras de levier d'autant plus court qu'elle est plus proche de cet appui. La résistance que chacune oppose à la rupture, est par conséquent comme la distance à cet appui; d'où il suit que leur somme est à ce qu'elle seroit si elles étoient toutes égales à la plus grande, comme la distance du centre de gravité de la figure AC*a* à l'appui A*a*, est à l'axe de cette figure. Ainsi si le corps est une poutre rectangulaire, la résistance oblique est à la résistance directe, comme 1 à 2. Il en est de même d'un cylindre, parce le centre de gravité de sa base est au centre ou au milieu de la hauteur. On a supposé ici un corps tirant obliquement par un bras égal de levier AP, égal à la hauteur AG, & c'est ce poids que nous avons pris pour la mesure de la résistance oblique, afin d'éviter les circonlocutions. Que si l'effort appliqué au corps pour le rompre étoit plus éloigné, les loix de la Méchanique apprennent qu'il faudroit le diminuer en même raison. *Fig.* 80.

Galilée tire de sa théorie quelques conséquences que nous ne devons pas omettre. La premiere est que des corps semblables n'ont point des forces proportionnées à leurs masses pour résister à leur rupture: car les masses croissent comme les cubes des côtés semblables; les résistances, *cæteris paribus*, ne le font qu'en raison des quarrés de ces côtés: d'où il suit qu'il y a un terme de grandeur au-delà duquel un corps se romproit

(*a*) *Disc. & dim. Math. &c.* Dial. 2.

au moindre choc ajouté à ſon propre poids, ou par ce poids même, tandis qu'un autre moindre & ſemblable, réſiſtera au au ſien, & même à un effort étranger. Delà vient, dit *Galilée*, qu'une machine qui fait ſon effet en petit, manque lorſqu'elle eſt exécutée en grand, & croule ſous ſa propre maſſe. La nature, ajoute-t'il, ne ſçauroit faire des arbres ou des animaux déméſurément grands, ſans être expoſés à un pareil accident, & c'eſt pour cela que les plus grands animaux vivent dans un fluide qui leur ôte une partie de leur poids. Nous pourrions encore remarquer que c'eſt-là la raiſon pour laquelle de petits inſectes peuvent, ſans danger de fracture, faire des chûtes ſi démeſurées, eu égard à leur taille, tandis que de grands animaux, comme l'homme, ſe bleſſent ſouvent en tombant de leur hauteur. Une autre vérité curieuſe qui ſuit de cette théorie, c'eſt qu'un cylindre creux, & ayant la même baſe en ſuperficie, réſiſte davantage que s'il étoit ſolide. C'eſt, ce ſemble, pour cette raiſon, & pour concilier en même temps la légéreté & la ſolidité, que la nature a fait creux les os des animaux, les plumes des oiſeaux, & les tiges de pluſieurs plantes, &c. Qui croiroit que la Géométrie pût avoir tant d'influence ſur un genre de Phyſique ſi éloigné d'elle?

Depuis *Galilée* on a fait à ſa théorie quelques changemens dont il nous faut rendre compte. Toutes ſes conſéquences ſont juſtes dans la ſuppoſition que la réſiſtance de chaque fibre eſt proportionnelle à ſa diſtance au point d'appui. Cela ſeroit effectivement, ſi elle rompoit bruſquement & ſans ſouffrir auparavant quelque extenſion. Mais l'on eſt fondé à penſer que ce n'eſt pas là la vraie hypotheſe. Il eſt plus vraiſemblable, comme l'ont remarqué MM. *Mariotte* & *Leibnitz*, que la force de chaque fibre n'eſt que proportionnelle à ſa diſtance au point d'appui; car chaque fibre s'étend en même raiſon que cette diſtance, & il eſt reçu comme principe en Méchanique, que hormis les extenſions extrêmes, la réſiſtance des reſſorts eſt à peu près proportionnelle à leurs extenſions. La réſiſtance que chaque fibre oppoſe à la rupture ſera donc comme le quarré du levier par lequel elle agit: ainſi au lieu du centre de gravité de la baſe de la rupture qui ſert, dans l'hypotheſe de *Galilée*, à déterminer le rapport de la réſiſtance oblique à la directe, il faudra ici ſe ſervir de celui de l'onglet cylindrique formé ſur cette base par le plan passant par la ligne d'appui. Suivant l'hypothese de *Galilée*, la résistance oblique d'une poutre rectangulaire, est à sa résistance directe comme 1 à 2. Suivant celle de M. *Mariotte*, elle n'en est que le tiers; ce qui est plus conforme à l'expérience. M. *Varignon* a traité cette matiere avec une généralité très-satisfaisante, dans un Mémoire qu'on lit parmi ceux de l'Académie de l'année 1702. Je passe, afin d'abréger, une infinité de détails de cette théorie, & je renvoie aux écrits de divers Mathématiciens qui l'ont traitée (*a*).

I I I.

Quoique la théorie de *Galilée* sur l'accélération des graves fût aussi-bien prouvée que le peut être une vérité Physico-Mathématique, elle n'a pas laissé d'éprouver des oppositions. Il y eut d'abord des Physiciens qui la rejetterent, & qui lui en substituerent une autre; ce qui éleva pendant quelques années des contestations, & donna lieu à divers écrits. Nous avons cru devoir en rendre compte avant que d'aller plus loin. Nous dirons aussi quelques mots des expériences par lesquelles les Physiciens modernes établissent la vérité de cette théorie de *Galilée*.

L'hypothese de *Baliani* est la principale de celles qu'on a opposées à *Galilée*. *Baliani* étoit un noble Génois, assez bon Physicien, qui paroît avoir eu quelque part à désabuser des préjugés de son siecle sur le mouvement. Dans un ouvrage qu'il publia en 1646 (*b*), ouvrage en général d'une doctrine solide & judicieuse, après avoir dit de fort bonnes choses sur le mouvement, & avoir même donné une démonstration ingénieuse & tout-à-fait sensible de la loi d'accélération établie par *Galilée*, je ne sçais comment il vient à dire qu'il pourroit bien se faire que l'accélération se fît de maniere que les vîtesses acquises fussent proportionnelles aux espaces par-

(*a*) Alex. Marchetti, *de resist. solid.* L. II. *Mem. de l'Acad.* avant le renouv. T. VI. & ann. 1702, 1705, 1709. *Mouv. des Eaux*, Part. V, Dis. 2. *De coherentia corporum*, *Diss. auth. Petr.* Van Muschembroeck, *inter Diss. varias.* Cette derniere Dissertation contient surtout un grand nombre d'expériences sur la résistance des corps.

(*b*) *De motu naturali gravium fluid. ac sol.* Genuæ. in-4°. On a encore de Baliani quelques Opuscules imprimés en 1656, qui sont fort peu de chose.

courus. Quelques Phyſiciens ſaiſiſſans cette idée, l'ont employée, & ont donné par-là à ſon Auteur une malheureuſe célébrité. Je dis malheureuſe; car donner ſon nom à une opinion qui, examinée d'un peu près, n'eſt qu'une abſurdité, cela ne vaut pas, à mon avis, une honnête obſcurité.

Cette ſorte d'hypotheſe ſur l'accélération des graves n'avoit pas été inconnue à *Galilée*. Il ſe la fait propoſer par un des interlocuteurs de ſes Dialogues, & il avoue même (*a*) qu'elle lui avoit d'abord paru fort vraiſemblable. Mais il la réfute auſſitôt par un raiſonnement très-ingénieux, qui montre que ſi on l'admettoit, il faudroit que le mouvement ſe fît *in inſtanti*. En effet, dit *Galilée*, lorſque les vîteſſes d'un corps ſont proportionnelles aux eſpaces parcourus, les temps dans leſquels ils ont été parcourus ſont égaux. Si donc on ſuppoſe la vîteſſe croître continuellement comme l'eſpace, de ſorte qu'après une chûte de quatre pieds, la vîteſſe ſoit quadruple de celle qui a été acquiſe après un pied de chûte, le corps aura parcouru ces quatre pieds dans le même temps que le premier. Il auroit donc parcouru trois pieds ſans y mettre aucun temps; abſurdité palpable, & qui montre que l'accélération ne ſçauroit ſe faire ſuivant ce rapport. En vain ſe rejetteroit-on ſur la différence qu'il y a entre le mouvement accéléré & le mouvement uniforme. Car ſi l'on diviſe l'eſpace total, & ſon premier quart, par exemple, en un même nombre de parties égales, & ſi petites que l'on puiſſe regarder chacune d'elles comme parcourue d'un mouvement uniforme, il ſera facile de montrer que cet eſpace total & le quart ſeront parcourus en temps égaux. Ainſi la démonſtration de *Galilée*, quoique traitée de paralogiſme par M. *Blondel* (*b*), qui dit ne l'avoir jamais pu concevoir, eſt très-légitime, & concluante.

Cette abſurdité que *Galilée* montroit dans l'hypotheſe de l'accroiſſement de la vîteſſe en raiſon de l'eſpace, eût dû la faire rejetter unanimement. Mais il y a eu dans tous les temps de ces hommes précipités, qui ſçavent jetter un nuage ſur les raiſonnemens les plus concluans. Nonobſtant la démonſtration du Philoſophe Italien, quelques-uns entreprirent la défenſe de cette fauſſe hypotheſe. Tel fut entr'autres un Pere

(*a*) *Diſcorſi & dim. Math. intorno à due nuove ſcienze, &c.* Dial. 3.
(*b*) Mem. de l'Acad. avant 1699. T. VIII.

Caſrée,

Casrée, dont on lit la réfutation dans les Œuvres de *Gassendi* (T. IV). Après bien de mauvais raisonnemens contre l'hypothese de *Galilée*, raisonnemens qui décelent un homme qui a peu de solide Physique, & encore moins de connoissance des Mathématiques, il tâchoit d'établir celle de *Baliani* par l'expérience suivante. Il laissoit tomber un globe de la hauteur de son diametre sur un des bassins d'une balance dont l'autre étoit chargé d'un poids égal, & il remarquoit qu'il soulevoit ce poids. Il doubloit ensuite, triploit, quadruploit ce poids, & laissant tomber le globe d'une hauteur double, triple, quadruple, il remarquoit que le poids en étoit soulevé. Delà il concluoit que les forces étoient comme les hauteurs, & que ces forces étant comme les vîtesses, celles-ci étoient aussi comme les hauteurs ou les espaces parcourus. Il prétendoit enfin que si l'on partageoit l'espace parcouru dans un temps donné en parties égales, la premiere étant parcourue dans un certain temps, la seconde l'étoit dans la moitié de ce temps, la troisieme dans le tiers, &c.

Gassendi ne manqua pas à la cause de la vérité, & il réfuta la Dissertation du P. *Casrée*. Il fit voir que ses expériences ne concluoient rien contre l'hypothese de *Galilée*. En effet il eût fallu montrer, non seulement qu'un globe tombant d'une hauteur double, triple, &c. de son diametre, souleve le double, le triple de son poids, mais encore qu'il n'auroit pu l'ébranler d'une hauteur tant soit peu moindre. Or il n'est point douteux qu'il l'auroit fait également, avec cette seule différence qu'il ne l'auroit pas autant soulevé. Si l'on supposoit une balance Mathématique, les loix connues du mouvement nous apprennent qu'il n'est point de poids si petit qu'il soit, qui tombant de la plus petite hauteur sur un des bassins, ne soulevât le plus grand poids qui seroit dans l'autre. *Gassendi* montra aussi diverses conséquences absurdes & contradictoires, qui suivent de l'hypothese dont nous parlons, & qui prouvent que ce bon Pere, destitué des lumieres de la Géométrie, n'avoit pas la moindre idée de la maniere dont on doit comparer les temps, les vîtesses & les espaces. Car ce rapport qu'il établit entre les temps que le corps met à parcourir des espaces égaux pris dans la perpendiculaire, est ridiculement absurde, en ce que, suivant le nombre des parties

courus. Quelques Physiciens saisissans cette idée, l'ont employée, & ont donné par-là à son Auteur une malheureuse célébrité. Je dis malheureuse; car donner son nom à une opinion qui, examinée d'un peu près, n'est qu'une absurdité, cela ne vaut pas, à mon avis, une honnête obscurité.

Cette sorte d'hypothese sur l'accélération des graves n'avoit pas été inconnue à *Galilée*. Il se la fait proposer par un des interlocuteurs de ses Dialogues, & il avoue même (*a*) qu'elle lui avoit d'abord paru fort vraisemblable. Mais il la réfute aussitôt par un raisonnement très-ingénieux, qui montre que si on l'admettoit, il faudroit que le mouvement se fît *in instanti*. En effet, dit *Galilée*, lorsque les vîtesses d'un corps sont proportionnelles aux espaces parcourus, les temps dans lesquels ils ont été parcourus sont égaux. Si donc on suppose la vîtesse croître continuellement comme l'espace, de sorte qu'après une chûte de quatre pieds, la vîtesse soit quadruple de celle qui a été acquise après un pied de chûte, le corps aura parcouru ces quatre pieds dans le même temps que le premier. Il auroit donc parcouru trois pieds sans y mettre aucun temps; absurdité palpable, & qui montre que l'accélération ne sçauroit se faire suivant ce rapport. En vain se rejetteroit-on sur la différence qu'il y a entre le mouvement accéléré & le mouvement uniforme. Car si l'on divise l'espace total, & son premier quart, par exemple, en un même nombre de parties égales, & si petites que l'on puisse regarder chacune d'elles comme parcourue d'un mouvement uniforme, il sera facile de montrer que cet espace total & le quart seront parcourus en temps égaux. Ainsi la démonstration de *Galilée*, quoique traitée de paralogisme par M. *Blondel* (*b*), qui dit ne l'avoir jamais pu concevoir, est très-légitime, & concluante.

Cette absurdité que *Galilée* montroit dans l'hypothese de l'accroissement de la vîtesse en raison de l'espace, eût dû la faire rejetter unanimement. Mais il y a eu dans tous les temps de ces hommes précipités, qui sçavent jetter un nuage sur les raisonnemens les plus concluans. Nonobstant la démonstration du Philosophe Italien, quelques-uns entreprirent la défense de cette fausse hypothese. Tel fut entr'autres un Pere

(*a*) *Discorsi & dim. Math. intorno à due nuove scienze, &c.* Dial. 3.
(*b*) Mem. de l'Acad. avant 1699. T. VIII.

Casrée,

Cafrée, dont on lit la réfutation dans les Œuvres de *Gassendi* (T. IV). Après bien de mauvais raisonnemens contre l'hypothese de *Galilée*, raisonnemens qui décelent un homme qui a peu de solide Physique, & encore moins de connoissance des Mathématiques, il tâchoit d'établir celle de *Baliani* par l'expérience suivante. Il laissoit tomber un globe de la hauteur de son diametre sur un des bassins d'une balance dont l'autre étoit chargé d'un poids égal, & il remarquoit qu'il soulevoit ce poids. Il doubloit ensuite, triploit, quadruploit ce poids, & laissant tomber le globe d'une hauteur double, triple, quadruple, il remarquoit que le poids en étoit soulevé. Delà il concluoit que les forces étoient comme les hauteurs, & que ces forces étant comme les vîtesses, celles-ci étoient aussi comme les hauteurs ou les espaces parcourus. Il prétendoit enfin que si l'on partageoit l'espace parcouru dans un temps donné en parties égales, la premiere étant parcourue dans un certain temps, la seconde l'étoit dans la moitié de ce temps, la troisieme dans le tiers, &c.

Gassendi ne manqua pas à la cause de la vérité, & il réfuta la Dissertation du P. *Cafrée*. Il fit voir que ses expériences ne concluoient rien contre l'hypothese de *Galilée*. En effet il eût fallu montrer, non seulement qu'un globe tombant d'une hauteur double, triple, &c. de son diametre, souleve le double, le triple de son poids, mais encore qu'il n'auroit pu l'ébranler d'une hauteur tant soit peu moindre. Or il n'est point douteux qu'il l'auroit fait également, avec cette seule différence qu'il ne l'auroit pas autant soulevé. Si l'on supposoit une balance Mathématique, les loix connues du mouvement nous apprennent qu'il n'est point de poids si petit qu'il soit, qui tombant de la plus petite hauteur sur un des bassins, ne soulevât le plus grand poids qui seroit dans l'autre. *Gassendi* montra aussi diverses conséquences absurdes & contradictoires, qui suivent de l'hypothese dont nous parlons, & qui prouvent que ce bon Pere, destitué des lumieres de la Géométrie, n'avoit pas la moindre idée de la maniere dont on doit comparer les temps, les vîtesses & les espaces. Car ce rapport qu'il établit entre les temps que le corps met à parcourir des espaces égaux pris dans la perpendiculaire, est ridiculement absurde, en ce que, suivant le nombre des parties égales dans lesquelles on divise cet espace, on trouve les mêmes parties parcourues dans des temps totalement différens; aussi ce rapport des temps n'est-il point celui qui suit de l'accroissement de la vîtesse en raison de l'espace. On trouve au contraire qu'en divisant l'espace parcouru en parties continuellement proportionnelles, la premiere étant prise du commencement de la chûte, ces parties sont parcourues en temps égaux (*a*). Et delà il est facile de tirer la conséquence que cette hypothese est fausse; car rien n'est plus aisé que de montrer qu'il faudroit un temps infini pour parcourir le plus petit espace donné.

Gassendi auroit encore pu faire voir d'une autre maniere que l'expérience alléguée par le P. *Casrée*, ne concluoit rien. Car si la mesure de la vîtesse que le corps a acquise dans sa chûte d'une certaine hauteur, étoit le poids qu'il est capable d'enlever, & que ces poids fussent proportionnels aux hauteurs, il s'ensuivroit que ce corps, tombant d'une hauteur moindre de moitié que celle d'où il enleve un poids égal à lui, n'en enleveroit que la moitié, & d'une hauteur cent mille fois moindre, il n'en enleveroit qu'un cent mille fois moindre; enfin tombant d'une hauteur nulle ou infiniment petite, ce qui est l'équivalent d'être simplement placé dans l'autre bassin de la balance, il ne pourroit enlever qu'un poids infiniment petit ou nul, c'est-à-dire qu'il seroit sans pesanteur, nouvelle absurdité, qui montre avec évidence la fausseté du principe.

(*a*) Voici la démonstration de ce que nous venons d'avancer. Supposons que C B soit la ligne perpendiculaire dans laquelle s'exécute la chûte du corps, & que cette perpendiculaire, ou tout l'espace parcouru, soit divisée en une infinité de parties égales, de telle sorte qu'on puisse regarder chacune comme parcourue d'un mouvement uniforme. Que B *b* soit une de ces parties: puisque, suivant l'hypothese, la vîtesse en B est comme l'espace parcouru C B, & que les temps dans lesquels des espaces égaux sont parcourus, sont réciproquement comme les vîtesses, il s'ensuit que le temps employé à parcourir B *b*, est réciproquement comme C B; ainsi si B D exprime le temps, le point D & tous les autres semblablement déterminés, seront dans une hyperbole entre les asymptotes C A, C H; & chaque ordonnée ou chaque rectangle infiniment petit, comme D *b*, exprimant le tempuscule employé à parcourir B *b*, l'aire totale de la courbe représentera le temps entier employé à descendre de C en B. Or on sçait que, dans l'hyperbole entre les asymptotes, à des segmens de l'axe continuement proportionnels répondent des aires égales; c'est pourquoi l'espace C B étant divisé de B en C, en parties continuement proportionnelles, ces parties seront parcourues en temps égaux. Delà il est aisé de conclure qu'il faudroit un temps infini au corps, pour parcourir le plus petit espace à commencer de la chûte, c'est-à-dire, que le mouvement seroit impossible.

Fig. 81.

Galilée trouva un autre défenseur dans M. de *Fermat*. Cet habile Géometre sentit la justesse du raisonnement que le Philosophe Italien avoit fait contre l'hypothese de l'accélération en raison de l'espace, & le voyant contesté, afin qu'il ne restât aucun subterfuge pour l'éluder, il le développa davantage, & l'établit en se servant de la méthode des anciens Géometres. Il communiqua sa démonstration à *Gassendi*, qui s'en servit pour porter un dernier coup à la fausse hypothese dont nous parlons (*a*).

Pendant que *Gassendi* étoit aux prises avec le P. *Casrée* au sujet de la loi d'accélération proposée par *Galilée*, le P. *Riccioli* travailloit en Italie à l'établir par des expériences qui paroissent faites avec beaucoup de soin (*b*). Cet Astronome & le P. *Grimaldi*, son compagnon, afin de mesurer & de subdiviser le temps avec plus de précision, se servirent d'un pendule dont les vibrations ne duroient qu'un sixieme de seconde. Mettant ensuite ce pendule en mouvement, ils laisserent tomber de diverses hauteurs qu'ils avoient mesurées, des globes d'argille pesans huit onces, & ils trouverent à plusieurs reprises que dans des temps exprimés par 5, 10, 15, 20, 25 vibrations, ces corps parcoururent des hauteurs qui furent respectivement de 10, 40, 90, 160, 250 pieds, & que dans les intervalles de 6, 12, 18, 24, 26 vibrations, ces hauteurs furent 15, 60, 135, 240, 280 pieds. Je ne sçaurois cependant dissimuler que cette expérience est bien délicate, & que quand les choses se seroient passées un peu autrement, elle n'auroit pas manquée de réussir à peu près de même. Car il étoit bien difficile de déterminer si l'instant de l'arrivée du globe au pavé étoit précisément celui de la fin de la vibration, & la rapidité de la chûte est si grande, que dans une partie de vibration très-petite le corps pouvoit parcourir un espace assez considérable. Aussi voyons-nous que quelques autres Observateurs n'ont pas trouvé un résultat si parfaitement conforme à celui de la théorie. Le P. *Deschales* (*c*) entr'autres dit avoir examiné les espaces parcourus pendant les vibrations d'un pendule de demi-seconde, & avoir trouvé que des pierres qu'il laissoit tomber dans des puits

(*a*) Voy. *Op. Ferm.* p. 201. *Op. Gass.* T. VI. *vers. fin.*
(*b*) *Alm. Nov.* L. II, c. 19.
(*c*) *In Mecan.* Mund. Math. T. II.

d'inégale hauteur, parcouroient en 1, 2, 3, 4, 5, 6 vibrations des espaces qui étoient $4\frac{1}{4}$, $16\frac{1}{2}$, 36, 60, 90, 123, pieds; au lieu qu'ils auroient dû être, suivant la théorie, de $4\frac{1}{4}$, 17, $38\frac{1}{4}$, 65, $106\frac{1}{4}$, 153. Mais ce Mathématicien observe lui-même que cela doit être attribué à la résistance de l'air, & il est probable que si, au lieu de faire ces expériences avec de petits cailloux, il les eût faites avec des poids spécifiquement plus graves, comme des balles de plomb, leur résultat eût été beaucoup plus approchant de celui de la théorie. Car le P. *Mersenne* a remarqué (*a*) que laissant tomber des balles de plomb d'un endroit du dôme de S. Pierre de Rome, élevé de 300 pieds, elles parcouroient cet espace en 5, ou 5 secondes & demi, au lieu que de petits cailloux employoient à le faire 7 à 8 secondes, ce qui est conforme aux expériences faites par M. *Desaguliers* à S. Paul de Londres.

Il n'est pas possible par les raisons qu'on a dites plus haut, de s'assurer parfaitement par les temps des chûtes perpendiculaires, de la vérité de l'hypothese de *Galilée*. C'est pourquoi, à l'exemple de cet homme célebre, les Physiciens qui ont voulu établir cette vérité par expérience, ont recouru à d'autres preuves. La plus sûre & la plus démonstrative est celle qu'on tire du mouvement des pendules. Car il suit incontestablement de l'hypothese de *Galilée*, & de cette hypothese seule, que des pendules inégaux & semblables doivent dans le même temps faire des nombres de vibrations qui soient réciproquement comme les quarrés de leurs longueurs; & c'est ce qu'on observe avec la derniere précision, pourvu que les vibrations soient fort petites, ainsi que l'exige la démonstration tirée du principe de *Galilée*. Ainsi son hypothese est la véritable, à l'exclusion de toute autre. On trouve dans les Livres de Physique expérimentale divers autres moyens de rendre sensible aux yeux la vérité de cette hypothese. Mais l'un des plus ingénieux, est celui du fameux P. *Sébastien* (*b*), que nous nous bornerons à faire connoître : qu'on se représente un conoïde parabolique, autour duquel regne un canal spiral qui fait un angle constant, par exemple un quart de droit, avec le plan de chacune des paraboles génératrices. On démontre que si

(*a*) *Reflect. Phys. Math.* c. 9.
(*b*) Hist. de l'Acad. ann. 1699.

l'hypothese de *Galilée* est la vraie, chaque tour de spirale doit être parcouru dans un même temps. Or c'est ce qui arrive. Si dans l'instant où une boule acheve le premier tour en commençant du sommet, on en lâche une seconde, & ensuite une troisieme lorsque la seconde a fini ce premier tour, & ainsi de suite, on les voit avec plaisir se trouver toutes sensiblement en même temps sur le même arc de parabole. Remarquons ici avec M. *Varignon* (*a*), qu'en général si l'on a une courbe dont l'abscisse représente l'espace, & l'ordonnée la vîtesse correspondante, & qu'ayant fait tourner cette courbe autour de son axe, on fasse régner autour de ce solide une spirale comme celle de la machine précédente, chaque tour devra être parcouru dans le même temps, si la loi d'accélération désignée par l'équation de la courbe génératrice, est la véritable. Ceci fournit un moyen d'éprouver, d'une maniere semblable à celle qu'on vient de voir, une hypothese quelconque. Dans celle de *Baliani*, par exemple, il faudroit que ce fût un simple cône. Mais nous osons prévoir que si on en faisoit l'expérience, elle ne feroit que fournir une nouvelle preuve de la fausseté de cette hypothese.

IV.

De quelques Disciples de Galilée.

Les théories auxquelles *Galilée* avoit donné naissance, reçurent leurs premiers accroissemens de deux de ses disciples. L'un est Benoît *Castelli* (*b*). Ce Méchanicien est recommandable, comme étant en quelque sorte le créateur d'une nouvelle partie de l'hydraulique, sçavoir, *La mesure des eaux courantes*. Les contestations fréquentes qui s'élevent en Italie sur le cours des fleuves, & la nécessité où l'on est dans ce pays de se tenir continuellement en garde contre leurs dommages, firent que le Pape Urbain VIII, qui l'avoit appellé à Rome pour y enseigner les Mathématiques, le chargea de réfléchir sur cette matiere. *Castelli* travailla à remplir les vues de sa Sainteté ; & c'est le fruit de ses recherches & de ses réflexions qu'il donna dans son Traité intitulé, *della misura dell'acque cor-*

(*a*) Ibid. ann. 1702.

(*b*) Benoît Castelli, Moine du Mont-Cassin, fut un des premiers disciples de Galilée. Son Traité parut en 1639, & a été traduit en François en 1664. On le trouve aussi dans le Recueil Italien des Auteurs qui traitent du mouvement des eaux. Nous ignorons la date de la naissance & de la mort de cet habile homme.

renti ; ouvrage peu considérable pour le volume, mais précieux par la solide & judicieuse doctrine qu'il contient. Nous en dirons quelque chose de plus, lorsque nous parlerons des Ecrivains plus modernes sur le mouvement des eaux.

L'autre disciple de *Galilée* à qui la Méchanique & l'Hydraulique doivent des progrès, est le célebre *Torricelli* (*a*). Il étudioit à Rome les Mathématiques sous *Castelli*, lorsque les écrits de *Galilée* sur le mouvement lui tomberent entre les mains. Il composa dès-lors sur le même sujet un Traité qui fut envoyé à *Galilée*, & qui lui donna tant d'estime pour son Auteur, qu'il désira le connoître & l'avoir auprès de lui. Mais *Torricelli* ne jouit de cet avantage que fort peu de temps, *Galilée* étant mort trois mois après. Il augmenta dans la suite le Traité dont nous parlons, & y ajoutant une partie sur le mouvement des fluides, il le publia avec ses autres ouvrages mathématiques en 1644. Nous y trouvons la premiere idée d'un principe ingénieux & très-utile en Méchanique. C'est celui-ci. *Lorsque deux poids sont tellement liés ensemble, qu'étant placés comme l'on voudra, leur centre de gravité commun ne hausse ni ne baisse, ils sont en équilibre dans toutes ces situations.* C'est par le moyen de ce principe que *Torricelli* démontre le rapport des poids qui se contrebalancent le long des plans inclinés; & quoiqu'il ne l'emploie que dans ce cas, il est facile de voir qu'on peut l'appliquer à tous les autres cas imaginables de la Statique, de même qu'à quantité d'autres recherches Méchaniques. *Torricelli* passe delà à examiner le mouvement accéléré, aussi bien que celui des projectiles, & il ajoute à la théorie de *Galilée* quantité de vérités remarquables. Nous en choisirons une seule parmi une multitude d'autres. C'est une propriété singuliere de la trace de tous les projectiles jettés d'un même point sous différens angles, mais avec la même force. *Torricelli* montre que toutes les paraboles qu'il décrivent, sont renfermées dans une courbe qui est elle-même une parabole,

(*a*) Torricelli naquit à Faenza en 1618. Il fut envoyé à l'âge de 20 ans à Rome, pour y étudier les Mathématiques; ce qu'il fit sous Benoît Castelli. Après la mort de Galilée, le Grand-Duc se l'attacha en qualité d'un de ses Mathématiciens. Torricelli eut de vifs démêlés avec Roberval au sujet de la cycloïde : on peut en voir l'histoire dans le Livre premier de cette partie. Il mourut en 1647 : il laissa quantité d'écrits ébauchés qui n'ont pas vu le jour. On en trouve les titres dans le Journal de Venise, T. XXX, où l'on lit aussi sa vie.

& qui les touche. Par exemple, que A soit le foyer d'une parabole, dont C soit le sommet, tous les corps lancés du point A, sous quelque inclinaison que ce soit, avec une force capable de les élever perpendiculairement à la hauteur A C, décriront des paraboles qui toucheront la premiere. *Torricelli* termine son Traité en rectifiant l'équerre ordinaire des Bombardiers; il en donne une nouvelle & fort simple, dont la construction est appuyée sur le vrai principe, & dont l'usage est fort facile. *Fig.* 82.

Le second Livre du Traité de *Torricelli* a pour objet le mouvement des fluides. Il prend pour fondement de toute sa théorie, que l'eau qui s'écoule d'une ouverture pratiquée à un vase en sort avec une vîtesse égale à celle d'un corps qui seroit tombé de la hauteur du niveau de l'eau au dessus de cette ouverture. Il tâche d'établir ce principe par diverses raisons, dont la meilleure est celle de l'expérience qui montre que l'eau atteint presque ce niveau, de sorte qu'il est à présumer que sans la résistance de l'air elle l'atteindroit précisément. Nous remarquerons cependant dès cet endroit que cela n'est pas généralement vrai, & que les prétendues démonstrations qu'en donnent les Livres vulgaires d'Hydraulique, ne sont pas concluantes. Depuis qu'on a traité cette partie de la Méchanique d'après ses vrais principes, on a reconnu que la hauteur à laquelle jailliroit l'eau sortant verticalement par l'ouverture d'un vase, n'est égale à la hauteur du niveau que dans le cas où cette ouverture n'a aucun rapport sensible avec la grandeur de la surface du fluide qui s'abaisse en même temps. Nous traiterons ceci plus au long en rendant compte des découvertes de l'Hydrodynamique moderne. Nous passons sur une multitude de propositions utiles & curieuses que *Torricelli* déduit de son principe, afin d'arriver à la découverte mémorable de la pesanteur de l'air.

V.

Découverte de la pesanteur de l'air.

Quoique la découverte de la pesanteur de l'air soit des plus modernes, il y avoit déja long-temps que les phénomenes qu'elle occasionne, étoient connus. On sçavoit depuis plusieurs siecles qu'en aspirant l'air contenu dans un tube dont l'extrêmité eſt plongée dans un fluide, ce fluide s'élevoit au deſſus de ſon niveau, & prenoit la place de l'air. C'eſt d'après cette obſervation qu'on avoit imaginé les pompes aſpirantes, & diverſes autres inventions hydrauliques, comme les ſyphons que *Heron* décrit dans ſes *Pneumatiques*, & ces eſpeces d'arroſoirs connus du temps d'*Ariſtote* ſous le nom de *Clepſidres* (*a*), qui s'écoulent ou s'arrêtent ſuivant qu'on laiſſe l'orifice ouvert, ou qu'on le bouche avec le doigt. La raiſon qu'on donnoit de ce phénomene, étoit la ſuivante. On prétendoit que la nature avoit une certaine horreur pour le vuide, & que plutôt que de le ſouffrir, elle préféroit de faire monter ou de ſoutenir un corps contre l'inclination de ſa peſanteur. *Galilée* lui-même, malgré ſa ſagacité, n'avoit rien trouvé de plus ſatisfaiſant. Il avoit ſeulement donné des bornes à cette horreur pour le vuide. Ayant remarqué que les pompes aſpirantes ne ſoulevoient plus l'eau au-delà de la hauteur de 16 braſſes ou 32 pieds, il avoit limité cette force de la nature pour éviter le vuide à celle qui équivaudroit au poids d'une colonne d'eau de 32 pieds de hauteur ſur la baſe de l'eſpace vuide. Il avoit en conſéquence enſeigné à faire du vuide par le moyen d'un cylindre creux & renverſé, dont on charge le piſton de poids ſuffiſans pour le détacher du fond. Cet effort ſe nommoit la meſure de la force du vuide, & il s'en ſervoit pour expliquer la cohérence des parties des corps (*b*).

Galilée n'ignoroit cependant pas la peſanteur de l'air. Il enſeigne dans ſes Dialogues deux manieres de la démontrer. Le pas étoit facile d'une découverte à l'autre: mais l'hiſtoire des ſciences nous apprend à ne nous point étonner de voir d'excellens génies manquer des découvertes auxquelles ils touchoient.

Torricelli eut enfin l'idée heureuſe de ſoupçonner que ce contrepoids qui ſoutient les fluides au deſſus de leur niveau, lorſque rien ne peſe ſur leur ſurface intérieure, eſt la maſſe d'air qui eſt appuyée ſur la ſurface extérieure. Voici par quels degrés il y parvint. En 1643 ce diſciple de *Galilée* cherchant à exécuter en petit l'expérience du vuide qui ſe fait dans les

(*a*) Phyſic. IV, c. 6.
(*b*) *Diſc. & dim. Math. &c.* Dial. 1°.

pompes

pompes au dessus de la colonne d'eau, quand elle excede 32 pieds, imagina de se servir d'un fluide plus pesant que l'eau, comme le mercure. Il soupçonnoit que, quelle que fût la cause qui soutenoit une colonne de 32 pieds au dessus de son niveau, cette même force soutiendroit une colonne d'un fluide quelconque qui peseroit autant que la colonne d'eau sur même base; d'où il concluoit que le mercure étant environ 14 fois aussi pesant que l'eau, ne seroit soutenu qu'à la hauteur de 27 à 28 pouces. Il prit donc un tube de verre de plusieurs pieds de longueur, & scellé hermétiquement par un de ses bouts. Il le remplit de mercure, puis le retournant verticalement l'orifice en bas, en le tenant bouché avec le doigt, il le plongea dans un autre vase plein de mercure, & le laissa écouler. L'événement vérifia sa conjecture: le mercure fidele aux loix de l'Hydrostatique, descendit jusqu'à ce que la colonne élevée au dessus du niveau du réservoir fût d'environ 28 pouces.

L'expérience de *Torricelli* devint célebre dans peu de temps; le P. *Mersenne* qui entretenoit un commerce de Lettres avec la plûpart des sçavans d'Italie, en fut informé en 1644, & la communiqua à ceux de France qui la répéterent bientôt. Le fameux M. *Pascal*, & M. *Petit*, curieux Physicien de ce temps, furent des premiers à la faire & à la varier de différentes manieres. Cela donna lieu à l'ingénieux Traité que M. *Pascal* publia à l'âge de 23 ans, sous le titre d'*expériences nouvelles touchant le vuide*, & qui le rendit dès-lors fort célebre dans toute l'Europe.

Cependant *Torricelli* réfléchissoit sur la cause de ce phénomene, & il parvint enfin à deviner que la pesanteur de l'air appuyé sur la surface du réservoir, étoit ce qui contrebalançoit le fluide contenu dans le tube. Cette idée est si conforme aux loix de l'Hydrostatique, qu'il suffit de l'avoir entrevue pour y reconnoître la vraie cause du phénomene en question. *Torricelli* eut sans doute imaginé de nouvelles expériences pour confirmer sa découverte. Mais arrêté par la mort presqu'à l'entrée de sa carriere, il fut contraint de laisser ce soin à d'autres.

En effet, M. *Pascal* qui, dans le premier Traité dont nous avons parlé, avoit employé le principe de l'horreur du vuide, quoique, dit-il, il eût déja quelque soupçon de la pesanteur de l'air, saisit l'idée de *Torricelli*, & imagina diverses expériences pour la vérifier. L'une fut de se procurer un vuide au dessus du réservoir du mercure. On vit alors la colonne tomber au niveau; mais cela ne lui paroissant pas encore assez puissant pour forcer les préjugés de l'ancienne Philosophie, il fit exécuter par un de ses beaufreres, (M. *Perier*, Conseiller à la Cour des Aides de Clermont,) la fameuse expérience de Puy-de-Dôme. Sa célébrité me dispense de m'étendre beaucoup sur ce sujet. Tout le monde sçait que le correspondant de *Pascal* trouva que la hauteur du mercure à mi-côte de la montagne étoit moindre de quelques pouces qu'au pied, & encore moindre au sommet, de sorte qu'il étoit évident que c'étoit le poids de l'athmosphere qui contrebalançoit le mercure. M. *Pascal* apprit en même temps par-là qu'il pouvoit avoir à Paris la satisfaction de voir l'abaissement du mercure, à mesure qu'il s'éleveroit dans l'athmosphere. Il choisit une des plus hautes tours de cette ville, sçavoir celle de S. Jacques de la boucherie, qui est élevée d'environ 25 toises, & il trouva dans la hauteur du mercure une différence de plus de deux lignes. Nous ne croyons pas devoir entrer ici dans le détail de l'explication de divers phénomenes qui sont une suite de la pesanteur de l'air. Outre que cela nous meneroit trop loin, ils sont si connus de tous ceux qui sont initiés dans la Physique, que ce seroit nous y amuser inutilement. Nous nous contentons donc de renvoyer aux Livres de Physique expérimentale, qui pour la plûpart traitent amplement cette matiere.

Il ne nous faut pas oublier ici quelques traits de la sagacité de M. *Descartes* au sujet du phénomene dont nous venons de parler. Nous avons des preuves que ce Philosophe reconnut avant *Torricelli* la pesanteur de l'air, & son action pour soutenir l'eau dans les pompes & les tuyaux fermés par un bout. Dans le recueil de ses Lettres, il y en a une qui porte la date de l'année 1631 (*a*), & où il explique le phénomene de la suspension du mercure dans un tuyau fermé par le haut, en l'attribuant au poids de la colonne d'air élevée jusqu'au-delà des nues : c'est aussi par-là qu'il explique dans cette même Let-

(*a*) T. III, lett. III, p. 602.

tre la pression d'un verre rempli d'air chaud, qu'on renverse sur un corps en bouchant bien les avenues de l'air extérieur. Nous trouvons encore des preuves du sentiment de *Descartes* sur ce sujet dans diverses autres Lettres. Dans une qui est peu postérieure à la publication des *Dialogues* de *Galilée* sur le mouvement, & qui contient une critique un peu amere, & en plusieurs points peu juste, de cet ouvrage (*a*), *Descartes* rejette la prétendue force du vuide imaginée par le Philosophe Italien, & il attribue l'adhérence de deux corps qui se touchent par des surfaces fort polies, à la seule pesanteur de l'athmosphere qui pese dessus ; raison qu'il donne encore, quoique d'une maniere moins exclusive, à la suspension de l'eau dans les tuyaux des pompes. Enfin dans une Lettre (*b*) qui suit de près la précédente, il s'agit de ces arrosoirs qu'on maintient pleins d'eau en tenant l'ouverture supérieure bouchée. « L'eau ne demeure pas, dit-il, dans les vaisseaux par la crainte » du vuide, mais à cause de la pesanteur de l'air, &c. » Il est encore à propos de remarquer que M. *Descartes* révendique dans une de ses Lettres (*c*) l'idée de l'expérience de Puy-de-Dôme. Après avoir demandé à M. de *Carcavi* de s'informer du succès de cette expérience que la renommée lui avoit appris avoir été faite par M. *Pascal* : » J'aurois, dit-il, droit d'attendre cela » de lui plutôt que de vous, parce que c'est moi qui l'en ai avisé » il y a deux ans, & qui l'ai assuré que, quoique je ne l'eusse » pas faite, je ne doutois point du succès ; mais parce qu'il est » ami de M. *Roberval* qui fait profession de n'être pas le mien, » j'ai lieu de croire qu'il en suit les passions. » Nous ne pouvons porter aucun jugement bien assuré sur la justice de ces plaintes de *Descartes*, & sur le droit qu'il prétend à l'expérience dont il s'agit ; mais ce que nous venons de rapporter d'après ses Lettres, pourra paroître fort favorable à sa prétention.

VI.

La France déja rivale de l'Italie en ce qui concerne les premieres découvertes géométriques qui ont commencé à frayer

(*a*) T. II, lett. 91.
(*b*) Ibid. lett. 94.
(*c*) T. III, lett. 75.

la route aux nouveaux calculs, semble l'avoir été aussi à l'égard de quelques-unes des découvertes méchaniques que nous venons d'exposer. Vers le temps où *Galilée* finissoit sa carriere, divers Mathématiciens François cultivoient la Méchanique, soit en confirmant par de nouveaux tours de démonstrations, les vérités déja connues, soit en agitant entr'eux diverses questions qui ont ensuite donné lieu à des branches intéressantes de cette science. L'*Harmonie universelle* du P. *Mersenne*, ouvrage imprimé en 1637, nous fournit des preuves de ce que nous venons de dire. On y voit des essais méchaniques de M. *Roberval*, qui contiennent des démonstrations fort ingénieuses sur divers points de Statique. Il y fait usage de ce principe depuis si employé & si connu, sçavoir, qu'il y a équilibre entre deux puissances, lorsqu'elles sont en raison réciproque des perpendiculaires tirées du point d'appui sur les lignes de direction. Quoique la découverte de ce principe ne paroisse pas d'une grande difficulté, il ne laisse pas d'y avoir quelque mérite à l'avoir apperçu, d'autant plus qu'il ne parut pas si évident à quelques gens de mérite, comme M. de *Fermat*, qui éleva à son sujet des difficultés mal fondées. A la vérité, la plûpart des discussions méchaniques où entra M. de *Fermat*, montrent qu'il n'étoit pas aussi habile Physicien que Géometre. C'est surtout l'idée que font naître les prétentions qu'on lit dans son commerce épistolaire avec *Roberval*, & qui ressemblent fort à celles d'un Mr de *Beaugrand*, Auteur d'un ouvrage intitulé *Geostatique*, dont *Descartes* ne parle qu'avec pitié, & qui mérite ce jugement.

Le P. *Mersenne* (a) servit la Méchanique principalement par un grand nombre d'expériences, comme sur la résistance des solides, sur l'écoulement des fluides & le déchet occasionné par les ajutages, sur les vibrations des corps, & sur une multitude d'autres sujets. On les trouve répandues dans son *Harmonie universelle*, & ses divers écrits méchaniques. On pourroit les appeller un Océan d'observations de toute espece, parmi lesquelles il y en a un grand nombre d'assez puériles.

(a) Mersenne (Marin), le célebre correspondant de Descartes, naquit en 1588. Il fit ses études à la Fléche, & il entra dans l'Ordre des Minimes en 1612. On a de ce sçavant Minime, plusieurs écrits Physiques & Mathématiques, comme son *Harmonie universelle*, un *Traité* Latin *de Méchanique*, des *Cogitata Physico-Mathematica*, avec un Appendix; une *Synopsis universæ Matheseos*, &c. Il mourut en 1648.

Merſenne excitoit, comme tout le monde ſçait, les ſçavans par les queſtions perpétuelles qu'il leur propoſoit, & perſuadé que la vérité naît de la diſpute, comme la lumiere ſort du ſein du caillou & du fer qui s'entrechoquent, il mettoit ſouvent ſes correſpondans aux priſes les uns avec les autres. C'eſt à ces queſtions propoſées par le P. *Merſenne* que nous devons la théorie des centres de percuſſion ou d'oſcillation, ſujet à l'occaſion duquel *Deſcartes* & *Roberval* ſe querellerent fort, ſans avoir raiſon ni l'un ni l'autre, du moins en ce qui concerne les cas les plus difficiles. Nous voyons auſſi par les Lettres de *Deſcartes* qu'il fut alors queſtion parmi les Méchaniciens François, de la poſition du centre de gravité dans les corps, en ſuppoſant les directions des graves convergentes; de ce qui arriveroit à un corps tombant dans un milieu réſiſtant, ſur quoi *Deſcartes* fit une remarque fort juſte. Nous nous bornons ici à cette indication, & nous paſſons à rendre compte des efforts que fit ce Philoſophe pour perfectionner la ſcience du mouvement. A la vérité, ils ne furent pas tous également heureux; nous ne pouvons même diſſimuler qu'en pluſieurs points cet homme ſi bien partagé du côté du génie, ſe trompa d'une maniere qui nous fait peine pour ſa réputation. Mais il entre dans notre plan de rapporter ſes erreurs comme ſes découvertes.

Deſcartes imita *Galilée* en réduiſant la Statique à un principe général & unique. On a de lui un Traité de Méchanique en peu de pages, ouvrage qu'il accorda à la ſollicitation de M. de *Zuylichem*, pere du célebre M. *Huyghens*, qui ſe plaiſoit dans ces matieres. Le principe auquel M. *Deſcartes* réduit toute cette ſcience, eſt qu'il faut autant de force, c'eſt-à-dire la même quantité d'effort, pour élever un poids à une certaine hauteur, que pour élever le double à une hauteur moindre de moitié. Car, dit-il, élever cent livres à la hauteur d'un pied, & de nouveau cent livres à la même hauteur, c'eſt la même choſe qu'élever deux cens livres à la hauteur d'un pied, ou cent à celle de deux: ainſi l'effet eſt le même, & par conſéquent il faut la même quantité d'action. Nous pourrions davantage développer ce principe, comme nous avons fait à l'égard de celui de *Galilée*. Mais nous ſacrifions ce développement à la briéveté & à des objets plus intéreſſans.

On doit principalement à M. *Descartes* d'avoir enseigné plus distinctement qu'on n'avoit encore fait les propriétés du mouvement. Je me borne à dire plus distinctement ; car on ne peut refuser au célebre Philosophe Italien de les avoir reconnues, & employées dans divers écrits, soit son *Systema Cosmicum*, soit ses Dialogues sur le mouvement. Nous ne croyons cependant pas que ce soit de lui que *Descartes* les ait empruntées, le systême de notre Philosophe étant déja en grande partie arrêté avant que les écrits de *Galilée* eussent vu le jour.

Descartes prend pour principe de toute sa Physique méchanique, 1°. que le mouvement subsiste dans un corps avec la même vîtesse & la même direction, tant qu'aucun obstacle ne le détruit, ou ne change cette vîtesse & cette direction. 2°. Que tout mouvement ne se fait de sa nature qu'en ligne droite ; de sorte que 3°. un corps ne se meut dans une ligne courbe, que parce que sa direction est continuellement changée par quelqu'obstacle, sans lequel il s'échapperoit par la tangente au point où cet obstacle cesseroit.

On emploie ordinairement, pour prouver ces regles, l'idée du mouvement qu'on considere comme un état du corps ; d'où l'on conclud que toute chose restant dans son état, tant qu'aucune cause extérieure ne l'en tire, il faut qu'un corps en mouvement continue à se mouvoir, jusqu'à ce qu'il rencontre quelqu'obstacle. Il en est de même de la direction & de la vîtesse : elles doivent, dit-on, rester les mêmes par une raison semblable ; car cette vîtesse & cette direction sont au mouvement, ce qu'une plus grande ou une moindre courbure ou une courbure dans un certain sens, est à l'état de curvité. Ce sont des modifications du mouvement qui doivent par conséquent subsister, tant qu'aucune cause ne les change. Telles sont à peu près les raisons de M. *Descartes* pour prouver ces regles. Mais nous remarquerons avec M. d'*Alembert* (*a*), que si l'on n'avoit que de pareilles raisons, elles ne seroient guere propres à opérer une conviction entiere. La nature du mouvement, nous ne pouvons le dissimuler, est encore pour nous une énigme ; ainsi toute preuve appuyée sur ce fondement ne peut être que foible. Nous n'en avons au-

(*a*) *Traité de Dynamique*. Préface.

cune meilleure que celle de l'expérience, qui dépose de cent façons différentes en faveur de ces loix. Tout corps dégagé d'obstacle ne prend qu'un mouvement rectiligne, & tant qu'il ne rencontre aucune résistance sensible, il continue à se mouvoir avec la même vîtesse. Un pendule d'un certain poids, dont le mouvement est très-libre, fait des oscillations durant vingt-quatre heures, & il est facile d'assigner ici la cause de la cessation de son mouvement, sçavoir la résistance de l'air qu'il a à fendre : car cette résistance est-elle plus grande, comme celle de l'eau, le mouvement est plutôt éteint; est-elle moindre, comme si le mouvement se passe dans la machine pneumatique, il continue plus long-temps qu'il n'auroit fait. Enfin tout corps qui décrit une courbe, ne le fait qu'au moyen d'un arrêt contre lequel il exerce un effort qu'on ne peut méconnoître. Cet arrêt cesse-t'il, le corps s'échappe par la tangente : c'est ce qu'on éprouve dans tous les mouvemens curvilignes. Ainsi aucune vérité physique mieux prouvée que celle des loix qu'on a exposées ci-dessus.

Nous voudrions bien pour la gloire de *Descartes*, à laquelle nous devons nous intéresser, comme compatriote, pouvoir en dire autant des regles qu'il prétendit établir pour la communication du mouvement. Mais c'est ici que sa trop grande confiance en certaines idées métaphysiques, & un esprit systêmatique mal dirigé, l'entraînerent dans une foule d'erreurs trop peu excusables. Nous trouvons effectivement dans ces regles toutes sortes de défauts, principes hazardés, contradictions, manque d'analogie & de liaison ; c'est, pour le dire en un mot, un tissu d'erreurs qui ne mériteroient pas d'être discutées sans la célébrité de leur Auteur.

Descartes établit ses loix du choc des corps, sur deux principes, l'un assez séduisant, l'autre trop peu pour que nous ne soyons pas étonnés qu'il ait pu lui en imposer. Le premier de ces principes, est que dans le choc des corps il reste toujours la même quantité de mouvement. *Descartes* appuye sa prétention sur l'idée de l'immutabilité divine. Dieu, dit-il, ayant créé le monde avec une certaine quantité de mouvement qu'il a établie comme le ressort de toutes les opérations de la nature, il semble que son immutabilité consiste à en conserver la même quantité. D'ailleurs n'y auroit-il pas à craindre ſans cela que le monde ne tombât dans une eſpece d'engourdiſſement fatal à tous les êtres. Le ſecond principe employé par *Deſcartes*, eſt que le corps a une force pour perſévérer dans l'état où il eſt, ſoit de mouvement, ſoit de repos. Il faut encore remarquer que, ſuivant ce Philoſophe, un mouvement dans une direction oppoſée, n'eſt point un état contraire; de ſorte que la ſeule raiſon de ne pouvoir continuer ſon mouvement, en eſt une pour être réfléchi en ſens contraire avec la même vîteſſe. Nous diſcuterons toutes ces prétentions après avoir rapporté quelques-unes des loix du choc, que M. *Deſcartes* en déduit pour les corps abſolument durs qui ſont les ſeuls qu'il conſidere. Les voici.

1°. Si deux corps égaux ſe choquent avec des vîteſſes égales, ils ſe réfléchiront en arriere, chacun avec ſa vîteſſe.

2°. Si l'un des deux eſt plus grand que l'autre, & que les vîteſſes ſoient égales, le moindre ſeul ſera réfléchi, & ils iront tous les deux du même côté avec la vîteſſe qu'ils avoient avant le choc.

3°. Si deux corps égaux & ayant des vîteſſes inégales en ſens contraire, viennent à ſe choquer, le plus lent ſera entraîné, de ſorte que leur vîteſſe commune ſera égale à la moitié de la ſomme de celles qu'ils avoient avant le choc.

4°. Si l'un des deux corps eſt en repos, & qu'un autre moindre que lui vienne le frapper, celui-ci, dit M. *Deſcartes*, ſe réfléchira ſans lui imprimer aucun mouvement.

5°. Si un corps en repos eſt choqué par un plus grand, il en ſera entraîné, & ils iront enſemble du même côté, avec une vîteſſe qui ſera à celle du corps choquant, comme la maſſe de celui-ci à la ſomme des maſſes de l'un & de l'autre. Le corps en repos ayant 1 de maſſe, & l'autre 2, leur vîteſſe commune après le choc ſera les $\frac{2}{3}$ de celle du corps choquant. Cette regle eſt la ſeule où *Deſcartes* ait rencontré la vérité. Je paſſe les autres cas, qui ſont ceux où un corps en atteint un autre en le ſuivant avec une vîteſſe plus grande que la ſienne, parce qu'il s'y trompe de même que dans les précédens. Il vaut mieux paſſer à examiner les principes ſur leſquelles ſont établies ces déterminations.

En premier lieu, que la quantité du mouvement doive reſter toujours la même, c'eſt une propoſition démontrée fauſſe

fausse par l'expérience : quant à la preuve qu'en apporte *Descartes*, il est bien vrai que la Divinité agit d'une maniere immuable : accordons encore qu'il est fort probable qu'elle entretient l'univers par quelque loi générale ; mais il est bien téméraire de prendre pour le caractere de l'immutabilité divine, cette prétendue inaltérabilité dans la quantité du mouvement. Il est mille autres loix plus générales, plus nécessaires, que la divinité a pu choisir, eût pu dire quelque adversaire de *Descartes* ; & en effet l'on sçait aujourd'hui que ce n'est pas la quantité de mouvement absolu qui est inaltérable, mais celle du mouvement vers un même côté, ou bien encore, dans le choc des corps élastiques, la somme des produits de chaque masse par le quarré de sa vîtesse.

En second lieu, *Descartes* s'étoit formé une idée très-fausse du mouvement. Sans doute il eût raisonné autrement, s'il n'eût pas trop déféré au faux principe qu'il avoit pris pour guide. Car c'est une proposition bien dure à admettre, que de dire que deux mouvemens égaux, mais en sens opposés, ne soient pas deux états contraires du corps On conçoit très-distinctement qu'il faut quelque chose de plus pour changer un mouvement en mouvement contraire, que pour le détruire simplement & arrêter le mobile : tout de même que pour changer une courbure en courbure contraire, il faut quelque chose de plus que pour la réduire en ligne droite.

En troisieme lieu, *Descartes* tomboit dans une erreur bien peu digne d'un Métaphysicien, lorsqu'il attribuoit au repos & au mouvement une force pour résister à leur changement d'état. Il étoit encore bien éloigné de ce sentiment, lorsqu'il écrivoit (*a*), « Je ne reconnois dans les corps aucune inertie, » ou tardiveté naturelle, & je crois que lorsqu'un homme se » promene, il fait tant soit peu mouvoir toute la terre ; mais » je ne laisse pas d'accorder que les plus grands corps étant » poussés par une même force, se meuvent plus lentement ; » ce qui seroit peut-être assez, sans avoir recours à cette iner- » tie naturelle *qui ne peut aucunement être prouvée :* » nous ajouterons, qui est entiérement contraire à l'idée que nous devons avoir de la matiere. En effet, nous ne pouvons la re-

(*a*) Lett. 94, T. II.

garder que comme une ſubſtance purement paſſive & incapable d'action. Or qui dit *force*, dit action ; par conſéquent la matiere étant incapable de la derniere, l'eſt également de la premiere. Toute l'inertie des corps ne conſiſte qu'en ce qu'il faut une force pour imprimer un mouvement à un corps, puiſqu'il ne ſçauroit de lui-même changer d'état ; & qu'il en faut une plus grande pour lui donner une plus grande vîteſſe. Quant à la preuve que M. *Deſcartes* prétend donner de ſon ſentiment, preuve qu'il tire de l'immutabilité divine, qui conſiſte à laiſſer les choſes dans l'état où elles ſont lorſque rien ne tend à les en tirer, elle eſt abſolument ſans force ; car cette immutabilité eſt très-compatible avec le ſentiment contraire. Il ſuffit qu'il y ait un choc pour qu'il y ait motif à un changement.

Après les obſervations que l'on vient de faire ſur les principes que *Deſcartes* a employés dans ſa recherche des loix du choc, il eſt facile d'en porter un jugement. La premiere, où il s'agit de deux corps égaux & parfaitement durs, qui ſe choquent avec des vîteſſes égales, eſt fauſſe. Ces deux corps ne doivent pas ſe réfléchir, mais s'arrêter tout court ; car la force de chacun eſt uniquement employée à détruire le mouvement de l'autre ; & comme on ne les ſuppoſe point élaſtiques, il n'y a aucune cauſe capable de rétablir le mouvement détruit. D'ailleurs ſi ces deux corps ſe réfléchiſſoient l'un à la rencontre de l'autre, le reſſort ſeroit abſolument inutile.

La ſeconde regle eſt encore fauſſe par une ſuite des deux faux principes adoptés par *Deſcartes*. En raiſonnant plus conformément aux ſaines idées du mouvement, il auroit trouvé que dans le choc le mouvement du petit corps auroit été détruit, & en auroit été détruit également dans le grand, & que le ſurplus ſe diſtribuant ſur la maſſe de l'un & de l'autre, ils auroient dû aller dans la direction du plus grand. Je paſſe la troiſieme regle pour m'arrêter un peu à la quatrieme, qui eſt d'une fauſſeté évidente & des plus contraires à l'expérience.

Dans cette regle *Deſcartes* veut que, ſi un corps en repos eſt choqué par un autre tant ſoit peu moindre, celui-ci ne puiſſe le mettre en mouvement, & qu'il ſoit obligé de ſe réfléchir avec toute ſa vîteſſe. Il falloit que les premiers Cartésiens fussent des gens d'une singuliere docilité pour admettre une proposition semblable. Aussi l'un des plus éclairés, (M. *Clerselier*) lui fit des difficultés à ce sujet, & *Descartes* tenta de lui répondre (*a*); ce qu'il fit par un raisonnement qui m'a paru fort peu intelligible. Quoi qu'il en soit, il est notoire aujourd'hui qu'un corps très-gros, un boulet de canon par exemple, suspendu par une corde, sera mis en mouvement par le choc d'une balle de pistolet. Je n'ignore pas que *Descartes* tâche de rendre raison de cet effet. Il dit qu'un corps plongé dans un fluide, est dans un équilibre parfait avec les parties de ce fluide qui le choquent, les unes d'un côté, & les autres de l'autre; de sorte que le choc d'un autre corps, quelque petit qu'il soit, venant s'y joindre, ne fait qu'emporter l'équilibre (*b*). Mais, nous l'oserons dire, malgré le respect dû au Philosophe François, ce n'est-là qu'une défaite pitoyable.

Il y a encore dans les regles de *Descartes* un manque d'analogie & de liaison, dont voici un exemple. Lorsque deux corps mus d'égale vîtesse se rencontrent, ils se réfléchissent, dit *Descartes*, l'un & l'autre; mais diminuez tant soit peu l'un des deux, alors, suivant lui, le moindre se réfléchit avec toute sa vîtesse, & le plus grand continue avec la sienne toute entiere. Cependant la raison persuade qu'un changement aussi léger n'est pas capable d'opérer un effet aussi opposé; car la nature n'agit pas ordinairement de cette maniere. Les loix du choc admises aujourd'hui parmi les Méchaniciens, n'ont pas un pareil défaut; on y voit toujours le mouvement se changer en repos ou en mouvement contraire par gradation. Dans celles de *Descartes* tout se fait par saut, comme s'il n'y avoit pas entr'elles la moindre liaison, la moindre dépendance d'un même principe. Nous supprimons, afin d'abréger, plusieurs autres réflexions qui se présentent à nous sur les défauts de ces regles qui péchent de tous les côtés. Comment se peut-il faire qu'un aussi grand Géometre n'ait pas saisi cet objet sous un point de vue plus géométrique.

Il paroît par les Lettres de *Descartes* qu'il a quelquefois raisonné plus sainement sur les loix du choc. Car dans la qua-

(*a*) Lett. 117, T. 1.
(*b*) *Princip.* p. II, art. 56.

garder que comme une ſubſtance purement paſſive & incapable d'action. Or qui dit *force*, dit action ; par conſéquent la matiere étant incapable de la derniere, l'eſt également de la premiere. Toute l'inertie des corps ne conſiſte qu'en ce qu'il faut une force pour imprimer un mouvement à un corps, puiſqu'il ne ſçauroit de lui-même changer d'état ; & qu'il en faut une plus grande pour lui donner une plus grande vîteſſe. Quant à la preuve que M. *Deſcartes* prétend donner de ſon ſentiment, preuve qu'il tire de l'immutabilité divine, qui conſiſte à laiſſer les choſes dans l'état où elles ſont lorſque rien ne tend à les en tirer, elle eſt abſolument ſans force ; car cette immutabilité eſt très-compatible avec le ſentiment contraire. Il ſuffit qu'il y ait un choc pour qu'il y ait motif à un changement.

Après les obſervations que l'on vient de faire ſur les principes que *Deſcartes* a employés dans ſa recherche des loix du choc, il eſt facile d'en porter un jugement. La premiere, où il s'agit de deux corps égaux & parfaitement durs, qui ſe choquent avec des vîteſſes égales, eſt fauſſe. Ces deux corps ne doivent pas ſe réfléchir, mais s'arrêter tout court ; car la force de chacun eſt uniquement employée à détruire le mouvement de l'autre ; & comme on ne les ſuppoſe point élaſtiques, il n'y a aucune cauſe capable de rétablir le mouvement détruit. D'ailleurs ſi ces deux corps ſe réfléchiſſoient l'un à la rencontre de l'autre, le reſſort ſeroit abſolument inutile.

La ſeconde regle eſt encore fauſſe par une ſuite des deux faux principes adoptés par *Deſcartes*. En raiſonnant plus conformément aux ſaines idées du mouvement, il auroit trouvé que dans le choc le mouvement du petit corps auroit été détruit, & en auroit été détruit également dans le grand, & que le ſurplus ſe diſtribuant ſur la maſſe de l'un & de l'autre, ils auroient dû aller dans la direction du plus grand. Je paſſe la troiſieme regle pour m'arrêter un peu à la quatrieme, qui eſt d'une fauſſeté évidente & des plus contraires à l'expérience.

Dans cette regle *Deſcartes* veut que, ſi un corps en repos eſt choqué par un autre tant ſoit peu moindre, celui-ci ne puiſſe le mettre en mouvement, & qu'il ſoit obligé de ſe réfléchir avec toute ſa vîteſſe. Il falloit que les premiers Cartéſiens fuſſent des gens d'une ſinguliere docilité pour admettre une propoſition ſemblable. Auſſi l'un des plus éclairés, (M. *Clerſelier*) lui fit des difficultés à ce ſujet, & *Deſcartes* tenta de lui répondre (*a*); ce qu'il fit par un raiſonnement qui m'a paru fort peu intelligible. Quoi qu'il en ſoit, il eſt notoire aujourd'hui qu'un corps très-gros, un boulet de canon par exemple, ſuſpendu par une corde, ſera mis en mouvement par le choc d'une balle de piſtolet. Je n'ignore pas que *Deſcartes* tâche de rendre raiſon de cet effet. Il dit qu'un corps plongé dans un fluide, eſt dans un équilibre parfait avec les parties de ce fluide qui le choquent, les unes d'un côté, & les autres de l'autre; de ſorte que le choc d'un autre corps, quelque petit qu'il ſoit, venant s'y joindre, ne fait qu'emporter l'équilibre (*b*). Mais, nous l'oſerons dire, malgré le reſpect dû au Philoſophe François, ce n'eſt-là qu'une défaite pitoyable.

Il y a encore dans les regles de *Deſcartes* un manque d'analogie & de liaiſon, dont voici un exemple. Lorſque deux corps mus d'égale vîteſſe ſe rencontrent, ils ſe réfléchiſſent, dit *Deſcartes*, l'un & l'autre; mais diminuez tant ſoit peu l'un des deux, alors, ſuivant lui, le moindre ſe réfléchit avec toute ſa vîteſſe, & le plus grand continue avec la ſienne toute entiere. Cependant la raiſon perſuade qu'un changement auſſi léger n'eſt pas capable d'opérer un effet auſſi oppoſé; car la nature n'agit pas ordinairement de cette maniere. Les loix du choc admiſes aujourd'hui parmi les Méchaniciens, n'ont pas un pareil défaut; on y voit toujours le mouvement ſe changer en repos ou en mouvement contraire par gradation. Dans celles de *Deſcartes* tout ſe fait par ſaut, comme s'il n'y avoit pas entr'elles la moindre liaiſon, la moindre dépendance d'un même principe. Nous ſupprimons, afin d'abréger, pluſieurs autres réflexions qui ſe préſentent à nous ſur les défauts de ces regles qui péchent de tous les côtés. Comment ſe peut-il faire qu'un auſſi grand Géometre n'ait pas ſaiſi cet objet ſous un point de vue plus géométrique.

Il paroît par les Lettres de *Deſcartes* qu'il a quelquefois raiſonné plus ſainement ſur les loix du choc. Car dans la qua-

(*a*) Lett. 117, T. 1.
(*b*) *Princip.* p. II, art. 56.

rante-quatrieme du second volume, il assigne la véritable loi, dans le cas où un corps en choque un autre quelconque en repos. Il prétend ici que le mouvement du corps choquant se répartit sur la masse des deux, la vîtesse diminuant en même raison que la masse est augmentée; ce qui est conforme à la vérité. Nous ne doutons en aucune maniere que *Descartes* n'eût parfaitement réussi à démêler les vrais loix de la communication du mouvement, s'il n'eût pas été préoccupé de l'idée de les faire quadrer avec son systême général. On ne peut trop regretter qu'il ait embrassé un plan aussi vaste. S'il se fût adonné uniquement à perfectionner diverses branches de la Physique, il n'en est aucune dans laquelle il n'eût porté une lumiere brillante; car l'unique source de ses erreurs est l'esprit systématique auquel il se livra avec trop de confiance, & sans consulter assez l'expérience. Mais en voilà assez sur ce sujet; finissons cet article par quelque trait qui fasse plus d'honneur au génie de *Descartes*.

Une des plus ingénieuses idées de *Descartes* est d'avoir tenté d'appliquer la force centrifuge de la matiere éthérée à l'explication de la pesanteur des corps. Quoique l'examen de ce systême paroisse appartenir davantage à la Physique qu'aux Mathématiques, cependant comme ce sont des principes méchaniques que *Descartes* y emploie, je n'ai pas cru cet examen étranger à mon sujet. D'ailleurs la célébrité de la question justifie cette sorte d'excursion hors de mon plan.

Descartes fait rouler, comme l'on sçait, autour de la terre, & de chaque planete, un tourbillon de matiere éthérée, c'est-à-dire extrêmement subtile. Mais tout corps, ajoute-t'il, qui a un mouvement de circulation, fait effort pour s'éloigner de plus en plus du centre autour duquel il circule; toutes les parties du tourbillon terrestre ont donc une propension continuelle à s'éloigner de la terre, & ce tourbillon se dissiperoit, s'il ne rencontroit pas une résistance suffisante dans l'effort du reste de la matiere éthérée. Il faut encore supposer dans cette hypothese que les corps terrestres sont moins propres au mouvement que la matiere éthérée, & qu'elles n'ont par conséquent qu'une force centrifuge moindre. Cette supposition admise, on sent qu'ils sont dans ce fluide comme un corps plongé dans un liquide de moindre pesanteur spécifique, & de même que ce liquide le repousse vers le côté opposé à celui où il tend par sa pesanteur, de même les corps terrestres placés au milieu du tourbillon dont nous parlons, seront repoussés vers le milieu dont il tend à s'éloigner. Voilà, suivant *Descartes*, la cause de la pesanteur & de la chûte des corps vers le centre de la terre.

Il en est à peu près de cette idée comme de celle des tourbillons, que le même Philosophe employa pour expliquer les mouvemens célestes; elle séduit du premier abord, elle enchante par l'apparence d'un méchanisme très-intelligible & très-vraisemblable. Mais elle est sujette à de grandes difficultés, & qui sont telles que le plus grand nombre des Physiciens convient aujourd'hui qu'il faut recourir à quelque autre moyen d'expliquer la pesanteur.

M. *Huyghens*, quoique disciple de *Descartes*, a le premier porté des coups dangereux à l'explication que nous venons d'exposer. Il remarque dans son Livre *De causâ gravitatis*, 1°. Que l'effort centrifuge des portions de fluide, situées dans les paralleles à l'équateur, se faisant dans le sens des rayons de ces paralleles, c'est dans ce sens que doit se faire la réaction qui cause la pesanteur: conséquemment un corps placé partout ailleurs que dans l'équateur, tendra vers l'axe du tourbillon, & non vers le centre. 2°. Qu'afin que la matiere éthérée pût pousser les corps terrestres avec la force que nous éprouvons, il faudroit que sa circulation fût dix-sept fois aussi rapide que le mouvement diurne de la terre. Mais un tourbillon de cette rapidité & de cette densité, entraîneroit avec lui tous les corps, & ne manqueroit pas d'accélérer peu à peu la révolution de notre globe. 3°. Il suivroit de l'hypothese de *Descartes* que ce seroient les corps les moins denses qui peseroient le plus, de même que ce sont les moins denses qui semblent faire plus d'effort pour s'élever sur la surface des fluides plus pesans; ce qui est manifestement contraire à l'expérience. M. *Huyghens* n'a pas cru qu'il fût possible de répondre à ces difficultés, & s'est cru obligé par cette raison de donner à la matiere éthérée un autre mouvement qu'il imagine se faire dans diverses couches sphériques, & dans tous les sens imaginables. Par-là on remédieroit effectivement à quelques-uns des inconvéniens du tourbillon simple de *Descartes ;* mais le remede est pire que le mal, & ce méchanisme imaginé par M. *Huyghens*, est avec raison réputé impossible.

On en est donc revenu au tourbillon tel que *Descartes* l'avoit proposé, & l'on a tâché de répondre aux objections de M. *Huyghens*. M. *Saurin* a cru avoir résolu heureusement la premiere : il disoit qu'un fluide agissant toujours perpendiculairement à la surface qu'il comprime, un tourbillon renfermé dans une surface sphérique exerceroit sa pression dans le sens du rayon, & que la réaction de cette pression, qui forme la pesanteur, se faisant en sens contraire, il devoit s'ensuivre que les corps tendroient vers le centre (*a*). Il faisoit encore sur ce sujet un autre raisonnement qu'il seroit trop long de rapporter; mais il semble qu'à l'exception de ceux qui étoient intéressés à trouver cette solution bonne, personne autre n'en a porté un jugement aussi avantageux que lui. En effet, on pourroit, par un pareil raisonnement, prouver qu'un corps qu'on plongeroit dans un vase hémisphérique plein d'eau, devroit remonter perpendiculairement à la surface de ce vase, & non à l'horizon. Quant à la seconde difficulté de M. *Huyghens*, M. *Saurin* convient ingénuement qu'il n'a rien de satisfaisant à y répondre (*b*). A l'égard de la troisieme, je ne vois aucune part, pas même de tentative pour la résoudre.

On n'a pas négligé de faire des expériences pour reconnoître d'une maniere sensible si les phénomenes de la gravité s'accordent avec l'hypothese des tourbillons. On en lit quelques-unes dans les Mémoires de l'Académie Royale des Sciences des années 1714, 1715 & 1716. Mais leur Auteur (M. *Saulmon*) ne peut dissimuler qu'il en résulte tout le contraire de ce qu'il faudroit pour confirmer cette hypothese. Outre qu'un corps est entraîné par le tourbillon, on observe que les plus denses, loin de se plonger au centre, s'écartent au contraire vers la circonférence. M. *Bülfinger*, conduit par les mêmes vues que M. *Saulmon*, & desirant décider, par l'expérience, la question si un corps plongé dans un tourbillon sphérique tombera au centre, ou vers l'axe, s'est procuré un pareil tourbillon, en faisant tourner rapidement autour de son axe, une

(*a*) Journal des Sça. ann. 1703.
(*b*) Mem. de l'Acad. ann. 1709.

ſphere de verre remplie d'eau (*a*). Il a remarqué que des bulles d'air qui ſe rencontroient dans cette ſphere, formerent bientôt un cylindre autour de l'axe, & non une ſphere, de ſorte qu'il a cru pouvoir en conclure qu'un tourbillon ſphérique rameneroit les corps vers l'axe, & non vers le centre.

L'Académie des Sciences ayant propoſé pour le Prix de l'année 1728, d'examiner la cauſe & le méchaniſme de la gravité, M. *Bülfinger* propoſa une nouvelle maniere d'expliquer ce phénomene (*b*). Il imaginoit un tourbillon tournant à la fois autour de deux axes perpendiculaires l'un à l'autre, eſpérant pouvoir en déduire la chûte directe des graves vers le centre. On voit auſſi dans cet écrit le deſſein d'une machine propre à en faire l'expérience, en donnant à une ſphere remplie d'eau ces deux mouvemens. Nous ne voyons pas que le Sçavant que nous citons ait exécuté cette expérience; nous doutons fort qu'elle eût eu quelque ſuccès, ou plutôt nous tenons le contraire pour aſſuré. Car afin qu'un tourbillon de cette nature repouſsât les corps au centre, il faudroit que tous les points du fluide décriviſſent des arcs de grands cercles, & c'eſt l'objet que ſe propoſoit M. *Bülfinger* par ce double mouvement. Mais il n'y a que les points éloignés également des poles des deux axes, qui décrivent des grands cercles. Tous les autres ne décrivent que des courbes à double courbure, dont les perpendiculaires ne concourent point au centre de la ſphere; ce qui ſeroit néceſſaire pour que les corps fuſſent pouſſés vers ce centre.

Nous diſons rien de divers autres manieres d'expliquer la peſanteur; comme elles n'ont pas été accueillies des Phyſiciens, nous ne croyons pas devoir nous en occuper. Nous nous bornons à une réflexion qui paroît détruire toute explication de ce phénomene par le moyen du choc de quelque matiere fluide. C'eſt que ſi la peſanteur des corps dépendoit d'un pareil méchaniſme, elle ne ſeroit plus proportionnelle à la maſſe. Suivant qu'un corps préſenteroit plus de ſurface, il devroit être plus peſant, y ayant moins

(*a*) *De Direct. gravium in vortice Sphærico.* Mem. de Peterſb. T. I, ann. 1726.
(*b*) *De causâ gravit. diſſ.* Prix de l'Acad. T. III.

de parties à l'abri de ce choc. Or cela eſt contraire à l'expérience. On peut voir encore dans les *Entretiens ſur la cauſe de l'inclinaiſon des orbites des Planetes* (*a*) par M. *Bouguer*, diverſes autres réflexions qui fourniſſent des raiſons puiſſantes contre ce méchaniſme.

(*a*) Remarques, p. 62, 82, &c.

Fin du Livre V[e] de la IVe Partie.

HISTOIRE

HISTOIRE DES *MATHÉMATIQUES.*

QUATRIEME PARTIE,

Qui contient l'Histoire de ces Sciences durant le dix-septieme siecle.

LIVRE SIXIEME.

Où l'on rend compte de l'accroissement de la Géométrie, & en particulier de la naissance & des progrès des nouveaux calculs, durant la derniere moitié du dix-septieme siecle.

SOMMAIRE.

I. *Wallis applique le calcul à la Géométrie des indivisibles, & fait par ce moyen diverses découvertes. Maniere dont il considere la quadrature du cercle, & expression qu'il en tire.* II. *Découvertes auxquelles la méthode de Wallis donne lieu. Pre-*

miere rectification de courbe par Neil. Expression que donne Milord Brouncker pour la mesure du cercle. Premiere suite pour la quadrature de l'hyperbole découverte par le même Géometre. Mercator en donne aussi une qu'il avoit trouvée avant que celle de Brouncker eût vu le jour. III. *Du D. Barrow, & en particulier de sa méthode des tangentes.* IV. *De M. Newton. Précis de la vie de cet homme célebre. Ses premieres découvertes géométriques. Il découvre la théorie générale des suites, le dévelopement des puissances, & son calcul des fluxions, appellé dans le continent, calcul différentiel & intégral.* V. *Exposition du principe géométrique des fluxions, & des premiers fondemens de leur calcul & de leur application.* VI. *Le Géometre Jacques Grégori s'éleve le premier au principe de M. Newton, & ajoute par ce moyen diverses découvertes aux siennes.* VII. *Histoire de ce qui s'est passé vers 1676, entre MM. Newton & Leibnitz, au sujet de ces découvertes analytiques; récit de la querelle élevée depuis sur l'invention du calcul différentiel.* VIII. *Exposition de quelques théories particulieres qui prennent naissance alors, comme celle des caustiques de M. Tchirnausen, & des épicycloïdes.* IX. *Progrès du calcul différentiel dans le continent, à dater du temps où M. Leibnitz le publia. Naissance du calcul intégral entre les mains du même M. Leibnitz & de M. Jacques Bernoulli. M. Jean Bernoulli entre dans la la même carriere, & fait en France des prosélytes au nouveau calcul, entr'autres M. de l'Hôpital, qui en dévoile les principes dans son* Analyse des Infinimens Petits. X. *Tempête élevée contre le calcul différentiel. De M. Niewentiit, auteur d'un Livre contre ce calcul. Querelle entre Rolle & M. de Varignon, ensuite entre le même Rolle & M. Saurin sur ce même sujet. Autres contradicteurs de cette invention, & réponses qu'on leur a opposées.*

I.

LA nouvelle Géométrie, nous voulons dire celle qui emploie dans ses recherches le calcul algébrique, peut être divisée en deux parties : l'une qui a pour objet l'analyse des équations, & les affections des courbes; nous pourrions la nommer l'analyse finie des grandeurs curvilignes : l'autre, qui s'occupe de la dimension de ces grandeurs, & qui fait usage de la considération de leurs élémens infiniment petits. Nous nous sommes principalement occupés de la premiere, & nous en avons exposé avec soin les progrès, dans le second Livre de cette division de notre ouvrage. Nous avons réservé pour celui-ci de rendre compte de ceux de la seconde, & c'est ce dont nous allons maintenant nous acquitter.

De l'Arithmétique des infinis de Wallis.

L'époque de l'*Arithmétique des infinis* de *Wallis* (*a*), est celle à laquelle on doit fixer le commencement des progrès remarquables de cette partie de la Géométrie moderne. Cet ouvrage, qui vit le jour en 1655, est une application plus spéciale du calcul à la méthode, appellée *des indivisibles*, par *Cavalleri*, & de l'infini, par quelques Géometres François. Je dis une application plus spéciale du calcul, à cette méthode; car on a vu que *Cavalleri*, *Fermat*, *Descartes*, *Roberval*, avoient déja donné des exemples de cette application en quarrant d'une maniere générale les paraboles de tous les ordres; mais ce n'étoit encore là que quelques rayons échappés d'une lumiere plus grande que *Wallis* dévoila dans l'ouvrage cité ci-dessus. A l'aide d'une induction habilement ménagée, & du fil de l'analogie dont il sçut toujours s'aider avec succès, il soumit à la Géométrie une multitude d'objets qui lui avoient échappé jusqu'alors. Ce fut, par exemple, l'analogie qui le conduisit à cette invention si utile, sçavoir de regarder les dénominateurs des fractions comme des puissances à exposans négatifs. En effet, si l'on prend cette suite de puissances, x^3, x^2, x^1, x^0 ou 1, $\frac{1}{x}$, $\frac{1}{x^2}$, $\frac{1}{x^3}$, &c. qui sont en progression géométrique continue, les exposans seront en progression arithmétique. Ceux

(*a*) Wallis (Jean) naquit à Ashford, dans le Comté de Kent, le 23 Novembre 1616. Après ses premieres études, il s'adonna successivement à la Théologie, à la Morale, & aux Mathématiques dans lesquelles il a principalement déployé son génie. Il fut nommé en 1649 à la Chaire de Géométrie fondée dans l'Université d'Oxford, par le Chevalier Savile, & il occupa cette place jusqu'en 1703 (28 Octobre), qui est la date de sa mort. Il a publié en divers temps un grand nombre d'ouvrages Mathématiques, qui ont été rassemblés en trois volumes in-fol. dont le dernier parut en 1699, sous le titre de *J. Wallisii Op. Math.* Il y a de lui quantité de pieces dans les *Transf. Philos.* de la Société Royale de Londres, dont il fut un des instituteurs & des premiers membres. Je ne dis rien de ses ouvrages théologiques ou moraux, qui sont aussi en grand nombre. Wallis possédoit un génie particulier pour déchiffrer les lettres écrites en chiffre, quelque compliquée que fût la clef dont on s'étoit servi. On peut voir un article considérable & fort curieux sur ce sçavant, dans le dernier Supplément de Bayle, par M. de la Chaussepied.

des premieres étant donc 3, 2, 1, 0, il faut que ceux des ſuivantes ſoient — 1, — 2, — 3, &c. Ainſi $\frac{1}{x}$ n'eſt autre choſe que x^{-1}, & $\frac{1}{x^m}$ eſt x^{-m}. Cette remarque heureuſe mit *Wallis* en poſſeſſion de la meſure de tous les eſpaces, ſoit plans, ſoit ſolides, dont les élémens ſont réciproquement comme quelque puiſſance de l'abſciſſe; dans l'hyperbole ordinaire, par exemple, l'ordonnée eſt réciproquement comme l'abſciſſe, & dans celles des ordres ſupérieurs elle eſt réciproquement comme une puiſſance de cette abſciſſe, c'eſt-à-dire, que l'équation de toutes ces courbes eſt $y = \frac{1}{x^m}$, ou $y = x^{-m}$. Or on a vu que dans les courbes dont l'équation eſt $y = x^m$, le rapport général de l'aire au parallélogramme de même baſe & de même hauteur, eſt $1 : m + 1$; & cela eſt vrai, quelle que ſoit la grandeur de m. Cela ſera donc encore vrai, ſuivant les loix de l'analyſe & de la continuité, même lorſque m deviendra négatif ou $-m$. Ainſi le rapport ci-deſſus ſera dans ce cas celui de $1 : -m + 1$, ou en général de 1 à $m + 1$, en prenant m avec le ſigne qui l'affecte. Dans l'hyperbole où les ordonnées ſont réciproquement comme les racines de l'abſciſſe, m eſt $\frac{1}{2}$, & par conſéquent $-m = -\frac{1}{2}$. Ainſi l'eſpace hyperbolique AH,
Fig. 83. eſt au rectangle CB, comme 1 à $-\frac{1}{2} + 1$, ou 1 à $\frac{1}{2}$. Si $m = 1$, ce qui eſt le cas de l'hyperbole ordinaire; ce rapport eſt $1 : -1 + 1$, ou $1 : 0$; ce qui montre que l'hyperbole ordinaire a ſon eſpace aſymptotique infini.

Il ſe préſente ici une difficulté dont *Wallis*, malgré ſa ſagacité, n'apperçut pas le dénouement. Lorſque l'expoſant négatif m, eſt un nombre entier 3, par exemple, qui ſurpaſſe l'unité, le rapport ci-deſſus eſt $1 : -2$; c'eſt-à-dire, celui de l'unité à un nombre négatif. Or on ſçait, & il eſt facile de montrer que $1 : 0$, exprime un rapport infini : que déſignera donc cette autre expreſſion, peut-on ſe demander? *Wallis* imagina qu'elle déſignoit un eſpace pluſqu'infini; paradoxe ſingulier, dont on doit la ſolution à M. *Varignon*. Ce que *Wallis* a pris pour un eſpace plus qu'infini, n'eſt qu'un eſpace fini pris négativement ou en ſens contraire. Il arrive dans ce cas, ce dont l'analyſe fournit des exemples fréquens. On trouve la grandeur, non de l'eſpace CABGHC qu'on demandoit, mais celle du reſte de l'eſpace hyperbolique AKIB qu'on ne demandoit pas. Il eſt facile de s'en convaincre ; car en cherchant la meſure de cette partie CLBK, par ſon équation rapportée à l'axe CL, on trouve la même choſe que ci-devant, mais d'une maniere poſitive. Nous remarquons à cette occaſion une propriété de toutes les hyperboles de degrés ſupérieurs ; c'eſt qu'elles paſſent d'un côté au dedans de l'hyperbole ordinaire, c'eſt-à-dire, entre la courbe & l'aſymptote, & de l'autre au dehors ; & elles ont leur eſpace aſymptotique infiniment grand d'un côté, & de l'autre égal à un eſpace fini.

La méthode de *Wallis* s'applique avec facilité à des cas plus compoſés, par exemple, à ceux où l'ordonnée de la figure eſt exprimée par une puiſſance complexe, comme $aa \mp 2ax - xx$, $aa - xx$, $\sqrt{a} - \sqrt{x}$, &c. Car il eſt évident qu'on peut regarder cette ordonnée comme la ſomme de pluſieurs dont l'une ſeroit conſtamment aa, l'autre $\pm 2ax$, & la troiſieme $\pm xx$. Ainſi ſuivant la regle donnée ci-deſſus, l'aire ſera compoſée de pluſieurs parties, dont la premiere ſera aax, la ſeconde $\pm axx$, & la troiſieme $\frac{x^3}{3}$. *Wallis* examine de même la meſure des courbes dont les ordonnées ſeroient comme les fonctions (*a*) triangulaires, pyramidales, &c. de l'abſciſſe. Ces fonctions ne ſont que des compoſés de puiſſances de l'abſciſſe : c'eſt pourquoi elles tombent ſous les regles données ci-deſſus. Les bornes étroites où nous ſommes reſſerrés, ne nous permettent pas d'entrer dans de plus grands détails. Nous renvoyons à l'ouvrage même dont nous tâchons de donner une idée.

Wallis tira de ces conſidérations une maniere fort ingénieuſe d'enviſager la quadrature du cercle, qui fut, peu d'années après, le germe de diverſes inventions de *Newton*. Il obſerva qu'on avoit la quadrature abſolue de toutes les figures dont les ordonnées ſeroient exprimées par $(1 - xx)^0$; $(1 - xx)^1$; $(1 - xx)^2$; $(1 - xx)^3$, &c. (*b*) La premiere eſt, ſuivant les

(*a*) Nous appellons ici *fonction* avec les Géometres de nos jours, toute expreſſion compoſée d'une maniere quelconque, de grandeurs conſtantes & de variables ; ainſi $\sqrt{(aa \pm xx)}$, $aa + xx$, $mx + m.\, m - 1.\, xx$, &c. ſont des fonctions de x.

(*b*) Nous nous ſommes ſervis, pour ſimplifier, de l'expreſſion $1 - xx$, au lieu de $aa - xx$; en ſuppoſant que la valeur de a eſt l'unité. Il faut dans ce cas, afin de ſe conformer à la loi des homogênes, regarder x, non comme une ligne, mais comme une valeur numérique de x, à l'égard de la ligne a, qui eſt priſe pour l'unité ; & ce qu'on dit ici doit s'appliquer à tous les autres cas où l'on a une une expreſſion compoſée de pluſieurs puiſſances de x, combinées par l'addition ou la ſouſtraction.

regles de l'*Arithmétique des infinis*, égale au parallélogramme circonſcrit. La ſeconde en eſt les $\frac{2}{3}$; la troiſieme, les $\frac{8}{15}$; la 4e, les $\frac{48}{105}$, lorſque $x = 1$. Voilà donc une ſuite de termes 1, $\frac{2}{3}$, $\frac{8}{15}$, $\frac{48}{105}$, &c. dont chacun exprime le rapport qu'a au parallélogramme de même baſe & de même hauteur, la figure dont l'expreſſion de l'ordonnée tient un rang correſpondant dans la ſuite des grandeurs $(1 - xx)^0$; $(1 - xx)^1$, &c. Mais les expoſans des termes de cette derniere ſuite, ſont en progreſſion arithmétique, 0, 1, 2, &c. Si donc on vouloit introduire un nouveau terme entre chacun de ceux-là, celui qui tomberoit entre $(1 - xx)^0$, $(1 - xx)^1$, ſeroit $(1 - xx)^{\frac{1}{2}}$, qui eſt l'expreſſion de l'ordonnée du cercle. On auroit par conſéquent la quadrature du cercle, ſi dans la ſuite 1, $\frac{2}{3}$, $\frac{8}{15}$, $\frac{48}{105}$, &c. il étoit également facile de trouver le terme moyen entre 1 & $\frac{2}{3}$. Cette maniere de raiſonner en Géométrie, a été nommée *interpolation*. C'eſt inſérer dans une progreſſion de grandeurs qui ſuivent une certaine loi, un ou pluſieurs termes intermédiaires qui s'y conforment autant qu'ils peuvent le faire. Cela eſt facile dans les progreſſions arithmétiques & géométriques, dans celle des nombres figurés quelconques; mais il n'en eſt pas ainſi dans le cas que ſe propoſe *Wallis*, & il y a bien du génie & de l'adreſſe dans la maniere dont il recherche ce terme. Nous nous contenterons de dire que, ne pouvant le trouver en termes finis, il l'exprime par une fraction dont le numérateur & le dénominateur ſont infinis, & ſont formés d'une ſuite de multiplicateurs qui ſuivent une progreſſion très-élégante. Cette expreſſion eſt celle-ci $\frac{2 \times 4 \times 4 \times 6 \times 6 \times 8 \times 8 \times \&c.}{3 \times 3 \times 5 \times 5 \times 7 \times 7 \times 9 \times \&c.}$ de ſorte que le rapport du quarré circonſcrit au cercle, eſt celui de l'unité à l'expreſſion ci-deſſus, ou de l'unité, à $\frac{8}{9} \times \frac{24}{25} \times \frac{48}{49} \times \frac{80}{81}$, &c. ou bien à $\frac{2}{3} \times \frac{16}{15} \times \frac{36}{35} \times \frac{64}{63}$, &c. (*a*) ce qui approche d'autant plus de la vérité que l'on prend un plus grand nombre de termes.

Une ample moiſſon de découvertes eſt ordinairement la récompenſe de l'invention d'une nouvelle méthode. Ce ſuccès étoit dû à *Wallis*; ſon *Arithmétique des infinis*, contenoit

(*a*) Cette ſuite réduite à une autre forme, eſt celle-ci $\frac{2}{3} + \frac{1}{15}A + \frac{1}{35}B + \frac{1}{63}C$, &c. A, B, C, &c, repréſentant toujours la ſomme tous les termes précédens. M. Euler montre dans les Mémoires de Peterſbourg (T. IX, ann. 1737.), qu'elle ſe réduit à la ſuite ſi connue pour le quart de cercle, $1 - \frac{1}{3} + \frac{1}{5} - \frac{1}{7} + \frac{1}{9}$, &c; ce qui eſt une preuve ſenſible de la vérité de l'expreſſion de Wallis.

bien des nouveautés géométriques, elles ne sont cependant qu'une fort petite partie de celles qu'il découvrit dans la suite en faisant usage de sa méthode. Les célebres problêmes de M. *Pascal* sur la cycloïde en fournissent une preuve. M. *Wallis* les résolut tous, & en peu de temps, comme on l'a dit en faisant l'histoire de cette courbe. Bientôt après il donna la mesure de la surface de la cyssoïde & de la conchoïde, aussi-bien que des solides formés par leurs circonvolutions ; il démontra l'égalité de la parabole & de la spirale, & que leur rectification dépendoit de la quadrature de l'hyperbole ; il détermina des espaces plans égaux aux surfaces courbes des conoïdes paraboliques, elliptiques & hyperboliques. Ces recherches & une multitude d'autres sont l'objet de son Traité *De curvarum rectificatione & complanatione*, qui vit le jour en 1659, avec son Traité sur la cycloïde. Il donna en 1669, celui *De centro gravitatis*, qui semble contenir tout ce que la Géométrie peut dire sur ce sujet. Toutes les figures dont la considération avoit occupé jusqu'alors les Géometres, & diverses autres y sont soumises à l'examen. Leur aire, leurs solides de circonvolution, leurs centres de gravité, & ceux de leurs segmens y sont déterminés. Chaque chapitre enfin renferme la substance d'un volume entier. Remarquons encore que *Wallis* s'y sert fort souvent d'expressions & de calculs, qui à la notation près, sont les mêmes que dans les méthodes modernes. C'est avec regret que nous nous voyons obligés de nous borner à une indication aussi légere des excellentes choses que contiennent ces différens ouvrages.

II.

Premiere rectification de courbe.

Il est tout-à fait glorieux pour *Wallis* que la plûpart des découvertes analytiques, qui se firent vers ce temps, ne soient à quelques égards que des développemens des nombreuses vues qu'il avoit proposées dans son *Arithmétique des infinis*. Cet ouvrage donna d'abord lieu à la premiere rectification de courbe, qui ait été trouvée. *Wallis* avoit jetté les fondemens de cette découverte, en remarquant que si l'on ajoutoit le quarré de chaque différence des ordonnées consécutives d'une courbe, avec celui de l'intervalle commun entre ces ordonnées, &

qu'on en prît la racine, il en naiſſoit une expreſſion analogue à celle de l'ordonnée d'une autre courbe, dont l'aire avoit même rapport au rectangle de même baſe & même hauteur, que la longueur de la premiere courbe à une ligne droite donnée. Il s'étoit alors borné là, mais ce peu de paroles ne reſta point ſans fruit. Un jeune Géometre, nommé M. Guillaume *Neil*, réfléchiſſant davantage ſur ce ſujet, alla plus loin : il remarqua qu'afin que la ſeconde courbe que nous venons de décrire fût abſolument quarrable, il falloit que les différences des ordonnées de la premiere fuſſent comme les ordonnées d'une parabole ordinaire ; & qu'alors la nouvelle courbe qui en réſultoit étoit un tronc de parabole, d'où il réſultoit que la premiere courbe étoit abſolument rectifiable.

Cette découverte communiquée aux plus habiles Géometres de l'Angleterre, comme *Wren*, *Brouncker*, &c. les ſurprit beaucoup, & ils la confirmerent à l'envi par de nouvelles démonſtrations. Cependant aucun d'eux ne s'étoit apperçu de la nature de cette courbe remarquable. Il étoit juſte que *Wallis*, qui avoit fait les premiers frais de la découverte, y eût une part plus marquée que les autres. Il reconnut que la courbe en queſtion étoit une des paraboles cubiques, ſçavoir celle où le cube de l'ordonnée eſt toujours proportionnel au quarré de l'abſciſſe. Peu de temps après, M. *Wren* découvrit la rectification de la cycloïde, mais par une méthode indépendante de celle de *Wallis*, qui ne s'y applique pas. Ainſi voilà deux courbes, l'une géométrique, l'autre méchanique, ſuſceptibles de rectification abſolue, quoiqu'un grand Géometre, le célebre *Deſcartes*, n'eût pas oſé penſer qu'on en trouvât jamais aucune. C'étoit pour un Philoſophe déſeſpérer un peu trop vîte des reſſources de l'eſprit humain.

On fit fort peu de temps après, dans le continent, la même découverte que *Neil* avoit faite en Angleterre. M. *Van-Heuraet* en fut l'Auteur, & alla même plus loin que les Géometres Anglois, car il détermina pluſieurs autres paraboles abſolument rectifiables. On peut voir dans le Livre II, art. VIII, la méthode de *Van-Heuraet*, auſſi-bien que les raiſons qui nous font croire qu'il n'étoit pas même informé de ce qui s'étoit paſſé peu auparavant en Angleterre.

La maniere dont *Wallis* avoit envisagé la quadrature du cercle,

cercle, donna encore naissance à une découverte remarquable. Nous avons vu qu'en cherchant à interpoler dans une certaine progression un terme qui devoit lui donner l'aire du cercle, il avoit seulement trouvé une suite infinie de termes de plus en plus convergens vers la vraie valeur. Peu satisfait de ce résultat, & ne désespérant pas de quelque chose de mieux, il consulta Milord *Brouncker* (*a*), l'invitant à le seconder de ses forces. Ce Seigneur, qui étoit doué d'un vrai génie pour la Géométrie, trouva effectivement quelque chose de plus parfait à certains égards que ce que *Wallis* avoit trouvé. C'est une sorte de suite, qui a la forme d'une fraction, mais d'une fraction dont le dénominateur est un entier plus une fraction, celle-ci de même, & ainsi à l'infini; ce qui lui a fait donner le nom de fraction continue. Suivant Milord *Brouncker*, le quarré étant 1, le cercle est égal à cette expression *De M. Brouncker.*

$$\cfrac{1}{1+\cfrac{1}{2+\cfrac{9}{2+\cfrac{25}{2+\cfrac{49}{2+\&c.}}}}}$$

prolongée à l'infini. Mais lorsqu'on la terminera, on aura alternativement des limites par excès & par défaut. Au reste, Milord *Brouncker* observe que pour avoir une approximation plus juste en terminant la suite, il faut augmenter le dénominateur de la fraction où l'on s'arrête, de la racine du numérateur; on trouve par ce moyen, dès les septieme & huitieme termes, des limites plus resserrées que celles d'*Archimede*. *Wallis* en nous communiquant cette invention, nous a fait part de la maniere dont *Brouncker* y est parvenu (*b*).

La Géométrie est redevable à Milord *Brouncker* d'une autre

(*a*) Guillaume Brouncker, Vicomte de Castel-Lyons en Irlande, naquit vers l'an 1620. Il fut Chancelier de la Cour de la Reine, Garde de son Sceau, & dans les dernieres années de sa vie un des Commissaires de la Tour. Lorsque la Société Royale prit naissance, il en fut établi le Président, & il fut continué annuellement environ quinze ans. Il mourut en 1684.

(*b*) M. Euler a donné dans les Mem. de Petersbourg (ann. 1737) un excellent Mémoire sur cette sorte de fractions, qu'il applique à des usages particuliers.

invention remarquable. C'eſt la premiere ſuite infinie qui ait été donnée pour exprimer l'aire de l'hyperbole. Il en étoit en poſſeſſion dès l'année 1657; car *Wallis* l'annonçoit dès-lors dans la dédicace d'un écrit contre *Meibomius :* mais diſtrait par d'autres occupations, *Brouncker* différa à la publier juſqu'en 1668, que *Mercator* ayant trouvé de ſon côté une ſuite ſemblable, & étant ſur le point de mettre au jour ſa *Logarithmotechnie*, lui arracha ſon ſecret. Il le dévoila dans les *Tranſact. Philoſ.* n°. 34. Voici cette ſuite, C étant le centre d'une hyperbole équilatere, & CA le quarré inſcrit entre ſes aſymptotes $= 1$, que BD ſoit égale à CB; Milord *Brouncker* montre que l'eſpace ABDEGA eſt égal à cette ſuite infinie de fractions décroiſſantes, $\frac{1}{1.2} + \frac{1}{3.4} + \frac{1}{5.6} + \frac{1}{7.8} + \frac{1}{9.10}$, &c. que l'eſpace AGEF eſt $\frac{1}{2.3} + \frac{1}{4.5} + \frac{1}{6.7}$, &c. enfin que le ſegment AGEA $= \frac{1}{2.3.4.} + \frac{1}{4.5.6.} + \frac{1}{6.7.8.}$, &c. La maniere dont *Brouncker* démontre ceci, eſt trop ſimple pour la paſſer ſous ſilence. Il commence par prendre le plus grand rectangle BE,
Fig. 34. inſcrit dans l'eſpace hyperbolique, il partage enſuite la baſe BD en deux également, & il calcule la valeur du rectangle 2. Il continue à partager de même chacune des deux moitiés BH, HD, en deux également, & chacune des portions BI, IK, &c. ce qui lui donne les rectangles 3, 4, 5, 6, 7, 8, &c. Or l'on trouve facilement que le rectangle 1 eſt $\frac{1}{2} = \frac{1}{1.2}$; que le rectangle 2 eſt $\frac{1}{1.2}$, ou $\frac{1}{3.4}$; que les deux ſuivans 3, 4, ſont reſpectivement $\frac{1}{5.6}$, $\frac{1}{7.8}$; que les quatre qui viennent après, 5, 6, 7, 8, ſont $\frac{1}{9.10}$, $\frac{1}{11.12}$, $\frac{1}{13.14}$, $\frac{1}{15.16}$, &c. donc cette ſuite de fractions continuée à l'infini, épuiſera tous les rectangles inſcrits de la maniere qu'on vient de voir, & par conſéquent ſera l'aire de l'eſpace hyperbolique AEGDB. C'eſt en calculant de la même maniere les rectangles continuellement inſcrits dans l'eſpace AFEG, ou les triangles inſcrits dans le ſegment AEG, qu'il trouve les deux dernieres ſuites. On peut par le moyen de chacune d'elles calculer en pluſieurs dé-

cimales la valeur de l'aire hyperbolique entre les asymptotes : *Brouncker* en donne des exemples, & trouve par cette méthode les logarithmes hyperboliques de 2 & de 10.

De Mercator. C'est enfin à l'*Arithmétique des infinis* de *Wallis*, que nous devons à certains égards la découverte brillante par laquelle le Géometre Nicolas *Mercator* (*a*) s'illustra quelques années après. Car ce fut en cherchant à appliquer à l'hyperbole les regles de cette Arithmétique, qu'il trouva une suite pour exprimer l'aire hyperbolique entre les asymptotes. Voici de quelle maniere il y parvint.

Il suivoit de ce que *Wallis* avoit démontré dans l'ouvrage cité tant de fois, que si l'ordonnée d'une courbe étoit exprimée par une suite quelconque de puissances de l'abscisse, comme $1 + x + x^2 + x^3 + x^4$, &c. l'aire de cette courbe étoit $x + \frac{x^2}{2} + \frac{x^3}{3} + \frac{x^4}{4}$, &c. *Wallis* avoit aussi remarqué que prenant l'origine de l'abscisse sur l'asymptote, à une distance égale à BC, ou l'unité, de sorte que B*d* fût $= x$, l'ordonnée étoit $\frac{1}{1+x}$; mais cette expression ne tomboit point sous ses regles, & il avoit tenté en vain de l'y soumettre (*b*). *Fig. 85.*

Ce fût *Mercator* qui en vint à bout : il eut l'idée heureuse, & néanmoins fort simple, de diviser, par la méthode usitée, 1 par $1 + x$, & il trouva, au lieu d'un quotient fini, cette suite infinie $1 - x + x^2 - x^3 + x^4$, &c. La vérité de cette expression, & son identité avec la premiere, est facile à montrer lorsque x est moindre que l'unité : car alors la suite dont nous parlons est la différence des deux progressions géométriques décroissantes

(*a*) Nicolas Mercator (en Allemand Hauffmann), étoit du Duché de Holstein. Il vint s'établir vers l'an 1660 en Angleterre : il y demeura le reste de sa vie, & il fut un des premiers membres de la Société Royale. Nous ignorons les dates de sa naissance & de sa mort. On a de lui divers ouvrages, dont les principaux sont les suivans. *Hypoth. Astron. nova.* Lond. 1664. in-fol. On a parlé de cette hypothese à la fin du Livre IV. *Logarithmotechnia, &c.* Ibid. 1668. in-4°. *Institut. Astron.* Ibid. 1678. in-8°. Nous sommes fâchés, pour l'honneur de cet habile Mathématicien, qu'on ait trouvé après sa mort, parmi ses papiers, un Traité d'Astrologie Judiciaire. Voyez le *Supplément de Bayle*, par M. *de la Chauffepié.*

(*b*) On lit dans le Supplément de Bayle, à l'article de Newton, une remarque où l'on revendique à Wallis l'invention de Mercator, sur ce que, dit-on, Wallis avoit déja montré dans son *Opus Arithm.* imprimé en 1657, le développement de l'expression $1 : (1 + x)$. Mais nous pouvons assurer que l'Auteur de cette remarque, qui paroît être le Chevalier Jones, a mal vu, & qu'on ne trouve rien de semblable dans l'ouvrage cité, du moins de l'édition de 1657.

$1+x^2+x^4+x^6$, &c. & $x+x^3+x^5+x^7$, &c. qui étant sommées par la méthode ordinaire, & soustraites l'une de l'autre, donnent précisément $\frac{1}{1+x}$. La suite $x-\frac{x^2}{2}+\frac{x^3}{3}-\frac{x^4}{4}$, &c. sera donc égale, comme on l'a vu plus haut, à l'aire hyperbolique entre les asymptotes, répondante à l'abscisse x. Que si l'on suppose au contraire x négatif, c'est-à-dire, pris de B en δ, la suite précédente sera $x+\frac{x^2}{2}+\frac{x^3}{3}+\frac{x^4}{4}$, &c. *Mercator* publia sa découverte dans sa *Logarithmotechnia*, qui parut vers la fin de 1668. Il donna ce titre à son ouvrage, parce qu'il y applique principalement sa suite à la construction des logarithmes qui dépendent, comme on l'a dit tant de fois, de la quadrature de l'aire hyperbolique entre les asymptotes.

L'invention de *Mercator* fournit en effet un moyen commode de calculer les aires hyperboliques, tant que x est moindre que l'unité. Car supposons que x soit $\frac{1}{5}$, alors la suite en question se transforme en celle-ci $\frac{1}{5}-\frac{1}{2.25}+\frac{1}{3.125}-\frac{1}{4.625}$, &c. dont les termes décroissent rapidement, de telle sorte qu'ils arriveront bientôt à un degré de petitesse qui les rendra de nulle considération. Il suffira donc d'en additionner un certain nombre, ce que l'on fera commodément par le moyen des fractions décimales dont nous supposons la doctrine connue au lecteur. Ainsi l'on trouvera par la suite ci-dessus, que le logarithme hyperbolique de $\frac{6}{5}$, est 0. 1823215. On trouvera de même ceux de tous les nombres pareils qui excedent peu l'unité, & par leur combinaison mutuelle on tirera ceux de la plûpart des nombres entiers (*a*).

On a dit qu'il falloit supposer dans la suite ci-dessus x moindre que l'unité. En effet, à mesure que x approche davantage

(*a*) Car, par exemple, ayant le logarithme de $\frac{9}{8}$, & celui de $\frac{4}{3}$, on aura celui de 2, en ajoutant à celui de $\frac{9}{8}$ le double de celui de $\frac{4}{3}$, ou celui de $\frac{16}{9}$. Car $\frac{9}{8}\times\frac{16}{9}=2$. Maintenant ayant le logarithme de 2, & celui de $\frac{5}{4}$, on aura facilement celui de 10; car $\frac{5}{4}\times 8$, ou $\frac{5}{4}\times 2^3=10$: ainsi il faudra au logarithme de $\frac{5}{4}$, ajouter le triple de celui de 2. Avec le logarithme de $\frac{4}{3}$, & celui de $\frac{9}{8}$, ou le double de celui de $\frac{3}{2}$, on aura celui de 3, car $\frac{4}{3}\times\frac{9}{4}=3$. En ajoutant ceux de 10 & de $\frac{11}{10}$, on a celui de 11. Il est facile de concevoir par le moyen de ces exemples, comment on peut calculer les logarithmes des nombres entiers par le moyen de ceux des fractions peu différentes de l'unité.

de cette valeur, le calcul de la ſuite eſt plus laborieux, parce qu'elle converge plus lentement, c'eſt-à-dire, que ſes termes décroiſſent moins rapidement. L'inconvénient eſt encore plus grand, ſi x ſurpaſſe l'unité; car alors les termes de la ſuite, au lieu d'être décroiſſans, vont en croiſſant de plus en plus, ce qui la rend inutile. Mais il y a à cela divers remedes, entr'autres celui-ci: par exemple, ſi A*d* eſt ſuppoſé 17, & qu'on ait déja le logarithme de 2, & par conſéquent ceux de 4, de 8, de 16, il n'y a qu'à diviſer 17 par 16, ce qui donnera $\frac{17}{16}$, ou $1\frac{1}{16}$. Alors en faiſant $x = \frac{1}{16}$, on aura, par la ſuite ci-deſſus, le logarithme de $1\frac{1}{16}$, ou $\frac{17}{16}$; à quoi ſi l'on ajoute le log. de 16, qui eſt quadruple de celui de 2, on aura celui de 17. Telle eſt la maniere dont on pourra parvenir à trouver les log. des nombres premiers, pourvu qu'on ait ceux des 10 premiers de la ſuite naturelle.

Il faut remarquer que les logarithmes qu'on trouve par cette méthode, ne ſont pas ceux des Tables ordinaires. On les nomme par cette raiſon *hyperboliques;* mais ils ſont aux *Tabulaires*, c'eſt-à-dire, à ceux des Tables ordinaires, dans un rapport conſtant, ſçavoir celui de 2. 3025850 à 1. 0000000. Cela vient de ce que dans la conſtruction de logarithmes ordinaires, on a ſuppoſé d'abord, que celui de 10 étoit 1. 0000000; mais par le calcul fondé ſur la méthode ci-deſſus, on le trouve de 2. 3025850. Les logarithmes appellés hyperboliques, ſont ceux qui réſultent du calcul des aires de l'hyperbole équilatere entre les aſymptotes: les tabulaires repréſentent les aires d'une hyperbole dont les aſymptotes font entr'elles un angle de 54° & 16′. Mais tout comme les aires de ces deux hyperboles ſur mêmes abſciſſes ſont entr'elles dans un rapport conſtant, qui eſt celui de leur plus grand parallélogramme inſcrit dans les aſymptotes, de même les logarithmes hyperboliques & tabulaires ſont dans un rapport conſtant, ſçavoir de 2. 3025850 à 1. 0000000, ou de 1. 0000000 à 0. 4342944: ainſi l'on réduira facilement les uns aux autres; les hyperboliques aux tabulaires, en diviſant les premiers par 2. 3025850, ou au contraire les tabulaires aux hyperboliques, en multipliant ceux-là par 2. 3025850, ou les diviſant par 0. 4342944.

III.

Du D. Barrow, & de sa méthode des tangentes.

Parmi les Géometres contemporains de *Wallis*, & un peu antérieurs à *Newton*, qui ont principalement contribué à l'avancement de la Géométrie, on doit une place au D. *Barrow* (*a*). Ce Mathématicien célebre, publia en 1669, ses *Leçons Géométriques*, ouvrage rempli de recherches profondes sur la dimension & les propriétés des figures curvilignes. Nous nous en tiendrons à cet éloge; car nous ne pourrions, sans tomber dans des détails prolixes, donner une idée plus développée de ce Livre sçavant. Il ne falloit rien moins que les nouveaux calculs pour effacer tant d'inventions excellentes. Nous nous arrêterons seulement à une, sçavoir sa méthode des tangentes, à cause de sa liaison avec le calcul différentiel ou des fluxions.

Il faut se rappeller ici ce qu'on a dit sur la méthode de *Fermat*; car celle de *Barrow* n'est que cette méthode simplifiée. Le Géometre Anglois considere le petit triangle formé par la différence des deux ordonnées infiniment proches, leur distance & le côté infiniment petit de la courbe. Ce triangle est semblable à celui qui se forme par l'ordonnée, la tangente & la soutangente. Il cherche donc par l'équation de la courbe le rapport qu'ont ensemble ces deux côtés ba, aB du triangle Bba, lorsque la différence des ordonnées est infiniment petite (*b*); ensuite il

(*a*) Barrow, (Isaac) naquit à Londres, vers l'an 1630. Il promettoit peu dans sa jeunesse: mais lorsqu'il fut parvenu à un âge un peu plus mûr, son génie se développa, & il fit des progrès rapides dans presque toutes les connoissances. En 1660 il fut nommé à une Chaire de Grec à Cambridge; il la quitta peu après pour une de Mathématiques au College de Gresham, & enfin en 1668, il revint occuper à Cambridge celle de Géométrie, qu'on nomme Lucasienne, parce qu'elle est de la fondation de M. Lucas. Ce fut alors qu'il dicta ses excellentes *Leçons Optiques & Géométriques*, qui furent imprimées en 1669. Cette année le D. Barrow se démit de sa place en faveur de Newton, & dans la vue de se livrer principalement à la Théologie. Il mourut en 1678 à Cambridge, Recteur du College de la Trinité. Outre ses *Lect. Opticæ & Geometricæ*, on a de lui divers autres ouvrages Mathématiques, que voici. *Notæ in Eucl. Elem.* Cant. 1655. in-4°. *Euclidis data succinctè dem.* Ibid. 1659. in-4°. *Arch. opera*, *Appoll. Conica*, ac *Theod. Spherica, methodo novâ illustrata.* 1675. Lond. in-4°. *Lect. Math.* Cant. 1684. in-8°. Le célebre Tillotson publia en 1683, ses Œuvres Théologiques, Morales & Poétiques: on peut juger de leur mérite par celui de l'éditeur.

(*b*) Par exemple, si l'équation est $yy = px$, en supposant x devenir $x + e$, & l'ordonnée en même temps $y + a$, on a cette autre équation $yy + 2ay + aa = px + pe$. Otons de part & d'autre les

fait comme ab est à ae, ainsi l'ordonnée à la soutangente cherchée. Cette regle, si peu différente de celle de *Fermat*, ne differe, comme il est aisé de le voir, de celle du calcul différentiel, que par la notation. Ce que *Barrow* nomme e, a, on le nomme dans le calcul différentiel dx, dy, les co-ordonnées étant x & y. Il y a aussi une grande ressemblance entre la maniere dont on prend la différentielle, ou la fluxion d'une grandeur, & celle qu'emploie *Barrow* pour trouver le rapport des lettres e, a. Il ne lui étoit même pas impossible d'appliquer sa méthode aux expressions irrationnelles, de sorte qu'il toucha de fort près au calcul différentiel, & qu'il n'est guere besoin de recourir ailleurs qu'à ses ouvrages pour y trouver l'origine de ce calcul. *Fig.* 86.

IV.

De M. Newton & de ses premieres découvertes.

Tel étoit l'état de la Géométrie & de l'Analyse lorsque parut M. *Newton*. Cet homme immortel à tant de titres, naquit le 25 Décembre 1642 (vieux style), à Woolstrop, dans la Province de Lincoln, d'une famille noble qui possédoit depuis deux siecles la Seigneurie de ce nom, & qui étoit originaire de New-Town, ville de la Province de Lancastre. Il fit ses premieres études dans le College de Grantham, où il fut envoyé à l'âge de douze ans. Lorsqu'elles furent finies, sa mere crut devoir le rappeller dans la maison paternelle, afin qu'il commençât à veiller à ses affaires; mais *Newton* ne rapporta de l'Université qu'un esprit si éloigné de ce genre d'occupations, & si porté à l'étude, qu'il fallut l'y renvoyer afin qu'il pût y suivre son goût. Ce fut alors qu'il commença à étudier les Mathématiques. Un génie si sublime ne devoit pas suivre la route ordinaire; *Newton* ne fit, dit-on, que jetter les yeux sur les Elémens d'Euclide; il passa sur le champ à des Livres de Géométrie sublime, comme la *Géométrie* de *Descartes*, & l'*Arithmétique des infinis* de *Wallis*. En lisant ces ouvrages, il ne se bornoit pas à les entendre, mais portant déja

quantités yy & px, qui sont égales, restera $2ay + aa = pe$, ou parce que aa est infiniment petit, $2ay = pe$. Donc $a : e :: p : 2y :: p : 2\sqrt{px}$. Mais a est à e, comme l'ordonnée à la soutangente; donc $a : e$, ou $p : 2\sqrt{px}, :: \sqrt{px} : 2x$, par conséquent la soutangente cherchée est égale à $2x$.

ſes vues au-delà de celles de l'Auteur, il faiſoit dès-lors comme par occaſion une ample moiſſon de découvertes. C'eſt ainſi que s'offrirent à lui ſes premieres inventions analytiques, comme on le verra dans le récit que nous en ferons.

Le mérite de M. *Newton* ne tarda pas à ſe faire jour. Le D. *Barrow*, ſi bon juge en ſes matieres, le connut, l'admira, & quittant ſa place de Profeſſeur à Cambridge, la lui procura. Il n'avoit encore que vingt-ſept ans, mais il étoit déja en poſſeſſion, & même depuis quelques années, de deux de ſes plus belles découvertes, ſa théorie de la lumiere, & ſon calcul des fluxions. Il commença alors à dévoiler la premiere, dans ſes *Leçons Optiques*, ouvrage ſublime, ſoit par les recherches d'Optique & de Géométrie mixte, qui y ſont répandues, ſoit par cette nouvelle théorie qui en eſt l'objet principal. Il mettoit en ordre dans le même temps ſon Traité intitulé *Méthode des Fluxions*, ſe propoſant de le publier inceſſamment avec le précédent. Mais les objections précipitées qui lui vinrent de divers côtés contre ſes découvertes Optiques, ſi-tôt qu'il en eut publié le précis dans les *Tranſactions*, le détournerent de ſon deſſein. Plus flatté de la tranquillité que de la gloire, il les ſupprima l'un & l'autre. Des découvertes ſans nombre, & divers écrits ſont l'ouvrage de ce temps où il profeſſoit les Mathématiques à Cambridge, entr'autres ſes *Principes Mathématiques de la Philoſophie Naturelle*, ce Livre immortel qui fera à jamais l'admiration de tous les ſiecles éclairés. On en rendra ailleurs un compte ſi étendu, que pour ne point nous répéter inutilement, nous nous bornerons ici à cet éloge, encore trop foible expreſſion de l'eſtime dûe à cette ſublime production de l'eſprit humain.

Un mérite tel que celui de M. *Newton*, étoit digne d'un autre théâtre que celui où nous l'avons vu juſqu'ici. On le ſentit en 1696. Milord *Montague*, Comte d'Halifax, lui procura la place de Directeur des Monnoyes de Londres. *Newton* la remplit en homme de génie, & fit dans certaines circonſtances difficiles, des opérations également ſçavantes & utiles. En 1705, il fut crée Chevalier par la Reine Anne. Cette Princeſſe ne ſe borna pas à cette faveur : elle lui fit ſouvent l'honneur de s'entretenir avec lui ſur les matieres les plus

plus ſçavantes, & on l'entendit plus d'une fois ſe féliciter d'avoir eu un ſi grand homme pour ſon contemporain & ſon ſujet.

M. *Newton* jouit d'une ſanté heureuſe juſqu'à près de 80 ans : elle commença alors à s'affoiblir, & au commencement de 1727 il fut attaqué de la pierre. Il montra dans cette circonſtance autant de fermeté qu'il avoit déployé de ſagacité durant le cours de ſa vie. Au milieu des cruels accès qui terminerent ſes jours, on ne le vit jamais proférer une plainte, & ſi les gouttes d'eau qui couloient le long de ſon front, n'euſſent été des marques de la violente douleur qu'il éprouvoit intérieurement, on l'eût cru dans un état tranquille. Il mourut enfin le 20 Mars 1727 (v. ſt.), âgé de 84 ans & trois mois. La Grande-Bretagne crut devoir montrer qu'elle étoit ſenſible à l'honneur d'avoir produit un homme ſi ſupérieur. Son corps fût transféré à l'Abbaye de Weſtminſter, & déposé ſur un lit de parade. Il fut conduit delà au lieu deſtiné pour ſa ſépulture, avec une ſuite nombreuſe des plus grands Seigneurs. Le grand Chancelier d'Angleterre, les Ducs de Montroſe & de Roxbury, les Comtes de Pembrock, de Suſſex & de Maclesfied, ſe firent un honneur de porter le drap mortuaire. Sa famille lui a depuis élevé un monument où l'on lit cette Epitaphe.

H. S. E. *ISAACUS NEWTONUS, eques auratus, qui animi vi propè divinâ, planetarum motus, figuras, cometarum ſemitas, Oceanique æſtus, ſuâ Matheſi lucem preferente, primus demonſtravit. Radiorum lucis diſſimilitudines, colorumque indè naſcentium proprietates, quas nemo antè ſuſpicatus erat, perveſtigavit. Naturæ, Antiquitatis, S. Script. ſedulus, ſagax, fidus, interpres, Dei O. M. Majeſtatem Philoſophiâ aperuit, Evangelii ſimplicitatem moribus expreſſit. Sibi gratulentur mortales tale tantumque extitiſſe humani generis decus.*

Natus XXV. *Decemb.* A. D. MDCXLII; *obiit Martii* XX. MDCCXXVI. (*a*)

Les ouvrages de M. *Newton* ſont en grand nombre : les voici ſommairement raſſemblés par ordre des dates de leur impreſſion. Nous paſſons légérement ſur les notes dont il enrichit l'édition de la *Géographie* de *Varenius*, donnée en 1672,

(*a*) C'eſt-à-dire 1727, parce qu'en Angleterre l'année ne commence qu'à Pâques.

pour nous arrêter à ses *Principes de la Philosophie Naturelle.* Ce sublime Livre parut en 1687 (*a*), & a eu depuis diverses éditions. Il a été sçavamment commenté par les PP. *Jacquier* & le *Sueur*, Religieux Minimes, & profonds Géometres (*b*); & il doit dans peu én paroître une traduction Françoise, avec un Commentaire sur les endroits les plus importans; ouvrage de Madame la Marquise *du Châtelet*, auquel a présidé M. *Clairault*, qui en a fourni les matériaux conjointement avec plusieurs autres célebres Géometres. M. *Newton* publia en 1704, son *Optique* (*c*), avec les deux Traités Latins, *De Quadraturâ curvarum*, & *Enumeratio curvarum tertii ordinis*, réimprimés depuis en 1711, avec deux autres écrits Latins de M. *Newton;* sçavoir son *Analysis per æquat. numero terminorum infinitas*, & sa *Methodus differentialis.* Les deux premiers de ces Traités ont été commentés, l'un par M. *Steward*, l'autre par le célebre Géometre M. *Stirling* (*d*). Nous revenons pour quelques momens sur nos pas, afin de ne pas oublier l'*Arithmetica universalis*, qui parut en 1707; nous en avons donné ailleurs l'idée convenable, & nous y renvoyons. Après la mort de M. *Newton*, ont encore paru divers ouvrages qu'il n'avoit pas eu le temps, ou qu'il avoit négligé de publier : telles sont ses *Leçons Optiques*, ouvrage en grande partie différent de son Optique, en 1718; son Livre *de Systemate Mundi*, en 1731; sa *Méthode des Fluxions & des suites infinies*, publiée en Anglois en 1736, & dont nous avons une traduction Françoise donnée en 1740, par M. de *Buffon.* Nous ne devons pas omettre sa *Chronologie des anciens Royaumes corrigée*, ouvrage aussi posthume, qui parut en 1738, & dont l'abrégé avoit déja été furtivement publié à Paris en 1725. Si le systême chronologique que tâche d'y établir M. *Newton*, n'est pas vrai, il est du moins séduisant, & il prouve la profonde érudition que son Auteur joignoit à ses connoissances Mathématiques. Nous glissons légérement sur ses *Observations concernant les*

(*a*) *Cantabrig.* in-4°. 1687. *Ibid.* 1713, & *Amstel.* 1714. *Lond.* 1726. Il y en a une traduction Angloise enrichie de notes par M. Machin, qui parut en 2. vol. in-8°. 174..

(*b*) *Phil. Nat. principiâ Math. perpetuis Comm. illustrata.* Genev. 1742. 3. vol. in-4°.

(*c*) *Angl. Lond.* in-4°. *Ibid.* 1717 & 1721. in-8°. *Latinè.* Lond. 1706, 1719. in-4°. En François, Amsterd. 1720, & Paris 1722. in-8°.

(*d*) *Illustratio tract.* D. Newtoni, *de enumeratione curvarum tertii ordinis.* Oxon. 1717.

prophéties de Daniel & l'Apocalypse. Ailleurs qu'à Geneve & à Londres, on eût cru l'honneur de M. *Newton* intéressé à ce que ces observations ne vissent pas le jour. Tous ces écrits enfin, à l'exception des *Principes*, de *l'Arithmétique universelle*, & de *l'Optique*, ont été rassemblés sous le titre d'*Opuscula*, & publiés à Geneve en trois volumes in-4°. On y trouve aussi quantité de pieces extraites des *Transactions*, du *Commercium Epistolicum*, & d'autres ouvrages. L'énumération en seroit trop longue; nous préférons de passer à l'exposition des découvertes analytiques de M. *Newton*.

Les idées de *Wallis* sur les interpolations, furent l'occasion des premieres découvertes de *Newton*. Lorsqu'il commença à se jetter dans la carriere des Mathématiques, ce qui fut vers la fin de l'année 1663, un des premiers Livres qu'il lut, fut l'*Arithmétique des infinis*, dont nous avons si souvent parlé. On doit se ressouvenir que *Wallis* y montroit la maniere de quarrer toutes les courbes dont (x étant l'abscisse), l'ordonnée étoit exprimée par $\overline{1-xx}^{m}$, tant que m étoit un nombre entier positif ou zero ; & qu'en supposant m successivement 0, 1, 2, 3, &c. les aires qui répondoient à l'abscisse x, étoient respectivement x, $x - \frac{1}{3}x^3$, $x - \frac{2}{3}x^3 + \frac{1}{5}x^5$, $x - x^3 + \frac{3}{5}x^5 - \frac{1}{7}x^7$, &c. Ainsi, disoit-il, tout comme l'exposant de $\overline{1-xx}^{\frac{1}{2}}$, qui est l'expression de l'ordonnée du cercle, est le terme moyen entre 0 & 1, de même dans la suite x, $x - \frac{1}{3}x^3$, &c. la valeur de l'aire circulaire répondante à l'abscisse x, est le terme moyen entre les deux premiers x, $x - \frac{1}{3}x^3$. Mais *Wallis* ne put parvenir à trouver ce terme; cette découverte étoit réservée à un des premiers efforts de M. *Newton*. Nous allons faire d'après lui-même l'histoire de ses méditations sur ce sujet (*a*).

Pour rendre sensible ce que nous avons à dire ici, il nous faut exposer d'une maniere plus distincte la suite des expressions entre les deux premieres desquelles il faut en interpoler une autre. Nous les réduirons pour cet effet en une espece de Table qui comprendra les quatre ou cinq premieres. Ce sont

(*a*) *Comm. Epist. de Analysi promotâ*, p. 67. Newtoni *Opuscula*. T. 1, p. 328.

$x.$

$x - \frac{1}{3} x^3.$

$x - \frac{2}{3} x^3 + \frac{1}{5} x^5.$

$x - \frac{3}{3} x^3 + \frac{3}{5} x^5 - \frac{1}{7} x^7.$

$x - \frac{4}{3} x^3 + \frac{6}{5} x^5 - \frac{4}{7} x^7 - \frac{1}{9} x^9.$

Considérons maintenant cette Table, & nous y remarquerons, 1°. Que tous les premiers termes sont x. 2°. Que les signes sont alternativement positifs & négatifs. 3°. Que les puissances de x y croissent par degrés impairs. Ce doivent donc être là des conditions communes à l'expression cherchée, & aux précédentes; & comme il est facile de s'y conformer, il n'y a plus que les coefficiens qui fassent de la difficulté. Pour cela, remarquons encore avec M. *Newton*, que le dénominateur de chaque fraction qui forme le coefficient de chaque terme, est l'exposant même de la puissance de x dans ce terme. A l'égard des numerateurs dans la seconde colonne, on remarque qu'ils croissent par des différences égales; dans la troisieme ce sont les nombres triangulaires 1, 3, 6, &c. Dans la quatrieme les nombres pyramidaux 1, 4, 10, &c.

Ce fut sans doute par cette considération que M. *Newton* parvint à démêler que m étant l'exposant de $1 - xx$, la suite de ces numérateurs étoit en général $1, m, \frac{m.\, m-1}{1.\ 2.}, \frac{m.\, m-1.\, m-2}{1.\ 2.\ 3.}$ &c. En effet, m, exprimant un nombre entier quelconque, $\frac{m.\, m-1}{1.\ 2}$ est l'expression générale de la suite de nombres triangulaires, $\frac{m.\, m-1.\, m-2}{1.\ 2.\ 3.}$ est celle des nombres pyramidaux, &c. Il est aisé d'en faire l'épreuve sur les termes connus; puis donc que ces expressions sont vraies à l'égard de m, tant qu'il est un nombre entier, elles le seront de même si m est un nombre rompu, par exemple $\frac{1}{2}$ dans le cas présent. Ainsi les numérateurs cherchés pour le terme moyen, entre le premier & le second de la suite ci-dessus, sont $1, \frac{1}{2}, \frac{-1}{8}, \frac{1}{16}, \frac{-5}{128}$, qui multipliant respectivement les termes que nous avons vu devoir être $x, \frac{-x^3}{3}, \frac{+x^5}{5}, \frac{-x^7}{7}, \frac{+x^9}{9}$, &c. donnent pour la suite cherchée, $x - \frac{1}{6}x^3 - \frac{1}{8.5}x^5 - \frac{1}{16.7}x^7 - \frac{5}{128.9}x^9$. &c. C'eſt-là la valeur de l'aire du ſegment circulaire répondant à l'abſciſſe x, priſe à commencer du centre. M. *Newton* s'apperçut bientôt après qu'il y avoit une maniere plus ſimple de trouver la même ſuite; c'eſt d'extraire par la méthode ordinaire la racine de $1 - xx$, & de continuer l'opération juſqu'à ce qu'on ait un aſſez grand nombre de termes pour appercevoir la loi de la progreſſion. On trouve par cette voie que $\sqrt{1 - xx}$, eſt $x - \frac{xx}{2} - \frac{x^4}{8} - \frac{x^6}{16} - \frac{5}{128}x^8$, &c. ce qui étant traité ſuivant les regles de l'Arithmétique des infinis, donne la même ſuite que ci-deſſus.

Cette découverte mit *Newton* en poſſeſſion d'une autre non moins intéreſſante, & qui auroit dû naturellement précéder celle qu'on vient de voir, ſi le génie inventeur ſuivoit toujours le chemin le plus facile. C'eſt le développement de la puiſſance $\overline{1 - xx}^m$ (m étant un nombre quelconque) en expreſſion rationnelle. Il remarqua qu'il n'y avoit qu'à omettre dans la formule précédente les dénominateurs 3. 5. 7. & abaiſſer chaque puiſſance d'une unité, &c. Ainſi $\overline{1 \pm xx}^m$. n'eſt autre choſe que $1 \pm mxx + \frac{m.\overline{m-1}}{1.\ 2}x^4 \pm \frac{m.\overline{m-1}.\overline{m-2}}{1.\ 2.\ 3}x^6$, &c; ce qui donne auſſi l'expreſſion générale de $\overline{a \pm b}^m$; car $\overline{a \pm b}^m = a^m \times (1 \pm \frac{b}{a})^m$. Mais $(1 \pm \frac{b}{a})^m$ eſt $1 \pm m.\frac{b}{a} + \frac{m.\overline{m-1}}{1.\ 2}.\frac{b^2}{a^2} \pm \frac{m.\overline{m-1}.\overline{m-2}}{1.\ 2.\ 3}.\frac{b^3}{a^3}$: on a donc, en multipliant tout cela par a^m, on a, dis-je, $(a \pm b)^m = a^m \pm m.a^{m-1}b + \frac{m.\overline{m-1}}{1.\ 2}.a^{m-2}b^2$, &c. Ce peu de termes ſuffit pour montrer la loi de la progreſſion. Elle ſe terminera ſi m eſt un nombre entier & poſitif; car alors il arrivera que m moins un nombre de la progreſſion naturelle, deviendra zero, ce qui rendra nul ce terme, auſſi-bien que chacun des ſuivans. Si m eſt négatif ou un nombre rompu, cette ſuite aura un nombre infini de termes. C'eſt-là la fameuſe regle nommée communément le binome de *Newton*, regle d'un uſage infini dans l'analyſe ordinaire, pour l'extraction approchée & expéditive des racines, de même que dans le calcul intégral.

M. *Newton* étoit déja parvenu à ces découvertes & à diverſes autres, pluſieurs années avant que *Mercator* publiât ſa *Logarithmotechnie*, qui ne comprend qu'un cas particulier de la théorie ci-deſſus. Mais par un excès de modeſtie & d'indifférence pour ces fruits de ſon génie, il ne ſe preſſoit point de ſe faire connoître en les mettant au jour. Sur ces entrefaites parut l'ouvrage de *Mercator*: c'eût été pour tout autre, un motif puiſſant de ſe hâter de prendre part à la gloire attachée à ces découvertes brillantes; mais bien au contraire, cela ne ſervit qu'à confirmer *Newton* dans ſa réſolution. Il penſa que *Mercator* ayant trouvé la ſuite pour l'hyperbole, comme on l'a dit, il ne tarderoit pas d'étendre ſa méthode au cercle & aux autres courbes, ou que ſi *Mercator* ne le faiſoit pas, cette invention n'échapperoit pas à d'autres. En effet, il eſt ſurprenant que *Mercator* ayant réſolu par la diviſion ordinaire l'expreſſion $1 : 1 \pm x$ en une ſuite infinie, n'ait pas eu l'idée de tenter l'extraction de racine ſur celle-ci $\sqrt{1 \pm xx}$. M. *Newton* enfin ne ſe croyoit pas encore d'un âge aſſez mûr pour oſer rien mettre au grand jour (*a*), rare exemple de modeſtie, & qui mérite bien d'être mis en contraſte avec la confiance de ces Ecrivains que nous voyons ſi ſouvent écrire ſur des matieres avant que de les avoir étudiées.

M. *Newton* vint alors à être connu du D. *Barrow*. Ce ſçavant Géometre ſentit auſſi-tôt tout le prix de cet homme extraordinaire, il l'exhorta à ne pas enfouir davantage tant de tréſors, & il le détermina à lui permettre d'envoyer à un de ſes amis de Londres, un écrit qui étoit le précis ſommaire de quelques-unes de ces découvertes. Cet écrit eſt celui qui a paru depuis ſous le titre de *Analyſis per æquationes numero terminorum infinitas*. Outre l'extraction des racines de toutes les équations, & la méthode de réduire les expreſſions fractionnaires ou irrationnelles en ſuite infinie, il contient l'application de toutes ces inventions à la quadrature, & à la rectification des courbes, avec diverſes ſuites pour le cercle & l'hyper-

(*a*) *New. Epiſt. poſt. comm. Epiſt.*

bole. On y trouve aussi la méthode du retour des suites, c'est-à-dire, la maniere de dégager l'indéterminée qui entre dans tous les termes d'une suite, & d'en trouver la valeur par une autre, qui ne contient que des quantités connues, ou bien la maniere de revenir à l'abscisse ou à l'ordonnée, ayant une suite qui exprime l'aire, ou l'arc par cette abscisse, ou cette ordonnée. *Newton* ne s'y borne pas aux courbes géométriques: il donne quelques exemples de quadratures de courbes méchaniques. Il y parle d'une méthode des tangentes, dont il étoit en possession; méthode qui n'étoit point arrêtée par les irrationalités, & qui s'appliquoit aussi-bien aux courbes méchaniques qu'aux géométriques. On y voit enfin le principe *des Fluxions* & *des Fluentes* assez clairement expliqué & démontré, de sorte qu'il est incontestable que *Newton* étoit dès-lors en possession de cet admirable calcul. Car les éditeurs de cet écrit, dans le *Comm. Epistolicum*, nous attestent qu'il a été fidélement publié d'après la copie que *Collins* en avoit tirée sur le manuscrit envoyé par *Barrow*. Ce qui n'est présenté que sommairement & avec une précision extrême dans cet écrit, *Newton* sollicité par *Barrow*, travailla bientôt après à l'étendre davantage; ce qui donna lieu à l'ouvrage intitulé *Methodus Fluxionum*, & *Serierum infinitarum*. Il étoit prêt à le faire imprimer en 1671, à la suite de l'Algebre d'un certain *Kinckuysen*, qu'il avoit enrichie de ses notes. Ce projet n'eût pas lieu, à cause d'un incendie qui consuma une partie de ses papiers, & entr'autres ce Traité, à la suite duquel il vouloit mettre le sien. Il fut ensuite sur le point de le publier avec ses *Leçons Optiques;* mais à la vue des chicanes qu'il commença à essuyer à l'occasion de ses découvertes sur la lumiere, il prit le parti de les supprimer l'un & l'autre: ce sont-là les causes pour lesquelles cet excellent Traité a été si long-temps enseveli dans l'oubli par son Auteur, au grand détriment de la Géométrie.

V.

Idée du principe des fluxions & de leur application.

Nous ne devons pas différer davantage à donner une idée distincte du principe sur lequel est établie la méthode dont nous parlons. Car quoique pour l'effet elle soit la même que celle du calcul différentiel, la maniere dont M. *Newton* enviſage la ſienne eſt bien plus lumineuſe. Il y a plus, cette maniere a l'avantage de prévenir toutes les difficultés qu'on a élevées contre le calcul de *Leibnitz*, du moins en ce qui concerne les ſecondes différences. Ces difficultés ne ſont, il eſt vrai, que des chicanes, mais c'eſt toujours un mérite que de préſenter les choſes ſous un point de vue ſi lumineux, que la chicane même ne puiſſe trouver à s'y attacher.

La méthode Newtonienne des fluxions & des fluentes, eſt fondée ſur les notions évidentes du mouvement. Lorſqu'un corps ſe meut uniformément, la vîteſſe qu'il a, à chaque inſtant, eſt la même; mais il en eſt autrement d'un corps qui ſe meut d'un mouvement accéléré, qui tombe, par exemple, en vertu de ſa peſanteur. Ce corps a une vîteſſe différente à chaque inſtant, & cette vîteſſe eſt celle avec laquelle il continueroit de ſe mouvoir, ſi la peſanteur ou la force qui l'accélere ceſſoit d'exercer ſur lui ſon action. Il en eſt de même du mouvement retardé; la vîteſſe à chaque point de l'eſpace parcouru par un mouvement ſemblable, eſt celle avec laquelle le corps continueroit à ſe mouvoir, ſi la cauſe retardatrice ceſſoit d'agir. La vîteſſe d'un corps mu d'un mouvement, ſoit accéléré, ſoit retardé, pourroit être meſurée par l'eſpace que ce corps parcourroit dans un certain temps donné, ſon mouvement ceſſant d'être altéré par l'action de la cauſe qu'on a dit ci-deſſus.

Ceci s'applique avec une clarté lumineuſe à la théorie des fluxions. Toute ligne courbe peut être conçue décrite par deux mouvemens: l'un eſt celui de l'ordonnée tranſportée parallélement à elle-même le long de l'abſciſſe, l'autre celui d'un point qui parcourt l'ordonnée en s'éloignant de l'axe ou de l'extrêmité de cette ordonnée. On ſuppoſe pour ſimplifier les idées, que le premier eſt uniforme; mais le ſecond eſt varié, ſinon la courbe dégénereroit en une ligne droite, comme il
Fig. 87. eſt aiſé de voir. S'il eſt accéléré, cette courbe ſera convexe vers ſon axe, & ce ſera le contraire s'il eſt retardé. Mais à chaque point où eſt parvenu le mobile C, la vîteſſe avec laquelle il flue ou ſe meut le long de BC, ce que M. *Newton* appelle la fluxion de l'ordonnée, ſera exprimée non par l'eſpace E*e*, qu'il parcourra dans le temps, pendant lequel l'ordonnée parcourra B*b*, mais par l'eſpace E*e*, qu'il parcourroit

parcourroit avec la vîtesse acquise au point C, conservée sans augmentation ni diminution. Car ce point décrivant ne parvient en *c* qu'en vertu de l'accélération ou de la retardation qu'il éprouve durant le temps que l'ordonnée met à parcourir B*b*, puisque s'il n'eût pas été accéléré ou retardé, l'espace qu'il eût parcouru eût été la ligne E*e*, interceptée entre la parallele CE & la tangente au point C.

Ce que nous venons de dire montre déja le principe de la regle des tangentes dans ce calcul. Sans faire aucune supposition dure, comme celle-ci, que les parties infiniment petites de courbe sont des lignes droites, & que les tangentes sont leurs prolongations, on peut prendre l'intervalle entre deux ordonnées quelconques BC, *bc*, si grand qu'on voudra; & si FC*e* est tangente au point C, & CE parallele à l'axe, CE sera la fluxion de l'abscisse, & E*e* la fluxion correspondante de l'ordonnée, de sorte qu'il est évident que la fluxion de l'ordonnée est à celle de l'abscisse, comme l'ordonnée à la soutangente. On verra ensuite comment, par l'expression analytique de la courbe, on trouve le rapport de ces deux fluxions. De même c'est la ligne C*e* qui est la fluxion de la ligne courbe AC; ainsi l'on voit encore que le quarré de la fluxion de la courbe, est égal à la somme de ceux des fluxions des coordonnées, ce qui est le principe des rectifications.

Il n'est guere plus difficile de déterminer, à l'aide des principes ci-dessus, quelle est la fluxion d'une aire curviligne. Ce n'est pas l'espace CB*bc*, dont croît réellement cette aire, mais le rectangle BE, formé de l'ordonnée par la fluxion de l'abscisse. Car, pour prendre l'exemple le plus simple, dans le triangle où l'abscisse flue uniformément, l'aire croît ou flue d'un mouvement accéléré, puisqu'en temps égaux les accroissemens sont de plus en plus grands. Or il est évident que le petit triangle CE*e*, est ce qui est produit en vertu de cette accélération. Il faut donc le rejetter; & la vraie vîtesse de l'aire croissante AB*c*, quand elle est parvenue à cette grandeur, est le rectangle CB*bc*. Ce qu'on vient de dire du triangle s'applique facilement aux autres courbes. Ainsi la fluxion d'une aire quelconque est le produit de l'ordonnée par la fluxion de l'abscisse. Celle d'un solide est le produit de la fluxion de l'abscisse par la surface génératrice, qui sera, par exemple, le cercle décrit du rayon BC, si ce solide est le cône ou le conoïde produit par la circonvolution de la figure ABC autour de AB.

Cette maniere d'envisager l'accroissement des figures, nous conduit naturellement aux fluxions des fluxions, & aux fluxions de tous les ordres, sans qu'on puisse leur opposer aucune des difficultés qu'on a élevées contre les secondes, troisiemes différences, &c. du calcul différentiel. Car imaginons sur le même axe AB, une courbe D*d*D, dont chaque ordonnée BD soit comme la fluxion de BC, ou la vîtesse qu'a le point décrivant C sur BC. Cette vîtesse est-elle uniforme, la ligne
Fig. 89. D*d*D ne sera qu'une parallele à l'axe, & BD n'aura conséquemment aucune fluxion; il n'y en aura aussi aucune seconde pour l'ordonnée BC. Mais la vîtesse du point C, est-elle continuellement accélérée ou retardée, l'ordonnée BC croîtra ou décroîtra. Cette ordonnée aura par conséquent une fluxion qui sera évidemment la seconde de l'ordonnée BC, ou sa fluxion de fluxion. Cet exemple nous servira encore à montrer ce que sont les fluxions des ordres ultérieurs. Car si la courbe D*d* n'est pas une simple ligne droite inclinée à l'axe, l'ordonnée BD aura elle-même une seconde fluxion, qui sera conséquemment la troisieme de l'ordonnée BC. On peut de même prouver & rendre sensibles les fluxions des ordres quatrieme, cinquieme, &c. En général une courbe d'un degré m, ne sçauroit avoir de fluxions d'un ordre plus élevé que celui qui est dénommé par m; mais une courbe méchanique peut en avoir de tous les degrés à l'infini. Cela arrive à la logarithmique, parce que la courbe sur le même axe qui désigne le rapport des premieres fluxions, est elle-même une logarithmique; d'où il est évident que celle qui désigneroit le rapport des fluxions de celle-ci, en seroit encore une, & ainsi à l'infini.

Après avoir fait connoître en quoi consiste la méthode des fluxions, il nous faut entrer dans l'exposition sommaire de leur calcul. Car ce seroit peu que d'être en possession des principes qu'on vient d'établir, si l'on n'avoit le moyen de trouver le rapport des fluxions des différentes especes de grandeurs, dans les divers cas, & suivant les diverses équations des courbes. Il faut d'abord désigner la fluxion d'une quantité simple, comme x, par quelque signe. M. *Newton* le fait tantôt par $\dot{x}$, tantôt par ox, quelquefois par X, ou par quelque autre lettre, comme p. Mais le premier signe est celui qui a été adopté en Angleterre dans l'usage ordinaire, tandis que la plûpart des Géometres du continent se servent de celui-ci dx. Lors donc qu'on aura une quantité simple & variable, comme x, il sera facile de trouver sa fluxion, & au contraire ayant une fluxion comme $\dot{x}$, on verra aussi-tôt que sa fluente, ou la quantité dont elle est la fluxion, est x. De même la fluxion de mx, (m étant une grandeur constante ou invariable) est $m\dot{x}$. Après ce cas, le plus simple & le premier de tous, vient celui où on a le produit de deux grandeurs, comme xy. Pour avoir leur fluxion, qu'on se représente un rectangle comme AC, dont les côtés sont x & y. De même qu'on a montré que la fluxion de l'aire d'un triangle, comme ABC, est simplement BE, & non l'aire entiere BCcb, de même il est facile de prouver que la fluxion du rectangle AC, n'est que la somme des fluxions BE, DF, c'est-à-dire, $y\dot{x}+x\dot{y}$; & *vice versâ*, si l'on a une fluxion de cette forme, on pourra dire que la quantité dont elle provient, est xy. Delà il est facile de tirer par la seule analyse, & sans aucune considération immédiate du principe des fluxions, le rapport de celles de toutes les autres sortes de grandeurs, quelle que soit leur forme & leur composition. On en donne des exemples dans la note suivante (*a*). *Fig.* 90.

(*a*) En effet, la fluxion de xy étant $y\dot{x}+x\dot{y}$, on démontrera facilement que celle de xyz sera $yz\dot{x}+xz\dot{y}+xy\dot{z}$. Car que l'on suppose xy égal à u, on aura $xyz=uz$ dont la fluxion sera $u\dot{z}+z\dot{u}$, & l'on a $\dot{u}=x\dot{y}+y\dot{x}$. Ainsi mettant à la place de u & $\dot{u}$ leurs valeurs, on aura l'expression ci-dessus, d'où il est facile de tirer la regle générale pour tous les cas semblables. Cela montre encore que la fluxion d'un quarré xx est $2x\dot{x}$. Car alors y étant $=x$, on a $y\dot{x}+x\dot{y}=x\dot{x}+x\dot{x}=2x\dot{x}$. De même la fluxion de x^3 sera $3x^2\dot{x}$, & enfin celle de x^m, sera $mx^{m-1}\dot{x}$. Et *vice versâ*, la fluente de $2x\dot{x}$ sera xx, & par conséquent celle de $x\dot{x}$ sera $\frac{xx}{2}$. Celle de $x^2\dot{x}$ sera $\frac{x^3}{3}$, & enfin celle de $x^n\dot{x}$ sera $\frac{1}{n+1}x^{n+1}\dot{x}$; c'est-à-dire, qu'il faudra augmenter l'exposant de l'unité, effacer le signe de fluxion, & diviser par cet exposant ainsi augmenté. On peut tirer de la même regle générale les fluxions des radicaux; car $\sqrt{z}$ n'est que $z^{\frac{1}{2}}$. Donc sa fluxion sera $\frac{1}{2}z^{\frac{1}{2}-1}\dot{z}$, ou $\frac{1}{2}z^{-\frac{1}{2}}\dot{z}$, ou $\dot{z}:2\sqrt{z}$. Si l'on avoit quelque doute sur cette conséquence, nous la prouverions de cette maniere. Soit $\sqrt{z}=y$: donc $z=yy$, & $dz=2y\,dy$, & $dz:2y$, ou $dz:2\sqrt{z}=dy=$ à la fluxion de $\sqrt{z}$. De même la fluxion de $\sqrt[n]{z}$ est $\dot{z}:nz^{\frac{n-1}{n}}$. Tout ce que nous venons de dire est également vrai des quantités complexes, comme seroit $(aaxx)^n$. Sa fluxion est $2nx\dot{x}\times(aa\ xx)^{n-1}$. Enfin si

Ce que nous venons de dire sur la nature des fluxions, c'est le précis de l'excellent Livre de M. *Maclaurin*, qui a pris un soin particulier de développer l'idée de *Newton*, & d'écarter toutes les difficultés qu'on pourroit élever à ce sujet. M. *Newton* conçoit encore ses fluxions d'une autre maniere, sçavoir comme les dernieres raisons des accroissemens simultanés de deux grandeurs qui dépendent l'une de l'autre. Nous allons éclaircir ceci; qu'on conçoive une courbe comme A C *c*, &
Fig. 91. deux ordonnées à une distance indéterminée B *b*, avec la parallele CD. Les côtés CD, D *c*, représentent les accroissemens respectifs & simultanés de l'abscisse AB, & de l'ordonnée BC. Que C *b* se rapproche de BC, la sécante C *c* tournant sur le point C, & se rapprochant de plus en plus de la tangente. Il est visible que le petit triangle C D *c*, approchera de plus en plus d'être semblable avec celui que forment la tangente CF, & les lignes FB, BC. Donc la raison des côtés FB, BC, est la limite vers laquelle s'approche continuellement celle des côtés CD, D *c*, & qu'elle atteint à l'instant où ils s'anéantissent. Pour trouver donc cette raison, supposons l'abscisse égale à x, & l'ordonnée représentée par une fonction de x, comme x^n. Que l'accroissement de x soit désigné par $\dot{x}$; tandis que x deviendra $x + \dot{x}$, x^n deviendra $(x + \dot{x})^n$, ou $x^n + n x^{n-1} \dot{x} + \frac{n . n-1}{2} x^{n-2} \dot{x}^2$, &c. suivant la formule connue. Les accroissemens respectifs seront donc comme $\dot{x}$, & $n x^{n-1} \dot{x} + \frac{n . n-1}{2} . x^{n-2} \dot{x}^2$, &c, ou comme 1, & $n x^{n-1} + \frac{n . n-1}{1 . 2} . x^{n-2} \dot{x}$, &c. Donc à l'instant où $\dot{x}$ de-

l'on a une quantité comme celle-ci $\frac{y}{z}$, sa fluxion sera $\frac{z\dot{y} - y\dot{z}}{zz}$; ce qu'on démontre, soit en regardant $\frac{y}{z}$, comme $y z^{-1}$, ou en faisant $\frac{y}{z} = u$; ce qui donne $y = z u$, & $\dot{y} = z\dot{u} + u\dot{z}$, d'où l'on tire par les regles vulgaires de l'Algebre, la fluxion de $\frac{y}{z}$, égale à l'expression ci-dessus.

Le calcul des fluxions du second ordre, est absolument semblable. La fluxion de $\dot{x}$ est $\ddot{x}$, celle de $\dot{y}$ est $\ddot{y}$, celle de $\dot{y}\dot{y}$ est $2\dot{y}\ddot{y}$, & *vice versâ*, la fluente de $2\dot{y}\ddot{y}$ est $\dot{y}\dot{y}$. Dans les équations de courbes, données en $\dot{y}$ & $\dot{x}$, on suppose ordinairement l'une des deux, le plus fréquemment la fluxion de l'abscisse ou $\dot{x}$, constante & invariable, de sorte que $\dot{x}$ n'a point de fluxion; ainsi la fluxion de $x\dot{x}$ est seulement $\dot{x}^2$. Toutes les regles enfin pour trouver les fluxions des quantités ordinaires, sont les mêmes pour trouver les fluxions de fluxions.

viendra zero, cette raiſon ſera celle de 1 à $n x^{n-1}$, ou enfin celle de $\dot{x}$ à $n x^{n-1} \dot{x}$, qui eſt la même. Ainſi la fluxion ou l'accroiſſement évaneſcent de x^2 ſera $2 x \dot{x}$; celui de x^3, $3 x \dot{x}$, &c. comme on l'a trouvé dans la note précédente.

On voit encore par là d'une autre maniere que ci-deſſus, ce que ſont les fluxions de fluxions, ou les accroiſſemens d'accroiſſemens; car ſuivant les différens points de la courbe A C *c*, la raiſon des côtés F B, B C du triangle tangentiel F B C varie; par conſéquent cette raiſon étant la même que celle des derniers accroiſſemens de l'abſciſſe & l'ordonnée, celle-ci varie: on pourra donc exprimer cette raiſon par l'ordonnée d'une courbe, qui ſera elle-même ſuſceptible d'accroiſſement ou de diminution. Les fluxions de ces ordonnées ſeront les ſecondes fluxions, ou les ſecondes différences ſuivant *Leibnitz*. Il eſt ſuperflu d'en dire davantage ſur la nature des fluxions que nous croyons avoir ſuffiſamment éclaircie. Paſſons à donner une idée de leur appplication.

La premiere application de la théorie des fluxions, concerne la maniere de trouver les tangentes des courbes. Il eſt facile de voir par tout ce qu'on a dit ci-deſſus, que dans toute courbe à ordonnées paralleles, la fluxion $\dot{y}$ de l'ordonnée eſt à celle de l'abſciſſe $\dot{x}$, comme l'ordonnée y eſt à la ſoutangente, de ſorte que celle-ci eſt égale à $\frac{y \dot{x}}{\dot{y}}$. Si donc on cherche par l'équation de la courbe la valeur de $\dot{y}$, ce qui ſera toujours facile, il en réſultera une expreſſion qui, miſe à la place de $\dot{y}$, donnera un dénominateur & un numérateur tout affecté de $\dot{x}$. Ainſi en diviſant l'un & l'autre par $\dot{x}$, reſtera une expreſſion en termes ordinaires, & par conſéquent ſuſceptible de conſtruction. Ce ſera le rapport de la ſoutangente & de l'abſciſſe.

La méthode des fluxions s'applique avec une grande facilité à la recherche des plus grandes & des moindres ordonnées des courbes. Lorſqu'une ordonnée de courbe, de croiſſante qu'elle étoit devient décroiſſante, ou au contraire, le point décrivant, qui eſt tranſporté ſur l'ordonnée, revient en quelque ſorte ſur ſes pas; ſa vîteſſe ou la fluxion de l'ordonnée devient donc de poſitive négative, ou au contraire. Ainſi dans l'inſtant du paſſage, elle doit être zero; car une quantité ne ſçauroit de poſitive devenir négative, ou au contraire, qu'elle ne paſſe par l'état de zero. Pour trouver les *maxima* & *minima*, il faut donc prendre la fluxion de la grandeur dont on cherche le *maximum* ou le *minimum*, & l'égaler à zero. Cette ſuppoſition permettra toujours de retrancher le ſigne de fluxion $\dot{x}$ ou $\dot{y}$, qui affectera tous les termes, de ſorte qu'il ne reſtera qu'une équation en termes finis, qui donnera la valeur de l'abſciſſe à laquelle répond la plus grande ordonnée. On aura par-là les points comme M, *m*, où la tangente eſt parallele à l'axe. Ceux au contraire où la tangente eſt perpendiculaire à l'axe, ſe trouveront en faiſant la fluxion de l'abſciſſe égale à zero, ou ce qui revient au même, en égalant à zero tous les termes qui ſont affectés de la fluxion de l'ordonnée, ou de $\dot{y}$. Toutes ces choſes ſont d'une extrême facilité dès qu'on a bien conçu les principes de ce calcul. Nous ferons ſeulement une obſervation importante ſur ce ſujet, après avoir parlé de points d'infléxion.

On a ſuffiſamment expliqué dans le Livre ſecond, la nature des points d'infléxion. Ce qui les caractériſe, c'eſt que la courbe y eſt à la fois touchée & coupée par une ligne droite; & que cette ligne fait avec l'axe le plus grand ou le moindre angle qu'elle puiſſe faire. On conclud delà, en employant le principe des fluxions, que dans un point de cette nature, la ſeconde fluxion de l'ordonnée, ou $\ddot{y}$ eſt égale à zero. En effet, puiſqu'alors le rapport de l'ordonnée à la ſoutangente eſt un *maximum* ou un *minimum*, & que ce rapport eſt le même que celui de $\dot{y}$ à $\dot{x}$, il s'enſuit que $\frac{\dot{y}}{\dot{x}}$ eſt un *maximum* ou un *minimum*. Conſéquemment $\ddot{y}$ eſt égal à zero, en ſuppoſant $\dot{x}$ invariable. On le démontre encore de cette maniere. Lorſqu'une courbe de convexe vers un certain côté devient concave, elle perd de plus en plus ſa courbure, & dans le paſſage du convexe au concave, elle eſt une ligne droite, coincidente dans un eſpace infiniment petit avec la tangente. Elle participe donc dans cet endroit de la nature de la ligne droite. Or dans une ligne droite inclinée à un axe, les ſecondes fluxions ſont nulles. Ainſi cela doit arriver au point d'infléxion. Il faudra donc prendre la ſeconde fluxion de la valeur de l'ordonnée: en faiſant $\dot{x}$ conſtante, il en réſultera une expreſſion toute affectée de $\dot{x}^2$, qu'on égalera à zero. Les $\dot{x}^2$, comme multiplicateur commun, feront fupprimés, & il ne reftera qu'une expreffion en termes finis.

L'obfervation que nous avons promife plus haut, eft celle-ci : il ne fuffit pas, pour avoir un *maximum* ou un *minimum*, que la premiere fluxion $\dot{y}$ de l'ordonnée foit zero ; il faut que la feconde ne le foit pas dans ce point. Car fi cela arrivoit, ce point auroit à la vérité fa tangente parallele à l'axe, mais ce feroit en même temps un point d'infléxion, & la courbe continueroit à s'éloigner ou à s'approcher de cet axe.

Nous pourrions développer ici de même, la maniere dont le calcul des fluxions s'applique à la théorie des développées : mais comme nous ne le fçaurions faire fans entrer dans des détails trop peu convenables à la nature de cet ouvrage, nous préférons de paffer à donner une idée de l'ufage de ce calcul pour la mefure des aires des courbes, pour leur rectification, & la dimenfion des folides curvilignes.

En examinant la nature des fluxions, nous avons jetté les fondemens de ce que nous avons à dire ici. Car nous avons montré que la fluxion d'une aire eft le produit de l'ordonnée par la fluxion de l'abfciffe, c'eft-à-dire, qu'elle eft $y\dot{x}$. Or l'équation de la courbe donne toujours la valeur de y en x. On aura donc une fluxion toute en $\dot{x}$ & x : fi donc on remonte à fa fluente, procédé dont nous avons donné quelques exemples dans la note de la page 323, on aura l'aire de la courbe. Dans la parabole, par exemple $y = (ax)^{\frac{1}{2}}$. Ainfi $y\dot{x}$ fera $a^{\frac{1}{2}}x^{\frac{1}{2}}\dot{x}$, dont la fluente, par ce qu'on a dit dans la p. 323, eft égale $\frac{2}{3}a^{\frac{1}{2}}x^{\frac{3}{2}}$, ou $\frac{2}{3}yx$. Mais dans le cercle y étant $= \sqrt{aa - xx}$, on aura $y\dot{x} = \dot{x}(aa - xx)^{\frac{1}{2}}$. Comme on ne fçauroit en trouver la fluente en termes finis, on tire la racine de $aa - xx$, en la réduifant en une fuite, qui eft $a - \frac{xx}{2a} - \frac{x^4}{8a^3} - \frac{x^6}{16a^5}$, &c. Ainfi multipliant chacun de ces termes par $\dot{x}$, & prenant enfuite la fluente de chaque terme, on a pour la valeur de l'aire répondante à l'abfciffe x, on a, dis-je, $ax - \frac{x^3}{6a} - \frac{x^5}{40a^3} - \frac{x^7}{112a^5}$, &c. qui approche d'autant plus de la vérité qu'on prend un plus grand nombre de termes.

Le principe des rectifications eft auffi contenu dans ce que nous avons dit plus haut. La fluxion de l'arc C*e* eſt la racine de la ſomme des quarrés des fluxions de l'abſciſſe x, & de l'ordonnée $\dot{y}$. Ce ſera donc $\sqrt{(\dot{x}^2 + \dot{y}^2)}$; mais l'équation de la courbe donne la valeur de $\dot{y}$, en x & $\dot{x}$, de ſorte que cette valeur étant miſe à la place de $\dot{y}$, le ſigne $\dot{x}$ ſort du ſigne radical, & l'on a une expreſſion dont la fluente, ſi on peut la trouver en termes finis, eſt la grandeur de l'arc. Si l'on cherche une ſurface de circonvolution, la fluxion de cette ſurface eſt la petite zone formée par la fluxion de l'arc tournant autour de l'axe; cette fluxion ſera donc $(\dot{x}^2 + \dot{y}^2)^{\frac{1}{2}}$ multipliée par la circonférence dont le rayon eſt y. Ainſi r & c déſignant le rayon & la circonférence, la fluxion de cette ſurface ſera $\frac{c}{r} y (\dot{x}^2 + \dot{y}^2)^{\frac{1}{2}}$, où mettant à la place de y & $\dot{y}$ leurs valeurs en x & $\dot{x}$, on aura une expreſſion toute en x & $\dot{x}$, dont la fluente ſera la ſurface cherchée. Il n'eſt pas moins aiſé de voir que ſi l'on multiplie le cercle que décrit une ordonnée, par la fluxion de l'abſciſſe, ce ſera la fluxion du ſolide produit par la circonvolution de la courbe. Ainſi cette fluxion ſera $\frac{c y^2 \dot{x}}{2 r}$, où mettant au lieu de y^2, ſa valeur en x, & prenant la fluente, on aura la grandeur du ſolide. Mais il faut nous borner ici à cette légere eſquiſſe de l'uſage des fluxions dans la Géométrie. Nous renvoyons les lecteurs qui déſirent s'en inſtruire plus à fonds, aux Livres qui traitent de ce calcul. Nous allons reprendre le fil de notre hiſtoire.

VI.

De Jacques Grégori.

Le premier des Géometres qui ajouta quelque choſe aux inventions de M. *Newton*, fut Jacques *Grégori*, dont nous avons parlé ailleurs avec éloge (*a*). C'étoit ſans contredit un des meilleurs génies qu'eût alors l'Angleterre, un homme propre à ſeconder *Newton*, ſi la mort ne l'eût enlevé preſqu'à la fleur de ſon âge. Il l'avoit, en effet, déja prévenu dans l'invention du Téleſcope à réflection : nous l'allons voir marcher de près ſur ſes traces, & même le devancer quelquefois dans la nouvelle carriere qu'il venoit d'ouvrir.

(*a*) Livre I, vers la fin.

Vers

Vers le temps où *Newton* se disposoit à se rendre aux instances de *Barrow*, Jacques *Grégori* publioit ses *Exercitationes*, dans lesquelles il traitoit divers sujets de Géométrie sublime. Il y démontroit d'une maniere neuve la quadrature de l'hyperbole donnée par *Mercator;* il y réduisoit à cette quadrature la figure des sécantes, dont dépend le vrai accroissement des parties du méridien dans les Cartes réduites. Il y donnoit enfin une suite pour exprimer la circonférence circulaire, que nous ne croyons pas devoir rapporter, comme étant d'un usage trop difficile.

Les découvertes de *Newton* ayant été communiquées à *Collins*, celui-ci en informa divers Géometres, parmi lesquels fut *Grégori*. Il lui envoya une des suites que *Newton* avoit trouvées pour le cercle. Elle fut, à la vérité, d'abord suspecte à *Grégori*, qui prévenu pour la sienne, pensoit qu'elles devoient se ressembler & se déduire l'une de l'autre (*a*) Mais il ne tarda pas à rendre à *Newton* la justice qu'il méritoit; & réfléchissant profondément sur cette matiere, il parvint à découvrir l'origine de l'expression qui lui avoit été communiquée. Outre la remarque qu'on en fait dans le *Commercium Epistolicum* (*b*), on en a des preuves qui ne permettent pas d'en douter. Car répondant à *Collins*, il rétracte les soupçons qu'il lui avoit témoignés sur la suite de *Newton*, & il lui en envoye la continuation, avec celle qui exprime l'arc par le sinus, qu'il avoit trouvée de lui-même. Peu de temps après, *Collins* lui en ayant envoyé quelques autres, *Grégori* en réponse lui en renvoya plusieurs auxquelles *Newton* n'avoit point songé (*c*). Parmi elles est d'abord celle qui donne l'arc par la tangente. Le rayon étant r, & la tangente t, l'arc, dit *Grégori*, est $t - \frac{t^3}{3r^2} + \frac{t^5}{5r^4}$, &c. à l'infini; de sorte qu'en supposant le rayon $= 1$, & la tangente égale au rayon, l'arc qui est alors de 45°, ou $\frac{1}{8}$ de circonférence, est $1 - \frac{1}{3} + \frac{1}{5} - \frac{1}{7} + \frac{1}{9}$, &c. M. *Grégori* donne dans la même lettre la tangente & la sécante par l'arc; ce qui prouve qu'il s'étoit mis en possession de la méthode du retour des suites. Il fait plus : il donne aussi

(*a*) *Comm. Epist.* p. 22, 23. *ed.* in-4°.
(*b*) Ibid. 29, 48, 71.
(*c*) Ibid. p. 25.

deux suites pour trouver immédiatement le logarithme de la tangente & de la sécante, l'arc étant donné, ou au contraire, & une troisieme pour la rectification de l'ellipse, où il remarque fort bien qu'il n'y a que quelques signes à changer pour avoir celle qui convient à l'hyperbole. Il avoit écrit un Traité sur cette méthode : mais comme *Newton* se proposoit vers ce temps de publier lui-même ses découvertes, par égard pour lui, il ne voulut pas le prévenir. Dans la suite *Newton* se désista de son projet, de sorte que l'ouvrage de *Grégori* est resté manuscrit.

VII.

Il faut convenir, & c'est un fait dont le *Comm. Epist.* fournit les preuves, que toutes ces brillantes nouveautés d'Analyse & de Géométrie, prirent naissance en Angleterre : ce ne fut que quelques années après que le continent commença à y prendre part. Nous touchons ici à la discussion de la fameuse querelle sur la part qu'a *Leibnitz* à l'invention de son calcul différentiel. Nous allons en faire un rapport circonstancié, & discuter avec soin les faits allégués de part & d'autre.

M. *Leibnitz* fut au commencement de 1673 à Londres, à la suite d'un Ambassadeur. Il paroît, & lui-même n'en disconvient pas, qu'il ne s'étoit point encore beaucoup attaché à la Géométrie, & qu'il ne s'occupoit que d'Arithmétique : on ne peut même disconvenir que de deux inventions qu'il donne dans une lettre écrite de Londres à *Oldembourg*, l'une & l'autre ne fussent connues avant lui. Mais on doit remarquer en même temps que M. *Leibnitz* avoit été bien plus loin que ceux qui l'avoient prévenu ; car il dit dans cette lettre qu'il peut assigner la somme de toutes les suites infinies de fractions, dont le numérateur étant l'unité, les dénominateurs sont les nombres triangulaires, ou pyramidaux, ou triangulo-triangulaires ; comme seroient celles-ci $1 + \frac{1}{3} + \frac{1}{6} + \frac{1}{10} + \frac{1}{15} + \frac{1}{21}$, &c. ou $1 + \frac{1}{4} + \frac{1}{10} + \frac{1}{20}$, &c. En effet, la premiere continuée à l'infini est égale à $1\frac{1}{2}$, la seconde à 2, &c. Cette invention ingénieuse disculpe M. *Leibnitz* du soupçon de plagiat que jette sur lui l'éditeur du *Comm. Epistolicum.*

M. *Leibnitz* retourna à Paris, après quelques mois de séjour à Londres. Ce fut seulement alors qu'il commença à se livrer à la haute Géométrie. La conversation de M. *Huyghens* qu'il fréquentoit, lui en fit naître le goût ; & comme il avoit apporté d'Angleterre la *Logarithmotechnie* de *Mercator*, il se mit à la lire, de même que l'ouvrage de *Grégoire de Saint-Vincent*, que M. *Huyghens* lui avoit loué. Tout à coup, dit-il, ses yeux se désillerent : de nouvelles idées se présenterent à lui, & il trouva vers la fin de 1673, sa quadrature du cercle par une suite rationnelle qu'il communiqua à M. *Huyghens*, qui l'approuva fort. Sa méthode consistoit, comme on le voit par une de ses lettres écrite en 1676, en une transformation par laquelle il changeoit le cercle en une autre figure égale, dont l'ordonnée étoit une fraction rationnelle, de sorte qu'il pratiquoit sur elle ce que *Mercator* faisoit sur l'ordonnée de l'hyperbole. Cette succession d'idées est tout-à-fait probable, & le Livre de *Mercator* excitoit naturellement cette tentative.

La méthode de M. *Leibnitz* nous a été transmise par quelques Auteurs, sçavoir par l'Abbé de *Catelan*, qui la lui attribue expressément (*a*), & par *Ozanam* (*b*), qui ne dit point de qui il la tient, mais qui n'en étoit sûrement pas l'inventeur. Comme elle est ingénieuse, & qu'elle sert à éclaircir quelques imputations des adversaires de *Leibnitz*, la voici. Une courbe quelconque étant proposée, un cercle, par exemple, AHB ; si l'on prend sur l'ordonnée PH une ligne égale à la tangente AI, retranchée par la ligne qui touche ce cercle en H, & qu'on fasse cette construction dans tous les autres points, on aura une nouvelle courbe dont l'aire APG, retranchée par l'ordonnée PG, sera double du segment ALHA. Il trouve par ce moyen une équation entre les co-ordonnées AI, IG, telle que l'ordonnée IG est représentée par une fraction rationnelle. Il la réduit en suite par la division ; ensuite traitant cette suite, suivant les regles de l'*Arithmétique des infinis*, il trouve la valeur de l'aire AGI, qui étant retranchée du rectangle GA, & le reste divisé par 2, donne le segment ALHA. On lui ajoute le triangle HPA, & voilà le segment APH représenté par une suite. Que si l'on suppose AI devenir égale à AF, ou au rayon, & ce rayon $= 1$, on trouve pour le quart de cercle la suite $1 - \frac{1}{3} + \frac{1}{5} - \frac{1}{7}$, &c. Si au contraire au seg- *Fig.* 92.

(*a*) *Logist. univ. & Méthode pour les tangentes*. 1692. in-4°. Paris. p. 68 & 112.
(*b*) *Geom. Prat.*

ment ALH donné en x, on ajoute le triangle ACH, & qu'on divise le tout par 2, on aura le secteur ACL, répondant à la tangente AI; & si on divise ce secteur par $\frac{1}{2}$, on aura la valeur de l'arc AL égale à cette suite $x - \frac{1}{3}x^3 + \frac{1}{5}x^5 - \frac{1}{7}x^7$, &c. Tout cela s'applique à l'hyperbole avec la même facilité, & l'on trouve le secteur hyperbolique dont la tangente est x, égal à la moitié de cette suite $x + \frac{1}{3}x^3 + \frac{1}{5}x^5$, &c.

Leibnitz communiqua, dit-il, sa découverte aux Géometres de Paris, au commencement de 1674, & quelques mois après il l'annonça à *Oldembourg* par deux lettres; dans la seconde, il parle de sa suite avec beaucoup de complaisance, la regardant comme la premiere qui ait été donnée pour le cercle. Il ajoutoit que par la même méthode il pouvoit assigner l'arc, le sinus étant donné: il observe enfin que sa quadrature fournit une analogie tout-à-fait remarquable entre le cercle & l'hyperbole.

A cette lettre *Oldembourg* répondit d'une maniere qui fait beaucoup en faveur de *Leibnitz*. Il l'informe seulement des progrès de *Newton* & *Grégori* dans cette partie de la Géométrie. *Leibnitz* en demande la communication. *Collins* & *Oldembourg* conjointement lui envoient les diverses suites trouvées par les deux Géometres Anglois, & entr'autres celle qui exprime l'arc par la tangente. Mais si *Leibnitz* eût tenu cette suite d'*Oldembourg* ou de *Collins*, l'un ou l'autre auroit-il manqué de le lui rappeller? Soupçonnera-t'on *Leibnitz* d'une hardiesse assez grande pour se vanter d'une découverte auprès de ceux qui la lui auroient communiquée?

Cette correspondance entre *Leibnitz* & *Oldembourg*, dura jusques vers le milieu de 1676, que sur les instances de l'un & de l'autre, *Newton* décrivit dans deux longues lettres sa méthode pour les quadratures des courbes. Dans la premiere, il expose sa formule pour l'extraction des racines, & il l'applique à divers exemples. Il donne diverses suites pour le cercle, pour l'hyperbole, pour la rectification de l'ellipse, la quadrature de la quadratrice, &c. Enfin il termine sa lettre par certaines méthodes pour déduire des suites infinies, des approximations commodes.

Leibnitz répond à cette premiere lettre de *Newton*, en lui faisant part de la méthode par laquelle il transforme une courbe à ordonnées irrationnelles, en une où elles ſont rationnelles; ce qui lui permet d'y appliquer la diviſion à la maniere de *Mercator*, pour la transformer en ſuite infinie; au reſte cette méthode, quoiqu'ingénieuſe, eſt fort au deſſous de celle de *Newton*, & même dans certains cas elle peut préſenter des difficultés inſurmontables, de ſorte qu'on ne ſçauroit la regarder comme générale, ni comme ſuffiſante. Dans cette lettre, M. *Leibnitz* remarque particuliérement l'analogie du ſecteur circulaire avec le ſecteur hyperbolique, en ce que t étant la tangente au ſommet, & 1 le demi-diametre, celui-là eſt $t - \frac{t^3}{3} + \frac{t^5}{5} - \frac{t^7}{7}$, &c. au lieu que celui-ci eſt $t + \frac{t^3}{3} + \frac{t^5}{5} + \frac{t^7}{7}$, &c. à l'infini. C'eſt cette derniere ſuite qu'il avoit probablement en vue, lorſqu'il annonçoit à *Oldembourg* l'analogie remarquable qu'il avoit découverte entre le cercle & l'hyperbole. Le reſte de la lettre eſt employé à expoſer quelques nouvelles vues ſur la réſolution des équations.

Newton répondit à cette lettre par une autre, qui contient une multitude de choſes remarquables; telles ſont la maniere dont il parvint d'abord à la méthode des ſuites, l'application qu'il en faiſoit dès l'an 1665, à la quadrature de l'hyperbole, & à la conſtruction des logarithmes; divers théorêmes généraux pour les quadratures, qui les donnent en termes finis quand elles ſont poſſibles, ou en ſuites infinies, par la ſeule comparaiſon des termes de l'équation; la rectification de la cyſſoïde réduite à la quadrature de l'hyperbole. Il y annonce ſa méthode pour trouver par approximation l'aire d'une courbe lorſque les ſuites qui l'expriment ſont trop compliquées, ou trop peu convergentes. C'eſt cette invention qu'il a expliquée dans ſon Traité intitulé *Méthode différentielle*. On y voit auſſi des formules d'expreſſions d'ordonnées de courbe, dont les aires ſe réduiſent à la quadrature des ſections coniques; diverſes ſuites pour le cercle, & leur uſage pour trouver des approximations en grand nombre de chiffres; l'uſage de ſon parallélogramme pour la réſolution des équations; deux méthodes pour le retour des ſuites, avec quelques théorêmes généraux pour cet effet. Il finit par dire qu'il eſt en poſſeſſion du problême inverſe des tangentes, & d'autres plus difficiles; & qu'il y emploie deux méthodes qu'il ne veut pas dévoiler : c'eſt pourquoi il les cache ſous des lettres tranſpoſées, dont l'explication a depuis été donnée dans le *Commercium Epiſtolicum.*

Il faut bien remarquer, d'après les extraits que nous venons de donner de ces lettres, qu'il y eſt preſque uniquement queſtion de la méthode des ſuites & de la quadrature des courbes, de ſorte que *Leibnitz* avoit quelque raiſon de ſe plaindre de ce que tandis qu'il s'agiſſoit du calcul différentiel, ſes adverſaires prenoient ſans ceſſe le change, & ſe jettoient ſur les ſéries, en quoi il ne diſconvenoit point que M. *Newton* ne l'eût précédé. En effet, la queſtion eſt fort différente. Un Géometre eût pu être en poſſeſſion de la méthode des ſuites, & s'en ſervir à quarrer toutes les courbes, ſans être en poſſeſſion du calcul des fluxions & fluentes. Car l'expreſſion de l'ordonnée d'une courbe étant réduite en ſérie, ſi le cas l'exige, les méthodes de *Wallis*, de *Mercator*, que dis-je, de *Cavalleri* & de *Fermat*, ſuffiſent pour trouver l'aire. Quant au principe des fluxions, trois endroits ſeuls du *Commercium Epiſtolicum*, y ont trait, d'une maniere aſſez claire pour prouver que M. *Newton* l'avoit trouvé avant *Leibnitz*, mais trop obſcurément pour ôter à celui-ci le mérite de la découverte : l'un eſt une lettre de M. *Newton* à *Oldembourg*, qui lui avoit marqué que *Sluſe* & *Grégori* venoient de trouver une méthode des tangentes d'une ſimplicité extrême : *Newton* lui répond qu'il ſoupçonne bien ce que c'eſt, & il en donne un exemple qui eſt effectivement la même choſe que ce que ces deux Géometres avoient trouvé. Il ajoute que cela n'eſt qu'un cas particulier, ou plutôt un corollaire d'une méthode bien plus générale, qui s'étend à trouver, ſans calcul difficile, les tangentes de toutes ſortes de courbes, géométriques ou méchaniques, & ſans être obligé de délivrer l'équation des irrationalités. Il répete la même choſe, ſans s'expliquer davantage, dans ſa ſeconde lettre, dont nous avons parlé plus haut, & il en cache le principe ſous des lettres tranſpoſées. Le ſeul écrit où M. *Newton* ait laiſſé tranſpirer quelque choſe de ſa méthode, eſt ſon *Analyſis per æquationes numero term. infinitas.* Il y dévoile d'une maniere fort conciſe & aſſez obſcure, ſon principe des *Fluxions ;* il y nomme *momentum*, l'incrément inſtantané de l'aire qu'il fait proportionnel à l'ordonnée, tandis que celui de l'abſciſſe eſt repréſenté par une ligne conſtante égale à l'unité. Il applique enſuite ce principe à trouver l'expreſſion du *moment* d'un arc de cercle, qu'il exprime par $\frac{1}{\sqrt{2x - xx}}$, d'où il tire par une ſuite la valeur de l'arc lui-même. Plus loin il nomme l'abſciſſe x, ſon *momentum* o, & celui de l'aire oy; & par un procédé reſſemblant à celui qu'employoit *Fermat* dans ſa regle des tangentes, il démontre que ſi l'aire z eſt exprimée par cette équation $\frac{2}{3}x^{\frac{3}{2}} = z$, il faut que l'ordonnée y ſoit égale à $x^{\frac{1}{2}}$. D'où il conclud *vice-verſa*, que ſi $y = x^{\frac{1}{2}}$, l'aire ſera $\frac{2}{3}x^{\frac{3}{2}}$. On ne peut diſconvenir, ſans doute, que le principe & la méthode des fluxions ne ſoient expoſés dans cet endroit de l'écrit dont nous parlons; mais on n'a aucune certitude que *Leibnitz* l'ait vu. Il ne lui a jamais été communiqué par lettres: ſes adverſaires ne l'ont pas même avancé, & ils ſe ſont contentés de donner à ſoupçonner que *Leibnitz*, dans l'entrevue qu'il eut de ſon aveu avec *Collins*, lors de ſon ſecond voyage à Londres, avoit eu communication de cet écrit. C'eſt à cela ſeul que ſe réduit la conteſtation. A la vérité, ce ſoupçon pourra paroître aſſez vraiſemblable, d'autant plus que *Leibnitz* convient encore qu'il vit dans cette occaſion une partie du commerce épiſtolaire de *Collins*. Je crois cependant qu'il ſeroit téméraire de prononcer là-deſſus; on ne condamne pas ſur de ſimples ſoupçons, comme coupable d'un crime odieux dans la République des Lettres, un homme qui a donné d'auſſi fortes preuves de génie que M. *Leibnitz*.

Nous croyons devoir faire ici quelques remarques ſur la Préface du *Traité des Fluxions*, traduit par M. de *Buffon*, parce qu'il nous a paru que ce ſçavant Académicien a un peu trop déféré aux imputations captieuſes de *Keil*. Si tout ce qu'on y lit étoit exact, *Leibnitz* ſeroit auſſi ridicule que le geai de la Fable. En effet, on lit dans la Préface dont nous parlons, qu'il eſt prouvé par le *Commercium Epiſtolicum*, & par les lettres de *Leibnitz* qu'il a eu connoiſſance de la méthode des ſuites avant que de donner la ſienne pour le cercle, & que celle-ci même lui avoit été envoyée par la voie d'*Oldembourg;* que *Leibnitz* n'en avoit pas la démonſtration, puiſqu'il la demanda dans la ſuite; qu'en 1677 il donna une méthode des tangentes, qui n'eſt que la même que celle de *Barrow*, à la notation près, & dont le calcul eſt le même que celui que *Newton* avoit communiqué à *Collins* dès l'année 1669. Quatre ou cinq pages plus loin, on lit encore que le calcul des ſecondes, troiſiemes différences, &c. a été donné dans la premiere propoſition du Traité *des Quadratures*, communiquée à *Leibnitz* dès l'année 1675. C'eſt-là la ſubſtance des apoſtilles de *Keil* au *Comm. Epiſtolicum ;* mais elles ſont toutes fauſſes ou du moins captieuſes, comme le vont montrer les obſervations ſuivantes. 1°. Quelque ſoin que j'aye mis à lire le *Comm. Epiſt.* je n'y ai vu nulle part que la théorie des ſuites ait été dévoilée à *Leibnitz*, ni qu'il ait reçu aucune ſuite pour le cercle, avant qu'il eût annoncé la ſienne à *Oldembourg*, avec l'analogie particuliere qu'elle lui faiſoit découvrir entre le cercle & l'hyperbole. Quelle apparence que *Leibnitz* ſe fût vanté d'une découverte qu'il n'avoit point. Nous ne croyons pas qu'aucun de nos lecteurs ſoupçonne cet homme illuſtre d'un procédé auſſi inſenſé. 2°. La ſuite dont il demande la démonſtration à *Oldembourg*, eſt celle-ci, $x + \frac{1}{6}x^3 + \frac{3}{40}x^5$, &c. qui donne l'arc par le ſinus x, mais cette ſuite n'eſt point celle que donne la méthode de *Leibnitz* expoſée ci-deſſus. Ainſi *Keil* eſt tout-à-fait mal fondé dans l'obſervation qu'il fait contre lui, ſçavoir qu'il avoit avancé qu'il pouvoit trouver l'arc par le ſinus, & que cependant après la communication d'une ſuite ſemblable, il en avoit demandé la démonſtration. En troiſieme lieu, la méthode des tangentes donnée en 1677, par *Leibnitz*, eſt bien vraiment le calcul différentiel, & nullement la méthode de *Barrow ; Keil* avoit apparemment oublié que *Barrow* n'étendit jamais ſa méthode aux courbes à équations irationnelles; au contraire, *Leibnitz*, pour mieux montrer les avantages de la ſienne, l'applique à une expreſſion fort compliquée d'irrationalités, de ſorte que nous ne ſçavons à quoi *Keil* ſongeoit quand il a avancé un pareil fait. D'ailleurs il y a une contradiction ridicule à dire que le calcul de *Leibnitz*, décrit dans la lettre dont nous parlons, n'eſt que le calcul de *Barrow*, & qu'il eſt le même que celui que *Newton* avoit communiqué dès l'année 1669, & qu'on prétend être vraiment ſon calcul des fluxions. 4°. On ne verra aucune part que la propoſition du Traité *des Quadratures*, qui contient, dit-on,

le

principe des fluxions des différens ordres, ait été communiquée à *Leibnitz*. C'eſt une imputation de *Keil*, d'autant moins fondée, qu'il en réſulte préciſément tout le contraire de ce qu'il prétend; car cette prétendue méthode pour les fluxions de tous les ordres, eſt vicieuſe, & les donne toutes fauſſes, à l'exception de la premiere (*a*). C'eſt un fait que *Keil* ne ſçauroit détruire, & qui eſt trop bien prouvé: il ne faut que jetter les yeux ſur les éditions du Traité *de Quadraturâ curvarum*, des années 1704 & 1711, pour s'en convaincre. Je paſſe légérement ſur quelques autres obſervations de *Keil*; obſervations qui ſont évidemment l'ouvrage de la paſſion. Telle eſt celle-ci: Lors, dit-il, que *Newton* diſoit que la courbe dont l'ordonnée étoit $z^{\frac{1}{2}}$, avoit ſon aire égale à $\frac{2}{3}z^{\frac{3}{2}}$, c'eſt la même choſe que s'il eût dit que la différentielle de $\frac{2}{3}z^{\frac{3}{2}}$, étant $z^{\frac{1}{2}}dz$, ſon intégrale eſt $\frac{2}{3}z^{\frac{3}{2}}$; d'où M. *Leibnitz*, ajoute-t'il, a pu conclure que la différentielle de $\frac{2}{3}z^{\frac{3}{2}}$, eſt $z^{\frac{1}{2}}dz$. La conſéquence eſt tirée d'un peu loin. M. *Keil* ignoroit-il donc que ſans autre calcul que celui de *Wallis*, de *Fermat* même, & de *Cavalleri*, ce théorême étoit ſuſceptible de démonſtration? D'ailleurs, il n'y a point de découverte dont on n'exténuât le mérite, qu'on n'anéantît même, par un expoſé artificieux des gradations qui ont pu y conduire. Après ces obſervations, je reprends le fil de mon récit.

Leibnitz, après avoir ſéjourné quelques jours à Londres, partit pour Hanovre. Arrivé à Amſterdam, il écrivit à *Oldembourg*. On voit par ſa lettre qu'il n'étoit pas encore en poſſeſſion de ſa méthode pour les tangentes, tirée du calcul différentiel; car il propoſoit un certain travail à faire ſur celle de *Sluſe*. Enfin par une lettre du 21 Juin 1677, il notifia à *Collins* ſa découverte. « Je conviens, dit-il, avec M. *Newton*, » que la regle de *Sluſe* n'eſt pas parfaite, & il y a long-temps » que j'ai traité le problême des tangentes d'une maniere plus

(*a*) Newton, dit dans ſon Traité *de Quad. curvarum*, que pour avoir les fluxions de divers ordres de la grandeur x^m, il n'y a qu'à élever $x + \dot{x}$ à la puiſſance m. Ce qui donne $x^m + m.\,x^{m-1}\,\dot{x} + \frac{m.\,m-1}{1.\;2}.\,x^{m-2}\,\dot{x}^2$, &c. & que les ſecond, troiſieme, quatrieme termes ſeront reſpectivement les fluxions premiere, ſeconde, troiſieme, &c. de x^m. Cela n'eſt vrai que du ſecond terme, parce que le dénominateur eſt l'unité. Les autres n'expriment les fluxions des ordres plus élevés, qu'en ſupprimant les dénominateurs.

» générale. » Il expose, immédiatement après, les regles de son nouveau calcul, & il l'applique à trouver les tangentes de courbes à équations irrationnelles, & à diverses autres déterminations que je passe pour abréger.

La mort d'*Oldembourg*, qui arriva peu de temps après, mit fin à ce commerce. Les Actes de Leipsick parurent en 1682, & *Leibnitz* y donna sa *Quadrature Arithmétique* du cercle & de l'hyperbole. Elle fut aussi insérée dans les *Transf. Phil.* de cette année, sans que personne reclamât les droits de l'Angleterre, pas même David *Grégori*, neveu de Jacques, qui avoit été en possession de tous les papiers de son oncle, & qui dans un écrit publié en 1684 (*a*), attribue cette suite à *Leibnitz*. Ceci me paroît jetter de grands doutes sur cette publicité des découvertes analytiques de *Newton* & de *Grégori*, dont les adversaires de *Leibnitz* tirent si grand parti contre lui. Il est surprenant que personne même dans la Société Royale de Londres, ne fut informé du droit que *Grégori* avoit sur l'invention dont nous nous parlons. Enfin en 1684, *Leibnitz* publia dans les Actes de Leipsick, un essai de son calcul différentiel, l'appliquant à quelques problêmes de nature à échapper aux autres méthodes. Personne ne s'en formalisa encore en Angleterre. *Newton* lui-même, le plus intéressé à cela, & qui sçavoit le mieux jusqu'où ses lettres avoient pu mettre *Leibnitz* sur la voie, lui rendit dans ses principes (*b*) un témoignage brillant. *Il y a dix ans*, dit-il, *qu'étant en commerce de lettres avec M. Leibnitz, & lui ayant donné avis que j'étois en possession d'une méthode pour déterminer les tangentes & pour les questions de* maximis & minimis, *méthode que n'embarrassoient point les irrationnalités, & l'ayant cachée sous des lettres transposées, il me répondit qu'il avoit rencontré une méthode semblable, & il me communiqua cette méthode, qui ne différoit de la mienne que dans les termes & les signes, comme aussi dans l'idée de la génération des grandeurs.* Cela se lit encore dans les éditions des années 1713 & 1714, mais on l'a supprimé dans celle de 1726, peut-être sans le consentement de *Newton*, qui mourut peu de mois après. Les défenseurs de *Leibnitz* pourront toujours en appeller à ce témoignage de la conscience de *Newton*, qui n'ignoroit pas le

(*a*) *De dim. figur.* Edimb.
(*b*) Lib. II, lemm. II.

ſecond voyage de *Leibnitz* à Londres, & ſon entrevue avec *Collins*, le dépoſitaire de ſes papiers; car *Collins* l'en avoit informé, comme on le voit par une lettre du *Commercium Epiſtolicum*.

Il y a apparence que M. *Leibnitz* auroit reſté tranquille poſſeſſeur d'une partie de l'honneur de la découverte de ſon nouveau calcul, s'il eût été plus équitable envers *Newton*. Nous ne pouvons ici diſſimuler qu'il eut des torts conſidérables, & ce fut ce qui lui attira ſon eſpece de diſgrace. Déja quelques lettres écrites en Angleterre, & où il s'attribuoit trop excluſivement cette invention, lui avoient attiré des remarques déſagréables ſur le droit qu'y avoit *Newton* antérieurement à lui. M. *Fatio* avoit même dit hautement que M. *Leibnitz* ne s'imaginât pas qu'il tint de lui ce qu'il ſçavoit de ce calcul; qu'il étoit obligé de reconnoître *Newton* pour le premier inventeur du calcul des fluxions, & qu'il laiſſoit à juger quelle part y avoit M. *Leibnitz*, à ceux qui pouvoient lire leurs lettres mutuelles, & divers papiers conſervés dans le dépôt de la Société Royale. *Leibnitz* inſulté ſans raiſon, répondit vivement, & ſe plaignit à la Société Royale; mais l'affaire n'eut pas alors d'autre ſuite. Ce fut ſeulement quelques années après que la querelle éclata. Le Traité de *Newton* ſur la *Quadrature des Courbes*, & ſon *Enumération des lignes du troiſieme ordre* ayant vu le jour, les Journaliſtes de Leipſick n'en firent pas un extrait trop avantageux. On y diſoit entr'autres, après une légere expoſition de la nature des fluxions, que *Newton*, au lieu des différences Leibnitiennes, ſe ſervoit & s'étoit toujours ſervi des *fluxions*, comme le P. *Fabri* avoit ſubſtitué dans ſa *Synopſis Geometriæ*, le mouvement aux indiviſibles de *Cavalleri*. C'étoit, ce ſemble, dire que *Newton* n'avoit fait que ſubſtituer les fluxions aux différences, quoique ces mots, *& s'eſt toujours ſervi*, ſemblent inſérés exprès pour prévenir ce ſens. Quel que fût l'objet des Journaliſtes, qui auroient pu s'exprimer plus clairement, & rendre ſans ambiguité à *Newton* la juſtice qu'il méritoit, cet article bleſſa ſes compatriotes. *Keil* mit en 1708, dans les *Tranſactions Philoſophiques*, un écrit où il diſoit formellement que *Newton* étoit le premier inventeur du calcul des fluxions, & que M. *Leibnitz*, en le publiant dans les Actes de Leipſick, n'avoit fait qu'en changer le nom & la notation. *Leibnitz* prit ces paroles pour une accusation de plagiat, à quoi elles ressemblent effectivement beaucoup, & par une lettre écrite à M. *Hans Sloane*, Secretaire de la Société Royale, il demanda que *Keil* se rétractât. *Keil*, au lieu de le faire, répondit à M. *Hans Sloane* par une longue lettre, où il accumule toutes les raisons qu'il peut pour montrer que non seulement *Newton* a précédé *Leibnitz*, mais qu'il lui a donné tant d'indices de son calcul, qu'il ne pouvoit pas échapper à un homme même d'une intelligence médiocre. La lettre fut envoyée à *Leibnitz*, qui demanda à la Société Royale de faire cesser ces criailleries de la part d'un homme trop nouveau pour sçavoir ce qui s'étoit passé entre *Newton* & lui. La Société Royale jugea qu'il falloit consulter les pieces originales, & nomma des Commissaires pour les choisir & les examiner. Ils rassemblerent celles qu'on lit dans le *Comm. Epist.* & ils firent leur rapport de cette maniere : Qu'il paroissoit par ces pieces que M. *Collins* communiquoit fort librement aux habiles gens les écrits dont il étoit le dépositaire ; que M. *Leibnitz* ne paroissoit pas avoir eu connoissance de son calcul jusqu'au mois de Juin 1677, un an après la communication d'une lettre où la méthode des fluxions étoit suffisamment décrite pour toute personne intelligente. Nous remarquons ici qu'après avoir lu & relu cette lettre, nous y trouvons seulement cette méthode décrite quant à ses effets & ses avantages, mais non quant à ses principes ; ce qu'il est important d'observer, afin de ne point donner à ce mot un sens qu'il ne doit point avoir, & sur lequel quelqu'un qui n'auroit pas les pieces en main, condamneroit sans hésiter M. *Leibnitz*. Mais revenons au rapport des Commissaires de la Société Royale. Ils ajoutent que par des lettres de *Newton*, depuis 1669 jusqu'en 1677, il paroît qu'il étoit en possession de la méthode des fluxions ; que la méthode différentielle de *Leibnitz* étoit la même, aux termes & signes près, que celle des fluxions ; ils disent enfin qu'ils regardent M. *Newton* comme le premier inventeur de cette méthothe, & qu'ils pensent que M. *Keil* en le disant n'a fait aucune injure à M. *Leibnitz*. Du reste, ils ne prononcent rien sur les indices qu'a pu fournir à M. *Leibnitz* la correspondance qu'il a eue avec *Newton*. Ils en abandonnent la décision aux lecteurs, & pour les mettre en état de juger, la Société Royale ordonna l'impreſſion des pieces ſur leſquelles étoit fait ce rapport. Elles parurent en 1712, ſous le titre de *Commercium Epiſtolicum de Analyſi promotâ.* in-4°.

La querelle concernant l'invention du calcul des fluxions, ou différentiel, n'en reſta pas là. Le *Commercium Epiſtolicum* ayant paru, M. *Leibnitz* s'en plaignit beaucoup, & menaça d'y répondre d'une maniere qui confondroit ſes adverſaires. Il eût été difficile de renverſer les faits qui prouvent l'antériorité de *Newton* ſur lui, en ce qui concerne l'invention de ce calcul: ce point ne pourra jamais être conteſté. Quant au reſte, il ne nous paroît pas ſans réponſe. Cependant tout cela n'aboutit qu'à quelques écrits anonymes, ouvrages de ſes amis, où *Newton* étoit plutôt attaqué, que *Leibnitz* défendu. On y prétendoit entr'autres, que M. *Newton*, ne connoiſſoit pas le vrai principe du calcul des différences des degrés ſupérieurs; il eſt vrai que par précipitation il s'étoit trompé dans une des manieres de conſidérer ces différences; mais l'on voit par une lettre écrite à *Wallis* en 1692, qu'il connoiſſoit la véritable. *Keil* défendit *Newton* dans les mêmes Journaux: on lui répliqua, & l'on ſe dit des injures ou des choſes fort aigres, comme c'eſt la coutume en pareil cas. Ce qu'il y eut de plus remarquable dans la ſuite de cette conteſtation, fut la propoſition d'un problême que *Leibnitz* fit indirectement à *Newton.* Ce problême, qu'après s'être concerté avec *Bernoulli*, il crut propre à embarraſſer ſes adverſaires, eſt le ſuivant. *Soit, par exemple, une infinité de courbes de même eſpece, comme ſeroient des hyperboles de même ſommet & de même centre, depuis la plus applatie qui coincide avec ſon axe, juſqu'à la plus ouverte qui n'eſt autre choſe que la ligne perpendiculaire à l'axe commun; on demande la courbe qui les coupera toutes à angles droits.* Nous nous hâtons d'obſerver que ce n'eſt là qu'un cas des plus ſimples, & qui n'excede pas la portée d'un médiocre Analiſte. Le problême eſt bien autrement difficile, s'il s'agit d'une ſuite de courbes, d'hyperboles, par exemple, de même ſommet, & même parametre, mais de centres variables; ſi les centres & les parametres ſont variables; ſi les courbes, au lieu d'être géométriques ſont tranſcendantes, par exemple, une infinité de logarithmiques paſſant par le même point, &c. L'idée générale du problême comprend une multitude d'autres cas, dont quelques-uns ſont d'une très-grande difficulté. L'hiſtoire de ce problême déja ébauché par *Viviani*, & enſuite propoſé dans les Actes de Leipſick de 1697, & réſolu plus généralement par M. Jacques *Bernoulli*, ſeroit trop longue. Nous nous bornons à dire qu'il nous paroît que *Newton* le traita un peu trop légérement dans l'eſquiſſe de ſolution qu'il en donna; non que nous penſions qu'il ne l'eût pas réſolu d'une maniere complette, mais il y eût rencontré des difficultés particulieres, ſurtout au cas propoſé par M. *Bernoulli*. Quoi qu'il en ſoit, ce problême a ſucceſſivement excité la ſagacité de M. Jean *Bernoulli*, de ſon fils Nicolas *Bernoulli*, & de ſon neveu du même nom, de M. *Tailor*, qui parmi les Anglois y ſatisfit, & de M. *Herman*. On trouve toutes leurs recherches ſur ce ſujet dans les Œuvres de M. *Bernoulli* (*a*).

Un ami commun de *Leibnitz* & de *Newton* (l'Abbé *Conti*, Noble Vénitien) entreprit en 1715 de les faire expliquer l'un à l'autre. Mais cela ne ſervit qu'à les aigrir davantage, *Leibnitz* perſiſtant à conteſter à *Newton* ſon droit de priorité ſur le calcul en queſtion, & *Newton* refuſant à *Leibnitz* ce qu'il lui avoit autrefois accordé (*b*). Enfin la mort de *Leibnitz*, arrivée vers la fin de 1716, mit fin à la querelle. Pour la réſumer en peu de mots, nous dirons qu'il eſt inconteſtable que M. *Newton* eſt le premier inventeur du calcul des fluxions: quant à M. *Leibnitz*, il nous paroît que les pieces qu'on peut prouver lui avoir été communiquées, ne contiennent rien qui puiſſe donner lieu de le regarder comme ayant emprunté ce calcul de *Newton*, mais ſeulement comme l'ayant deviné ſur la deſcription que *Newton* lui faiſoit de ſes avantages. Au ſurplus, ſi l'on obſerve combien peu il y avoit à faire pour paſſer des calculs de *Barrow* & de *Wallis* au calcul différentiel, il paroîtra, ce ſemble, ſuperflu de rechercher ailleurs l'origine de ce dernier. En effet, ce que *Barrow* déſignoit par e & a, n'étoit autre choſe que les incrémens inſtantanés & infiniment petits de l'abſciſſe & de l'ordonnée. Or en ſuppoſant cette équation, par exemple, $x^3 = by^2$, le calcul de *Barrow*, dépouillé des opérations ſuperflues, donnoit $3x^2 e = 2bya$; de même l'équation $x^4 = b^3 y$, donnoit $4x^3 e = b^2 a$.

(*a*) Voyez la Table générale, au mot *Trajectoria Orthogonalis*.
(*b*) Voyez *Newt. Opuſcula*. T. 1. p. 379. & ſuiv.

L'analogie conduisoit donc à remarquer que si l'on avoit $x^n = y$, on devoit trouver $nx^{n-1}e = a$, quel que fût le nombre n, entier ou rompu, positif ou négatif. D'un autre côté, *Wallis* avoit désigné les élémens des aires des courbes par le rectangle fait de l'ordonnée, & d'une portion infiniment petite de l'abscisse qu'il nommoit A, de sorte que l'élément de l'aire circulaire étoit suivant lui, $A\sqrt{aa - xx}$. Il avoit aussi réduit à une expression semblable, les élémens des longueurs des arcs curvilignes, sçavoir par une analogie fondée sur la ressemblance du petit triangle caractéristique avec celui de la soutangente, la tangente & l'ordonnée. Ajoutons à cela, de marquer l'incrément d'une grandeur de quelque maniere qui montre à quelle grandeur il appartient, comme par la même lettre précédée d'un signe particulier, (*Leibnitz* a choisi la lettre *d*, qui signifie *différence*): voilà le passage du calcul de *Barrow* & de celui de *Wallis* au calcul différentiel. Mais quoiqu'il y eût aussi peu à faire pour passer de l'un à l'autre, il y auroit une grande injustice à vouloir priver *Leibnitz* de l'honneur de cette invention, puisque tant de Géometres avoient vu les Livres de *Barrow* & de *Wallis*, les avoient médités, & n'avoient pas été plus loin. Le génie consiste dans cette heureuse fécondité de vues & d'expédiens, qui paroissent après coup simples & faciles, mais qui échappent néanmoins à ceux qui ne sont pas avantagés de cet heureux don de la nature.

VIII.

De la théor. des caustiques & des épicycloïdes.

Il nous faut suspendre ici pour quelques momens le récit des progrès du calcul de l'infini, afin de rendre compte de quelques théories particulieres de Géométrie sublime qui prirent naissance vers ce temps. L'une est celle des caustiques, nouveau genre de courbes, inventé par M. de *Tchirnausen*, & doué de propriétés très-remarquables: l'autre celle des épicycloïdes, qui ont aussi des propriétés intéressantes, soit à les considérer du côté de la théorie, soit à les envisager du côté des usages méchaniques. Nous commençons par les caustiques de M. *Tchirnausen* (*a*).

(*a*) M. de Tchirnausen (Ehrenfreid Walter), Seigneur de Killingswald & de Stolzen-

Tout le monde sçait que les rayons de lumiere réfléchis par une surface concave, se réunissent vers un certain point qu'on appelle foyer, à cause de l'incendie qu'y produit ordinairement cette réunion. Mais ce foyer n'est que rarement un point indivisible, & ce n'est ordinairement que le lieu vers lequel se rendent le plus de rayons réfléchis. Il se fait une sorte de foyer continu, dont on peut facilement se procurer le spectacle. Qu'on ait un vase cylindrique dont la surface intérieure soit fort polie. Si l'on en approche un flambeau, on voit se projetter sur le fond deux traits de lumiere curvilignes, qui sont d'autant plus brillans que le flambeau est présenté plus obliquement. C'est-là la caustique des rayons réfléchis de dessus cette surface. Le foyer proprement dit dans les miroirs ardens, n'est que l'environ du point où se touchent les deux branches de la caustique ; ce qui fait que la plûpart des rayons se croisent dans le petit espace voisin de ce point, & y produisent une chaleur considérable.

Pour concevoir la génération de ces courbes, il faut se représenter une suite de rayons paralleles & à égales distances. *Fig.* 93. On verra facilement que chaque rayon réfléchi coupera le suivant, & que de tous ces points d'intersection, & des parties de rayons réfléchis qu'ils interceptent, naîtra un polygone, comme on a vu dans la théorie des développées, s'en former un des parties des perpendiculaires à la courbe, lorsqu'elles étoient en nombre fini. Mais qu'on suppose les rayons incidens en plus grand nombre & plus serrés, on verra diminuer

berg, naquit à Killingswald, dans la Lusace supérieure, le 10 Avril 1651. Après avoir fait quelques campagnes dans les troupes de Hollande vers l'année 1672, il se mit à voyager, & il parcourut en observateur curieux la plûpart des contrées de l'Europe. Il vint à Paris pour la troisieme fois en 1682, & il fut aggrégé à l'Académie Royale des Sciences. Il se retira ensuite dans ses terres, où il passa la plus grande partie de sa vie, occupé de l'étude & des Mathématiques. Il y a dans les Actes de Leipsick quantité de pieces de sa façon : elles montrent que M. de Tchirnausen étoit un homme de beaucoup de génie, mais en même temps d'un caractere précipité qui l'engagea plus d'une fois dans l'erreur. C'est aussi avec peine qu'on le voit, promettant sans cesse les découvertes les plus brillantes, sans tenir sa parole, & affectant peu d'estime pour le calcul différentiel. Il s'en falloit cependant beaucoup que sa méthode, qui n'est proprement que celle de Barrow, eût la même perfection, bien loin de lui être préférable. M. Tchirnausen mourut vers la fin de 1708. Le seul Livre qu'on ait de lui, est sa *Medicina mentis & corporis*, ouvrage dans le genre de celui de *la Recherche de la Vérité* du Pere Malebranche, mais plus étendu, comme l'annonce son titre. Il parut pour la premiere fois en 1687, & il y en eut une seconde édition augmentée, en 1695. *Voyez* l'Hist. de l'Acad. de l'année 1709.

ces petits côtés, & enfin le polygone se changer en une courbe que touchera chacun des rayons réfléchis. Chaque point de la caustique peut aussi être considéré comme le foyer de deux rayons infiniment proches, de même que nous avons vu chaque point de la développée être le concours de deux perpendiculaires à la courbe, infiniment voisines.

Le D. *Barrow* avoit déja considéré dans ses *Leçons Optiques* ces sortes de concours de rayons; & il est surprenant que porté comme il l'étoit à envisager les choses du côté purement géométrique, il n'ait pas eu l'idée d'examiner quelles courbes forment ces points de concours suivant les divers cas. Cette idée vint à M. *Tchirnausen* le premier, qui en donna (en 1682.) à l'Académie des Sciences, une esquisse sur la caustique du cercle formée par des rayons incidens paralleles. Cette courbe, dont on voit la représentation dans la figure 94, se décrit en prenant partout le rayon réfléchi EG égal à la moitié de l'incident ED; de sorte qu'elle se termine au point F, qui partage le rayon AC en deux également. Elle est susceptible de rectification absolue; chaque partie comme BG, est égale à la somme des rayons incident & réfléchi DE, EG; propriété au reste commune à toutes les caustiques formées par des rayons paralleles, & qui s'étend, à quelques modifications près, à toutes les autres. Enfin la courbe BGF, n'est autre que celle que décriroit un point de la circonférence d'un cercle qui rouleroit sur un autre comme FK décrit du rayon CF. C'est une remarque nouvelle que fit M. *Tchirnausen* en 1690, de même que celle-ci, sçavoir que cette courbe a la propriété de se reproduire par son développement, comme l'on sçait que fait la cycloïde. Il y a néanmoins cette différence, que la cycloïde a pour développée une cycloïde précisément égale, au lieu que la courbe dont nous parlons a bien pour développée une courbe semblable, mais seulement moins grande de moitié. Nous devons rendre ici à M. *de la Hire*, la justice de remarquer qu'il démêla quelques-unes des propriétés ci-dessus avant M. *Tchirnausen*. Car ce Géometre un peu précipité, s'étoit trompé en quelque chose, lorsqu'il annonça sa découverte à l'Académie des Sciences. Il prétendoit que pour trouver chaque point de la caustique, il n'y avoit qu'à décrire sur le rayon CB un demi-cercle, & partager le restant de chaque ordonnée, comme

Fig. 94.

H E en deux également en I, & que le point I étoit dans la caustique. Cette prétention ne lui fut point passée par M. *de la Hire*, mais M. *Tchirnausen*, entier dans ses sentimens, après avoir fort contesté, ne se rendit pas. Il ne reconnut son erreur que plusieurs années après, sur la nouvelle observation que lui en fit M. *Bernoulli*. Cependant M. *de la Hire* considérant cette courbe, trouva que le rayon réfléchi étoit la moitié de l'incident, & il démontra aussi qu'elle étoit une épicycloïde produite par la révolution d'un cercle sur un autre (*a*).

Les Géometres contemporains de M. *Tchirnausen*, ont beaucoup enchéri sur sa théorie. Elle sortoit à peine de ses mains, qu'ils l'étendirent, soit en ne se bornant plus aux rayons incidens paralleles, mais en les supposant convergens ou divergens à volonté, soit en appliquant à la réfraction ce que M. *Tchirnausen* avoit seulement remarqué dans la réflection; soit enfin en examinant les caustiques des courbes méchaniques, auxquelles M. *Tchirnausen* dédaignant l'usage du calcul différentiel, ne pouvoit appliquer le sien. On doit les principaux traits de toute cette théorie aux deux illustres freres MM. Jacques & Jean *Bernoulli*. Le premier donna en 1691, dans les Actes de Leipsick, des choses très-curieuses sur ce sujet (*b*), il y fit entr'autres la remarque, que la caustique de la spirale logarithmique, le point lumineux étant au centre, étoit une spirale égale. Pendant le même temps, M. Jean *Bernoulli*, qui étoit alors à Paris, donnoit dans ses *Lectiones calculi integralis*, des formules déduites du calcul différentiel, pour déterminer les caustiques de toutes les especes. Nous supprimons avec regret quantité de choses curieuses que nous aurions à dire ici, si nous pouvions nous étendre à notre gré. Nous renvoyons aux écrits des Géometres qui ont traité cette théorie, entr'autres aux *Leçons de calcul intégral* de M. *Bernoulli*, ou *au Traité des infiniment petits* de M. le Marquis *de l'Hôpital*. On peut aussi consulter un Mémoire qu'on lit parmi ceux de l'Académie de l'année 1703. C'est une espece de Traité sur cette matiere, où l'on trouve rassemblé avec beaucoup de précision tout ce qu'elle offre de plus intéressant.

La génération des épicycloïdes sera facile à entendre pour

(*a*) Hist. de l'Acad. avant le renouv. ann. 1688. édit. François.

(*b*) *Lineæ cycloid. causticæ, pericausticæ, &c.*

Des Epicycloïdes.

ceux à qui la cycloïde est connue. Car elle n'est que celle de cette courbe célebre, un peu généralisée. La cycloïde s'engendre lorsqu'on fait rouler un cercle sur une ligne droite. Les épicycloïdes sont formées de la même maniere, à cela près, que la base au lieu d'être une ligne droite, est une autre circonférence circulaire.

On fait honneur de l'invention des épicycloïdes à M. *Roemer*, célebre Astronome Danois, qui les imagina durant son séjour à Paris, vers l'année 1674. Ce ne fut point entre ses mains une pure spéculation géométrique. Ces courbes lui parurent être celles dont la forme convenoit aux dents des roues pour diminuer le frottement des unes contre les autres, & rendre l'action de la puissance plus égale; ce fut-là le motif qui le porta à les considérer. M. *de la Hire* néanmoins, dans son Traité des Epicycloïdes, imprimé en 1694, garde un profond silence sur M. *Roemer*, & semble s'attribuer le mérite de cette invention géométrique & méchanique. Mais outre le cri public qui en fait honneur à M. *Roemer*, on a le témoignage exprès de M. *Leibnitz* (*a*), qui étant à Paris, en 1674 & les deux années suivantes, dit que l'invention des épicycloïdes & leur application à la méchanique, étoient l'ouvrage de ce Mathématicien Danois, & qu'il en passoit pour Auteur auprès de M. *Huyghens*, sans qu'il fût en aucune maniere question de M. *de la Hire*.

Je ne trouve personne qui ait rien publié sur les épicycloïdes avant M. *Newton*. Ce grand homme donne, dans le premier Livre de ses principes, leur rectification d'une maniere fort générale & fort simple. Après lui M. *Bernoulli*, pendant son séjour à Paris, s'adonna à déterminer, à l'aide du calcul différentiel & intégral, encore naissant, leur aire, leur rectification, leur développée, &c. plusieurs de ses *Leçons de calcul intégral* sont occupées de cet objet. En 1694, M. *de la Hire* publia son *Traité des Epicycloïdes*, dont il revendique les principales vérités, comme des découvertes faites depuis longtemps. C'est un ouvrage excessivement embrouillé; mais on a dans les Mémoires de l'Académie de l'année 1706, un écrit du même M. *de la Hire* sur les épicycloïdes, qui forme un

(*a*) *Comm. Phil. Leibnitii & Bernoulli.* T. 1, p. 347.

Traité complet de ces courbes, très-curieux & très-élégant.

Il y auroit dans les écrits qu'on vient d'indiquer une ample moisson de vérités curieuses à étaler ici. Mais nous nous bornerons à quelques-unes des plus dignes d'attention. C'est d'abord une propriété remarquable des épicycloïdes circulaires qu'elles sont souvent géométriques, tandis que la cycloïde ordinaire, d'autant plus simple en apparence que la ligne droite l'est davantage que la courbe, n'est que méchanique ou transcendante. Ce cas où les épicycloïdes sont géométriques, est celui où il y a un rapport comme de nombre à nombre entre les circonférences du cercle qui sert de base, & du générateur. Que si ce rapport est incommensurable, alors l'épicycloïde est méchanique. La raison en est sensible : dans le dernier cas, le cercle générateur continuant à l'infini de tourner sur sa base, jamais le point décrivant ne peut retomber sur un de ceux d'où il est parti au commencement de quelque révolution ; ainsi la courbe ne rentrera jamais en elle-même, mais fera une infinité de circonvolutions différentes & de replis. Elle seroit par conséquent coupée en une infinité de points par une ligne droite, ce qui ne sçauroit arriver à une courbe géométrique. Ceci nous donne la solution de l'espece de paradoxe remarqué plus haut. La cycloïde ordinaire n'est qu'une épicycloïde formée par un cercle fini roulant sur un cercle infini. Mais le fini & l'infini sont incommensurables. Ainsi elle est dans le cas des épicycloïdes à base incommensurable avec le cercle générateur, & elle doit être transcendante comme elles.

C'est encore une propriété remarquable des épicycloïdes, soit géométriques, soit transcendantes, qu'elles sont absolument rectifiables, du moins dans le cas où le point décrivant est sur la circonférence du cercle générateur. On démontre *Fig. 95.* que la circonférence de l'épicycloïde G E F est au quadruple du diametre du cercle générateur B E, comme le rayon de la base, à la somme de ceux de la base & du cercle générateur. Si l'épicycloïde étoit intérieure, alors, au lieu de la somme ci-dessus, ce seroit la différence. Veut-on voir reparoître ici la cycloïde ordinaire & sa propriété célebre, d'avoir sa circonférence égale à quatre fois le diametre du cercle générateur, il n'y aura qu'à supposer le cercle de la base infini ; alors la raison ci-dessus se changera en une raison d'égalité. Car l'infini augmenté ou diminué d'une quantité finie, est toujours le même. Lorsque le point décrivant de l'épicycloïde est pris au dedans ou au dehors de la circonférence du cercle générateur, la longueur de l'épicycloïde est égale à une circonférence d'ellipse facile à construire. A l'égard des aires des épicycloïdes, elles se déterminent par l'analogie suivante : comme le rayon du cercle de la base : à trois fois ce rayon, plus deux fois celui du cercle générateur, ainsi le segment circulaire *b* H, au secteur épicycloïdal *b* HF, ou tout le cercle générateur, à l'aire entiere de l'épicycloïde FEGB. Je ne dis rien des tangentes : on sçait depuis le temps de *Descartes* que la ligne H *b*, tirée d'un point quelconque H, à celui de la base que touche le cercle, tandis que ce point est décrit, est perpendiculaire à la courbe, par conséquent à la tangente. Je finis cet article en donnant une idée de la méthode ingénieuse que M. de *Maupertuis* a suivie en traitant ce sujet (*a*). Il conçoit un polygone rouler sur un autre dont les côtés sont égaux aux siens. La trace d'un des angles, décrit une courbe dont le contour est formé d'arcs de cercles, & l'aire composée de secteurs circulaires, & de triangles rectilignes. Il détermine le rapport de l'aire & du contour de cette figure avec ceux du polygone générateur. Il suppose ensuite ces polygones devenir des cercles, la figure décrite devient une épicycloïde, & le rapport ci-dessus, modifié comme il convient par cette supposition, lui donne l'aire & le contour de l'épicycloïde.

IX.

Progrès du calcul différentiel dans le continent.

L'Angleterre, quoique le pays natal des calculs que nous nommons différentiel & intégral, n'est cependant pas celui où ils ont d'abord pris leur accroissement. Nous faisons abstraction de M. *Newton*, qui les appliqua dès leur naissance avec tant de succès à la découverte des vérités les plus sublimes, & qui étoit en possession de quantité de méthodes excellentes. Mais à l'exception de ce qu'il en dévoila dans ses principes en 1687, & de ce qui en pût transpirer d'après ses lettres & ses manuscrits, c'étoit un trésor précieux dont lui seul avoit encore la

(*a*) Mem. de l'Acad. ann. 1727.

propriété; de maniere que c'eſt, en quelque ſorte, du continent que l'Angleterre reçut la connoiſſance de ce calcul. *Craig*, qui le premier le cultiva, & qui l'appliqua à la dimenſion des grandeurs curvilignes (*a*), le tenoit des pieces inſérées par *Leibnitz* dans les Actes de Leipſick. Il en fait l'aveu de pluſieurs manieres, ſoit en appellant cette méthode, le calcul de *Leibnitz*, ſoit en adoptant ſa notation. Ainſi c'eſt à l'époque de la connoiſſance qu'en donna M. *Leibnitz* au monde ſçavant, qu'on doit à certains égards fixer ſa naiſſance & ſes développemens. Nous en ferons bientôt l'hiſtoire avec étendue; mais quelques traits de la vie d'un homme à qui les Mathématiques ont de ſi grandes obligations, ne ſçauroient ſuſpendre qu'agréablement l'attente de nos lecteurs.

Le célebre M. *Leibnitz*, (Godefroi-Guillaume) naquit à Leipſick, le 23 Juin, v. ſt. de l'année 1646. Il fit ſes premieres études dans ſa patrie, & dès l'âge de quinze ans, il commença à embraſſer avec une ardeur incroyable tous les genres de connoiſſances. Poéſie, Hiſtoire, Antiquités, Philoſophie, Mathématiques, Juriſprudence, ſoit civile, ſoit politique, tout fut dans peu d'années de ſon reſſort, & il n'eſt aucun de ces genres dans lequel il n'ait ſignalé ſon génie ou ſon ſçavoir. Nous paſſerions bientôt les bornes que nous preſcrit l'étendue de cet ouvrage, ſi nous entreprenions de faire connoître M. *Leibnitz* ſous tous ces différens aſpects. Le lecteur curieux nous pardonnera ſi nous nous bornons à le repréſenter ici comme Mathématicien.

Les Mathématiques furent du nombre des connoiſſances que M. *Leibnitz*, avide de toute eſpece de ſçavoir, acquit dans ſa jeuneſſe. Lorſqu'il prit des grades en Philoſophie, il ſoutint une theſe ſur un ſujet à demi-Mathématique, & tenant à l'art des combinaiſons. Cette theſe fut le premier germe d'un Traité *de Arte combinatoriâ*, qu'il donna en 1668, & qui a été réimprimé en 1690. On ne doit pas mettre cette nouvelle édition ſur le compte de M. *Leibnitz*. Il la vit au contraire avec déplaiſir, ne jugeant plus cet ouvrage digne de ſon nom, quoiqu'il lui eût autrefois fait honneur. Il donna auſſi en 1671, un ouvrage intitulé *Hypotheſis Phyſica nova*, *&c.* ou *Theoria motus*, dont il déſapprouva la doctrine lorſqu'il fut parvenu à un âge plus mûr.

(*a*) *De fig. curvil. quad. & locis Geom.* Lond. 1693. in-4°.

M. *Leibnitz* vint à Paris en 1673, & s'y fit connoître avantageusement de M. *Huyghens*, & des autres Membres de l'Académie des Sciences. Ce fut dans ce temps-là qu'il fit diverses découvertes analytiques, entr'autres celle de sa suite pour le cercle, sujet sur lequel il composa dès-lors un Traité qu'il se proposa long-temps de mettre au jour, mais il s'en désista dans la suite. Il imagina vers le même temps sa machine arithmétique, machine plus parfaite & plus commode que celle de M. *Pascal* (*a*). L'idée en fut communiquée à M. *Colbert*, & valut à M. *Leibnitz* d'être aggregé à l'Académie des Sciences.

M. *Leibnitz* retourna en Allemagne vers la fin de 1676, rappellé par l'Electeur d'Hanovre à qui il s'étoit attaché. Les affaires nombreuses dont il fut chargé par ce Prince, ne lui permirent guere plus alors de s'adonner aux Mathématiques. Cependant lorsque les Actes de Leipsick parurent, il ne laissa pas de les enrichir de quantité d'écrits, soit physiques, soit mathématiques, écrits qui sont tous marqués au coin du génie, & qui font regretter que leur Auteur n'ait pas eu le loisir de suivre davantage ses idées, & de se livrer à un travail plus réglé sur ces matieres. M. *Leibnitz* se le proposa souvent, & il a été pendant plusieurs années question d'un ouvrage *de Scientiâ infiniti*, dont son nouveau calcul, & surtout le calcul intégral, auroit fait la principale partie; mais distrait par des entreprises laborieuses, & encore plus par son penchant vers la Métaphysique la plus déliée, il ne trouva jamais le temps de remplir l'attente dont il avoit flatté le monde sçavant.

M. *Leibnitz* étoit attentif à tout ce qui peut contribuer à l'accroissement & à la propagation des Sciences. L'établissement d'une Académie en Allemagne lui parut propre à cela, & il le sollicita auprès de Fréderic I, Roi de Prusse & Electeur de Brandebourg. Ce Prince entrant dans ses vues, fonda en 1701 à Berlin sa capitale, cette Académie, émule de celles de Paris & de Londres, qu'on y voit fleurir aujourd'hui. M. *Leibnitz* en fut nommé Président, & remplit cette place jusqu'à sa mort. Elle arriva le 14 Novembre 1716; & elle fut causée par un accès de goutte remontée qui le suffoqua presque subitement. Il étoit un des Associés étrangers que

(*a*) Voy. *Miscell. Berol.* T. I.

propriété ; de maniere que c'est, en quelque sorte, du continent que l'Angleterre reçut la connoissance de ce calcul. *Craig*, qui le premier le cultiva, & qui l'appliqua à la dimension des grandeurs curvilignes (*a*), le tenoit des pieces insérées par *Leibnitz* dans les Actes de Leipsick. Il en fait l'aveu de plusieurs manieres, soit en appellant cette méthode, le calcul de *Leibnitz*, soit en adoptant sa notation. Ainsi c'est à l'époque de la connoissance qu'en donna M. *Leibnitz* au monde sçavant, qu'on doit à certains égards fixer sa naissance & ses développemens. Nous en ferons bientôt l'histoire avec étendue ; mais quelques traits de la vie d'un homme à qui les Mathématiques ont de si grandes obligations, ne sçauroient suspendre qu'agréablement l'attente de nos lecteurs.

Le célebre M. *Leibnitz*, (Godefroi-Guillaume) naquit à Leipsick, le 23 Juin, v. st. de l'année 1646. Il fit ses premieres études dans sa patrie, & dès l'âge de quinze ans, il commença à embrasser avec une ardeur incroyable tous les genres de connoissances. Poésie, Histoire, Antiquités, Philosophie, Mathématiques, Jurisprudence, soit civile, soit politique, tout fut dans peu d'années de son ressort, & il n'est aucun de ces genres dans lequel il n'ait signalé son génie ou son sçavoir. Nous passerions bientôt les bornes que nous prescrit l'étendue de cet ouvrage, si nous entreprenions de faire connoître M. *Leibnitz* sous tous ces différens aspects. Le lecteur curieux nous pardonnera si nous nous bornons à le représenter ici comme Mathématicien.

Les Mathématiques furent du nombre des connoissances que M. *Leibnitz*, avide de toute espece de sçavoir, acquit dans sa jeunesse. Lorsqu'il prit des grades en Philosophie, il soutint une these sur un sujet à demi-Mathématique, & tenant à l'art des combinaisons. Cette these fut le premier germe d'un Traité *de Arte combinatoriâ*, qu'il donna en 1668, & qui a été réimprimé en 1690. On ne doit pas mettre cette nouvelle édition sur le compte de M. *Leibnitz*. Il la vit au contraire avec déplaisir, ne jugeant plus cet ouvrage digne de son nom, quoiqu'il lui eût autrefois fait honneur. Il donna aussi en 1671, un ouvrage intitulé *Hypothesis Physica nova*, *&c.* ou *Theoria motus*, dont il désapprouva la doctrine lorsqu'il fut parvenu à un âge plus mûr.

(*a*) *De fig. curvil. quad. & locis Geom.* Lond. 1693. in-4°.

M. *Leibnitz* vint à Paris en 1673, & s'y fit connoître avantageusement de M. *Huyghens*, & des autres Membres de l'Académie des Sciences. Ce fut dans ce temps-là qu'il fit diverses découvertes analytiques, entr'autres celle de sa suite pour le cercle, sujet sur lequel il composa dès-lors un Traité qu'il se proposa long-temps de mettre au jour, mais il s'en désista dans la suite. Il imagina vers le même temps sa machine arithmétique, machine plus parfaite & plus commode que celle de M. *Pascal* (*a*). L'idée en fut communiquée à M. *Colbert*, & valut à M. *Leibnitz* d'être aggregé à l'Académie des Sciences.

M. *Leibnitz* retourna en Allemagne vers la fin de 1676, rappellé par l'Electeur d'Hanovre à qui il s'étoit attaché. Les affaires nombreuses dont il fut chargé par ce Prince, ne lui permirent guere plus alors de s'adonner aux Mathématiques. Cependant lorsque les Actes de Leipsick parurent, il ne laissa pas de les enrichir de quantité d'écrits, soit physiques, soit mathématiques, écrits qui sont tous marqués au coin du génie, & qui font regretter que leur Auteur n'ait pas eu le loisir de suivre davantage ses idées, & de se livrer à un travail plus réglé sur ces matieres. M. *Leibnitz* se le proposa souvent, & il a été pendant plusieurs années question d'un ouvrage *de Scientiâ infiniti*, dont son nouveau calcul, & surtout le calcul intégral, auroit fait la principale partie; mais distrait par des entreprises laborieuses, & encore plus par son penchant vers la Métaphysique la plus déliée, il ne trouva jamais le temps de remplir l'attente dont il avoit flatté le monde sçavant.

M. *Leibnitz* étoit attentif à tout ce qui peut contribuer à l'accroissement & à la propagation des Sciences. L'établissement d'une Académie en Allemagne lui parut propre à cela, & il le sollicita auprès de Fréderic I, Roi de Prusse & Electeur de Brandebourg. Ce Prince entrant dans ses vues, fonda en 1701 à Berlin sa capitale, cette Académie, émule de celles de Paris & de Londres, qu'on y voit fleurir aujourd'hui. M. *Leibnitz* en fut nommé Président, & remplit cette place jusqu'à sa mort. Elle arriva le 14 Novembre 1716; & elle fut causée par un accès de goutte remontée qui le suffoqua presque subitement. Il étoit un des Associés étrangers que

(*a*) Voy. *Miscell. Berol.* T. I.

l'Académie choisit lors des nouveaux réglemens qu'elle reçut en 1699. Il entretenoit depuis plusieurs années avec M. Jean *Bernoulli*, un commerce de lettres, qui a été mis au jour en 1745, sous le titre de *Leibnitii ac Bernoullii Comm. Phil. & Math.* 2. vol. in-4°. On ne peut que sçavoir beaucoup de gré aux éditeurs de ce morceau, extrêmement intéressant par les objets sçavans sur lesquelles il roule, & par les nombreuses anecdotes dont il nous instruit. L'abondance extrême de notre matiere nous contraint de nous en tenir à cette esquisse très-légere de la vie & des ouvrages de cet homme célebre (a); nous nous hâtons de revenir à notre objet principal, sçavoir l'histoire du calcul différentiel.

M. *Leibnitz* a conçu son calcul d'une maniere moins géométrique que M. *Newton*. Il suppose qu'il y a des grandeurs infiniment petites à l'égard d'autres grandeurs, de telle sorte qu'on peut négliger les premieres, eu égard aux secondes, sans erreur sensible. Il ne se borne pas là; il y a, dans ce systême, des infiniment petits d'infiniment petits, ou du second ordre, qui sont de même négligibles à l'égard de ceux du premier. Ainsi en prenant dans une courbe trois ordonnées infiniment proches, la différence de chacune avec sa voisine, est un infiniment petit du premier ordre; ce qui forme deux différences infiniment petites & successives: or ces deux infiniment petits, différent entr'eux d'une quantité infiniment petite à leur égard: voilà, suivant M. *Leibnitz*, un infiniment petit du second ordre; c'est ce qui a fait donner à ce calcul, le nom d'*infiniment petits*: mais ce que ce principe & ses idées ont, au premier abord, de dur aux oreilles géométriques, est seulement dans les termes. Ce n'est qu'une maniere de s'énoncer adoptée pour éviter les circonlocutions, & qui ne sçauroit conduire à l'erreur. On le montrera après avoir donné une idée de la maniere dont on raisonne dans le calcul différentiel.

Une quantité variable x étant proposée, on désigne son accroissement infiniment petit ou sa différentielle, par dx. Cela supposé, qu'on demande l'accroissement infiniment petit de x^2, par

(a) Les lecteurs curieux d'une connoissance plus détaillée de la vie & des ouvrages nombreux de M. Leibnitz, doivent recourir aux écrits qui ont eu cet objet particulier, comme son éloge historique, par M. de Fontenelle, les Actes de Leipsick de l'année 1717, & enfin l'article de Leibnitz dans le Supplément de Bayle par M. de la Chauffepié.

par exemple, tandis que x devient $x+dx$, il est visible que x^2 deviendra $(x+dx)^2$, ou $x^2+2xdx+dx^2$. L'accroissement de x^2 sera donc $2xdx+dx^2$; mais, dit M. *Leibnitz*, dx^2 est infiniment petit comparé à $2xdx$, puisque le premier est un rectangle de deux dimensions infiniment petites, tandis que le second n'en a qu'une de cette espece. On peut donc négliger dx^2, sans erreur; ainsi l'accroissement de x^2 est $2xdx$. On démontre de même que la différentielle de xy est $ydx+xdy$, & non $ydx+xdy+dxdy$. Car $dxdy$ est infiniment petit, eu égard à ydx ou xdy. Tout cela, quoiqu'en apparence contre la rigueur géométrique, ne laisse pas d'être vrai, ainsi que nous allons le faire voir.

En effet M. *Leibnitz*, en négligeant certaines grandeurs, n'a rien fait qui ne fût déja familier aux Analistes & aux Géometres. Toute quantité qui dans certaines circonstances devenoit moindre qu'aucune grandeur assignable, quelque petite qu'elle fût, étoit réputée nulle dans ces circonstances. C'est ainsi qu'en doublant continuellement le nombre des côtés d'un polygone inscrit au cercle, on regardoit le cercle & le polygone comme se confondant enfin, sans avoir égard aux petits segmens qui sont la différence de l'un & de l'autre. Car on démontroit que la somme de tous ces segmens décroissoit au point de devenir moindre qu'aucune quantité assignable. C'est-là précisément le cas des infinimens petits de M. *Leibnitz*. A mesure que dx diminue dans l'exemple précédent, la raison de dx^2 à $2xdx$, diminue, & devient enfin moindre qu'aucune raison assignable, lorsque dx devient moindre qu'aucune quantité donnée. On ne peut donc regarder dx^2, que comme nul comparé à $2xdx$, & par conséquent dx & $2xdx$, expriment respectivement les accroissemens de x & de x^2, lorsque ces accroissemens sont infiniment petits, c'est-à-dire, dans l'instant où ils s'anéantissent.

Mais que feront, suivant ce systême, les différens ordres d'infiniment petits, ou de différences de différences. Nous conviendrons ingénument qu'il n'en donne pas une notion aussi distincte & affranchie de difficultés, que celui de M. *Newton*. Quelque effort qu'ait fait un bel esprit Géometre, le célebre Secretaire de l'Académie, pour établir l'existence de ces différens ordres d'infinis & d'infiniment petits, c'est, à notre avis, un édifice plus hardi que solide. Pour mettre cette partie du calcul de M. *Leibnitz* à l'abri de toute difficulté, il est nécessaire de recourir aux notions qu'en donne M. *Newton*, & que nous avons expliquées dans un des articles précédens. Au reste tout est de même dans le calcul différentiel que dans celui des fluxions. Ils ne différent que dans la notation, & dans la maniere dont leurs Auteurs ont envisagé leur principe fondamental. Ainsi tout ce qu'on a dit dans l'article V, sur l'application du calcul des fluxions à la méthode des tangentes, à l'invention des *maxima* & *minima*, à la quadrature & à la rectification des courbes, &c. doit s'entendre également du calcul de M. *Leibnitz*. Il n'y a qu'à changer les $\dot{x}$, $\dot{y}$, $\ddot{x}$, &c. en dx, dy, ddx, &c. & l'on aura les mêmes conséquences, les mêmes regles de calcul.

M. *Leibnitz* donna le premier essai public de son nouveau calcul dans les Actes de Leipsick de l'année 1684 (*a*); & il en montra l'usage pour trouver les tangentes, les *maxima* & *minima*, & les points d'infléxion. Un des problêmes qu'il se proposoit en exemple, étoit bien propre à faire éclater les avantages de son calcul. Il suppose une courbe dont la nature est telle que la somme des lignes tirées de chacun de ses points à tant d'autres qu'on voudra pris sur son axe, fasse une même somme, & il demande la maniere d'y mener les tangentes. Ce problême qui éluderoit, dans certains cas, toutes les ressources des méthodes de *Fermat*, de *Barrow*, &c. reçoit une solution facile du calcul différentiel, quel que soit le nombre des points ou des foyers donnés.

Cependant les germes de ce nouveau calcul jettés par M. *Leibnitz*, ne fructifierent pas d'abord, & il s'écoula quelques années avant qu'on sentît le mérite de cette excellente méthode. La plûpart des Géometres, les plus habiles même, ne la regarderent d'abord que comme celle de *Barrow* perfectionnée. Ils n'avoient pas entiérement tort en cela, mais ils l'avoient en ce qu'ils n'appercevoient pas que c'étoit précisément ce degré de perfection que *Leibnitz* avoit donné à ce calcul, qui l'étendoit à des questions sur lesquelles il n'auroit autrement point eu de prise.

(*a*) G. G. L. *Nova methodus pro max. & min. itemque tangent, &c. ac singulare pro his calculi genus.*

Le premier des Géometres qui commença à revenir de son erreur, & à seconder M. *Leibnitz*, fut M. Jacques *Bernoulli*. Ce fut, ce semble, le problême de la courbe isochrone, proposé en 1687 par *Leibnitz*, qui lui ouvrit les yeux. Car son premier essai de la méthode nouvelle, regarde ce problême, dont il publia l'analyse en 1690. Ses progrès dans ce genre étoient déja profonds dès ce temps, puisqu'il osa proposer à son tour le fameux problême de la chaînette, c'est-à-dire, de déterminer la courbure que prend une chaîne ou un fil pesant & infiniment fléxible, qui est suspendu par ses deux bouts. Peu de temps après, sçavoir au commencement de 1691, il donna dans les Actes de Leipsick un essai de calcul différentiel & intégral. C'est, en quelque sorte, un petit Traité de ce calcul, où à l'occasion d'une espece particuliere de spirale, il donne toutes les regles pour déterminer les tangentes, les points d'infléxion, les rayons de la développée, les aires, & les rectifications, dans toutes les courbes à ordonnées, soit paralleles, soit convergentes. Cet essai fut suivi d'un autre sur la spirale logarithmique, sur la courbe loxodromique, ou celle que décrit sur la surface de la mer un navire qui suit constamment le même rumb de vent, sur les aires des triangles sphériques, &c. Aidé des mêmes secours, il s'enfonça bientôt dans d'autres recherches profondes, en considérant les courbes qui naissent de leur roulement les unes sur les autres, & en étendant la théorie des caustiques, découverte récente de M. *Tchirnausen*. Chemin faisant, il rencontra une propriété remarquable de la spirale logarithmique ; c'est que non seulement sa développée, mais encore ce qu'il appelle son anti-développée, sa caustique, soit par réflection, soit par réfraction, le point rayonnant étant au centre, sont de nouvelles spirales logarithmiques égales & semblables à la premiere. Cette espece de renaissance perpétuelle de la logarithmique, lui fit autant de plaisir qu'en avoit fait autrefois à *Archimede* la découverte du rapport de la sphere avec le cylindre ; & de même que le Géometre ancien avoit souhaité qu'en mémoire de cette découverte on mît pour tout épitaphe sur son tombeau une sphere inscrite à un cylindre, M. *Bernoulli* desira qu'on gravât sur le sien une spirale logarithmique avec ces mots, *Eadem mutata resurgo*, allusion heureuse à l'espérance des Chrétiens, en quelque ſorte figurée par la propriété de cette courbe continuellement renaiſſante. M. *Bernoulli* ſignala ſon habileté dans le nouveau calcul par divers autres morceaux inſérés dans les Actes de Leipſick, & qui concernent les queſtions les plus épineuſes de la Géométrie & de la Méchanique. Son nom figurera encore fréquemment par cette raiſon dans divers endroits de cette hiſtoire (*a*).

M. Jean *Bernoulli*, l'illuſtre frere de celui dont nous venons de parler, ne tarda pas à entrer dans la même carriere, & à y marcher avec la même rapidité. Il eut part, auſſi-bien que lui, à la ſolution des plus beaux problêmes qui furent agités vers ce temps parmi les Géometres, & il en propoſa pluſieurs lui-même. Les Actes de Leipſick ſont pleins d'écrits de ce ſçavant Géometre, qui renferment une foule de découvertes & d'artifices ingénieux qui perfectionnent beaucoup le calcul intégral. Nous aurons occaſion d'en mettre dans la ſuite ſous les yeux une partie. Nous nous bornerons ici à donner une idée d'un nouveau genre de calcul, dont il publia les premiers eſſais en 1697.

Ce calcul eſt celui qu'on nomme exponentiel. Nous avons vu juſques ici des puiſſances dont l'expoſant étoit conſtant, comme y^n, n étant un nombre quelconque & invariable. Mais on peut concevoir des grandeurs dont l'expoſant même ſoit variable. Rien n'empêche, par exemple, d'imaginer une courbe de cette nature, que chaque ordonnée BC ou y, ſoit égale

(*a*) M. Bernoulli, (Jacques) naquit à Bâle, le 27 Décembre 1654. Il eut à vaincre les oppoſitions de ſa famille, qui le deſtinoit à toute autre choſe qu'aux Mathématiques, mais ſon goût l'emporta ſur les difficultés, & fut, comme dit M. de Fontenelle, ſon ſeul précepteur. Après avoir voyagé, il retourna dans ſa patrie, où il publia, en 1681, ſon *Conamen novi ſyſtematis planetarum*, ouvrage qui n'eſt pas tout-à-fait digne de ſon nom; & en 1682, ſa Diſſertation *De gravitate ætheris*. Mais c'eſt principalement des Mathématiques que M. Bernoulli tire ſon luſtre & ſa célébrité; il eſt inutile de répeter ici ce qu'on a déja dit ſur les obligations que lui ont la Géométrie & les nouveaux calculs. L'Académie des Sciences, lors de ſon renouvellement, ne manqua pas de s'aggréger, en qualité d'aſſocié étranger, un homme d'un mérite auſſi ſupérieur. Sa patrie ſe l'étoit auſſi attaché en lui donnant la place de Profeſſeur de Mathématiques dans l'Univerſité de Bâle. Il mourut le 16 Août de l'année 1705, n'ayant encore que 50 ans & quelques mois. Outre le Recueil de ſes Œuvres, c'eſt-à-dire, des diverſes pieces inſérées dans les Actes de Leipſick, ou trouvées dans ſes papiers, recueil précieux pour tous les amateurs de la Géométrie tranſcendante, on a de M. Bernoulli, un ouvrage poſthume, intitulé *De Arte conjectandi*, avec un morceau ſur les ſuites infinies. On en doit l'édition à M. Nicolas Bernoulli ſon neveu, qui le publia en 1713. Nous en parlerons ailleurs avec plus d'étendue, & avec les éloges qu'il mérite.

x^x, c'est-à-dire, à la puissance de l'abscisse, dont l'abscisse même représentera l'exposant. Alors en supposant AB $=1$, l'ordonnée BC seroit $=1$; au point b, ou A$b=\frac{1}{2}$, elle seroit $\sqrt{\frac{1}{2}}$. En β, où l'abscisse est 2, cette ordonnée seroit 2^2. On pourroit même, pour plus de généralité, supposer une courbe $dD\delta$, dont les ordonnées bd, BD, &c. fussent z, & que celles de la courbe AcC, fussent exprimées par cette équation $y=x^z$. Quelles seront les propriétés des courbes de cette nature, leurs tangentes, leur aire, &c ? Voilà l'objet du calcul dont nous parlons. M. *Bernoulli* le nommoit d'abord *parcourant*, à cause que les quantités de cette espece parcourent en quelque sorte tous les ordres. Mais le nom d'*exponentiel*, que lui a donné M. *Leibnitz*, a prévalu, & c'est aujourd'hui le seul qui soit en usage. *Fig.* 95.

Tout le calcul exponentiel est fondé sur cette considération, que le logarithme de x^n, est n log. x, & que la différentielle d'un logarithme, par exemple du log. de x, est $\frac{dx}{x}$. Cela supposé, si l'on a une quantité comme $x^z=y$, & qu'on cherche sa différentielle ou la valeur de dy, il n'y aura qu'à faire attention que puisque ces grandeurs sont égales, leurs logarithmes seront égaux; ainsi z log. $x.=$ log. y, & prenant les différences, dz log. $x+z\frac{dx}{x}=\frac{dy}{y}$, d'où l'on tire en multipliant par y, ou par sa valeur x^z, $dy=x^z dz$ log. $x.+zx^{z-1}dx$. La derniere partie de cette équation montre ce qu'il faut faire pour avoir la différentielle d'une quantité telle que x^z. Il est aussi facile de voir que lorsqu'on aura la valeur de z en x, en substituant au lieu de dz, sa valeur en x & dx, on n'aura plus que des quantités finies & données, multipliées par dx; de sorte qu'on pourra appliquer à ces courbes toutes les regles ordinaires du calcul différentiel pour l'invention des tangentes, des *maxima* & *minima*, &c. Nous en donnerions volontiers des exemples, de même que de la maniere de déterminer les aires de ces courbes, mais nous sommes contraints de nous en tenir à cette esquisse de ce calcul. Nous renvoyons aux écrits de M. *Bernoulli*, & à son commerce épistolaire avec *Leibnitz*, qui contient des choses très-intéressantes sur ce sujet.

C'eſt à M. Jean *Bernoulli* que la France doit les premieres connoiſſances qu'elle eut du calcul différentiel & intégral. En 1691, il vint à Paris, & durant le ſéjour qu'il y fit, il connut le Marquis *de l'Hôpital*, qui plein d'ardeur & d'eſtime pour la nouvelle Géométrie, deſiroit fort pénétrer dans ce pays nouvellement découvert (*a*). M. *Bernoulli* lui ſervit de guide, & ce fut pour ſon uſage, qu'il écrivit les *Leçons de calcul différentiel & intégral*, qu'on lit dans le troiſieme tome de ſes Œuvres. Il eut le plaiſir de voir fructifier ſes inſtructions : M. *de l'Hôpital* devint bientôt un des premiers Géometres de l'Europe, & l'on vit figurer ſon nom parmi ceux qui réſolurent les fameux problêmes, de la plus courte deſcente, du pont-levis, &c. M. *Bernoulli* fit en même temps un autre proſélyte au nouveau calcul, ſçavoir M. *Varignon*, qui l'employa depuis avec beaucoup de ſuccès à quantité de recherches des plus épineuſes : nous le verrons bientôt défendre ſçavamment la cauſe de ce calcul contre ceux qui entreprirent d'en attaquer la certitude.

Cependant le calcul différentiel & intégral étoit encore une ſorte de myſtere pour la plûpart des Géometres. On eut pu facilement compter dans le continent ceux qui en avoient quelque connoiſſance. Ils ſe réduiſoient preſque à M. *Leibnitz*, aux deux freres MM. *Bernoulli*, à M. le Marquis *de l'Hôpital*, & M. *Varignon*; enfin à l'exception de quelques pieces diſperſées dans les Actes de Leipſick, il n'y avoit aucun ouvrage où l'on pût s'inſtruire de cette méthode. M. *de l'Hôpital* ſentit que les Mathématiques étoient intéreſſées à ce que cette eſpece de ſecret n'en fût pas un plus long-temps. C'eſt dans ces vues qu'il publia en 1696, ſon *Analyſe des infiniment petits*, Livre

(*a*) M. le Marquis de l'Hôpital naquit en 1661. L'attrait ſeul de la Géométrie le rendit Géometre, & il donna dès l'âge de quinze ans des preuves de ſa ſagacité par la ſolution de quelques problêmes ſur la cycloïde. Il ſervit pendant quelque temps: mais la foibleſſe de ſa vue l'expoſant à des inconvéniens perpétuels, il quitta un état où, à l'exemple de ſes ancêtres, il eût pu remplir une carriere brillante. Il ſe livra alors avec plus de liberté à ſon goût pour la Géométrie, & bientôt ſon nom figura parmi ceux des principaux Géometres de l'Europe. Il entra dans l'Académie des Sciences vers l'année 1690, & il a enrichi ſes Mémoires, de même que les Actes de Leipſick, de pluſieurs pieces intéreſſantes. Il mourut au mois de Février de l'année 1704, âgé ſeulement de 43 ans. Outre ſon *Analyſe des infiniment petits*, il laiſſa un ouvrage prêt à imprimer, ſçavoir ſon *Traité Analytique des Sections Coniques, & de la conſtruction des lieux géométriques*. Ce Livre parut en 1707, & eſt eſtimé avec raiſon comme l'un des meilleurs qu'il y ait ſur cette partie de l'Analyſe.

également bon & bien fait, qualité assez rare jusqu'alors, & même encore à présent, dans les ouvrages de Mathématiques, où le manque d'ordre & de méthode nuit souvent au mérite du fond. On pourroit seulement trouver à redire que M. *de l'Hôpital* ne fait pas assez connoître les obligations qu'il a à M. *Bernoulli*, de l'invention duquel sont la plûpart des méthodes qu'on trouve dans ce Livre, & ce qu'il contient de plus subtil dans ce genre d'analyse. M. *Bernoulli* en fut un peu indisposé lorsque l'ouvrage de M. *de l'Hôpital* parut, & ce ne furent que des motifs de considération & de reconnoissance pour la maniere dont il en avoit été accueilli à Paris, qui étoufferent ses plaintes, qu'il se contenta de faire à M. *Leibnitz* (a). Il eût été à desirer que le calcul intégral eût été traité dès-lors par la même main, ou par une aussi habile: mais M. *Leibnitz* méditant depuis long-temps un ouvrage intitulé *de Scientiâ infiniti*, dont ce calcul devoit former la principale partie, cela arrêta la plume de M. *de l'Hôpital.* L'attente du public ne fut remplie qu'en 1707, que M. Gabriel *Manfredi* publia son Traité *De constructione equationum differentialium primi gradûs*, ouvrage où l'on trouve rassemblé avec beaucoup d'intelligence tout ce qui avoit été fait sur le calcul intégral jusqu'à cette époque. Ce seroit le lieu de rendre compte des premiers progrès de ce calcul, mais comme il a pris ses accroissemens les plus remarquables dans ce siecle-ci, afin de présenter tout ce qui le concerne sous un même point de vue, nous différerons ce récit jusqu'à la partie suivante de notre histoire.

X.

Querelles suscitées au calcul différentiel.

Pendant que la plûpart des Géometres travailloient avec empressement à s'instruire du nouveau calcul, il y en eut d'autres qui lui déclarerent la guerre, & qui firent leurs efforts pour le renverser. Ce sera peut-être pour quelques esprits un sujet d'étonnement de voir s'élever des querelles dans le sein d'une science dont la nature devroit l'en rendre entiérement exempte. Mais ceux qui connoissent l'histoire de l'esprit humain, sçavent qu'il est peu d'inventions brillantes qui n'ayent

(a) *Comm. Epist. Leibn. & Bern.* T. 1, p. 350.

éprouvé des contradictions, & que souvent la jalousie, secondée d'un peu de prévention, a élevé contre des nouveautés très-utiles, des hommes assez estimables. D'ailleurs nous osons dire que quand nous aurons rendu compte de cette querelle, il n'y aura plus que des esprits incapables d'apprécier les objections & les réponses, pour qui elle puisse être un sujet de scandale, & un motif de suspecter la certitude de la Géométrie.

Il y eut d'abord des Géometres qui, sans attaquer directement la nouvelle méthode, chercherent à en obscurcir le mérite. Tel fut entr'autres l'Abbé *de Catelan*, Cartésien zélé jusqu'à l'adoration, & qui s'étoit déja signalé par une mauvaise querelle qu'il avoit intentée à M. *Huyghens*, au sujet de sa théorie du centre d'oscillation. Cet Abbé donna en 1692 un Livre intitulé *Logistique universelle*, & *Méthode pour les tangentes, &c.* Il y disoit dans un petit avertissement, que cet essai étoit propre à montrer qu'il valoit mieux s'attacher à pousser plus loin les principes de M. *Descartes* sur la Géométrie, qu'à chercher de nouvelles méthodes. Mais on ne peut guere se refuser à une sorte d'indignation, quand on voit que tout ce Traité n'est que le calcul différentiel déguisé maladroitement sous une notation moins commode & moins avantageuse. Aussi cet Auteur ne marche-t'il qu'à travers des embarras sans nombre, & ce qui, traité suivant la méthode du calcul différentiel, est clair & ne demande que quelques lignes, suivant la sienne est obscur, embrouillé, & occupe des pages entieres. D'ailleurs, le Livre n'est pas sans erreurs, & M. le Marquis *de l'Hôpital* vengea le calcul différentiel, en les relevant; ce qui excita une querelle dont retentit à diverses reprises le Journal des Sçavans de 1692.

Parmi les adversaires du calcul différentiel, ceux qui se sont le plus signalés, sont MM. *Rolle* & *Nieuventiit*. Celui-ci entra le premier dans la lice, & publia en 1694 un Livre où il l'attaquoit (*a*). Il le taxoit de fausseté, en ce qu'on y considere comme égales des grandeurs qui n'ont à la vérité qu'une différence infiniment petite, mais qui est néanmoins

(*a*) *Considerationes circa Analysis ad quant. inf. parvas applicatæ principia.* Amstel. 1694. in-8°. *Analysis infinitorum seu curvil. proprietates ex naturâ polyg. deductæ.* Ibid. 1695.

réelle.

réelle. Il falloit, ſuivant lui, que ces différences fuſſent abſolument nulles ; & comme alors il ne ſçauroit plus y avoir entr'elles aucun rapport, il rejettoit entiérement les ſecondes différences, & celles des ordres ultérieurs. Peu après il publia un autre ouvrage, où il prétendoit conſolider le calcul de *Leibnitz*. Il employoit pour cela un nouveau principe métaphyſique, dont il tiroit des conſéquences fort ſingulieres, & qui le menoient à expliquer le myſtere de la création.

Leibnitz répondit à *Nieuventiit* (*a*). Il faut convenir que ſa réponſe ne préſente pas d'abord une ſolution complette de la difficulté. Car en réduiſant ſes différences, ou infiniment petits, à des incomparables, comme ſeroit un grain de ſable comparé à la ſphere des fixes, il portoit atteinte à la certitude de ſon calcul. Mais l'addition qu'il fit bientôt après à cette réponſe, eſt plus ſatisfaiſante. Il y montre que ce qu'il appelle les différences reſpectives de l'abſciſſe & de l'ordonnée, ne ſont que des rapports entre des quantités finies, rapports qui peuvent être repréſentés par les ordonnées d'une courbe ; & comme celles-ci, (ſi cette nouvelle courbe ne dégénere pas en une ligne parallele à l'axe), auroit leurs différences, ces différences ſeront les ſecondes des ordonnées de la premiere courbe, & ainſi des troiſiemes & quatriemes, &c. ſi par la nature de cette premiere courbe elles ont lieu. Cela ne ſatisfit cependant pas *Nieuventiit*. Il répliqua par un nouvel écrit (*b*), qui de même que les précédens, n'eſt qu'un tiſſu d'abſurdités. Elles furent relevées par M. *Bernoulli* & M. *Herman*, qui montrerent que cet adverſaire du calcul différentiel, ne ſçavoit ce qu'il diſoit.

M. *Rolle* (*c*) eût été pour le calcul différentiel un adverſaire plus redoutable, ſi ſes ſuccès euſſent répondu à ſon ardeur. C'étoit, pour tracer ſon portrait en peu de mots, un Algébriſte habile, & un calculateur des plus intrépides, mais un homme précipité, & à ce qu'on peut conjecturer un peu ja-

(*a*) *Act. Lipſ.* 1694.

(*b*) *Conſid. ſecundæ circa calculi diff. uſum.* Amſtel. 1696. in-8°.

(*c*) Rolle (Michel) né à Ambert dans la baſſe Auvergne, en 1652, mort en 1719. On a de lui un *Traité d'Algebre*, (1692. in-4°.) *une Méthode pour la réſolution des problêmes indéterminés*, (1699. in-4°.) *Mémoires ſur l'inverſe des tangentes*, (1704.) & quelques autres écrits que leur obſcurité a fait tomber dans l'oubli. *Voy.* ſa vie dans l'Hiſt. de l'Acad. Roy. des Sciences, ann. 1719.

loux des inventions d'autrui. Il avoit donné quelques écrits où, au travers de l'obſcurité qui l'accompagna toujours, on entrevit des méthodes aſſez ingénieuſes. A cela près, il paſſa ſa vie à quereller *Deſcartes*, & le calcul différentiel. Il commença à s'élever contre ce dernier en 1701. Il l'attaqua non ſeulement du côté de la certitude rigoureuſe de ſes principes, mais encore il prétendit montrer par divers exemples qu'il induiſoit en erreur, & qu'il étoit en contradiction avec les méthodes connues & admiſes, comme celles de *Deſcartes*, de *Fermat*, &c. Ces prétentions étoient aſſaiſonnées de la confiance la plus grande, & étayées d'un grand appareil de calcul, de ſorte qu'elles étoient tout-à-fait capables d'en impoſer à ceux qui ne pénétroient pas au-delà de la ſuperficie.

Mais le calcul différentiel trouva dans M. *Varignon*, un défenſeur auſſi zélé & intelligent, que *Rolle* étoit ardent & impétueux. M. *Varignon* répondit d'abord avec beaucoup de ſolidité aux objections qui concernent les principes du nouveau calcul. Il donna la véritable notion des différentielles, & montra que ce n'étoient ni des zero abſolus, ni des incomparables, mais les dernieres raiſons des élémens reſpectifs de l'abſciſſe & de l'ordonnée, lorſque décroiſſans continuellement ils s'anéantiſſent enfin. A l'égard des erreurs que *Rolle* imputoit au nouveau calcul, ce fut-là ſurtout que M. *Varignon* triompha. Il fit voir que toutes ſes imputations n'étoient que des effets de ſa précipitation & de ſon inadvertence. Nous nous bornerons à quelques exemples, tirés d'une réponſe manuſcrite de M. *Varignon*, que nous avons eue entre les mains. *Rolle* prenoit une courbe dont l'équation étoit $y - b = (xx - 2ax + aa - bb)^{\frac{2}{3}} : a^{\frac{1}{3}}$. Il en cherchoit les plus grandes & les moindres ordonnées, en faiſant $dy = 0$, & il trouvoit que le *maximum* cherché répondoit à l'abſciſſe égale à a. Cependant, diſoit-il, il eſt certain que cette courbe a trois ordonnées qui ſont des *maxima* & *minima*. En effet, la regle de M. *Hudde* en donne trois, qui répondent à des abſciſſes qui ſont $a - b$; a, & $a + b$.

Un autre exemple qui arrachoit à *Rolle* de grands cris de victoire, étoit celui-ci. Soit cette équation $y = 2 + \sqrt{4x} + \sqrt{4 + 2x}$. En faiſant $dy = 0$, on trouve $x = -4$, valeur à laquelle ne répond qu'une ordonnée imaginaire, de sorte qu'il n'y a dans cette courbe aucune plus grande ou moindre ordonnée. Mais en faisant disparoître les signes radicaux, l'on réduit cette équation à celle-ci $y^4 - 8y^3 + 16yy - 12yyx + 48yx - 64x + 4xx = 0$: or si l'on y applique la regle de M *Hudde*, on trouvera, disoit-il, un *maximum* répondant à l'abscisse égale à 2. Il ajoutoit que le nouveau calcul étoit en contradiction avec lui-même : car, poursuivoit-il, ce calcul appliqué à l'équation irrationnelle ci-dessus, ne donne point ce *maximum*, & appliqué à l'équation rationnelle qui n'en differe que par la forme, il le donne.

Cependant, ni le calcul différentiel, ni la regle de M. *Hudde*, ne sont en défaut ; c'est M. *Rolle* qui se trompe de plusieurs manieres. Sa premiere erreur consiste en ce qu'il ne prend pas la regle du calcul différentiel en entier ; car il faut faire non seulement dy, mais aussi $dx = 0$. Or s'il l'eût fait, il eût trouvé dans le premier exemple, les trois *maximo-minima*, que donne la regle de M. *Hudde*. En second lieu, *Rolle* se trompoit en donnant à la courbe en question la forme qu'on voit dans la figure 96, n°. 1, au lieu que c'est celle du n°. 2, où les points S & V, ont leurs tangentes non paralleles, mais perpendiculaires à l'axe. C'est pour cela que la supposition de $dy = 0$, ne donnoit que le *maximum* répondant à l'abscisse AQ : car il est de la nature de cette supposition de ne donner que les points de tangentes paralleles à l'axe. 3°. *Rolle* montroit qu'il connoissoit mal la nature & le principe de la regle de M. *Hudde* : car ce point qu'il prenoit pour un point de *maximum* dans le second exemple, n'en est pas un. La forme de la courbe de cet exemple, lorsque l'équation est délivrée des irrationnalités, est celle qu'on voit figure 97, & le point D, que détermine la regle de M. *Hudde*, est seulement un point d'intersection de deux rameaux, autrement un nœud de la courbe. M. *Rolle* n'eût pas avancé cette objection, s'il eût fait attention que la regle dont nous parlons donne non seulement les *maxima* & *minima*, mais aussi les points d'intersection des branches des courbes, parce que sa nature est de déterminer tous les points de la courbe où il y a deux racines égales ; & que cela arrive aussi bien dans les points d'intersection que dans ceux de *maxima* ou

Fig. 96. *Fig.* 97.

minima. 4°. M. *Rolle* étoit dans l'erreur, lorſqu'il prétendoit que l'équation $y = 2 + \sqrt{4x} + \sqrt{4 + 2x}$, déſignoit la même courbe que l'équation, $y^4 - 8y^2$ &c. à laquelle elle ſe réduit en faiſant diſparoître les radicaux. Sous la premiere forme elle n'exprime qu'une des branches de la courbe, comme LS; car c'eſt tout ce qu'on peut en tirer, en ſuppoſant à x différentes valeurs déterminées. Mais lorſque les ſignes radicaux ſont chaſſés, alors y a quatre valeurs, ſçavoir $2 + \sqrt{4x} + \sqrt{4 + 2x}$; $2 + \sqrt{4x} - \sqrt{4 + 2x}$; $2 - \sqrt{4x} + \sqrt{4 + 2x}$; $2 - \sqrt{4x} - \sqrt{4 + 2x}$; & l'équation rationnelle formée de ces quatre racines, déſigne la courbe à quatre branches de la figure 97, dont deux ſe coupent en D. Le calcul différentiel n'eſt donc point en contradiction avec lui-même : il ne donne pas le point D dans la premiere forme d'équation, puiſqu'il n'y exiſte pas, & il le donne dans la ſeconde. Au reſte, il eſt facile dans le calcul différentiel de reconnoître la nature de ce point: car la regle de ce calcul exigeant pour s'aſſurer de tous les *maxima* & *minima*, qu'on faſſe ſucceſſivement $dy = 0$, & $dx = 0$, lorſque de ces deux ſuppoſitions réſulte une même valeur de l'abſciſſe, on doit en conclurre que le point qui lui répond n'eſt qu'un point d'interſection de quelques branches de la courbe, & non un véritable *maximum* ou *minimum*, & c'eſt ce qui arrive dans l'exemple que nous diſcutons. Ce moyen de diſtinguer les vrais *maxima* & *minima*, d'avec les points d'interſection, a été donné, ce me ſemble, par M. *Guinée* le premier (*a*). Il eſt fondé ſur ce que, dans les points de cette derniere ſorte, dx & dy ont un rapport fini, puiſque les tangentes à ces points ne ſont ni perpendiculaires, ni paralleles à l'axe: dy ne peut donc y être ſuppoſé 0, que dx ne le ſoit auſſi. Les autres objections de M. *Rolle* étoient de la même trempe: mépriſes ſur mépriſes, quelquefois erreurs de calcul, & une confiance extrême; c'étoit-là tout ce que préſentoient ſes Mémoires. Ils n'ont pas tous été imprimés: on n'en trouve qu'un parmi ceux de l'Académie, de 1703. L'on devoit naturellement s'attendre à y rencontrer les objec-

(*a*) Mém. de l'Acad. 1706.

tions les plus ſpécieuſes qu'on puiſſe élever contre le calcul différentiel. Rien néanmoins de cela : on voit M. *Rolle* y renouveller l'objection que nous venons de diſcuter, & faire de grands efforts pour prouver qu'une équation ſous ſa forme irrationnelle eſt abſolument la même, & déſigne la même courbe que lorſqu'elle eſt dégagée des ſignes radicaux. Mais ſes raiſons ſont pitoyables, & ne ſont fondées que ſur une équivoque. L'exemple le plus ſimple ſuffiſoit pour lui fermer la bouche. En effet, quelqu'aveuglé qu'il fût par ſa paſſion contre le calcul différentiel, eût-il oſé dire que $yy = ax$, & $y = \sqrt{ax}$ déſignent complétement la même courbe ; non, ſans doute. Le plus médiocre Analiſte voit du premier coup d'œil que la premiere déſigne une parabole entiere, & que la ſeconde n'en exprime qu'une des branches. Cela n'a rien qui doive nous ſurprendre ; cette ſeconde équation ne contient qu'une des racines de la premiere, qui ſont $y = +\sqrt{ax}$, $y = -\sqrt{ax}$.

Quelque tort qu'eut *Rolle*, cette conteſtation ne laiſſa pas d'occuper l'Académie pendant une partie conſidérable de l'année 1701. Elle étoit alors compoſée de Géometres, pour la plûpart âgés, accoutumés dès long-temps à d'autres méthodes, & par cette raiſon peu amis de la nouvelle. Ainſi les uns virent avec plaiſir cette tempête élevée contre une invention qu'ils n'aimoient pas, & ils ne ſe preſſerent pas de l'appaiſer. D'autres, ſur qui les paſſions & les préjugés avoient plus d'empire, ſe déclarerent contre le nouveau calcul : dans cette circonſtance on crut devoir laiſſer un libre cours à la diſpute, & pour ainſi dire, n'étouffer aucune objection. L'Académie fut donc aſſez long-temps le champ de bataille. *Rolle* entaſſoit objections ſur objections, & quoiqu'il n'y eût preſque pas de coup porté que M. *Varignon* ne fît retomber ſur lui, il crioit toujours victoire. Enfin la conteſtation dégénérant, par les invectives de *Rolle*, en une vraie querelle, M. *Bignon* nomma des Commiſſaires pour la juger. Ce furent le P. *Gouye*, & MM. *Caſſini* & *de la Hire*. Ils ne prononcerent pas, & peut-être leur jugement eût-il été favorable à *Rolle* ; car parmi ces Juges, il y en avoit deux, ſçavoir le P. *Gouye* & M. *de la Hire*, que les partiſans du calcul différentiel auroient pu récuſer. Mais le public, ou du moins les Géometres ont prononcé, & ont adjugé tout l'avantage à M. *Varignon*, & tout le tort à ſon adverſaire.

Cette premiere conteſtation ſembloit finie ou du moins aſſoupie dans l'attente d'un jugement. Mais les adverſaires du nouveau calcul ne purent ſe réſoudre à le voir jouir long-temps de cette eſpece de paix. *Rolle*, leur champion, renouvella bientôt après les hoſtilités, & éleva un nouvel incident ſur la regle des tangentes. Il en donna une à ſa maniere dans le Journal des Sçavans de l'année 1702, & l'appliqua à certains cas particuliers qu'il propoſa, en forme de défi, aux partiſans de la nouvelle méthode. Ces cas, au reſte, étoient adroitement choiſis. Il s'agiſſoit de tirer les tangentes à des points où des branches de courbe s'entrecoupent. Or il arrive ici quelque choſe de ſingulier & d'embarraſſant : on trouve, comme à l'ordinaire, facilement l'expreſſion indéterminée de la ſoutangente, qui eſt alors une expreſſion fractionnaire ; mais lorſque dans cette expreſſion on donne à l'abſciſſe ou à l'ordonnée, la valeur convenable à ce point particulier d'interſection, le numérateur & le dénominateur de la fraction deviennent à la fois égaux à zero. C'eſt ce qui arrive, par exemple, dans la fraction $(ax - x\sqrt{ax}) : x - a$. En y faiſant $x = a$, elle devient $\frac{0}{0}$. Que faire dans pareille circonſtance ? On doit la remarque de cette difficulté à M. Jean *Bernoulli*, qui en trouva auſſi le premier la ſolution, & qui la communiqua aux Géometres de Paris, entr'autres à M. *de l'Hôpital*, qui l'a inſérée dans ſon *Analyſe des infiniment petits*, art. 163. (*a*)

Ce fut M. *Saurin* qui ſoutint ici la cauſe du calcul différentiel. Il répondit à *Rolle* en ſatisfaiſant à ſon défi, & il montra que la difficulté en queſtion étoit préciſément prévue & réſolue dans le Livre contre lequel il s'élevoit avec tant de chaleur (*b*). Il fit voir auſſi que la regle de *Rolle* n'étoit elle-même que la regle des tangentes du calcul différentiel, & celle de l'article 163 de *l'Analyſe des infiniment petits*, dégui-

(*a*) Voy. J. Bernoulli, *perfectio regulæ ſuæ, pro determinando valore fractionis, cujus numerator ac denominator certo caſu evaneſcunt.* Act. Lipſ. ann. 1704. Bernoulli. Op. T. 1. p. 401.

(*b*) M. Saurin a depuis traité plus au long ce cas particulier des tangentes dans un Mémoire inſéré parmi ceux de l'Académie des années 1716 & 1723. On en trouve auſſi un parmi ceux de l'année 1725, qui concerne les queſtions *de maximis & minimis*, & qui eſt une réfutation victorieuſe de celui de Rolle de l'année 1705.

ſée, à l'aide d'un fatras énorme de calcul. *Rolle* répliqua par un prolixe écrit inſéré dans le Journal des Sçavans de 1703, écrit plein de déclamations. M. *Saurin* négligea d'y répondre, mais s'appercevant que ſon adverſaire imputoit ce ſilence à une défaite entiere, il crut en 1705 devoir rabattre cette confiance extrême, en repouſſant ſes déclamations, & le preſſant vivement ſur le fond de la queſtion. *Rolle* répliqua de nouveau par un tiſſu d'invectives, d'aſſertions pleinement démenties par les faits, & s'attribuant toujours la victoire avec un ton & une confiance qui excitent l'indignation. M. *Saurin* lui oppoſa de ſon côté un écrit qui étoit plutôt un factum, qu'une diſcuſſion Mathématique. Enfin il en appella au jugement de l'Académie. M. *Bignon* voulut prendre lui-même connoiſſance de l'affaire, & ſe nomma pour aſſeſſeurs Meſſieurs *Galois* & *de la Hire*, deux Juges peu favorables à la cauſe de M. *Saurin.* Cependant ils n'oſerent prononcer, ou, pour mieux dire, ſans prononcer ſur le fonds, ils ne purent s'empêcher de donner tort à M. *Rolle.* Par l'eſpece de jugement qu'ils rendirent vers la fin de 1705, il lui fut recommandé de ſe mieux conformer aux réglemens de l'Académie, en diſant les choſes avec plus de ménagement, & M. *Saurin* fut *renvoyé à ſon bon cœur*, c'eſt-à-dire, invité à lui pardonner ſes mauvais procédés (*a*). Telle fut la fin de cette conteſtation dans laquelle, pour adoucir nos termes, nous dirons ſeulement que *Rolle* s'eſt fait peu d'honneur auprès des Géometres intelligens. Il eſt vrai qu'il a, à certains égards, mérité ſon pardon auprès de la poſtérité. On lit (*b*) qu'il ſe convertit peu de temps après, & qu'ayant fait ſa profeſſion de foi entre les mains de Meſſieurs *de Fontenelle*, *Varignon* & *Malebranche*, il leur avoua qu'il ne s'étoit porté à attaquer ainſi le calcul différentiel, qu'à l'inſtigation de quelques perſonnes. L'une eſt aſſez connue, l'on ſçait que c'étoit l'Abbé *Galois*, l'autre étoit probablement le P. *Gouye*, qui avoit fortement appuyé les objections de *Rolle* dans un des Journaux de Trévoux. Après cette retraite de *Rolle* qui, ne pouvant ſe paſſer de quereller quelqu'un, s'attacha à chicaner l'analyſe de *Deſcartes*, l'Abbé *Galois* reſta ſeul adverſaire déclaré du calcul différentiel. Mais

(*a*) Nouv. de la Republ. des Lettres. Janv. 1706.

(*b*) *Comm. Epiſt. Leibnitii ac Bernoulli.* T. II, p. 170,

deſtitué des ſecours de ſon champion, & peut-être enfin ébranlé par les réponſes victorieuſes de Meſſieurs *Varignon* & *Saurin*, il commençoit à mollir, lorſque la mort l'enleva. On ne peut voiler plus ingénieuſement le travers qu'il avoit pris ſur ce ſujet, que le fait M. *de Fontenelle* dans ſon éloge hiſtorique. « Le goût de l'Antiquité, dit-il, ce goût ſi difficile à contenir » dans de juſtes bornes, le rendit peu favorable à la Géométrie » de l'infini. On ne peut même le diſſimuler, puiſque nos hiſtoi» res l'ont dit, qu'il l'attaqua ouvertement : en général, il » n'étoit pas ami du nouveau, & il s'élevoit par une eſpece » d'oſtraciſme contre tout ce qui étoit trop éclatant dans un » état libre, tel que celui des Lettres. La Géométrie de l'in» fini avoit ces deux défauts, & ſurtout le dernier. » Ce tour ingénieux eſt digne du célebre Secretaire de l'Académie, mais il ne juſtifie point l'Abbé *Galois*. On n'eſt jamais excuſable d'avoir tort en Géométrie, & de s'oppoſer par paſſion & par jalouſie aux découvertes propres à accélérer le progrès des ſciences. La mort de l'Abbé *Galois* mit entiérement fin à la querelle. Le calcul de *Leibnitz* a été univerſellement adopté, & voici déja plus d'un demi-ſiecle que les Géometres l'emploient à toutes ſortes de recherches, ſans que jamais ſa certitude ſe ſoit démentie en aucun point. Bien loin delà, il n'eſt preſque pas de découverte faite par ſon moyen qui n'ait été confirmée de mille manieres différentes. Ainſi il ne ſçauroit plus y avoir que des ignorans, ou de ces eſprits ſinguliers, occupés à jetter un nuage ſur toutes les connoiſſances certaines, qui ſoient capables de ſuſpecter la ſolidité de cette méthode. D'ailleurs, ſi les principes du calcul appellé des infiniment petits, ſont de nature à éprouver quelques difficultés, perſonne n'ignore aujourd'hui qu'il eſt abſolument le même dans le fonds, que celui que *Newton* a appellé des fluxions. Or celui-ci n'a rien qui ne ſoit conforme aux principes les plus rigoureux de la Géométrie, comme on l'a montré aſſez au long. L'un & l'autre doivent donc jouir du même degré de certitude.

Fin du Livre VIe de la IVe Partie.

HISTOIRE

HISTOIRE
DES
MATHÉMATIQUES.

QUATRIEME PARTIE,

Où l'on expose les progrès de ces Sciences durant le dix-septieme siecle.

LIVRE SEPTIEME.

Qui contient les progrès de la Méchanique pendant la derniere moitié de ce siecle.

SOMMAIRE.

I. *Les loix du choc des corps & de la communication du mouvement, manquées par Descartes, sont enfin découvertes, & par qui. Exposition de ces loix, & de la maniere dont on les établit. Vérités & principes remarquables qui en découlent. Elles sont confirmées par l'expérience en divers lieux.* II. *M. Huyghens enrichit la Méchanique de divers théories nouvelles. Précis de la vie de cet homme célebre. Il applique le pendule à régler le mouvement des Horloges. Belle propriété qu'il décou-*

destitué des secours de son champion, & peut-être enfin ébranlé par les réponses victorieuses de Messieurs *Varignon* & *Saurin*, il commençoit à mollir, lorsque la mort l'enleva. On ne peut voiler plus ingénieusement le travers qu'il avoit pris sur ce sujet, que le fait M. *de Fontenelle* dans son éloge historique. « Le goût de l'Antiquité, dit-il, ce goût si difficile à contenir » dans de justes bornes, le rendit peu favorable à la Géométrie » de l'infini. On ne peut même le dissimuler, puisque nos histoi- » res l'ont dit, qu'il l'attaqua ouvertement : en général, il » n'étoit pas ami du nouveau, & il s'élevoit par une espece » d'ostracisme contre tout ce qui étoit trop éclatant dans un » état libre, tel que celui des Lettres. La Géométrie de l'in- » fini avoit ces deux défauts, & surtout le dernier. » Ce tour ingénieux est digne du célebre Secretaire de l'Académie, mais il ne justifie point l'Abbé *Galois*. On n'est jamais excusable d'avoir tort en Géométrie, & de s'opposer par passion & par jalousie aux découvertes propres à accélérer le progrès des sciences. La mort de l'Abbé *Galois* mit entiérement fin à la querelle. Le calcul de *Leibnitz* a été universellement adopté, & voici déja plus d'un demi-siecle que les Géometres l'emploient à toutes sortes de recherches, sans que jamais sa certitude se soit démentie en aucun point. Bien loin delà, il n'est presque pas de découverte faite par son moyen qui n'ait été confirmée de mille manieres différentes. Ainsi il ne sçauroit plus y avoir que des ignorans, ou de ces esprits singuliers, occupés à jetter un nuage sur toutes les connoissances certaines, qui soient capables de suspecter la solidité de cette méthode. D'ailleurs, si les principes du calcul appellé des infiniment petits, sont de nature à éprouver quelques difficultés, personne n'ignore aujourd'hui qu'il est absolument le même dans le fonds, que celui que *Newton* a appellé des fluxions. Or celui-ci n'a rien qui ne soit conforme aux principes les plus rigoureux de la Géométrie, comme on l'a montré assez au long. L'un & l'autre doivent donc jouir du même degré de certitude.

Fin du Livre VIe de la IVe Partie.

HISTOIRE

HISTOIRE DES *MATHÉMATIQUES.*

QUATRIEME PARTIE,

Où l'on expose les progrès de ces Sciences durant le dix-septieme siecle.

LIVRE SEPTIEME.

Qui contient les progrès de la Méchanique pendant la derniere moitié de ce siecle.

SOMMAIRE.

I. *Les loix du choc des corps & de la communication du mouvement, manquées par Descartes, sont enfin découvertes, & par qui. Exposition de ces loix, & de la maniere dont on les établit. Vérités & principes remarquables qui en découlent. Elles sont confirmées par l'expérience en divers lieux.* II. *M. Huyghens enrichit la Méchanique de divers théories nouvelles. Précis de la vie de cet homme célebre. Il applique le pendule à régler le mouvement des Horloges. Belle propriété qu'il décou-*

vre dans la cycloïde à cette occasion. III. *De la théorie des centres d'oscillation. Elle n'est qu'ébauchée par Descartes & Roberval. Huyghens la traite le premier suivant ses vrais principes. Différence des centres d'oscillation & de percussion. Contestation élevée entre M. Huyghens & l'Abbé de Catelan, sur le principe employé par le premier dans cette recherche. MM. Jacques Bernoulli & le Marquis de l'Hôpital prennent le parti d'Huyghens. Sa théorie est confirmée de diverses manieres par les Géometres qui le suivent.* IV. *Des forces centrifuges; ancienneté de leur remarque. Découvertes de M. Huyghens sur leur sujet. Nouveau pendule qu'elles lui donnent lieu d'imaginer, & ses propriétés.* V. *Newton étend à toutes les courbes la théorie des forces centrales. Loi générale qui regne dans tous les mouvemens curvilignes autour d'un centre. Découverte du rapport des forces centrales propres à faire décrire à un corps projetté obliquement, des sections coniques. Exposition des principes de cette théorie. Des chûtes perpendiculaires, la force accélératrice étant variable. Du problême des trajectoires. Autres recherches de Géométrie & de Méchanique mixtes que nous offre l'ouvrage de Newton.* VI. *De la résistance des milieux au mouvement. Wallis & Newton traitent les premiers ce sujet. Vérités principales qu'ils découvrent. De la courbe de projection dans un milieu résistant.* VII. *Histoire de divers problêmes célebres de Méchanique, qui furent proposés vers la fin du dix-septieme siecle.* VIII. *De quelques inventions & recherches particulieres de Méchanique dûes à la fin de ce siecle.*

I.

écouvertes loix de la munica- du mou- ent.

NOUS ne pouvions commencer cette partie de notre histoire par un sujet plus intéressant que celui que nous avons à traiter dans cet article. Si quelque effet naturel a dû piquer la curiosité des Méchaniciens, c'est sans doute le choc des corps & la communication du mouvement qui en est la suite. Il n'est rien de plus commun, rien qui se passe plus fréquemment sous nos yeux; & quand on y fait réflexion, l'on diroit volontiers avec M. *de Fontenelle*, qu'il est presque honteux à la Philosophie de s'être avisée si tard de s'en occuper.

Le célebre *Descartes* semble avoir senti le premier qu'il y a des loix fixes & constantes, qui président à cette communication du mouvement. Il fit aussi les premiers efforts pour les déterminer ; mais préoccupé d'un trop vaste objet, nous voulons dire de son systême général, unique cause de ses méprises, il manqua le but, & ses tentatives ne nous offrent que des erreurs. Les Physiciens qui le suivirent de plus près, ne furent pas plus heureux ; le P. *Fabri*, qui se proposa le même objet dans son Traité *de motu*, ne fit que substituer erreurs à erreurs ; que pouvoit-on attendre d'un Physicien presque toujours opposé à *Galilée*, & qui combattit la plûpart des belles découvertes faites de son temps. *Borelli* réussit un peu mieux dans son Livre *de vi percussionis*. Mais faute de notions assez exactes du mouvement, il se trompa encore dans la plûpart des loix qu'il prétendit assigner.

C'est au zele de la Société Royale de Londres que nous devons, à certains égards, les premieres découvertes solides sur les loix du choc des corps. Après avoir agité plusieurs fois ce sujet dans ses assemblées, elle le proposa à ceux de ses membres qui s'étoient le plus adonnés à la Méchanique, les invitant à l'examiner particuliérement, & à lui faire part de leurs réfléxions. Les trois Géometres illustres, Messieurs *Wallis*, *Wren* & *Huyghens*, s'en occuperent avec succès (*a*), & participerent à l'honneur de la même découverte. *Wallis* communiqua le premier son écrit, ensuite *Wren*, & peu de temps après arriva celui de M. *Huyghens*, qui étoit alors dans le continent, & à qui l'on rend la justice de remarquer qu'il n'avoit pu avoir connoissance de ceux des deux Géometres Anglois. On reconnoît même qu'il n'eût tenu qu'à lui de prévenir ses deux concurrens, & qu'ils ne partagent avec lui l'honneur de cette découverte, qu'à cause de sa lenteur à la dévoiler. Car on convient qu'il en étoit en possession dès le temps de son second voyage à Londres, c'est-à-dire, en 1663. On se borne à prétendre qu'il n'en communiqua rien alors, & qu'il n'en donna que des indices par les solutions de quelques problêmes sur le mouvement.

La méthode du D. *Wallis* est la plus directe, & par cette raison c'est celle que nous nous attacherons principalement à développer. A la vérité, il ne traite dans son premier écrit que les loix du choc entre les corps absolument durs ou mous:

(*a*) *Trans. Phil.* ann. 1669. n°. 43. 46.

mais ensuite il a étendu sa théorie aux corps élastiques, dans son Traité *de motu*, qui parut en 1670.

Pour établir les loix de la communication du mouvement, il faut d'abord distinguer deux sortes de corps; les uns à ressort, c'est-à-dire, doués de cette faculté de se rétablir avec effort dans leur figure primitive, lorsqu'ils l'ont perdue par le choc de quelqu'autre corps; les autres qui en sont privés. Cette distinction est très-nécessaire; car les loix du choc & de la communication du mouvement sont bien différentes dans les uns & dans les autres. La détermination de celles des derniers, est la plus facile, & c'est le premier pas à faire pour la solution générale du problême.

Wallis prend pour premier principe de cette solution, qu'une force appliquée à mettre un corps en mouvement, lui donne une vîtesse d'autant moindre, qu'il est plus grand. Il suppose aussi tacitement que la réaction est égale à l'action, c'est-à-dire, qu'un corps choqué détruit dans le corps choquant autant de mouvement que celui-ci lui en communique.

Ces principes, qui sont très-conformes à la raison, & qu'on ne sçauroit nier, pour peu qu'on les pese attentivement, étant admis, qu'on suppose, dit *Wallis*, un corps porté d'une certaine vîtesse, en choquer un autre en repos: la même force qui étoit employée dans le mouvement du corps choquant, est maintenant employée à mouvoir les deux corps. La vîtesse commune doit donc être diminuée en même raison que la somme des masses est augmentée. Le corps choquant est-il double de l'autre, la vîtesse commune sera les $\frac{2}{3}$ de ce qu'elle étoit auparavant.

On peut démontrer cette même loi du choc des corps sans ressort d'une autre maniere, plus lumineuse à mon gré, & moins sujette à contestation. Lorsqu'un corps de cette nature en choque un autre en repos, ils doivent après le choc aller ensemble; car il n'y a aucune cause de réflection, ni dans l'un, ni dans l'autre, comme on l'a suffisamment établi ailleurs. D'un autre côté la réaction du corps choqué sur le choquant, étant égale à l'action de celui-ci sur le premier, autant le corps choqué acquerra de mouvement, autant le corps choquant en perdra. Il subsistera donc après le choc la même quantité de mouvement, & conséquemment les deux corps allant ensemble, la vîteſſe ſera diminuée en même raiſon que la maſſe eſt augmentée.

Qu'arrivera-t'il maintenant lorſqu'un corps en choquera un autre qu'il ſuit & qu'il atteint. Il ſera facile de le déterminer par un raiſonnement ſemblable à celui que nous venons de faire. Il eſt viſible que le corps choquant n'agit ſur l'autre, & ne le frappe qu'avec l'excès de vîteſſe qu'il a ſur lui. Cet excès de vîteſſe multiplié par la maſſe du corps choquant, exprime donc la force ou la quantité de mouvement avec laquelle il le frappe. Or ſuivant ce qu'on a déja fait voir, cette quantité de mouvement ſe répartit ſur les deux maſſes, la vîteſſe diminuant à proportion que leur ſomme augmente. Cette vîteſſe eſt donc celle dont ſera accéléré le corps qui va le plus lentement, & dont ſera retardé celui qui alloit le plus vîte. Ainſi il faudra multiplier celui des corps qui va le plus vîte par ſa vîteſſe reſpective, c'eſt-à-dire, par ſa vîteſſe abſolue, moins celle du corps qu'il ſuit; ce produit étant diviſé par la ſomme des maſſes, donnera la vîteſſe à ajouter au corps le plus lent, ou à ſouſtraire du plus vîte, & l'on aura leur vîteſſe commune.

Faiſons enfin choquer deux mobiles avec des directions contraires. Celui qui aura la plus grande quantité de mouvement, détruira tout celui de ſon antagoniſte, &, par l'effet de la réaction de celui-ci, en perdra autant qu'il en a détruit. Il reſtera donc avec le ſurplus, s'il y en a, comme ſi cet autre eût été en repos, & qu'il l'eût choqué avec ce ſurplus de force ou de mouvement. Ainſi il l'entraînera avec lui, en partageant ce reſte proportionnellement à l'augmentation de la maſſe. Pour trouver la nouvelle vîteſſe commune aux deux corps, il faudra donc multiplier chaque corps par ſa vîteſſe propre, & ôter l'un des deux produits de l'autre, enfin diviſer cette différence par la ſomme des maſſes, on aura la vîteſſe après le choc dans la direction du plus fort.

De la connoiſſance des loix du choc dans les corps ſans reſſort, découle celle des loix du choc entre les corps élaſtiques; quelques conſidérations de plus vont nous en mettre en poſſeſſion. Il n'y a qu'à examiner attentivement ce qui ſe paſſe dans le choc de ces ſortes de corps.

Lorſqu'un corps élaſtique eſt choqué par un autre, le premier effet du choc eſt de commencer à bander leur reſſort.

Au même instant le corps choqué commence à prendre un peu de mouvement. Cependant le corps choquant continue à le presser; car il a une vîtesse plus grande que la sienne: le ressort continue à se bander, le corps choqué est de plus en plus accéléré, & l'autre retardé. Enfin l'un & l'autre ayant la même vîtesse, le ressort cesse d'être bandé davantage; les deux corps se meuvent ensemble de la même maniere qu'ils feroient s'ils eussent été sans ressort. Mais à cet instant le ressort étant parvenu à son plus grand état de tension, commence à agir. Or appuyé comme il est, en quelque sorte, sur les deux corps, il doit les repousser en leur distribuant également la force avec laquelle il agit. Il leur imprimera donc des degrés de vîtesse en raison réciproque de leurs masses; le corps choqué qui, avant que le ressort se débandât, avoit déja la même vîtesse qu'il auroit eue si les deux corps eussent été sans ressort, sera accéléré d'autant, si la vîtesse, effet du ressort, est dans la même direction; le corps choquant, qui dans le même instant avoit la même vîtesse, sera retardé par la soustraction de la vîtesse que lui a imprimé le ressort en sens contraire.

Il ne s'agit donc plus que de connoître quelle est la force avec laquelle le ressort des deux corps est bandé & se restitue. Or il est aisé de voir que cette force est proportionnelle à la vîtesse respective des deux corps avant le choc: car le ressort sera doublement comprimé, si cette vîtesse est double, trois fois autant, si elle est triple, &c. Ainsi ce sera cette vîtesse respective qui, lorsque le ressort se débandera, sera distribuée aux deux corps en raison réciproque de leurs masses. Voilà tout le méchanisme du choc & de la communication du mouvement dans les corps élastiques. Appliquons ceci à quelques exemples.

Si les deux corps sont égaux, & mus l'un contre l'autre avec des vîtesses égales, ils seront réfléchis avec des vîtesses égales. La raison en est évidente: à l'instant où leur ressort est autant bandé qu'il peut l'être, ils sont en repos; mais le ressort se débandant, leur distribue la vîtesse respective, c'est-à-dire, la somme de leurs vîtesses, également, puisqu'ils sont égaux. Ils seront donc réfléchis avec leur même vîtesse. Il en arrivera de même si deux corps inégaux se choquent avec des vîtesses contraires réciproquement proportionnelles à leurs masses. A l'instant où le ressort est dans son état de tension, ils sont en repos. Le ressort en agissant leur distribue la somme de leurs vîtesses en raison réciproque de leur masse. Ainsi chacun recevra celle qu'il avoit auparavant.

Mais qu'un corps aille en choquer un autre qui lui est égal, & qui est en repos, on trouvera, en faisant le même raisonnement que ci-dessus, que le corps choqué prendra la vîtesse du premier, & que celui-ci sera réduit au repos. Si deux corps égaux se choquent avec des vîtesses inégales & contraires, ils réjailliront l'un de l'autre en faisant échange de leurs vîtesses. Si au contraire l'un poursuit l'autre, & l'atteint, il lui donnera sa vîtesse, & prendra la sienne. Il seroit trop prolixe de détailler de même tous les différens cas. Nous nous bornerons à un seul, qui tiendra lieu de tous les autres. Que deux corps ayant l'un 6, l'autre 4 de masse, se rencontrent avec des vîtesses contraires, celle du premier étant 3, & celle du second 2. S'ils eussent été sans ressort, leur vîtesse commune après le choc dans la direction du plus gros, eût été 1. Maintenant si l'on divise 5, la vîtesse respective avec laquelle ils se choquent, en deux parties proportionnelles aux masses, ce seront 3 & 2. La premiere sera la vîtesse du plus petit. Or il avoit déja 1 degré de vîtesse dans la même direction, ce seront donc quatre degrés qu'il aura après le choc. Au contraire, si l'on ôte de la vîtesse un, restante au premier, deux de vîtesse en sens contraire que lui a imprimé le ressort, il restera un degré de vîtesse en sens contraire. Ainsi ils réjailliront l'un de l'autre, le plus gros avec 1 de vîtesse, & le moindre avec 4. Comme il seroit fatiguant de faire à chaque occasion un pareil raisonnement, on a dressé des formules générales dans lesquelles au lieu des masses & des vîtesses, substituant leurs valeurs données, on trouve aussi-tôt ce qui doit arriver après le choc. Ces formules sont faciles à trouver pour ceux qui auront bien saisis les principes ci-dessus, & qui sont un peu versés dans l'analyse. On peut au surplus recourir à divers Auteurs modernes qui ont traité cette théorie (*a*).

L'écrit du Chevalier *Wren*, s'accorde entiérement avec la théorie que nous venons d'établir; il y a seulement cette différence, qu'il n'y est question que des corps élastiques. Son ex-

(*a*) Voy. *Mem. de l'Acad.* 1706. s'Gravesande, *Elementa Philos. Nat.* Desaguliers, *Cours de Physique.* T. II. & surtout M. Wolf, *Elem. univ. Math.* T. II, c. 12.

poſition de leurs loix eſt ſurtout remarquable par ſa briéveté & ſa généralité. Que A & B, dit M. *Wren*, ſoient portés l'un contre l'autre, le premier avec la vîteſſe & dans la direction AD, l'autre avec la vîteſſe & dans la direction BD. Que C
Fig. 98. ſoit leur centre de gravité, & qu'on faſſe CE égale à CD; le corps A après le choc ſe mouvra avec la vîteſſe EA, & dans la direction de E en A, & le corps B avec la vîteſſe EB, & dans la direction de E en B. Il eſt facile de voir que cette expoſition renferme tous les cas imaginables. Car ſi le point D eſt placé entre A & B, on a le cas où deux corps viennent ſe choquer avec des directions contraires; s'il eſt placé au-delà de l'un des deux, c'eſt le cas où l'un des corps pourſuit l'autre & l'atteint; lorſqu'il eſt placé ſur un des points A ou B, c'eſt le cas de repos de l'un des deux corps. La ſituation du point E, déſigne de même les directions des corps après le choc. Tombe-t'il entre A & B, ils ſont réfléchis l'un de l'autre, puiſqu'ils marchent avec les directions EA, EB. S'il tombe hors de la ligne AB, les corps ſe ſuivront l'un l'autre. L'un des deux enfin ſera réduit au repos, lorſque ce point tombera ſur A ou ſur B. Nous laiſſons au lecteur intelligent le ſoin de démêler tous ces cas.

L'écrit de M. *Huyghens* n'eſt pas moins élégant que celui de *Wren*. Sa maniere d'expoſer les loix du choc, eſt abſolument la même. Il y a auſſi cette conformité entre ces deux écrits, que leurs Auteurs n'ont conſidéré que les corps élaſtiques. M. *Huyghens* les nomme *durs*, apparemment par oppoſition aux corps mous qui n'ont aucune force pour réſiſter au changement de leur figure ou pour la reprendre : car nous ne croyons pas que, quoique ſectateur de *Deſcartes* en pluſieurs points, il pensât comme ce Philoſophe, qu'une dureté parfaite eſt une cauſe ſuffiſante de réflection.

La méthode qu'a ſuivi M. *Huyghens* en établiſſant ſes loix du choc, n'eſt pas auſſi directe que celle qu'on a expoſée plus haut. On la trouve dans ſon Traité poſthume, *De motu corporum ex percuſſione*. Il ſemble qu'il ait craint d'entrer dans l'analyſe phyſique de ce qui ſe paſſe dans le choc des corps. Au lieu de ſuivre cette méthode, il part de quelques vérités d'expériences qu'il combine ingénieuſement, & dont il tire ſes démonſtrations. Voici une eſquiſſe de ſa maniere de raiſonner.

Que

Que deux corps égaux (& élaſtiques) ſe choquent avec des vîteſſes égales, on ſçait par l'expérience qu'ils ſe réfléchiſſent avec leurs mêmes vîteſſes. Mais que ces deux mêmes corps viennent à ſe choquer avec des vîteſſes inégales, qu'arrivera-t'il ? Pour le trouver, qu'on imagine, dit M. *Huyghens*, un homme dans un bateau tenant de ſes deux mains les fils *a* A, *b* B, auxquels ſont ſuſpendus les corps A & B, & que tandis que ce bateau eſt porté d'un mouvement égal, de C en D, il rapproche ces deux corps avec une égale vîteſſe à ſon égard; ils auroient parcouru chacun la moitié de leur diſtance reſpective, ſi le bateau eût été immobile. Mais en le ſuppoſant ſe mouvoir, le corps A aura parcouru ſeulement A D, & l'autre B D. Tel eſt effectivement leur mouvement réel, & celui qu'ils paroîtroient avoir à quelqu'un qui les conſidéreroit, placé ſur le rivage. Mais perſonne n'ignore que lorſque pluſieurs corps ont un mouvement commun, leurs mouvemens particuliers s'exécutent tout de même que ſi ce mouvement commun n'exiſtoit pas. Les deux corps égaux A & B, étant donc portés l'un contre l'autre avec des vîteſſes égales à l'égard du bateau, ils ſe réfléchiront l'un contre l'autre au point D, avec leurs mêmes vîteſſes; & ſi le bateau étoit rendu immobile au moment du choc, en faiſant D F & D H égales à C A, ils arriveroient en même temps en F & en H : donc le bateau continuant à avancer d'une quantité D E égale à C D, le corps A arrivera de D en G, & le corps B de D en I, en même temps. Or $DI = AD$, & $DG = BD$: ainſi les corps A & B égaux auront fait échange de leurs vîteſſes. Tous les autres cas du choc entre des corps égaux, ſe démontrent de la même maniere. A l'égard de ceux de maſſes inégales, M. *Huyghens* commence par démontrer que s'ils ſe choquent l'un l'autre avec des directions contraires, & des vîteſſes réciproquement proportionnelles à leurs maſſes, ils ſe réfléchiront l'un de l'autre avec ces mêmes vîteſſes. Il fait uſage pour cela d'un principe particulier; ſçavoir, que ſi l'on conçoit que les corps qui vont ſe choquer aient acquis leurs vîteſſes par une chûte perpendiculaire, & qu'après le choc ils ſoient réfléchis en haut avec leurs vîteſſes nouvelles, leur centre de gravité ne ſçauroit remonter à une plus grande hauteur que celle d'où il eſt tombé. La propoſition ci-deſſus étant démontrée, le reſte ne fait plus

Fig. 99.

de difficulté, & se démontre facilement, à l'aide de la méthode qu'on a développée à l'égard des corps égaux.

En voilà assez sur le tour de démonstration employé par M. *Huyghens*. Notre attention doit maintenant se porter sur diverses vérités remarquables que nous offre cette théorie, & que M. *Huyghens* observa le premier. Il suit d'abord des loix du choc que nous venons d'exposer, que *Descartes* s'est trompé en pensant qu'il y avoit toujours la même quantité de mouvement avant & après le choc. On observe au contraire que dans les chocs de corps sans ressort, toutes les fois qu'il y a des directions opposées, il se fait une perte de mouvement. Mais l'uniformité avec laquelle agit toujours la nature, se retrouve en ce que, non seulement dans ce cas, mais encore dans tous les autres, le centre de gravité commun, ou est immobile, ou se meut avant & après le choc, avec une vîtesse uniforme. Ainsi ce n'est point, comme *Descartes* le prétendoit, la quantité absolue de mouvement qui reste invariable, c'est seulement la quantité de mouvement vers un même côté. Cette loi, la nature l'observe aussi dans le choc des corps élastiques. M. *Huyghens* le remarque dans l'écrit qu'il donna à la Société Royale en 1669. Il ne s'y borne même pas au cas de deux corps qui se choquent centralement; il dit qu'il peut démontrer que cela arrive quelle que soit la maniere dont ils se choquent, & quel que soit leur nombre. Les démonstrations des Méchaniciens modernes ne laissent aucun doute sur la vérité de cette proposition.

Dans les corps sans ressort, il ne se fait jamais aucune augmentation dans la quantité absolue du mouvement. Elle peut seulement diminuer; mais dans les corps élastiques, quelquefois elle est moindre, quelquefois plus grande après le choc qu'auparavant.

Il arrive dans le choc des corps élastiques un autre phénomene bien remarquable, & observé pour la premiere fois par M. *Huyghens*. C'est que la somme des produits de chaque masse par le quarré de sa vîtesse, est le même avant & après le choc. Cette loi a été appellée par quelques Physiciens, *la conservation des forces vives*, parce que le célebre *Leibnitz* mesure la force des corps en mouvement par le produit de la masse & du quarré de la vîtesse, & qu'il nomme cette force, *force vive*, à la différence de la force *morte*, ou de la ſimple preſſion, qui n'eſt que comme le produit de la maſſe par la vîteſſe qu'elle auroit ſi le mouvement s'effectuoit. Mais les Méchaniciens qui évitent d'entrer dans la querelle qu'a excité le ſentiment de *Leibnitz*, appellent cette loi, *la loi des forces aſcenſionnelles*, parce que de cette égalité de ſomme entre les produits des maſſes par les quarrés des vîteſſes avant & après le choc, il ſuit que le centre de gravité d'un ſyſtême de corps, a la puiſſance de remonter à la même hauteur que celle d'où il eſt deſcendu.

M. *Huyghens* termine ſon écrit par une remarque curieuſe, qui mettra auſſi fin à ce que nous avons à dire ſur ce ſujet. La voici : lorſqu'un corps en choque un autre en repos par l'entremiſe d'un tiers d'une grandeur moyenne, il lui communique toujours plus de mouvement, que s'il le frappoit immédiatement; & ce mouvement eſt le plus grand qu'il puiſſe être, lorſque le corps intermédiaire eſt moyen géométrique entre l'un & l'autre. Il y a plus : ce mouvement ſera encore plus grand ſi le corps dont nous parlons eſt choqué par l'entremiſe de deux autres qui avec les deux extrêmes faſſent une proportion géométrique continue. Enfin plus il y aura de moyens proportionnels entre l'un & l'autre, plus grande ſera la vîteſſe du dernier comparée avec celle du premier. Si l'on ſuppoſoit, par exemple, cent corps en proportion double, le plus grand choquant le moindre par l'entremiſe des 98 autres, lui imprimeroit une vîteſſe 2338492188000 fois plus grande que la ſienne, au lieu que s'il l'eût choqué immédiatement, il ne lui eût donné qu'une vîteſſe un peu moindre que double.

Dans tout ce que nous venons de dire ſur le choc des corps à reſſort, nous avons ſuppoſé que ce reſſort étoit parfait, c'eſt-à-dire, qu'il ſe reſtituoit avec la même force que celle par laquelle il avoit été comprimé. Mais comme il n'eſt rien dans la nature qui ſoit doué de la perfection Mathématique, on doutera avec raiſon qu'aucun corps ait un reſſort parfait. La Méchanique cependant ne ſera pas ici en défaut : il eſt aiſé d'appliquer aux corps à reſſort imparfait la théorie précédente ; car ſuppoſons un corps dont le reſſort ne ſe rétablit qu'avec les $\frac{15}{16}$ de la force avec laquelle il a été bandé, il ne rendra que les $\frac{15}{16}$ de la vîteſſe avec laquelle il a été choqué. Ainſi au lieu de diſtribuer aux corps qui ſe choquent la vîteſſe reſpective entiere en raiſon réciproque des maſſes, ce ſeront ſeulement les $\frac{15}{16}$ de cette vîteſſe qu'il leur faudra diſtribuer de cette maniere.

La théorie précédente n'eſt pas ſeulement appuyée ſur le raiſonnement & ſur l'examen attentif de ce qui ſe paſſe dans le choc des corps; elle eſt auſſi fondée ſur l'expérience. Les écrits de MM. *Wallis*, *Wren* & *Huyghens*, ne furent pas plutôt publics, que les Phyſiciens imaginerent divers moyens de l'éprouver & de la rendre ſenſible aux yeux. M. *Wren* s'en étoit déja aſſuré par des expériences qui n'ont pas été publiées. M. *Mariotte*, qui cultivoit dans le même temps avec grand ſoin la Phyſique expérimentale, ſe propoſa le même objet. La premiere partie de ſon Traité *de la Percuſſion*, (Paris 1677.) eſt occupée à démontrer les loix du choc données ci-deſſus.

Comme la nature n'offre point de corps parfaitement durs, on eſt obligé dans ces expériences de s'en tenir aux corps mous & aux corps à reſſort. Pour les premiers, on prend des balles d'argille molle & fraîche, & pour ceux à reſſort, des balles d'yvoire ou de marbre. On les ſuſpend à des fils de maniere qu'étant dans la perpendiculaire, elles ſe touchent, & qu'elles ſe choquent centralement. Alors, pourvu qu'on ne leur faſſe pas décrire des arcs de plus d'une dixaine de degrés, leurs vîteſſes, quand elles ſont arrivées à la perpendiculaire, ſont ſenſiblement comme les arcs d'où elles ſont tombées. Il eſt donc facile de les faire choquer avec tels degrés de vîteſſe que l'on veut, & de remarquer quels degrés de vîteſſe elles acquierent dans le choc; car cette nouvelle vîteſſe eſt auſſi ſans erreur ſenſible, comme l'arc qu'elle leur fait parcourir en remontant. On trouve par ce moyen un accord ſatisfaiſant entre la théorie ci-deſſus & l'expérience. On voit toujours les boules, ſoit molles, ſoit élaſtiques, s'élever ſenſiblement aux hauteurs que la théorie a déterminées d'avance. La plûpart des Ecrivains de Phyſique expérimentale ont imité M. *Mariotte*; & donnent à la preuve des loix de la communication du mouvement, quelque partie de leur ouvrage. On peut voir ſur ce ſujet M. *Deſaguliers*, M. *s' Graveſande*, M. l'Abbé *Nollet*. Le ſuffrage unanime de ces Phyſiciens, fait de ces loix des vérités d'expérience qu'il n'eſt plus permis de révoquer en doute.

II.

Il n'eſt perſonne dans le dix-ſeptieme ſiecle, ſi nous en exceptons *Galilée* & *Newton*, à qui la Méchanique ait des obligations plus nombreuſes qu'à M. *Huyghens*. On vient de le voir concourir à l'honneur de la découverte de la loi du choc des corps. Nous lui devons encore l'application du pendule aux horloges ; la curieuſe découverte de l'iſochroniſme des chûtes dans la cycloïde ; la théorie des centres d'oſcillation, l'une des plus délicates & des plus ſubtiles de la Méchanique ; les premiers traits enfin de celle des forces centrales. Comme c'eſt ici l'endroit de notre hiſtoire, où M. *Huyghens* joue le plus grand rôle, c'eſt celui où nous avons remis de donner le précis de ſa vie.

De M. Huyghens.

M. *Huyghens*, (Chriſtian) Seigneur de Zelem & de Zulichem, reçut le jour à la Haye, le 14 Avril 1629, de Conſtantin *Huyghens*, Secretaire & Conſeiller des Princes d'Orange. M. Conſtantin *Huyghens*, étoit non ſeulement homme de Lettres, comme le témoignent les Poéſies Latines qu'on a de lui, mais encore verſé dans la Phyſique & les Mathématiques. Il fut le premier Maître de ſon fils, qui commença, dès l'âge de treize ans, à donner des indices de ce génie profond qui devoit un jour le guider dans les recherches les plus obſcures.

Le jeune M. *Huyghens*, deſtiné par ſon pere à l'étude du Droit, fut envoyé en 1645, à l'Univerſité de Leyde. Il y prit les leçons du Profeſſeur *Vinnius*, mais en même temps il y trouva *Schooten*, le Commentateur de *Deſcartes*, qui fortifia ſon goût pour les Mathématiques. Aidé des ſecours de cet habile homme, & plus encore de ſon propre génie, il fit des progrès rapides dans tout ce que la Géométrie de *Deſcartes* a de plus difficile. *Schooten* a donné place dans ſon Commentaire à diverſes obſervations utiles, ouvrage de ce temps de la vie de M. *Huyghens*.

Le fameux Livre du P. *Grégoire de Saint-Vincent*, fut l'occaſion du premier ouvrage public de M. *Huyghens*. Il le réfuta en 1651, par un petit écrit qui ne laiſſe lieu à aucune réponſe ſolide, & auquel les partiſans de *Grégoire de Saint-Vincent* ne répondirent effectivement que par des traits de mauvaiſe humeur. Il publia la même année, ſes *Theoremata de circuli & hyperbolæ quadraturâ*, & en 1654, ſon ingénieux Traité intitulé *De circuli magnitudine inventa nova*, dont nous avons parlé ailleurs. Mais ce ne ſont-là que des eſſais de la jeuneſſe de M. *Huyghens*. Ils ne peuvent entrer en comparaiſon avec les inventions dont il enrichit depuis la Géométrie & l'Analyſe. Telles ſont entr'autres la théorie des développées, dont nous avons déja rendu un compte étendu (*a*) ; & ſes découvertes de Géométrie & de Méchanique mixtes, qui doivent nous occuper une partie de cet article & de quelques-uns des ſuivans. On lui doit conjointement avec Meſſieurs *Paſcal* & *de Fermat*, les premiers traits de la nouvelle ſcience de calculer la probabilité. Il en dévoila les principes en 1657, dans ſon écrit intitulé *De ratiociniis in ludo Aleæ*.

Les autres parties des Mathématiques n'ont pas de moindres obligations à M. *Huyghens*. Nous avons déja annoncé au commencement de cet article, celles que lui a la Méchanique. L'Aſtronomie lui eſt redevable de la meſure exacte du temps dont elle eſt aujourd'hui en poſſeſſion ; de la découverte de l'anneau de Saturne, de celle d'un des ſatellites de cette planete, de la premiere remarque de l'applatiſſement de la terre, depuis ſi heureuſement confirmée par l'obſervation. Perſonne enfin ne porta plus loin que lui l'art de travailler les verres de Téleſcope, ſoit pour la longueur des foyers, ſoit pour l'excellence. Nous nous bornons à ce tableau ſuccinct & imparfait des travaux de M. *Huyghens*. Tous ces différens objets doivent trouver leur place ailleurs, & y ſeront expoſés avec l'étendue convenable.

M. *Huyghens* s'étoit acquis dès l'année 1665, une telle réputation, que Louis XIV voulant fonder dans ſa capitale une Académie des Sciences, le fit inviter, ſous des conditions honorables & avantageuſes, à venir s'établir en France. Il les accepta, & il vint réſider à Paris en 1666. Durant le ſéjour qu'il y fit, il fut un des principaux ornemens de l'Académie Royale des Sciences, dont il enrichit les Regiſtres d'une multitude d'écrits profonds. Il eût peut-être terminé ſa carriere en France, ſans la révocation de l'Edit de Nantes. En vain

(*a*) Voyez l. I, art. VIII.

tenta-t'on de l'y retenir, en l'assurant qu'il y jouiroit de la même liberté qu'auparavant; il ne put se résoudre à vivre davantage dans un pays où sa religion alloit être proscrite, & ses freres persécutés. Il prévint l'Édit fatal en se retirant dans sa patrie en 1681.

De retour en Hollande, M. *Huyghens* continua de cultiver ses sciences favorites, & de les enrichir de divers ouvrages. Tels furent son *Astroscopia compendiaria à tubi molimine liberata*, son Traité *de Lumine*, & celui *de Gravitate*. Il eut part aux solutions de quelques-unes des questions célebres que proposerent vers ce temps les Géometres qui faisoient usage du nouveau calcul de *Leibnitz*, telles que celle de la courbe isochrone, & principalement celle de la chaînette. Ce n'est pas un des traits les moins glorieux de la sagacité de M. *Huyghens*, d'avoir pu, presque destitué des secours de ce nouveau calcul qui lui étoit peu familier, surmonter des difficultés de cette nature.

M. *Huyghens* promettoit encore plusieurs années d'une vie utile aux Mathématiques, lorsqu'il fut saisi de la maladie qui termina ses jours. Sa mort arriva le 5 Juin 1695. Il légua par son testament tous ses papiers à la Bibliothéque de Leyde; priant Messieurs *Burcher de Volder* & *Fullenius*, Mathématiciens habiles, de faire un choix de ce qui étoit en état de voir le jour, & de le publier. Ils s'en acquitterent en 1700, qu'ils publierent un volume posthume des ouvrages de M. *Huyghens*. Depuis ce temps, M. *s' Gravesande* nous a procuré une édition complette des Œuvres de cet homme célebre. Les deux premiers volumes de cette intéressante collection, parurent en en 1724 in-4°, & les deux derniers en 1728.

Application du pendule à régler les horloges.

Parmi les découvertes Méchaniques de M. *Huyghens*, nous en remarquons une principale, & qui semble avoir été le motif & l'occasion de toutes les autres. C'est celle de l'application du pendule à régler le mouvement des horloges. Cette circonstance nous prescrit l'ordre que nous avons à suivre dans l'exposition de ces découvertes.

L'égalité de durée entre les oscillations du pendule étoit un phénomene déja fort connu, lorsque M. *Huyghens* entra dans la carriere des Mathématiques. *Galilée*, qui en avoit fait la premiere observation, avoit aussi eu l'idée de l'appliquer à la mesure du temps, & quelques Astronomes, à son imitation, l'avoient employé dans cette vue. Mais faute de moyens commodes pour en compter les vibrations, & en perpétuer le mouvement, cette idée n'avoit pas encore apporté beaucoup d'utilité à l'Astronomie. On voit, à la vérité, un Auteur Italien, (M. *Carlo Dati*) revendiquer à *Galilée* ou à son fils, l'invention de M. *Huyghens* (*a*). Mais c'est une pure assertion qui, n'étant revêtue d'aucune preuve, ne mérite pas grande attention. D'ailleurs, quelle apparence qu'une invention si utile, si facile à mettre en pratique, & si recherchée non seulement par les Sçavans, mais encore par les Artistes, eût resté pendant près de vingt ans ensevelie dans un pareil oubli. Cela n'est aucunement vraisemblable.

M. *Huyghens* ne s'adonna pas plutôt à l'Astronomie, que sensible aux avantages que cette science pouvoit tirer du pendule, & aux inconvéniens qui s'y opposoient, il travailla à les lever. Le succès répondit à ses desirs. Egalement doué du génie de la Méchanique, & de celui de la Géométrie, il imagina une construction d'horloge où le pendule servant de modérateur au rouage, ne lui permet qu'un mouvement très-uniforme. Voici une idée de ce méchanisme. Le pendule qui est une verge de fer au bas de laquelle le poids est suspendu, communique par sa partie supérieure un mouvement alternatif à un aissieu garni de deux petites palettes tellement disposées, qu'à chaque vibration elles ne laissent passer qu'une dent de la roue avec laquelle elles s'engrenent. Cette roue ne peut donc avoir qu'un mouvement aussi uniforme que celui du pendule même, & puisque de son mouvement dépend celui de tout le rouage, dont les parties s'engrenent mutuellement, & enfin avec elle, ce rouage est contraint de marcher avec la même uniformité que le pendule. Il y a plus : ce rouage, par l'action du poids ou du ressort qui le met en mouvement, fait un petit effort contre le pendule, & lui communique à peu près la même quantité de mouvement qu'il en perd à chaque vibration par la résistance de l'air, de sorte qu'au lieu de rester vingt-quatre heures en mouvement, comme il pourroit faire sans cela, il ne peut plus s'arrêter que lorsque

(*a*) *Lettera a'i Philaleti di M. Timauro Antiate.*

que le poids ou le ressort de la machine cessera d'agir. M. *Huyghens* fit cette belle découverte vers la fin de l'année 1656, & vers le milieu de 1657, il présenta aux Etats une horloge de sa nouvelle construction. Il la dévoila bientôt après par un écrit particulier, & elle a été si universellement adoptée, que les petites horloges d'appartemens en ont pris le nom de pendules.

Il y avoit dans les premiers succès de cette invention, de quoi satisfaire M. *Huyghens*. Mais l'envie de la porter à une plus grande perfection, ne lui permit pas d'en rester-là. C'est à cette sçavante inquiétude que nous devons les profondes & subtiles recherches qu'il mit au jour en 1673, dans son fameux ouvrage intitulé *Horologium oscillatorium*.

M. *Huyghens* considéra qu'il pouvoit arriver par diverses circonstances que les oscillations de son pendule ne fussent pas toujours égales en étendue. Or dans ce cas leur durée n'auroit plus été parfaitement la même : car, nous l'avons déja remarqué, cette égalité de temps entre les oscillations d'étendue inégale, n'est pas entiérement parfaite ; elle n'est que sensible, & même il faut pour cela qu'elles soient assez petites. M. *Huyghens* craignit que ces petites différences accumulées, ne fissent à la fin une somme sensible : cette considération lui inspira l'idée de faire ensorte que quelle que fût l'étendue des oscillations de son pendule, elles fussent géométriquement égales : or ce problême se réduit à déterminer le long de quelle courbe un poids doit rouler, afin que de quelque point que sa chûte commence, il arrive dans le même temps au plus bas. Il le rechercha, & il trouva que c'étoit la cycloïde qui jouissoit de cette propriété. Pour nous expliquer plus clairement, qu'on suppose une cycloïde telle que ABS *Fig.* 100. renversée, ou le sommet en bas, de quelque point A, B, ou C, qu'on laisse tomber un corps il arrivera en S dans le même temps (*a*). Les Géometres cherchant à abréger le discours,

(*a*) Cette belle vérité, dont la découverte étoit très-difficile, peut être néanmoins facilement démontrée. Elle est fondée sur cette proposition préliminaire, dont tout lecteur versé dans la science du mouvement, verra bientôt la démonstration. *Si un corps est poussé & accéléré vers un point S, par une force qui est toujours proportionnelle à la distance où il est de ce point, de quelqu'endroit qu'il parte, il arrivera à ce point S dans le même temps.* Or c'est-là précisément le cas d'un corps qui roule le long d'une cycloïde. Car la force avec laquelle le corps placé en B, tend vers le *Fig.* 100. point S, est toujours comme l'arc BS, qui est l'espace à parcourir. En effet la tangente en B, est parallele à la corde *b* S : or puisque toutes les cordes DS, *b* S, *c* S, sont paront depuis donné à cette propriété le nom de *Tautochronisme*, comme qui diroit *l'identité* ou *l'égalité du temps* entre les chûtes. Par la même raison on nomme *Tautochrones* les courbes qui jouissent de la même propriété dans certaines circonstances, & suivant les différentes hypotheses. La cycloïde est la courbe *Tautochrone* dans l'hypothese de l'accélération uniforme des graves, & des directions paralleles. Mais si nous supposons ces directions convergentes à un point, & la force de la pesanteur varier comme la distance au centre, ce sera une épicycloïde. Cette élégante & curieuse vérité est dûe à M. *Newton*.

M. *Huyghens* ayant montré qu'il falloit que le poids du pendule décrivît une cycloïde, afin que ses oscillations quelconques fussent d'égale durée, il lui restoit à exécuter ce méchanisme. Il imagina pour cela avec beaucoup de sagacité, que toute courbe pouvoit être décrite par le développement d'une autre, de sorte qu'afin que le centre du pendule décrivît une cycloïde, il falloit déterminer cette autre courbe, & faire que le fil du pendule s'appliquât sur elle dans ses mouvemens. Ce fut-là l'origine de sa célebre théorie des développées dont nous avons rendu un compte suffisamment étendu (*a*). Nous nous bornons ici à remarquer qu'il trouva que la courbe sur laquelle se devoit appliquer le fil du pendule, étoit encore une cycloïde égale, & posée seulement en sens contraire, comme on voit dans la figure 100. En conséquence il suspendit la verge ou la barre de son pendule à des fils de soie, & il plaça vers le point de suspension deux arcs de cycloïde, afin que ces fils s'appliquassent sur ces arcs pendant les oscillations. Rien de plus ingénieux que tout ce méchanisme; mais quelque agréables que soient pour l'esprit ces subtilités de Géométrie & de Méchanique, on s'est apperçu dans la suite qu'elles étoient superflues pour la pratique. On a même trouvé dans la suspension proposée par M. *Huyghens*, des inconvéniens qui l'ont fait rejetter, & l'on s'en est tenu à ne faire décrire aux pendules que de fort petits arcs. L'expérience a appris qu'il

courues en temps égaux, la force avec laquelle un corps placé au commencement d'une corde quelconque tend à rouler, est comme cette corde. Mais les arcs de cycloïde AS, BS, CS, &c. sont doubles des cordes correspondantes. Par conséquent la force accélératrice à un point quelconque, est comme l'arc qui reste à parcourir.

(*a*) Liv. II, art. VIII.

n'en falloit pas davantage pour donner aux horloges une régularité suffisante pour les usages les plus délicats.

Ne terminons pas cet article sans faire connoître une proposition utile & remarquable que nous offre encore cette théorie de M. *Huyghens*. C'est que le temps d'une oscillation entiere d'un poids décrivant une cycloïde, est au temps qu'il employeroit à tomber de la hauteur de l'axe de cette cycloïde, comme la circonférence au diametre. Cette vérité mit M. *Huyghens* en état de déterminer avec bien plus de précision qu'on n'avoit encore fait, un élément des plus importans de toutes les théories où il est question de la chûte des corps, sçavoir la grandeur de l'espace qu'ils parcourent en vertu de leur pesanteur dans un temps donné, comme celui d'une seconde. La chose est facile, d'après la proposition ci-dessus : car suivant la théorie des développées, l'axe D S de la cycloïde est la moitié de la longueur du pendule. Or l'on peut connoître avec beaucoup d'exactitude la longueur du pendule à secondes. Il est, par exemple, sous la latitude de Paris, de trois pieds, huit lignes & demie. On aura donc par le rapport du diametre à la circonférence, le temps qu'employeroit un corps à tomber de la moitié de la longueur précédente, c'est-à-dire, de 18 pouces, 4 lignes $\frac{1}{4}$. Ce temps se trouve de 19''' $\frac{1}{10}$. Enfin connoissant qu'un corps tombe dans cet intervalle de temps, de la hauteur ci-dessus, la théorie des mouvemens uniformément accélérés, enseigne à déterminer quelle hauteur parcourra ce corps en une seconde précise. Le calcul que nous venons d'indiquer, la donne de quinze pieds, un pouce de Paris.

III.

De la théorie des centres d'oscillation.

Il n'y auroit aucune difficulté à déterminer la longueur d'un pendule, s'il étoit, comme on l'a tacitement supposé jusqu'ici, formé d'un poids unique & concentré en un point indivisible. Mais ce n'est là qu'une supposition mathématique. Tout pendule est formé d'un ou même de plusieurs poids, qui, de même que la verge à laquelle ils sont suspendus, ont une étendue sensible. On peut même mettre en vibration une figure quelconque. Dans un pendule de cette sorte, quel sera le point qui déterminera sa longueur, & par conséquent la durée de ses vibrations. Voilà un problême que présente naturellement le mouvement des pendules, & dont la considération a donné lieu à une des plus délicates & des plus profondes théories de la Méchanique moderne, sçavoir celle des centres d'oscillation.

Pour se former une idée juste de cette théorie, on doit se représenter plusieurs poids distribués le long d'une verge infléxible. Le plus voisin feroit, comme l'on sçait, s'il étoit seul, ses oscillations dans moins de temps que le plus éloigné; mais attachés comme ils sont par un lien infléxible, ils sont contraints de se mouvoir ensemble, de sorte qu'ils tempérent mutuellement leurs vîtesses. Le plus vîte hâte l'autre, & celui-ci retarde le premier. Ainsi il est un point moyen, où étant attachés ils feroient leurs oscillations dans le même temps qu'ils mettent à les faire, placés comme ils sont à des distances inégales du point de suspension. C'est ce point auquel on a donné le nom de *centre d'oscillation*, par une raison semblable à celle qui a fait donner celui de centre de gravité, au point où toute la masse du corps concentrée produiroit sur un appui fixe la même pression que dispersée. Cette recherche offre à l'esprit géométrique, un vaste champ de spéculations; mais ce n'est pas là son seul mérite. La détermination des centres d'oscillation est nécessaire pour reconnoître sans tâtonnement la durée des vibrations d'un pendule quelconque de forme assignée, ou pour lui donner la longueur convenable, afin que ses vibrations soit de la durée qu'on demande. Sans la connoissance de ce centre, on ignoreroit même la longueur précise du pendule qui bat les secondes, longueur importante à connoître, puisqu'elle sert de base à toutes les déterminations de ce genre. Enfin ce que le centre de gravité est dans la Statique, le centre d'oscillation l'est à plusieurs égards dans la Dynamique ou la science du mouvement actuel. Une infinité de questions sur le mouvement des corps exigent la connoissance de ce centre.

On ne parvient du moins ordinairement à résoudre une question dans son entier, qu'en s'élevant en quelque sorte par degrés des cas les plus faciles aux plus difficiles. C'est pour cela qu'avant de considérer les centres d'oscillation des solides, les Géometres commencent par examiner ceux des grandeurs plus ſimples, comme les lignes & les ſurfaces. Nous ne pouvons mieux faire que de ſuivre le même ordre dans le récit de leurs recherches & de leurs découvertes.

On peut mettre une figure plane en vibration de deux manieres différentes. Prenons pour exemple un triangle ſuſpendu par ſon ſommet. On pourra en premier lieu, le faire mouvoir de maniere que ſes ordonnées reſtent paralleles à l'horiſon auſſi-bien qu'à la ligne indéfinie paſſant par le point de ſuſpenſion, & que nous nommerons par cette raiſon *axe de ſuſpenſion*. Cette ſorte d'oſcillation eſt la plus ſimple, & on la nomme *in planum*, en plan. Mais on peut encore faire balancer ce triangle de maniere que reſtant toujours dans un même plan, un des angles de ſa baſe s'abaiſſe pendant que l'autre s'éleve. Cette eſpece d'oſcillation ſe nomme *in latus*, de côté. Remarquons dès à préſent qu'il y a une grande différence entre ces deux manieres de faire oſciller une figure. Dans la premiere, le centre d'oſcillation tombe toujours au dedans. Dans la ſeconde, il peut tomber au dehors, c'eſt-à-dire, que le pendule ſimple d'égale durée, peut être beaucoup plus long que l'axe de la figure. Il eſt facile de s'en convaincre par la conſidération ſuivante. Plus un triangle ſuſpendu par le ſommet & mu *de côté*, devient obtus, plus ſes oſcillations doivent devenir longues : car s'il étoit infiniment obtus, ce ne ſeroit plus qu'une ligne droite ſuſpendue par le milieu, & en lui donnant un mouvement, elle ne ceſſeroit de tourner du même côté. Ainſi ſes vibrations ſeroient infinies en durée, & par conſéquent le pendule iſochrone ſeroit d'une longueur infinie. Il en doit être de même de certains ſolides, d'un cône, par exemple, d'un conoïde, ſuſpendus par le ſommet. : car s'ils ſont infiniment obtus, ils ne différeront plus d'un cercle ſuſpendu par ſon centre, dont les oſcillations ſeroient auſſi d'une durée infinie.

La théorie des centres d'oſcillation doit ſa premiere origine aux queſtions que le Pere *Merſenne* propoſoit aux Mathématiciens de ſon temps. Il leur demanda, vers l'an 1646, de déterminer la durée des oſcillations de pluſieurs figures ſuſpendues de différentes manieres, & mues ſoit *en plan*, ſoit *de côté*. *Deſcartes*, *Roberval*, *Huyghens* même quoiqu'encore fort jeune, furent particuliérement invités à cette recherche.

Le problême étoit d'une nature encore trop supérieure à la Méchanique de ce temps-là, pour être traité avec beaucoup de succès. *Descartes*, *Roberval*, s'y appliquerent néanmoins, & quoiqu'il s'en faille beaucoup qu'ils aient résolu suffisamment le problême, on ne laisse pas d'appercevoir dans leurs tentatives des traits de sagacité. *Descartes* donna la vraie solution du cas où une figure plane fait ses oscillations *in planum*. Elle s'accorde avec celle de M. *Huyghens ;* mais il se trompa en ce qui concerne les centres d'oscillation des solides, & même des figures planes qui oscillent *de côté :* cas bien plus difficiles que le premier qu'il avoit résolu (*a*).

Roberval fut ici contre sa coutume un peu plus heureux, & alla plus loin que *Descartes :* car non seulement il assigna le centre d'oscillation dans les figures mues *en plan*, mais il réussit encore à le trouver dans quelques figures mues de côté, comme le secteur suspendu par son centre, & la circonférence circulaire. Mais destitué d'une méthode générale & assez sûre, il se trompa dans les autres figures, soit planes, soit solides (*b*). Ce problême éleva entre *Roberval* & *Descartes* une contestation dans laquelle celui-ci n'eût pas autant la raison de son côté que dans les autres disputes qu'ils avoient déja eues ensemble (*c*). A dire vrai, ils avoient tort tous deux ; car ils se trompoient l'un & l'autre dans les regles générales qu'ils donnoient pour la détermination de ce centre dans les solides & les figures oscillant de côté.

Il est à propos de remarquer, avant que d'aller plus loin, au sujet de ces premieres tentatives pour résoudre le problême des centres d'oscillation, qu'on ne l'avoit point encore envisagé sous son vrai point de vue. *Descartes*, *Roberval*, *Mersenne*, *Fabri* (*d*), au lieu du centre d'oscillation qui leur étoit proposé, rechercherent le centre de percussion, supposant tacitement qu'ils étoient la même chose. Le centre d'oscillation est bien, à la vérité, au même point que celui de percussion, mais l'une & l'autre question sont fort différentes, & doivent être traitées d'après des principes qui n'ont rien de commun.

(*a*) Lettr. de Descartes. *T. III, p. 487. & suiv.*

(*b*) *Mersenni, Refl. Physico-Math.* c. 11. & 12.

(*c*) Lettr. de Descartes. *Ibid.*

(*d*) Tract. de motu, Append. Physico-Math. *De centro percussionis.*

Le centre de percussion est le point autour duquel tous les efforts des parties d'un corps mis en mouvement, sont en équilibre, de sorte que de même qu'un appui qui soutient un corps par son centre de gravité, en supporte tout le poids, ainsi le point sur lequel est appuyé le centre de percussion, reçoit tout le choc du corps. Or il est aisé de voir que ce problême est bien plus facile que l'autre ; car supposons plusieurs poids enfilés par une verge tournant autour d'un centre, il est visible que la quantité de mouvement de chaque poids, ou l'impression qu'il est capable de faire contre l'obstacle qu'il rencontre, est le produit de sa masse par sa vîtesse qui est comme la distance au point de rotation. Ainsi les impressions de deux poids placés à différentes distances de ce point, seront comme les produits de leur masse par leur distance à ce point de rotation. Mais le centre de percussion est à l'égard de ces impressions, ce que le centre de gravité seroit à l'égard des poids eux-mêmes. Puis donc que pour avoir le centre de gravité, on multiplie chaque poids par sa distance au point d'appui, qu'on fait une somme de tous ces produits, & qu'on la divise par la somme des poids, il faudra pour trouver le centre de percussion, multiplier chaque impression par sa distance au point d'appui, (ce qui revient au même que de multiplier chaque poids par le quarré de sa distance à ce point,) faire une somme de tous ces produits, & la diviser par la somme de toutes les impressions, c'est-à-dire, de tous les produits des poids par leur distance au point de rotation. Or celle-ci ne differe point du produit de la somme de tous les poids par la distance de leur centre de gravité à celui de rotation. On aura conséquemment le centre de percussion en faisant la somme des produits de chaque poids par le quarré de sa distance au centre de rotation, & le divisant par le produit de la somme de tous les poids, & de la distance de leur centre de gravité commun à ce point.

Il nous sera maintenant facile de déterminer les centres de percussion dans toutes sortes de figures mues *en plan* : car soit *Fig.* 101. la figure SBA, mue autour du point S, & que sur cette figure on conçoive un coin ou un onglet cylindrique formé par un plan incliné de 45°, & passant par l'axe de rotation ; chaque élément de ce solide, comme FI, représentera le produit de l'élément de la figure HF, multiplié par sa distance à l'axe de rotation : tous les élémens de ce solide seront donc analogues & proportionnels aux impressions que feroient ceux de sa base, & par conséquent le centre de gravité de ce solide représentera le centre de percussion ; & si l'on conçoit de ce point tomber une perpendiculaire sur la base, elle y marquera ce centre. Ainsi voilà le problême des centres de percussion réduit à la Géométrie pure. C'est maintenant à elle à déterminer la grandeur & les centres de gravité de ces solides. On verra par ce moyen que le centre de percussion d'une ligne droite est éloigné du point de rotation des deux tiers de sa longueur, aussi-bien que celui du rectangle tournant autour d'un de ses côtés : car l'onglet cylindrique de la figure, se réduit dans le premier cas à un triangle, & dans le second à un prisme triangulaire, dont les centres de gravité sont placés de maniere que les perpendiculaires qui tombent sur la base la rencontrent en des points éloignés du sommet des $\frac{2}{3}$ de l'axe. Un triangle isoscele tournant autour de son sommet, aura son centre de percussion aux $\frac{3}{4}$ de son axe, parce que le coin en question, devient une pyramide dont le centre de gravité a une semblable position. On découvrira aussi facilement par ce moyen quelle est la position du centre de percussion dans le triangle tournant autour de sa base. On le trouvera au milieu de l'axe ; car c'est le point où tombe le centre de gravité du coin retranché par un plan passant par la base de ce triangle.

Nous n'avons considéré jusqu'ici que les centres de percussion des figures mues *en plan*. Si on les supposoit se mouvoir *de côté*, la détermination de ces centres seroit plus difficile. La raison s'en présente sans peine. Dans ce nouveau cas, chaque partie de l'ordonnée de la figure, a une vîtesse différente, & par conséquent fait un effort différent, qui doit être estimé, & par sa distance au point de suspension, & par l'angle que fait son bras de levier avec l'axe d'équilibre. Ainsi le problême devient plus compliqué : on en verra la solution lorsque nous traiterons des centres d'oscillation. En attendant, voici une remarque qui peut servir à résoudre quelques cas de ce problême. Si l'on a plusieurs poids A, B, C, &c. dans un même plan, & mus de côté, ils agiront de même que s'ils s'ils étoient transportés sur l'axe d'équilibre aux points *a*, *b*, *c*, &c. où cet axe est rencontré par les perpendiculaires A*a*, B*b*, &c. aux bras de levier SA, SB, SC, &c. On peut conclure aussi-tôt delà, que la circonférence d'un cercle, tournant *de côté* autour d'un de ses points, a son centre de percussion à l'extrêmité du diametre. Mais en voilà assez sur le centre de percussion. Il est facile de voir par ce que nous venons d'en dire, combien il differe dans le fonds de celui d'oscillation, & combien se trompoient ceux qui ayant trouvé le premier, pensoient avoir légitimement déterminé l'autre (*a*). *Fig.* 101.

Il étoit réservé à M. *Huyghens* de considérer pour la premiere fois la question des centres d'oscillation du vrai côté. Il avoit été consulté par *Mersenne*, lorsque ce Pere la proposa. Mais trop jeune encore, & ne faisant que d'entrer dans la carriere des Mathématiques, il la trouva au dessus de ses forces, & ne sçachant par où l'attaquer, il y renonça. Dans la suite, ayant imaginé son application du pendule à régler le temps, ce problême se présenta de nouveau à lui. Il s'y appliqua avec de nouvelles forces, & ce qui lui avoit d'abord échappé ne se refusa plus à ses efforts. Il découvrit un principe propre à la détermination de ces centres; ce qui le mit en possession de la belle théorie qu'on lit dans la quatrieme partie de son *Horol. oscillatorium*.

Le principe fondamental de la théorie de M. *Huyghens*, est celui-ci. Si un pendule chargé de plusieurs poids fait une partie de vibration, & qu'alors ces poids dégagés de la verge qui les astreint à se mouvoir ensemble, soient réfléchis perpendiculairement en haut avec leurs vîtesses acquises, leur centre de gravité remontera précisément à la même hauteur que celle d'où il est tombé. Ce principe, au reste, M. *Huy*-

(*a*) Le D. Wallis, malgré sa sagacité, est tombé dans cette faute : on le voit (*Tract. de motu, part. III, c. XI.*), après avoir traité du centre de percussion, déduire par un simple corollaire, tout ce qu'il y a à dire sur celui d'oscillation ; &, quoiqu'il n'ait employé aucune considération propre à ce dernier, mettre sa méthode en parallele avec celle de M. Huyghens ; en quoi il se trompoit assurément. Il se trompe aussi en ce qui concerne le centre de percussion des solides, qu'il traite comme si toutes leurs tranches perpendiculaires à l'axe étoient réduites à leur centre. Ainsi il fixe le centre de percussion du cylindre aux $\frac{2}{3}$ de l'axe, celui du cône aux $\frac{3}{4}$: suivant la vraie théorie, ils sont plus éloignés, comme on le verra plus loin. Cette double faute a été commise par divers autres Auteurs, comme M. Carré, (*Elémens du calcul intégral*), & M. Stone, (*Traité du calcul intégral*). Tout ce que disent ces Ecrivains sur ce sujet, n'est presque qu'une erreur continuelle.

ghens ne se contente pas de le supposer, comme semblent l'avoir pensé ceux qui l'ont trouvé trop obscur & trop éloigné pour servir de base à une théorie aussi délicate. Il le démontre d'après une hypothese beaucoup plus claire & moins sujette à contestation, du moins auprès de ceux qui sont initiés dans les solides principes de la Méchanique. C'est que lorsque plusieurs corps tombent, soit librement, soit agissans les uns sur les autres par l'action de leur pesanteur, & qu'ensuite ils remontent, de quelque maniere qu'ils agissent les uns sur les autres, leur centre de gravité ne sçauroit s'élever plus haut que le point d'où il est descendu. S'il en étoit autrement, le mouvement perpétuel, cette chimere de la Méchanique n'en seroit plus une. On pourroit imaginer tel méchanisme qui éleveroit de plus en plus le centre de gravité d'un systême de corps par leur action propre; ce que les Méchaniciens seront toujours fondés à regarder comme absurde.

Les lecteurs à qui l'Analyse & la Méchanique sont familieres, peuvent déja entrevoir comment, à l'aide du principe ci-dessus, M. *Huyghens* est parvenu à déterminer le centre d'oscillation d'un pendule composé. Pour cela il suppose, suivant les loix ordinaires de l'Analyse, la longueur du pendule simple & isochrone, indéterminée; & d'après cette supposition, & les principes connus de la Méchanique, il calcule la hauteur dont tombe le centre de gravité durant une demi-vibration, & celle à laquelle ce centre s'éleveroit en supposant les poids libres & remontans avec leurs vîtesses acquises. Cette seconde hauteur égalée à la premiere, lui donne une équation qui détermine la longueur du pendule isochrone (*a*). Il trouve

(*a*) Nous croyons faire plaisir aux Géometres, de leur développer davantage cette Analyse. Pour cet effet, que A, B, C, &c. soient les poids suspendus à des distances *a*, *b*, *c*, &c. de l'axe de suspension. *Fig.* 103. Que *x* soit la distance du centre O d'oscillation, & *y* le sinus verse de l'arc qu'il décrit dans une demi-vibration, ou la hauteur dont il tombe. Les sinus verses des arcs décrits par les poids A, B, C, &c. dans le même temps, seront évidemment $\frac{ay}{x}$, $\frac{by}{x}$, $\frac{cy}{x}$, &c. Qu'on multiplie chaque poids par la hauteur dont il tombe, ou le sinus verse de son arc, & qu'on divise la somme des produits par la somme des poids, ce sera la hauteur dont est tombé le centre de gravité: on aura donc pour cette hauteur $(Aa + Bb + Cc, \&c.)\, y : (A + B + C, \&c.)\, x$. Maintenant les hauteurs auxquelles s'élevent des poids remontans, sont comme les quarrés de leurs vîtesses. Mais la hauteur à laquelle s'éleveroit le centre d'oscillation, est le sinus verse *y* de son arc, parce qu'il jouit de toute sa liberté. Les hauteurs auxquelles s'éleveront les autres poids separ ce procédé, que cette longueur eſt celle qui proviendroit en faiſant la ſomme des produits de chaque poids par le quarré de ſa diſtance à l'axe de ſuſpenſion, & diviſant cette ſomme par celui de tous les poids multipliés par la diſtance de leur centre de gravité à ce même axe. Il n'eſt pas beſoin que nous inſiſtions beaucoup à remarquer que s'il y a des poids ſitués de côtés différens de l'axe de ſuſpenſion, il faut ôter la ſomme des produits des uns, de celle des autres, au lieu de les ajouter enſemble. Le plus médiocre Analiſte eſt en état d'en voir la néceſſité & la raiſon.

Cette regle générale pour les centres d'oſcillation étant trouvée, on peut facilement les déterminer dans toutes ſortes de figures. Ce ſera le même procédé que pour le centre de percuſſion. Sur la figure que nous ſuppoſons d'abord oſciller *in planum*, qu'on conçoive un cylindre, coupé par un plan incliné à la baſe de 45°, & paſſant par l'axe de ſuſpenſion : ce ſera de l'invention du centre de gravité de ce coin que dépendra la détermination du centre d'oſcillation de la figure qui lui ſert de baſe : car ſi l'on cherche par la méthode générale des centres de gravité, celui de ce coin, ou plutôt le point de la figure SAB, où tombe la perpendiculaire abaiſſée ſur elle de ce centre, on aura préciſément la même expreſſion. On trouvera qu'il faut multiplier chaque élément de la figure par le quarré de ſa diſtance à l'axe de ſuſpenſion, & diviſer la ſomme de ces produits par celle des momens des poids, qui n'eſt autre choſe que le produit de la ſomme des élémens de la figure par la diſtance de ſon centre de gravité au même axe. Ainſi le centre d'oſcillation de la ligne droite eſt éloigné de l'axe de ſuſpenſion des deux tiers de ſa longueur. Celui du triangle ſuſpendu par le ſommet, & oſcillant *in planum*, ſera éloigné du point de ſuſpenſion des $\frac{3}{4}$ de ſon axe. On en a vu la raiſon dans ce que nous avons dit plus haut ſur le centre de percuſſion. Le cercle, ſuſpendu par un point de ſa circonférence, a ſon centre d'oſcillation aux $\frac{5}{8}$ du diametre. La parabole

ront donc $\frac{aay}{xx}$, $\frac{bby}{xx}$, &c. reſpectivement. Ainſi en multipliant chaque poids par ſa hauteur, & diviſant la ſomme des produits par la ſomme des poids, on aura $(Aaa + Bbb + Ccc$, &c.$)\,y : (A + B + C$, &c.$)\,xx$, qui ſera la hauteur à laquelle s'éleveroit le centre de gravité des poids dégagés du lien. Ces deux expreſſions égalées donnent $x = (Aaa + Bbb + Ccc) : Aa + Bb + Cc$, &c.

suspendue par son sommet, l'a aux $\frac{5}{7}$ de son axe, &c.

Mais faisons osciller une figure plane de côté, ou de maniere qu'elle reste toujours dans le même plan. La regle de M. *Huyghens* va nous donner aussi son centre d'oscillation avec guere plus de difficulté que dans le cas précédent : car cette regle veut qu'on prenne la somme des produits de chaque particule, comme P, par le quarré de sa distance PS à l'axe de suspension, & qu'on divise cette somme par le *moment* de toutes les particules réduites à leur centre de gravité. Mais le quarré de PS est égal à ceux de SR & PR. Conséquemment le premier produit se réduira à deux, dont l'un sera la somme des produits de toutes les parties multipliées par les quarrés de leurs distances à l'axe de suspension, & l'autre celle des produits de ces mêmes particules par les quarrés de leurs distances PR à l'axe. Or nous avons vu que la premiere somme est représentée par le *moment* du coin formé sur la figure par un plan incliné de 45°, & passant par la tangente au sommet; la seconde est pour la moitié de la figure, comme S*o*V, le *moment* du coin formé sur cette moitié par un plan semblablement incliné, & passant par l'axe; & conséquemment pour la figure entiere, ce sera le double de ce *moment*. Ainsi l'un & l'autre étant donnés ou devant être donnés par la Géométrie, on aura le centre d'oscillation de la figure mue de côté. En suivant cette méthode, on trouvera que le centre d'oscillation du triangle isoscele, mu de côté autour du sommet, est éloigné du point de suspension des $\frac{3}{4}$ de son axe, augmentés de la huitieme partie d'une troisieme proportionnelle à l'axe & à la base. Dans le triangle rectangle suspendu par le milieu de la base, il se trouve au sommet. Dans le cercle suspendu par un point de sa circonférence, on le trouvera aux $\frac{3}{4}$ du diametre.

Fig. 104.

Il nous faudroit entrer dans des détails trop embarrassans pour suivre M. *Huyghens* dans l'application qu'il fait de sa méthode à l'invention des centres d'oscillation dans les solides. C'est pourquoi nous l'abandonnerons ici, nous réservans de faire connoître ailleurs une méthode plus simple, & qui fatigue moins l'imagination. Nous nous bornons à indiquer d'après lui les centres d'oscillation de quelques solides. Dans le cylindre suspendu par le centre d'une de ses bases, il est éloigné du point de ſuſpenſion, des $\frac{2}{3}$ de ſon axe, plus de la moitié d'une troiſieme proportionnelle à cet axe & au demi-diametre. Dans le cône ſuſpendu par le ſommet, il eſt aux $\frac{4}{5}$ de l'axe, augmentés de la moitié d'une troiſieme proportionnelle à cet axe, & au demi-diametre de la baſe. Celui de la ſphere ſuſpendue par un point de ſa ſurface, eſt au deſſous de ſon centre, des $\frac{2}{5}$ de ſon rayon. Voici ſeulement encore quelques vérités remarquables que M. *Huyghens* déduit des principes ci-deſſus. 1°. Si autour du centre de gravité d'une figure plane, & de ce point comme centre, on décrit un cercle d'une grandeur quelconque, cette figure ſuſpendue d'un point quelconque de ce cercle, aura ſes oſcillations *de côté* iſochrones. 2°. Le point de ſuſpenſion, & celui d'oſcillation ſont réciproques dans toute figure; c'eſt-à-dire, que ſi une figure ayant ſon point de ſuſpenſion en S, a ſon centre d'oſcillation en O, ſuſpendue du point O, elle aura ſon centre d'oſcillation en S. 3°. Si une figure quelconque ſuſpendue du point S, a ſon centre de gravité en G, & celui d'oſcillation en O, & qu'ayant prolongé l'axe OGS, on prenne un autre point de ſuſpenſion comme *s*, le nouveau centre d'oſcillation ſera en *o*, de ſorte que le rectangle SGO, ſera égal à *s*G*o*. Ainſi le centre d'oſcillation s'approche toujours de celui de gravité en même raiſon que le point de ſuſpenſion s'en éloigne. Cette derniere propoſition eſt utile pour déterminer ſans un nouveau calcul le centre d'oſcillation d'un corps, lorſqu'on en connoît une fois la poſition à l'égard d'une certaine ſuſpenſion. Par exemple, la ſphere ſuſpendue par un point de ſa ſurface à ſon centre d'oſcillation au deſſous de ſon centre de figure & de gravité, des $\frac{2}{5}$ du rayon. Qu'on veuille maintenant la ſuſpendre au bout d'un long filet, pour en former un pendule, & qu'on demande quel ſera ſon centre d'oſcillation; il n'y aura qu'à faire cette analogie: comme la longueur de ce filet eſt au rayon de la ſphere, ainſi les $\frac{2}{5}$ du rayon, à une quatrieme proportionnelle; ce ſera la quantité dont le centre d'oſcillation ſera au deſſous du centre de figure. Par conſéquent lorſqu'on connoîtra le diametre de la ſphere qu'on veut mettre en vibration, & la longueur préciſe que doit avoir un pendule pour battre les ſecondes, par exemple, il ſera facile de trouver la diſtance du centre de la ſphere au point de ſuſpenſion; ou au contraire ayant la distance du centre de la sphere mise en vibration, & battant les secondes, on connoîtra facilement la longueur précise du pendule simple & mathématique, qui exécute ses vibrations dans une seconde.

Quoique les découvertes de M. *Huyghens* sur les centres d'oscillation soient très-conformes à la vérité, il faut cependant convenir qu'elles portent sur un principe qui, du premier abord, ne présente pas cette évidence qui arrache le consentement. Il est vrai que plus on y réfléchit, & mieux on connoît les loix que la nature suit dans la communication du mouvement, plus on le trouve raisonnable & digne d'être admis. Mais enfin l'on peut dire qu'il n'est pas démontré en toute rigueur, de sorte qu'il prête matiere à la contradiction. Aussi en essuya-t'il quelques-unes d'un Géometre contemporain que je vois dans quelques endroits décorer du titre d'habile. Je ne sçais sur quel fondement; car cette querelle ne me paroît rien moins que propre à le lui confirmer : le récit suivant va mettre à portée d'en juger.

Il y avoit environ neuf ans que l'ouvrage de M. *Huyghens* jouissoit de l'approbation générale des habiles gens, lorsque l'Abbé *de Catelan* s'avisa de l'attaquer (*a*). Il accusa de fausseté sa proposition fondamentale, sçavoir que si dans un pendule les poids à la fin d'une demi-vibration, par exemple, se détachoient & remontoient en haut avec leurs vîtesses acquises, leur centre de gravité s'éleveroit à la même hauteur d'où il étoit tombé. Il prétendoit même qu'il y avoit une impossibilité analytique dans ce principe, d'où il concluoit que tout le Traité de M. *Huyghens*, bâti sur une erreur, ne pouvoit être qu'une erreur continuelle.

Après avoir ainsi ruiné de fond en comble la théorie de M. *Huyghens*, l'Abbé *de Catelan* prétendoit édifier à son tour, c'est-à-dire, assigner les centres d'oscillation par une méthode plus certaine. Mais à son seul début, on voit, pour peu qu'on soit instruit de la nature du problême, qu'il va se tromper. Car ce problême lui paroît peu difficile, & en effet moyennant deux faux principes qu'il propose avec autant de confiance que des axiomes métaphysiques, il l'expédie avec une grande fa-

(*a*) Journal des Sçavans 1682. Toutes les pieces de cette querelle se trouvent dans le Recueil des Œuvres d'Huyghens.

cilité. L'un de ces principes eſt, que *dans un pendule compoſé, la ſomme des vîteſſes des poids eſt égale à celle des vîteſſes qu'ils auroient eues ſéparément, s'ils euſſent formé chacun un pendule à part.* L'autre, non moins hazardé, étoit que *le temps des vibrations du pendule compoſé, étoit moyen arithmétique entre les temps des vibrations de ſes poids formant chacun ſéparément un pendule ſimple.*

Le problême des centres d'oſcillation eût été effectivement d'une grande facilité, s'il n'eût pas fallu plus d'efforts pour le réſoudre. Mais malheureuſement ces deux prétendus principes ſont faux. Il ſuivroit de l'un & de l'autre, que le centre de gravité des poids du pendule, détachés à la fin d'une demi-vibration, remonteroit plus haut que le point d'où il eſt deſcendu, ce que M. *Huyghens* avoit droit de regarder comme contraire aux loix de la nature, & que ſon adverſaire ne lui conteſtoit pas. Il y a plus, ces deux principes ſe contrarient; ils donnent le centre d'oſcillation à différens points, & ils font remonter le centre de gravité à des hauteurs différentes. Ils ne s'accordent que dans l'abſurdité de le faire remonter plus haut que d'où il eſt deſcendu, ainſi que le remarqua M. *Huyghens* dans ſes réponſes (*a*). Il eût encore pu remarquer que, ſuivant le premier des principes propoſés par l'Abbé *de Catelan*, le centre d'oſcillation ne différeroit pas de celui de gravité; erreur tout-à-fait contraire à l'expérience, & dont ſçurent ſe préſerver les premiers même qui ébaucherent la théorie des oſcillations.

A l'égard de l'impoſſibilité que l'Abbé *de Catelan* objectoit contre la propoſition fondamentale d'*Huyghens*, elle n'étoit fondée que ſur la préoccupation où il étoit que la ſomme des vîteſſes des poids oſcillant ſéparément, devoit reſter la même lorſqu'ils formeroient un pendule compoſé. Mais il n'y a aucune néceſſité que cette ſomme de vîteſſes ſoit conſtamment la même. Cet adverſaire d'*Huyghens* ne devoit pas ignorer, à cette époque, qu'il y a une infinité de cas où une partie de la vîteſſe abſolue & de la quantité de mouvement, s'abſorbe dans l'action mutuelle des corps. Ainſi rien n'étoit plus frêle que ſon prétendu principe, & que l'objection qu'il en tiroit.

(*a*) Journal des Sçavans. 1682 & 1684.

M. *Huyghens* ne fut pas seul à soutenir sa cause, contre les mauvaises objections de ce Mathématicien. Il eut deux seconds illustres, M. Jacques *Bernoulli*, & le Marquis *de l'Hôpital*. Le premier entreprit d'assigner par les principes ordinaires de la Statique, la cause pour laquelle, dans le pendule composé, la somme des vîtesses des poids est moindre qu'elle ne seroit s'ils faisoient leurs oscillations séparément (*a*). Il ébaucha ici la résolution qu'il donna dans la suite du problême des oscillations par la nature du levier. Mais s'étant trompé dans quelques circonstances, faute d'une application assez réfléchie d'un principe qui est très-vrai, cela donna lieu à M. *de l'Hôpital* de le développer davantage. Son raisonnement est si propre à éclaircir cette matiere, que nous croyons devoir en donner une idée.

M. *de l'Hôpital* imagine une verge horizontale chargée de deux poids quelconques, & dans l'instant où elle commence à
Fig. 105. tomber par l'action de la pesanteur de ces poids. Tout le monde sçait que des poids égaux ou inégaux, tombent avec des vîtesses égales. Dans le premier instant de la chûte, les corps A, B, tendent donc à tomber avec la même vîtesse, & s'ils étoient libres, ils parcourroient des espaces égaux, par exemple AC, BD; mais liés comme ils sont l'un à l'autre, ils sont contraints de parcourir des espaces A*a*, B*b*, proportionnels à leurs distances au point d'appui ou de suspension S. Ainsi le poids B, qui resteroit en arriere de la quantité D*b*, est accéléré par le poids A, qui agit sur lui par le bras de levier SB. Or lorsqu'un corps agit sur un autre par un bras de levier, il y a une partie de la force qui est perdue dans la résistance du point d'appui. De même le corps B réagit contre les corps A par un bras de levier, & une partie de sa force est perdue contre la résistance du même point d'appui. Ainsi il y a une partie de la force & par conséquent de la somme des vîtesses qui est perdue dans l'action mutuelle de ces poids pour se mettre en vibration; & c'est-là la raison pour laquelle le centre d'oscillation est toujours plus bas que celui de gravité à l'égard du point de suspension.

Mais allons plus loin, & examinons d'après ces principes

(*a*) *Narratio controv. inter Hug. & Abb. Catel.* Act. Lips. ann. 1686.

quelle

quelle vîtesse doit prendre le pendule. Le poids A ne tombant pas avec toute sa vîtesse naturelle, la force avec laquelle il pressera le poids B sera le produit de sa masse par l'excès de sa vîtesse naturelle sur celle qu'il prendra. Or un corps doué de la même force agit sur un autre avec d'autant moins d'avantage, que celui-ci est plus éloigné du point d'appui. Ainsi il faudra, conformément aux regles de la Statique, faire cette analogie, comme SB est à SA, ainsi la force du corps A, a l'augmentation de mouvement qu'il produira dans le corps B, augmentation qui n'est autre chose que le produit de la masse du corps B par l'excès de vîtesse qu'il prendra pardessus sa vîtesse naturelle. En suivant cette route, & en employant l'analyse, on trouve la même vîtesse pour l'un ou l'autre des poids A ou B, que par la formule de M. *Huyghens.*

On peut aussi appliquer ce raisonnement à trouver immédiatement cette formule, & c'est ce qu'a fait M. Jacques *Bernoulli*, dans les Actes de Leipsick de l'année 1691 (*a*). Mais comme il n'étoit encore question dans son écrit que des poids suspendus le long d'une ligne droite, il a ensuite davantage étendu sa méthode, dans un Mémoire qu'on lit parmi ceux de l'Académie de l'année 1703. Il y embrasse le problême dans une plus grande généralité. Il suppose deux poids suspendus aux deux côtés inégaux d'un angle qui fait ses vibrations *de côté*; en suivant la même méthode, & en analysant avec beaucoup de subtilité l'action d'un corps sur l'autre, ils parvient à une formule équivalente à celle de M. *Huyghens*. Comme il seroit trop long de le suivre dans cette pénible route, il nous suffira d'inviter le lecteur à lire son Mémoire. Dans une suite de ce Mémoire, insérée parmi ceux de l'année 1704, il justi-

(*a*) Cette méthode de M. Bernoulli l'aîné, nous a paru trop lumineuse pour nous borner à l'indication ci-dessus. En voici un exemple suffisant pour mettre les lecteurs sur la voie. Que S soit le point de suspension d'un pendule. Que les poids A, B soient p, q, & les distances SA, SB, a & b; que O soit le centre d'oscillation, & $SO = x$. La propriété du centre d'oscillation est de se mouvoir avec toute sa liberté; c'est pourquoi sa vîtesse OE est sa vîtesse naturelle, exprimons-là par 1. On aura donc $Aa = a : x$, & par conséquent $aC = (x - a) : x$. Ainsi le *moment* du poids A pour accélérer B, qui est par le raisonnement qu'on a développé plus haut, $p \times aC$, sera $(px - pa) : x$. Réduisons-le au point B, comme on l'a dit aussi plus haut. Ce sera $(apx - paa) : bx$. Mais le mouvement produit par ce *moment* dans le poids B, est le produit de ce poids par bD, & $bD = (b - x) : x$; ce mouvement est donc $(qb - qx) : x$. Ces deux grandeurs égalées donnent $x = (paa + qbb) : ap + qb$, comme par la regle de M. Huyghens.

fie pleinement *Huyghens* de l'accuſation ou des doutes élevés contre lui, & il montre que le principe qui ſert de baſe à ſa théorie, eſt fort vrai. On y trouve enfin une démonſtration fondée ſur les mêmes principes, de l'identité des centres d'oſcillation & de percuſſion ; identité plutôt ſoupçonnée juſque-là que démontrée.

C'eſt un des caracteres de la vérité, que d'être acceſſible par pluſieurs voies différentes. La découverte de M. *Huyghens*, déduite par MM. Jacques *Bernoulli* & *de l'Hôpital*, d'un principe différent du ſien, a été démontrée de quantité de manieres par divers Géometres poſtérieurs. Une des plus ingénieuſes, eſt celle de M. Jean *Bernoulli* (*a*), & nous croyons par cette raiſon devoir en donner une idée.

Soit un pendule, dit M. *Bernoulli*, chargé de pluſieurs corps tels que A, B, & ſuſpendu par le point S. Que X ſoit un point pris à volonté. Il n'y aura rien de changé dans le mouvement de ce pendule, ſi au lieu du corps A, nous ſubſtituons en X une force qui produiſe dans ce point la même vîteſſe qu'y produiſoit le corps ou la force A. Concevons donc ce corps A anéanti, & qu'on ait mis à ſa place au point X la force ci-deſſus que nous déterminerons bientôt. Qu'on en faſſe autant du poids B, & de tous les autres. Nous aurons un pendule ſimple S X iſochrone au pendule compoſé S A B, & qui nous ſervira à trouver le centre d'oſcillation d'une maniere fort facile.

Fig. 106.

Pour déterminer préſentement quelle force placée en X, équivaut à celle du poids A, il faut conſidérer que cette derniere n'eſt autre choſe que la maſſe A, animée ou miſe en mouvement par la force de la gravité ; force qui produit, comme l'on ſçait, dans tous les corps une vîteſſe initiale conſtante. Nous la nommerons 1 par cette raiſon. Au lieu du poids A, nous pouvons donc concevoir le point A entraîné par une maſſe A, mue avec la vîteſſe 1. Or les loix de la Statique nous apprennent que la force appliquée au point X, & y produiſant la même vîteſſe que la force A, doit être une maſſe telle que $\frac{A \times SA^2}{SX^2}$, animée ou miſe en mouvement avec une vîteſſe

(*a*) Voy. *Act. Lipſ.* & Mem. de l'Académie, ann. 1714.

$\frac{SX}{SA}$ (*a*). La maſſe à ſubſtituer en X, au lieu du poids A, eſt donc $\frac{A \times SA^2}{SX^2}$, mue avec la vîteſſe $\frac{SX}{SA}$. De même celle qui équivaudra au poids B, ſera la maſſe $\frac{B \times BS^2}{SX^2}$, animée de la vîteſſe $\frac{SX}{SB}$. Ainſi voilà notre pendule composé, transformé en une eſpece de levier, au point X duquel ſont appliquées diverſes puiſſances agiſſant chacune avec leur vîteſſe propre, & tendant à y produire une certaine vîteſſe réſultante de leur effet réuni. Or l'on ſçait que dans pareil cas, il faut, pour trouver cette vîteſſe réſultante, diviſer la ſomme des momens des puiſſances, par celles des puiſſances elles-mêmes. Cela donnera ici pour la vîteſſe du point X, cette expreſſion $\frac{A \times SA + B \times SB, \&c.}{A \times SA^2 + B \times SB^2, \&c.} SX$. Mais ſi le point X eſt le centre d'oſcillation, ce que nous pouvons ſuppoſer, puiſque SX a été priſe indéterminée, la vîteſſe de ce point ſera égale à celle que la gravité imprime à tous les corps, c'eſt-à-dire à 1; d'où l'on voit qu'en égalant à l'unité la vîteſſe ci-deſſus, on déterminera la ligne SX à être la diſtance du centre d'oſcillation, & on trouvera préciſément la même formule que celle de M. *Huyghens*. Cette méthode, M. *Bernoulli* l'applique auſſi aux pendules dont les poids auroient des peſanteurs qui ne ſeroient pas proportionnelles à leurs maſſes. Tel ſeroit un pendule dont on ſuppoſeroit les poids de différentes gravités ſpécifiques, & plongés dans un fluide. En ſuppoſant que ces poids fuſſent dans le vuide A, B, C, & que le fluide les réduisît à mA, nB, &c. le centre d'oſcillation ſeroit $A \times SA^2 + B \times BS^2$, &c. diviſé par ($m$A + nB, &c) SG. Il faut remarquer ici que G eſt, non le centre de gravité des maſſes A, B, C, &c. mais de mA : nB, &c. Cela ſe déduit facilement de la méthode précédente. Il n'y a qu'à ſuppoſer chaque maſſe animée par une force qui ſoit à celle de gravité comme m ou n. &c. à l'unité: tout le reſte eſt abſolument ſemblable.

(*a*) Céla eſt facile à prouver. Car le moment du corps A eſt A × SA; & celui de la force ſubſtituée en X, eſt évidemment $A \times \frac{SA^2}{SX^2} \times \frac{SX}{SA} \times SX$, ſçavoir le produit de la maſſe par la vîteſſe & le bras de levier. Or cette expreſſion ſe réduit à A × SA. Ainſi les momens ſont égaux de part & d'autre, & par conſéquent les mouvemens qu'ils produiſent.

Pendant que M. *Bernoulli* annonçoit cette maniere de résoudre le problême des centres d'oscillation, M. *Tailor* y parvenoit de son côté par une méthode semblable, qu'il publia dans les *Transactions* du mois de Mai de l'année 1714. Cette date est importante pour porter un jugement sur l'accusation que lui intenta M. *Bernoulli*, de s'être paré d'une découverte qui ne lui appartenoit point, en la donnant dans son Livre intitulé *Methodus incrementorum*. Il faut convenir qu'en cette occasion M. *Bernoulli*, & ceux qui écrivirent pour lui, transgresserent de beaucoup les bornes de la politesse, & maltraiterent M. *Tailor* étrangement. Au contraire, celui-ci donna un exemple remarquable de modération : il se contenta d'adresser quelques plaintes aux Journalistes de Leipsick & d'alléguer la date ci-dessus, qui est même antérieure à celle de l'écrit de M. *Bernoulli*. On a répondu que M. *Bernoulli* avoit déja indiqué cette méthode dès l'année 1713. Cela est vrai, mais ce qu'il dit ne suffit pas pour frustrer M. *Tailor* du mérite d'avoir du moins deviné avec beaucoup de sagacité (*a*).

La solution du problême des centres d'oscillation se déduit encore avec une facilité singuliere du principe des forces vives, comme l'a montré M. *Bernoulli* dans son discours sur *la communication du mouvement*. Ce principe consiste en ce que lorsque plusieurs corps agissent les uns sur les autres par leur pesanteur, la somme des produits de chaque masse par le quarré de sa vîtesse, reste invariable. Cela s'applique au cas présent avec une facilité remarquable. La vîtesse de chaque poids dans le pendule composé, est de sa nature comme la distance au point de suspension. Ainsi le produit de chaque masse par le quarré de sa vîtesse, est $A \times SA^2$, $B \times SB^2$, &c. en conservant les dénominations précédentes, & leur somme est $A \times SA^2 + B \times SB^2$, &c. Mais en supposant la longueur du pendule simple & isochrone égale à x, sa vîtesse ou celle du poids placé à cette distance du point de suspension, sera comme x; car elle est à celle de chaque poids A ou B, en même raison que sa distance du point de suspension, est à la leur. Or on trouvera par la théorie des pendules simples que la vîtesse de chaque poids oscillant séparément, seroit exprimée par $\sqrt{(x \times SA.)}$,

(*a*) On a les pieces de cette querelle dans les Actes de Leipsick, année 1716, 1718, 1719, 1721, 1722. *Voy.* aussi J. Bern. *Opera*, T. II.

$\sqrt{(X \times SB)}$. La ſomme de chaque maſſe par le quarré de ſa vîteſſe eût donc été $A \times x \times SA + B \times x \times SB$, &c. Or ces ſommes doivent être égales par le principe ; ainſi en les égalant on trouvera la valeur de x, ou de la longueur du pendule ſimple. Elle ſera exprimée par la même formule préciſément que celle que nous avons déja vue ſi ſouvent. Il n'y a au reſte rien que de très-naturel dans cette conformité de ſolution. Car le principe des forces vives, n'eſt autre choſe que celui *des forces aſcenſionnelles*, dont M. *Huyghens* s'eſt ſervi pour la même détermination.

M. *Euler* eſt encore parvenu à déterminer le centre d'oſcillation par une méthode qui lui eſt propre. Elle eſt uniquement fondée ſur un principe de Statique, & elle expédie le problême avec une très-grande briéveté (*a*). M. d'*Alembert* enfin le réſoud d'une maniere très-ſimple, par le moyen du principe lumineux & commode qui ſert de fondement à ſa *Dynamique*. Nous regrettons de ne pouvoir en donner une idée plus développée.

Depuis l'invention des nouveaux calculs, il n'eſt plus queſtion des ſolides & des onglets cylindriques, dont la conſidération étoit néceſſaire à M. *Huyghens* pour déterminer les centres d'oſcillation dans les différentes figures. Le calcul intégral en affranchit & fournit des formules commodes qui ne ſurchargent point l'imagination, comme faiſoit la méthode de M. *Huyghens*. Ces formules ſont faciles à déduire de la regle générale que nous avons démontrée plus haut de tant de manieres. Que l'abſciſſe d'une figure priſe du point de ſuſpenſion ſoit x, & y ſon ordonnée ; ydx ſera ſon élément, & par conſéquent le ponduſcule à multiplier par le quarré de la diſtance à l'axe de ſuſpenſion. Ainſi $xxydx$ ſera le produit, & la ſomme de tous les produits ſemblables, ſçavoir $\int xxydx$, diviſée par la ſomme des momens ou $\int xydx$, ſera la diſtance du centre d'oſcillation. Cela doit s'entendre ſi la figure oſcille *en plan* ; car ſi elle oſcilloit *de côté*, cette formule ſe trouveroit $\int (xx + \frac{1}{3}yy)ydx$, le tout diviſé comme à l'ordinaire par $\int xydx$. Qu'on ait enfin un ſolide de circonvolution, & que x étant l'abſciſſe, y ſoit l'ordonnée de la figure génératrice,

(*a*) *Comm. Petrop.* T. VIII.

on trouve pour la formule de ſon centre d'oſcillation, $\int(xx+\frac{1}{4}yy)y^2dx$, diviſé de même que ci-devant par la ſomme des momens, qui eſt ici $\int xyydx$. Nous ne nous arrêterons pas à développer par des exemples les uſages de ces formules. Ils n'ont aucune difficulté pour ceux qui ſont un peu familiariſés avec le calcul intégral. Nous renvoyons les autres aux Ecrivains qui traitent de cette théorie. Nous paſſons à celle des forces centrifuges.

IV.

Des forces [cen]trifuges.

C'eſt un phénomene connu dès long-temps des Phyſiciens, que les corps qui ſe meuvent circulairement font un effort pour s'écarter du centre de leur mouvement. L'expérience de la fronde eſt familiere à tout le monde. Des gouttes d'eau qu'on laiſſe tomber ſur la ſurface d'un globe qui tourne rapidement ſur ſon axe, en ſont jettées au loin. Un corps attaché à un fil, & placé ſur une ſurface horizontale, qui tourne rapidement autour d'un point, tend ce fil, & le rompt même, ſi la force qu'il lui oppoſe eſt inférieure à la tenſion qu'il éprouve.

La cauſe de ce phénomene ſe déduit des loix du mouvement. Tout corps en mouvement affecte une direction rectiligne, & ſi quelque obſtacle le force à prendre un chemin curviligne, auſſitôt qu'il en eſt affranchi, il continue ſon chemin ſur la ligne droite tangente au point où cet obſtacle a ceſſé. Il feroit facile de le démontrer, ſi l'on n'en étoit pas ſuffiſamment convaincu. Lors donc qu'un corps attaché, par exemple, à un fil, tourne circulairement, à chaque inſtant il tend à s'échapper par la tangente. Mais on ne ſçauroit écarter un corps de ſa direction naturelle, non plus que le mettre en mouvement, ſans en éprouver une réſiſtance en ſens contraire. Le fil auquel le corps eſt attaché, & qui le retient ſur la circonférence, en le retirant vers le centre, éprouvera donc un effort contraire, c'eſt-à-dire, dans la direction du centre à la circonférence. Que ſi au lieu d'un fil, nous ſuppoſons une force quelconque qui agit ſur ce corps en le repouſſant ſur la circonférence, il eſt aiſé de voir que ce ſera la même choſe; cette force éprouvera de la part du corps une réaction, ou un effort en ſens contraire. Cet effort conſidéré comme l'effet de l'inertie du corps, & comme tendant à l'écarter du centre, est nommé *force centrifuge*. La force opposée, qui le ramene continuellement dans la route curviligne, est appellée *force centripete*. On leur donne le nom commun de *forces centrales*. Dans les mouvemens circulaires, elles sont égales : car puisque le corps ne s'approche ni s'éloigne du centre, il est nécessaire que l'une & l'autre se contrebalancent exactement; mais dans les mouvemens sur d'autres courbes, elles se surmontent alternativement, & c'est-là la cause des approches & des éloignemens périodiques de certains corps, comme les planetes, du centre de leurs mouvemens. On se bornera ici à ce qui concerne les forces centrifuges dans les mouvemens circulaires.

La connoissance de la force centrifuge est d'une grande antiquité, & même quelques Philosophes anciens en avoient fait un des ressorts du méchanisme de l'Univers. On a déja remarqué qu'*Anaxagore*, interrogé pourquoi les corps célestes, auxquels il attribuoit de la pesanteur, ne tomboient pas sur la terre, avoit répondu que leur rotation les soutenoit, & contrebalançoit leur gravité. C'étoit aussi le sentiment de quelques Philosophes contemporains de *Plutarque*, comme le prouve son Livre *De facie in orbe Lunæ*. Au reste, les idées que les Anciens avoient sur le mouvement, étoient trop incomplétes, trop peu justes, pour qu'il leur fût possible de reconnoître la nature & la cause de cette force. *Descartes* & *Galilée* sont les premiers qui en ayent donné des idées justes. Néanmoins ces Philosophes illustres par d'autres travaux, s'en étoient tenus à une légere ébauche. C'est à M. *Huyghens* qu'on doit des recherches plus approfondies sur ce sujet intéressant. On va présenter le tableau des principales vérités qu'il découvrit, & qu'il publia dans la cinquieme partie de son *Horol. oscillat.* sous le titre de *Theoremata de vi centrifugâ*.

Les premieres vérités de la théorie des forces centrifuges, se présentent assez naturellement. Il ne faut qu'une médiocre attention pour reconnoître qu'en supposant la même vîtesse, plus le cercle que parcourra un mobile sera petit, plus sa force centrifuge sera grande. La raison en est sensible : un petit cercle est plus courbe, ou, dans une étendue égale, s'écarte davantage de la direction rectiligne, qu'un plus grand. Le mobile qui le parcourra, sera donc, dans des instans égaux, davantage écarté de la direction rectiligne qu'il affecte, lorsqu'il parcourra le premier de ces cercles. La force qui produit cet effet, doit donc être plus grande. C'est encore une vérité facile à appercevoir, que le cercle étant le même, la force centrifuge sera d'autant plus grande que la vîtesse le sera davantage. On le montre par un raisonnement semblable au précédent.

Mais les Mathématiques ne se contentent pas de cette maniere de raisonner vague & sans précision. Quel est dans ces différentes circonstances le rapport des forces centrifuges? voilà le problême qu'il s'agit de résoudre, & que M. *Huyghens* résolut le premier. Il trouva que si des cercles égaux sont décrits par des corps de même masse, & avec des vîtesses inégales, les forces centrifuges sont comme les quarrés des vîtesses; un corps qui se meut dans un même cercle avec une vîtesse triple, tend à s'écarter du centre, ou fait contre la force qui le retient dans la circonférence, un effort neuf fois aussi grand. Mais si deux corps décrivent avec la même vîtesse des circonférences inégales, leurs forces centrifuges sont réciproquement comme les rayons; double, si le rayon n'est que la moitié, triple, s'il n'est que le tiers. En général, quelles que soient les vîtesses de deux corps égaux, & les cercles dans lesquels ils circulent, leurs forces centrifuges sont en raison composée de la directe des quarrés des vîtesses, & de l'inverse des rayons. Les démonstrations de ces vérités se trouvent aujourd'hui dans presque tous les Livres de Méchanique un peu relevée: c'est pourquoi nous nous bornons à cet énoncé.

Il ne suffit pas de connoître les rapports des forces centrifuges, suivant les différens degrés de vîtesse & la grandeur des cercles que décrivent les mobiles: il est aussi important de connoître la quantité absolue de cette force dans un mobile qui se meut avec une vîtesse déterminée. Cette considération est une des plus délicates & des plus subtiles de la théorie de M. *Huyghens*. Il découvrit qu'un mobile qui circule dans un cercle avec une vîtesse égale à celle qu'il auroit acquise en tombant par un mouvement uniformément accéléré de la hauteur du demi-rayon, auroit une force centrifuge égale à sa pesanteur.

La force centrifuge combinée avec celle de la pesanteur, donne naissance à un genre d'oscillation que M. *Huyghens* examina

examina dans son Traité, & qui lui fournit la matiere de plusieurs propositions curieuses. Un poids étant suspendu à un fil, au lieu de lui donner un mouvement d'oscillation dans un plan vertical, comme aux pendules ordinaires, on le fait tourner circulairement, de sorte que le fil auquel il est suspendu décrive une surface conique. Ce mobile est ainsi sollicité par deux forces, qui ont des directions contraires : l'une est la pesanteur qui tend à le ramener à la perpendiculaire, en le faisant rouler le long de la courbe qu'il décriroit par une oscillation ordinaire : l'autre est la force centrifuge qui tend à l'écarter de cette perpendiculaire en l'élevant le long de la même courbe. Il y a un point où ces deux forces sont en équilibre : delà vient que le mobile décrit autour de l'axe une circonférence horizontale, & sans la résistance de l'air qui, diminuant sa vîtesse, diminue aussi sa force centrifuge, & fait prévaloir sa gravité, ce pendule, de même que les pendules ordinaires, continueroit sa circulation à l'infini.

Cette sorte de pendule qu'on vient de décrire, a diverses propriétés dignes d'attention. Nous nous bornerons néanmoins à une des plus remarquables. La voici : Que ABC représente la surface concave d'un conoïde parabolique, & que F & G soient les points de suspension de deux pendules circulaires, dont les poids décrivent les cercles DE, HI. Ils mettront, dit M. *Huyghens*, le même temps à faire leurs révolutions, & ce temps sera égal à celui de deux oscillations d'un pendule ordinaire, dont la longueur seroit égale au demi-parametre de la parabole ABC. M. *Huyghens* tenta de tirer parti de cet isochronisme en faveur de l'Horlogerie. Il imagina pour cet effet la construction suivante. AC est un axe vertical tournant fort librement sur ses deux pivots, & qui porte une lame de quelque largeur DEF, coupée suivant la courbure de la développée de la parabole, qui est, comme l'on sçait, une parabole du troisieme degré, dont les dimensions sont données, celles de la premiere étant connues. Ce même aissieu est percé d'une fente latérale, qui donne passage au fil du pendule, & qui lui permet de se hausser & de s'abaisser, en s'enveloppant sur la courbe DEF, ou en se développant de dessus elle. Par ce moyen le centre du poids se doit toujours trouver dans une ligne parabolique, & conséquemment ses vibra-

Fig. 107.

Fig. 108.

tions circulaires seront toutes égales, & d'une durée connue, suivant la propriété qu'on a exposée plus haut. Ce pendule seroit propre à servir de modérateur à un horloge, & tournant toujours du même côté, il lui procureroit cet avantage de n'être point sujet à ce bruit que font les horloges à pendule ordinaire. M. *Huyghens* nous apprend qu'on a construit des horloges de cette espece, qui ont eu du succès; nous lisons aussi qu'on en a fait de semblables à Rome (*a*). Cependant l'Horlogerie n'a pas tiré de cette seconde invention de M. *Huyghens*, les mêmes avantages que de la premiere. Le pendule ordinaire est si commode, & remplit si bien toutes les vues qu'on se propose dans cet art, qu'on s'y est tenu; & à parler franchement, cette nouvelle construction me paroît plus curieuse que nécessaire.

V.

Découvertes de M. Newton sur les mouvemens curvilignes.

Si la beauté d'une découverte se mesure par la sublimité des objets auxquels elle s'applique, il en est peu dans la Méchanique d'aussi brillantes que celle dont nous allons rendre compte. Il ne faut qu'être initié dans la Philosophie moderne pour connoître les grandes lumieres que la théorie des mouvemens curvilignes, & des forces centrales a procurées à l'Astronomie Physique. C'est à cette théorie que nous sommes redevables de la démonstration des vérités importantes que l'observation avoit autrefois apprises à *Kepler*. C'est elle qui nous a mis en possession de la loi générale qui regne entre les corps célestes, & qui les astreint aux mouvemens que nous observons. C'est d'elle enfin que l'on attend avec fondement la résolution du problême le plus difficile de l'Astronomie, sçavoir le mouvement de la lune, dont les irrégularités ont occupé si longtemps & si infructueusement les Astronomes.

Toute la théorie des mouvemens curvilignes se réduisoit, avant le temps de M. *Newton*, à ce que *Galilée* avoit autrefois démontré sur la courbure du chemin des projectiles, dans la supposition d'une force agissant uniformément, & dans des directions paralleles, & à ce que M. *Huyghens* avoit appris sur les forces centrales dans les mouvemens circulaires. Mais

(*a*) Leibnit. ac Bern. *Comm. Epist.* T. II, p. 325, &c.

M. *Newton* envisagea le problême des mouvemens curvilignes dans une bien plus grande généralité, & guidé par une profonde Géométrie, il assigna les loix suivant lesquelles ils s'exécutent. Une partie de son immortel Livre *des principes de la Philosophie naturelle*, est occupée à les exposer, & elles sont la base de toutes ses découvertes sur le systême physique de l'Univers. Quelques gênés que nous soyons par les bornes de notre plan, nous ne sçaurions nous refuser aux détails convenables à une matiere si importante.

Lorsqu'un corps est projetté dans une certaine direction, & avec une certaine vîtesse, il suivroit, comme on l'a dit si souvent, une ligne droite, s'il étoit entiérement libre, & affranchi de toute action extérieure. Mais s'il éprouve celle d'une force qui agit suivant une direction déterminée, il sera évidemment contraint de se détourner à chaque instant de sa direction ; il décrira enfin une courbe qui variera suivant l'intensité & la direction de la force qu'il éprouvera à chaque point, & suivant la vîtesse & la direction initiale de sa projection.

Il regne dans tous les mouvemens curvilignes produits par l'action d'une force qui attire vers un point, une loi générale que nous ne devons pas différer davantage de faire connoître. Cette loi déja observée par *Kepler* dans les mouvemens des planetes, & que M. *Newton* a le premier démontrée *à priori*, consiste dans la proportionnalité constante des temps avec les aires décrites par le corps autour du centre des forces. Je m'explique : que S soit le centre des forces, c'est-à-dire, le point vers lequel la force pousse ou attire le corps A, qui a reçu une impulsion oblique AT, & qui, en vertu de ces deux forces combinées, décrit la courbe ABCD. Qu'après le premier intervalle de temps, le corps soit en B, à la fin du second en C, à la fin du troisieme en D, &c, si l'on tire les rayons SB, SC, SD, &c, les aires curvilignes ASB, BSC, CSD, &c. seront égales ; d'où il suit qu'en général un secteur quelconque, tel que ASE est à un autre ASF, comme le temps mis à aller de A en E, est au temps mis à aller de A en F. L'inverse de cette proportion n'est pas moins vraie : nous voulons dire que si on observe qu'un mobile décrive autour d'un point des aires proportionnelles au temps, l'on doit en conclure que son mou-

Fig. 109.

vement eſt cauſé par une force qui le pouſſe ou l'attire vers ce point.

De ce principe fondamental découlent naturellement quelques autres vérités qu'il eſt à propos de remarquer avant que d'aller loin. Il eſt d'abord facile de voir que plus le corps ſera voiſin du centre des forces, plus il accélérera ſon mouvement, plus l'arc qu'il parcourra ſera grand; car il faudra que le ſecteur qu'il décrit autour de ce centre dans un temps déterminé, regagne en largeur ce qu'il perd dans l'autre dimenſion. Delà vient que les planetes décrivent vers leur moindre diſtance du ſoleil, de plus grands arcs que dans tout autre endroit de leur orbite. Il eſt encore facile de conclure de ce principe, quelle eſt dans les différens points de la route curviligne d'un corps, la vîteſſe avec laquelle il ſe meut. Il n'y a qu'à prendre deux ſecteurs infiniment petits, comme S E*e*, S F*f*, égaux, & par conſéquent décrits dans les temps égaux. Les vîteſſes du mobile en ces différens points E & F, ſeront donc comme les petits arcs E*e*, F*f*, qui à cauſe de leur infinie petiteſſe ſont des lignes droites. Ainſi voilà deux triangles rectilignes égaux, & dont les baſes E*e*, F*f*, ſont par conſéquent réciproquement comme les perpendiculaires tirées de leur ſommet ſur ces baſes prolongées, c'eſt-à-dire, ſur les tangentes aux points E, F, de la courbe. La vîteſſe d'un corps qui décrit une courbe eſt donc à chaque point, en raiſon réciproque de la perpendiculaire tirée du centre des forces ſur la tangente à ce point.

Venons maintenant à expliquer comment on détermine la loi ſuivant laquelle doit croître ou décroître la force centripete pour faire parcourir à un corps une courbe déterminée. Il faut pour cela examiner en général ce qui arrive lorſqu'un corps pouſſé par une force ſemblable combinée avec une impulſion oblique, décrit un arc quelconque de courbe. Prenons un arc infiniment petit, comme B*b*, & tirons du centre vers lequel
Fig. 110. tend le corps, les lignes S B, S*b*. Que B β ſoit la tangente en B, les loix du mouvement apprennent que le corps parvenu en B, tend à s'échapper par la tangente Bβ, c'eſt-à-dire, ſuivant la direction du petit côté Bb, qu'il vient de décrire; mais pouſſé en ce point B, par la force centrale, au lieu de cette tangente, il décrit le côté B*b* de la courbe. L'effet de cette force eſt donc de faire tomber le corps de β en *b*, dans

la direction du rayon bS. Ainſi ce ſera du rapport & de la meſure de cet intervalle βb dans les différens points de la courbe, que dépendra la meſure de la force centrale dans ces différens points. Mais il y a ici une attention fine & délicate à faire, ſans quoi l'on ſe tromperoit beaucoup dans la détermination préſente.

Si l'action de la force centrale, par laquelle le corps tombe, pour ainſi dire, de β en b, n'étoit appliquée qu'au commencement du petit inſtant pendant lequel Bb eſt décrit, la petite ligne βb meſureroit elle-même l'intenſité de cette force : car elle ſeroit alors décrite d'un mouvement uniforme ; & l'on ſçait que dans les mouvemens uniformes, les forces ſont en raiſon compoſée de la directe des eſpaces, & de l'inverſe du temps. Mais la force centrale agiſſant continuellement ſur le corps, l'eſpace βb eſt parcouru d'un mouvement accéléré, & puiſque durant un inſtant infiniment petit, la force centrale peut être conſidérée comme invariable, ce mouvement ſera uniformément accéléré. Or dans les mouvemens uniformément accélérés, les forces ſont comme les eſpaces diviſés par les quarrés des temps. D'un autre côté le temps eſt comme le ſecteur curviligne BSb, ou celui qui en differe infiniment peu, bSo, c'eſt-à-dire, bo par Sb, ou encore comme le rectangle de Bb par la perpendiculaire SI ſur Bb prolongée, qui eſt la même choſe que l'aire SBb. En réuniſſant toutes ces conſidérations, on trouve que la force centrale à un point quelconque B d'une courbe, eſt comme le petit eſpace $b\beta$, diviſé par le quarré du ſecteur Sbo, ou par celui du rectangle Bb par SI. Il ne s'agira donc plus que de connoître le rapport de ces grandeurs, rapport toujours donné par la nature de la courbe ſur laquelle on ſuppoſe le corps ſe mouvoir, & l'on aura auſſi-tôt la loi ſuivant laquelle varie la force centrale dans ſes différens points de la courbe, ou les différens éloignemens du centre (*a*).

(*a*) Nous allons donner ici, en faveur des Analiſtes, la maniere de déterminer l'expreſſion de la force centrale. Cela eſt facile, après ce que nous avons dit. Que le rayon SB ſoit y, $Bb = ds$, $bo = dx$, oB ſera $= dy$. Qu'on tire bD perpendiculaire ſur la tangente Bb. On aura, ſuivant le calcul différentiel, $D\beta = dds$; enſuite, à cauſe de la ſimilitude des triangles $bD\beta$, boB, on trouvera $b\beta = ds\,dds : dy$. Enfin ſi l'on nomme en général dt le petit temps pendant lequel s'exécute la chûte βb, on aura pour l'expreſſion de la force centrifuge $ds\,dds : dy\,dt^2$; ce qui, en met-

Après avoir donné cette expreſſion générale, M. *Newton* parcourt différentes eſpeces de courbes, & fait voir quelle eſt la loi que doit ſuivre la force centrale pour forcer un corps à les parcourir. Nous nous attacherons principalement aux ſections coniques, qui fourniſſent les vérités les plus remarquables & les plus utiles pour le ſyſtême de l'Univers. En ſuivant la route que nous venons d'indiquer, il trouve que la force qui fait décrire à un corps une ſection conique, en le pouſſant ou l'attirant vers l'un des foyers, eſt en raiſon inverſe du quarré de la diſtance; l'inverſe eſt également vraie, c'eſt-à-dire, que toutes les fois qu'un corps ſollicité vers un point par une force qui varie ſuivant le rapport ci-deſſus, recevra une impulſion oblique à la direction de cette force, la courbe qu'il décrira ſera une des ſections coniques; cela aura même lieu dans le cas où la force, au lieu d'attirer ou de pouſſer vers un point, en écarteroit ſuivant la même loi de la réciprocité des quarrés des diſtances, la courbe décrite ſeroit alors une hyperbole rapportée à ſon foyer extérieur.

Mais quels ſont les cas où une des ſections coniques ſera décrite plutôt qu'une autre? Quand la trajectoire, c'eſt ainſi qu'on nomme la ligne décrite par cette compoſition de forces, ſera-t'elle un cercle, une ellipſe, une parabole, ou une hyperbole? Le voici: d'abord toutes les fois que le corps partira dans une direction perpendiculaire à celle de la force centrale, & que ſa vîteſſe ſera telle que la force centrifuge qui en réſultera ſera égale à la force centripete, il eſt viſible que la trajec-

tant au lieu de dt, ſa valeur ydx, deviendra $dsdds : y^2 dx^2 dy$. Or une courbe quelconque étant donnée, on aura la valeur de ds, dds, dy & dx, de ſorte que toutes les expreſſions différentielles diſparoîtront, & l'expreſſion finie qui reſtera donnera le rapport de la force centrale dans les différens points de la courbe. Dans les ſections coniques, par exemple, le centre des forces étant au foyer, on la trouve, $1 : yy$; ce qui indique que la force eſt en raiſon inverſe du quarré de la diſtance. On peut varier cette formule de bien des manieres différentes, ce qu'ont fait M. Varignon, de Moivre, &c. en y faiſant entrer l'expreſſion du rayon de la développée.

La formule $dsdds : dydt^2$ a été employée par M. Varignon à déterminer la force centrale, dans les différentes ſuppoſitions de la maniere dont croît le temps. (Mem. de l'Acad. des Scienc. 1704.) Mais qu'il me ſoit permis de remarquer que M. Varignon a pris une peine fort ſuperflue. Il n'y a qu'une ſeule ſuppoſition poſſible ſur l'accroiſſement du temps, & c'eſt celle qui le fait proportionnel à l'aire décrite. Vouloir examiner ce que ſeroit la force centrale dans les autres ſuppoſitions, c'eſt comme ſi l'on vouloit déterminer les propriétés d'un triangle rectiligne, tel que ſes trois angles ne fuſſent pas égaux à deux droits.

toire sera un cercle. Or M. *Huyghens* a démontré qu'un corps qui décriroit un cercle avec une vîtesse égale à celle qu'il auroit acquise en tombant, par l'action uniforme de sa pesanteur, de la hauteur du demi-rayon, auroit une force centrifuge égale à sa pesanteur. Afin donc qu'un corps décrivît un cercle autour d'un centre de forces, il faudroit qu'il partît avec la vîtesse acquise par une chûte de la hauteur du demi-rayon, ou de la demi-distance de ce centre. Eclaircissons ceci par un exemple. La pesanteur qui fait tomber les corps terrestres, est une force dirigée vers le centre de la terre. Imaginons qu'on laissât tomber un corps de la hauteur d'un demi-rayon terrestre, & que sa chûte s'accélérât par l'action continue & uniforme d'une pesanteur égale à celle que nous éprouvons ici. Supposons ensuite qu'étant arrivé à la surface de la terre, sa vîtesse fût convertie en horizontale : ce corps se soutiendroit uniformément & constamment à la même distance du centre de la terre ; il deviendroit une petite planete, qui feroit ses révolutions dans un grand cercle terrestre.

Veut-on à présent que ce corps décrive une ellipse autour du centre de force, que nous supposerons encore celui de la terre. Il le fera dans deux cas. Le premier est facile à appercevoir ; c'est celui où ce corps partiroit avec une vîtesse horizontale, moindre que celle qu'il auroit acquise en tombant de la hauteur d'un demi-rayon terrestre. Il est en effet évident que sa trajectoire ne pourroit dans ce cas tomber qu'au dedans du cercle que nous avons vu décrire plus haut. Cette trajectoire ne pouvant être qu'une section conique, elle sera donc nécessairement une ellipse, mais une ellipse ayant son centre de forces au foyer le plus éloigné du point A. Le second cas, où l'on verra cette trajectoire devenir une ellipse, est celui où la vîtesse du corps est plus grande que celle qui lui feroit décrire un cercle, quoique moindre que celle qu'il auroit acquise en tombant de la hauteur du rayon entier. Il y aura cette différence entre ce cas & le précédent, que dans celui-ci, le centre des forces S sera le foyer le plus voisin du point de départ A. Le corps commencera à s'éloigner du centre jusqu'à un point D, qui sera le terme de son plus grand éloignement. Delà il se rapprochera du foyer S en revenant au point A, *Fig.* 111.

& ainsi alternativement. Que si l'on suppose la hauteur de la chûte précisément égale au rayon, le corps changeant sa vîtesse acquise en horizontale, décrira une parabole ayant son foyer en S. Enfin si cette hauteur étoit plus grande que le rayon, ce seroit une hyperbole, d'autant plus évasée que la hauteur seroit plus grande.

Il se présente ici une difficulté assez spécieuse, & capable d'en imposer à des esprits à qui la théorie des forces centrales ne seroit pas bien familiere. Comment, dira-t'on, se peut-il faire qu'un qui part du sommet d'une ellipse, le plus éloigné du foyer où est le centre de tendance, après être arrivé au point diamétralement opposé, ou le plus voisin de ce centre, commence à s'en éloigner. Il ne s'en est approché que par l'action de la force centrale, & cette force est d'autant plus grande, qu'il s'en approche davantage : comment donc peut-il s'en éloigner précisément au point où il ressent une plus grande impression de cette force que quand il a commencé à s'en approcher. Ne devroit-il pas au contraire toujours continuer à s'approcher de ce foyer, & enfin y tomber. Quelques personnes ont donné cette objection comme victorieuse, & ont cru avoir renversé d'un seul coup, l'immense édifice de M. *Newton*. Mais on va voir qu'elle n'est fondée que sur une inadvertence peu excusable.

En effet, ils auroient raison ces adversaires de *Newton*, s'il n'y avoit point de force centrifuge, & que les corps sollicités par une force centrale ne décrivissent pas des aires proportionnelles au temps. Mais cette propriété des mouvemens curvilignes, fait qu'à mesure qu'un corps approche du centre des forces, il se meut d'autant plus vîte, & que la force centrifuge augmente de plus en plus. Ce corps peut donc, en vertu de cette accélération sur la courbe, acquérir une force centrifuge capable de prévaloir sur celle qui le pousse vers le centre, & de l'en écarter. Or c'est ce qui arrive dans le cas présent. Prenons pour exemple une ellipse dont les deux sommets sont éloignés du foyer où réside le centre des forces dans la raison de 1 à 3 ; & faisons partir le corps du sommet le plus éloigné. La vîtesse avec laquelle il doit être projetté pour décrire une demi-ellipse de cette proportion, est celle qu'il auroit

auroit acquise en tombant d'une hauteur $= \frac{1}{4}$ de la distance S A (*a*) Comme cette hauteur est moindre que $\frac{1}{2}$ S A, on voit le corps tomber au dedans du cercle décrit du centre S, conformément à ce qu'on a remarqué plus haut. Que le corps en question soit maintenant arrivé en B, il y aura une vîtesse trois fois aussi grande qu'au point A; & les hauteurs d'où les vîtesses différentes sont acquises, étant comme les quarrés de ces vîtesses, la hauteur d'où le corps auroit acquis la vîtesse qu'il a au point B, seroit $\frac{9}{4}$ S A. Mais la force centripete au point B, étant 9 fois aussi grande qu'au point A, la vîtesse précédente que nous avons supposé être acquise par l'action uniforme de la force, telle qu'elle est en A, sera la même que celle que produiroit la force en B par la chûte d'une hauteur 9 fois moindre. C'est pourquoi cette hauteur seroit $\frac{1}{4}$ S A, ou $\frac{3}{4}$ S B, puisque S A est triple de S B. Il est donc clair que l'accélération du corps en B, lui procure une vîtesse telle qu'il l'auroit acquise par l'action de la force en B, & une chûte des $\frac{3}{4}$ S B. Mais on a vu plus haut qu'un corps qui tomboit d'une plus grande hauteur que la moitié de sa distance au centre des forces, devoit parcourir une courbe extérieure au cercle décrit de cette distance. Le corps parvenu en B, loin de continuer à s'approcher du point S, commencera donc à s'en éloigner, & il le fera jusqu'à ce que arrivé en A, & sa force centrifuge se trouvant inférieure à sa force centripete, il se rapprochera du point S, & ainsi successivement par des oscillations périodiques analogues, à certains égards, avec celles d'un pendule.

On pourroit encore démontrer cette vérité de la maniere suivante. Qu'on imagine que le corps parti de A, & arrivé en B, y rencontre un obstacle qui le réfléchisse dans la direction de la tangente en B, & avec la vîtesse qu'il a acquise à ce point. On ne sçauroit contester qu'il ne revînt par le même chemin au point A. En général, si le mouvement de ce corps étoit interrompu dans un point quelconque de son orbite par

(*a*) Car Newton a démontré que la vîtesse d'un corps au sommet d'une ellipse, est à celle qu'il lui faudroit pour décrire un cercle à la même distance du foyer, en raison soudoublée du parametre P, au double de cette distance. Donc les hauteurs qui sont comme les quarrés des vîtesses qu'elles produisent, seront ici comme P à 2SA. Or P est ici $=3$, & SA $=3$. Donc la hauteur propre à faire décrire l'ellipse, est à celle qui fait décrire le cercle, ou $\frac{1}{2}$ S A, comme 3 à 6. Ainsi la premiere est $= \frac{1}{4}$ S A, comme nous l'avons dit.

un obſtacle qui le réfléchît dans la direction de la tangente à ce point, avec toute ſa vîteſſe acquiſe, il reviendroit ſur ſes pas, par le même chemin, & en paſſant par des degrés d'accélération ou de retardation, contraires à ceux qu'il avoit éprouvés en venant. Il ſeroit facile de le démontrer rigoureuſement, & l'on en a un exemple dans le mouvement paraboliique des projectiles qui eſt réciproque. Il eſt donc évident que le corps parvenu de ſon apogée à ſon périgée, retourneroit par le même chemin de ſon périgée à l'apogée. Par conſéquent il ſera capable, en vertu de ſa vîteſſe & de la force de projection acquiſes en P, de décrire une partie ſemblable de courbe de l'autre côté de l'axe. Il ſeroit ridicule d'accorder l'un & de nier l'autre, puiſque, à la poſition près, tout eſt exactement ſemblable. Il n'eſt donc rien de plus foible que l'objection que nous venons de diſcuter; & quoiqu'elle ait paru ſi preſſante au P. *Caſtel* (*a*), qu'il ait cru de bonne foi avoir porté un coup mortel au ſyſtême de *Newton*, nous oſons dire avec un Ecrivain Anglois, peut-être un peu trop franc, qu'elle fait pitié, & que c'eſt une vraie objection d'écolier. On peut élever, nous n'en diſconviendrons point, contre l'attraction conſidérée philoſophiquement, des difficultés aſſez bien fondées. Mais les propoſitions que M. *Newton* déduit de ce principe, comme hypotheſe, ſur la forme des orbites que décriroient les corps, n'en ſont pas moins des vérités inconteſtables. Les révoquer en doute, c'eſt ſe rendre coupable aux yeux des perſonnes intelligentes dans la Géométrie & la Méchanique, d'une honteuſe précipitation, pour ne rien dire de plus.

On demande dans un Livre preſque récent, & l'ouvrage d'un homme célebre (*b*), ſi, dans la deſcription de ces orbites curvilignes, avec l'attraction ou cette force qui pouſſe ou attire vers un centre déterminé, on admettra la force centrifuge. Cette queſtion, ou plutôt cette objection déguiſée, nous a ſurpris, & nous ne nous attendions pas à la trouver dans ce Livre, d'ailleurs ingénieux, & qui contient la meilleure apologie qu'on puiſſe faire, d'une cauſe déſeſpérée. Faut-il douter que la force centrifuge ne doive être admiſe avec l'attraction

(*a*) De la peſ. univ. des corps. T. II, vers la fin.
(*b*) Théorie des tourb. Cartéſiens. Refl. XI.

dans les mouvemens curvilignes. C'eſt par la combinaiſon de la force centrifuge avec la force centripete, que le mobile décrit une courbe plutôt qu'une autre; qu'il s'éloigne & s'approche du centre des forces. La premiere prévaut-elle, comme elle fait dans le ſommet de l'ellipſe le plus voiſin du foyer où réſide la force centrale, le corps s'en éloigne, & il continue à s'en éloigner juſqu'à ce que ſa vîteſſe ſe ſoit aſſez ralentie, auſſi bien que ſa force centrifuge qui en dépend, pour donner la ſupériorité à la force centripete. C'eſt ce qui arrive dans le ſommet de l'ellipſe le plus éloigné du centre des forces. Nous pourrions montrer de même, en ſuivant le mobile, comme pas à pas, dans les différens points de ſon orbite, & en calculant, d'après les principes univerſellement admis, ſa force centrifuge & ſa force centripete à chacun de ces points, qu'il s'éloigne du centre de tendance, ou qu'il s'en rapproche, à proportion que l'une prévaut ſur l'autre. Mais comme il ne nous eſt pas poſſible de nous livrer à tous ces détails ſans tomber dans une prolixité extrême, il nous ſuffira de l'avoir montré à l'égard des deux points principaux que nous venons d'examiner.

Il n'a encore été queſtion juſqu'ici que de la nature des courbes que décrivent des corps ſollicités par des forces centrales en raiſon inverſe du quarré de la diſtance. Il nous faut encore faire connoître une propriété inſigne de ces mouvemens. Lorſque pluſieurs corps attirés vers un centre par une force qui agit ſelon la loi dont nous parlons, décrivent des ellipſes à des diſtances différentes, les quarrés de leurs temps périodiques ſont comme les cubes de leurs diſtances moyennes. C'eſt-là la ſeconde partie de la mémorable découverte de *Kepler*, ſur le mouvement elliptique des planetes. Mais cette découverte de *Kepler* n'étoit que le fruit de ſes obſervations. M. *Newton* lui a donné une nouvelle certitude, &, pour ainſi dire, un nouvel éclat, en établiſſant que ce mouvement elliptique, & ce rapport entre les diſtances & les temps périodiques ſont des ſuites néceſſaires d'un principe unique.

L'ellipſe peut encore être décrite par un corps qui ſe meut autour d'un point dans lequel réſide une force qui attire en raiſon de la diſtance. Mais dans ce cas la force n'eſt pas dans l'un des foyers; elle eſt au centre même. La loi des temps périodiques eſt remarquable dans le même cas. A quelque diſtance que ſoient les corps circulans, quelles que ſoient les grandeurs des orbites elliptiques qu'ils décrivent, les temps de leurs révolutions ſont égaux. Si une pareille loi régnoit dans notre ſyſtême, toutes les planetes mettroient le même temps à faire leurs révolutions.

La même méthode qui a ſervi à M. *Newton* pour démêler la loi des forces qui font décrire à un corps une ſection conique, lui ſert à reconnoître celle qu'il faudroit pour lui faire parcourir d'autres courbes connues. Il eſt aiſé de le ſentir, puiſqu'il ne s'agit que de démêler le rapport de certaines lignes qui ſont données, dès que la figure & ſes propriétés ſont connues. Ainſi il prouve qu'un corps qui décrit une ſpirale logarithmique autour d'un point, eſt retenu ſur cette courbe par une force qui eſt en raiſon inverſe du cube de la diſtance. Pour décrire un cercle, le centre des forces étant ſur la circonférence, il faudroit que la loi de la force centrale fût la raiſon réciproque de la cinquieme puiſſance de cette diſtance.

Mais ce n'eſt encore là que l'ébauche d'un problême plus général que M. *Newton* ſe propoſe dans le même Livre. Nous venons de voir la maniere de déterminer quelle loi de force centrale, eſt requiſe pour qu'un corps qui décrit une courbe connue, ſoit contraint à ſe tenir ſur ſa circonférence. Il eſt naturel de demander quelle courbe décrira un corps projetté dans une direction & avec une vîteſſe déterminées, & qui eſt ſollicité vers un point par une force centrale, qui agit ſuivant une certaine loi. Le problême, enviſagé de cette maniere, eſt d'une bien plus grande difficulté. Nous imiterons M. *Newton*, qui, avant de le traiter, s'y éleve, ou du moins y conduit ſes lecteurs par degrés, en le faiſant précéder d'un autre un peu plus ſimple.

Il s'agit dans cet autre problême de déterminer la loi d'accélération ſuivant laquelle tombera directement un corps qui éprouvera l'action d'une force variable. *Galilée*, comme l'on ſçait, avoit conſidéré la chûte directe des corps, en ſuppoſant la peſanteur uniforme, & ſa découverte eſt connue de tout le monde. M. *Newton* généraliſe infiniment la queſtion, en montrant la maniere de déterminer ce qui doit arriver dans toutes les ſortes d'hypotheſes qu'on peut former ſur l'action de la pesanteur ou de la force centrale aux différentes distances du centre.

M. *Newton* traite quelques cas de ce problême d'une maniere trop ingénieuse, pour ne pas nous y arrêter. Mais il falloit s'être élevé aussi haut qu'il avoit déja fait, pour s'y prendre ainsi. Sa solution n'est qu'un corollaire de ce qu'il a déja démontré sur les courbes que décrivent les corps autour d'un centre de forces. Il est visible qu'un corps décrira une courbe d'autant plus applatie, & voisine de son axe, que la force de projection qui se combine avec celle de la pesanteur, sera moindre. Cette courbe ne doit cependant pas changer de nature, tant que la même loi de forces centrales subsistera : ce sera toujours une ellipse, si la force est comme la distance, ou en raison inverse du quarré de la distance. La ligne droite, suivant laquelle il tombera dans le cas d'une projection nulle, ou infiniment petite, pourra par conséquent être considérée, comme une ellipse infiniment applatie ou étroite ; & dans le premier cas, le centre des forces étant toujours au milieu de l'axe, cette ligne que nous avons dit représenter l'orbite du corps, sera partagée également par ce centre, c'est-à-dire, que le corps l'ayant atteint, passera autant au delà en vertu de son accélération, puis reviendra continuant ainsi ses oscillations à l'infini. Il n'en arriveroit pas de même si la force étoit réciproquement comme le quarré de la distance. Car on a vu, ou il est aisé de voir, que plus l'ellipse s'applatit, plus ses foyers se rapprochent des sommets. Ainsi lorsqu'elle sera une ligne droite, son foyer & son sommet se confondront. Le corps ne passera donc point au delà ; on peut même assurer qu'il ne rebroussera point chemin. Car on ne sçauroit assigner aucune cause qui le réfléchisse en sens contraire. Ce phénomene au reste ne doit point nous surprendre ; on en peut facilement rendre raison. La force qui est réciproquement comme le quarré de la distance, devient, lorsque cette distance est zero, infiniment grande, eu égard à la vîtesse qu'a le corps parvenu au centre de forces, ou à la force capable de produire cette vîtesse. Car nous trouvons que celle-ci suit seulement la raison réciproque des distances, pendant que l'autre augmente réciproquement comme leurs quarrés. Par conséquent cette derniere, lorsque la distance deviendra o, sera comme

$1 : o^2$, & l'autre comme $1 : o$, dont la premiere est infiniment grande, eu égard à la seconde.

Faisons connoître maintenant la méthode générale qu'enseigne M. *Newton* pour déterminer dans tous les cas, & suivant toutes les hypotheses qu'on peut faire sur la loi de la force *Fig.* 112. centrale, les espaces, les temps & les vîtesses respectives dans les chûtes rectilignes. La voici : Sur l'axe AC, le long duquel tombe le corps, soit élevée à chaque point comme D, une perpendiculaire DE, proportionnelle à l'action de la force centrale en ce point : de tous les sommets de ces lignes se formera une courbe dont l'aire servira à mesurer la vîtesse acquise par le corps dans les différens points de la chûte. Car cette vîtesse en un point quelconque D, sera à celle qu'il aura en F, comme le côté du quarré égal à l'aire ABDE, au côté du quarré égal à l'aire ABFG. A l'égard des temps employés dans ces chûtes AD, AF, il faudra faire une autre courbe comme AK*d*, dont les ordonnées DK, FL, &c. soient réciproquement proportionnelles aux vîtesses ci-dessus DH, FI, & les temps employés à parcourir les espaces AD, AF, &c. seront comme les aires curvilignes, ADK, AFL, &c. (*a*)

Nous avons jugé à propos de donner une idée de cette méthode, dans la vue qu'elle servît à préparer les lecteurs à cette maniere d'envisager de semblables questions, qui est très-familiere aux Géometres. Car l'objet des Mathématiques étant

(*a*) Pour démontrer ces vérités, qu'on conçoive l'espace AC divisé en parties inf. petites, dont D*d* soit une. Que DE exprime l'intensité de la force en D, & DH la vîtesse. Que la force soit nommée F, l'espace AD $= s$, la vîtesse $= u$, le temps de la chûte par AD $= t$. Maintenant on sçait que la vîtesse produite par une force uniforme, est en raison composée de l'intensité de cette force & du temps pendant lequel elle agit. Ainsi la force F pouvant être réputée uniforme pendant le petit instant dt, employé à parcourir D*d* ou ds, la vîtesse produite durant cet instant, c'est-à-dire, l'incrément du de la vîtesse totale u, sera comme $F dt$. Mais le temps employé à parcourir un espace d'un mouvement uniforme, est comme cet espace directement, & comme la vîtesse réciproquement ; ainsi dt employé à parcourir ds, avec la vîtesse u, est comme $\frac{ds}{u}$. Et par conséquent $F dt = F \frac{ds}{u} = dv$. Donc $F ds = u du$, ou $uu = 2 \int u ds$. Mais $F ds$ exprime l'élément D*e* de l'aire ADEB. Et conséquemment $\int F ds$ est cette aire. Ainsi u ou DH, est comme la racine de l'aire ABED.

Quant au temps, si l'on fait DK réciproquement proportionnelle à DH, il est évident que DK, ou le rectangle D*k* exprimera le temps que le mobile met à parcourir D*d*. L'aire entiere de la courbe AK, exprimera donc le temps que ce mobile met à parcourir tout l'espace AD. Ces deux théorêmes doivent être remarqués avec soin, comme étant le fondement de toute la théorie de ces sortes de mouvemens.

de mesurer tout ce qui est susceptible d'augmentation & de diminution, on représente, autant qu'il se peut, les grandeurs qu'on considere, par des lignes, des courbes, ou des aires qui suivent le même rapport. Le problême est après cela en quelque sorte résolu, ou du moins c'est à la Géométrie à faire le reste. Afin donc d'éclaircir cette méthode, nous allons en faire l'application à quelques cas simples & déja connus.

Dans l'hypothese de *Galilée*, c'est-à-dire, d'une pesanteur uniforme, & partout la même, la force sera aussi partout la même. Ainsi, au lieu d'une courbe, on aura une ligne droite B E G. La racine du rectangle A B E D, qui est l'ordonnée de la courbe A H I, & qui exprime à chaque point la vîtesse, sera donc comme la racine de la hauteur parcourue, & la courbe A H I, sera une parabole ayant pour équation $HD = \sqrt{(AB \times AD)}$. Quant aux temps, la courbe qui les représente par les segmens de son aire, aura son ordonnée D K, réciproquement proportionnelle à H D, ou à $\sqrt{(AD)}$, & sera une sorte d'hyperbole ayant pour asymptotes les lignes A B & A F, infiniment prolongées : néanmoins son aire, quoiqu'infiniment prolongée, ne sera que finie du côté de A B, & par les méthodes connues on trouvera que ses segmens OADK, OAFL, sont comme les racines des abscisses A D, A F, c'est-à-dire, des hauteurs. Voilà donc encore les vîtesses & les temps en raison soudoublée des espaces parcourus, comme *Galilée* le démontroit à sa maniere. Il faudroit être bien peu sensible aux attraits de la vérité, pour ne pas être charmé de cet accord entre les résultats de méthodes si différentes. *Fig.* 113.

Faisons à présent la supposition de la force centrale décroissante comme la distance au centre. La premiere des courbes ci-dessus dégénérera évidemment en un triangle qui aura son sommet au centre ; ainsi la vîtesse sera toujours mesurée par la racine du trapese A B E D, qui est proportionnelle à l'ordonnée D H du cercle décrit du centre C par le point A. L'on trouve enfin, à l'aide du calcul intégral, que la courbe des temps qui aura ses ordonnées réciproquement proportionnelles aux ordonnées D H, aura ses segmens proportionnels aux arcs correspondans A H. D'où l'on déduira que de quelque point que commence la chûte du corps, il arrivera dans le même temps au centre. On l'eût pu faire facilement de ce qu'on a dit plus *Fig.* 114.

haut, ſçavoir que la trace rectiligne d'un corps dans l'hypotheſe que nous examinons, peut être conſidérée comme une ellipſe infiniment applatie ayant ſon centre de forces au milieu de ſon grand axe. Or il eſt viſible que le temps de la chûte juſqu'au centre, n'eſt autre choſe que le quart d'une révolution périodique du corps dans cette ellipſe infiniment étroite, & l'on ſçait que dans cette hypotheſe de force centrale, toutes les révolutions quelconques, quelle que ſoit la grandeur des ellipſes, ſont d'égale durée. De quelque point donc que parte le corps, tombant directement au centre des forces, il y arrivera dans le même temps. Comme M. *Newton* a aſſez bien prouvé ailleurs, qu'un corps placé dans l'intérieur de la terre, y éprouveroit une gravitation vers le centre, proportionnelle à ſon éloignement de ce point, on peut tirer de ce que nous venons de dire une conſéquence curieuſe. C'eſt que ſi la terre étoit percée, d'outre en outre, d'une cavité qui permît à un corps d'aller juſqu'au centre, de quelque point au deſſous de la ſurface qu'on le laiſsât tomber, il arriveroit à ce centre dans le même temps.

Nous venons enfin au problême direct des trajectoires, la loi de la force centrale étant donnée. Pour le réſoudre, M. *Newton* commence par démontrer une propoſition préliminaire
Fig. 115. que voici. Si un corps eſt projetté du point S, avec une certaine vîteſſe dans la direction SL, & que par l'action d'une force centrale, qui l'attire vers C, il décrive la courbe SFI, en traçant du centre C l'arc FP, la vîteſſe du corps en F, le long de la courbe, ſera la même que celle qu'il auroit eue en arrivant en P, par une chûte directe du point S, pourvu que cette chûte ait commencé avec une vîteſſe égale à celle de la projection.

Comme nous ſommes obligés de conſidérer ici la courbe SFI, rapportée à des ordonnées convergentes au point C, il faut décrire de ce point par S un arc de cercle ſur lequel on prendra les abſciſſes SH; & on aura la nature de la courbe, ſi l'on peut trouver une équation, ſoit finie, ſoit différentielle entre l'arc SH & CF; car il eſt évident que cette équation étant donnée & conſtruite, à chaque point H on pourra aſſigner le point F qui lui répond, & par conſéquent on aura la trajectoire SFI.

Pour

Pour trouver ce rapport, nous nous ſervirons des conſidérations ſuivantes. En ſuppoſant le rayon Ch, infiniment proche de CH, de ſorte que Hh, Ff, ſoient des arcs infiniment petits, le rapport de CH à CF, ſera celui de Hh à gF; & le petit triangle gCF, exprimera le temps pendant lequel fF ſera parcouru. D'un autre côté, la loi de la force centrale étant donnée, on aura l'aire de la courbe SPEB, & par conſéquent la vîteſſe en P ou en F. Finalement l'eſpace eſt en raiſon compoſée de la vîteſſe & du temps; par conſéquent on aura une égalité qui, traduite en expreſſion analytique, donnera l'équation entre Hh & fg, ou SH & CF. En nommant ces dernieres lignes x & y, & leurs différentielles reſpectives dx, dy, on trouvera pour l'équation de la trajectoire $dx = 2a^3 dy : y\sqrt{(2By^2 - 2y^2 \times \int F dy - 4a^4)}$. (*a*)

On peut maintenant former telle hypotheſe que l'on voudra ſur la loi de la force centrale. La quantité indéterminée F, qui doit exprimer ſa relation avec y, ſe prête à toutes ces différentes hypotheſes. Si on ſuppoſe la force en raiſon inverſe du quarré de la diſtance, alors F ſera exprimée

(*a*) Voici l'analyſe entiere de ce problême. Que C S ſoit $= a$ S H $= x$, Hh $= dx$, CF $= y$, $fg = dy$, on trouvera F$g = ydx : a$, & F$f = \sqrt{((a^2 dy^2 + yydx^2) : a^2)}$. Que u ſoit maintenant la vîteſſe du corps en F; & que F déſigne la force centrale, l'élément de l'aire S D E P ſera $= - F dy$. Or cet élément eſt, comme l'on a vu dans la note de la page 43, $= udu$. Par conſéquent $F dy = - udu$, & en intégrant $\int F dy = B - \frac{uu}{2}$. (On verra plus bas pour quelle raiſon nous ajoutons cette conſtante B). Ainſi $u = \sqrt{(2B - 2\int F dy)}$. D'un autre côté, le petit triangle gC F, que nous avons dit exprimer le temps, ſera $y^2 dx : 2a$, ou (parce que le temps ne doit avoir aucune dimenſion, & afin d'obſerver la loi des homogênes) $y^2 dx : 2a^3$. Or on ſçait que l'eſpace, ſçavoir Ff, eſt en raiſon compoſée de la vîteſſe & du temps; c'eſt pourquoi égalant l'expreſſion trouvée ci-deſſus pour l'eſpace, avec le produit de celles de la vîteſſe & du temps que nous avons auſſi aſſignées; & traitant l'équation à la maniere ordinaire, on trouvera celle que nous avons donnée.

La raiſon pour laquelle on a fait $u = \sqrt{(2B - 2\int F dy)}$, c'eſt que lorſque y eſt égale à a, ou CS, il faut que la vîteſſe ne ſoit pas nulle, mais qu'elle ſoit égale à celle avec laquelle le corps eſt parti au point S. Il faudra donc préliminairement déterminer B, d'après cette condition. Par exemple, ſi l'on ſuppoſe la force en raiſon inverſe du quarré de la diſtance, c'eſt-à-dire, $aag : yy$; (g étant la force à la diſtance a), on aura $-\int F dy = aag : y$. Ainſi u ſera $\sqrt{(2B + 2aag : y)}$. Or en nommant h la hauteur qui auroit produit la vîteſſe de projection en S, par l'action uniformément continuée de la force g, cette vîteſſe eût été trouvée $= \sqrt{(2gh)}$. Donc quand y ſera $= a$, alors u doit être $\sqrt{(2gh)}$. Ainſi l'on a dans ce cas $2B + 2ag = 2gh$; ce qui donne $B = (h - a)g$. Il faudra uſer de ſemblables précautions dans les autres hypotheſes.

par $\frac{1}{yy}$, ou $\frac{aag}{yy}$, en exprimant par g cette force à la diſtance a. Ainſi $-\int F\,dy$, ſera $-\int\frac{aagdy}{yy}$, ou $\frac{aag}{y}$, & l'équation ſe réduira à celle-ci, $\frac{dx}{a} = 2\,a^2\,dy : y\sqrt{(2\,By^2 + 2\,aa\,gy - 4\,a^4)}$. Cela ſignifie que ſi l'on prend une y ou CP, *ad arbitrium*, & qu'on integre l'expreſſion $2a^2dy : y\sqrt{\&c.}$ cette intégrale exprimera l'angle que fait le rayon vecteur égal à CP, avec la ligne CA; car $\frac{dx}{a}$ n'eſt autre choſe que la différentielle de cet angle ou de ſon égal SCH. Or dans le cas préſent, l'intégrale de $2\,a^2\,dy : y\sqrt{\&c.}$ eſt elle-même un angle dont le rayon eſt donné en quantités déterminées, & le ſinus en y. Ainſi l'on pourra facilement, & par une conſtruction géométrique, aſſigner à chaque diſtance y du centre des forces, l'angle SCH, ou SCF, qui lui convient, & l'on aura la courbe décrite par le mobile.

Mais ce n'eſt pas aſſez que de connoître ce rapport entre les ordonnées CF, & leurs diſtances angulaires avec CS. Comme il ne donne pas une idée auſſi diſtincte de la courbe qu'une équation de la forme ordinaire, ou à ordonnées paralleles, il faut tâcher de remonter à cette équation : cela ſe pourra toujours, lorſque l'intégrale $2\,a^2\,dy : y\sqrt{\&c.}$ ſera un angle ou une portion rationnelle d'angle. La choſe n'eſt pas bien difficile, & nous l'abandonnons à la ſagacité de nos lecteurs.

L'équation étant ainſi une fois réduite à exprimer un rapport entre des co-ordonnées, telles que CL, LF, il ſera facile de la comparer à celles des courbes connues : dans le cas particulier que nous venons d'examiner, on trouve que la courbe cherchée eſt toujours une ſection conique, ayant le centre de forces à un de ſes foyers : ſçavoir une ellipſe, lorſque l'angle CSR étant droit, la hauteur d'où le corps eût dû tomber pour acquérir la vîteſſe avec laquelle il part en S, hauteur que nous avons exprimée par h, eſt moindre que la diſtance du point de départ au centre de tendance : une parabole, lorſque cette hauteur eſt égale à cette diſtance : une hyperbole enfin, lorfqu'elle la furpaffe, ou que l'attraction fe change en répulfion.

L'analyfe que nous venons de développer, eft dûe à M. Jean *Bernoulli* (*a*), & nous l'avons choifie parce qu'elle eft plus claire que celle qu'on trouve dans les *Principes*. Il faut néanmoins convenir que M. *Newton* en avoit fait les principaux frais en établiffant le théorême préliminaire qui lui fert de bafe. Il faut encore convenir que c'eft une forte de chicane que le reproche que M. *Bernoulli* fait à *Newton* de n'avoir pas affez bien démontré que la trajectoire, dans le cas d'une force croiffante en raifon inverfe du quarré de la diftance, eft néceffairement une fection conique. M. *Newton* ayant déja fait voir que, pour décrire une fection conique, il faut une force qui fuive le rapport ci-deffus, il pouvoit fe difpenfer d'entrer dans le détail de la preuve directe. Quant à l'exemple que M. *Bernoulli* emploie pour autorifer fon reproche, il y a une difparité. Il eft bien vrai que, de ce qu'on a démontré qu'un corps décrivant une fpirale logarithmique, éprouve l'action d'une force centrale qui eft réciproquement comme le cube de la diftance, on feroit mal fondé à en conclure que dans cette hypothefe, tout corps projetté, même obliquement, décrira une pareille courbe. Cela vient de ce que l'angle de la tangente avec un rayon de la fpirale étant donné, cette courbe eft entiérement déterminée dans toutes fes dimenfions : c'eft pourquoi il n'y a qu'une vîteffe déterminée de projection dans l'angle donné, qui puiffe la faire décrire. Mais il n'en eft pas de même dans les fections coniques. Le même centre de forces fubfiftant, une infinité d'ellipfes, de paraboles & d'hyperboles, peuvent avoir au point de départ la même tangente. Ainfi, quelle que foit la vîteffe de projection, il y aura une fection conique à laquelle elle conviendra, & qui fera la courbe que décrira le corps. D'ailleurs, M. *Newton* ayant donné la folution du problême, où l'on demande la trajectoire d'un corps projetté avec une certaine vîteffe, & dans une direction quelconque, la force variant dans le rapport inverfe du cube de la diftance, cela montre que le cas de la force fuivant le rapport inverfe du quarré, ne lui auroit guere coûté.

(*a*) Mem. de l'Acad. 1710. & *Op.* T. I.

On peut parvenir à l'équation de la trajectoire de diverses manieres. Outre celle qu'on vient de voir, M. *Bernoulli* en a donné une autre. Il nous a aussi communiqué celle de M. *Herman* : mais celle-ci mene à une expression différentielle, si compliquée par le mêlange des indéterminées, qu'à moins d'être prévenu de ce qu'on doit trouver, il seroit peut-être impossible de les démêler. M. *Varignon* a tiré, avec beaucoup d'adresse, la solution du même problême, de ses nombreuses formules pour les forces centrales (*a*). On peut enfin consulter sur ce sujet le Commentaire qui doit paroître dans peu à la suite de la traduction des *Principes*, par Madame la Marquise *du Châtelet*.

Il faudroit nous plonger dans des détails trop profonds de pure analyse, pour développer les cas différens de ce problême. La nature de notre plan nous permet de nous en tenir à indiquer les résultats. Si l'on suppose que la force soit comme la distance, la trajectoire se trouve une ellipse ayant le centre des forces, non à son foyer, mais à son centre. Fait-on varier la force en raison inverse du cube de la distance, & partir le corps obliquement à la direction de la force centrale, & avec une certaine vîtesse déterminée, il décrira une spirale logarithmique; mais s'il partoit dans une direction perpendiculaire à celle de la force centrale, la trajectoire seroit une spirale d'une autre espece, dont le rapport entre les rayons & les angles de révolutions, dépendroit de la mesure d'un secteur hyperbolique ou elliptique. Il est à propos de remarquer que dans toutes les hypotheses où l'on fait varier la gravité dans une raison réciproque du cube, ou d'une puissance plus élevée de la distance, si le corps a une fois commencé à s'approcher du centre de forces, il ne cessera jamais de s'en approcher de plus en plus. Dans ce cas, il tombera quelquefois à ce centre, quelquefois il s'en approchera seulement jusqu'à une certaine distance qu'il n'atteindra jamais : c'est ce qui arrive dans l'hypothese d'une force en raison inverse de la cinquieme puissance de la distance, lorsqu'un corps est lancé dans une direction oblique à celle de la force, & avec une

(*b*) Mem. de l'Acad. 1710.

certaine vîtesse (*a*) ; au contraire dans les mêmes hypotheses, un corps qui a commencé à s'éloigner du centre, continue toujours à le faire : & il y a des cas où il ne parviendra jamais qu'à une distance finie ; d'autres, & ce sont les plus fréquens, où il s'éloignera en plus ou moins de révolutions à une distance infinie.

De ce que nous venons de dire, il résulte encore une vérité curieuse, & d'autant plus digne d'être remarquée, que M. *Newton* en a fait usage pour expliquer & calculer le mouvement des apsides de la lune. On a vu qu'un corps sollicité vers un centre par une force qui est en raison inverse du quarré de la distance, s'approchera & s'éloignera alternativement de son centre de tendance, après une demi-révolution, à moins qu'il ne décrive un cercle. Mais si la force est réciproquement comme le cube de la distance, le corps s'approchera, ou bien s'éloignera sans cesse du centre, c'est-à-dire, tendant de son périhélie à son aphélie, il n'y arrivera jamais, ou au contraire. Si donc nous faisons croître ou décroître la force centrale en une raison plus grande que la réciproque des quarrés des distances, & cependant moindre que celle des cubes, le corps commençant à s'éloigner du centre, & partant, par exemple, de son périgée, n'arrivera à son apogée qu'après plus d'une demi-révolution, & ce surplus sera d'autant plus grand que la loi de la gravité approchera davantage de la réciproque des cubes des distances. Dans le cas particulier où la force centrale seroit réciproquement comme la puissance $\frac{11}{4}$ de la distance, le corps partant du périgée, n'attendroit son apogée qu'après une révolution entiere, & delà reviendroit dans une révolution complete à son périgée, de sorte que son orbite auroit la forme qu'on voit dans la figure 116. Ce seroit le contraire, nous voulons dire que le corps partant, par exemple du périgée, atteindroit son apogée avant une demi-révolution, & seroit de retour à son périgée avant une révolution complete, si la force centrale suivoit un rapport moindre que le réciproque du quarré de la distance. Toutes les fois donc qu'avec une force qui est en raison inverse du quarré de la distance, se mêlera quelque autre force, qui augmentera ou

(*a*) Voy. *Traité des Fluxions* de M. Maclaurin, parag. 878 & suiv. Cet ouvrage contient des choses remarquables sur ce sujet, & mérite tout-à-fait d'être consulté.

qui diminuera la premiere, de telle ſorte que le total ou le reſtant ſuivra une loi qui s'écartera du quarré, le corps décrira une orbite ayant ſon apogée & ſon périgée, diſtans de plus ou de moins qu'une demi-révolution. Si l'on deſire un plus grand détail ſur toutes ces vérités, on doit conſulter l'excellente *Expoſition des découvertes Philoſophiques* de *Newton*, par le célebre M. *Maclaurin*.

Il y auroit dans le Livre de M. *Newton* de quoi nous occuper encore long-temps, ſi nous entreprenions d'entrer ſur tous les points dans des détails ſemblables aux précédens. Mais cela nous meneroit de beaucoup trop loin, & par cette raiſon il nous ſuffira d'indiquer quelques-unes des recherches nombreuſes de Méchanique, répandues dans cet immortel ouvrage. Après avoir déterminé les orbites que décriroient des corps projettés dans les différentes hypotheſes de la force centrale, M. *Newton* examine comment ces différentes hypotheſes affecteront le mouvement des corps qui roulent le long des courbes. Il ſe propoſe à cette occaſion de déterminer celle le long de laquelle un corps devroit tomber, dans le cas d'une force croiſſant comme la diſtance au centre, pour que ſes chûtes quelconques fuſſent d'égale durée. Le réſultat de ſa recherche eſt très-digne d'être remarqué. Il trouve que, dans ce cas, la courbe eſt une épicycloïde, comme dans celui des directions paralleles & de la peſanteur uniforme, c'étoit une cycloïde. Delà M. *Newton* paſſe à examiner quels mouvemens prendront des corps qui s'attirent mutuellement: ce qu'il dit dans cet endroit eſt d'un grand uſage dans le ſyſtême de l'Univers, & c'eſt le fondement de ſes découvertes ſur les mouvemens & les irrégularités de la lune, la préceſſion des équinoxes, &c. Il examine enſuite l'action qu'un corps dont toutes les particules attirent ſuivant une certaine loi, exerce ſur une autre placé dans ſon voiſinage. Il termine enfin ſon premier Livre, en déterminant le chemin des particules de lumiere paſſant d'un milieu dans un autre, d'où il déduit la fameuſe loi de la réfraction, & l'égalité ſi connue des angles d'incidence & de réflection.

Une grande partie du ſecond Livre de M. *Newton* eſt employé à traiter de la réſiſtance des fluides, ou des milieux, au mouvement. Ce doit être l'objet de l'article ſuivant, où l'on sera connoître les principales vérités de cette théorie. M. *Newton* traite aussi dans ce Livre du mouvement des fluides, & examine diverses questions qui y ont rapport; comme les vibrations des fluides élastiques, le mouvement des ondes, choses sur lesquelles il démontre des vérités également curieuses & utiles dans la Physique. Nous ne dirons rien ici du troisieme Livre: il appartient tout entier à l'Astronomie, ou au systême Physique de l'Univers; & nous en ferons un extrait assez étendu dans un des Livres suivans.

VI.

De la résistance des milieux.

Dans tout ce qu'on a dit jusqu'ici, du mouvement & des phénomenes qui suivent de sa composition, on n'a fait aucune attention à la résistance du milieu dans lequel il se fait. Il étoit nécessaire de commencer à écarter de la question, cette circonstance qui en augmente beaucoup la difficulté, sauf à y revenir dans la suite après avoir connu parfaitement ce qui se passeroit si elle n'avoit point lieu. C'est par une semblable gradation que l'esprit humain doit se conduire pour s'élever à la connoissance des phénomenes de la nature. Il lui faut en quelque sorte décomposer son objet, le considérer d'abord sous l'aspect le plus simple, se familiariser, pour ainsi dire, avec les premieres difficultés, avant que d'entreprendre d'en surmonter de plus grandes. C'est au moyen de cette marche sage & prudente que les Mathématiques, s'élevant de recherches en recherches, ont atteint ce point de sublimité auquel elles sont aujourd'hui parvenues.

Les premiers fondateurs de la science du mouvement, tels que *Galilée*, *Torricelli*, firent toujours abstraction de la résistance des milieux. Ce n'est pas qu'ils ne prévissent bien qu'elle devoit apporter quelque changement à leurs déterminations; mais il n'étoit pas encore temps de s'attacher à cette recherche difficile, & la Méchanique n'avoit pas acquis des forces suffisantes pour s'en tirer avec succès. C'est pourquoi *Galilée* appliquant à la pratique sa théorie sur les mouvemens des projectiles, suppose que les corps projettés ont une masse considérable, & une densité beaucoup plus grande que celle de l'air.

Il y eut cependant, peu après *Galilée*, quelques Méchaniciens François qui considérerent ce qui arriveroit à un corps tombant, non dans le vuide, mais à travers un milieu résistant. Nous trouvons sur ce sujet dans les Lettres de *Descartès*, (*a*) une remarque fine & propre à confirmer ce que nous avons dit ailleurs sur les découvertes qu'il eût été capable de faire, si moins ambitieux, il se fût contenté d'approfondir différentes parties isolées de la Physique. Un des Méchaniciens dont nous parlons, avoit avancé qu'un corps tombant dans un milieu résistant, n'accéléreroit son mouvement que jusqu'à un certain point, après quoi il tomberoit avec une vîtesse uniforme. Il y a dans cette proposition du vrai & du faux, & *Descartes* le démêla très-bien. Il montra qu'il y avoit, à la vérité, un certain degré de vîtesse au-delà duquel le mobile ne passeroit jamais, mais qu'il resteroit un temps infini à l'acquérir. Ainsi ce corps accélérera toujours son mouvement, quoique par degrés de plus en plus insensibles. Cette doctrine est conforme à celle des Géometres qui ont depuis traité la même théorie.

C'est à *Newton* & *Wallis* qu'on doit les premieres recherches approfondies sur la résistance des milieux au mouvement. *Newton* publia le premier ses recherches sur ce sujet, dans ses *Principes Mathématiques de la Philosophie Naturelle*. Il y emploie presque tout le second Livre, & il l'y traite avec cette profondeur qui caractérise tous ses écrits. L'ouvrage de *Newton* excita *Wallis*, qui avoit considéré de son côté le même sujet, à publier ses réfléxions. Il les communiqua à la Société Royale, & elles furent insérées dans les *Transactions* de 1687. La matiere n'est pas autant approfondie dans cet écrit que dans les Principes. *Wallis* n'embrasse que l'hypothese la plus simple, sçavoir celle de la résistance en raison des vîtesses. Mais ce qu'il dit ne laisse pas de faire beaucoup d'honneur à sa sagacité. Peu après que le Livre de M. *Newton* eut paru, M. *Leibnitz*, sur l'extrait qu'il en vit dans les *Actes de Leipsick*, se rappella, dit-il, d'anciennes idées qu'il avoit eues sur ce sujet, & qu'il avoit déja exposées douze ans auparavant à l'Académie Royale des Sciences de Paris. Il en forma un écrit qu'il inséra dans ces *Actes*. M. *Huyghens* enfin exposa aussi à

(*a*) Lett. de Descart. T. III, Lett. 105.

ſa maniere, c'eſt-à-dire avec une élégance remarquable, quelques traits de cette théorie à la fin de ſon *Traité de la peſanteur*, qui parut en 1690. Tout ce que ces Auteurs avoient démontré, ou avancé ſans preuve, a enſuite été traité à l'aide des calculs modernes, par M. *Varignon*, dans une ſuite de Mémoires imprimés parmi ceux de l'Académie des années 1707, 1708, 1709 & 1710. Ce ſont d'excellens morceaux, auxquels on pourroit néanmoins à mon gré reprocher une prolixité fatiguante, & tout-à-fait ſuperflue.

On doit conſidérer dans les fluides deux ſortes de réſiſtances, l'une que nous nommerons reſpective avec M. *Leibnitz*, l'autre que nous appellerons abſolue. La premiere, eſt l'effet de l'inertie des parties dont le fluide eſt compoſé. Le corps qui le traverſe ne peut le faire ſans déplacer celles de ces parties qui ſe trouvent ſur ſon chemin, & ſans leur communiquer du mouvement. Il faut par conſéquent qu'à chaque inſtant il perde quelque partie du ſien. Cette perte ſera viſiblement d'autant plus grande, que le milieu ſera plus denſe. Car tout le reſte étant égal, il y aura d'autant plus de maſſe à déplacer dans le même temps. Elle croîtra auſſi à meſure que la vîteſſe ſera plus grande. La choſe eſt ſi évidente, qu'il eſt inutile de nous mettre en frais de raiſonnemens pour le démontrer.

La réſiſtance abſolue a une autre origine. Elle vient de l'adhérence des parties du fluide, adhérence qui ne peut être ſurmontée que par une certaine force déterminée. Il eſt viſible que celle-ci ne dépend point de la vîteſſe. Quelle que ſoit la vîteſſe, grande ou petite, il faut la même force pour ſurmonter cette difficulté, ou pour ſéparer ces parties les unes des autres. De cette eſpece eſt la réſiſtance occaſionnée par le frottement, par la viſcoſité des fluides : on peut encore regarder de cette maniere celle que la peſanteur apporte à l'aſcenſion des corps jettés perpendiculairement en haut, en ſuppoſant qu'elle agiſſe uniformément. Nous commencerons par examiner quelques-uns des phénomenes de la réſiſtance reſpective.

Nous venons de dire que la réſiſtance reſpective des milieux, croît ou décroît, en même temps que la vîteſſe, mais nous n'avons pas voulu dire que ce fût toujours dans le même rapport. Cette relation entre la vîteſſe & la réſiſtance, ne pouvant guere être connue *à priori*, à cause de plusieurs circonstances physiques, les Géometres ont examiné ce qui arriveroit dans trois hypotheses différentes. Suivant la premiere, la résistance est proportionnelle à la vîtesse. Un corps mu avec une vîtesse double, triple, perdra de son mouvement ou de sa vîtesse une quantité double, triple, &c. Dans la seconde, cette résistance ou la perte de mouvement qu'elle opere, est proportionnelle au quarré de la vîtesse. Il y en a enfin une troisieme, suivant laquelle cette résistance est proportionnelle à la somme du quarré de la vîtesse, & de la vîtesse elle-même. De ces hypotheses la plus probable & la plus physique, est la seconde. Car lorsqu'un corps se meut dans un fluide, avec une vîtesse triple, par exemple, non seulement il choque chacune des parties de ce fluide avec une vîtesse triple, mais il en choque dans le même temps trois fois autant. La perte de mouvement faite dans le même temps, qui, à raison du premier chef, eût été trois fois aussi grande, le sera donc neuf fois, en y faisant entrer le second. Ainsi cette hypothese paroît la plus conforme aux loix de l'hydraulique. Il n'est cependant pas inutile de considérer les autres, n'y eût-il que le plaisir que goûte l'esprit géométrique dans la découverte d'une vérité purement hypothétique.

Il y a dans le mouvement d'un corps qui traverse un fluide, trois cas à examiner. Il peut se mouvoir, ou en vertu d'une impulsion une fois imprimée, dans lequel cas sa vîtesse eût été uniforme, ou en vertu d'une suite d'impulsions qui auroient fait varier son mouvement suivant une certaine loi. Tel est le mouvement des corps graves, qui tombant dans le vuide, s'accéléreroit uniformément. Ce mobile enfin peut être projetté obliquement à l'horizon : alors son mouvement tiendra des deux précédens. Il auroit été uniforme dans le sens de la direction primitive, & accéléré dans le sens vertical, suivant une certaine loi; mais la résistance change l'un & l'autre de ces rapports, & la courbe est d'une autre nature que dans l'hypothese du vuide.

Faisons d'abord mouvoir le mobile d'un mouvement primitivement uniforme, & supposons que le milieu résiste en raison des vîtesses : nous allons voir décroître celles-ci géométriquement en temps égaux. Pour le rendre sensible, imaginons que la résistance du milieu est telle qu'à chaque instant égal, elle ôte un dixieme de la vîtesse du mobile. Cette vîtesse étant donc exprimée par 1, après le premier instant elle sera réduite à $\frac{9}{10}$, & après le second, aux $\frac{9}{10}$ de celle-ci, c'est-à-dire, aux $\frac{81}{100}$: à la fin du troisieme, elle ne sera plus que les $\frac{729}{1000}$ de la vîtesse primitive, & ainsi consécutivement. Or ces grandeurs sont visiblement, & par la nature de l'opération, en progression géométrique décroissante.

Cette premiere vérité nous met déja en possession de quelques conséquences remarquables. Il est visible que le corps perdant à chaque instant des degrés de vîtesse en progression géométrique décroissante, il faudra un nombre infini d'instans, ou un temps infini pour réduire le corps au repos. Mais il ne faut pas en conclure que l'espace parcouru soit infini. En supposant les instans égaux, les espaces parcourus dans chacun d'eux, sont comme les vîtesses. Or celles-ci décroissant géométriquement, leur somme, & par conséquent celle des espaces, ne sera que finie. Dans le cas présent, l'espace parcouru avec la vîtesse primitive, durant l'un des instans égaux dans lesquels nous avons divisé le temps, étant 1, l'espace parcouru durant ce temps infini que durera le mouvement, seroit la somme de 1, $\frac{9}{10}$, $\frac{81}{100}$, &c. ou 10.

Si, selon la coutume des Géometres, nous représentons les vîtesses par des lignes AB, CD, ordonnées sur un axe, tandis que leurs intervalles représenteront les instans, la courbe passant par le sommet de ces ordonnées, sera la logarithmique : car la propriété de cette courbe est, comme l'on sçait, d'avoir ses ordonnées équidistantes, aussi-bien que leurs différences, en progression géométrique; de sorte que les abscisses prises d'un terme fixe, sont en progression arithmétique. Ainsi le temps croît comme les abscisses, qui sont les logarithmes des ordonnées, & par conséquent le logarithme de la vîtesse initiale étant zero, les temps qui répondront aux autres vîtesses, seront comme leurs logarithmes; d'où il suit encore que la vîtesse ne sera entiérement anéantie qu'après un temps infini; car le logarithme de zero est infiniment grand. Quant à l'espace, il sera représenté par l'aire de la courbe prolongée à l'infini. Or cette aire est finie, nouvelle preuve que l'espace parcouru par le corps, durant le temps infini qu'il faut pour anéantir sa vîtesse, n'est que fini.

Fig. 116.

Qu'on ſuppoſe préſentement un corps dont la vîteſſe eût été uniformément accélérée ; & retenant la même hypotheſe, examinons quel ſera ſon mouvement. Nous pouvons nous aider ici d'un raiſonnement & d'un exemple ſemblables aux précédens. Que la vîteſſe qu'imprimeroit la peſanteur au mobile dans un inſtant déterminé, ſoit repréſentée par l'unité, & que la réſiſtance dans le même temps ſoit capable de détruire un dixieme de la vîteſſe du corps. Cette vîteſſe à la fin du premier inſtant, ſeroit donc réduite à $\frac{9}{10}$. Mais durant le ſecond inſtant, la peſanteur eût donné au mobile un nouveau degré de vîteſſe, qui avec celle qu'il avoit au commencement, eût fait $1 + \frac{9}{10}$ ſans la réſiſtance. Donc la réſiſtance réduiſant toute cette vîteſſe aux $\frac{9}{10}$, celle qu'aura le corps à la fin du ſecond inſtant, ſera $\frac{9}{10} + \frac{81}{100}$. Le même raiſonnement montre qu'à la fin du troiſieme inſtant, elle ſera $\frac{9}{10} + \frac{81}{100} + \frac{729}{1000}$, & ainſi continuellement ; il ſuffit de jetter les yeux ſur cette ſuite pour voir qu'elle eſt une progreſſion géométrique décroiſſante.

Cette analyſe nous met en état de voir que, dans un temps infini, un corps tombant par l'effet d'une accélération uniforme dans un milieu réſiſtant en raiſon des vîteſſes, n'auroit acquis qu'une vîteſſe finie. Car en ſuppoſant un nombre infini d'inſtans écoulés, la vîteſſe acquiſe ne ſera que la ſomme des termes d'une progreſſion géométrique. Ainſi la vîteſſe du mobile s'accélere toujours ; mais comme l'accroiſſement qu'elle reçoit en temps égaux, décroît en progreſſion géométrique, elle approche toujours d'un certain terme ſans jamais l'atteindre, comme *Deſcartes* le remarquoit déja de ſon temps. C'eſt ce que M. *Huyghens*, & quelques autres ont appellé *vîteſſe terminale*. On trouve encore ici, que c'eſt une logarithmique qui ſert à repréſenter les vîteſſes & les autres circonſtances du mouvement de ce corps. Mais au lieu que dans les cas précédens, c'étoient les ordonnées AB, CD, EF, &c. entre la courbe & ſon aſymptote, qui repréſentoient les vîteſſes, ce ſeront ici leurs reſtes *c*D, *e*F, *g*H, &c. interceptés entre la courbe & la parallele BL, menée par le point B, où l'ordonnée AB eſt égale à la vîteſſe terminale. Les eſpaces enfin parcourus durant les temps B*c*, B*e*, &c. ſeront comme les ſegmens BD*c*, BF*e*, &c. de ſorte que l'eſpace parcouru ſera infini durant un temps infini ; ce qui eſt d'ailleurs évident, puiſque la vîteſſe va toujours en croiſſant.

Fig. 117.

L'analogie de l'hyperbole avec la logarithmique fournit un autre moyen de représenter les rapports précédens. C'est celui qu'a employé M. *Newton* dans ses *Principes.* Il y montre que le temps croissant comme des aires hyperboliques entre les asymptotes, les vîtesses à la fin de ces temps sont comme les ordonnées qui terminent ces aires. Ceux à qui les propriétés de l'hyperbole sont familieres, n'auront aucune peine à voir les liaisons de ceci avec ce qu'on a fait voir ci-dessus.

Le problême de déterminer la courbe décrite par un corps projetté dans un milieu résistant suivant la loi que nous avons supposée jusqu'ici, tient aux considérations précédentes. Il en est ici, *à quelques égards*, tout comme si le mouvement se passoit dans le vuide. On peut diviser le mouvement du corps en deux autres, l'un dans la direction de la force imprimée, & qui eût été uniforme sans la résistance du milieu; l'autre dans le sens vertical, qui eût été uniformément accéléré s'il se fût fait librement. Or la vîtesse dans la direction de la force initiale étant donnée, avec l'intensité de la résistance, on trouvera pour chaque instant, la grandeur AC du chemin qu'eût fait le corps s'il n'avoit eu que ce mouvement. On trouvera aussi de combien le mobile fût tombé perpendiculairement dans ce milieu, après le même intervalle de temps écoulé. Que ce soit AM, par exemple: ces deux lignes AC, AM ou CF, seront les co-ordonnées de la courbe cherchée, & donneront le point F, où se trouvera le corps par l'effet des deux mouvemens combinés. C'est-là le principe des solutions qu'ont donné de ce problême, MM. *Newton*, *Huyghens*, &c. *Fig.* 118.

La courbe de projection avec telle vîtesse qu'on voudra, seroit dans le vuide d'une étendue infinie: car une parabole s'écarte à l'infini de son axe, quelque petit que soit son parametre. Mais il n'en est pas ainsi dans l'hypothese présente: un corps lancé avec une vîtesse finie, quelque grande qu'elle fût, n'auroit qu'une amplitude finie. Cela suit de ce qu'on a remarqué plus haut, qu'un corps auquel on imprimeroit une vîtesse quelconque, ne parcourroit dans un temps infini qu'un espace limité. Ainsi en supposant que AD, ou A*d* dans la direction imprimée au corps, représente cet espace, si l'on mene la verticale DO, ou *d*O, la courbe s'en approchera sans cesse, sans jamais l'atteindre. M. *Newton* remarque dans la seconde édition de ses principes, une maniere fort simple de la construire. La ligne AD étant déterminée, comme on vient de le dire, il fait tirer une ligne AB, de telle sorte que ED soit à DB, comme la vîtesse verticale du corps, à la vîtesse terminale; après quoi les lignes BG, Bg, étant en progression géométrique, les ordonnées correspondantes GR, gr, sont en progression arithmétique, ou leurs logarithmes, celui de BA étant égal à zero. Ensorte qu'on peut construire avec facilité cette courbe par le moyen d'une logarithmique. Cette construction revient, à peu de chose près, à celle que M. *Bernoulli* a déduite de sa solution générale du problême des trajectoires dans un milieu résistant en raison quelconque (a).

Il est important de remarquer que l'analyse que nous avons donnée de ce problême, ne peut être d'usage que dans l'hyp. de la résistance en raison des vîtesses. C'est la seule qui permette de décomposer ainsi le mouvement d'un corps en deux autres de directions connues, pour en conclure, sans erreur, le point où le corps doit se trouver. En voici la raison : lorsqu'un corps éprouve une résistance, & décrit un espace moindre qu'il n'auroit fait sans cela, afin d'employer sûrement la décomposition du mouvement, il faut qu'en diminuant chaque côté du parallélogramme dans le même rapport, la diagonale du nouveau parallélogramme, soit & dans la même direction que celle du premier, & diminuée dans le même rapport. Or cela ne peut arriver ainsi que dans l'hypothese de la résistance en raison des vîtesses, parce qu'alors chaque côté du parallélogramme qui exprime les vîtesses, est diminué dans le rapport simple de sa grandeur. Dans toute autre hypothese, autant de décompositions qu'on feroit du mouvement simple, autant de diagonales dans des directions & de grandeurs différentes, de sorte que la nature tomberoit en apparence dans une perpétuelle contradiction avec elle-même. Cette inadvertance a été une source d'erreurs pour plus d'un Géometre. Le P. *Pardies*, M. le Chevalier *Renau*, & divers autres, y sont tombés, & c'est surtout par-là que péche la théorie de la manœuvre donnée par ce dernier, comme on le verra lorsque nous en rendrons compte.

(a) *Act. Erud.* 1719. Bern. *Op.* T. II, p. 400.

Il nous reste à dire quelque chose des autres hypotheses de résistance, & particuliérement de celle où on la suppose en raison doublée de la vîtesse, qui est la plus conforme aux loix de l'hydraulique. Voici quelques-unes des conséquences les plus importantes de cette derniere hypothese.

Lorsqu'un corps poussé avec une vîtesse une fois imprimée, pénetre un milieu qui résiste suivant la loi que nous venons de dire, sa vîtesse diminue, à la vérité, mais moins rapidement que dans l'hypothese précédente, & l'espace qu'il décrit durant le temps infini qu'il faut pour le réduire au repos, n'est plus limité, mais infini. Lorsque le milieu résistoit en raison simple des vîtesses, les temps écoulés étant représentés par les abscisses d'une logarithmique, les vîtesses qui leur répondoient l'étoient par les ordonnées continuellement décroissantes, & l'espace parcouru, par l'aire comprise entre la premiere & la derniere ordonnée; mais dans l'hypothese présente, c'est une hyperbole rapportée à son asymptote, qui sert à représenter les temps, les vîtesses, & les espaces. Les temps sont comme les abscisses prises à commencer de quelque distance du centre; les vîtesses suivent le rapport des ordonnées, & les espaces celui des aires correspondantes. Delà suit que l'espace parcouru dans cette hypothese durant un temps infini, quoiqu'avec une vîtesse continuellement décroissante, est infini. Car dans l'hyperbole, l'espace renfermé entre la courbe & l'asymptote prolongée infiniment, est infini; au lieu que dans la logarithmique, il est limité. On pourroit examiner de même ce qui arriveroit dans d'autres hypotheses quelconques. M. *Varignon* l'a fait avec beaucoup d'étendue, & même une prolixité superflue dans les Mémoires de l'Académie de l'année 1707. Comme la chose est facile lorsqu'on est en possession du principe, nous nous en tiendrons ici à l'indiquer au lecteur (*a*).

(*a*) Voici la maniere d'appliquer l'analyse & le calcul à la théorie présente. La résistance n'est autre chose qu'une force qui s'oppose au mouvement du corps, & dont l'effet est la diminution de la vîtesse de ce corps. Mais on doit se rappeller que l'augmentation ou la diminution de vîtesse produite par une force qui agit uniformément, est en raison composée du temps, & de l'intensité de cette force. C'est pourquoi la résistance étant uniforme dans un instant infiniment petit, si on la nomme R; le temps t, la vîtesse u, & sa diminution instantanée $-du$, on aura d'abord $-du = R\,dt$. Si l'on nomme ensuite s l'espace parcouru, on aura $ds = u\,dt$, par les raisons données dans la note de la page 420. Ainsi $dt = ds : u$. Ce sont les deux équations fondamentales d'où l'on peut dériver tout ce qu'on a dit ci-dessus.

Un problême qui se présente encore dans cette hypothese de résistance, c'est celui de déterminer les diverses circonstances du mouvement d'un corps projetté perpendiculairement, ou qui tombe verticalement par l'action d'une pesanteur uniforme. M. *Newton* ne manque pas de l'examiner : il trouve que dans le premier cas, les vîtesses de projection perpendiculaire, étant comme les tangentes d'un cercle de rayon déterminé, les arcs ou les secteurs répondant à ces tangentes, sont comme les temps pendant lesquels ces vîtesses seront détruites. Il en est à peu près de même dans le cas des chûtes verticales. Ce sont des secteurs hyperboliques, qui désignent les temps écoulés depuis le commencement de la chûte, pendant que les vîtesses acquises sont représentées par les portions de la tangente au sommet, qu'ils interceptent. Il y a donc dans le cas d'une chûte accélérée à travers un milieu qui résiste comme nous le supposons ici, une vîtesse terminale, à laquelle le mobile n'atteint jamais, quoiqu'il en approche de plus en plus : car à un secteur hyperbolique infini, ne répond qu'une tangente finie, puisqu'elle est toute comprise dans l'angle asymptotique. Au contraire, un corps projetté perpendiculairement avec une vîtesse quelconque, même infinie, la perdra dans un temps fini. En effet, à un secteur circulaire fini, peut répondre une tangente infinie, comme lorsque ce secteur est un quart de cercle. Ce sont là des vérités (*a*) qui se présentent

En effet, qu'on fasse la résistance proportionnelle au quarré de la vîtesse, on aura $R = uu$. Ainsi la premiere équation deviendra $dt = -du : uu$; & en intégrant $t = \frac{1}{u} - 1$, en supposant que 1 soit la vîtesse initiale. (Car t, étant alors égal à zero, il faut que la vîtesse devienne égale à 1.) Or l'on voit que t exprime alors l'abscisse d'une hyperbole entre les asymptotes, prise à une distance du centre $= 1$; & que la vîtesse u est l'ordonnée. Maintenant à la place de dt, mettons sa valeur $ds : u$, dans la premiere équation : nous allons avoir $ds = -du : u$, c'est-à-dire, s, comme le logarithme de u, ou l'aire hyperbolique interceptée entre la premiere ordonnée, ou la vîtesse initiale 1, & celle qui exprime la vîtesse u. Ce qui démontre ce que nous venons de dire sur les propriétés du mouvement retardé en raison des quarrés des vîtesses.

(*a*) Ces vérités se démontrent facilement à l'aide du calcul intégral, & des formules de la note de la page 420. Il faut seulement faire attention que quand un mobile tombe à travers un milieu résistant, la force accélératrice est la différence de la gravité & de la résistance, & que la force retardatrice, quand il est projetté en haut, est la somme des mêmes forces. Cela n'a besoin d'aucune preuve. Cela étant, que 1 représente la gravité, & uu la résistance, on aura $(1 - uu)\,dt = du$, ou $dt = du : (1 - uu)$. Or l'intégrale du dernier membre de cette équation est un secteur hyperbolique, dont la tangente est u, le demi-diametre transverse étant 1, & l'autre étant déterminé par l'intensité de la résistance. Ainsi le temps écoulé depuis

sous

ſous l'air de paradoxes, mais qui n'en ſont pas moins des vérités, & qu'il ne nous ſeroit pas difficile de dépouiller de cet extérieur, à l'aide de certains développemens, ſi nous en avions le loiſir.

Il nous faudroit maintenant parler de la courbe de projection dans un milieu qui réſiſte en raiſon des quarrés des vîteſſes. Mais cette queſtion, qui n'eſt que médiocrement difficile dans l'hypotheſe précédente, l'eſt bien davantage dans celle-ci, & dans toutes les autres. Il ſuffiroit, pour le prouver, de remarquer qu'elle échappa à M. *Newton.* Au lieu de la réſoudre dans la ſeconde ſection du ſecond Livre de ſes Principes, où l'on s'attend à la trouver, il examine quelle loi de denſité variable, permettroit à un corps projetté avec une certaine force, de décrire une courbe déterminée, & il tente par-là de déduire indirectement la ſolution approchante du problême. Dans une autre ſection, il examine quelle force centrale combinée avec une denſité variable, feroit décrire à un corps des ſpirales d'un certain genre autour du centre de forces. Tous ces endroits, nous le remarquerons en paſſant, ſont d'une profondeur digne du génie de *Newton*, malgré quelques fautes d'inadvertence qu'apperçut M. *Bernoulli* (*a*), & qui furent corrigées dans l'édition des *Principes*, faite en 1714. Mais dans cette édition même, ce grand homme ne donna point la ſolution du problême dont nous parlons. Il a cependant été réſolu dans la ſuite. Il nous ſuffira de dire ici, qu'ayant été propoſé en 1718, par *Keil* à M. *Bernoulli*, dans le cours de leurs querelles, celui-ci le réſolut pour la premiere fois dans toute ſa généralité; nous voulons dire, dans quelque hypotheſe de réſiſtance que ce ſoit. M. Nicolas *Bernoulli* en vint auſſi à bout; l'Angleterre enfin en fournit une ſolution qui fut donnée par M. *Tailor.* Comme ce problême mérite une attention particuliere, à cauſe de ſon uſage dans la baliſtique, nous nous réſervons d'en traiter plus au long dans la ſuite.

le commencement de la chûte, étant repréſenté par un ſecteur hyperbolique, la vîteſſe le ſera par la tangente correſpondante. Il eſt aiſé d'appliquer cette analyſe au cas de la projection perpendiculaire d'un corps à travers le même milieu: on aura les mêmes formules, à quelques changemens de ſigne près; changemens qui déſignent des ſecteurs circulaires, au lieu des ſecteurs hyperboliques qu'on vient de trouver.

(*a*) *Act. Erud.* 1713. *Bern. Op.* T. 1, p. 514.

Il y a, comme nous l'avons dit, ſur la réſiſtance des milieux, une troiſieme hypotheſe qui la fait proportionnelle à la ſomme du quarré de la vîteſſe, & de la vîteſſe même. M. *Newton* l'examina auſſi ; mais nous n'entreprendrons pas de le ſuivre, vu les longueurs où cela nous entraîneroit. Les lecteurs verſés dans le calcul intégral, & qui auront ſaiſi les principes expoſés dans la note de la page 439, y ſuppléront facilement. Ils pourront auſſi prendre pour guide M. *Varignon*, qui a traité au long de cette hypotheſe dans ſes divers Mémoires ſur la réſiſtance des milieux, que nous avons indiqués.

Tout ce qu'on a dit juſqu'ici ſur la réſiſtance des milieux, doit s'entendre de celle que nous avons nommée *reſpective*, & qui ſe regle uniquement ſur la vîteſſe. Mais la réſiſtance *abſolue* ſuit d'autres loix ; car ſuivant la notion que nous en avons donnée, c'eſt une force conſtamment la même qui s'oppoſe au mouvement du corps. Ce ſont comme autant de filets doués chacun d'une force déterminée, au travers deſquels le corps a à ſe faire jour. Il doit par conſéquent perdre à chaque fois la même quantité de force quelle que ſoit ſa vîteſſe, d'où il ſuit néceſſairement que cette ſorte de réſiſtance le réduira toujours au repos dans un temps déterminé. Les principes que nous avons donnés pour le calcul général des réſiſtances reſpectives dans toutes les hypotheſes imaginables, peuvent ſervir ici. Il n'y a qu'à prendre pour l'expreſſion de la réſiſtance une quantité conſtante ; on trouvera que la courbe dont les ordonnées expriment les vîteſſes décroiſſantes, ſera un triangle, dont les ſegmens de l'aire repréſenteront les eſpaces parcourus. Ainſi il en ſera préciſément ici de même que dans le cas du mouvement uniformément retardé ; les pertes de vîteſſe ſeront comme les temps écoulés, & dans le même temps que le corps par ſon mouvement retardé auroit perdu toute ſa vîteſſe, il auroit parcouru un eſpace double de celui qu'il parcourt étant empêché par la réſiſtance. Auſſi la peſanteur n'eſt-elle qu'une réſiſtance de la nature de celle que nous examinons. Il eſt à propos de remarquer que M. *Leibnitz*, dans ſon écrit ſur la réſiſtance des milieux, après avoir donné la même notion que nous de la réſiſtance abſolue, trouve néanmoins un réſultat tout oppoſé à celui que nous venons de donner. Mais cela vient de ce que M. *Leibnitz* abandonne en quelque ſorte cette notion, en ſuppoſant, pour analyſer les effets de cette réſiſtance, qu'elle eſt proportionnelle à l'eſpace parcouru ; ce qui eſt la même choſe pour l'effet, que s'il eût ſuppoſé la réſiſtance proportionnelle à la vîteſſe. Auſſi, tout ce qu'il dit de celle qu'il nomme *abſolue*, eſt-il la même choſe que ce que les autres ont démontré de la réſiſtance reſpective en raiſon des vîteſſes ; & ce qu'il dit de celle qu'il nomme *reſpective*, convient avec ce que l'on démontre de celle qui eſt en raiſon des quarrés des vîteſſes. Mais il ſe trompe en tentant de conſtruire la courbe de projection dans cette hypotheſe. Car il le fait par la décompoſition du mouvement, ce que nous avons dit induire en erreur dans ce cas, & il l'a reconnu dans la ſuite.

La réſiſtance des milieux au mouvement, donne naiſſance à une infinité de recherches profondes & utiles. Quelque hypotheſe en effet qu'on admette, un corps qui ſe meut dans un fluide, y éprouvera une réſiſtance différente, ſuivant ſa figure & ſa direction. Des exemples ſeroient ſuperflus pour éclaircir une choſe auſſi ſimple & auſſi évidente. La conſidération de la figure des corps, & la détermination des rapports de leurs réſiſtances, forment donc une branche eſſentielle de la théorie préſente. M. *Newton* en a donné un eſſai ſuffiſant pour mettre ſur la voie, en examinant la réſiſtance d'un globe mu dans un fluide, & en la comparant avec celle d'un cylindre de même baſe, mu avec la même vîteſſe dans la direction de ſon axe. Il trouve que le dernier de ces corps éprouvera une réſiſtance double de celle du premier ; il réſoud auſſi, à cette occaſion, ce problême intéreſſant : quel eſt le ſolide de baſe & de ſommet donnés, qui, mu dans un fluide ſuivant la direction de ſon axe, y éprouvera la moindre réſiſtance poſſible. On en dira quelque choſe de plus dans l'article ſuivant, qui eſt deſtiné à faire l'hiſtoire de divers problêmes célebres ſur leſquels s'exercerent les Méchaniciens de la fin du ſiecle paſſé. Ce que M. *Newton* avoit ébauché ſur les rapports de réſiſtance des corps de diverſes figures, a depuis été étendu par M. Jacques *Bernoulli*, qui a donné dans les Act. de Leipſick 1693, le réſultat de ſes recherches ſur quantité de figures & de ſolides. M. *Bernoulli* a auſſi traité cette matiere dans ſa *nouvelle théorie de la manœuvre*, & M. *Herman* en a fait l'objet d'un chapitre de ſa *Phoronomie*. L'analyſe de ce genre de queſtions, & la maniere d'y appliquer le calcul, ne ſont guere ſuſceptibles de difficultés, pour ceux qui ſont inſtruits des loix de l'hydraulique, & ſuffiſamment verſés dans le calcul & l'analyſe. D'ailleurs, ſi la place nous le permet, nous en dirons quelque choſe de plus, lorſque nous expoſerons la *théorie de la manœuvre.*

VII.

Hiſtoire de quelques problêmes célebres de Méchanique.

Après avoir rendu compte des principales théories dont s'enrichit la Méchanique durant le dernier ſiecle, nous avons à parler de quelques autres objets particuliers qui appartiennent auſſi à l'hiſtoire de cette ſcience. Tels ſont entr'autres divers problêmes de Méchanique qu'on vit les Géometres ſe propoſer mutuellement, comme par défis, vers la fin de ce ſiecle. Ils méritent à pluſieurs titres une place dans cet ouvrage, & comme très-propres à intéreſſer la curioſité, & comme ayant beaucoup contribué aux progrès de l'analyſe. En effet, quoique des hommes du premier mérite, à la tête deſquels on pourroit mettre *Galilée*, ayent témoigné une grande averſion à être tentés par ces ſortes d'énigmes, leur utilité, lorſqu'elles ſont bien choiſies, & que leur dénouement tient à quelques difficultés particulieres, ne ſçauroit être révoquée en doute. C'eſt intéreſſer adroitement l'amour propre à la réſolution de ces difficultés, & ſouvent ce qui s'étoit refuſé à des recherches occaſionnées par les motifs ordinaires, cede aux efforts réitérés & puiſſans que produit la curioſité, ou le deſir de l'emporter ſur ceux qui courent la même carriere.

Problême de la courbe iſochrone.

Le premier des problêmes qui font l'objet de cet article, eſt celui de la courbe *iſochrone*, & fut propoſé par M. *Leibnitz*. On ſçait qu'un corps livré à ſa peſanteur, parcourt, ſoit dans la perpendiculaire, ſoit ſur un plan incliné quelconque des eſpaces d'autant plus grands en temps égaux qu'il s'éloigne davantage du point où ſa chûte à commencé. On ſçait auſſi qu'un corps met d'autant plus de temps à parcourir la même ligne avec une vîteſſe déterminée, qu'elle eſt plus inclinée à l'horizon. Il y a donc une courbe telle que l'obliquité de ſes différentes parties compenſant la vîteſſe avec laquelle elles ſeroient parcourues, le mobile s'éloignera uniformément de l'horizontale, ou parcourra des eſpaces égaux pris dans le ſens perpendiculaire : cette courbe eſt celle que M. *Leibnitz* nomma *iſochrone*, & c'eſt à trouver ſa nature que conſiſte le problême dont nous parlons. M. *Leibnitz* le propoſa en 1687 (*a*), dans la vue de rabattre la confiance de quelques Cartéſiens qui, trop attachés à la Géométrie de leur Maître, témoignoient peu d'eſtime pour les nouveaux calculs. Il invita ces Analiſtes à faire ſur ſon problême une épreuve de leurs forces & des reſſources de leur méthode.

Ce que M. *Leibnitz* avoit prévu arriva : aucun de ces trop ſerviles admirateurs des productions de *Deſcartes*, ne réſolut le problême. Il n'y eut que M. *Huyghens* & lui, qui en donnerent à temps des ſolutions. M. *Huyghens* n'employoit pas, à la vérité, le calcul différentiel ; mais ce génie profond & fertile en reſſources, ſçut ſe frayer une route pour arriver à la ſolution du problême, & il la publia bien peu après qu'il eut été propoſé (*b*). Celle de M. *Leibnitz* a tardé davantage, & par des raiſons que nous ignorons, n'a paru qu'en 1689 (*c*) ; ils montrerent que la courbe cherchée n'eſt autre choſe qu'une des paraboles cubiques, ſçavoir celle où le quarré de l'abſciſſe par le parametre eſt égal au cube de l'ordonnée. Cette courbe étant diſpoſée de maniere que ſon axe ſoit parallele à l'horizon, & ſa concavité tournée en haut, tout corps qui tombera d'un point élevé au deſſus de l'axe des $\frac{4}{9}$ du parametre, roulant enſuite le long de la courbe, s'éloignera de l'horizontale également en temps égaux. Quelque temps après que les ſolutions de MM. *Huyghens* & *Leibnitz* eurent paru, M. *Bernoulli* l'aîné, aidé des ſecours du nouveau calcul qu'il commençoit à cultiver, s'y éleva auſſi (*d*). Il en publia l'analyſe, que ni l'un ni l'autre n'avoient laiſſé entrevoir, & par-là il mérite, à quelques égards, de partager avec eux l'honneur d'avoir deviné cette énigme.

Ce problême donna lieu à un autre, qui fut auſſi propoſé par M. *Leibnitz*. Il ne s'agiſſoit plus de déterminer la courbe le long de laquelle devroit rouler un corps pour faire en temps égaux des chûtes égales dans la perpendiculaire. M. *Leibnitz* demanda le long de quelle courbe un corps devoit tomber, afin qu'il s'éloignât d'un point donné proportionnellement au

(*a*) Nouv. de la Républ. des Lettres, Sept. 1687.

(*b*) *Ibid.* Oct. 1687.

(*c*) *Act. Erud.* 1689.

(*d*) Ibid. 1690.

temps. Il lui donna pour cette raiſon le nom d'*iſochrone paracentrique*. Ce changement de condition rend le problême bien plus difficile, & M. *Leibnitz* ne ſe hâtant pas de dévoiler ſa ſolution, pluſieurs années s'écoulerent avant qu'on en vît aucune. Il échappa aux premiers efforts de MM. *Bernoulli*; mais l'aîné de ces illuſtres freres s'étant remis à y ſonger vers l'an 1694, il le réſolut enfin, & il publia peu après ſa ſolution, qui fut auſſi-tôt ſuivie de celles de M. *Leibnitz*, & de M. *Bernoulli* le jeune (*a*). Suivant ces ſolutions, la courbe demandée par M. *Leibnitz* a la forme qu'on voit dans la figure 119. Elle prend ſon origine en A, & coupant ſon axe en P, elle remonte vers l'horizontale qu'elle touche en E. Il en eſt ici de même que dans la courbe iſochrone ſimple. Le corps doit partir au commencement avec une vîteſſe déterminée, qu'on ſuppoſe acquiſe en tombant d'une certaine hauteur, par exemple H A. Cette courbe fait ſur elle-même un repli, & revient ſe couper en P, formant de l'autre côté de l'axe A P, une partie entiérement égale & ſemblable à la premiere. D'où il ſuit qu'un corps partant du point E, avec la vîteſſe initiale acquiſe par la chûte d'une hauteur égale à H A, & roulant de là le long de E P B A, s'approchera uniformément du point A, puis roulant le long de A *b* P *e*, il s'en éloignera ſuivant la même loi. Enfin parvenu au point *e*, il roulera le long de l'horizontale, s'éloignant toujours uniformément du même point. Remarquons encore avec MM. *Leibnitz* & *Huyghens*, qu'à chaque hauteur d'où l'on ſuppoſe la vîteſſe initiale acquiſe, répondent une infinité de courbes qui ſatisfont au problême, ſans en excepter l'horizontale : cette derniere n'eſt en effet que la plus applatie de toutes.

Problême de la chaînette.

Pendant que le problême de la courbe *paracentrique*, étoit ſur le tapis, un autre propoſé par M. Jacques *Bernoulli*, excitoit auſſi les recherches des principaux Géometres de l'Europe. C'eſt le problême ſi connu ſous le nom de la chaînette. Une chaîne, ou une corde infiniment déliée étant ſuſpendue lâchement par ſes extrêmités, M. *Bernoulli* demanda quelle courbure elle prendroit. Ce problême avoit autrefois excité la curioſité de *Galilée*; mais cet homme célebre y avoit échoué,

(*a*) *Act. Erud.* ann. 1694. Bern. *Opera.* Wolf. *Elem. Math.*

ou du moins il avoit jugé fort gratuitement & ſans aucune raiſon ſolide, que cette courbure étoit celle d'une parabole ; ce que quelques Mathématiciens (les PP. *Pardies* & *de Lanis*) s'étoient efforcés d'établir par d'amples paralogiſmes. Un Géometre Allemand, nommé Joachim *Jungius* (*a*), avoit, à la vérité, montré le contraire par diverſes expériences ; mais il n'avoit pas donné plus de lumieres ſur la vraie ſolution du problême. Elle exigeoit des reſſources d'analyſe & de calcul dont on ne fut en poſſeſſion que long-temps après.

La nature du problême ne permettoit pas de s'attendre à voir beaucoup de Géometres concourir à l'honneur de le réſoudre. Auſſi n'y en eut-il que quatre ; M. Jacques *Bernoulli*, qui l'avoit propoſé, & ſon frere ; M. *Leibnitz* & M. *Huyghens*. Ils publierent leurs ſolutions dans les Actes de Leipſick (*b*), mais ſans analyſe, apparemment afin de laiſſer encore quelque lauriers à cueillir, à ceux qui viendroient à bout de la deviner. C'eſt ce que tenta de faire quelques années après M. David *Grégori*, en publiant, dans les *Tranſ. Phil.* de 1697, une ſolution de ce problême. Elle a été vivement accuſée de paralogiſme par M. *Bernoulli*. Mais il me ſemble que ce jugement eſt trop rigoureux ; on ne peut, à mon avis, lui imputer que de l'obſcurité, & de l'embarras dans l'application d'un principe très-vrai & très-ſolide.

Nous croyons ne pouvoir nous diſpenſer de mettre ici les lecteurs Géometres un peu ſur la voie de la ſolution de ce curieux & difficile problême. Nous emprunterons pour cela la ſubtile analyſe qu'en a donné M. Jean *Bernoulli* dans *ſes Leçons de calcul intégral*.

Imaginons que la courbe ASE eſt celle qu'on cherche, que S en eſt le ſommet, ou le point le plus bas ; SE, l'axe ; EC, *ec*, deux ordonnées infiniment proches. Il eſt certain, & l'on peut facilement le démontrer par les loix de la Statique, que ſi aux points S & C, on conçoit deux puiſſances retenant la portion de chaînette SC dans ſa poſition, elles éprouveront chacune un effort dans la direction des tangentes SH, CH, & que chacune ſoutiendra la même partie du *Fig.* 119.

(*a*) On a de ce Géometre un Livre imprimé en 1669, ſous le titre ſingulier de *Geometria empirica* (*ſeu experimentalis*). C'eſt apparemment là qu'il examinoit la queſtion de la chaînette.

(*b*) *Act. Erud.* ann. 1691.

poids abſolu de cette portion, que ſi ce poids étoit réuni en H, concours de ces tangentes. D'un autre côté, la puiſſance placée en S, ſera toujours la même, quelle que ſoit la place du point C où l'autre eſt appliquée; car quelle que ſoit la longueur de la portion SC, l'autre SA ne change ni de figure, ni de poſition, comme il eſt aiſé de s'en convaincre par l'expérience; & par conſéquent ſon point extrême S, ou la puiſſance que nous y ſuppoſons, éprouve conſtamment la même traction dans la direction SH. Mais la Statique nous apprend que quand deux puiſſances ſoutiennent de cette ſorte un poids H, ce poids eſt à l'effort de l'une des deux, par exemple S, comme le ſinus de l'angle des directions SHC, ou DHC, au ſinus de l'angle HCD, formé par la direction de l'autre puiſſance avec la verticale, c'eſt-à-dire, comme CD à DH, ou cf à Cf. Ainſi nommant a la puiſſance conſtante S: z, la courbe SC, ou le poids H; SE & EC, x & y, & leurs différences reſpectives dx, dy, on aura $z:a::dx:dy$, ou $zdy=adx$, pour l'équation différentielle de la courbe; équation qui traitée avec adreſſe, ſe réduira à celle-ci, $dy=adx:\sqrt{(xx-aa)}$. Ayant donc pris l'indéterminée SE$=x$, & conſtruiſant l'intégrale de $adx:\sqrt{(xx-aa)}$, on aura l'ordonnée correſpondante EC, ou y. Mais cette intégrale dépend de la dimenſion d'une courbe dont les ordonnées ſont données, ou bien de celle d'un ſecteur hyperbolique: on peut auſſi la repréſenter par la longueur d'un arc parabolique, ou enfin par le logarithme d'une quantité variable qu'il eſt facile d'aſſigner; car toutes ces choſes dépendent de la quadrature de l'hyperbole. Ce ſont là les différentes manieres dont s'y prirent pour conſtruire cette courbe, MM. *Huyghens*, *Leibnitz* & *Bernoulli*.

La chaînette eſt, comme l'on voit, une courbe méchanique ou tranſcendante, puiſque ſa conſtruction ſuppoſe la quadrature de l'hyperbole. Mais elle a d'ailleurs diverſes propriétés tout-à-fait remarquables, qu'obſerverent les illuſtres Auteurs des ſolutions dont on a parlé. Voici quelques-unes de ces propriétés. 1°. La chaînette eſt abſolument rectifiable; l'arc SC eſt toujours égal à l'ordonnée correſpondante EF de l'hyperbole équilatere dont le ſommet eſt en S, & le centre ſur l'axe prolongé à la diſtance SV, égale à la quantité déterminée $\frac{1}{2}a$ de l'analyſe précédente. 2°. Cette courbe eſt abſolument quarrable.

rable : l'aire ECS eſt égale au rectangle de EC par ES, moins celui de SV par CF. 3°. De toutes les courbes de même longueur & de même baſe, la chaînette eſt celle dont le centre de gravité eſt le plus bas. La raiſon s'en préſente facilement à ceux qui ſont inſtruits de ce principe méchanique, ſçavoir qu'un corps, ou un ſyſtême de corps, ne ceſſe de deſcendre ou de ſe mouvoir que ſon centre de gravité ne ſoit le plus bas qu'il eſt poſſible. Ainſi de toutes les courbes de même longueur & de même baſe, la chaînette eſt celle qui tournant autour de cette baſe, produira le ſolide de plus grande ſurface. 4°. La courbure de la chaînette eſt enfin celle ſuivant laquelle il faudroit arranger une infinité de petits vouſſoirs pour en former une voûte qui ſe ſoutînt d'elle-même par ſon propre poids.

C'eſt la coutume des Géometres de s'élever de difficultés en difficultés, & même de s'en former ſans ceſſe de nouvelles, pour avoir le plaiſir de les ſurmonter. M. *Bernoulli* ne fut pas plutôt en poſſeſſion du problême de la chaînette, conſidéré dans le cas le plus ſimple, qu'il ſe mit à conſidérer d'autres cas plus compoſés. Il ſe demanda, par exemple, ce qui arriveroit ſi la corde étoit d'une peſanteur inégale, ou inégalement chargée dans toutes ſes parties; dans quelle raiſon il faudroit que fût cette inégalité, pour que la courbure fût d'une eſpece donnée; quelle ſeroit cette courbure ſi la corde étoit extenſible par ſon propre poids. Il donna bien-tôt après les ſolutions de tous ces cas (*a*), mais comme il s'en réſerva l'analyſe, on doit recourir aux Œuvres de M. Jean *Bernoulli* (*b*), où on la trouvera. On s'eſt enfin propoſé le problême dans l'hypotheſe des directions convergentes à un point, & de la gravité variable en telle raiſon qu'on voudra de la diſtance au centre; & M. Jean *Bernoulli* en a donné la ſolution (*c*).

Problême de la courbe élaſtique.

Le problême précédent conduiſit M. *Bernoulli* l'aîné à quelques autres qui lui ſont analogues, & qui ne ſont ni moins curieux ni moins difficiles. Le premier eſt celui de la courbe élaſtique, ou d'un reſſort plié. Il ſuppoſoit une lame élaſtique attachée perpendiculairement à un plan par une de ſes extrê-

(*a*) *Act. Lipſ.* ann. 1691, p. 289.
(*b*) *Lect. calculi integr.* Bern. *Op.* T. III.
(*c*) Ibid. *Op.* T. IV.

Fig. 120. mités, & plié comme l'on voit dans la figure 121, par un poids attaché à l'autre. Il demandoit quelle courbure prendroit ce ressort, & afin qu'on ne réputât pas son problême impossible, il annonçoit qu'il en avoit la solution, & il consignoit sous un logogriphe de lettres transposées, l'une des principales propriétés de la courbe cherchée. Trois ans s'écoulerent sans que personne répondît à son invitation, c'est pourquoi il dévoila sa solution en 1694 (*a*). Il n'a pas donné en même temps son analyse, mais on peut conjecturer que c'est celle-ci.

Lorsqu'une lame élastique disposée, comme on le voit dans la figure, est courbée par l'action d'un poids, chaque petite partie est écartée de la rectitude, & d'autant plus que l'impression qu'elle éprouve du poids, est plus grande. Mais cette quantité de fléxion est mesurée par la petite ligne *ck*, perpendiculaire à la courbe, & interceptée entr'elle & la tangente, tandis que l'impression du poids en C, est suivant les regles de la Statique proportionnelle à l'ordonnée CD. Ainsi *kc* est toujours proportionnelle à l'ordonnée CD. Or *kc* est, comme l'on sçait, réciproquement proportionnelle au rayon de la développée en C; d'où il suit que ce rayon est dans cette courbe réciproquement comme CD. Cette propriété donne l'équation différentielle de l'élastique, d'où l'on tire ensuite, quoique non sans adresse, une équation plus simple, & la construction de la courbe. M. *Bernoulli* en parcourt au long les propriétés dans l'endroit cité; mais nous ne sçaurions l'imiter ici: c'est pourquoi nous y renvoyons nos lecteurs.

Le second des problêmes que nous avons annoncés, regarde la courbure d'un linge rempli de liqueur. Imaginons un linge, ou une surface rectangulaire infiniment fléxible, attachée lâchement par ses deux côtés opposés, à deux lignes paralleles entr'elles & à l'horizon, & de même hauteur. Si l'on remplit ce creux d'une liqueur, que nous supposons ne pouvoir s'échapper par les côtés, quelle sera la courbe que formera ce linge? Tel est le problême que résolut M. *Bernoulli*. Il trouva que cette courbe étoit la même que la précédente, dont on auroit placé la base horizontalement. En effet, la pression qu'exerce sur chaque portion égale de la courbe, la colonne ver-

(*a*) Voy. *Act. Erud.* ou Jac. Bern. *Opera.*

ticale du fluide DC, est proportionnelle à la hauteur. Or on démontre d'après les principes de la Statique, que si plusieurs puissances, ainsi appliquées aux différentes parties d'un filet, sont en équilibre, le sinus de l'angle formé à chaque endroit où la puissance est appliquée, est comme cette puissance. La petite ligne *kc*, qui mesure ici l'écart de la courbe & de la tangente, & qui est le sinus de cet angle, ou de son supplément, sera donc ici, comme dans le problême précédent, proportionnelle à CD; & conséquemment ce sera la même courbure dans l'un & dans l'autre cas, quoique les causes qui la produisent soient bien différentes. M. *Bernoulli* remarquoit une belle propriété de cette courbe, sçavoir que c'étoit celle de toutes les isopérimetres dont l'aire avoit son centre de gravité le plus bas. Mais cela doit être entendu avec modification, comme il l'a reconnu lui-même dans la suite (*a*) : il faut seulement dire, que de tous les segmens égaux qu'on peut retrancher de différentes figures isopérimetres, celui qui forme la *lintéaire*, a son centre de gravité le plus bas, ou le plus éloigné de sa base. Cela suit évidemment de cet axiome méchanique, sçavoir qu'un systême de corps qui agissent les uns sur les autres, n'arrive à l'état permanent ou d'équilibre, que lorsque le centre de gravité est le plus bas qu'il est possible. Mais si la *lintéaire* ou *l'élastique*, n'est pas douée de la propriété, d'avoir le centre de gravité de son aire, le plus bas qu'il est possible, elle en a une autre qui n'est pas moins belle. C'est que le solide qu'elle produit en tournant autour de sa base, est le plus grand. Ainsi voilà trois courbes, le cercle, la chaînette & la lintéaire, entre lesquelles regne une analogie tout-à-fait remarquable ; la premiere est de toutes les isopérimetres celle qui a la plus grande aire, la seconde celle qui produit le solide de circonvolution qui a plus grande surface, & la troisieme, celle qui produit le solide absolument le plus grand.

Quelle sera enfin la courbure d'une voile, ou d'une surface infiniment fléxible, qui arrêtée de deux côtés, sera enflée par le vent ? C'est le troisieme des problêmes analogues que résolut M. *Bernoulli*. Il faut ici distinguer deux cas. Si le vent après avoir choqué la voile, trouve aussi-tôt une issue, la courbe

(*a*) Journal des Sçavans du 23 Juin 1698.

est la même que celle de la chaînette ; mais si ce fluide y séjourne, cette courbe sera circulaire. La raison de cette distinction est aisée à sentir, du moins en partie : dans le dernier cas, le fluide séjournant contre la surface qu'il pousse, se distribue également en tout sens, la pression qu'il éprouve de celui qui le frappe par derriere ; d'où il résulte que toutes les parties de la voile sont également pressées : elles doivent donc prendre la forme circulaire. Quant à l'autre cas, il faudroit, pour l'analyser, entrer dans des détails qui nous meneroient trop loin. Les lecteurs pour qui ces matieres sublimes ont des attraits, me permettront de les renvoyer aux Œuvres de M. Jean *Bernoulli*. On y trouve deux analyses de ce problême, l'une dans ses *Leçons de calcul intégral*, l'autre dans sa *Théorie de la Manœuvre*. La derniere, beaucoup plus simple que la premiere, est particuliérement remarquable par son élégance ; elle est fondée sur le principe lumineux dont nous nous sommes servis ci-dessus, en parlant de la courbe du linge chargé de liqueur, & qui est dû à M. *Bernoulli*, sçavoir que quand une infinité de puissances sont appliquées perpendiculairement aux points d'un filet, ou d'une surface infiniment fléxible, la courbure à chaque point est comme la puissance qui y est appliquée ; & par conséquent le rayon osculateur à ce point est en raison réciproque de cette puissance. Cette importante vérité met presque sur le champ en possession de l'équation différentielle de la courbe, & donne avec une facilité remarquable la solution de divers problêmes, qui traités suivant une autre méthode, seroient beaucoup plus embarrassans. Il faut voir dans l'ouvrage même de M. *Bernoulli*, l'usage qu'il en fait pour la résolution des problêmes de la chaînette, du linge chargé de liqueur, de la voiliere, &c.

ême de la de la plus e. descen-

Parmi les problêmes qui occuperent les Géometres vers la fin du siecle passé, il en est peu qui soient plus curieux & plus dignes de remarque, que celui de la plus courte descente. Ce fut M. Jean *Bernoulli* qui proposa celui-ci (*a*). Deux points qui ne sont ni dans la même perpendiculaire, ni dans la même horizontale, étant donnés, il s'agit de trouver la ligne le long de laquelle un corps roulant de l'un à l'autre, y em-

(*a*) *Act. Erud.* ann. 1696.

ployeroit le moindre temps poſſible. M. *Bernoulli*, lui donne le nom de *Brachyſtochrone*, nom dérivé du Grec (*a*), & qui ſignifie le temps le plus court. On pourroit être tenté d'abord, de penſer que cette ligne eſt la droite menée d'un point à l'autre; mais nous nous hâtons de diſſiper cette erreur, & la choſe eſt facile, à l'aide des réfléxions ſuivantes.

En effet, le temps qu'un corps emploie à tomber d'un point à l'autre, n'eſt pas en raiſon ſimple de la longueur du chemin qu'il parcourt. La détermination de ce temps exige néceſſairement qu'on ait égard à la vîteſſe avec laquelle ce chemin eſt parcouru. Quelque court qu'il ſoit, ſi la vîteſſe eſt très-petite, le mobile y pourra employer beaucoup de temps; d'ailleurs cet eſpace n'eſt pas parcouru d'un mouvement uniforme, mais d'un mouvement continuellement accéléré; & la quantité de cette accélération dépend de la pente de la ligne le long de laquelle ſe meut le corps, & principalement de celle des parties de cette ligne où il commence à ſe mouvoir. Une courbe qui procurera au corps un commencement de chûte verticale, qui enſuite deviendra de plus en plus inclinée, pourra donc lui donner une vîteſſe plus grande qu'il ne faut pour compenſer la longueur du chemin qu'il parcourt; ainſi il ne doit point paroître étonnant qu'un corps qui tombe le long d'une courbe menée d'un point à l'autre, emploie moins de temps à parcourir ce chemin, que s'il fût deſcendu le long de la ligne droite qui les joint.

Ce problême eſt encore un de ceux que *Galilée* avoit tentés. Les vérités que nous venons d'expoſer, ne lui avoient pas échappé, & il avoit prouvé qu'un corps qui rouleroit le long de pluſieurs cordes inſcrites dans un arc de cercle, arriveroit plutôt au bas, que s'il rouloit par la corde de cet arc; de ſorte qu'il démontroit qu'un corps roulant le long de l'arc, employeroit moins de temps dans ſa chûte, qu'en parcourant la corde, ou telle ſuite de cordes qu'on voudroit. Il eſt vrai qu'il concluoit mal-à-propos delà que cet arc de cercle étoit le chemin que le corps devoit parcourir pour arriver d'un point à l'autre dans le moindre temps poſſible. C'étoit une conſéquence précipitée, & qui n'étoit point une ſuite de ſa démonſtration.

(*a*) De βραχυστος, ſurperlatif de βραχὺς, *brevis*; & χρονος, *tempus*.

M. *Bernoulli* n'avoit pas proposé ce problême sans être bien assuré de sa possession. M. *Leibnitz*, frappé de sa beauté, ne put, malgré ses occupations d'un genre tout différent, se défendre de s'en occuper, & ne tarda pas à le résoudre. Il engagea M. *Bernoulli*, qui avoit donné six mois aux Géometres pour y travailler, à proroger ce terme encore de six mois. Ce délai procura trois autres solutions. L'une vint de *Newton*, qui n'eut connoissance du problême que vers le commencement de 1697, & qui le résolut aussi-tôt. On sent aisément que de quelque nature qu'il fût, il ne devoit pas échapper à ce profond génie. Le frere du proposant, M. *Bernoulli* l'aîné, en donna aussi une solution. Il en vint enfin une de M. le Marquis *de l'Hôpital*, qui indisposé durant les premiers six mois, n'avoit pu y donner une attention suffisante, & qui y revint avec succès lors de la prorogation du terme accordé pour le résoudre (*a*). Ainsi l'Angleterre, la France & l'Allemagne, concoururent à l'honneur d'une découverte si curieuse & si difficile. La Hollande sans doute y eût aussi eu part, si M. *Huyghens* eût vécu : mais il venoit de mourir ; & M. *Hudde*, dont on pouvoit aussi espérer quelque chose, alors Bourguemestre d'Amsterdam, avoit renoncé aux Mathématiques. Au lieu de solution, il y eut un Professeur Hollandois, nommé M. *Mackrel*, qui dit que ce problême étoit bon pour des Allemands, mais que ses compatriotes ne s'en occuperoient pas (*b*). Quelques temps après, c'est-à-dire en 1699. M. *Fatio de Duillier*, depuis devenu si célebre par son enthousiasme (*c*), voulut aussi participer à la gloire de la solution de ce problême. C'étoit, on ne peut en disconvenir, un très-profond Géometre ; mais ceux qui liront les pieces qui ont rapport à la contestation assez vive qui s'éleva à ce sujet, verront clairement qu'il vint un peu trop tard pour être fondé à se mettre sur les rangs.

Le problême dont nous parlons n'est pas un de ces problê-

(*a*) Voyez toutes ces solutions dans les Actes de Leipsick. ann. 1697.

(*b*) *Comm. Phil. Leibn. ac Bern.* T. 1, p. 244.

(*c*) La Géométrie ne met pas toujours à l'abri des travers & des ridicules. M. Fatio de Duillier, en offre un exemple. Il s'avisa, avec quelques visionnaires, d'imaginer que l'Evangile ne demandant qu'un grain de foi, pour transporter les montagnes & ressusciter les morts, il n'étoit pas difficile d'en avoir assez pour opérer ces merveilles. Il promit donc à l'Angleterre de ressusciter un mort. On prit ces nouveaux Sectaires au mot, le Gouvernement leur en fit donner un qui aux yeux de tout Londres assemblé fut sourd à leur voix. Cette scene ridicule se passa en 172...

mes *de maximis & minimis*, qui se résolvent par les méthodes ordinaires. Il est d'un genre plus relevé, & il exige plus d'adresse. Comme l'expression même du temps n'est pas donnée, puisque la courbe dont elle dépend est précisément ce qu'on cherche, il faut recourir à un autre moyen, & c'est ce qu'il n'est pas aisé de découvrir. M. *Bernoulli*, l'Auteur du problême, en trouva néanmoins deux solutions, l'une directe, l'autre indirecte, dont nous donnerons une idée.

Dans la premiere de ces solutions, M. *Bernoulli* considere, que, puisque la courbe entiere est parcourue dans le moindre temps possible, il en doit être de même de chacun de ses élémens, c'est-à-dire, que les deux extrêmités de chacun d'eux, restant fixes, leur courbure doit être telle que le mobile les parcoure dans un moindre temps qu'en leur donnant quelqu'autre forme que ce soit. Autrement, il est évident qu'en substituant à cette partie de la courbe, celle qui seroit parcourue dans un moindre temps, on en auroit une autre qui le seroit encore plus promptement, ce qui est contre la supposition. M. *Bernoulli* recherche donc, en considérant chaque portion infiniment petite de la courbe comme un arc de cercle, quel devroit en être le rayon, afin que le corps y arrivant avec la vîtesse déja acquise par sa chûte, le parcoure dans le temps le plus court; & il trouve, à l'aide d'une ligne de calcul, que ce rayon, qui est le rayon de la développée à ce point de la courbe, a la propriété connue de celui de la cycloïde. Ainsi il reconnut & il démontra ensuite synthétiquement que la cycloïde étoit la courbe cherchée : elle jouissoit déja de la propriété du *Tautochronisme*, c'est-à-dire, de procurer à un corps des chûtes d'égale durée, de quelque point qu'il partît. De sorte que voilà deux propriétés des plus remarquables, réunies dans la même courbe, & très-propres à lui confirmer son rang parmi les plus curieux objets de la Géométrie.

La seconde solution de M. *Bernoulli* procede d'une maniere indirecte, & qui lui fait du moins autant d'honneur que la premiere ; car il faut être doué d'un génie extrêmement heureux, pour arriver à une question par une voie aussi détournée que celle qu'il sçut se frayer. Il suppose avec *Fermat*, *Huyghens*, & plusieurs autres, qu'un rayon de lumiere qui, partant d'un point, va à un autre ſitué dans un milieu de différente denſité, fait toujours ce trajet dans le temps le plus court, & que ſa vîteſſe dans chaque milieu eſt en raiſon réciproque de la denſité. Cela étant un rayon de lumiere qui traverſera un milieu dont la denſité ſera différente à chaque couche, ſe courbera de maniere qu'il ira d'un point à l'autre dans le temps le plus court; ſi donc cette denſité eſt ſuppoſée diminuer dans le même rapport qu'un corps accélere ſon mouvement, c'eſt-à-dire, comme la racine de la hauteur d'où part le corps, la courbe du rayon de lumiere ſera la même que celle de la plus courte deſcente. M. *Bernoulli* applique à ce problême optique, ſon analyſe, & trouve que dans la loi de denſité que nous venons de ſuppoſer, la trajectoire du rayon de lumiere ſeroit une cycloïde; d'où il conclud que cette courbe ſera auſſi celle du plus court trajet d'un point à l'autre. Cette ſeconde ſolution fut celle qu'il publia. M. *Leibnitz*, à qui il communiqua l'une & l'autre, l'engagea par des raiſons particulieres à tenir la premiere cachée. Elle n'a vu le jour qu'en 1718, dans le nouveau Mémoire que M. *Bernoulli* donna à l'Académie des Sciences, ſur le fameux problême des iſopérimetres; c'eſt-là qu'on doit recourir, ou à ſes Œuvres, T. II, p. 266.

Tant de voies différentes peuvent conduire à la ſolution d'un même problême, qu'on ne s'étonnera point que celle de M. Jacques *Bernoulli* ſoit encore différente. Ce ſçavant Géometre ſe ſert de l'obſervation préliminaire dont nous avons fait uſage ci-deſſus, ſçavoir que la propriété de la plus courte deſcente, doit non ſeulement convenir à un arc quelconque fini de la courbe, mais encore à chacune de ſes parties infiniment petites. Deux élémens quelconques de la courbe poſés de ſuite, doivent par conſéquent être ſitués de maniere que le corps qui les parcourt en continuant d'accélérer ſon mouvement, les parcoure dans moins de temps que s'ils euſſent eu toute autre poſition. M. *Bernoulli* réduit ainſi le problême au ſuivant. Deux points A & B, étant donnés, il s'agit de trouver ſur la parallele DE, qui en eſt également diſtante, un point C, tel que AC, étant parcouru avec une certaine vîteſſe *m*, & CB avec une autre *n*, le temps employé à aller de A en B, ſoit le moindre qu'il eſt poſſible. Ce problême analogue à celui de la réfraction, eſt facile. On trouve par le moyen

Fig. 121.

moyen du calcul différentiel, & même ſans ce ſecours, que les ſinus des angles ACD, BCE, doivent être en raiſon réciproque des vîteſſes avec leſquelles CA, CB, ſont parcourues. Mais dans l'hypotheſe d'une courbe parcourue d'un mouvement accéléré uniformément, ces vîteſſes ſuivent le rapport des racines des hauteurs, comme HA, HD, de ſorte qu'il faut que les ſinus des angles formés par deux élémens ſucceſſifs *ac*, *cb*, de la courbe cherchée, ſoient réciproquement comme les racines des hauteurs *ha*, *hc*, ou des abſciſſes. Or cela ſe trouve, avec un peu d'attention, convenir à la cycloïde; d'où il ſuit que cette courbe eſt celle qui ſatisfait au problême. C'eſt ainſi que M. *Bernoulli* l'aîné, procédoit dans ſa ſolution.

Nous ne pouvons pas faire connoître de même, les moyens qu'employerent les autres Géometres qui réſolurent auſſi ce problême, parce qu'ils n'ont rien laiſſé tranſpirer de leur analyſe. *Newton*, *Leibnitz*, M. le Marquis *de l'Hôpital*, ſe contenterent de répondre que la courbe demandée par M. *Bernoulli* le jeune, étoit une cycloïde. Mais ceux qui connoiſſent la Géométrie, ſçavent qu'on n'y devine pas, & que quand on trouve la vérité dans des queſtions auſſi difficiles, c'eſt qu'on a pris un chemin sûr pour y aboutir. Nous ſçavons ſeulement, à l'égard de M. le Marquis *de l'Hôpital*, qu'il employa dans ſon analyſe un moyen aſſez ſemblable à celui dont M. *Bernoulli* s'étoit ſervi pour réſoudre les problêmes de la chaînette, de la voiliere, &c. Sa ſolution eſt auſſi fort générale, & il fit une remarque particuliere, ſçavoir que dans l'hypotheſe de *Baliani*, ſur l'accélération des graves, le cercle ſeroit la courbe de la plus courte deſcente. Mais cette hypotheſe eſt impoſſible, comme on l'a vu ailleurs. Ainſi loin que *Galilée* eût bien deviné, il arrive au contraire, par un hazard ſingulier, qu'il a attribué la propriété de la plus courte deſcente à la courbe qui de toutes eſt la ſeule qui ne ſçauroit l'avoir.

La conſidération des mouvemens curvilignes des corps, conduit à divers autres problêmes du même genre que le précédent, & qui furent auſſi agités entre MM. *Bernoulli*. On pourroit demander, par exemple, *laquelle de toutes les cycloïdes menées d'un point donné ſur l'horizontale, à une ligne verticale, produiroit la chûte du corps la plus prompte de ce point à cette ver-*

ticale. Cette question fut proposée par M. *Bernoulli* l'aîné, à son frere, avec qui il étoit depuis quelque temps en mésintelligence, & ce fut un des premiers actes d'hostilité, par lesquels commença la guerre un peu trop vive qu'ils se firent l'un à l'autre. Mais ce que M. Jacques *Bernoulli* avoit en vue dans ce défi, n'arriva pas; son frere y satisfit avec facilité, & en effet cette question n'étoit pas de nature à devoir beaucoup l'embarrasser. Il trouva que de toutes ces cycloïdes, celle qui satisfaisoit au *minimum* demandé, étoit celle qui rencontroit la verticale à angles droits. Il résolut même la question bien plus généralement que son frere ne l'avoit proposée, en montrant que quelle que fût la position de la ligne à laquelle le corps devoit aller, la cycloïde qui l'y conduisoit dans le moindre temps, étoit celle qui la rencontroit perpendiculairement. Cette solution n'est qu'un corollaire facile de celle d'une autre question qu'il s'étoit proposée sur ces chûtes curvilignes dans la cycloïde. En supposant une infinité de cycloïdes de même origine, il avoit recherché quelle courbe terminoit les arcs parcourus dans le même temps, ou la courbe à laquelle arriveroient dans des temps égaux, tous les corps roulans dans ces cycloïdes. C'est ainsi que si l'on suppose une infinité de plans inclinés, qui ayent leur origine au même point, & qu'on décrive par ce point un cercle quelconque ayant son diametre vertical, ce cercle est la courbe à laquelle un corps roulant par un de ces plans quelconques, arrive dans le même temps, de sorte qu'une infinité de corps roulant le long de ces plans inclinés en nombre infinis, formeroient toujours une circonférence circulaire. M. *Bernoulli* donna à cette courbe le nom de *synchrone*, nom formé de deux mots Grecs, qui expriment cette propriété; & il trouva qu'elle coupoit à angles droits toutes ces cycloïdes, d'où il est facile de tirer la solution ci-dessus. Car si l'on suppose une synchrone quelconque toucher la ligne donnée de position, ce point de contact sera évidemment celui par lequel doit passer la cycloïde cherchée, & puisque celle-ci coupe perpendiculairement la synchrone, elle coupera de même la ligne donnée à ce point.

M. Jean *Bernoulli* ne s'en tint pas là : un problême bien plus difficile que les précédens, est celui-ci. *De toutes les courbes semblables construites sur un même axe horizontal, & ayant le même ſommet, quelle eſt celle dont la portion compriſe entre ce ſommet, & une ligne donnée de poſition, eſt parcourue dans le moindre temps?* Son frere content de l'avoir indiqué, ſembloit n'avoir oſé le tenter. M. *Bernoulli* le jeune, en donna la ſolution, & pour enchérir ſur les difficultés de ſon frere, & l'embarraſſer à ſon tour, il le lui rétorqua avec l'addition d'une nouvelle difficulté. Il n'étoit plus queſtion de courbes ſemblables, mais ſeulement du même genre. *Si l'on ſuppoſoit, par exemple, une infinité de demi-ellipſes conſtruites ſur le même diametre horizontal, & ayant leur axe conjugué dans la verticale, quelle ſeroit celle qui ſeroit parcourue dans le moindre temps?* M. Jean *Bernoulli* ajoutoit, qu'il en donneroit la ſolution, ſi ſon frere ne la donnoit pas. A la vérité, nous remarquerons qu'il y eut dans ce défi, de la part de M. *Bernoulli* le jeune, un peu de ſupercherie, s'il eſt permis de parler ainſi. On trouve en liſant ſon commerce épiſtolaire avec *Leibnitz* (*a*), qu'il s'aida des lumieres de ce grand homme, & qu'il tenoit de lui l'artifice analytique qui eſt néceſſaire pour la ſolution de ce problême, ſçavoir une ſorte de différentiation que *Leibnitz* appelloit, *de curvâ in curvam;* ainſi l'on eût pu reprocher à M. Jean *Bernoulli*, de ſe faire fort des armes d'autrui. Mais nonobſtant ce ſecours, il ne fut pas plus heureux à embarraſſer ſon frere que celui-ci l'avoit été dans le même deſſein. M. Jacques *Bernoulli* réſolut ce dernier problême, & conſigna ſa ſolution dans le Journal des Sçavans du 4 Août 1698, ſous un anagramme dont on trouve l'explication dans ſes Œuvres. Il ſatisfit également à divers autres défis de ſon frere, comme l'on peut voir dans les Actes de Léipſick de la même année 1698. C'eût été un ſpectacle tout-à-fait agréable, que celui de ce combat littéraire, ſi l'on eût pu oublier que les rivaux étoient freres, ou qu'ils en euſſent écarté l'aigreur & la vivacité qu'ils y mirent. M. *Saurin* a donné quelques années après dans les Mémoires de l'Académie (*b*), l'analyſe du problême des cycloïdes ou des courbes ſemblables, analyſe que MM. *Bernoulli* avoient ſupprimée; mais je ne ſçache pas qu'on trouve aucune part celle du dernier. Dans la ſuite, M. Jean *Bernoulli* a encore réſolu un problême de ce genre, & qui eſt extrêmement

(*a*) Leibn. ac Bern. *Comm. Phil.* T. 1, p. 319, 330.
(*b*) Ann. 1707.

curieux (*a*). Il ſuppoſe que la longueur de la courbe d'un point à l'autre, eſt déterminée, & il demande quelle doit être ſa nature, afin qu'elle ſoit parcourue dans le moindre temps poſſible. Il aſſigne, à l'aide de la belle théorie qu'il expoſe dans ſon Mémoire ſur les iſopérimetres, l'équation de la courbe cherchée. On voit ici avec plaiſir reparoître la cycloïde quand il le faut. Il n'y a qu'à ſuppoſer que la longueur donnée entre les points aſſignés, ſoit celle d'un arc de cycloïde, ayant ſon origine au point le plus haut, & l'équation générale ſe transforme en celle de la cycloïde; ce qui confirme la belle propriété de cette courbe d'une maniere auſſi ſinguliere que ſatisfaiſante.

Problême du pont-levis.

Voici encore un problême aſſez curieux, qui fut propoſé en France vers le même temps. On ſuppoſe un pont-levis, attaché par une de ſes extrêmités à une corde qui paſſant par deſſus une poulie va aboutir à un contrepoids; il eſt queſtion de déterminer *le long de quelle courbe devroit rouler ce contrepoids, afin d'être toujours en équilibre avec le pont-levis dans toutes ſes ſituations.* Ce problême, dont l'utilité dans l'architecture militaire, ſe préſente facilement, piqua la curioſité de M. le Marquis *de l'Hôpital:* il en rechercha la ſolution, & il la trouva. On la lit dans les Actes de Léipſick de l'année 1695. M. *Bernoulli* le jeune, fit à ce ſujet une remarque curieuſe (*b*). Il obſerva que la courbe en queſtion n'étoit qu'une épicycloïde. Ainſi il eſt facile de la décrire par un mouvement continu, & c'eſt tout ce qu'on pourroit deſirer de plus commode ſi l'on entreprenoit de réduire cette invention en pratique.

Problême du ſolide de la moindre réſiſtance.

Nous croyons devoir encore donner place ici à un problême intéreſſant, quoiqu'il ne ſoit pas préciſément du nombre de ceux que nous avons annoncés au commencement de cet article. C'eſt le problême du ſolide de moindre réſiſtance. On demande quelle eſt la courbure qu'il faudra donner à un conoïde de baſe & de hauteur déterminées, afin que ce ſolide mu dans un fluide, ſuivant la direction de ſon axe, y éprouve une réſiſtance moindre que tout autre de mêmes dimenſions. On doit à M. *Newton* l'idée de ce problême: il le réſoud comme en paſſant, dans un endroit de ſes principes, en donnant

(*a*) Mem. ſur les iſopérimetres. Mem. de l'Acad. 1718.
(*b*) *Act. Erud.* 1695.

une des propriétés de cette courbe ; ſçavoir celle de ſa tangente. Mais ce qu'il dit eſt ſi concis & ſi peu développée, qu'il ſemble avoir voulu laiſſer preſque tout à faire.

Ce motif engagea vers l'année 1699, M. *Fatio*, dont nous avons déja parlé dans cet article, à rechercher une ſolution analytique de ce problême. Il y parvint, mais par une voie extrêmement embarraſſée, & qui le conduit ſeulement à l'expreſſion du rayon de la développée, & à des ſecondes différences. Il publia cette ſolution en 1699, dans un écrit particulier, où il traitoit auſſi le problême de la plus courte deſcente. Un exemplaire de cet écrit ayant été envoyé à M. le Marquis *de l'Hôpital*, il lui parut plus court de rechercher la ſolution du problême, que de ſuivre l'Auteur dans la route ſcabreuſe & obſcure qu'il s'étoit ouverte. L'expreſſion compliquée à laquelle il parvenoit, donnoit d'ailleurs de juſtes motifs de penſer qu'il n'avoit pas pris le vrai chemin. M. *de l'Hôpital*, ſe mit donc à méditer ſur ce problême, & en effet il trouva une ſolution bien plus ſimple, de laquelle il tira avec facilité, & la conſtruction de la courbe, & la propriété que *Newton* avoit déja remarquée. M. Jean *Bernoulli*, auſſi peu ſatisfait de la ſolution de M. *Fatio*, en trouva auſſi une autre qui, à la notation près, eſt la même que celle du Géometre François. Enfin la facilité avec laquelle ces deux Géometres étoient arrivés à l'équation Newtonienne, & à la conſtruction de la courbe dont nous parlons, excita M. *Fatio* à ſe frayer une route plus facile que celle qu'il avoit d'abord tenue. Il y réuſſit, & il donna dans les Actes de Léipſick de 1701, une nouvelle ſolution du problême du ſolide de la moindre réſiſtance, qu'il déduit avec beaucoup d'adreſſe du principe de M. *de Fermat* ſur la réfraction. Pluſieurs années après, ſçavoir en 1713, il deſcendit de nouveau dans la lice à la même occaſion, & il donna dans les *Tranſactions Philoſophiques* un Mémoire où il réduit l'équation différentielle du ſecond ordre à laquelle il étoit parvenu en 1699, à celle de *Newton*. On l'y voit dire qu'il étoit dès-lors en poſſeſſion du moyen de faire cette réduction. Mais n'auroit-on pas été fondé à lui demander, d'où vient qu'il ne l'employa pas en donnant ſa premiere ſolution, & pourquoi il a laiſſé écouler un ſi long intervalle de temps à la compléter. Ne répondre à une difficulté que quinze ans après qu'elle a été faite, n'eſt-ce pas une forte préſomption qu'on n'avoit pour lors aucune bonne réponſe à faire?

La courbe génératrice du ſolide de moindre réſiſtance a quelques ſingularités dignes d'être remarquées. Premiérement, elle ne prend point naiſſance au ſommet donné A, comme l'on s'y attendroit ſans doute; elle commence toujours
Fig. 122. à un point B, éloigné du point A, d'une certaine quantité AB, qui dépend du rapport des lignes CA, CD; & c'eſt ſeulement la réſiſtance ſur la partie convexe que forme la courbe BD dans ſa circonvolution, qui eſt la moindre qu'il ſoit poſſible; celle qu'éprouveroit la partie plane, ou le cercle dont AB eſt le rayon, n'y eſt point compriſe. Cela doit nous apprendre qu'il n'y a point de courbe joignant le point A & le point D, qui puiſſe être douée de la propriété que nous demandons; c'eſt à peu près ainſi que, lorſqu'on a recherché la courbe iſochrone (*a*), l'analyſe s'eſt en quelque ſorte obſtinée à ne la point faire commencer au ſommet qu'on lui avoit déſigné, ou au commencement de la chûte, mais à une certaine diſtance de ce point.

En ſecond lieu, la courbe dont nous parlons, a en B, un point de rebrouſſement, c'eſt-à-dire, qu'à ce point B prend naiſſance une autre branche B*d*E, faiſant, de même que la premiere avec la ligne AB prolongée, un angle de 30°, & tournant ſa concavité à cette ligne, ou au fluide qu'elle doit choquer. Ceci pourra ſurprendre quelques lecteurs, qui auront de la peine à concevoir comment une ſurface qui préſente au fluide ſa concavité, peut éprouver moins de réſiſtance que toute autre renfermée entre les mêmes termes. Mais qu'on y réfléchiſſe un peu attentivement, & l'on verra le dénouement de cette difficulté. Il importe peu que l'endroit où cette ſurface éprouve le choc le plus fort dans la direction de l'axe, ſoit le plus voiſin du ſommet, comme dans la figure convexe, ou le plus éloigné, comme dans la concave, pourvu que la ſomme de tous les chocs ſoit la moindre qu'il eſt poſſible.

M. *Newton*, remarquant ſans doute l'inconvénient du ſolide ci-deſſus, qui ne jouit de la propriété de la moindre réſiſtance, qu'en n'ayant aucun égard au choc du fluide contre la partie plane, a recherché quelle inclinaiſon doivent avoir les côtés

(*a*) Voyez le Commencement de cet art.

d'un tronc conique, de base & de hauteur donnée, afin qu'en comptant le choc du fluide sur la base supérieure, la résistance totale soit la moindre possible (*a*). Il a trouvé qu'il falloit pour cet effet diviser CA en 2 également, en O, & qu'en faisant OG = OD, le point G étoit celui où devoient converger les côtés de ce cône, de maniere que ce n'est point le cône ayant le sommet au point A, qui éprouve la moindre résistance, mais le solide que nous venons de décrire. Ceci n'a rien qui doive nous étonner : on doit sentir facilement qu'on peut davantage gagner par l'obliquité & le raccourcissement des côtés du cône, qu'on ne perd par l'addition de la petite partie plane BE; & c'est ce qui arrive dans le cas présent. Il en arrive, à certains égards, de même au triangle comparé au trapeze. Si la base FD est plus grande que la hauteur CA, le triangle FAD, n'est plus celui qui éprouveroit la moindre résistance : c'est le trapeze dont les côtés inclinés DB, FE, iroient à leur rencontre former un angle droit, ou qui sont inclinés au fluide d'un angle de 45°. *Fig.* 123. *Fig.* 124.

A l'imitation du problême du solide de la moindre résistance, on pourroit avoir l'idée de rechercher quelle ligne sur une base & un axe donné, formeroit la figure plane, qui mue dans la direction de son axe, éprouveroit par ses côtés la moindre résistance. Je ne puis dissimuler que, l'ayant recherché analytiquement, j'ai été fort surpris, & comme fâché de trouver que ce n'étoit qu'une ligne droite; mais j'en ai vu depuis la raison. Elle est renfermée dans ce que nous venons de dire sur le trapeze, ou le triangle de moindre résistance. Les côtés exposés à l'impulsion du fluide devant toujours faire avec l'axe un angle de 45°, cette situation, qui est constante, montre que tous les élémens de la ligne cherchée doivent être placés de même, & par conséquent former par leur continuité une ligne droite.

Nous devons à M. *Bouguer* de sçavantes recherches sur le problême dont nous venons de nous occuper (*b*), & elles sont d'autant plus estimables, que ce sçavant Académicien s'est attaché à le considérer relativement à la navigation. A l'envisager de ce côté-là, le solide ci-dessus n'est qu'une curiosité

(*a*) *Princip.* l. II, sect. 7.
(*b*) Traité du navire. L. III, sect. 5.

Mathématique : car outre qu'il ne possede la propriété de la moindre résistance qu'en faisant abstraction de celle qu'éprouve la portion plane qu'il a au sommet, de bonnes raisons ne permettent pas de former une proue de vaisseau en conoïde sur une base demi-circulaire. Cette base, qui est la principale coupe du navire perpendiculairement à sa longueur, doit avoir une autre forme. Cela a donné lieu à M *Bouguer* de rechercher la solution de cet autre problême (*a*), sçavoir de couvrir une base curviligne donnée, d'une surface conoïdale qui éprouve le moindre choc possible de l'eau qu'elle fend. M. *Bouguer* résoud aussi, à cette occasion, plusieurs questions dont l'objet est d'allier, autant qu'il se peut, la moindre résistance de la proue, avec diverses qualités nécessaires au vaisseau. Mais la nature de notre plan, ne nous permet pas d'entrer plus avant dans ces considérations. Il nous suffira de renvoyer le lecteur à l'excellent ouvrage que nous avons cité.

VIII.

Si l'étendue considérable à laquelle ce Livre s'est déja accru, ne nous imposoit pas la loi d'y mettre fin, ce seroit ici le lieu de parler de la fameuse question que *Leibnitz* éleva en 1686, sur la mesure de la force des corps en mouvement. Mais nous ne pourrions la traiter avec un peu de satisfaction pour le lecteur Mathématicien, sans passer bientôt au-delà des bornes que l'abondance de notre matiere nous prescrit. D'ailleurs, quoique l'origine de cette question célebre doive être rapportée vers la fin du siecle passé, c'est surtout dans celui-ci qu'elle a été agitée, & qu'elle a occasionné l'espece de guerre civile qu'on a vu régner pendant quelque temps parmi les Méchaniciens. Ce motif, joint à la considération précédente, nous a portés à en différer l'histoire jusqu'à ce que nous ayons atteint cette derniere époque. C'est pourquoi nous allons terminer ce Livre en donnant une idée des travaux de divers Méchaniciens célebres dont nous n'avons eu encore aucune occasion de faire mention.

L'Angleterre nous offre plusieurs de ces Méchaniciens

(*a*) Mem. de l'Acad. 1733. Traité du navire. *Ibid.*

dignes

de trouver place ici. Tels ſont les Lords *Brouncker* & *Morai*, le Chevalier *Petty*, auteur de quelques vues nouvelles & ingénieuſes ſur la perfection de la navigation & des voitures à roue (*a*) ; le Marquis de *Worceſtre*, auteur du Livre intitulé *Century of inventions*, parmi leſquelles ſe trouve entr'autres l'ébauche de la machine à feu, depuis exécutée par *Savery*, & dont nous parlerons ailleurs plus au long ; le Docteur Robert *Hook* (*b*), & le Chevalier *Wren*. Mais nous nous arrêterons uniquement à ces derniers. Il ſeroit difficile de trouver un homme doué d'un génie plus heureux, & plus fécond dans ce genre que le D. *Hook*. Le détail de ſes inventions & de ſes vues nouvelles, ſeroit d'une prolixité extrême ; les lecteurs doivent recourir à ſes écrits nombreux, qui juſtifieront l'éloge qu'on vient d'en faire. Nous nous bornerons ici à un trait de ſa ſagacité. C'eſt l'application du reſſort à régler le mouvement des montres. Cette invention ſi heureuſe, & qu'on attribue ordinairement à M. *Huyghens*, me paroît légitimement revendiquée par M. *Hook*. On trouve effectivement dans l'hiſtoire de la Société Royale de Londres, (*c*) parmi les titres d'écrits préſentés à cette Société avant qu'elle publiât ſes Tranſactions, on en trouve, dis-je, quelques-uns qui concernent évidemment cette application. Or cette hiſtoire parut en 1668, pluſieurs années avant qu'il fût queſtion en France de rien de ſemblable. M. *Hook* fit, dit-il, (*d*) cette découverte dès l'année 1660, & il la communiqua à MM. *Brouncker* & *Morai*, comme un échantillon de quelques inventions

(*a*) *Tranſ. Phil.* n°. 161, & Hiſt. de la Société Royale.

(*b*) M. Hook naquit à Freshwater le 16 Juillet 1638, vieux ſtyle. Moins favoriſé du côté de la fortune que de celui du génie, il fut obligé, pour faire ſes études, d'entrer dans un des Colléges d'Oxford, en qualité d'Ecolier ſervant. Il ne tarda pas à ſe faire avantageuſement connoître au D. Seth Ward, alors Profeſſeur à Oxford, & aux autres fondateurs de la Société Royale dans laquelle il fut admis en 1661. Le Chevalier Cutler voulant fonder une Chaire de Méchanique, crut ne pouvoir mieux la remplir qu'en engageant M. Hook à l'accepter. Delà vient le nom de *Lectiones Cutlerianæ*, que porte le Recueil d'excellentes leçons qu'il dicta dans cette Chaire. M. Hook fut auſſi Profeſſeur d'Aſtronomie à Gresham. Il mourut le 3 Mars 1703, v. ſt. Voici ſes divers ouvrages par ordre de dattes. *Micrographia*, 1665, in-fol. *An attempt to prove the motion of the earth*. 1674. in-4°. *Animadv. in Mach. cœl. Hevelii*, 1674, in-4°. *Lect. Cutlerianæ*, 1679, in-4°. M. Waller a publié en 1705, ſes Œuvres poſthumes (en Angl. in-fol. 1 vol.) avec ſa vie, à laquelle nous renvoyons le lecteur.

(*c*) Part. II, ch. 36.

(*d*) Lect. on the Spring.

dont il disoit être en possession, & qui devoient lui donner la solution du fameux problême des longitudes; mais ne s'étant pas accordé avec ces Messieurs sur les articles de l'espece de société qu'ils devoient contracter entr'eux, il n'a jamais voulu dévoiler son secret, & il l'a emporté avec lui. Nous remarquerons encore que, lorsque M. *Huyghens* publia en 1674, cet usage du ressort, M. *Hook* en fut très-indisposé. Il intenta au Secretaire de la Société Royale; (M. *Oldembourg*) un vif procès, l'accusant de prévarication, & de faire part à des Sçavans étrangers des découvertes dont les Registres de la Société Royale étoient les dépositaires: mais il n'étoit pas besoin qu'*Oldembourg* commît cette indiscretion, pour que l'invention dont nous parlons transpirât, puisque le Livre cité plus haut parut en François dès l'année 1669; & peut-être fut-ce là que M. *Huyghens* & l'Abbé de *Hautefeuille*, (*a*) qui lui disputa en justice réglée cette découverte, en puiserent la premiere idée. D'ailleurs M. *Huyghens* avoit déja été à diverses reprises en Angleterre, & il est à présumer que dans les séjours qu'il y fit, il s'y informa avec soin des inventions des Sçavans du pays. Quant à ce que dit M. *Waller* qui, dans la vie de M. *Hook*, lui attribue aussi l'usage de la cycloïde, pour rendre le mouvement du pendule parfaitement égal, cela n'est point fondé. Il n'y a rien dans l'ouvrage dont s'appuye M. *Waller*, sçavoir les remarques de *Hook* sur la *Machina Celestis* d'*Hevelius*, qui favorise cette prétention: il s'y agit seulement du pendule circulaire, qui semble encore pouvoir être revendiqué à M. *Hook*. A la vérité, parmi les titres d'écrits cités plus haut, il en a un qui a trait à cette application de la cycloïde. Mais il est probable que cet écrit est de M. *Huyghens* lui-même, qui étoit membre de la Société Royale, & qui fut à Londres en 1665; d'ailleurs nous sommes fondés à penser que M. *Hook* n'étoit pas assez profond Géometre pour faire une découverte de cette nature.

Voici encore deux remarques curieuses que nous fournit le Chapitre du Livre cité ci-dessus. Nous y trouvons la premiere idée de l'octant Anglois dont se servent aujourd'hui tous les

(*a*) Voyez le Factum de cet Abbé, dans le Recueil de ses *Œuvres & inventions diverses*. Le procès se termina, M. Huyghens s'étant désisté du privilége dont il sollicitoit l'entérinement.

marins un peu jaloux de l'exactitude, pour prendre les hauteurs en mer. On y rencontre auſſi celle du ſoufflet centrifuge du Docteur *Deſaguliers :* elle y paroît ſous ce titre : *Inſtrument nouveau pour former un jet d'eau en tournant en rond une aîle mobile dans le creux d'un tuyau cylindrique fermé.* Mais nous ignorons quel des membres de la Société Royale en eſt l'Auteur. Cette machine fut de nouveau propoſée avec diverſes autres inventions ingénieuſes, par le D. *Papin*, Profeſſeur à Marpurg, dans un ouvrage intitulé : *Faſciculus Diſſert. Mechan.* (Lipſ. 1689), & elle l'a été encore depuis à diverſes repriſes, entr'autres en 173 ., par M. *Dupui*, qui lui donnoit l'avantage ſur toutes les autres machines propres à élever de l'eau. Un homme célebre par ſon imagination, (le P. *Caſtel*) en fit dans le tems les éloges les plus pompeux. Pour les apprécier au juſte, il faut lire l'examen que M *Deſaguliers* a fait de cette machine dans ſon *Cours de Phyſique expérimentale*, ou plutôt *de Méchanique.*

Le Chevalier Chriſtophe *Wren*, (*a*) ne s'eſt pas ſeulement diſtingué parmi les Méchaniciens, par la découverte de loix du choc, à laquelle il a part avec *Huyghens* & *Wallis :* l'Hiſtorien de la Société Royale fait encore une longue énumération de ſes autres inventions ou recherches méchaniques. De ce nombre ſont une théorie générale des mouvemens; diverſes recherches ſur la réſiſtance des fluides aux corps qui les traverſent, ſur la conſtruction des vaiſſeaux, ſur l'action des rames, des voiles, &c; pluſieurs machines ingénieuſement ima-

(*a*) Le Chevalier Chriſtophe Wren naquit à Londres en 1632, & prit des grades à Oxford en 1650 & 1653. Il n'eſt aucune partie des Mathématiques où il n'ait brillé, & il a fait dans la plûpart, de belles & curieuſes découvertes. On ſe contentera de rappeller ici celles qu'il fit, en 1658, ſur la cycloïde, à l'occaſion des problêmes de M. Paſcal. Il fut fait en 1658, Profeſſeur d'Aſtronomie à Gresham, d'où il paſſa en 1660 à [illegible] Oxford. Mais ſes talens pour l'Architecture le placerent bientôt ſur un théâtre plus brillant. Le Roi Charles II le nomma adjoint au Chevalier Denham, Intendant de ſes Bâtimens, & après la mort de ce Chevalier, M. Wren lui ſuccéda. L'Angleterre lui doit quantité de beaux édifices, entr'autres Saint Paul de Londres, la ſeule Baſilique dans le monde Chrétien qui approche de Saint Pierre de Rome. Mais le morceau de prédilection du Chevalier Wren, eſt ſon clocher de St *Mary the bows*, (Sainte Marie aux Arcs), l'un des plus hardis & des plus heureux morceaux en ce genre, écueil de tous les Architectes. Cet homme rare, & néanmoins d'une modeſtie ſinguliere, & même exceſſive, mourut en 1723, & fut enterré à Saint Paul. Je ne connois en Mathématiques qu'un ſeul ouvrage de lui, imprimé à part, & qui eſt une production de ſa jeuneſſe. Il eſt intitulé, *Tractatulus ad periodum jul. ſpectans, &c.* 1651.

ginées pour former des verres de figure hyperbolique, entr'autres une dont on lit la defcription dans les *Tranf. Phil.* n°. 59, & qui eft fondée fur une propriété remarquable de l'hyperbole; de curieufes obfervations fur le mouvement des pendules, & des idées affez analogues à celles du D. *Hook*, fur la caufe méchanique du mouvement des corps céleftes; une multitude d'inftrumens nouveaux, foit optiques, foit aftronomiques, comme fa machine pour deffiner un payfage ou une figure quelconque, fans avoir la moindre teinture de deffein, & qui eft décrite dans les *Tranfactions*, n°. 60. Je ne dis rien d'une foule de vues nouvelles concernant la perfection de diverfes branches de la Phyfique, parce que ceci n'entre pas dans notre plan. Le Chevalier *Wren*, élevé à la place d'Intendant général des Bâtimens royaux, tourna fes vues du côté de la partie mathématique de l'Architecture; & profond comme il l'étoit dans la Géométrie & dans la Méchanique, il enrichit cet art de diverfes découvertes utiles. C'eft du moins ce que l'on peut conjecturer d'après la haute réputation qu'il fe fit, pour la folidité & la hardieffe de fes édifices. Mais les occupations de fa place ne lui ont pas permis de développer tant de chofes intéreffantes, de forte que tout ce que l'on fçait de fes inventions fe réduit prefque à l'indication générale & ftérile qu'on a vue ci-deffus. Cela fuffit néanmoins pour nous faire entrevoir combien cet homme célebre eût enrichi la Méchanique, s'il eût eu le loifir de fe livrer à fon génie, & à fon goût pour cette fcience.

Pendant que l'Angleterre cultivoit la Méchanique avec ces fuccès, la France ne montroit pas moins de zele à hâter les progrès de cette partie des Mathématiques fi utile & fi importante. On voit figurer dans cette carriere MM. *Blondel, Roberval, Perrault, Roemer, Mariotte, Varignon, de la Hire, Amontons, &c.* Ils nous fourniroient chacun la matiere d'un article particulier; mais pour abréger, nous inviterons le lecteur à parcourir l'hiftoire de l'Académie des Sciences avant fon renouvellement, & l'on ne fera ici mention que de ceux qui fe font illuftrés par quelque ouvrage ou quelque invention célebre.

On fait honneur d'une invention de ce genre au fameux M. *Roemer*, Danois de naiffance, mais alors habitué en France. Elle confifte dans l'ingénieufe idée de former en épicycloïde les dents des roues qui levent ou qui abaissent des leviers pour mouvoir de grands poids, comme dans les machines hydrauliques, & autres. On s'étoit, il est vrai, déja avisé de contourner ces dents en lignes courbes; un certain instinct méchanique avoit appris qu'il falloit qu'elles eussent cette forme pour procurer à la puissance une action plus égale, & par-là plus avantageuse sur le fardeau à enlever : car M. de la *Hire* nous parle dans son Traité des épicycloïdes d'une machine exécutée de cette maniere à quelques lieues de Paris par M. *Desargues*. Mais on ignore quels principes ce Géometre avoit suivis dans la description de la courbure de ces dents : M. *Roemer* découvrit que ce devoit être celle d'une épicycloïde. Il fit, à ce que nous conjecturons, cette utile remarque dans un écrit sur les roues dentées, qu'il lut en 1675, & dont parle l'Historien de l'Académie. Long-tems après, sçavoir en 1695, M. de la *Hire* a revendiqué cette invention. Il dit dans la Préface du Traité cité ci-dessus, qu'il l'avoit trouvée vers l'an 1674, & qu'il l'avoit alors communiquée à Messieurs *Auzout*, *Mariotte* & *Picard*, à qui elle plut beaucoup. Nous ne prononcerons point entre l'un & l'autre; nous remarquerons seulement que, suivant le témoignage de M. *Leibnitz*, (*a*) la prétention de M. de la *Hire* n'est pas fondée. M. *Leibnitz* assure que durant son séjour à Paris, M. *Roemer* passoit parmi les Sçavans, & entr'autres auprès de M. *Huyghens*, pour l'inventeur de cet usage de l'épicycloïde, & qu'il n'étoit point question de M. de la *Hire*.

M. *Mariotte*, (*b*) déja recommandable pour avoir été un des premiers qui ayent introduit en France la Physique expérimentale, l'est aussi par divers écrits très-utiles sur la Méchanique. On met dans ce rang son Traité de la Percussion, où il établit, & par le raisonnement & par des expériences heureusement imaginées, les vraies loix du choc des corps, trouvées récemment, & proposées pour la plûpart sans démonstration. On doit encore lui sçavoir bien du gré de son Traité *du mouve-*

(*a*) *Leib. & Bern. comm.* T. II, p. 178.

(*b*) Mariotte, (Pierre) étoit de Dijon ou des environs. La date de sa naissance n'est pas connue. Il entra dans l'Académie des Sciences fort peu après son institution, & il mourut au mois de Mai de 1684. Ses Œuvres ont été recueillies en 2 vol. in-4°. qui parurent à la Haye en 1717, & de nouveau en 1740.

ment des eaux. C'eſt un ouvrage ſi connu, que cela nous diſpenſe d'en rien dire.

Il eſt peu de Mathématiciens qui aient autant travaillé que M. *Varignon* (*a*) ſur la théorie de la Méchanique, & c'eſt ſurtout par ſes travaux en ce genre qu'il s'eſt illuſtré. Il porta dans cette ſcience cet eſprit de généralité qui le caractériſe; il en ſimplifia divers principes, & réſolut quantité de queſtions qui n'avoient point encore été traitées. Une foule de Mémoires inſérés parmi ceux de l'Académie, juſtifient ce que l'on vient de dire. Ils concernent principalement la doctrine du mouvement, ſoit uniforme, ou varié ſuivant une loi quelconque, ſoit ſe paſſant dans le vuide ou dans un milieu réſiſtant. Cette matiere y eſt traitée avec une grande généralité; mais, qu'on nous permette auſſi de le dire, avec une prolixité exceſſive dans les détails & les exemples. Il ſeroit trop long d'indiquer les ſujets des autres Mémoires: nous nous bornerons à quelques lignes ſur l'ouvrage que M. *Varignon* publia en 1687, ſous le titre de *projet d'une nouvelle Méchanique.* Ce Livre, avec juſtice fort eſtimé des Méchaniciens, lui fit beaucoup d'honneur, à cauſe de l'univerſalité qui y regne. On y trouve toute la Statique déduite d'un principe unique & très-lumineux. Ce principe, depuis ſi connu & ſi employé, ſe réduit à ceci. *Lorſque les puiſſances* A, B, C, *tirant chacune de leur côté, ſe font équilibre autour d'un point* D, *elles ſont entr'elles reſpectivement comme les deux côtés* GD, DF, *& la diagonale* ED, *du parallélogramme fait dans l'angle des directions de deux, & ayant ſon angle* E, *dans la direction de la troiſieme* CD, ou bien chacune de ces puiſſances eſt proportionnelle au ſinus de l'an-

Fig. 124.

(*a*) M. Varignon (Pierre) prit naiſſance à Caen, en 1654. La vue d'un Euclide qu'il rencontra par hazard dans le tems qu'il étudioit en Philoſophie, le tourna du côté de la Géométrie. Il paſſa delà à l'analyſe de Deſcartes, qui le confirma dans ſon goût pour les Mathématiques, & dans le dégoût qu'il avoit conçu pour la Philoſophie de ſon tems. Il vint en 1686 à Paris, avec l'Abbé de Saint-Pierre, qui lui fit une penſion de trois cens livres. Son *projet d'une nouvelle Méchanique*, qu'il publia en 1687, lui valut l'entrée de l'Académie, & une Chaire au Collége Mazarin. M. Varignon fut des premiers qui goûterent la nouvelle Géométrie, appellée *des Infiniment Petits*, & il la défendit avec grand ſuccès contre Rolle & ſes autres ennemis. Ce ſçavant Mathématicien mourut au mois de Décembre 1722. Outre les ouvrages & les écrits dont nous parlons dans cet article, on a de lui une *nouvelle explication de la peſanteur*, (Paris 1695.) qui ne me paroît guere heureuſe, & des *notes* poſthumes *ſur l'analyſe des Infiniment Petits de M. de* l'Hôpital. (Paris. 1724. in-4°.) Voy. ſon éloge dans l'hiſtoire de l'Académie de l'année 1723.

gle formé par les directions des deux autres. M. *Varignon* employe avec succès ce principe réellement fécond & commode, pour résoudre un grand nombre de questions méchaniques d'une maniere nouvelle. Au reste, nous avons déja observé, & la justice l'exigeoit, que ce principe avoit été mieux qu'entrevu par *Stevin*, Méchanicien digne d'une plus grande célébrité, & qui écrivoit, près d'un siecle auparavant, une Méchanique nouvelle très-estimable, & fort supérieure à ce qu'on pouvoit attendre de son tems. Il faut encore remarquer que le principe ci-dessus n'est proprement que celui de la composition du mouvement connu dès long-tems, & étendu à l'équilibre. Car le mouvement actuel cessant, dégénere en une simple pression, & il est évident que ce qui est vrai du mouvement, doit l'être aussi de la pression. Quand on considere ces choses, il n'y a plus lieu d'être surpris que le Pere *Lami* ait eu vers le même tems des idées assez semblables; (*a*) & les soupçons de plagiat qu'éleva contre lui un Journaliste, peuvent n'être pas fondés. Quoi qu'il en soit, c'est avec justice que les Méchaniciens venus après M. *Varignon*, semblent lui avoir déféré la principale part à l'invention de ce principe, en l'appellant par un accord presque universel, le principe de M. *Varignon*. Quant à la *nouvelle Méchanique* annoncée par le Livre dont on a parlé ci-dessus, elle n'a vu le jour qu'après sa mort, en 1725, (2. vol. in-4°). On pourroit seulement y trouver à redire le défaut ordinaire à son Auteur, sçavoir d'être intarissable sur les exemples, & d'envier en quelque sorte à ses lecteurs le plaisir de trouver un seul cas qui lui ait échappé.

MM. de la *Hire* & *Amontons* sont aussi du nombre de ceux qui ont utilement servi la Méchanique vers la fin du siecle passé. On leur doit à l'un & à l'autre des observations importantes sur la force des hommes & des chevaux, le tems qu'ils peuvent travailler, la vîtesse avec laquelle ils peuvent se mouvoir suivant l'effort qu'ils ont à exercer, (*b*) & diverses autres observations semblables, élémens nécessaires pour juger de la possibilité & de l'effet d'une machine. On a outre cela de M. de la *Hire* un *Traité de Méchanique* estimé, (*c*) &

(*a*) *Voyez* la Lettre du P. Lami à M. Dieulamant. Journal des Sçavans 1687.
(*b*) Mem. de l'Académie 1699 & 1705.
(*c*) Paris. 1695, in-4°.

qui a été inséré dans le Recueil des ouvrages autrefois adoptés par l'Académie. On y remarque une démonstration neuve & très-ingénieuse de la proposition fondamentale de la Statique; & il a sur les autres Livres de Méchanique l'avantage de traiter quantité de questions de ce genre intéressantes & profondes. Remarquons cependant, en faveur de quelques lecteurs, qu'un peu trop de précipitation a quelquefois induit M. de la *Hire* en erreur. On en a un exemple dans la démonstration de l'isochronisme de la cycloïde qu'on lit dans ce Livre; elle n'est qu'un vrai paralogisme, de même que la solution du problême de la courbe d'un rayon de lumiere traversant un milieu inégalement dense, qu'il a donnée dans les Mémoires de l'Académie de 1702.

M. *Amontons* (*a*) a le premier jetté quelque jour sur une théorie très-importante de la Méchanique, sçavoir celle des frottemens; il nous faut par cette raison en donner ici une idée abrégée.

Le frottement est une résistance occasionnée par les aspérités des surfaces qui se meuvent étant pressées les unes contre les autres. Concevons un plan horizontal sur lequel soit appliquée une surface chargée d'un poids. Dans la rigoureuse théorie, la plus légere force devroit être capable de l'entraîner, & cela arriveroit sans doute, si ces deux surfaces étoient telles qu'on les conçoit dans l'abstraction géométrique. Mais comme elles sont hérissées d'inégalités, les éminences de l'une entrant dans les cavités de l'autre, la puissance qui tire ne sçauroit entraîner le poids ou la surface qui le soutient, qu'en la soulevant un peu: or pour cela il faut une force proportionnée à la quantité du soulevement. Voilà la résistance qui naît du frottement.

On voit par là que si l'on connoissoit la nature & la forme des inégalités dont nous venons de parler, on pourroit calculer le frottement *à priori*. Mais comme l'on ne sçauroit raisonnablement aspirer à cette connoissance, il a fallu prendre une autre route, & consulter l'expérience qui seule peut servir de flambeau dans des cas semblables.

C'est cette méthode qu'employa M. *Amontons*, & par son

(*a*) Né à Paris en 1663, mort en 1705. Nous renvoyons à l'Histoire de l'Académie, le lecteur curieux de plus grands détails sur sa vie & ses inventions.

moyen, il crut pouvoir établir ces deux propositions fondamentales (*a*). L'une est que la résistance occasionnée par le frottement, est à peu près le tiers de la force qui applique les surfaces l'une contre l'autre : la seconde, qui est une espece de paradoxe, est que le frottement ne suit pas, comme on seroit tenté de le croire, le rapport des surfaces, mais seulement des pressions. D'après ces principes, M. *Amontons* donna des regles pour calculer la quantité du frottement, & l'augmentation de puissance nécessaire pour le surmonter.

Après M. *Amontons*, la théorie du frottement a été principalement cultivée par M. *Parent*, qui y ajouta quelques considérations ingénieuses (*b*). Il a aussi traité cette théorie dans les Mémoires de l'Académie, sous le titre de *nouvelle Statique sans frottement & avec frottement*, piece que les lecteurs peuvent consulter. M. de *Camus*, Gentilhomme Lorrain, a examiné la même matiere, dans son ingénieux Traité *des forces mouvantes*. Il est naturel de s'attendre que les sçavans MM. *Muschembroeck* & *Desaguliers*, n'ont pas oublié une partie de la Méchanique si intéressante, & de sa nature si subordonnée à l'expérience. Il résulte de celles qu'ils ont faites, que le rapport du frottement à la pression est différent, suivant les différentes especes de matieres qui frottent les unes sur les autres, & qu'il varie du sixieme au tiers, de sorte que le rapport établi par M. *Amontons*, est trop grand. Mais il n'y a pas d'inconvénient à cela ; car il vaut toujours beaucoup mieux donner trop d'avantage à la puissance, que de lui en donner trop peu. M. *Muschembroeck* n'adopte point non plus la proposition avancée par M. *Amontons* ; sçavoir, que le frottement n'augmente pas, quoiqu'on augmente les surfaces, pourvu que la pression soit la même. On voit par les expériences de ce sçavant Professeur de Leyde, que le frottement a augmenté quand les surfaces ont été plus grandes, mais à la vérité beaucoup moins que dans le rapport de ces surfaces : cela est même nécessaire, à le considérer bien attentivement ; car puisque le frottement use peu à peu les surfaces qui se frottent, il y a non seulement un soulevement de l'une sur l'autre, mais il faut que quelques-unes de leurs aspérités, dont l'engrainement produit

(*a*) Mémoires de l'Académie 1699.
(*b*) Histoire de l'Académie, 1700, 1704.

le frottement, ſoient briſées dans le mouvement. Ainſi, comme il y en aura davantage de cette derniere eſpece dans une grande ſurface, il y aura auſſi un frottement plus conſidérable. Au reſte, nous ne pouvons diſſimuler qu'il y a encore ſur tout ceci bien de l'incertitude, & même il eſt fort à craindre, vu la nature de la queſtion, que cette incertitude ne ſoit jamais levée, comme il importeroit pour la perfection de la Méchanique.

Il y a dans les machines une autre réſiſtance au mouvement, qui naît de la roideur des cordes. M. *Amontons* eſt encore le premier qui l'ait examinée (*a*). Il a fait dans cette vue des expériences fort bien imaginées. Mais nous renvoyons à ſon Mémoire, ou, ce qui vaut mieux, au cours de Phyſique du Docteur *Deſaguliers*, qui a montré que cet Académicien s'eſt trompé en quelques points, & qui a réformé ſon erreur. M. *Sauveur* a ajouté à cette théorie une remarque ingénieuſe (*b*). Elle concerne l'effet remarquable du frottement d'une corde qui entoure un cylindre. Il montre qu'en ſuppoſant cette corde infiniment flexible, la réſiſtance qui naît de ſon application à la ſurface du cylindre, croît en proportion géométrique, tandis que la circonférence embraſſée par la corde, croît arithmétiquement; de ſorte que ſi un quart de tour équivaut à un effort d'une livre, & un demi-tour à celui de deux, les trois quarts produiront une réſiſtance de quatre livres, un tour entier celle de huit, un tour un quart une de ſeize, enfin deux tours complets produiront une réſiſtance de cent vingt-huit, & ainſi de ſuite. Ceci ſert à rendre raiſon d'une manœuvre familiere aux gens de mer pour lever l'ancre. On ſe contente de faire faire au cable quelques tours ſur l'arbre ou l'aiſſieu du cabeſtan, & de faire tenir le bout oppoſé à celui auquel tient l'ancre, par quelques hommes tirant avec une force médiocre. Cela ſuffit pour appliquer le cable avec tant de force à l'arbre du cabeſtan, qu'il ne ſçauroit gliſſer deſſus, & le cabeſtan en tournant entraîne le poids, ou ſurmonte l'effort de l'ancre tout de même que ſi le bout du cable étoit fixement attaché.

Ce ſeroit ici le lieu de parler des tentatives que fit vers le

(*a*) Mémoires de l'Académie, 1699.
(*b*) Ibid. 1703.

même tems le Chevalier *Renau*, pour fonder une théorie de la *manœuvre des vaisseaux*. Mais les succès n'ayant pas répondu à ses efforts, & cette théorie n'ayant été élevée sur ses vrais principes que dans ce siecle, nous remettrons à en parler jusqu'à la partie suivante de cet ouvrage. C'est-là que nous rendrons compte de la contestation qui régna d'abord sur ce sujet entre *Huyghens* & le Chevalier *Renau*, puis entre le même Chevalier & le célebre Jean *Bernoulli*.

Je n'ai plus à parler que de deux Méchaniciens, qui mettront fin à cet article. Ils sont tous les deux Italiens. L'un est Jean-Alphonse *Borelli* (*a*), fort connu par ses divers ouvrages mathématiques, & surtout par celui *de motu animalium*. Ce Livre eut un grand succès, & en effet son Auteur y déploye beaucoup d'art & de sagacité dans l'examen qu'il fait du méchanisme du corps humain, & dans les conjectures qu'il forme sur les vues différentes du créateur dans l'arrangement & le rapport des parties de cette merveilleuse machine. Un précis de quelques endroits choisis de ce Livre seroit extrêmement curieux; mais, à notre grand regret, nous sommes contraints de le supprimer. Cet ouvrage au reste n'est pas parfaitement exempt de fautes : quoique habile homme, *Borelli* a quelquefois contredit certains principes de méchanique qu'il croyoit ne pouvoir concilier avec les faits (*b*), & cela l'a entraîné dans quelques erreurs. C'est pourquoi la Méchanique & la Physiologie même, ayant acquis depuis lui de nouvelles lumieres, ce seroit un ouvrage utile, & digne de quelque Méchanicien versé dans l'Anatomie, que de reprendre le travail de *Borelli*. Celui qui en formeroit l'entreprise, trouveroit des vues utiles dans

(*a*) Borelli étoit de Messine, où il naquit le 28 Janvier 1608. Il professa long-tems les Mathématiques, d'abord à Messine, ensuite à Pise, où l'appella le grand Duc de Toscane. Vers la fin de ses jours, il se retira à Rome, dans la Maison des Clercs réguliers de Saint Pantaléon, dits *des Ecoles Pies*, chez lesquels il mourut le dernier Décembre 1679. Borelli étoit très-versé dans toutes les parties des Mathématiques, & surtout dans la Géométrie ancienne. Les Géometres lui sont redevables des trois derniers Livres des Coniques d'Appollonius (Voyez l'Histoire de cette découverte dans l'article d'Appollonius, p. 1, l. III). Voici ses principaux ouvrages : *Eucl. rest.* Pis. 1658. *Appoll. & Arch. op. compend.* Ibid. 1658. *Appoll. conic. lib.* V, VI & VII, *ex Arab. versi cum notis.* Rom. 1661. in-fol. *Theoriæ Medic. Syderum ex causis physicis deductæ.* 1666. in-4°. *De vi percussionis.* 1667. *De mot. nat. à gravit. pendentibus,* 1667. *De motu anim.* Rom. 1681, 1682.

(*b*) *Voyez* le projet d'une nouv. Méchan. de M. Varignon.

les écrits de M. *Parent*, (*a*) qui a redressé & perfectionné en quelques points la théorie de *Borelli*. Il lui faudroit aussi consulter l'excellente dissertation de M. Jean *Bernoulli*, sur le mouvement musculaire.

M. Dominique *Guglielmini* (*b*) s'est rendu célebre par des travaux d'un autre genre. L'extrême importance dont est, en Italie, la conduite des eaux & la direction des fleuves lui fit tourner ses vues de ce côté; & ses réflexions sur ce sujet ont donné naissance à deux ouvrages justement réputés pour fondamentaux dans ces matieres. L'un est son Traité *de aquarum fluentium mensurâ*, où il traite sçavamment tout ce qui a rapport à l'écoulement des eaux. L'habileté dont il fit preuve par cet ouvrage, lui valut, outre l'honneur d'être chargé de plusieurs commissions importantes, une distinction flateuse de la part de sa patrie. Boulogne créa en sa faveur une nouvelle Chaire, qu'on appella d'Hydrométrie. Ce fut pour lui un nouvel engagement de continuer ses recherches dans ce genre, & il publia en 1697 la premiere partie de son célebre Livre *Della natura de' fiumi*, dont la seconde parut en 1712, après sa mort. Cet ouvrage, plus original que le premier, est rempli d'une multitude de vues nouvelles, non moins ingénieuses qu'utiles; il est digne enfin d'être médité par tous ceux qui, soit par goût, ou par l'obligation de leurs places, cultivent cette partie de l'Hydraulique. Nous tâcherons de justifier cet éloge dans la partie suivante de cette histoire, par un précis de ces vues intéressantes.

(*a*) Recherch. Mathématiq. Paris. 1708, 3. vol.

(*b*) M. Guglielmini naquit à Boulogne le 27 Septembre 1655; il étudia en même tems les Mathématiques sous Montanari, & la Médecine sous le fameux Malpighi. En 1686, il fut fait Professeur de Mathématiques dans l'Université de Bologne, d'où il passa à celle de Padoue. Peu d'années avant sa mort, la Médecine qui l'avoit partagé dans sa jeunesse, se le revendiqua entiérement, & il changea sa Chaire de Mathématique pour une de Médecine. Il remplit cette derniere jusqu'à sa mort arrivée en 1710. Il fut associé étranger de l'Académie Royale des Sciences, & l'on lit son éloge dans les Mémoires de 1710, auxquels nous renvoyons. Ses Œuvres hydrostatiques ont été recueillies en deux vol. in-4°.

Fin du Livre VIIe de la IVe Partie.

HISTOIRE DES *MATHÉMATIQUES.*

QUATRIEME PARTIE,

Comprenant l'histoire des Mathématiques pendant le dix-septieme siecle.

LIVRE HUITIEME,

Où l'on rend compte des progrès de l'Astronomie durant la derniere moitié de ce siecle.

SOMMAIRE.

I. *Découvertes astronomiques de M. Huyghens. Il démêle la cause des apparences de Saturne, & les explique par un anneau dont il montre que cette planete est environnée. Il apperçoit un des satellites de Saturne. Les quatre autres sont découverts dans la suite par M. Cassini. Inventions diverses dont M. Huyghens enrichit l'Astronomie, entr'autres celles de l'application du pendule à l'horloge, du Micrometre, &c.* II. *Fondation de la Société Royale de Londres, & de l'Académie des Sciences de Paris;*

des observatoires de Paris & de Greenwich. III. *M. Cassini appellé en France. Ses découvertes diverses sur la theorie du Soleil, sur celle des Satellites de Jupiter, &c.* IV. *Premieres découvertes dûes aux travaux de l'Académie Royale des Sciences; le Micrometre perfectionné par M. Auzout. Le Télescope appliqué au quart de cercle. Ces inventions sont revendiquées par l'Angleterre, & sur quel fondement.* V. *La terre mésurée avec exactitude, par M. Picard. Son voyage à Uranibourg.* VI. *Voyage de M. Richer à Cayenne; quel en est l'objet & le résultat. Observation singuliere qu'il y fait, & conséquence qu'en tire M. Huyghens, sçavoir l'applatissement de la terre par les pôles.* VII. *La propagation successive de la lumiere & sa vîtesse découvertes par M. Roemer.* VIII. *Changemens & corrections nombreuses que l'Académie Royale des Sciences fait à la Géographie, d'après les observations.* IX. *De quelques Astronomes de la Société Royale de Londres; entr'autres de Messieurs Hooke & Wren.* X. *De M. Flamstead.* XI. *De M. Hallei. Il va à l'Isle de Sainte Hélene, observer les étoiles australes. Il y observe aussi le passage de Mercure sous le Soleil. Méthode qu'il propose pour déterminer la parallaxe du Soleil. Ses découvertes sur la théorie de la Lune. Ses Tables Astronomiques.* XII. *M. Newton publie en 1687, son fameux Livre des principes Mathématiques de la Philosophie naturelle. Du principe de la gravitation universelle, & de son antiquité. De quelle maniere M. Newton l'établit, & quel usage il en fait. Exposition & développement de quelques-unes des vérités contenues dans son ouvrage.* XIII. *De la théorie des Cometes en particulier. Histoire succincte des pensées des Philosophes sur leur sujet, jusqu'à l'année 1682. Elles sont enfin reconnues pour des planetes qui se meuvent sur des orbites très-excentriques, & sensiblement paraboliques. Quel est le premier Auteur de cette découverte, que M. Newton établit d'une maniere lumineuse dans ses principes. Confirmation qu'a reçu la théorie de M. Newton des travaux des Astronomes postérieurs.* XIV. *De divers Astronomes dont on n'a point parlé, entr'autres de MM. Hevelius, Mouton, Kirch, &c.*

I.

Découvertes astronomiques de M. Huyghens.

GALILÉE, qui le premier tourna un Télescope vers Saturne, fut bien étonné de l'appercevoir accompagné de deux globes contigus, & sans mouvement. Mais quelle fut sa surprise lorsque ces prétendus Satellites, qu'il avoit poétiquement comparés à des domestiques donnés au vieux Saturne, pour l'aider dans sa décrépitude, l'abandonnerent brusquement. Il osa, à la vérité, prévoir leur retour, & en effet ils reparurent quelques mois après; mais ils se présenterent les années suivantes, sous tant de formes différentes, qu'ils pousserent à bout ses conjectures & celles des Astronomes qui le suivirent.

Près de quarante ans s'écoulerent, comme dit quelque part M. *Cassini*, dans l'admiration de ce Protée céleste, sans que personne réussît à le fixer. *Hevelius* lui-même, avec ses grands Télescopes, ne parvint qu'à le voir un peu mieux que ses prédécesseurs, & à fixer assez bien le retour périodique des mêmes phases: (1) au reste il ne fut guere plus éclairé sur leur cause. Nous laissons à l'historien à venir de l'Astronomie en particulier, le soin de faire le récit des diverses conjectures qu'on proposa sur ce sujet. Les seules qui méritent quelque mention, sont celles de MM. *Roberval* & *Cassini*. Le premier soupçonnoit que le phénomene dont nous parlons, étoit causé par un amas de vapeurs qui, s'élevant sous l'équateur de Saturne, nous réfléchissoient ainsi la lumiere : idée assez heureuse, & qui approche assez de la vérité pour donner lieu de croire qu'elle a pu aider M. *Huyghens* dans sa découverte. Quant à M. *Cassini*, il avoit eu la pensée que Saturne étoit environné d'un essain de Satellites fort voisins les uns des autres, qui tournant autour de lui, produisoient ces bizarres apparences. Mais si tôt qu'il connut l'explication de M. *Huyghens*, il eut la modestie & la bonne foi d'abandonner la sienne. Les hommes de génie sont ordinairement les premiers, ou à découvrir la vérité, ou à l'embrasser lorsqu'elle est présentée par d'autres.

(a) *De Saturni nativâ facie.* 1649. Ged. in-fol.

M. *Huyghens* eut enfin l'avantage de découvrir la cause des bizarres phénomenes dont Saturne fatiguoit depuis si long-tems les Astronomes. Aidé de Télescopes qui étoient son ouvrage, & qui, sans être d'une longueur extrême, surpassoient de beaucoup tous ceux qu'on avoit encore faits, il vit Saturne avec beaucoup plus de distinction que tous les Astronomes qui l'avoient précédé. Ce qui avoit paru à *Galilée* deux globes isolés, lui parut tenir à cette planete par une longue bande de lumiere. A mesure que Saturne passa dans d'autres positions à l'égard du Soleil & de la Terre, il vit ses longues anses qui n'étoient que des traits de lumiere, s'élargir & prendre la forme des extrêmités d'une ellipse fort alongée. Delà Saturne poursuivant son chemin, cette ellipse lui parut continuer à s'élargir, & prendre l'apparence qu'auroit l'intervalle entre deux cercles concentriques vûs obliquement. Ces phénomenes lui apprirent, ou le confirmerent dans l'idée qu'ils étoient produits par un corps plat & circulaire, semblable à un anneau. Ce fut en 1655, que M. *Huyghens* fit cette découverte. Il la publia l'année suivante sous des lettres transposées, qui signifioient, suivant l'interprétation qu'il en donna dans la suite, *Saturnus cingitur annulo tenui, plano, nusquàm coherente, & ad eclipticam inclinato.*

En effet, si l'on suppose Saturne environné d'un pareil anneau, incliné au plan de son orbite, & toujours parallele à lui-même, on rend parfaitement raison de toutes les apparences que présente successivement cette planete. Lorsque le Soleil & la Terre étant du même côté, celle-ci sera élevée le plus qu'il se peut sur le plan de cet anneau, on aura la phase où ses anses paroissent les plus ouvertes. Cela arrive lorsque Saturne est vers le 20e degré & demi des Gémeaux & du Sagittaire. Delà Saturne continuant son cours, le plan de son anneau prolongé passera plus près de la terre: il en sera vu plus obliquement, & ses anses se rétreciront. Quelque tems après, il y aura une situation de Saturne, où le plan de l'anneau rencontrera la Terre ou le Soleil: dans l'un & l'autre cas, il disparoîtra aux yeux du spectateur terrestre, parce que son épaisseur étant peu considérable, & étant la seule partie qui se présente, ou qui est éclairée du Soleil, elle ne renverra pas assez de lumiere pour frapper nos organes d'aussi loin. Ainsi

Saturne

Saturne paroîtra parfaitement rond. C'est l'aspect qu'il présente lorsqu'il est vers le vingtieme degré & demi des Poissons & de la Vierge. M. *Huyghens* a observé qu'alors le disque paroît traversé d'un trait de lumiere moins vive, ce qui donne lieu de conjecturer que l'anneau est moins propre dans son épaisseur à réfléchir la lumiere que dans son plan, ou que la planete elle-même. Il arrivera encore quelquefois que le plan de l'anneau prolongé, passant entre la Terre & le Soleil, cet astre en éclairera un côté, tandis que ce sera l'autre qui se présentera à l'observateur terrestre. Ce sera une nouvelle cause d'occultation, qui pourra occasionner quelques irrégularités apparentes, mais qu'il sera toujours facile de prévoir & d'expliquer, en faisant attention aux circonstances de la position du Soleil & de celle de la terre. Tel est le précis de l'explication que M. *Huyghens* donne des phénomenes de Saturne, & qu'il établit au long dans son *Systema Saturnium :* l'expérience de près d'un siecle a montré qu'elle étoit juste, & même tous les Astronomes de son tems, frappés de sa simplicité & de sa justesse, l'adopterent comme par acclamation. Je ne lui connois de contradicteurs qu'Eustache *Divini*, ou plutôt le P. *Fabri*, qui sous ce nom publia contre M. *Huyghens*, un écrit assez aigre, où il lui contestoit ses observations, & proposoit un autre systême d'explications (*a*) ; *Huyghens* répliqua, & montra facilement que ce systême étoit, pour ne rien dire de plus, peu raisonnable (*b*). Mais ce Pere, d'ailleurs célebre, a mérité son pardon de la postérité, en adoptant dans la suite le sentiment de M. *Huyghens*. On a seulement vu en 1684, un Astronome d'Avignon (M. *Gallet*), homme assez connu, & même avantageusement, par quelques observations & divers écrits (*c*), prétendre que toutes les apparences de Saturne, aussi bien que celles de Jupiter n'étoient que des illusions occasionnées par les réfractions des verres. Cette idée singuliere n'a pas même eu les honneurs d'une réfutation.

L'assiduité de M. *Huyghens* à observer Saturne, lui valut une autre découverte, sçavoir celle d'un des Satellites de cette

(*a*) *Brevis annot. in systema Saturnium C. Hugenii.* Rom. 1660.
(*b*) *Brevis assertio syst. sui.* Hag. 1661.
(*c*) *Aurora Lavenica, seu tab. Sol.*

planete. Je dis d'un des Satellites ; car le lecteur n'ignore pas, sans doute, que Saturne en a cinq. Celui de M. *Huyghens* est le quatrieme, en commençant à les compter du plus voisin. Il commença à l'appercevoir dans le mois de Mars de l'année 1655, & il publia l'année suivante sa découverte par un petit écrit particulier. Il s'est davantage étendu depuis sur ce sujet dans son *Systema Saturnium*, dont la premiere partie est occupée à faire l'histoire de ses observations. Il y fixe la révolution de cette petite planete à 15 jours, 22 heures, 39 minutes: les observations postérieures ont appris qu'elle est de 15 jours, 22 heures, 41 minutes.

M. *Huyghens* comptoit alors que ce Satellite de Saturne étoit unique ; quelques bons que fussent ses Télescopes, il n'avoit pu appercevoir que celui-là. Il se persuada même qu'il ne devoit pas y en avoir davantage. Car tenant encore un peu aux mystérieuses propriétés des nombres, il disoit que les planetes principales n'étant qu'au nombre de six, il ne pouvoit pas y avoir plus de six planetes secondaires ; de sorte que celle qu'il venoit de découvrir étant la 6e, notre systême se trouvoit complet. Il se trompoit néanmoins, & cette découverte qu'il croyoit achevée, n'étoit encore qu'ébauchée. C'est le célebre M. *Cassini*, qui y a mis la derniere main. Il apperçut en 1671, un nouveau Satellite, qui fait sa révolution en 79 jours, 22 heures, 4 minutes ; c'est le cinquieme ou le plus extérieur de tous. Le troisieme fut découvert en 1672 ; celui-ci ne demeure que 4 jours, 13 heures, 47 minutes. On le nomma alors le premier ; car on crut qu'il n'y en avoit pas davantage ; mais les excellentes lunettes de *Campani*, ont servi à en découvrir encore deux autres, l'un qui fait sa révolution en 2 jours, 17 heures, 41 minutes, & l'autre en 1 jour, 21 heures, 19 minutes. Depuis ce tems, avec quelque instrument qu'on ait observé Saturne, on ne lui a point apperçu de nouveau Satellite. Mais ç'en est bien assez : les Saturniens, s'il est permis de s'égayer ici, ne sont pas à plaindre avec leur anneau & leurs cinq Lunes. A la vérité, ils sont si éloignés de la source de la lumiere, que nous serions injustes de leur envier ce petit dédommagement. Au reste, les Satellites dont nous venons de raconter la découverte, n'ont probablement rien de commun avec ceux que le P. *Rheita*, avoit déja donnés à Saturne dès l'année 1643. Ce bon Pere, auteur d'un Livre d'Astronomie, intitulé : *Oculus Enoch & Eliæ, seu radius Sidereo-mysticus*, avoit aussi prétendu augmenter de cinq le nombre des Satellites de Jupiter. Mais il avoit certainement pris pour des Satellites de Jupiter des fixes voisines. Il en est probablement de même du Satellite qu'il donna à Mars en 1640. Revenons à Saturne.

Depuis qu'on a beaucoup perfectionné les Télescopes, ou qu'on en a construit à réflection, on a remarqué dans Saturne diverses particularités qui avoient échappé à M. *Huyghens*; on a vu sur son disque diverses bandes obscures & paralleles à celle que forme son anneau. On a même vu l'ombre de Saturne sur cet anneau, mais rien n'a pu faire connoître si cette planete a un mouvement autour de son axe. Cela est cependant probable, du moins à en juger par analogie. On peut aussi conjecturer que son anneau a un mouvement semblable ; car à moins de le supposer tout d'une piece, & d'une matiere aussi dure que le rocher, il n'y a qu'un mouvement de rotation qui puisse l'empêcher de retomber par parties sur le globe de Saturne.

Ce n'est pas seulement l'Astronomie théorique qui a des obligations à M. *Huyghens* : deux inventions d'Astronomie pratique, le rendront encore à jamais mémorable dans l'histoire de cette science. Car c'est à lui qu'elle doit le moyen exact dont nous sommes aujourd'hui en possession pour mesurer le tems, & la premiere ébauche du Micrometre. Le premier de ces objets nous a déja suffisamment occupés dans le Livre précédent : nous remettons à parler du second dans un des articles suivans, afin d'y réunir tout ce qu'il y a à dire sur le le dernier de ces instrumens.

Personne n'a porté plus loin que M. *Huyghens*, l'art de travailler les verres de Télescopes. Persuadé avec raison que le progrès des découvertes célestes suivroient ceux de cet art, il s'attacha dès sa jeunesse à le perfectionner (*a*); & en effet, il parvint à se procurer des verres bien supérieurs, soit pour la longueur du foyer, soit pour l'excellence, à tous ceux qui étoient sortis jusqu'alors des mains des meilleurs Artistes en ce genre. Ce fut avec un Télescope de 23 pieds qu'il vit ce

(*a*) Voyez son *Comm. de poliendis vitris.* Op. Posth. T. II.

que, ni Euſtache *Divini* avec ſes Téleſcopes renommés, ni *Hevelius* avec le ſien de 140 pieds, n'avoient pu appercevoir aſſez diſtinctement. Dans la ſuite, il en fit de plus de 100 pieds de foyer. La Société Royale en poſſede un de 123 pieds, & un autre de 120, dont M. *Huyghens* lui fit préſent lors d'un de ſes voyages en Angleterre.

Mais ce n'eſt pas aſſez que d'avoir des objectifs d'une portée auſſi conſidérable. Les Aſtronomes qui ont eu à manier de longs Téleſcopes, ne ſçavent que trop à combien d'inconvéniens ils ſont ſujets. Leur poids, la fléxion des tubes, la difficulté de les diriger, ſont autant d'obſtacles à leur uſage, dès qu'ils paſſent les dimenſions ordinaires. Auſſi cette difficulté d'Aſtronomie pratique, avoit-elle déja occupé bien des Aſtronomes. Rien n'eſt plus heureux au premier abord, que la ſolution qu'en avoit donné un Aſtronome de Toulouſe, (M. *Boffat*) (*a*) : il propoſoit de laiſſer le tube du Téleſcope, immobile, & de lui préſenter l'aſtre par le moyen d'un miroir mobile. Malheureureuſement l'épreuve n'a pas répondu à la théorie; l'expérience a montré que les moindres défectuoſités du miroir troublent tellement l'image, qu'on ne peut attendre delà aucun ſuccès. Quelques autres Aſtronomes, comme MM. *Comiers* (*b*) & *Auzout* (*c*), avoient propoſé de ſupprimer les tuyaux qui ne ſont pas de l'eſſence du Téleſcope; & ils avoient imaginé des moyens pour diriger l'objectif à l'objet, & ſe mettre avec l'oculaire dans l'éloignement & la ſituation convenables. C'eſt à ce dernier parti que s'en tint M. *Huyghens*; & il s'attacha à le perfectionner dans ſon *Aſtroſcopia compendiaria à tubi molimine liberata*, qu'il publia en 1684. Cette méthode de M. *Huyghens*, a été miſe en pratique avec aſſez de ſuccès, ſoit par lui-même, ſoit par divers autres Aſtronomes, comme MM. *Pound* & *Bradlei*, lorſqu'ils ſe ſervirent de ſon verre de 123 pieds, pour obſerver Saturne; ce fut auſſi de cette maniere que s'y prit M. *Bianchini*, lorſqu'il ſe mit à obſerver Venus avec des objectifs de *Campani*, de quelques centaines de palmes. Mais nonobſtant ces ſuffrages, on ne peut diſconvenir, que c'eſt encore quelque choſe de

(*a*) Journal des Sçavans, 1681.
(*b*) Diſcours ſur les Cometes. *Par. 1666, à la fin.*
(*c*) Lett. à l'Abbé Charles, &c.

fort embarrassant, & le Télescope à réflection est venu fort à propos nous affranchir de la nécessité de recourir à ces moyens.

M. *Huyghens* étoit d'un pays trop intéressé à la solution du problême des longitudes, pour ne pas tourner aussi de ce côté quelques-unes de ses vûes. C'étoit en partie l'objet qu'il se proposoit en imaginant son horloge à pendule : car le problême dépend, comme l'on sçait, presque uniquement de trouver une mesure exacte du tems en mer. Les premiers essais furent d'abord assez favorables à l'invention de M. *Huyghens*, on en lit le récit dans les *Transf. Phil.* de l'année 1665 ; mais les observations postérieures ont appris, que les moyens qu'il propose pour mettre le pendule à l'abri des inégalités occasionnées par les mouvemens du navire (*a*), ne suffisent pas. M. *Huyghens* en a donc cherché d'autres, & il croyoit à la fin de sa vie les avoir découverts. Il dit dans les Actes de Léipsick de l'année 1693, qu'il a trouvé une courbe qui servira à concilier à ses pendules le mouvement le plus égal, sans qu'il puisse être troublé par ceux du navire, & il donne l'équation de cette courbe en lettres transposées. Mais la mort, en l'enlevant, a aussi enlevé son secret.

Je ne dis qu'un mot de deux ouvrages posthumes de M. *Huyghens* : l'un est son *Authomatum Planetarium*, ou la description d'une machine propre à représenter les mouvemens & les périodes des planetes. On y remarque avec plaisir la maniere ingénieuse dont M. *Huyghens* parvient, malgré l'incommensurabilité de ces périodes, à représenter leur rapport. Il le fait avec tant d'exactitude, qu'après trente révolutions de la terre, Saturne, par exemple, n'est trop avancé dans son cercle que d'environ deux minutes & demie. Il se sert pour cela de cette espece de fractions appellées *continues*, & dont on a parlé à l'occasion de la quadrature du cercle de Milord *Brouncker*. Les Anglois qui ont exécuté ces dernieres années plusieurs de ces instrumens, leur ont donné le nom d'*Orreryes*, à cause que le premier qui ait été fait chez eux, étoit destiné au Comte d'*Orrery*. On les verra probablement quelque jour s'autoriser de ce nom pour en revendiquer l'invention.

(*a*) *Horol. Oscill.*

L'autre ouvrage posthume de M. *Huyghens*, est son *Cosmotheoros seu de terris celestibus earumque ornatu conjecturæ*, titre qui explique suffisamment l'objet de ce Livre. Mais M. *Huyghens* l'eut rendu bien plus agréable, si moins austere Philosophe, il y eut fait usage des ressources de la fiction, à l'exemple de *Kepler*, dans son *Somnium de Astronomia lunari*, ou du Pere *Kircher*, dans son *Iter extaticum*. L'idée du célebre Jésuite, étoit ingénieuse : il est dommage que son guide ne soit pas un meilleur Philosophe. On ne sçauroit toucher à cette matiere sans songer aussi-tôt à l'ouvrage ingénieux & philosophique de M. de *Fontenelle*, nous voulons dire ses *Dialogues sur la pluralité des Mondes*. Cet ouvrage est si connu, que ce que nous en dirions ici n'ajouteroit rien à sa célébrité.

II.

Fondation des Académies & des observatoires de Paris & de Londres.

Il est peu de Sciences qui ait un plus grand besoin de la protection des Souverains, que l'Astronomie. Les autres parties des Mathématiques, presque uniquement l'ouvrage de la théorie & de la méditation, peuvent être cultivées avec succès par des particuliers doués de génie. Mais l'Astronomie ne prenant d'accroissement qu'à proportion qu'on observe, & qu'on observe avec plus de précision, exige des dépenses considérables en instrumens, quelquefois des voyages dispendieux, des secours enfin le plus souvent au dessus des facultés d'un particulier. Sans la magnificence des *Ptolémées*, sans celle de quelques Princes Orientaux, amateurs de cette science, elle n'eut point fait, ni chez les Grecs, ni chez les Arabes, les progrès qu'on lui vit faire. Sans la protection de *Fréderic*, Roi de Dannemarck, *Tycho-Brahé* n'eut jamais rassemblé les matériaux précieux que *Kepler* mit depuis en œuvre avec tant de succès.

L'Astronomie n'a pas de moindres obligations à *Louis XIV* & à *Charles II*. Ses annales rappelleront toujours avec reconnoissance les secours & les encouragemens que ces Princes lui ont donnés, & surtout la fondation des deux Observatoires fameux de Paris & de Londres, élevés sous leurs auspices, & d'où sont sorties tant de découvertes brillantes. Nous y joindrons aussi l'établissement des deux Académies célebres qui fleurissent dans ces capitales. Car quoique toutes les connoissances naturelles soient du ressort de ces Académies, il semble que c'est surtout l'Astronomie qui s'est ressentie de leur institution. En effet, si l'Astronomie exige des secours & des dépenses royales, elle ne demande pas moins ce concours de vues, cette succession non interrompue de travaux qu'on ne peut attendre que d'un corps toujours subsistant, quoique ses membres se renouvellent. C'est ce motif qui nous a fait différer jusqu'ici à parler de cette institution, si digne de figurer dans cet ouvrage.

C'est l'Angleterre, il faut en convenir, qui montra à la France l'exemple de ce genre d'établissement. La Société Royale de Londres, aînée de quelques années de l'Académie Royale des Sciences de Paris, date des premiers jours du rappel de *Charles II.* A la vérité, il semble que l'idée de ces assemblées sçavantes, l'Angleterre la tenoit de l'Italie & de la France même. Il y avoit depuis plusieurs années à Florence une Société de Sçavans connue sous le nom d'*Academia del Cimento*, qui s'addonnoit spécialement à la Philosophie naturelle. Paris avoit vu aussi dès le tems du P. *Mersenne*, divers particuliers liés par le seul amour des Sciences, & surtout de la Physique & des Mathématiques, tenir des assemblées dont l'objet étoit de converser sur ces matieres, & de se communiquer mutuellement leurs vues & leurs découvertes. Mais comme l'Angleterre se défend toujours de rien devoir au continent, encore moins à la France, elle rapporte la naissance de la Société Royale, à une autre cause. Suivant son histoire (*a*), cette Société célebre doit son origine aux assemblées sçavantes que tenoient, durant la tyrannie de Cromwel, quelques particuliers retirés à Oxford, & dont plusieurs étant attachés à la famille du Roi Charles I, cherchoient autant par-là à se dérober aux soupçons de l'usurpateur, qu'à contribuer aux progrès des Sciences. Les principaux membres de ces assemblées, étoient les Docteurs *Wallis*, *Wilkins*, *Ward*; le célebre *Boile*, Messieurs *Rook*, *Wren*, *Petty*. Après le rappel de *Charles II*, plusieurs d'entr'eux revinrent à Londres, où leur nombre s'accrut de quelques autres amateurs des connoissances naturelles, parmi lesquels on distingue Milord *Brouncker*, les Cheva-

(*a*) *Hist. of. Royal Society*. par M. T. *Sprat*. C'est un ouvrage pitoyablement fait en Anglois, & dont on a une traduction Françoise encore plus pitoyable. L'ignorance d'un traducteur ne sçauroit aller plus loin.

liers *Moray*, *Neil*, &c. *Charles II*, qui, malgré sa dissipation & son penchant au plaisir, aimoit les Sciences, goûta l'idée de cette Société, & lui accorda en 1660, des Lettres Patentes, par lesquelles il l'érigea en Société Royale, la mettant sous sa protection, & sous celle de ses successeurs. Elle commença en 1665, à publier ses Mémoires, qui portent le nom de *Transactions Philosophiques*. On ne sçauroit trop regretter qu'on ait songé si tard à nous donner cette précieuse collection dans notre langue, & trop applaudir au dessein de M. de *Bremond*, qui avoit commencé ce travail (*a*). La mort de cet Académicien n'a pas fait échouer l'entreprise; elle est aujourd'hui confiée aux soins de M. *Demours*, déja fort connu par divers ouvrages importans, & le Public ne tardera pas à voir satisfaire son impatience sur la suite de cette traduction.

L'Académie Royale des Sciences de Paris, prit naissance en 1666. Lorsqu'après la paix des Pyrénées, M. *Colbert* forma le projet d'encourager les Arts, le Commerce & les Sciences, il choisit ceux qui s'étoient le plus distingués par leurs découvertes & leurs talens, pour en former un corps sur lequel le Roi verseroit ses bienfaits d'une façon plus particuliere. Ces premiers Académiciens furent Messieurs de *Carcavi*, *Huyghens*, *Roberval*, *Frenicle*, *Auzout*, *Picard* & *Buot*, tous Mathématiciens. On leur adjoignit ensuite des Chimistes, des Anatomistes, &c, & le Roi leur assigna une des salles de sa Bibliothéque, pour y tenir leurs assemblées. Chacun sçait qu'en 1699, cet illustre Corps reçut une nouvelle forme, &, pour ainsi dire, une nouvelle existence, avec des assurances d'une protection plus marquée de Sa Majesté. Avant ce tems, l'Académie avoit déja publié à diverses reprises quantité de Mémoires & d'écrits qui ont été rédigés en 10 vol. in-4°. & qu'on nomme les anciens Mémoires de l'Académie. On a aussi son histoire, d'abord écrite en Latin, par M. *Duhamel*, son Secretaire, & ensuite refaite en François par son célebre successeur M. de *Fontenelle*, qui y a répandu ces agrémens & cette clarté qu'il sçavoit si bien donner aux matieres les plus abstraites. Personne n'ignore que, depuis son renouvellement, l'Académie publie chaque année un volume de ses Mémoires, avec

(*a*) Il en a donné 2 vol. qui comprennent les années 1734, 1735, 1736, 1737, avec un volume de Tables, depuis le commencement de la Société Royale jusqu'en 1735.

leur

leur extrait, & le récit des événemens les plus remarquables arrivés dans son sein, sous le titre d'histoire.

Le second établissement, uniquement dévoué aux progrès de l'Astronomie, est celui des Observatoires de Paris & de *Gréenwich*. Ici Paris a la primauté; à peine l'Académie des Sciences étoit rassemblée, que *Louis XIV*, qui vouloit aussi hâter les progrès de l'Astronomie & de la Géographie, appelloit d'Italie le célebre M. *Cassini*, & ordonnoit la construction d'un Observatoire digne de sa magnificence. Le lieu en fut désigné dès le milieu de l'année 1667, & les fondemens en furent jettés la même année. Ce magnifique monument de l'Astronomie, l'un des chefs-d'œuvres de *Perrault*, & de l'Architecture Françoise, est trop connu par les gravures, pour nous amuser à le décrire. L'ouvrage fut conduit avec rapidité, malgré sa grandeur & la nature de sa construction, & il fut entiérement achevé en 1675. Sa Majesté le fournit de nombreux instrumens, ouvrages des meilleurs Artistes, & depuis lors il n'a cessé de produire d'importantes découvertes en Astronomie. Cependant, aujourd'hui que les Sçavans ne veulent rien perdre de leurs droits aux agrémens de la société, l'éloignement où est cet édifice du centre de la ville, commence à le rendre moins habité. Les Astronomes ont trouvé qu'il valoit beaucoup mieux faire des dépenses en instrumens, qu'en bâtimens magnifiques & élevés. Une Tour solide, d'excellens instrumens, & beaucoup d'assiduité à observer, sont tout ce qu'il faut pour les progrès de l'Astronomie.

Londres, toujours émule de Paris, comme Paris l'est de Londres, ne tarda pas à avoir dans ses environs un édifice destiné aux mêmes travaux. Voici ce qui donna lieu à sa construction. Vers l'année 1673, un nommé le Sieur de Saint-Pierre, se présenta à la Cour de *Charles II*, annonçant la découverte des longitudes, & il obtint qu'on nommât des Commissaires de l'Amirauté pour examiner son invention. Ceux-ci travaillant à cet examen, admirent dans leurs assemblées divers Mathématiciens habiles, entr'autres M. *Flamstead*. Cet Astronome, encore jeune alors, mais qui avoit déja donné des preuves d'un talent supérieur, montra facilement que l'invention proposée étoit insuffisante, parce que ni les Tables des lieux des fixes, ni la théorie de la Lune, que le Sieur de *Saint-Pierre* employoit, à l'exemple de *Morin*, n'avoient acquis assez de perfection pour pouvoir compter sur elles. Il écrivit sur ce sujet deux lettres, l'une adressée aux Commissaires, l'autre à l'Auteur du projet pour étendre & confirmer davantage ce qu'il avoit dit. Cette affaire fit du bruit à la Cour, par l'intérêt qu'y prenoit la fameuse Duchesse de Porst-mouth, dont le Sieur de *Saint-Pierre* avoit gagné la faveur, & les deux Lettres de *Flamstead* étant tombées entre les mains de *Charles II*, il en fut étonné, & il ordonna aussi-tôt qu'on perfectionnât ces parties de l'Astronomie pour l'utilité de la Marine. On lui représenta que ce travail exigeoit un homme entier, & des secours que l'Astronomie n'avoit point encore eus; sur quoi il ordonna la construction d'un Observatoire, & il choisit lui-même pour y observer, M. *Flamstead*, le nommant son Astronome avec cent guinées d'appointemens. On balança quelque tems sur la situation du nouvel Observatoire. On jetta les yeux sur Chelsea, Hyde-Park, Gréenwich; mais enfin ce dernier fut préféré. C'est un lieu à deux mille de Londres, en descendant la Tamise. Là sur une colline charmante, & où la vue est continuellement recréée par le passage d'une foule de bâtimens, s'éleve l'Observatoire dont nous parlons, plus régulier & commode que magnifique. Les fondemens en furent posés le 10 Août 1675, & il fut achevé en 1679. M. *Flamstead* y a observé depuis ce tems, jusqu'à sa mort qui arriva en 1720. Nous rendrons compte, quand il en sera tems, de ses travaux. Il a eu pour successeur M. *Hallei*, si connu partout où l'Astronomie est en honneur. Sa place est aujourd'hui remplie par M. *Bradley*, non moins célebre que ses deux illustres prédécesseurs, par diverses découvertes mémorables, & entr'autres celle de l'aberration de la lumiere.

III.

De M. Cassini. L'institution de l'Académie Royale des Sciences, & la construction d'un magnifique Observatoire, ne sont pas les seuls encouragemens que l'Astronomie reçut en France, vers le milieu du siecle passé. L'Italie possédoit alors un homme rare par ſes talens aſtronomiques, & qui s'étoit déja illuſtré par quantité de découvertes, le célebre M. *Caſſini*, en un mot (*a*). *Louis XIV* forma le deſſein de le lui enlever, & d'en enrichir ſes Etats, pour y faire davantage fleurir l'Aſtronomie. Il le fit demander par ſon Ambaſſadeur au Pape *Clément IX*, & au Sénat de Boulogne. L'Italie, qui connoiſſoit tout le prix de cet homme illuſtre, ne conſentit pas facilement à s'en voir privée, & ne le céda à la France que pour ſix ans. Ce fut ſous cette condition que M. *Caſſini* partit pour Paris, où il arriva au commencement de l'année 1669. *Louis XIV* le reçut avec les diſtinctions dont il ſçavoit honorer le mérite, & le décora du titre d'Aſtronome royal. Les ſix années de ſon congé étant ſur le point d'expirer, l'Italie impatiente commençoit à revendiquer ſon bien; mais les bienfaits du Roi fixerent M. *Caſſini* en France, où il a laiſſé une poſtérité qui a dignement ſoutenu, & qui ſoutient encore ce nom célebre. Pour faire connoître toutes les obligations qu'on a à ce grand Aſtronome, il nous faut reprendre les choſes de plus haut, & avant ſon établiſſement en France.

M. *Caſſini* rendit dès l'année 1653 un ſervice ſignalé à l'Aſtronomie. Chacun ſçait combien des obſervations faites avec un gnomon d'une hauteur conſidérable, ſont précieuſes aux Aſtronomes pour la théorie du Soleil. Ces inſtrumens ſont effectivement par leur grandeur preſque les ſeuls capables de fournir la détermination de pluſieurs points délicats de cette théorie, comme la déclinaiſon de l'écliptique, l'entrée du Soleil dans les tropiques, &c. Il y en avoit un à Boulogne, dans l'Egliſe de S. Petrone; mais le P. *Egnazio Dante*, qui l'avoit conſtruit en 1575, n'avoit pu, apparemment à cauſe de quelque ſu-

(*a*) M. Caſſini (Jean-Dominique) naquit à Perinaldo, dans le Comté de Nice, le 8 Juin 1625. Il ſe livra dès ſa tendre jeuneſſe à l'Aſtronomie, avec cette ardeur & ces ſuccès qui caractériſent le génie, de ſorte que le Marquis de Malvaſia lui procura, en 1650, la Chaire d'Aſtronomie vacante à Boulogne, par la mort de Cavalleri. Il vint en France en 1669, appellé par Louis XIV, & il continua durant encore plus de 40 ans à enrichir l'Aſtronomie d'une multitude d'inventions & d'ouvrages curieux. Vers la fin de ſa vie, il eut le même ſort que Galilée, nous voulons dire qu'il perdit ces yeux, qui de même que ceux de ſon célebre compatriote, avoient découvert un nouveau monde, & même un monde bien plus reculé. Il mourut à Paris le 12 Sept. 1712. Le catalogue de tous les écrits qu'il a publiés durant ſa vie ſeroit ſi long, que nous nous en tiendrons à ceux que nous citons dans le cours de cet article. Le lecteur curieux de ces détails de Bibliographie, pourra les raſſembler d'après l'Hiſtoire de l'Académie.

jétion, décrire une méridienne pour y recevoir l'image du Soleil, de sorte qu'il s'étoit contenté d'une ligne qui en déclinoit de quelques degrés. Son objet n'étoit que de montrer par une observation à la portée des moins intelligens, combien l'équinoxe du printems s'écartoit du 21 Mars, auquel il étoit censé arriver; ce qui n'exigeoit pas davantage de précision qu'il y en mit.

M. *Cassini*, qui aspiroit à éclaircir quelques points délicats de la théorie du Soleil, par des observations d'une exactitude particuliere, saisit l'occasion heureuse qui se présenta en 1653, de changer l'ouvrage de *Dante*, & de construire un gnomon parfait. On travailloit alors à restaurer & à augmenter le Temple de S. Petrone. M. *Cassini* s'adressa au Sénat de Boulogne, pour avoir la permission qu'il desiroit, & il l'obtint. Il traça dans un autre endroit de l'Eglise une véritable méridienne qui, contre l'attente & le jugement de tout le monde, passa entre deux piliers, contre l'un desquels elle paroissoit devoir aller échouer. Heureusement, M. *Cassini* en jugea mieux, & pour le bien de l'Astronomie, il eut raison. Perpendiculairement au dessus de cette ligne, & à la hauteur de 1000 pouces, ou 125 palmes Boulonois, qui font environ 83 pieds de Paris, il plaça horizontalement une plaque de bronze, solidement scellée dans la voûte, & percée d'un trou circulaire qui a précisément un pouce de diametre. C'est par ce trou qu'entre le rayon solaire, qui forme tous les jours à midi sur la méridienne l'image elliptique du Soleil. Cette élévation considérable fait qu'à la variation d'une minute en hauteur, répondent près du solstice d'Eté, 4 lignes, & près de celui d'Hyver, 2 pouces 1 ligne; de sorte que les moindres inégalités, soit dans la déclinaison, soit dans le diametre apparent du Soleil, sont extrêmement sensibles. Ce magnifique ouvrage, fut achevé en 1656, assez à tems pour permettre à M. *Cassini* de faire l'observation de l'équinoxe du Printems, (*a*) à laquelle il avoit invité les Astronomes, en leur faisant part de la construction de sa nouvelle méridienne, & des travaux qu'il se proposoit d'exécuter par son moyen.

Ce que M. *Cassini* avoit eu en vue, il l'obtint. Ce grand

(*a*) *Obs. æquin. versi. ann. 1666. in-fol.*

instrument le mit en état de faire à la théorie du Soleil des corrections très importantes, & qui, par leur délicatesse, échappoient à toutes les autres manieres d'observer. Il trouva que la déclinaison de l'écliptique devoit être diminuée d'environ une minute & demie, c'est-à-dire, qu'au lieu de 23°, 30', que lui donnoient la plûpart des Astronomes, elle n'étoit guere que de 23°, 28', 30''. Ces observations lui apprirent aussi que l'excentricité, ou la demi-distance des foyers de l'orbite solaire, étoit moindre que celle de *Kepler*, qui l'avoit faite dans ses Tables de 1800 parties, dont l'axe entier est 100000. M. *Cassini* lui en assigna seulement 1700. Il reconnut encore que *Tycho* s'étoit trompé en n'étendant les réfractions solaires que jusqu'au 45e degré d'élévation ; & il confirma par l'observation, ce qu'une solide théorie lui avoit déja appris, sçavoir que la réfraction s'étend jusqu'au zénith. Il mit enfin hors de contestation l'inégalité réelle du mouvement du Soleil, par la comparaison exacte du diametre apparent de cet astre, & de l'accélération de son mouvement dans les divers lieux de son orbite. C'étoit un point sur lequel il y avoit encore parmi les Astronomes quelque division ; mais lorsque l'oracle de Boulogne, nous voulons dire, la méridienne de Saint Petrone, eut parlé, tous ceux qui balançoient encore, se rendirent. M. *Cassini* dressa, d'après tous ces Elémens corrigés, de nouvelles Tables solaires, qu'il publia en 1662, avec les Ephémérides du Marquis de *Malvasia* (*a*). Elles eurent l'avantage de s'accorder mieux que toutes les précédentes avec le mouvement du Soleil. Il l'éprouva à diverses reprises par le moyen de sa méridienne, & M. *Montanari* a attesté dans un écrit public, que le Soleil ne manqua jamais de passer par le point de la méridienne & au moment, marqués par le calcul. M. *Cassini* a eu depuis l'agrément de voir toutes ces corrections s'accorder de fort près avec les observations des Astronomes de l'Académie, que le Roi envoya en Amérique & vers l'équateur, quelques années après (*b*).

Le magnifique monument dont nous venons de parler, ne

(*a*) *Epist. Astron. cum Tabulis, ad March. Malvasiam, insertæ ejusdem Ephemeridibus.* Mutinæ, 1662, in-fol.

(*b*) Elémens de l'Astronomie déterminés par M. Cassini, & vérifiés par le rapport de ses Tables, avec les observations faites à l'Isle de Cayenne, &c. *Anciens Mem. de l'Acad. T. VII.*

ſçauroit manquer d'intéreſſer les amateurs de l'Aſtronomie ; & leur fera ſans doute deſirer d'en ſuivre l'hiſtoire juſqu'à nos jours. Lorſqu'après environ 30 ans de ſéjour en France, M. *Caſſini* alla revoir ſa patrie, il ne manqua pas d'aller reconnoître l'état de ſon gnomon. Il ſe trouva que le cercle de bronze qui lui ſert de ſommet, étoit un peu ſorti de la ligne verticale où il devoit être ; & que le pavé ſur lequel étoit tracée la méridienne, s'étoit un peu affaiſſé. M. *Caſſini* rétablit les choſes dans leur ancien état, & M. *Guglielmini* fut chargé pour l'inſtruction de la poſtérité, de décrire les opérations faites dans cette occaſion. C'eſt-là le ſujet du Livre qu'il publia peu après ſous le titre de *la meridiana di S. Petronio reviſta & retirata per le oſſervazioni del S. Dom. Caſſini, &c.* (Bon. in-fol.) Depuis ce tems, M. Euſtache *Manfredi* a de nouveau vérifié & rectifié le gnomon de Saint Petrone. On lit dans les Mémoires de l'Académie de Boulogne, le récit des opérations qu'il fit dans cette vue, avec d'excellentes réflexions ſur ces ſortes d'inſtrumens. Au reſte, dans ces deux vérifications, on ne trouva pas que la poſition de la méridienne eût éprouvé aucun changement ; ce qui détruit la conjecture de ceux qui avoient ſoupçonné que cette ligne étoit ſujette à quelque variation. S'il y en a quelqu'une, on peut du moins aſſurer qu'elle eſt ſi lente que dans un ſiecle entier elle n'eſt point perceptible.

Boulogne n'eſt plus la ſeule ville qui jouiſſe de l'avantage d'un inſtrument ſi parfait & ſi utile. Diverſes villes de l'Europe où fleurit l'Aſtronomie, ont depuis imité ſon exemple, entr'autres Rome & Paris. Vers le commencement de ce ſiecle, M. *Bianchini* éleva un gnomon dans la premiere de ces villes. Il eſt placé dans les Thermes de Dioclétien, & il a 37 pieds de haut. Il fait le ſujet de ſon Livre *De numo & gnomone Clementino*, qu'il donna en 1703. Il y en a un autre dans l'Egliſe appellé *Della Maddonna degl' angeli*, l'une de celles qui décorent la place du *Peuple*. Paris a le ſien dans l'Egliſe Saint Sulpice, où il a été conſtruit en 1742, par les ſoins de M. le *Monnier*. Sa hauteur eſt de 73 pieds, & ſa méridienne porte à l'une de ſes extrêmités, une inſcription qui apprendra la hauteur préciſe du Soleil au ſolſtice, obſervée lors de l'érection de ce gnomon, & qui mettra la poſtérité en état de reconnoître très-certainement si la déclinaison de l'écliptique est variable. Les autres utilités de ce monument, & le détail de sa construction, se trouvent dans les Mémoires de l'Académie de l'année 1743.

Le gnomon de Saint Petrone seroit cependant encore en possession d'être le plus haut, & par conséquent le plus parfait, comme le plus ancien de l'Europe, si depuis quelques années on n'avoit pas découvert un monument astronomique de ce genre, qui lui enleve ce premier rang. C'est le gnomon de l'Eglise Cathédrale, ou Notre-Dame *del Fiore* de Florence. Il est l'ouvrage de Pierre *Toscanella*, Médecin & Mathématicien du quinzieme siecle, qui le construisit vers l'an 1460. Il consiste en une plaque de cuivre percée d'un trou de 22 lignes de diametre, & portée horizontalement en saillie par la corniche intérieure de la lanterne du Dôme; sa distance au pavé est de 277 pieds de Paris, & cinq pouces; hauteur prodigieuse, & qui surpasse celle de tous les autres gnomons de l'Europe, même pris ensemble. L'objet de *Toscanella*, fut sans doute de mettre ses successeurs en état de déterminer par-là si l'obliquité de l'éclitique étoit invariable: car on voit l'image du Soleil solsticial à midi, marquée par un cercle de marbre blanc, incrusté dans le pavé; & cette observation, d'abord faite par *Toscanella*, fut réitérée en 1510, comme il paroît par l'inscription à demi-effacée qui subsiste encore.

On s'étonnera sans doute qu'un pareil monument ait resté depuis ce tems comme inconnu & négligé dans le pays des *Galilée* & des *Viviani*. Ce fut M. de la *Condamine*, qui passant à Florence au commencement de 1755, le découvrit en quelque sorte, & en sollicita la restauration. Ainsi autrefois *Cicéron* se trouvant à Syracuse, fit la découverte du tombeau d'*Archimede*, que ses ingrats concitoyens avoient oublié, & laissé couvrir de ronces & d'épines. Le P. Leonard *Ximenès*, de la Compagnie de Jesus, chargé de la restauration dont nous venons de parler, l'a exécuté heureusement, & avec toute la dextérité & les soins qu'exige une pareille opération. Ce sçavant Astronome & Cosmographe de Sa Majesté Impériale, s'est servi la même année de ce gnomon pour observer la déclinaison de l'écliptique, & la comparer à celle qui avoit été trouvée en 1510. Cette observation lui a paru prouver que depuis ce tems l'écliptique s'eſt approchée de l'équateur de 1 minute & 16 ſecondes ; ce qui fait 31" ſecondes par ſiecle. Il eſt vrai que ceci ſuppoſe qu'il n'y ait eu depuis 1510 aucun mouvement dans les murs qui portent le ſommet de ce gnomon, ou du moins qu'il n'y en a eu aucun qui ſoit capable d'influer ſur les réſultats. Le P. *Ximenès* le penſe, & il l'établit par des raiſons aſſez ſatisfaiſantes. Cela eſt d'autant plus probable, qu'on penſe aujourd'hui aſſez généralement que l'obliquité de l'écliptique diminue continuellement, & d'environ une demi-minute par ſiecle. On peut voir de plus grands détails ſur toutes ces choſes dans un Mémoire de ce ſçavant Jéſuite ſur la déclinaiſon de l'écliptique, & ſurtout dans ſon curieux Livre *de gnomone Florentino*. Revenons à M. *Caſſini*.

M. *Caſſini* a eu ſur l'hypotheſe elliptique, adoptée par tous les Aſtronomes, une idée dont il eſt à propos de parler ici. Il crut appercevoir encore dans l'ellipſe ancienne, employée par *Kepler*, quelques défectuoſités, & pour y remédier, il en propoſa une autre. Dans cette nouvelle ellipſe il y a, comme dans l'ancienne, deux foyers ; la différence conſiſte en ce que dans celle-ci les lignes tirées de chaque point aux deux foyers, forment une ſomme conſtante, au lieu que dans celle de M. *Caſſini* ces deux lignes forment un produit, qui eſt partout le même. Mais il y a ſur cela diverſes obſervations à faire : la premiere, qui ſurprendra ſans doute le lecteur, c'eſt que, malgré toute ſa ſagacité, M. *Caſſini* ne prenoit pas l'hypotheſe de *Kepler* comme il le falloit. Il ſuppoſoit que *Kepler*, établiſſant le Soleil dans un des foyers de l'ellipſe, faiſoit de l'autre le centre des mouvemens moyens. Or cette ſuppoſition a effectivement le défaut que lui impute M. *Caſſini* ; mais la véritable hypotheſe de *Kepler*, celle où les aires, autour du foyer dans lequel réſide le Soleil, croiſſent comme les tems, n'a pas ce défaut. En ſecond lieu, l'ellipſe de M. *Caſſini* a elle-même des défauts qui ne permettroient pas de l'employer : on trouve qu'elle eſt trop reſſerrée, trop applatie aux environs de l'axe conjugué ; de ſorte que vers les 90 & 270e degrés de diſtance de l'apogée, elle repréſenteroit le Soleil beaucoup trop près. En troiſieme lieu, quand même cette ellipſe ſeroit propre à repréſenter mathématiquement les mouvemens céleſtes, il ne paroit pas que la phyſique pût l'admettre. En effet, la courbe dont nous parlons

lons, d'abord ressemblante à l'ellipse ordinaire, c'est-à-dire concave de tout côté vers son axe quand les deux foyers ne sont pas trop éloignés l'un de l'autre, devient, lorsque ces foyers sont éloignés à un certain point, en partie concave, en partie convexe vers cet axe, comme on voit au n° 2. Ces foyers s'éloignent-ils encore, la courbe devient semblable à un huit de *Fig.* 125. chiffre, ainsi qu'on voit au n. 3. Après cela les foyers continuant à s'éloigner, elle se divise en deux ovales conjugués (voyez n. 4); & ces ovales dégénerent enfin en deux points conjugués, lorsque les foyers atteignent les extrêmités de l'axe. On voit par-là que, s'il est quelque loi physique en vertu de laquelle l'ellipse dont on vient de parler puisse être décrite, cette loi doit être fort compliquée; & quoiqu'il n'y ait point de planete, dont l'excentricité soit assez grande pour causer les bizarreries ci-dessus, il n'y a aucune vraisemblance qu'elles eussent lieu dans quelque hypothese d'excentricité que ce soit.

Une des principales découvertes sur lesquelles est fondée la grande célébrité de M. *Cassini*, est celle de la vraie théorie des satellites de Jupiter. Qui ne s'étonnera effectivement de voir l'esprit humain oser entreprendre de calculer les mouvemens de ces petites planetes si éloignées de notre portée. De quelles expressions *Pline* se fût-il servi pour caractériser une pareille entreprise; lui qui est si frappé d'admiration à la vue de celle de dresser un catalogue des fixes, qu'il ne peut se refuser au plus véhément enthousiasme.

La théorie des satellites de Jupiter avoit déja exercé la sagacité des Astronomes. *Galilée*, *Marius*, *Hodierna* (*a*), & Alphonse *Borelli* (*b*), en avoient fait l'objet de leur travaux, sans parler de *Reineri*, qui en promettoit des Tables, dont sa mort précipitée occasionna la perte. Tous ces Astronomes cependant, si nous en exceptons *Reineri*, dont les succès nous sont inconnus, avoient échoué. On doit seulement à *Borelli*, la justice de remarquer qu'il approcha de la vérité en quelques points. Mais la gloire de démêler la plûpart des véritables élémens de cette théorie, étoit réservée à M. *Cassini*. Nouvel Hipparque, il construisit le premier des Tables assez exactes des mouve-

(*a*) *Mediceorum Syd. Ephem. &c.* Panormi. 1656. in-4°.
(*b*) *Theoriæ med. syderum ex causis Physicis deductæ.* Rom. 1666, in-4°.

mens des satellites de Jupiter. Elles parurent en 1666 (*a*), & elles étonnerent fort les Sçavans, qui, découragés par le peu de succès de ceux qui avoient déja travaillé sur ce sujet, commençoient à désespérer de voir jamais une théorie exacte de ces mouvemens. M. *Picard*, qui compara ces Tables avec les observations, trouva entr'elles un accord qui le frappa, & souvent plus grand, que M. *Cassini*, qui n'avoit pas encore donné la derniere main à cette théorie, n'osoit soupçonner. Ce fut principalement ce trait de sagacité qui attira sur lui les regards de *Louis XIV*, & qui fit desirer à ce Prince de posséder dans ses Etats un homme si rare. Arrivé en France, M. *Cassini* continua à travailler à la perfection de sa théorie. Il y fit quelques légers changemens que lui suggérerent les observations nombreuses qu'il fit, & il l'exposa en 1693, dans un écrit (*b*) qu'on lit parmi les anciens Mémoires de l'Académie, (T. VII). Les détails excessifs où il me faudroit entrer pour en donner une idée, m'obligent de renvoyer le lecteur à cet écrit, auquel on ne sçauroit donner trop d'éloges.

Mais, dira quelqu'un, à quoi peut servir la connoissance des éclipses de ces astres qui nous sont si étrangers, & qui, par leur petitesse & leur éloignement, semblent si peu faits pour nous. J'ai presque honte de répondre à une pareille question: cependant il est à propos de le faire en faveur de quelques lecteurs peu instruits. Oui, leur dirai-je, ces astres si éloignés, & à peine perceptibles, nous sont, à bien des égards, plus utiles que notre Lune; c'est à eux que nous devons en grande partie, la restauration de la Géographie. En effet, comme leurs éclipses sont si fréquentes, qu'à peine se passe-t'il un jour qu'on n'en voye un entrer dans l'ombre de Jupiter, ou en sortir, il est aisé de voir qu'ils fournissent incomparablement plus de secours que la Lune pour observer les longitudes des lieux de la terre. Car pour peu qu'on ait de connoissance de la sphere, on sçait que pour déterminer la différence de longitude de deux lieux, il suffit de connoître la différence du tems compté dans ces deux lieux, au moment d'un phénomene qui

(*a*) *Ephem. Bonon. mediceorum syderum.* Bon. 1668, in-fol.

(*b*) Les hyp. & les Tables des satellites de Jupiter, réformées sur de nouvelles observations. *Paris*, 1693.

arrive pour l'un & l'autre au même instant. Ainsi, que les satellites de Jupiter nous appartiennent ou non, peu importe; il suffit qu'ils nous offrent fréquemment de ces éclipses dont nous parlons. Mais la connoissance de la théorie de ces astres augmente de beaucoup l'utilité dont il nous sont; il est facile de le rendre sensible. Si l'on ignoroit cette théorie, il faudroit, pour déterminer la différence de longitude d'un certain lieu avec Paris, avoir un Observateur à Paris concerté avec celui qui est dans cet autre lieu, afin d'observer la même éclipse d'un satellite. Mais ayant des Tables vérifiées par l'expérience, & qui apprendront à quelle minute sous le méridien de Paris arrive chaque éclipse des satellites, il est évident que cela suppléera à l'observateur placé dans cette ville. Celui qui sera dans l'autre lieu, n'aura donc qu'à observer, & comparer le moment de son observation à celui du calcul pour le méridien de Paris, il aura l'équivalent d'une observation faite sous ce méridien, & il connoîtra aussi-tôt la distance où en est le sien. Voilà pourquoi les Astronomes ont travaillé avec tant de soin à se procurer la connoissance anticipée & exacte de ces éclipses, à quoi ils sont parvenus, du moins en ce qui concerne le premier satellite, qu'on peut dire aujourd'hui être suffisamment soumis au calcul.

M. *Cassini* revendique encore plusieurs découvertes des plus curieuses de l'Astronomie-Physique Telles sont celles de la rotation de Jupiter & de Mars sur leur axe. Les yeux continuellement attachés sur la premiere de ces planetes, il apperçut enfin une tache dans une des bandes paralleles qui l'environnent, & par la révolution de cette tache, il conclut que le globe de Jupiter tournoit sur un axe presque perpendiculaire à son orbite, dans 9 heures, 56 minutes (*a*), ce que les observations des Astronomes postérieurs, & les siennes propres, ont confirmé, à quelques légeres variations près dans la durée de cette période. Il trouva par un moyen semblable, que Mars a une révolution autour de son axe en 24 heures, 40 minutes (*b*). Il entrevit aussi dans Vénus une tache brillante qui lui donna lieu de penser que sa révolution étoit à peu

(*a*) *Lett. al Sr Ottavio Falconieri, intorno la varietà delle Macchie off. in Giove è. le loro revoluzioni, &c.* Roma. 1665. in-fol.

(*b*) *Mart. circa prop. axem. revolubilis obs.* Bon. 1666, infol.

près de la même durée (*a*). Il n'osa cependant prononcer tout-à-fait sur ce sujet, & effectivement M. *Bianchini* a depuis prétendu que cette révolution est de 24 jours, & environ 8 heures, & les Astronomes sont encore partagés. C'est enfin M. *Cassini* qui perfectionna l'intéressante découverte d'*Huyghens* sur le monde de Saturne, en découvrant les quatre satellites restans de cette planete (*b*). Il leur donna les noms de *Sidera Lodoicea*, en honneur du Prince sous le regne & les auspices duquel ces nouveaux astres furent découverts pour la plûpart : mais la postérité n'a pas plus fait d'accueil à ce nom, qu'à celui d'*Astres de Médicis*, que *Galilée* avoit donné aux satellites de Jupiter. On crut devoir transmettre par un monument particulier la mémoire de cet événement remarquable en Astronomie, & l'on frappa à ce sujet une médaille avec ces mots : *Saturni satellites primùm cogniti.*

Il seroit trop prolixe d'entrer dans de pareils détails sur toutes les autres inventions de M. *Cassini.* Ce motif nous fera glisser légérement sur ce qui les concerne. On lui doit, par exemple, la maniere de calculer & de représenter pour tous les habitans de la terre, les éclipses du Soleil par la projection de l'ombre de la Lune sur le disque terrestre ; cette méthode, dont *Kepler* avoit donné l'idée, a été perfectionnée par M. *Cassini*, & a depuis été adoptée par tous les Astronomes. M. *Cassini* a aussi donné une méthode fort admirée par divers Astronomes, pour déterminer, à l'aide d'un seul Observateur, la parallaxe d'une planete ; mais M. le *Monnier* a remarqué (*c*) depuis que cette méthode avoit été antérieurement proposée par *Morin.* On doit enfin à M. *Cassini* l'application des éclipses de Soleil à trouver les longitudes des lieux de la terre ; la découverte de la lumiere Zodiacale, ou de cette athmosphere lumineuse & en forme de lentille couchée dans le plan de l'écliptique, dont notre Soleil est environné ; diverses nouvelles périodes chronologiques, propres à concilier les mouvemens du Soleil & de la Lune ; enfin son ingénieuse divination des regles de l'Astronomie Indienne. Nous n'en dirons pas davantage. Quant à son hypothese sur le mouvement des Come-

(*a*) *Voyez* le Journal des Sçavans, 1667.
(*b*) Voyez art. 1.
(*c*) Théorie des Cometes.

tes, nous en parlerons avec quelque étendue dans l'article XIII de ce Livre.

IV.

De quelques inventions d'Astronomie pratique.

Les premiers soins de l'Académie Royale des Sciences, à cultiver l'Astronomie, sont marqués par deux inventions des plus heureuses. L'une est la perfection du Micrometre, & l'autre l'application du Télescope au quart de cercle. Ces deux inventions ne tiennent pas un moindre rang en Astronomie, que celle de l'Horloge à pendule. Car s'il est essentiel à l'Astronome d'avoir une mesure exacte du tems, il n'est pas moins important pour lui d'avoir le moyen de mesurer avec précision les intervalles célestes. Ce dernier avantage, il le doit aux instrumens dont on vient de parler; ce sont eux qui l'ont éclairé sur les élémens les plus délicats de l'Astronomie, & qui l'ont mis à portée d'appercevoir divers phénomenes, dont la découverte a jetté de grandes lumieres sur le systême physique de l'Univers.

La premiere idée & le principe du Micrometre, sont dûs à M. *Huyghens*. Chacun sçait qu'au foyer de l'objectif du Télescope astronomique, il se peint une image parfaitement semblable à l'objet, & proportionnée à l'angle sous lequel il paroîtroit à l'œil nu. L'oculaire, comme l'on sçait encore, est tellement disposée, que cette image est à son foyer, ce qui fait qu'elle est distinctement apperçue. M. *Huyghens* en conçut l'idée de se servir de la mesure de cette image pour connoître celle de l'objet, & voici comment il s'y prit. Il plaça au foyer commun de l'objectif & de l'oculaire, une ouverture circulaire, dont il mesura la grandeur apparente, c'est-à-dire, le nombre de minutes & de secondes qu'elle laissoit découvrir dans le Ciel, par le tems qu'une étoile employoit à parcourir son diametre. Cette premiere connoissance acquise, lorsqu'il s'agissoit de mesurer le disque d'une planete, ou la distance de deux corps célestes, il introduisoit par une fente latérale faite au Télescope, une petite verge de métal d'une largeur suffisante pour couvrir cet intervalle, & cette largeur comparée par le moyen d'une échelle à celle de l'ouverture totale, lui donnoit le diametre apparent de cet objet. Tel fut le Micrometre qu'employa M. *Huyghens*, & qu'il décrit à la fin de son *Systema-Saturnium*.

Le Marquis de *Malvasia*, noble Boulonois, & qui réunissoit en même tems trois qualités qui se trouvent rarement ensemble, celles de Sénateur, de Capitaine & de sçavant, alla quelques pas plus loin que M. *Huyghens* (*a*). Il plaça au foyer du Télescope un réticule, c'est-à-dire, plusieurs fils se croisant à angles droits, & formant plusieurs quarrés à chacun desquels devoit répondre un certain intervalle dans le Ciel. Et comme il pouvoit, ou même qu'il devoit souvent arriver que l'objet à mesurer ne comprendroit pas précisément un ou plusieurs de ces quarrés, il en divisa un en plusieurs autres beaucoup plus petits, comme il avoit divisé le champ entier de la lunette par les premiers. Il est maintenant aisé de voir que par ce moyen il pouvoit connoître combien d'intervalles entre les filets principaux, & de portions de ces intervalles comprenoit l'objet qu'il vouloit mesurer, & par conséquent quelle étoit sa grandeur apparente.

Mais M. *Auzout* (*b*) perfectionna encore cette invention, & la rendit plus propre à des déterminations extrêmement délicates. Il ne conserva que des filets paralleles avec un transversal qui les coupoit à angles droits, & afin de renfermer toujours l'objet à mesurer entre des filets paralleles, il imagina d'en faire porter un par un chassis mobile, glissant dans les rainures de celui auquel les autres étoient fixés. Ce chassis mobile, on le fait avancer & reculer par le moyen d'une vis portant un index dont les révolutions marquent de combien le fil mobile se rapproche ou s'éloigne des fixes. On tourne ensuite cet instrument, placé au foyer d'une lunette, vers un petit objet éloigné de quelques centaines de toises, dont on a calculé trigonométriquement la grandeur apparente, d'où l'on

(*a*) *Ephemerid.* Pref.

(*b*) On ne sçait rien concernant la naissance & la patrie de M. Auzout. Ce fut, comme on l'a dit ailleurs, un des premiers membres de l'Académie Royale des Sciences; mais depuis l'année 1667, il n'en est plus fait aucune mention dans l'histoire de cette Académie. Il étoit à Rome en 1670, comme l'on voit par le n°. 58 de Transactions. Il mourut en 1693, suivant la liste chronologique des membres de l'Académie. Il a publié quelques écrits, comme une *Ephéméride de la Comete de 1665*, au Comm. de 1665. Une *Lettre à l'Abbé Charles sur des obs. de Campani*, Paris, 1665. Son *Traité du Micrometre*, Paris, 1667. Quelques *remarques sur une machine de M. Hook*. Ces trois dernieres pieces ont été insérées dans le volume VI des anciens Mémoires de l'Académie.

conclud celle qui répond à un des intervalles égaux de ses filets. Après ces préparations, le Micrometre est construit, & l'on peut le tourner vers le Ciel, pour y mesurer la grandeur apparente de quelque objet que ce soit. Veut-on, par exemple, déterminer le diametre apparent du Soleil, on tourne l'instrument de maniere que cet astre paroisse pendant quelques momens suivre la direction de l'un des fils paralleles, & en avançant ou reculant le fil mobile, on fait ensorte que son disque soit précisément compris entr'eux. Alors on examine au moyen de l'index dont nous avons parlé, la distance du fil mobile à un des fixes, d'où l'on conclud avec beaucoup de précision le diametre apparent de l'astre, ou l'intervalle entre les deux astres, qu'on veut mesurer. Cette idée sommaire du Micrometre, suffira ici. Le lecteur curieux de plus grands détails, doit consulter l'écrit que M. *Auzout* publia sur ce sujet en 1667, & qu'on trouve parmi les anciens Mémoires de l'Académie (T. VII). Il peut aussi recourir à divers autres Auteurs, surtout à M. de la *Hire*, qui en a expliqué les usages nombreux dans l'introduction à ses *Tables Astronomiques*. On a imaginé dans la suite diverses nouvelles constructions de Micrometres, qui ont été rassemblées par *Bion* (*a*), & M. *Doppelmayer*, son Continuateur. Mais la plus parfaite, & celle qui sert à un plus grand nombre d'usages est la précédente; & c'est, à quelques légers changemens près, celle qu'ont adopté tous les Astronomes. Le Micrometre de cette espece, avec les additions qu'y a fait le célebre M. *Bradley*, est tout ce qu'il y a jusqu'ici de plus parfait. On en lit la description dans la troisieme partie de l'Optique de M. *Smith*.

C'est à M. *Picard* qu'on croit être redevable de l'application du Télescope au quart de cercle astronomique. On lui associe aussi M. *Auzout*, & cela est fondé sur le témoignage de M. de la *Hire* (*b*). Cet Académicien, qui avoit vu M. *Picard* & travaillé avec lui, dit que l'ayant questionné un jour sur la date & l'origine de cette invention, il lui avoit répondu que M. *Auzout* y avoit beaucoup de part. Mais pourquoi ne trouve-t'on aucune trace de cet aveu dans le Livre *de la figure de la Terre*, où M. *Picard* fait la description de sa nouvelle mé-

(*a*) Traité des instrumens Mathématiques.

(*b*) Mémoires de l'Académie, 1717.

thode, de maniere à laiſſer du moins croire aux lecteurs qu'il en eſt l'unique Auteur. Quoi qu'il en ſoit, les avantages de cette pratique ſont tels, qu'on peut dire ſans exagération, qu'il en eſt peu de plus heureuſes dans l'Aſtronomie. Tant qu'à l'exemple des Anciens, on ſe ſervit de pinnules ſimples, l'obſervateur n'ayant d'autre ſecours que celui de ſes yeux, avoit une peine extrême, ou plutôt ne pouvoit jamais parvenir, à diſcerner parfaitement le bord de l'aſtre ou de l'objet auquel il miroit. D'ailleurs les étoiles fixes paroiſſent à l'œil nu environnées d'une chevelure qui leur donne un diametre apparent beaucoup plus conſidérable qu'il n'eſt dans la réalité, & qui induiſoit l'obſervateur dans une erreur continuelle. Le Téleſcope adapté au quart de cercle, leve tous ces inconvéniens. Le limbe de l'aſtre, du Soleil par exemple, paroît diſtinctement terminé, & l'on peut juger avec préciſion de l'inſtant auquel il arrive aux fils qui ſe croiſent au foyer de l'objectif. Les étoiles ſont dépouillées de cette chevelure incommode, qui en augmente l'apparence à l'œil nu, & ne paroiſſant que comme des points lumineux, & preſque indiviſibles, leur paſſage par ces fils eſt beaucoup mieux déterminé, ce qui fournit un moyen commode & beaucoup plus exact que ceux qu'on pratiquoit autrefois, pour meſurer leur déclinaiſon & leur aſcenſion droite. Le quart de cercle enfin, garni d'un Téleſcope & d'un Micrometre, ſert à mille déterminations délicates, auxquelles l'inſtrument ancien ne pouvoit atteindre. Auſſi cette invention fut-elle rapidement adoptée par tous les Aſtronomes jaloux de l'exactitude. On ne trouve parmi ceux dont le ſuffrage eſt de quelque poids, que M. *Hevelius* qui lui ait refuſé le ſien. Le motif par lequel il autoriſoit ce refus, étoit qu'il n'y avoit de cette maniere aucune ligne de mire ou aucun axe de viſion. Mais cette prétention étoit malfondée, & même M. *Picard* avoit pris d'avance le ſoin d'établir le contraire. On démontre facilement par les loix de la Dioptrique, que le rayon paſſant par le centre de l'objectif, & allant au point où ſe croiſent les fils placés au foyer commun de l'objectif & de l'oculaire, forme une ligne invariable; de ſorte que ce ne peut être que le point de l'objet qui eſt dans la direction de cette ligne, ou qui en eſt éloigné d'un angle déterminé, qui puiſſe paroître au point où ſe croiſent ces

ces fils. Il y a donc, lorſque l'inſtrument eſt vérifié, & que le Téleſcope n'éprouve aucun dérangement à l'égard du quart de cercle, il y a, dis-je, une ligne équivalente à celle qui ſeroit menée par les deux ouvertures des pinnules ordinaires, & qui eſt le véritable rayon par lequel l'objet eſt apperçu.

Depuis que l'invention du Micrometre, & l'application du Téleſcope au quart de cercle, ont été enſeignées & employées par les Aſtronomes François, l'Angleterre a fait revivre d'anciens droits ſur l'une & l'autre. Auſſi-tôt après l'annonce du Micrometre faite par M. *Auzout* dans les *Tranſactions Philoſophiques*, M. *Townley*, Aſtronome du pays de Lancaſtre, y mit un écrit où il la revendiquoit à ſon compatriote M. *Gaſcoigne*, qui perdit la vie à la ſuite de *Charles I*, dans la bataille de Marſton-More, qui fut ſi funeſte à ce Prince; & pour juſtifier ſon aſſertion, il a donné dans le n°. 29 des mêmes Tranſactions, la deſcription de la machine de M. *Gaſcoigne*, dont il avoit quelques ébauches, & qu'il avoit perfectionnée. M. *Flamſtead*, qui avoit ramaſſé avec ſoin quantité de papiers & de lettres de MM. *Horocces* & *Gaſcoigne*, rapporte des obſervations de ce dernier, qui confirment le récit précédent. Enfin M. *Gaſcoigne* ne s'étoit pas borné au Micrometre. Il avoit auſſi eu l'idée d'appliquer le Téleſcope au quart de cercle, & il l'avoit exécuté avec ſuccès. C'eſt ce que prouvent clairement divers fragmens de lettres, tirés de ſon commerce aſtronomique avec *Horoxes* & *Crabtree*, & que M. *Derham* a rapportés dans les *Tranſ. Phil.* de l'année 1723. On ne peut donc douter que M. *Gaſcoigne* ne ſoit le premier Auteur de ces deux inventions d'Aſtronomie-pratique. Nous ajouterons encore à l'honneur de Robert *Hook*, qu'il paroît que ce fameux Aſtronome ſe rencontra avec M. *Picard*. *Hook* raconte dans un de ſes ouvrages, que dès l'année 1665, il avoit parlé à *Hevelius* de l'application du Téleſcope aux inſtrumens aſtronomiques, & qu'il l'avoit exhorté à en faire uſage; ſur quoi M. *Hevelius* lui répondit la même année par une lettre adreſſée à la Société Royale, & dans laquelle il rendoit compte des motifs qui lui rendoient cette pratique ſuſpecte. Mais M. *Hook* étoit plus à portée d'être informé par la renommée ou autrement, des ſuccès & des inventions de *Gaſcoigne*, qui jouiſſoit d'une grande réputation dans la Province de Lancastre. A l'égard de MM. *Auzout* & *Picard*, on ne sçauroit faire la même observation, & il est évident que ce qui avoit été précédemment fait en Angleterre, & qui leur étoit certainement inconnu, ne sçauroit les priver du droit qu'ils ont à cette découverte.

V.

Nouvelle mesure de la terre par M. Picard.

Il est inutile de faire ici de nouvelles réfléxions sur l'utilité d'une mesure exacte de la terre. On a suffisamment montré dans le troisieme Livre de cette Partie, de quelle importance est cette mesure dans la Géographie & dans l'Astronomie : d'ailleurs le diametre de la terre étant comme la premiere échelle dont on se sert pour reconnoître les distances célestes, sa grandeur étoit à quelques égards le premier élément de l'Astronomie : aussi de tout tems les Astronomes ont fait des efforts pour se procurer cette connoissance ; & sans remonter au-delà du même siecle, on avoit vu plusieurs hommes célebres entreprendre de grandes opérations pour cet effet.

Il faut cependant l'avouer, & nous le faisons presque à regret, malgré ces travaux, la grandeur de la terre n'étoit rien moins que connue avec quelque précision. *Snellius* & *Riccioli*, qui sembloient y avoir pris le plus de soin, différoient entr'eux, qui le croira ? de plus de 7000 toises sur la grandeur du degré. Il est vrai que les opérations de *Riccioli*, examinées avec un peu d'attention, par un Astronome habile dans l'art d'observer, présentoient mille sujets de les soupçonner d'erreurs considérables ; mais d'un autre côté, celles de *Snellius*, quoique bien moins sujettes à de pareils soupçons, n'en étoient pas exemptes, & on ignoroit à cette époque les corrections qu'il avoit faites à sa mesure peu avant sa mort ; de sorte que de tous ces travaux il ne résultoit qu'un pirrhonisme complet sur la grandeur même approchée du degré terrestre.

L'Académie Royale des Sciences ne put voir subsister plus long-tems des doutes sur un point si important, & l'art d'observer ayant été extrêmement perfectionné depuis peu, elle jugea qu'il étoit tems de les éclaircir. M. l'Abbé *Picard* (*a*),

(*a*) M. Picard (Pierre), étoit de la Fléche, mais nous avons en vain recherché l'année

déja célebre par diverses observations très-délicates, fut donc chargé de mesurer de nouveau un degré terrestre dans les environs de Paris. Il l'entreprit, & il l'exécuta dans les années 1669 & 1670, de la maniere que nous allons dire.

M. *Picard* suivit le même procédé que celui que *Snellius* avoit employé dans sa mesure, & que nous avons décrit en en rendant compte; mais il y apporta des soins tels que l'Astronomie n'en avoit encore aucun exemple. Il se servit d'abord d'un secteur de dix pieds de rayon scrupuleusement vérifié, dans tous les degrés qui devoient servir à sa mesure. Il étoit garni d'un excellent Télescope avec des fils se croisans au foyer de l'oculaire, comme on a dit dans l'article précédent. Il mesura ainsi à Amiens & à Malvoisine la distance d'une étoile de Cassiopée, qui passoit à moins de 10 degrés du zénith, de l'un & de l'autre lieu, & il trouva leur différence de latitude de 1°, 22′, 55″. Quant à sa mesure trigonométrique, tous les angles de ses triangles furent vérifiés, & deux mesures réitérées de cette base avec le soin dont il étoit capable, ne lui donnerent qu'une différence de deux pieds; la premiere mesure ayant été de 5662 toises 5 pieds, & la seconde de 5663 toises 1 pied. C'est pourquoi il prit un milieu, & la fixa à 5663 toises. Il trouva enfin, après tous ses calculs, que la distance interceptée entre les paralleles d'Amiens & de Malvoisine étoit de 78850 toises, ce qui donne 57060 toises par degré. On peut voir le détail de ces opérations dans son ouvrage sur la mesure de la terre, inséré parmi les anciens Mémoires de l'Académie, T. VII.

Nous avons dit que M. *Picard* avoit pris dans la mesure de sa base & de ses triangles tous les soins dont il fut capable. Mais dans des opérations si délicates, il y a tant de précau-

de sa naissance. Il fut un des huit premiers que M. Colbert réunit pour former l'Académie Royale des Sciences. Sa dextérité à observer, fut cause qu'il eut grande part aux immenses nivellemens qu'on entreprit pour amener des eaux à Versailles. Cet Astronome célebre mourut en 1684. Il laissa plusieurs ouvrages assez avancés, que M. de la Hire prit soin de mettre en ordre, & publia en 1693. Ces ouvrages sont un excellent Traité de Gnomonique, sous le titre de *Pratique des grands Cadrans*; d'ingénieux *fragmens de Dioptrique*, & son *Traité du Nivellement*. On les trouve aussi dans le T. VI des anciens Mémoires de l'Académie. On lit dans le T. VII sa *Mesure de la terre*, son *Voyage à Uranibourg*, qui avoient paru de son vivant, avec quantité d'observations astronomiques, & géographiques faites en divers lieux du Royaume.

tions à prendre, précautions dont plusieurs ne sont souvent suggérées que par le tems, & les fautes d'autrui, que nous ne porterons aucune atteinte à sa réputation, en remarquant qu'il ne laissa pas de tomber dans quelques erreurs. Les contestations élevées dans ces derniers tems au sujet de la figure de la terre, ayant obligé de soumettre ses opérations à la plus rigide discussion, on a trouvé (a) que (toute compensation faite de quelques corrections qu'il ne pouvoit pas connoître, comme de l'aberration de la lumiere découverte depuis lui, & de quelques erreurs en sens contraire dans la détermination de l'amptitude de l'arc entre Paris & Amiens), il s'étoit trompé dans cette détermination d'environ sept secondes par excès. En supposant donc la mesure géodésique parfaitement exacte, M. *Picard* eût dû trouver le degré plus long d'environ 120 toises; mais par un heureux hazard, il se trouve que cette erreur est en grande partie compensée par quelques autres dans sa mesure géodésique. En premier lieu, en vérifiant les opérations de M. *Picard*, on a trouvé (b) dans les 19 dernieres mille toises, une erreur de 26 toises, erreur qu'il faut imputer à la hâte avec laquelle il fut obligé de prendre quelques-uns de ses derniers triangles, ce qui ne lui permit pas de choisir les plus avantageux, ni d'en vérifier les angles avec assez de soin. En second lieu, il est aujourd'hui reconnu que M. *Picard* s'est trompé dans la dimension de sa base. Cette seconde erreur, d'abord reconnue par MM. *Cassini*, ensuite vérifiée à diverses reprises par eux & M. de la *Caille* (c), vient enfin d'être constatée par une nouvelle mesure de cette base ordonnée par l'Académie, ou, parce que les termes de la base de M. *Picard* ne sont pas connus, par la mesure d'une nouvelle base dans la direction de la sienne, & par la détermination trigonométrique d'un côté du premier triangle de sa suite. Des deux Compagnies d'Académiciens qui ont séparément travaillé à cette vérification, l'une, sçavoir celle composée de MM. *Bouguer*, *Camus*, *Cassini de Thury*, & *Pingré*, ont trouvé (d) ce côté, qui est la distance entre la tour de Montlheri, & le clocher de Brie-Comte-Robert, de 13108 toises & quelques pouces, à

(a) Degré du méridien entre Paris & Amiens.

(b) Méridienne de Paris vérifiée.

(c) Ibid.

(d) Opérations faites par ordre de l'Académie, &c. 1757, in-8°.

deux pieds près de même que MM. *Cassini* & de la *Caille*, au lieu que M. *Picard* l'avoit déterminée de 13121 toises, 1 pied. Voilà donc sur une longueur de 13000 toises, un erreur de 13; & comme la base de M. *Picard* en avoit près de 6000, il en résulte une erreur sur cette base d'une toise par mille. De la mesure de l'autre bande discutée par M. le *Monnier* (*a*), il suit que cette erreur n'est que de quatre pieds & demi. Voilà donc, suivant M. *Bouguer*, & ses collegues, une erreur d'une toise par mille, ce qui fait 57 sur les 57060 toises de la longueur trouvée par M. *Picard*, à quoi ajoutant les 26 ci-dessus, cela fait 83 toises, dont cet ancien Académicien eût dû trouver son degré plus court. Mais il l'eut dû trouver plus long de 110, par les raisons qu'on a vues plus haut : ainsi il reste qu'en total il doit être plus long de 27 toises; ce qui le réduit à 57087. Mais si nous n'admettons avec M. le *Monnier* qu'une erreur de trois quarts de toise par mille, il sera un peu plus long, sçavoir de 57100 toises. En prenant donc un milieu, car il n'est pas possible de se déterminer entre des opérations faites de part & d'autre avec tant de soin, nous réputerons le degré de M. *Picard* de 57095 toises.

M. *Picard* finissoit à peine son grand ouvrage de la mesure d'un degré terrestre, qu'il entreprit un voyage pour l'utilité de l'Astronomie. Afin de se servir avec quelque succès des observations de *Tycho-Brahé*, toujours estimées des Astronomes, afin d'en lier la chaîne avec celle des modernes, il falloit avoir une connoissance plus précise de la position de son observatoire. Il y avoit, à la vérité, peu de doute sur sa latitude; mais sa longitude étoit assez légitimement suspecte, l'art d'observer les éclipses n'étoit pas encore porté, du tems de *Tycho*, à la précision qu'il a atteinte depuis par le moyen des lunettes & des pendules. M. *Picard* partit donc en 1671, pour vérifier la position d'Uranibourg. Ce séjour d'Uranie, autrefois si magnifique, étoit dans un état bien capable d'exciter les regrets d'un amateur de l'Astronomie : à peine en subsistoit-il des vestiges sur le terrein, & dans la mémoire des hommes. M. *Picard* parvint cependant après beaucoup de recherches, & à l'aide du plan de *Tycho*, à en reconnoître quelques en-

(*a*) Observations faites par ordre du Roi, 1757.

droits où il fixa ses instrumens. Il y trouva la latitude, différente seulement d'une minute de celle que *Tycho* lui avoit assignée. Quant à la longitude, la différence étoit, comme on l'avoit soupçonnée, beaucoup plus considérable; elle alloit à quelques degrés.

M. *Picard* fit à Uranibourg une autre observation qui étonna beaucoup les Astronomes. En relevant les angles de position de divers endroits à l'égard de la méridienne d'Uranibourg, & les comparant à ceux que *Tycho* avoit trouvés, il s'apperçut qu'ils étoient différens de 18 minutes; de sorte que ce célebre Astronome paroissoit s'être trompé de 18 minutes dans la détermination de sa méridienne. Cependant c'est un peu trop se hâter que d'en conclure que *Tycho* ait commis une erreur si considérable dans une détermination aussi importante; M. *Picard* lui-même, n'ose le faire, & il aime mieux conjecturer que ces angles ne devant servir qu'à la Carte des environs de l'Isle d'Huene, ne furent pas pris par *Tycho* avec son exactitude ordinaire.

Quoi qu'il en soit, cette observation de M. *Picard* fit naître alors dans quelques esprits la pensée que la ligne méridienne pourroit bien être variable. Mais cette conjecture a été détruite par la stabilité de celle de Boulogne, dans laquelle M. *Cassini* ne trouva pas la moindre variation, après plus de 30 ans, non plus que M. *Manfredi*, qui l'a de nouveau vérifiée dans ces derniers tems (*a*). La position des Pyramides d'Egypte, qui sont encore très-exactement orientées, suivant le rapport de M. de *Chazelles*, est un nouveau motif de croire que cette ligne est invariable. Car une position si exacte ne pouvant être l'effet du hazard, il faut qu'elle ait été autrefois choisie de dessein prémédité, & qu'elle soit l'ouvrage des anciens Egyptiens. Il y a encore d'autres raisons qui rendent cette variation peu probable; mais nous les supprimons pour abréger.

VI.

Tandis que M. *Picard* étoit à Uranibourg, l'Académie méditoit un autre voyage, dont l'Astronomie & la Physique

(*a*) *Comm. Acad. Bonon.* T. II.

Voyage de M. Richer, & découverte à laquelle il donne lieu.

ont tiré de grandes lumieres. Il s'agissoit de déterminer par des observations immédiates & plus certaines que toutes celles qu'on avoit encore faites en Europe, divers élémens de la théorie du Soleil, comme la déclinaison de l'écliptique, l'entrée de cet astre dans l'équateur, sa parallaxe, &c. Quelque soin qu'y eussent mis jusques-là les Astronomes, il restoit encore bien des incertitudes sur ces déterminations délicates, à cause de l'obliquité sous laquelle le Soleil paroît toujours dans ces contrées. Il falloit donc observer de quelque endroit de la terre, où cet astre passant très-peu loin du zénith, ne fût sujet à aucune réfraction, ni aucune parallaxe sensible. Ces avantages, on devoit les trouver aux environs de l'équateur, où le Soleil ne s'écartant jamais du zénith que de 20 à 30°, la parallaxe & la réfraction ne peuvent influer que fort légérement sur les résultats. Un pareil voyage présentoit encore diverses utilités, entr'autres celle d'observer en même tems dans des lieux très-éloignés, les deux planetes Mars & Venus, afin de reconnoître quelle diversité d'aspect produisoit cet éloignement, & de porter par-là quelque jugement sur leur distance à la terre, & celle du Soleil. On pouvoit enfin observer ainsi immédiatement la parallaxe de la Lune, élément de sa théorie si important, & qu'on n'avoit pu encore déterminer que par une sorte de tâtonnement.

Le voyage dont nous parlons fut donc résolu, & l'Isle de Cayenne, soumise à la domination Françoise, fut jugée propre à cet objet: on le proposa au Roi, qui l'agréa; sur quoi M. *Richer*, un des Académiciens, fut choisi pour l'exécuter; & muni d'amples instructions sur tous les points qu'on desiroit d'éclaircir, il partit vers la fin de 1671, & arriva à Cayenne au mois d'Avril 1672. Il y observa d'abord les deux hauteurs solsticiales du Soleil de cette année, & il détermina la distance des tropiques de 46°, 57′, 4″; ce qui donne pour l'inclinaison de l'écliptique à l'équateur 23°, 28′, 32″; c'étoit à 10 ou 12″ près celle que M. *Cassini* avoit déterminée dans ses Tables. M. *Richer* observa aussi à Cayenne les deux équinoxes qui s'y firent durant son séjour, aussi-bien que les hauteurs méridiennes du Soleil pendant la plus grande partie de l'année 1672, & le commencement de 1673. Toutes ces observations servirent beaucoup à M. *Cassini* pour rectifier ses Tables. Les observations correſpondantes de Mars, diſcutées & comparées avec ſoin, ne donnerent pour cette planete, lorſqu'elle eſt la plus voiſine de la terre, que 25″ de parallaxe horizontale; d'où l'on conclut que celle du Soleil preſque trois fois auſſi éloigné, eſt ſeulement de 9 à 10″. M. *Richer* obſerva enfin un grand nombre d'étoiles, ſoit de celles qui ne ſont point viſibles en France, ſoit de celles qui s'élevant trop peu ſur l'horizon de ces contrées, y ſont vues trop obliquement, & dont l'obſervation eſt ſujette à de grandes incertitudes, à cauſe de l'inégalité des réfractions. On voit toutes ces obſervations dans le voyage de cet Aſtronome, qui a été inſéré dans le Tome VII des anciens Mémoires de l'Académie.

Mais l'obſervation qui rend principalement mémorable le voyage de M. *Richer*, eſt celle du retardement du pendule à ſecondes qu'il y remarqua. Arrivé à Cayenne, il vit avec étonnement que ſon horloge, quoi qu'il eût donné au pendule la même longueur qu'en France, retardoit tous les jours d'environ deux minutes & demie ſur le mouvement moyen du Soleil, de ſorte qu'il fallut pour l'y faire accorder, raccourcir ce pendule d'une ligne & un quart. Pour plus de certitude, il rapporta ſon pendule ainſi raccourci en France, & alors il ſe trouva en effet qu'il étoit plus court d'une ligne & quelque choſe, que celui qui battoit les ſecondes à l'Obſervatoire de Paris.

On ne fut pas médiocrement étonné en France du phénomene annoncé par M. *Richer*, & on le regarda d'abord comme fort douteux. On croyoit être d'autant mieux fondé à penſer ainſi, que M. *Picard* étant à Uranibourg, n'avoit trouvé aucun changement à faire dans la longueur de ſon pendule, non plus que M. *Roemer* à Londres. Mais quelques années après, MM. *Varin* & *Deshayes* ayant été envoyés en divers lieux de la côte d'Afrique & de l'Amérique, pour y obſerver, ils remarquerent dans les lieux voiſins de l'équateur, la même choſe que M. *Richer*. Il y a plus, ils furent obligés de raccourcir leur pendule d'une quantité plus conſidérable que cet Aſtronome ne l'avoit rapporté. Il n'y a rien en cela qui doive nous étonner; il eſt au contraire tout-à-fait naturel que M. *Richer*, obſervant pour la premiere fois un phénomene ſi inattendu & ſi ſingulier, fit tous ſes efforts pour l'éluder en quelque ſorte.

M.

Ce retardement du pendule, à mesure qu'on le transporte dans des lieux plus voisins de l'équateur, est une observation tellement confirmée par le rapport unanime des Astronomes, qu'il est inutile de nous arrêter davantage à le prouver. Mais c'est une mauvaise explication que celle qu'ont prétendu en donner quelques Physiciens, en disant que c'est un effet de la chaleur du climat qui alonge la verge du pendule, & qui en rend par-là les vibrations plus lentes. Les expériences qu'on a de la dilatation des métaux opérée par la chaleur, apprennent qu'il en faudroit une bien plus considérable que celle qu'éprouve la verge d'un pendule, pour causer un alongement capable de produire un pareil retardement; & d'ailleurs les Académiciens François, qui ont mesuré la longueur du pendule sur les montagnes du Pérou, & au milieu d'un air tempéré, ou excessivement froid, n'ont pas laissé d'observer le même phénomene.

Les nouvelles observations de Messieurs *Varin* & *Deshayes*, ne permettant plus de douter que le pendule à secondes ne fût de différentes longueurs dans différentes latitudes, M. *Huyghens* qui, lors de la premiere annonce du phénomene, ne s'étoit pas hâté d'en chercher l'explication, se mit à y réfléchir, & il la découvrit. Il vit d'abord que de ce retardement il suit que la pesanteur est moindre sous l'équateur, & aux environs, que dans les autres lieux de la terre. Car puisque le même pendule oscille plus lentement dans les lieux voisins de l'équateur, c'est-à-dire, que la même masse roulant le long du même arc, tombe plus lentement, d'où cela peut-il venir? sinon de ce que sa pesanteur est moindre. M. *Huyghens* apperçut en même tems une raison si naturelle de ce phénomene, qu'elle auroit dû, ce semble, le faire découvrir *à priori*. La pesanteur, dit-il, étant primitivement la même dans toutes les parties de notre globe, elle seroit partout égale, s'il étoit en repos. Mais qu'on lui donne le mouvement de circonvolution que tous les Astronomes s'accordent à reconnoître, dès-lors il en naîtra une force centrifuge opposée à la pesanteur; & qui la diminuera inégalement dans les divers lieux de la terre; car cette force centrifuge est plus grande sous l'équateur que partout ailleurs, puisque tous les points de ce cercle parcourant journellement un plus grand espace, se meuvent avec plus de vîteſſe. La force centrifuge détruira donc ſous l'équateur une plus grande partie de la peſanteur que partout ailleurs ; & par conſéquent elle en détruira dans chaque lieu une partie d'autant plus grande, qu'il ſera plus voiſin de ce cercle. Ajoutons à cela, que la force centrifuge tendant à écarter les corps dans le ſens perpendiculaire à l'axe de la terre, ſous l'équateur elle eſt directement oppoſée à la peſanteur, au lieu que dans les autres endroits de la terre, elle ne lui eſt oppoſée qu'obliquement. Ainſi, ſelon les loix de la méchanique, toute cette force eſt employée ſous l'équateur à diminuer la peſanteur, & ſous les paralleles à ce cercle, il n'y en a qu'une partie qui contribue à cet effet. Voilà une nouvelle cauſe pour laquelle la peſanteur primitive eſt moins diminuée dans les lieux hors l'équateur que ſous ce cercle. M. *Huyghens*, guidé par ſa théorie des forces centrifuges, trouve que ſous l'équateur, les corps doivent peſer d'une 289e moins que ſi la terre étoit en repos.

Cette conſéquence, quoique bien digne de remarque, n'eſt cependant pas ce qu'il y a de plus mémorable dans la découverte de M. *Huyghens :* allant plus loin, il conclud du phénomene dont nous parlons, que la terre n'eſt point parfaitement ſphérique, comme on l'avoit cru juſqu'alors, mais qu'elle eſt applatie vers les poles, & renflée ſous l'équateur. Cela ſuit du raiſonnement ci-deſſus ; car ſuppoſons pour un inſtant la terre ſphérique & en repos, les directions des graves, telles que celles du pendule, concourront au centre. Mais qu'on donne à notre globe un mouvement de rotation, la force centrifuge qui tend à écarter de l'axe, ſera oblique à la direction de chaque poids, excepté celui qui ſera placé ſous l'équateur. Ainſi chacun de ces poids ſera écarté de ſa direction primitive, & d'autant plus que la force centrifuge lui ſera moins oblique ou ſera plus forte. Les directions des corps graves, hormis celles des poids placés ſous l'équateur & au pole, n'iront donc plus aboutir au même point, mais elles feront avec l'axe de rotation des angles plus aigus que ſi la terre eût été en repos.

Fig. 126. Ce raiſonnement eſt aiſé à ſentir, à l'aide de la figure 126, où les directions primitives ſont marquées par des lignes ponctuées, & les directions actuelles par des lignes pleines. M. *Huyghens* trouvoit que cette déviation du fil à plomb, de la direction centrale, & perpendiculaire à la surface de la terre supposée sphérique, étoit vers la latitude de 45°, égale à 5 minutes & 5 secondes, erreur considérable, & contraire à l'expérience qui nous apprend que les directions des graves sont perpendiculaires à la surface de la terre ou des fluides en repos. Cette surface ne sçauroit donc être sphérique; mais il faut qu'elle soit plus relevée vers l'équateur, ou en forme de sphéroïde engendré par la révolution d'une ellipse autour de son petit axe.

Il est juste de remarquer que cette curieuse découverte n'est pas moins l'ouvrage de M. *Newton*, que de M. *Huyghens*. Le célebre Philosophe Anglois y parvenoit vers le même tems, par un raisonnement peu différent. Il est aussi le premier qui l'ait dévoilée au public dans son fameux Livre des *Principes*. M. *Huyghens* ne mit au jour ses réfléxions sur ce sujet, que quelques années après, sçavoir en 1690, dans son Livre *De causâ gravitatis*. Il y fixe la quantité de l'applatissement de la terre, ou la différence de ses axes, à une 578e du diametre de l'équateur, & il trouve pour la figure génératrice du sphéroïde terrestre, une courbe du quatrieme degré. Mais nous réservons de plus grands détails sur ce sujet pour l'endroit où nous rendrons compte des travaux des modernes pour déterminer la vraie figure de la terre.

VII.

Découver[te] du mouveme[nt] successif & la vitesse de lumiere.

Des observations continuées long-tems & avec soin, ont ordinairement l'avantage de faire appercevoir des phénomenes dont on n'avoit encore aucun soupçon; souvent même il arrive que ces observations conduisent à une découverte plus intéressante que celle dont on cherchoit à s'assurer par leur moyen. L'exemple que nous offre cet article, est un des plus remarquables.

M. *Cassini*, & les Astronomes de l'Académie, étoient attentifs, depuis plusieurs années, à observer les éclipses des satellites de Jupiter, soit dans des vues géographiques, soit pour perfectionner la théorie de ces petites planetes. Ces observations firent reconnoître une nouvelle inégalité dans le mouvement du premier satellite. On remarqua que depuis l'opposition jusques vers la conjonction de Jupiter & du Soleil, les émersions de ce satellite hors de l'ombre, qui sont les seules qu'on puisse observer, retardoient continuellement sur le calcul, de sorte que la différence étoit vers la conjonction d'environ 14 minutes. On observoit le contraire après la conjonction, c'est-à-dire, que depuis les premieres immersions qu'on observe après la conjonction, jusqu'aux dernieres observations de ce genre qu'on peut faire avant l'opposition, l'entrée du satellite dans l'ombre anticipoit de plus en plus le calcul, la différence allant enfin jusqu'à environ 14 minutes.

On attribue ordinairement à M. *Roemer* (*a*), d'avoir trouvé l'explication également vraisemblable & ingénieuse, qu'on donne de ce phénomene. Mais on se trompe : on voit par un écrit de M. *Cassini*, publié au mois d'Août 1675, que c'est cet Astronome qui en est le premier auteur. « Cette seconde inégalité, dit-il, paroît venir de ce que la lumiere employe quelque tems à venir du satellite jusqu'à nous ; & qu'elle met environ dix à onze minutes à parcourir un espace égal au demi-diametre de l'orbite terrestre » (*b*). Cependant quelque tems après, M. *Cassini* ébranlé par une difficulté dont on parlera bien-tôt, changea de sentiment. Mais cette explication abandonnée de son auteur, M. *Roemer* l'adopta, & la fit valoir d'une maniere qui, malgré les difficultés de M. *Cassini*, réunit presque tous les suffrages : En voici le précis.

Si la terre restoit constamment au même point A où elle
Fig. 127. est, lorsqu'on observe une des premieres émersions du satellite après l'opposition de Jupiter, on verroit toutes ces émersions

(*a*) M. Roemer (Olaus), naquit à Copenhague, le 15 Septembre 1644, v. styl. Son premier maître fut Erasme Bartholin, avec lequel il travailla jusqu'en 1671, que M. Picard allant à Uranibourg, lui trouva tant de dispositions pour les Mathématiques, qu'il l'engagea à le suivre en France ; mais rien n'est plus hazardé que ce qu'on lit dans la Préface du *Dictionnaire de Mathématiques*, sçavoir que M. Picard ne l'employoit qu'à nettoyer ses verres. M. Roemer vint à Paris sur un pied plus distingué, & ne tarda pas à être pensionné du Roi, & admis dans l'Académie, dont il enrichit les Mémoires de quantité d'inventions méchaniques & astronomiques. Il retourna en 1681 dans sa patrie, où il fut décoré du titre d'Astronome du Roi. Il se mit alors à travailler à déterminer la parallaxe annuelle des fixes : nous avons rendu compte de ses tentatives & de ses prétentions sur ce sujet, dans la Part. III, L. IV, art. VII. Il fut fait, en 1705, premier Magistrat de Copenhague, & Conseiller d'Etat, places qu'il remplit avec la satisfaction publique, jusqu'à sa mort, qui arriva le 19 Septembre 1710. On trouve sa vie à la tête du Livre que M. Horrebow son successeur, publia en 1725, sous le titre de *Basis Astronomiæ; &c.* qui est une description de l'Observatoire, & des instrumens de M. Roemer.

(*b*) Histoire de l'Académie, ann. 1675.

arriver au moment indiqué par le calcul. Mais durant l'intervalle de cette émersion à la suivante, la terre passe en *a*, & s'éloigne de Jupiter de la quantité *a* A. Si donc la lumiere venant du satellite, employe quelque tems à se transmettre d'un lieu à un autre, elle arrivera plus tard en *a* qu'en A. Ainsi l'observateur terrestre verra plus tard le retour de la lumiere du satellite, que s'il eût resté en A. A la vérité, cette différence de tems sera insensible d'une émersion à la suivante. Mais quand la terre sera parvenue au point B de son orbite, alors le calcul anticipera le moment de l'observation, de tout le tems que la lumiere mettra à parcourir la distance AB, presque égale au diametre de l'orbite terrestre; & c'est-là précisément le phénomene qu'on observe. Lors au contraire que la terre arrivée en C, commencera à appercevoir les immersions du même satellite dans l'ombre, la terre allant au devant de la lumiere, l'observation anticipera de plus en plus le calcul, de maniere que quand le spectateur terrestre sera en D, il verra l'immersion plutôt que le calcul ne l'indique, de tout le tems que la lumiere met à aller de D en C.

Cette ingénieuse explication nous fournit la solution d'un des plus curieux problêmes auxquels l'esprit humain semble pouvoir aspirer; sçavoir de déterminer la vîtesse avec laquelle la lumiere se répand dans les espaces célestes. La quantité de tems dont le calcul des émersions anticipe le moment de l'observation, est de 15 à 16′, lorsque la terre est dans le point B, l'un des derniers d'où l'on puisse appercevoir Jupiter prêt à être caché dans les rayons du Soleil. Delà on conclud, en comparant la corde AB avec le diametre de l'orbite terrestre, que la lumiere met 16 à 18′, à parcourir cette étendue, d'où il suit qu'elle vient du Soleil à nos yeux dans l'espace de 8 à 9′. Mais la distance de cet astre à la terre, est d'environ 20000 demi-diametres terrestres. Ainsi la lumiere en parcourt environ 40 dans une seconde: elle ne met qu'une seconde & demie à venir de la Lune jusqu'à nous. Cette vîtesse, quelque prodigieuse qu'elle soit, ne doit pas paroître incroyable à un Philosophe. Le systême de l'Univers n'est qu'un composé de merveilles non moins dignes d'admiration, & aussi propres à confondre l'esprit humain.

Le mouvement successif de la lumiere a été pendant long-tems ſujet à deux objections, dont une étoit aſſez preſſante. La premiere eſt de M. *Caſſini*, & c'eſt celle qui lui fit changer de ſentiment, comme on a dit plus haut. Si le mouvement ſucceſſif de la lumiere eſt la cauſe de l'inégalité dont on vient de parler, d'où vient, diſoit-il, n'a-t'elle point lieu à l'égard des trois autres ſatellites ? Leurs éclipſes devroient être ſujettes aux mêmes accélérations & retardemens périodiques que celles du premier, cependant on n'obſerve rien de ſemblable. M. *Maraldi* (*a*), qui, à l'exemple de ſon oncle, rejette ce mouvement de la lumiere, fortifie cette objection de quelques autres, & ſurtout de celle-ci. Si c'étoit ce mouvement qui produisît le phénomene en queſtion, on devroit, diſoit-il, obſerver une troiſieme inégalité, dépendante du lieu de Jupiter dans ſon orbite, & qui feroit retarder les éclipſes de ſes ſatellites, depuis ſon périhélie juſqu'à ſon aphélie, & au contraire avancer depuis ſon aphélie juſqu'à ſon périhélie. Car toutes choſes d'ailleurs égales, la diſtance de Jupiter à la terre, va en croiſſant dans le premier cas, & en décroiſſant dans le ſecond. Et cette différence de tems, ajoute-t'on, ne feroit pas inſenſible : en effet, la différence d'éloignement de Jupiter à nous, eſt dans ces deux cas le double de l'excentricité de ſon orbite ; ce qui fait environ une moitié de la diſtance du Soleil à la terre. Ainſi le tems employé par la lumiere à parcourir cette diſtance, étant de huit à neuf minutes, il en faudra environ quatre de plus, Jupiter étant dans ſon aphélie, que lorſqu'il ſera dans ſon périhélie.

Mais ces objections, qui étoient conſidérables du tems de MM. *Caſſini* & *Maraldi*, ſont aujourd'hui ſuffiſamment réſolues. De tous les ſatellites de Jupiter, le premier eſt le ſeul dans lequel on puiſſe démêler cette inégalité particuliere, parce que c'eſt celui dont le mouvement eſt le plus régulier, & le mieux aſſujetti au calcul. Il n'en eſt pas, à beaucoup près, de même des autres. On commet encore, à l'égard de ces derniers, & en uſant même des meilleures tables, des erreurs beaucoup plus grandes que la plus grande équation dépendante du mouvement de la lumiere. D'ailleurs leur entrée dans l'ombre eſt ſi lente, que jointe aux variations qui naiſ-

(*a*) Mémoires de l'Académie, 1707.

ſent de l'inégalité des Téleſcopes, des yeux, & des hauteurs de Jupiter ſur l'horizon, elle rend incertaine à pluſieurs minutes près, le vrai moment de l'immerſion. Ainſi il n'eſt plus ſurprenant qu'on ne puiſſe point y reconnoître d'une maniere déciſive le retardement ou l'accélération que produit le mouvement ſucceſſif de la lumiere.

A l'égard de la ſeconde objection, ſçavoir celle de M. *Maraldi*, elle eſt entiérement réſolue. Depuis que la théorie du premier ſatellite a été rectifiée en pluſieurs points, l'inégalité provenante de l'excentricité de Jupiter, a été parfaitement reconnue; & elle entre au nombre des élémens du calcul, dans toutes les tables modernes. On peut voir entr'autres, ſur cela, celles que M. *Vargentin* a publiées il y a peu d'années, & qui par leur excellence ſont dans une grande eſtime auprès des Aſtronomes. Ajoutons que cette heureuſe découverte, déja ſi conforme à la ſaine Phyſique, vient de recevoir un nouveau degré de certitude, de celle de M. *Bradlei* ſur l'aberration des fixes, dont on rendra compte dans le lieu convenable.

VIII.

Travaux tendans à la perfection de la Géographie.

Pendant qu'on faiſoit les belles découvertes qu'on a expoſées dans les articles précédens, l'Académie des Sciences, toujours attentive à leur principal objet, qui eſt de ſervir à la ſociété, n'oublioit rien pour tirer ce fruit de l'Aſtronomie, en perfectionnant par ſon moyen la Navigation & la Géographie. On voit cette ſçavante Compagnie raſſembler avec ſoin dès ſa naiſſance toutes les obſervations propres à ce grand deſſein, entretenir des correſpondances avec les Obſervateurs les plus habiles répandus dans différens pays, dépêcher enfin quelquefois des Obſervateurs pour éclaircir des points importans de Géographie. Les voyages entrepris par MM. *Picard* & *Richer*, n'étoient pas ſeulement relatifs à l'Aſtronomie; ils avoient auſſi pour objet la Géographie & la Navigation, & de déterminer d'une maniere ſûre la poſition de divers lieux.

Il étoit naturel que l'exécution de ce grand projet commençât par la France; auſſi fût-ce le premier travail que s'impoſa l'Académie avec l'agrément du Miniſtere. On voit dès les années 1671 & 1672, divers Géometres & Obſervateurs diſperſés dans les Provinces, en lever géométriquement le plan, & fixer la poſition des points principaux par des obſervations céleſtes. Mais ce fut en 1679 qu'on commença à mettre plus d'activité dans cette entrepriſe. On réputa qu'il falloit d'abord bien établir les extrémités du Royaume dans tous les ſens. MM. *Picard* & *de la Hire* furent chargés de ce travail, auquel ils employerent environ deux ans. On peut voir le détail de leurs obſervations & de leurs courſes dans l'Hiſtoire particuliere de l'Académie; il ſuffira ici d'en préſenter le réſultat, qui eſt très-propre à juſtifier l'utilité de ces travaux.

En effet, on ne ſçauroit ſe repréſenter combien de groſſieres erreurs ſe trouvoient dans la Carte de la France, avant que l'Académie eût entrepris de la réformer. Toutes les bornes en étoient conſidérablement déplacées. Les Géographes mettoient entre Breſt & Paris une différence en longitude, de 8°, & 9 à 10 minutes: les obſervations réitérées de MM. *Picard* & *de la Hire*, apprirent qu'elle n'étoit que de 6°, 54′; de ſorte que cette pointe de la Bretagne étoit avancée dans la mer de plus de 30 lieues qu'il ne falloit. Il en étoit à peu près de même de toute la côte de l'Océan. Il y a plus; la latitude de la plûpart des villes méridionales du Royaume, étoit marquée moindre qu'elle n'étoit, & l'erreur qui alloit toujours en croiſſant à meſure qu'on s'éloignoit de la capitale, étoit de plus d'un demi-degré aux frontieres; erreur monſtrueuſe, ſi l'on conſidere avec combien de facilité l'on peut meſurer la latitude d'un lieu. M. *de la Hire* dreſſa une Carte corrigée ſuivant ces obſervations, & où ces différences étoient marquées. Lorſqu'il la préſenta au Roi, ce Prince qui voyoit ſon domaine reſſerré de tout côtés, dit en badinant, que ſon Académie lui témoignoit bien peu de reconnoiſſance, puiſque tandis qu'il la ſoutenoit par ſa protection & ſes dépenſes, elle diminuoit l'étendue de ſa domination. L'Académicien répondit apparemment que la puiſſance d'un Monarque dépendoit moins de cette étendue que du nombre & de l'attachement de ſes ſujets; & qu'en cela Sa Majeſté l'emporteroit toujours ſur tous les autres Princes de l'Europe.

M. *Picard* avoit propoſé en 1681, à M. *Colbert*, une entrepriſe qu'on commença à exécuter en 1683. Les corrections que donnoient les obſervations faites ſur les côtes du Royaume,

&

& de côté & d'autre dans l'intérieur, avoient déja appris qu'il falloit resserrer toute l'étendue que lui donnoient les anciennes Cartes à peu près proportionnellement à l'éloignement des lieux à la méridienne ou au parallele de Paris. Cependant cela ne suffisoit pas pour avoir une Carte parfaite; car l'erreur n'étoit pas toujours proportionnelle à cet éloignement, ni dans le même sens. C'est par cette raison qu'on avoit commencé dès l'année 1671, à lever géométriquement la Carte de plusieurs Provinces du Royaume: mais outre que cette méthode étoit excessivement longue, M. *Picard* entrevoyoit des difficultés dans la réunion de toutes ces Cartes, les erreurs particulieres pouvant s'accumuler, & rejetter les extrêmités fort loin de leur position véritable. Pour remédier à cet inconvénient, il proposa de tracer une méridienne, c'est-à-dire, de déterminer par des opérations géométriques la position de la méridienne de l'Observatoire de Paris à travers tout le Royaume. Cette ligne devoit être regardée comme une directrice générale très-commode, pour y rapporter toutes les autres positions. Il y avoit dans cette entreprise, un autre avantage relatif à la connoissance parfaite de la grandeur de la terre. Car au moyen de ces opérations, on devoit avoir avec plus de précision la longueur de tout l'arc du méridien, compris dans le Royaume, & par conséquent la grandeur du degré avec bien plus d'exactitude. M. *Picard* vouloit enfin qu'on partageât toute l'étendue du Royaume en triangles appuyés les uns sur les autres, & ayant leurs sommets dans des endroits remarquables, dont la position auroit été aussi pour la plûpart déterminée astronomiquement. Ce travail fait, il n'eût plus fallu que lever géométriquement l'intervalle du terrein renfermé dans chacun de ces triangles, & en les assemblant on devoit avoir une Carte aussi parfaite qu'il est permis de l'attendre de l'industrie humaine.

Ce plan parut raisonnable & expéditif à M. *Colbert*, & il ordonna à l'Académie de l'exécuter. On se mit à l'ouvrage dès le milieu de l'année 1680. M. *Cassini*, accompagné de MM. *Chazelles*, *Varin*, *Deshayes*, *Sedileau* & *Pernim*, alla du côté du Midi; & M. de la *Hire*, aidé de MM. *Pothenot* & le *Févre*, tourna du côté du Septentrion. M. *Cassini* prolongea cette même année la méridienne de 140000 toises, ou près de 70 lieues, & détermina géométriquement, à l'égard de la méridienne de Paris, la position de tous les lieux un peu remarquables, qui étoient situés dans l'étendue de pays qu'elle traversoit. M. de la *Hire* en fit autant du côté du Nord, & prolongea la méridienne jusqu'à Dunkerque & Mont-Cassel. Les choses en étoient à ce point, lorsque M. *Colbert* mourut. Cette mort si funeste aux beaux Arts, que du moment même où elle arriva, on cessa de travailler au plus magnifique monument de l'Architecture Françoise, pour n'y songer de nouveau qu'après plus de soixante-dix ans, interrompit presque subitement le travail de la méridienne; M. *Cassini* continua néanmoins jusqu'au mois de Novembre les opérations qu'il avoit commencées; il en présenta le dessein au Roi, qui les approuva, & les jugea dignes d'être poussées jusqu'à l'extrêmité du Royaume; mais diverses circonstances en suspendirent la continuation : elle ne fut reprise que plusieurs années après, sçavoir au mois d'Août de l'année 1700. M. *Cassini*, qui avoit commencé ce travail, le reprit alors, & le poussa durant le reste de cette année & la suivante, jusqu'aux Pyrénées. On eut par ce moyen une étendue de plus de six degrés du méridien, mesurée géométriquement; d'où l'on conclut la grandeur du degré terrestre de 57097 toises.

Il restoit encore à mesurer l'arc du méridien intercepté entre Paris, & l'extrêmité septentrionale du Royaume. Car quoique nous ayons dit que M. de la *Hire* y avoit travaillé en 1680, il n'avoit proprement fait que reconnoître les objets, pour revenir ensuite à des opérations plus exactes. On jugea donc qu'il falloit recommencer sa mesure, où celle de M. *Picard* s'étoit terminée. M. *Cassini*, le fils du célebre Dominique *Cassini*, en fut chargé, & l'exécuta en 1718. On trouva l'arc du méridien intercepté entre Dunkerque & Paris de 2°, 45′, 50″; & par la mesure trigonométrique, on conclut la grandeur moyenne du degré dans cette partie de la France, de 56960 toises. On peut voir le détail de toutes ces opérations dans le Livre que M. *Cassini de Thuri*, publia peu après sur ce sujet (*a*). Personne n'ignore la division que cette mesure occasionna parmi les Astronomes concernant la figure de

(*a*) De la grandeur & de la figure de la terre. Suite des Mémoires pour l'année 1718.

la terre. Mais cela appartient à l'hiſtoire de l'Aſtronomie durant ce ſiecle ; & comme ce doit être la matiere d'un article conſidérable de la partie ſuivante de cet ouvrage, nous n'en dirons pas davantage pour le préſent.

Le zele avec lequel l'Académie travailloit à corriger la Carte du Royaume, ne l'empêchoit pas de porter en même tems ſes vues plus loin, & de jetter les fondemens d'une correction ſemblable dans la Géographie entiere. Ce furent ces vues qui l'engagerent à envoyer en 1681 & 1682, trois Obſervateurs, Meſſieurs *Duglos*, *Varin* & *Deshayes*, obſerver la poſition du Cap-Verd, poſition très-importante pour déterminer en général celle de la côte d'Afrique. Comme l'on ne pouvoit obſerver au Cap-Verd même, on choiſit l'Iſle de Goerée, qui en eſt à la vue, & où la France avoit alors un établiſſement. Les obſervations qu'on y fit montrerent que cette partie de la Géographie n'avoit pas moins beſoin que les autres de correction. On trouva qu'à l'exception de *Blaeu*, tous les Géographes avoient placé cette pointe occidentale de l'Afrique, beaucoup plus à l'oueſt qu'elle n'eſt réellement. Delà Meſſieurs *Varin* & *Deshayes* allerent à la Guadeloupe & à la Martinique ; leurs obſervations confirmerent l'Académie dans la perſuaſion où elle étoit déja, que toutes les longitudes marquées dans les Cartes, à l'égard de l'Obſervatoire de Paris, étoient trop grandes, & d'autant plus erronées, que les lieux étoient plus éloignés ; remarque déja faite par Meſſieurs de *Pereisk* & *Gaſſendi*, à l'égard de l'étendue de la Méditerranée, & qui fut encore confirmée par le voyage que M. *Chazelles* fit en 1693, dans les Echelles du Levant. On conclut de ces obſervations, qu'il falloit rapprocher de 25 à 30°, les pays extrêmement éloignés, comme les Indes & la Chine. On oſa même dès-lors conſtruire ſur ces principes le grand planiſphere de l'Obſervatoire ; & lorſque M. *Hallei* vint en France, il fut bien étonné de voir que ſur de ſimples conjectures on eût placé auſſi exactement qu'on l'avoit fait, le Cap de Bonne-Eſpérance. Les obſervations qu'il avoit faites en 1677, dans l'Iſle de Sainte Hélene, lui avoient appris que ce Cap étoit de ſept ou huit degrés plus occidental que ne le marquoient les Cartes ordinaires, & c'étoit juſtement la correction qu'on y avoit faite dans le planiſphere.

L'Académie devoit naturellement chercher à vérifier par des obſervations immédiates, ſes conjectures ſur la Carte de l'Aſie. Cela eût certainement valu la peine d'un voyage, s'il n'y avoit pas eu déja, dans cette contrée de la terre, pluſieurs Obſervateurs qu'il ne s'agiſſoit que de diriger & d'inviter à un commerce d'obſervations. Tout le monde ſçait que ce qui a ſoutenu long-tems, & qui ſoutient encore à la Chine les Miſſionnaires Européens, c'eſt leur habileté dans les Mathématiques, & ſurtout dans l'Aſtronomie pour laquelle les Chinois ont une vénération ſinguliere. Auſſi depuis le P. *Ricci* qui s'étoit ouvert l'entrée dans cet Empire, la Compagnie de Jeſus n'y envoyoit preſque que des hommes, qui, au zele évangélique, joignoient de l'habileté dans les Sciences qui y ſont eſtimées. Si leur zele pour la propagation du Chriſtianiſme n'a pas eu le ſuccès qu'ils deſiroient, ils ont eu du moins l'occaſion de procurer à l'Europe des connoiſſances géographiques très-précieuſes.

En effet, ces ſçavans Miſſionnaires n'avoient pas attendu les invitations de l'Académie des Sciences, pour faire une multitude d'obſervations utiles. Malgré leurs travaux apoſtoliques, peu de phénomenes avoient échappé à leur vigilance. Dans le catalogue des éclipſes, dreſſé par le P. *Riccioli*, on en voit un grand nombre obſervées à Goa, à Macao, & au Japon; & ces obſervations comparées avec celles des mêmes phénomenes faites en Europe, avoient déja montré qu'il falloit beaucoup raccourcir l'étendue donnée juſqu'alors à l'Aſie d'Occident en Orient. C'eſt ſur ces fondemens que le Pere *Martini* avoit conſtruit ſes Cartes de la Chine, qu'il publia en 1654, ſous le titre d'*Atlas Sinicus;* & le P. *Couplet*, celles qu'il donna en 1684. Ils s'étoient néanmoins encore trompés de pluſieurs degrés, ſurtout à l'égard de l'extrêmité orientale de la Chine; erreur qu'on excuſera facilement quand on conſidérera qu'il n'eſt pas aiſé de ſecouer tout à coup un ancien préjugé. D'ailleurs l'art d'obſerver n'étoit pas encore porté au point de perfection qu'il a atteint vers la fin du ſiecle paſſé.

L'Académie des Sciences s'adreſſa à ces ſçavans Miſſionnaires pour ſe procurer les lumieres qu'elle deſiroit ſur la deſcription de l'Aſie, & bien-tôt elle reçut d'eux une ample moiſſon d'obſervations de toute eſpece, relatives à l'Aſtronomie ou à la Géographie de l'Inde, que le Pere *Gouye* publia en 1688, avec des notes, & qui font aussi partie des anciens Mémoires de l'Académie. Elle eut le plaisir de voir confirmer ce qu'elle avoit soupçonné, sçavoir qu'il falloit rapprocher l'extrêmité orientale de l'Asie de 25 à 30°, & proportionnellement les lieux moyens, afin de représenter fidellement cette partie du monde. En effet, quelques observations d'éclipses faites à Goa, diminuerent la différence de longitude de cette ville avec Paris, de 23°. Il en fut de même de la ville de Siam. Une autre observation faite à Macao, nous rendit plus voisins de ce port, de 17°. Pekin fut rapproché par la même voie de Paris, de plus de 25 degrés. Toutes ces corrections si considérables & si nécessaires, ont depuis été confirmées par une multitude d'observations, ouvrage des Astronomes de la même Société, établis dans l'Inde ou à la Chine. Toujours attentifs à l'avancement de la Géographie & de l'Astronomie, ils ne cessent d'envoyer des observations propres à cet objet; & c'est à eux seuls que nous devons les connoissances exactes que nous avons aujourd'hui de ce vaste Empire, de la Tartarie occidentale, & des pays adjacens. Les Cartes détaillées qu'ils en ont données, & qu'on voit dans la grande Histoire de la Chine du Pere *Duhalde*, sont un vrai trésor en Géographie. Je m'étendrois avec complaisance sur les nombreuses obligations qu'on a à ces sçavans Missionnaires, sans les raisons que j'ai si souvent alléguées pour excuser ma briéveté sur certains points.

Quelque démonstrative que soit la méthode employée par l'Académie des Sciences dans cette réformation de la Géographie, elle n'a pas laissé de trouver des contradicteurs. On vit entr'autres, en 1690, le célebre Isaac *Vossius*, s'élever contre la maniere de déterminer les longitudes des lieux par des observations astronomiques (*a*). Mais, soit dit sans prétendre déroger au mérite de ce sçavant, c'en étoit assez de son Livre *De naturâ lucis*, pour prouver qu'il avoit beaucoup plus d'érudition que de lumieres philosophiques; & il pouvoit se dispenser d'en donner une nouvelle preuve par les vagues déclamations qu'il fait contre l'ouvrage de l'Académie. Que

(*a*) *De longitudin.* 1690. Lond. in-4°.

penſer en effet d'un homme qui dit, *qu'il ne peut ſe perſuader que des planetes ſi éloignées* (il parle des ſatellites de Jupiter) *puiſſent être une meſure des longitudes*, à quoi il ajoute, *que juſqu'à ce qu'on ſçache faire des calculs plus exacts des éclipſes, il vaut beaucoup mieux prendre les longitudes de la terre même ou des Caps, que de les aller chercher dans le ciel.* Ces derniers mots tout-à-fait remarquables, montrent que M. *Voſſius* n'avoit pas une idée claire de ce qu'on appelle longitude en Géographie. Car de quelle utilité ſont les Caps ou la terre même pour déterminer la différence de longitude d'un lieu à un autre. J'ai trop bonne opinion de mes lecteurs pour les amuſer d'une réfutation qui ne ſuppoſe que quelques légeres connoiſſances de la ſphere. Au ſurplus, on peut conſulter là-deſſus l'écrit ſolide que M. *Caſſini* oppoſa à *Voſſius.* On le trouve parmi les anciens Mémoires, T. VII.

IX.

De divers Aſtronomes Anglois.

L'Angleterre ſi féconde en Géometres du premier rang, vers le milieu du ſiecle paſſé, ne l'eſt pas moins en Aſtronomes célebres. On y voit ſucceſſivement fleurir *Seth Ward*, Evêque de Salisbury, *Street*, *Wing*, Jean *Newton*, Robert *Hook*, le Chevalier *Wren*, les célebres *Flamſteed* & *Hallei*, &c. On voit auſſi la Société Royale former dès ſa naiſſance diverſes entrepriſes utiles à l'avancement de l'Aſtronomie, établir & rechercher des correſpondances, faire des amas d'obſervations, & perfectionner en divers points l'art d'obſerver. Que ne lui doit-on pas ſurtout, pour avoir donné naiſſance au véritable ſyſtême du monde? Cette brillante découverte, l'ouvrage de l'immortel Iſaac *Newton*, ſuffiroit ſeule pour rendre mémorable dans l'Hiſtoire des Sciences, la nation qui l'a vu naître, & le Corps dont il fut un des membres.

Le fil naturel de notre ſujet nous a déja conduit à parler de quelques-uns des Aſtronomes que nous venons de nommer, comme *Seth Ward*, *Street*, *Wing*, &c (*a*). Nous n'y ajouterons rien, & nous paſſerons à faire connoître les ſervices que les autres ont rendus à l'Aſtronomie.

Robert Hook.

Le Docteur Robert *Hook*, eſt recommandable à pluſieurs

(*a*) *Voyez* Liv. III, art. 9.

titres dans cette ſcience. Nous avons déja remarqué qu'il s'eſt rencontré avec M. *Picard* en ce qui concerne l'application de la lunette au quart de cercle. Ses tentatives pour déterminer la parallaxe de l'orbite terreſtre (*a*), mériteroient encore ici une place, ſi elles ne nous avoient pas déja ſuffiſamment occupés (*b*). Nous ne nous arrêterons pour le préſent qu'à quelques idées qu'on trouve à la fin du Livre que nous venons de citer, & qui font extrêmement honneur à cet Aſtronome. En effet, on ne voit nulle part le principe de la gravitation univerſelle, auſſi clairement enoncé, & plus développé avant M. *Newton*, que dans le Livre dont nous parlons. Voici les paroles de M. *Hook*.

J'expliquerai, dit-il, un ſyſtême du monde différent à bien des égards de tous les autres, & qui eſt fondé ſur les trois ſuppoſitions ſuivantes.

1°. Que tous les corps céleſtes ont non ſeulement une attraction ou une gravitation ſur leur propre centre, mais qu'ils s'attirent mutuellement les uns les autres dans leur ſphere d'activité.

2°. Que tous les corps qui ont un mouvement ſimple & direct, continueroient à ſe mouvoir en ligne droite, ſi quelque force ne les en détournoit ſans ceſſe, & ne les contraignoit à décrire un cercle, une ellipſe, ou quelque autre courbe plus compoſée.

3°. Que l'attraction eſt d'autant plus puiſſante que le corps attirant eſt plus voiſin.

Il ajoutoit qu'à l'égard de la loi ſuivant laquelle décroît cette force, il ne l'avoit pas encore examiné, mais que c'étoit une idée qui méritoit d'être ſuivie, & qui pouvoit être très-utile aux Aſtronomes; conjecture heureuſe, & qui s'eſt vérifiée d'une maniere ſi brillante entre les mains de M. *Newton*.

M. *Hook* fit auſſi quelques expériences dans la vue de fortifier les conjectures précédentes (*c*). Il ſuſpendit d'abord une boule à un fil très-long, & après l'avoir miſe en oſcillation, il lui imprima un petit mouvement latéral; il remarqua que cette boule décrivoit une ellipſe, ou une courbe en forme d'ellipſe autour de la ligne verticale. Il attacha enſuite au fil de

(*a*) *An attempt to prove the motion of the earth.*

(*b*) *Voyez* T. 1, p. 548.

(*c*) *Voyez* ſa vie à la tête de ſes Œuvres poſthumes.

cette premiere boule, un autre qui en portoit une plus petite; & après avoir donné à cette derniere un mouvement circulaire autour de la verticale, il mit la premiere en mouvement, comme dans l'expérience précédente. On vit alors que ni l'une ni l'autre ne décrivoit une ellipse, mais que c'étoit un point moyen entr'elles, & qui sembloit être leur centre de gravité. D'où il conclut que dans un systême de planetes, tel que celui de la Terre & de la Lune, c'est leur centre de gravité commun qui décrit une ellipse autour de la planete centrale. Tout cela est fort ingénieux; néanmoins M. *Hook* ne faisoit pas attention que les planetes ne décrivent point des ellipses dont le centre soit occupé par la force attirante: c'est au foyer que réside cette force. On lui en fit l'observation, & même on l'excita par la promesse d'une récompense considérable à déterminer quelle loi d'attraction feroit décrire à un corps une ellipse autour d'un autre immobile, & placé à l'un des foyers. Mais cela tenoit à une Géométrie trop délicate, & cette belle découverte, l'une des plus propres à honorer l'esprit humain, étoit réservée à *Newton*.

Wren. Le Chevalier *Wren*, dont on a déja parlé comme Méchanicien, mérite encore ici quelques lignes, à titre d'Astronome. On lit dans l'Histoire de la Société Royale, l'énumeration de ses inventions astronomiques. On met dans ce rang divers instrumens nouveaux plus subtilement divisés, ou plus commodément suspendus que les autres; diverses additions faites au Micrometre; des observations suivies sur Saturne & son Anneau, avec une théorie des apparences de cette planete, écrite, dit-on, avant que celle d'*Huyghens* eût vu le jour, ce qui semble dire que M. *Wren* se rencontra avec *Huyghens* dans l'heureuse explication que celui-ci a donnée de ces apparences. On ajoute à cela une Sélénographie complete, & un globe lunaire représentant avec tant de vérité les cavités & les éminences de la Lune, que lorsqu'il étoit éclairé & regardé de la maniere convenable, on croyoit voir cette planete telle que la montre le Télescope; une théorie de la libration de la Lune; des essais pour déterminer la paralIaxe annuelle des fixes; la méthode de calculer les éclipses de Soleil par la projection de l'ombre de la Lune sur le disque de la terre; méthode, dit l'Auteur de sa vie, qu'il avoit imaginée dès l'année

1660;

1660; une hypothese enfin sur le mouvement des Cometes, dont nous parlerons dans un des articles suivans. Mais les mêmes raisons qui nous ont privés de la connoissance détaillée de ses inventions en méchanique, nous privent aussi de celle de ses diverses inventions astronomiques.

X.

De M. Flamstead.

On peut contribuer de deux manieres aux progrès de l'Astronomie. L'une consiste à observer assidûment les phénomenes célestes, pour les transmettre à la postérité; l'autre à combiner ces observations, & à reconnoître par leurs secours les hypotheses les plus propres pour représenter les mouvemens des astres, & les prédire à l'avenir. Les progrès de cette derniere partie de l'Astronomie, sont tellement liés à ceux de la premiere, que sans leur secours elle ne sçauroit faire un seul pas assuré; ensorte qu'on ne doit guere moins de reconnoissance à ceux qui ont laborieusement rassemblé ces matériaux précieux, qu'à ceux qui les ont mis en œuvre.

C'est principalement par des travaux du premier genre, que M. *Flamstead* (*a*) s'est rendu recommandable. Je dis principalement; car on lui doit quelque chose de plus que des observations, entr'autres deux excellens Ecrits qu'il publia en 1672, sur l'équation du tems, & sur la théorie lunaire d'*Horoccius* (*b*), écrits qui montrent qu'il n'étoit pas moins propre à la théorie de l'Astronomie, qu'à la partie pratique. On a aussi de lui une *Doctrine de la Sphere*, ouvrage plus sublime que ce qu'annonce ce titre, & dont l'objet principal est une nouvelle méthode pour calculer les éclipses de Soleil par la projection de l'ombre de la Lune sur le disque de la terre: il se trouve dans le

(*a*) M. Jean Flamstead ou Flamsteed, (car on trouve son nom écrit par lui-même de ces deux manieres qui, suivant la prononciation Angloise, sont également *Flemstid*), naquit à Denby, dans le Comté de Derby, le 19 Août 1646, vieux style. La Sphere de Sacro-Bosco, qui lui tomba par hazard entre les mains, lui inspira le goût de l'Astronomie. Il s'y adonna sans autre maître que quelques Livres, jusqu'en 1669, qu'il adressa à la Société Royale des Ephémérides pour l'année 1670; ce qui le mit en relation avec quantité d'habiles gens. Il continua d'observer à Denby, jusqu'à la fin de 1673. Il vint alors résider à Londres, où il entra dans l'état Ecclésiastique, & fut pourvu d'un bénéfice. Peu après il fut nommé, à l'occasion qu'on a dit dans l'article 11, Astronome du Roi, & Directeur de l'Observatoire de Greenwich, où il ne cessa presque de vaquer aux observations jusqu'à sa mort. Elle arriva le 30 Décembre 1719, vieux style.

(*b*) *De equat. temp. diatriba.* L. 1672. in-4.

Syst. Math. de Jonas *Moore :* mais un goût particulier & une sorte de devoir le tournerent principalement du côté de l'observation. Choisi par *Charles II*, pour remplir la place d'Astronome Royal au nouvel Observatoire de Greenwich, il n'y fut pas plutôt installé, qu'il songea à remplir les vues de cette institution, qui étoient qu'on s'addonnât en particulier à rectifier les lieux des fixes, & à observer la Lune pour fonder une théorie exacte de cette planete à l'usage de la navigation. Occupé principalement de ces deux objets, M. *Flamstead* ne laissa pas de ramasser une foule d'observations de toute espece. Ce trésor commença à être dans la possession du public en 1712, sous le titre d'*Historia celestis Britannica*, en un vol. in-fol. qui vit le jour par les soins de M. *Hallei*, à qui le travail de cette édition fut confié. Mais comme elle avoit été faite un peu contre le gré de M. *Flamstead*, cet Astronome, d'un caractere un peu difficile & bizarre, surtout vers la fin de ses jours, y trouva diverses choses à redire, & en entreprit lui-même une seconde qui parut en 1725, après sa mort. Celle-ci est beaucoup plus ample, & est en 3 volumes in-fol. Outre les observations nombreuses & de toute espece que contient cet ouvrage, on trouve dans le troisieme volume de curieux prolegomenes sur l'Histoire de l'Astronomie, & un nouveau catalogue des fixes plus complet qu'aucun des précédens. Car il contient les lieux de 3000 étoiles, presque toutes observées par M. *Flamstead*, & parmi lesquelles il y en a un assez grand nombre, qui ne sont visibles qu'à l'aide du Télescope. On y remarque aussi un catalogue particulier de 67 étoiles du Zodiaque, observées avec des soins particuliers, à cause qu'elles peuvent être occultées par la Lune & par les planetes.

M. *Flamstead* se proposoit de publier sur ces observations un nouvel Atlas céleste, ou de nouvelles Cartes de constellations semblables à celles que *Bayer* avoit données en 1603. Mais sa mort interrompit ce projet. Il a depuis été mis en exécution par M. James *Hodgson*, Astronome de la Société Royale, qui publia cet Atlas en 1729, (grand in-fol). C'est un présent dont les Astronomes doivent lui sçavoir un gré extrême. On a aussi publié à Londres, en une grande planche, les constellations du Zodiaque, dans l'observation desquelles M. *Flamstead* avoit redoublé de soins & d'attention. L'importance de ce morceau a porté M. le *Monnier* à le faire graver de nouveau à Paris, en y faisant les changemens convenables, à raison de la progression des fixes. Cette nouvelle édition du Zodiaque de M. *Flamstead*, a paru en 1755 (*a*).

XI.

Ce n'est pas seulement en France que nous voyons le zele pour l'Astronomie faire entreprendre de longs & de périlleux voyages dans la vue de hâter ses progrès. L'Angleterre nous offre aussi des traits de ce zele si digne d'éloges. Il faut même en convenir, c'est elle qui semble en avoir donné le premier exemple. On avoit déja vu en 1651 un Astronome Anglois, nommé *Shakerley*, aller aux Indes orientales, dans le dessein d'y observer le passage de Mercure sous le Soleil, qu'il avoit trouvé par ses calculs ne devoir être visible que dans cette partie du monde : il l'y observa effectivement, & son observation est la seule qu'on ait de cette conjonction visible du Soleil & de Mercure. *De M. Hallei.*

Ce furent des motifs semblables qui inspirerent en 1676 à M. *Hallei* (*b*) le dessein d'aller à l'Isle de Sainte-Helene. Personne n'ignore quels soins les Astronomes se sont toujours donnés pour faire l'énumération des étoiles, & en

(*a*) Chez Dheuland.

(*b*) M. Hallei (Edmond) naquit à Londres le 8 Novembre 1656, vieux style. Il étudia sous Thomas Gale, & dès sa jeunesse il donna diverses preuves de son sçavoir en tout genre. Il fit, comme on le raconte dans cet article, en 1677, le voyage de Sainte-Hélene pour y observer, & à son retour il fut reçu dans la Société Royale de Londres. Peu après il partit pour Dantzick, afin d'y visiter Hevelius; après qnoi il parcourut la France & l'Italie, pour y voir les Sçavans. De retour dans sa patrie, il y fut sédentaire pendant une quinzaine d'années, après quoi il commença de nouvelles courses pour la perfection de la Géographie & de la navigation. Telle est entr'autres la longue & pénible navigation qu'il entreprit en 1698, pour vérifier sa théorie des variations de la Boussole, & dont il ne revint qu'en 1702, après avoir passé quatre fois la Ligne. En 1703, il fut nommé à la Chaire de Géométrie, vacante à Oxford, par la mort de Wallis; & en 1720, Flamstead étant mort, il fut nommé à sa place d'Astronome Royal à Greenwich. L'Astronomie reprit alors tous ses droits sur M. Hallei, qui passa le reste de sa vie uniquement occupé d'enrichir cette science de ses observations, & de ses inventions. Il mourut le 26 Janvier 1742. Outre une multitude de Mémoires sur toutes les branches des Mathématiques & de la Physique, qui sont répandus dans les *Transf. Phil.* on a de M. Hallei, les ouvrages suivans. *Catal. Stell. Austr. &c.* in-4°. 1678. *Apoll. de sect. rationis & spatii.* 1706. in-8°. *Appoll. Conic. l. 8, & Sereni. l. 2.* gr. lat. in-fol. 1708 (édition magnifique), & enfin ses *Tables célebres.* Voyez l'Histoire de l'Académie de l'année 1742.

déterminer la poſition avec exactitude. Mais le ſiege de l'Aſtronomie ayant toujours été dans des contrées, d'où une grande partie de l'hémiſphere auſtral ne peut être apperçue, on n'avoit ſur cette partie du ciel que des connoiſſances fort incertaines, & les catalogues des étoiles qui y ſont répandues, étoient, ou incomplets, ou défigurés par des erreurs ſans nombre. M. *Hallei* conçut le deſſein d'aller faire une énumération exacte de ces étoiles. L'Iſle de Sainte-Helene, ſituée vers le 15ᵉ degré de latitude auſtrale, & où la compagnie Angloiſe des Indes venoit de former un établiſſement, lui parut propre à ce deſſein, & il demanda à y être envoyé. Il étoit encore fort jeune alors, mais il avoit déja commencé à jetter les fondemens de la haute réputation qu'il a depuis acquiſe, par divers traits de ſagacité, entr'autres par la ſolution directe & géométrique d'un problême qui avoit juſque-là fort occupé les Aſtronomes, ſçavoir, de déterminer dans l'hypotheſe de *Kepler* les aphélies & l'excentricité des planetes d'après trois obſervations données. Cette réputation naiſſante lui avoit valu la connoiſſance de M. *Williamſon*, Secretaire d'Etat, qui affectionnoit les Mathématiques, & de M. Jonas *Moore*, Intendant de l'Artillerie, & lui-même habile Mathématicien. Ils appuyerent ſa demande auprès de *Charles II*, qui l'agréa, & qui donna ſes ordres pour qu'il eût toutes les commodités convenables à ſon entrepriſe. M. *Hallei* partit donc pour Sᵗᵉ Helene au commencement de 1676, & y arriva peu de mois après. Il s'attendoit à y trouver la température d'air la plus favorable aux obſervations; mais on l'avoit trompé, & ce ne fut qu'avec bien de la peine, & en ſaiſiſſant tous les momens favorables avec une aſſiduité extrême, qu'il vint à bout de ſon deſſein. Il releva, avec un ſextant de cinq pieds & demi de rayon, les diſtances reſpectives d'environ 350 étoiles, méthode qui lui parut la plus expéditive, & la ſeule qu'il pût employer dans la circonſtance où il ſe trouvoit. De pluſieurs de ces étoiles, qui étoient ſans noms, il forma une conſtellation nouvelle, qu'il nomma le *chêne* de *Charles II* (*Robur Carolinum*) en mémoire de celui ſous l'écorce duquel ce Prince, après la déroute de *Worceſtre*, échappa à la pourſuite de *Cromwell*. M. *Hallei* ne pouvoit effectivement témoigner ſa reconnoiſſance d'une maniere plus noble & plus durable qu'en en gravant les marques dans ce ciel même, que les bienfaits de ce Prince lui donnoient le moyen de mieux connoître.

M. *Hallei* fit à Sainte-Helene une autre obſervation importante, ſçavoir celle du paſſage de Mercure ſous le Soleil, arrivé le 28 Octobre (vieux ſtyle) de l'année 1677. Il eut l'avantage d'en voir l'entrée & la ſortie, ce que ne purent point faire quelques autres obſervateurs Européens, qui virent auſſi ce paſſage, le Soleil n'étant point encore levé pour eux, lorſque Mercure entra dans le diſque de cet aſtre. M. *Hallei* publia toutes ces choſes intéreſſantes en 1679, dans ſon Livre intitulé : *Catalogus ſtellarum Auſtralium, ſeu ſupplementum catalogi Tychonici, &c.* Cet ouvrage contient encore d'excellentes réflexions ſur le mouvement de la Lune, dont nous aurons occaſion d'entretenir le lecteur.

Le paſſage de Vénus ſous le Soleil, que nous attendons le 5 Juin de l'année 1761, a été le ſujet d'une des plus ingénieuſes idées de M. *Hallei.* L'utilité de ces paſſages des planetes inférieures au devant du Soleil, en ce qui concerne la perfection de leur théorie, étoit connue depuis long-tems, & nous en avons donné une idée en rendant compte de la premiere obſervation de ce genre faite en 1631. M. *Hallei* ſçut en tirer un autre uſage, que perſonne n'avoit apperçu avant lui. Il concerne la parallaxe du Soleil, choſe ſi néceſſaire pour connoître la diſtance où nous ſommes de cet aſtre, & la grandeur préciſe de notre ſyſtême. M. *Hallei* a montré que le paſſage de Venus ſous le Soleil, qui doit arriver en 1761, peut donner cette parallaxe, & par conſéquent la vraie diſtance du Soleil, à un 500ᵉ près, & cela par une obſervation fort ſimple, ſçavoir celle de la durée de ce paſſage vu de certains endroits de la terre. Cette idée, qu'il avoit déja annoncée en 1691, il l'a davantage développée en 1716, par un écrit particulier. Qu'il eût été agréable pour un Aſtronome auſſi zélé que M. *Hallei*, de pouvoir être témoin d'un ſpectacle ſi rare & ſi précieux pour l'Aſtronomie ? Mais ne pouvant raiſonnablement s'en flatter, car il eût fallu aſpirer à une vie plus que ſéculaire, il ne laiſſe pas de prendre part à ce ſpectacle, & d'en aſſurer, autant qu'il eſt en lui, le ſuccès. On le voit exhorter, & même en termes pathétiques, les Aſtronomes qui vivront alors, à réunir toute leur sagacité & leurs efforts pour tirer de cette observation les fruits qu'on peut en attendre. Nous avons tout lieu de croire que ses souhaits seront remplis. L'Astronomie est trop en honneur aujourd'hui, il y a sur la surface de la terre un trop grand nombre d'observateurs répandus de toutes parts, pour croire qu'on manque l'occasion d'une observation si rare.

Nous nous contentons de parcourir ici les traits principaux de la sagacité de M. *Hallei* en Astronomie. C'est pourquoi, nous ne disons rien de divers écrits sur des matieres astronomiques qu'on trouve répandus dans les Transactions. Nous passerons même ici sur sa *Théorie de la variation de la Boussole*, de même que sur son *Astronomie Cométique*, développement précieux de la sublime théorie de M. *Newton* sur les Cometes, parce que ces derniers objets seront mieux placés ailleurs. Nous nous arrêterons seulement encore à ses travaux sur la théorie de la Lune.

La perfection de la théorie de la Lune fut un des premiers objets des méditations de M. *Hallei*, lorsqu'il entra dans la carriere de l'Astronomie. Dès le tems où il publia son catalogue des étoiles australes, il avoit fait diverses découvertes importantes sur ce point astronomique. Une de ces découvertes est que, toutes choses d'ailleurs égales, la Lune va plus vîte lorsque la terre est le plus éloignée du Soleil, que lorsqu'elle est périhélie; c'est pourquoi il introduisit dans le calcul du lieu de la Lune une nouvelle équation dépendante de la distance de la terre au Soleil. Il remarqua aussi l'applatissement de l'orbite lunaire, qui se fait dans les sysigies, ou les conjonctions & oppositions, aussi-bien que quelques autres particularités du mouvement de la Lune. Toutes ces remarques se sont trouvées depuis conformes à la théorie physique de cette planete, démontrée par M. *Newton*.

M. *Hallei* sentit néanmoins, quoiqu'il eût beaucoup ajouté à cette théorie, qu'il restoit encore bien des choses à faire pour l'amener à la perfection désirée des Astronomes. Il sentoit aussi que cette perfection n'étoit l'ouvrage, ni d'un seul homme, ni d'un siecle. Ce motif lui inspira l'idée d'un autre moyen de soumettre au calcul les inégalités de la Lune, que nous allons expliquer.

Les principales & les plus ſenſibles des inégalités de la Lune, ſoit en longitude, ſoit en latitude, dépendent, comme ſçavent les Aſtronomes, de ſa poſition, ſoit à l'égard de ſon apogée & de ſon nœud, ſoit à l'égard du Soleil. Car ce ſont ſes configurations, & celles de ſes nœuds & de ſon apogée avec cet aſtre, qui ſont les cauſes de toutes les bizarreries qui occupent depuis ſi long-tems les Aſtronomes : d'où il ſuit que ſi l'on trouvoit une période qui, en finiſſant, ramenât toutes ces choſes comme elles étoient au commencement, les inégalités de la Lune ſe renouvelleroient enſuite dans le même ordre; & l'on auroit un moyen facile de les prédire, pourvu qu'on les eût obſervées durant le cours de la période précédente.

L'antiquité, & même l'antiquité la plus reculée, a le mérite de fournir à l'Aſtronomie moderne une période qui, ſi ſi elle ne remplit pas entiérement toutes ces conditions, du moins en approche de fort près. On a obſervé, dit *Pline*, que dans l'intervalle de 223 lunaiſons, les éclipſes de Soleil & de Lune ſe renouvellent dans le même ordre, & ſuivant *Suidas*, cette période fut connue des Caldéens ſous le nom de *Saros*. M. *Hallei* qui avoit beaucoup d'érudition mathématique, avoit remarqué ce trait, & peut-être fut-ce la premiere occaſion de ſonger à ce moyen de rectifier la théorie de la Lune. Quoi qu'il en ſoit, il examina cette période, & par la comparaiſon de diverſes obſervations, il trouva qu'effectivement après l'intervalle de tems ci-deſſus, les phénomenes luniſolaires ſe renouvellent dans le même ordre à moins d'une demi-heure près. Cette erreur vient de ce qu'à la fin de la période, les choſes ne ſont pas rétablies préciſément comme elles étoient au commencement; car 223 lunaiſons forment 18 ans Juliens, 11 jours, 7 heures 43′, 45″, pendant lequel tems l'apogée de la Lune a fait 13° de plus qu'une révolution entiere, & les nœuds, deux révolutions moins 11 degrés. Mais cette différence qui influe un peu ſur le lieu réel de la Lune, & ſur le tems, ne le fait pas ſenſiblement ſur la grandeur des équations; & de-là vient qu'après l'intervalle d'une période entiere, les différences des lieux calculés avec les lieux réels, ſont ſenſiblement les mêmes.

M. *Hallei* avoit déja conçu dès l'année 1680 le deſſein de

rectifier la théorie de la Lune à l'aide de cette méthode : il observa dans cette vue la Lune pendant 16 mois consécutifs des années 1682, 83 & 84, & il fit l'essai de sa nouvelle invention sur l'éclipse de Soleil du mois de Juillet de 1684, dont il déduisit toutes les circonstances de celle qu'on avoit observée en 1666; & son calcul approcha bien davantage de la vérité, qu'aucun autre déduit des meilleures Tables. Il eut bien desiré pouvoir continuer ses observations durant une période complete de dix-huit ans ; mais traversé par diverses affaires, il ne put commencer à se satisfaire là-dessus, que lorsqu'il fut nommé Astronome Royal, & Directeur de l'Observatoire de Gréenwich, à la place de M. *Flamstead;* ce qui arriva au commencement de 1720. Il reprit le travail dont nous parlons en 1722, & depuis le 3 de Janvier de cette année, jusques fort peu avant sa mort, arrivée en 1742, il ne discontinua presque d'observer la Lune toutes les fois qu'il lui fut possible. Il n'attendit cependant pas l'expiration d'une période entiere pour informer le public de ses travaux. Il lui en rendit compte en 1731, c'est-à-dire, après une demi-période expirée, par un écrit qu'on lit parmi les *Transactions Philosophiques* de cette année. Outre le témoignage extrêmement favorable qu'il rendoit à la théorie physique de M. *Newton*, il y assuroit que par la méthode dont nous parlons, il pouvoit prédire, à une erreur près de deux minutes, le lieu de la Lune, pour un instant quelconque des neuf années suivantes. Il annonça en même tems une chose très-intéressante pour la navigation, sçavoir que cette exactitude étoit suffisante pour déterminer la longitude en mer, sans s'y tromper de plus d'une vingtaine de lieues, aux environs de l'équateur, & de moins dans des latitudes plus grandes.

L'importance de semblables observations pour calculer les lieux de la Lune, a excité divers Astronomes célebres à entreprendre le même genre de travail. Sur l'annonce que M. *Hallei* donna en 1731, de ses succès, & de ceux qu'il attendoit d'une plus longue suite d'observations, M. *Delisle*, alors à Petersbourg, se mit à observer la Lune, ce qu'il a continué 12 ans de suite, sçavoir depuis le mois de Septembre 1734, jusqu'en 1746, pendant lequel intervalle de tems, il a rassemblé plus de 1200 observations de cette espece. Mais M. le *Monnier*

est

est celui qui s'est livré à ce travail avec le plus de persévérance. Il a achevé la période de M. *Hallei*, & il en a commencé une seconde qui doit être finie, ou approcher de sa fin. Lorsque ces observations précieuses auront été communiquées au public, on pourra se flatter d'avoir déja un moyen assez juste de calculer le lieu de la Lune, en attendant qu'on ait suffisamment réussi à soumettre au calcul les causes physiques des irrégularités de cette planete ; & c'est ce qu'on peut, sans trop de confiance, espérer dans peu des travaux réunis de tant de Géometres profonds qui travaillent sur ce sujet. Mais je reviens à M. *Hallei*.

Parmi les obligations nombreuses de l'Astronomie envers cet homme célebre, obligations qu'une histoire particuliere de cette science peut seule développer avec l'étendue convenable, nous citerons enfin ses *Tables astronomiques*. Ces tables, le résultat des vues les plus fines, & d'une multitude d'observations combinées avec sagacité, étoient en partie imprimées dès l'année 1725 ; mais M. *Hallei* travaillant sans cesse à les perfectionner, surtout en ce qui concerne la théorie de la Lune, en différoit de jour à autre la publication lorsqu'il mourut. Elles ont paru depuis, sçavoir en 1749, & elles sont justement regardées comme les plus parfaites que l'Astronomie ait encore produites. Il seroit trop long d'en développer tous les avantages, & d'exposer les principes sur lesquels elles sont construites. M. *Delisle* en a informé le public par deux curieuses & sçavantes Lettres (*a*), auxquelles il nous suffira de renvoyer le lecteur.

XII.

Découvertes Physico-Astronomiques de M. Newton.

Rien ne seroit plus satisfaisant pour l'esprit, que la Physique céleste de M. *Descartes*, si elle eût pu soutenir l'épreuve de l'examen & de l'observation. Ces tourbillons, c'est-à-dire, ces torrens de matiere éthérée, qui, suivant l'idée de ce Philosophe, entraînent les planetes autour du Soleil, présentent à l'esprit un méchanisme intelligible, & qui enchante par sa simplicité : mais cette idée, si séduisante au premier coup d'œil, est sujette à tant de difficultés ; elle se trouve malheu-

(*a*) Lettres de M. Delisle sur les Tables de M. Hallei, 1749 & 1750, in-12.

reusement si peu d'accord avec les phénomenes, ou les loix de la Physique, malgré les efforts de plusieurs hommes célebres pour les concilier ensemble (*a*), qu'on est forcé de convenir que le systême de *Descartes* n'est pas celui de la nature.

M. *Newton* a pris une autre route, & sur les débris de ce systême, il en a élevé un nouveau, selon nos conjectures, plus solide & plus durable. En effet, si l'accord toujours soutenu d'un systême avec les phénomenes, non seulement considérés en gros, mais dans les détails, forme un préjugé avantageux en sa faveur, on ne peut qu'augurer ainsi de celui de M. *Newton*. En vain ceux qui se refusent aux vérités établies par ce génie immortel, affectent de regarder le changement qu'il a fait dans l'empire philosophique, comme une révolution passagere: nous croyons pouvoir avec confiance espérer le contraire. Une théorie établie, comme celle de M. *Newton*, sur les phénomenes & la Géométrie, n'a rien à craindre des vicissitudes du tems & des opinions des hommes.

La Physique céleste de M. *Newton* est fondée sur le principe de la gravitation universelle: toutes les parties de la matiere, quel que soit le méchanisme ou la cause de cet effet, tendent, suivant le Philosophe Anglois, les unes vers les autres, avec une force qui varie en raison inverse du quarré de la distance. C'est-là la pesanteur que nous éprouvons sur la surface de notre terre, & le ressort de tous les mouvemens célestes, les plus compliqués. Nous exposerons les preuves qui conduisent nécessairement à admettre ce principe, lorsque, suivant la nature de notre plan, nous aurons dit quelques mots sur les traces qu'on en trouve avant M. *Newton*.

Il est peu de vérités brillantes, en Physique, qui n'ayent été entrevues par les anciens. Cette remarque se vérifie en particulier à l'égard du principe de la gravitation universelle. Sans fouiller avec M. *Grégori* dans les recoins les plus obscurs de l'antiquité, nous y trouvons des traces marquées de ce principe. *Anaxagore* donnoit, comme on l'a déja remarqué, aux corps célestes, une pesanteur vers la terre qu'il regardoit comme le centre de leurs mouvemens. Ce fut surtout un des principes de la Philosophie de *Démocrite* & d'*Epicure*; car on le trouve clai-

(*a*) *Voyez* art. VIII, du Livre IV.

rement énoncé dans leur élégant Interprête, le Poëte *Lucrece*. C'eſt de ce principe qu'il tire la hardie conſéquence, que l'Univers eſt ſans bornes. Ecoutons-le lui-même.

Præterea ſpatium ſommaï totius omne
Undiquè ſi incluſum certis conſiſteret oris,
Finitumque foret, jam copia materiaï
Undiquè ponderibus ſolidis confluxet ad imum,
Nec foret omninò cœlum, neque lumina ſolis;
Quippè ubi materies omnis cumulata jaceret
Ex infinito jam tempore ſubſidendo.

Lorſque le véritable ſyſtême du monde, reſſuſcité par *Copernic*, ſortit de ſes cendres, celui de la gravitation univerſelle jetta auſſi quelques traits de lumiere. Cet Aſtronome célebre n'attribuoit la rondeur des corps céleſtes qu'à la tendance de leurs parties à ſe réunir (*a*). Il n'alla pas, à la vérité, juſqu'à étendre la gravitation d'une planete à l'autre; mais *Kepler*, plus hardi & plus ſyſtématique, alla juſque-là dans ſon *Commentaire ſur les mouvemens de Mars*. Dans la Préface de ce Livre fameux, il fait peſer la Lune vers la terre, & *vice verſâ*; de ſorte, dit-il, que ſi elles n'étoient retenues loin l'une de l'autre par leur rotation, elles s'approcheroient & ſe réuniroient à leur centre de gravité commun. Ce même endroit nous offre pluſieurs autres traits frappans de ce ſyſtême (*b*), & il eſt ſurprenant que *Kepler*, après avoir ſi bien vu ce principe, n'en ait pas fait plus d'uſage, & qu'il ait employé dans ſon explication du mouvement des planetes, des raiſons auſſi peu phyſiques que celles qu'il propoſe.

L'attraction ou la gravitation univerſelle de la matiere, fut auſſi reconnue par quelques Philoſophes François. Suivant M. de *Fermat*, c'étoit-là la cauſe de la peſanteur. Un corps ne tomboit vers le centre de la terre, que parce qu'il ſe prêtoit autant qu'il étoit poſſible à la tendance qu'il avoit vers toutes ſes parties. Il ajoutoit qu'il étoit moins attiré lorſqu'il étoit entre le centre & la ſurface, parce que les parties les plus

(*a*) De Revol. c. 9.
(*b*) Voy. L. IV, art. I.

éloignées de ce centre l'attiroient en ſens contraire, des plus proches; d'où il conclut ce que M. *Newton* a depuis démontré plus rigoureuſement, que dans ce cas la peſanteur décroît, comme la diſtance au centre (*a*). C'étoit encore là le principe fondamental du ſyſtême Phyſico-Aſtronomique que *Roberval* mit au jour en 1644, ſous le nom d'*Ariſtarque* (*b*) de Samos. Dans ce Livre *Roberval* attribue à toutes les parties de matiere dont l'Univers eſt compoſé, la propriété de tendre les unes vers les autres. C'eſt-là, dit-il, la raiſon pour laquelle elles s'arrangent en figure ſphérique, non par la vertu d'un centre, mais par leur attraction mutuelle, & pour ſe mettre en équilibre les unes avec les autres. Remarquons encore qu'Alphonſe *Borelli*, dans ſa théorie des ſatellites de Jupiter (*c*), employoit l'attraction; je le dis d'après M. *Weidler*, (*d*) car il ne m'a pas été poſſible de me procurer ce Livre de *Borelli*, pour vérifier cette remarque. Je ſerois même porté à penſer le contraire, d'après un autre de ſes ouvrages, qui parut peu d'années après (*e*). En effet, il n'y eſt rien moins que partiſan de l'attraction; il la rejette même comme un principe peu conforme à la ſaine Phyſique. *Borelli* auroit changé bien promptement d'opinion & de ſyſtême.

Mais perſonne, avant M. *Newton*, n'a mieux apperçu le principe de la gravitation univerſelle, ni plus approché d'en faire l'application convenable au ſyſtême de l'Univers, que M. *Hook*. Les Philoſophes que nous venons de paſſer en revue, en avoient ſaiſi, les uns une branche, les autres une autre. *Hook* l'embraſſa dans preſque toute ſa généralité. On le voit clairement par le paſſage qu'on a cité dans l'article VIII de ce Livre. Au reſte, il ne put démontrer quelle loi devoit ſuivre cette gravitation dans les différentes diſtances du centre, pour faire décrire aux corps céleſtes des ellipſes ayant la force centrale dans un de leurs foyers. Et c'eſt tout-à-fait ſans raiſon qu'après la découverte qu'en fit M. *Newton*, il prétendit s'en attribuer la gloire ou la partager. Il y a encore bien loin de la conjecture de *Hook*, & des preuves dont il l'étayoit, aux ſubli-

(*a*) Merſ. *Harm. univ. l. 11, Prop.* 12.

(*b*) Ariſt. Samii, *de mundi ſyſtem. lib. ſing.* Pariſ. 1644, in-4°.

(*c*) *Theor. Medic. Planet.* 1666. in-4°.

(*d*) *Hiſt. Aſtr.* l. XV, art. III.

(*e*) *De mot. nat. à gravit. pendentibus.* 1670.

mes démonſtrations par leſquelles M. *Newton* a depuis établi cette loi de l'Univers.

Tels étoient les progrès du ſyſtême de la gravitation univerſelle, lorſque parut le célebre Philoſophe Anglois. *Pemberton*, qui avoit vécu & converſé avec lui, raconte (*a*) que ce fut en 1666, qu'il commença à ſoupçonner l'exiſtence de ce principe, & à tenter de l'appliquer au mouvement des corps céleſtes. Retiré à la campagne, par l'appréhenſion de la peſte qui régna cette année à Londres & aux environs, ſes méditations ſe tournerent un jour ſur la peſanteur. Sa premiere réflexion fut que cette cauſe qui produit la chûte des corps terreſtres, agiſſant toujours ſur eux à quelque hauteur qu'on les porte, il pouvoit bien ſe faire qu'elle s'étendît beaucoup plus loin qu'on ne penſoit, & même juſqu'à la Lune, & au delà. D'où il tira cette conjecture, que ce pouvoit être cette force qui retenoit la Lune dans ſon orbite, en contrebalançant la force centrifuge qui naît de ſa révolution autour de la terre. Il conſidéra en même tems que quoique la peſanteur ne parût pas diminuée dans les différentes hauteurs auxquelles nous pouvons atteindre, ces hauteurs étoient trop petites pour pouvoir en conclure que ſon action fût partout la même; il lui parut au contraire beaucoup plus probable, qu'elle décroiſſoit à différentes diſtances du centre.

Il reſtoit à découvrir la loi ſuivant laquelle ſe fait cette variation; pour cela il fit cette autre réflexion, ſçavoir que ſi c'étoit la peſanteur de la Lune vers notre globe qui la retînt dans ſon orbite, il en devoit être de même des planetes principales à l'égard du Soleil, des ſatellites de Jupiter à l'égard de cette planete, &c. Or en comparant les tems périodiques des planetes autour du Soleil avec leurs diſtances, on trouve que les forces centrifuges qui naiſſent de leurs révolutions, & par conſéquent les forces centripetes qui les contrebalancent, & qui leur ſont égales, ſont en raiſon inverſe des quarrés des diſtances. Il en eſt de même des ſatellites de Jupiter; d'où il conclut que la force qui retient la Lune dans ſon orbite, devoit être la peſanteur diminuée dans le rapport inverſe du quarré de ſa diſtance à la terre.

(*a*) *A View Sir Iſaac Newton Philoſophy.*

M. *Newton* ne s'en tint pas là ; il fit encore le raisonnement que voici. Si la Lune est forcée de circuler autour de la terre, parce qu'elle tend vers elle avec une pesanteur diminuée dans le rapport ci-dessus, (c'est-à-dire, 3600 fois moindre qu'à la surface, puisque la Lune est éloignée du centre de la terre de 60 demi-diametre terrestres), la chûte qu'elle feroit étant uniquement livrée à cette force, pendant un tems déterminé, celui d'une minute, par exemple, devra être la 3600e partie de l'espace que décrivent les corps pesans vers la surface de la terre pendant le même tems. Or cette chûte, nous voulons dire, ce dont la Lune s'approcheroit de la terre durant une minute, si elle obéissoit uniquement à la pesanteur, c'est le sinus verse de l'arc qu'elle décrit durant ce tems. M. *Newton* compara donc ce sinus verse, pour voir s'il se trouveroit exactement la 3600e partie de l'espace parcouru par les corps graves à la surface de la terre durant une minute. Ceci faillit à ruiner de fond en comble l'édifice qu'il commençoit à élever. Comme la mesure assez exacte de la terre, prise par *Norwood* en 1635, lui étoit inconnue, il supposa avec les Géographes & les Navigateurs de sa nation, que le degré contenoit 60 milles Anglois. Mais comme au lieu de 60, il en contient environ 69½, il ne trouvoit plus le rapport qu'il falloit pour vérifier sa conjecture. Bien des Philosophes se fussent peu embarrassé de cette difficulté, & se la déguisant, eussent continué d'élever leur édifice. Mais cet homme incomparable cherchant la vérité de bonne foi, n'avoit pas pour objet de faire un systême. Quand il vit qu'un fait renversoit toutes ses conjectures, jusqu'alors si bien liées, il les abandonna, ou il remit à un autre tems à les examiner.

Ce fut seulement en 1676, que M. *Newton* reprit le fil de ses idées sur ce sujet. Il y a apparence que l'ouvrage de *Hook*, dont nous avons parlé plus haut, en fut l'occasion. Le Livre de la mesure de la terre, par M. *Picard*, voyoit le jour depuis quelques années. M. *Newton* s'en servit pour résoudre ou confirmer la difficulté qui l'avoit d'abord arrêté. Mais quand, au moyen de cette mesure, il eut déterminé exactement les dimensions de l'orbite lunaire, le calcul lui donna précisément ce qu'il cherchoit. Car en supposant, d'après les meilleurs Astronomes, la distance moyenne de la Lune à la terre de 60 demi-diametres, & le degré terreſtre de 57100 toiſes, on trouve que le ſinus verſe de l'arc décrit par la Lune dans une minute, eſt de 15 pieds $\frac{1}{12}$. Or les corps voiſins de la ſurface de la terre, tombent dans une ſeconde, de cette même hauteur de 15 pieds $\frac{1}{12}$, & par conſéquent dans une minute ou 60 ſecondes, cette chûte ſeroit 3600 fois plus grande. D'où il eſt évident que la chûte de la Lune pendant cet intervalle de tems, eſt 3600 fois moindre que celle des corps terreſtres, & par conſéquent la force qui la produit 3600 fois moindre qu'à la ſurface de la terre. Après cette démonſtration, M. *Newton* n'héſita plus de conclure que la même force qu'éprouvent les corps voiſins de la ſurface de la terre, la Lune l'éprouve dans ſon orbite, & que c'eſt cette force qui l'y retient, & qui l'empêche de s'échapper en ligne droite.

Lorſqu'une fois M. *Newton* ſe fut aſſuré de cette vérité, il rechercha quelle courbe devoit décrire un corps projetté, dans l'hypotheſe rigoureuſe que les directions convergent à un centre, & que la force qui y pouſſe ou attire ce corps, ſuit le rapport inverſe des quarrés des diſtances à ce centre. Il trouva d'abord qu'en général, c'eſt-à-dire quelle que ſoit la loi de la gravitation, les aires décrites par les lignes tirées continuellement du corps au centre de force, ſont proportionnelles au tems. De-là paſſant à l'hypotheſe de la gravitation en raiſon inverſe du quarré de la diſtance, il découvrit que la courbe décrite dans ce cas, eſt toujours une ſection conique : ainſi lorſqu'elle rentre en elle-même, ce ne peut être qu'un cercle, ou une ellipſe ayant le centre de forces à l'un de ſes foyers. Ce ſont là, ainſi que tout le monde ſçait, deux propriétés du mouvement des planetes autour du Soleil. Il faut donc conclure, avec M. *Newton*, que les planetes ſont retenues dans leurs orbites autour de cet aſtre par une force ſemblable à celle que nous éprouvons ſur la terre, & qui décroît en raiſon réciproque du quarré de la diſtance.

M. *Newton* en étoit là lorſqu'il fit connoiſſance avec M. *Hallei*. Cet ami illuſtre ſentit auſſi-tôt tout le prix de ces belles découvertes, & il l'engagea à les publier dans les *Tranſ. Philoſ.* Mais bien-tôt il alla plus loin, & conjointement avec la Société Royale, il l'exhorta puiſſamment à développer davantage, & à mettre en ordre toutes ces ſublimes théories qu'il avoit dès-lors ébauchées sur la méchanique, & sur divers points du systême de l'Univers. Il s'offrit enfin à prendre sur lui les peines & les soins de l'édition. Ce furent ces instances, & pour ainsi dire, cette violence qu'il fit au peu de goût qu'avoit *Newton* pour se produire, qui hâterent la publication de ses *principes*. *Newton* n'employa, dit-on, que 18 mois à trouver une grande partie de ce que contient ce Livre immortel, & à le rédiger. Enfin après quelques difficultés élevées par M. *Hooke* qui disputoit à *Newton* d'avoir le premier démontré les loix de *Kepler*, l'ouvrage parut en 1687 sous le titre de *Philosophiæ naturalis principia Mathematica*, in-4°. On remarque que ce Livre, si digne d'admiration, ne fut pas d'abord reçu, du moins dans le continent, avec les applaudissemens que lui ont donné depuis tous les Philosophes de l'Europe, & ceux-là même qui n'admettant pas toute sa doctrine, pouvoient être sensibles aux nombreuses découvertes de tout genre qu'il contient d'ailleurs. On ne doit pas trop s'en étonner : à peine commençoit-on à convenir de toutes parts, que la maniere, du moins intelligible & méchanique, dont *Descartes* tentoit d'expliquer les phénomenes de la nature, valût mieux que les mots vuides de sens qu'on donnoit dans les Ecoles pour des raisons ; à peine enfin commençoit-on à se loger dans l'édifice élevé par le Philosophe François ; il étoit dur d'être obligé de l'abandonner si-tôt. A l'égard de l'Angleterre, ne lui faisons pas entiérement honneur de la justice qu'elle rendit d'abord à *Newton*. Sa qualité d'Anglois, & l'espece de haine qu'elle porte à tout mérite qu'elle ne peut pas revendiquer, lui firent faire sans doute la moitié du chemin.

On voit par l'exposé que nous avons fait plus haut du progrès des idées de M. *Newton*, que la gravitation universelle n'est point une pure hypothese. C'est une vérité de fait, une conséquence à laquelle le conduit l'analogie & l'examen approfondi des phénomenes. Mais pour établir ceci avec plus d'évidence, il est besoin de faire encore quelques réflexions.

L'hypothese des tourbillons une fois ruinée, & elle paroît l'être sans ressource après ce qu'on a dit dans le Livre III de cette partie, les corps célestes ne sont point portés par des courans de matiere éthérée, circulans autour du Soleil, ou d'une planete principale. D'un autre côté, la continuité des mouvemens des astres, qui sont toujours les mêmes dans les endroits semblables de leurs orbites, est pour nous une puissante raison d'assurer que les espaces célestes ne sont remplis d'aucune matiere sensiblement résistante. Car M. *Newton* a montré qu'un fluide semblable à celui dont *Descartes* remplissoit ces espaces, détruiroit dans peu le mouvement des corps qui le traverseroient. Cependant les Cometes parcourent les espaces célestes dans toutes les directions imaginables, & avec la même liberté que si c'étoit un vuide parfait; d'où il suit qu'un pareil fluide n'existe point. Et il ne serviroit à rien d'imaginer ce fluide atténué à un point excessif: un célebre partisan des tourbillons (*a*) a fait l'aveu que quelle que soit sa ténuité & la division de ses parties, dès qu'on supposera la même masse, il y aura la même réaction, la même résistance; vérité d'ailleurs si conforme aux loix du mouvement, reconnues & avouées de tous les Méchaniciens, qu'à moins de s'en former de nouvelles, on ne sçauroit la contester.

Le mouvement des corps célestes est donc la suite d'un mouvement une fois imprimé. Mais les loix de la méchanique nous apprennent qu'un corps une fois mu, ne s'écarte jamais de la ligne droite, qui est la direction primitive qu'il a reçue, à moins que quelque cause ne l'en détourne. C'est pourquoi, puisque nous voyons les planetes parcourir autour du Soleil une ligne courbe, il faut nécessairement qu'à chaque instant, elles soient détournées par quelque force, de la direction rectiligne. Ajoutons que la direction de cette force tend vers le Soleil. Car l'observation a montré que les planetes principales décrivent autour de cet astre des aires proportionnelles aux tems; & c'est un théorême de Méchanique aussi incontestable que les démonstrations de la Géométrie, que lorsqu'un corps, en vertu d'une impulsion primitive, décrit autour d'un point des aires proportionnelles au tems, la force qui le détourne de la ligne droite est dirigée vers ce point. Ainsi il est solidement établi que les planetes ne circulent autour du Soleil que par l'action combinée d'une impulsion primitive & latérale, & d'une force sans cesse agissante, qui tend à les rapprocher de

(*a*) M. Saurin. *Voyez* Mémoires de l'Académie, 1707.

cet astre. Il en est de même des planetes secondaires, qui circulent autour des principales, & enfin par degrés de toutes les parties dont chacun de ces corps est composé. Chacune d'elles tend à se réunir aux autres, avec une force proportionnelle à sa masse, & *vice versâ*; comme l'aimant & le fer s'attirent mutuellement. Cette force, c'est l'attraction Newtonienne, ou la gravitation universelle. Peu nous importe, du moins ici, quelle en est la nature. Est-ce une impulsion réitérée sur le corps, ou bien une nouvelle propriété de la matiere? c'est ce dont nous ne nous embarrasserons point. Il nous suffira qu'il soit démontré qu'il y a dans l'Univers une force qui tend à rapprocher les planetes principales du Soleil, & nous pouvons à cet égard ne pas aller plus loin que M. *Newton* (*a*). Il proteste en plusieurs endroits de ses *principes*, qu'il n'entend par le mot d'attraction, que cette force dont nous venons de parler, quelle qu'en soit la nature. « Je me sers, dit-il, du terme d'attrac-
» tion, pour exprimer d'une maniere générale l'effort que
» font les corps pour s'approcher les uns des autres, soit que
» cet effort soit l'effet de l'action des corps qui se cherchent
» mutuellement, ou soit produit par des émanations de l'un
» à l'autre, ou par l'action de l'éther, ou de tel autre milieu
» corporel ou incorporel. Je vais, dit-il encore dans le même
» ouvrage, expliquer les effets de ces forces que je nomme
» *attractions*, quoique peut être, pour parler physiquement, il
» fût plus exact de les nommer *impulsions*. »

Mais c'est surtout dans son Optique (*b*) qu'il donne un témoignage authentique & frappant de sa maniere de penser à cet égard. On l'y voit tâcher de déduire la cause de cette gravitation de l'action d'un milieu subtil & élastique, qui pénetre tous les corps. Voici cet endroit remarquable. « Ce milieu,
» dit M. *Newton*, n'est-il pas plus rare dans les corps denses
» du Soleil, des Etoiles, des Planetes & des Cometes, que
» dans les espaces célestes vuides qui sont entre ces corps-là:
» & en passant dans des espaces fort éloignés, ne devient-il
» pas continuellement plus dense, & par-là n'est-il pas la
» cause de la gravitation réciproque de ces vastes corps, & de
» celles de leurs parties vers ces corps mêmes; chacun d'eux

(*a*) Liv. I, Sect. XI, *à la fin*. Ibid. Sect. XI, *au commencement*.

(*b*) Optique. *Quest.* 21 & 22.

» tâchant d'aller des parties les plus denses vers les plus ra-
» res?..... Et quoique l'accroissement de densité puisse être ex-
» cessivement lent à de grandes distances, cependant si la for-
» ce élastique de ce milieu est excessivement grande, elle peut
» suffire à pousser les corps des parties les plus denses de ce
» milieu vers les plus rares avec toute cette force que nous
» nommons *gravité*. Or que la force de ce milieu soit excessi-
» vement grande, c'est ce qu'on peut inférer de la vîtesse de
» ses vibrations. Le son parcourt environ 1140 pieds dans
» une seconde, & environ cent milles d'Angleterre en sept à
» huit minutes. La lumiere est transmise du Soleil jusqu'à
» nous dans environ sept à huit minutes, c'est-à-dire, qu'elle
» parcourt une distance de près de 70000000 milles d'Angle-
» terre, supposé que la parallaxe horizontale du Soleil soit
» d'environ 12″. Et afin que les vibrations de ce milieu puis-
» sent produire les alternatives de facile transmission & de fa-
» cile réflection (c'est un phénomene optique dont nous par-
» lerons dans le Livre suivant), elles doivent être plus promp-
» tes que la lumiere, & par conséquent plus de 700000 plus
» promptes que le son. Donc la force élastique de ce milieu,
» doit être à proportion de sa densité plus de 700000 × 700000,
» ou 490000000000 fois plus grande que la force élastique
» de l'air, à raison de sa densité. Car les vîtesses des vibra-
» tions des milieux élastiques sont en raison soudoublée des
» élasticités & des raretés des milieux, prises ensemble.

» Les Planetes, les Cometes, & tous les corps denses,
» ajoute M. *Newton*, ne peuvent-ils pas se mouvoir plus libre-
» ment, & trouver moins de résistance dans ce milieu éthé-
» rée, que dans aucun fluide qui remplit exactement tout
» l'espace sans laisser aucun pore, & qui par conséquent est
» beaucoup plus dense que l'or ou le vif argent. Et la résistan-
» ce de ce milieu ne peut-elle pas être si petite qu'elle ne soit
» d'aucune considération? Par exemple, si cet éther étoit sup-
» posé 700000 fois plus élastique que notre air, & plus de
» 700000 fois plus rare, sa résistance seroit plus de 600000000
» fois moindre que celle de l'eau. Et une telle résistance cau-
» seroit à peine aucune altération sensible dans le mouvement
» des planetes en dix mille ans. Si quelqu'un s'avisoit de me
» demander comment un milieu peut être si rare, qu'il me

» dise comment dans les parties supérieures de l'athmosphere
» l'air peut être plus de mille fois, cent mille fois plus rare
» que l'or. Qu'il me dise aussi comment la friction peut faire
» évaporer d'un corps électrique une exhalaison si rare & si
» subtile (quoique si puissante), qu'elle ne cause aucune dimi-
» nution sensible dans le poids du corps électrique, & que ré-
» pandue dans une sphere de plus de deux pieds de diametre,
» elle soit pourtant capable d'agiter & d'élever une feuille de
» cuivre ou d'or à plus d'un pied du corps électrisé. Qu'il
» me dise encore comment la matiere magnétique peut être si
» rare & si subtile, que sortant d'un aimant, elle passe au tra-
» vers d'une plaque de verre sans aucune résistance ou dimi-
» nution de ses forces, & pourtant si puissante, qu'elle fasse
» tourner une aiguille aimantée au delà du verre. »

Ce long passage doit mettre suffisamment M. *Newton* à l'abri de l'accusation que lui ont intentée quelques-uns de ses antagonistes, sçavoir de ramener dans la Philosophie les causes occultes si justement proscrites par les modernes. Rien n'est plus injuste que cette imputation, M. *Newton* n'eût-il même pas protesté aussi souvent qu'il l'a fait sur le sens qu'il donne au mot d'attraction. Les Anciens étoient répréhensibles en ce que à chaque phénomene ils employoient une nouvelle propriété. Mais le procédé de *Newton* est bien différent : il employe la gravité ou la gravitation universelle à expliquer tous les phénomenes célestes, & même à en déduire certains qui n'étoient point encore apperçus de son tems, & que l'observation a depuis vérifiés, comme la nutation de l'axe de la terre. Le Méchanicien qui examine l'action que les corps exercent les uns sur les autres, en conséquence de leur gravité, ou de leur mouvement, est-il tenu de commencer par connoître ce que c'est que la gravité, le mouvement, l'impulsion, &c? Sa vie se passeroit infructueusement dans ces discussions obscures, & la Méchanique seroit encore à naître.

A la vérité, il semble que M. *Newton* n'a pas toujours été aussi ferme dans cette maniere d'envisager l'attraction; soit, comme l'ont soupçonné quelques-uns, qu'il l'affectât seulement pour ménager ses lecteurs, soit qu'il ait réellement changé d'avis. Le célebre Roger *Cotes*, dans la Préface qu'il a mise à la tête de la nouvelle édition des Principes de 1713, édition faite ſous les yeux de *Newton*, a tranché le mot, & donné la gravitation univerſelle pour une propriété inhérente à la matiere. Quantité d'autres partiſans de la doctrine du Philoſophe Anglois, ont imité *Cotes*, & c'eſt même aujourd'hui l'opinion de la plûpart. Cependant, malgré cette eſpece de défection générale, quelques Newtoniens ont reſté conſtamment attachés à la premiere façon de penſer de leur maître. Je cite entr'autres M. *Maclaurin*. Ce Mathématicien célebre traite fort cavaliérement, & va même juſqu'à qualifier d'ignorans, ceux qui peuvent regarder l'attraction comme une propriété de la matiere (*a*).

Voilà une autorité preſſante : mais outre qu'elle eſt contre-balancée par d'autres qui ont auſſi leur poids, ceux qui font de l'attraction une propriété de la matiere, ſçavent défendre leur ſentiment avec des raiſons aſſez preſſantes. Ils prétendent avec aſſez de juſtice, que ceux qui regardent l'attraction comme un monſtre métaphyſique, ne reſſemblent pas mal au vulgaire, qui traite d'impoſſible tout ce dont il n'a eu précédemment aucune idée, tandis qu'il ne fait pas attention à des phénomenes qui ne lui paroîtroient pas moins ſurprenans, s'il ne les avoit tous les jours ſous les yeux. En effet, connoiſſons-nous mieux la nature de l'impulſion ? Tout ce que nous ſçavons ſur ce ſujet, c'eſt que la matiere étant impénétrable, lorſqu'un corps en choque un autre, il falloit, pour ne pas violer cette loi, ou que le corps choquant s'arrêtât tout court, ou qu'il rebrouſsât chemin, ou que l'un & l'autre ſe diſtribuaſſent, ſuivant un certain rapport, le mouvement qui étoit dans le premier. Mais, diſent-ils, conçoit-on mieux comment ſe fait cette communication du mouvement ? Leurs adverſaires ſont contraints de dire que c'eſt l'Auteur même de l'Univers, qui, en vertu des loix qu'il a établies pour ſa conſervation, meut le corps choqué, & modifie d'une certaine maniere le mouvement du corps choquant. Or en faiſant une pareille réponſe, on fournit aux partiſans de l'attraction une arme pour la défenſe de leur opinion. Car ils ſont également en droit de dire que Dieu, en vertu des loix qu'il s'eſt impoſées pour la conſervation de l'Univers, produit dans les corps cette

(*a*) Expoſition des découvertes Philoſophiques de M. Newton, liv. II, c. I.

tendance, ce mouvement commencé, en quoi consiste l'attraction. Il n'y a donc dans l'attraction, même considérée comme propriété de la matiere, aucune impossibilité métaphysique; & c'est tout ce que prétendent les Philosophes dont nous parlons. On peut voir dans le *Livre de la figure des Astres*, par M. de *Maupertuis*, ce raisonnement, & divers autres développés avec plus d'étendue, & avec cette précision lumineuse qui caractérise tous les écrits de cet homme célebre.

M. *Bernoulli* a fait contre l'attraction une difficulté spécieuse, & qui mérite d'être discutée. Il prétend que l'attraction ne sçauroit être en même tems proportionnelle à la masse du corps attiré, & suivre le rapport inverse du quarré de la distance. « Car, dit-il, (*a*) une particule élémentaire, à un éloi-
» gnement double du corps attirant, en recevroit une force,
» non sous-quadruple, mais sous-octuple de celle qu'elle re-
» çoit à une distance simple; puisque la densité ou la multi-
» tude des rayons partant du corps attirant, & qui saisissent
» la particule, doit être estimée par la quantité de la masse,
» & non par celle de la surface. D'où il suivroit que la force
» de cette attraction diminueroit comme les cubes, & non
» comme les quarrés des distances.

Cette difficulté, depuis renouvellée par un habile antagoniste de l'attraction (*b*), seroit effectivement très-pressante, peut-être même sans réponse, si les choses se passoient comme ces Auteurs le supposent. Il faut, pour lui conserver sa force, que l'attraction soit l'effet d'une émanation partant d'un centre, & se répandant à l'entour par des lignes en forme de rayons. On le voit suffisamment par l'exposé même de l'objection. Mais cette maniere de concevoir l'attraction n'est fondée que sur l'analogie de la loi qu'elle suit, avec celle suivant laquelle décroît la lumiere, à différentes distances du point lumineux: & rien n'oblige ceux qui font de l'attraction une propriété inhérente à la matiere; rien, dis-je, ne les oblige à lui assigner une pareille cause. Au contraire, puisque cette tendance au mouvement, est un effet immédiat de la volonté du Créateur, rien n'empêche que dans chaque particule élé-

(*a*) Nouvelle Physique céleste. §. 42.

(*b*) Dissertation sur l'incompatibilité de l'attraction & de ses différentes loix avec les phénomenes, & sur les tuyaux capillaires, par le P. Gerdil, Barnabite, de l'institut de Boulogne.

mentaire, elle ne ſoit en raiſon de la maſſe, & qu'elle ne décroiſſe en raiſon réciproque du quarré de la diſtance à chaque autre particule ; & des amas de ces particules élémentaires, ſe formeront des corps qui graviteront les uns vers les autres en raiſon des maſſes, & en raiſon inverſe des quarrés des diſtances.

Nous pourrions diſcuter de la même maniere diverſes autres objections qu'on a élevées contre l'attraction ; mais cet examen ſeroit trop long. Il ſuffira de remarquer que les plus preſſantes & les mieux fondées, ont été raſſemblées par le Pere *Gerdil*, dans l'ouvrage cité ci-deſſus, ouvrage qui par la nature des objections, & par le ton d'égards que l'Auteur obſerve pour les grands hommes dont il combat les ſentimens, mériteroit d'être analyſé par quelque habile Newtonien. Ce n'eſt pas que ce ſçavant Ecrivain révoque en doute l'exiſtence de cette loi, dont M. *Newton* a fait le reſſort de l'Univers : il combat ſeulement le ſentiment de ceux qui font de l'attraction une propriété eſſentielle, ou métaphyſique de la matiere, ou qui, pour expliquer certains phénomenes, prennent la liberté de la faire croître ou décroître, ſuivant d'autres puiſſances que l'inverſe du quarré de la diſtance. Ainſi quand même quelques-unes de ces objections ſeroient ſans réponſe, elles ne porteroient aucune atteinte à la théorie de *Newton* ; elles ne feroient que montrer la néceſſité de recourir à quelque explication méchanique de l'attraction, ſemblable à celle qu'il a lui-même ſoupçonnée.

Après s'être aſſuré par les preuves ci-deſſus de l'exiſtence de cette force, que nous nommons la gravitation univerſelle de la matiere, nous allons développer les principaux phenomenes qui en dérivent. Mais avant que de nous élever dans les eſpaces céleſtes, arrêtons-nous un peu, avec M. *Newton* (*a*), à conſidérer les effets qu'elle produit entre les corps, à raiſon de leur maſſe & de leur figure.

La gravitation univerſelle étant admiſe, il eſt évident que chaque particule de matiere ſera attirée par toutes les autres. Un corps voiſin d'un amas de matiere ſera donc attiré par toutes les particules dont cet amas eſt compoſé, & il tendra vers lui avec une force & une direction, compoſée de toutes

(*a*) Princip. Sect. XII.

les forces & les directions particulieres avec lesquelles il tend vers ces particules. Si la gravitation suivoit le rapport des distances, M. *Newton* démontre que cette direction composée seroit celle qui passe par le centre de gravité de la masse, & la force elle-même seroit aussi proportionnelle à la distance de ce centre. Il en est de même, à certains égards, lorsque l'attraction suit le rapport inverse des quarrés des distances; mais il faut pour cela que le corps soit formé en sphere, & que cette sphere soit homogene, ou du moins que la densité soit la même à égales distances du centre. Dans ces deux cas, un corpuscule de matiere, placé hors de cette sphere, tendra vers elle, tout comme si toute sa matiere étoit réunie à son centre, & la force avec laquelle il tendra vers cette même sphere, suivra le rapport inverse du quarré de la distance au centre. J'ai dit un corpuscule de matiere, placé hors de la sphere: il y a en effet ici une distinction à faire; car si ce corpuscule étoit placé au-dedans d'une sphere homogene, il graviteroit vers son centre avec une force qui suivroit le rapport des distances au centre. La raison de ceci est la suivante. Le même corpuscule, placé sur la surface de deux spheres inégales, tend vers elles avec des forces qui sont directemens comme les quantités de leur matiere, & inversement comme les quarrés des distances au centre. Mais les quantités de matiere sont comme les cubes des rayons de ces deux spheres: ainsi les forces seront directement comme les cubes des rayons, & inversement comme les quarrés de ces rayons, c'est-à-dire comme les cubes divisés par les quarrés; ce qui n'est que la raison directe des rayons. D'un autre côté M. *Newton* démontre qu'un corpuscule placé au dedans d'une sphere creuse, n'en éprouve aucune action, parce que toutes les attractions particulieres se détruisent mutuellement. Un corps placé dans l'intérieur d'une sphere, n'éprouvera donc que l'action de la sphere dont le rayon est sa distance au centre; & par ce que l'on a dit ci-dessus, la force avec laquelle il sera attiré, décroîtra comme la distance à ce centre.

Après avoir fait connoître de quelle maniere une sphere attire un corpuscule placé hors d'elle, il sera facile de reconnoître comment deux spheres s'attirent mutuellement. Il suit clairement de ce qu'on vient de dire, que l'action qu'elles exerceront

l'une

l'une sur l'autre sera la même que si toute la masse de chacune étoit réduite à son centre. Mais, encore une fois, tout ceci n'a lieu que dans le cas où l'attraction est comme la distance, ou en raison inverse du quarré de cette distance ; & même dans ce dernier cas, il n'y a que les spheres de l'attraction totale desquelles il résulte dans leurs différens éloignemens, une attraction qui suit la même loi que celle des particules élémentaires dont elles sont composées. Voilà un privilege assez remarquable dont jouissent les deux loix de l'attraction en raison de la distance, ou de l'inverse du quarré de cette distance ; & s'il nous étoit permis, à nous, foibles mortels, d'entrer dans les vues de la Divinité, ne pourrions nous pas soupçonner avec M. de *Maupertuis* (*a*), que ce privilege particulier est le motif qui l'a déterminée en faveur de la seconde de ces loix plutôt que pour toute autre. Car quoique la premiere en jouisse également, & même dans une plus grande étendue, elle a d'ailleurs un inconvénient, sçavoir qu'un corps en attireroit un autre, d'autant plus qu'ils seroient éloignés, ce qui ne paroît pas compatible avec nos idées.

M. *Newton* ne s'est pas borné à ces deux seules loix d'attraction ; il a aussi porté son attention sur les diverses loix qu'on peut supposer dans l'abstraction mathématique (*b*). Voici entr'autres un théorême curieux qu'il démontre sur ce sujet. Si une particule de matiere gravite suivant la raison réciproque du cube de la distance, la force avec laquelle elle sera attirée dans le contact avec la masse attirante, sera infiniment plus grande qu'à quelque distance finie que ce soit (*c*). Au reste cette proposition, M. *Newton* ne la donne avec plusieurs autres qu'il démontre dans les sections suivantes, que comme des vérités purement mathématiques. Mais elle a suggéré à quelques-uns de ses sectateurs l'idée de s'en servir, pour rendre raison de la dureté des corps. Ils supposent que les particules de matiere dont les corps sont composés, s'attirent suivant la raison réciproque des cubes des distances, & par-là ils expliquent d'où vient que ces particules étant contigues, adhérent si fortement entr'elles, & exigent une grande force pour être séparées. Cependant cette explication est sujette à bien des difficultés. En premier

(*a*) Mémoires de l'Académie. 1737.

(*b*) Princip. Liv. I, Sect. XIII.

lieu, si l'on admettoit une pareille loi, deux particules de matiere ne seroient plus séparables par aucune force finie, dès qu'une fois elles auroient été dans un contact immédiat; ce qui est contre l'expérience. A la vérité, on pourroit supposer que l'attraction diminuât davantage qu'en raison inverse du quarré de la distance, & moins que dans celle du cube, de sorte qu'au contact, elle fût seulement beaucoup plus grande qu'à la plus petite distance finie; mais quoique la Géométrie puisse trouver son compte dans cette supposition, la saine Physique pourra-t'elle s'en accommoder? En second lieu, admettre dans le systême solaire, une attraction suivant le rapport réciproque des quarrés des distances, & ensuite admettre entre les parties des corps solides, ou destinés à s'unir, une loi d'attraction réciproque au cube, cela n'est guere philosophique. Si la gravitation universelle n'est pas une chimere, il est extrêmement probable que la même loi regne partout. Il faudroit donc en imaginer une qui fût exprimée par une fonction telle que, dans les grandes distances, la seule raison inverse du quarré de la distance eût lieu, & dans les petites celle du cube. La possibilité d'une pareille loi a été vivement agitée entre deux Académiciens célebres (*a*). Nous sommes fort éloignés de vouloir prononcer sur cette question: elle tient à une métaphysique trop délicate, & d'ailleurs, *non nostrum est tantas componere lites*. Si cependant il nous est permis de dire notre avis, il nous semble que c'est un peu trop se hâter que de faire ainsi de la gravitation universelle l'unique principe de tous les phénomenes que nous voyons s'exécuter sous nos yeux. Si ces phénomenes s'en déduisoient avec cette facilité qu'on remarque dans d'autres parties de cette théorie, à la bonne heure. Mais faire, avec M. *Keil*, toutes les suppositions qu'on croit propres à expliquer les phénomenes, c'est s'écarter de la route tracée par M. *Newton*, qui désaprouve entiérement cette maniere de procéder en Physique. Il ne suffit pas, suivant ce grand homme, qu'un fait supposé puisse servir à expliquer un phénomene. Il faut avoir été conduit à ce fait par d'autres phénomenes qui en soient une preuve directe. On a, il est vrai, des preuves très-fortes que certains

(*a*) *Voyez* Mémoires de l'Académie, années 1737 & 1738.

corps ſont doués d'une force qui à une diſtance très-petite, eſt incomparablement plus puiſſante, qu'à une diſtance ſenſible; mais gardons-nous de prononcer ſur la loi de cette force, ou de la confondre avec le principe que l'on a ſi bien prouvé être le reſſort & le modérateur du mouvement des planetes. Ce ſeroit même une précipitation trop peu philoſophique, que de prétendre que cette force ne ſçauroit être l'effet de quelque méchaniſme particulier. Le magnétiſme, qui eſt une de ces ſortes d'attractions qui s'operent à l'aide d'un fluide inviſible (*a*), les attractions & répulſions électriques, dans leſquelles ce fluide ſe décele aux yeux & au tact, doivent nous inſpirer une grande défiance de nos lumieres ſur ce ſujet, & nous porter à n'aller en avant qu'avec une extrême circonſpection. Ces réflexions que j'avois faites avant que de lire l'article *attraction* de l'Encyclopédie, j'ai eu le plaiſir de les voir confirmées par le ſuffrage de l'illuſtre Auteur de cet article, à la lecture duquel nous invitons. Mais il eſt tems de revenir à notre ſujet principal.

Dans tout ce qu'on a dit juſqu'ici ſur le ſyſtême de l'Univers, on a ſuppoſé tacitement, comme on le fait d'ordinaire, que le Soleil ſeul attire à lui les planetes, & d'après ce principe on a fait voir, avec M. *Newton*, que celles-ci décrivent autour de cet aſtre des ellipſes, à l'un des foyers deſquelles il eſt placé. Mais, ſuivant cette théorie, la gravitation eſt réciproque: c'eſt pourquoi, ſi le Soleil attire les planetes, chacune d'elles l'attire à ſon tour, & delà naiſſent quelques aberrations, peu ſenſibles à la vérité, mais deſquelles il eſt cependant à propos de tenir compte (*b*).

Premiérement, le Soleil n'eſt point parfaitement immobile. En ne ſuppoſant, par exemple, qu'une ſeule planete tournant autour de lui, ils décriroient l'un & l'autre dans le même tems, & autour de leur centre de gravité commun, des ellipſes ſemblables. Ajoutons-y maintenant une ſeconde planete, celle-ci ſera attirée, & par la premiere, & par le Soleil; c'eſt pourquoi elle tendra à un point moyen entre deux. Ce point

(*a*) Il me ſemble qu'on ne peut en douter, ſi l'on conſidere qu'un morceau de fer mis dans le ſeul voiſinage de l'aimant, & reſtant ainſi durant un tems convenable, acquiert la vertu magnétique. D'ailleurs le feu interrompt ou arrête l'action du magnétiſme.

(*b*) *Voyez* Princip. Liv. 1, Sect. XI.

seroit le centre de gravité de ces deux corps, si l'attraction étoit précisément proportionnelle à la distance. Il n'en est pas tout-à-fait de même dans la loi d'attraction réciproque aux quarrés des distances, parce que dans ce cas un corps qui tend à deux autres à la fois, ne tend pas, comme dans le précédent, à leur centre de gravité. Cependant s'il y a entre ces deux premiers corps une extrême disproportion, alors le troisieme tendra sensiblement à leur centre de gravité commun, & avec une force réciproquement proportionnelle au quarré de la distance à ce centre. Or c'est-là le cas du Soleil comparé à toutes les autres planetes prises ensemble : sa masse surpasse tellement la leur, comme on le fera voir bien-tôt, que lors même qu'elles se trouvent toutes du même côté, le centre de gravité du Soleil & de tous ces corps est à peine éloigné de la surface de cet astre d'un de ses demi-diametres. D'un autre côté, l'attraction étant réciproque, le Soleil & la premiere planete sont attirés par la seconde, & delà naît encore un mouvement du centre de gravité des deux premiers corps autour de celui des trois.

Ce que nous venons de dire de trois corps, dont deux circulent autour d'un troisieme qui est incomparablement plus gros, se doit entendre de tant d'autres qu'on voudra. Ainsi dans notre systême planétaire, ce n'est point autour du centre du Soleil que les planetes font proprement leurs révolutions : c'est autour du centre de gravité commun de tout le systême, & ce centre de gravité est le seul point immobile ; le Soleil lui-même tourne à l'entour de ce point, & s'en éloigne ou s'en approche, suivant la situation des autres planetes. Mais, comme nous l'avons dit plus haut, la grande supériorité de la masse du Soleil sur celles de toutes les planetes réunies ensemble, rend ce mouvement insensible. Ainsi, quoique mathématiquement parlant, cette complication d'actions altere un peu la proportionnalité des aires avec les tems dans les orbites planétaires, & la loi réciproque des quarrés des distances, elle le fait si peu sensiblement, que l'effet n'en est perceptible qu'après un grand nombre de révolutions. Delà peut venir le mouvement des apsides & des nœuds des planetes, ainsi que M. *Newton* l'a reconnu dans le Sch. de la proposition XIV, de son troisieme Livre. Nous remarquons ceci expreſſément, parce que quelques Ecrivains ont donné le mouvement des apſides des planetes principales, comme un phénomene inexplicable dans le ſyſtême de la gravitation univerſelle, & qu'ils ont prétendu tirer delà une objection puiſſante & ſans réplique contre cette théorie. Ils ne l'euſſent jamais faite cette objection, s'ils euſſent un peu mieux connu l'ouvrage de M. *Newton*, & tous les détails de ſon ſyſtême.

Il faut encore remarquer, à l'égard des ſyſtêmes particuliers, par exemple de celui de la terre & de la Lune, un effet de la gravitation réciproque. Ce n'eſt point la terre qui décrit autour du Soleil ſuppoſé immobile, une orbite elliptique : c'eſt le centre commun de gravité, de la Lune & de la terre ; & tandis que la Lune fait une révolution autour de la terre, ou de ce centre, la terre en fait auſſi une autour du même centre. Delà naît une équation à laquelle les Aſtronomes doivent avoir égard dans le calcul du lieu de la terre ; car la maſſe de notre globe étant environ quarante fois plus grande que celle de la Lune, la diſtance du centre de la terre au centre de gravité commun, ſera d'environ un rayon terreſtre & demi ; lors donc que la Lune ſera en quadrature avec le Soleil, le lieu véritable de la terre précédera ou ſuivra le lieu du centre de gravité d'environ un rayon & demi de la terre, & il y aura de l'un à l'autre une différence d'une fois & demi la quantité qui répond à la parallaxe horizontale du Soleil. Et il eſt aiſé de voir que dans les autres poſitions du Soleil, cette correction ſera à la quantité ci-deſſus, comme le ſinus de la diſtance de la Lune aux ſyſigies, eſt au ſinus total.

Nous venons maintenant à une des déterminations les plus ingénieuſes que nous fourniſſe le ſyſtême phyſique de M. *Newton*, ſçavoir la comparaiſon des maſſes du Soleil & des planetes. Meſurer la quantité de matiere contenue dans ces corps ſi éloignés de nous, c'eſt ſans doute un problême qui paroîtra à pluſieurs de nos lecteurs, inſoluble, pour ne pas dire ridicule. Nous les prions cependant de ſuſpendre leur jugement : ils verront que M. *Newton* eſt parvenu à ſa ſolution d'une maniere qui n'eſt pas une conjecture, mais un raiſonnement convaincant (*a*). Eſſayons de la rendre ſenſible.

(*a*) *Princip.* Liv. III, p. 8.

Nous avons déja remarqué qu'un corps qui gravite vers une ſphere, dont toutes les parties attirent en raiſon réciproque des quarrés des diſtances, en éprouve la même action que ſi toute la matiere dont cette ſphere eſt compoſée étoit réduite à ſon centre. Si cette quantité de matiere eſt double, le corps, à même diſtance, éprouvera un effort double, & s'il en éprouve un effort double, on devra en conclure qu'il y a deux fois autant de matiere dans la ſphere attirante. Il ſeroit donc facile de connoître la maſſe du Soleil, ſi nous avions des expériences de la peſanteur des corps ſur la ſurface de cet aſtre, comme nous en avons ſur la ſurface de la terre; mais ſi l'on n'a pas de pareilles expériences, on a préciſément l'équivalent, dès qu'on connoît en demi-diametres ſolaires la diſtance d'une planete tournant autour du Soleil, de Mercure, par exemple, & le tems de ſa révolution. Car la force avec laquelle elle gravite vers le Soleil, eſt donnée par-là, puiſqu'elle eſt proportionnelle au ſinus verſe de l'arc parcouru par Mercure dans un tems déterminé, par exemple, celui d'une ſeconde. Ainſi on connoîtra par un calcul fort ſimple, de combien Mercure tomberoit vers le Soleil dans une ſeconde, s'il étoit livré à l'impreſſion unique de la gravitation; & cette force étant connue à la diſtance du rayon de l'orbite de Mercure, on déterminera facilement ce qu'elle à la ſurface du Soleil, puiſqu'on ſçait que ces forces ſont entr'elles réciproquement comme les quarrés des diſtances. Mais d'un autre côté on connoît l'eſpace qu'un corps parcourt durant une ſeconde en tombant ſur la ſurface de la terre, c'eſt-à-dire, à la diſtance d'un demi-diametre terreſtre: on peut donc trouver par le rapport du demi-diametre de la terre, à celui du Soleil, de combien tomberoit un corps tranſporté à un demi-diametre ſolaire, loin du centre de notre globe. Ainſi nous aurons deux poids également diſtans des centres des deux globes reſpectifs, avec les eſpaces qu'ils parcourroient en même tems, en vertu de l'attraction qu'ils en éprouvent. Il n'y aura donc qu'à comparer ces eſpaces, & leur rapport ſera celui des maſſes attirantes.

Il eſt facile de voir qu'on parviendra par une ſemblable méthode à déterminer le rapport de la maſſe du Soleil, avec celles de Jupiter ou de Saturne. Car ces planetes ont auſſi des ſatellites qui ſont leurs révolutions à des diſtances connues de leurs centres, & dans des tems périodiques connus. Or il ne nous en faut pas davantage pour déterminer quel espace les corps parcourent en tombant à la surface de Jupiter & de Saturne dans un tems donné. Feignons dans une planete quelconque un Astronome connoissant le systême de la gravitation universelle, & ayant observé la distance de notre Lune à la terre en demi-diametres terrestres, il détermineroit de même de combien les corps pesans tombent ici dans un tems déterminé, & par-là le rapport de la masse de la terre à celle du Soleil, ou de la planete qu'il habite.

Il y a un autre moyen équivalent, & un peu plus court, de parvenir à la même détermination. C'est celui qu'employe M. *Newton* : il est également aisé à concevoir. Plus une planete a de masse, plus, à égale distance, il faut que la vîtesse de projection d'un corps soit grande, & par conséquent que son tems périodique soit court, pour le soutenir dans une orbite circulaire, telle que sont sensiblement celles des planetes & de leurs satellites. Or on démontre facilement qu'à distances égales, les forces, ou la quantité de matiere attirante, sont réciproquement comme les quarrés des tems périodiques; & qu'à distances inégales, ces mêmes masses sont en raison composée de la directe des cubes des distances, & de l'inverse des quarrés des tems périodiques. Il n'y a donc qu'à connoître les distances des satellites à leurs planetes principales, & la distance de celles-ci au Soleil, aussi-bien que leurs tems périodiques, & l'on aura par la regle qu'on vient de donner, les rapports des masses du Soleil & de ces planetes. C'est ainsi que M. *Newton* trouve que les quantités de matieres contenues dans le Soleil, Jupiter, Saturne & la Terre, sont respectivement comme 1. $\frac{1}{1033}$. $\frac{1}{2401}$. $\frac{1}{227512}$. Il compare aussi leurs densités, par le rapport connu de leurs volumes, & il trouve qu'elles sont dans les rapports de 100. $94\frac{1}{2}$. 600. & 401. Il recherche enfin les forces avec lesquelles le même poids transporté à la surface de ces différens corps, peseroit sur eux, & il trouve qu'elles sont en raison de 10000. 943. 529. & 435. A l'égard des autres planetes, comme elles n'ont point de satellites, le premier chaînon du raisonnement qui nous a conduits jusqu'ici, nous manque; & l'on ne sçauroit déterminer par une démonſtration mathématique la maſſe qu'elles contiennent. Mais au défaut de cette démonſtration, M. *Newton* recourt à une conjecture aſſez plauſible. Ayant remarqué que les planetes les plus éloignées, dont nous venons de calculer les maſſes, ſont les moins denſes, il en conclud à l'égard des autres, que leur denſité augmente en approchant du Soleil, & à peu près en raiſon des chaleurs qu'elles éprouvent. Ainſi il fait Mercure ſept fois auſſi denſe que la terre, & il raiſonne de même à l'égard de Vénus & de Mars.

Il ne reſte plus que la Lune qui, quoique planete ſecondaire, nous intéreſſe particuliérement, à cauſe de ſa proximité, & des effets qu'elle produit ſur notre globe. Elle n'a aucun ſatellite; nous n'avons aucune expérience de chûtes des corps ſur ſa ſurface. Comment faire pour déterminer ſa maſſe? M. *Newton* y parvient, ou du moins enſeigne le moyen d'y parvenir, à l'aide d'une conſidération tout-à-fait ingénieuſe. Il remarque que les marées dans les ſyſigies ſont cauſées par les forces réunies de la Lune & du Soleil, & au contraire dans les quadratures par la différence de ces forces. Il prend donc quelques obſervations de marées faites dans ces deux circonſtances, & il en conclut le rapport de la force de la lune à celle du ſoleil, comme de 9 à 2. Mais il eſt aiſé de voir que la force de la lune eſt la maſſe de la lune diviſée par le quarré de ſa diſtance à la terre, & la force du ſoleil celle de la maſſe de cet aſtre pareillement diviſée par le quarré de ſa diſtance à notre globe. D'où il fut facile à M. *Newton* d'inférer que la maſſe de la lune eſt à celle de la terre, comme 1 à 40 bien près; & enſuite ayant égard à ſon volume donné par ſon diametre apparent, que ſa denſité eſt à celle de la terre comme 11 à 9 environ. Mais M. Daniel *Bernoulli* (*a*) remarquant que les marées employées par M. *Newton*, ne ſont pas aſſez affranchies des circonſtances étrangeres à l'action pure des deux luminaires, fait quelque changement à cette détermination, & prend pour le rapport des forces moyennes de la Lune & du Soleil, celui de 5 à 2. D'où il ſuivroit, en ſuppoſant la parallaxe du Soleil de 10 ſecondes, que la Lune auroit une

(*a*) Traité ſur le flux & le reflux de la mer. Chap. VI, art. 10.

maſſe

masse 72 fois moindre que celle de la terre, & une densité qui seroit à celle de notre globe comme 6 ½ à 9. Ces rapports fondés sur une considération approfondie de certaines circonstances des marées, méritent d'être adoptés en attendant qu'on connoisse, par des observations plus précises & plus certaines, la distance du Soleil à la terre, & le rapport des marées des syfigies à celles des quadratures. On pourroit attendre ce dernier point d'un observateur placé à l'Isle Sainte-Hélene, ou dans celle de Saint-Thomé, qui étant au milieu du vaste Océan, sont dans la position la plus favorable pour de pareilles observations.

Outre les phénomenes généraux que nous venons d'exposer, il y en a plusieurs autres particuliers qui dépendent du même principe. C'est, par exemple, de l'action du soleil que naissent les bizarreries du mouvement de la lune, qui sont depuis si long-temps le tourment des Astronomes. M. *Newton* a la gloire d'avoir le premier découvert & porté bien loin la théorie physique des mouvemens de cette planete. C'est cette même cause qui produit dans le globe ou le sphéroïde de la terre, deux mouvemens: l'un par lequel l'intersection équinoxiale de son équateur avec l'écliptique anticipe à chaque fois le lieu de la précédente; ce qui fait paroître les étoiles fixes s'avancer dans la suite des signes, phénomene appellé la précession des équinoxes: l'autre par lequel l'angle de l'écliptique & de l'équateur augmente & diminue alternativement, ce qu'on nomme la Nutation de l'axe de la terre. Le flux & reflux de la mer, phénomene si connu, se déduit aussi de la maniere la plus satisfaisante de l'action du soleil & de la lune sur les eaux de l'Océan. Ce sont là autant de branches de la théorie de la gravitation universelle, qui doivent leur naissance à M. *Newton*. Chacune d'elles nous fourniroit la matiere d'un article particulier; mais comme ce sont des Géometres de ce siecle qui, aidés des lumieres de ce grand homme, ont donné à ces diverses théories leur principal accroissement, nous différons d'en parler jusqu'à la partie suivante de cet ouvrage, dans la vue de présenter tout à la fois & d'une maniere plus satisfaisante le tableau de leurs progrès. Nous terminerons ce que nous avons encore à dire sur les découvertes physico-astronomiques de *Newton*, par l'exposition de sa théorie des Cometes.

Nous la ferons ſeulement précéder de quelques mots concernant divers ouvrages auxquels celui de M. Newton a donné lieu.

Les *Principes mathématiques de la philoſophie naturelle*, ſont un ouvrage ſi plein de géométrie ſublime, & ſi peu à la portée du commun des Lecteurs, qu'il étoit à propos que quelqu'un entreprît d'en faciliter l'intelligence. David *Gregory* ſe propoſa cet objet, & publia dans cette vue en 1702 ſon livre intitulé, *Aſtronomiæ phyſicæ ac geometricæ elementa*. C'eſt un ouvrage eſtimable, mais qui n'a pas répondu à l'attente qu'on en avoit conçue : car, en général, ce ne ſont que les *principes* mis dans un ordre un peu différent, & ce qui eſt obſcur & difficile dans ces derniers, ne l'eſt guere moins chez *Gregory*; de ſorte qu'on ne peut pas dire qu'il ait jetté un grand jour ſur cette matiere. Il falloit quelque choſe de mieux pour applanir tous les endroits difficiles des principes ; & c'eſt ce que les PP. *Jacquier* & *le Seur*, ſçavans Minimes, ont exécuté très-heureuſement par le Commentaire latin qu'ils ont donné en 1740. Je plaindrois, à la vérité, le Lecteur qui auroit toujours beſoin de ces Guides ; mais il eſt fort agréable de les trouver prêts au beſoin. On a auſſi un Commentaire ſur les principaux points de la phyſique céleſte de M. *Newton*, à la ſuite de la traduction françoiſe des *principes*, de Madame la Marquiſe du Châtelet. Le célebre M. *Maclaurin* n'a pas dédaigné d'entreprendre une expoſition des mêmes vérités, propre à en procurer l'intelligence aux Lecteurs qui craignent un grand appareil de géométrie. Cet ouvrage, d'ailleurs original & profond en bien des points, parut en 1748 ſous le titre d'*Expoſition des découvertes philoſophiques de M. le Chevalier Newton*, & nous en avons une très-bonne traduction. Les Lecteurs qui veulent être conduits avec encore plus de facilité depuis les premiers principes de la méchanique, juſqu'aux découvertes les plus difficiles de M. *Newton*, doivent lire l'ouvrage de M. *Pemberton*, d'abord publié à Londres ſous le titre de *A view of ſir Iſaac Newton philoſophy*, & traduit en françois ſous celui d'*Elémens de la philoſophie Newtonienne*. Nous citerons enfin avec éloge les *Inſtitutions Newtoniennes* de M. *Sigorgne*, qui a d'ailleurs vigoureuſement combattu les tourbillons Cartéſiens, dans divers écrits publiés vers l'année 1740.

XIII.

De la théorie des Cometes.

De toutes les parties de l'astronomie, celle qui a commencé le plus tard à prendre quelque accroissement solide, est la théorie des Cometes. Ces astres ne furent regardés par les Anciens que comme des météores peu différens des feux & des exhalaisons que nous voyons quelquefois s'enflammer dans l'athmosphere. Si quelques Philosophes, comme *Appollonius de Mynde*, & les Pythagoriciens eurent sur ce sujet des idées plus justes, ces semences de la vérité furent étouffées sous le poids du préjugé, & surtout de l'autorité de la physique péripatéticienne : de-là vient que l'antiquité a été si peu soigneuse à nous transmettre des observations de ces phénomenes, & nous ne sçaurions trop regretter qu'elle ait été si peu éclairée sur ce sujet, lorsque nous considérons que ce défaut de matériaux anciens renvoye à plusieurs siecles d'ici la décision d'un des points les plus curieux de l'astronomie physique.

On ne trouve jusqu'à l'époque de *Tycho-Brahé*, qu'erreurs parmi les Philosophes sur ce qui concerne les Cometes. Cet homme célebre commença à dessiller les yeux de ses Contemporains sur ce point, par une découverte importante. Il démontra par la petitesse de la parallaxe de ces astres, qu'ils étoient fort supérieurs à la Lune. Il tenta même de représenter leur cours en les faisant mouvoir dans une orbite autour du Soleil, en quoi néanmoins il faut remarquer que ce n'étoit entre ses mains qu'une hypothese purement astronomique, & qu'il ne soupçonnoit en aucune maniere que ce fûssent des planetes circum-solaires d'une espece particuliere. La découverte de *Tycho* fut confirmée par les observations, & le suffrage de divers Astronomes de son temps, tels que *Mæstlin*, *Rothman*, le *Landgrave de Hesse*, &c. & au commencement du XVIIe siecle; elle reçut un nouveau jour des observations de *Galilée*, de *Snellius*, de *Kepler*, & de divers autres. Ce fut bientôt une doctrine admise & enseignée par tous les Astronomes de quelque poids & de quelque capacité; & les oppositions qu'y mirent de serviles Péripatéticiens, tels qu'un *Claramonti*, un *Bérigard*, &c. ne firent que mettre dans un grand jour leur ignorance, ou leur peu d'amour pour la vérité.

Les Astronomes étant une fois détrompés sur la place qu'ils devoient assigner aux Cometes, il étoit tout-à-fait naturel qu'ils essayassent de soumettre leurs mouvemens au calcul. *Tycho* & *Mæstlin* en avoient donné l'exemple ; il fut suivi par *Kepler*. Cet Astronome fameux crut pouvoir représenter ces mouvemens, en supposant qu'ils se fissent dans des lignes droites ; il ne put cependant se dissimuler que si les Cometes décrivoient des lignes droites, ce n'étoit pas d'un mouvement égal & uniforme. Cela eût dû lui inspirer l'idée que cette trajectoire étoit curviligne ; mais ne voulant pas renoncer à la ligne droite, il fut contraint d'admettre dans les Cometes une accélération & une retardation réelle. *Kepler* enfin, cet homme si clairvoyant, & doué d'un génie si propre à saisir du premier coup tout ce qui donnoit à l'univers plus de magnificence, d'ordre & d'harmonie, ne fut pas plus éclairé que le vulgaire sur la nature de ces astres. Au lieu de soupçonner ce que nous avons aujourd'hui tant de raison de tenir pour assuré, il se borna à les regarder comme de nouvelles productions qui, semblables aux poissons de l'Océan, ne servoient qu'à remplir l'immensité de l'æther (*a*).

L'hypothese qui fait mouvoir les Cometes dans des lignes droites, a été pendant long-temps l'hypothese favorite de bien des Astronomes. Le D. *Hooke* (*b*) & *Grégori* (*c*) nous la donnent comme du Chevalier *Wren*. Les éphémérides que M. *Auzout* donna au commencement de 1665, pour la Comete qui paroissoit alors, étoient calculées sur ce même principe ; & comme elles s'accorderent d'assez près avec les observations, elles étonnerent beaucoup les Astronomes ; mais c'est surtout de M. *Cassini* que cette hypothese tire sa célébrité. Il en fit le premier essai sur la Comete qui parut en 1652, & il continua à l'appliquer à toutes les autres avec assez de succès pour persuader à bien des gens qu'il avoit saisi la véritable hypothese. On lit dans les Mémoires de l'Académie de l'année 1706, quelques détails sur la maniere dont il calculoit le mouvement d'une Comete. Il supposoit qu'elle faisoit son cours, non précisément dans une ligne droite, mais dans un cercle

(*a*) *De Comet.* lib. 5.
(*b*) *Lib.* de Cometa, *inter lect. cutlerianas.*
(*c*) *Astr. Geom. & Phys. elementa.* Lib. v.

extrêmement excentrique à la terre, & si grand que la partie visible au spectateur terrestre pût passer sensiblement pour une ligne droite. Il déterminoit ensuite facilement la position de sa trajectoire après trois observations distantes entr'elles de quelques jours. Car le problême se réduit à ceci : trois lignes *Fig.* 128. comme T A, T B, T C, faisant entr'elles des angles donnés, tirer une ligne comme A E, dont les parties A B, B C, soient entr'elles comme les tems écoulés entre les observations. Alors la perpendiculaire T P, désignoit en P, le point du périgée. Quand il en étoit besoin, M. *Cassini* donnoit à ce point un mouvement par lequel il rectifioit les lieux de la Comete conformément aux observations.

Mais il y a plusieurs remarques importantes à faire sur cette hypothese. Il nous semble, malgré le respect que nous avons, & que tout amateur des Mathématiques doit avoir pour M. *Cassini*, qu'elle est défectueuse en bien des points ; & qu'elle ne méritoit pas la mention réitérée qu'en fait l'ingénieux Secretaire de l'Académie (*a*). En premier lieu, la maniere dont M. *Cassini* déterminoit les élémens de son calcul, montre qu'il établissoit la terre comme immobile à l'égard de la trajectoire de la Comete. Or cela ne sçauroit s'accorder avec le véritable systême de l'Univers, suivant lequel la terre a un mouvement journalier sur son orbite. Si l'on suppose que le chemin des Cometes soit en lui-même rectiligne, leur mouvement devra être regardé comme composé de leur mouvement réel sur cette ligne droite, & du mouvement apparent qui résulte du transport de la terre d'un lieu à un autre. C'est de cette maniere, bien plus ingénieuse & plus conforme aux phénomenes, que le Chevalier *Wren* déterminoit la trajectoire d'une Comete (*b*). Il supposoit quatre observations un peu distantes les unes des autres ; ensuite il concevoit dans le plan de l'écliptique, les quatre lignes tirées des quatre lieux de la terre, aux quatre lieux correspondans de la Comete, réduits à l'écliptique. Il ne s'agissoit plus que de placer entre ces quatre lignes, une droite qui fût coupée par elles en segmens proportionnels aux intervalles entre les observations, problême de Géométrie qu'il résolvoit. La position de cette ligne

(*a*) *Voyez* Hist. de l'Acad. 1699, 1702, 1707, &c.
(*b*) *Voyez* Grégori dans l'endroit cité ci-dessus.

étoit, suivant lui, la trajectoire de la Comete réduite au plan de l'écliptique. Il falloit ensuite déterminer son inclinaison par d'autres observations ; après quoi en calculant le mouvement de la Comete sur cette orbite, & celui de la terre sur la sienne, on en concluoit, & la longitude, & la latitude de la Comete, comme l'on fait à l'égard des planetes elles-mêmes.

En second lieu, la trajectoire rectiligne déterminée par la méthode de M. *Cassini*, ne répond point aussi pleinement aux observations, qu'on l'a publié. Il est obligé de convenir lui-même, que, quoiqu'il suppose le mouvement des Cometes se faire dans un grand cercle, cependant elles s'en écartent sensiblement au bout d'un tems ; ce qui est un phénomene qu'on ne sçauroit représenter dans cette hypothese. Car le plan passant par une ligne quelconque, & par la terre supposée immobile, coupera toujours la sphere des fixes sensiblement dans un grand cercle. Ajoutons à cela qu'on a souvent vu des Cometes qui de directes sont devenues retrogrades ou au contraire ; telles furent entr'autres la premiere Comete de 1665, & celles de 1707 & 1737, qui changerent de direction vers la fin de leurs cours. La trace apparente de la Comete de 1744, à travers les fixes, forme différentes sinuosités, & est par conséquent bien différente de celle d'un grand ou d'un petit cercle de la sphere. Or ces phénomenes ne sçauroient encore être expliqués dans l'hypothese de M. *Cassini*. Celle de *Wren* ou de *Kepler*, peut mieux les représenter ; car il est aisé de voir que la position de la trajectoire, le mouvement réel de la Comete sur cette trajectoire, & celui de la terre sur son orbite, peuvent être tels qu'en quelque endroit le mouvement de la Comete paroisse changer de direction, & même que ce mouvement paroisse assez irréguliérement courbe. Mais il y a d'autres raisons qui portent aussi à rejetter l'hypothese de *Wren*.

Les observations que nous venons de faire sur l'hypothese de M. *Cassini*, montrent suffisamment combien peu l'on devoit compter sur les retours des Cometes, conjecturés par ce grand Astronome. Aussi de je ne sçais combien de Cometes, dont on lui voit déterminer les révolutions périodiques (*a*), aucune ne s'est montrée de nouveau. Son hypothese sur le mou-

(*a*) Hist. & Mém. de l'Acad. 1707, 1708.

vement de ces corps étoit vicieux par les fondemens. J'en dirai de même de celle que M. *Jacques Bernoulli* imagina en 1681, & sur laquelle il osa prédire le retour de la fameuse Comete de cette année, pour le mois de Mai de 1719 (*a*). Beaucoup d'Astronomes, dit un Historien célebre, veillerent durant ce mois pour guéter la Comete, & ne virent rien. Je ne sçais si beaucoup d'Astronomes veillerent effectivement ; mais il me semble que si j'eusse été de ce temps, la prédiction de M. *Bernoulli* n'auroit pas troublé mon repos. Je doute même que si son Auteur eût vécu alors, il eût été du nombre de ceux qui veillerent. En effet cette prédiction, & le systême sur lequel elle est fondée, ne sont que l'ouvrage d'une jeunesse, ingénieuse à la vérité, mais un peu précipitée.

Je reviens à l'hypothese de M. *Cassini*, pour répondre à une question qui se présente naturellement. Comment se peut-il faire, dira quelqu'un, que cette hypothese étant fausse, ait néanmoins assez bien satisfait aux observations pour pouvoir être réputée pendant un tems pour la véritable ? La réponse à cette question me paroît facile. Les Cometes, suivant le systême reçu aujourd'hui, se meuvent dans des orbites elliptiques si alongées, qu'elles approchent beaucoup de la parabole. Or une parabole est composée de deux branches qui, à une assez petite distance du sommet, ne different guere de la ligne droite, & ce sommet est assez souvent fort voisin du Soleil. D'un autre côté l'apparition d'une Comete dépendant en partie de la position de la terre, il arrive le plus souvent qu'on ne l'apperçoit que dans une des deux branches de son orbite. Pour rendre ceci sensible, supposons que la parabole BAD représente la trajectoire d'une Comete, & que tandis qu'elle descend vers le Soleil le long de la branche BA, la terre aille de T en *t*, cette Comete sera cachée dans les rayons du Soleil ; elle ne frappera les yeux du spectateur terrestre que lorsqu'elle aura dépassé les environs de cet astre, & qu'elle décrira la partie ED de son orbite. Elle paroîtra donc alors se mouvoir presque sur une ligne droite, puisque cette partie de parabole ne s'en écarte pas beaucoup, & qu'elle en approche de plus en plus, à mesure qu'on s'éloigne du sommet. Que s'il arrive qu'on voie *Fig.* 129.

(*a*) *Conamen novi syst. Comet.* 1681.

la Comete dans l'une & dans l'autre branche de son orbite, sçavoir d'abord s'allant plonger dans les rayons du Soleil, ensuite s'en éloignant, comme alors on la perd de vue pendant quelque temps, on ne manque pas de la prendre lorsqu'elle reparoît pour une nouvelle. On en a un exemple remarquable dans celle de 1680 & 1681. M. *Cassini*, & ceux qui se servirent de l'hypothese de la trajectoire rectiligne, en firent deux (*a*), & calculerent leurs mouvemens comme s'ils se fussent fait sur deux lignes droites, passant l'une & l'autre fort près du Soleil. L'exactitude avec laquelle leurs calculs répondirent à l'observation, dut même paroître d'un grand poids en faveur de leur hypothese. Car la parabole que décrivoit cette Comete, étant extrêmement alongée, ses deux branches à peu de distance du Soleil devoient s'écarter très-peu de la ligne droite. Aussi voyons-nous que ce fut principalement en 1680 que M. *Cassini* étonna la cour & la ville par l'exactitude de ses prédictions sur les Cometes. Mais ce triomphe de l'hypothese des trajectoires rectilignes, n'avoit pour cause que l'heureux concours des circonstances que nous venons de dire. C'est pourquoi il ne fut que passager, & cette hypothese a cédé la place à une autre incomparablement plus exacte.

En effet, malgré tout ce qu'on a dit en faveur de l'hypothese adoptée par M. *Cassini*, il étoit déja reconnu par les Astronomes que la trajectoire des Cometes étoit une ligne courbe, & même courbe vers le Soleil. *Hevelius* le démontre dans sa *Cométographie*, en faisant l'examen des éphémérides que M. *Auzout* avoit données pour la Comete du commencement de 1665; il donne même à cette courbure une forme parabolique, quoique sans rien soupçonner de la cause physique de cette courbure, ni que le Soleil en occupât le foyer. *Hooke*, dans son Livre intitulé *Cometa*, appuye encore d'une maniere plus décisive sur la courbure des trajectoires des Cometes. Il dit positivement qu'il faut se refuser aux témoignages des observations, ou reconnoître que le chemin des Cometes est concave du côté du Soleil.

Tels étoient les progrès de la théorie des Cometes, lorsque parut celle de 1680, sujet de tant de terreur pour le vulgaire,

(*a*) Mémoires de l'Académie, 1708.

&

& de tant de recherches & d'admiration pour les Sçavans. Elle fut apperçue & observée pour la premiere fois avec exactitude le 4 Novembre V. S. à Cobourg en Saxe, par M. *Gottfried Kirch.* Elle alloit alors en se plongeant presque directement vers le Soleil. Elle accéléra son mouvement jusqu'au 30 Novembre, qu'elle fit environ 5° en un jour : elle le retarda ensuite jusqu'à ce qu'on la perdît de vue ; ce qui arriva dans les premiers jours de Décembre. Elle recommença à se montrer vers le 22 de Décembre revenant du Soleil, & quelques jours après, elle décrivit environ 5° en un jour. Son mouvement alla depuis toujours en retardant jusqu'au milieu de Mars de l'année 1681, qu'on cessa de la voir. Elle coupa l'écliptique en deux points, non diamétralement opposés, mais éloignés l'un de l'autre seulement de 98°, sçavoir vers la fin du signe de la Vierge & le commencement de celui du Capricorne ; & elle parcourut depuis son apparition jusqu'à son occultation près de neuf Signes, traînant après elle, à son retour du Soleil, une queue qui alla jusqu'à 70° degrés de longueur. On prouve que ce fut la même Comete, par la ressemblance du noyau ou du corps qui parut le même avant & après son passage près du Soleil, par celle de son cours dont la direction fut la même, & surtout par l'accord des observations avec les calculs faits par M. *Newton*, d'après cette hypothese.

Ce fut une sorte de bonheur pour l'Astronomie que la terre se trouvât dans une position assez avantageuse pour voir l'approche de cette Comete vers le Soleil, & son retour du voisinage de cet astre. Sans cette heureuse circonstance, le véritable systême du mouvement des Cometes, eût peut-être encore tardé long-tems à paroître. La singularité de celle dont nous parlons en hâta la naissance.

C'est d'une petite ville d'Allemagne qu'on vit sortir les premieres étincelles de ce systême, comme autrefois l'on avoit vu celui de *Copernic* sortir d'une petite ville de Prusse (Varmie), séjour ordinaire de cet homme célebre. Celui à qui l'on est redevable de cette belle découverte, est G. S. *Doerfell*, Ministre à Plaven dans le Voigtland, pays dépendant de la Saxe. Cet Astronome trop peu connu, & injustement passé sous silence par la plûpart des Ecrivains sur cette partie de l'Astronomie, qui ne font mention que de M. *Newton*, fut un des premiers qui remarquerent la nouvelle Comete. Il l'obſerva avec ſoin depuis le 22 de Novembre juſqu'à la fin de Janvier: il reconnut & il prouva que c'étoit la même qui après s'être approchée du Soleil, & plongée dans ſes rayons, reparut de nouveau en s'en éloignant; & aidé des lumieres d'*Hevélius*, il montra que ſon cours s'étoit fait ſur une parabole ayant le Soleil à ſon foyer. Il fixa la diſtance à laquelle elle paſſa du Soleil, à 7000 parties environ, dont le diametre de l'orbite terreſtre contient cent mille; ce qui differe à la vérité de la détermination de M. *Newton*, qui ne la fait que de 612 de ces parties. Mais cette différence ne doit pas nous étonner, ni faire tort à l'Aſtronome Allemand; car il n'étoit pas naturel d'en attendre quelque choſe d'auſſi exact que de M. *Newton*. *Doerfell* publia en 1681, un Traité (*a*) où il établit au long toutes ces choſes. Mais la langue dans laquelle il étoit écrit, le peu de réputation de ſon Auteur, empêcherent qu'il ne fît dans le monde ſçavant la fortune qu'il méritoit. On n'a commencé à le connoître que long-tems après que M. *Newton* a eu établi les mêmes vérités.

En rapportant ce qu'on vient de lire, nous n'avons pas eu le deſſein de déroger en rien à la gloire de M. *Newton*. Quoique ce grand homme ait été prévenu dans la publication de cette belle découverte, le droit qu'il a ſur elle ne ſçauroit être conteſté. En effet, ce qui n'étoit chez *Doerfell* qu'une hypotheſe purement aſtronomique, eſt chez M. *Newton* une vérité phyſique, une branche de ſon ſyſtême général. Il étoit impoſſible que le Philoſophe Anglois ayant établi la gravitation de toutes les planetes vers le Soleil, & reconnoiſſant, avec tous les Aſtronomes habiles de ſon tems, les Cometes pour des aſtres éternels, ne les ſoumît pas à la même action que les autres corps de l'Univers. Il étoit donc néceſſaire qu'il en fît de véritables planetes circonſolaires; & puiſque tantôt elles paroiſſent, tantôt elles ſe ſouſtraiſent à notre vue par leur éloignement, il ne pouvoit que leur donner des orbites extrêmement excentriques, ou en forme d'ellipſe très-alongée: & comme une pareille ellipſe differe peu d'une parabole dans

(*a*) *Aſtronomiſche bettrubtung des groſſer Cometen Velcher A. 1680 und 1681, erſchienen, &c. Zu Plaven von G. S. D.* C'eſt-à-dire, *Aſtronomica tractatio Cometæ magni qui A. 1680 & 1681 apparuit, &c.* A Plaven, par G. S. Doerfell.

les environs de son sommet, qui sont les seuls endroits où une Comete se montre à nous, il étoit tout naturel que M. *Newton*, pour simplifier le calcul, donnât à ces astres des orbites paraboliques.

Mais M. *Newton* ne s'en tient pas à ces preuves, quoique déja puissantes, de son systême. A l'aide d'une subtile & sublime Géométrie, il enseigne de quelle maniere on peut, d'après trois observations, & dans l'hypothese parabolique, déterminer l'orbite d'une Comete. Il applique ensuite cette méthode à celle de 1680; & après avoir déterminé son orbite, & l'avoir rectifiée par quelques observations, il calcule jour par jour les lieux qu'elle a dû occuper dans le Ciel. On est étonné de voir avec combien de précision, ce calcul s'accorde avec les observations de M. *Flamstead*. Malgré l'irrégularité extraordinaire du cours de cette Comete, la plus grande différence, soit en longitude, soit en latitude, n'excede pas deux minutes & demi; ce qui est à peine ce qu'on peut faire à l'égard des planetes, & qui excede de beaucoup l'exactitude avec laquelle on a jamais calculé les lieux de la Lune. M. *Newton* en fit de même à l'égard des Cometes des années 1664, 1665 & 1682, & dans l'édition des *Principes*, donnée en 1724, on en trouve cinq calculées de cette maniere, & avec le même succès. Tant de précision ne sçauroit être l'effet du hazard, & il en résulte en faveur de M. *Newton*, une preuve à laquelle on ne peut se refuser.

Lorsque nous parlons d'une si grande exactitude dans les calculs que M. *Newton* donna pour la Comete de 1680, nous avons entendu parler de ceux qu'on lit dans la derniere édition de ses principes, & qui ont été rectifiés par M. *Hallei*. Dans la premiere édition, il y avoit des différences du calcul avec l'observation qui alloient à un demi-degré : mais ces différences ne regardoient que diverses observations qu'on lui avoit envoyées d'Italie, d'Amérique, &c. observations dont le peu d'exactitude s'apperçoit assez facilement. L'accord du calcul avec les observations faites en Angleterre, & que lui fournit *Flamstead*, étoit incomparablement plus grand. Dans la suite M. *Newton* vint à connoître celles qu'avoit faites à Cobourg en Saxe, M. *Gotfried Kirch*, Observateur habile, durant le mois de Novembre, & il s'en servit pour rectifier davantage les élémens de sa théorie. Enfin M. *Hallei* poussant la précision encore plus loin, a calculé le mouvement de cette Comete dans une orbite elliptique, telle qu'il la faudroit pour que la Comete ne la parcourût que dans 575 ans, & c'est ce calcul qui ne differe au plus que de deux minutes & demie de l'observation.

Une particularité remarquable, à l'égard de la Comete de 1680, c'est qu'elle passa dans son périgée à une très-petite distance du Soleil. Suivant M. *Newton*, elle ne fut alors éloignée de cet astre que de 612 parties, dont le rayon de l'orbite terrestre en contient 100000. Ainsi elle approcha du Soleil 163 fois plus que la terre, & elle ressentit une chaleur qui surpasse environ 26000 fois la plus grande que nous éprouvions ici : & comme la chaleur d'un fer rouge n'est guere qu'une douzaine de fois plus grande que la chaleur directe d'un Soleil d'été, il s'ensuit que la Comete dont nous parlons éprouva une chaleur au moins deux mille fois plus grande que celle d'un fer rouge. Ceci montre que cette Comete devoit être un corps bien compact, pour n'avoir pas été dissipée par une chaleur aussi prodigieuse ; ce qui ajoute un nouveau degré de force au sentiment qui en fait des corps éternels. Ajoutons encore que M. *Newton* conjecture que cette Comete & toutes les autres, s'approchant de plus en plus du Soleil à chaque révolution, elles tomberont dans cet astre comme pour lui servir d'aliment, & rétablir la perte qu'il fait continuellement par la lumiere qu'il nous envoye. Mais ce sont là des conjectures purement physiques, qu'il ne faut point mettre en parallele avec les découvertes astronomiques que nous venons d'exposer, & qui n'en seront pas moins des vérités solidement établies, quel que soit le sort de ces conjectures. A l'égard de cet ornement singulier qui accompagne ordinairement les Cometes, nous voulons dire de leurs queues, voici en peu de mots ce qu'il y a de plus probable sur ce sujet.

Nous ne nous arrêterons pas à réfuter l'opinion des Anciens, & de quelques Modernes qui ont fait venir les queues des Cometes, de la réfraction des rayons solaires au travers du corps ou du noyau de ces astres. Outre que ce noyau est visiblement opaque, on ne voit pas comment ces rayons pourroient être réfléchis à nos yeux par une matiere aussi subtile que l'éther. Aussi *Kepler* qui avoit d'abord été de ce sentiment, & qui avoit même traité de monſtrueux celui qui faiſoit venir ces queues d'une matiere appartenante au corps de la Comete, ſe retracta dans la ſuite. Il attribua alors les queues des Cometes à leur athmoſphere & aux parties les plus volatiles de leurs corps, entraînées par les rayons du Soleil. C'eſt à peu de choſe près l'opinion qu'a embraſſé M. *Newton*, ſi ce n'eſt qu'il compare ces queues à la fumée d'un corps brûlant qui ſe dirige toujours en haut & perpendiculairement s'il eſt en repos, ou obliquement & de côté, s'il eſt en mouvement. De même, dit M. *Newton*, les vapeurs exhalées d'une Comete à ſon approche du périhélie, & après l'avoir paſſé, ſe dirigent du côté oppoſé au Soleil; mais avec un peu de déflection de côté, à cauſe du mouvement du corps de la Comete.

C'étoit-là tout ce qui s'étoit dit de plus probable ſur l'article des queues des Cometes avant M. *de Mairan*. Cet illuſtre Phyſicien, à qui nous devons une explication ſi ſatisfaiſante de l'aurore boréale (*a*), conjecture, avec beaucoup de vraiſemblance, que les queues des Cometes ſont produites par la matiere de l'athmoſphere ſolaire dont ces corps ſe chargent, lorſqu'ils arrivent à leur périhélie, & qui eſt pouſſée dans une direction oppoſée à celle du Soleil, ſoit par le choc des rayons ſolaires, ſoit par une cauſe ſemblable à celle que M. *Newton* donne de l'aſcenſion des vapeurs dont il compoſe ces queues. En effet, on a remarqué que les Cometes ne commencent à avoir de queue ſenſible, que lorſqu'elles ſont parvenues à une diſtance du Soleil moindre que celle de la terre, ce qui eſt à peu près le demi-diametre de l'athmoſphere ſolaire. Au contraire, celles qui ont paſſé dans leur périhélie à une plus grande diſtance du Soleil, comme celles de 1585, 1718, 1729, 1747, ont été vues ſans queue: mais il faut voir dans l'excellent ouvrage que nous avons cité plus haut, les preuves qui établiſſent cette conjecture. Revenons à la théorie des Cometes.

Après M. *Newton*, il n'eſt perſonne à qui cette partie de l'Aſtronomie ait d'auſſi grandes obligations qu'à l'illuſtre M. *Hallei*. Ce ſçavant Aſtronome donna en 1705, à la Société Royale de Londres, un écrit intitulé *Cometographia, ſeu Aſtro-*

(*a*) Traité phyſique & hiſtorique de l'Aurore Boréale. *Paris*, 1731, 1754, in-4°.

nomiæ Cometicæ Synopsis. Là, en supposant les méthodes enseignées par M. *Newton*, pour déterminer la position de l'orbite d'une Comete après quelques observations, il propose des Tables pour en calculer les lieux, pareilles à celles dont les Astronomes étoient déja en possession pour calculer ceux des planetes. Il a plus fait dans la suite, & il en a données d'autres propres à calculer ces lieux dans l'hypothese plus exacte d'une orbite elliptique (*a*). Mais voici l'article le plus intéressant & le plus curieux du travail de M. *Hallei*. C'est le calcul qu'il fit des orbites de 24 Cometes sur lesquelles il trouva des observations de quelque exactitude, & qu'il rédigea en table pour pouvoir en faire la comparaison. Il eut le plaisir de voir vérifier par ce moyen, le sentiment de ceux qui font des Cometes des astres sujets à des retours périodiques. En effet, l'inspection de la table dont nous parlons, montre que les Cometes de 1531, 1607, 1682, ont eu à très-peu de différence la même orbite, & des apparitions distantes d'environ 75 ans. Elles ont eu leur nœud ascendant vers le vingtieme degré du Taureau; leur périhélie ou le point où elles furent les plus voisines du Soleil, vers le premier degré du Verseau; l'inclinaison de leur orbite à l'écliptique de 17 à 18°: enfin la distance périhélie de celle de 1531, fut de 56700 parties, dont la distance moyenne de la terre au Soleil en contient cent mille; celle de la Comete de 1607, fut de 58618, & celle de la derniere, de 58328. La différence qu'on apperçoit entre la premiere de ces distances & les deux dernieres, ne doit pas former une difficulté, parce que les observations d'*Appianus*, sur lesquelles l'orbite de cette Comete a été calculée, se ressentent du peu de progrès qu'avoit encore fait alors l'Astronomie pratique, & du peu de soin qu'on mettoit à observer les Cometes. Ainsi il y a de très-fortes raisons de penser que cette Comete a déja paru à diverses reprises, & l'on peut avec fondement espérer son retour cette année 1758. Cette identité de la Comete de 1531, avec celles de 1607 & 1682, paroît d'autant plus vraisemblable, qu'en remontant encore plus haut de 75 en 75 ou 76 ans, on trouve des Cometes. Il en parut une en 1456, une en 1380, une autre en

(*a*) *Voyez* ses Tables astronomiques.

1305. A la vérité aucun Astronome ne nous en a transmis d'observations capables de nous assurer que c'est la même ; mais en comparant les circonstances de leur mouvement remarquées par les Historiens, avec celles de la Comete que nous attendons, respectivement aux différentes saisons de l'année, on trouve qu'elles s'accordent assez bien. Comme il est important de sçavoir la route que doit tenir cette Comete, suivant les différentes positions de notre globe sur son orbite, lorsqu'elle descendra dans le voisinage du Soleil, un Astronome a pris soin de nous en instruire (*a*). M. *Delisle* a aussi entrepris sur ce sujet un travail fort étendu, qu'il n'a pas encore communiqué, mais qui aura probablement vu le jour avant que cet ouvrage soit public.

La Comete dont nous venons de parler est celle dont le retour périodique paroît jusqu'ici le mieux établi. Il y en a cependant encore quelques autres dont les mouvemens ont assez de ressemblance pour conjecturer que c'est la même. Telle sont celle de 1661 observée par *Hévélius*, & celle de 1532 vue par *Appianus*. Quoiqu'il y ait quelques différences assez considérables entre les lieux des périhélies & les moindres distances de ces Cometes au Soleil, on peut les rejetter sur la grossiéreté des observations d'*Appianus*. C'est pourquoi, si la conjecture de M. *Hallei* est fondée, cette Comete reparoîtra vers l'année 1780. M. *Hallei* conjecture encore que celle de 1680 a reparu à diverses fois, à la distance de 575 ans. Il se fonde sur ce qu'en 1106, on trouve une Comete dont les apparences sont assez ressemblantes à celles de 1680. On en avoit aussi vue une semblable l'année 531, & l'an 46 avant Jesus-Christ, avoit paru cette prodigieuse Comete, si célébrée par les Historiens, & qui suivit de près la mort de Jules-César. Mais M. *Hallei* va bien plus loin ; en continuant de rétrograder de 575 en 575 ans, il trouve que la même Comete a dû paroître vers le tems du Déluge universel, & il conjecture que c'est le moyen dont la divinité s'est servi pour produire cette horrible catastrophe. Car cet astre étant accompagné d'une queue immense, qui, suivant l'idée de M. *Newton*, n'est qu'une traînée de vapeurs, il a pu arriver que la terre l'ait rencontrée.

(*a*) Mem. sur la Comete, qui a paru en 1531, 1607, 1682, & qu'on attend en 1757 ou 1758, &c. par le P. T. *Jamard*, Chanoine Régulier de Sainte Génévieve.

Dans cette ſuppoſition, ces vapeurs ont dû retomber ſur elle, par l'effet de la gravitation univerſelle ; & voilà l'énorme quantité d'eau dont notre globe fut alors inondé, & dont les Commentateurs de l'Ecriture ont tant de peine à trouver le réſervoir. Le célebre *Whiſton*, a appuyé cette explication du Déluge, de toutes ſes forces, & ſemble avoir mérité par-là d'en être réputé l'Auteur, quoiqu'elle ſoit de M. *Hallei.* La hardieſſe de cette conjecture ne doit pas nuire à l'idée que mérite ſi juſtement ce grand Aſtronome. Je remarquerai ſeulement qu'il n'eſt guere croyable qu'un pareil effet dût s'enſuivre de la rencontre de la terre avec la queue d'une Comete. Des vapeurs raréfiées au point de nager dans l'éther, quand elles formeroient un volume égal à celui de l'orbe de la terre, ne feroient certainement pas une quantité d'eau ſuffiſante pour de tels ravages. C'eſt ce qu'il eſt aiſé d'établir, en rappellant ce que M. *Newton* a démontré, ſçavoir qu'un pouce cube d'air, à la diſtance d'un demi-diametre terreſtre, ſeroit raréfié au point d'occuper un eſpace égal à celui de l'orbe de Saturne. Quelle doit donc être la ténuité de l'éther qui remplit les eſpaces céleſtes, & par conſéquent celle des vapeurs qui y nageroient : mais ceci n'eſt pas de mon objet. Terminons ce que nous avons à dire de cette Comete par une autre obſervation curieuſe. Un homme célebre (*a*), a encore conjecturé que cette même Comete parut au tems d'Ogyges, & que c'eſt elle qui donna lieu au phénomene que rapportent avec étonnement quelques Hiſtoriens. Ils racontent que 40 ans environ avant le Déluge d'Ogyges, on vit la planete de Vénus s'écarter de ſa route ordinaire, accompagnée d'une longue queue ; ſur quoi ce ſçavant obſerve judicieuſement, que les hommes de ce tems, encore tout neufs dans la connoiſſance du Ciel, prirent une Comete ſe dégageant des rayons du Soleil, pour Vénus changeant de cours, & ſe revêtant d'une queue. Mais tant de Cometes ont pu donner lieu à cette mépriſe, qu'on ne ſçauroit établir ſur cela rien de certain.

Je crois devoir à peine m'arrêter ſur les conjectures de divers Auteurs qui, d'après les Hiſtoriens, ont cru pouvoir déterminer diverſes autres révolutions périodiques de Cometes.

(*a*) M. Freret. *Voyez* Mémoires de l'Académie des Inſcriptions, T. x.

Ces

Ces apparitions ſont ſi fréquentes, qu'il n'eſt pas difficile, quand on le cherche tant ſoit peu, d'en trouver qui ſoient diſtantes de quelques intervalles égaux ; de ſorte qu'on ne peut déduire delà aucune conſéquence pour le retour périodique des Cometes. Si cependant on peut établir quelque conjecture ſur cette comparaiſon, aucune ne ſeroit mieux fondée que celle qui feroit de la Comete de 1686, la même que celle de 1512. Car on en trouve une 174 ans auparavant, en 1338, puis 1165, en 990, en 817, & enfin 870 ans auparavant, c'eſt-à-dire, à la diſtance de cinq fois 174 ans, en l'année 53 avant Jeſus-Chriſt ; de maniere que cette Comete auroit une période de 174 ans environ. Je dois cette remarque à M. *Struick* (*a*). Quant aux Cometes de 1737 & de 1536, que M. *Machin* a priſes pour la même dans les *Tranſactions Philoſophiques*, n°. 446, cela n'a aucun fondement, & M. *Machin* s'eſt rétracté lui-même dans le numero ſuivant. En effet, en comparant leurs élémens, on voit qu'elles n'ont rien qui ſe reſſemble. Je n'euſſe rien dit de cette mépriſe, ſi je ne l'avois pas trouvée répétée dans preſque tous les Livres où l'on parle du retour des Cometes.

Une queſtion qu'on pourroit faire, & qui nous a été réellement faite à l'occaſion de la Comete dont on eſpere le retour pour l'année 1758, c'eſt ce qu'on devra penſer de la théorie de M. *Newton*, ſi l'attente des Aſtronomes eſt fruſtrée. Voici ce que je crois qu'on peut raiſonnablement répondre. En premier lieu, il n'eſt pas impoſſible qu'elle ſoit réellement revenue ſans qu'elle ait été apperçue ; car ſi elle paſſe par ſon périhélie, tandis que la terre ſera dans le Sagittaire, il ſera aſſez difficile de l'appercevoir. Mais nous n'inſiſterons pas beaucoup ſur cette raiſon, parce que l'attention extraordinaire des Aſtronomes à la guetter, ne lui permettra probablement pas d'échapper à leurs regards. En ſecond lieu, on a de juſtes raiſons de penſer que le mouvement des Cometes peut éprouver de grandes irrégularités. Ce mouvement peut être accéléré ou retardé conſidérablement ; leurs nœuds & leur moindre diſtance au Soleil, peuvent être fort changés par l'action des autres Cometes ou planetes dans le voiſinage deſquelles elles

(*a*) Suite de la deſcription des Cometes. *En Holl. Amſterdam*, 1753.

paſſent lorſqu'elles s'éloignent du Soleil, parce que n'ayant alors qu'un mouvement fort lent, elles peuvent éprouver de grands dérangemens. On en a un exemple dans Saturne & Jupiter, qui lorſqu'ils ſont en conjonction, agiſſent ſi fortement l'un ſur l'autre, que leur mouvement en eſt accéléré ou retardé. Ce dérangement aujourd'hui démontré par les obſervations des Aſtronomes, & qui ſuit ſi bien de la théorie de la gravitation, eſt, pour le remarquer en paſſant, une nouvelle preuve des plus frappantes de la vérité de cette théorie.

Enfin, quel que ſoit le ſort de l'opinion du retour des Cometes, ſi la théorie de *Newton* continue à déterminer avec la même préciſion, le cours de celles qui paroîtront de nouveau, il reſtera toujours ceci de vrai, ſçavoir que ces corps décrivent tant qu'ils ſont à notre portée des paraboles ou des ellipſes, peut-être des hyperboles, au foyer deſquelles ſe trouve le Soleil. Car comment ſe pourroit-il faire qu'une hypotheſe fauſſe ſatisfît aux phénomenes obſervés auſſi parfaitement que le fait celle de M. *Newton*. Ainſi dans la ſuppoſition que pendant pluſieurs ſiecles on ne reconnoiſſe aucune ancienne Comete, il y aura lieu de ſoupçonner quelque cauſe qui les empêche de revenir, ou de penſer que leurs révolutions ſont de ſi longue durée qu'un grand nombre de ſiecles ne ſuffiſent pas pour les achever. Peut-être même pourroit-on ſoupçonner que ce ſont des aſtres errans de ſyſtême en ſyſtême, juſqu'à ce que leur direction les faſſe tomber dans quelque Soleil, ou que quelque circonſtance les aſſujettiſſe à un cours régulier, & preſque circulaire comme les planetes.

La théorie des Cometes de M. *Newton*, a eu le même ſort que la Phyſique céleſte dont elle fait partie. Tant que le ſyſtême de *Deſcartes* a diſputé le terrein à celui de *Newton*, on s'eſt retourné de bien des manieres pour échapper à la force des preuves qui dépoſoient en faveur du ſentiment du Philoſophe Anglois. Que n'a-t'on pas fait ſurtout pour éluder l'objection que fournit le mouvement retrograde ou latéral de pluſieurs Cometes, contre les tourbillons Cartéſiens (*a*). Il y auroit même quelque lieu de s'étonner du ſilence qui régnoit alors entre les Aſtronomes François ſur la théorie de *Newton*,

(*a*) Mémoires de l'Académie, année 1731. *Voyez auſſi* 1725, 1727.

ſi l'on ne ſçavoit que *Deſcartes* ſembloit triompher vers ce tems. L'ingénieux Secretaire de l'Académie écrivoit dans l'extrait d'un des Mémoires cités, que le ſyſtême des tourbillons, après tant de difficultés qu'il avoit eſſuyées, paroiſſoit enfin avoir ſatisfait à tout, & n'avoir plus rien à craindre des efforts de ſes antagoniſtes. Mais jamais cri de triomphe ne fut plus voiſin de la déroute entiere. L'applatiſſement de la terre démontré peu d'années après, & l'expoſition lumineuſe que M. de *Maupertuis* fit vers le même tems de la théorie de l'attraction, dans ſon Livre *de la figure des Aſtres*, produiſirent une révolution preſque ſubite & générale dans la maniere de penſer. Depuis ce tems enfin la théorie des Cometes de M. *Newton* a tellement prévalu, que ceux-là même qui depuis pluſieurs années la rejettoient, ſont devenus ſes partiſans. Il eſt ſi rare dans l'empire philoſophique de changer d'avis, qu'il y a peut-être en cela plus de gloire pour eux que s'ils euſſent d'abord adopté le ſentiment de *Newton*. Il y a auſſi cet avantage pour la théorie dont nous parlons, qu'on ne peut pas dire qu'elle ait été admiſe avec trop de précipitation, & ſans examen. Au contraire, il ſemble qu'on peut aſſurer qu'une vérité ne fût jamais plus ſolidement établie que lorſqu'elle s'eſt enfin attiré le ſuffrage des habiles gens qui l'avoient d'abord méconnue & conteſtée.

La théorie de M. *Newton* ſur les Cometes a acquis autant de preuves nouvelles qu'il a paru depuis lors de Cometes. En effet, de toutes celles qu'on a vues dans ce ſiecle, & le nombre en eſt déja aſſez grand, il n'y en a aucune qui n'ait confirmé la vérité de cette théorie. On en a aujourd'hui, outre celles de M. *Hallei*, une quinzaine dont le chemin a été déterminé ſuivant les principes de *Newton*, & le calcul ne s'eſt jamais écarté de l'obſervation, que d'un petit nombre de minutes, rarement au delà de deux ou trois. Il ſuffira de faire ici une brieve hiſtoire de quelques-unes de ces Cometes, ſçavoir de celles qui préſentent quelque choſe de plus remarquable.

Je paſſerai donc légérement ſur les Cometes qu'on vit en 1702, 1706, 1718, &c. & dont les élémens ont été déterminés ſuivant la théorie de *Newton*, par divers Aſtronomes, pour m'arrêter à celle qui parut en 1729. Celle-ci eſt aſſez ſinguliere, ſi ce n'eſt par ſon éclat, du moins par d'autres circonſtances. Elle fut apperçue pour la premiere fois à Niſmes, par le Pere *Sarrabat*, Jéſuite, le 31 Juillet, entre le petit Cheval & le Dauphin. Elle étoit ſi petite & ſi peu lumineuſe, qu'on la perdoit de vue, durant le clair de la Lune. Ce Pere en informa M. *Caſſini*, & les Aſtronomes de l'Académie, qui l'obſerverent depuis la fin d'Août juſqu'au 21 du mois de Janvier de 1730, qu'on ceſſa de l'appercevoir. On lit ces obſervations dans le volume des Mémoires de l'année 1730, & d'après elles M. *Maraldi* a calculé en 1742, la trajectoire parabolique qu'elle décrivit. Pluſieurs autres Aſtronomes l'ont fait auſſi, comme M. l'Abbé de la *Caille*, M. *Deliſle*, M. *Kies*, Aſtronome à Berlin, M. *Struick*, *&c.* Suivant le calcul de M. *Maraldi*, dont les autres different peu, elle avoit paſſé à ſon périhélie, le 22 Juin, à 23 heures, 54 minutes, tems apparent à Paris; elle fut alors éloignée du Soleil de 416927 parties, dont le rayon de l'orbite terreſtre contient 100000, de ſorte qu'elle paſſa entre l'orbe de Mars & celui de Jupiter, mais beaucoup plus près de ce dernier. Voilà d'où vient qu'elle fut toujours ſi petite & ſi lente; car elle parcourut à peine, pendant ſix mois que dura ſon apparition, une huitaine de degrés, d'abord d'un mouvement direct, enſuite rétrograde à la maniere des planetes ſupérieures. Le calcul s'accorde ſi bien avec les obſervations, que quoiqu'il y en ait une cinquantaine, la différence n'excede pas en longitude trois minutes, & quelques ſecondes en latitude.

Nous paſſons encore ſur pluſieurs autres Cometes, comme celle de 1737, calculée dans les *Tranſ. Phil.* n°. 446; celle de 1739, dont divers Aſtronomes ont auſſi donné les élémens; celle de 1742, & les deux de 1743, pour arriver à celle de 1744, la plus remarquable qui ait paru depuis celle de 1680. Elle fut vue pour la premiere fois à Harlem, par M. *Dirck Klinckenberg*, le 9 Décembre 1742, entre le Bélier & le grand triangle. Peu de jours après, elle fut apperçue à Lauzanne, par M. de *Chezeaux* (*a*), qui donna en 1745 un Traité ſur

(*a*) M. de Chezeaux (Jean-Philippe Loys) petit-fils de M. de Crouzas, né en 1718, dans le pays de Vaux, & mort à Paris, vers la fin de 1751. *Ses Eſſais de Phyſique*, eſpece de Commentaire de quelques endroits de Newton, qu'il compoſa à l'âge de 17 ans, & qui furent imprimés en 1743, (Paris in-12.) donnerent de grandes eſpérances de ce jeune Sçavant, de même que ſon Traité de la Comete de 1744. Mais peu après un excès, de piété le fit donner dans le travers de pré-

cette Comete. Enfin divers autres Astronomes l'apperçurent les jours suivans, & l'observerent jusqu'à son occultation dans les rayons du Soleil, qui arriva vers la fin de Février. Au commencement de son apparition, elle n'avoit aucune queue du moins perceptible à la vue, mais en approchant du Soleil, elle en prit une qui alla toujours en augmentant pendant son approche du périhélie, de sorte que le 17 Février elle avoit près de 40° de longueur. Elle augmenta encore considérablement après le périhélie; car quoiqu'alors on ne pût plus voir le corps de la Comete, on appercevoit le matin, deux heures avant le lever du Soleil, sa queue débordant l'horizon de 20 à 30°, tandis que le corps étoit encore plongé sous l'horizon d'autant. Suivant l'observation de M. de *Chezeaux*, elle étoit alors partagée en cinq larges bandes, d'où il est facile de juger quel étrange spectacle elle eût présenté, si la terre eût été dans une situation propre à l'appercevoir alors. Quant à la position & aux dimensions de l'orbe de cette Comete, les voici d'après les *Transf. Phil.* n°. 474. Son périhélie est placé dans le 17e degré un quart de la Balance : elle y passa le premier Mars, à huit heures, se mouvant suivant l'ordre des signes, & alors elle ne fut éloignée du Soleil que des 22206 parties, dont le rayon de l'orbite terrestre en contient 100000. Le plan de son orbite faisoit avec celui de l'écliptique, un angle de 47°, 8', 56'', & son nœud ascendant vu du Soleil, était au $15^{\circ}\frac{3}{4}$ du Taureau. Le calcul fait en Angleterre, d'après ces élémens, s'accorde dans la minute avec les lieux observés.

Les Cometes dont on vient de parler, ont donné lieu à divers ouvrages. Celle de 1742 eût été peu intéressante pour d'autres que les Astronomes; mais l'ingénieuse Lettre de M. de *Maupertuis*, lui donna du lustre dans le monde. Peu de tems après, M. le *Monnier* publia son Livre intitulé *la théorie des Cometes* (in-8°.); on y trouve (outre la traduction de l'*Astronomie Cométique* de M. *Hallei*, ouvrage qui méritoit si bien de passer dans notre langue), une Introduction & un Supplément his-

tendre trouver dans l'Ecriture Sainte le dénouement de divers points d'Astronomie-Physique très-délicats. C'est ce qui fait en partie, l'objet de l'ouvrage publié après sa mort à Lauzanne, sous le titre de *Mémoires posthumes de M. de Chezeaux sur divers sujets d'Astronomie & de Physique, &c.* Lauzanne, 1754, in-4°. *Voyez* sur ce Sçavant, un article du Mercure de Mars 1754.

toriques, concernant les progrès de cette théorie avant & depuis M. *Newton*, avec diverses choses intéressantes touchant la perfection du catalogue des fixes, & la théorie du Soleil. A l'occasion de la Comete de 1744, parurent aussi divers écrits, entr'autres le Livre de M. de *Chezeaux*, dont nous avons parlé; les *Osservazioni intorno la Cometa dell' anno 1744*, de M. *Zanotti*, Professeur de Boulogne; & l'excellent Traité du célebre M. *Euler*, intitulé, *Theoria motûs Planetarum & Cometarum*, où ce sçavant Géometre traite cette matiere avec cette profondeur & ce succès qui lui sont ordinaires. Nous ne pouvons mieux faire que de le conseiller aux lecteurs. Je ne dis rien d'une foule d'autres écrits insérés parmi les Mémoires des Académies; & dans les Journaux périodiques du tems où on peut les chercher.

Les dernieres Cometes dont les Astronomes ayent eu le spectacle, & des observations suffisantes pour calculer la position de leurs orbites, sont 1°. une en 1746, découverte pour la premiere fois par M. de *Chezeaux*, à Lausanne, le 13 Août, & ensuite vue de divers autres: elle alloit alors vers son périhélie, auquel elle n'a dû arriver que le 28 Février 1747, à 12 heures; & alors elle fut éloignée du Soleil de 229388 parties, dont il y en a 100000 dans le rayon de l'orbite terrestre. 2°. Les deux qu'on vit à la fois sur l'horizon au mois de Mai 1748, spectacle curieux qu'on n'avoit pas eu depuis long-tems. Leurs orbites ont été calculées par divers Astronomes. 3°. Celle enfin qu'on a vue l'année derniere au mois de Septembre. Il y avoit déja près de dix ans qu'aucune Comete ne s'étoit montrée, chose rare, à en juger par l'histoire de ces apparitions, & qui eût pu faire dire poétiquement, que fatigués des regards curieux des Astronomes, ces astres se déroboient à leur vue. La Comete dont nous parlons est en quelque sorte venue soulager leur impatience. Elle fut vue & observée pour la premiere fois à la Haye, par M. *Dirck Klinckenberg*, le matin du 16 Septembre; & sur l'avis qu'il en donna, divers autres Astronomes se mirent à suivre son cours, entr'autres M. *Pingré*, de l'Académie Royale des Sciences, à Paris; le Pere *Pezenas*, Jésuite, à Marseille; M. de *Ratte*, Secretaire de la Société Royale de Montpellier, qui est le dernier qui l'ait perdu de vue le 16 Octobre. Il résulte de leurs observations, que la route de cette Comete vue de la terre, a été directe, & s'est faite dans l'écliptique depuis le dixieme degré de l'Ecrevisse, jusqu'au commencement de la Balance où elle a disparu, se plongeant dans les rayons du Soleil. M. *Pingré* a calculé, d'après ces observations, les élémens de son orbite, suivant les principes de *Newton*, & a trouvé que son nœud ascendant étoit au 4°, 1′ du Scorpion, son périhélie au 2°, 49′ du Lion, & qu'elle a dû y passer le 21 Octobre, vers les dix heures du soir, à une distance du Soleil égale à 33787 parties, dont celle de cet astre à la terre en contient 100000; que l'inclinaison de son orbite étoit de 12°, 48′; enfin que son mouvement sur cette orbite étoit direct. Ces déterminations ont fait le sujet d'un Mémoire que ce sçavant Astronome a lu à l'assemblée publique de l'Académie du mois de Novembre de la même année. On sçait aussi que M. *Bradley* a suivi les mouvemens de cette Comete avec son assiduité ordinaire. Mais la circonstance de la guerre présente, est cause qu'on n'a encore en France aucune connoissance de ses observations & de ses calculs.

Depuis que les Astronomes ont adopté la théorie de *Newton*, la table de M. *Hallei* s'est beaucoup accrue. Au lieu de 24 Cometes que contenoit cette table, & dont les élémens sont calculés, on a aujourd'hui près du double. M. l'Abbé de la *Caille* en a donné 36 dans ses *Elémens d'Astronomie;* mais M. *Struick*, qui a fait des recherches particulieres sur l'histoire & la théorie des Cometes, dans un Livre dont on parlera à la fin de cet article, y en a ajouté plusieurs. Sa table en contient 45, auxquelles ajoutant la derniere, nous en aurons 46 de calculées. Il ne faut cependant pas penser que toutes ces déterminations soient de la même exactitude : il n'y en a guere qu'une trentaine sur lesquelles on puisse compter; mais comme la discussion des unes & des autres nous meneroit trop loin, nous nous bornerons à quelques observations générales qui naissent de l'inspection de ces tables.

En premier lieu, on voit qu'il n'y a pas moins de Cometes retrogrades que de directes, & que leurs orbites coupent l'écliptique sous toute sorte d'angles, de sorte qu'il en résulte une preuve puissante contre les tourbillons qu'on ne sçauroit concilier avec des directions aussi contraires & aussi constantes;

mais on s'eſt ſuffiſamment étendu ailleurs ſur ce ſujet : c'eſt pourquoi il eſt inutile d'y rien ajouter de nouveau.

En ſecond lieu, on obſerve que la plûpart des Cometes deſcendent dans la ſphere de l'orbe de la terre, les unes plus, les autres moins; des 36 Cometes dont on a l'orbite calculée, il n'y en a que ſix dont la moindre diſtance du Soleil, excede celle de la terre à cet aſtre.

En troiſieme lieu, les Cometes n'ont point de Zodiaque fixe, comme l'avoit penſé un homme célebre, qui leur avoit attribué celui qui eſt déſigné par les deux vers ſuivans.

Antinous, Pegaſuſque, Andromeda, Taurus, Orion,
Procyon, atque Hydrus, Centaurus, Scorpius, Arcus.

L'inſpection des tables dont nous parlons, & les obſervations, montrent qu'il n'y a preſque aucune conſtellation dans laquelle, au rapport des Aſtronomes & des Hiſtoriens, on n'ait vu paſſer des Cometes.

En quatrieme lieu, les poſitions & les inclinaiſons ſi différentes avec leſquelles les orbites des Cometes coupent l'écliptique, ſemblent n'être pas l'effet du hazard, & nous donnent lieu d'admirer & de reconnoître la ſageſſe de l'être ſuprême. Si les plans de ces orbites euſſent été dans celui de l'écliptique, ou fort voiſins, toutes les fois qu'une Comete deſcendroit vers le Soleil, ou en reviendroit, nous ſerions expoſés au danger d'en être choqués, ſi malheureuſement notre globe ſe trouvoit arriver en même tems au point d'interſection; ou du moins, ſuivant *Whiſton*, nous courrions riſque d'être inondés de la queue qu'elle traîne après elle. Mais au moyen de l'inclinaiſon des plans de ces orbites à celui de l'écliptique, il n'y en a aucune qui rencontre celle de la terre. Ce ſeroit à la vérité un ſpectacle bien curieux que celui d'une Comete paſſant à un ou deux diametres de notre globe; il pourroit même en réſulter dans notre petit ſyſtême des changemens phyſiques qui nous ſeroient avantageux : nous pourrions, ſuivant l'idée ingénieuſe d'un homme célebre, acquérir une nouvelle Lune, ſi quelque Comete paſſoit aſſez près de notre globe pour en reſſentir une attraction ſupérieure à celle du Soleil. Mais à le bien conſidérer, il vaut encore mieux

mieux être privés de ces avantages, & être à l'abri d'un danger aussi grand que le seroit celui qui nous menaceroit, si un pareil corps pouvoit nous choquer. De toutes les Cometes, celle qui paroît jusqu'ici pouvoir nous approcher de plus près, c'est celle de 1680. M. *Hallei* a trouvé par le calcul que le 11 Novembre 1680, à une heure après-midi, elle fut si près de l'orbite terrestre, qu'elle n'en étoit éloignée que d'environ un demi-diametre solaire, ou un peu moins que la distance de la Lune à la terre. Mais il n'y avoit encore là aucun danger pour nous : il y eût eu seulement matiere à une curieuse observation, si la terre se fût trouvée dans le point convenable de son orbite. Nous pouvons, il est vrai, n'en pas être toujours quittes à aussi bon marché. Suivant le hardi M. *Whiston*, cette Comete, qui a déja été l'instrument de vengeance dont Dieu se servit pour noyer le genre humain, lorsqu'allant vers son périhélie, elle nous atteignit de sa queue, peut aussi quelque jour revenant de son périhélie, nous inonder de la vapeur ardente de cette même queue, & produire par-là l'incendie universel qui doit précéder l'arrivée du souverain Juge des hommes. Mais, je le remarquerai encore, on ne doit point juger de la théorie de M. *Newton* par ces idées hardies.

Divers Ecrivains ont travaillé à nous faire l'histoire des Cometes. C'est l'objet d'une des divisions de la *Cométographie* d'*Hévelius*. On a aussi du Chevalier *Lubienetzki*, un ouvrage intitulé *Theatrum Cometicum*, en trois volumes in-folio ; mais il est difficile de ne pas rire de la simplicité de ce bon Chevalier, qui nous a plutôt donné une histoire universelle à l'occasion des Cometes, que l'histoire de ces astres. Pour remplir le titre d'un pareil ouvrage, il eût fallu rapprocher & combiner les passages des divers Historiens qui ont parlé des Cometes, afin de déterminer par-là, autant qu'il est possible, les diverses circonstances de leur mouvement, & c'est ce que n'a point fait le bon Chevalier, qui tire enfin de tout son fatras historique la ridicule conséquence, que les Cometes sont d'un heureux présage pour les bons, & d'un mauvais pour les méchans. M. *Struick* a beaucoup mieux traité ce sujet dans sa *Description des Cometes* (a), que j'ai déja citée quelquefois.

(a) Elle fait partie d'un ouvrage intitulé *Inleeding tot Algemeene Geography*. Amst. 1740, in-4°. ou *Introduction à la Géogr. univ.* & elle a eu une suite sous le titre de

C'eſt un ouvrage que les Aſtronomes euſſent ſans doute vu avec plaiſir & avec reconnoiſſance, s'il n'étoit pas écrit dans une langue auſſi peu connue des étrangers que la Hollandoiſe.

Avant que de finir cet article, il eſt important de dire un mot ſur un point intéreſſant de cette théorie. C'eſt la maniere de calculer la poſition de l'orbite d'une Comete d'après les obſervations. M. *Newton* en a donnée une dans ſes principes, comme nous l'avons déja dit; mais elle eſt embarraſſée & ſujette à un tâtonnement qu'il ſeroit utile de pouvoir éviter. C'eſt pourquoi divers Géometres ſe ſont attachés à la perfectionner. M. *Bouguer* a donné dans cette vue en 1733, un Mémoire qu'on lit parmi ceux de l'Académie de cette année, & où l'on trouve une méthode directe pour déterminer l'orbite d'une Comete par quelques obſervations de longitude & de latitude. M. *Euler* a beaucoup contribué au même objet, dans ſon Livre que nous avons cité plus haut, auſſi bien que M. *Struick*, dans l'ouvrage dont nous venons de parler. On doit enfin lire d'excellentes réflexions que M. de la *Caille* a données ſur cette matiere dans les Mémoires de l'Académie de 1746.

XIV.

De Divers Aſtronomes.

Il eſt tems de terminer ce Livre, & nous allons le faire ſuivant notre coutume, en raſſemblant ici divers Aſtronomes de mérite, dont le fil de notre matiere ne nous a pas permis de parler, ou de rappeller les travaux avec aſſez d'étendue.

M. Hévélius.

Nous commençons avec juſtice cette énumération par M. *Hévelius* (a). Cet homme célebre, l'un de ceux qui, par ſes travaux & ſes écrits, ont le plus ſervi l'Aſtronomie dans le ſiecle

Vervolg van de beſchryving der Staart-Sterren. Ibid. 1750, in-4°. c'eſt-à-dire, *Suite de la deſcription des Cometes.*

(a) M. Hévelius (Jean) ou Hevel, naquit à Dantzick, en 1611, le 22 Janvier, vieux ſtyle. Après avoir voyagé quelques années dans les diverſes contrées de l'Europe, & avoir donné quelque tems aux affaires, il ſe livra avec ardeur à l'Aſtronomie par les exhortations de Cruger. Ses travaux en ce genre ne l'occuperent cependant pas tellement qu'il n'eût le tems de remplir les places auxquelles ſa naiſſance l'appelloit. Il fut fait Echevin de Dantzick en 1641, & en 1651 il fut élevé au grade de Sénateur, place qu'il occupa avec diſtinction juſqu'à ſa mort arrivée en 1687. Qu'on joigne cet exemple à ceux de MM. de Witt & Roemer, d'abord Mathématiciens, enſuite Magiſtrats & hommes d'état recommandables, & l'on aura une preuve qu'il n'y a d'incompatibilité entre l'eſprit des affaires & celui des Sciences, que celle qu'y met le peu d'ambition de ceux qui ſont profeſſion de ces dernieres.

passé, commença à s'adonner avec ardeur à cette science vers l'an 1640. Le premier ouvrage par lequel il se montra dans le monde sçavant, est sa description de la Lune, sous le titre de *Selenographia*, qui parut en 1647, (*Gedani*, in-fol.) ouvrage tout-à-fait remarquable par l'exactitude des représentations qu'il nous y a données de cet astre, & de ses taches, suivant ses différentes phases. Aussi sont-elles gravées par M. *Hévelius* même; & en effet, il n'y avoit qu'un Astronome, joignant comme lui le talent de la gravure à ses autres connoissances, qui fût capable de la patience nécessaire pour amener un pareil travail à sa perfection. Cependant malgré ces peines, M. *Hévélius* n'a pas eu le plaisir de voir passer en usage la dénomination qu'il donna aux taches de la Lune. Cet avantage lui a été ravi par le Pere *Grimaldi*, ainsi qu'on l'a lu à la fin du Livre IV.

M. *Hévélius* publia les années suivantes divers ouvrages. Dans le premier, intitulé *De motu Lunæ libratorio* (*Gedani*, 1651. in-fol.) & adressé en forme de Lettre à *Riccioli*, il explique le mouvement de libration de la Lune, d'une maniere satisfaisante, & qui est, je crois, adoptée aujourd'hui par tous les Astronomes. Viennent ensuite, une Lettre Latine, sur les deux Eclipses de l'année 1654; son Livre *De nativa Saturni facie ejusque phasibus* en 1656; son observation du passage de Mercure sous le Soleil, arrivé en 1661, à laquelle il joignit l'écrit d'*Horroxes* sur le passage de Vénus sous cet astre vu en 1639, écrit qui n'avoit encore point vu le jour, avec l'histoire de la nouvelle étoile périodique découverte peu d'années auparavant dans le col de la Baleine, dont il fut un des principaux observateurs. On lui doit aussi divers Traités sur les Cometes, comme son *Prodromus Cometicus*, qui concerne la Comete de 1664; sa *description de la Comete de 1665*, &c. deux Lettres sur celles de 1672 & 1677; sa *Cométographie* enfin, (*Ged.* in-fol.) ouvrage fort étendu sur ce sujet, & où, quoiqu'il n'ait pas entiérement atteint le but en ce qui concerne la nature de ces astres, on ne laisse pas de trouver des remarques très-bonnes & très-importantes. Nous en avons dit quelque chose de plus dans l'article précédent.

Personne, après *Tycho-Brahé*, n'eut un observatoire mieux fourni en instrumens excellens, que M. *Hévélius*: on peut ajouter que personne n'eut plus de dextérité à s'en servir ; c'est la justice que lui rendit M. *Hallei*, au retour de son voyage de Dantzick, voyage qu'il avoit fait dans l'unique vue de converser & de travailler avec cet Astronome fameux. M. *Hallei* atteste qu'ayant observé plusieurs fois avec lui, & à l'aide d'instrumens garnis de Télescopes, suivant la pratique alors presque récente, tandis que M. *Hévélius* le faisoit de son côté avec les siens garnis de simples pinnules, il n'y eut jamais une minute entiere de différence entre leurs observations. Cependant on ne sçauroit s'empêcher de taxer un peu M. *Hévélius* d'opiniâtreté, en ce qu'il refusa toujours d'adopter l'usage des pinnules télescopiques. Mais que ne peut pas la prévention sur les meilleurs esprits ! M. *Hévélius* étoit déja fort avancé dans sa carriere, lorsque parut la nouvelle invention : pour l'adopter, il eût fallu réformer tout son observatoire, & c'eût été porter une sorte d'atteinte à ses observations antérieures ; c'est pourquoi, malgré la querelle un peu vive que lui fit *Hooke* (*a*), & le suffrage des meilleurs Astronomes en faveur de cette nouvelle pratique, *Hévélius* tint ferme, & continua d'observer à sa maniere. Il nous a donné la description de son observatoire & de ses instrumens, dans son ouvrage intitulé *Machinæ celestis pars prior*, (*Ged.* 1673. in-fol.). Cette premiere partie fut suivie en 1679, de la seconde, où il communiqua au public ses observations de toute espece. Mais celle-ci est devenue excessivement rare, par le fatal incendie qui détruisit au mois de Septembre 1680, sa maison, son observatoire, son Imprimerie, &c, & qui lui causa une perte de plus 30 mille écus. Cependant peu après, il rétablit son observatoire, quoique sur un pied moins brillant qu'auparavant, & s'étant remis à observer, il eut en 1685 la matiere d'un nouveau volume d'observations. Il y avoit alors 49 ans qu'il travailloit à observer, c'est pour cela qu'il intitula ce Livre, *Annus climactericus seu rerum uranicarum annus quadragesimus nonus.* Cet ouvrage fut le dernier qu'il publia ; sa mort qui arriva deux ans après, l'empêcha d'en mettre au jour deux autres qu'il méditoit, & qu'il avoit fort avancés. Ils furent publiés en 1690 (in-fol.), par les soins de ses héritiers. L'un est son

(*a*) *Animad. in Mach. celest. Hevelii.* 1674. in-4°.

Uranographie, intitulée *Firmamentum Sobiescianum* (in-fol.) parce que son dessein étoit de le dédier au Roi Sobieski. On y trouve 1888 étoiles rédigées en constellations, dont plusieurs sont de l'invention de M. *Hévélius*, comme la Giraffe, la Renne, l'Ecu de Sobieski, &c. & ont été adoptées par la plûpart des Astronomes. L'autre porte le titre de *Prodromus Astronomiæ, seu tabulæ solares & catalogus fixarum.* In-fol.

M. *Hévélius* entretint durant tout le cours de sa vie une correspondance très-suivie avec la plûpart des Sçavans de l'Europe. On peut juger facilement quelle ample & précieuse moisson de faits & d'observations contenoit ce commerce épistolaire. Il s'étoit accru à sa mort jusqu'à dix-sept volumes in-fol. que M. *Delisle*, passant par Dantzick en 1725, acheta de ses héritiers, avec quatre volumes d'observations. Nous croyons pouvoir apprendre au lecteur curieux de suivre la trace de cette précieuse collection, qu'elle a depuis passé entre les mains de M. *Godin*, l'un des Académiciens François qui ont mesuré la terre sous l'équateur, & dont les talens lui ont mérité d'être appellé en Espagne, pour y diriger la nouvelle Ecole de Marine fondée à Cadix en 1750.

M. Mouton.

On me permettra de faire ici honneur à ma patrie, d'un Astronome qui, quoique peu connu, ne laissoit pas d'être un des plus adroits observateurs de son tems; il se nommoit Gabriel *Mouton* (*a*). On a de cet Astronome Lyonnois, un ouvrage sur les diametres apparens du Soleil & de la Lune (*b*), qu'il s'attacha à déterminer par une longue suite d'observations. On y trouve les preuves de ce que je viens de dire sur cet observateur : car on l'y voit déployer beaucoup de dextérité dans l'emploi qu'il fait du Télescope, & du pendule simple alors le seul connu, pour parvenir à la détermination ci-dessus. Il semble aussi avoir montré le premier aux Astronomes l'usage des interpolations, pour remplir dans les tables les lieux moyens entre ceux qu'on a calculés immédiatement, ou pour suppléer dans une suite d'observations à celles qui manquent. C'est ce qu'on exécute par le moyen des interpolations avec bien plus d'exactitude que par les parties proportionnelles.

(*a*) Né à Lyon ou aux environs, vers l'an 1618 : il étoit Ecclésiastique, & Prêtre d'une des Collégiales de cette ville, où il mourut en 1694.

(*b*) *Obs. diam. Solis & Lunæ apparentium, &c.* Lugd. 1670. in-4°.

Ce Livre contient encore quelques pieces estimables, concernant la hauteur du pole de Lyon, l'équation du tems, la maniere de transmettre à la postérité toute sorte de mesures, &c. Cet Astronome enfin à qui il ne manqua guere, à notre avis, que d'être placé sur un théâtre plus brillant, excelloit aussi dans la Méchanique. Il laissa quantité d'écrits qui n'ont pas vu le jour, & que l'ouvrage cité ci-dessus donne quelque lieu de regretter.

Voici encore quelques Astronomes François desquels il est à propos de dire quelques mots. Ce sont M. *Comiers*, Auteur d'un *Discours sur les Cometes*, & de divers autres écrits & observations insérés dans les Journaux du tems; M. *Gallet*, dont on a diverses observations, & de nouvelles Tables du Soleil & de la Lune, qu'il publia en 1670, sous le titre d'*Aurora Lavenica;* les PP. *Grandami* & de *Billi*, l'un & l'autre Jésuite, celui-ci habile Analiste (*a*), & Auteur de nouvelles Tables appellées *Lodoiceæ*, & de quelques autres ouvrages astronomiques; celui-là Auteur de divers écrits sur les Cometes de 1664 & 1665, & d'une prétendue démonstration du repos de la terre, dont on a parlé dans la troisieme Partie, Livre IV; M. *Petit* enfin, Intendant des Fortifications, & homme doué de connoissances très-variées, soit dans la Physique, soit dans les Mathématiques. On a de lui des observations de la plûpart des phénomenes principaux arrivés de son tems, & plusieurs écrits, entr'autres une dissertation sur les Cometes, faite à l'occasion de celle de 1664, 1665, où il approche, en certains points, assez de la vérité: M. *Petit* eut une opinion semblable à celle de Dominique *Maria*, le Maître de *Copernic*, qui pensoit que la hauteur du pole avoit diminué dans divers lieux depuis le tems de *Ptolomée*, & il s'efforça de le prouver à l'égard de celle de Paris. Mais c'est une opinion précipitée, & qui n'est fondée que sur l'inexactitude des observations anciennes.

Il me suffira pareillement de faire une légere mention des Astronomes qui suivent, comme le Pere *Gottigniez*, qui disputa à M. *Cassini* quelques-unes de ses découvertes sur Jupiter & Mars, & dont on a des observations sur les Cometes de

(*a*) *Voyez* le T. I, p. 454.

1664, 1665 & 1668; *Campani*, qui se rendit célebre par la longueur & l'excellence de ses Télescopes, à l'aide desquels il fit dans le Ciel quelques observations remarquables (*a*), &c; Jean-François de *Laurentiis*, Astronome de Pise, Auteur de quelques observations de Saturne & de Mars, sous le titre de *obs. Saturni & Martis Pisaurienses, &c.* 1672. Nous abandonnons de plus grands détails sur ces Astronomes à une histoire particuliere de l'Astronomie.

Il ne nous reste plus que quelques Astronomes Allemands à faire connoître. MM. *Eimmart* & *Vurzelbaur*, se présentent les premiers. Ils firent l'un & l'autre de Nuremberg le siege de leur travaux. Lorsque cette ville voulant favoriser les progrès de l'Astronomie, fit construire un observatoire, M. *Eimmart*, qui observoit déja depuis quelques années dans sa maison, fut choisi pour habiter ce nouveau monument élevé à Uranie. Il continua d'y observer depuis 1678 jusqu'en 1705, qui est l'année de sa mort. Il a communiqué au public quelques-unes de ses observations, soit en particulier, soit par la voie des Journaux de Léipsick, en quoi il a rendu plus de service à l'Astronomie, que par son *Ichnographia nova contemplationum de Sole, &c.* inutile fatras d'érudition & de mauvaise Physique sur la nature du Soleil. Les autres observations de M. *Eimmart*, ont resté manuscrites. *M. Eimmart.*

M. *Vurzelbaur*, observoit aussi à Nuremberg, dont il étoit citoyen. On a de lui quelques ouvrages, entr'autres deux, l'un intitulé *Uranies Noricæ basis Astronomica, seu rationes Solis motus annui ex obs. secul. XV & XVII. habitis;* l'autre concernant la latitude de Nuremberg, sous le titre de *Uranies Noricæ basis Geog.* La plûpart de ses observations n'ont pas vu le jour. Au reste M. *Vulzelbaur* s'est fait quelque tort par son opiniâtreté à rejetter l'usage du Télescope adapté au quart de cercle. Il est bon de le sçavoir pour apprécier ses observations. Il mourut en 1725. *M. Vurzelbaur.*

M. Godefroi *Kirch* a servi utilement l'Astronomie, par plusieurs observations insérées dans les Actes de Léipsick, ou dans les *Miscellanea Berolinensia*, T. I. Parmi ces observations, celles qu'il fit sur la Comete de 1680, sont les plus re- *M. Kirch.*

(*b*) Voyez *Ragguaglio di due nuove osserv.* 1665. in-4°.

marquables; car il eſt le premier, & preſque le ſeul qui l'ait obſervée avec une exactitude ſuffiſante avant ſon occultation dans les rayons du Soleil (*a*). M. *Kirch* fut appellé à Berlin, lors de la fondation de l'Académie Royale de Pruſſe, & décoré du titre d'Aſtronome Royal, qu'il porta juſqu'à ſa mort arrivée en 1710. Le goût qu'avoit M. *Kirch* pour l'Aſtronomie, il l'inſpira à ſon épouſe (Mlle *Winkelmann*), & elle y fit d'aſſez grands progrès pour aider ſon mari dans pluſieurs de ſes travaux aſtronomiques. On voit cependant par un ouvrage Allemand qu'elle publia en 1712, qu'elle n'étoit pas entiérement exempte des rêveries aſtrologiques. M. *Kirch* a eu dans ſon fils (M. Chriſtfrid *Kirch*), un héritier de ſes talens; ce qui lui mérita en 1720 la place de ſon pere. Il mourut en 1740, laiſſant, ſoit dans les Mémoires de Berlin, ſoit dans les *Tranſactions*, des preuves de ſon habileté en Aſtronomie, & de ſon aſſiduité à obſerver.

(*a*) *Voyez* l'article précédent.

Fin du Livre VIIIe de la IVe Partie.

HISTOIRE

HISTOIRE
DES
MATHÉMATIQUES.

QUATRIEME PARTIE,

Qui comprend l'histoire de ces Sciences durant le dix-septieme siecle.

LIVRE NEUVIEME,

Progrès de l'Optique durant la derniere moitié de ce siecle.

SOMMAIRE.

I. *Jacques Grégori écrit sur l'Optique, & entre dans diverses considérations nouvelles sur ce sujet. Il tente d'exécuter le Télescope à réflection, & il échoue.* II. *Du Docteur Barrow, & de ses leçons optiques. D'une question intéressante qu'il y discute.* III. *Découverte de l'inflexion de la lumiere, faite par le P. Grimaldi.* IV. *Des écrits & des inventions de divers Opticiens de ce temps.* V. *M. Newton découvre la differente réfrangibilité de la lumiere; phénomenes & expériences qui établis-*

sent cette découverte. Contradictions qu'elle essuye. VI. *Théorie de l'inflexion, de la réfraction & de la réflection, suivant M. Newton. Observations singulieres qu'il fait sur les couleurs.* VII. *Autre découverte de M. Newton, sçavoir celle de son Télescope catadioptrique. Quelle forme il lui donne.* VIII. *L'explication de l'Arc-en-Ciel perfectionnée. Ingénieuses recherches de M. Hallei sur ce sujet.*

I.

On a vu dans le Livre III de cette partie, les nombreuses & curieuses découvertes dont l'Optique s'accrut par les soins des *Galilée*, des *Képler*, des *Descartes*, &c. Celui-ci n'est pas moins fécond en objets intéressans, mais avant que d'en étaler le spectacle, il nous faut revenir un peu sur nos pas, & reprendre les choses à M. *Descartes*, au temps duquel nous avons conduit l'histoire de cette science.

L'Optique ne prit guere d'accroissement marqués depuis *Descartes*, jusqu'au-delà du milieu du dix-septieme siecle. L'invention la plus remarquable qui signale cet intervalle de temps assez long, est celle du Télescope terrestre, qui naquit entre les mains du P. *Rheita*, comme on l'a déja dit. Le surplus se réduit presque aux recherches de *Cavalleri* qui, dans une de ses *Exercitationes* publiées en 1647, poussa un peu plus loin que *Képler* la détermination des foyers des verres, en considérant ceux à sphéricités inégales; & à quelques inventions que le P. *Kircher* (*a*) étala, dans son *Ars magna lucis & umbræ*, inventions pour la plûpart plus curieuses qu'utiles ou que relevées, comme sa Lanterne magique, ses Horloges à réflection, &c.

Ce fut Jacques *Grégori* qui renoua, pour ainsi dire, le fil des découvertes interrompues depuis M. *Descartes*, dans son *Optica promota*. Ce Géometre célebre y ouvrit effectivement

(*a*) Le Pere Kircher (Athanase) né en 1602, à Geissen près de Fulde, enseigna pendant un grand nombre d'années les Mathématiques dans le Collége des Jésuites à Rome, où il mourut en 1680. Son sçavoir extrêmement étendu, lui fit un grand nom; quoiqu'en général on puisse dire qu'on trouve dans ses écrits plus d'érudition & de curiosité que de profondeur. Les ouvrages dûs à ce Sçavant, en Mathématiques, sont les suivans : *Ars magna lucis & umbræ*. Rom. in-fol. 1641. *Primitiæ Gnomonicæ catoptricæ; Iter extaticum Musurgia universalis.*

aux Opticiens une nouvelle carriere, par diverses considérations dans lesquelles il entra le premier, & par diverses vues sur la perfection des instrumens optiques. Il examina les causes de la distinction, de la clarté & de l'augmentation respectives de ces instrumens, & il démontra sur ces sujets plusieurs propositions qui ne sont pas, à la vérité, d'une difficulté considérable, mais dont on doit cependant lui sçavoir gré, puisqu'elles avoient échappé jusque-là aux Opticiens.

L'endroit par lequel on connoît principalement l'ouvrage de *Grégori*, est la découverte du Télescope à réflection. Mais il y a peu de personne qui sçachent, & les motifs qui engagerent cet Auteur à tenter cette construction, & celle qu'il avoit imaginée, & qui est en grande partie cause de son peu de réussite.

Une des choses que *Grégori* examinoit dans son Optique, étoit la forme des images des objets, produites par les miroirs ou les verres. Il remarquoit que les verres ou les miroirs sphériques, ne peignent pas dans un même plan les images des objets plans & perpendiculaires à l'axe du Télescope, mais que ces images sont courbes & concaves du côté de l'objectif. Cela lui donna l'idée de chercher à corriger ce défaut, & il trouva que des verres ou des miroirs qui auroient des courbures de sections coniques, rendroient exactement planes les images des objets plans qui n'auroient pas une trop grande étendue. Dans cette idée, il eut bien voulu substituer aux verres sphériques des verres elliptiques ou paraboliques : mais connoissant les vains efforts qu'on avoit faits pour en travailler de semblables, il se tourna du côté des miroirs à réflection qu'il jugea, sur de fausses apparences, plus aisés à former, & il imagina son Télescope à réflection. Il le composoit conformément à ses principes, de deux miroirs concaves. L'un parabolique placé au fond du tube, devoit former à son foyer l'image des objets situés à une grande distance, & aux environs de son axe prolongé. Ce foyer devoit coincider avec celui d'un miroir elliptique plus petit, qui, recevant les rayons sortans de cette image, en auroit formée une nouvelle égale & semblable à la premiere, à peu de distance du fond du miroir parabolique, qui étoit percé à son sommet d'un trou propre à recevoir une oculaire, avec laquelle on auroit considéré cette image, comme cela se fait dans les Télescopes ordinaires.

Il y a apparence, & M. *Newton* l'indique quelque part, que ce fut cette prédilection mal-à-propos donnée à des miroirs elliptiques ou paraboliques, qui fit échouer M. *Grégori*. Sa théorie sur l'incurvation des images est vraie, à la rigueur; mais les miroirs ou les verres qu'on prend pour objectifs dans les Télescopes, sont de trop petites portions de sphere, pour que cette incurvation soit sensible. D'ailleurs *Grégori* étoit dans l'erreur lorsqu'il pensoit qu'il fût plus facile de former un miroir parabolique ou elliptique propre à peindre distinctement une image, qu'à former de bons verres d'une forme semblable. Aussi s'épuisa-t'il en efforts inutiles pour se procurer les miroirs qu'il desiroit, & il ne put parvenir à voir aucun objet distinctement. *Newton* conduit par des motifs différens, & se bornant à des miroirs sphériques, eut au contraire le succès que tout le monde sçait, & dont nous rendrons compte dans un article de ce Livre.

I I.

Du D. Barrow.

Voici encore un compatriote de *Grégori*, qui cultiva avec beaucoup de succès la théorie de l'Optique. C'est le célebre Isaac *Barrow*, dont nous avons déja fait mention plusieurs fois, comme d'un des premiers Géometres de son tems. Ses *Leçons Optiques* (*a*) sont dignes de figurer à côté de ses *Leçons Géométriques*, avec lesquelles elles virent le jour en 1674. Dans cet ouvrage, M. *Barrow* quittant la route frayée par les autres Opticiens, s'attacha principalement à discuter des questions qui n'avoient point encore été traitées, ou qui n'étoient pas encore suffisamment éclaircies. De ce nombre est entr'autres la théorie des foyers des verres formés de différentes convexités ou concavités combinées d'une maniere quelconque. Hors un petit nombre de cas, comme ceux où les convexités étoient égales, & les rayons paralleles à l'axe, on ne déterminoit les foyers de ces sortes de verres que par l'expérience. *Barrow* donne la solution complete du problême, & enseigne par une formule fort élégante, à déterminer ces concours dans tous

(*a*) *Is Barrowii Lect. Op.* Cant. 1674, in-4°. *Iterùm* 1729, Lond. in-4°.

les cas, de rayons incidens paralleles, convergens ou divergens. Je ne dis rien d'une multitude d'autres déterminations curieuses d'Optique & de Géométrie mixte, pour m'arrêter à une question célebre en Optique, & sur laquelle *Barrow* me paroît avoir jetté assez heureusement quelque jour.

Cette question concerne la détermination du lieu apparent des objets vus par réflection, ou par réfraction. La plûpart des Opticiens avoient pris jusque-là pour principe de cette détermination, que chaque point paroît dans le concours du rayon réfléchi ou rompu avec la perpendiculaire tirée de ce point sur la surface réfringente ou réfléchissante. On se l'étoit persuadé, en partie par une espece d'analogie tirée de ce que dans les miroirs plans on apperçoit l'objet dans ce concours, en partie par une expérience qui paroissoit concluante. Lorsqu'on éleve perpendiculairement sur une surface convexe ou concave une ligne droite, on croit voir son image former avec elle une seule ligne : il en est de même lorsqu'on plonge en partie, & perpendiculairement dans l'eau une ligne droite; la partie plongée paroît, à la vérité, rétrecie en longueur, mais son image du moins considérée avec une attention médiocre, & dans certaines circonstances, paroît encore former une ligne droite avec la partie hors du fluide ; ce qui semble prouver que chaque point de l'objet est vu dans le concours que nous avons dit plus haut.

Ce principe, qui est la base de toute la catoptrique & la dioptrique anciennes, parut, malgré ces preuves, suspect à M. *Barrow* ; & d'abord à le considérer du côté métaphysique, il y a de grandes raisons de le soupçonner d'erreur. Par quelle cause effectivement la perpendiculaire d'incidence auroit-elle la propriété de contenir l'image de l'objet? Ce qui n'a aucune réalité physique ne sçauroit engendrer aucun effet ; & c'est là le cas de cette perpendiculaire, qui n'est qu'un être imaginaire, semblable au centre de la terre, vers lequel, si les corps tendent, ce n'est pas par l'énergie de ce centre, comme le penserent ridiculement les Anciens, mais parce que l'action réunie de toutes les parties de la terre imprime au corps une direction moyenne passant par ce point. Ainsi voilà déja une grande raison de se défier de ce principe. Quant aux expériences ſur leſquelles on tâche de l'appuyer, M. *Barrow* les regarde avec raiſon comme peu déciſives, à cauſe de la difficulté d'appercevoir la courbure de cette ligne. Il prétend même que la derniere expérience ci-deſſus étant faite avec l'attention convenable, n'eſt rien moins que favorable au principe ci-deſſus. Si l'on plonge, dit-il, perpendiculairement dans l'eau, un filet éclatant, dont partie ſoit au-deſſus de la ſurface, & partie au-deſſous, & qu'on regarde obliquement, on verra l'image de la partie plongée dans l'eau, ſe détacher ſenſiblement de celle de la partie extante, qui eſt, ſuivant les regles de la Catoptrique, dans la perpendiculaire. Ainſi il n'eſt point vrai que dans la réfraction, l'image de l'objet paroiſſe dans le concours du rayon rompu prolongé, & de la perpendiculaire; & il faut en juger de même dans le cas de la réflection.

M. *Barrow* a donc cherché un autre principe plus ſolide que le précédent, & il a cru l'avoir trouvé. Il prétend que chaque point de l'objet paroît dans le concours ou la pointe du faiſceau des rayons, qui entrent dans l'ouverture de la prunelle. Ce ſentiment, s'il n'eſt pas le véritable, eſt du moins très-raiſonnable. En effet, nous ne jugeons du lieu d'un objet que par la ſenſation que produit ſur notre œil l'inclinaiſon plus ou moins grande avec laquelle arrivent les rayons deſtinés à peindre l'image ſur la rétine. Car, ſuivant cette inclinaiſon plus ou moins grande, l'œil, par un mouvement naturel, doit s'alonger ou s'applatir pour appercevoir l'objet diſtinctement. Il paroît donc qu'on doit regarder le ſommet de chacun de ces pinceaux, comme le lieu apparent de chaque point de l'objet, & toutes les fois que ces rayons contraints par une réflection ou une réfraction, tomberont ſur un œil avec une divergence particuliere, l'œil jugera le point d'où ils viennent, au ſommet du cône formé par ces rayons prolongés.

Conſéquemment à ce principe, M. *Barrow* recherche dans quel point concourent les rayons infiniment voiſins ſortis de chaque point de l'objet, & qui après une réfraction ou une réflection, vont tomber dans l'œil. Et il trouva que ſi la ſurface réfringente eſt une ſurface plane, & que la réfraction ſe faſſe d'un milieu plus denſe dans un plus rare, ce concours eſt toujours, à l'égard de l'œil, en deçà de la perpendiculaire d'incidence (*a*). Dans un miroir convexe, il en eſt de même; c'eſt-à-dire, que le concours des rayons infiniment proches, eſt en deçà de cette perpendiculaire: ſi le miroir eſt plan, ce concours eſt dans la perpendiculaire; enfin, il eſt au-delà, ſi le miroir eſt concave. *Barrow* détermine auſſi, d'après ces principes, quelle forme prend l'image d'une ligne droite préſentée de différentes manieres à un miroir ſphérique, ou vue au travers d'un milieu réfringent; ſur quoi il donne diverſes déterminations géométriques, curieuſes & élégantes.

On voit par tout ce que nous venons de dire, que le Docteur *Barrow* toucha de fort près, à la découverte des cauſtiques; car ces courbes ne ſont autre choſe que la ſuite de toutes les images du même point, vu par réflection ou par réfraction de toutes les places différentes que l'œil peut occuper. Il eſt même ſurprenant que ce Géometre, porté comme il étoit d'un goût décidé vers tout ce qui ſe rapprochoit de la Géométrie pure & ſublime, n'ait pas recherché le lieu ou la courbe de tous ces points. Et il ſe pourroit bien faire que ce fût l'inſpection de cet endroit des *Leçons* de *Barrow*, qui eût donné lieu à M. *Tchirnhauſen* d'entrer dans cette conſidération.

Quelque vraiſemblable que ſoit le principe ci-deſſus, la candeur du D. *Barrow* ne lui permet cependant pas de taire une expérience, d'où naît une objection à laquelle il convient lui-même ne ſçavoir que répondre. La voici: qu'on place un objet au-delà du foyer d'un verre, & qu'on applique d'abord l'œil tout contre ce verre: on verra l'objet confuſément, mais il paroîtra à peu près dans ſa place. Qu'on éloigne enſuite l'œil du verre, la confuſion augmentera, & l'objet ſemblera approcher; enfin lorſque l'œil ſera fort près du point de concours, la confuſion ſera extrême, & l'objet paroîtra tout contre l'œil. Or dans cette expérience l'œil ne reçoit que des rayons convergens, & par conſéquent dont le concours, loin d'être au devant, eſt derriere lui. Cependant il apperçoit l'objet au devant, & il juge, ſinon diſtinctement, du moins confuſément de ſa diſtance; ce qui ne paroît rien moins que facile à concilier avec le principe dont nous parlons.

(*a*) Ce problême ſe réſoud aujourd'hui facilement par le calcul différentiel. C'eſt pourquoi nous laiſſons au lecteur le plaiſir d'en chercher la ſolution.

Après avoir beaucoup réflechi ſur cette difficulté, j'avois imaginé une réponſe que j'ai depuis appris, en liſant l'Optique du D. *Smith*, avoir été faite par le D. *Berckley*, Evêque de Cloyne, dans ſon *Eſſai ſur une nouvelle théorie de la viſion.* Lors, diſois-je, que l'œil reçoit des rayons convergens, alors, comme l'on ſçait, les pinceaux des rayons rompus par les humeurs de l'œil, qui devroient être rencontrés par la rétine préciſément à leur ſommet, le ſont après ce point de réunion : & c'eſt-là ce qui produit la confuſion, chaque point de l'objet ayant alors pour image, non un point, mais un petit cercle. Or cet effet eſt le même que ſi ces rayons venus de l'objet étant trop divergens, les pinceaux formés dans l'œil, euſſent été rencontrés par la rétine avant leur ſommet : cependant dans ce dernier cas, on ne laiſſe pas de juger de la diſtance. On doit donc pouvoir le faire de même dans le premier, quoique les rayons, loin de diverger d'un point placé au devant de l'œil, convergent vers un point au-delà. Car là où l'impreſſion ſur l'organe eſt la même, le jugement doit être le même.

Voilà en ſubſtance le raiſonnement du Docteur *Berckley*. Mais je ne puis diſſimuler une difficulté que fait le Docteur *Smith* (*a*). C'eſt que ſi cette réponſe étoit ſuffiſante, dans l'expérience de *Barrow* l'objet devoit toujours paroître à une diſtance moindre de l'œil, que celle à laquelle on commence à voir les objets diſtinctement. Cependant cela n'arrive pas : l'objet paroît confus, & ſemble paſſer ſucceſſivement par toutes les diſtances moindres que celle où l'œil nu le jugeroit. Ainſi, dit M. *Smith*, il faut chercher une autre ſolution, ou un autre principe ſur la diſtance apparente des objets.

M. *Smith* a pris ce dernier parti, & voici le principe qu'il propoſe, & qu'il tâche d'établir. Il penſe qu'un objet vu par réfraction ou par réflection, paroît toujours à une diſtance d'autant moindre, qu'il eſt plus augmenté (*b*), ou, ce qui eſt la même choſe, qu'on le juge à la même diſtance à laquelle on le jugeroit s'il paroiſſoit à l'œil nu de la même grandeur qu'à travers le verre ou dans le miroir. Ainſi, pour rendre ceci ſenſible par un exemple, lorſqu'à l'aide d'un inſtrument

(*a*) *Syſt. of Opticks.* art. 139, T. II.
(*b*) *Ibid.* & *Remarcks.* art. 178.

optique

optique, on voit l'objet double, il paroîtra rapproché de la moitié. Lors donc que dans l'expérience du Docteur *Barrow*, on regarde au travers d'un verre convexe, un objet situé au delà de son foyer, l'œil étant tout près du verre, on voit cet objet confusément, par les raisons connues de tout le monde; mais on le voit sensiblement de la même grandeur, & conséquemment on le juge à la même distance. Eloigne-t'on l'œil du verre, l'apparence de l'objet, quoique de plus en plus confuse, augmente: il semble approcher, jusqu'à ce qu'il paroisse tout proche de l'œil.

Voilà l'expérience du D. *Barrow* assez heureusement expliquée, & M. *Smith* prétend que son principe satisfait de même à toutes les expériences que l'on peut proposer, mais c'est un point sur lequel je ne sçaurois être entiérement de son avis. Je conviens qu'un objet vu au travers d'un Télescope, paroît d'autant plus rapproché, qu'il est davantage augmenté, & au contraire; mais lorsque je considere un objet au travers d'une simple lentille convexe, ou dans un miroir convexe ou concave, je crois appercevoir tout le contraire de ce que prétend M. *Smith*. Tous les Opticiens ont, je pense, regardé jusqu'ici comme certain que l'image des objets vus dans un miroir convexe, paroissent moins éloignés de sa surface que les objets même, & au contraire dans les miroirs concaves. Et la chose me paroît ainsi, quelqu'effort que je fasse pour me la représenter autrement. Je crois aussi pouvoir démontrer que lorsqu'on voit un objet au travers d'un verre convexe, on le juge plus éloigné qu'à la vue simple. Car qu'on pose une lentille convexe sur un papier écrit, ou tel autre objet qu'on voudra, qu'on la retire vers l'œil en regardant au travers, on verra l'objet s'éloigner d'une maniere très-sensible, à mesure qu'il sera davantage grossi. Que si l'on doute encore qu'un objet vu au travers d'une lentille convexe, paroisse plus éloigné que vu à l'œil nu, voici une autre expérience qui en convaincra, & qui m'a servi à convaincre quelques personnes qui s'étoient d'abord décidées pour le contraire. Je les invitai à regarder de haut en bas, au travers d'une pareille lentille, le bord d'une table, & de tâcher ensuite avec le doigt de le toucher. Il n'y en eut aucune qui ne portât le doigt plus bas qu'il ne falloit, loin de le porter plus haut, comme elles auroient dû faire, si elles eussent jugé l'objet plus proche. Je crois donc, fondé sur cette expérience qui me paroît décisive, pouvoir prétendre qu'un verre convexe éloigne plutôt qu'il ne rapproche l'apparence des objets vus au travers. Je crois enfin trouver dans l'expérience rapportée par le D. *Barrow*, pour prouver la fausseté de l'opinion qui place le lieu apparent de l'image dans le concours du rayon rompu, & de la perpendiculaire sur le milieu réfringent; je crois, dis-je, trouver dans cette expérience une nouvelle difficulté qui renverse le système de M. *Smith*. Car, suivant ce système, lorsqu'on voit obliquement de dehors une eau tranquille, une perpendiculaire à la surface de cette eau plongée au dedans, chacune de ses parties paroît d'autant plus diminuée qu'elle est plus profondément placée. Ainsi, si chaque partie devoit paroître d'autant plus éloignée qu'elle est plus diminuée, les parties les plus basses devroient paroître au delà de la perpendiculaire, & l'apparence de la ligne entiere seroit une courbe placée au delà de cette perpendiculaire; cependant, suivant le Docteur *Barrow*, c'est une courbe qui tombe en deçà. C'est pourquoi le principe imaginé par M. *Smith*, ne me paroît pas satisfaire encore suffisamment aux phénomenes. A la vérité l'objection faite contre celui du D. *Barrow*, reste encore presque en entier; mais malgré cette difficulté, nous croyons, à l'exemple de ce Sçavant, devoir nous en tenir à son principe, jusqu'à ce qu'on ait trouvé quelque chose de plus satisfaisant. Je me fonde de même que lui sur ce que cette difficulté tient à quelque secret de la nature, qui n'a pas encore été pénétré, & qui ne le sera peut-être que lorsqu'on aura fait de nouvelles découvertes sur la nature de la vision. *Nimirùm*, dit-il, *in præsenti casu peculiare quiddam, naturæ subtilitati involutum delitescit, ægrè fortassis nisi perfectius explorato videndi modo detegendum*. Nous finirons aussi cette discussion par ces paroles, & en invitant les Opticiens à approfondir davantage une question si intéressante.

III.

L'Optique ne connoissoit encore jusqu'au delà du milieu du siecle passé, que deux causes de changement de direction pour la lumiere; la rencontre des corps opaques qui la fait réfléchir, & le passage oblique d'un milieu dans un autre de différente densité, qui produit sa réfraction. Si jusqu'à cette époque on eût demandé aux Opticiens ce qui devoit arriver à un rayon de lumiere qui effleureroit un corps sans le toucher, la réponse eût paru facile. Aucun n'eût hésité à répondre que ce rayon de lumiere continueroit son chemin en ligne droite. Qui eût pu soupçonner, sans le secours de l'expérience, que le simple voisinage des corps soit pour la lumiere une cause de changement de direction.

Découverte de l'inflexion de la lumiere.

C'est-là cependant le phénomene que découvrit le Pere *Grimaldi*, & qu'il annonça aux Sçavans en 1666, dans son Livre *De lumine, coloribus & Iride*. Ce compagnon des travaux astronomiques du Pere *Riccioli*, ayant introduit dans la chambre obscure par un trou excessivement petit, un rayon de lumiere, lui exposa, nous ignorons dans quelles vues, un cheveu & d'autres corps déliés de cette espece. Il fut fort surpris à l'aspect de l'ombre large qu'il leur vit jetter. Il la mesura, aussi-bien que la distance du trou d'où divergeoit la lumiere jusqu'à l'objet, & il s'assura par-là que cette ombre étoit beaucoup plus grande qu'elle n'eût dû être, si les rayons qui avoient effleuré ces corps, eussent continué leur route en ligne droite. Il observa aussi que le cercle de lumiere formé par un très-petit trou percé dans une lame déliée de métal, étoit plus grande qu'elle ne devoit être, eu égard à la divergence des rayons solaires, & delà il conclut, malgré ses répugnances, que les rayons de lumiere dans le voisinage de certains corps, y éprouvent un certain fléchissement; c'est-là ce qu'il appella du nom de *diffraction*, & que depuis M. *Newton*, qui a répété ces expériences, & qui les a beaucoup plus variées & approfondies, a appellé *inflexion*. Le Pere *Grimaldi* fit encore l'importante remarque de la dilatation du faisceau des rayons solaires, causée par le prisme. Mais il ne faut pas en conclure avec un Ecrivain du même corps, qu'il connut la différente réfrangibilité de ces rayons. Il n'en soupçonna rien, & cet effet il l'attribua seulement à un certain éparpillement irrégulier causé par les parties du prisme. L'ouvrage de *Grimaldi*, est enfin rempli de quantité d'expériences curieuses sur la lumiere & les couleurs. C'en est le principal mérite; car sa Physique est d'ailleurs du goût de la patrie de cet Auteur, pays, qui, quoiqu'il ait donné au monde les *Galilée*, les *Torricelli*, &c. n'a rien moins été que des premiers à ſecouer le joug d'*Ariſtote*.

I V.

Des écrits & des inventions de divers Opticiens.

Quoique nous touchions de fort près aux découvertes ſublimes dont M. *Newton* a enrichi l'Optique, qu'il nous ſoit permis d'en différer encore pour quelques momens le récit, afin de rendre compte des écrits & des travaux de divers Opticiens ſes contemporains, qui revendiquent ici une place. Cette énumération nous la commençons avec juſtice par M. *Huyghens*. L'Optique, de même que les autres parties des Mathématiques, a des obligations à cet homme célebre. Il s'y étoit beaucoup addonné dans ſa jeuneſſe, & les éditeurs de ſes Œuvres nous apprennent que la plus grande partie de ce que contient ſa *Dioptrique*, eſt l'ouvrage de ce tems de ſa vie. Dans la ſuite, M. *Newton* ayant découvert la différente réfrangibilité de la lumiere, & ouvert par-là aux Opticiens une nouvelle carriere, M. *Huyghens* y entra auſſi le premier, & ajouta à ce Traité diverſes choſes concernant la diſtinction des images dans les inſtrumens optiques. M. *Huyghens* négligea néanmoins toute ſa vie de mettre au jour cet ouvrage. Il n'a paru qu'après ſa mort parmi ſes Œuvres poſthumes. M. *Newton* en faiſoit beaucoup de cas, à cauſe de la méthode purement géométrique, & dans le goût des Anciens, qui regne dans ce Livre. Nous ne pouvons cependant diſſimuler qu'il faudroit avoir du courage pour entreprendre de s'y inſtruire de cette ſcience.

M. *Huyghens* ne ſe borna pas à la théorie de l'Optique. Perſuadé de l'importance de la partie pratique, pour porter plus loin les découvertes céleſtes, il mit lui-même la main à l'œuvre; & aidé de ſon frere aîné, à qui il avoit inſpiré du goût pour les mêmes travaux, il parvint à ſe fabriquer, comme on l'a dit ailleurs, des Téleſcopes fort ſupérieurs à ceux qui étoient ſortis juſque-là des mains des Artiſtes les plus renommés en ce genre. Il ſe fit des objectifs qui avoient juſqu'à 210 pieds du foyer. Sa maniere de travailler ces verres, il l'a expliquée dans ſon *Comment. de vitris poliendis*, qu'on lit parmi ſes Œuvres poſthumes. M. *Huyghens* s'eſt encore fait un nom parmi les Opticiens, par un systême fort ingénieux sur la nature de la lumiere, & la cause de la réfraction (*a*). Comme nous l'avons fait connoître, & même développé dans le Livre III, nous nous bornons ici à cette indication; nous ajouterons seulement qu'on trouve dans cet écrit, un essai ingénieux d'explication, des réfractions singulieres que la lumiere éprouve dans le crystal d'Islande. On a enfin dans le Recueil de ses Œuvres posthumes, un Traité *des Couronnes & des Parhélies*, phénomenes que personne n'avoit encore réussi à expliquer. M. *Huyghens* le fait avec assez de succès; il en trouve la cause dans des gouttes de neige sphériques ou cylindriques, environnées d'une couche d'eau ou de glace transparente, qui flottent dans l'air; & la maniere assez satisfaisante dont il déduit delà les phénomenes singuliers de divers parhélies extraordinaires, donne à son explication une grande vraisemblance.

Après les écrits de M. *Huyghens* sur la Dioptrique, un des meilleurs ouvrages sur le même sujet, est la nouvelle Dioptrique (*new Dioptrick*) de M. *Molyneux* (*b*), qui vit le jour en 1693, in-4°. Il y regne beaucoup de simplicité, & de sçavoir. Les *Fragmens de Dioptrique* de M. *Picard*, publiés la même année parmi les Mémoires de divers Académiciens, méritent aussi attention. On a fait cas des *Elémens* Latins de Dioptrique & de Catoptrique que David *Grégory* donna en 1695. Ils ont été réimprimés en 1735, augmentés d'un curieux Appendix, contenant diverses Lettres de Jacques *Grégory* son oncle, & de *Newton*, sur le Télescope à réflection. La *Synopsis Optica*, du Pere *Fabri*, seroit un ouvrage utile par sa clarté & sa précision, si son Auteur, à son ordinaire trop précipité, n'avoit pas donné dans plusieurs lourdes erreurs. La *Dioptrique oculaire & la vision parfaite*, du Pere *Chérubin d'Orléans*, Capucin, sont les deux Tomes d'un ouvrage curieux pour les Artistes opticiens. Dans le dernier, ce Pere tâche de mettre en honneur son Télescope binocle, invention déja proposée

(*a*) Voy. *Tract. de lumine.*

(*b*) M. Guillaume Molyneux, membre de la Société Royale, naquit à Dublin en 1656, & y mourut en 1698. Outre sa nouvelle Dioptrique, on a de lui un ouvrage intitulé, *Sciothericum Telescopicum* (1687. in-4°.), & quelques Mémoires dans les Transactions. Son fils, M. Samuel Molyneux, marchoit sur ses traces, lorsqu'il fut fait un des Commissaires de l'Amirauté; ce qui a suspendu ses travaux astronomiques & optiques.

par ſon confrere le Pere de *Rheita :* on peut voir ce que nous en avons dit à la fin de l'Article V du Livre III. Je me borne à citer les titres de quelques autres livres d'Optique, comme le *Nervus Opticus* du Pere *Traber ;* l'*Oculus artificialis* de *Zahn*, *&c.* Ces Livres, de même que divers autres que j'omets, n'ont rien de remarquable que quelques curioſités optiques. Je paſſe à des choſes plus intéreſſantes qu'une pareille énumeration.

Vers ce tems, nous voulons dire peu après le milieu du dix-ſeptieme ſiecle, on travailloit de toutes parts avec ardeur à perfectionner les moyens que l'Optique nous fournit, ſoit pour pénétrer dans les Cieux, ſoit pour reconnoître les plus petits objets de la nature. Euſtache *Divini* en Italie ſe fit une grande réputation dans ce genre, *Campani* néanmoins le ſurpaſſa par l'excellence & la longueur de ſes Téleſcopes. Ce furent ces inſtrumens qui montrerent pour la premiere fois à M. *Caſſini* les deux Lunes les plus voiſines de Saturne. Ils furent faits par ordre de Louis XIV, & il y en avoit un de 130, un de 150, & un troiſieme de 205 palmes de foyer; ce qui revient à environ 86, 100, & 136 de nos pieds. *Campani* en fit peu, à la vérité de cette longueur, mais les Aſtronomes employent tous les jours de moindres objectifs de ce célebre Artiſte, qui ſont dans une très-grande eſtime.

Quelques longs que ſoient les objectifs d'*Huyghens* & de *Campani*, ils le cedent à quelques-uns qu'on fit en France vers le même tems. M. *Auzout* étoit venu à bout de faire un objectif de 600 pieds de foyer (*a*). Mais il ne put avoir le plaiſir de l'eſſayer, par la difficulté de trouver un emplacement convenable. Pierre *Borel*, de l'Académie Royale des Sciences, qu'il ne faut point confondre, comme je l'ai vu faire ſouvent, avec *Borelli*, annonçoit dans les Journaux des années 1676 & 1678, qu'il étoit en poſſeſſion d'une méthode ſûre & aiſée, pour faire des objectifs de Téleſcopes de toutes ſortes de longueurs, même de pluſieurs centaines de pieds de foyer, dont il offroit quelques-uns aux obſervateurs qui voudroient en faire l'acquiſition. M. *Hook* a auſſi propoſé dans ſa Micrographie, une invention propre à travailler des verres d'un foyer ſi long qu'on voudra. Elle ſeroit bonne, ſi tout ce que l'on propoſe

(*a*) Lettre à l'Abbé Charles, &c. *Anc. Mém.* T. I.

dans la théorie étoit également bon dans la pratique; mais M. *Auzout* fit à ce sujet des observations auxquelles M. *Hook* n'auroit bien répondu que par quelque verre de 300 ou 400 pieds de foyer sorti de sa machine. Nicolas *Hartzoecker* enfin, est parvenu à se procurer des objectifs de 600 pieds de foyer, & même, à ce que j'ai lu quelque part, au delà. Il nous a appris la maniere dont il les travailloit (*a*), & c'est, je crois, la seule dont on puisse former des verres d'une convéxité si peu sensible. Il ne se servoit point de bassins ou de formes de métal, comme avoient fait jusque-là les Opticiens. Il prenoit une plaque de verre plus large d'environ un tiers que le verre qu'il vouloit travailler; & il la creusoit un peu par le moyen du sable & d'un verre beaucoup moins large; ensuite il commençoit à travailler dans cette espece de bassin le verre qu'il vouloit faire. On sent aisément que ce verre & son bassin devoient bien-tôt prendre une forme exactement sphérique; car il n'y a que deux surfaces sphériques, ou exactement planes, qui puissent s'appliquer continuellement dans tous leurs points, en glissant ou frottant l'une sur l'autre. Il continuoit ainsi à travailler ce verre jusqu'à ce qu'il fût suffisamment préparé au poli, après quoi il le polissoit grossiérement, & en le combinant avec un verre d'un foyer exactement connu, & les exposant au Soleil, il déterminoit la distance de son foyer. Cet essai lui faisoit connoître si son bassin étoit suffisamment creux, ou s'il l'étoit trop ou trop peu. Dans le premier cas, il n'y avoit plus qu'à remettre le verre dans le bassin, & à l'adoucir au point nécessaire pour être susceptible du poli parfait. Dans le second, il redressoit le bassin, ou il le creusoit davantage, jusqu'à ce que l'essai lui montrât que le verre avoit à peu près les dimensions requises. Je dis à peu près; car il est aisé de voir qu'on ne sçauroit par ce moyen faire un verre d'un foyer d'une longueur précisément donnée; mais comme cela est très-peu important, ce n'est point une objection contre la méthode que nous venons de décrire. Au reste, le mérite de toutes ces inventions a beaucoup diminué depuis la découverte du Télescope à réflection. Un Télescope de cette derniere forme, & d'un petit nombre de pieds, équivaut facilement à un in-

(*a*) Essais de Dioptrique.

comparablement plus long de l'ancienne conſtruction. Il eſt même facile de prouver qu'un Téleſcope à réfraction de 1000 pieds de longueur, en ſuppoſant qu'il fût facile de s'en ſervir, égaleroit à peine l'effet de certains Téleſcopes à réflection que l'on conſtruit aujourd'hui. En effet, la moindre oculaire qu'on pût donner à un verre de 1000 pieds, en le ſuppoſant même excellent, ſeroit au moins d'un pied de foyer. Le Téleſcope formé de ces verres ne groſſiroit donc que mille fois en diametre. Or l'on a des Téleſcopes à réflection qui n'ont pas plus de neuf à dix pieds, & qui groſſiſſent juſqu'à 1200 fois, avec une grande diſtinction.

Nous ne nous arrêterons donc pas davantage ſur ces tentatives pour ſe procurer des verres de très-longs foyers, & nous omettrons même à deſſein pluſieurs choſes que nous pourrions encore dire ſur ce ſujet pour paſſer au Microſcope. Il y en a, comme on l'a déja dit, de deux eſpeces, les ſimples & les compoſés. Ces derniers ne nous offrent rien de nouveau; mais on a fait ſur les premiers quelques obſervations curieuſes qui méritent de trouver place ici.

Les Microſcopes ſimples, ſont, comme l'on ſçait, ceux qui ſont formés d'un ſeul verre d'un foyer très-court, par exemple, de quelques lignes, & au deſſous. Mais comme des lentilles d'un foyer auſſi court, ſont très-difficiles à travailler, divers Opticiens ont pris le parti de leur ſubſtituer de petits globules de verre fondus à la flamme de la lampe d'un émailleur. Il eſt facile de s'en procurer de ſemblables. Un très-petit fragment de verre pur étant préſenté à la flamme bleue d'une bougie, par le moyen d'une aiguille mouillée à laquelle il ſe tient attaché, il ſe fond, & il ſe forme en globule. J'ai remarqué que ce ſont des fragmens de filets d'aigrette qui ſe fondent avec le plus de facilité, & qu'il eſt au contraire quelquefois aſſez difficile de mettre en fuſion des fragmens de glace ordinaire. Lorſqu'on a pluſieurs de ces globules, on choiſit les plus parfaits, ſoit pour la forme, ſoit pour la tranſparence: on en renferme un entre deux minces plaques de cuivre, percées chacune d'un trou un peu moindre que ſon diametre, & voilà un Microſcope ſimple conſtruit. M. *Huyghens* montre dans ſa Dioptrique, qu'un globule d'une dixieme partie de pouce de diametre, groſſit cent fois en largeur

geur le petit objet qu'on regarde à travers ; & comme il eſt aiſé de faire de pareils globules qui aient moins d'une demi-ligne de diametre, on peut avoir, ſans beaucoup de frais, un Microſcope qui groſſiſſe deux à trois cent fois en largeur. Sans l'incommodité d'appliquer certains objets à de pareils Microſcopes, l'Optique n'auroit plus rien à deſirer en ce genre, & l'invention la plus ſimple ſeroit en même tems le comble de la perfection où l'art peut atteindre. Ces difficultés n'ont cependant pas arrêté quelques obſervateurs, *Hartzoecker*, par exemple. C'eſt au moyen de ces verres qu'il vit dans la ſemence des animaux, ces animalcules qui donnerent lieu à un nouveau ſyſtême ſur la génération, qui a été pendant quelque tems en crédit. Quant à *Leewenhoeck*, ſi célebre par ſes obſervations microſcopiques, il n'employoit point de pareils globules dans ſes Microſcopes, comme on l'a dit dans divers Livres. Il ſe ſervoit de lentilles d'un foyer fort court, préférant beaucoup de clarté à un aggrandiſſement extrême. Ce fait nous eſt appris par M. *Folkes*, dans les *Tranſactions Philoſophiques* de 1723.

M. *Gray* (*a*) nous a appris à conſtruire encore à moins de frais d'excellens Microſcopes ſimples ; une très-petite goutte d'eau miſe avec le bec d'une plume dans le trou d'une plaque de cuivre très-mince, s'y arrondira en ſphere, & tiendra lieu d'une de verre. A la vérité, elle groſſira moins, mais il ſera facile de regagner par la petiteſſe ce que l'on perd à cauſe de la différence des matieres. M. *Gray* a fait encore une remarque tout-à-fait curieuſe ſur ce ſujet. Ayant obſervé dans des globules de verre, que les petits corps hétérogenes qu'ils renfermoient, paroiſſoient dans certains cas extraordinairement groſſis & comme s'ils euſſent été dehors, il conjectura qu'une goutte ronde d'eau remplie des petits animaux qu'elle contient quelquefois, les lui feroit appercevoir, de même que le globule de verre lui montroit les corps renfermés dans ſon intérieur. Il le tenta, & cela lui réuſſit au delà de ſes eſpérances. Un petit globule d'eau qui devoit contenir de ces animaux, ayant été placé comme on a dit plus haut, & étant regardé à la lumiere, les lui fit appercevoir ſi prodigieuſement groſſis,

(*a*) *Tranſ. Phil.* n°. 221, 223. *Opt. de Smith.* L. III, c. 18.

qu'il lui fallut chercher pourquoi ils l'étoient tant. Nous en donnerons ici une raison sensible pour les lecteurs les moins versés dans la théorie de l'Optique. Il suffit de remarquer qu'un semblable Microscope est un Microscope à réflection & à réfraction. La partie antérieure tient lieu d'un miroir concave, qui grossit les objets placés entre sa surface & le foyer. Ce miroir réfléchit donc vers la partie antérieure de la goutte, les rayons de ces petits objets, comme s'ils venoient de leur image qui est beaucoup plus grande qu'eux. On trouve enfin par le calcul que ces objets doivent paroître $3\frac{1}{3}$ aussi gros que s'ils eussent été appliqués à la maniere ordinaire au foyer du globule.

On s'étonneroit avec justice que parmi les inventions optiques, que nous parcourons dans cet article, nous ne donnassions aucune place aux miroirs ardens, dont plusieurs firent tant de bruit vers le même tems. L'histoire de ces instrumens singuliers ne peut que bien figurer dans un ouvrage tel que celui-ci. Dans cette vue nous allons rassembler, d'après différens Auteurs, ce qu'ils nous rapportent de plus mémorable sur ce sujet.

Le plus grand miroir ardent qui eût été exécuté avant le milieu du dix-septieme siecle, étoit, je crois, celui de *Magin*, qui avoit 20 pouces de diametre. C'étoit déja quelque chose; mais peu après cette époque, divers Artistes & Opticiens allerent beaucoup plus loin. *Septala*, Chanoine de Milan, en fit un dont parle le Pere *Schot* dans sa Magie naturelle, qui brûloit à quinze pas; & nous lisons dans les *Transactions Philosophiques*, n°. 6, qu'il avoit cinq palmes ou près de trois pieds & demi de diametre. Un autre article des *Transactions*, (voyez n°. 40.) nous apprend que *Septala* avoit formé le projet d'en faire un autre de sept pieds de diametre, peut-être doit-on lire sept palmes. Quoi qu'il en soit, on ne sçait point, ou du moins je ne trouve nulle part quel a été le succès de cette entreprise.

Vers le même tems, il sortit des mains d'un Artificier de Lyon nommé *Villete*, un miroir qui l'emporte, à certains égards, sur celui de *Septala*. Il n'avoit que 30 pouces de largeur, mais comme il étoit portion d'une sphere plus petite, sçavoir seulement de 12 pieds de diametre, il brûloit à trois pieds, & son foyer, qui n'étoit que de la largeur d'un demi-louis de ce tems, étoit beaucoup moindre à proportion de sa surface, que dans celui du sçavant Milanois, de sorte que la chaleur y étoit considérablement plus grande. Aussi produisoit-il des effets singuliers, tels que de fondre ou percer en peu de secondes les métaux que la Chymie met le plus difficilement en fusion; de vitrifier en aussi peu de tems les pierres ou les terres sur lesquelles le feu a le moins de pouvoir, comme les creusets, &c (*a*). *Villette* en fit dans la suite un autre de 44 pouces de diametre, qui fut acheté par le Landgrave de Hesse; & j'ai oui parler d'un troisieme porté par *Tavernier* aux Indes, & donné à l'Empereur des Mogols. Le premier que Louis XIV avoit acquis, est aujourd'hui dans le Cabinet du Roi au Jardin Royal des Plantes.

Mais quelque remarquable que soit ce miroir, il est encore au dessous de celui que fit M. de *Tschirnhausen*, vers 1687. Celui-ci avoit près de trois aunes de Léipsick, c'est-à-dire, 4 pieds & $\frac{1}{2}$ de diametre, & il brûloit à la distance de 12 pieds. Il n'étoit point fait comme les autres, d'une mixtion de métaux fondus, mais d'une lame de cuivre de l'épaisseur de deux fois le dos d'un couteau, ce qui le rendoit léger, eu égard à sa grandeur. Ses effets étoient prodigieux; il mettoit sur le champ le feu au bois, il fondoit les métaux en peu de secondes, & il n'y avoit pas jusqu'à l'amiante qu'on répute comme inaltérable au feu, qu'il ne changeât en verre (*b*).

Cependant l'incommodité qu'on éprouve à se servir d'un miroir caustique à réflection, fit tenter à M. de *Tschirnhausen* de se procurer des lentilles de verre de la même grandeur. Il y réussit, & il sortit enfin de la Verrerie qu'il avoit établie en Saxe, une lentille de verre, de trois pieds de diametre, convexe des deux côtés, & dont le foyer étoit à 12 pieds de distance. Il est aisé de sentir que M. de *Tschirnhausen* avoit employé une machine à la travailler. Car elle pesoit, même achevée, 160 livres. Son foyer étoit d'un pouce & demi de largeur, mais pour augmenter la chaleur, on le rétrecissoit par le moyen d'une simple lentille; alors elle produisoit des effets de la même nature que les précédens, mais avec beaucoup plus de

(*a*) *Trans. Phil.* ann. 1665, n°. 6. Jour. des Sçav. Décembre 1679.

(*b*) *Act. Lips.* 1687, 1692.

vîtesse & d'intensité. Monseigneur le Duc d'Orléans l'acheta de M. de *Tschirnhausen*, & après s'en être servi quelque tems à des opérations chymiques auxquelles il s'amusoit, comme l'on sçait, il en fit présent à l'Académie Royale des Sciences qui le possede encore aujourd'hui.

Il y a eu des Artistes qui ont imaginé de faire des miroirs ardens à moins de frais. Je lis dans *Wolf* (*a*), qu'un Artiste habile de Dresde, nommé *Gærtner*, à l'imitation des miroirs de M. de *Tschirnhausen*, en fit de bois, qui produisirent des effets singuliers. La concavité de ce bois étoit apparemment enduite de quelque vernis très-uni, ou couverte de feuilles d'or battu, comme *Traber* dit l'avoir vu faire (*b*). Mais je ne laisse pas d'avoir beaucoup de peine à concevoir qu'un vernis, ou des feuilles d'or, puissent réfléchir la lumiere avec la force & la régularité suffisante pour produire de tels effets. Ce que dit néanmoins *Zahn* (*c*), est bien plus étonnant. Il raconte qu'un Ingénieur de Vienne nommé *Neuman*, fit avec du carton & de la paille collée, un miroir qui fondit les métaux. On peut, malgré ce témoignage, être un peu Pyrrhonien sur un pareil fait. Nous concevons plus facilement, ou plutôt nous n'avons aucune peine à concevoir, que de petits fragmens de miroirs plans arrangés dans la concavité d'un segment sphérique de bois, puissent former un excellent miroir concave. C'est-là, sans doute, la maniere la plus expéditive & la moins coûteuse qu'on puisse imaginer pour se faire un grand miroir ardent; & nous ne doutons point, vu la grande vivacité de la réflection qui se fait sur le verre, qu'un miroir semblable ne produisît des effets prodigieux.

M. de *Buffon* vient de renouveller les merveilles des miroirs de M. de *Tschirnhausen*. Il a eu l'idée de prendre des glaces de miroir, de les couper circulairement, & ensuite les astreignant par les bords, de les rendre concaves, par une pression appliquée au centre; cette idée lui a en effet réussi, & il s'est procuré par-là plusieurs glaces concaves, qui étant étamées, lui ont donné des miroirs excellens (*d*). Il vient d'en présenter un au Roi, qui a trois pieds de diametre, & qui produit les mêmes effets que ceux de *Villette* & de M. de *Tschirnhausen*. Je ne

(*a*) Elem. Catopt. c. IV.
(*b*) *Nervus Opt.* L. II, c. 12.
(*c*) *Oculus Art.* Fund. 3, Synt. 3, c. 10.
(*d*) Mém. de l'Acad. 1754.

dis rien ici de l'invention des miroirs d'*Archimede*, qu'il nous a rendue. Afin d'éviter les répétitions, je me borne à renvoyer à l'article d'*Archimede*, où ce qui concerne ces miroirs fameux est amplement discuté, & où l'invention de cet Académicien est suffisamment décrite.

V.

Découvertes de M. Newton sur les couleurs.

Il est peu de sujets qui aient plus long-tems occupé les Physiciens, & occasionné plus de conjectures infructueuses que les couleurs des corps, & celles dont le prisme paroît teindre les objets ou les rayons de la lumiere. Cette énigme si difficile à deviner, étoit réservé à la sagacité de M. *Newton*. Le génie de cet homme immortel, n'éclate pas moins dans cette découverte que dans celles dont il a enrichi le systême physique de l'Univers. Il semble même, à le considérer d'un certain côté, que *Newton* décomposant la lumiere, & établissant des conjectures très-probables sur les causes des couleurs des corps, est encore plus merveilleux que calculant les forces qui gouvernent les mouvemens célestes. C'eût été, sans doute, le jugement de *Platon*, lui, qui regardoit comme un attentat sur les droits de la Divinité que d'entreprendre de sonder ce mystere de la nature (*a*).

Nous ne nous arrêterons pas à rassembler ici les traits qui nous apprennent que les Anciens connurent les phénomenes du prisme. Encore moins en tirerons-nous avec un Auteur moderne (*b*), une sorte d'induction pour mettre en parallele la Physique ancienne avec la nouvelle. Connoître un phénomene, c'est être encore bien loin de l'expliquer; & c'est dans la découverte de la cause que consiste seulement le mérite du Physicien. Or il est certain que jusqu'à M. *Newton*, les Physiciens ne rendirent aucune raison satisfaisante du phénomene dont nous parlons. Les uns avoient cru la trouver dans l'inégalité de l'épaisseur du prisme, ou dans la différente situation des rayons; ce qui, suivant eux, occasionnoit une altération dans leur mouvement. C'est à quoi se réduit l'explication de *Descartes*, qui faisoit, comme l'on sçait, consister les couleurs

(*a*) Timæus.
(*b*) *Voyez* l'origine ancienne de la Physique nouvelle.

dans une certaine rotation des globules de la lumiere : il prétendoit assigner des raisons pour lesquelles ce mouvement devoit être accéléré dans les rayons qui passoient d'un côté du prisme, & retardé dans les autres ; l'accélération de ce mouvement devoit produire le rouge, & le retardement le bleu ou le violet. Mais ces raisons sont si arbitraires, qu'il lui eût été également facile d'expliquer le phénomene, s'il eût été tout-à-fait contraire. D'autres Philosophes trouvoient dans ce passage la cause d'un certain mêlange d'ombre avec la lumiere, mêlange dont, suivant eux, la quantité seule composoit les couleurs. Tous enfin s'étoient bornés à quelque raison vague de cette nature, sans entrer dans aucun détail. Craignans, ce semble, de rencontrer des effets incompatibles avec leur explication, ils s'étoient arrêtés à l'écorce du phénomene, loin de varier leurs expériences, seul moyen de forcer, pour ainsi dire, la nature à dévoiler son secret.

M. *Newton*, dont le talent pour la Physique expérimentale, alloit, comme on le verra, de pair avec la sagacité géométrique, fut sans doute le premier qui sçut ainsi questionner la nature, & ce fut ce qui le conduisit à sa découverte. Il nous raconte lui-même de quelle maniere il soupçonna la premiere fois, que les rayons de la lumiere n'étoient pas également réfrangibles. Ayant introduit, par une petite ouverture, un rayon du Soleil dans une chambre obscure, il le fit passer au travers d'un prisme, & il le reçut sur la muraille opposée. Après avoir contemplé avec admiration la vivacité des couleurs de cette image, il s'étonna, dit-il, de la voir extrêmement dilatée, & environ cinq fois plus longue que large. Car il s'attendoit à la voir circulaire, & c'étoit ce qui devoit arriver, suivant les loix ordinaires de la réfraction. Frappé de ce phénomene, il en rechercha la cause : il en soupçonna d'abord plusieurs, comme les confins de l'ombre & de la lumiere, qui pouvoient agir sur le rayon, les irrégularités du prisme, &c. Mais il s'assura bien-tôt par divers moyens que ces premieres conjectures étoient sans fondement, & que cette dilatation étoit un effet nécessaire, & la suite de quelque propriété invariable. En réfléchissant enfin plus profondément sur cette expérience, il vint à soupçonner que toutes les parties dont ce rayon étoit composé, ne souffroient pas une égale réfraction. Ce premier pas fait, il ne lui fut pas difficile de reconnoître qu'elles étoient celles qui éprouvoient la plus grande réfraction, & celles qui souffroient la moindre. Il vit bien-tôt que la partie du rayon colorée en rouge, & qui occupoit le bas de l'image, étoit celle qui se rompoit le moins, & que celle qui se rompoit le plus étoit la partie colorée de violet, & les autres à proportion de leur proximité de l'une ou de l'autre. Mais afin de mettre cette vérité dans un plus grand jour, il faut examiner cette expérience avec plus de détail.

Pour cet effet, que ABC représente un prisme à peu près équilateral un angle en bas, & que D G soit un faisceau de lumiere dont les rayons extrêmes DF, EG, sont sensiblement paralleles. Si tous les rayons étoient également réfrangibles, ils se romproient tous également en entrant dans le prisme, & ils seroient tous contenus dans l'espace que comprennent les paralleles F I, G H. La même chose arriveroit au sortir du prisme; ils seroient renfermés entre les lignes sensiblement paralleles I K, H L. Mais on remarque au contraire que ces lignes sont considérablement divergentes, & forment entr'elles un angle de plusieurs degrés; les rayons extrêmes H L, *i k*, ont donc souffert des réfractions inégales, & il est aisé de voir dans cette disposition du prisme, que c'est le rayon *i k*, qui donne toujours le violet, qui a été le plus rompu; & le rayon H L, qui l'a été le moins. Or comme ce phénomene est constant, il faut que le violet, sous même incidence, souffre une plus grande réfraction que le rouge. *Fig.* 129.

Voici donc ce qui arrive à un faisceau de lumiere, comme D G pénétrant dans le prisme. Chaque filet dont il est composé, tel que D F, se partage, dès son entrée, en plusieurs, comme F I, F *i*, qui sont ceux qui ont les degrés extrêmes de réfrangibilité, & une multitude d'autres de réfrangibilité moyenne qui occupent l'espace intermédiaire. Il en arrive de même à tous les autres dont le faisceau de lumiere D G est composé; E G, par exemple, se partage en G H, G *h*, & tous les autres qui ont des degrés moyens de réfrangibilité. Ils tombent dans cet état, & déja séparés sur la seconde face du prisme; là ceux qui les plus réfrangibles éprouvent de nouveau une plus grande réfraction que ceux qui le sont le moins; ce qui augmente leur divergence, & hâte la séparation. Tous les rayons qui sont le moins réfrangibles, & qui le sont également entr'eux, comme IK, HL, forment une espece de bande sensiblement égale dans sa largeur; tous ceux qui le sont le plus en forment une autre; ceux enfin qui ont des degrés intermédiaires de réfrangibilité en forment une infinité d'autres renfermées entre les précédentes.

Il est aisé de voir par là pourquoi à peu de distance du prisme, la lumiere qui le traverse, est seulement colorée vers les bords, en bas de rouge, en haut de violet. C'est que la sépation des bandes colorées n'y est que commencée. Il n'y a encore que les extrêmes qui soient un peu séparées; mais qu'on éloigne davantage le carton où l'on reçoit l'image, on verra bien-tôt toutes ces bandes se séparer les unes des autres, & à 26 pieds environ du prisme, l'image colorée sera composée de sept couleurs: le *rouge*, l'*orangé*, le *jaune*, le *verd*, le *bleu*, l'*indigo*, le *violet*, toutes inégalement réfrangibles, le *rouge* moins que l'*orangé*, celui-ci moins que le *jaune*, &c. En vain s'attendroit-on à en appercevoir un plus grand nombre en s'éloignant davantage, elles ne font que se dilater de plus en plus sans qu'il en naisse aucune nouvelle.

Après cette premiere expérience, qui apprit à *Newton* que la lumiere du Soleil étoit composée de sept couleurs primitives inégalement réfrangibles, il en fit une autre encore plus propre à convaincre de cette inégale réfrangibilité. Il introduisit dans la chambre obscure un rayon de lumiere par un trou d'un tiers de pouce de diametre; & le recevant sur un prisme, il intercepta tout près, par un carton percé d'un trou en G,
Fig. 130. une partie de la lumiere qui en sortoit. Le surplus passant par l'ouverture G, alloit peindre à 12 pieds de distance une image colorée sur un autre carton aussi percé d'un trou *g*, & derriere ce trou étoit fixé un prisme d'une maniere invariable. Lorsqu'on mettoit le prisme A de maniere que la partie supérieure de l'image colorée, ou le violet passoit par les trous G, *g*, ce rayon rompu passant par le second prisme, alloit donner du violet en N, par exemple; ensuite, à mesure que l'on tournoit le prisme de maniere que l'indigo, le bleu, le verd, &c. passoient successivement par les ouvertures ci-dessus, l'image alloit se peindre plus bas, & le rouge étoit celui qui occupoit la place la plus basse. Il est facile de voir ici que l'incidence

cidence de ces différens rayons étoit la même ſur le ſecond priſme, puiſque leur direction étoit fixée par la poſition invariable des deux trous G, *g*; ce ne pouvoit donc être que la différente réfrangibilité de ces rayons qui cauſoit ce phénomene.

Mais M. *Newton* ne s'en tient pas encore là. Son Traité & ſes *Leçons d'Optique* nous fourniſſent une foule d'autres expériences non moins convaincantes, dont nous allons rapporter quelques-unes. 1°. Si l'on peint une bande en travers de deux couleurs, de rouge par exemple, & d'un bleu foncé; qu'on la place ſur un fond noir, & qu'on la regarde enſuite par un priſme poſé parallélement à ſa longueur, & l'angle tourné en haut, on verra le bleu le plus haut, & le rouge en bas, comme ſi les deux portions colorées avoient été coupées & placées à différentes hauteurs. Ce ſera le contraire, ſi l'on regarde à travers le priſme tourné l'angle en bas. Au lieu d'une bande, on peut placer horizontalement ſur un fond noir, un fil compoſé de deux morceaux de différentes couleurs, & on verra de même au travers du priſme les deux portions ſéparées, quoiqu'encore paralleles.

2°. Qu'on enveloppe cette bande peinte de rouge & de bleu foncé, de pluſieurs tours d'un fil de ſoye noire très-déliée, & qu'on l'expoſe à la lumiere d'un flambeau placé vis-à-vis la ſéparation des couleurs. Qu'on ait une large lentille de verre d'environ trois pieds de foyer, & qu'on la place immobile à la même hauteur, & vis-à-vis ce papier coloré, à la diſtance d'environ ſix pieds. Elle peindra, comme ſçavent les Opticiens, à une diſtance d'environ ſix pieds derriere elle, une image qu'on recevra ſur un carton. Or l'on remarquera que tandis que la moitié rouge eſt peinte diſtinctement (ce que l'on connoît aux fils de ſoie ou traits noirs, qui paroiſſent bien marqués & bien terminés), la moitié bleue eſt tellement confuſe, qu'à peine peut-on y diſtinguer ces traits; c'eſt-à-dire, que les différentes portions dans leſquelles ils diviſent cette moitié, ne ſont point diſtinctement terminées. Il faudra pour cela approcher le carton d'environ un pouce & demi, & alors tandis que les portions bleues paroîtront diſtinctement, on ne verra plus les rouges que confuſément. Le foyer des rayons bleus eſt donc plus voiſin que celui des rouges, & par conſéquent ils ont eſſuyé une plus grande réfraction. M. *Newton* a déterminé ainsi leurs différens degrés de réfrangibilité par des expériences & des calculs qui portent avec eux leur démonstration (*a*). Le sinus d'inclinaison des rayons passant du verre dans l'air, étant 50, le sinus de réfraction des moins réfrangibles des rayons rouges est 77, tandis que le plus réfrangible des rayons violets a pour sinus de réfraction 78. A l'égard des couleurs moyennes, ce sont les rapports suivans. Les sinus des rayons rouges sont depuis 77 jusqu'à $77\frac{1}{8}$, ceux des rayons orangés depuis $77\frac{1}{8}$ jusqu'à $77\frac{1}{5}$, ceux des jaunes entre $77\frac{1}{5}$, & $77\frac{1}{3}$, ceux des verds entre $77\frac{1}{3}$, & $77\frac{1}{2}$; ceux des bleus entre $77\frac{1}{2}$, & $77\frac{2}{3}$, des indigos entre $77\frac{2}{3}$ $77\frac{7}{9}$; enfin ceux des violets entre $77\frac{7}{9}$ & 78.

Jusques ici il ne s'est agi que de l'inégale réfrangibilité des rayons de différentes couleurs. Delà naît une autre propriété qui est une inégale réfléxibilité. Je m'explique, & je commence à remarquer qu'on n'entend point par-là une inégalité entre les angles d'incidence & de réflection, comme l'ont cru quelques ignorans qui attaquant *Newton* sans l'avoir lu, lui ont imputé cette pensée. Cette inégale réfléxibilité consiste en ceci : lorsqu'un rayon de lumiere passe d'un milieu dans un autre moins dense, il y a une certaine inclinaison au-delà de laquelle il ne peut plus pénétrer dans ce second milieu; car si le sinus d'inclinaison est tel que le sinus de réfraction, qui est toujours avec lui dans un rapport déterminé, par exemple, comme 3 à 2 en passant du verre dans l'air; s'il arrive, dis-je, que ce sinus d'inclinaison soit tel que celui de réfraction devienne plus grand que le sinus total, il est évident qu'alors la réfraction ne sçauroit se faire, & le rayon au lieu de pénétrer dans le second milieu, fut-ce du vuide, se réfléchira. Ainsi l'on voit que le rayon le plus réfrangible sera aussi le plus réfléxible, c'est-à-dire, que sous une moindre obliquité il ne pourra pénétrer dans le milieu plus rare, tandis que celui qui est moins réfrangible, y pénétrera encore. On le démontre aussi par une expérience facile. On tourne le prisme de maniere que les rayons qui en sortent effleurent la seconde face. Alors en le tournant un peu davantage, on voit d'abord les rayons violets se réfléchir contre cette seconde face, tandis

(*a*) Optique, liv. 1, p. 1, Prop. VII.

que les autres la pénétrent encore, & paſſent au-delà. Tourne-t'on encore un peu le priſme, on voit le bleu ſe réfléchir, enſuite le verd, le jaune, &c. le rouge eſt enfin le dernier qui le traverſe entiérement, & celui qui a beſoin de la plus grande obliquité pour ſe réfléchir. Mais nous renverrons pour cette expérience à l'ouvrage de M. *Newton*, afin de nous permettre plus d'étendue ſur d'autres plus eſſentielles dans ſa théorie.

Ces expériences ſont celles qui regardent l'inaltérabilité des couleurs produites par le priſme. Lorſqu'une couleur eſt ſuffiſamment ſéparée des autres, (on verra bien-tôt comment cela s'exécute,) ſon paſſage par un nouveau priſme ne la dilate plus: il n'eſt plus de réflection ni de réfraction qui la puiſſe changer, & qui en puiſſe tirer d'autres; ce qui détruit entiérement la conjecture de ceux qui faiſoient conſiſter les couleurs dans une modification de la lumiere acquiſe par la réfraction & la réflection, ou par ſon paſſage à travers un milieu diaphane. *Newton* introduiſit (*a*) dans une chambre bien obſcurcie un rayon de lumiere par un trou d'une ou deux lignes de diametre, & à la diſtance d'environ 12 pieds, il reçut cette lumiere, au travers d'une lentille qui peignoit à une dixaine de pieds, une image blanche & très-diſtinctement terminée. Il intercepta ces rayons avec un priſme placé au delà de la lentille, & au lieu de cette image circulaire, il eut à une certaine diſtance une image diſtinctement terminée de tous les côtés, & qui étoit environ 70 fois plus longue que large. On verra la néceſſité de ce procédé en conſidérant que l'image alongée eſt formée d'une infinité de cercles différemment colorés, dont les centres ſont à côté les uns des autres (voy. fig. 131.), & que moindres ils ſont, moins ils empietent les uns ſur les autres, & plus chaque eſpece de lumiere eſt exempte de mêlange. M. *Newton* préſenta enſuite un papier noir percé d'un trou, ayant un ſixieme de pouce de diametre, & fit paſſer au travers, une des couleurs qu'il reçut ſur un ſecond priſme. Elle n'éprouva aucune altération, le *bleu* reſta toujours bleu, le *verd*, verd, &c. ſans autre différence que celle qui doit ſe trouver dans chacune des couleurs dont les extrêmités approchent toujours de la teinte de leurs voiſines. *Newton* remarque

(*a*) Optique, L. 1, Exp. 11.

encore que l'image du trou formée par ce second prisme, étoit parfaitement circulaire. Il ajoute que lorsqu'on plongeoit dans cette lumiere de petits objets, on les voyoit distinctement au travers du prisme, tandis que les mêmes objets plongés dans la lumiere non décomposée, ne paroissoient que confusément. Mais pour réussir dans cette expérience, il y a des précautions à prendre. Il faut que la chambre soit bien obscurcie, afin qu'aucune lumiere latérale & étrangere ne vienne se mêler avec celle du rayon qu'on décompose. Il faut que le prisme ait son angle réfringent au moins de 60°, qu'il soit bien exempt de bulles & de veines, & que ses faces, de même que la lentille, soient polies, non à la maniere ordinaire qui ne fait que déguiser les trous & les sillons en arrondissant leurs bords, mais comme le pratiquent les excellens Artistes de Télescopes. Avec ces soins qui ne tendent visiblement qu'à écarter toutes les circonstances étrangeres, & toute réfraction irréguliere, on ne manque pas de réussir dans cette expérience délicate, & c'est faute de les avoir pris que d'habiles Physiciens n'ont pu en venir à bout. Nous reviendrons sur cela avant la fin de cet article. Continuons à développer les différentes parties de la théorie de *Newton*.

Les expériences ci-dessus nous conduisent naturellement à reconnoître la nature & la cause des couleurs des objets. Elles sont dans la lumiere qui éclaire ces objets, & ils ne sont d'une couleur ou d'une autre que parce qu'ils sont d'une nature à réfléchir plus de rayons de l'une que de l'autre. Le blanc enfin n'est que le mêlange intime de toutes les couleurs primitives dans les mêmes proportions que celles qui composent la lumiere blanche du Soleil. Des expériences fort curieuses établissent ces faits. 1°. Après avoir formé par le moyen d'un prisme l'image colorée, si on la regarde à travers un prisme tourné en sens contraire, on la voit réduite à la forme circulaire, & de couleur blanche. 2°. Si on reçoit cette image colorée sur un grand verre lenticulaire, de sorte que toutes les couleurs aillent se confondre en un foyer commun, voilà le blanc éclatant qui renaît; mais si l'on intercepte une des couleurs, ce n'est plus du blanc, c'est un gris qui varie suivant la couleur interceptée. 3°. Si l'on présente à une couleur homogene un corps quelconque, il la prend. A la vérité, si sa couleur naturelle est différente, la nouvelle dont il paroît teint est moins éclatante. Cela vient de ce que ce corps est peu propre à réfléchir une quantité considérable des rayons de la nouvelle couleur. Je dis une quantité considérable; en effet, il en réfléchit toujours quelques-uns de toutes les especes parmi ceux de sa couleur propre, mais en petite quantité, ce qu'on prouve en le regardant au travers du prisme qui la décompose. Et c'est-là la raison pour laquelle il est visible, plongé dans une lumiere qui n'est pas de sa couleur naturelle; car s'il ne réfléchissoit absolument que des rayons de cette couleur, plongé dans un rayon homogene d'un autre, il n'en réfléchiroit aucun, & il paroîtroit absolument noir. Que si l'on ne parvient point à composer du blanc, de plusieurs couleurs matérielles mêlées dans les proportions de celles de l'image colorée, il ne faut pas s'en étonner. Ces couleurs ne sont jamais ni assez intimement mêlées, ni assez éclatantes pour qu'on puisse comparer ce mêlange avec celui des rayons de la lumiere même. Mais ceci appartient plutôt à la Physique qu'aux Mathématiques; cette raison & la nécessité d'abréger, me portent à renvoyer à M. *Newton*, qui dit sur cela des choses satisfaisantes.

Quelque bien prouvée que paroisse, à ce que j'espere, à tout lecteur sensé, la théorie précédente, du moins en ce qui concerne la décomposition des rayons de la lumiere, leur différente réfrangibilité, & l'inaltérabilité des couleurs produites par le prisme, ce ne fut pas sans diverses oppositions qu'elle s'établit. Lorsque l'écrit de M. *Newton* vit le jour, le Pere *Pardies* fit des objections (*a*). A la vérité, sur la réponse de M. *Newton*, ce Pere eut la candeur rare de se rendre, & de témoigner qu'il étoit satisfait. Mais les autres adversaires de *Newton* ne se rendirent pas aussi aisément. Celui qui le fatigua le plus, fut un certain François *Line*, du College Anglois à Liége. Ses difficultés sont dignes de celui qui plutôt que de reconnoître la pesanteur de l'air, avoit imaginé de petits cordons invisibles pour soutenir le Mercure dans le tube de *Torricelli*. Nous remarquerons même comme une singularité, qu'il ne sçut jamais répéter la premiere & la plus simple des expériences du prisme, celle de former l'image colorée & oblon-

(*a*) *Trans. Phil.* n°. 81, &c.

gue que *Newton* examine. Cette remarque me dispensera d'en dire rien de plus.

C'est avec regret que je trouve ici M. *Mariotte* parmi ceux qui ont contribué pendant quelque tems à rendre incertaine & douteuse la théorie de M. *Newton*. Il ne nia pas, il est vrai, la différente réfrangibilité des rayons, mais il rejetta l'inaltérabilité des couleurs, qui forme une partie considérable & essentielle de cette théorie. Ce qui l'engagea dans ce sentiment fut qu'il ne put réussir dans l'expérience dont nous avons parlé plus haut. Il lui arriva toujours, dit-il, de trouver dans chaque couleur, quoique reçue à une très-grande distance du prisme, diverses autres couleurs, comme dans le rouge, non seulement du rouge, mais du jaune & du violet; d'où il conclut que cette inaltérabilité n'étoit pas suffisamment prouvée, ou, pour me servir de ses propres termes, que l'*ingénieuse hypothese de M. Newton ne devoit point être reçue.* Je remarque en passant ce terme d'*hypothese*, qui paroîtra sans doute bien singulier & bien mal appliqué à des vérités telles que celles qu'enseignoit M. *Newton*. Mais telle étoit alors la maniere de philosopher: on croyoit n'être Physicien qu'à proportion qu'on imaginoit des hypotheses mieux liées, & à l'aide desquelles on expliquoit un plus grand nombre de faits. Je suis fort éloigné de blâmer & de rejetter entiérement cette maniere de procéder en Physique; elle a eu peut-être quelquefois ses utilités; mais M. *Newton* n'avoit rien moins prétendu que faire une hypothese; il avoit proposé la différente réfrangibilité de la lumiere, & l'inaltérabilité des couleurs, comme des faits, des vérités démontrées par l'expérience. Aussi avoit-il failli se fâcher contre le Pere *Pardies*, qui dans sa premiere Lettre s'étoit servi du terme d'hypothese en parlant de cette théorie.

Je me persuaderois volontiers que M. *Mariotte* n'avoit point lu l'écrit de M. *Newton*. Car outre qu'il n'auroit pas traité sa théorie d'hypothese, il auroit été plus circonspect à prononcer, sur le peu de succès de son expérience, le contraire de ce que *Newton* avoit assuré. En effet, *Newton* avoit dit expressément que, pour réussir dans l'expérience de l'inaltérabilité des couleurs, il falloit les séparer d'une maniere plus parfaite que celles qu'il avoit jusque-là indiquées. Il se proposoit alors de publier au premier jour son Optique, dans laquelle il devoit détailler la maniere de faire l'expérience délicate dont nous parlons. Mais dès que parut son écrit dans les *Transactions Philosophiques*, il vit s'élever de toutes parts tant de chicanes, & de mauvaises difficultés, que craignant de commettre son repos, il changea de dessein, & supprima cet ouvrage.

Il resta donc du moins fort douteux pendant long-tems, que les couleurs produites par le prisme fussent inaltérables, comme le disoit M. *Newton*. Enfin parut son Optique, ce Livre admirable, & si digne d'être conseillé à tous ceux qui cultivent la Physique, comme le plus parfait modele de l'art de faire des expériences. M. *Newton* y dévoila la maniere de décomposer suffisamment la lumiere pour trouver les couleurs inaltérables. Nous l'avons rapportée plus haut, & il n'y a plus aujourd'hui le moindre doute que lorsqu'on s'y prend de cette maniere, on ne réussisse. La Société Royale de Londres en a rendu un témoignage authentique, en publiant dans son Recueil de l'année 1716, le récit des expériences faites devant elle par M. *Desaguliers*, & qui réussirent aussi-bien qu'on le pouvoit desirer.

Ce témoignage étoit bien capable d'enlever tous les suffrages; néanmoins on ne laissa pas de voir, peu d'années après, un Auteur Italien s'élever contre la théorie de M. *Newton*. M. *Rizzeti*, dans une Lettre adressée à M. *Martinelli*, & publiée dans le Journal d'Italie (*a*), déclara qu'il avoit répété soigneusement toutes les expériences de M. *Newton*, & qu'il les avoit trouvé en partie fausses, en partie sans force, par l'omission de quelque circonstance essentielle; enfin qu'il en avoit fait quelques autres qui renversoient entiérement la théorie du Philosophe Anglois. Il éludoit, par exemple, l'expérience de la lentille qui peint l'image du papier bleu plus proche que celle du rouge, en imputant cette différence à la différente inclinaison des rayons venant de la partie rouge & de la partie bleue; il ajoutoit qu'ayant d'abord fait l'expérience avec le même succès que M. *Newton*, lorsqu'il avoit changé de place le bleu & le rouge, l'un & l'autre s'étoient peints avec les traits noirs, à la même distance. De même, après avoir placé

(*a*) T. I, supp. voy. *Act. Lips.* Supp. T. VIII.

à même hauteur, & parallélement à l'horizon, un parallélogramme peint, moitié en rouge, moitié en bleu, il convenoit que si le fond étoit noir, le bleu & le rouge paroissoient à différentes hauteurs : mais il ajoutoit que si le fond étoit blanc, ils paroissoient également élevés ; ce qui ruinoit, disoit-il, la conséquence que M. *Newton* tiroit. Parmi les objections qu'il opposoit à *Newton*, étoient encore celles ci. Lorsqu'on regarde un cheveu ou un fil de soie noire & déliée, & placée en partie sur un fond rouge, en partie sur un fond bleu, on le voit distinctement ; il en est de même lorsque l'on regarde deux fils, l'un rouge, l'autre bleu, placés sur un fond noir, ou de quelque autre couleur. Il semble cependant qu'en admettant la différente réfrangibilité, cela ne pourroit être. Je passe plusieurs autres raisons, parmi lesquelles je n'en vois aucune où il soit question de l'expérience où *Newton* fait passer successivement par les deux mêmes petites ouvertures, des rayons de différentes couleurs, qui, tombant sur un prisme immobile, après la réfraction qu'ils y éprouvent, vont se peindre à différentes hauteurs. Celle-ci est en effet trop peu susceptible de difficulté, & M. *Rizzeti* prend le parti de n'en rien dire.

Mais la théorie de M. *Newton* eut un défenseur habile dans M. *Richter*. Ses réponses me paroissent solides & victorieuses ; il réitéra l'expérience du carton mi-parti, en divisant chacune des parties colorées de bleu & de rouge, en plusieurs portions : or il trouva toujours que les parties bleues avoient leur point de distinction plus près que les rouges. Il rendit aussi une raison satisfaisante pourquoi l'expérience de la bande rouge & bleue, vue au travers du prisme, réussit différemment lorsque le fond est blanc, que lorsqu'il est noir. Il montra enfin que les objections tirées de l'égale distinction avec laquelle on voit un fil rouge & bleu sur un fond noir, ou un fil noir sur un fond en partie rouge, en partie bleu, ne sont d'aucun poids. En effet, quelle maniere de procéder en Physique, que celle de M. *Rizzeti* ! Qui vit jamais, pour constater un effet naturel, à l'expérience la plus simple en substituer une plus composée. Or c'est ce que faisoit cet antagoniste de *Newton*, en substituant à la lentille dont l'effet sur les rayons est parfaitement connu, l'œil dont la structure est si composée, & à travers les humeurs duquel nous ne connoissons qu'en qu'en gros le chemin des rayons. Car avons-nous assez de connoissance de la figure de toutes les parties de cet organe merveilleux, pour être assurés qu'elles ne sont pas précisément conformées de maniere à corriger l'aberration provenante de la différente réfrangibilité; & une fois que nous sommes assurés par d'autres voies simples, de cette différente réfrangibilité, n'est-il pas plus raisonnable de soupçonner que l'œil est conformé comme nous venons de dire, que de la contester sur ce que l'œil en est exempt. Rien ne ressemble mieux au procédé de M. *Rizzeti*, que celui d'un homme qui, dans une machine, dont la construction lui seroit à peine connue, ne voyant pas distinctement les forces en raison inverse des vîtesses, prétendroit que cette loi de la Méchanique est une chimere, & rejetteroit les preuves qu'en fournissent toutes les machines simples. Ce fut à peu près là ce que répondit M. *Richter*, & M. *Rizzeti* devoit être content de cette réponse. Mais loin delà: il répliqua; le défenseur de *Newton* répondit de nouveau, &c (*a*). Enfin M. *Rizzeti* revenant à la charge en 1727, publia un Ecrit intitulé, *De luminis affectionibus*, où il réitéra toutes ses assertions précédentes sur la théorie Newtonienne des couleurs. On l'y voit de plus affecter beaucoup de confiance, & s'écarter assez considérablement des égards dûs à *Newton*. Ce fut ce qui engagea M. *Desaguliers* à réitérer en 1728, devant la Société Royale de Londres, les expériences contestées. Elles eurent de nouveau le succès desiré, de même que diverses autres qu'il imagina dans la vue de confirmer les premieres, ou de répondre aux exceptions de M. *Rizzeti*. En voici une de ces dernieres. M. *Desaguliers* fit faire une boîte quadrangulaire, percée au devant d'un trou rond, & dans laquelle deux lumieres cachées pouvoient illuminer fortement le fond opposé, sans qu'il se répandît aucune lumiere dans la chambre. Sur ce fond, & directement au devant de ce trou, étoit une ouverture quarrée divisée en bandes & en cellules, par des fils de soie noire très-déliée. Au devant du trou rond, étoit placée une lentille de quelques pieds de foyer, à la distance d'environ le double de ce foyer. Lorsqu'on plaçoit à l'ouverture quarrée,

(*a*) Voyez *Act. Lips. ubi suprà.*

une ſurface teinte de rouge, & qu'on avoit trouvé ſon image diſtincte ſur le carton placé au-delà de la lentille, ſi l'on changeoit cette ſurface en une bleue, l'image n'étoit plus diſtincte, & il falloit approcher le carton. Ici tout eſt ſemblable, & il n'y a aucun lieu à l'objection de M. *Rizzeti*, qui probablement commettoit lui-même la faute qu'il reprochoit à M. *Newton*, ſçavoir de faire tomber les rayons bleus & rouges ſur la lentille, ſous différentes inclinaiſons. D'ailleurs il n'y a abſolument que les rayons venant de l'objet tantôt bleu, tantôt rouge, qui arrivent à la lentille. Quoi de plus concluant, de plus propre à diſſiper tous les doutes ſur la différente réfrangibilité de ces rayons. M. *Deſaguliers* répéta de la même maniere, & avec le même ſuccès, l'expérience du carton mi-parti de rouge & de bleu; il en fit enfin diverſes autres également convaincantes, que je paſſe pour abréger. Je ne ſçais ſi M. *Rizzeti* s'eſt enfin rendu à des preuves répétées avec tant de ſoin & tant d'authenticité: je le ſouhaite, mais je ne puis diſſimuler que le ton qui regne dans ſes écrits me fait craindre le contraire.

Les expériences de M. *Newton* ont eu auſſi en France le ſuccès convenable, depuis que l'art de faire des expériences s'y eſt perfectionné. On doit à la mémoire du Cardinal de Polignac, la juſtice de remarquer que c'eſt ſous ſes auſpices & par ſes ſoins que l'expérience de l'inaltérabilité des couleurs ſéparées par le priſme, a réuſſi pour la premiere fois dans ces contrées. Quoiqu'attaché en général à la doctrine de *Deſcartes*, dont il avoit été autrefois un des premiers défenſeurs, il n'avoit pas laiſſé de goûter la théorie de *Newton* ſur les couleurs. Il n'épargna rien pour vérifier l'expérience ci-deſſus. Il ſe procura à grands frais les priſmes les plus parfaits, moyennant quoi, & en ſuivant le procédé de M. *Newton*, l'expérience réuſſit très-bien entre les mains de M. *Gauger*, l'Auteur, je penſe, du Livre ingénieux *de la Méchanique du feu*. M. de *Polignac* reçut à ce ſujet une lettre de remerciment de *Newton*. Il devoit donner place à cette théorie dans ſon Anti-Lucrece; mais ſa mort, qui ne lui laiſſa pas le tems de mettre la derniere main à ce Poëme, nous a auſſi privés de ce morceau. Depuis ce tems, nous voulons dire celui de l'expérience répétée ſous les auſpices de cet illuſtre Prélat, divers Phyſiciens François l'ont faite, & la font avec le même ſuccès. Il y a plus de 20 ans, que ceux qui veulent constater par leurs propres yeux la vérité de cette expérience & des autres, le peuvent faire chez M. l'Abbé *Nollet*, dont le talent expérimental est si connu. C'est M. l'Abbé *Nollet* qui nous l'apprend lui-même, dans ses *Leçons de Physique*, (T. V, p. 375), & qui dans la note de cette page, remarque que quelques Auteurs l'ont cité mal-à propos, comme ayant trouvé sur cela *Newton* en défaut. C'est, dit-il, un honneur qu'il ne prétend point du tout partager avec le Pere *Castel* & l'Auteur de la Chroa-génésie. Ainsi il ne peut plus y avoir d'incredules sur cette partie des vérités enseignées par M. *Newton*, que des gens inattentifs, ou prévenus, & incapables d'apprécier les preuves qu'on en donne. On les eût vus dans le siecle passé nier de même la pesanteur de l'air, & la circulation du sang.

Quand je réfléchis à l'authenticité du succès des expériences de M. *Newton*, j'ai peine à concevoir d'où vient que quelques personnes de mérite, M. du *Fai*, par exemple, ayent pu penser qu'on pouvoit n'admettre que cinq, ou même trois couleurs primitives (*a*). Sans doute cet Académicien écrivoit cela dans un moment de distraction où il ne se rappelloit pas ces expériences, ou bien ce qu'il disoit, il ne l'entendoit que des couleurs matérielles. En effet, avec du bleu & du jaune, par exemple, on compose du verd; mais, malgré cela, le vrai verd de la lumiere du Soleil, celui de l'image colorée suffisamment séparé des autres couleurs, ne se décompose point, comme le verd formé du jaune & du bleu. Il en est de même de chacune des six autres couleurs de cette image. Ainsi il y a dans la lumiere du Soleil, sept couleurs primitives, quoique des couleurs ressemblantes à quelques-unes d'entr'elles puissent être formées par d'autres mêlangées. Je ne sçais encore comment l'Auteur de *l'origine ancienne de la Physique moderne*, & des *Entretiens Physiques*, a pu dans des Livres aussi récens, se prévaloir du peu de réussite de M. *Mariotte* dans l'expérience de *Newton*, pour prétendre que les couleurs varient par la réfraction. Pouvoit-il ignorer que cette expérience avoit réussi en France, par les soins de M. de *Polignac*, & qu'à différentes reprises elle avoit été réitérée d'une maniere authentique en

(*a*) Mémoires de l'Académie, année 1737.

Angleterre. Quant au P. *Caſtel*, l'inſectateur perpétuel de *Newton*, on ſçait aſſez que dans cet homme célebre, l'imagination dominoit toutes les autres facultés; mais ce n'eſt pas avec de l'imagination qu'on combat des vérités établies par des expériences réitérées. Auſſi le P. *Caſtel* n'a-t'il rien moins que porté atteinte à aucune partie de l'édifice Newtonien, & ſon *Optique des couleurs* ne ſéduira, je penſe, aucun de ceux qui ont connoiſſance des faits que nous venons de raconter. S'il eſt encore aujourd'hui quelques contradicteurs de *Newton* en ce point, ce ſont des hommes qui montrent ſi peu de connoiſſance en Phyſique & en Mathématique, qu'on peut leur dire ce que dit *Xénocrate* à un perſonnage ſemblable, *Apage, apage, anſas Philoſophiæ non habes*.

Nous ne pouvons, à l'occaſion du Pere *Caſtel*, nous empêcher de dire un mot d'une idée à laquelle il a donné de la célébrité. C'eſt l'analogie des couleurs & des tons de la Muſique. Il y a dans l'image colorée que forme le priſme, ſept couleurs, de même qu'il y a ſept tons dans l'octave. Il y a plus: M. *Newton* a remarqué en meſurant avec ſoin les eſpaces occupés par chacune de ces couleurs, qu'ils ſont dans les rapports ſuivans, en commençant par le rouge, $\frac{1}{9}$, $\frac{1}{16}$, $\frac{1}{10}$, $\frac{1}{9}$, $\frac{1}{10}$, $\frac{1}{16}$, $\frac{1}{9}$. Or ces nombres ſont ceux qui répondent continuellement aux différences de longueurs des cordes qui donneroient les accords *ré mi, mi fa, fa ſol, ſol la, la ſi, ſi ut, ut ré*; le rouge répondant à *ré mi*, l'orangé à *mi fa*, &c; de ſorte qu'il ſemble y avoir une game optique, comme il y en a une *muſicale*. M. *Newton* ſe ſert très-ingénieuſement de ces rapports pour déterminer quelle couleur doit réſulter d'un mêlange quelconque de tant d'autres primitives qu'on voudra en doſes données. Mais le Pere *Caſtel* allant bien plus loin, a trouvé dans cette analogie des couleurs & des tons, le fondement d'une muſique optique; & ce ſyſtême expoſé ſous le titre de *Claveſſin oculaire*, & avec l'eſprit & le feu d'imagination dont ſon Auteur étoit ſi bien pourvu, a fait beaucoup de bruit dans ſon tems. Que ne ſe promettoit pas le Pere *Caſtel* de ſon Claveſſin: rien moins qu'un nouveau ſpectacle auſſi délicieux pour la vue, que la plus harmonieuſe muſique, & la mieux exécutée, l'eſt pour les oreilles. Mais malheureuſement pour nos plaiſirs, car nous ne ſçaurions trop les multiplier, cette idée est plus séduisante que juste, & examinée d'un peu près, elle manque dans tous ses points. C'est ce qu'il me seroit facile d'établir, sans les longueurs où cela m'entraîneroit. Ceux qui en douteront, n'ont qu'à lire un curieux Mémoire de M. de *Mairan*, inséré dans le Recueil de l'année 1737. Ils seront certainement convaincus par les disparités nombreuses que ce sçavant Académicien montre entre l'analogie des sons & celle des couleurs, que l'entreprise du Pere *Castel*, est plus l'ouvrage de l'imagination, que de cette autre faculté de l'entendement qui pese & qui réfléchit.

V I.

Théorie d… réflection … la réfract… suivant N… ton.

Nous avons maintenant à expliquer les raisons que M. *Newton* donne de la réflection & de la réfraction. C'est-là un point sur lequel il ne s'écarte pas moins de la doctrine jusqu'alors reçue des Philosophes, que dans son analyse des couleurs. Nous ferons ici sans peine un aveu, sçavoir que cette partie de sa théorie n'a pas tout-à-fait la même évidence que celle que nous venons de développer. Elle est néanmoins fondée sur des expériences très-ingénieuses. Ce sera par elles que nous commencerons, afin de préparer par degrés aux conjectures un peu hardies que forme M. *Newton*.

La premiere de ces expériences est celle dont *Grimaldi* se servoit pour prouver ce qu'il appelloit la *diffraction* de la lumiere. *Newton* fit un trou d'une 42e de ligne à une plaque de métal, & introduisit par-là un filet de lumiere dans la chambre obscure. Il exposa à ce rayon un cheveu, & il remarqua que son ombre étoit beaucoup plus grande que celle que pouvoit produire la simple divergence des rayons qui l'effleuroient. Mesurée à dix pieds de distance, elle lui parut 35 fois plus grande qu'elle ne devoit être en n'ayant égard qu'à cette raison. On pourroit dire, & sans doute quelque Physicien l'a dit, que cet effet est produit par une certaine atmosphere des corps, qui rompt les rayons qui la traversent en les écartant de la perpendiculaire. Mais M. *Newton* détruit cette conjecture en remarquant que la même chose arrive dans les cas où il ne semble pas y avoir lieu à une pareille atmosphere, comme lorsque le cheveu est plongé dans l'eau & placé entre deux glaces. M. *Newton* se contente d'en conclure que les rayons qui passent à une certaine distance du cheveu en sont repoussés, quels qu'en soit la cause & le méchanisme, & qu'ils le sont d'autant plus qu'ils en passent plus près.

Voilà une expérience qui indique une répulsion de la lumiere exercée par certains corps. En voici une autre qui semble dénoter un effet contraire. *Newton* reçoit un rayon de lumiere entre deux lames tranchantes & paralleles. Il les approche l'une de l'autre jusqu'à la distance d'un 400e de pouce, & voilà que cette lumiere se divise en deux parties qui se jettant de côté & d'autre dans l'ombre des couteaux, laissent entr'elles mêmes une ombre noire & épaisse. Il est visible ici que ces rayons ont été dérangés de leurs cours rectiligne à leur approche du tranchant des couteaux, & qu'ils ont été pliés en dedans par une sorte d'attraction. Delà *Newton* conclut, & il semble qu'on ne peut guere en conclure que cela, sçavoir que les corps sont doués d'une propriété qui les fait agir sur la lumiere qui passe dans leur voisinage, tantôt en l'attirant à eux, tantôt en la repoussant; & comme l'on voit que cette force ne s'exerce qu'à une très-grande proximité, & que son action ne se fait point appercevoir à une distance sensible, il est encore naturel d'en inférer que sa nature est de croître fort rapidement tandis que la distance diminue, c'est-à-dire, dans un rapport plus grand que l'inverse de la distance ou de son quarré. Car puisque cette sorte d'attraction, qu'on nous permette ce terme dans le sens que lui donne *Newton*, courbe si sensiblement, & dans un trajet si petit, le chemin d'un corpuscule de lumiere dont la rapidité est si grande, il est aisé de juger que cette force doit être d'une grande intensité aux environs du contact. M. *Newton* trouve qu'elle surpasse plusieurs milliers de fois celle de la pesanteur, c'est-à-dire, la force avec laquelle le même corpuscule tend vers la terre; & delà il suit que cette force doit être de telle nature qu'elle croisse avec une grande rapidité tandis que la distance diminue, c'est-à-dire, dans un rapport beaucoup plus grand que l'inverse du quarré de la distance. En effet, M. *Newton* démontre qu'un corpuscule qui seroit poussé ou attiré vers un corps, suivant le rapport inverse du cube, ou d'une plus haute puissance de la distance à chacune de ces particules, seroit attiré au contact avec une force infinie, tandis qu'à la plus petite distance sensible, cette force ne seroit pas perceptible; ainsi il faut, si nous mesurons cette force qu'exercent les corps sur la lumiere, par une puissance de la distance, il faut, dis-je, qu'elle croisse dans un rapport beaucoup plus approchant de l'inverse du cube que du quarré. Par-là elle sera au contact, & à une très-grande proximité, plusieurs milliers de fois plus grande qu'à une distance tant soit peu perceptible, sans être néanmoins jamais infinie.

C'est de cette action des corps sur la lumiere, (quel qu'en soit le méchanisme, que M. *Newton* n'exclut point), c'est, dis-je, de cette action qu'il déduit les causes de la réfraction, & de la loi constante qu'elle observe. Concevons un rayon de lumiere qui tombe obliquement sur un milieu plus dense, & par conséquent plus attractif que celui dans lequel il se meut. Dès qu'il est arrivé à la distance où commence l'action du corps vers lequel il s'approche, il commence par les loix du mouvement à changer de direction, & à décrire une courbe concave vers le milieu attirant, à peu près comme nous voyons un corps lancé obliquement vers la terre, suivre un chemin concave vers elle, & la rencontrer avec moins d'obliquité que s'il eût suivi sa premiere direction imprimée. Arrivé à la surface même du corps, le corpuscule de lumiere continue encore à décrire un chemin curviligne & concave dans le même sens; car il est encore plus attiré vers l'intérieur que vers l'extérieur, jusqu'à ce qu'il se soit plongé d'une profondeur égale à l'éloignement où cesse l'action du milieu qu'il quitte. Alors toutes les attractions des particules environnantes étant égales, le corpuscule de lumiere continue à se mouvoir par une tangente à la trajectoire ECI, qu'il a décrite *Fig.* 131. en entrant, & cette droite est évidemment moins oblique à la surface réfringente.

On vient de voir un rayon qui en se rompant s'est approché de la perpendiculaire. Supposons pour donner un exemple d'une réfraction qui en éloigne, que ce corpuscule de lumiere traverse le corps, & en sorte pour rentrer dans le premier milieu D. Voici la route qu'il tiendra. Lorsqu'il sera arrivé à une distance de ce milieu, à laquelle l'attraction vers l'intérieur commence à excéder celle qu'il éprouve vers l'extérieur, la ligne qu'il décrira commencera à s'infléchir, & à tourner ſa convéxité vers la ſurface dont il approche. Arrivé à cette ſurface, il continuera à être plus attiré vers l'intérieur que vers l'extérieur, & cela aura lieu juſqu'à ce qu'il ait pénétré dans le milieu D, à la diſtance où ceſſe l'attraction du milieu F. C'eſt pourquoi durant tout ce trajet, ſon chemin ſera encore convexe du côté du milieu qu'il quitte, & enfin il s'échappera par une tangente à cette courbe, tangente qu'on voit facilement être plus inclinée à la ſurface réfringente. Ainſi le rayon s'écartera de la perpendiculaire; & ſi cette ſurface eſt parallele à celle qu'il a traverſée en entrant, ſes directions à l'entrée & à la ſortie, ſeront paralleles. Cela eſt évident, puiſque ce corpuſcule paſſe en entrant & en ſortant, par les mêmes degrés de courbure, mais ſeulement en ſens contraire. Ajoutons que ſa vîteſſe ſera la même en rentrant dans le même milieu. On le voit auſſi évidemment dans le cas des deux ſurfaces réfringentes paralleles AB, *ab*. Il eſt vrai que lorſqu'elles ne ſont pas paralleles, la choſe n'eſt pas auſſi évidente, parce qu'alors les inclinaiſons à l'entrée & à la ſortie étant différentes, les courbes ECI, *eci*, ne ſont pas égales & ſemblables. On le démontre néanmoins auſſi dans ce cas d'une maniere qui ne laiſſe aucun doute.

En admettant l'explication que nous venons de donner de la réfraction, on montre facilement pourquoi le ſinus de l'angle d'incidence, & celui de l'angle de réfraction, ſont conſtamment dans un même rapport. *Newton* en donne deux démonſtrations, l'une purement ſynthétique, à la fin du premier Livre de ſes *Principes*, l'autre dans ſon Optique. M. *Clairault* dans un excellent Mémoire qu'il a donné ſur ce ſujet en 1738, & dont on trouve auſſi la ſubſtance dans le Commentaire de Madame la Marquiſe du *Châtelet* ſur *Newton*, a donné à ſa maniere la démonſtration de cette loi. Il a recherché l'expreſſion de la trajectoire décrite par un corpuſcule de lumiere à l'approche d'une ſurface vers laquelle il eſt attiré perpendiculairement, & ſuivant une puiſſance quelconque de la diſtance. Il a enſuite déterminé le rapport des ſinus d'inclinaiſons du premier & du dernier élément de cette courbe, qui ſont les directions du rayon avant & après la réfraction, & il a trouvé que l'inclinaiſon primitive ne changeoit en rien ce rapport, qui ne dépend que de la vîteſſe du rayon incident, de la loi de l'attraction, l'attraction, & de la densité des milieux. Ainsi ces choses étant toujours les mêmes, quoiqu'inconnues, tant que la réfraction se fait entre les mêmes milieux, il est évident que le rapport des sinus ci-dessus sera constant. Passons maintenant à la réflection.

La réflection de la lumiere ne seroit pas un sujet de difficultés, si elle étoit de la même nature que celle qu'éprouve un corps élastique & sphérique qui frappe une surface impénétrable. Les principes ordinaires de la Méchanique seroient suffisans pour en expliquer toutes les circonstances. Mais lorsqu'on examine avec attention toutes les particularités du phénomene, on est conduit avec M. *Newton*, à ne plus regarder cette réflection, comme occasionnée par le choc des particules de la lumiere contre celles des corps. Plusieurs raisons établissent cette sorte de paradoxe. D'abord nous avons des exemples d'une réflection qui se fait sans que la lumiere ait à rencontrer davantage de parties solides que dans le milieu qu'elle traverse, ou même aucunes. Qu'on fasse tomber un rayon sur un prisme, de maniere qu'au sortir de sa surface postérieure, il ne fasse que l'effleurer; en tournant encore tant soit peu ce prisme, on verra une partie des rayons, comme les bleus, les violets, se réfléchir, tandis que les rouges, les orangés, le traverseront encore. Peut-on dire que les rayons bleus & violets rencontrent sous la même inclinaison tant de parties solides, qu'ils se réfléchissent tous, tandis que les rouges, &c, n'en rencontrent aucunes? Il y a plus: si l'on fait cette expérience dans le vuide, c'est-à-dire, de sorte qu'il n'y ait aucun air grossier contre la seconde surface réfringente du prisme, la réflection contre cette surface se fera plus facilement; le rayon qui sous une certaine obliquité passoit encore dans l'air, ne passera plus dans le vuide. Mais voici un nouveau phénomene. Si cette surface du prisme est contigue à de l'eau, ou à une lame de verre, le rayon ne se réfléchira plus sous cette obliquité; il pénétrera dans l'eau ou dans le verre. Le vuide opposeroit-il au passage de la lumiere, plus de parties solides que l'air, que l'eau, que le verre même? Cette derniere expérience montre en même tems, combien peu l'on seroit fondé à dire que ce sont les dernieres parties solides du verre qui réfléchissent la lumiere; car les corps contigus ne changeroient pas la disposition de cette derniere surface. Ajoutons à cela, que la surface des miroirs polis avec le plus de soin, n'est point assez égale pour réfléchir la lumiere avec la régularité & la vivacité que nous remarquons. Outre que le Microscope nous fait appercevoir dans les miroirs les plus brillans des aspérités très-irrégulieres, la raison nous apprend qu'il n'y a que les plus grossieres qui puissent être enlevées par les moyens qu'on employe en les polissant. Si nous avions les yeux du ciron, ou de ces animaux encore plus petits, que le Microscope fait découvrir, quel spectacle nous présenteroit la surface la mieux polie; elle nous paroîtroit sans doute telle qu'une vaste plaine sillonée & hérissée de rochers presque contigus, & de toutes les formes imaginables; comment peut-on donc concevoir qu'une surface si raboteuse eu égard à la ténuité extrême des particules de la lumiere, pût les réfléchir avec régularité? Mais supposons encore que cette surface fût parfaitement réguliere; il faudroit que tous les corpuscules de lumiere eussent une forme sphérique, & fussent doués d'élasticité. On conçoit avec facilité comment une sphere élastique se réfléchira contre un plan, en faisant l'angle de réflection égal à celui d'incidence. Mais si ce corps est irrégulier, elliptique, cylindrique, tel enfin que la ligne tirée de son centre de gravité au point de contact, ne soit point perpendiculaire à la surface réfléchissante, il n'y aura plus d'égalité entre les angles d'incidence & de réflection. Or qui se persuadera que toutes les particules de la lumiere soient élastiques & de forme sphérique? Je n'ignore pas que l'on pourra dire avec *Malebranche*, que ce sont de petits tourbillons dès-lors sphériques & élastiques; mais c'est-là une pure hypothese, une supposition tout-à-fait précaire, & pour laquelle aucun phénomene ne dépose. Il n'en est pas ainsi des assertions de M. *Newton*. Il n'en avance aucune que plusieurs expériences ou observations ne lui en fournissent un motif légitime.

La réflection ne se fait donc point par le choc des parties de la lumiere contre celles des corps. C'est une vérité reconnue aujourd'hui, de ceux-là même qui rejettent le surplus du système Newtonien sur la réfraction & la réflection. Quelle est donc la cause qui nous renvoye la lumiere? La voici, suivant M. *Newton*. Pour y arriver par degrés, imaginons un rayon tombant obliquement ſur la ſurface d'un corps denſe, & tendant à en ſortir pour entrer dans un milieu plus rare qui le rompt en l'éloignant de la perpendiculaire. Il y a une certaine obliquité ſous laquelle la petite courbe E C I, que nous avons vu décrite par le corpuſcule de lumiere, ſera telle que ſon ſommet touchera la ligne L K, qui eſt le terme juſqu'où s'étend l'action du corps ſur la lumiere. Ainſi tout rayon moins oblique pénétrera dans le ſecond milieu; tout autre doit être réfléchi ne pouvant y pénétrer. Car dès que la courbe E C I, touchera la ligne L K, alors, ſuivant les loix de la Méchanique, le corpuſcule qui l'a décrite, ſera obligé d'en décrire une ſemblable & égale I*ce*, par l'action du corps qui l'attirera à lui; tout comme on voit un corps projetté obliquement à l'horizon en montant, décrire après être parvenu au plus haut, une demi-parabole égale & ſemblable à la premiere. Enfin tous les autres rayons plus obliques, ou ayant moins de vîteſſe décriront de ſemblables courbes, mais en pénétrant moins dans le ſecond milieu, ou même ſans l'atteindre. Car le corpuſcule qui décrit la ligne R*m* fort inclinée, n'eſt pas plutôt arrivé à une certaine proximité de la ſurface qui ſépare les deux milieux, que ſon chemin commence à ſe courber par les raiſons expliquées ci-deſſus, & lorſque la direction de ce chemin eſt devenue parallele à cette ſurface comme en *n*, alors le corpuſcule retiré en arriere, décrit une courbe *no* égale & ſemblable à la premiere *mn*, & arrivé en *o* où ceſſe ſon attraction vers le dehors, il s'échappe par la tangente en *o*, & continue ſa route en ligne droite. C'eſt la ſimilitude de ces courbes de côté & d'autre, qui fait que l'angle de réflection eſt égal à celui d'incidence. Au reſte, tout cela occupe ſi peu d'étendue qu'on peut regarder la réflection & la réfraction, comme ſe faiſant dans un ſeul point. *Fig.* 133.

Nous venons d'expliquer avec ſuccès cette ſorte de réflection, & mettant à part tout attachement aux idées du célebre Philoſophe Anglois, nous penſons qu'il ſeroit difficile d'en rendre d'autre raiſon; mais celle que nous voyons ſe faire ſur la ſurface des corps opaques & polis, eſt-elle de la même nature? On doit le dire dans le ſyſtême que nous expoſons, & voici comment on le rend probable.

Nous avons vu dans les deux expériences rapportées au

commencement de cet article, que les corps agissent sur la lumiere, tantôt en la repoussant, tantôt en l'attirant fortement à eux. Il est à la vérité probable, que ces attractions & répulsions tiennent à un même principe, quel qu'il soit, & que ce ne sont que deux manieres différentes dont la même puissance agit suivant les circonstances. Quoi qu'il en soit, nous sommes fondés à admettre dans les corps une puissance quelquefois répulsive, à l'égard des rayons de la lumiere. Supposons donc un corps dont les particules soient douées d'une pareille force. Lorsqu'un corpuscule de lumiere s'approchera de sa surface, s'il y arrive obliquement, son mouvement sera infléchi, & se fera dans une courbe tournant sa convexité à la surface réfléchissante, & dès que par l'action de cette force répulsive le corpuscule de lumiere aura pris une direction parallele à cette surface, il cessera de s'en approcher, & décrivant une seconde courbe semblable à la premiere, il s'échappera par une tangente qu'on voit facilement devoir être autant inclinée en sens opposé au plan réfléchissant, que la ligne d'incidence. Chaque rayon pénétrera d'autant plus dans le petit espace où s'exerce la répulsion, qu'il tombera moins obliquement; & comme cette répulsion croit beaucoup plus rapidement que ne diminue la distance, elle pourra avoir la force, non seulement de retarder le mouvement du rayon perpendiculaire, mais encore de le repousser en arriere. Tout cela est entiérement conforme aux loix de la Méchanique, si l'on admet le principe ci-dessus; mais, nous n'en disconviendrons pas, c'est dans ce principe que réside la difficulté. Car admettre tantôt une puissance attractive, tantôt une puissance répulsive, c'est ce qu'il n'est pas aisé de concilier avec les regles de la saine physique : & quant à ce que dit quelque part M. *Newton*, que de même que les quantités négatives commencent où finissent les positives, ainsi la répulsion commence où finit l'attraction, cela me paroît plus mathématique que physique, & plus ingénieux que solide.

Il me semble que pour résoudre cette difficulté, on pourroit dire que les milieux diaphanes sont ceux dont la contexture est telle qu'ils exercent une plus grande force d'attraction sur la lumiere; car en admettant cette supposition, il sera facile de voir que dans le contact d'un milieu transparent avec un opaque, l'attraction du premier l'emportant sur celle du dernier, l'excès de l'une sur l'autre sera une force équivalente à une répulsion exercée par celui-ci. Cette idée pourroit être davantage développée, & peut être mise à couvert de diverses difficultés que j'entrevois. Quoi qu'il en soit, M. *Newton* a tenté de rendre une raison méchanique de ces attractions & répulsions, dans les questions qui terminent son Optique. Il conjecture que ces effets pourroient bien être occasionnés par l'action d'un milieu extrêmement élastique, répandu dans tous les corps, & qui remplit même les espaces vuides de tout corps sensible. Ecoutons-le lui-même dans la question XVIII. « La chaleur, dit-il, n'est-elle pas communi- » quée à travers le vuide par les vibrations d'un milieu beau- » coup plus subtil que l'air, lequel milieu reste dans le vuide » après que l'air en est pompé? Et ce milieu n'est-il pas le » même que celui qui rompt & qui réfléchit la lumiere, & » par les vibrations duquel elle échauffe les corps, & est » mise dans des *accès de facile transmission & de facile réfléxion,* » *&c?* (On verra bien-tôt ce que *Newton* entend par-là). La » réfraction de la lumiere, continue-t'il dans sa question » XIX, ne provient-elle pas de la différente densité de ce mi- » lieu éthérée, en différens endroits, la lumiere s'éloignant » toujours des parties du milieu les plus denses? Et sa den- » sité n'est-elle pas plus grande dans les espaces libres & vui- » des d'air & d'autres corps plus grossiers, que dans les pores » de l'eau, du verre, du cristal, des pierres précieuses, &c? » Car lorsque la lumiere passe au-delà du verre ou du cristal, » & que tombant fort obliquement sur la surface du verre la » plus éloignée, elle est totalement réfléchie, cette réflection » totale, doit plutôt venir de la densité & de la vigueur du » milieu hors du verre & au-delà du verre, que de sa ra- » reté & de sa foiblesse? Ce milieu, dit-il, encore dans » la question XX, passant de l'eau, du verre, &c, dans » d'autres corps plus rares, ne devient-il pas toujours plus » dense par degré, & ne rompt-il pas par ce moyen, les » rayons de lumiere, non dans un point, mais en les pliant » peu à peu en ligne courbe; & la condensation graduelle de » ce milieu ne s'étend-elle pas à quelque distance des corps, » & ne produit-elle pas par-là les infléxions des rayons de la

» lumiere qui paſſent près de leurs extrêmités, & à quelque » diſtance? » Ces endroits & pluſieurs autres ſont propres à juſtifier *Newton* de l'imputation ſi ſouvent répétée contre lui, de recourir à de nouvelles propriétés de la matiere pour expliquer certains phénomenes. Si dans quelques occaſions, il a paru pancher vers l'attraction, conſidérée comme propriété inhérente à la matiere, cela ne doit point nous ſurprendre. Il eſt naturel que dans une diſcuſſion hériſſée de tant de difficultés, quelquefois les unes prépondèrent ſur les autres. Et cette eſpece de contradiction, qui indique un embarras à ſe décider, fondé ſur les difficultés qu'on entrevoit de toutes parts, eſt ſans doute plus digne d'un eſprit philoſophique, que la hardie confiance du Philoſophe qu'on met ſouvent en oppoſition avec *Newton*.

Il ſe préſente en ce lieu une queſtion qui mérite que nous en diſions quelques mots. Après avoir vu que les rayons diverſement colorés ſont inégalement réfrangibles, on a demandé quelle pouvoit être la cauſe de cet effet. On s'eſt partagé ſur cela; les uns l'attribuant à la différente maſſe des particules de la lumiere, les autres à leur différente vîteſſe. Quant à moi, il me ſemble que pour répondre à une pareille queſtion, il faudroit avoir des connoiſſances que nous n'avons point encore. En effet, dans l'hypotheſe même de l'émiſſion de la lumiere, hypotheſe qui n'eſt pas ſans difficultés, il faudroit ſçavoir quelle eſt la nature de cette force, qui détourne la lumiere & produit la réfraction. Car ſi on la fait conſiſter dans une propriété inhérente à la matiere, il faudra dire que la différente réfrangibilité, eſt l'effet de la différente vîteſſe des particules de la lumiere. Ceux qui ont penſé le contraire, ne faiſoient pas attention que ſuivant les principes de la méchanique, un boulet de canon lancé obliquement avec la même vîteſſe & la même direction que la plus petite balle de plomb, ne décriroit pas une autre courbe, du moins en faiſant abſtraction de la réſiſtance de l'air. Or l'un & l'autre cas ſont abſolument ſemblables.

Mais fait-on conſiſter l'attraction dont il s'agit ici, dans l'action d'un fluide élaſtique, comme le ſoupçonne M. *Newton*, le cas ſera bien différent. Alors la différence des maſſes pourra, ou ſeule, ou conjointement avec la différence des vîteſſes, produire la différente réfrangibilité. Car les particules les plus groſſes, pourront, toutes choſes d'ailleurs égales, être les moins dérangées. Ainſi dans cette ſuppoſition les rayons rouges peuvent être ceux qui ont le plus de maſſe.

Il nous reſte à parler de quelques expériences de M. *Newton*, d'un autre genre que les précédentes, & trop curieuſes pour que malgré l'obligation où nous ſommes d'abréger, nous puiſſions les omettre. Les voici : M. *Newton* prit un verre plan-convexe, & un autre convexe des deux côtés, & ayant ſon foyer à 50 pieds de diſtance. Il appliqua le dernier ſur le côté plan du premier, & les preſſant légérement l'un contre l'autre, il vit ſucceſſivement ſortir du centre divers anneaux colorés qui s'étendoient davantage en diametre, & ſe reſſerroient quant à leur largeur, à meſure qu'il preſſoit, juſqu'à ce que ces verres étant comprimés à un certain point, il ſe fit au centre une tache noire, après quoi il ne parut plus de nouvelles couleurs, & elles s'étendirent ſeulement en largeur & en diametre. Dans cet état l'ordre des couleurs dans chaque anneau allant du centre à la circonférence étoit celui-ci : le premier, *NOIR*, *bleu*, *blanc*, *jaune*, *rouge*; le ſecond, *VIOLET*, *bleu*, *vert*, *jaune*, *rouge*; le troiſieme, *POURPRE*, *bleu*, *vert*, *jaune*, *rouge*; le quatrieme, *VERT*, *rouge*; le cinquieme, *BLEU verdâtre*, *rouge*; le ſixieme, *BLEU verdâtre*, *rouge pâle*; le ſeptieme, *BLEU verdâtre*, *blanc rougeâtre*. Les mêmes phénomenes, & le même ordre des couleurs paroiſſent avec des verres de quelque convéxité qu'ils ſoient, à moins qu'ils ne ſoient portions de trop petites ſpheres, parce qu'alors ces anneaux colorés ſont trop reſſerrés, & ſe dérobent à la vue; d'où l'on peut conclure que ce phénomene ne ſçauroit être l'effet du hazard, mais qu'au contraire il dépend d'une cauſe réglée & permanente.

Pour venir à bout de découvrir quelque choſe ſur ce ſujet, M. *Newton* ſe comporta avec ſa ſagacité ordinaire. Il meſura les demi-diametres de ces anneaux dans les endroits où ils paroiſſoient le plus éclatans, & après pluſieurs meſures réitérées, il trouva que leurs quarrés ſuivoient les rapports des nombres impairs 1, 3, 5, 7, 9, 11, &c. Au contraire les demi-diametres des intervalles obſcurs entre chacun des anneaux, en commençant par la tache noire du centre, avoient leurs quar rés dans les rapports des nombres pairs o, 2, 4, 6, 8, 10, &c. Et comme l'un des verres étoit plan, il ſuit delà que les intervalles de ces verres, ou les épaiſſeurs des pellicules d'air qu'ils comprenoient dans les endroits qui formoient les anneaux lumineux, étoient dans les rapports de ces nombres impairs, tandis que ces épaiſſeurs aux anneaux obſcurs étoient comme les nombres pairs. M. *Newton* calcula enſuite, d'après le diametre de la convéxité de l'objectif ci-deſſus, qui étoit de 101 pieds, quelle étoit l'épaiſſeur réelle de chacune de ces couches d'air, & il trouva que celle de l'endroit le plus lumineux du premier anneau, étoit la 178000e d'un pouce ; par conſéquent celle du lieu le plus brillant du ſecond anneau, trois 178000es, & ainſi de ſuite. Il meſura pareillement les diametres de ces anneaux à chacune des couleurs, d'où par un calcul ſemblable il détermina l'épaiſſeur de la couche d'air réfléchiſſant chaque couleurs, & il en dreſſa une table. Il trouva ſenſiblement les mêmes réſultats, c'eſt-à-dire, les mêmes rapports de largeur, & les mêmes épaiſſeurs, en employant divers autres verres de convéxités connues, & à voir les précautions qu'il y a priſes, on ne ſçauroit douter que ces meſures ne ſoient auſſi exactes qu'il eſt poſſible de l'attendre du plus adroit obſervateur.

M. *Newton* fit enſuite gliſſer entre ſes deux objectifs une goutte d'eau ; cette goutte en y étendant fit reſſerrer les anneaux ſans changer leur ordre, dans le rapport de 7 à 8, d'où réſulte entre les épaiſſeurs de couches d'eau & d'air correſpondantes aux mêmes couleurs, celui de 3 à 4, qui eſt le rapport de la réfraction de l'eau dans l'air. Enfin pour reconnoître les couleurs que forment les pellicules d'un milieu plus denſe, environné de toute part d'un plus rare, il ſe ſervit d'une bouteille d'eau de ſavon ſoufflée avec un chalumeau, divertiſſement connu par tout des enfans, mais qui entre les mains de notre Philoſophe devint l'inſtrument d'une découverte remarquable. Ayant fait une pareille bulle, & l'ayant miſe à l'abri ſous un vaſe de verre très-tranſparent, il obſerva les ſuites de couleurs qui ſe forment ſur ſa ſurface, à meſure que le fluide s'écoulant en bas, elle s'amincit. Il vit les mêmes couleurs en ſens contraire que ci-deſſus, s'étendre annulairement du ſommet de la bulle, vers la circonférence

de

de la base où elles s'évanouissoient ; de sorte qu'à mesure qu'elle s'amincissoit, elle donnoit par réflection les mêmes couleurs que la couche d'air ou d'eau interceptée entres les objectifs des expériences précédentes. La seule différence étoit que ces couleurs dans la bulle d'eau paroissoient beaucoup plus vives que dans la couche d'air ou d'eau dont nous venons de parler (*a*).

Les expériences précédentes nous conduisent avec M. *Newton*, à former des conjectures fort probables sur la cause de la couleur des corps. En effet, puisque nous avons vu de petites lames d'air, d'eau, de verre, réfléchir différentes couleurs, à proportion qu'elles sont moins épaisses, n'est-il pas naturel de faire dépendre la couleur d'un corps de la différente épaisseur, & la différente densité des lames transparentes dont il est composé. Une couleur, par exemple, vive & telle que celle que M. *Newton* nomme du troisieme ordre, parce qu'elle appartient au troisieme anneau coloré, sera produite par des particules qui, si elles sont de la densité de l'eau, auront une épaisseur égale aux 21 cent milliemes d'un pouce. Il suit encore des expériences de M. *Newton*, que plus la densité de la lame réfléchissante est grande, plus la couleur est fixe, & invariable sous quel angle qu'on la regarde, au lieu que si cette lame est peu dense, comme la lame d'air entre deux objectifs, la couleur varie, de sorte que ceci peut servir à rendre raison de la fixité & de l'espece de mobilité des couleurs de certains corps.

Mais ce n'est pas là la conséquence la plus surprenante que nous offrent ces expériences. Elles nous montrent un phénomene fort singulier, sçavoir que chaque rayon de lumiere, à son passage d'un milieu dans un autre, acquiert une certaine disposition qui fait que tant qu'il reste dans ce second milieu, il est alternativement propre à être réfléchi ou à être transmis avec facilité à la rencontre d'un milieu différent, soit que cette disposition réside dans le rayon même, ou qu'elle soit l'effet des vibrations de ce milieu subtil & infiniment

(*a*) M. Mariotte a connu aussi ces couleurs produites par des lames minces d'eau, de verre ou de talc ; mais ses expériences ne sont pas poussées loin comme celles de M. Newton, & les raisons qu'il en donne sont bien différentes. On peut lire sur le même sujet un Mémoire de M. Mazeas, inséré dans le Recueil des Mémoires des Sçavans étrangers, T. II. Il est intéressant par les nouvelles expériences qu'a fait ce Physicien sur ces couleuts & leur production.

élaſtique, auquel M. *Newton* penſe qu'on peut attribuer la cauſe de la réflection, de la réfraction, & même de la gravitation univerſelle. On voit, en effet, par les expériences cideſſus qu'un rayon de lumiere eſt réfléchi & tranſmis alternativement ſuivant que l'épaiſſeur de la plaque mince, eſt de 0, 1, 2, 3, 4, 5, 6, &c. qu'il eſt tranſmis aux épaiſſeurs 0, 2, 4, 6, &c. & réfléchi par les épaiſſeurs 1, 3, 5, &c. On a vu auſſi que la moindre de ces dernieres, ſçavoir celle qui eſt déſignée par 1, eſt pour une couche d'air entre deux verres, une 178000e d'un pouce. Ainſi il faut dire que ces alternatives de facile réflection ou tranſmiſſion, reviennent à des intervalles qui ne ſont pas plus grands, lorſque la lumiere paſſe du verre dans l'air, qu'une 178000e de pouce, & ces intervalles ſont, en vertu des mêmes expériences, plus courts dans l'eau que dans l'air, dans le rapport de 3 à 4; & encore plus courts dans le verre que dans l'eau, ſçavoir comme 8 à 9, qui eſt la raiſon des ſinus de la réfraction de l'un dans l'autre. Voilà, nous en conviendrons, une propriété bien ſinguliere, & bien capable d'exciter l'étonnement, je l'avouerai même, de faire des incrédules. Mais avant que d'en porter un jugement, il faut conſulter l'ouvrage de M. *Newton*, qui contient une foule d'expériences ſur ce ſujet, dont je n'ai pu donner ici qu'un eſquiſſe. Si l'on n'en revient pas convaincu, on en reviendra du moins pénétré d'admiration, pour le génie qu'on y voit éclater de toutes parts.

M. *Newton* a fait ſur les infléxions de la lumiere, des expériences qui ne ſont pas moins curieuſes, & qui le menent à des réſultats qui ne ſont pas moins extraordinaires. Quelqu'en ſoit le ſort, il ſuit bien certainement de ces expériences que, tout comme les rayons diverſement colorés ont des réfrangibilités inégales, de même ces rayons ſouffrent ſous même inclinaiſon des infléxions inégales; & c'eſt-là ce qui ſépare les couleurs, & qui produit dans l'ombre ces franges ſemblables à l'arc-en-ciel, que M. *Newton* examine avec tant de ſagacité dans ces expériences. Nous ne le ſuivrons pas dans cette partie de ſon ouvrage, parce que nous ne pourrions le faire ſans une exceſſive prolixité. D'ailleurs, c'en eſt aſſez ſur ces matieres, plus phyſiques que mathématiques, & nous allons nous reſſerrer plus étroitement dans les limites de notre plan, & parler du Télescope à réflection, autre découverte de M. *Newton*, pour laquelle il a encore tant de droits à notre reconnoissance.

VII.

Du Télesc à réflection

En annonçant le Télescope à réflection comme une découverte de M. *Newton*, nous ne prétendons pas qu'avant lui personne n'eût eu l'idée d'une pareille construction. Dès qu'on eut remarqué qu'un miroir sphérique concave, peint à une certaine distance de sa surface une représentation des objets semblable à celle des lentilles convexes, il étoit assez naturel d'en conclure qu'un miroir devoit produire le même effet que l'objectif d'un Télescope, & d'imaginer cette nouvelle forme. Aussi avons-nous vu au commencement de ce Livre, Jacques *Grégori* s'efforcer de construire un Télescope à réflection; & même long-tems auparavant le Pere *Mersenne* en entretenoit *Descartes*, & auguroit de cette disposition quelque degré de perfection pour les Télescopes. Mais notre Philosophe ne goûta point cette idée, & il y trouva même divers inconvéniens (*a*). Il avoit raison en un sens; car sans la différente réfrangibilité des rayons, qui ne lui étoit point connue, le Télescope à réflection n'auroit pas le moindre avantage sur celui à réfraction. Il n'auroit même pas l'avantage d'accourcir considérablement la longueur des lunettes. Car à même distance de foyer, les images peintes par un miroir concave & une lentille, sont de même grandeur; mais pour avoir un miroir de même foyer qu'une lentille plan convexe, il faut que la sphere dont il est portion, ait un diametre quadruple. D'ailleurs la difficulté de donner à un miroir le poli convenable, est incomparablement plus grande, que celle de travailler un verre d'égale perfection; d'où l'on peut voir combien peu l'on devoit attendre de cette nouvelle forme de Télescope, avant qu'on eut les raisons qui ont déterminé M. *Newton* à la tenter de nouveau.

Ces raisons sont tirées de la différente réfrangibilité de la lumiere, & par conséquent telles que quand même M. *Newton* n'eut eu aucune connoissance de l'ouvrage de *Grégori*,

(*a*) Lett. T. II. Lett. 29 & 32.

elles l'auroient également conduit à cette invention. En effet, *Newton* n'eût pas plutôt fait la découverte de cette nouvelle propriété de la lumiere, qu'il vit qu'il en naissoit une nouvelle cause de confusion dans les images formées par les verres lenticulaires, & que cette confusion, compagne presque inséparable de la réfraction, étoit bien plus grande que celle qui est causée par le défaut de la figure sphérique, entant qu'elle ne peut réunir les rayons venant d'un point, précisément dans un autre. Ce fut cette considération qui tourna les vues de *Newton* du côté de la réflection, qui n'a pas le même inconvénient que la réfraction. Mais étendons davantage ceci, pour la satisfaction du lecteur.

Afin de rendre sensible les effets de la différente réfrangibilité de la lumiere en ce qui concerne la distinction des images produites par les verres lenticulaires, imaginons deux rayons qui partent d'un point, & qui tombent sur un pareil verre peu loin de l'axe. Chacun de ces rayons se divise en plusieurs autres, dont les plus réfrangibles ont leur foyer le
Fig. 134. plus près de la lentille en F, & les moins réfrangibles en *f*; tous les autres de réfrangibilité moyenne tombent dans l'intervalle entre F & *f*. Si donc on présente à ces rayons un plan, aux environs de *f* F, ils y formeront une image qui sera, non un point, mais un cercle; & le plus petit de ces cercles, ou le plus petit espace où ces rayons puissent être réunis, sera celui qui aura GI pour diametre. C'est-là ce qu'on nomme l'aberration des rayons. Or M. *Newton* ayant montré que les sinus de réfraction des rayons qui different le plus en réfrangibilité, sont comme 77 à 78, on trouve que lorsque les rayons incidens sont sensiblement paralleles, le petit espace F*f*, est environ la 27e partie de la distance du foyer du verre. D'où il suit que IF, ou I*f*, qui sont sensiblement égales, sont environ la 55e de cette distance, & par conséquent le diametre GI du cercle d'aberration est environ la 55e partie de celui de l'ouverture du verre.

Voyons présentement quelle est l'aberration causée par la figure sphérique du verre. Cette aberration vient de ce que les rayons également réfrangibles, qui tombent sur un verre convexe, à quelque distance sensible de l'axe, vont rencontrer cet axe plus près du verre que le foyer. (Car le foyer n'est que le concours des rayons infiniment proches de l'axe :) & cette différence est d'autant plus grande que l'ouverture est plus considérable. M. *Newton* trouve que dans une lentille plan convexe de 100 pieds de foyer, & de 4 pouces d'ouverture en diametre, la largeur du petit cercle d'aberration, qui naît uniquement du défaut de la sphéricité, n'est que la $\frac{961}{72000000}$ d'un pouce (*a*) ; tandis que celle du cercle d'aberration, causée par la différente réfrangibilité, est la 55e partie de l'ouverture, ou de quatre pouces. D'où il suit que celle-ci est 5450 fois plus grande que la premiere. Mais si n'ayant égard qu'à la partie la plus dense de ce cercle, on en réduit avec M. *Newton* le diametre à une 250e de celui de l'ouverture, on trouvera encore que cette aberration est 1200 fois plus grande que celle qui naît du défaut connu de la sphéricité.

On voit par-là que le défaut des Télescopes à réfraction, ne vient point de l'inaptitude de la figure sphérique à réunir les rayons venant d'un même point précisément dans un autre ; en vain corrigeoit-on l'aberration qui vient de cette cause, comme *Descartes* tentoit de le faire, en donnant aux verres une figure plus convenable ; on n'en seroit pas plus avancé. L'autre espece d'aberration, incomparablement plus grande, subsisteroit encore, & il est évident que c'est elle qui est la cause de la confusion des images, & de l'imperfection des Télescopes à réfraction.

Ce fut ce motif qui fit songer M. *Newton* à substituer la réflection à la réfraction. Car la réflection n'a point l'inconvénient de cette derniere. Les rayons, quoiqu'inégalement réfrangibles, se réfléchissent tous à angles égaux avec ceux d'incidence ; de sorte que la réflection de la lumiere dans les miroirs concaves, est exempte de cette aberration qui suit nécessairement le passage des rayons à travers les milieux réfringens. Les images formées par ces miroirs, sont par cette raison incomparablement plus nettes & plus distinctes que celles que formeroient des lentilles de même foyer. La différence en est tout-à-fait frappante, comme l'observe M. *Hévélius* (*b*), & qu'il est facile à chacun de l'éprouver.

C'est en cela que consiste l'avantage & le principe du Té-

(*a*) M. Newton donne pour cela une regle qu'on peut voir dans son Optique.
(*b*) *Mach. celestis.* T. 1, p. 455 & suiv.

lescope à réflection. Car il est aisé de sentir que si l'image formée par le miroir est incomparablement plus distincte que celle d'un verre, on pourra employer une oculaire d'un foyer beaucoup moindre, & par une suite nécessaire le Télescope présentera les objets considérablement plus grossis. Un Télescope à réflection équivaudra à un de l'ancienne forme beaucoup plus grand. Tout ce raisonnement de M. *Newton* a été parfaitement confirmé par l'expérience. Un Télescope de cinq pieds, construit par M. *Hadlei*, suivant la forme Newtonienne, se trouva égaler en bonté, & même surpasser le Télescope de 123 pieds, dont M. *Huyghens* avoit donné l'objectif à la Société Royale de Londres.

M. *Newton* fit part de cette invention à la Société Royale, bien peu après sa nouvelle théorie de la lumiere (*a*). Voici la construction qu'il proposoit, & qui differe en quelques points de celle qui est vulgairement usitée aujourd'hui. ABCD, est un tube au fond duquel est placé un miroir concave, dont l'axe
g. 135. est directement coincidant avec celui du tube. Ce miroir peindroit, comme l'on sçait, vers son foyer l'image de l'objet OM, vers lequel l'axe du Télescope est tourné; mais un peu avant ce foyer est placé un miroir incliné d'un angle de 45°, & qui renvoye l'image ci-dessus sur le côté, au devant d'une oculaire d'un très-petit foyer, placée en I. C'est à l'aide de de cette lentille que l'œil P considere cette image, & il voit l'objet grossi en raison de la longueur du foyer de l'oculaire, à celle du foyer du miroir qui tient lieu d'objectif. M. *Newton*, après bien des peines, parvint à réduire son invention en pratique. Il se construisit entr'autres un Télescope de cette forme, dont le miroir concave de métal, étoit portion d'une sphere de 12 pouces $\frac{2}{3}$ de rayon, & avoit par conséquent son foyer à 6 pouces $\frac{1}{3}$. L'oculaire I, avoit entre $\frac{1}{5}$ & $\frac{1}{6}$ de pouce de foyer, & par conséquent le Télescope grossissoit 32 à 38 fois l'objet en largeur; & produisoit, à quelque défaut de clarté près, le même effet qu'un excellent Télescope à réfraction de trois pieds, c'est-à-dire, six fois aussi long. Ce défaut de clarté venoit de la difficulté qu'il y a à polir ces miroirs concaves avec assez de perfection. M. *Newton* y en trouva

(*a*) Voy. *Trans. Phil.* n°. 81.

plus qu'on ne croiroit d'abord, aussi-bien qu'à découvrir une composition de métal propre à cet effet. L'expérience lui apprit que les métaux en apparence les plus éclatans, sont parsemés d'une multitude de pores qui interceptent beaucoup plus de lumiere qu'il ne s'en perd dans son passage à travers les deux surfaces d'un objectif de verre, & que le poli qu'il faut donner au métal pour produire quelque distinction, doit être beaucoup plus parfait que celui des verres; car les aberrations qui naissent de la réflection irréguliere, sont, suivant M. *Newton*, six fois aussi grandes que celles que produisent les irrégularités du verre sur la lumiere rompue.

Lorsque M. *Newton* eut publié, dans les *Transactions Philosophiques*, son nouveau Télescope, il y eut en France un homme qui prétendit lui en disputer l'invention. M. *Cassegrain*, c'est le nom de ce rival de *Newton*, inséra dans le Journal des Sçavans de la même année (1672.) diverses Pieces tendant à prouver qu'avant que le récit de l'invention de M. *Newton* eut passé la mer, il avoit imaginé un Télescope à réflection, & même supérieur à celui du Philosophe Anglois. La construction de ce Télescope étoit fort ressemblante à celle de *Grégori*, excepté qu'au lieu du miroir concave, recevant la premiere image de celui qui est au fond du tube, il proposoit de se servir d'un miroir convexe qui devoit réfléchir du côté de l'oculaire, cette image, & l'augmenter davantage. Ce Télescope étoit à celui de *Grégori*, à peu près ce que le Télescope batavique ou à oculaire concave, est au Télescope astronomique. M. *Cassegrain* ou ses partisans trouvoient cette disposition bien meilleure que celle de *Newton*. Et en effet, à la considérer dans la théorie, elle semble avoir quelques avantages sur cette derniere. Car outre que le Télescope devient beaucoup plus court, le miroir convexe en dispergeant les rayons, augmente l'image formée par le premier. M. *Newton* de son côté proposa diverses observations contre la construction de *Cassegrain*, & tenta de montrer qu'elle étoit sujette à divers inconvéniens. Mais quelques-unes de ces observations iroient également contre la construction de *Grégori*, qui réussit aujourd'hui très-bien entre les mains de divers Artistes. Comme celle de *Cassegrain* n'a jamais été éprouvée, nous ne sçaurions porter un jugement sur les autres défauts que lui trouve M. *Newton*.

Quoique les essais que M. *Newton* avoit fait de son invention, fussent tout-à-fait propres à encourager les Sçavans & les Artistes, il s'est écoulé bien des années avant qu'on en ait tiré les avantages qu'elle promettoit, & il n'y a guere plus de 30 ans qu'on a commencé à la mettre en pratique. L'on doit le premier Télescope cata-dioptrique d'une longueur un peu considérable, à M. *Hadlei*, qui en construisit en 1718, un de cinq pieds de longueur. Ce Télescope égaloit celui de 123 pieds, dont *Huyghens* avoit autrefois donné l'objectif à la Société Royale. Depuis ce tems, divers Artistes ont marché sur les traces de M. *Hadlei*, & ont construit des Télescopes encore supérieurs. C'est ce qu'on verra avec plus d'étendue dans la partie suivante de cet ouvrage, où nous donnerons aussi diverses choses intéressantes concernant ce Télescope & le Microscope.

VIII.

De l'arc-en-ciel.

Une derniere branche de la théorie de M. *Newton*, qui doit trouver place ici, est l'explication de l'arc-en-ciel; car quoique nous ayons vu ailleurs qu'Antoine de *Dominis*, & *Descartes* ont découvert le chemin que tient la lumiere dans les gouttes d'eau pour produire ce merveilleux phénomene, il manquoit, comme nous l'avons aussi déja dit, quelque chose à leur explication. On voit bien dans celle de *Descartes*, pourquoi il doit paroître un arc lumineux, & même deux dans les nuages opposés au Soleil; mais on ne voit pas de même pourquoi ils doivent être colorés, & en sens contraire. La raison complette de ce phénomene tient à la différente réfrangibilité de la lumiere, comme on va le montrer.

Il faut se rappeller pour cela que la raison pour laquelle on voit un arc lumineux d'une grandeur déterminée sur les nuages pluvieux où se réfléchit la lumiere du Soleil, c'est que de tous les rayons de cet astre qui pénetrent les petites gouttes de pluie, & qui en sortent après une ou deux réflections, il n'y a que ceux qui tombent sur ces gouttes avec une certaine inclinaison, qui au sortir soient paralleles entr'eux, & capables de porter à un œil placé au loin l'impression de la lumiere. Tous les autres sont tellement divergens, qu'ils sont incapables de cet effet. Si la lumiere étoit toute de la même réfrangibilité,

gibilité, & ne portoit pas avec elle les couleurs dans lesquelles M. *Newton* l'a décomposée, outre que l'arc lumineux seroit beaucoup plus étroit, il seroit encore sans couleurs. Mais la différente réfrangibilité des parties différemment colorées de la lumiere étant admise, on rend facilement raison, & de ces couleurs, & de l'ordre qu'elles gardent entr'elles. Car supposons une goutte d'eau telle que A, que SB soit le petit faisceau de rayons solaires, qui au sortir de la goutte, doit affecter l'œil du spectateur; ce faisceau, à son entrée dans la goutte, commence à se décomposer en ses couleurs, & au sortir de cette goutte, après une réflection & une seconde réfraction, il se trouve décomposé en autant de petits faisceaux diversement colorés, qu'il y a de couleurs primitives. Mais afin d'éviter la confusion, nous n'en mettrons que trois, comme DE, *de*, *δε*, dont le moins réfrangible sera le rouge, le second le verd, le troisieme le bleu. Le rayon rouge sera donc DE, qui fait avec la perpendiculaire ADI de réfraction, le moindre angle; *de* sera le verd, & *δε* le bleu & violet. *Fig.* 136.

Après cette analyse de ce qui se passe dans chaque goutte d'eau, il est aisé de sentir que l'œil qui est affecté du rouge d'une des gouttes, ne sçauroit appercevoir en même tems les autres couleurs; car les faisceaux diversement colorés, étant diversement inclinés, ne sçauroient entrer dans le même œil. Celui qui apperçoit le rouge dans une des gouttes, ne peut donc voir le jaune que dans des gouttes inférieures, & le bleu que dans d'autres qui sont encore au-dessous. Ainsi le rouge occupera le bord extérieur, le jaune viendra ensuite, & le bleu formera la bande intérieure. Nous avons tâché de rendre cela sensible à l'aide de la figure 137. La même figure montre que le contraire doit arriver dans l'arc extérieur, & delà vient que les couleurs y sont situées en sens opposé à celles du premier. *Fig.* 137.

C'est aussi la différente réfrangibilité qui sert à rendre raison de la largeur de chacun de ces arcs. M. *Newton* ayant trouvé que les sinus de réfraction, des rayons les plus réfrangibles, & des moins réfrangibles, sont, en passant de l'eau de pluie dans l'air, dans le rapport de 185 à 182, le sinus d'incidence étant 138; M. *Newton*, dis-je, a calculé quelle est cette largeur (*a*), & il a trouvé que si le Soleil étoit sans largeur sensible, celle de l'arc intérieur seroit de 2°, à quoi ajoutant 30', pour le demi-diametre apparent du Soleil, la largeur totale seroit 2° ½. Mais comme les couleurs extrêmes, surtout le violet, sont extrêmement foibles, elle ne paroîtra pas excéder deux degrés. Il trouve, d'après les mêmes principes, que la largeur de l'iris extérieure, si elle étoit également forte partout, seroit de 4°. 20'. Mais il y a encore ici une plus grande déduction à faire à cause de la foiblesse des couleurs de cette iris, & elle ne paroîtra guere que de 3° de largeur.

M. *Hallei* est entré le premier dans une recherche fort ingénieuse concernant l'arc-en-ciel. Il faut en donner ici une idée au lecteur. Nous avons vu que l'arc-en-ciel intérieur est formé par des rayons qui souffrent deux réfractions, entre lesquelles est une réflection. La seconde iris est formée par deux réfractions, dont la derniere est précédée de deux réflections. La nature s'arrête ici, ou plutôt faute d'organes assez délicats, nous n'appercevons pas d'autres arcs-en-ciel. Mais où s'arrêtent nos organes, l'esprit ne s'arrête pas, & c'est une question qu'on peut faire, quelles seroient les dimensions des iris qui se formeroient par des rayons qui auroient souffert 3, 4, 5 réflections, &c, avant que de sortir de la goutte d'eau. M. *Hallei* l'examine dans les *Transactions Philosophiques* de l'année 1700, où il donne aussi une méthode directe pour déterminer le diametre de l'iris, le rapport de la réfraction étant connu. Car il faut remarquer que la méthode de M. *Descartes*, étoit une sorte de tâtonnement, & personne n'en avoit encore donné d'autre, si nous en exceptons M. *Newton*, dans son *Traité*, & ses *Leçons Optiques*, qui n'avoient pas encore vu le jour.

M. *Hallei* examine donc la question plus directement, & il trouve que la premiere iris est produite par des rayons incidens dont l'angle d'inclinaison est tel que l'excès du double de l'angle rompu correspondant sur cet angle d'inclinaison, est le plus grand qu'il est possible : la seconde iris est formée par des rayons tels que l'excès du triple de l'angle rompu sur celui d'inclinaison, est pareillement le plus grand ; la troisieme, par des

(*b*) Voy. *Lect. Opt.* ad fin.

rayons tellement inclinés à leur entrée, que le quadruple de l'angle rompu surpasse le plus qu'il est possible l'angle d'inclinaison, &c. en prenant un multiple de l'angle rompu qui surpasse de l'unité le nombre des réflections. Dès-lors voilà le problême soumis à l'art de l'Analiste; il ne s'agit plus que de déterminer quel est l'angle d'inclinaison, tel qu'un certain multiple donné de son angle rompu correspondant, le surpasse d'un excès qui soit le plus grand qu'il se puisse. M. *Hallei* trouve pour ces angles d'incidence & leurs angles rompus correspondans, une formule fort générale. En nommant i & r, les sinus des angles d'incidence & rompu, & 1 le sinus total, le sinus d'incidence pour la premiere iris, sera $\sqrt{(\frac{4}{3}-\frac{ii}{3rr})}$, pour la seconde $\sqrt{(\frac{9}{8}-\frac{ii}{8rr})}$, pour la troisieme $\sqrt{(\frac{16}{15}-\frac{ii}{15rr})}$, pour la quatrieme ce sera $\sqrt{(\frac{25}{24}-\frac{ii}{25rr})}$, &c. La progression est facile à appercevoir; car les nombres 4, 9, 16, 25, sont les quarrés de 2, 3, 4, 5 qui désignent le nombre des réflections augmenté de 1, & les dénominateurs 3, 8, 15, &c. sont ces mêmes quarrés diminués de l'unité. Mais l'angle d'incidence des rayons étant donné, il sera facile de trouver l'angle rompu, puisque la raison de la réfraction est donnée; & enfin de ces deux angles il est facile de dériver celui sous lequel le rayon sortant de la goutte, rencontre le rayon incident (*a*). Or celui-ci, à cause de l'immense éloignement du Soleil, est sensiblement parallele à la ligne tirée de cet astre, par l'œil du spectateur, au centre de l'iris; d'où il suit que cet angle mesurera le rayon de l'iris, à compter du point diamétralement opposé au Soleil, si le nombre des réflections est impair, (comme dans la premiere, la troisieme, la cinquieme iris), ou du Soleil même, si ce nombre est pair, comme dans la seconde, la quatrieme, la sixieme, &c. C'est-là la regle que donne M. *Hallei*, & il trouve par-là que la premiere iris a un rayon de 42°, 30'; la seconde de 51°, 55', l'une & l'autre à compter de l'opposite au Soleil, comme l'observation l'a déja montré; que la troisieme, si elle paroissoit, seroit éloignée de cet astre,

(*a*) Il n'y a qu'à multiplier l'angle rompu par le nombre des réflections augmenté de l'unité, & en ôter l'angle d'incidence.

de 40°, 20'; la quatrieme de 45°, 33', &c. Ce peu d'éloignement du Soleil & des arcs-en-ciel de la troisieme & la quatrieme classe, est probablement ce qui a empêché jusqu'ici d'en voir aucun. J'omets, pour ne pas tomber dans une trop grande prolixité, diverses autres choses intéressantes que contient l'écrit de M. *Hallei*. Le même problême a été traité par M. *Herman* (*a*), qui atteste M. *Bernoulli*, qu'il en avoit trouvé la solution, avant que d'avoir pu connoître celle de M. *Hallei*. On en trouve aussi une solution dans les Œuvres du même M. *Bernoulli*. Enfin l'on en lit une qui m'a paru très-claire & très-élégante dans l'Optique de M. le Marquis de *Courtivron*. Voici pour terminer cet article quelques observations curieuses sur l'arc-en-ciel.

Ce n'est pas seulement le Soleil qui forme des arcs-en-ciel dans les vapeurs ou les gouttes de pluie qui lui sont opposées. La Lune en produit aussi quelquefois; il est vrai qu'ils sont fort rares & fort foibles, & l'on doit bien s'y attendre, vu la foiblesse de sa lumiere. Les Sçavans nous en ont transmis néanmoins quelques observations. *Aristote* dit en avoir vu deux de son tems. Divers autres Auteurs, comme *Gemma Frisius*, *Sennert*, *Snellius*, & le Docteur *Plot*, disent avoir été témoins du même phénomene. On soupçonne, à la vérité, quelques-uns de ces Ecrivains de s'être mépris, & de nous avoir donné pour des arcs en-ciel lunaires, de simples halons ou couronnes autour de la Lune, ce qui n'est rien moins que rare. Mais depuis le commencement de ce siecle, on a des observations plus certaines, qui prouvent que la Lune jouit quelquefois du privilege du Soleil. Suivant les *Transactions Philosophiques*, n°. 331, on vit en 1711. un arc-en-ciel lunaire, bien coloré & bien décidé dans le Comté de Derby. M. *Weidler* en a vu un en 1719, foible, & dans lequel les couleurs pouvoient à peine se discerner. M. *Muschembroek* en a aussi vu un en 1729, mais il n'y put discerner d'autre couleur que le blanc. L'on en a vu un jaune à Isselstein en 1736 (*b*). On lit enfin dans le Journal de Trévoux du mois d'Août 1738, qu'on en avoit récemment vu un à Dijon très-bien coloré, & seulement avec moins de vivacité que ceux que forme le Soleil.

(*a*) Nouvelle de la République des Lettres, 1704.
(*b*) Essai de Physique de M. Muschembroeck, p. 819.

M. *Hallei* a fait une fois l'obſervation d'un arc-en-ciel fort extraordinaire (*a*). Outre les deux qu'on voit ſouvent, il y en avoit un troiſieme, qui ayant même baſe que l'intérieur, s'élevoit beaucoup plus, & non ſeulement atteignoit l'extérieur, mais le coupoit en trois portions à peu près égales ; il étoit auſſi vif que le ſecond, & avoit ſes couleurs dans le même ordre que le premier. M. *Hallei* ſoupçonne avec raiſon que ce troiſieme arc-en-ciel étoit formé par l'image du Soleil qui ſe peignoit dans une riviere, ſçavoir la Dee, qu'il avoit à dos. Et en effet toutes les circonſtances du phénomene s'expliquent très-exactement par-là.

Le phénomene que nous venons de voir eſt plus aiſé à expliquer que le ſuivant, qui eſt auſſi rapporté dans les *Tranſactions* de l'année 1666. Il eſt queſtion de deux arcs-en-ciel, dont l'extérieur au lieu d'être concentrique à l'intérieur, le coupoit latéralement. Je ſoupçonne que l'un étoit produit par le Soleil, l'autre par un parhélie, ou par la réflection de l'image du Soleil ſur un nuage éclatant, dont la poſition de l'obſervateur l'empêchoit de s'appercevoir. On peut voir dans les *Tranſactions Philoſophiques* de l'année 1721, quelques autres obſervations d'arcs-en-ciel extraordinaires, mais dont l'examen nous meneroit trop loin.

Ceux de nos lecteurs qui n'ont pas lu cet ouvrage de ſuite, s'étonneront peut-être de notre ſilence ſur les cauſtiques, courbes célebres de l'invention de M. *de Tſchirnhauſen.* Cette théorie paroît en effet appartenir à l'Optique. Néanmoins quand on y réfléchira plus attentivement, on reconnoîtra que quoiqu'elle tire ſon origine de la réfraction & de la réflection, elle tient encore plus à la Géométrie abſtraite & ſublime. C'eſt par ce motif que nous lui avons donné place dans le Livre VI. de cette Partie, auquel le lecteur trouvera bon que nous le renvoyons.

(*a*) *Tranſ. Phil.* ann. 1698, n°. 240.

Fin du ſecond Volume.

ADDITIONS ET CORRECTIONS du second Volume.

PAGE 34, *ligne* 37, en réduisant, *lisez* que d'avoir réduit.

Page 54. Le Traité du triangle arithmétique de M. Pascal est un ouvrage posthume qui ne parut qu'en 1665.

Page 58, *ligne* 17, le sinus, *lisez* l'ordonnée.

Page 64, *ajoutez à l'article de Grégoire de Saint-Vincent, ce qui suit.* Le P. de *Saint-Vincent* étoit de Bruges, où il naquit en 1584. Il professa long-temps les Mathématiques au College Romain. Il mourut en 1667.

Nous ne quitterons pas la Flandre sans faire encore mention d'un Géometre de réputation qui y fleurissoit vers le même temps. C'est le P. Tacquet, Jésuite. Ce Mathématicien habile, tâcha aussi de reculer les bornes de la Géométrie dans son Livre de *Annularibus & cylindricis.* Je remarquerai cependant qu'il y a dans cet ouvrage beaucoup plus d'affectation à démontrer rigoureusement des choses peu difficiles, que de nouvelles vérités, surtout après ce que Cavalleri & le P. de Saint-Vincent avoient déja démontré. On doit au P. Tacquet divers Traités, dont la plûpart ont été rassemblés après sa mort, en un volume in-folio sous le titre de *Andreæ Taqueti Antuerpiensis Op. Math.* C'est une collection principalement recommandable par sa clarté. Ce Géometre étoit d'Anvers, où il prit naissance vers 1601, & il y mourut en 1660.

Page 76, *ligne* 23, l'éclaircir, *lisez* éclaircir.

Page 80, *ligne* 11, *placés* sçavoir, *au bout de la ligne.*

Page 108, *ligne* 36, inférieur, *lisez* inférieur au plus haut.

Page 130, *ligne* 2, si le lieu, *effacé* si.

Page 136, *ligne* 30, $= 0$, *lisez* y. Ce qu'on a dit à la fin de cette page, & dans la suivante jusqu'au premier alinea, est inutile, & n'est fondé que sur une erreur de calcul. La regle de M. de Fermat, & celle de M. Hudde, donnent également les deux valeurs $x = 0$, $x = 2a$; ce qui apprend qu'il y a deux *maxima* répondans à ces deux abscisses, & de ces deux *maxima*, l'un est positif, & l'autre négatif; ainsi qu'on voit dans la figure 60.

Page 142. La méthode de M. Craig exposée dans cette page, mérite, à bien des égards, les éloges que nous lui donnons. Cependant nous en avons depuis rencontrée une autre meilleure, & plus commode. C'est celle que M. Herman a exposée dans les *Mémoires de Petersbourg* de l'année 1737, sous le titre: *De locis Geometricis ad mentem Cartesii construendis.* C'est le jugement qu'en ont porté tous ceux à qui je l'ai indiquée.

Page 181, *ligne* 9, trois à quatre, *lisez* 4 à 3.

Page 207, *ligne* 13, de, *lisez* pour.

Page 210. Comme ce qu'on dit ici sur l'anomalie est un peu trop succinct, nous l'allons étendre & l'éclaircir. On a appellé anomalie dans l'Astronomie ancienne, la distance du Soleil, ou d'une planete quelconque, à son apogée. L'anomalie moyenne étoit cette distance vue du centre de l'excentrique, ou l'angle formé par la ligne menée de ce centre à l'apogée, avec la ligne menée du même point à la planete. L'anomalie vraie étoit cette distance vue du lieu excentrique occupé par la terre, ou l'angle formé par les deux lignes tirées de la terre, à l'apogée, & à la planete. La différence de ces deux angles, étoit ce qu'on nommoit la *prostapherese*, qu'il falloit tantôt ajouter au lieu moyen, tantôt en soustraire pour avoir le lieu vrai ou apparent. Dans l'Astronomie moderne, l'anomalie est un peu autre chose. L'anomalie vraie est bien l'angle A S T, formé par la ligne des apsides, & la ligne tirée du foyer à la planete; mais l'anomalie vraie est mesurée par le secteur ASTA, parce que c'est ce secteur seul qui croissant proportionnellement au temps, croit également en temps égaux. C'est pourquoi afin de conserver l'ancienne forme des Tables, on a supposé l'aire entiere de l'ellipse égaler 360°, & on a calculé en degrés & parties de degré, l'aire de chaque secteur ASTA. Mais comme, en prolongeant l'ordonnée TE jusqu'au cercle, il y a même raison de l'ellipse entiere au cercle, que du secteur AST au secteur ASD, delà vient qu'on a pris le rapport du secteur ASD au cercle pour l'anomalie moyenne. Ainsi l'anomalie moyenne étant donnée, il s'agit d'abord, pour trouver l'anomalie vraie, de déterminer le secteur ASD, qui soit au cercle entier, comme le nombre de degrés donné est à 360°. Cela exécuté, tout est fait; car on aura alors l'angle ASD, & cet angle étant trouvé, on aura AST, ou l'anomalie vraie, puisque le rapport de ED à ET est donné, ce rapport étant le même que celui du grand au petit axe de l'orbite.

Page 211, *ligne* 13, distances, *ajoutez* à ce point.

Page 239, *ligne* 31, trouverent, *lisez* tournerent.

Page 242, *ligne* 28, d'une, *lisez* une.

Page 253, *ligne* 25, que, *lisez* sçavoir que.

Page 270, *ligne* 35 & 36, du levier, *lisez* de la longueur du bras de levier.

Page 279, *en marge*, de la terre, *lisez* de l'air.

Page 286, *ligne* 17, elle, *lisez* il.

Page 290, *ligne* 30, *supprimés* été.

Page 295, *ligne* 28, ne disons, *lisez* nous ne disons.

Ibid. divers, *lisez* diverses.

Page 306, $\frac{1}{1,2.}$, *lisez* $\frac{1}{1.2.} \times \frac{1}{1.6.}$

Page 310, *ligne* 22, AB*a*, *lisez* B*ba*.

Page 311, *ligne* 1, *b*A, *lisez* B*a*.

Page 320, *ligne pénultieme*, E*e*, *lisez* E*c*.

Page 323, *not. col.* 2, *ligne* 13, *lisez* $x : n z \frac{n-1}{n}$.

Page 333, *ligne* 11 & 12, au lieu des suites $t \pm t^3$, &c. ce ne sont que les moitiés.

Page 349, *ligne* 30, dès-lors, *lisez* dès leur naissance.

Page 359. L'ouvrage de M. de l'Hôpital a eu presque les honneurs du commentaire. M. Varignon en a éclairci les endroits un peu difficiles par ses *notes & éclaircissemens sur l'analyse des infinimens petits*, (Paris 1725. in-4°.). M. de Crouzas donna aussi en 1721, un Commentaire sur le même ouvrage; mais, soit dit sans déroger au mérite de cet Auteur estimable à d'autres égards, c'est un très-mauvais Livre, un Livre qui n'est bon qu'à donner de fausses idées au lecteur qui croiroit s'en aider pour entendre celui de M. de l'Hôpital. Voyez sur cela une Lettre de M. Jean Bernoulli. *Op. T. IV.*

Page 365, *l.* 16, $y = \sqrt{ax}. y = \sqrt{ax}$, *lis.* $y = \sqrt{ax}. y = -\sqrt{ax}$.

Page 377, *ligne* 8, de A en B, *lisez* de C en D.

Page 384. C'est dans les *Saggi d'Esperienze* de l'Académie *de Cimento*, qu'on revendique au fils de Galilée l'application du pendule à regler les Horloges.

Page 413, *ligne* 10, B*b*, *lisez* β*b*.

Page 424, *ligne* 26, FE, *lisez* FP.

Page 425. La courbe SPED, dont il est question dans cette page, est celle dont les ordonnées SD, PE, sont proportionnelles aux forces de pesanteur en S & P, Sur quoi le lecteur est renvoyé aux pages 422 & *suivantes*.

Page 438, *ligne* 4, CD *lisez* ED.

Page 456, *ligne* 35, parallele, *ajoutez* à l'horizon.

Page 496. Quelques personnes se sont avisées de nommer cette ellipse la *Cassinoïde*, voulant par cette terminaison grecque, dire en un mot la figure ou la courbe de M. Cassini. Mais cela est tout-à-fait mal imaginé. On dit sphéroïde, conchoïde, &c. pour dire qui a la ressemblance d'une sphere, d'une coquille, &c. C'est le seul sens du mot Εἶδος, d'où ces mots & tous leurs semblables sont dérivés. Ainsi la Cassinoïde ne veut pas dire la courbe de M. Cassini, mais la figure qui ressemble à M. Cassini.

Page 497. *Terminez le premier alineâ par ces mots.* Cette remarque est due à David *Grégori*, qui la fait dans ses *Astronomiæ Physicæ & Geometricæ elementa.*

Page 514, *ligne* 37, lettres, *lisez* lignes.

Page 517, *ligne* 30, 9ᵃ, *lisez* 9ᶜ.

Page 557, *ligne* 16, avoir lieu, *lisez* avoir égard.

Page 561, *ligne* 14, *lisez* l'action du Soleil sur la Lune & la terre.

Page 621, *ligne* 19, celle, *lisez* la nécessité.

Page 635, *ligne* 18, ci-dessus LK, *lisez* qui sépare les milieux.

Ibid. ligne 24, L*m*, *lisez* R*m*.

TABLE

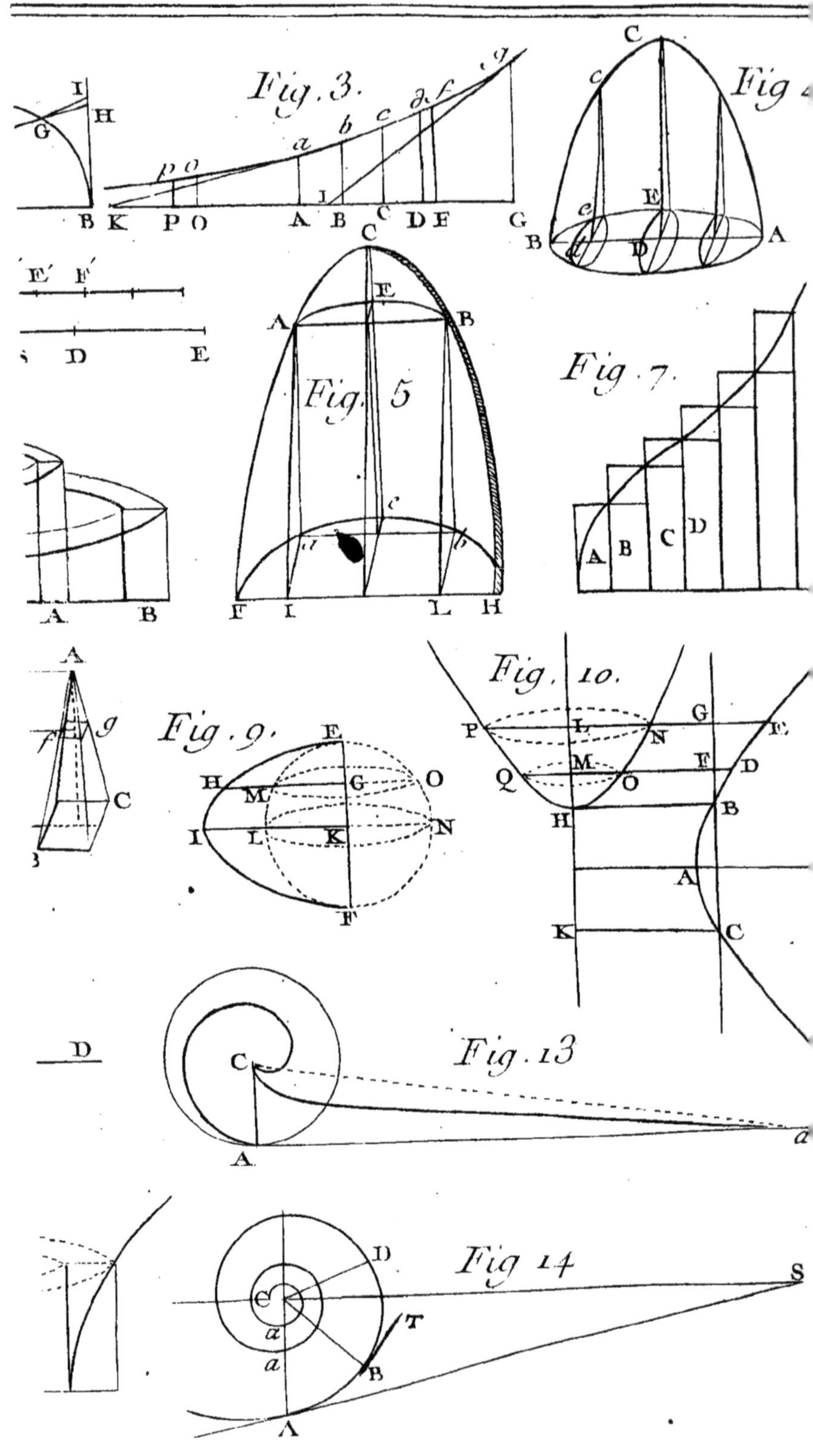
Fig. 3.
Fig. 5
Fig. 7.
Fig. 9.
Fig. 10.
Fig. 13
Fig 14

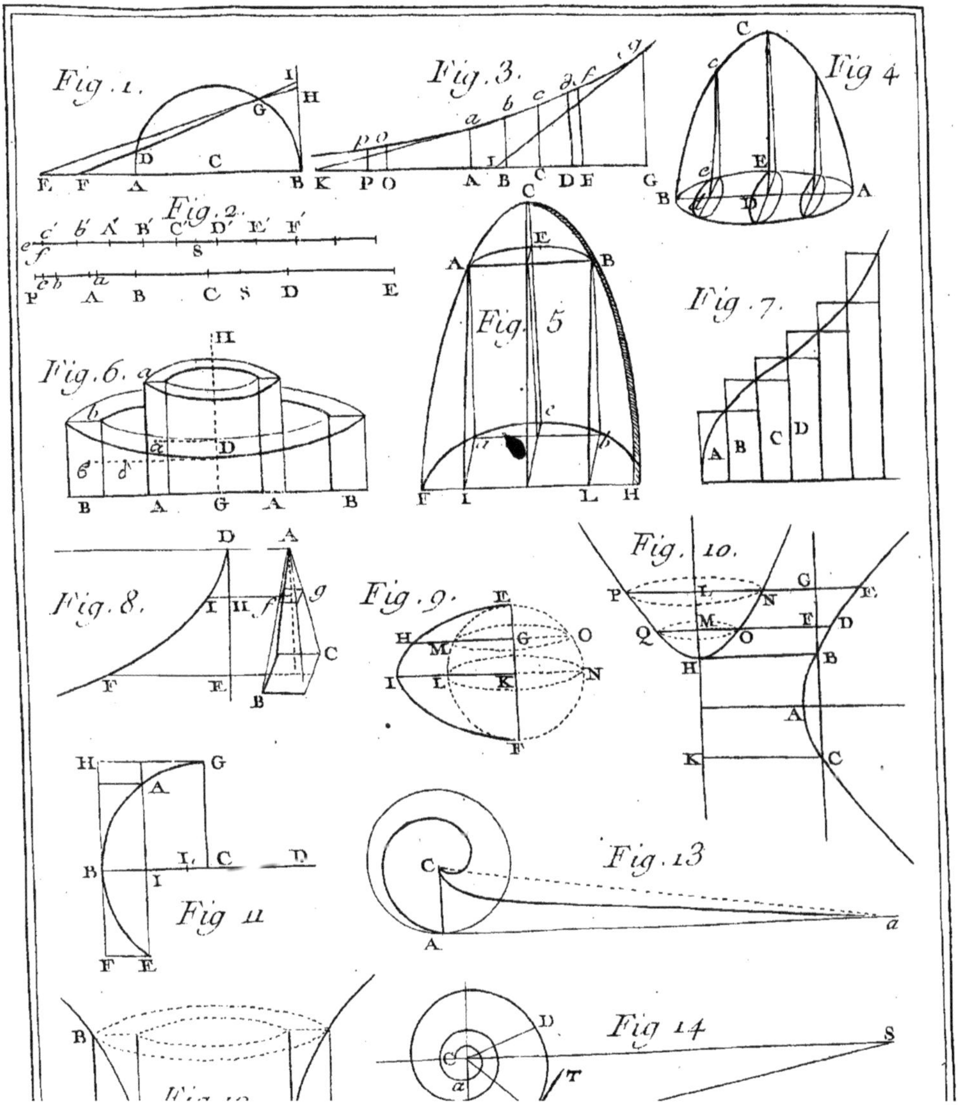

Fig. 1.

Fig. 2.

Fig. 3.

Fig 4

Fig. 5

Fig. 6.

Fig. 7.

Fig. 8.

Fig. 9.

Fig. 10.

Fig 11

Fig. 13

Fig 14

Fig. 15.

Fig. 16.

Fig. 17.

Fig. 18

Fig. 19.

Fig. 20.

Fig. 21.

Fig. 22.

Fig. 23. et 24

Fig. 25.

Fig. 26.

Fig. 27.

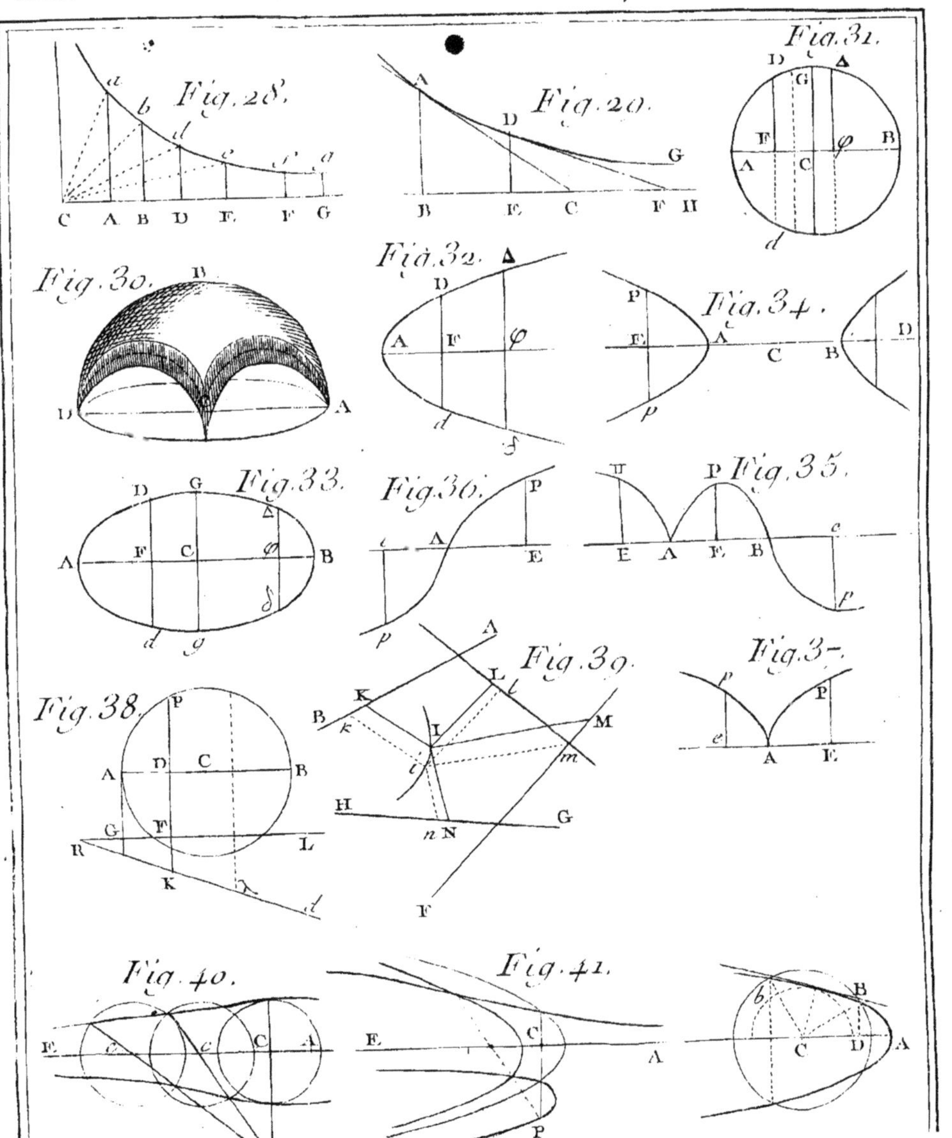
Fig. 28.
Fig. 29.
Fig. 30.
Fig. 31.
Fig. 32.
Fig. 33.
Fig. 34.
Fig. 35.
Fig. 36.
Fig. 37.
Fig. 38.
Fig. 39.
Fig. 40.
Fig. 41.

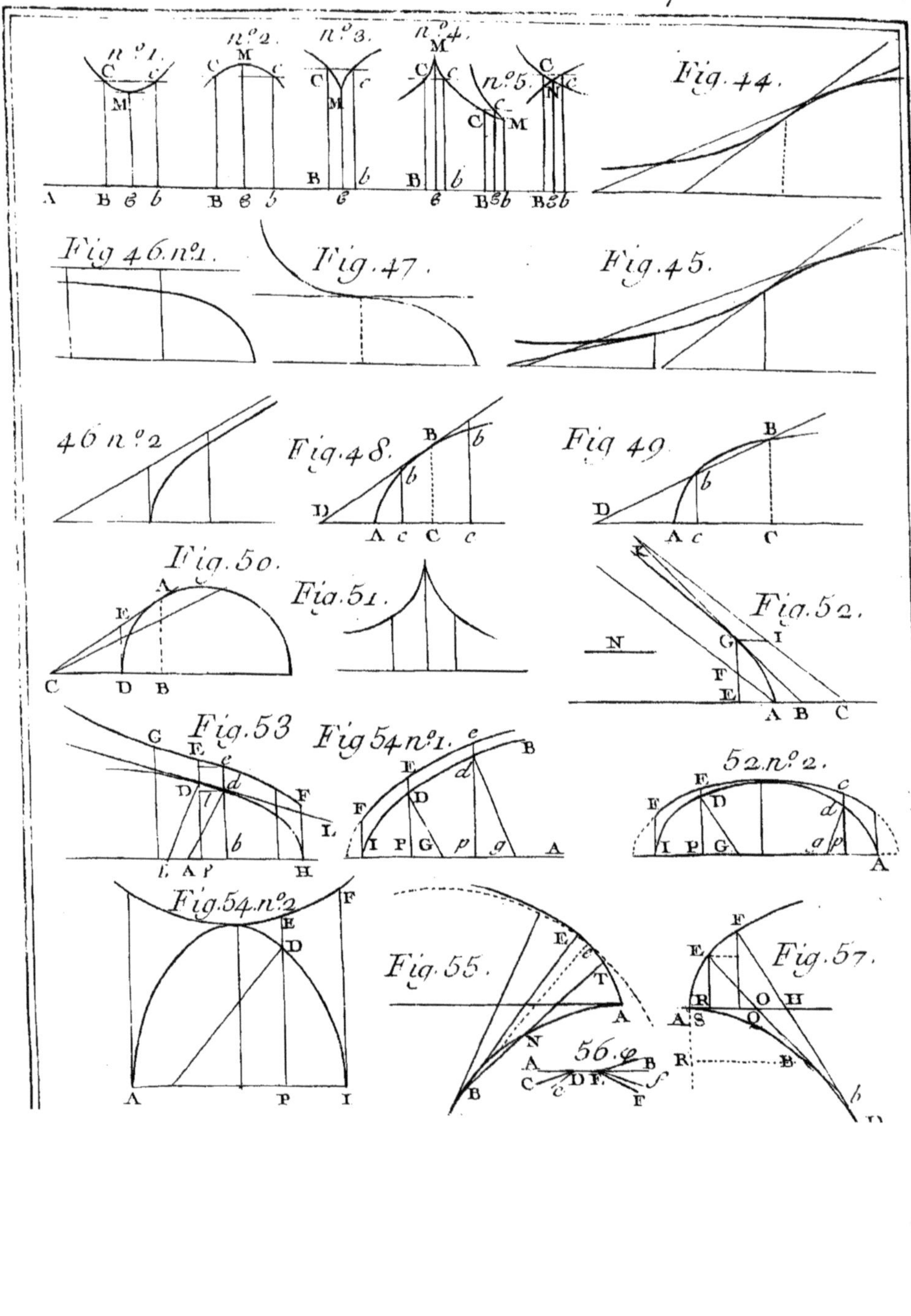

n.° 1. n.° 2. n.° 3. n.° 4. n.° 5. Fig. 44.

Fig. 46. n.° 1. Fig. 47. Fig. 45.

46 n.° 2. Fig. 48. Fig. 49.

Fig. 50. Fig. 51. Fig. 52.

Fig. 53. Fig. 54. n.° 1. 52. n.° 2.

Fig. 54. n.° 2. Fig. 55. 56. Fig. 57.

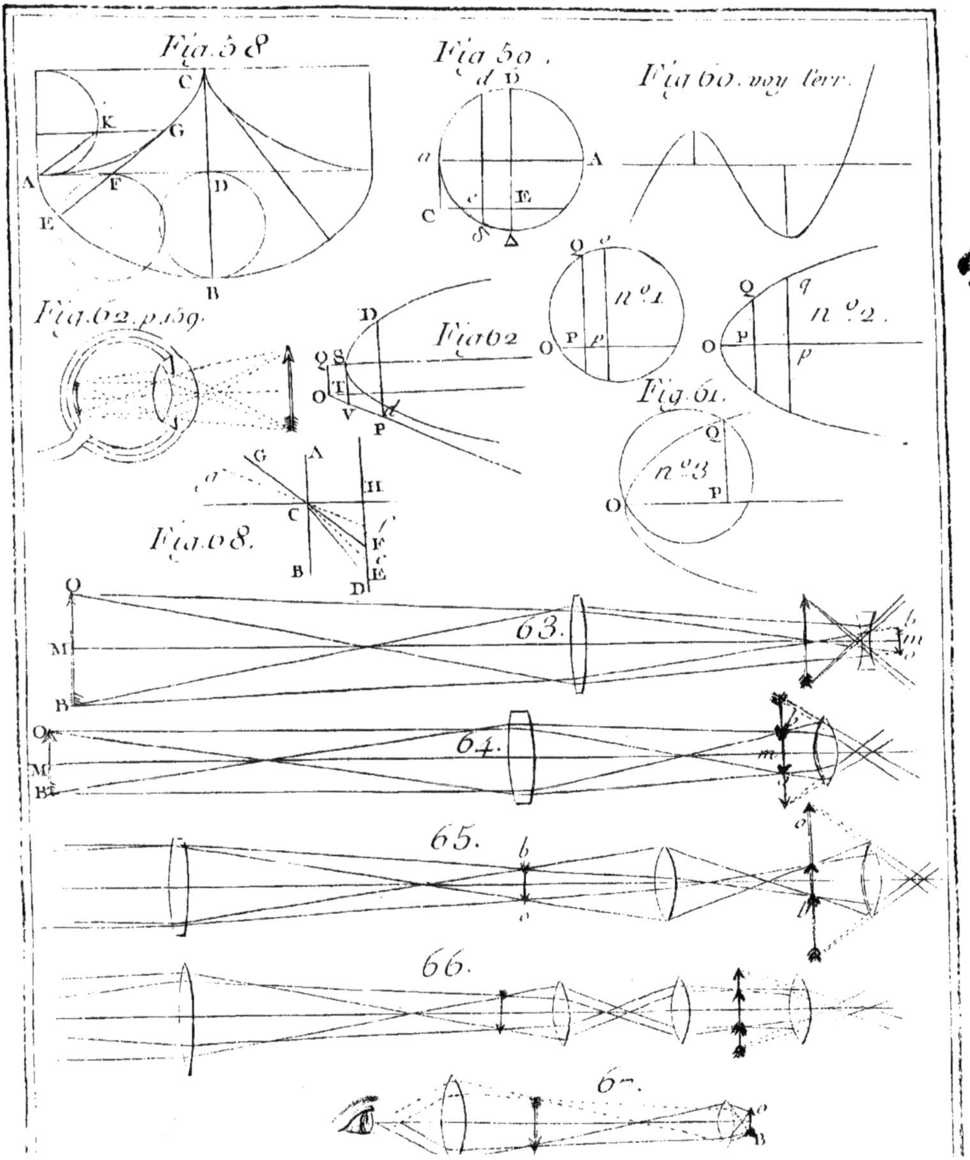

Fig. 58.

Fig. 59.

Fig. 60. voy. l'err.

Fig. 62. p. 159.

Fig. 62.

n.° 1.

n.° 2.

Fig. 61.

n.° 3.

Fig. 68.

63.

64.

65.

66.

67.

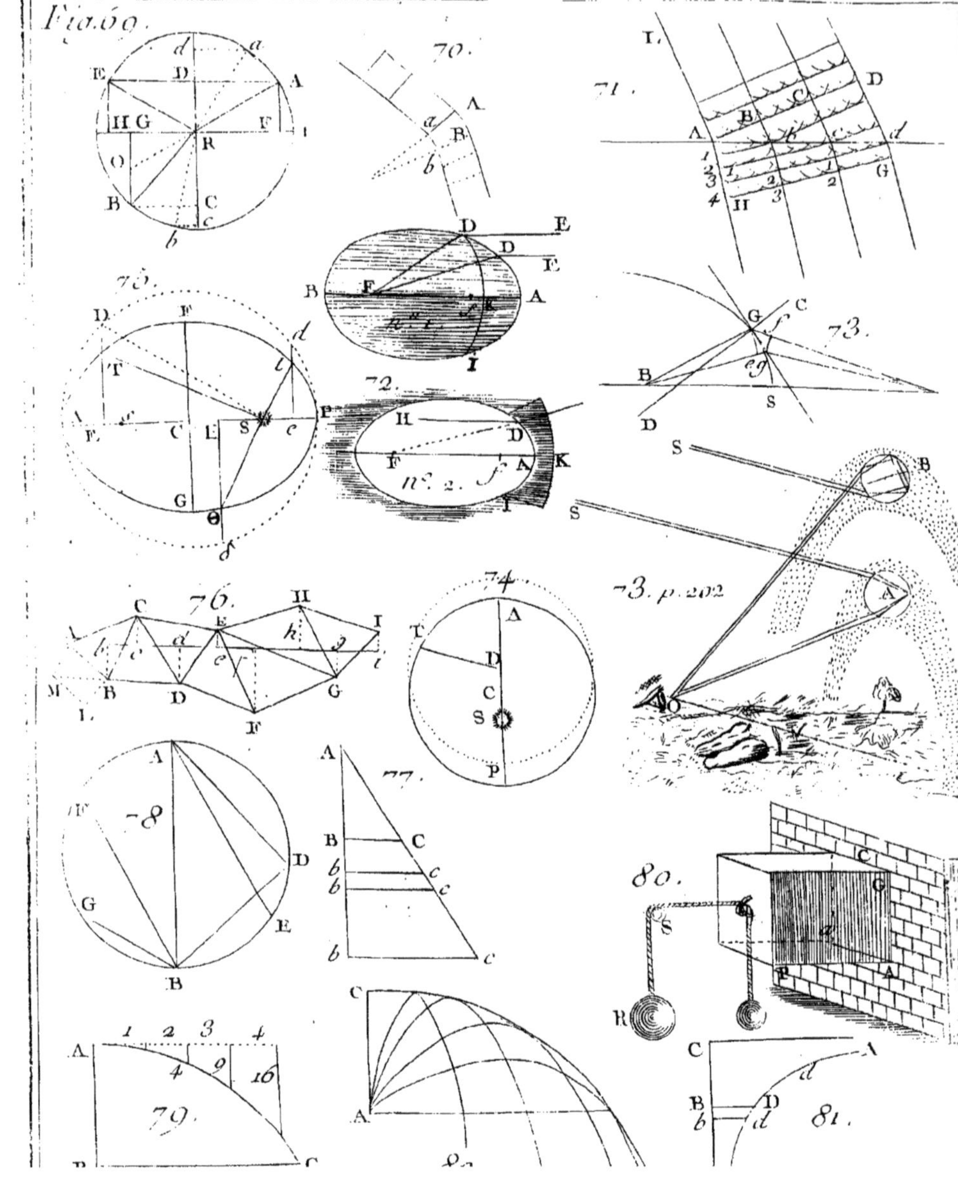

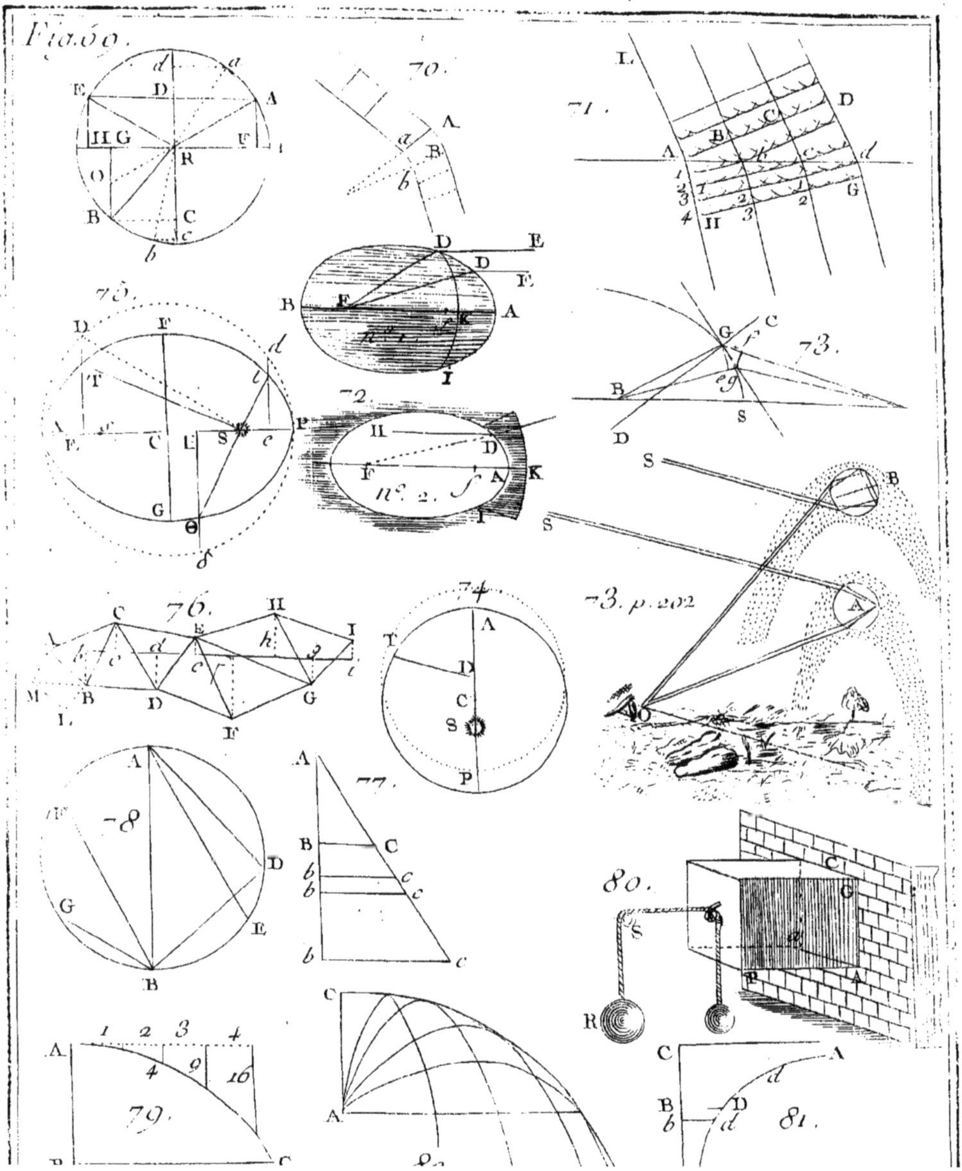

Fig. 69.

70.

71.

72. nº. 1.

72. nº. 2.

73.

73. p. 202

74.

75.

76.

77.

78.

79.

80.

81.

82.

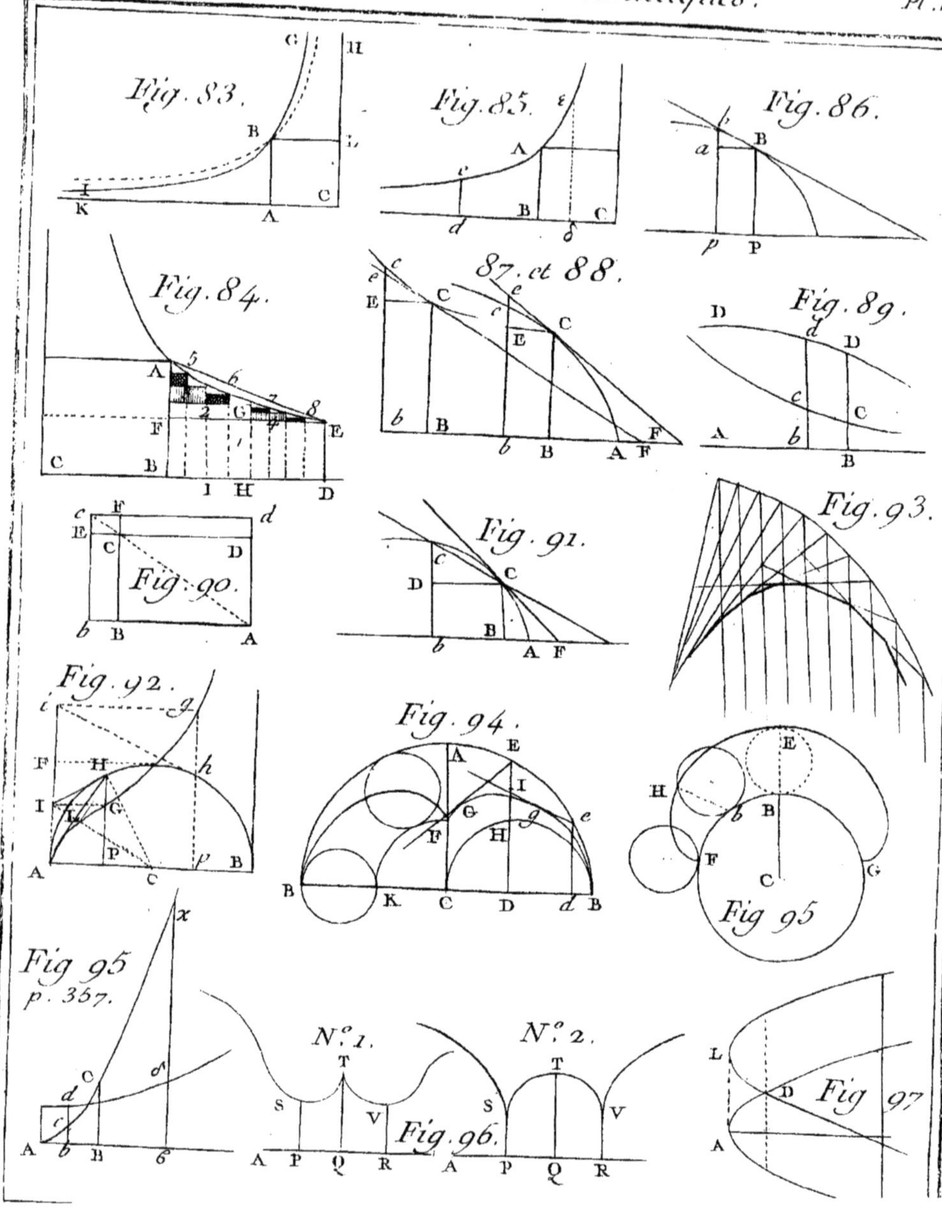
Fig. 83.
Fig. 85.
Fig. 86.
Fig. 84.
87. et 88.
Fig. 89.
Fig. 90.
Fig. 91.
Fig. 93.
Fig. 92.
Fig. 94.
Fig 95
Fig 95
p. 357.
N.° 1.
N.° 2.
Fig. 96.
Fig 97

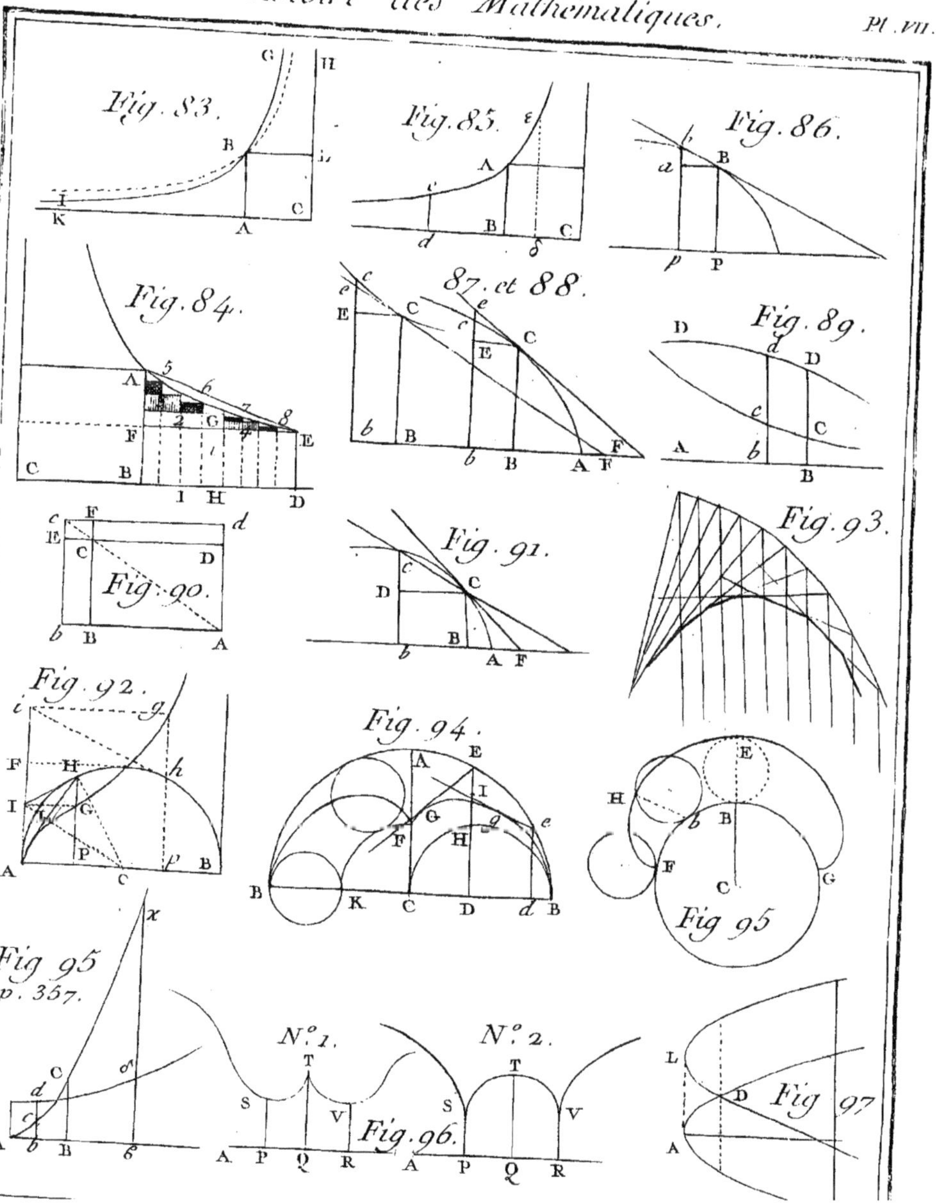

Fig. 83.

Fig. 85.

Fig. 86.

Fig. 84.

87. et 88.

Fig. 89.

Fig. 90.

Fig. 91.

Fig. 93.

Fig. 92.

Fig. 94.

Fig 95

Fig 95 p. 357.

N.º 1.

N.º 2.

Fig. 96.

Fig 97

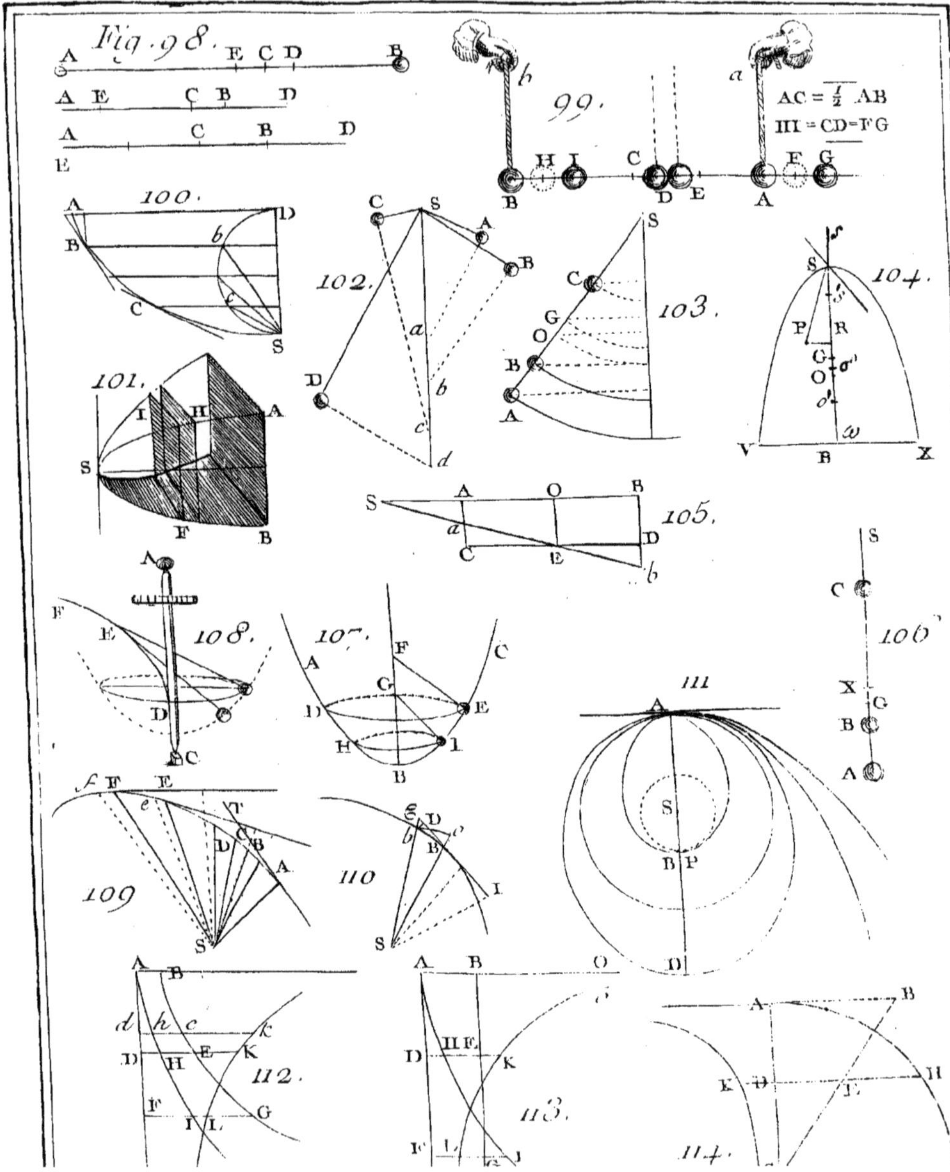
Fig. 98.
99.
AC = 1/2 AB
HI = CD = FG
100.
101.
102.
103.
104.
105.
106.
107.
108.
109
110
111
112.
113.
114.

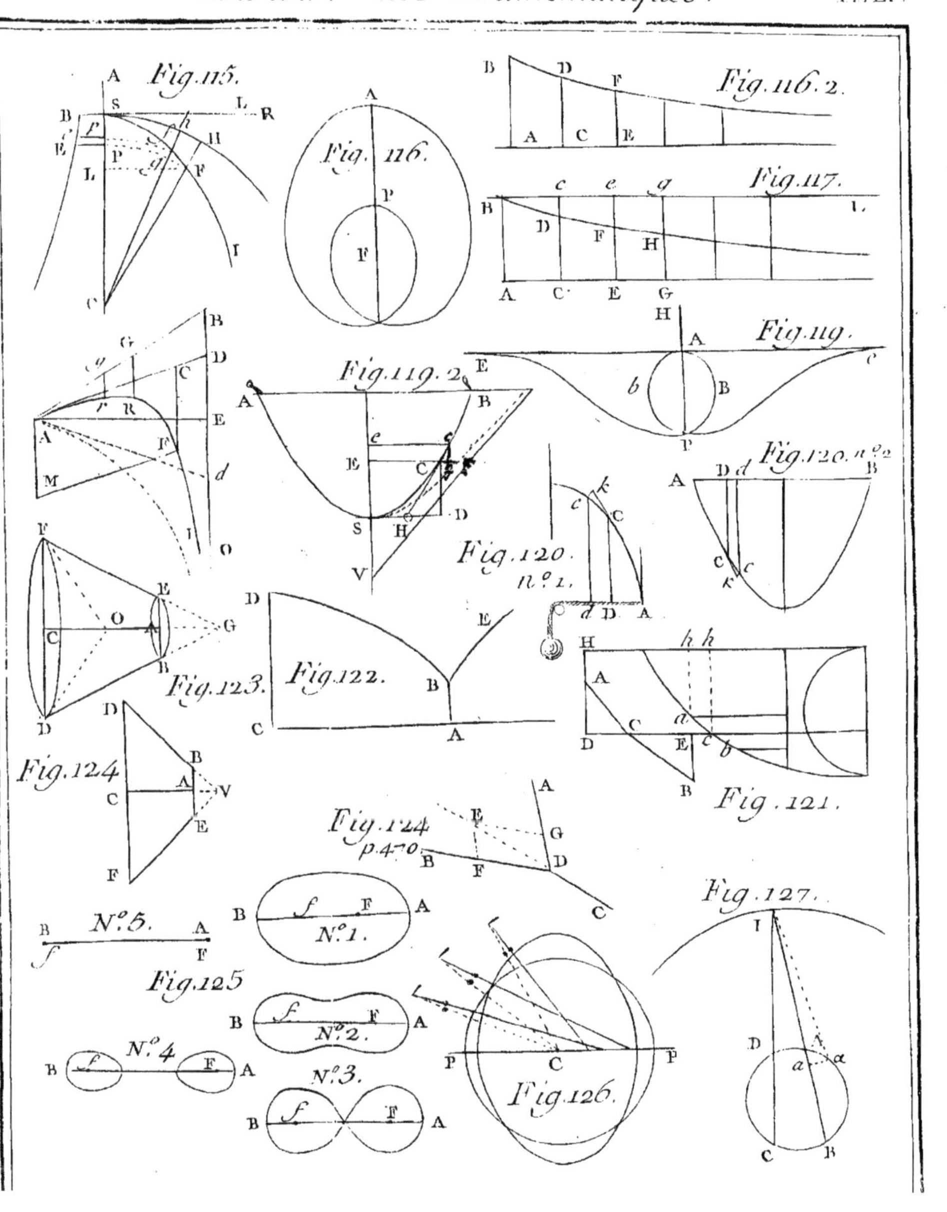
Fig. 115.
Fig. 116.
Fig. 116. 2.
Fig. 117.
Fig. 119.
Fig. 119. 2.
Fig. 120. n.º 1.
Fig. 120. n.º 2
Fig. 121.
Fig. 122.
Fig. 123.
Fig. 124
Fig. 124 p. 470.
Fig. 125
N.º 1.
N.º 2.
N.º 3.
N.º 4
N.º 5.
Fig. 126.
Fig. 127.

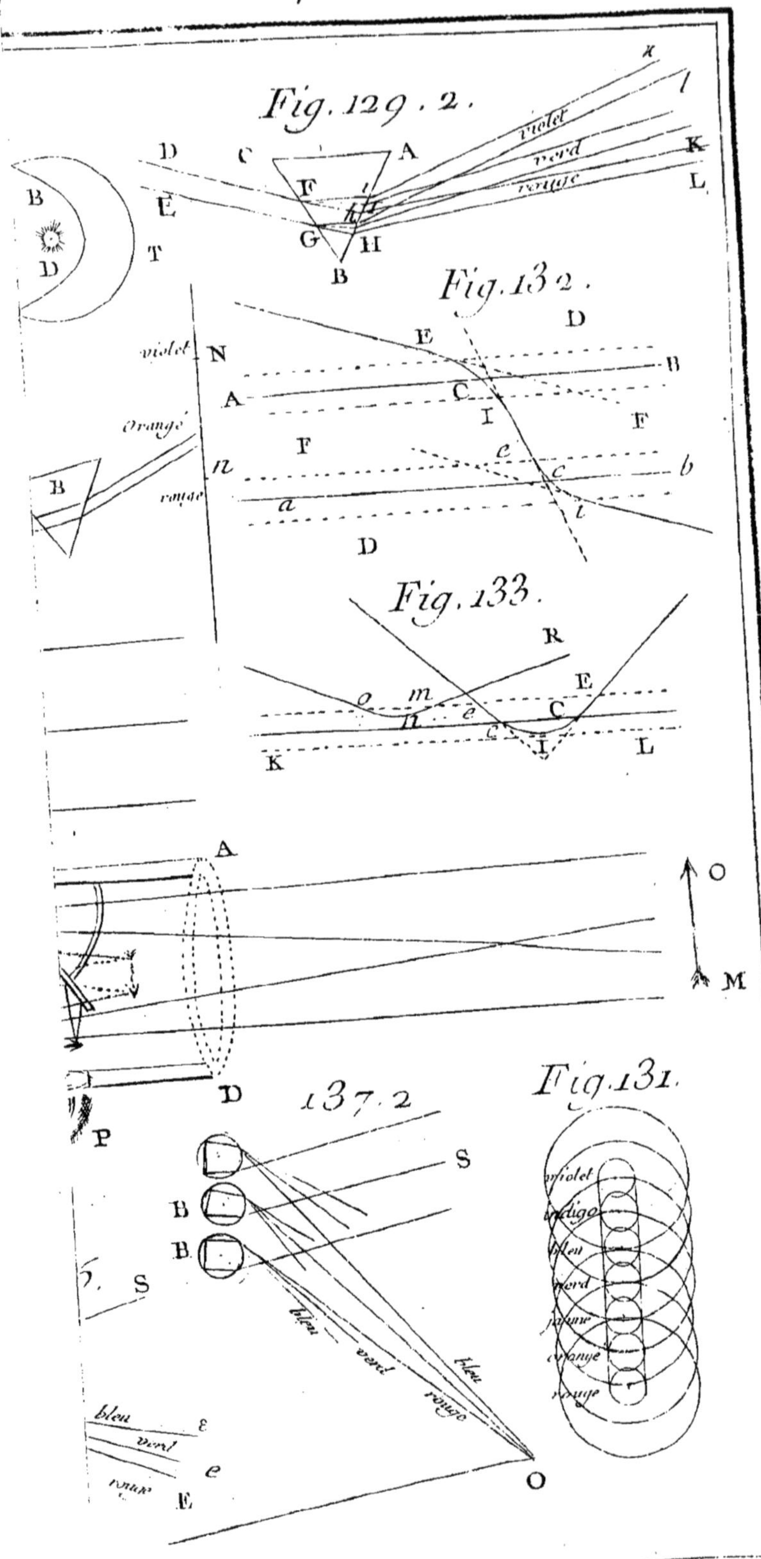
Fig. 129. 2.
violet
verd
rouge
Fig. 132.
Fig. 133.
violet
Orangé
rouge
137. 2
Fig. 131.
violet
indigo
bleu
verd
jaune
orangé
rouge
bleu
verd
bleu
rouge
bleu
verd
rouge

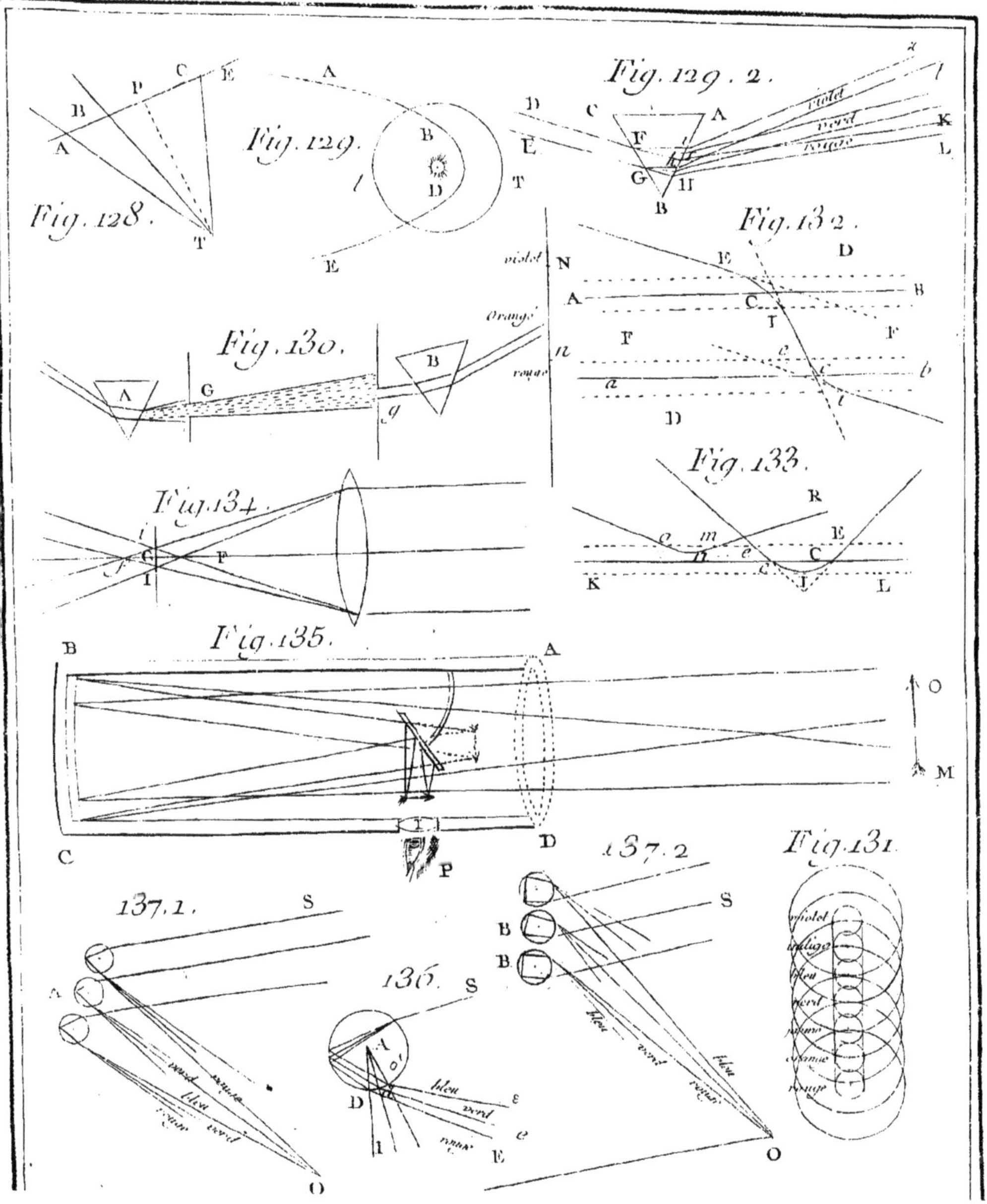
Fig. 128.
Fig. 129.
Fig. 129. 2.
violet
verd
rouge
Fig. 130.
violet
Orangé
rouge
Fig. 132.
Fig. 133.
Fig. 134.
Fig. 135.
137. 2
Fig. 131.
violet
indigo
bleu
verd
jaune
orange
rouge
137. 1.
rouge
verd
bleu
136.
bleu
verd
rouge
bleu
verd
bleu
rouge

TABLE
GENERALE DES MATIERES.

Dans cette Table le chiffre Romain indique le Tome, & le chiffre Arabe la page. Lorsqu'on ne trouve qu'un chiffre Arabe, il se rapporte au Romain qui le précede.

A.

C.

D.

E.

F.

Fabricius,

G.

I.

M.

S.

V.

Fin de la Table générale des Matieres.

www.ingramcontent.com/pod-product-compliance
Ingram Content Group UK Ltd.
Pitfield, Milton Keynes, MK11 3LW, UK
UKHW020301200726
13857UKWH00001B/54